科学专著：前沿研究

上海市文教结合"高校服务国家重大战略出版工程"资助项目

大气气溶胶和雾霾新论

庄国顺 著

上海科学技术出版社

图书在版编目(CIP)数据

大气气溶胶和雾霾新论 / 庄国顺著. —上海：上
海科学技术出版社，2019.12
　（科学专著. 前沿研究）
　ISBN 978 - 7 - 5478 - 4479 - 3

　Ⅰ. ①大… Ⅱ. ①庄… Ⅲ. ①大气—气溶胶—气候效
应—研究②空气污染—污染防治—研究　Ⅳ. ①P46
②X51

　中国版本图书馆 CIP 数据核字(2019)第 106319 号

上海市文教结合"高校服务国家重大战略出版工程"资助项目

地图审图号：GS(2019)4316 号

大气气溶胶和雾霾新论
庄国顺　著

上海世纪出版(集团)有限公司
上海 科 学 技 术 出 版 社　出版、发行
(上海钦州南路 71 号　邮政编码 200235　www.sstp.cn)
上海中华商务联合印刷有限公司印刷
开本 787×1092　1/16　印张 62.75　插页 28
字数 1260 千字
2019 年 12 月第 1 版　2019 年 12 月第 1 次印刷
ISBN 978 - 7 - 5478 - 4479 - 3/X·51
定价：398.00 元

内 容 提 要

　　大气气溶胶是在空气中悬浮的固态或液态微粒体系,也是构成雾、烟、霾的核心物质,而雾霾是我国近年受到严重关注的大气环境污染问题。本书专门论述了大气气溶胶与雾霾的形成机制及其对全球气候变化的影响。它总结了作者20年来参与国际和国内相关的大型科研项目,研究以北京、上海、乌鲁木齐为代表的中国三类典型地区大气气溶胶所取得的成果,论述了各类气溶胶的理化特性,揭示了各典型地区的雾霾形成机制,发现有机气溶胶、硫酸盐、硝酸盐和黑碳是大气中产生雾霾的4类决定性组分,提出交通源排放日益严重是触发很多地区大范围雾霾的主要原因,并论证了气溶胶长途传输是大气污染和雾霾形成之重要途径,阐明了颗粒物严重污染对全球生物地球化学循环的可能影响。本书还提出了气溶胶长途传输途中及大气海洋物质交换中的铁硫耦合反馈机制等一些涉及大气化学的基础理论,发展了气溶胶科学研究的若干新方法,为中国治理雾霾提供具体建议,为大气污染控制提供大量第一手基础数据和理论支撑。

　　本书可以作为大气科学尤其是大气化学、大气环境和气溶胶科学研究的教科书或参考书,也可作为高校及研究所大气科学和环境科学专业研究生与本科生的教学参考用书。

《科学专著》系列丛书序

进入 21 世纪以来,中国的科学技术发展进入到一个重要的跃升期。我们科学技术自主创新的源头,正是来自科学向未知领域推进的新发现,来自科学前沿探索的新成果。学术著作是研究成果的总结,它的价值也在于其原创性。

著书立说,乃是科学研究工作不可缺少的一个组成部分。著书立说,既是丰富人类知识宝库的需要,也是探索未知领域、开拓人类知识新疆界的需要。特别是在科学各门类的那些基本问题上,一部优秀的学术专著常常成为本学科或相关学科取得突破性进展的基石。

一个国家,一个地区,学术著作出版的水平是这个国家、这个地区科学研究水平的重要标志。科学研究具有系统性和长远性,继承性和连续性等特点,科学发现的取得需要好奇心和想象力,也需要有长期的、系统的研究成果的积累。因此,学术著作的出版也需要有长远的安排和持续的积累,来不得半点的虚浮,更不能急功近利。

学术著作的出版,既是为了总结、积累,更是为了交流、传播。交流传播了,总结积累的效果和作用才能发挥出来。为了在中国传播科学而于1915 年创办的《科学》杂志,在其自身发展的历程中,一直也在尽力促进中国学者的学术著作的出版。

几十年来,《科学》的编者和出版者,在不同的时期先后推出过好几套中国学者的科学专著。在 20 世纪三四十年代,出版有《科学丛书》;自 20世纪 90 年代以来,又陆续推出《科学专著丛书》《科学前沿丛书》《科学前沿进展》等,形成了一个以刊物名字样科学为标识的学术专著系列。自1995 年起,截至 2010 年"十一五"结束,在科学标识下,已出版了 25 部专著,其中有不少佳作,受到了科学界和出版界的欢迎和好评。

为了继续促进中国学者对前沿工作做有创见的系统总结,"十二五"期间,《科学》的编者和出版者决定对科学系列学术著作做新的延伸,将科学专著学术丛书扩展为三个系列品种,即《*科学*专著:前沿研究》《*科学*专著:生命科学研究》《*科学*专著:大科学工程》,继续为中国学者著书立说尽一份力。*

随着中国科学研究向世界前列的挺进,我们相信,在*科学*系列的学术专著之中,一定会有更多中国学者推陈出新、标新立异的佳作问世,也一定会有传世的名著问世!

周光召

(《科学》杂志编委会主编)

2011 年 5 月

---

* 出版者注:在 2017 年,*科学*专著学术丛书又增加了第四个系列品种——《*科学*专著:自然资源》。

前　言

人类社会的现代化,尤其是快速的城市化与机动车化,正以前所未有的规模和速度,破坏着大自然固有的全球生物地球化学平衡,从而导致了包括大气污染的诸多严重环境问题。当今全球面临的三大环境问题,即大气环境酸化、臭氧层破坏以及温室效应,直接威胁着人类的生存和发展,而这些问题无一不与大气污染有关。目前中国绝大多数城市的主要大气污染物为颗粒物,即大气气溶胶。天然气溶胶与人为气溶胶或气体混合,并发生相互作用。尤其自2013年以来,其所形成的细颗粒物引起大范围、高强度、持续性的雾霾,覆盖了中国中东部的广大地区,成为大气环境变迁史上的重大污染事件,警示了中国大气污染已到"临界状态"。雾霾对民众健康的影响,及造成的经济损失,直接危害了经济和社会的可持续稳定发展。我们再也不能认为,今天的"霾危机"是"发展过程中的必经阶段",而应当从人类生存的角度,思考如何同大自然保持平衡、和谐的共处之道。

大气气溶胶对全球气候和环境产生重大影响。来自中亚的沙尘,经过大约一周的长途传输,沉降于遥远的北太平洋,甚至到达美洲西部。气溶胶的长距离传输,会对海洋大气体系以至全球生物地球化学循环,产生深远影响。大气气溶胶已成为当今大气环境领域的主要研究焦点。如何经由排放清单找到一次气溶胶来源,经由形成机制研究揭示二次气溶胶组分来源,从而可准确并定量地揭示雾霾的成因,以便从切断源头入手,提出有关能源结构和城市规划的长远决策建议,并提供切实可行的短期应急措施,这是本书所要回答的有关中国治霾亟待解决的重大问题,亦是撰写本书的最主要初心。

本书总结了笔者20多年来研究北京、上海、乌鲁木齐为代表的中国三类典型地区的大气气溶胶所取得的成果,论述了各类气溶胶的理化特性及其离子化学,揭示了各典型地区雾霾的形成机制,发现了有机气溶胶、硫酸盐、硝酸盐和黑碳是大气中产生雾霾的4类决定性组分,提出了交通源排放日益严重是触发很多地区大范围雾霾的主要原因,论证了气溶胶长途传输是大气污染和雾霾的重要形成途径;阐明了颗粒物严重污染对全球生物地球化学循环和全球气候变化的可能影响。本书还提出了气溶胶长途传输途中及大气海洋物质交换中的铁硫($Fe-S$)耦合反馈机制等一些有关全球生物地球化学循环的基础理论,同时也发展了气溶胶科学研究的若干新方法。本书从理论研究出发,密切结合大气环境的实际问题,为中国治理雾霾提出了长、中、短期的具体建议,为大气污染控制提供了大量的第一手基础数据和理论支撑。

本书对大气气溶胶科学迄今的最新发展作了全面总结,可以作为大气科学,尤其是大气化学、大气环境和大气气溶胶科学研究的参考书,也可以作为高等院校、研究机构的大气科学和环境科学专业研究生与本科生的教学参考用书。

全书包括7篇,即"大气气溶胶与全球生物地球化学循环"、"沙尘气溶胶"、"污染气溶胶"、"雾霾及其形成机制"、"沙尘气溶胶与污染气溶胶的混合和相互作用机制"、"大气气溶胶与酸雨"和"大气化学研究的若干新方法",共计70章。全书所有章节均由笔者选题、构思,并参与撰写和最后定稿。参与本书撰写的其他人员都是笔者指导的博士研究生。具体参与的作者如下:庄国顺:第1、4、5、7、52章;王瑛、庄国顺:第3、10、18、23、25、30、56、64章;黄侃、庄国顺:第24、41、47、48、57、66章;孙业乐、庄国顺:第8、9、22、43、54章;郭敬华、庄国顺:第2、53、69章;袁蕙、庄国顺:第21、34、55、67、68章;张兴赢、庄国顺:第6、17、19、20章;韩力慧、庄国顺:第15、16、60章;王琼真、庄国顺:第26、42、63章;邓丛蕊、庄国顺:第27、40章;林燕芬、庄国顺:第32、44章;伏晴艳、庄国顺:第14、49章;常运华、庄国顺:第35、36、37、70章;淡默、庄国顺:第33、61章;赵秀娟、庄国顺:第58章;唐敖寒、庄国顺:第65章;张文杰、庄国顺:第59章;蒋轶伦、庄国顺:第39章;庄国顺、刘婷娜:第38、45、50、51章;庄国顺、林晶、徐昶:第46章;庄国顺、李娟:第11、12、13、28章;庄国顺、侯锡梅:第31、62章;庄国顺、张蓉、魏星:第29章。

本书的研究成果得到国家重大基础研究项目和国家自然科学基金委项目的资助。

2019年3月1日

目　录

第2篇　沙尘气溶胶

第 3 篇　污染气溶胶

第 4 篇 雾霾及其形成机制

第 1 篇

大气气溶胶与
全球生物地球化学循环

本篇阐述大气气溶胶和雾霾的基本理论,及其与全球生物地球化学循环的相互关系,揭示大气气溶胶对区域环境乃至全球气候变化之可能影响。

第1章
大气气溶胶和雾霾概述

1.1 大气气溶胶

1.1.1 定义

大气气溶胶(atmospheric aerosol)是由固体或液体小质点分散并悬浮在气体介质中形成的胶体分散体系,为大气的重要组成部分。大气环境领域的空气质量标准所涉及的大气颗粒物,即是大气气溶胶在该领域的俗称。大气气溶胶科学是大气科学的重要分支,是大气化学的主要研究领域。

1.1.2 大气气溶胶的来源和分类

大气气溶胶按其来源,可分为天然源气溶胶和人为源气溶胶。被风扬起的沙漠或表层土壤的沙尘、由海水溅沫蒸发而成的海盐颗粒、火山爆发的散落物以及森林燃烧的烟尘等来自天然源的,称为天然源气溶胶。煤、石油等化石燃料或生物质的燃烧,交通运输中机动车、轮船和飞机的排放物以及各种工业生产过程排放的烟尘等来自人为源的,称为人为源气溶胶,也称污染源气溶胶。根据大气中颗粒物的形成途径,大气气溶胶又可分为一次气溶胶和二次气溶胶。以微粒形式直接从发生源进入大气的颗粒物,称为一次气溶胶;在大气中由一次污染物经化学转化而生成的颗粒物,称为二次气溶胶。

根据颗粒物的空气动力学直径,在大气环境领域,大气气溶胶一般可分为 TSP、PM_{10} 和 $PM_{2.5}$ 3 类,其名称、定义和主要特征如表 1-1 所示。

表 1-1　3 类大气气溶胶(TSP、PM_{10} 和 $PM_{2.5}$)的名称、定义和主要特征

英 文 名 称	中文名称	颗粒物直径(μm)	主 要 特 征
TSP (total suspended particle)	总悬浮颗粒物	≤100	飘浮在空气中的固态和液态混合颗粒物的总称。有些粒径大或颜色黑,可为肉眼所见;有些则小到使用电子显微镜才能观察到。

（续表）

英 文 名 称	中文名称	颗粒物直径(μm)	主 要 特 征
PM$_{10}$ (particulate matter 10, 或 inhalable particulate matter)	可吸入颗粒物	≤10	5～10 μm 直径的颗粒物，通常沉积在上呼吸道；直径≤5 μm 的，可进入呼吸道的深部。颗粒物的直径越小，进入呼吸道的部位越深。
PM$_{2.5}$ (particulate matter 2.5 或 fine particulate matter)	细颗粒物，也称可入肺颗粒物	≤2.5	直径≤2.5 μm 的颗粒物，能负载大量有害物质穿过鼻腔中的鼻纤毛，可100％地深入细支气管和肺泡，直接进入肺部，甚至渗进血液，严重危害人体健康。

大气气溶胶的种类和来源不同，对气候与环境的影响也不同。来自沙漠和干旱半干旱地区表层土壤的沙尘气溶胶，是陆地上空最主要的天然气溶胶。人为活动产生的污染气溶胶，以及污染气体和天然气溶胶如沙尘的混合与相互作用所形成的混合气溶胶，尤其是其形成的超细颗粒物引起的雾霾，几乎覆盖了包括中国北京、上海、广州和乌鲁木齐等所有大中城市和中东部在内的广大地区。基于此，本书重点论述沙尘气溶胶和污染气溶胶及两者的相互作用，进而揭示雾霾的形成机制和相应的治理对策。

1.1.3　大气气溶胶的化学组成与各自的作用

大气气溶胶由矿物质、有机组分、二次无机组分（主要有硫酸盐、硝酸盐、铵盐等）和黑碳*等组成。在沿海或海洋上空的海洋气溶胶中，海盐也是主要组分。矿物质，即矿物气溶胶，表面一般呈碱性，易于吸收酸性氧化物如二氧化硫（SO_2）、氮氧化物（NO_x），并与之反应。沙尘携带大量的矿物气溶胶细颗粒物，提供了积聚污染物（经由吸附、表面络合、自由基光化学反应、复相反应）的极好载体。沙尘吸收 SO_2，然后通过与 OH 自由基、O_2、H_2O 等成分在大气中发生反应而形成硫酸盐。矿物气溶胶表面形成的硫酸盐，又可提高沙尘颗粒物作为凝结核的能力，并有助于雾霾和云的形成。二次无机组分是细颗粒 PM$_{2.5}$ 中的重要组分，占 PM$_{2.5}$ 总质量的 30％～42％。SO_2、NO_x 在大气中的氧化及其后与氨气（NH_3）的反应和气-固转化，是二次无机组分（主要有硫酸盐、硝酸盐、铵盐等）形成的主要途径。矿物质的含量一般在粗颗粒中较高，而有机组分和二次无机组分在细颗粒中较高。在有机组分即有机气溶胶中，有直接来自污染的一次有机气溶胶，也有经化学转化形成的二次有机气溶胶。挥发性有机物（volatile organic compound，VOC）和NO_x氧化过程中的气-固转化，是二次有机气溶胶形成的主要途径。M. O. Andreae 和

---

　　* 黑碳（black carbon，BC）即元素碳（element carbon，EC），在文献里一般把用光学方法测定的元素碳称为黑碳，把用非光学方法测定的单质碳称为元素碳。

P. L. Crutzen[1]估计,全世界二次形成的有机气溶胶,年产量为 30～270 Tg*,与全世界的硫酸盐总年产量(90～140 Tg)可以相比较。

就溶解度而言,大气气溶胶的化学组分可分为水可溶性与难溶性两大类。水溶性的离子组分主要有 SO_4^{2-}、NO_3^-、Cl^-、F^-、NO_2^-、PO_4^{3-} 等无机阴离子和 Na^+、NH_4^+、K^+、Mg^{2+}、Ca^{2+} 等无机阳离子,以及甲酸、乙酸、草酸、丙二酸、丁二酸等有机阴离子,占大气中颗粒物总质量的 30% 左右,是大气气溶胶的重要组成部分。气溶胶水溶性离子与当今全球环境面临的三大问题——大气环境酸化、臭氧层破坏以及温室效应,都有密切的关系。大气气溶胶的生成过程,可以加快 NO_3^-、SO_4^{2-}、$HCOO^-$、CH_3COO^-、$C_2O_4^{2-}$ 等酸根离子的生成速率,从而加重大气的酸化程度;中纬度地区平流层臭氧的耗损,不能仅用气相反应机理来解释,还应包括硫酸盐气溶胶表面上的非均相化学反应过程;水溶性组分的亲水性,使气溶胶更易作为云凝结核(cloud condensation nucleus, CCN),从而影响大气辐射平衡,其中硫酸盐气溶胶对 CCN 的贡献很大,会引发云、雾和霾的形成,改变云的反射率,导致降温效应。气溶胶中的水溶性离子,对人体健康和全球生物地球化学循环也有重要的影响。由人为污染形成的有毒物质,大多是水溶性的,更易被人体吸收,同时这些水溶性离子大多分布在积聚模式中,更易进入呼吸道,对健康影响更大。气溶胶中的水溶性营养组分 PO_4^{3-}、NO_3^-、K^+ 等,会促进生物生长。气溶胶远距离传输并沉降到海洋表层,会直接影响海洋的初级生产力。甲酸、乙酸、草酸作为电子给予体,可改变三价铁[Fe(Ⅲ)]还原为二价铁[Fe(Ⅱ)]的速率,影响大气中 Fe 和硫酸盐的浓度,从而影响 S 和 Fe 的生物地球化学循环,进而影响全球气候和环境变化。大气气溶胶中的各种化学成分进入云水或降水体系,会直接影响云水和降水体系的酸碱性和酸化缓冲能力,可能促进或抑制降水的酸化。

1.2　雾霾

1.2.1　定义

霾,是空气中的细颗粒物及其所吸附的水汽弥漫于大气中,引起大气能见度降低的现象。通常,将能度小于 10 km 的现象界定为霾。传统意义上的雾,指的是由水蒸气在近地面自然凝结而成的细小水滴弥漫于大气中,所产生的一种自然天气现象。如果大气中不含作为"凝结核"的细颗粒物(即 PM₂.₅),水汽必须在相对湿度达到 400%,即在水汽的过饱和度超过其饱和蒸汽压的 4 倍时,水蒸气才能自然凝结成为水滴。当大气中含有诸如 PM₂.₅ 的细小颗粒物时,这些细小颗粒物可以作为"凝结核",使得水蒸气在相对湿度不到 100% 时就很快凝结成水滴,从而形成人们通常所说的雾。雾是细小水滴中含有高浓度的细小颗粒物,霾则是大量细小颗粒物吸附了凝结于其中或在其表层的大量的水

　＊　Tg 即太克或百万吨,1 Tg=1×10¹² g,为法定计量单位。

滴或水汽。在现代世界,雾与霾其实都是大气污染的产物,都与颗粒物尤其是细颗粒物 $PM_{2.5}$ 密切相关。雾和霾并没有本质区别,仅在"高度"和"颗粒物与水的比例"上有所差异。雾,可认为是"接近地面的云"。雾多,说明空气中含有大量细颗粒物。$PM_{2.5}$ 细小颗粒物,既可作为"凝结核"促使水汽凝结,又可促进细小颗粒物长大。因为 $PM_{2.5}$ 的组成中含有大量硫酸盐、硝酸盐、铵盐或者有机酸盐等,这些物质都是吸水性很强的物质,所以很容易促使大气中的细颗粒物膨胀,最终导致大气灰蒙蒙一片,像一个"大锅盖"盖在城市的上空,这就是人们看到的雾霾。大气气溶胶,即大气中的颗粒物,尤其是细颗粒物所引起的能见度严重降低的现象,被统称为雾霾。

1.2.2 雾霾的发生和危害

中国已有因大气气溶胶及污染气体引起的 4 个大范围的雾霾区域,即华北地区、长江三角洲、四川盆地和珠江三角洲;而空气质量未达到国家二级标准的城市占 2/3 以上。2009 年,中国中东部大部地区的年均能见度大多在 7 km 以下,几乎所有城市都处于雾霾笼罩下。即便是位于沙尘源区附近的乌鲁木齐,也已成为空气污染最严重的城市之一。2007 年 1 月,乌鲁木齐严重污染的天数高达 28 d*,整月不见太阳,完全被雾霾覆盖,其中有连续 3～5 d 空气污染超过国家标准中最严重污染的 5 级。2013 年 1 月,中国中东部地区发生了 4 次分别持续数天的雾霾;而且每次都跨越大半个中国,从东北、华北、中南、华东、华南、西南的部分地区,逐渐扩大至中国整个中东部的广大地区,涵盖数百万平方千米国土[2,3]。1 月 12 日,北京市很多地区 $PM_{2.5}$ 的小时浓度达到 700 $\mu g \cdot m^{-3}$ 以上,在西直门北高达 993 $\mu g \cdot m^{-3}$,为世界卫生组织标准的近 100 倍(世界卫生组织提议的 $PM_{2.5}$ 年均浓度值仅 10 $\mu g \cdot m^{-3}$)。1 月份北京就有 24 d 为雾霾天,是有记录以来同期最多的。2 月 10 日,单站点最高小时浓度超过 1 000 $\mu g \cdot m^{-3}$,再次创造了 $PM_{2.5}$ 小时浓度的最高值。即便在一向认为空气质量较好的中国南方,如长江三角洲地区,随着城市化进程的加速和机动车数量的激增,空气污染程度也急剧加速,细颗粒物污染尤其严重。2003 年秋季,上海地区细颗粒物 $PM_{2.5}$ 的平均浓度高达 96 $\mu g \cdot m^{-3}$。2013 年 1 月,在全国的大范围雾霾事件中,上海的 $PM_{2.5}$ 浓度高达 200～300 $\mu g \cdot m^{-3}$,超过世界卫生组织规定的浓度标准 20 倍之多[4]。由此可见,无论在北方还是南方,中国大气环境的现状十分严峻。

急剧影响中国大气质量的大气气溶胶即颗粒物污染,其成霾成雾的过程,即超细颗粒物气溶胶的成核过程与生长过程,速度之快,前所未见。2007 年 1 月间,乌鲁木齐发生严重雾霾,仅经过 2～3 h,大气能见度就从 5 km 降到 50 m。雾霾已成为中国大部分地区近年来频频发生的一种新的天气模式。雾霾污染不仅损害国民健康,并且造成很大经济损失,危害中国经济和社会的可持续稳定发展。

---

* 在本书中,天数的单位用 d,小时数的单位用 h,分钟用 min,秒用 s。

1.3　大气气溶胶对全球气候和环境变化的影响

世界气象组织与联合国环境规划署下属政府间气候变化专门委员会(Intergovernmental Panel on Climate Change，IPCC)的评估报告指出，在全球气候变化的众多影响因子中，最不确定、亟待解决的是大气气溶胶的作用。大气气溶胶已成为深入理解气候变化之关键。

1.3.1　大气气溶胶的长途传输

大气气溶胶，即形成雾霾的细颗粒物，还可远距离洲际输送，横跨太平洋、大西洋，对区域气候异常及全球气候环境变化产生很大的影响。天然的沙尘气溶胶和污染物气溶胶，或者气体的混合与相互作用，其所产生的混合气溶胶及所形成的雾霾，不仅造成中国广大地区的严重污染，其长途传输更会对东亚乃至整个太平洋的海洋大气体系及大洋的初级生产力，发生重要影响。20 世纪 80 年代初人们发现，某些元素和化合物经远距离传输，通过海–气交换进入大洋，这是比河流输送入海更为重要的途径。亚洲沙尘可远征数千至一万千米以上，沉降于远离其来源的北太平洋直至美洲大陆，是全球生物地球化学循环的重要途径之一。中国所属海域上空的非海盐气溶胶，约有 81% ~ 97% 来自人为源的排放。中国机动车的大量增加，可导致对流层的臭氧(O_3)浓度增加数十 ppb[*]。硝酸盐在大洋表层水中的沉降，将使北太平洋表层水的碳(C)生产力增加百分之几[5]。Y. Iwasaka 等[4]发现，沙尘在传输到日本的途中，其化学组成发生了变化。B. -G. Kim 等[6]发现，大气中的痕量气体(如 NO_x 和 SO_x)被沙尘吸附，在长距离输送过程中发生了多相反应。庄国顺等于 1992 年在 *Nature* 发表论文[7]，提出在矿物气溶胶表面，可能存在 $Fe(Ⅲ)$ 和 SO_2 的光化学氧化还原机制；并提出铁硫(Fe–S)氧化还原耦合的全球循环模式，揭示了 S 和 Fe 的生物地球化学循环，及其可能的连锁循环正反馈模式。在远距离输送到太平洋，包括地壳源及人为源的气溶胶中，含有大量的 $Fe(Ⅲ)$，后者通过与人为污染物中大量低价含硫(S)化合物相互作用，增加了对海洋表层生物具有决定意义且可为之吸收的 $Fe(Ⅱ)$，从而使海洋表层的浮游生物即初级生产力随之增加。海洋大气生态体系的这一变化，会反馈到生物地球化学循环之中。浮游生物的增加，导致其排放的二甲基硫(dimethyl sulfide，DMS)增加；DMS 的增加，又导致海洋大气中硫酸盐气溶胶的增加；硫酸盐气溶胶的增加，进而导致海洋浮游植物所必需的 $Fe(Ⅱ)$ 增加。如此反复循环不已。海洋浮游植物的增加，可导致海洋对 CO_2 吸收量的增加，此连锁循环反馈对于温室效应所产生的全球环境变化有重要影响。与人类活动有关的极端气溶胶事件(化石燃料燃烧、工业粉尘排放和沙尘暴等)成为影响环境和气候变化的关键因素之一。2001 年

---

　[*]　ppb：part per billion，表示溶质质量占全部溶液质量的 10 亿分比。1 ppb＝1/1 000 ppm。

中国东海上空经过沙尘暴后的气溶胶表层 pH 值,甚至低到小于 $1.5^{[8]}$。这一结果显示了气溶胶的来源、分布、组分转化及其对区域生态环境乃至全球环境变化的影响,远远大于人们的预料。作为全球生物地球化学循环的重要途径之一,来自中亚、覆盖大半个中国的沙尘气溶胶,在其传输途中与人为活动产生的气溶胶发生相互作用,使中国成为研究大气气溶胶的最佳平台。沙尘源区附近的乌鲁木齐和沿海大城市上海,有着完全不同的排放源与大气环境,代表中国混合气溶胶即雾霾的两种典型地区,也成为研究雾霾形成机制的两个最佳的天然大气化学实验室。

1.3.2　大气气溶胶与全球能量辐射平衡

大气气溶胶通过两种作用机制影响全球能量辐射平衡,从而影响气候变化:一是气溶胶通过散射及吸收短波和长波辐射,对地气系统产生直接辐射强迫;二是气溶胶作为云凝结核,参与云的生成、演化和消散过程,改变云的微物理结构和寿命,以及其光学特性,影响云滴大小、云生命期和降水效率等产生间接辐射强迫。大气气溶胶通过影响大气辐射、大气化学及云和降水过程,改变地水气系统内部的辐射能量收支和水循环,对全球气候和环境变化产生巨大影响。近半世纪的气候变化表明,气溶胶对中国降水格局的变化也起重要作用。R. J. Charlson 等根据人为活动排放的 SO_2 和海洋浮游植物产生的 DMS 进入大气被氧化成 SO_2,又进而被氧化为硫酸盐,成为海洋气溶胶的主要来源,提出了硫酸盐减少太阳辐射的反馈模式[9]。IPCC 的评估报告指出,在工业化以来的 250 多年中,因 CO_2 等温室气体而增加的全球年均辐射强迫,估算为 $2.43 \ W \cdot m^{-2}$。此估算值的不确定性即相对误差只有大约 10%,而各种不同类型气溶胶所产生的辐射强迫的不确定性可高达 300%。例如,生物质燃烧产生的气溶胶的辐射强迫为 $-0.2 \ W \cdot m^{-2}$,而其不确定范围为 $-0.07 \sim -0.6 \ W \cdot m^{-2}$。由于气溶胶的化学成分非常复杂,不同混合类型的气溶胶所导致的直接或间接辐射强迫差别很大。

随着全球气候变暖,中国的气候灾害越发严重。研究表明,气溶胶对中国区域气候异常也有十分显著的影响。S. C. Yu 等[10]认为,中国东部地区吸收性气溶胶的加热作用,可能是导致中国东部地区冬春季温度上升的一个因素;S. Menon 等[11]认为,中国南方洪涝灾害可能由黑碳之类的吸收性气溶胶所引起;Q. Xu 等[12]和 Menon 等[11]指出,在中国华南地区,气溶胶对降水的影响可能大于中国南海和印度洋地区海表温度(sea surface temperature, SST)增高的作用。近年来在中国北方大部分地区,春季沙尘活动十分频繁,引起了各方面的广泛关注和重视[13]。X. Li[14]以及 I. Tegen 等[15,16]的研究则揭示了区域乃至全球尺度上沙尘气溶胶的辐射强迫及其对气候的重要影响。加强对气溶胶(如黑碳、沙尘气溶胶等)吸收特性的观测和理论研究,结合全球或区域气候模式,以阐明中国气溶胶的辐射强迫和气候效应,具有重要的科学意义,对于评估中国近年来采取的污染控制措施的环境和气候效应,也是必不可少的。

1.3.3　大气气溶胶与云的相互作用

大气气溶胶又是发生大气棕色云等重大环境问题的首要因素之一。1995—1999 年印度洋实验项目(The Indian Ocean Experiment, INDOEX)的观测实验发现,印度洋、南亚、东南亚和中国南部上空笼罩着约 3 km 厚、面积约 900 万 km² 的棕色污染尘霾,称作亚洲棕色云团(Asian brown cloud,后称为大气棕色云团,即 atmospheric brown cloud,简称 ABC),其中含有大量的含碳颗粒物、有机颗粒物、硫酸盐、硝酸盐和铵盐等。该云团对包括中国在内的广大地区乃至全球气候与环境产生很大影响。国际上先后开展了一系列大型观测实验和数值模拟,研究大气气溶胶的理化和光学特性及其时空分布[17-20],如在南澳大利亚海域进行的气溶胶特征试验 ACE - 1、在东北大西洋海域进行的 ACE - 2、在印度洋海域进行的 INDOEX 和在西北太平洋海域进行的 ACE - Asia(亚洲)等。这些研究计划旨在确定大气气溶胶的理化和辐射特性、气溶胶-云-辐射的相互影响,以及控制气溶胶演变的物理和化学过程。

大气气溶胶和云的相互作用是一种复杂的非线性过程。人类活动导致的云凝结核和冰核的增加,会显著改变云的微物理特性,从而进一步影响气候系统[21,22]。气溶胶作为云凝结核,产生间接辐射强迫,影响全球的辐射收支。气溶胶不但可以增加云的反射率,而且可以改变云的生命史[23,24]。一些观测事实揭示了气溶胶有可能潜在地改变云的某些性质[21]。但是,并非所有的观测结果完全一致。一些结果表明,增加大气气溶胶浓度可增加云的反射率[25-27];另一些结果则显示,进入云中的高污染气溶胶可导致云水含量和云反射率的降低,如最近的卫星观测研究显示出气溶胶的间接效应可能主要是由于云覆盖的增加,而不是云反照率的增加[27]。估计气溶胶间接效应的数值模式,在对气溶胶过程、云过程及其相互作用的处理上,存在相当大的差异。大部分模式只包含了自然和人为的硫酸盐、自然海盐、沙尘及火山硫酸盐气溶胶的影响,而对于含硫酸盐的其他混合物、黑碳、有机碳等考虑不足。这主要是由于缺乏这类气溶胶理化特性的基础数据。因此,在模式中对云-气溶胶相互作用的处理比较粗糙,一些模式在云本身的预报方面与实际存在显著差异,用于估计气溶胶的间接气候效应更无从谈起。对气溶胶与云的相互作用及其间接辐射效应的定量评估结果,存在很大的不确定性。其原因主要在于两个方面:一是气溶胶与云的定量观测资料的缺乏,二是气溶胶与云的相互作用的参数化模式的误差。研究气溶胶与云的相互作用,首先必须对气溶胶和云进行定量观测,一般有地基定点测量和卫星大范围遥感反演两种方法。其中地基定点观测较为精确,常用于卫星遥感反演的验证和高度廓线的约束反演。卫星反演一般集中在海洋上空;而在陆地上空,由于陆地地表的高反射率及其在时间和空间上的高度不均一性,陆地上空的卫星遥感测量,主要根据暗目标测量信号或者联合利用偏振辐射和总辐射反演得到。因此,利用地基观测的精确性和卫星反演的广域性,来综合分析区域或大尺度范围的气溶胶、云相互作用以及其间接辐射强迫,成为必要的、可行的分析条件。近年来,就气溶胶辐射强迫问题开展了许多大型外场综合观测的实验和理论研究。2005 年 4 月,美国《大气科学杂志》(*Journal of the Atmospheric Sciences*，*JAS*)推出了一辑介绍有关气溶胶最新研究成果的专刊。而有关气溶胶对区域气候的影响，也有诸多研究。如黑碳气溶胶作为大气中首要的吸收性气溶胶成分，它吸收太阳辐射，加热大气，从而改变大气的稳定度、垂直运动以及对流降水[28,29]。各类气溶胶大都显示降温效应，唯有黑碳因其化学组成和光学特性，与温室气体一样显示了增温效应。因此，黑碳问题已引起了国际科学界的普遍重视，成为当今环境研究的热点之一。在 IPCC 的报告编写中，也提出需要谨慎考虑黑碳和其他气溶胶的气候效应问题。

1.3.4　大气气溶胶表面的多相化学反应

大气气溶胶表面的多相反应，是大气中的重要化学过程。它不仅影响痕量气体的浓度、分布以及气溶胶的形成，而且控制和调节某些重要元素如 S、N、C、Fe 的全球生物地球化学循环。大气光化学过程中的气-固转化过程以及气溶胶表面的多相化学过程，已引起国际气溶胶科学家的高度重视。有机气溶胶的形成机制及其环境效应，是亟待研究和有望突破的国际前沿领域。微观反应机理及反应动力学在大气、环境、能源化学和其他具有应用背景的研究中，引起人们广泛的兴趣。阐明每一个基元反应的机理和动力学，在揭示全球 O_3 耗损、光化学烟雾和大气污染的原因与解决方法中，起到了非常重要的作用。

以下各篇章总结笔者研究团队近 20 年长期观测和研究的成果，详细论述中国各个典型地区的大气气溶胶及因之形成的严重雾霾的来源、形成机制及其对区域环境乃至全球变化所产生的重大影响，并进而总结近年来大气气溶胶科学基础理论及其研究方法之最新进展。

参考文献

[1] Andreae M O, Crutzen P L. Atmospheric aerosols: Biogeochemical sources and role in atmospheric chemistry. Science, 1997, 276: 1052 – 1058.

[2] Huang K, Zhuang G, Wang Q, et al. Extreme haze pollution over northern China in January, 2013: Chemical characteristics, formation mechanism and role of fog processing. Atmos Chem Phys Discuss, 2014, 14: 7517 – 7556.

[3] Wang Q, Zhuang G, Huang K, et al. Probe the severe haze pollution in January 2013 in three Chinese representative regions: Characteristics, sources and regional impacts. Atmospheric Environment, 2015, 120: 76 – 88.

[4] Iwasaka Y, Shi G-Y, Shen Z, et al. Nature of atmospheric aerosols over the desert areas in the Asian continent: Chemical state and number concentration of particles measured at Dunhuang, China. Water, Air, & Soil Pollution: Focus, 2003, 3(2): 129 – 145.

[5] Elliott S, et al. Motorization of China implies changes in Pacific air chemistry and primary production. Geophysical Research Letters, 1997, 24: 2671 – 2674.

[6]　Kim B-G, Park S-U. Transport and evolution of a winter-time yellow sand observed in Korea. Atmospheric Environment, 2001, 35: 3191 – 3201.

[7]　Zhuang G, et al. Link between iron and sulfur cycles suggested by detection of Fe(Ⅱ) in remote marine aerosols. Nature, 1992, 355: 537 – 539.

[8]　Meskhidze N, Chameides W L, Nenes A, et al. Iron mobilization in mineral dust: Can anthropogenic SO_2 emissions affect ocean productivity? Geophys Res Lett, 2003, 30(21): 2085.

[9]　Charlson R J, Schwartz S E, Hales J M, et al. Climate forcing by anthropogenic aerosols. Science, 1992, 255: 423 – 430.

[10]　Yu S C, Saxena V K, Zhao Z C A. Comparison of signals of regional aerosol-induced forcing in eastern China and the southeastern United States. Geophysical Research Letters, 2001, 28: 713 – 716.

[11]　Menon S, et al. Climate effects of black carbon aerosols in China and India. Science, 2002, 297: 2250 – 2253,

[12]　Xu Q. Abrupt change of the mid-summer climate in central east China by the influence of atmospheric pollution. Atmos Environ, 2001, 30: 5029 – 5040.

[13]　Zhou X, Xu X, Yan P, et al. Dynamic characteristics of dust storms in spring, 2000. Science in China D, 2002, 32: 327 – 334.

[14]　Li X, Maring H, Savoie D, et al. Dominance of mineral dust in aerosol light scattering in the North Atlantic trade winds. Nature, 1996, 380: 416 – 419.

[15]　Tegen I, Lacis A A. Modeling of particle size distribution and its influence on the radiative properties of mineral dust aerosol. J Geophy Res, 1996, 101: 19237 – 19244.

[16]　Tegen I, Lacis A A, Fung I. The influence on climate forcing of mineral aerosols from disturbed soils. Nature, 1996, 380: 419 – 422.

[17]　Kinne S, Lohmann U, Feichter J, et al. Monthly averages of aerosol properties: A global comparison among models, satellite data, and AERONET ground data. J Geophys Res, 2003, 108(D20): 4634.

[18]　Jacob D J, Crawford J H, Kleb M M, et al. Transport and Chemical Evolution over the Pacific (TRACE-P) aircraft mission: Design, execution, and first results. J Geophys Res, 2003, 108(D20): 8781.

[19]　Zhang M, Uno I, Carmichael G R, et al. Large-scale structure of trace gas and aerosol distributions over the western Pacific Ocean during TRACE-P. J Geophys Res, 2003, 108(D21): 8820.

[20]　Doherty S J, Quinn P K, Jefferson A. A comparison and summary of aerosol optical properties as observed *in situ* from aircraft, ship, and land during ACE-Asia. J Geophys Res, 2005, 110(D4): Art. No. D04201.

[21]　Penner J E, Rotstayn L D. Indirect aerosol forcing. Science, 2000, 290: 407a.

[22]　Ramanathan V, et al. Aerosols, climate, and the hydrological cycle. Science, 2001, 294: 2119 – 2124.

[23] Twomey S A. Role of aerosols in influencing radiative properties of clouds. International Symposium on Radiation in the Atmosphere, 1977: 171 - 174.

[24] Albrecht B A. Aerosols, cloud microphysics, and fractional cloudiness. Science, 1989, 245 (4923): 1227 - 1230.

[25] Rosenfeld D, Lahav R, Khain A, et al. The role of sea spray in cleansing air pollution over ocean via cloud processes. Science, 2002, 297(5587): 1667 - 1670.

[26] Schwartz S E. The whitehouse effect-shortwave radiative forcing of climate by 7 anthropogenic aerosols: An overview. J Aerosol Science, 1996, 27: 359 - 382.

[27] Kaufman Y J, Nakajima T. Effect of Amazon smoke on cloud microphysics and albedo-analysis from satellite imagery. J Appl Meteoro, 1993, 32(4): 729 - 744.

[28] Hansen J, Sato M, Ruedy R, et al. Global warming in the twenty-first century: An alternative scenario. Proc Natl Acad Sci USA, 2000, 97: 9875 - 9880.

[29] Jacobson M Z. Strong radiative heating due to the mixing state of black carbon in atmospheric aerosols. Nature, 2001, 409: 695 - 697.

第2章
中国大气气溶胶的大尺度分布特征和
沙尘源区的 Ca／Al 元素比值示踪判别

　　大气气溶胶按其来源,可分为天然源气溶胶和人为源气溶胶;按其生成途径,又可分为以微粒形式直接从发生源进入大气的一次气溶胶,和在大气中由一次污染物经化学转化而生成的二次气溶胶。它们可以来自被风扬起的沙漠或表层土壤的沙尘、由海水溅沫蒸发而成的海盐颗粒、火山爆发的散落物以及森林燃烧的烟尘等天然源;也可以来自诸如煤等化石燃料或生物质的燃烧,用于交通运输的机动车、轮船和飞机的排放以及各种工业排放的烟尘等人为污染源。在中国北部和西北地区,每年春季常发生沙尘暴[1-5],那就是大气气溶胶的最典型的天然源。来自沙漠和干旱／半干旱地区的表层土,被所经过的气团冷锋的大风卷入空中[6-8],并传输到下风向地区。大量沙尘被传送到中国东部和东南部[9-11]、韩国[12,13]、日本[11-15]、北太平洋,甚至可传送到北美地区[7,16,17]。沙尘在其长途传输中,与沿途各地排放的污染物气溶胶混合并相互作用,进而被沙尘携带,一同传输到全球其他地区。沙尘长距离传输在全球生物地球化学循环以及全球变化中的重要作用,受到广泛关注。显然,大气污染问题不只是中国本地的问题,而是区域性乃至全球性的环境问题[18,19]。

　　中国对大气气溶胶至今进行了几十年的监测和研究,尚未见中国大气气溶胶全国性整体分布的报道。以下根据现有的气溶胶数据,用铝(Al)、钠(Na)和硒(Se)分别作为地壳源、海洋源和污染源的特征元素,描述中国地壳源、海洋源和污染源气溶胶的大尺度分布特征,提出中国气溶胶分布的基本模式。

　　图2-1是本章采用的大气气溶胶中元素浓度数据所代表的各采样点的地理位置,一共有中国18个城市以及韩国、日本的5个城市和地区,其中有处于内陆的城市,如兰州,也有处于海洋中的小岛,如韩国济州岛;有处于人口稀疏的边远地区,如西藏泽当,也有人口密集的中国特大城市,如北京;有处于沙尘暴源区附近的大西北,如乌鲁木齐,也有处于东南沿海的城市,如香港。

　　表2-1列出了各个采样点大气气溶胶中的元素浓度数据。此文中所用的所有这些特征数据,有的来自文献,有的是合作者尚未发表的,有的则是我们自己的监测数据。这些数据大都采用中子活化(instrumental neutron activation analysis, INAA)、等离子体

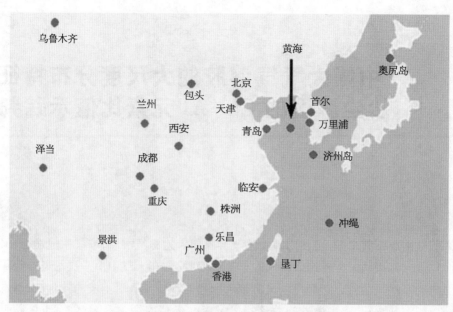

图 2-1 采样点分布图(彩图见下载文件包＊)

光谱(inductively coupled plasma，ICP)、X 射线荧光光谱(X-ray fluorescence，XRF)等分析方法得到。每个采样点的特征元素数据,由若干样品的平均值计算而得。用于统计的样品数目有 2 个(泽当)到 448 个(北京)不等。

表 2-1 各采样点大气气溶胶中的元素浓度

采样点	Al (ng·m^{-3})	Na (ng·m^{-3})	Se (ng·m^{-3})	Zn(锌) (ng·m^{-3})	采样时间	参考文献
泽 当	2.9E+04**	3.9E+03	3.7E+00	5.1E+01	1998.1	[20]
乌鲁木齐	1.5E+04	3.5E+03	2.0E+00	2.5E+02	1990.10 和 1991.10	[21]
兰 州	2.7E+04	4.8E+03	8.8E+00	6.6E+02	1990.10 和 1991.10	[21]
包 头	2.5E+04	3.3E+03	5.7E+00	3.9E+03	1990.10 和 1991.10	[21]
西 安	3.2E+04	8.4E+03	3.2E+01	3.9E+03	1997.7—8 和 1998.1	[22]
成 都	2.7E+04	4.0E+03	1.1E+01	1.1E+03	1990.10 和 1991.10	[20]
重 庆	1.2E+04	4.0E+03	2.7E+01	8.0E+02	1986.9	[23]
景 洪	4.6E+03	8.1E+02	9.2E+00	7.4E+01	1997.9	[20]
北 京	1.0E+04	1.6E+03	8.1E+00	7.1E+02	2000.9—2001.6	本章
天 津	9.7E+03	2.3E+03	8.7E+00	9.1E+02	1983.9	[24]

＊ 下载网址为 http://www.sstp.cn/index.php? m=content&c=index&a=lists&catid=103,或在上海科学技术出版社官网(http://www.sstp.cn/)主页界面右侧往下找到"课件/配套资源"栏目,点击"更多内容"。请从列表中找到"大气气溶胶和雾霾新论下载图",点击"下载"。本书中所有供下载的图,均在同一个图像文件压缩包中。

＊＊ E+或 E-后跟数值,表示 10 的正或负多少次方,这是计算机数据输出中约定的数值表示方法。字母 E 有时也可小写,意思一样。

（续表）

采样点	Al (ng·m^{-3})	Na (ng·m^{-3})	Se (ng·m^{-3})	Zn(锌) (ng·m^{-3})	采样时间	参考文献
青　岛	3.1E+03	2.7E+03	2.1E+00	1.4E+02	1989.5	[25]
株　洲	1.4E+03	2.1E+02	4.1E+00	2.8E+02	1987.8—9	[26]
乐　昌	1.0E+03	4.7E+02	1.4E+00	7.1E+01	1987.8	[26]
广　州	5.4E+03	9.0E+02	8.4E+00	4.6E+02	1987.8—9	[26]
临　安	3.8E+03	1.4E+03	7.0E+00	2.1E+02	1991.8—11 和 1994.2—6	[23]
香　港	1.2E+03	6.0E+03	3.0E+00	6.8E+01	1991.9—1994.4	[27]
垦　丁	3.1E+02	6.9E+03	9.7E−01	2.1E+02	1991.9—10 和 1994.2—3	[27]
黄　海	1.5E+03	2.5E+03	1.7E+00	4.2E+01	1989.4	[25]
首　尔	1.4E+03	6.2E+02	1.3E+01	4.1E+02	1986.5—1989.3	[20]
万里浦	1.3E+03	2.6E+03	2.1E+00	6.4E+01	1989.5	[25]
冈西里岛	4.7E+02	1.2E+04	2.8E−01	2.1E+01	1984.11—1985.5	[28]
济州岛	1.3E+03	1.2E+04	2.2E+00	4.6E+02	1991.9—1994.3	[27]
冲　绳	7.4E+02	9.7E+03	1.0E+00	1.9E+02	1991.9—1994.3	[27]

用 Al 代表地壳源,用 Na 代表海洋源,用 Se 代表污染源,每个采样点的元素数据显示了其所代表地区的大气气溶胶的基本特征和主要来源。虽然这些特征数据源自不同实验室的不同类型气溶胶样品(TSP 或 PM$_{10}$),采用不同分析方法,采样时间也跨越了 20年,但比较分析这些数据,还是揭示了中国大气气溶胶大尺度的空间分布特性。

2.1　中国地壳源气溶胶的空间分布特征

Al 元素通常作为地壳源的示踪元素。虽然硅(Si)、钪(Sc)和钛(Ti)也是很好的地壳源代表元素,但是 Sc 在气溶胶中的浓度很低,很多样品未有测定;INAA 或 ICP 法又不能给出 Si 的浓度;而在很多情况下,Ti 的分析精度也不高。因此,选择 Al 作为地壳源的代表。各采样点 Al 的浓度如图 2-2 所示。

Al 的等浓度线几乎与海岸线平行。在比较干燥的西北内陆地区,Al 的浓度较高,在东南沿海地区,Al 的浓度最低,即沙尘气溶胶大致呈现从西北往东南由高到低的空间分布。在沿海地区,Al 的浓度变化较为明显;而在内陆地区和海洋上空,Al 的浓度基本保持不变。中国西北地区是沙漠所在地,降水量很少,并经常在春季发生沙尘暴,因而这些地区的沙尘量比南方地区高得多。

值得注意的是,成都、重庆和广州的 Al 浓度,要比只考虑降水情况以及它们湿润气候条件的期望值高得多。这是由于这些地区来自工业燃煤过程的 Al 对城市气溶胶的影

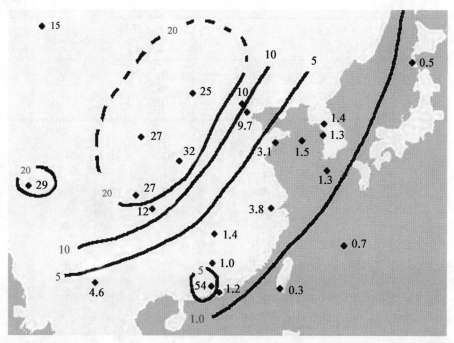

图 2-2　大气气溶胶中 Al 浓度(μg·m⁻³)的空间分布(彩图见下载文件包,网址见 14 页脚注)

响。工业燃煤过程对气溶胶中 Se 元素的贡献更为明显(见 2.3 节)。这些人为源气溶胶的贡献,升高了大气气溶胶中主要地壳源元素的浓度,使得湿润地区含有较低沙尘这一自然分布规律发生了扭曲。

2.2　中国海洋源气溶胶的空间分布特征

Na 在海水中的浓度比在地壳和污染物中都高,因此用它作为海洋源气溶胶的示踪元素。各采样点 Na 的浓度分布情况如图 2-3 所示。Na 的分布规律基本上与 Al 相反,在海洋上空呈现最高值。在沿海地区,Na 的等浓度线也是以东北-西南方向排列;但是在内陆地区,Na 的浓度不但没有下降,反而开始上升。这是由于 Na 既可以来自海洋源,又可以来自地壳源和污染源。Na 的浓度在沿海形成较为广阔的东北-西南方向的最低值区域,而在海洋上空和内陆地区的浓度都较高。在中国大陆的中部地区,其浓度出现高值。来自风沙及燃煤的 Na,使其浓度在内陆地区逐渐增高。这样,内陆地区高浓度的 Na 主要来自地壳源,而海洋上空高浓度的 Na 则主要来自海洋源。

通过比较不同地区 Na 对 Al 的比值(Na/Al),可以区分来自陆地源和海洋源的 Na。基于地壳源中 Na/Al 比值为 0.3[29],当某个地区大气气溶胶中 Na/Al 比值接近 0.3 时,Na 主要来自地壳源;当这个比值明显偏高时,Na 主要来自海洋源。Na/Al 比值的空间分布状况如图 2-4 所示。在太平洋小岛上,Na/Al 比值超过 20,向沿海地区迅速下降,

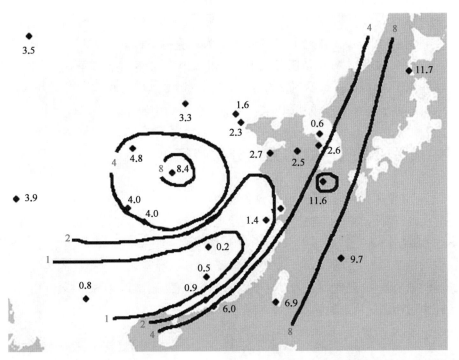

图 2 - 3　大气气溶胶中 Na 浓度(μg · m^{-3})的空间分布(彩图见下载文件包,网址见 14 页脚注)

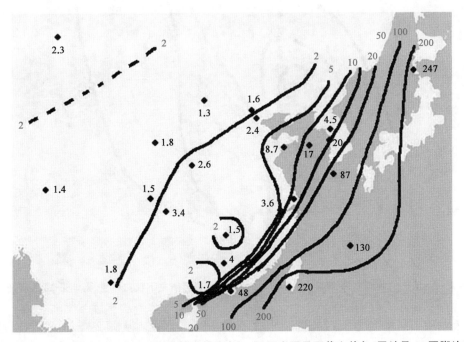

图 2 - 4　大气气溶胶中 Na /Al 比值的空间分布(×10)(彩图见下载文件包,网址见 14 页脚注)

从而再次形成东北-西南方向的浓度聚变带,并在沿海地区下降到0.5～1.0。Na／Al比值向内陆地区逐渐下降到0.2左右,并在很广阔的区域保持这个比值。也就是说,海洋上空的海洋源Na,在陆地上空已经转变为地壳源Na。

在广州和株洲,Na／Al比值明显低于其他沿海地区,而又显著高于其他内陆城市,显示了在这些地区,地壳源对大气气溶胶中Na的含量,贡献相对较高。当然,这些地区的地壳源气溶胶不是来自风沙,而是来自工业过程排放的污染物。

2.3 中国污染源气溶胶的空间分布特征

由于Se主要来自燃煤污染,地壳源和海洋源的Se几乎可忽略不计,而燃煤又是中国的主要能源,因此元素Se是鉴别大气气溶胶来自污染源部分的理想示踪元素。各采样点Se的浓度分布情况,如图2-5所示。Se的等浓度线基本按东北-西南方向排列,其浓度在中国中部和华北地区出现一个宽阔的最大值区,显然表明该地区的大气污染状况严重。西北地区Se的浓度由于人口密度的降低而降低,东南地区Se的浓度由于海洋气团的稀释作用和燃煤用量的相对减少而降低。

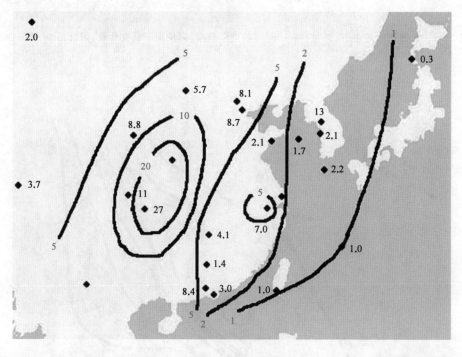

图2-5 大气气溶胶中Se浓度(μg·m⁻³)的空间分布(彩图见下载文件包,网址见14页脚注)

大城市中高浓度的Se,说明有严重的人为源污染存在。从图2-5可以看出,无论内地还是沿海地区的工业化城市,Se的浓度都很高。重庆的Se浓度比其他城市高很多,不仅因为重庆本身是一个工业较为发达的城市,还因为重庆的地理条件使然。重庆处于四川盆地内,四面环山的地理条件使得这里的气溶胶极不容易扩散,造成污染物的累积。

2.4　地壳源气溶胶与污染源气溶胶的相对贡献比较

大气气溶胶中 Se/Al 比值,可用来区分地壳源气溶胶和污染源气溶胶相对贡献的大小。各采样点 Se/Al 比值的分布情况如图 2-6 所示。同样,其等值线依东北-西南方向排列,比值变化非常缓慢,由西北地区的最低值 $1×10^{-4}$ 升高到海洋上空的最高值 $20×10^{-4}$。在某些大城市,此比值较其他地区要高。这些数据的变化表明,中国北部和西北部的大气气溶胶,较多地来自地壳源的土壤;而中国南部和东南部的大气气溶胶,则较多地来自污染源。高浓度的污染气溶胶,加上低浓度的地壳源气溶胶,使得中国南部、东南部地区的 Se/Al 比值较高(工业化程度较高的城市,由于有更多的污染源,因而 Se/Al 比值较高)。相反,低浓度的污染气溶胶加上高浓度的地壳源气溶胶,使得中国北部、西北部地区的 Se/Al 比值比较低。同时,因为中国南部、东南部地区比其他地区更为湿润,大部分地壳表面有植被覆盖,降低了地壳源气溶胶的直接排放;而来自地面的尘土排放,也可能更多地包含来自污染源的煤飞灰的影响。

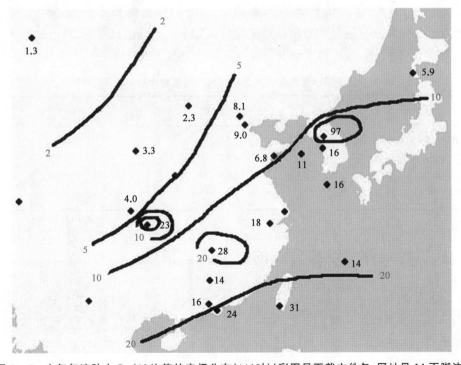

图 2-6　大气气溶胶中 Se /Al 比值的空间分布($×10^4$)(彩图见下载文件包,网址见 14 页脚注)

2.5　判断不同沙尘源气溶胶的元素比值示踪法——Ca／Al 比值

中国大气气溶胶中的沙尘气溶胶,主要来自三大源区——位于亚洲中部中国西北新疆境内的塔克拉玛干沙漠、位于蒙古和中国北部内蒙古境内的戈壁,以及位于中国西北部的黄土高原。笔者的研究团队分别在三大沙尘源区的代表地区——塔克拉玛干沙漠中部的塔中、内蒙古戈壁的多伦和黄土高原的榆林设立采样点。经过近 10 年的观测,发现大气气溶胶中的 Ca／Al 比值是区分源自不同沙尘源区大气气溶胶的十分简便而可靠有效的方法。表 2－2 列出了上述 3 个采样点以及位于下风向地区沿海大城市上海,在沙尘长距离传输期间大气气溶胶中 Ca／Al 的平均值。塔中的 Ca／Al 比值为 1.56±0.14,在所有站点中最高,是塔克拉玛干沙漠这一典型的西部高钙(Ca)沙尘区的最重要特征。多伦的 Ca／Al 比值最低,仅为 0.52±0.05,几乎与位于内蒙古戈壁的浑善达克沙地的比值(0.52)完全一致,代表了戈壁沙尘源区的低钙特征。代表黄土高原榆林的 Ca／Al 比值为 1.09±0.13。由于黄土高原是来自上述两大沙尘源区的沙尘,千百万年来长途传输而沉降的结果,其 Ca／Al 比值位于上述两大源区之间,正说明黄土高原的尘土是其他 2 个源区传输而来的尘土混合的产物。上海的 Ca／Al 比值为 0.67±0.20,比多伦稍高,但远小于塔中。据此可以推断,长途传输到上海的此次沙尘,应该更多地是来自蒙古或内蒙古戈壁,而并非来自西部的高钙沙尘区。由于在传输过程又混合了途中或上海局地的建筑或道路扬尘,提高了其中的 Ca 含量,因而其 Ca／Al 比值略高于蒙古或内蒙古戈壁。上述推断与根据气象条件所做的后向轨迹追踪结果完全一致。由此可见,通过分析大气气溶胶中的 Ca／Al 比值,可以简便地判别大气气溶胶中的沙尘来源。

表 2－2　不同沙尘源区和典型城市大气气溶胶中的 Ca／Al 比值

采 样 点	气溶胶种类	Ca／Al
塔中(塔克拉玛干沙漠)	TSP	1.56
多伦(内蒙古戈壁)	TSP	0.52
榆林(黄土高原)	TSP	1.09
上海(沿海大城市)	TSP	0.67

2.6　模拟污染源气溶胶分布的一个简单指数

中国污染源气溶胶的上述空间分布状况,揭示了污染源气溶胶与现代工业化程度以及空气中的相对湿度都有很大关系。采用一个简单的污染源气溶胶指数,可以模拟不同地区污染气溶胶的相对浓度。

污染气溶胶指数 I 定义为:

$$I = PD / (Precip \times WS) \qquad (2-1)$$

上式中 PD 表示人口密度,Precip 表示降水量,WS 表示风速。由于人口密度与工业化程度常常呈正相关,而污染源气溶胶浓度又与工业化程度呈正相关,因此用人口密度来表征工业化程度。平均降水量用于近似表述某地区的年平均相对湿度。风速和降水量(相对湿度)作为该地区污染气溶胶的稀释因素,应与污染源气溶胶浓度成反比。本章所使用的人口密度数据来自 *Atlas of China*[30],代表采样点及其周围区域的人口密度值,而不单单是采样点的人口密度。降水量和风速取自 H. Arakawa 的文献[31](若该采样点的降水量和风速数据不可查,我们取其周边地区的降水量和风速数据)。表 2 - 3 列出了 15 个中国城市的污染源气溶胶的模拟指数值。

表 2 - 3　15 个中国城市的污染气溶胶指数值

采 样 点	人口密度[30] (人数·km^{-2})	降水量[31] (mm·yr^{-1})	风速[31] (m·s^{-1})	污染气 溶胶指数
泽　当	1.00E+00	4.00E+02	2	1.25E−03
乌鲁木齐	1.00E+01	2.76E+02	2.5	1.45E−02
兰　州	5.00E+01	3.37E+02	0.8	1.85E−01
包　头	5.00E+01	2.04E+02	3.1	7.91E−02
西　安	2.00E+02	5.76E+02	1.8	1.93E−01
成　都	2.00E+02	1.15E+03	1.1	1.59E−01
重　庆	2.00E+02	1.09E+03	1.4	1.31E−01
景　洪	1.00E+01	1.75E+03	0.5	1.14E−02
北　京	2.00E+02	6.23E+02	2.5	1.28E−01
天　津	1.00E+02	5.26E+02	2.7	7.04E−02
青　岛	2.00E+02	6.47E+02	5.4	5.72E−02
株　洲	1.00E+02	1.75E+03	2.6	2.20E−02
乐　昌	1.00E+02	1.75E+03	2.6	2.20E−02
广　州	2.00E+02	1.72E+03	1.9	6.12E−02
临　安	5.00E+01	1.20E+03	2.3	1.81E−02

图 2 - 7 显示了各采样点大气气溶胶中污染元素(Zn、Se)的浓度,以及在各个采样点相应的污染气溶胶模拟指数。由图 2 - 7 显而易见,Zn 和 Se 有着与污染源气溶胶指数类似的空间分布规律,即最大值/最小值都出现在相同的地区。图中各采样点基本按照由西北到东南的顺序排列。污染源气溶胶指数在西北地区采样点较低,在内陆地区经过一个广泛的高值区(兰州到北京),而后在沿海地区下降到与西北地区相近似的污染源气溶胶指数值(株洲到临安)。上述模拟指数与实际观测值的变化趋势基本吻合,说明了某一区域的工业发展水平、风速以及降水量,是决定某地污染源气溶胶浓度之主要因素。

综上所述,中国的沙尘源气溶胶主要分布于中国北部和西北地区,采用大气气溶胶中的 Ca/Al 比值可以简便地判别大气气溶胶中的沙尘来源。海盐气溶胶主要集中于沿

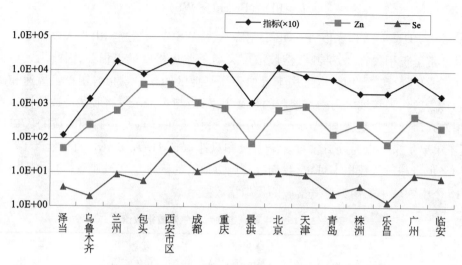

图 2 – 7　各采样点的污染源气溶胶指数以及污染元素(Se、Zn)的
浓度(ng·m⁻³)(彩图见下载文件包,网址见 14 页脚注)

海地区,而污染源气溶胶则几乎随处可见,并在中国的中东部地区占据主导地位。

　　污染源气溶胶的浓度,首先取决于人为污染源的排放,也与风速、降水等气象条件密切相关。降水不仅能够清除大气中的污染物,还决定着表层土壤的干燥程度,这是产生风沙的一个重要因素。风对气溶胶的稀释起很大作用,但是风速大又有利于沙尘气溶胶的产生。

参考文献

[1]　庄国顺,郭敬华,袁蕙,等.2000 年我国沙尘暴的组成、来源、粒径分布及其对全球环境的影响.科学通报,2001,46:895 – 901.

[2]　庄国顺,郭敬华,袁蕙,等.大气海洋物质交换中的铁硫耦合反馈机制.科学通报,2003,48:1080 – 1086.

[3]　Liu T S, Gu X F, An Z S, et al. The dust fall in Beijing, China on April 18, 1980. Geological Society of America Special Paper, 1981, 186:149 – 157.

[4]　Guo J, Rahn K A, Zhuang G. A mechanism for the increase of pollution elements in dust storms in Beijing. Atmospheric Environment, 2004, 38(6):855 – 862.

[5]　孙业乐,庄国顺,袁蕙,等.2002 年北京特大沙尘暴的理化特性及其组分来源分析.科学通报,2004,49(1):340 – 346.

[6]　Gao Q X, Li L J, Zhang Y G, et al. Studies on the springtime dust storm of China. China Environmental Science, 2000, 20(6):495 – 500 (in Chinese with abstract in English).

[7]　Husar R B, Tratt D M, Schichtel B A, et al. The Asian dust events of April 1998. Journal of Geophysical Research, 2001, 106:18317 – 18330.

[8]　Yang W. Source and deterrent for dust storms in Beijing. Forestry, 2002, 7:19 – 22 (in

Chinese).

[9] Zhang R J, Wang M X, Pu Y F, et al. Analysis on the chemical and physical properties of "2000. 4.6" super dust storm in Beijing. Climatic and Environmental Research, 2000, 5: 259 – 266.

[10] Lin T H. Long-range transport of yellow sand to Taiwan in Spring 2000: Observed evidence and simulation. Atmospheric Environment, 2001, 35: 5873 – 5882.

[11] Murayama T, Sugimoto N, Uno I, et al. Ground-based network observation of Asian dust events of April 1998 in East Asia, Journal of Geophysical Research, 2001, 106: 18345 – 18359.

[12] Yi S M, Lee E Y, Holsen T M. Dry deposition fluxes and size distributions of heavy metals in Seoul, Korea during yellow-sand events. Aerosol Science and Technology, 2001, 35: 569 – 576.

[13] Chun Y, Kim J, Choi J C, et al. Characteristic number size distribution of aerosol during Asian dust period in Korea. Atmospheric Environment, 2001, 35: 2715 – 2721.

[14] Ma C J, Kasahara M, Holler R, et al. Characteristics of single particles sampled in Japan during the Asian dust storm period. Atmospheric Environment, 2001, 35: 2707 – 2714.

[15] Uematsu M, Yoshikawa A, Muraki H, et al. Transport of mineral and anthropogenic aerosols during a Kosa even over east Asia. Journal of Geophysical Research, 2002, 107: AAC 3 – 1 – AAC 3 – 7.

[16] Perry K D, Cahill T A, Schnell R C, et al. Long-range transport of anthropogenic aerosols to the National Oceanic and Atmospheric Administration baseline station at Mauna Loa Observatory, Hawaii. Journal of Geophysical Research, 1999, 104: 18521 – 18533.

[17] Tratt D M, Frouin R J, Westphal D L. April 1998 Asian dust event: A southern California perspective. Journal of Geophysical Research, 2001, 106: 18371 – 18379.

[18] Zhuang G S, Huang R H, Wang M X, et al. Great progress in study on aerosol and its impact on the global environment. Progress in Natural Science, 2002, 12: 1002 – 1022.

[19] Zhuang G, Guo J H, Yuan H, et al. Coupling and feedback between iron and sulphur in air-sea exchange. Chinese Science Bulletin, 2003, 48: 1080 – 1086.

[20] Yang J, Li Z, Zhu B. Physicochemical properties of atmospheric aerosol particles at Zedang and Jinghong of China. Acta Meteorologica Sinica, 2001, 59(6): 795 – 802 (in Chinese with abstract in English).

[21] Hashimoto Y, Sekine Y, Kim H K, et al. Atmospheric fingerprint of east asia, 1986 – 1991. An urgent record of aerosol analysis by the Jack Network. Atmospheric Environment, 1994, 28(8): 1437 – 1445.

[22] Xie H, Huang S, Li L, et al. Source apportionment for Chinese aerosol and accumulated dust. Scientia Meteorologica Sinica, 1999, 19(1): 26 – 32.

[23] Yang D, Yu X, Li X, et al. Characteristics analysis of aerosol at Lin'an air pollution background station. Scientia, Atmospherica Sinica, 1995, 19(2): 219 – 227.

[24] Zhao D. Personal communication. Research Center for Eco-Environmental Sciences, Chinese Academy of Science, Beijing, China.

[25] Gao Y, Arimoto R, Duce R A, et al. Input of atmospheric trace elements and mineral matter to

the Yellow Sea during the spring of a low-dust year. Journal of Geophysical Research, 1992, 97 (D4): 3767 - 3777.

[26] Maenhaut W. Personal communication. University of Ghent, Belgium, 2001.

[27] Arimoto R, Duce R A, Savoie D L. Relationships among aerosol constituents from Asia and the North Pacific during PEM-West A. J Geophy. Res, [Atmos.], 1996, 101(D1): 2011 - 2023.

[28] Rahn K A, Lowenthal D H, Harris J M. Long-range transport of pollution aerosol from Asia and the Arctic to Okushiri Island, Japan. Atmospheric Environment, 1989, 23: 2597 - 2607.

[29] Turekian K K. Geochemical distribution of elements // Encyclopedia of Science and Technology: 3rd Edition, Vol 4. McGraw-Hill, 1971: 627 - 630.

[30] McNally R. Atlas of China. Chicago-New York-San Francisco, 1990: 48.

[31] Arakawa H. World survey of climatology, volume 8: Climates of northern and eastern Asia. Amsterdam-London-New York: Elsevier Publishing Company, 1969: 248.

第3章
大气气溶胶的离子化学及其来源解析

大气气溶胶的水溶性离子组分,与导致大气质量恶化的雾霾,以及当今全球环境面临的大气环境酸化和温室效应等重大问题,都有密切的关系[1,2]。本章专门论述大气气溶胶的离子化学及其来源解析。

3.1 大气气溶胶的化学组成及其质量浓度

大气气溶胶主要由矿物质、有机组分、元素碳(EC)、二次无机组分等组成。在沿海或海洋上空的气溶胶中,海盐也是主要组分。矿物质的含量一般在粗颗粒中较高,而有机组分和二次无机组分在细颗粒中较高。通过测定气溶胶中各个组分的浓度,可了解各组分的相对重要性,同时估算气溶胶的总质量浓度。大气气溶胶(TSP 或 PM_{10} 或 $PM_{2.5}$)的总质量浓度,等于其中所包含的各组分质量之和,通常可按照以下几种方法估算:总质量=矿物质+有机组分+EC+硫酸盐+NH_4NO_3[3],总质量=矿物质+有机组分+EC+$(NH_4)_2SO_4$+硝酸盐+$PbBr$[4],总质量=矿物质+有机组分+EC+二次无机气溶胶+海盐[5],总质量=矿物质+有机组分+EC+二次无机气溶胶+海盐+生物质燃烧组分[6],总质量=挥发性有机物+非挥发性有机物+EC+$(NH_4)_2SO_4$+NH_4NO_3[7]。在上述公式中,矿物质的质量浓度通常由 Al、Si、Ca、Fe、Ti 等矿物元素所对应的氧化物质量得到,可根据所测矿物元素的浓度,按照以下几种公式估算:矿物质=$2.20[Al]$+$2.49[Si]$+$1.63[Ca]$+$2.42[Fe]$+$1.94[Ti]$[3],矿物质=$1.16(1.90[Al]$+$2.15[Si]$+$1.41[Ca]$+$2.09[Fe]$+$1.67[Ti])$[4],矿物质=$1.16(1.90[Al]$+$2.15[Si]$+$1.41[Ca]$+$2.09[Fe]$+$1.67[Ti]$+$1.2[K])$[6],矿物质=$1.89[Al]$+$2.14[Si]$+$1.40[Ca]$+$1.43[Fe]$[5];其中的有机组分浓度由有机碳(OC)乘以一定的系数得到,可按以下公式估算:有机组分=$1.20[OC]$[5] 或 $1.40[OC]$[3] 或 $1.70[OC]$[6];其中的二次无机组分主要是 NO_3^-、SO_4^{2-}、NH_4^+ 形成的硫酸铵盐和硝酸铵盐,可按照以下公式估算:NH_4NO_3=$1.29[NO_3]$,$(NH_4)_2SO_4$=$1.375[SO_4]$[5];其中的生物质燃烧组分按下式估算:生物质燃烧组分=总$[K]$−$0.6[Fe]$[6]。此外,海盐=$1.65[Cl]$[5] 或 $2.54[Na^+]$[6]。

二次无机组分是细颗粒 $PM_{2.5}$ 中的重要组分,其占 $PM_{2.5}$ 总质量的 30%~42%,如在

美国匹兹堡为 31%[7],墨西哥为 30%[5],韩国背景点为 $32\%\sim35\%$[8],上海为 41.6%[9]。研究二次无机离子的特性,对了解气溶胶尤其是细颗粒气溶胶的理化特性,具有重要意义。除二次离子外,其他主要可溶性离子在颗粒物上的含量也不可忽视。北京大气气溶胶中 Cl^-、NO_3^-、SO_4^{2-}、Na^+、NH_4^+、K^+、Mg^{2+}、Ca^{2+} 等离子共占 TSP 的 18.9%[10],南京气溶胶中的可溶性组分,占气溶胶总质量的 $15.7\%\sim42.9\%$[11],阿尔卑斯山的可溶性离子占颗粒物质量的 30%[12],地中海克里特岛上的可溶性离子占 TSP 的 58%[13],德国鲁尔地区的 NH_4^+、Na^+、Ca^{2+}、Mg^{2+}、NO_3^-、SO_4^{2-}、Cl^- 等离子占 $PM_{2.5}$ 的 68%[14]。细颗粒中的可溶性离子占总质量的比例高于粗颗粒,城市高于乡村。通常在城市气溶胶中,NO_3^-、SO_4^{2-} 是主要阴离子,NH_4^+、Ca^{2+} 是主要阳离子,如北京 TSP 中 NO_3^-、SO_4^{2-}、NH_4^+、Ca^{2+} 占离子总浓度的 83.2%[10],青岛 PM_{10} 中 SO_4^{2-} 占阴离子总浓度的 70% 以上,NH_4^+ 占阳离子总浓度的 $40\%\sim50\%$[15],在南京仅仅 SO_4^{2-} 这一种离子占 PM_{10} 和 $PM_{2.5}$ 总质量浓度的比例分别是 $3.3\%\sim10.9\%$ 和 $3.8\%\sim11.2\%$[11]。

3.2 大气气溶胶中水溶性无机离子的时空分布及粒径分布

国内外大气化学家对气溶胶中水溶性离子的研究十分重视。对 SO_4^{2-}、NO_3^-、Cl^-、NH_4^+、Ca^{2+}、Na^+、K^+、Mg^{2+} 等常规离子的检测,已成为大气气溶胶理化特性研究的必测项目;而对气溶胶中的有机酸如甲酸、乙酸和草酸等二元酸,也予以越来越多的重视。中国从 20 世纪 80 年代初,开始这方面的研究。北京细颗粒的主要组分为含碳颗粒物(约 50%)、$(NH_4)_2SO_4$(约 18%)、硅酸盐类(约 12%,按 SiO_2 计)[16]。袁慧[17]指出,中国城市大气污染呈现明显的区域性和季节性:PM_{10} 浓度在受沙尘事件频繁影响的地区和煤污染严重的北方地区较高;SO_4^{2-} 浓度在 SO_2 两控区较高,如包头、北京、上海、贵阳、南宁等,达 $15\sim45$ $\mu g\cdot m^{-3}$;NO_3^- 浓度在较发达的大城市如北京、青岛、南京、上海、高雄较高,达 $7\sim10$ $\mu g\cdot m^{-3}$;K^+ 的浓度在北方城市较高。在大部分城市,SO_4^{2-}、NO_3^- 和 NH_4^+ 浓度的季节变化一致:冬春季高,夏秋季低,季节差异北方城市高于南方,内陆城市高于沿海。在国外,已建立了 1994—1997 年欧洲气溶胶中 NO_3^- 的浓度分布情况[18]。

虽然许多研究涉及气溶胶质量浓度的季节变化,但尚缺少对其中特定可溶性离子组分的季节变化的研究。西班牙巴塞罗那气溶胶中的 NH_4^+、NO_3^- 浓度秋冬高于春夏,SO_4^{2-} 浓度秋冬低于春夏,Ca^{2+}、K^+、CO_3^{2-} 浓度秋冬高于春夏,但沙尘发生时浓度也高[19];加拿大不列颠哥伦比亚省土星岛的 O_3、SO_2、HNO_3、SO_4^{2-}、Ca^{2+}、Cl^- 存在明显的季节变化,O_3 和 Ca^{2+} 在春季浓度高,SO_4^{2-} 和 HNO_3 在高温干燥的 4—9 月浓度高,SO_2 和 Cl^- 在湿润寒冷的 10—3 月浓度高[20]。不同地区气溶胶中组分的季节变化特征不同,与当地的气象条件有很大关系[21-23]。不同粒径气溶胶中的水溶性离子,有不同的季节变化特征。例如,匈牙利的 NH_4^+ 浓度冬季高于夏季,在粗颗粒上更加明显;NO_3^- 浓度冬季高于夏季,<2 μm 颗粒的浓度夏季明显降低;<0.5 μm 颗粒中 SO_4^{2-} 的浓度夏季高于冬季,
>0.5 μm 颗粒的浓度夏季低于冬季,2~4 μm 颗粒的浓度夏季明显降低;K^+、Cl^-、Na^+
冬季高于夏季;Mg^{2+}、Ca^{2+} 夏季高于冬季;CO_3^{2-} 夏季略高于冬季[24]。北京 1999—2000
年细颗粒物中的硝酸盐和 $(NH_4)_2SO_4$,冬季浓度有大幅提高[25];青岛 1997—2000 年细
颗粒物中 Cl^-、SO_4^{2-}、NH_4^+、K^+ 的浓度,在采暖季高于非采暖季[26];西安 1996—1998 年
TSP 中的 NO_3^-、SO_4^{2-}、NH_4^+,在春夏秋冬四季的平均浓度分别为 33、16、22、65 $\mu g \cdot m^{-3}$,59、
27、100、340 $\mu g \cdot m^{-3}$,40、17、49、140 $\mu g \cdot m^{-3}$;香港气溶胶中的离子组分,也呈现冬季浓
度高于夏季的规律[27,28]。对于冬季采暖的北方城市,采暖是季节变化的主要原因;对于
无采暖的南方城市,夏季的湿清除是季节变化的主要原因。同时,化学组分的季节变化,
还与组分的来源以及其热动力学性质等有关[19]。

气溶胶质谱(aerosol mass spectrometry, AMS)可以在线定量测定细颗粒中组分的
质量浓度及粒径分布,并可以同时测定有机组分和无机组分,对有机组分的灵敏度达
0.05 $\mu g \cdot m^{-3}$,而对无机组分 NO_3^-、SO_4^{2-}、NH_4^+ 的灵敏度约 0.02 $\mu g \cdot m^{-3}$[29]。已用
AMS 研究了日本福冈气溶胶中 NO_3^-、SO_4^{2-}、NH_4^+、Cl^- 的粒径分布[30],英国爱丁堡和曼
彻斯特市区气溶胶的质量及其中硝酸盐、硫酸盐和有机物的粒径分布[31],加拿大 Lower
Fraser Valley 地区 PM_{10} 气溶胶中的有机组分及 NO_3^-、SO_4^{2-}、NH_4^+ 的粒径分布[29]。不同
季节化学组分的粒径分布有不同的特征。例如,匈牙利卫斯普林(Veszprem)气溶胶中质
量中值粒径的 NH_4^+ 冬季 0.8 μm>夏季 0.6 μm,SO_4^{2-} 冬季 0.8 μm>夏季 0.65 μm,NO_3^-
冬季 0.8 μm<夏季 1.5 μm。其他离子的粒径分布,在冬夏季没有差异[24]。同时,粒径分
布也会出现日变化。美国加利福尼亚州里弗赛德地区上午 NO_3^- 的峰值出现在超细粒径
范围,与 NH_4^+/有机物或 Na 有关;下午出现在亚微米范围,与 NH_4NO_3 有关;而且多数
含有有机组分[32]。北京春夏季的气溶胶中,SO_4^{2-} 和 NH_4^+ 高度相关,质量平均动力学粒
径分别为 0.7±0.1 μm(夏季)和 0.45±0.05 μm(春季);NO_3^- 和 Cl^- 相似,在 0.7±0.1 μm
和 6.0±1.5 μm 呈双峰分布;Na^+ 在粗细粒子上均有分布,而 K^+ 主要分布在细粒子上,
Mg^{2+}、Ca^{2+} 主要分布在粗粒子上[33]。上海气溶胶中的 F^-、Cl^-、NO_3^-、SO_4^{2-} 呈双峰分
布,峰值在 0.7 μm 和 3~5 μm,NH_4^+ 在 0.7 μm 呈单峰分布,NO_3^-、SO_4^{2-}、NH_4^+ 主要集中
在细颗粒上[34];广州气溶胶中的 F^-、Cl^-、NO_3^-、SO_4^{2-}、Na^+、NH_4^+、K^+、Mg^{2+}、Ca^{2+} 大多
以三峰分布为主,主峰在 9~10 μm,次峰在 4.5~5.8 μm,第三峰的位置在各离子之间有
差异。上述几种离子的质量中值直径,分别为 2.34、2.45、2.35、2.08、1.60、1.26、1.36、
1.96、2.65 μm[35]。

受采样设备和检测方法的局限,对气溶胶中可溶性离子的日变化以及随高度变化的
研究还很少,同时也缺乏对其多年变化趋势的研究。L. T. Roger 等[36]研究 $PM_{2.5}$ 及 CO、
BC、O_3、HNO_3、SO_4^{2-} 的日变化。$PM_{2.5}$ 及 SO_4^{2-} 的日变化不明显,与细颗粒物停留时间有
关;不同粒径上无机组分的日变化不尽相同[37,38]。采用大气细粒子快速捕集及其化学成

分的在线分析方法,探明了北京 2001 年夏季主要离子的日变化:SO_4^{2-} 在 12:00、17:00 浓度最高,6:00 最低;NH_4^+ 与 SO_4^{2-} 的日变化一致,只是峰值没有 SO_4^{2-} 那么明显[39]。M. Hu 等[40]利用蒸汽喷射(steam jet aerosol collector, SJAC)采集气溶胶与在线离子色谱相结合的方法,研究了北京和广州气溶胶中的化学组分及气态污染物的日变化,结果表明,两地气-固转化的大气化学过程不同。可见,建立在线准确快速的离子测定方法,是研究日变化之关键。

气溶胶的特性随高度的变化,与大气垂直混合程度、污染源高度以及物理和化学清除过程随高度的变化等多种因素有关。目前,还缺少气溶胶中水溶性离子随高度变化的数据[38],仅有研究指出,印度悬浮颗粒物及其中痕量金属组分浓度在 4.5~37.5 m 高度内的变化不明显,但其在颗粒中的质量百分比,随高度的增加而降低。由此可以推断,离子或有机组分所占百分比随高度的增加而增加[41]。另外 K. Sasaki 和 K. Sakamoto[42]研究了日本大阪近地面和 200 m 高空 PM_{10}、$PM_{2.5}$ 及其中化学组分的高度变化情况,指出夏季引起高度变化的主要物种* 为 H_2O,冬季主要为有机碳(organic carbon, OC)和元素碳(element carbon, EC)。

有关气溶胶离子年际间变化趋势的数据极为有限。1991—2000 年期间,加拿大不列颠哥伦比亚省土星岛西南部 O_3 的日最高浓度以 0.33 ± 0.26 ppb/年的速度增加,但 SO_2、HNO_3、SO_4^{2-}、Ca^{2+}、K^+ 等的浓度 2000 年比 1991 年降低 20%~36%[20]。1993—2002 年期间,德国莱比锡颗粒物浓度在 1997—1998 年达最高,随后降低;SO_4^{2-} 浓度降低,NO_3^-、NH_4^+ 浓度没有明显变化[43]。1988—2000 年期间,美国加州 $PM_{2.5}$ 及其中 NO_3^-、SO_4^{2-}、NH_4^+ 的浓度降低[44]。1992—2002 年期间,韩国孤山 TSP 中 $NO_3^-/nss - SO_4^{2-}$ (non-sea salt SO_4^{2-},非海盐硫酸盐)增加,可能是由于中国的排放变化引起的[45]。1995—1999 年期间,香港 PM_{10} 中的 SO_4^{2-}、NO_3^-、NH_4^+ 等二次离子浓度变化幅度大,其中 SO_4^{2-} 浓度有所降低,NO_3^- 浓度有所增加;Na^+、Cl^-、Ca^{2+}、K^+、Mg^{2+} 等一次离子浓度基本保持不变[28]。中国环境质量统计数据显示,全国烟尘、粉尘和 SO_2 的排放总量在 1989—1997 年期间有所增长,1999 年以后逐渐下降,SO_2 年均浓度由 1989 年的 105 $\mu g \cdot m^{-3}$ 降至 50 $\mu g \cdot m^{-3}$ 以下,TSP 年均浓度由 1989 年的 432 $\mu g \cdot m^{-3}$ 降至 300 $\mu g \cdot m^{-3}$ 以下。2000—2004 年,北方重污染城市的 PM_{10} 浓度明显下降,最高下降达 45%,而大多数南方城市变化不明显,广州、昆明、南宁、宁波等几个城市浓度逐年上升,2001—2004 年增幅达 30%;有 50%城市的 NO_2 浓度有增高的趋势,宁波、兰州的增幅达到 40%。2001—2005 年,中国的大气环境污染已经由 1999 年前的煤烟型,过渡为总悬浮颗粒物 (或 PM_{10}) 为首要污染物的沙尘、煤烟与汽车尾气污染并重的类型[17]。

---

* 物种(species)在本书中有指物质的存在形式、种类(如某种元素、离子、有机物等)的特定含义,不是指生物学意义上的"物种",以后这个词在全书中照用,不改动。

3.3　大气气溶胶水溶性无机离子的源分析

揭示大气气溶胶的来源,就可以更好地控制环境污染。多年来发展了诸如富集系数(EF)、因子分析(FA、PMF、TTFA)、主成分分析(PCA)、相关性分析、多元线性回归分析(MLR)、神经网络、边缘检测(edge detection, UNMIX)、聚类分析、化学质量平衡法(CMB)*、图像法、元素示踪、后向轨迹等源解析方法[46],近年又发展了潜在源贡献函数(potential source contribution function, PSCF)、条件概率函数(conditional probability function, CPF)、停留时间分析(residence time analysis, RTA)等源解析方法[47]。

在已知源排放谱的情况下,可用 CMB 进行源解析。CMB 通过样品中污染物浓度对污染源中污染物浓度作线性回归,而得到源贡献。在已知特定源的示踪组分但不知道源排放谱的情况下,可用 PCA、UNMIX、PMF 等进行源解析。PMF 通过获取逐点标准化的残差平方和的最小值而进行源解析,得到因子对每个样品的贡献($\mu g \cdot m^{-3}$)及源谱,而由 PCA 不能直接得到因子对样品的贡献及源谱,需要通过多元线性回归的方法(气溶胶的质量作为因变量,因子得分作为自变量)得到因子对样品的贡献,通过对因子载荷进行相应转化(某一因子对每个物种的载荷,乘以它们相应的标准偏差)而得到源谱[48]。PMF 得到的因子载荷可控制为正值,而 PCA 的载荷可为负值,这是 PMF 相对于 FA 或 PCA 的明显优势。在 PCA 解析中,高浓度样品对结果影响大,而低浓度样品可能被忽略。PMF 通过标准化残差(引入物种的不确定度),可消除浓度差异的影响,采用鲁棒模式(robust mode)消除离异值的影响,可反映所有样品的信息,同时 PMF 提供 F_{peak} 参数以及 F_{key} 矩阵来控制变带宽矩阵(profile matrix)的旋转,使因子的解析更具物理意义。可通过比较所得因子中各物种的相对含量与实际源谱中的含量,来进行因子解析。在不清楚污染源的情况下,可用后向轨迹结合风向的方法(RTA、AIA、QTBA、PSCF、RTWC**),得到污染源的位置。

PMF 已经成功地应用于世界各地的气溶胶源解析中。例如,利用 PMF 研究 1999—2000 年北京 $PM_{2.5}$ 的来源,发现主要有地面扬尘、建筑源、生物质燃烧、二次源、机动车排放和燃煤[49];利用 PMF 研究香港气溶胶的来源[50];利用 PMF 得到美国西北城市 $PM_{2.5}$ 的来源分配为:生物质燃烧(44%)、硫酸盐(19%)、机动车(11%)、硝酸盐(9%)、土壤(9%)、富氯源(6%)、金属冶炼(3%)[51]。

通过多种源解析方法的有机结合,能够更准确地阐明污染物的来源。例如,利用

---

　　*　EF: enrichment factor;FA: factor analysis;PMF: positive matrix factorization(正矩阵因子分析);TTFA: target transformation factor analysis(目标变换因子分析);PCA: principal component analysis;MLR: multiple linear regression analysis;CMB: chemical mass balance method。

　　**　AIA: atmospheric imaging assembly(大气成像组件);QTBA: quantitative transport bias analysis(定量输运偏倚分析);RTWC: residence time weighted concentration(停留时间加权浓度)。

PSCF 结合后向轨迹,研究了北京春季气溶胶的来源和传输途径[52];利用 FA 和 CMB 的研究表明,北京 $PM_{2.5}$ 主要源自重柴油汽车的排放(35.7%)、燃煤排放(32.7%)、扬尘(24.1%)、硫酸盐(7.7%)和炊事燃烧(0.4%)[53];利用 CMB 的研究表明,北京 $PM_{2.5}$ 的主要来源有无组织粉尘、燃煤/工业过程、交通排放、二次源[54];利用 CMB 和有机示踪物研究北京 $PM_{2.5}$ 来源的季节变化,表明在冬季燃煤和生物气溶胶的贡献增加,在春季沙尘的贡献增加,在秋季生物气溶胶的贡献最大[55];Y. C. Chan 等[56]比较了 CMB、TTFA、MLR 这 3 种源解析的结果,利用不同比例混合土壤尘和道路尘所得到的地壳源成分谱进行 CMB 分析,解决了源共线性的问题,得到矿物源对气溶胶的 2 种不同贡献比例。

通常利用 EF 方法,确定气溶胶中元素组分的主要来源,也可以将其应用于对可溶性离子的源分析。分别用 Al 和 Na 作为地壳源和海洋源的参比元素,前提条件是所有的 Na 来自海洋;而在内陆城市,Na 不仅仅来自海洋,还来自土壤、道路扬尘、工业排放等污染源。这样,Na^+ 失去了作为参比元素的前提条件。

根据某一气溶胶组分的空间分布,比较不同地区化学组成的差异,可以研究不同地区气溶胶的主要来源。P. K. K. Louie 等[21]利用三元图显示香港 $PM_{2.5}$ 中化学组分的空间分布,并探讨其来源。H. Yang 等[57]根据 NO_3^-、SO_4^{2-}、NH_4^+ 所占比例在郊区高,而有机物(organic matter, OM)和元素碳(EC)所占比例在市区高的特点,推断南京市区受煤燃烧源的影响明显,而郊区更有利于二次污染物的形成。同位素组成的变化,也可用于推断气溶胶组分的来源。例如,根据 S 同位素组成($\delta^{14}S$)在市区低于郊区,可推断在贵阳市区气溶胶中的含 S 组分如硫酸盐主要来自燃煤排放的 SO_2 在颗粒物表面的转化;而在郊区,生物质燃烧释放 SO_2 等其他过程所产生的含 S 化合物对气溶胶有显著贡献[58]。

不同来源气溶胶中的特征化学组分(或者某些组分的比值),可作为示踪物研究某一地区气溶胶的来源。尽管没有独特的示踪组分对应于特定的源地,但通过各源地表层土的矿物组成和含量的差异、各区域的污染源排放和组成的差异、元素离子的组配特征随着源地不同而发生的变化,可予以统计分辨。CO、NO_x 可指示机动车排放源的影响;$NH_4^+/(SO_4^{2-}+NO_3^-)$ 的当量浓度比 * 可以判断海洋源的影响,当此值在 0.2～0.4 时,主要受海洋源的影响;当此值大于 1 时,受海洋的影响不大。NO_3^-/SO_4^{2-} 浓度比可指示固定源和流动源的比例。当比值小于 1 时,固定源为主;当比值大于 1 时,流动源为主。用苯/甲苯可以区分机动车排放和煤、生物质、天然气以及其他含 CH_4 和 C_2H_6 的燃料的燃烧排放[59]。利用 EC/TC(元素碳/总碳)**、K/EC 可以研究 EC 的来源,化石燃料不完

---

* 在化学上,当量(equivalent, eq)是指相当于标准质量单位参照物质完全发生化学反应的某种物质(元素或化合物)的原子或分子质量。一般采用 1.008 质量单位的氢(H)或者 8 质量单位的氧(O)作为此参照物质。当量浓度是指单位体积溶液中溶质的克当量。本书中提到的当量浓度比,大多是指大气气溶胶中阴离子总当量浓度与阳离子总当量浓度的比值。当量、当量浓度均为非法定计量单位,而摩尔、摩尔浓度为法定计量单位。摩尔浓度=当量浓度/化合价(或得失电子数)。neq: 纳克当量;μeq: 微克当量。

** TC: total carbon,总碳。

全燃烧的 EC／TC＝0.6～0.7,生物质燃烧的 EC／TC＝0.1～0.2、K／EC＝0.5～1.0[60]。用 Ca^{2+}／Al、Sr^{2+}／Al[61]、^{87}Sr(锶)／^{86}Sr[62,63]、Sr^{2+}／Ca^{2+}[62]、Fe／Al、Mg／Al、Sc／Al[64]、$Ca_{细颗粒物}$／$Ca_{粗颗粒物}$、$(K／Ca)_{粗颗粒物}$研究了沙尘的来源,以及沙尘对城市气溶胶的贡献。利用碳酸盐的含量和稳定碳同位素的组成,识别了沙尘暴的来源地[65,66]。利用 K／Na 浓度比,研究了海洋气溶胶中人为源贡献的 Na 和 K[67]。利用 CO－NO_y 的关系以及 CO／NO_y 的比值,区分了机动车排放(比值低)与生物质燃烧(比值高)[68]。利用 S 同位素组成(δ^{14}S),区分了燃煤(低)和生物质(高)燃烧[58]。而区分本地一次污染排放物和二次反应生成物,揭示扬尘混合及区域传输的典型示踪成分、比例或特征,为目前急需解决的问题。

以下几种主要研究方法,可用于区分大气气溶胶的本地源和外来源。

① 相关性分析

利用颗粒物中 SO_4^{2-}、NO_3^- 浓度与 SO_2、NO_2 等污染气体浓度的变化趋势,或者通过比较 SO_4^{2-}／NO_3^- 及 SO_2／NO_2,来判断颗粒物究竟是以远距离传输为主,还是以当地排放为主(如果 SO_4^{2-}、NO_3^- 与 SO_2、NO_2 的变化趋势不同,则以远距离传输为主[69];如果当地 SO_4^{2-}、NO_3^- 浓度与远方地区接近,并且没有昼夜变化,则也以远距离传输为主[70])。利用 SO_4^{2-} 与氧化物浓度、辐射度、相对湿度、风速的相关关系,可以判断 SO_4^{2-} 究竟主要来自采样地周围 SO_2 的氧化,还是来自远距离传输[71];根据颗粒物浓度与气象条件(通常是风向、风速)的相关关系,可以用气象条件(当地)来解释颗粒物浓度变化的比例(相当于相关系数的平方)[72];浓度 C＝区域背景浓度 C_0＋当地排放浓度 $QL／UH$,其中 L 表示源区长度,Q 表示排放速率,H 表示混合层高度,U 代表风速。如果物种对湿沉降的响应明显,则以当地源贡献为主。

② 时间变化分析

利用物种随时间的变化,区分当地和远距离传输的相对贡献。例如,根据矿物质的含量在工作日比非工作日增加 50%,可得到在工作日当地的道路尘对气溶胶中矿物质的贡献至少占 50%[56]。

③ 空间变化分析

比较物种在不同地点(市区和郊区)浓度的差异,得到当地和远距离传输的相对贡献。如果某地出现高浓度,可归结于当地源的贡献;如果不同地点污染物浓度的变化趋势一致,表明以远距离传输(区域)为主;如果同一物种在不同地点的季节变化特征各异,表明此物质受局地排放的影响较大。

④ 特征组分示踪法

不同地点气溶胶的物理和化学特性不同。根据它们之间某些特征组分的差异,可以研究当地源(人为、农业、海洋等)和区域传输对气溶胶的影响[29]。利用 Mg／Al 可以计算本地源和外来源对矿物气溶胶的相对贡献[73]。利用 Cd／Pb(镉／铅)、Zn／Pb 可以研究本地污染和远距离传输对污染物的贡献[74]。由于 SO_4^{2-} 可以在远距离传输的过程中形成,而 Sb(锑)、Se、As(砷)、Pb、V(钒)、Zn 等仅来自一次排放,因此可以根据上风向地区和采样点 SO_4^{2-} 与 Sb 等污染元素比值的变化,以及它们之间在采样点的相关性,研究远距离传输和当地排放的相对贡献[27]。

⑤ 源解析方法

通过 PMF、CMB 方法解析出的不同因子,来区分当地源和远距离传输[19,75]:如果某个因子含有多种污染源的示踪物,则此因子可认为是远距离传输因子。由于硫酸盐的形成需要一定的过程,如果在某一因子中出现硫酸盐,这表明此因子可能来自燃煤飞灰的远距离传输;如果某一因子中没有硫酸盐,这表明此因子可能来自当地煤的燃烧[75]。还可利用受体模型得到的区域背景因子进行区分,利用 PMF 得到的市区和郊区的 G 因子(G - factor)进行相关性分析[75],应用混合层高度和后向轨迹定量计算远距离传输对气溶胶的贡献[76],在沙尘期间利用与人类活动有关元素如 S、Cu(铜)的富集系统(EF)变化来区分北京地区外来尘和局地尘的相对贡献[77]。又可通过比较以普通地壳成分为参比的 EF 与以当地污染土壤成分为参比的 EF 之间的差异,研究当地污染土壤对气溶胶中痕量元素的贡献[78]。如果两者接近,表明当地贡献不明显;如果当地的 EF 小,表明当地贡献明显。

⑥ 利用物种的大气停留时间

例如,NO_x 比 SO_2 的停留时间短,暗示硝酸盐比硫酸盐更易受当地排放的影响[79]。

以下几种主要研究方法可用于区分大气气溶胶的一次源和二次源。

① 源解析方法:利用源解析得到的不同因子来区分一次源与二次源。例如在机动车排放和生物质燃烧因子中出现的有机物、硝酸盐、硫酸盐可认为是一次排放的,而纯的有机物、硝酸盐、硫酸盐因子可认为是二次形成的[56]。

② 相关性分析:如通过研究 $PM_{2.5}$、CO、BC、O_3、HNO_3、SO_4^{2-} 的日变化,区分本地一次排放和二次形成[36]。

③ 特征示踪物:如邻苯二甲酸可以作为二次有机物的候选示踪物[80]。

3.4 大气气溶胶水溶性有机酸的时空分布及粒径分布

虽然大气气溶胶中的水溶性有机酸,只占气溶胶总质量的很小一部分,但由于它的高水溶性能够改变大气颗粒物的吸湿性,进而改变颗粒物粒径及其成云凝结核的活性,因而对大气辐射强迫、能见度、气候变化、干沉降、湿沉降、降水酸度以及人类健康等都产生重要的影响。所以,研究水溶性有机酸对于判断大气中有机污染物的来源、传输和转化也有着不可低估的作用[81]。气溶胶中的水溶性有机酸以一元和二元羧酸为主,$HCOO^-$、CH_3COO^- 和 $C_2O_4^{2-}$ 含量较高。甲酸、乙酸与 OH 的气相反应速率缓和,寿命能达 20~30 d。与气相中的浓度相比,甲酸、乙酸在气溶胶颗粒物中的含量较低。甲酸的含量通常要比乙酸大,甲酸、乙酸的典型浓度分别约为 46~138 ng·m^{-3} 和 18~120 ng·m^{-3}。

草酸是目前环境大气中含量最丰富的二元羧酸,其典型浓度约 $200\sim1\,200\ ng\cdot m^{-3}$。有机酸在夏季的浓度普遍高于冬季[82],反映了排放源及光化学活性的季节变化;也有报道夏季浓度低于冬季的情况,可能与有机酸较强的挥发性、夏季高强度的垂直对流以及人为源强度的减弱有关[24]。气溶胶中甲酸和乙酸浓度的日变化趋势为:早晨最低,中午最高,接近黄昏时开始下降,直到第二天早晨仍保持很低的浓度[83]。二元有机羧酸也呈现白天浓度高于晚上的变化趋势[82],白天光化学反应、燃料燃烧和生物质燃烧的直接排放等直接产生有机酸的过程,以及夜间的清除过程,是造成其日夜变化的主要原因。城市气溶胶中有机酸的浓度高于乡村浓度[84]。城市大气中当地交通源对二元羧酸有重要的贡献,同时,多个边远来源的长途输送亦有重要贡献。陆地浓度高于海洋浓度。X.-F. Huang 等[85]报道了北京 2002—2003 年 $PM_{2.5}$ 气溶胶中的水溶性有机酸浓度和季节变化。草酸在夏季、秋末冬初、冬季的平均浓度分别为 412、136、107 $ng\cdot m^{-3}$;G. Wang 等[86]和 H. Yang 等[57]报道了南京市区和郊区 PM_{10} 和 $PM_{2.5}$ 中的一元和二元羧酸;X. Yao 等[87]报道了香港 $PM_{2.5}$ 中草酸的浓度冬季高于夏季,且冬季空间变化小,夏季空间变化大。他还讨论了气象条件对浓度的影响。约有 34%～77% 的甲酸、21%～66% 的乙酸,以及约 50% 的草酸,分布在细颗粒物中[81]。匈牙利卫斯普林气溶胶中有机酸的最高浓度出现在 $0.5\sim1.0\ \mu m$,92% 的乙二酸、77% 的丙二酸、72% 的丁二酸、62% 的甲酸积聚在细颗粒物中[24]。香港气溶胶中的草酸盐主要分布在 $0.177\sim0.320\ \mu m$[88];北京夏季气溶胶中的草酸盐主要分布在细颗粒物中,质量中值直径为 $0.7\pm0.1\ \mu m$,春季也有分布在粗颗粒中的[89];芬兰赫尔辛基的草酸盐主要分布在积聚态,部分分布在 $<0.15\ \mu m$ 的艾肯态粒子*和粗颗粒中(对应海盐和矿物)[90]。

3.5　大气气溶胶水溶性有机酸的源分析

有机酸的来源与生物界密切相关。一些有机酸的前体如烷烃、烯烃和醛类等,对 N 和 S 分别向亚硝酸和硫酸盐类转化起重要作用,因此研究气溶胶中的有机酸,有助于认识 C、H、O、S、P(磷)等元素的生物地球化学循环。关于其来源的研究,架起了联系生物圈与其他各相关圈层的认识桥梁,也是对有机酸生物地球化学的认识基础。

大气中低分子量的有机酸,可能来自一次排放[91,92]和二次光化学反应[93]。目前已经识别出的有机酸,其来源主要有以下几类:

① 植物生长过程的直接释放[94,95]、土壤的直接释放[96],以及一些种类蚂蚁的释放[97];

② 有机物质的燃烧,如生物质燃烧[98]、森林大火;

③ 化石燃料的燃烧,如煤粉燃烧[99]、机动车燃油尾气排放[100];

---

*　艾肯态粒子:Aitken mode particle,指的是直径小于 $0.1\ \mu m$ 的超细粒子。

④ 塑料和垃圾等废弃物的燃烧[101]；

⑤ 烯烃等不饱和有机物的氧化[102]，如烯烃[103]和甲醛[104]等都直接或间接地与甲酸、乙酸的来源密切相关。

不同的有机酸，其来源可能会不同。甲酸和乙酸主要来自生物质燃烧，其次是植物与蚂蚁的排放。草酸主要来自机车尾气排放的环烯烃和二烯烃与 O_3 等的光氧化反应、云内过程及异相反应、工业用溶剂（丙酮、2-丁酮等）、未饱和的类脂化合物通过烹调的自氧化过程等。芳香烃如甲苯、苯[105]以及丙二酸、丁二酸[82]的光化学氧化可能产生草酸。

目前，对有机酸来源的研究主要有特征比和相关性这样 2 种方法。$HCOO^-$／CH_3COO^- 浓度比，可以指示直接排放和光化学反应产生有机酸的相对量[106]；丙二酸／丁二酸浓度比，可以指示一次源（机动车排放 0.3～0.5）和二次源（＞1）的相对贡献[87]。利用有机酸之间及其与主要无机离子之间的相关性，以研究其来源[85,90]。Huang 等[85]根据有机酸的季节变化、有机酸之间及其与无机离子的相关性，研究有机酸的来源；并通过有机酸与硫酸盐、甲基磺酸(methyl sulfonic acid, MSA)的相关性，研究二次形成机理。研究者指出，北京的草酸主要来自烹饪释放的不饱和脂肪酸的光化学氧化（以云中氧化和异相氧化为主），而机动车和生物质燃烧排放的贡献很少。Yao 等[87]表明，有机酸冬季主要来自机动车排放，夏季主要来自二次转化。Yao 等[89]通过比较有机酸与 SO_4^{2-}、K^+、Ca^{2+} 粒径分布的差异，得到草酸的来源与硫酸盐类似，夏季主要来自云中过程，春季主要来自非云异相反应，粗颗粒中的主要来自生物过程。

3.6 大气气溶胶的酸度、酸化缓冲能力及其与降水的相互作用机制

酸性降水与酸性前体物、TSP 及缓冲能力、土壤碱量以及气象条件等有关。酸性降水通过与气溶胶、土壤、天然水的相互作用，对环境造成影响。例如，S、N 等酸性物质与碱性土壤、矿物气溶胶反应，可以提高 Al、Fe 等金属的溶解度。这些金属在海洋表层的沉降，将会影响海洋的初级生产力。此外，吸入可溶性的 Al，可导致肺部疾病[107]。因此，研究气溶胶的酸度、酸化缓冲能力及其与降水的相互作用机制，具有重要的意义。

气溶胶的酸度和酸化缓冲能力与颗粒物的粒径、化学组成、来源以及气象条件等有关。一般来说，就酸度而言，细颗粒高于粗颗粒，雾天高于晴天，白天高于夜间，冬季高于春季。湿度越大，则酸化程度越高。气溶胶酸度越高，酸化缓冲能力越低，则越容易造成酸性降水。

由于不能直接用 pH 计测定气溶胶颗粒物的酸度，目前研究气溶胶酸度的方法主要有以下几种。

① 根据气溶胶浸提液中的离子浓度来间接判断气溶胶酸度。利用气-液平衡和酸-碱平衡原理，可建立 pH 与各种离子浓度的关系[15]。用 $H^+ = -8.79 + 5.08Cl^- - 0.73SO_4^{2-} -$

$0.91Ca^{2+}+0.48Na^+-0.67K^+-0.24NH_4^++0.96NO_3^-+0.86Mg^{2+}+0.2F^-$，可表征气溶胶的酸度[108]。另外，可以通过定义中和能力 $Q=(2[Mg^{2+}]+2[Ca^{2+}]+[K^+]+[Na^+]+[NH_4^+])/(2[SO_4^{2-}]+[NO_3^-]+[Cl^-]+[F^-])$[109]、中和比率 $N.R.=[NH_4^+]/([SO_4^{2-}]+[NO_3^-])$[110]、总酸度 $A=[NO_3^-]+2[nss-SO_4^{2-}]-[Cl_{缺失}^-]$[111] 以及 NH_4^+ 与 $SO_4^{2-}+NO_3^-$ 的相关性[112]、阴阳离子当量浓度比[113]等，来研究气溶胶酸度。

② 采用测土壤酸度的方法来测定颗粒物水提取液的酸度，然后换算为气溶胶中 H^+ 的浓度。

③ 滴定法[114,115]。

④ 自动气溶胶酸性监测器[116]。

⑤ 选择性溶剂萃取法[115]。假设酸度仅由 H_2SO_4 和 HSO_4^- 引起，通过选择性溶剂萃取法，测定 H_2SO_4 和 HSO_4^- 的浓度，来计算酸度[117]。

⑥ 模式计算。R. K. Pathak 等[76]根据气溶胶无机组分的热动模式 AIM2[118]，得到 2000 年春夏秋冬四季香港 $PM_{2.5}$ 的现场观测（in situ）酸度（自由酸度，不包括 HSO_4^- 等离解的，更能反映实际气溶胶的酸度）分别为 12、10、22、12 $nmol \cdot m^{-3}$。Pathak 等[119]利用 $[H^+]=2[SO_4^{2-}]-[NH_4^+]$（$NH_3$ 不足）或 $[H^+]=2[SO_4^{2-}]+[SO_4^{2-}]([NH_4^+]/[SO_4^{2-}]-1.5)-[NH_4^+]$（$NH_3$ 过量），得到气溶胶的绝对酸度，结果表明与陆地气溶胶相比，海洋气溶胶绝对酸度低而自由酸度高，海洋气溶胶酸度的季节变化高于大陆气溶胶。

目前大都使用微量酸碱滴定法来测定气溶胶的酸化缓冲能力。气溶胶的酸度和酸化缓冲能力对降水酸度有很大影响。中国土壤中 Ca^{2+}、Mg^{2+} 离子浓度的分布情况与气溶胶的酸化缓冲能力和降水的酸度分布情况类似[120]。土壤气溶胶可使中国黄土高原和内蒙古地区雨水 pH 值提高 2 个单位[121]，夏季缺乏矿物组分可使韩国济州岛 $PM_{2.5}$ 和 TSP 气溶胶的 pH 分别降低 0.20 和 1.51[122]，印度矿物气溶胶可中和 80% 的酸度[123]。$(NH_4)_2SO_4$、NH_4NO_3、NH_4HSO_4 的参与会使酸度增加，而 Na_2CO_3、$CaCO_3$ 等可降低酸度[61,124]，$CaSO_4$ 对酸性沉降也有一定的影响[125]。中国北部和南部气溶胶的酸化缓冲能力分别为 $375\sim1\,710$ $neq \cdot m^{-3}$ 和 $-92.8\sim71.3$ $neq \cdot m^{-3}$[126]，北方和南方雨中分别有 $60\%\sim70\%$ 和 $11\%\sim25\%$ 的 H^+ 被气溶胶所中和[127]。沙尘期间 TSP 和 PM_{10} 的酸度小，酸化缓冲能力高，可在一定程度上抑制酸沉降[128]。在中国沙漠地区，即使在非沙尘时期，气溶胶也具有低酸度和高缓冲能力，因之，来自沙漠地区的沙尘在传输过程中可中和沿途的酸性气溶胶和酸雨[126]。中国国内对青岛[15]、广州[109]、厦门[129]气溶胶的酸化缓冲能力有所报道。在国外，通过定义 EA（excess acid，过量的酸）$=(NO_3^-+nss-SO_4^{2-})-(NH_4^++nss-K^+)$，可研究矿物气溶胶对 EA 的中和百分比 $EA_{中和}(\%)=[(nss-Ca^{2+}+nss-Mg^{2+}-HCO_3^-)/总EA]\times100$[123]；也可应用 SCAPE* 气-固平衡模式研究海盐和矿物组分对气溶胶组成以及酸度的影响[122]。

---

* SCAPE：一种基于热力学平衡原理计算无机气溶胶化学成分与物理状态的算法模式。

3.7 大气气溶胶中离子的存在形式

只有研究离子组分在气溶胶中的存在形式,才能够深入揭示气溶胶及其组分的大气化学过程。目前,已发展了利用扫描电镜、X 射线衍射分析、回归分析、离子之间的相关性和浓度比等方法,研究离子存在的形式。国内外对离子存在形式的研究,主要集中在 NH_4^+、SO_4^{2-} 和 NO_3^- 等二次离子。例如,德国门多夫(Monndorf)地区颗粒物中铵盐的主要存在形式是 $(NH_4)_2SO_4$[130],美国加利福尼亚地区二次颗粒物以 NH_4NO_3、NH_4HSO_4 和 $(NH_4)_2SO_4$ 的混合形式存在[131],欧洲西北部则以 NH_4NO_3 为主[132],墨西哥不同粒径颗粒物中的 SO_4^{2-} 主要以 H_2SO_4、NH_4HSO_4 和 $(NH_4)_3H(SO_4)_2$ 的混合物、$(NH_4)_3H(SO_4)_2$、$(NH_4)_2SO_4$ 这样 4 种形式存在[133]。越南河内当地来源的硫酸盐,主要以金属硫酸盐的形式存在;而远距离传输的硫酸盐,主要以 NH_4HSO_4 或 $(NH_4)_2SO_4$ 的形式存在[72]。我国国内的相关研究表明,香港 $PM_{2.5}$ 中存在硫酸氢盐[76];北京 $PM_{2.5}$ 中既有硫酸盐,也有硫酸氢盐[25,134,135];青岛的秋季细颗粒中存在 $(NH_4)_2SO_4$,而气-固反应生成纯 NH_4NO_3 是不可能的[136]。通过双重筛选回归分析法,得到北京气溶胶中的 SO_4^{2-} 主要以 Na_2SO_4、$(NH_4)_2SO_4$、$CaSO_4$、K_2SO_4 的形式存在,NO_3^- 主要以 KNO_3、NH_4NO_3 的形式存在,Cl^- 主要以 $NaCl$、$CaCl_2$、KCl 的形式存在,F^- 主要以 NaF、NH_4F、KF 的形式存在[124]。

在不同气象条件和不同污染状况下,不同粒径的气溶胶中离子的存在形式不同。R. M. Harrison 和 C. A. Pio[115]利用离子平衡来研究英格兰西北部兰开夏的气溶胶。受污染源影响时,其主要成分为 $(NH_4)_2SO_4$、NH_4NO_3、NH_4Cl;受海洋源影响时,其主要成分为 $NaCl$ 和 $MgCl_2$。根据离子之间的相关性和当量浓度比,推断北京大气颗粒物中离子的存在形态与空气污染情况有关,重污染时主要以 H_2SO_4、NH_4HSO_4 和 NH_4NO_3 的形态存在,中度污染时以 NH_4HSO_4、$(NH_4)_2SO_4$ 和 NH_4NO_3 为主,轻污染时则以 $(NH_4)_2SO_4$ 和 NH_4NO_3 为主。随着污染的加剧,颗粒物的酸度增加[137]。F. K. Duan 等[10]根据 NH_4^+ 与 SO_4^{2-} 的摩尔浓度比,得到北京冬季气溶胶中硫酸盐的存在形式与 TSP 浓度有关。$TSP = 0.66\ mg \cdot m^{-3}$ 时,以 $CaSO_4$、$(NH_4)_2SO_4 \cdot CaSO_4 \cdot 2H_2O$ 存在;$TSP = 0.35\ mg \cdot m^{-3}$ 时,以 $(NH_4)_2SO_4$、$(NH_4)_2SO_4 \cdot CaSO_4 \cdot 2H_2O$、$CaSO_4$ 存在;$TSP = 0.19mg \cdot m^{-3}$ 时,以 $(NH_4)_2SO_4$ 为主。X. Lun 等[25]指出,北京硫酸盐在细颗粒上主要以 $NH_4Fe(SO_4)_2$、$(NH_4)_2SO_4$、$(NH_4)_3H(SO_4)_2$ 的形式存在,在粗颗粒上主要以 $(NH_4)_4(NO_3)SO_4$ 的形式存在;硝酸盐在细颗粒上主要以 NH_4NO_3 的形式存在,在粗颗粒上 $(2.1\sim4.7\ \mu m)$ 主要以其他硝酸盐的形式存在。X. Liu 等[138]通过比较实际样品单颗粒中有关元素的量的比值与纯的化学物质[如 K_2SO_4、$CaSO_4$、$(NH_4)_2SO_4$ 等]中相应元素的量的比值,得到北京夏季高温和高湿条件下存在 Ca-K-S 混合颗粒。

对沙尘气溶胶中离子存在形式的研究,有助于理解沙尘与当地污染物的相互混合与相互作用。冬季沙尘传输到韩国时,在细颗粒中主要以$(NH_4)_2SO_4$、NH_4NO_3的形式存在,在粗粒中则以$CaSO_4$、$Ca(NO_3)_2$的形式存在[139]。春季沙尘由中国传输到日本的过程中,大多数Ca^{2+}不以$CaSO_4$的形式而以$CaCO_3$的形式存在[140]。西班牙海洋边界层的气溶胶在受沙尘影响时,颗粒中的主要组分为$NaCl$、$CaSO_4$、$(NH_4)_2SO_4$[141]。已有的研究主要集中在定性揭示离子的存在形式,对各种物种实际浓度的报道极为有限。在气溶胶中,以$(NH_4)_2SO_4$、NH_4NO_3的浓度为最高。例如,北京PM_{11}中NH_4NO_3、$(NH_4)_2SO_4$的平均浓度分别为 3.71、11.28 $\mu g \cdot m^{-3}$,在粗($4.7 \sim 11\ \mu m$)、中($2.1 \sim 4.7\ \mu m$)、细($<2.1\ \mu m$)颗粒中$(NH_4)_2SO_4$的平均浓度分别为 0.70、0.83、9.75 $\mu g \cdot m^{-3}$[25]。

3.8　大气气溶胶中二次离子的形成机制

二次气溶胶主要是指硫酸盐、硝酸盐和铵盐,大都是通过大气中的化学反应形成的。由于它们与SO_2、NO_x等污染物直接相关,同时其强的吸水性对形成雾霾产生很大影响,近年来成为研究的焦点。

3.8.1　硫酸盐的形成机制

大气中SO_2的氧化过程很复杂,氧化途径很多。根据反应介质的不同,可将SO_2的氧化分为均相氧化和非均相氧化两大类。SO_2氧化为SO_4^{2-}的机理主要如下所述。

1. 气相均相转化

① SO_2与OH/HO_2自由基反应

$$SO_2 + OH \rightarrow HOSO_2, HOSO_2 + O_2(+M) \rightarrow SO_3(+M) + HO_2, SO_3 + H_2O \rightarrow H_2SO_4$$
$$SO_2 + HO_2 \rightarrow HO + SO_3, 2HO_2 \rightarrow H_2O_2 + O_2, SO_3 + H_2O \rightarrow H_2SO_4$$

② 气相H_2SO_4凝结或被碱性物质中和进入颗粒相

$$H_2SO_4 + 2NH_3 \rightarrow (NH_4)_2SO_4 + H_2O, H_2SO_4 + CaCO_3 \rightarrow CaSO_4 + H_2O + CO_2$$

在气相均相转化中,与OH自由基的反应是主要过程,其气相转化率与OH和SO_2的初始浓度有关,同时受NO_x、烃、O_3、H_2O_2、NH_3、Mn、Fe、C、H_2O、日照强度、温度和一些自由基离子等的影响,一般速率在$<1\% \sim 10\%/h$之间,并且随着温度和湿度的增加而增加[142]。气相与O_3的反应可以忽略。

2. 液相转化

① SO_2溶于水形成H_2SO_3

$$SO_2 \leftrightarrow SO_2(aq) + H_2O \leftrightarrow H_2SO_3 \leftrightarrow H^+ + HSO_3^-$$

② H_2SO_3被O_2、O_3、H_2O_2等氧化剂所氧化

$$H_2SO_3 + O_2/O_3/H_2O_2 \rightarrow H_2SO_4 \rightarrow SO_4^{2-} + 2H^+$$

O_2 的氧化只在有催化剂存在的条件下才显著。O_2 的催化氧化,在云滴、雾滴或者其他湿度高、光化学反应相对较弱的地区作用明显,$S(IV)+O_2 \rightarrow S(VI)$。大气中最有效的催化剂是 $Fe(II/III)$、$Mn(II/III)$,但是也有 $Cu(II/III)$、$Co(II/III)$、$V(II/III)$、Pb、煤烟(soot)催化的报道[143-147],其中 Mn^{2+} 是最有效的活性催化剂,其催化反应速率随离子强度($0.001\sim0.1$ mol·L^{-1})的增加而增加[148],Fe 的催化氧化与反应开始时 Fe 的价态无关[149,150],Fe、Mn 同时存在时,总的氧化速率高于 2 个单独催化速率之和[151]。催化反应的机理为催化剂和 SO_3^{2-} 之间形成溶解度很低的化合物,此化合物很快被氧化,使自身溶解释放出催化剂,并形成 SO_4^{2-}[152]。

O_3 的液相氧化比气相氧化快得多,$S(IV)+O_3 \rightarrow S(VI)+O_2$。pH 增加时,$SO_3^{2-}$ 和 HSO_3^- 增加,反应速度加快,此反应在 pH>4.5 时显著。O_3 的氧化速率不受金属离子影响但受离子强度影响,氧化速率在离子强度 1 mol/L 的海盐颗粒物中比在离子强度为 0 的溶液中快 2.6 倍[153]。

H_2O_2 的液相氧化很重要,因为 H_2O_2 易溶于水,液相 H_2O_2 浓度比 O_3 高 6 个数量级。$HSO_3^-+H_2O_2 \rightarrow SO_2OOH^-+H_2O$,$SO_2OOH^-+H^+ \rightarrow H_2SO_4$。反应对 pH 很敏感,酸性条件有利于第二个反应的进行,从而加快 H_2O_2 的氧化速率。其他液相转化机制还有:云中 OH/HO_2 自由基与 SO_3^{2-} 和 HSO_3^- 发生反应,$HSO_3^-+OH(+HSO_3^-+O_2) \rightarrow SO_4^{2-}+SO_4^-+H_2O+H^+$,$S(IV)+HO_2 \rightarrow S(VI)+O$。$NO_2$ 的液相氧化过程,只在 pH 高时才能和 H_2O_2 相比[154]。在有机过氧化物的氧化中,由于有机物浓度通常较低,故氧化速率小。

③ H_2SO_4 凝结或被碱性物质中和而进入颗粒相

$$H_2SO_4+2NH_3 \rightarrow (NH_4)_2SO_4+H_2O, \quad H_2SO_4+CaCO_3 \rightarrow CaSO_4+H_2O+CO_2$$

在云、雾、雨中,H_2O_2 的液相氧化是最主要的氧化形式[155-158],少数研究报道称,O_3 的氧化或催化氧化占据主要地位[159]。液相氧化主要有界面传输和氧化转化 2 个过程。理论上,SO_2 在气-水界面上的溶解平衡时间,小于液相反应时间;只有当 pH>7 时,溶解平衡时间才会变长。一般而言,气相传输的特征时间高于液相传输。只有 SO_2 浓度很高,O_2 的液相扩散时间才会大于 SO_2 的气相扩散时间。因此,转化速率主要由氧化速率控制,而氧化速率受氧化剂浓度、pH、SO_2、NH_3 以及催化剂等控制。

夏季 SO_2 的转化以气相与 OH 的反应为主,云中的液相反应亦有贡献;冬季以异相反应为主,但异相反应速率较低,这与 SO_2 在水中溶解度低以及水中 H_2O_2 的浓度低有关[160]。

3. 气溶胶表面的化学转化

气溶胶表面的反应,包括均相和非均相反应。均相反应主要由于颗粒物的吸附作用,使颗粒物表面附近的反应物浓度升高,加快均相反应速率;非均相反应主要是颗粒物潮解,从而在颗粒物表面形成水膜,使反应从气相转化为液相,加快反应速率。一般说来,非均相转化比均相转化快[161]。SO_2 在颗粒物表面的非均相转化速率,与颗粒物性质、湿度、催化剂浓度等有很大关系。在无光照的晚上或相对湿度较高时,此过程是大气中 SO_2 转化之主要途径。例如,SO_2 在 NaCl(代表海洋气溶胶)和 $NaNO_3$(代表陆地气溶胶)颗粒表面的氧化,只有在相对湿度(relative humidity, RH)高于颗粒物的液化点,而且有催化剂存在的时候才能发生,速率随 RH 的增加而以指数方式增加。此反应随 pH 的降低会自行停止[162]。

许多文献报道了 SO_2 氧化为 SO_4^{2-} 的速率及其影响因素。例如,SO_2 在大理石表面的氧化与紫外线(ultraviolet ray, UV)光强、照射时间以及 RH 有关[163];高浓度的 PM_{10}、Ca 和高的 pH 值可以加快反应[164];烟煤和过渡金属都有催化作用,但是在紫外光下,过渡金属的催化作用更明显,无紫外光时烟煤的催化作用更明显[165];NO_2 可使 SO_2 在气溶胶悬浮液中的氧化速率提高约 10 倍[166];初始氧化速率 $R(ppbv/h)=0.175RH(\%)+2.03\ln I_0$(太阳光强 kW/m^2)$+0.070\,4[SO_2](ppbv)-2.35$[167] *。夏季高温高湿条件下,$SO_2$ 和 NO_x 的转化速率都很快,可能是由于太阳辐射强度大,会加速 OH 自由基的形成,从而加速 SO_2、NO_2 与 OH 的反应;SO_2 与 OH 的反应速率低于 NO_2 与 OH 的反应速率[115,160,168];雾天有利于 SO_2、NO_2 的转化[169]。SO_2 主要通过干沉降($2\%\sim3\%/h$)和转化为 SO_4^{2-}($1\%/h$)来清除,停留时间约为 $1\sim1.5$ d;SO_4^{2-} 主要通过湿沉降清除($1\%\sim2\%/h$),停留时间为 $3\sim5$ d。

3.8.2　硝酸盐的形成机制

NO_2 氧化为 NO_3^- 的机理,以气相均相转化为主,液相反应不重要。气相反应的过程为:

白天:$NO_2+OH\rightarrow HNO_3$(夏季 NO_2 与 OH 的反应强于 SO_2 与 OH 的反应);晚上:$NO_2+O_3\rightarrow NO_3+O_2$,$NO_3+RH\rightarrow HNO_3+R$,$NO_3+NO_2\rightarrow N_2O_5$,$N_2O_5+H_2O\rightarrow 2HNO_3$。

生成的 HNO_3 与碱性物质发生中和,形成硝酸盐:

$NH_3+HNO_3\rightarrow NH_4NO_3$(与 NH_3、HNO_3、温度、湿度有关);$2HNO_3+CaCO_3\rightarrow Ca(NO_3)_2+H_2O+CO_2$。

在海洋或沿海地区,还可以发生以下反应:

$HNO_3+NaCl\rightarrow NaNO_3+HCl$;$2NO_2+NaCl\rightarrow NaNO_3+ClNO$。

3.9　有关二次气溶胶形成机制的研究方法

在不同地区、不同气象条件以及不同粒径下,SO_4^{2-} 和 NO_3^- 的形成机制有所不同。一般通过特定参数之间的相关性,来研究 SO_4^{2-} 和 NO_3^- 的主要形成过程。参数主要有 S 的

---

* ppbv: 按体积计算的 ppb(10 亿分比)。

氧化率(sulfur oxidation ratio, SOR)=$SO_4^{2-}/(SO_4^{2-}+SO_2)$、N 的氧化率(nitrogen oxidation ratio, NOR)=$NO_3^-/(NO_3^-+NO_x)$、SO_4^{2-}/NO_3^-、SO_2/NO_2 等比值,气相 SO_2、NO_2、O_3、NH_3 等浓度,颗粒物中 SO_4^{2-} 和 NO_3^- 的浓度、pH 以及 RH、温度等气象因素。此外,可以通过模式和实验室模拟[166]来研究二次颗粒物的形成机理。

M. I. Khoder[170]指出,S、N 的转化率在夏季高于冬季,白天高于晚上。O_3 和 RH 的增加,有利于 SO_4^{2-} 的形成,说明 SO_2 的气相和液相转化都很重要。同时,O_3 的增加可以提高 NOR,说明 NO_2 的转化以气相反应为主。$(NH_4)_2SO_4$ 和 NH_4NO_3 混合体系的潮解点是相对湿度 RH=55%。当 RH<55% 时,NO_x 通过非均相过程在粗颗粒表面氧化,而 SO_2 的氧化受 pH 控制[171]。S. Kadowaki[172]指出,当 O_3 浓度高于 20 ppb 时,SOR 与 RH 相关,SO_2 以液相氧化为主。P. D. Hien 等[72]根据 SO_4^{2-}/K^+、SO_4^{2-}/BC 和 NH_4^+/SO_4^{2-} 的比值推断,远距离传输的硫酸盐,主要通过 SO_2 在煤烟灰表面聚集和氧化,并在传输过程中与 NH_3 反应形成,且集中在细颗粒上。当地源贡献的硫酸盐,主要是燃料燃烧的直接排放,或者 SO_2 在矿物颗粒物表面的氧化形成,并集中在粗颗粒上。R. M. Harrison 和 C. A. Pio[115]指出,NH_4Cl 主要在本地形成,而 $(NH_4)_2SO_4$ 主要在远距离传输的过程中形成,NH_4NO_3 介于两者之间。Hien 等[75]利用受体模型研究硫酸盐和硝酸盐的形成。若硫酸盐和硝酸盐与矿物离子出现在同一因子中,即表明硫酸盐和硝酸盐主要来自 SO_2、NO_x 等酸性物质与碱性矿物颗粒的反应。

北京地区 S 的转化率(SOR)与 RH 关系密切。温度和湿度均对 NO_3^- 的热力学平衡有影响,但温度是最主要的影响因素[135]。Yao 等[33]指出,北京夏季的 SO_4^{2-} 主要分布在粒径 0.7±0.1 μm,通过云中过程形成;春季的 SO_4^{2-} 主要分布在 0.45±0.05 μm,通过非云中异相过程形成;粗粒中的 SO_4^{2-} 通过 SO_2 在干的矿物颗粒表面氧化形成;NO_3^- 夏季主要分布在粗粒上,春季在粗细颗粒上均有分布。细颗粒中的 NO_3^- 通过 HNO_3、NH_3 直接吸附在 SO_4^{2-} 上形成,粗颗粒中的 NO_3^- 通过 HNO_3 与 $CaCO_3$ 反应形成。Yao 等[173]指出,冬季北京的气相氧化是 SO_4^{2-} 形成的主要过程;而在上海则不是,SO_4^{2-} 可能来源于远距离传输、液相催化氧化、云中过程等。利用 S 同位素组成($\delta^{14}S$)变化的范围,也推断了贵阳细颗粒中的 S 主要来自气相转化[58]。通过同时测定气相中的 SO_2、HNO_3、HNO_2、HCl 和气溶胶中的 SO_4^{2-}、SO_3^{2-}、NO_3^-、NO_2^-、Cl^-,发现 SO_4^{2-} 的最大浓度落后于 SO_2 2 h。北京、广州两城市的气-固转化情况不同[174]。H. Zhuang 等[175]指出,香港沿海地区粗模态的 NO_3^-,主要通过 HNO_3 与海盐颗粒的作用而形成;SO_4^{2-} 主要通过 SO_2 和 O_3 在粗海盐粒子(含水、碱性)中的复相反应而形成。云中 SO_2 的液相氧化是另一重要过程,但 H_2SO_4 气体与海盐颗粒作用形成 SO_4^{2-} 的过程不重要。S. G. Yeatman 等[111]利用含 N 化合物(主要是硝酸盐和铵盐)中 N 同位素富集因子(定义为粗颗粒中的 $^{15}N/^{14}N$ 与细颗粒中的 $^{15}N/^{14}N$ 之差),研究其来源和大气化学过程,负值表示 NH_4NO_3 以分解/积聚过程为主,正值表示以分解/气相清除过程为主。二次硫酸盐和硝酸盐的反应过程及机理,仍有待深入研究。

参考文献

[1] Eret Y, Pehkonen S, Hoffmann M R. Redox chemistry of iron in fog and stratus clouds. Journal of Geophysical Research, 1993: 18423 – 18434.

[2] Meskhidze N, Chameides W L, Nenes A, et al. Iron mobilization in mineral dust: Can anthropogenic SO_2 emissions affect ocean productivity? Geophysical Research Letters, 2003, 30 (21): 2085, doi: 10.1029/2003GL018035.

[3] Kuhns H, Bohdan V, Chow J C, et al. The Treasure Valley secondary aerosol study I: Measurements and equilibrium modeling of inorganic secondary aerosols and precursors for southwestern Idaho. Atmospheric Environment, 2003, 37(4): 511 – 524.

[4] Salma I, Maenhaut W, Zemplen-Papp E, et al. Comprehensive characterisation of atmospheric aerosol in Budapest, Hungary: Physicochemical properties of inorganic species. Atmospheric Environment, 2001, 35: 4367 – 4378.

[5] Chow J C, Watson J G, Edgerton S A, et al. Chemical composition of $PM_{2.5}$ and PM_{10} in Mexico City during winter 1997. The Science of the Total Environment, 2002, 287: 177 – 201.

[6] Chan Y C, Simpson R W, Mctainsh G H, et al. Characterisation of chemical species in $PM_{2.5}$ and PM_{10} aerosols in Brisbane, Australia. Atmospheric Environment, 1997, 31(22): 3773 – 3785.

[7] Modey W K, Eatough D J. Trends in $PM_{2.5}$ composition at the department of energy OST NETL fine particle characterization site in Pittsburgh, PA, USA. Advances in Environmental Research, 2003, 7(4): 859 – 869.

[8] He Z, Kim Y J, Ogunjobi K O, et al. Characteristics of $PM_{2.5}$ species and long-range transport of air masses at Taean background station, South Korea. Atmospheric Environment, 2003, 37: 219 – 230.

[9] Ye B, Ji X, Yang H, et al. Concentration and chemical composition of $PM_{2.5}$ in Shanghai for a 1-year period. Atmospheric Environment, 2003, 37(4): 499 – 510.

[10] Duan F K, Liu X D, He K B, et al. Atmospheric aerosol concentration level and chemical characteristics of water-soluble ionic species in wintertime in Beijing, China. Journal of Environmental Monitoring, 2003, 5(4): 569 – 573.

[11] Wang G, Wang H, Yu Y, et al. Chemical characterization of water-soluble components of PM_{10} and $PM_{2.5}$ atmospheric aerosols in five locations of Nanjing, China. Atmospheric Environment, 2003, 37(21): 2893 – 2902.

[12] Henning S, Weingartner E, Schwikowski M, et al. Seasonal variation of water-soluble ions of the aerosol at the high-Alpine site Jungfraujoch (3580 m asl). Journal of Geophysical Research-Atmospheres, 2003, 108(D1): Art. No. 4030.

[13] Bardouki H, Liakakou H, Economou C, et al. Chemical composition of size-resolved atmospheric aerosols in the eastern Mediterranean during summer and winter. Atmospheric Environment, 2003, 37(2): 195 – 208.

[14] Kuhlbusch T A J, John A C, Fissan H. Diurnal variations of aerosol characteristics at a rural measuring site close to the Ruhr-Area, Germany. Atmospheric Environment, 2001, 35(S1): S13 - S21.

[15] 徐新华,姚荣奎,李金龙.青岛地区气溶胶的酸碱特性.环境科学研究,1996,9(5): 5 - 8.

[16] Zhang Z, Friedlander S K. A comparative study of chemical databases for fine particle Chinese aerosols. Environmental Science and Technology, 2000, 34(22): 4687 - 4694.

[17] 袁慧.中国气溶胶的理化特性及其来源的研究.北京师范大学博士论文,2005.

[18] Schaap M, Uller K M, TenBrink H M. Constructing the European aerosol nitrate concentration field from quality analysed data. Atmospheric Environment, 2002, 36: 1323 - 1335.

[19] Querol X, Alastuey A, Rodriguez S, et al. PM_{10} and $PM_{2.5}$ source apportionment in the Barcelona Metropolitan area, Catalonia, Spain. Atmospheric Environment, 2001, 35: 6407 - 6419.

[20] Vingarzan R, Thomson B. Temporal variation in daily concentrations of ozone and acid-related substances at Saturna Island, British Columbia. Journal of the Air & Waste Management Association, 2004, 54(4): 459 - 472.

[21] Louie P K K, Chow J C, Chen L-W A, et al. $PM_{2.5}$ chemical composition in Hong Kong: urban and regional variations. Science of the Total Environment, 2005, 338(3): 267 - 281.

[22] Louie P K K, Watson J G, Chow J C, et al. Seasonal characteristics and regional transport of $PM_{2.5}$ in Hong Kong. Atmospheric Environment, 2005, 39(9): 1695 - 1710.

[23] Chu S H, Paisie J W, Jang B W L. PM data analysis — A comparison of two urban areas: Fresno and Atlanta. Atmospheric Environment, 2004, 38(20): 3155 - 3164.

[24] Krivacsy Z, Molnar A. Size distribution of ions in atmospheric aerosols. Atmospheric Research, 1998, 46: 279 - 291.

[25] Lun X, Zhang X, Mu Y, et al. Size fractionated speciation of sulfate and nitrate in airborne particulates in Beijing, China. Atmospheric Environment, 2003, 37: 2581 - 2588.

[26] Hu M, He L, Zhang Y, et al. Seasonal variation of ionic species in fine particles at Qingdao, China. Atmospheric Environment, 2002, 36: 5853 - 5859.

[27] Cheng Z L, Lam K S, Chan L Y, et al. Chemical characteristics of aerosols at coastal station in Hong Kong. I. Seasonal variation of major ions, halogens and mineral dusts between 1995 and 1996. Atmospheric Environment, 2000, 34(17): 2771 - 2783.

[28] Kan S F, Tanner P A. Inter-relationships and seasonal variations of inorganic components of PM_{10} in a western Pacific coastal city. Water, Air, & Soil Pollution, 2005, 165(1 - 4): 113 - 130.

[29] Boudriesa H, Canagaratna M R, Jayne J T, et al. Chemical and physical processes controlling the distribution of aerosols in the Lower Fraser Valley, Canada, during the Pacific 2001 field campaign. Atmospheric Environment, 2004, 38: 5759 - 5774.

[30] Takami A, Miyoshi T, Shimono A, et al. Chemical composition of fine aerosol measured by AMS at Fukue Island, Japan during APEX period. Atmospheric Environment, 2005, 39: 4913 - 4924.

[31] Allan J D, Alfarra M R, Bower K N, et al. Quantitative sampling using an Aerodyne aerosol mass spectrometer 2. Measurements of fine particulate chemical composition in two U. K. cities. Journal of Geophysical Research, 2003, 108(D3)4091, doi：10.1029/2002JD002359.

[32] Liu D Y, Prather K A, Hering S V. Variations in the size and chemical composition of nitrate-containing particles in Riverside, CA. Aerosol Science and Technology, 2000, 33：71－86.

[33] Yao X, Lau A P, Fang M, et al. Size distributions and formation of ionic species in atmospheric particulate pollutants in Beijing, China：1-inorganic ions. Atmospheric Environment, 2003, 37(21)：2991－3000.

[34] Xiu G, Zhang D, Chen J, et al. Characterization of major water-soluble inorganic ions in size-fractionated particulate matters in Shanghai campus ambient air. Atmospheric Environment, 2004, 38：227－236.

[35] 吴兑,陈位超,常业谛,等.华南地区大气气溶胶质量谱与水溶性成分谱的初步研究.热带气象学报,1994,10(1)：85－96.

[36] Roger L T, Solomon T B, Kenneth J O, et al. Diurnal patterns in $PM_{2.5}$ mass and composition at a background, complex terrain site. Atmospheric Environment, 2005, 39：3865－3875.

[37] Moya M, Grutter M, Baez A. Diurnal variability of size-differentiated inorganic aerosols and their gas-phase precursors during January and February of 2003 near downtown Mexico City. Atmospheric Environment, 2004, 38：5651－5661.

[38] Chan C Y, Xu X D, Li Y S, et al. Characteristics of vertical profiles and sources of $PM_{2.5}$, PM_{10} and carbonaceous species in Beijing. Atmospheric Environment, 2005, 39：5113－5124.

[39] 刘广仁,王跃思,温天雪,等.大气细粒子的快速捕集及化学成分在线分析方法研究.环境污染治理技术与设备,2002,11(3)：10－14.

[40] Hu M, Zhou F M, Shao K S, et al. Diurnal variations of aerosol chemical compositions and related gaseous pollutants in Beijing and Guangzhou. Journal of Environmental Science and Health Part A-Toxic/Hazardous substances & Environmental Engineering, 2002, 37(4)：479－488.

[41] Tripathi R M, Kumar A V, Manikandan S T, et al. Vertical distribution of atmospheric trace metals and their sources at Mumbai, India. Atmospheric Environment, 2004, 38：135－146.

[42] Sasaki K, Sakamoto K. Vertical differences in the composition of PM_{10} and $PM_{2.5}$ in the urban atmosphere of Osaka, Japan. Atmospheric Environment, 2005, 39：7240－7250.

[43] Spindler G, Mueller K, Brueggemann E, et al. Long-term size-segregated characterization of PM_{10}, $PM_{2.5}$, and PM_1 at the IfT research station Melpitz downwind of Leipzig (Germany) using high and low-volume filter samplers. Atmospheric Environment, 2004, 38(31)：5333－5347.

[44] Motallebi N, Taylor C A Jr, Croes B E. Particulate matter in California：Part 2-Spatial, temporal, and compositional patterns of $PM_{2.5}$, $PM_{10-2.5}$, and PM_{10}. Journal of the Air & Waste Management Association, 2003, 53(12)：1517－1530.

[45] Park M H, Kim Y P, Kang C, et al. Aerosol composition change between 1992 and 2002 at Gosan, Korea. Journal of Geophysical Research [Atmospheres], 2004, 109(D19)：D19S13/1－D19S13/7.

[46] Watson J G, Zhu T, Chow J C, et al. Receptor modeling application framework for particle source apportionment. Chemosphere, 2002, 49: 1093 – 1136.

[47] Ashbaugh L, Malm W, Sadeh W. A residence time probability analysis of sulfur concentrations at Grand Canyon National Park. Atmospheric Environment, 1985, 19: 1263 – 1270.

[48] Lowenthal D H, Rahn K. Application of the factor analysis receptor model to simulated urban- and regional-scale data sets. Atmospheric Environment, 1987, 21: 2005 – 2013.

[49] 宋宇,唐孝炎,方晨,等.北京市大气细粒子的来源分析.环境科学,2002,23(6): 11 – 16.

[50] Lee E, Chan C K, Paatero P. Application of positive matrix factorization in source apportionment of particulate pollutants in Hong Kong. Atmospheric Environment, 1999, 33: 3201 – 3212.

[51] Kim E, Larson T V, Hopke P K, et al. Source identification of $PM_{2.5}$ in an arid Northwest US city by positive matrix factorization. Atmospheric Research, 2003, 66(4): 291 – 305.

[52] Wang Y Q, Zhang X Y, Arimoto R, et al. The transport pathways and sources of PM_{10} pollution in Beijing during spring 2001, 2002 and 2003. Geophysical Research Letters, 2004, 31, L14110, doi: 10.1029/2004GL019732.

[53] 陈宗良,葛苏,张晶.北京大气气溶胶小颗粒的测量与解析.环境科学研究,1994,7(3): 1 – 9.

[54] Zhang Y H, Zhu X L, Slanina S, et al. Aerosol pollution in some Chinese cities (IUPAC Technical Report). Pure and Applied Chemistry, 2004, 76(6): 1227 – 1239.

[55] Zheng M, Salmon L G, Schauer J J, et al. Seasonal trends in $PM_{2.5}$ source contributions in Beijing, China. Atmospheric Environment, 2005, 39: 3967 – 3976.

[56] Chan Y C, Simpson R W, Mctainsh G H, et al. Source apportionment of $PM_{2.5}$ and PM_{10} aerosols in Brisbane (Australia) by receptor modeling. Atmospheric Environment, 1999, 33: 3251 – 3268.

[57] Yang H, Yu J Z, Ho S S H, et al. The chemical composition of inorganic and carbonaceous materials in $PM_{2.5}$ in Nanjing, China. Atmospheric Environment, 2005, 39: 3735 – 3749.

[58] 刘广深,洪业汤,朴河春,等.贵阳城郊近地面大气颗粒物的硫同位素组成特征.矿物学报,1996, 16(4): 353 – 357.

[59] Barletta B, Meinardi S, Rowland F S, et al. Volatile organic compounds in 43 Chinese cities. Atmospheric Environment, 2005, 39: 5979 – 5990.

[60] Salam A, Bauer H, Kassin K, et al. Aerosol chemical characteristics of a mega-city in southeast Asia (Dhaka-Bangladesh). Atmospheric Environment, 2003, 37: 2517 – 2528.

[61] Kanayama S, Yabuki S, Yanagisawa F, et al. The chemical and strontium isotope composition of atmospheric aerosols over Japan: The contribution of long-range-transported Asian dust (Kosa). Atmospheric Environment, 2002, 36: 5159 – 5175.

[62] Nishikawa M, Mori I, Iwasaka Y, et al. Indicator elements of kosa aerosol having alkaline property. Journal of Aerosol Science, 1997, 28: S109 – S110.

[63] Nakano T, Nishikawa M, Mori I, et al. Source and evolution of the "perfect Asian dust storm" in early April 2001: Implications of the Sr-Nd isotope ratios. Atmospheric Environment, 2005, 39: 5568 – 5575.

[64] Zhang X Y, Zhang G Y, Zhu G H, et al. Elemental tracers for Chinese source dust. Science in

China (Series D), 1996, 39(5): 512 - 521.

[65] Cao J, Wang Y, Zhang X, et al. Analysis of carbon isotopes in airborne carbonate and implications for aeolian sources. Chinese Science Bulletin, 2004, 49(15): 1637 - 1641.

[66] Wang Y Q, Zhang X Y, Arimoto R, et al. Characteristics of carbonate content and carbon and oxygen isotopic composition of northern China soil and dust aerosol and its application to tracing dust sources. Atmospheric Environment, 2005, 39(14): 2631 - 2642.

[67] Ooki A, Uematsu M, Miura K, et al. Sources of sodium in atmospheric fine particles. Atmospheric Environment, 2002, 36: 4367 - 4374.

[68] Cheung H-C, Wang T, Baumann K, et al. Influence of regional pollution outflow on the concentrations of fine particulate matter and visibility in the coastal area of southern China. Atmospheric Environment, 2005, 39: 6463 - 6474.

[69] Niemi J V, Tervahattub H, Vehkamaki H, et al. Characterization and source identification of a fine particle episode in Finland. Atmospheric Environment, 2004, 38: 5003 - 5012.

[70] Glavas S, Moschonas N. Origin of observed acidic-alkaline rains in a wet-only precipitation study in a Mediterranean coastal site, Patras, Greece. Atmospheric Environment, 2002, 36: 3089 - 3099.

[71] Matsuda K, Nakae S, Miura K. Origin and characteristics of sulfate aerosols in Tokyo [Japan]. Taiki Kankyo Gakkaishi, 1998, 33(4): 201 - 207.

[72] Hien P D, Bac V T, Thinh N T H. PMF receptor modeling of fine and coarse PM_{10} in air masses governing monsoon conditions in Hanoi, northern Vietnam. Atmospheric Environment, 2004, 38: 189 - 201.

[73] Han L, Zhuang G, Sun Y, et al. Local and non-local sources of airborne particulate pollution at Beijing. Science in China Ser B Chemistry, 2005, 48(4): 253 - 264.

[74] Hsu S-C, Liu S C, Jeng W-L, et al. Variations of Cd/Pb and Zn/Pb ratios in Taipei aerosols reflecting long-range transport or local pollution emissions. Science of the Total Environment, 2005, 347(1 - 3): 111 - 121.

[75] Hien P D, Bac V T, Thinh N T H. Investigation of sulfate and nitrate formation on mineral dust particles by receptor modeling. Atmospheric Environment, 2005, 39: 7231 - 7239.

[76] Pathak R K, Yao X, Lau A K H, et al. Acidity and concentrations of ionic species of $PM_{2.5}$ in Hong Kong. Atmospheric Environment, 2003, 37: 1113 - 1124.

[77] 张仁健,徐永福,韩志伟.ACE - Asia 期间北京 $PM_{2.5}$ 的化学特征及其来源分析.科学通报,2003, 48(7): 730 - 733.

[78] Dordevic D, Mihajlidi-Zelic A, Relic D, et al. Differentiation of the contribution of local resuspension from that of regional and remote sources on trace elements content in the atmospheric aerosol in the Mediterranean area. Atmospheric Environment, 2005, 39 (34): 6271 - 6281.

[79] Liu W, Wang Y, Russell A, et al. Atmospheric aerosol over two urban-rural pairs in the southeastern United States: Chemical composition and possible sources. Atmospheric

Environment, 2005, 39: 4453 - 4470.

[80] 何凌燕,胡敏,黄晓锋,等.北京大气气溶胶 PM$_{2.5}$ 中的有机示踪化合物.环境科学学报,2005,
25(1): 23 - 29.

[81] Yu S C. Role of organic acids formic, acetic, pyruvic and oxalic in the formation of cloud
condensation nuclei (CCN): A review. Atmospheric Research, 2000, 53: 185 - 217.

[82] Kawamura K, Ikushima K. Seasonal changes in the distribution of dicarboxylic acids in the urban
atmosphere. Environmental Science & Technology, 1993, 27: 2227 - 2235.

[83] Talbot R W, Beecher K M, Harriss R C, et al. Atmospheric geochemistry of formic and acetic
acids at a mid-latitude temperate site. Journal of Geophysical Research, 1988, 93 (D2):
1638 - 1652.

[84] 许士玉,胡敏.气溶胶中的水溶性有机物研究进展.环境科学研究,2000,13(1): 50 - 53.

[85] Huang X-F, Hu M, He L-Y, et al. Chemical characterization of water-soluble organic acids in
PM$_{2.5}$ in Beijing, China. Atmospheric Environment, 2005, 39(16): 2819 - 2827.

[86] Wang G, Huang L, Gao S, et al. Characterization of water-soluble species of PM$_{10}$ and PM$_{2.5}$
aerosols in urban area in Nanjing, China. Atmospheric Environment, 2002, 36(8): 1299 - 1307.

[87] Yao X, Fang M, Chan C K, et al. Characterization of dicarboxylic acids in PM$_{2.5}$ in Hong Kong.
Atmospheric Environment, 2004, 38: 963 - 970.

[88] Yao X, Fang M, Chak K. C. Size distributions and formation of dicarboxylic acids in atmospheric
particles. Atmospheric Environment, 2002, 36: 2099 - 2107.

[89] Yao X, Lau A P, Fang M, et al. Size distributions and formation of ionic species in atmospheric
particulate pollutants in Beijing, China: 2-dicarboxylic acids. Atmospheric Environment, 2003,
37(21): 3001 - 3007.

[90] Kerminen V-M, Ojanen C, Pakkanen T, et al. Low-molecular-weight dicarboxylic acids in an
urban and rural atmosphere. Journal of Aerosol Science, 2000, 31(3): 349 - 362.

[91] Kawamura K, Kaplan I R. Motor exhaust emissions as a primary source for dicarboxylic acids in
Los Angeles ambient air. Environmental Science and Technology, 1987, 21: 105 - 110.

[92] Legrand M, De Angelis M. Light carboxylic acids in Greenland ice: a record of past forest fires
and vegetation emissions from the boreal zone. Journal of Geophysical Research, 1996, 101:
4129 - 4145.

[93] Kawamura K, Sakaguchi F. Molecular distribution of water soluble dicarboxylic acids in marine
aerosols over the Pacific Ocean including tropics. Journal of Geophysical Research, 1999, 104:
3501 - 3509.

[94] Andreae M O, Talbot R W, Andreae T W, et al. Formic and acetic acid over the central amazon
region, Brazil 1. dry season. Journal of Geophysical Research, 1988, 93(D2): 1616 - 1624.

[95] Talbot R W, Andreae M O, Berresheim H, et al. Sources and sinks for formic, acetic and
pyruvic acids over Central Amazonia. 2, wet season. Journal of Geophysical Research, 1990, 95:
16799 - 16811.

[96] Sanhueza E, Andreae M O. Emission of formic and acetic acids from tropical savanna soils.

Geophysical Research Letters, 1991, 18: 1707 - 1710.

[97] Lofqvist J. Formic acid and unsaturated hydrocarbons as alarm pheromones of the ant formic arufa. Journal of Insect Physiology, 1976, 22: 1331 - 1346.

[98] Andreae M O, Browell E V, Garstang M, et al. Biomass-burning emissions and associated haze layers over Amazonia. Journal of Geophysical Research, 1988, 93(D2): 1509 - 1527.

[99] 刘惠永,张爱云.燃煤电厂飞灰吸附非多环芳烃类有机污染物的检出及意义.环境工程,2000,18(2): 56 - 58.

[100] Kawamura K, Ng L-L, Kaplan I R. Determination of organic acids (C1 - C10) in the atmosphere, motor exhausts, and engine oils. Environmental Science & Technology, 1985, 19: 1082 - 1086.

[101] Busso R H. Identification and determination of pollutants emitted by the principal types of urban waste incinerator plants (final report), Centre d'etudes et recherches charbonnages de France. Laboratoire du CERCHAR, Creil, France, Contract 69 - 01 - 758, A. R. 144. 1971.

[102] Jacob D J, Wofsy S C. Photochemistry of biogenic emissions over the Amazon forest. Journal of Geophysical Research, 1988, 93(D2): 1477 - 1486.

[103] Atkinson R, Lloyd A L. Evaluation of kinetic and mechanistic data for modeling of photochemical smog. Journal of Physical and Chemical Reference Data, 1984, 13: 315 - 444.

[104] Su F, Calvert J G, Shaw J H, et al. Spectroscopic and kinetic studies of a new metastable species in the photooxidation of gaseous formaldehyde. Chemical Physics Letters, 1979, 65: 221 - 225.

[105] Norton R B, Robersts J M, Huebert B J. Thropospheric oxalate. Geophysical Research Letter, 1983, 10: 517 - 520.

[106] Khare P, Kumar N, Satsangi G S, et al. Formate and acetate in particulate matter and dust fall at Dayalbagh, Agra (India). Chemosphere, 1998, 36(14): 2993 - 3002.

[107] Winchester J W. Soluble metals in the atmosphere and their biological implications: A study to identify important aerosol components by statistical analysis of PIXE data. Biological Trace Element Research, 1990, 26 - 27: 195 - 212.

[108] 王玮,王文星,陈宗良,等.日本关东冬季飘尘酸度及其对酸雨形成的影响.中国环境科学,1996,19(6): 438 - 442.

[109] 吴兑,黄浩辉,邓雪娇.广州黄埔工业区进地层气溶胶分级水溶性成分的物理化学特征.气象学报,2001,59(2): 213 - 219.

[110] Tsai Y I, Cheng M T. Characterization of chemical species in atmospheric aerosols in a metropolitan basin. Chemosphere, 2004, 54: 1171 - 1181.

[111] Yeatman S G, Spokes L J, Dennis P F, et al. Can the study of nitrogen isotopic composition in size-segregated aerosol nitrate and ammonium be used to investigate atmospheric processing mechanisms? Atmospheric Environment, 2001, 35: 1337 - 1345.

[112] Putaud J P, Van D R, Raes F. Submicron aerosol mass balance at urban and semirural sites in the Milan area (Italy). Journal of Geophysical Research-Atmospheres, 2002, 107(D22), Art.

No. 8198.

[113] Kerininen V-M, Hillamo R, Teinila K, et al. Ion balances of size-resolved tropospheric aerosol samples: Implications for the acidity and atmospheric processing of aerosols. Atmospheric Environment, 2001, 35: 5255 - 5265.

[114] Junge C E, Scheich G. Determination of the acid content in aerosol particles. Atmospheric Environment, 1969, 3(4): 423 - 441.

[115] Harrison R M, Pio C A. Major ion composition and chemical associations of inorganic atmospheric aerosols. Environmental Science and Technology, 1983, 7(3): 169 - 174.

[116] Erwin K S. An automatic monitor for acidity and neutralization of test aerosols. Journal of Aerosol Science, 1996, 27: S327 - S328.

[117] Leahy D F, Siegel R, Klotz P, et al. The separation and characterization of sulfate aerosol. Atmospheric Environment, 1975, 9(2): 219 - 229.

[118] Clegg S L, Brimblecombe P, Wexler A S. A thermodynamic model of the system $H^+ - NH_4^+ - Na^+ - SO_4^{2-} - NO_3^- - Cl^- - H_2O$ at 298.15 K. Journal of Physical Chemistry, 1998, 102A: 2155 - 2171.

[119] Pathak R K, Louie P K K, Chan C K. Characteristics of aerosol acidity in Hong Kong. Atmospheric Environment, 2004, 38: 2965 - 2974.

[120] Dong X, Sakamoto K, Zheng C, et al. Characteristics of Ca and Mg distribution in soil of China and their relationship to acidic pollutants in the atmosphere. Earozoru Kenkyu, 1999, 14(2): 171 - 180.

[121] Wang Z, Akimoto H, Cho I. Neutralization of soil aerosol and its impact on the distribution of acid rain over east Asia: Observations and model result. Journal of Geographysial Research, 2002, 107(D19): 4389. doi: 10. 1029/2001JD001040.

[122] Yong P K. Effects of sea salts and crustal species on the characteristics of aerosol. Journal of Aerosol Science, 1997, 28: S95 - S96.

[123] Rastogi N, Sarin M M. Long-term characterization of ionic species in aerosols from urban and high-altitude sites in western India: Role of mineral dust and anthropogenic sources. Atmospheric Environment, 2005, 39: 5541 - 5554.

[124] 孙庆瑞,王美蓉,邵可声,等.用自变量、因变量的双重筛选回归分析法研究气溶胶水溶离子的组成.北京大学学报自然科学版,1987,4: 45 - 50.

[125] Zhou G, Tazaki K. Seasonal variation of gypsum in aerosol and its effect on the acidity of wet precipitation on the Japan sea side of Japan. Atmospheric Environment, 1996, 30 (19): 3301 - 3308.

[126] Dong X, Sakamoto K, Wang W, et al. Chemical composition and acid buffering ability for size-segregated atmospheric aerosol in the desert area of China. Earozoru Kenkyu, 1999, 14(3): 248 - 256.

[127] Qin G, Huang M. A study on rain acidification processes in ten cities of China. Water, Air, and Soil Pollution, 2001, 130(1 - 4): 163 - 174.

[128] 曾凡刚,王玮,杨忠芳,等. 大气气溶胶酸度和酸化缓冲能力研究.中国环境监测,2001,17(4):13 - 17.

[129] 高金和,王玮,杜渐,等. 厦门春季气溶胶特征初探. 环境科学研究,1996,9(5): 33 - 37.

[130] Possanzini M, Santis F D, Palo V D. Measurements of nitric acid and ammonium salts in lower Bavaria. Atmospheric Environment, 1999, 33: 3597 - 3602.

[131] Hidy G M, Appel B R, Charison R J, et al. Summary of the California aerosol characterization experiment. Journal of Air Pollution Control Association, 1975, 25(11): 1106 - 1114.

[132] Ottly C J, Harrison R M. The spatial distribution and particle size of some inorganic nitrogen species over the North Sea. Atmospheric Environment, 1992, 26A: 1689 - 1699.

[133] Moya M, Castro T, Zepeda M, et al. Characterization of size-differentiated inorganic composition of aerosols in Mexico City. Atmospheric Environment, 2003, 37(25): 3581 - 3591.

[134] 梁咏梅,王美蓉,孙庆瑞.大气气溶胶酸式硫酸盐的 FTIR 研究.环境科学,1997,18(6): 9 - 12,15.

[135] 杨复沫,贺克斌,马永亮,等.北京大气细粒子 $PM_{2.5}$ 的化学组成.清华大学学报(自然科学版), 2002,42(12): 1605 - 1608.

[136] Zhang D, Zang J, Shi G, et al. Mixture state of individual Asian dust particles at a coastal site of Qingdao, China. Atmospheric Environment, 2003, 37: 3895 - 3901.

[137] 段凤魁,刘咸德,鲁毅强,等. 北京市大气颗粒物的浓度水平和离子组分的化学形态.中国环境监测,2003,19(1): 13 - 17.

[138] Liu X, Zhu J, Espen P V, et al. Single particle characterization of spring and summer aerosols in Beijing: Formation of composite sulfate of calcium and potassium. Atmospheric Environment, 2005, 39: 6909 - 6918.

[139] Kim B-G, Park S-U. Transport and evolution of a winter-time yellow sand observed in Korea. Atmospheric Environment, 2001, 35: 3191 - 3201.

[140] Zhou M, Okada K, Qian F, et al. Characteristics of dust-storm particles and their long-range transport from China to Japan — Case studies in April 1993. Atmospheric Research, 1996, 40: 19 - 31.

[141] Alastuey A, Querol X, Castillo S, et al. Characterization of TSP and $PM_{2.5}$ at Izana and Sta. Cruz de Tenerife (Canary Islands, Spain) during a Saharan Dust Episode (July 2002). Atmospheric Environment, 2005, 39: 4715 - 4728.

[142] Eatough D J, Caka F M, Farber R J. Israel The conversion of SO_2 to sulfate in the atmosphere. Journal of Chemistry, 1994, 34(3 - 4): 301 - 314.

[143] Grgic I, Hudnik V, Bizjak M, et al. Aqueous S(IV) oxidation-III. catalytic effects of soot particles. Atmospheric Environment, 1993, 25A(9): 1409 - 1416.

[144] Grgic I, Hudnik V, Bizjak M, et al. Aqueous S(IV) oxidation-I. catalytic effects of some metal ions. Atmospheric Environment, 1991, 25A(8): 1591 - 1597.

[145] Conklln M H, Hoffmann M R. Metal ion-sulfur(IV) chemistry. 2. kinetic studies of the redox chemistry of copper(II)-sulfur(IV) complexes. Environmental Science & Technology, 1988,

22(8): 891 - 898.

[146] Conklin M H, Hoffmann M R. Metal ion-sulfur(Ⅳ) chemistry. 3. Thermodynamics and kinetics of transient iron(Ⅲ)-sulfur(Ⅳ) complexes. Environmental Science & Technology, 1988, 22 (8): 899 - 907.

[147] Bronikowska W P, Ziajak J. Kinetics of aqueous SO_2 oxidation at different rate controlling steps. Chemical Engineering Science, 1989, 44(4): 915 - 920.

[148] Tursic J, Grgic I, Podkrajsek B. Influence of ionic strength on aqueous oxidation of SO_2 catalyzed by manganese. Atmospheric Environment, 2003, 37(19): 2589 - 2595.

[149] Reddy K B, Eldik R V. Kinetics and mechanism of the sulfite-induced autoxidation of Fe(Ⅱ) in acidic aqueous solution. Atmospheric Environment, 1992, 26A(4): 661 - 665.

[150] Novic M, Grgic I, Poje M, et al. Iron-catalyzed oxidation of S(Ⅳ) species by oxygen in aqueous solution: Influence of pH on the redox cycling of iron. Atmospheric Environment, 1996, 30(24): 4191 - 4196.

[151] Poznic M, Grgic I, Bercic G. Catalyzed aqueous S(Ⅳ) autoxidation: Iron-manganese synergism. Proceedings of EUROTRAC Symposium '98: Transport and chemical transformation in the troposphere, Garmisch-Partenkirchen, Germany, 1999: 734 - 737.

[152] Brosset C. Sulfate aerosols. Preprints of papers, presented at the National Meeting-American Chemical Society, Division of Environmental Chemistry, 1976, 16(1): 19 - 21.

[153] Lagrange J, Pallares C, Lagrange P. Electrolyte effects on aqueous atmospheric oxidation of sulfur dioxide by ozone. Journal of Geophysical Research, 1994, 99(D7): 14595 - 14600.

[154] Martin L R, Damschen D E, Judeikis H S. The reactions of nitrogen oxides with SO_2 in aqueous aerosols. Atmospheric Environment, 1981, 15: 191 - 195.

[155] Zuo Y, Hoigne J. Evidence for photochemical formation of H_2O_2 and oxidation of SO_2 in authentic fog water. Science, 1993, 260: 71 - 73.

[156] Chandler A S, Choularton T W, Dollard G J, et al. Measurements of H_2O_2 and SO_2 in clouds and estimates of their reaction rate. Nature, 1988, 336: 562 - 565.

[157] Faust B C. Aqueous-phase photochemical reactions in oxidant formation, pollutant transformations, and atmospheric geochemical cycles. Environmental Science & Technology, 1994, 28(5): 217A - 222A.

[158] Snider L R, Vali G. Sulfur dioxide oxidation in winter orographic clouds. Journal of Geophysical Research, 1994, 99(D9): 18723 - 18733.

[159] Sievering H, Boatman J, Gorman E, et al. Removal of sulphur from the marine boundary layer by ozone oxidation in sea-salt aerosols. Nature, 1992, 360: 571 - 573.

[160] Harrison R M. Pollution: Causes, effects and control. Thomas Graham Harsen, Cambridge: Royal Society of Chemistry, 1990.

[161] Luria M, Sievering H. Heterogeneous and homogeneous oxidation of SO_2 in the remote marine atmosphere. Atmospheric Environment, 1991, 25A(8): 1489 - 1496.

[162] Tursic J, Berner A, Veber M, et al. Sulfate formation on synthetic deposits under haze

conditions. Atmospheric Environment, 2003, 37(25): 3509 - 3516.

[163] Gan W, Dai S, Liu Y, et al. Simulation investigations on the marble deterioration by sulfur dioxide. Journal of Environmental Sciences (China), 1991, 105(1): 13 - 20.

[164] Sharma M, Kiran Y N V M, Shandilya K K. Investigations into formation of atmospheric sulfate under high PM_{10} concentration. Atmospheric Environment, 2003, 37(14): 2005 - 2013.

[165] 苏维瀚,张秋彭,宋文质,等.北京大气中硫酸盐和烟炎的研究.环境科学学报,1986,6(4): 480 - 486.

[166] Tursic J, Grgic I. Influence of NO_2 on S(Ⅳ) oxidation in aqueous suspensions of aerosol particles from two different origins. Atmospheric Environment, 2001, 35(22): 3897 - 3904.

[167] Wang W, Wang T. On the origin and the trend of acid precipitation in China. Water, Air and Soil Pollution, 1995, 85(4): 2295 - 2300.

[168] 李连科,栗俊,范国全,等.大连海域大气气溶胶物质来源分析.重庆环境科学,1997,19(5): 18 - 23.

[169] Tsai Y I, Cheng M T. Visibility and aerosol chemical compositions near the coastal area in Central Taiwan. Science of the Total Environment, 1999, 231(1): 37 - 51.

[170] Khoder M I. Atmospheric conversion of sulfur dioxide to particulate sulfate and nitrogen dioxide to particulate nitrate and gaseous nitric acid in an urban area. Chemosphere, 2002, 49(6): 675 - 684.

[171] 杨圣杰,陈莎,袁波祥.北京市 2.5 μm 小颗粒大气气溶胶特征及来源. 北方交通大学学报,2001, 25(6): 50 - 53.

[172] Kadowaki S. On the nature of atmospheric oxidation processes of SO_2 to sulfate and of NO_2 to nitrate on the basis of diurnal variations of sulfate, nitrate, and other pollutants in an urban area. Environmental Science and Technology, 1986, 20: 1249 - 1253.

[173] Yao X, Chan C K, Fang M, et al. The water-soluble ionic composition of $PM_{2.5}$ in Shanghai and Beijing, China. Atmospheric Environment, 2002, 36: 4223 - 4234.

[174] 周福民,邵可声,胡敏,等.广州大气气溶胶部分无机组分及相关气体逐时变化测量.北京大学学报(自然科学版),2002,38(2): 185 - 191.

[175] Zhuang H, Chan C K, Fang M, et al. Formation of nitrate and non-sea-salt sulfate on coarse particles. Atmospheric Environment, 1999, 33: 4223 - 4233.

第4章
大气气溶胶、沙尘暴、雾霾与全球生物地球化学循环

　　研究生物地球化学,即研究大气圈、水圈、地圈、生物圈以及人类圈之间的生物地球化学平衡,对于人类自身具有生死攸关的重大意义。地壳之中的各种岩石,在大气和水的长期不断作用下形成了土壤。地球表层的土壤在包括雨水、河水、地下水的水圈的侵蚀和冲刷作用下,不仅破坏了表层中包括生物圈在内的各种生态平衡,而且经由河流等各种途径把土壤从一处搬迁到另一处。大气运动,即风,可以使土壤及沙石拔地而起,形成随时随地可见的气溶胶,直至铺天盖地的沙尘暴,并经由大气中的水和重力的作用,同样可把土壤从一处搬迁到另一处,直至沉积于遥远的河口与海洋。中国黄土高原巨厚的黄土,即是在过去200多万年间,由风力搬运中国西北沙漠及亚洲中纬度干旱区产生的沙尘,堆积而成。来源于亚洲中部的沙尘暴,甚至可远征数千到一万千米以上,沉降于远离其来源的北太平洋和北美大陆,直接影响全球的环境变化。海洋沉积物经由长期的历史变迁,最后又形成各种岩石,而后演变成土壤。诸如中国新疆的塔克拉玛干沙漠,就是来源于若干亿年前的古海洋海底沉积物的风化。这真是所谓"沧海桑田",是全球生物地球化学循环的一幅简要图像。

　　中国经济的持续高速发展,尤其是快速城市化和机动车急剧增加等人为活动的影响,导致大气污染日趋严重。中国大气环境近10年来遇到了前所未有的严峻挑战[1,2]。气溶胶的长距离传输,是全球生物地球化学循环之重要途径,也是中国大气质量恶化的重要原因之一。

4.1　就远洋中许多元素和化合物的来源而言,大气传输是比河流传送更为重要的途径

　　多少世纪以来,人们都认为河流是提供海洋中各种物质的最主要途径。对于近海领域,这种认识也许是对的,但是对于辽阔的远洋领域,人们其实知之甚少。仅仅在过去二三十年内,人们发现了海底热泉和海底火山,才得以了解海底也是海水中物质的来源之一。早在20世纪70年代,人们发现大洋深海沉积物的许多重要成分,是来自大气传输。

太平洋上空大气粉尘的矿物组成,与太平洋深海的沉积物十分相似[3]。某些沙尘暴事件所产生的大气颗粒物,甚至可以在数千乃至上万千米以外的阿拉斯加和夏威夷等地区观测到。到了 80 年代初期,以 R. A. Duce 为首的大气科学家开始了大洋上空气溶胶的大尺度的调查研究。主要研究有太平洋上空的海－气交换研究项目(The Sea － Air Exchange, SEAREX)[4]和大西洋上空的大气海洋化学实验(The Atmosphere － Ocean Chemistry Experiment, AEROCE)[5]。这 2 个重大项目,提供了 2 个大洋上空大气沙尘气溶胶的浓度、沉降速率及其时空分布的精确数据,并且发现了海洋中的许多元素,如 Pb、Al、V、Mn(锰)、Zn 以及某些碳氢化合物和某些有机合成化合物。大气远距离的传输是比河流入海更为重要的途径。亚洲的沙漠以及非洲的撒哈拉沙漠等地随风飘起的颗粒物,是深海沉积物的重要来源。来自亚洲的沙尘,经过 10 000 km 以上的长途传输,沉降于北太平洋的广大地区。最近的报道指出,亚洲的沙尘暴已经传输到了美洲大陆,这为遥感卫星的照片所证实[6]。经估计,每年从亚洲传输到北太平洋地区的沙尘总量,约为 $(6 \sim 12) \times 10^6$ 吨[7]。

4.2　大气中的铁是某些大洋海区铁的最重要来源,而且是某些海区生产力的限制因素

美国海洋科学家 J. H. Martin[8] 1988 年根据对东北太平洋中 Fe 元素的分布以及 Fe 和其他营养元素(如 N、P)在海水中的含量与海洋中浮游生物生产力的关系,提出了“铁限制假说”,即 Fe 是该海区海洋生产力的限制因素。Duce[9] 根据 Fe 在某些海区上空海洋气溶胶中的含量,以及对于海水中可溶解气溶胶含量的计算指出,海洋大气中的 Fe,可能是某些地区海洋表层水中 Fe 的主要来源。海洋表层水中的 Fe,是海洋浮游生物的主要营养元素之一,但是何种形态的 Fe 可被海洋生物所利用,至今尚无定论[10,11]。一般认为,只有可溶于水的 Fe,才能为浮游生物所吸收。庄国顺等[12] 直接测定了北太平洋气溶胶样品中的 Fe 在该地区海水中的可溶性(指实验上可通过 0.4 μm Nuclepore 滤膜*的部分),发现大气中的 Fe 在海水中的溶解亦有“饱和度”($10 \sim 17$ nmol $\cdot$ kg^{-1})的限制。不过,当海水中的总 Fe 浓度很低时(<2 nmol $\cdot$ kg^{-1}),尽管 Fe(Ⅲ)在海水中的溶解度极低,仍有大约 50% 的气溶胶 Fe 可溶于海水,而且此溶解过程可在投入海水的几分钟内完成。不过,此处的“可溶性”,并非分子水平的“溶解度”。这一结果表明,气溶胶中的 Fe 在进入海水后沉降于深海之前,便能为表层浮游生物所利用。庄国顺等据此推断,在某些海区,其海水中 Fe 的 99% 以上来自大气气溶胶在海洋中的沉降。P. Behra 和 L. Sigg[13] 报道,在瑞士苏黎世收集的 pH 为 $3 \sim 7$ 的雾样中,Fe(Ⅱ)占总 Fe 的 20%～90%。

---

　　* Nuclepore 滤膜又称聚碳酸酯核孔过滤膜,用核孔聚碳酸酯为材料制成、有确定过滤孔径的滤膜,例如在此处的孔径是 0.4 μm(参见 74 页脚注*)。

庄国顺等[14]首次检测到,在北太平洋地区的远洋气溶胶中,Fe(Ⅱ)占总 Fe 的 56%±32%;在大西洋巴巴多斯岛的样品中,这占 49%±15%。而在中国西部的黄土中,Fe(Ⅱ)占总铁量 0.4%,在西安的气溶胶中占 5%。当气溶胶传送到北太平洋上空,Fe(Ⅱ)占总铁量约 55%。这一组数据表明,气溶胶从中国西北经由华北传输到北太平洋以及美洲大陆,气溶胶中的 Fe(Ⅱ)在不断增加。而且气溶胶 Fe 的存在形式从 Fe(Ⅲ)到 Fe(Ⅱ)的转化过程,很可能是在气溶胶的长距离传输过程中发生。由于 Fe(Ⅱ)在海水中的溶解度大大高于 Fe(Ⅲ),因此气溶胶的长距离传输过程,大大增加了海洋气溶胶的 Fe 在海水中的溶解度,从而为大洋表层海水中的浮游生物提供了其所需要的营养物[14-16]。Martin[17]进一步研究了南大洋、赤道太平洋和近北极的北太平洋地区,发现铁限制假说也适用于上述重要地区。他进而提出,如果增加南大洋等地区 Fe 的供应,这些地区的初级生产力会大大提高。基于光合作用,海洋表层生产力的增加,会大大增加海洋对大气中 CO_2 的吸收[18-23],从而为解决全球温室效应提供可供人们参考的思路。在某些大洋海区进行的人工加铁实验[24,25],进一步证实了大气中的 Fe 对海洋初级生产力的限制和决定性作用。比如,1996 年美国科学家在赤道太平洋地区[26],1999 年欧美及澳大利亚、新西兰等国科学家[27]一起在南大洋地区,进行了中尺度的人为加铁实验,在一星期内便引起了表层生产力的数倍增长,并由人造卫星的遥感摄影,直接拍摄到该地区海洋表层水硅藻大量增长的彩色照片,从而证实了铁限制假说。最近的研究表明,海水中的可溶性 Fe 与海洋的固氮能力亦密切相关[28-33]。铁限制假说已成为全球同行普遍注意的理论,并成为海洋大气科学家研究的热点。

4.3　二甲基硫和人为污染源产生的硫酸盐气溶胶及其降温效应

气溶胶的远距离输送,不仅对大洋表层水生产力及深海沉积物有十分重要的影响,而且大气中的气溶胶通过其对太阳辐射的直接负强迫,以及通过气溶胶形成云凝结核(CCN)的能力而产生的间接负强迫,对全球气候变化产生重大影响。硫酸盐气溶胶作为气溶胶的主要组成部分,受到大气科学家的广泛关注。在遥远的大洋区域,海洋边界层中 91%～95%的海洋气溶胶是非海盐硫酸盐[34]。对流层中的非海盐硫酸盐气溶胶,出自 2 个主要来源:一是海洋表层生物产生的二甲基硫(dimethyl sulfur, DMS)。DMS 排放到大气中,经过一系列光氧化和化学氧化过程,最终产物主要为非海洋硫酸盐气溶胶。二是来自陆地人为源,主要是由燃煤产生的 SO_2。后者再经过一系列光氧化和化学氧化过程,生成硫酸盐气溶胶[35]。人为源产生的硫酸盐气溶胶,在量上甚至可与海洋源相比较。如在中国沿海,由于高排放量的 SO_2,人为源产生的硫酸盐气溶胶甚至高达硫酸盐总量的 81%～97%[1]。

R. J. Charlson 等人[36]根据海洋浮游植物产生的 DMS 进入大气被氧化成 SO_2,进而又被氧化为 SO_4^{2-},成为海洋气溶胶的主要来源,提出了海洋浮游植物减少太阳辐射的反馈模式。继之在 20 世纪 90 年代初,Charlson[37]等人[38]对现代工业排出 SO_2 形成硫酸盐气溶胶,提出了同样的模式;并且认为,人为源产生的硫酸盐,是大气气溶胶的主要部分。硫酸盐气溶胶的增加,既增加了云量,又增加了成云的凝结核,导致云层反射率增加。其对太阳辐射的负强迫,将对全球产生降温效应。但是在全球平均意义上,硫酸盐气溶胶的降温效应小于温室效应,且在不同的时间-空间有较大差异。

4.4　大气中的铁硫氧化还原耦合机理

如上所述,Fe 的远距离输送是大洋中某些海区生产力的限制因素。引起广泛兴趣的不仅在于,长距离传输带来的陆地沙尘即矿物气溶胶,是许多海区 Fe 的主要来源和海洋生产力的限制因素[10,11,39-41];而且在于,气溶胶中 Fe(Ⅲ)的光解是云、雾及雨水中产生 OH· 自由基的重要来源[42]。Fe(Ⅲ)光解产生的 OH· 自由基,是大气中低价含硫化合物如 DMS 变成 S(Ⅳ)和 SO_2,生成硫酸盐的主要氧化剂。于是,同是生物体重要成分的 Fe 和 S,在大气中借着 OH· 自由基又紧密地相关。庄国顺等发现了相当多地区的雨水、云层水及气溶胶中存在着高浓度的 Fe(Ⅱ)[43],比较了大量实测数据,并在实验室模拟研究的基础上,于 1992 年在 *Nature* 发表论文[14],提出了 Fe-S 氧化还原耦合的全球循环模式,揭示了 S 和 Fe 的生物地球化学循环,及其可能的循环反馈模式,引起国际上的广泛注意[44,45]。Fe(Ⅲ)的光还原,被认为是云层、雾和雨水中产生氢氧根自由基 OH· 之主要来源[42]。

$$[Fe(Ⅲ)(OH)(H_2O)_5]^{2+} + H_2O \xrightarrow[\text{(光子能量)}]{h\nu} [Fe(Ⅱ)(H_2O)_6]^{2+} + OH·_{aq}$$

OH· 的产生直接催化氧化了 SO_2 和水相中的 HSO_3^-,产生 SO_4^{2-}。由于 Fe(Ⅱ)在海水中的溶解度远大于 Fe(Ⅲ),这一发现对于揭示大气中的 Fe 被海水中生物吸收的机制十分重要。根据 Fe-S 耦合机理,气溶胶以及大气云层水中的 S(Ⅳ)可能被其中的 Fe(Ⅲ),或直接氧化,或光氧化,或催化氧化,生成 S(Ⅵ)的硫酸盐气溶胶,而 Fe(Ⅲ)则被还原成 Fe(Ⅱ)。中国西北部沙漠及黄土高原所产生的大量沙尘气溶胶,含有大量的 Fe(Ⅲ)。随着硫酸盐气溶胶的增加,从中国大陆上空远距离输送到太平洋,包括地壳源及人为源的气溶胶,对海洋表层生物具有决定性意义并可为之吸收的 Fe(Ⅱ),亦随之增加。因之,海洋表层的浮游生物即初级生产力,亦随之增加。海洋大气生态体系的这一变化,会立即反馈到其生物地球化学循环之中。浮游生物的增加,导致 DMS 排放量的增加。DMS 的增加,又导致海洋大气中硫酸盐气溶胶的增加。硫酸盐气溶胶的增加,又导致生物所必需的 Fe(Ⅱ)的增加。如此反复循环不已。海洋生物的增加,又导致海洋对 CO_2 吸收量的增加,这就直接影响了全球气候变化。此连锁循环反馈,可能对全球气候和环境变化有重要影响。生态体系尺度的现场海区实验,进一步证实了海洋浮游生物排出的

DMS 对人为添加生物可利用的 Fe 的直接响应[46]。我们对中国沙尘暴气溶胶表面有关元素在长途传输途中价态变化的直接测定,提供了大气中 Fe-S 耦合反馈机制的直接证据[47]。近年来一些学者的研究进一步指出,某些有机物如草酸($H_2C_2O_4$)、甲醛(HCHO)的存在,如果能与不同价态的 Fe 和 S 生成络合物,对 S(IV) 的氧化过程就会有阻碍、屏蔽或加速作用[48]。所有这些中、大尺度的现场实验结果,为 Fe-S 耦合反馈机制的假设提供了论据[49]。

4.5 亚洲气溶胶的长途传输对太平洋乃至全球环境变化之影响

中亚的沙漠和黄土高原,是太平洋上空气溶胶的来源之一。太平洋上空沙尘的沉降,与太平洋表层水和下层水,还有海底沉积物中非生物所产生的矿物质,直接相关。海水中矿物质的浓度,随着大洋上空沙尘浓度的升高而升高。海水中矿物质下沉的速率,如在北太平洋的夏威夷东部[50]为 500 mg·m^{-2}·yr^{-1} *,在北太平洋的阿留申岛附近[51]为 1 000～2 000 mg·m^{-2}·yr^{-1},与在该地区附近的中途岛和瓦胡岛上所测定的大气沉降速率[52,54](600、420 mg·m^{-2}·yr^{-1}),处于可比较的同一数量级范围。同样在这一地区,某一沙尘小高峰期间的最初 2 d 所测定的沉降速率(0.30～0.56 mg·m^{-2}·d^{-1}),与在同一地区海水中 37 m 深处所测定的矿物质下降速率(0.45 mg·m^{-2}·d^{-1}),其为近似[53]。中太平洋上空气溶胶的沉降速率[估算值[7](6～12)×10^{12} g·yr^{-1};测定值[54] 20×10^{12} g·yr^{-1}],约占这一地区所估算的沉积物的沉积速率的 75%～95%[3]。从西太平洋海底收集的沉积物的组成,与长距离传送进入太平洋的亚洲的气溶胶的组成非常相似[3]。所有这些数据表明,来自亚洲的气溶胶,是太平洋海水中矿物质及海底沉积物的最主要来源。从 20 世纪 80 年代初开始,以 Duce 为首的大气科学家在太平洋的许多小岛设置网络取样站,开展了 SEAREX 的这一大规模的海-气交换研究。根据卫星传送的各地气象资料所进行的气溶胶传输轨迹追踪分析,清楚地证明了北太平洋上空的气溶胶,来自亚洲中部的沙漠和黄土高原。1986 年 4 月 15 日在太平洋的瓦胡岛北面附近所采集的气溶胶,来自 4 月 8 日亚洲中部的沙漠和黄土高原地区。气溶胶的传输途径位于对流层的中上部,即在海拔 4～6 km 高度。这一运动轨迹是气溶胶从亚洲传输到中太平洋的典型传输轨迹。气溶胶从亚洲中部传输到中太平洋海岛上(如中途岛或瓦胡岛),一般需要 5～10 d。

4.6 亚洲沙尘暴对北太平洋乃至全球环境变化之影响

在远洋气溶胶中,Al 的含量约占来自沙尘的矿物质的 8%。根据这一比例,可以推

---

* 本书以 yr 表示时间单位"年",以示对原文献的尊重。

算海洋气溶胶的总质量浓度。太平洋上空海洋气溶胶的浓度分布,可大致分为 5 个区域[53]。第一个区域是高浓度区,位于高纬度的北太平洋。春天来自亚洲的沙尘暴,形成了这一区域的沙尘高峰。秋天的浓度次之,冬夏最低。第二个区域是赤道太平洋地区,全年都是低浓度,偶尔在春天由亚洲的沙尘暴而形成的沙尘高峰,可以抵达这一区域。第三个区域是南太平洋中心。这一区域浓度很低,少量沙尘从北太平洋进入南太平洋。第四个区域是位于澳大利亚附近的西南太平洋地区。在这一区域可观测到来自澳大利亚沙漠,随季节而变化的中高浓度的沙尘。第五个区域是高纬度区域的南大洋以及南极洲沿岸地区。这一区域的气溶胶浓度极低。来自亚洲的沙尘气溶胶影响,远远大于来自澳大利亚沙漠的沙尘。

气溶胶最终沉降于大洋。在高浓度及高雨量期间,其沉降量最大。约 80% 的气溶胶由湿沉降(如雨水冲刷)进入大洋。由于高纬度区域的雨量低,而低纬度的赤道区域虽然雨量高,但是气溶胶含量低,因此气溶胶在整个大洋沉降的空间分布较为均匀。不过,太平洋上空的气溶胶浓度及雨量时间分布,均具有极大的事件脉冲特性,这导致气溶胶年沉降量的很大部分,常常是在很短的时间内,由几个重大沙尘事件来完成的。北太平洋中途岛上约一半的年沙尘沉降量,发生于 2 个星期内。根据在中途岛及太平洋其他岛屿上的每天取样监测结果,每年的沙尘高峰仅有 2~4 d。太平洋上绝大部分的沙尘沉降,发生在仅仅几天时间内。这一结果表明,亚洲的沙尘暴虽然每年只有短短几次或者短短几天,但对太平洋的沙尘沉降总量,以至全球的生态变化,有着至关重要的影响。由于大风发生和地表裸露时间耦合,黄土高原疏松的沙土、西北地区和内蒙古地区的沙漠,以及干旱与半干旱地区的荒漠,成为亚洲沙尘暴的来源地。人类所谓“征服”自然的不合理活动,导致地表荒漠化的急剧扩展,成为沙尘暴产生及其频率增加的重要因素。铺天盖地而来的沙尘,加之燃煤产生的 SO_2 和迅速增长的机动车尾气排放,使中国中东部地区的大气污染犹如雪上加霜,自 2013 年以来频频发生大范围、高强度、持续性的严重雾霾。沙尘暴不仅横扫中国华北和部分华东地区的城市与乡村,甚至还沉降于北太平洋。来自亚洲沙漠的沙尘,最后约有一半被输送到中国海区,乃至遥远的北太平洋[55]。庄国顺等人对亚洲沙尘暴作了深入的研究,有以下重要发现[56,57]。① 沙尘暴中所增加的污染物,主要来自沙尘暴所经过地区的二次扬尘,以及二次形成的硫酸盐气溶胶和有机物气溶胶,及其表面发生的多相反应,如对痕量污染元素的表面吸附或液相络合。② 沙尘暴气溶胶在其长距离传输过程中,既输送比常日气溶胶高达数十倍的痕量污染元素,同时又输送比常日气溶胶高得多的 $Fe(II)$,以及高出数十倍的、尚未被还原的 $Fe(III)$。这些细粒子即便在沙尘暴气候结束后的若干天内,还能滞留在大气中,进而传输到数百上千甚至上万千米以外。每年的沙尘暴时间虽短,但其浓度比平时高数十倍,由此输送至北太平洋地区的气溶胶量,占据全年输送量的绝大部分。可见,亚洲的沙尘暴不仅对局部地区的天气以至居民的身体健康,而且会对全球的气候变化带来重大影响。深入研究亚洲沙尘暴在长途传输途中与污染物气溶胶的混合和转化机制,及其在大洋中的最后归宿,不仅是促进中国经济发展和改善人们生活质量之急需,也是正视全球生态危机和全球环境变化问题之急需。

参考文献

[1] Gao Y, et al. Atmospheric non-sea-salt sulfate, nitrate and methanesulfonate over the China Sea. J Geophys Res[Atmos], 1996, 101(D7): 12601 – 12611.

[2] Elliott S, et al. Motorization of China implies changes in Pacific air chemistry and primary production. Geophysical Research Letters, 1997, 24: 2671 – 2674.

[3] Blank M M, et al. Major Asian aeolian inputs indicated by the mineralogy of aerosols and sediments in the western North Pacific. Nature, 1985, 314: 84 – 86.

[4] Prospero J M, et al. Mineral aerosol transport to the Pacific Ocean. Chemical Oceanography, 1989, 10: 188 – 218.

[5] Arimoto R, et al. Trace elements in aerosol particles from Bermuda and Barbados: Concentrations, sources and relationships to aerosol sulfate. J Atmos Chem, 1992, 14(1 – 4): 439 – 457.

[6] Royston R. China's dust storms raise fears of impending catastrophe. National Geographic News, USA, 2001 – 06 – 01.

[7] Uematsu M, et al. Transport of mineral aerosol from Asia over the North Pacific Ocean. J Geophys Res, 1983, 88: 5343 – 5352.

[8] Martin J H, et al. Iron deficiency limits phytoplankton growth in the north-east Pacific subarctic. Nature, 1988, 331: 341 – 343.

[9] Duce R A. The impact of atmospheric nitrogen, phosphorus, and iron species on marine biological productivity // Buat-Menard P. The role of air-sea exchange in geochemical cycling. Reidel Press, 1986.

[10] Saydam A C, Senyuva H Z. Deserts: Can they be the potential suppliers of bioavailable iron? Geophysical Research Letters, 2002, 29(11): 19/1 – 19/3.

[11] Jickells T D, Spokes L J. IUPAC series on analytical and physical chemistry of environmental systems. Biogeochemistry of Iron in Seawater, 2001, 7: 85 – 121.

[12] Zhuang G, Duce R A, Kester D R. The dissolution of atmospheric iron in the surface seawater of the open ocean. J Geophys Res, 1990, 95: 16207 – 16216.

[13] Behra P, Sigg L. Evidence for redox cycling of iron in atmospheric water droplets. Nature, 1990, 344: 419 – 421.

[14] Zhuang G, et al. Link between iron and sulfur cycles suggested by detection of iron(II) in remote marine aerosols. Nature, 1992, 355(6360): 537 – 539.

[15] Zhuang G, et al. Chemistry of iron in marine aerosols. Global Biogeochemical Cycles, 1992, 6 (2): 161 – 173.

[16] Zhuang G, et al. The absorption of dissolved iron on marine aerosol particles in surface waters of the open ocean. Deep-Sea Res, Part I , 1993, 40(7): 1413 – 1429.

[17] Martin J H, et al. Testing the iron in ecosystems of the equatorial Pacific Ocean. Nature, 1994, 371: 123 - 129.

[18] Ridgwell A J, Maslin M A, Watson A J. Reduced effectiveness of terrestrial carbon sequestration due to an antagonistic response of ocean productivity. Geophysical Research Letters, 2002, 29 (6): 19/1 - 19/4.

[19] Lefevre N, Watson A J. Modeling the geochemical cycle of iron in the oceans and its impact on atmospheric CO_2 concentrations. Global Biogeochemical Cycles, 1999, 13(3): 727 - 736.

[20] Watson A J. Iron in the oceans: Influences on biology, geochemistry and climate. Progress in Environmental Science, 1999, 1(4): 345 - 370.

[21] Watson A J, Bakker D C, Ridgwell A J, et al. Effect of iron supply on Southern Ocean CO_2 uptake and implications for glacial atmospheric CO_2. Nature, 2000, 407(6805): 730 - 733.

[22] Cooper D J, Watson A J, Nightingale P D. Large decrease in ocean-surface CO_2 fugacity in response to *in situ* iron fertilization. Nature, 1996, 383(6600): 511 - 513.

[23] Watson A J, Law C S, Van Scoy K A, et al. Minimal effect of iron fertilization on sea-surface carbon dioxide concentrations. Nature, 1994, 371(6493): 143 - 145.

[24] Gervais F, Riebesell U, Gorbunov M Y, et al. Changes in primary productivity and chlorophyll a in response to iron fertilization in the southern polar frontal zone. Limnology and Oceanography, 2002, 47(5): 1324 - 1335.

[25] Hall J A, Safi K. The impact of *in situ* Fe fertilisation on the microbial food web in the Southern Ocean. Deep-Sea Research, Part Ⅱ: Topical Studies in Oceanography, 2001, 48 (11 - 12): 2591 - 2613.

[26] Coale K H, et al. A massive phytoplankton bloom induced by an ecosystem-scale iron fertilization experiment in the equatorial Pacific Ocean. Nature, 1996, 383: 495 - 501.

[27] Boyd P W, et al. A mesoscale phytoplankton bloom in the polar Southern Ocean stimulated by iron fertilization. Nature, 2000, 407: 695 - 699.

[28] Chu S, Elliott S, Maltrud M E. Global eddy permitting simulations of surface ocean nitrogen, iron, sulfur cycling. Chemosphere, 2003, 50(2): 223 - 235.

[29] Ganeshram R S, Pedersen T F, Calvert S E, et al. Reduced nitrogen fixation in the glacial ocean inferred from changes in marine nitrogen and phosphorus inventories. Nature, 2002, 415(6868): 156 - 159.

[30] Milligan A J, Harrison P J. Effects of non-steady-state iron limitation on nitrogen assimilatory enzymes in the marine diatom *Thalassiosira weissflogii* (Bacillariophyceae). Journal of Phycology, 2000, 36(1): 78 - 86.

[31] Berman-Frank I, Cullen J T, Shaked Y, et al. Iron availability, cellular iron quotas, and nitrogen fixation in Trichodesmium. Limnology and Oceanography, 2001, 46(6): 1249 - 1260.

[32] Cullen J J. Oceanography: Iron, nitrogen and phosphorus in the ocean. Nature, 1999, 402 (6760): 372.

[33] Lenes J M, Darrow B P, Cattrall C, et al. Iron fertilization and the Trichodesmium response on

the West Florida shelf. Limnology and Oceanography, 2001, 46(6): 1261 – 1277.

[34] Fitzgerald J W. Marine aerosols: A review. Atmos Environ, 1991, 25: 533 – 545.

[35] Galloway J N. Sulfur in the western North Atlantic Ocean atmosphere: Results from a summer 1998 ship/aircraft experiment. Global Biogeochemical Cycles, 1990, 4: 349 – 365.

[36] Charlson R J, et al. A climate feedback loop of sulfate aerosols. Nature, 1987, 326: 655 – 661.

[37] Charlson R J. Climate forcing by anthropogenic aerosols. Science, 1992, 255: 423 – 430.

[38] Schwartz S E. The whitehouse effect-shortwave radiative forcing of climate by anthropogenic aerosols: An overview. J Aerosol Science, 1996, 27: 359 – 382.

[39] Johnson K S. Iron supply and demand in the upper ocean: Is extraterrestrial dust a significant source of bioavailable iron? Global Biogeochemical Cycles, 2001, 15(1): 61 – 63.

[40] Bishop J K B, Davis R E, Sherman J T. Robotic observations of dust storm enhancement of carbon biomass in the North Pacific. Science, 2002, 298(5594): 817 – 821.

[41] Duce R A. The impact of atmosphere nitrogen, phosphorus, and iron species on marine biological productivity//Buat-Menard P. The role of air-sea exchange in geochemical cycling. Dordrecht, Holland: D. Reidel, 1986: 497 – 529.

[42] Faust B C, et al. Photolysis of Fe(III)-hydroxy complexes as sources of OH radicals in cloud, fog and rain. Atmospheric Environment, 1990, 24: 79 – 89.

[43] Zhuang G, et al. Iron(II) in rainwater, snow, and surface seawater from a coastal environment. Mar Chem, 1995, 50(1 – 4): 41 – 50.

[44] Uematsu M. Influence of aerosols originated form the Asian continent to the marine environment. A view from biogeochemical cycles. Earozoru Kenkyu (in Japanese), 1999, 14(3): 209 – 213.

[45] Warneck P. Chemistry of the natural atmosphere, 2nd edition. New York: Academic Press, 2000: 499 – 502.

[46] Turner S M, Nightingale P D, Spokes L J, et al. Increased dimethyl sulfide concentrations in sea water from *in situ* iron enrichment. Nature, 1996, 383(6600): 513 – 517.

[47] Zhang X, Zhuang G, et al. Speciation of the elements and composition on the surface of dust storm particles — The evidence for the coupling of iron with sulfur in the aerosol during the long-range transport. Chinese Science Bulletin, 2005, 50(8): 738 – 744.

[48] Faust B C, et al. Sunlight-initiated partial inhibition of the dissolved iron(III)-catalyzed oxidation of S(IV) species by molecular oxygen in aqueous solution. Atmospheric Environment, 1994, 28: 745 – 749.

[49] Zhuang G, et al. Coupling and feedback between iron and sulphur in air-sea exchange. China Science Bulletin, 2003, 48(11): 1080 – 1086.

[50] Honjo S, et al. Sedimentation of lithogenic particles in the deep ocean. Mar Geol, 1982, 50: 199 – 220.

[51] Tsunogai S, et al. Sediment trap experiment in the northern North Pacific: Undulation of settling particles. Geochem J, 1982, 16: 129 – 147.

[52] Uematsu M, et al. Deposition of atmospheric mineral particles in the North Pacific Ocean. J

Atmos Chem, 1985, 3: 123 – 138.

[53] Betzer P R, et al. A pulse of Asian dust to the central North Pacific: Long range transport of giant mineral aerosol particles. Nature, 1988, 336: 568 – 570.

[54] Uematsu M, et al. Short-term temporal variability of aeolian particles in surface waters of the northwestern North Pacific. J Geophys Res, 1985, 90: 1167 – 1172.

[55] Zhang X Y, An Z S, Arimoto R, et al. Dust emission from Chinese desert sources linked to variations in atmospheric circulation. J Geophys Res[Atmos], 1997, 102(D23): 28041 – 28047.

[56] Zhuang G, et al. The compositions, sources, and size distribution of the dust storm from China in spring of 2000 and its impact on the global environment. China Science Bulletin, 2001, 46(1): 895 – 901.

[57] 庄国顺,郭敬华,袁蕙,等. 2000 年中国沙尘暴的组成、来源、粒径分布及其对全球环境的影响.科学通报,2001,46(1): 191 – 197.

第5章
气溶胶长途传输途中及大气海洋物质交换中的铁硫耦合反馈机制

海洋表层水中的 Fe,已被证明为某些大洋海区表层水生产力的限制因素(即所谓"铁限制假说")[1-5]。来自陆地,经长距离传输而来的沙尘,即矿物气溶胶,是许多海区Fe 的主要来源[1]。只有可溶于水的 Fe,才能为海洋表层水中的浮游生物所吸收。因此,了解气溶胶中 Fe 的存在形式,及其如何转化为浮游生物可利用的形态,是验证铁限制假说之重要一环。由于在天然水,尤其在 pH 值较高的海水中,可溶性 Fe 的含量非常低[6],故一些研究者[7-10]认为,大气中的 Fe 在雨水和海水中是不可溶的。至今关于大气中 Fe 对海洋尤其是大洋海域生物的可利用性,研究甚少。庄国顺等[11]直接测定了在北太平洋上空收集的气溶胶样品中的 Fe,在该地区海水中的可溶性,发现大气中的 Fe 在海水中的溶解有一"饱和度"(10~17 nmol·kg^{-1})的限制。不过,当海水中总 Fe 浓度很低时(<2 nmol·kg^{-1}),尽管 Fe(Ⅲ)在海水中的溶解度极低,仍约有 50% 的气溶胶 Fe 可溶解于海水。根据此项研究,他们推断,某些海区海水中 99% 以上可被浮游生物利用的 Fe,来自大气气溶胶在海洋中的沉降。不过,这一研究中报道的"可溶性",并非严格定义的分子水平的"溶解度",而仅仅指实验上可通过 0.4 μm Nuclepore滤膜的部分。Fe 在气溶胶中存在的化学形式及其化学价态,决定了其在雨水和海水中的溶解度。因此,研究 Fe 在气溶胶中分子水平的化学形式及化学价态,对于探讨大气对海洋的影响至关重要。在瑞士苏黎世收集的 pH 值为 3~7 的雾样中,20%~90% 的总 Fe 是可溶性的 Fe(Ⅱ)[12]。在北太平洋地区的远洋气溶胶中,Fe(Ⅱ)占总 Fe 的56%±32%,在大西洋巴巴多斯岛的样品中占 49%±15%[13]。气溶胶中 Fe(Ⅲ)的光解作用,即[Fe(Ⅲ)(OH)(H$_2$O)$_5$]$^{2+}$ + H$_2$O + $h\nu$ → [Fe(Ⅱ)(H$_2$O)$_6$]$^{2+}$ + OH·,是云、雾及雨水中产生 OH·自由基的重要来源[14-16]。大气中的 Fe(Ⅲ)光解产生的 OH·自由基,可以把大气中低价 S 化合物如二甲基硫(DMS)氧化成 S(Ⅳ),并进而把S(Ⅳ)氧化成硫酸盐 S(Ⅵ)。Fe(Ⅱ)在远洋气溶胶中的存在,表明了大气中的主要氧化剂 OH·自由基可能产生于气溶胶表面与 Fe 有关的异相反应。于是,同是生物体重要成分的 Fe 和 S,在大气中借着 OH·自由基又紧密地相关。本章论述起源于亚洲中部沙漠,或者干旱和半干旱地区,最后传输到北太平洋地区及美国西部的沙尘暴气溶胶

中 Fe 的存在形式与化学价态,揭示 Fe 与 S 在大气气溶胶长距离传输过程中的相互关系,从而阐明大气和海洋中的 Fe-S 耦合反馈机制。

5.1 采样和化学分析

5.1.1 采样

用北京地质仪器厂和北京迪克机电技术有限公司生产的 TSP/PM$_{10}$/PM$_{2.5}$-2 型颗粒物采样器,分别采集 TSP、PM$_{10}$ 和 PM$_{2.5}$ 样品。用美国 Anderson 公司生产的九级分级采样器,采集粒径分布样品。九级粒径范围分别是:0～0.4、0.4～0.7、0.7～1.1、1.1～2.1、2.1～3.3、3.3～4.7、4.7～5.8、5.8～9.0 和＞9 μm。采样点设在北京师范大学科技楼 12 楼(高约 40 m)。采用英国 Whatman 公司生产的 Whatman 41 滤膜。2000—2002 年连续 3 年,在每年 2—5 月的沙尘暴季节,采集 TSP、PM$_{10}$、PM$_{2.5}$ 和粒径分布样品。采集完后的样品,立即放入聚四氟乙烯(teflon,又称特氟隆)塑料袋密封。用 Sartorius 2004MP 型 1/10^5 电子天平,在恒温恒湿条件下称量。样品保存于冰箱。所有工作流程均受到严格质量控制,以保证样品不受任何污染。

5.1.2 化学分析

① ICP 元素分析[17]:采用法国 JOBIN-YVON 公司的 ULTIMA 型电感耦合等离子发射光谱仪(ICP-AES),分析包括 Fe 和 S 在内的 23 种元素。

② 离子分析[18]:采用美国 Dionex 600 型离子色谱仪,包括 Ion Pac-AS11 型分离柱和 Ion Pac-AG11 型保护柱、ASRS 自身再生抑制器、ED50 电导检测器、GP50 梯度泵,并采用 Peaknet 6 软件,分析包括 SO$_4^{2-}$ 在内的 16 个阴阳离子和有机酸离子。滤膜样品经 KQ-50B 型超声波清洗器(昆山市超声波仪器有限公司)振荡洗提,再经 0.45 μm 微孔滤膜(25 mm,北京化工学校附属工厂)过滤,由聚丙烯无菌注射器注入色谱系统。

③ Fe(II)分析[19]:利用我们研发的高性能液相色谱(high performance liquid chromatography, HPLC)方法,测量气溶胶和雨水中的 Fe(II)。采用美国 Waters 510 高效液相色谱、Waters 490E UV/Vis 可编程多波长检测器、Phenomenex 250×4.6 mm ODS 色谱柱。采用有机试剂菲洛嗪(ferrozine)络合 Fe(II),形成有色络合物,再用 HPLC 分离,并检测此络合物。

5.1.3 实验室模拟研究

测定 Fe(III)对 S(IV)在光照下液相氧化的影响,采用盐酸副玫瑰苯胺分光光度法测定 S(IV)。

5.2 沙尘气溶胶中的 Fe(Ⅱ) 在长距离传输途中的变化

5.2.1 大洋气溶胶中的 Fe(Ⅱ)

早在 1986 年 8 月,1988 年 9、10 月,1990 年 4 月,先后在 4 个北太平洋中的岛屿(中途岛、瓦胡岛、埃内韦塔克环礁、范宁岛)和大西洋的巴巴多斯岛,用大流量气溶胶采样器连续采样,每周收集一个气溶胶样品。滤纸采用 Whatman 41(20×25 cm)。所有的样品从采样后到分析前,均在闭光和冰箱条件下保存。检测结果表明,在采集的北太平洋气溶胶样品中,Fe(Ⅱ)占总 Fe 含量 $T(Fe)$,高达 $11\% \sim 100\%$。体积权重在北太平洋采集的样品中平均为 $56\% \pm 32\%$,在巴巴多斯岛样品中为 $49\% \pm 15\%$。在巴巴多斯岛采集的样品中,$T(Fe)$ 的浓度为 $0.6 \sim 5.0$ $\mu g \cdot m^{-3}$;而 $T(Fe)$ 在北太平洋地区的样品中,含量为 $0.010 \sim 0.15$ $\mu g \cdot m^{-3}$。尽管在巴巴多斯岛的一些样品中,Fe(Ⅱ)所占的百分比 $<10\%$,但是其 Fe(Ⅱ)浓度范围为 $28 \sim 150$ ng $\cdot m^{-3}$,此值与北太平洋地区样品中 Fe(Ⅱ)的浓度范围 $5 \sim 135$ ng $\cdot m^{-3}$ 相似。

5.2.2 中国黄土高原及其附近西安的城市气溶胶中的 Fe(Ⅱ)

我们于 1989 年 11 月,专程在中国黄土高原地区的洛川($35.5°N$, $109°E$)采集黄土样品,同时在中国中部地区接近黄土高原的西安($34°N$, $109°E$),采集城市气溶胶样品。该地区是我们在北太平洋地区发现的矿物气溶胶之主要来源地。在从西安采集的城市气溶胶样品中,Fe(Ⅱ)占总 Fe 含量的 $4\% \sim 11\%$,相应的体积权重平均为 $5\% \pm 3\%$;而在中国的黄土样品中,Fe(Ⅱ)占总 Fe 含量仅为 $0.4 \pm 0.3\%$。气溶胶从亚洲中部到北太平洋中部长达一万多千米的长距离传输中,Fe(Ⅱ)占总 Fe 含量的比例,从在黄土样品中不足 1%,到在海洋气溶胶样品中大于 50%(见表 5 - 1)。我们测定了在北太平洋地区,这些海洋气溶胶的 Fe 在酸化(pH $= 2.0 \sim 5.6$)水中的"可溶性"(指可通过 0.4 μm Nuclepore 滤膜的部分),比黄土样品高出 $5 \sim 17$ 倍[20]。

表 5 - 1　在不同样品中 Fe(Ⅱ)占总 Fe 含量的百分比

样 品 类 型	Fe(Ⅱ)(%)
中国黄土	0.4 ± 0.3
西安气溶胶	5 ± 3
太平洋气溶胶	56 ± 32
北京,非沙尘暴气溶胶	约 0.7
北京,沙尘暴气溶胶	$1.4 \sim 2.6$

5.2.3 沙尘暴气溶胶中的 Fe(Ⅱ)

2000 年 4 月 6 日,北京地区发生了之前 10 年间最大的一次沙尘暴。在这期间,强劲的西北风以 18 m·s^{-1}的风速,把高达大约 6 000 μg·m^{-3}的沙尘,从蒙古以及内蒙古地区推向北京。在现场收集的沙尘暴样品中,我们确实地检测到大量的 Fe(Ⅱ)。Fe(Ⅱ)的浓度在此重大沙尘暴期间,高达 1.8~4.3 μg·m^{-3},占气溶胶中总 Fe 量的 1.4%~2.6%;而在非沙尘暴期间收集的样品中,Fe(Ⅱ)占总 Fe 的 0.7%(见表 5-1)。从沙尘暴源区到北京仅仅几个小时的行程,Fe(Ⅱ)从起沙前的大约 0.4%(见表 5-1)增至 1.4%~2.6%。这一证据表明,Fe(Ⅱ)一定是产生于沙尘暴的长距离传输期间。很可能是沙尘暴气溶胶中的 Fe(Ⅲ),在大气中光解产生 OH·自由基,进而氧化大气中包括低价态的硫化物如 S(Ⅳ)等各种还原剂,从而自身部分地被还原为 Fe(Ⅱ)[21](详见以下 5.7 讨论)。

5.3　沙尘暴气溶胶中 Fe 与 S 的正相关

2002 年 3 月 20—21 日,一场特大沙尘暴再次袭击北京。在此期间,TSP 质量浓度的最高峰达到 11 000 μg·m^{-3},甚至细颗粒物 PM$_{2.5}$高达 1 393 μg·m^{-3}。按照 12 h 的平均值,PM$_{2.5}$占 TSP 的 31%。而其中 Fe 的浓度在 TSP 中为 286 μg·m^{-3},在 PM$_{2.5}$中为 54 μg·m^{-3}。经水洗提的沙尘暴气溶胶可溶于水部分的 SO$_4^{2-}$,在 TSP 中为 54.2 μg·m^{-3},在 PM$_{2.5}$中为 21.5 μg·m^{-3}。我们连续收集并分析了此次特大沙尘暴前后和沙尘暴发生期间的 TSP、PM$_{2.5}$和 PM$_{10}$气溶胶中各种元素的组成和有关离子的含量。图 5-1 表明,无论在沙尘暴气溶胶 TSP 还是在 PM$_{2.5}$中,Fe、S 以及可溶于水部分的 SO$_4^{2-}$,在沙尘暴期间存在着明显的正相关。很值得注意的是,沙尘暴过后几天后气溶胶尤其是细颗粒物 PM$_{2.5}$的 SO$_4^{2-}$和 S 的浓度是沙尘暴刚结束的当天相应浓度的 3~5 倍[见图 5-1(a)]。我们已经连续在 2000—2002 年 3 年的沙尘暴及其后续期间,观测到这

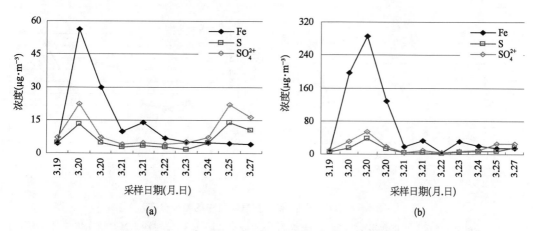

图 5-1　Fe、S 和 SO$_4^{2-}$浓度在 2002 年特大沙尘暴前后的变化
(彩图见下载文件包,网址见 14 页脚注)
(a) PM$_{2.5}$;(b) TSP。

种同样的变化趋势。这一重要证据表明,在长距离的传输过程中,大量沙尘暴矿物气溶胶(尤其是 $PM_{2.5}$ 细颗粒物)与途中的污染物气溶胶进行颗粒物内或颗粒物间的混合,直接导致了 SO_4^{2-} 和 S 的浓度升高。一个可能的解释是,矿物气溶胶含有大量的铁锰氧化物,如 Fe(Ⅲ),可以催化氧化或者经由光解产生 OH·自由基,进而氧化 S(Ⅳ),生成固相的硫酸盐颗粒物。同时,矿物气溶胶表面的碱性氧化物,有利于对酸性气体 SO_2 的吸收。加之,$PM_{2.5}$ 细颗粒物的大表面积,为这些异相反应提供了更多的反应机会,进而强烈地促进 S(Ⅳ)的异相氧化,导致 SO_4^{2-} 和 S 浓度升高。

5.4　Fe、Fe(Ⅱ)和 S 在气溶胶中的粒径分布

图 5-2 描述了 Fe、Fe(Ⅱ)和 S 在沙尘暴与非沙尘暴期间气溶胶样品中的粒径分布。相应于美国 Anderson 公司的九级粒径分布采样器的粒径范围,分别是 0～0.4、0.4～0.7、

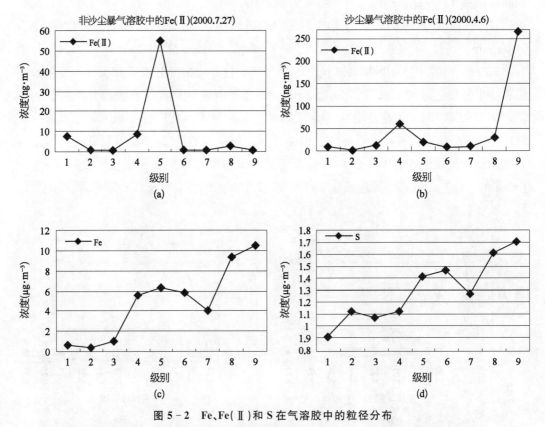

图 5-2　Fe、Fe(Ⅱ)和 S 在气溶胶中的粒径分布

(a) Fe(Ⅱ)在常日(2000 年 7 月 27 日)气溶胶中的分布;(b) Fe(Ⅱ)在沙尘暴(2000 年 4 月 6 日)颗粒物中的分布;(c) Fe 在沙尘暴(2000 年 4 月 6 日)颗粒物中的分布;(d) S 在沙尘暴(2000 年 4 月 6 日)颗粒物中的分布。图中的"级别"(stage)即九级粒径分布采样器的级别。横坐标数字 1—9 代表样品取自九级粒径分布采样器的级别,如 1 代表第 1 级,余类推。

$0.7 \sim 1.1$、$1.1 \sim 2.1$、$2.1 \sim 3.3$、$3.3 \sim 4.7$、$4.7 \sim 5.8$、$5.8 \sim 9.0$ 和 $>9\ \mu m$。图 5 - 2(a)和(b)分别显示了 Fe(Ⅱ)在非沙尘暴和沙尘暴气溶胶中的粒径分布。在常日气溶胶中,Fe(Ⅱ)在 $1 \sim 3\ \mu m$ 处有一显著高峰。在 2000 年的沙尘暴气溶胶中,Fe(Ⅱ)同样在 $1 \sim 3\ \mu m$ 处有一高峰,同时在 $>9\ \mu m$ 处有一更显著的高峰,显然是沙尘源区的大量 Fe(Ⅲ)在沙尘暴长距离传输途中被还原所生成的 Fe(Ⅱ)。图 5 - 2(c)和(d)分别显示了 Fe 和 S 在沙尘暴气溶胶中的粒径分布。Fe 和 S 的粒径分布相似,而且与 Fe(Ⅱ)一样,在 $1 \sim 3\ \mu m$ 处有一显著高峰,在 $>9\ \mu m$ 处有一更显著的高峰。这一吻合,无疑在某种程度上支持了关于 Fe 和 S 在气溶胶中相关耦合的假设。

5.5　Fe(Ⅲ)对 S(Ⅳ)在光照下液相氧化之影响

为研究 Fe 在 S(Ⅳ)氧化过程中的作用,实验室模拟了 S(Ⅳ)(主要是 SO_2)在自然光和紫外光照射条件下的氧化反应(恒温 $27 \pm 10℃$)。根据北京雨水中 Fe 的典型浓度值,配制了初始浓度为 $5\ mmol \cdot L^{-1}$ 的 Fe(Ⅲ)溶液。从图 5 - 3(a)可见,在自然光($1\ 500\ \mu W \cdot cm^{-2}$)条件下,S(Ⅳ)的初始浓度为 $10.4\ \mu g \cdot ml^{-1}$,在 13 min 以后降到 $5.8\ \mu g \cdot ml^{-1}$。而在加入 Fe(Ⅲ)以后,仅用 2 min S(Ⅳ)就从 $9.3\ \mu g \cdot ml^{-1}$ 降到 $5.8\ \mu g \cdot ml^{-1}$。在紫外光($1\ 800\ \mu W \cdot cm^{-2}$)条件下,S(Ⅳ)的初始浓度为 $14\ \mu g \cdot ml^{-1}$ 在 55 min 后降到 $4.2\ \mu g \cdot ml^{-1}$,而同样初始浓度的 S(Ⅳ)加入 Fe(Ⅲ)以后,仅过了 4 min 就降到 $4\ \mu g \cdot ml^{-1}$。实验结果表明,加入 Fe(Ⅲ)后,在自然光和紫外光条件下 S(Ⅳ)的氧化速率比没加入前分别增加了 6.5 和 14 倍。这有力地证明了,Fe(Ⅲ)能够通过催化或光化学氧化反应,大大加速 S(Ⅳ)的氧化。

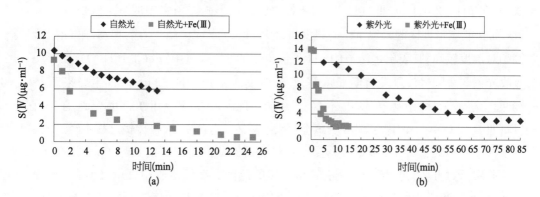

图 5 - 3　Fe(Ⅲ)对 S(Ⅳ)在光照下液相氧化的影响(彩图见下载文件包,网址见 14 页脚注)
(a) 自然光;(b) 紫外光。

5.6　Fe(Ⅱ)在气溶胶长途传输过程中产生

在北京的沙尘暴样品中,检测到相当数量的 Fe(Ⅱ);而在沙漠和沙尘暴源头地区的土壤中,采集到的黄土和小沙子样品中的 Fe(Ⅱ) 含量很低。这说明了 Fe(Ⅱ) 是在从沙尘暴源头地区经过长距离传输到北京的途中产生的。不过,在一万多千米以外北太平洋上空的海洋气溶胶中的 Fe(Ⅱ),究竟是来自源头地区的黄土和小沙砾,还是在气溶胶长距离传输过程中产生的? 我们可以用 Pb 作为参比元素,来解答这一问题。北太平洋地区的 Pb,主要来源于亚洲大陆的人为源,而且主要存在于亚微米级的气溶胶细颗粒物中。在典型的城市地区,例如北京,Pb 的浓度值在每立方米几十到几百纳克[17],而在太平洋中部观测到的 Pb 平均浓度值,从瓦胡岛的 2 ng·m^{-3}[22],到 20°N—50°N* 地区的 0.33~1.1 ng·m^{-3}[23]。这意味着,细颗粒物的代表物 Pb,在从中国的城市地区长距离传输到北太平洋地区的过程中,减少了 100 多倍。也就是说,即使在源头地区,所有的 Fe(Ⅱ) 都存在于细颗粒物中,也只有很小的一部分能够传输到北太平洋地区。而海洋气溶胶中的 Fe(Ⅱ) 浓度(在瓦胡岛为 15~56 ng·m^{-3},在中途岛为 16~135 ng·m^{-3}),与西安城市气溶胶中的 Fe(Ⅱ) 浓度(120~210 ng·m^{-3})很接近。这就进一步证明了,海洋气溶胶中的 Fe(Ⅱ),绝大部分是由亚洲大陆的沙尘气溶胶在长距离传输过程中通过 Fe(Ⅲ) 还原转化而生成。

B. C. Faust 和 J. Hoigne[16]认为,Fe(Ⅲ) 的光还原反应是云层、雾水和雨水中 OH·自由基的主要来源。他们测定了在波长为 313 nm 时光解为 $[Fe(Ⅱ)(H_2O)_6]^{2+}$ + OH·$_{aq}$ 的量子效率为 0.14±0.04,此值是早先较为保守的估计值 0.02[13]的 7 倍。此光解反应可能就是远洋气溶胶中产生 Fe(Ⅱ) 的关键反应。Fe(Ⅲ) 与 OH$^-$ 在水中的络合物的存在形式,与 pH 直接有关。在 pH 约 2.5~5,$[Fe(Ⅲ)(OH)(H_2O)_5]^{2+}$ 是主要存在形式;而在 pH≤2.5,$[Fe(Ⅲ)(H_2O)_6]^{3+}$ 是主要存在形式。雨水中的 pH 值一般是 3.5~5.5,而在非城市地区的云滴 pH 的典型值是大约 3.5[24]或更低一点。但海洋气溶胶因周围相对湿度较高,其表层水溶液的 pH 可低至 1.0[25]。大气中 $[Fe(Ⅲ)(H_2O)_6]^{3+}$ 离子因吸收光谱与太阳光波段没有明显重叠,其光解反应不是 OH·自由基的主要来源[13,15]。如果气溶胶在长距离传输中不经过云层,那么产生 Fe(Ⅱ) 的主要络合离子是 $[Fe(Ⅲ)(H_2O)_6]^{3+}$,因而产生的 Fe(Ⅱ) 将会很少。这意味着,在传输过程中经过云层和雨水冲刷的颗粒物所含的 Fe(Ⅱ),要比不经过云层的高。这可能解释了,为什么在远洋气溶胶中,Fe(Ⅱ) 占总 Fe 的比例有一个较宽的范围。在气溶胶中,Fe(Ⅱ) 占总 Fe 的比例高低,也许可以说明这些气溶胶在长距离传输过程中穿越云层的频率和时间多寡。当然,Fe(Ⅱ) 在传输过程产生,也很可能再被氧化成 Fe(Ⅲ)[26,27],因此 Fe(Ⅱ)/Fe(Ⅲ) 的比率很可能处于准稳态。此比率取决于其所经历途径的 pH,及在途中可用于氧化 Fe(Ⅱ) 的物质多少。

---

* 以下用°N 表示北纬多少度,用°E 表示东经多少度。相应的′及″后加 N 或 E,则是表示北纬或东经多少分及多少秒(角度)。

5.7　大气和海洋中的铁硫循环耦合机制

R. J. Charlson 等人[28]提出海洋中排放的二甲基硫(DMS),在大气中被氧化成硫酸盐,并成为云凝结核,从而可能形成一个影响全球气候的正反馈系统。此反馈系统的很重要的一步是,S(IV)异相氧化成硫酸盐,而这一步骤和 Fe(III)与 OH⁻ 的络合物发生还原反应,产生 OH·自由基[13,14,20]密切相关。在中途岛地区的大气中,非海盐硫酸盐气溶胶的平均浓度约为 5.5 nmol·m⁻³[29];而在中途岛的气溶胶中,Fe(II)的浓度约为 0.3～2.3 nmol·m⁻³。如果大气中一对 Fe(III)→Fe(II)的还原转化,经由产生一个 OH·自由基,把一对 S(IV)→S(VI)氧化,那么在中途岛地区经由气溶胶的 Fe(III)→Fe(II)还原转化所产生的非海盐硫酸盐气溶胶,将占其总量的大约 3%～20%。M. O. Andreae 等人[30]发现,海洋气溶胶的单颗粒物常常是海盐、矿物颗粒物和酸性的硫酸盐气溶胶之混合物。因此,远洋气溶胶中的 Fe,可能涉及 2 个重要的环境过程。第一,在长距离传输过程中,转化产生相对可溶的 Fe(II),便于远洋地区海水表层浮游生物的吸收利用。如果

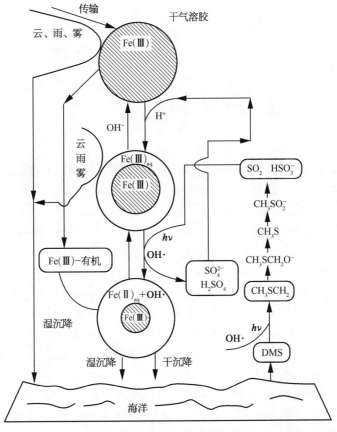

图 5 - 4　气溶胶长途传输途中及大气海洋物质交换中的 Fe - S 耦合反馈机制

Fe 是某些大洋地区的限制营养元素,那么它将影响这些水体中 DMS 的生产力。第二,大气中 Fe(Ⅲ)的光还原反应可能是大气中关键氧化剂即 OH·自由基之重要来源,而 OH·自由基对低价硫的氧化过程起重要作用。例如,可以把亚硫酸氢盐氧化成亚硫酸根自由基,进而引发其他氧化过程,生成硫酸盐[31,32]。

$$OH \cdot_{aq} + HSO_3^- \rightarrow H_2O + SO_3^- \cdot$$

因此,在大气和海洋的海-气交换过程中,存在着与产生 Fe(Ⅱ)和 OH·自由基有关的 2 个潜在的正反馈机制。大气中的沙尘提供了 Fe(Ⅲ),其在气溶胶中被还原而产生 OH·自由基和 Fe(Ⅱ)。更多的 Fe(Ⅱ)将导致在海洋中产生更多的 DMS,而 DMS 的增加将产生更多的 SO_2 和酸性的硫酸盐。同时,更多的 OH·自由基又会氧化还原性 S,而产生更多的酸性硫酸盐。酸性的硫酸盐可导致产生更多可溶性 Fe(Ⅲ)。2 个反馈机制结果又带来了更多的 Fe(Ⅱ)和 OH·自由基。如此反复循环不已。这一反馈体系可能影响一些海洋地区的生物生产力以及气候变化。图 5-4 展示了气溶胶中的 Fe 和 S 从陆地上空经长距离传输,沉降于遥远大洋中,经由 OH·自由基的相互耦合转化机制。

参考文献

[1] Duce R A. The impact of atmosphere nitrogen, phosphorus, and iron species on marine biological productivity//Buat-Menard P. The role of air-sea exchange in geochemical cycling. Dordrecht, Holland: D. Reidel, 1986: 497 - 529.

[2] Martin J H, Gordon R M. Northeast Pacific iron distribution in relation to phytoplankton productivity. Deep Sea Res, 1988, 35: 177 - 196.

[3] Martin J H, Fitzwater S E. Iron deficiency limits phytoplankton growth in the north-east Pacific subarctic. Nature, 1988, 321: 341 - 343.

[4] Martin J H, Gordon R M, Fitzwater S E, et al. VERTEX: Phytoplankton/iron studies in the Gulf of Alaska. Deep Sea Res, 1989, 36: 649 - 680.

[5] Martin J H, Gordon R M, Fitzwater S E. Iron in antarctic waters. Nature, 1990, 345: 156 - 158.

[6] Stumm W, Morgan J J. Aquatic chemistry: 2nd ed. New York: Wiley-Interscience, 1981.

[7] Colin J L, Jaffrezo J L, Gros J M. Solubility of major species in precipitation: Factors and variation. Atmos Environ, 1990, 24A: 537 - 544.

[8] Chester R, Murphy K J T. Metals in the marine atmosphere//Furness R W, Rainbow P S. Heavy metals in the marine environment. Boca Raton, Fla: CRC Press, 1990: 27 - 49.

[9] Gatz D F, Warner B K, Chu L-C. Solubility of metal ions in rainwater//Hicks B B. Deposition, both wet and dry. Stoneham, Mass: Butterworth, 1984: 133 - 151.

[10] Hadge V, Johnson S R, Goldberg E D. Influence of atmospherically transported aerosols on surface ocean water composition. Geochem J, 1978, 12: 7 - 20.

[11] Zhuang G, Duce R A, Kester D R. The dissolution of atmospheric iron in the surface seawater of the open ocean. J Geophys Res, 1990, 95, 16: 207 - 216.

[12] Behra P, Sigg L. Evidence for redox cycling of iron in atmospheric water droplets. Nature, 1990, 344: 419 – 421.

[13] Zhuang G, Yi Z, Duce R A, et al. Link between iron and sulfur suggested by the detection of Fe(Ⅱ) in remote marine aerosols. Nature, 1992, 355: 537 – 539.

[14] Graedel T E, Weschler C J, Mandich M L. Influence of transition metal complexes on atmospheric droplet acidity. Nature, 1985, 317: 240 – 242.

[15] Weschler C J, Mandish M L, Graedel T E. Speciation, photosensitivity, and reaction of transition metal ions in atmospheric droplets. J Geophys Res, 1986, 91: 5189 – 5204.

[16] Faust B C, Hoigne J. Photolysis of Fe(Ⅲ) – hydroxy complexes as sources of OH radicals in cloud, fog and rain. Atmos Environ, 1990, 24: 79 – 89.

[17] Zhuang G, Guo J, Yuan H, et al. The compositions, sources, and size distribution of the dust storm from China in spring of 2000 and its impact on the global environment. China Science Bulletin, 2001, 46(1): 895 – 901.

[18] Yuan H, Wang Y, Zhuang G. Simultaneous determination of organic acids, methanesulfonic acid and inorganic anions in aerosol and precipitation samples by ion chromatography. Journal of Instrumental Analysis (in Chinese), 22(6): 11 – 14.

[19] Yi Z, Zhuang G, Brown P R, et al. High-performance liquid chromatographic method for the determination of ultratrace amounts of iron(Ⅱ) in aerosols, rainwater, and seawater. Anal Chem, 1992, 64(22): 2826 – 2830.

[20] Zhuang G, Yi Z, Duce R A, et al. Chemistry of iron in marine aerosols. Global Biogeochemical Cycles, 1992, 6(2): 161 – 173.

[21] Faust B C, Hoffmann M R. Photoinduced reductive dissolution of α-iron oxide (α – Fe_2O_3) by bisulfite. Envir Sci Technol, 1986, 20: 943 – 948.

[22] Hoffman G L, Duce R A, Hoffman E J. Trace metals in the Hawaiian marine atmosphere. J Geophys Res, 1972, 77: 5322 – 5329.

[23] Maring H B, Patterson C C, Settle D. Vol 10. // Riley J P, Chester R, Duce R A. Chemical Oceanography. London: Academic, 1990: 84 – 106.

[24] Warneck P. Chemistry of the natural atmosphere: Second edition. San Diego: Academic, 2000.

[25] Zhu X R, Prospero J M, Savoie D L, et al. The calculated solubilities of ferric iron in internally-mixed aerosols containing mineral particles and hygroscopic salts at ambient relative humidities, Eos, Trans. AGU, 1990, 71: 1226.

[26] Jacob D J, Gottlieb E W, Prather M J. Chemistry of a polluted cloudy boundary layer. J Geophys Res, 1989, 94: 12975 – 13002.

[27] Graedel T E, Weschler C J, Mandich M L. Kinetic model studies of atmospheric droplet chemistry. 2. Homogeneous transition metal chemistry in raindrops. J Geophys Res, 1986, 91: 5205 – 5221.

[28] Charlson R J, Lovelock J E, Andreae M O, et al. A climate feedback loop of sulfate aerosols. Nature, 1987, 326: 655 – 661.

[29] Savoie D L, Prospero J M, Saltzman E S. Nitrate, non-sea salt sulfate and mathanesulfonate over the Pacific Ocean// Riley J P, Chester R, Duce R A. Chemical Oceanography: vol 10. San Diego, Calif: Academic, 1989: 219 - 250.

[30] Andreae M O, Charlson R J, Bruynseels F, et al. Internal mixing of sea salt, silicate and excess sulfate in marine aerosols. Science, 1986, 232: 1620 - 1623.

[31] Martin L R, Hill M W, Tai A F, et al. The iron catalyzed oxidation of sulfur(Ⅳ) in aqueous solution: Differing effects of organics at high and low pH. J Geophys Res, 1991, 96: 3085 - 3097.

[32] Huie R E, Neta P. Rate constants for some oxidations of sulfur(Ⅳ) by radicals in aqueous solutions. Atmos Envir, 1987, 21: 1743 - 1747.

第6章
大气气溶胶从大陆到海洋的长途传输与沉降及其对海洋生态的影响

长期以来人们普遍认为,河流是海洋物质的主要来源。近年的研究表明,大气传输也是许多自然物质和污染物从大陆输送到海洋的重要途径。在某些海域,经由大气输入的若干痕量物质的总量,几乎相当于河流的输入量。有些物质的大气输送,甚至超过河流输送[1-3]。大气输入的 Fe,可能是远洋表层海水生物可利用 Fe 的主要贡献者[4,5]。大气输入海洋的溶解性 N 总量,与河流相当[2]。从全球尺度看,很多物质经由大气的输入量,等于或大于河流。大多数物质在北半球海洋的大气输入通量,明显大于南半球[6]。在远离人类活动影响的大洋海区,大气物质入海量占有绝对的比重,而受工业污染较严重的近岸海域,大气沉降也是那里陆源物质的重要来源。颗粒态的金属在环境生态和生物地球化学循环中起着重要的作用,而大气沉降是水体中某些微量金属之主要来源。Duce[7] 发现,大气可为马尾藻海的真光层* 提供高达 80%～90% 的可溶性 Fe,可为北太平洋地区提供 16%～76% 的可溶性 Fe。输入海水中可供生物利用的新氮的 20%～40% 或更多,来源于大气沉降[2,8,9]。N 和 P 的输入,是海洋初级生产力的主要营养物;其一次性的大量输入,则可能导致赤潮的爆发[10,11]。海洋表层水中的 Fe,已被证明是某些大洋海区表层水生产力的限制因素(即所谓"铁限制假说")[12-15]。海水中的可溶性 Fe 与海洋的固氮能力亦密切相关[16-21]。大气中的 Fe 在海水中的溶解有"饱和度"($10\sim17$ nmol $\cdot$ kg^{-1})的限制,而且海水中 99% 以上的可被生物利用的 Fe,来自气溶胶在海洋中的沉降[22]。远距离传输而来的陆地沙尘即矿物气溶胶,是许多海区 Fe 的主要来源,也是海洋生产力的限制因素[5,23-26]。庄国顺等发现了海洋气溶胶中的 Fe(Ⅱ),并基于此提出大气-海洋物质交换中的 Fe–S 耦合反馈机制[27-29]。中国最大的海——南海,是西太平洋的重要组成部分,其生态效应极其敏感。近十多年来,随着珠江三角洲地区工农业的迅速发展和人口的不断增多,加之该地区河网纵横,雨量丰沛,各种来源的污染物通过地表径流和大气干湿沉降等方式,进入珠江河系及珠江口[30],使河口的环境

---

* 真光层指海洋浮游植物进行光合作用的水层。

日趋恶化,中国大陆大气输入,已经对该地区的生态环境产生严重影响。迄今为止的大部分研究[31-33],仅限于该海区的水体和沉积物,有关大气输入的研究仍然很缺乏。本章以大气气溶胶从中国大陆向中国南海的长途传输与沉降为例,论述大气输入对海洋生态环境的影响。

2003 年,我们利用中国科学院知识创新工程重要方向项目"珠江河口及近海生态环境演化规律及调控机制研究"的冬季和春季 2 个航次,在中国南海的珠江口,实地直接监测了海洋气溶胶的干沉降通量,采集 TSP、PM_{10} 和 $PM_{2.5}$ 气溶胶,分析了气溶胶样品中的23 种微量元素和常见的 14 种可溶性阴阳离子,并利用我们研发的一种适合监测中国气溶胶、雨水和雪中 Fe(Ⅱ)的高效液相色谱法[34],测定了中国海区大气气溶胶中的痕量Fe(Ⅱ),利用 XPS(X 射线光电子能谱)对海洋气溶胶的表面结构进行分析,发现了海区颗粒物表面存在大量的 Fe(Ⅱ),说明了大气沉降对调节贫瘠海域海水中的溶解性 Fe 浓度的重大作用,论证了大气气溶胶从大陆到海洋的长途传输和沉降对珠江口海域和南海北部海区生态环境的影响。

6.1　海洋气溶胶的采集与分析

珠江口为南北向的喇叭型河口湾,南北长超过 80 km,面积为 2 100 km²。深圳、香港位于其东岸,珠海、澳门位于其西岸,广州则位于其北部。该海域的水动力条件,主要受珠江径流和南海潮汐的共同影响。潮汐为不规则的半日潮,即 1 日内 2 次涨落,潮流基本为南北向往复流[35]。

6.1.1　海洋气溶胶的采集

海洋气溶胶采样方法见 63 页第 5 章"5.1　采样和化学分析"。海上采集 PM_{10} 和$PM_{2.5}$ 的时间为 12 h,流速 77.56 L·min⁻¹。为了避免船烟排放对采样的污染,采样器安装在船前舵顶板上,采样器离海面约 10 m。为确保采样质量,只有在行船或者确认船头处于迎风位置时,才开机取样。XPS 分析用样品,是用核孔膜*采集的。气溶胶干沉降通量的实地直接测定,是利用 Whatman 41 滤膜放置在按照国家标准自制的大气干沉降圆柱体收集器(PVC 管 $d = 20\ cm$, $h = 1\ m^{**}$),静置时间 79 h。采样区域为整个航次航程所及的海域。

2003 年 1 月和 4 月,利用中国科学院南海海洋研究所"实验 2 号"调查船,在珠江口进行了冬春两季 2 个航次的海上气溶胶观测。航次观测时间和范围见表 6 - 1 和图 6 - 1。

---

　* 核孔膜(nuclepore membrane)是指用高能射线,如 4～5 MeV 的 α 粒子,照射聚碳酸酯的均质膜,使聚合物中的化学键断裂,而后进行腐蚀,就可得到圆柱形孔,孔径可控制在 0.1～1 μm 范围的膜。即毛细孔膜(参见 53 页脚注)。
　** PVC: polyvinyl chloride(聚氯乙烯塑料)。d 为直径,h 为长度。

表 6-1　观测时间与范围

航　次	观测时间		观测范围		采样个数		
	开始	结束	纬度(N)	经度(E)	TSP	PM$_{10}$	PM$_{2.5}$
1 月航次	2003.1.13	2003.1.15	20°50′—22°40′	113°26′—114°43′	12	8	8
4 月航次	2003.4.18	2003.4.21	20°50′—22°40′	113°26′—114°43′	12	8	8

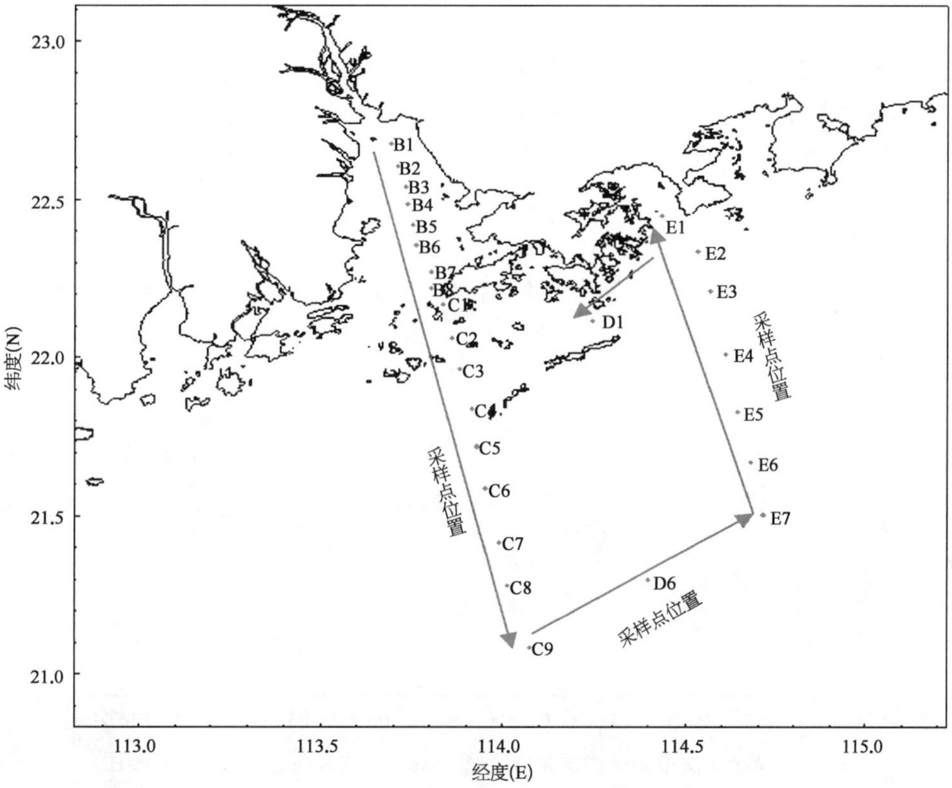

图 6-1　2 个航次的采样点示意图(彩图见下载文件包,网址见 14 页脚注)

6.1.2　化学分析

关于方法和仪器,首先参见 63 页第 5 章"5.1　采样和化学分析"[34,36,37]。此外,采用美国 Perkin Elmer 公司 PHI 5000C ESCA System 型多功能电子能谱仪,进行气溶胶颗粒表面分析。采用铝靶,AlKα 的射线为激发源,高压 14.0 kV,功率 250 W,通能 93.9 eV。分别采集样品的 0~1 200 eV 的全扫描谱,而后采集 Si 2p、C 1s、O 1s、S 2p、Fe 2p 等轨道的窄扫描谱,并采用 PHI - MATLAB 软件进行数据分析。

6.1.3　通量观测

按照国家标准自制大气干沉降圆柱体收集器(PVC 管 $d=20$ cm,$h=1$ m),直接收集大气沉降的气溶胶。用 $1/10^5$ 高精度分析天平在采样前后进行称量,以采样后滤膜质量的增量,除以采样面积和时间,计算得到干沉降通量。根据直接测得的气溶胶沉降量,以及气溶胶在大气中的浓度,计算出气溶胶的沉降速率。再根据元素分析和离子分析结果,估算气溶胶及其所含的各元素或化合物在该海域的沉降通量。

6.2 海洋上空的矿物气溶胶和污染气溶胶

6.2.1 2个不同航次的海洋气溶胶

珠江是中国流域经济活动频繁,人类活动和自然因素冲突集中的大河之一。珠江河口及其邻近水域,生态效应极其敏感。随着珠江三角洲地区工农业的迅速发展和人口的不断增多,河口环境日趋恶化。许多研究者[30-33]对珠江口的水体和沉积物进行了研究。图 6-2 展示了 2003 年 1 月份和 4 月份 2 个航次中 TSP 质量浓度的变化。1 月份 TSP 的平均浓度为 $78~\mu g \cdot m^{-3}$,4 月份的平均浓度为 $37~\mu g \cdot m^{-3}$,1 月份大约是 4 月份的 2

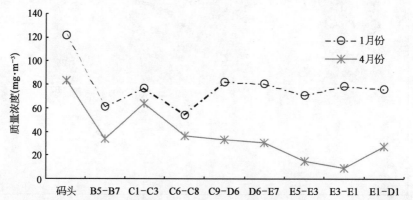

图 6-2　2 个航次中 TSP 的质量浓度(彩图见下载文件包,网址见 14 页脚注)

图中有关字母(B、C、D、E)表示采样点地理位置,具体见图 6-1。

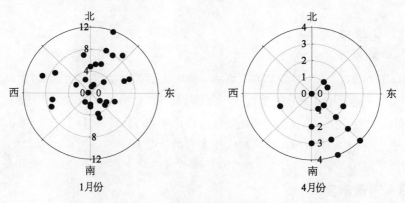

图 6-3　两个航次期间的风玫瑰图

倍。从风玫瑰图(图 6-3)可以看出,在南海海域,1 月份主要的风向为北风,而 4 月份为东南风,而且从表 6-2 可以看出,1 月份的风速比 4 月份来得大。很明显,1 月份南海海域的气溶胶,主要受来自北部的大陆气溶胶影响;而 4 月份由于主要风向是东南风,受陆地气溶胶的影响很小。所以,1 月份航次的气溶胶浓度,明显高于 4 月份航次。

表 6-2　2 个航次期间广州地区的气象条件

日期	时间	相对湿度(%)	风向(°)	风速(m · s⁻¹)	日期	时间	相对湿度(%)	风向(°)	风速(m · s⁻¹)
1.12	2	57	360	3	4.18	2	91	135	2
	8	54	0	4		8	87	45	1
	14	30	203	5		14	59	157.5	4
	20	70	45	7		20	70	247.5	2
1.13	2	83	360	2	4.19	2	87	157.5	1
	8	91	360	1		8	85	157.5	1
	14	34	360	5		14	66	180	3
	20	68	360	7		20	71	157.5	3
1.14	2	87	360	9	4.20	2	90	67.5	1
	8	96	360	6		8	83	135	1
	14	34	360	2		14	55	180	2
	20	73	360	3		20	75	360	0
1.15	2	90	360	3	4.21	2	88	360	0
	8	92	360	5		8	81	112.5	1
	14	33	338	11		14	49	135	3
	20	70	360	4		20	74	135	3

图 6-4 给出了在 2 个航次中 $PM_{2.5}$ 占 PM_{10} 的百分比。可以看到,在 1 月份的航次中,两者的比值为 64%,而在 4 月份为 85%。可见,南海 4 月份的细颗粒物所占的比例较 1 月份更大。南海 4 月份的温度和相对湿度,均比 1 月份高。这样的气象条件有利于二

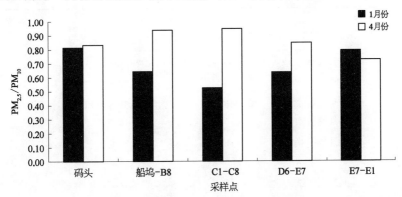

图 6-4　2 个航次中 $PM_{2.5}/PM_{10}$ 的比值图

次污染物的形成。而同时由于 4 月份春季,正是海洋浮游生物的生长旺期,浮游生物会释放出大量的 DMS。DMS 在 4 月份这些有利的气象条件下,会在大气中进一步被氧化成硫酸盐气溶胶,因而也大大增加 4 月份颗粒物中的细粒子成分。

6.2.2 海上的矿物气溶胶和污染气溶胶

表 6-3 比较了 2 个航次中 $PM_{2.5}$ 中各种元素的几何平均值。矿物元素 Fe 和 Ca(钙)的平均浓度,在 1 月份的航次大约是 4 月份航次的 10 倍。但是,Al 和 Mg(镁)在 2 个航次中的平均值相当;而污染元素 Pb 在 1 月份航次中的浓度值,大约是 4 月份的 10 倍,但 Sb、Se 没有高出那么多。可见,1 月份航次的 Fe 和 Ca,也有部分来源于污染,就和 Pb 的来源一样,因为其浓度值显著大于 Al 的浓度。由于 Al 一般少有人为污染源,而被当作地壳源的参比元素。北方春季通常是风沙季节,大陆气溶胶的远距离传输,会使得海洋上空的矿物气溶胶浓度,在春季显著大于冬季。刘毅[38]等通过对海上气溶胶的研究,认为地壳元素的浓度,通常由于春季是中国沙尘多发季节,影响到中国的近海海域。这造成春季海上气溶胶的地壳元素浓度,大于其他季节。然而,我们观测到的却正好相反,其原因在于,2003 年由于中国气候呈现 30 年一周期的"北涝"现象,北方地区春季普遍比往年降水量和降水频率都大,造成在内蒙古等地的沙尘天气,没有能够把含有大量地壳元素的颗粒物,传输到其他地区。同时,由于珠江口海域 4 月份多降雨,而 1 月份是全年降雨量最小的季节,因此造成了地壳元素的浓度在春季比在冬季反而还略低一些。污染元素 Sb 和 Se 也是冬季比春季高,主要原因是冬季岸上地区燃煤,造成近海海域的污染元素浓度高于春季。刘毅[38]等也报道了,在日本以南的海域,气溶胶中污染元素的浓度,最高出现在冬季。冬季 Sb 元素的浓度,占全年的 50%,Se 浓度占全年的 35% 左右。而且,Se 浓度在海洋气溶胶中高于 Sb。从图 6-5 中可以看到,前 2 个在岸上采集的样品中,Sb 的浓度要高于 Se,但是在海上,Se 要高于 Sb。这进一步证明,Se 元素存在海洋源,和刘毅等[38]的研究结论是一致的。

表 6-3 $PM_{2.5}$ 中的元素浓度

元　素	航　次	平均值 （ng·m⁻³）	标准偏差 （ng·m⁻³）	浓度范围 （ng·m⁻³）
Al	4 月份航次	189.8	402.9	47.5～913.7
	1 月份航次	250	190.6	86.2～663.3
Fe	4 月份航次	48.8	289.2	9.1～556.5
	1 月份航次	426.8	149.7	258.3～717.8
Ca	4 月份航次	186.6	420.8	18.6～575.2
	1 月份航次	1 256	451.2	690.9～2 057.2
Mg	4 月份航次	76.4	127.2	18.2～173.9
	1 月份航次	102.5	42.5	58.4～155.5

（续表）

元　素	航　次	平均值 （ng·m⁻³）	标准偏差 （ng·m⁻³）	浓度范围 （ng·m⁻³）
Cr	4 月份航次	7.6	18.3	1.2～56.9
	1 月份航次	34.8	32.5	15.9～92.6
Na	4 月份航次	169.3	217.9	52.1～305.2
	1 月份航次	212.3	134.9	70.8～479.5
Pb	4 月份航次	19.8	162.6	2.9～167.4
	1 月份航次	189.3	120.8	56.7～394.7
Sb(锑)	4 月份航次	3.2	6.8	1.0～10.7
	1 月份航次	9.7	7.1	0.9～24.1
Se(硒)	4 月份航次	2.8	9.4	2.0～4.0
	1 月份航次	9.6	5.4	3.9～17.8

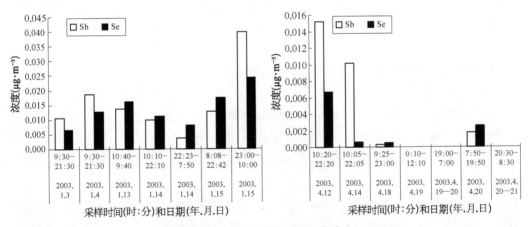

图 6-5　污染元素 Sb 和 Se 的浓度

为了定量地判断这些元素的来源,用富集系数法计算各个元素的富集因子(EF)：$EF_{地壳;x} = (X/Y)_{大气}/(X/Y)_{地壳}$ *。通常认为,富集系数大于 5,则该成分就有显著的非地壳来源。图 6-6 展示了 2 个航次中 $PM_{2.5}$ 典型元素的富集系数。Cr(铬)、Pb、Sb 和 Se,在 1 月份和 4 月份航次中的富集系数,都在 100～60 000。如此高的富集系数表明,这些元素有显著的污染来源。可见,在中国的南海地区,常年都受到来自内陆污染源的影响。

由图中还可以看出,除了 Na 和 Mg 以外的大部分元素,富集系数都是 1 月份略微大于 4 月份,因为 Na 和 Mg 主要来自海洋源,在 2 个航次中都没受到太多大陆污染源的影

---

　　* 此式中,$EF_{地壳;x}$表示元素 x 相对于地壳源的富集系数,Y 代表参比元素。本实验选择 Al 作为地壳源的参比元素。$(X/Y)_{大气}$ 表示元素 X 与参比元素 Y 在大气气溶胶中的浓度比值,$(X/Y)_{地壳}$ 表示元素 X 与参比元素 Y 在地壳中的浓度比值。

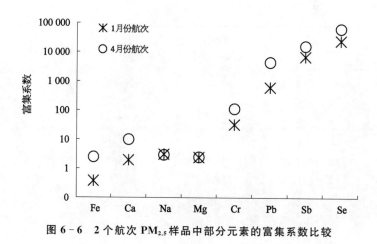

图 6 - 6 2 个航次 $PM_{2.5}$ 样品中部分元素的富集系数比较

响。Cr 部分来源于煤燃烧,部分来源于工业排放。Sb 和 Se 都来源于燃煤,Pb 主要源于早年含 Pb 汽油燃烧的排放。Sb、Se 和 Pb 的富集系数都高达数千。显然,海洋气溶胶的 Cr、Sb、Se 和 Pb 主要来源于大陆污染源的排放。

6.2.3 海洋气溶胶中可溶性离子的特征

表 6 - 4 给出了 2 个航次中 TSP 和 $PM_{2.5}$ 中的离子浓度。在 1 月份航次的 TSP 中,海盐(Cl^- 和 Na^+)占了总离子的 18%,而 SO_4^{2-} 和 NO_3^- 分别占了 42% 和 24%,NH_4^+、K^+、Mg^{2+} 和 Ca^{2+} 一共占了 14%。在 4 月份,则为海盐(Cl^- 和 Na^+)22%,而 SO_4^{2-} 和 NO_3^- 分别占了 26% 和 14%,NH_4^+、K^+、Mg^{2+} 和 Ca^{2+} 一共占了 35%。在 $PM_{2.5}$ 中,1 月份 SO_4^{2-} 和 NO_3^- 分别占总离子的 44% 和 20%,4 月份分别为 43% 和 21%。离子在 2 个航次中有明显不同,无论在 TSP 还是 $PM_{2.5}$ 中,大多是 1 月份高,4 月份低。1 月份干冷的气团控制和来自内陆的北风影响,给海洋地区带来大量的内陆污染,而 4 月份有比较湿润的天气,湿清除起到显著的作用,故 1 月份航次的离子浓度显著高于 4 月份。

表 6 - 4 TSP 和 $PM_{2.5}$ 中主要离子的浓度值($\mu g \cdot m^{-3}$)

离　子	TSP		$PM_{2.5}$	
	1 月份航次	4 月份航次	1 月份航次	4 月份航次
Na^+	1.05	3.11	0.20	0.31
NH_4^+	3.42	5.12	6.04	1.80
K^+	0.66	0.91	0.92	0.11
Mg^{2+}	0.09	0.40	0.05	0.06
Ca^{2+}	0.90	1.71	0.24	0.22
F^-	0.34	0.03	0.03	0.003
$HCOO^-$	0.03	0.01	0.03	0.001
CH_3COO^-	0.01	0.06	0.29	—

（续表）

离　　子	TSP		PM$_{2.5}$	
	1 月份航次	4 月份航次	1 月份航次	4 月份航次
$C_2O_4^{2-}$	0.08	0.04	0.29	0.01
MSA^-	0.03	0.06	0.05	0.04
Cl^-	5.16	1.92	1.55	0.73
NO_2^-	0.06	0.43	0.10	0.28
NO_3^-	8.53	3.27	5.70	2.17
SO_4^{2-}	14.83	5.99	12.33	4.35
PO_4^{3-}	0.08	0.07	0.07	0.01
离子总浓度	35.25	23.15	27.90	10.10
(Cl^-+Na^+)/离子总浓度	0.18	0.22	0.06	0.10
SO_4^{2-}/离子总浓度	0.42	0.26	0.44	0.43
NO_3^-/离子总浓度	0.24	0.14	0.20	0.21
$(NH_4^++K^++Mg^{2+}+Ca^{2+})$/离子总浓度	0.14	0.35	0.26	0.22

1. 海洋氮营养盐的主要组分 NO_3^- 和 NH_4^+

海洋初级生产力增加的主要因素,是氮营养盐的注入[39-42]。大气中的 NO_3^-,是一系列氮氧化物($NO+NO_2$)的最终氧化产物,其主要来源是化石燃料的燃烧、机动车尾气的排放以及一些天然植物的固氮过程[43]。大气中的 NH_4^+ 主要来自 NH_3 的转化,而 NH_3 主要来源于动物排放的废弃物、施肥过程、土壤的释放和工业排放[44]。海洋大气中 NO_3^- 和 NH_4^+ 的沉降,是海洋氮营养盐的主要来源,对海洋生态的影响非常大。表 6-5 列出了 2 个航次测得的 NO_3^- 和 NH_4^+。在 4 月份航次中,NO_3^- 和 NH_4^+ 的平均浓度分别为 2.2 $\mu g \cdot m^{-3}$($0.8\sim 5.1\ \mu g \cdot m^{-3}$)和 2.0 $\mu g \cdot m^{-3}$($0.8\sim 3.6\ \mu g \cdot m^{-3}$);在 1 月份航次中,$NO_3^-$ 和 NH_4^+ 的平均浓度分别为 5.7 $\mu g \cdot m^{-3}$($0.3\sim 10.5\ \mu g \cdot m^{-3}$)和 6.0 $\mu g \cdot m^{-3}$($0.8\sim 8.7\ \mu g \cdot m^{-3}$)。

表 6-5　PM$_{2.5}$ 中 NO_3^- 和 NH_4^+ 的浓度

月　份	硝酸盐($\mu g \cdot m^{-3}$)		铵盐($\mu g \cdot m^{-3}$)	
	平均值	范　　围	平均值	范　　围
1	5.7	0.3~10.5	6.0	0.8~8.7
4	2.2	0.8~5.1	2.0	0.8~3.6

NO_3^- 的形成,可能是由于溶解的 NO_2 和 HNO_3 在碱性的海盐液滴中发生反应而产生的[45]。

$$\mathrm{NaCl_{海盐气溶胶} + HNO_{3气态} \longrightarrow NaNO_{3气溶胶} + HCl_{气态}} \tag{6-1}$$

$\mathrm{NH_4^+}$ 则是由于工农业污染排放出的挥发性 $\mathrm{NH_3}$ 通过气相反应而产生,然后凝结在细颗粒物中[46,47]。由于高浓度的 $\mathrm{NH_4^+}$ 总是和 $\mathrm{SO_4^{2-}}$ 共存于颗粒物中,因此推测,一个可能的反应机理是:$\mathrm{NH_3}$ 和一些酸性气体(如 $\mathrm{SO_2}$)在颗粒物表面发生反应,形成稳定的 $\mathrm{(NH_4)_2SO_4}$。这是经由气相反应、异相反应和液相反应而产生的典型的二次污染物[43]。H. Zhuang 等[48]对香港的一个海岸采样点的气溶胶进行研究,发现 $\mathrm{NH_4^+}$ 和 $\mathrm{SO_4^{2-}}$ 都分布在粒径大约 $0.5 \sim 0.7\ \mu m$ 范围内。而在美国的一个海岛,L. Zhuang 等[49]对采集的污染气溶胶进行分析,发现 $\mathrm{NH_4^+}$ 和 $\mathrm{SO_4^{2-}}$ 都叠加在粒径大约 $0.3 \sim 0.4\ \mu m$ 的范围内。可见,颗粒物中的 $\mathrm{NH_4^+}$ 和 $\mathrm{SO_4^{2-}}$ 是共生的,很可能是由 $\mathrm{NH_3}$ 和 $\mathrm{H_2SO_4}$ 发生反应产生的。从表 6-4 还可以发现,$\mathrm{NH_4^+}$ 在 $\mathrm{PM_{2.5}}$ 中的浓度,要高于在 TSP 中的浓度,主要是由于在粗颗粒物中,$\mathrm{NH_4^+}$ 容易挥发损失[50,51]。

2. 海洋气溶胶中的非海盐硫酸盐和甲基磺酸

硫酸盐是酸沉降的主要贡献者之一,可以破坏建筑物和植物,导致生态系统 pH 的改变[52]。最近的研究表明,硫酸盐的干沉降占其总沉降(干和湿沉降)的 70%[53]。根据非海盐硫酸盐(non-sea-salt-sulfate, nss-sulfate)的浓度计算公式 $\mathrm{nss\text{-}SO_4^{2-}} = [\mathrm{SO_4^{2-}}] - [\mathrm{Na^+}] \times 0.2516$[54],对于 TSP 样品,1 月份航次中非海盐硫酸盐的平均值为 $14.6\ \mu g \cdot m^{-3}$ $(3.9 \sim 29.8\ \mu g \cdot m^{-3})$,占总硫酸盐的 86% $\sim$ 99%;在 4 月份的航次中为 $5.2\ \mu g \cdot m^{-3}$ $(1.0 \sim 15.7\ \mu g \cdot m^{-3})$,占总硫酸盐的 39% $\sim$ 98%。而在 $\mathrm{PM_{2.5}}$ 中,1 月份的平均值为 $12.3\ \mu g \cdot m^{-3}$ $(3 \sim 20.0\ \mu g \cdot m^{-3})$,占总硫酸盐的 96% $\sim$ 99%;4 月份为 $4.3\ \mu g \cdot m^{-3}$ $(0.3 \sim 8.3\ \mu g \cdot m^{-3})$,占总硫酸盐的 81% $\sim$ 99%。Q. Ma 等[55]在南海北部地区 3 个航次调查结果的非海盐硫酸盐值为 $6.3\ \mu g \cdot m^{-3}$,香港沿岸地区 TSP 样品中的年均值为 $8.04\ \mu g \cdot m^{-3}$,两者的值均介于我们得到的 1 月份和 4 月份的均值之间。

二甲基硫(DMS)是海洋生物排放到大气中的含 S 气体,被认为是大洋地区云凝结核(CCN)的主要前体,从而影响地球的反照率和气候变化[56]。DMS 一旦被释放到空气中,会发生一系列的气相和多相化学反应。在气相中,它白天会跟氢氧根自由基 OH 和卤素自由基等发生反应,夜间会跟硝酸根自由基发生反应[57,58]而生成硫酸盐或者甲基磺酸(MSA)。在北太平洋地区,海洋生物排放产生的非海盐硫酸盐和 MSA 的比值(非海盐硫酸盐/MSA)是 18。到目前为止,还没有人调研过南海上空气溶胶中的 MSA。在南海北部地区,$\mathrm{PM_{2.5}}$ 气溶胶中 MSA 的平均浓度为 $0.048\ \mu g \cdot m^{-3}$(1 月份)和 $0.043\ \mu g \cdot m^{-3}$(4 月份)。Y. Gao 等(1996 年)报道,青岛东海沿岸地区气溶胶中的 MSA 浓度为 $0.066\ \mu g \cdot m^{-3}$,厦门南海沿岸地区气溶胶中的 MSA 浓度为 $0.036\ \mu g \cdot m^{-3}$。很明显,MSA 的浓度,在东海地区要高于南海地区。而在南海地区,1 月份的 MSA 值略大于 4 月份。表 6-6 列举了世界各地海洋性气溶胶中的 MSA 值。我们调查研究所得到的值,跟其他研究者得到的,大都在同一个数量级范围。影响 DMS 转化成 MSA 的因素是多方面的,其中至少有 3 个方面是影响南海地区 MSA 浓度的显著因素。首先,哪个地区有比较高的初级生产力,哪儿就有比较多的营养输入。最近对不同海区的生态调查表明,中国东海的渤海[*]地区的初级生产力为 $112 \text{ g C m}^{-2} \cdot \text{yr}^{-1}$(克碳每平方米每年)[59],这要比南海地区的$(39 \text{ g C m}^{-2} \cdot \text{yr}^{-1})$[60] 来得高。由于黄海和鸭绿江会输入营养成分到渤海地区,因此渤海的营养输入要高于南海。其次,能影响 MSA 浓度的因素是 NO_3 自由基的浓度,因为它是 DMS 的主要氧化剂之一,故污染气团中携带更多的 NO_3 自由基,也就能产生更多的MSA[57]。图 6-7 给出了 MSA 和 NO_3^- 浓度变化,两者呈现显著的正相关。从图中可以看出,在受污染严重的邻近码头的地区,MSA 的浓度要显著高于远洋海域,那也是由于受内陆污染气团携带有更大量的 NO_3 自由基的影响。其三,DMS 的氧化过程也包括和氢氧自由基的反应,该反应与温度密切相关。有研究表明,低温有利于 DMS 的这种氧化[61-63],而南海的 1 月份气温要低于 4 月份,因此在 1 月份气溶胶中的 MSA 值,要略大于 4 月份。

表 6-6　世界各地区沿岸大气中 MSA 的浓度

地　　区	地 理 位 置	MSA$(\mu g \cdot m^{-3})$	参考文献
朴利茅斯、德文(英国)	50°20′N,4°8′W(西经)	0.01～0.123	[64]
北海	55°N,7°E	0.015～0.297	[65]
格里姆角、塔斯马尼亚岛(澳大利亚)	40°41′S,144°41′E	0.02～0.046	[66]
华盛顿州沿岸(美国)	48°18′N,124°37′W	0.03～0.154	[67]
日本海	36°20′N,133°20′E	0.005～0.130	[68]
中国东海	24°N—36°N,118°E—120°E	0.016～0.208	[69]
中国南海	21°N—23°N, 113°E—115°E	0.006～0.102	本章

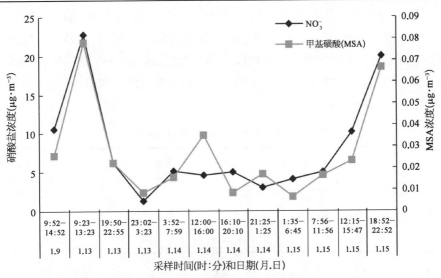

图 6-7　南海北部 MSA 和 NO_3^- 的浓度变化(彩图见下载文件包,网址见 14 页脚注)

　＊ 在国际上,东海(The East China Sea,也称东中国海)包括了中国地理学概念上的渤海、黄海、东海。

3. 海洋气溶胶中的可溶性 Fe(Ⅱ)

P 和 N 等是海洋初级生产力的主要营养物质。J. H. Martin[13]根据对东北太平洋中 Fe 的分布以及 Fe 和其他营养元素如 N、P 在海水中的含量跟海水中浮游生物生产力之关系研究,提出 Fe 是这一海区海洋生产力之限制因素的假设,亦即铁限制假设。这一假设的提出,引起了全球科技同行的普遍重视。一般认为,只有可溶于水的 Fe 才能为浮游生物所吸收。某些海区海水中的 Fe,可能 99% 以上来自大气气溶胶在海洋中的沉降[22]。许多大洋海区的人工加铁实验,证实了大气中的 Fe 对海洋初级生产力的限制和决定性作用[70]。庄国顺等人[27]于 1992 年在 Nature 上首次报道了远太平洋和大西洋地区海洋气溶胶中存在的 Fe(Ⅱ),并提出 Fe-S 氧化还原耦合的全球循环模式,揭示了 S 和 Fe 的生物地球化学循环,及其可能的连锁循环反馈模式。我们利用新发展的高效液相色谱法[34],首次检测了中国气溶胶、雨水和雪中的 Fe(Ⅱ)[71]。研究表明,海洋生物可利用的 Fe,跟海洋吸收 CO_2 的能力进而跟全球温室效应直接有关[72-77]。Faust 和 Hoigne[78]认为,Fe(Ⅲ)的光还原反应是云层、雾水和雨水中 OH· 自由基的主要来源(见 55 页)。他们测定了此光解反应在波长为 313 nm 时的量子效率为 0.14 ± 0.04。此值是早先较为保守的估计值 0.02 的 7 倍。此光解反应可能就是远洋气溶胶中产生 Fe(Ⅱ)的关键反应。

表 6-7 展示了不同地区和不同时期采集的气溶胶中 Fe(Ⅱ)的浓度。可以看出,尽管在海洋地区气溶胶中 Fe(Ⅱ)的绝对平均浓度,比陆地的沙尘及非沙尘时期都低,但是海洋气溶胶中 Fe(Ⅱ)占总 Fe 的比例为 $22.6\% \pm 19.0\%$,这要比陆地气溶胶中的值大。可见,海洋气溶胶更有利于 Fe(Ⅱ)的生成,因此在沙尘入侵期间,海洋气溶胶中 Fe(Ⅱ)的绝对浓度要大大高于其他时期。因此,每年的沙尘暴时间虽短,但其输送至遥远地区的气溶胶量,可以占据全年输送量的绝大部分。G. Zhuang 等[79]的研究表明,太平洋上空气溶胶的浓度及雨量时间分布,均具有极大的事件脉冲特性,气溶胶年沉降量的很大部分常常是在很短时间内由几个重大的沙尘事件所完成。这一结果表明,中国的沙尘暴虽然每年只是短短的几次或几天,但对海洋地区的沙尘沉降总量,以至对全球的生态变化,有着至关重要的影响。

表 6-7 气溶胶中 Fe(Ⅱ)的浓度($\mu g \cdot m^{-3}$)

	样品数	Fe(Ⅱ)	含铁总量(T_{Fe})	Fe(Ⅱ)/T_{Fe}(%)
沙尘暴气溶胶	7	1.79	33.29	5.5 ± 4.0
非沙尘暴气溶胶	60	0.68	3.50	19.4 ± 17.4
海洋气溶胶	24	0.30	1.33	22.6 ± 19.0

表 6-8 列出了 2 个航次中 PM_{10} 和 $PM_{2.5}$ 样品中 Fe(Ⅱ)浓度。可以看到,4 月份 Fe(Ⅱ)的平均浓度($0.205\ \mu g \cdot m^{-3}$)要比 1 月份($0.387\ \mu g \cdot m^{-3}$)来得小。但是,4 月份样品中 Fe(Ⅱ)占总 Fe 的比值($64\% \pm 18\%$),比 1 月份($36\% \pm 20\%$)要高。这一结果表

明,在南海春季的气溶胶中比较容易产生 Fe(Ⅱ)。图 6-8 展示了珠江口海域春季和冬季 PM_{10} 和 $PM_{2.5}$ 中 Fe(Ⅱ)的浓度。春季 PM_{10} 气溶胶中 Fe(Ⅱ)的浓度为 $0.1\sim$ $0.4~\mu g \cdot m^{-3}$,$PM_{2.5}$ 中 Fe(Ⅱ)的浓度为 $0.12\sim0.37~\mu g \cdot m^{-3}$;冬季 PM_{10} 气溶胶中 Fe(Ⅱ)的浓度为 $0.15\sim0.53~\mu g \cdot m^{-3}$,$PM_{2.5}$ 中 Fe(Ⅱ)的浓度为 $0.12\sim0.92~\mu g \cdot m^{-3}$。Fe(Ⅱ)占总 Fe 的 9%~63%。每年有大约 $8.50\times10^2\sim5.95\times10^3$ t(吨)的可溶性 Fe(Ⅱ)沉降在珠江口海区,为该海区浮游植物的生长提供微量营养元素。从图中可以看出,$PM_{2.5}$ 中 Fe(Ⅱ)的检出率明显高于 PM_{10}。这进一步证明了 Fe(Ⅱ)在气溶胶中的产生机理,即是由于细颗粒物表面的复相化学变化的产物,因此在细颗粒物中 Fe(Ⅱ)要多一些。同时,我们利用 XPS 对珠江口气溶胶颗粒物进行表面结果分析发现,这些颗粒物表面存在 Fe_3O_4、$\alpha-FeOOH$、$NaFeO_2$,同时也存在 FeO,FeO 占总 Fe 的比例为 43.13%。这一发现从微观上进一步证实了在气溶胶中存在 Fe(Ⅱ),其在海洋表层水中的沉降可为生物所吸收利用,这是影响全球生物地球化学循环的重要机制之一。

表 6-8　2 个航次中海洋气溶胶中的 Fe(Ⅱ)浓度($\mu g \cdot m^{-3}$)

	PM_{10}	$PM_{2.5}$	Fe(Ⅱ)	含铁总量(T_{Fe})	Fe(Ⅱ)/T_{Fe}(%)
4 月航次	0.10~0.40	0.12~0.37	0.205	0.321	64±18
1 月航次	0.15~0.53	0.12~0.92	0.387	1.077	36±20

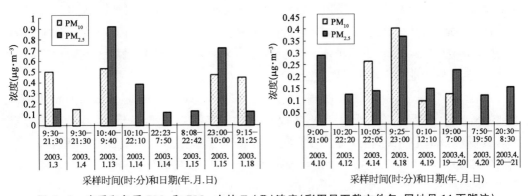

图 6-8　春季和冬季 PM_{10} 和 $PM_{2.5}$ 中的 Fe(Ⅱ)浓度(彩图见下载文件包,网址见 14 页脚注)

6.3　海洋气溶胶的干沉降通量的估算

由于地球大气是一个流动的体系,陆源与海源气溶胶的长途传输,成为全球生物地球化学循环的重要组成部分。大气沉降是陆源物质进入沿海区域的重要途径之一。大气沉降通量的估算,对了解全球生物地球化学循环过程有着重要的意义。颗粒物的干沉降是指降水(雨、雪等)之外,在大气中发生的所有物理过程,如重力沉降、湍流扩散以及布朗扩散与碰撞等[80]。目前有研究者利用模式来计算干沉降[81]。但是,模式计算因为模拟的大气环境与实际的大气环境相差甚远,通常都是模拟值比真实值小得多。在实际定点观测中,由于采样面与其上空气流的作用,也无法跟大气与海洋实际接触面的相互作用一致,即采样过程无法完全代表天然的干沉降过程,实测值通常要比真实值大[82]。所以到目前为止,世界范围内都还没有干沉降直接测定的有效可行的方法。尽管如此,很多大气科学家还是偏向于实际得到的观测数据[83]。因此在此次的航行考察中,我们采用"全程跟踪"的方法,让采样器在整个航程中进行收集,使之相对接近于天然沉降。这样,本研究通过直接测定,得到了珠江口海域的干沉降通量。虽然直接测定值是实际通量的近似值,但是可以用此结果来近似估算大气沉降对海洋的影响。

张经等[84]基于对黄海北部 2 年多的观测,得出在冬春少雨季节,中国海上每年沙尘沉降通量约为 $40\ g \cdot yr^{-1} \cdot m^{-2}$。Gao 等[80]通过 1989 年春季海上调查资料的分析估算,矿物在黄海的入海通量为 $9 \sim 76\ g \cdot yr^{-1} \cdot m^{-2}$。至今还没有研究者报道关于珠江口海区的海上调查资料。我们在 2003 年 4 月的航次中,从 4 月 17 日 12:50 开始收集气溶胶,到 4 月 20 日 19:50 结束。一共收集了 79 h,收集面涵盖了整个航次的海域。在珠江口海域,测得春季的干沉降通量为 $142\ g \cdot yr^{-1} \cdot m^{-2}$。由于珠江口海域靠近陆源,受陆地气溶胶和污染扩散对近海口的影响,致使珠江口的干沉降通量要比张经等人观测的黄海海域高。珠江口海域面积为 $2\ 100\ km^2$,按照我们实际测得的干沉降通量来估算,每年大约有 $3.0 \times 10^5\ t$ 颗粒物,沉降在珠江口海域。必须指出的是,2003 年 4 月是 30 年一周期的所谓"北涝"时期,降水量大,中国北方沙尘天气较少,加上珠江河口地区 4 月间也多降雨,由此推断,若是在正常年份,此干沉降通量应该更大。中国南海海域的面积为 350 万 km^2[85],显然,如此巨大海域面积所接受的来自陆地长途传输的大气颗粒物的干沉降,是全球生物地球化学循环的重要组成部分。

已有研究表明[86],中国海洋沉积物中多环芳烃(polycyclic aromatic hydrocarbon, PAH)大部分来源于大气颗粒物的干湿沉降。Duce[2]等的研究表明,对溶解于海水中的微量元素 Pb、Cd(镉)和 Zn,全球大气输入量大于河流的输入;对微量元素 Cu、Ni(镍)、As 和 Fe,大气输入与河流输入大致相当。按照上述直接测得的大气干沉降通量估算,在珠江口春季,Al、Ca 和 Fe 的沉降通量分别为:$32.6 \times 10^3\ t \cdot yr^{-1}$、$17.0 \times 10^3\ t \cdot yr^{-1}$ 和 $9.44 \times 10^3\ t \cdot yr^{-1}$;污染元素 Pb 和 Zn 的沉降通量分别为:$0.17 \times 10^3\ t \cdot yr^{-1}$ 和 $3.07 \times 10^3\ t \cdot yr^{-1}$。污染元素 Sb 和 Se 的沉降通量,与刘毅等[87]报道的近东海海域的春季值相当(见表 6-9)。

表 6-9　春季污染元素平均干沉降通量($mg \cdot m^{-2} \cdot mon^{-1}$)

海　区	Sb	Se
东　海	12.6	18.5
日本以南海	7.8	6.8
珠江口	12.7	18.5

mon:月。

对于海洋营养物质来说,人类活动产生的外源性的"新"P 和 N,可能是控制海洋初级生产力的一个关键因素。在美国切萨皮克海湾的多年研究表明,大气输入占该海区 N 总输入量的 25%[88]。欧洲波罗的海 N 的大气沉降入海量也占该海区 N 总输入量的 21%[89]。在波的尼亚海区,来自大气的年 N 沉降量和 P 沉降量分别为 60 000 t 和 1 100 t,N 占该海区总输入量的 54%,P 占 28%[90]。如果仅考虑河流和大气的输入,地中海 51% 的 N 和 33% 的 P 是来自大气的沉降,大气 N 和 P 的沉降量分别为 $1.068 \times 10^6 \, t \cdot yr^{-1}$ 和 $6.4 \times 10^4 \, t \cdot yr^{-1}$[91]。J. Zhang 等[92]的研究表明,大气沉降是黄海西部海域可溶性 N 和 P 的主要来源,每年通过大气入海的可溶性无机 N 和 P 的量,分别为 $14 \times 10^9 \, mol \cdot yr^{-1}$ 和 $0.3 \times 10^9 \, mol \cdot yr^{-1}$。C. S. Chung 等[93]的研究显示,在整个黄海区域,NH_4^+ 的大气输入量超过河流输入量。20 世纪 80 年代以来,许多观测实验和实验室研究都表明,大气的沉降物主要是 NO_3^-、NO_2^- 和 NH_4^+ 等可溶性无机 N,对开阔海域浮游植物的初级生产过程有较大的影响。加上降水,在短时间内,大量营养物质的一次性输入会直接刺激浮游植物的增加。珠江口水域是珠江进入南海的入海口,也是南海北部陆源污染物质的主要受纳水体,富营养化也是该水域的主要环境问题之一,并时有赤潮发生[94,95]。在珠江口 2003 年 4 月的春季航次中,测试得到 PO_4^{2-} 的含量平均值为 $6.90 \times 10^{-2} \, \mu g \cdot m^{-3}$。这和商少凌等[96]在厦门海域测试得的值 $6.03 \times 10^{-2} \, \mu g \cdot m^{-3}$ 相近。调查得到的无机氮(NO_3^-、NO_2^- 和 NH_4^+)的沉降量为 $1.978 \times 10^5 \, t \cdot yr^{-1}$,无机磷的沉降量为 $5.520 \times 10^2 \, t \cdot yr^{-1}$,无机氮与无机磷的沉降量比为 360。表 6 - 10 给出了世界各海区无机氮干沉降量[6]的对比,可见珠江口海区面积虽然比较小,但是无机氮在该海区的沉降量与南太平洋、印度洋在同一个数量级。

表 6 - 10　无机氮对海洋的大气输入 ($10^5 \, t \cdot yr^{-1}$)

海　区	珠江口	北大西洋	南大西洋	北太平洋	南太平洋	北印度洋	南印度洋
干沉降量	1.98	16.40	3.50	13.90	7.00	3.10	3.90

从理论上讲,浮游植物按照 N∶P＝16∶1(原子比)的比例,吸收海水中的 N 和 P。开阔海洋中的 N/P 比,一般小于这个值,即处于 N 限制状态。而在海洋气溶胶和降水中,N/P 比远远大于这个数值。在青岛附近观测到,降水中的 N/P 比为 91[6]。黄小平等[35]对珠江口水体的无机氮和活性磷酸盐含量的时空变化特征,进行了研究。他们指出,该海域的 N/P 比普遍偏高,最高值超过 300。该水域的营养盐主要为磷限制。在珠江口春冬两季的 TSP 大气气溶胶样品中,观测到的 N/P 比分别为 42 和 120;但是在细颗粒物样品中,春季的 N/P 比远高于冬季。春季的 PM_{10} 样品,N/P 比为 567,冬季为 305。$PM_{2.5}$ 样品中春冬两季的 N/P 比,分别为 604 和 103。所有样品的平均 N/P 比为:春季 364,冬季 240。可见,春季总体的 N/P 比是冬季的 1.5 倍。而在细颗粒物中,尤其在 $PM_{2.5}$ 中,N/P 比在春季大约是冬季的 6 倍。但是,仅从 PO_4^{2-} 的绝对浓度来看,无论

在 TSP、PM_{10} 和 $PM_{2.5}$ 样品中,冬季的 N／P 比都比春季高;在 TSP 和 PM_{10} 中,春季的 N／P 比约是冬季的 1.5 倍;而在 $PM_{2.5}$ 中,春季 N／P 比大约是冬季的 7 倍。扈传昱等[97] 对珠江口沉积物中 P 的形态进行研究发现,珠江口仅有 Fe 结合磷与有机磷为生物潜在可利用的 P,而自生 Ca 结合磷与原生碎屑结合磷,总的来说占总磷(TP)的 49％,因此估计,将近有一半的 P 不能为生物所利用。但是,由于在珠江口海域,春季气溶胶中水溶性 P 的绝对含量增加,使得处于磷限制状态的海区,浮游植物迅速生长。很明显,珠江口海域大气的干湿沉降,会对海洋中浮游植物的生产过程产生较大影响。在一个较长的时间尺度内,P 和 N 的大气输入也可能造成海域初级生产 P 和 N 限制性的改变,同时增加海区的初级生产力。

6.4 大气输入对近海环境的影响

近海往往是 N、P 营养元素比较丰富的海域,也是大气输入通量较大的地区。无论是营养元素还是有毒污染物,其大气输入往往表现为对海洋生态的负面影响。近年来,随着 N、P 等营养元素在海洋,特别是在近海的富集,有害藻类暴发的频率和数量不断增加,地域不断扩展。中国海域赤潮发生的频率近年来明显增加。1972—1979 年间发生赤潮 20 起,而在 1980—1997 年间,有记录的赤潮就有 380 起[98]。在所有产生 N 的各类来源中,在数量和地域上增长最快的就是大气 N 沉降[10]。20 世纪 80 年代末,Duce 等[5] 开始了大气 N 沉降对全球海洋生态系统重要性的估算。Zhang 等[99] 在 1988—1993 年间的研究表明,有害水华事件发生的频率,随可溶性无机氮(dissolved inorganic nitrogen, DIN)月平均沉降量的增加而增加。Paerl 等[10] 对北大西洋的一项研究表明,大气 N 沉降占北大西洋总的"新"N 或人为产生 N 流量的 46％～57％。同时,大气沉降是 N、P 和其他微量营养元共同入海的主要途径。它们可以单独,也可以协同刺激有害藻类的暴发。实验证据表明,N‐Fe 配合刺激初级生产力,发生在北加利福尼亚近岸水体中[9]。Fe 在开阔海域的限制性,已经成为一个活跃的研究领域。Zhuang 等[27] 和 Duce 等[100] 指出,来自大气中的 Fe,在某些海区对初级生产力可能是一个限制性营养要素。在很多地区,风化矿尘是海洋中 Fe 的主要来源。大气进入海区后,其中总 Fe 量的 10％～50％能够迅速溶解。海洋气溶胶中的 Fe 有相当部分以 Fe(Ⅱ)的形式存在。这些可溶性的 Fe(Ⅱ),作为营养物质被浮游植物迅速吸收利用。重金属元素,尤其是有毒污染元素 Pb、Hg 等,对海洋的毒性影响也是不可忽略的。持久性有机污染物(POP)包括 DDT、PAH、多氯联苯(polychlorinated biphenyl, PCB)等,其对海洋的输入,对于非靶生物的安全和生态环境质量的损害是相当严重的。国家海洋局发布的 2003 年《中国海洋环境质量公报》指出[101],全海域未达到清洁海域水质标准的面积,约为 14.2 万 km^2。迄今为止,近岸海域污染依然严重,严重污染的海域主要分布在珠江口、鸭绿江口、辽东湾、渤海湾、长江口、杭州湾等局部水域,主要污染物依然是无机氮、活性磷酸盐和 Pb。

参考文献

[1] Duce R A, Liss P S. The surface ocean-lower atmosphere study (SOLAS). Atmospheric Environment, 2002, 36: 5119 – 5120.

[2] Duce R A, Liss P S, Merrill J T, et al. The atmospheric input of trace species to the world ocean. Global Biogeochem Cycles, 1991, 5: 193 – 259.

[3] Gao Y, Robert A D. Air-sea chemical exchange in coastal oceans. Advance in Earth Sciences, 1997, 12(6): 553 – 563.

[4] Arimoto R, Duce R A, Ray B J. Atmospheric trace elements at Enewetak Atoll, 2. Transport to the ocean by wet and dry deposition. J Geophys Res, 1985, 90: 2391 – 2480.

[5] Duce R A. The impact of atmosphere nitrogen, phosphorus, and iron species on marine biological productivity // Buat-Menard P. The role of air-sea exchange in geochemical cycling. Dordrecht, Holland: D. Reidel, 1986: 497 – 529.

[6] Duce R A, Liss P S, Merrill J T, et al. 微量物质对海洋的大气输入. 气象科技, 1997, 3: 9 – 25.

[7] Duce R A, Unni C K, Ray B J, et al. Long-range atmospheric of soil dust from Asia to the tropical North Pacific: Temporal variability. Science, 1980, 209: 1522 – 1524.

[8] Paerl H W. Enhancement of marine primary productivity by nitrogen enriched rain. Nature, 1985, 315: 747 – 749.

[9] Paerl H W. Coastal eutrophication in relation to atmospheric nitrogen deposition: Current perspectives. Ophelia, 1995, 41: 237 – 259.

[10] Paerl H W, Whitall D R. Anthropogenically-derived atmospheric nitrogen deposition, marine eutrophication and harmful algal bloom expansion: Is there a link? AMBIO, 1999, 28(4): 307 – 311.

[11] Prinn R D, Liss P, Buat-Menard P. Biogeochemical ocean-atmosphere transfers. JGOFS Report No. 14, 1994.

[12] Martin J H, Gordon R M. Northeast Pacific iron distribution in relation to phytoplankton productivity. Deep Sea Res, 1988, 35: 177 – 196.

[13] Martin J H, Fitzwater S E. Iron deficiency limits phytoplankton growth in the north-east Pacific subarctic. Nature, 1988, 321: 341 – 343.

[14] Martin J H, Gordon R M, Fitzwater S E, et al. VERTEX: Phytoplankton / iron studies in the Gulf of Alaska. Deep Sea Res, 1989, 36: 649 – 680.

[15] Martin J H, Gordon R M, Fitzwater S E. Iron in antarctic waters. Nature, 1990, 345: 156 – 158.

[16] Chu S, Elliott S, Maltrud M E. Global eddy permitting simulations of surface ocean nitrogen, iron, sulfur cycling. Chemosphere, 2003, 50(2): 223 – 235.

[17] Ganeshram R S, Pedersen T F, Calvert S E, et al. Reduced nitrogen fixation in the glacial ocean inferred from changes in marine nitrogen and phosphorus inventories. Nature, 2002, 415(6868): 156 – 159.

[18] Milligan A J, Harrison P J. Effects of non-steady-state iron limitation on nitrogen assimilatory enzymes in the marine diatom *Thalassiosira weissflogii* (Bacillariophyceae). Journal of

Phycology, 2000, 36(1): 78 - 86.

[19] Berman-Frank I, Cullen J T, Shaked Y, et al. Iron availability, cellular iron quotas, and nitrogen fixation in *Trichodesmium*. Limnology and Oceanography, 2001, 46(6): 1249 - 1260.

[20] Cullen J J. Oceanography: Iron, nitrogen and phosphorus in the ocean. Nature, 1999, 402 (6760): 372.

[21] Lenes J M, Darrow B P, Cattrall C, et al. Iron fertilization and the Trichodesmium response on the West Florida shelf. Limnology and Oceanography, 2001, 46(6): 1261 - 1277.

[22] Zhuang G, Duce R A, Kester D R. The dissolution of atmospheric iron in the surface seawater of the open ocean. J Geophys Res, 1990, 95(16): 207 - 216.

[23] Saydam A C, Senyuva H Z. Deserts: Can they be the potential suppliers of bioavailable iron? Geophysical Research Letters, 2002, 29(11): 19/1 - 19/3.

[24] Jickells T D, Spokes L J. IUPAC series on analytical and physical chemistry of environmental systems. Biogeochemistry of Iron in Seawater, 2001, 7: 85 - 121.

[25] Johnson K S. Iron supply and demand in the upper ocean: Is extraterrestrial dust a significant source of bioavailable iron? Global Biogeochemical Cycles, 2001, 15(1): 61 - 63.

[26] Bishop J K B, Davis R E, Sherman J T. Robotic observations of dust storm enhancement of carbon biomass in the North Pacific. Science, 2002, 298(5594): 817 - 821.

[27] Zhuang G, Yi Z, Duce R A, et al. Link between iron and sulfur suggested by the detection of Fe(Ⅱ) in remote marine aerosols. Nature, 1992, 355: 537 - 539.

[28] Uematsu M. Influence of aerosols originated form the Asian continent to the marine environment. A view from biogeochemical cycles. Environmental Science (Japanese), 1999, 14(3): 209 - 213.

[29] Warneck P. Chemistry of the natural atmosphere, 2-nd edition. New York: Academic Press, 2000: 499 - 502.

[30] 傅家谟,盛国英,等.粤港澳地区大气环境中有机污染物特征与污染追踪的初步研究.气候与环境研究,1997,1:16 - 22.

[31] 刘芳文,颜文.珠江口及其邻近水域的化学污染研究进展.海洋科学,2002,26(6):27 - 30.

[32] 刘芳文,颜文,等.珠江口沉积物重金属污染及其潜在生态危害评价.海洋环境科学,2002,21(3):34 - 38.

[33] 刘文新,李向东.珠江口沉积物中痕量金属富集研究.环境科学学报,2003,23(3):338 - 344.

[34] 郭敬华,张兴赢,庄国顺.超痕量 Fe(Ⅱ)的高效液相色谱测定及其在大气化学研究中的应用.分析测试学报,2005,24(1):42 - 44.

[35] 黄小平,黄良民.珠江口海域无机氮和活性磷酸盐含量的失控变化特征.台湾海峡,2002,21(4):416 - 421.

[36] Zhuang G, Guo J, Yuan H, et al. The compositions, sources, and size distribution of the dust storm from China in spring of 2000 and its impact on the global environment. China Science Bulletin, 2001, 46(1): 895 - 901.

[37] 袁蕙,王瑛,庄国顺.气溶胶无机、有机酸阴离子和 MSA 同时分析的离子色谱法.分析测试学报,2003,22(6):11 - 14.

[38] 刘毅,周明煜.中国近海大气气溶胶的时间和地理分布特征.海洋学报,1999,21(1): 32 - 40.

[39] Nixon S W. Nutrient dynamics and the productivity of marine coastal waters//Halwagy R D, Clayton B, Behbehani M. Coastal eutrophication. Oxford, England: The Alden Oress, 1986: 97 - 115.

[40] Smetacek V, Bathmann U, Othig N, et al. Coastal eutrophication: Causes and consequences// Mantoura R C F, Martin J-M, Wollast R. Ocean margin processes in global change. New York: Wiley, 1991: 251 - 279.

[41] Galloway J N, Schlesinger W H, Levy I I, et al. Nitrogen oxidation: Anthropogenic enhancement-environmental response. Global Biogeochemical Cycles, 1995, 9: 235 - 252.

[42] Paerl H W, Boynton W R, Dennis R L, et al. Atmospheric deposition of nitrogen in coastal waters: Biogeochemical and ecological implications//Valigura R A, Alexander R B, Castro M S, et al. Nitrogen loading in coastal water bodies: An atmospheric perspective. Washington, DC: American Geophysical Union, 2000: 11 - 52.

[43] Seinfeld J H, Pandis S N. Atmospheric chemistry and physics. New York: Wiley, 1998.

[44] Dentener F J, Crutzen P J. A three-dimensional model of the global ammonia cycle. Journal of Atmospheric Chemistry, 1994, 19: 331 - 369.

[45] Parungo P P, Pueschel R. Conversion of nitrogen oxides to nitrate particles. Journal of Geophysical Research, 1980, 85: 2522 - 2534.

[46] Schlesinger W H, Hartley A E. A global budget for atmospheric NH_3. Biogeochemistry, 1992, 15: 191 - 211.

[47] Warneck P. Chemistry of the natural atmosphere. New Pork: Academic Press, 1999.

[48] Zhuang H, Chan C K, Fang M, et al. Size distributions of particulate sulfate, nitrate, and ammonium at a coastal site in Hong Kong. Atmospheric Environment, 1999, 33: 843 - 853.

[49] Zhuang L, Huebert B J. Lagrangian analysis of the total ammonium budget during Atlantic stratocumulus transition experiment/marine aerosol and gas exchange. Journal of Geophysical Research, 1996, 101: 4341 - 4350.

[50] Kim Y P. Effects of sea salts and crustal species on the characteristics of aerosol. Journal of Aerosol Science, 1997, 28(Suppl. 1): S95 - S96.

[51] Cheng Z L, Lam K S, Chan L Y, et al. Chemical characteristics of aerosols at coastal station in Hong Kong. I. Seasonal variation of major ions, halogens and mineral dusts between 1995 and 1996. Atmospheric Environment, 2000, 34: 2771 - 2783.

[52] Gorham E. Acid deposition and its ecological effects: A brief history of research. Envir on Sci Policy, 1998, 1: 153 - 166.

[53] Al-Momani I F, Ataman O Y, Anwari M A, et al. Chemical composition of precipitation near an industrial area at Izmir, Turkey. Atmos Environ, 1995, 29: 1131 - 1143.

[54] Millero F J, Sohn M L. Chemical oceanography. Boca Raton Fla: CRC Press, 1992.

[55] Ma Q, Hu M, Zhu T, et al. Seawater, atmospheric dimethylsulfide and aerosol ions in the Pearl River Estuary and the adjacent northern South China Sea. Journal of Sea Research, 2005, 53:

131 – 145.

[56] Charlson R J, Lovelock J E, Andreae M O. Oceanic phytoplankton, atmospheric sulphur, cloud albedo and climate: A geophysiological feedback. Nature, 1987, 326: 655 – 661.

[57] Jensen N R, Hjorth J, Lohse C, et al. Products and mechanism of the reaction between NO_3 and dimethylsulfide in air. Atmospheric Environment, 1991, 25A: 1897 – 1904.

[58] Sciare J, Baboukas E, Kanakidou M, et al. Spatial and temporal variability of atmospheric sulfur containing gases and particles during the ALBATROSS campaign. Journal of Geophysical Research, 2000a, 105: 14433 – 14448.

[59] Fei Z L, Mao X H, Zhu B, et al. The studies of productivity in the Bohai Sea. Ⅱ: Primary productivity and estimation of potential fish catch. Acta Oceanol Sin, 1990, 9: 303 – 313.

[60] Huang L M, Chen Q C. Distribution of chlorophyll a and estimation of primary productivity in the eastern waters of Balingtang Channel in summer. Acta Oceanol Sin, 1989, 8: 460 – 468.

[61] Atkinson R J, Pitts J N, Aschmann S M. Tropospheric reactions of dimethyl sulfide with NO_3 and OH radicals. J Phys Chem, 1984, 88: 1584 – 1587.

[62] Andreae M O, Ferek R J, Bremen F, et al. Dimethyl sulfide in the marine atmosphere. J Geophys Res, 1985, 90: 12891 – 12900.

[63] Calhoun J A. Chemical and isotopic methods for understanding the natural marine sulfur cycle (Ph. D. thesis). Seattle: University of Washington, 1990.

[64] Watts S F, Brimblecombe P, Watson A J. Methanesulphonic acid, dimethyl sulphoxide and dimethyl sulphone in aerosol. Atmospheric Environment, 1990, 24A: 353 – 359.

[65] Burgermeister S H, Georgii H-W. Distribution of methanesulfonate, nss sulfate and dimethyl sulphide over Atlantic and the North Sea. Atmospheric Environment, 1991, 25A: 587 – 595.

[66] Ayers G P, Lvey J P, Gillett R W. Coherence between seasonal cycles of dimethyl sulphide, methanesulfonate and sulphate in marine air. Nature, 1991, 349: 404 – 406.

[67] Quinn P K, Covert D S, Bates T S, et al. Dimethylsulfide/could condensation nuclei/climate system: Relevant size-resolved measurements of the chemical and physical properties of atmospheric aerosol particles. J Geophy Res, 1993, 98: 10411 – 10427.

[68] Mukai H, Yokouchi Y, Suzuki M. Seasonal variation of methanesulfonic acid in the atmosphere over the Oki Islands in the Sea of Japan. Atmosphere Environment, 1995, 29: 1637 – 1648.

[69] Gao Y, Duce R A. The air-sea chemical exchange in coastal oceans. Advance in Earth Sciences, 1997. 6: 551 – 563.

[70] Coale K H, Johnson K S, Fitzwater S E, et al. A massive phytoplankton bloom induced by an ecosystem-scale iron fertilization experiment in the equatorial Pacific Ocean. Nature, 1996, 383 (6600): 495 – 501.

[71] 张兴赢.中国气溶胶、雨水和雪中的 Fe(Ⅱ).北京师范大学博士论文第四章,2006.

[72] Ridgwell A J, Maslin M A, Watson A J. Reduced effectiveness of terrestrial carbon sequestration due to an antagonistic response of ocean productivity. Geophysical Research Letters, 2002, 29 (6): 19/1 – 19/4.

[73] Lefevre N, Watson A J. Modeling the geochemical cycle of iron in the oceans and its impact on atmospheric CO_2 concentrations. Global Biogeochemical Cycles, 1999, 13(3): 727-736.

[74] Watson A J. Iron in the oceans: Influences on biology, geochemistry and climate. Progress in Environmental Science, 1999, 1(4): 345-370.

[75] Watson A J, Bakker D C, Ridgwell A J, et al. Effect of iron supply on Southern Ocean CO_2 uptake and implications for glacial atmospheric CO_2. Nature, 2000, 407(6805): 730-733.

[76] Cooper D J, Watson A J, Nightingale P D. Large decrease in ocean-surface CO_2 fugacity in response to *in situ* iron fertilization. Nature, 1996, 383(6600): 511-513.

[77] Watson A J, Law C S, Van Scoy K A, et al. Minimal effect of iron fertilization on sea-surface carbon dioxide concentrations. Nature, 1994, 371(6493): 143-145.

[78] Faust B C, Hoigne J. Photolysis of Fe(Ⅲ)-hydroxy complexes as sources of OH radicals in cloud, fog and rain. Atmos Environ, 1990, 24: 79-89.

[79] Zhuang G, Huang R, Wang M, et al. The great progress in aerosol study and their impact on the global environment. Natural Science Progress, 2002, 12(6): 407-413.

[80] Gao Y, Robert A D. Air-sea chemical exchange in coastal oceans. Advance in Earth Science, 1997, 12(6): 553-563.

[81] Migon C, Morelli J, Nicolas E, et al. Evaluation of total atmospheric deposition of Pb, Cd, Cu and Zn to the Ligurian Sea. Sci Total Environ, 1991, 105: 135-148.

[82] Migon C, Journel B, Nicolas E. Measurement of trace metal wet, dry and total atmospheric fluxes over the Ligurian Sea. Atmospheric Environment, 1997, 31(6): 889-896.

[83] Guerzoni S, Lenaz R, Quarantotto G. Field measurement at sea: Atmospheric particulate trace metals "end-members" in the Mediterranean//Field Measurement and their Interpretation. Air Pollution Research Reports, 1988, 14: 96-100.

[84] Jing Zhang, Liu S M, Lu X, et al. Characterizing Asian wind-dust transport to the northwest Pacific Ocean. Direct measurements of the dust flux for two years. Tellus, 1993, 45B: 335-345.

[85] 李金明.南海主权争端的现状.南海问题研究,2002,1: 53-56.

[86] Zhang L, Chen W, Lin L, et al. The distribution and sources of polycylic aromatic hydrocarbons in surface sediment of the western Xiamen and Victoria harbours. Acta Oceanological Sinica, 1996, 18(4): 120-124.

[87] 刘毅,周明煜.中国东部海域大气气溶胶入海通量的研究.海洋学报,1999,21(5): 38-45.

[88] Valiguar R A, Luke W T, Artz R S, et al. Atmospheric nutrient input to coastal areas-reducing the uncertainties//NOAA coastal ocean program decision analysis: Series No. 9. NOAA Coastal Ocean Office, Silver Spring, Md. 24 pp+4 appendices, 1994.

[89] Enell M, Fejes J. Nitrogen load to the Baltic Sea: Present situation, acceptable future load and suggested source reduction. Water, Air and soil Pollution, 1993, 85: 877-882.

[90] Wulff F, Perttila M, Rahm L. Observation, calculation of the balance for nutrients in the gulf of Bothnia. AMBIO, 1996, 8: 28-34.

[91] Guerzoni S, Chester R, Dulac F, et al. The role of atmospheric deposition in the biogeochemistry

of Mediterranean Sea. Progress in Oceanography, 1999, 44: 147 - 190.

[92] Zhang J, Chen S Z, Yu Z G. Factors influencing changes in rain water composition from urban versus remote regions of the Yellow Sea. J Geophys Res, 1999, 104: 1631 - 1644.

[93] Chung C S, Hong G H, Kim S H, et al. Shore based observation on wet deposition of inorganic nutrients in the Korean Yellow Sea coast. The Yellow Sea, 1998, 4: 30 - 39.

[94] 何建宗,韩国章.南中国海及香港海域的赤潮形成机制研究//黄创剑,朱嘉豪,等.珠江及沿岸环境研究.广州:高等教育出版社,1995: 77 - 84.

[95] 梁松,钱宏林.珠江口及其邻近海域赤潮的研究//梁松,钱宏林,等.南海资源与环境研究文集.广州:中山大学出版社,1999: 189 - 195.

[96] 商少凌,洪华生.厦门海域大气气溶胶中磷的沉降通量.厦门大学学报(自然科学版),36(1): 106 - 109.

[97] 扈传昱,潘建明,等.珠江口沉积物中磷的赋村形态.海洋环境科学,2001,20(4): 21 - 25.

[98] Wang S. No time to delay for marine environmental protection. Marine Exploitation and Management, 1999, 16(1): 32 - 37.

[99] Zhang J. Atmospheric wet deposition of nutrient elements: Correlation with harmful biological blooms in northwest Pacific coastal zones. AMBIO, 1994, 54: 464 - 468.

[100] Duce R A, Tindale N W. Atmospheric transport of iron and its deposition in the ocean. Limnol Oceanogr, 1991, 36(8): 1715 - 1726.

[101] 国家海洋局公布中国海洋环境质量.近海污染严重.北京晚报,http: // www. sina. com. cn, 2004 - 02 - 01,19:12.

第 2 篇

沙尘气溶胶

本篇论述各类沙尘气溶胶的来源、理化特性,及其对区域环境乃至全球变化之可能影响。

第7章

亚洲沙尘暴的组成、来源及其对全球环境的影响

　　来自亚洲中部沙漠向东部长途传输的沙尘,每年春天都形成高峰。这种强大而可见的沙尘高峰,人们称之为沙尘暴,20世纪前五十年,中国有记载的有17次。新中国成立以来,50年代发生了4次,60年代7次,70年代13次,80年代14次,90年代23次。沙尘暴发生的次数,呈明显上升趋势[1]。由于大风发生和地表裸露时间的耦合,亚洲中部沙漠及干旱/半干旱地区的荒漠,以及黄土高原疏松的沙土,成为亚洲沙尘暴之主要源地。即便在非沙尘暴期间,北京大气气溶胶的平均浓度,长年都在数百微克每平方米($\mu g \cdot m^{-3}$)左右[2]。根据对气溶胶元素的分析[3]、对单个气溶胶的AMS分析[4],以及对能见度与气溶胶关系的研究[5,6],人为污染物是北京大气气溶胶的重要组成部分,中关村地区的气溶胶甚至有强酸度[7]。刘东生[8]、周明煜等从20世纪80年代起,就开始研究中国的沙尘暴和气溶胶。他们发现,从1971年到1995年,北京的矿物气溶胶(地壳源)虽有下降,但在90年代,下降明显减慢[9,10]。

　　沙尘暴不仅横扫华北和部分华东地区的城市与乡村,甚至沉降于北太平洋[11]。来自亚洲沙漠的沙尘,最后约有一半被输送到中国海区乃至遥远的北太平洋[12]。北太平洋中某些海区的初级生产力,为Fe元素所限制[13]。庄国顺研究了大气中Fe在海洋中的溶解度,论证了大气气溶胶中Fe的远距离输送,是大洋中某些海区生产力的限制因素[14]。沙尘暴在远距离传输过程中,将其携带的大量Fe(Ⅲ)转化为Fe(Ⅱ),为大洋表层带去可溶解于表层海水,从而可供生物吸收的营养元素Fe,引起了某些海区生产力的大幅度上升[15]。海洋浮游生物的增加,导致其排放的二甲基硫(DMS)及其以后被氧化的产物SO_2增加。低价含S化合物在大气中又会进一步被Fe(Ⅲ)所氧化,而生成硫酸盐气溶胶,同时Fe(Ⅲ)被还原成Fe(Ⅱ)而被海洋生物所吸收,从而又导致DMS排放的增加。如此循环反复产生正反馈[16]。因此,包括沙尘暴在内的亚洲大气中气溶胶的远距离输送,以及其中Fe和S的相互耦合,及其正反馈过程,是可能影响全球气候变化的值得进一步探讨的重要机制之一。本章以2000年发生于北京的沙尘暴为例,论述亚洲沙尘暴的组成、来源,及其对全球环境的影响。

7.1 采样和化学分析

7.1.1 取样

使用青岛崂山电子仪器厂制造的总颗粒物(TSP)切割器采集 TSP;使用美国 ANDERSEN 公司制造的 FA-3 型气溶胶粒度分布采样器(cascade impactor,共分九级,粒径范围分别为 0~0.4、0.4~0.7、0.7~1.1、1.1~2.1、2.1~3.3、3.3~4.7、4.7~5.8、5.8~9.0,以及 >9 μm)收集粒度分级样品。采样点设在北京师范大学科技楼的楼顶(12 楼,约 40 m 高)。使用英国 Whatman 公司制造的 Whatman 41 滤膜。在 TSP 及粒度分级样品采集时,流速分别为 120 L·min^{-1} 和 28.3 L·min^{-1}。在 2000 年 4 月 6 日的沙尘暴期间,连续收集了 3 个 TSP 及 1 个粒度分级样品。为进行比较,一并分析了非沙尘暴期间的样品(其中有采暖期与非采暖期各 1 个样品)。样品采集后立即称重,并放于经酸洗过的聚乙烯封口袋中,在冰箱中保存待测。所有操作过程,均采用严格质量控制,排除了一切可能的人为玷污。

7.1.2 分析测试

① ICP 元素分析

采用法国 JOBIN-YVON 公司的 ULTIMA 型电感耦合等离子发射光谱仪(ICP-AES),分析 17 种元素。所分析的元素及相应的分析线(nm)如下: S(180.676)、As(193.699)、Se(196.090)、Cr(205.552)、Sb(206.833)、Zn(213.856)、Pb(220.353)、Ni(221.647)、Co(钴,228.616)、Cd(228.802)、Fe(238.204)、Mn(257.610)、V(310.230)、Cu(324.754)、Sc(361.384)、Al(396.152)、Na(589.592)。样品处理: 取 10 cm^2 样品膜(为不引入金属污染物,用聚乙烯塑料剪刀裁剪滤膜),加入 3 ml 浓 HNO$_3$、1 ml 浓 HClO$_4$、0.5 ml 浓氢氟酸(HF)置入聚四氟乙烯高压釜内,以 150℃ 加热 4 h,冷后取出,电炉上烘烤近干,加入 0.25 ml HCl 定容至 5 ml 待测。取 10 cm^2 空白膜,进行与样品完全相同的处理,测滤膜空白值。本实验所使用的药品,均为优级纯,水为二次蒸馏去离子水。所有样品的处理工作,都在洁净度等级为 100 的洁净实验台上进行。采用标准添加法,测试所有被测元素的回收率,各元素的回收率均位于 95%~105% 之间。各元素多次重复测试的相对标准误差 <2%。为检测所用滤膜部分的代表性程度,对试样滤膜的 4 个 1/4 圆形部分,曾以相同的步骤,分别进行消化分析,各部分的相对标准误差小于 10%。

② Fe(Ⅱ)分析

使用美国 Waters 公司的高压液相色谱仪及紫外和可见光检测计(Waters510 HPLC Pump、Waters490E Programmable Multiwavelength Detector、Phenomenex 250 × 4.60 mm ODS Column)。采用我们提出的 HPLC 方法[17,18],测定气溶胶中的 Fe(Ⅱ)含量。主要原理是在含 Fe(Ⅱ)的试样中加入有机试剂菲洛嗪,使之络合 Fe(Ⅱ)生成有色

有机络合物,而后采用 HPLC 分离之。此方法的可靠性,在已发表的论文[17,18]中详细讨论过。

③ 重量分析

用上海天平仪器厂生产的 FA1004 型上皿电子天平(精密度 0.1 mg)进行重量分析。样品滤膜及空白滤膜置于干燥器内,干燥至恒重,而后称量。

7.2 沙尘暴期间的颗粒物总含量以及有关元素的含量

根据沙尘暴期间的风向风速数据,2000 年 4 月 6 日,来自蒙古和中国内蒙古地区的西北风,以高达 18 m·s^{-1} 的速度,往北京方向推进,并进而横扫华北及部分华东地区,远及北太平洋。从风向可以明显看出,此次沙尘暴期间的风沙,主要来自蒙古和中国内蒙古地区,同时还有部分来自包括中国陕西和山西等省在内的黄土高原。

在 2000 年 4 月 6 日沙尘暴期间所收集的 3 个 TSP 样品的气溶胶总颗粒物含量,以及其中元素含量的算术平均值,列于表 7 - 1 和图 7 - 1。为进行比较,有关元素在地壳中的丰度,以及非沙尘暴期间气溶胶样品的相应数据,也一并列于表 7 - 1。北京市区大气污染严重,总颗粒物含量大多在数百微克每立方米($\mu g·m^{-3}$)。早在 1990 和 1991 年,其总颗粒物含量的月平均值,就曾高达 279 $\mu g·m^{-3[19]}$。由表 7 - 1 可见,2000 年 3 月 3 日下午的总颗粒物含量为 215 $\mu g·m^{-3}$,而在沙尘暴期间的平均总颗粒物含量,高达近 6 000 $\mu g·m^{-3}$,较平常高出近 30 倍。主要元素 Al、Fe 的含量,分别为 511、143 $\mu g·m^{-3}$,较之平时分别高出 21、22 倍。主要污染元素 As、Se、Sb 的含量,分别高达 1 648、379、540 $ng·m^{-3}$,较平时分别高出 27、32、36 倍。

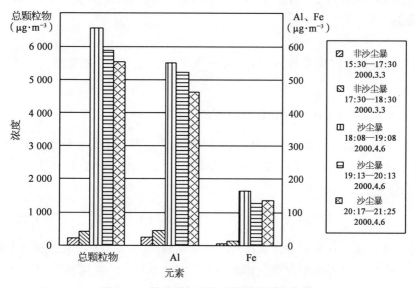

图 7 - 1 沙尘暴与非沙尘暴气溶胶的比较

表 7-1　沙尘暴期间的总颗粒物含量以及有关元素在气溶胶中的含量

	地壳丰度[20,21]（%）	非沙尘暴期间（2000.3.3,$\mu g \cdot m^{-3}$）	元素含量（%）	沙尘暴期间（2000.4.6,$\mu g \cdot m^{-3}$）	增加倍数	元素含量（%）
TSP		2.15×10^2		5.98×10^3	28	
Al	8.23	2.43×10^1	11.30	5.11×10^2	21	8.55
Fe	3.50	6.42	3.00	1.43×10^2	22	2.39
Mn	0.095	2.9×10^{-1}	0.14	5.81	20	0.10
Na	2.36	5.55	2.58	1.67×10^2	30	2.80
S	0.035	2.50	1.16	9.88	4.0	0.17
Sc	0.001 1	3.31×10^{-3}	0.001 5	7.23×10^{-2}	22	0.001 2
Cu	0.006 0	4.90×10^{-2}	0.023	2.57×10^{-1}	5.0	0.004 3
Ni	0.008 4	7.07×10^{-3}	0.003 3	1.16×10^{-1}	16	0.002 0
Pb	0.001 4	4.18×10^{-2}	0.019	2.99×10^{-1}	7.0	0.005 0
Cd	0.000 020	4.40×10^{-4}	0.000 20	5.45×10^{-3}	12	0.000 10
Zn	0.007 0	1.54×10^{-1}	0.072	5.12×10^{-1}	3.0	0.009 0
Cr	0.01	4.90×10^{-2}	0.023	3.85×10^{-1}	8.0	0.006 0
Co	0.002 5	6.41×10^{-3}	0.003 0	1.49×10^{-1}	23	0.002 5
V	0.012	2.25×10^{-2}	0.011	5.66×10^{-1}	25	0.009 5
As	0.000 18	6.01×10^{-2}	0.028	1.65	27	0.028
Se	0.000 010	1.17×10^{-2}	0.005 4	3.79×10^{-1}	32	0.006 3
Sb	0.000 020	1.48×10^{-2}	0.006 9	5.40×10^{-1}	36	0.009 0

7.3　沙尘暴期间的气溶胶中有关元素的富集系数及有关组分的来源

　　气溶胶中组分的富集系数,可用于判断气溶胶中有关组分的来源。富集系数定义如下。

$$富集系数(enrichment\ factor,\ EF) = [X/Ref]_{样品}/[X/Ref]_{来源} \qquad (7-1)$$

上式中,$[X/Ref]_{样品}$表示某一感兴趣元素与参比元素在样品中的含量比,$[X/Ref]_{来源}$表示某一感兴趣元素与参比元素在来源中的含量比。常用 Al、Fe 或 Sc 作为地壳源的参比元素[22],因此上式 7-1 可写成:

$$富集系数(EF) = [X/Sc]_{样品}/[X/Sc]_{地壳} \qquad (7-2)$$

　　上式 7-2 可用于计算在沙尘暴及非沙尘暴期间,气溶胶中有关元素相对于地壳源的富集系数。元素 Sc 在沙尘暴期间气溶胶中的含量为 0.001 2%（见表 7-1）,非常接近其在地壳中的丰度 0.001 1%[21]。因此,Sc 是一种判断沙尘暴期间组分来源的理想的参比元素。表 7-2 列出了各种元素的富集系数,所分析的 17 种元素可分成以下 4 类。

表 7-2　沙尘暴期间的气溶胶中有关元素的富集系数

元素	$(X/Sc)_{地壳}$	非沙尘暴(2000.3.3 下午)			沙尘暴(2000.4.6 下午)			
		3:30—5:30	5:30—6:30	平均值	6:08—7:08	7:13—8:13	8:17—9:25	平均值
Al	7 481.8	1.96	2.07	2.02	1.89	1.93	1.84	1.89
Fe	3 181.8	1.22	1.38	1.30	1.33	1.12	1.27	1.20
Mn	86.36	2.06	2.47	2.27	1.90	1.85	1.83	1.84
Na	4 291.0	1.56	1.51	1.54	2.22	2.16	2.07	2.12
Ni	7.64	0.56	2.22	1.39	0.45	0.41	0.39	0.40
Cr	9.28	—	1.84	1.84	1.46	0.78	1.18	0.98
Co	2.28	1.70	1.76	1.73	1.88	1.79	1.77	1.78
V	10.90	1.25	1.18	1.22	1.37	1.46	1.48	1.47
S	30.82	47.50	75.36	61.43	8.73	8.79	8.20	8.50
Cu	5.46	5.43	3.67	4.55	1.40	1.31	1.18	1.25
Pb	1.28	19.80	34.81	27.31	5.96	7.95	5.57	6.76
Cd	0.013 6	19.56	45.13	32.35	10.00	14.40	8.68	11.54
Zn	6.36	14.65	14.70	14.68	1.95	2.51	2.23	2.37
As	0.16	221.63	284.87	253.25	285.07	289.13	259.64	274.39
Se	0.004 6	1 554.67	2 640.00	2 097.34	2 402.50	2 394.36	2 092.89	2 243.63
Sb	0.018	491.33	541.54	516.44	673.13	1 153.99	634.67	894.33

① Al、Fe、Mn、Na、Ni、Cr、Co、V 等元素的富集系数,无论在非沙尘暴或沙尘暴的气溶胶中,都在 1～2 左右,表明以上这些元素的主要来源是地壳源。亚洲沙漠所产生的风沙及其形成的沙尘,显然是这些元素的源头。必须指出的是,在非沙尘暴期间的气溶胶中,Al 和 Sc 的含量分别为 11.3％和 0.001 5％,比其在地壳中的丰度 8.23％和 0.001 1％约高出 20％。这说明,在非沙尘暴期间北京大气气溶胶中的 Al 和 Sc,约有 20％来自地壳源之外的其他污染源。Na 通常作为海洋源的参比元素,但是在北京大气气溶胶中 Na 的含量,在非沙尘暴期间和沙尘暴期间分别为 2.58％和 2.80％,接近其在地壳中的丰度 2.36％,说明北京大气气溶胶中的 Na,主要来自地壳源。

② As、Se、Sb 三种元素在非沙尘暴期间气溶胶中的富集系数,分别高达 253、2 097、516;而在沙尘暴期间的气溶胶中,富集系数更高,分别为 274、2 243、894(见图 7-2、图 7-3、图 7-4)。这说明 As、Se、Sb 三种元素是北京地区气溶胶中的主要污染元素。As、Se、Sb 三种元素,是煤的主要杂质。无论生活用煤还是工业用煤,都是 As、Se、Sb 三元素的主要来源。在沙尘暴期间,从沙漠地区到北京仅需几个小时或一天左右时间。在风沙粉尘大量增加的情况下,As、Se、Sb 三种元素的含量也随之大量增加,故其富集系数

不仅没有减少,反而增加。这说明,从源头到北京,风沙所过之处,沙尘吸附了由所过区域产生的大量污染物。从内蒙古到北京,或者从西北路过陕西、山西而进入北京,要经过中国的许多重大产煤区域,如大同煤矿区。因此,煤中的 As、Se、Sb 三种元素,是北京气溶胶中这些组分的主要污染源。

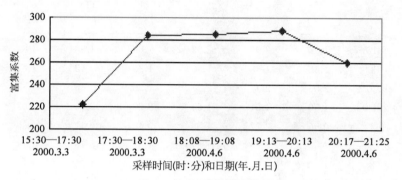

图 7-2　As 的富集系数

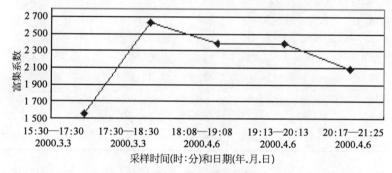

图 7-3　Se 的富集系数

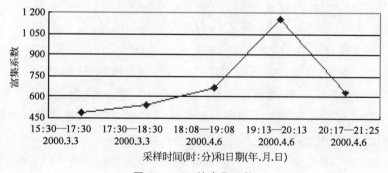

图 7-4　Sb 的富集系数

③ Cu、Pb、Cd、Zn 这 4 种元素,在非沙尘暴期间的气溶胶中,富集系数分别高达 4.6、27、32、15;而在沙尘暴期间气溶胶中的富集系数,降低为 1.3、6.8、11.5、2.4(见图 7-5)。这些数据说明,Cu、Pb、Cd、Zn 这 4 种元素主要来自污染源,北京及其附近地区应该是 Cu、Pb、Cd、Zn 这 4 种元素污染源之主要贡献者。

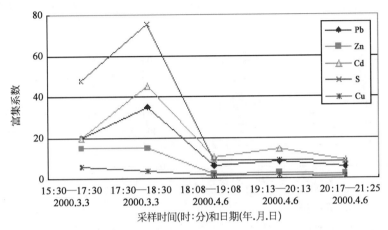

图 7 - 5　Cu、Zn、Pb、Cd 和 S 的富集系数(彩图见下载文件包,网址见 14 页脚注)

④ S 在非沙尘暴期间气溶胶中的富集系数高达 61.4,其在气溶胶中的含量为 1.16%;而在沙尘暴期间气溶胶中的富集系数和含量,虽然分别降为 8.50% 和 0.17%,但其绝对含量高达近 $10\ \mu g\cdot m^{-3}$。气溶胶中的 S,主要来源于大气污染源(主要是燃煤)产生的 SO_2;而 SO_2 进一步被氧化成硫酸盐,形成气溶胶。硫酸盐还可以作为气溶胶的凝结核,大大增加细颗粒气溶胶的产生量。S 在沙尘暴期间,虽然由于风沙量的数十倍增加,其富集系数有所降低,但其绝对含量比非沙尘暴期间已经很高的含量又高出 4 倍。这说明,沙尘暴期间大气气溶胶中的 S,既来源于气溶胶从源头到北京长途传输过程中由气体到气溶胶的转化,也来源于沙尘气溶胶源区的沙尘。S 在气溶胶中主要以细粒子存在(见图 7 - 7),可能被进一步输送到几千甚至上万千米以外。

7.4　沙尘暴期间大气气溶胶粒子的粒径分布

从图 7 - 6 和表 7 - 3 可以清楚地看到沙尘暴期间气溶胶粒子的粒径分布。在沙尘暴样品中,几乎所有元素在最大粒径即 $>9\ \mu m$ 的部分,呈最大值。值得注意的是,沙尘暴期间的气溶胶,不仅含有大量粗颗粒,而且其中的细粒子含量也大大增加。由表 7 - 4 可见,粒径小于 2.1、3.3、5.8 μm 的气溶胶含量,分别为 340、590、1 209 $\mu g\cdot m^{-3}$,分别占各粒径粒子总量的 16.1%、28.0%、57.4%。粒径 <9.0 μm 的气溶胶浓度高达 1 621 $\mu g\cdot m^{-3}$,占总量的 76.9%。数据表明,沙尘暴期间的气溶胶,包含有大量的细粒子。必须注意的是,非沙尘暴期间细粒子的相对含量更高。图 7 - 7 表明,非沙尘暴期间 S 在气溶胶中的粒径分布,粒径 <2.1、3.3、5.8 μm 的气溶胶含量,分别占各粒径粒子总量的 47.7%、56.0%、75.5%;S 在粒径 <9.0 μm 的气溶胶中,浓度高达 5.26 $\mu g\cdot m^{-3}$,占总量的 84.2%。如上所述,S 在气溶胶中,大多以硫酸盐气溶胶的形式存在,因此大多存在于细粒子中。这些细粒子即便在沙尘暴结束后的若干天内,还能滞留于大气中,不仅会

对局部地区如北京的天气,以至对人们的身体健康带来重大影响,还将进而传输到数百上千甚至上万千米以外,从而对全球气候变化带来重大影响。

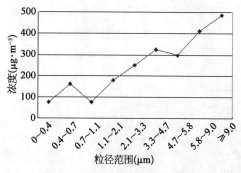

图 7-6　沙尘暴期间气溶胶质量
浓度的粒径分布

（取样于 2000 年 4 月 6 日,北京）

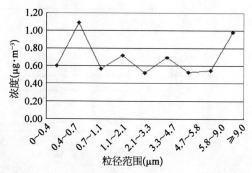

图 7-7　非沙尘暴期间气溶胶中 S 质量
浓度的粒径分布

（取样于 1999 年 12 月 29 日,北京）

表 7-3　沙尘暴期间气溶胶的粒径分布

粒径范围(μm)	0~0.4	0.4~0.7	0.7~1.1	1.1~2.1	2.1~3.3	3.3~4.7	4.7~5.8	5.8~9.0	>9.0	总量
浓度(μg·m^{-3})	73.62	16.20	73.62	176.68	250.29	323.91	294.46	412.25	485.87	2 106.9
(%)	3.49	0.77	3.49	8.39	11.88	15.37	13.98	19.57	23.06	100
粒径范围(μm)	<0.4	<0.7	<1.1	<2.1	<3.3	<4.7	<5.8	<9.0		
浓度(μg·m^{-3})	73.62	89.82	163.44	340.12	590.41	914.32	1 208.78	1 621.03		
(%)	3.49	4.26	7.75	16.14	28.02	43.39	57.37	76.94		

表 7-4　非沙尘暴期间 S 的粒径分布

粒径范围(μm)	0~0.4	0.4~0.7	0.7~1.1	1.1~2.1	2.1~3.3	3.3~4.7	4.7~5.8	5.8~9.0	>9.0	总量
浓度(μg·m^{-3})	0.603	1.089	0.568	0.719	0.519	0.692	0.527	0.544	0.985	6.25
(%)	9.66	17.44	9.09	11.51	8.31	11.08	8.44	8.71	15.77	100
粒径范围(μm)	<0.4	<0.7	<1.1	<2.1	<3.3	<4.7	<5.8	<9.0		
浓度(μg·m^{-3})	0.603	1.692	2.260	2.979	3.498	4.190	4.717	5.261		
(%)	9.66	27.10	36.19	47.70	56.01	67.09	75.53	84.24		

7.5　沙尘暴期间气溶胶粒子中的 Fe(Ⅱ)

在沙尘暴期间收集的气溶胶中,检测到较高浓度的 Fe(Ⅱ)。在非沙尘暴的气溶胶中,Fe(Ⅱ)占总 Fe 量的 0.7%;而在沙尘暴的气溶胶中,占 1.4%~2.6%。Fe(Ⅱ)的绝对量高达 1.8~4.3 μg·m^{-3}。Fe(Ⅱ)很可能是沙尘中的 Fe(Ⅲ)被大气中包括低价 S 在内的各种还原剂所还原的产物[23]。根据我们以往的数据[13,18]，源自亚洲沙漠的大气气溶胶，经由华北，横跨北太平洋，其中的 Fe(Ⅱ) 在长途传输途中不断增加。据此提出了 Fe 和 S 相互氧化还原产生限制海洋生产力发展的 Fe(Ⅱ)，并进而正反馈促进 DMS 和海洋上空硫酸盐气溶胶的耦合机制[16]。上述数据提供了本书第 5 章所阐述的 Fe－S 耦合反馈机制的现场监测证据。北太平洋中某些海区的初级生产力，为 Fe 所限制[13]。沙尘暴显然会在很短的时间内，对中国沿海以至北太平洋供应可供大洋表层海水中浮游生物所必需的大量 Fe(Ⅱ)，促进海洋生产力的增长，即海洋生物在海洋表层的大量增长，从而其排出的 DMS 会大量增加。DMS 在大气中被进一步氧化，导致海区上空大气对流层中含 S 化合物即 SO_2 和其被进一步氧化形成的硫酸盐气溶胶增加。之后，低价含 S 化合物又会进一步被 Fe(Ⅲ) 氧化，生成 Fe(Ⅱ) 而被海洋生物所吸收，从而又导致 DMS 的排放增加。如此循环反复产生正反馈。由此可见，包括沙尘暴在内的亚洲大气气溶胶的远距离输送，是可能影响全球气候变化的重要机制之一，值得进一步探讨。

参考文献

[1]　赵学勇. 中国干旱半干旱地区沙尘暴成因分析与建议// 沙尘暴与防沙治沙研究进展与战略研讨会论文集. 北京：国家自然科学基金委员会，2000.

[2]　Gao Y, Arimoto R, Zhou M Y, et al. Relationships between the dust concentrations over eastern Asia and the remote North Pacific. Journal of Geophysical Research-Atmospheres, 1992, 97 (D9)：9867 – 9872.

[3]　Wang X F. Determination of concentrations of elements in the atmospheric aerosol of the urban and rural areas of Beijing in winter. Biological Trace Element Research, 1999, 71 – 72(1)：203 – 208.

[4]　Shao M, Li J, Tang X. Study on source identification for carbonaceous aerosols. The application of accelerator mass spectrometry. Journal of Nuclear and Radiochemistry, 1996, 18(4)：234 – 238.

[5]　Qiu J H, Yang L Q. Variation characteristics of atmospheric aerosol optical depths and visibility in North China during 1980 – 1994. Atmospheric Environment, 2000, 34(4)：603 – 609.

[6]　Li F, Lu D. Features of aerosol optical depth with visibility grade over Beijing. Atmospheric Environment, 1997, 31(20)：3413 – 3419.

[7]　Zhou F M, Sun Q R, Wang M R. Measurement of aerosol strong acidity in Zhongguancun, Beijing. Chinese Journal of Environmental Science, 1998, 19：6 – 11.

[8]　Sun J M, Liu T S, Lei Z F. Sources of heavy dust fall in Beijing, China on April 16, 1998. Geophysical Research Letters, 2000, 27(14)：2105 – 2108.

[9]　Liu Y, Zhou M Y. The internal variation of mineral aerosols in the surface air over Beijing and the East China Sea. Acta Scientiae Circumstantiae, 1999, 19(6)：642 – 647.

[10]　唐孝炎.北京市沙尘暴期间细颗粒物的行为// 沙尘暴与防沙治沙研究进展与战略研讨会论文集. 北京：国家自然科学基金会，2000.

[11] Duce R A, Arimoto R, Ray B J, et al. Atmospheric trace elements at Enewetak Atoll: 1. Concentrations, sources, and temporal variability. Journal of Geophysical Research-Oceans, 1983, 88(C9): 5321 – 5342.

[12] Zhang X Y, Arimoto R, An Z S. Dust emission from Chinese desert sources linked to variations in atmospheric circulation. Journal of Geophysical Research-Atmospheres, 1997, 102 (D23): 28041 – 28047.

[13] Arimoto R, Duce R A, Savoie D L, et al. Relationships among aerosol constituents from Asia and the North Pacific during PEM-West A. Journal of Geophysical Research-Atmospheres, 1996, 101(D1): 2011 – 2023.

[14] Martin J H, Fitzwater S E. Iron deficiency limits phytoplankton growth in the north-east Pacific subarctic. Nature, 1988, 331(6154): 341 – 343.

[15] Zhuang G, Duce R A, Kester D R. The dissolution of atmospheric iron in surface seawater of the open ocean. Journal of Geophysical Research-Oceans, 1990, 95(C9): 16207 – 16216.

[16] Martin J H, Coale K H, Johnson K S, et al. Testing the iron hypothesis in ecosystems of the equatorial Pacific Ocean. Nature, 1994, 371(6493): 123 – 129.

[17] Zhuang G S, Yi Z, Duce R A, et al. Link between iron and sulphur cycles suggested by detection of Fe(II) in remote marine aerosols. Nature, 1992, 355(6360): 537 – 539.

[18] Zhuang G S, Yi Z, Duce R A, et al. Chemistry of iron in marine aerosols. Global Biogeochemical Cycles, 1992, 6(2): 161 – 173.

[19] Yi Z, Zhuang G S, Brown P R, et al. High-performance liquid chromatographic method for the determination of ultratrace amounts of iron(II) in aerosols, rainwater, and seawater. Analytical Chemistry, 1992, 64(22): 2826 – 2830.

[20] Zhuang G S, Yi Z, Wallace G T. Iron(II) in rainwater, snow, and surface seawater from a coastal environment. Marine Chemistry, 1995, 50(1 – 4): 41 – 50.

[21] Hashimoto Y, Sekine Y, Kim H K, et al. Atmospheric fingerprints of East Asia, 1986 – 1991. An urgent record of aerosol analysis by the jack network. Atmospheric Environment, 1994, 28(8): 1437 – 1445.

[22] Lide D R. Handbook of chemistry and physics. New York: CRC press, 1977.

[23] Taylor S R, Mclennan S M. The continental crust: Its composition and evolution. Oxford: Blackwell Scientific Publications, 1985.

第 8 章
北京特大沙尘暴的理化特性及其组分来源分析

大气运动可以把土壤甚至沙石拔地而起,形成随处可见的大气颗粒物即气溶胶,直至铺天盖地的沙尘暴,迫使地球表层沙土大搬迁,以至形成诸如中国黄土高原等"沧海桑田"式的全球变化。此乃地球古已有之的重要自然现象[1,2]。20世纪80年代,以Duce为首的大气科学家,开始了太平洋上空的海-气交换(The Sea - Air Exchange, SEAREX)[3]和大西洋上空的大气海洋化学实验(The Atmosphere - Ocean Chemistry Experiment, AEROCE)[4]等有关大气气溶胶的全球范围大尺度研究,揭示了海洋中许多元素如Pb、Al、V、Mn、Zn以及某些碳氢化合物和某些有机合成化合物的来源,发现了来自陆地的大气远距离传输,是比河流入海更重要的途径[5]。亚洲沙漠产生的矿物气溶胶,是北太平洋深海沉积物的重要来源[6]。亚洲的沙尘暴甚至输送到美洲大陆,并为遥感卫星的照片所证实[7]。亚洲沙尘年总量估计为800 Tg[8],约为全球沙尘总量(1 500 Tg左右)[9,10]的一半,其中400~500 Tg输入北太平洋,240 Tg左右沉降在中国沙漠,73 Tg左右在黄土高原[7]。80年代末,J. H. Martin首先提出了某些大洋海区初级生产力的铁限制假说[11]。G. S. Zhuang等[12]继而提出了大气气溶胶中Fe的远距离输送,是大洋中某些海区生产力的限制因素,并论证了大气和海洋体系中的Fe-S耦合反馈机制[13,14]。以非洲撒哈拉[15]和亚洲沙漠及荒漠化沙地为代表的主要源头,经由沙尘暴长距离传输进入海洋,从而发生海洋表层和低层大气之间的交换过程(SOLAS),已被认为是全球生物地球化学循环的重要途径之一,成为研究全球环境变化及生态危机的重要领域。

尽管在20世纪70—90年代,中国北方多数地区的沙尘暴出现日数少于50—60年代[16],但是1999年以来,这一趋势发生逆转,沙尘暴频频进攻包括首都北京在内的中国北方广大地区,对环境生态和人体健康带来严重危害,而受到广泛的关注与研究[17-22]。2000年,中国北方连续出现15次沙尘天气,北京发生了直至当时有历史记录以来最大的沙尘暴,总颗粒物浓度达6 000 $\mu g \cdot m^{-3}$[23]。周秀骥等[24]对2000年春季沙尘暴的动力学特征,作了深入的研究。庄国顺[23]、张仁健[25]、王玮[26]等报道了此次沙尘暴的理化特性,发现沙尘暴气溶胶的污染水平极高,而且粗粒子占绝大部分。2001年又出现18次沙尘,其中 4 次为大沙尘暴。X. Y. Zhang 等[17]的研究表明,2001 年亚洲沙尘暴有 5 条主要通道,而每条通道都路经北京。上述研究大多以总悬浮颗粒物(TSP)为主,未涉及沙尘暴前和沙尘暴后的气溶胶特征变化。2002 年 3 月,北京发生了破历史纪录的特大沙尘暴。本章报道这次特大沙尘暴的总悬浮颗粒物和细颗粒物中的元素和离子组成,论证沙尘暴各个组分的来源,阐述沙尘暴细粒子的重大作用,并通过分析沙尘暴期间及其前后气溶胶中元素和离子的变化特征,证实矿物气溶胶和污染气溶胶之间的相互作用。亚洲沙尘暴同时携带大量的污染物和营养物[Fe(Ⅱ)]到大洋海域,必将对全球生物地球化学循环产生深远的影响。

8.1　采样和化学分析

8.1.1　采样及重量分析

采样及分析方法参见 63 页第 5 章“5.1.1　采样”。同时,在沙尘暴源区之一的内蒙古多伦以及沙尘暴途经之地河北丰宁,采集表层土壤样品,一并进行分析以作比较。

8.1.2　化学分析

① ICP 元素分析:采用法国 JOBIN – YVON 公司的 ULTIMA 型电感耦合等离子发射光谱仪(ICP – AES),分析 23 种元素,详见文献[24]。

② 离子分析:采用美国 Dionex 600 型离子色谱仪(包括 Ion Pac – AS11 型分离柱和 Ion Pac – AG11 型保护柱、ASRS 自身再生抑制器、ED50 电导检测器、GP50 梯度泵、Peaknet 6 软件),分析 16 个阴阳离子和有机酸离子。滤膜样品经 KQ – 50B 型超声波清洗器(昆山市超声波仪器有限公司)振荡洗提,再经 0.45 μm 微孔滤膜(25 mm,北京化工学校附属工厂)过滤,由聚丙烯无菌注射器注入色谱系统[27]。

③ Fe(Ⅱ)分析:利用我们发展的 HPLC 方法,测量气溶胶和雨水中的 Fe(Ⅱ)[28]。详见第 7 章。

8.2　在破历史纪录的特大沙尘暴中矿物气溶胶的主要元素含量

表 8–1 列出了在 2002 年 3 月 20 日沙尘暴高峰期间收集的 TSP 和 $PM_{2.5}$ 样品的质量浓度及有关元素含量。为作比较,一并列出元素的地壳平均丰度以及非沙尘暴样品(2001 年 12 月 30 日)的相应数据。图 8–1 显示了沙尘暴期间及其前后 TSP 和 $PM_{2.5}$ 以及主要矿物元素组分的日均浓度变化。沙尘暴最高峰时(上午 10:20—下午 12:20)TSP 浓度高达 10.9 mg · m^{-3},高出国家法定最低标准(200 μg · m^{-3})54 倍。当日连续收集 12 h 细颗粒物 $PM_{2.5}$,平均浓度高达 1.393 mg · m^{-3},比美国国家环保局(Environmental Protection Agency, EPA)制订的日均标准 65 μg · m^{-3}(年均水平不得高于 15 μg · m^{-3}),

表 8-1　2002 年 3 月 20 日沙尘暴最高峰期间 TSP 和 $PM_{2.5}$ 的质量浓度以及有关元素的浓度及其含量（单位：浓度为 $\mu g \cdot m^{-3}$，含量为 %）

气溶胶质量浓度	地壳丰度[29](%)	TSP(非沙尘暴) 浓度	TSP(非沙尘暴) 元素含量	TSP(沙尘暴) 浓度	TSP(沙尘暴) 元素含量	TSP(沙尘暴) 增加倍数	$PM_{2.5}$(非沙尘暴) 浓度	$PM_{2.5}$(非沙尘暴) 元素含量	$PM_{2.5}$(沙尘暴) 浓度	$PM_{2.5}$(沙尘暴) 元素含量	$PM_{2.5}$(沙尘暴) 增加倍数	$PM_{2.5}$/TSP(%)[a]
气溶胶质量浓度		4.42×10^2	100	1.09×10^4	100	24.7	2.60×10^2	100	1.39×10^3	100	5.32	30.4
Ca	3.00	2.56×10^1	5.8	7.71×10^2	7.1	30.2	9.50	3.6	1.29×10^2	9.3	13.5	37.1
Al	8.04	1.30×10^1	2.9	7.40×10^2	6.8	56.8	4.44	1.7	8.08×10^1	5.8	18.2	27.4
Fe	3.50	6.84	1.5	3.69×10^2	3.4	53.9	2.69	1.0	5.38×10^1	3.9	20.0	31.7
Mg	1.33	3.18	0.72	1.77×10^2	1.6	55.7	1.14	0.44	1.85×10^1	1.3	16.3	27.7
Na	2.89	2.95	0.67	1.70×10^2	1.6	57.7	2.07	0.79	1.93×10^1	1.4	9.34	27.6
Ti	0.30	7.77×10^{-1}	0.18	4.10×10^1	0.38	52.8	2.71×10^{-1}	0.10	5.08	0.37	18.7	27.1
Mn	0.060	1.26×10^{-1}	0.028	5.92	0.054	47.1	6.84×10^{-2}	0.026	8.69×10^{-1}	0.063	12.7	33.0
Sr	0.035	1.99×10^{-1}	0.045	2.63	0.024	13.2	7.65×10^{-2}	0.029	4.16×10^{-1}	0.030	5.44	35.9
Cr	0.003 5	3.56×10^{-2}	0.008 0	8.98×10^{-1}	0.008 2	25.2	5.53×10^{-2}	0.021	1.90×10^{-1}	0.014	3.43	41.2
Co	0.001 0	1.17×10^{-2}	0.002 7	2.32×10^{-1}	0.002 1	19.8	6.60×10^{-3}	0.002 5	3.38×10^{-2}	0.002 4	5.12	31.1
Sc	0.001 1	2.59×10^{-3}	0.000 59	1.11×10^{-1}	0.001 0	42.6	1.06×10^{-3}	0.000 41	1.27×10^{-2}	0.000 92	12.0	27.5
Ni	0.002 0	1.18×10^{-1}	0.027	4.03×10^{-1}	0.003 7	3.42	1.59×10^{-1}	0.061	1.01×10^{-1}	0.007 3	0.637	47.2
Zn	0.007 1	5.07×10^{-1}	0.11	1.09	0.010	2.15	5.28×10^{-1}	0.20	3.65×10^{-1}	0.026	0.692	65.7
Cu	0.002 5	1.11×10^{-1}	0.025	3.26×10^{-1}	0.003 0	2.03	1.60×10^{-1}	0.061	8.51×10^{-2}	0.006 1	1.24	48.8
Pb	0.002 0	2.27×10^{-1}	0.051	4.62×10^{-1}	0.004 2	2.93	2.20×10^{-1}	0.084	2.72×10^{-1}	0.020	0.534	68.9
As	0.000 15	3.56×10^{-2}	0.008 1	2.47×10^{-1}	0.002 3	3.51	3.00×10^{-2}	0.012	8.27×10^{-2}	0.006 0	1.04	50.7
Cd	0.000 010	4.20×10^{-3}	0.001 0	1.48×10^{-2}	0.000 14	6.92	4.07×10^{-3}	0.001 6	4.24×10^{-3}	0.000 31	2.76	45.6
S	0.034	5.83	1.3	5.00×10^1	0.46	8.58	4.99	1.9	1.27×10^1	0.92	2.55	65.3

a 此列中 TSP 为 3 月 20 日当天连续采集 12 h 的样品，而其他各列的 TSP 为沙尘暴最高峰期间上午 10:20—下午 12:20 的样品。

高出 21 倍。TSP 中主要矿物气溶胶元素 Al、Ca、Fe、Mg、Na、Ti、Mn 等的浓度分别高达 739、771、369、177、170、41、6 $\mu g \cdot m^{-3}$，为平日(2001 年 12 月 30 日)的 30~58 倍，是有历史记录以来最大的沙尘暴。Al、Ca、Fe、Mg、Na、Ti、Mn 在沙尘中的质量百分比分别为 6.78、7.08、3.38、1.62、1.56、0.38、0.054，很接近(其中 Ca 大大超过)这些元素在地壳中的平均丰度(8.04、3.00、3.50、1.33、2.89、0.30、0.06)。Zhang 等[17]报道了 2001 年春天在中国西北沙漠一个沙尘暴监测点，连续 3 个月(其中包括 9 次沙尘暴,持续时间合计 26 d)的监测结果,其中 Al、Ca、Fe、Ti、Mn 的质量百分比分别是 7、6、4、1、0.1。可见,北京沙尘暴与其源头西北沙漠的沙尘,两者主要成分的含量较为接近。PM$_{2.5}$中主要矿物气溶胶元素 Al、Ca、Fe、Mg、Na、Ti、Mn 等的浓度,也比平日高出 13~20 倍。

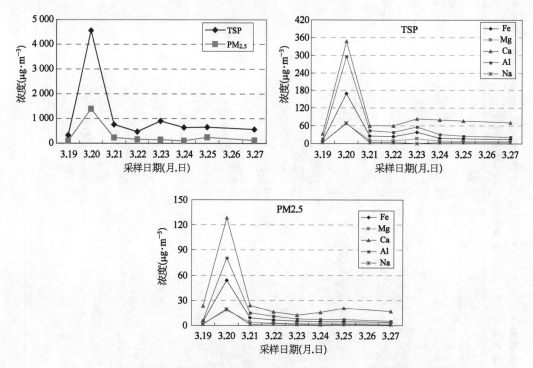

图 8-1　沙尘暴及其前后期间 TSP 和 PM$_{2.5}$以及主要矿物元素组分的浓度变化
(彩图见图版第 1 页,也见下载文件包,网址见正文 14 页脚注)

8.3　污染物气溶胶主要元素含量——沙尘暴又是污染暴

表 8-1 还列出了沙尘暴高峰期间 TSP 和 PM$_{2.5}$样品中污染物的主要元素含量,及与非沙尘暴样品的相应数据。沙尘暴高峰时 TSP 中的主要污染物元素 Ni、Cu、Zn、Pb、Cd、As、S 等的浓度,分别高达 0.40、0.33、1.09、0.46、0.015、0.25、50.04 $\mu g \cdot m^{-3}$,为平日浓度的 3.42、2.93、2.15、2.03、3.51、6.92、8.58 倍。细粒子 PM$_{2.5}$中污染物元素 Pb、

Cd、As、S等的浓度,也比平日分别高出 1.24、1.04、2.76、2.55 倍。沙尘暴席卷带来比平日高出数十倍的沙尘同时,又带来了比平日高出数倍的污染物气溶胶。沙尘暴,是名副其实的污染暴。

8.4　沙尘暴气溶胶粒子的粒径分布以及细粒子的重大作用

表 8-1 还列出了沙尘暴当日各元素在 $PM_{2.5}$ 中占 TSP 的百分比。在 $PM_{2.5}$ 中,细粒子占总颗粒物的 30% 左右。$PM_{2.5}$ 中的污染元素 Ni、Cu、Zn、Pb、Cd、As、S 分别占 TSP 的 47.2%、48.8%、65.7%、68.9%、45.2%、50.7%、65.3%,均大于 45%。矿物气溶胶元素 Al、Ca、Fe、Mg、Na、Ti、Mn、Sr、Sc、Co 则分别占 TSP 的 27.4%、37.1%、31.7%、27.7%、27.6%、27.1%、33.0%、35.9%、27.4%、31.1%,大多在 30% 左右。表 8-2 和图 8-2 显示了沙尘暴气溶胶和元素 Al 与 S 的粒径分布。粒径小于 2.1 μm 的气溶胶,占总量的 40.8%。沙尘暴气溶胶以粗颗粒物为主,同时还含有相当数量的细颗粒物。元素 Al 粒径 * 小于 2.1 μm,占总量的 43%。矿物元素较多地分布在粗颗粒物中。从图 8-2 可以看出,元素 Al 的粒径分布和气溶胶质量的粒径分布非常类似,都在 ≥9.0 μm 出现最高峰值,在 0～0.4 μm 处还有一单峰。污染元素 S 与 Al 和气溶胶的粒径分布明显不同,它的最高峰值出现在 0～0.4 μm,粒径<2.1 μm 占总量的 58%,元素 S 更多地分布在细颗粒物中。细颗粒物为各种固-气异相反应提供了更多的反应界面,污染元素因此较多分布在细粒子中。细颗粒物在空气中滞留的时间较长,因而污染元素可随细粒子一起,传输到更远的地区。R. Arimoto 等[30] 经研究发现,气象条件不仅有利于亚洲沙尘输送到北太平洋地区,而且还导致了人为污染物的长途传输。Gao 等[31] 报道了中国陆地气溶胶中痕量元素和矿物质对黄海的大量输送。沙尘暴中的细颗粒物在长距离的传输过程中,不仅输送大量的矿物元素,还携带了大量的污染物以及营养物质,到达远洋大气再进入海洋。这必将对全球生物地球化学循环以及气候变化,产生深远的影响。

表 8-2　沙尘暴气溶胶的粒径分布

粒径范围(μm)	0～0.4	0.4～0.7	0.7～1.1	1.1～2.1	2.1～3.3	3.3～4.7	4.7～5.8	5.8～9.0	≥9.0	总量
浓度(μg·m⁻³)	384.03	131.09	153.78	209.24	78.99	78.15	129.41	379.83	606.72	2 151.26
浓度(%)	17.85	6.09	7.15	9.73	3.67	3.63	6.02	17.66	28.20	100

粒径范围(μm)	<0.4	<0.7	<1.1	<2.1	<3.3	<4.7	<5.8	<9.0
浓度(μg·m⁻³)	384.03	515.13	668.91	878.15	957.14	1 035.29	1 164.71	1 544.54
浓度(%)	17.85	23.95	31.09	40.82	44.49	48.13	54.14	71.80

---

　* 这里元素的粒径是指某一元素所在颗粒物的粒径,粒径分布是指在特定粒径范围的颗粒物中该元素的质量浓度分布。

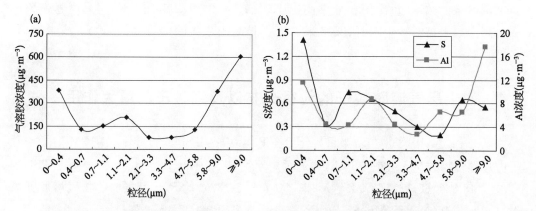

图 8-2 (a) 沙尘暴气溶胶的粒径分布;(b) Al 和 S 的粒径分布(采集于 2002 年 3 月 20 日下午 8:33 至 3 月 21 日上午 7:55)。(彩图见下载文件包,网址见 14 页脚注)

8.5 气溶胶中有关元素的富集系数及其来源分析

由表 8-1 可见,Sc 在沙尘暴 TSP 和 PM$_{2.5}$中的含量都是 0.001%,非常接近其在地壳中的丰度 0.001 1%[29],是理想的地壳源参比元素。富集系数定义为如下方程。

$$富集系数 = [X/Sc]_{样品}/[X/Sc]_{地壳}$$

有关元素在沙尘暴及常日的 TSP 和 PM$_{2.5}$中的富集系数,分别计算并列于表 8-3。根据所得数据,可以把所分析的 18 种元素分成如下 4 类。

表 8-3 沙尘暴及常日 TSP 和 PM$_{2.5}$中元素的富集系数

元　　素	非沙尘暴期间		沙尘暴期间	
	TSP	PM$_{2.5}$	TSP	PM$_{2.5}$
Al	0.86	0.77	0.88	0.87
Fe	1.25	1.13	1.22	1.23
Mg	1.49	1.28	1.22	1.24
Na	0.32	0.38	0.43	0.32
Ti	1.42	1.17	1.52	1.30
Mn	1.11	1.37	1.03	1.13
Sr	1.11	1.42	0.89	0.83
Ca	5.30	4.90	3.04	2.99
Co	3.96	4.27	2.96	2.80
Cr	9.94	11.02	3.08	3.21
Ni	21.04	37.83	3.86	3.77
Zn	16.77	58.79	2.54	3.80

（续表）

元　素	非沙尘暴期间		沙尘暴期间	
	TSP	PM₂.₅	TSP	PM₂.₅
Cu	14.36	27.65	2.37	2.42
Pb	45.33	116.39	10.69	12.67
As	123.88	262.11	40.19	29.56
Cd	292.57	647.11	43.68	43.45
S	54.87	152.04	19.82	28.44

① Al、Fe、Mg、Na、Ti、Mn、Sr 等元素的富集系数,在沙尘暴及常日的 TSP 和 PM₂.₅ 中都在 1～2 左右,表明以上元素在沙尘暴及常日皆来自地壳源。在沙尘暴最高峰期,元素 Al、Fe、Na、Ti、Mn、Sr 在 TSP(6.8%、3.4%、1.6%、0.38%、0.054%、0.024%)和 PM₂.₅ (5.83%、3.88%、1.39%、0.37%、0.063%、0.030%)的百分含量非常接近多伦(6.6%、1.6%、1.8%、0.29%、0.028%、0.017%)和丰宁(7.1%、2.6%、1.8%、0.59%、0.049%、0.017%)土壤样品中的百分含量。沙尘暴期间这些元素无疑绝大部分源自外地入侵的沙尘;在常日非沙尘暴期间,应来自外地入侵沙尘与本地扬尘(本地的地壳源沙尘或原先沉降的外地入侵沙尘)之混合。

② Ca、Co、Cr 三元素在沙尘暴 TSP 和 PM₂.₅ 中的富集系数都在 3 左右。在常日,TSP 和 PM₂.₅ 中的 Ca 皆为 5 左右,Co 皆为 4 左右,而 Cr 则分别为 10 和 11,表明以上三元素在沙尘暴时大部分源自外地入侵的沙尘,可能有少量来自沿途污染物沙尘的混合。Ca 在沙尘暴 TSP 和 PM₂.₅ 中高达 7.07% 和 9.28%,远大于地壳的平均丰度 3.00%。Zhang 等[17]报道了 2001 年对中国西北地区沙尘暴的监测结果,其中 Ca 占 6%。Y. Hseung 和 M. L. Jackson[32]曾报道中国沙漠和黄土富含 Ca,因此沙尘暴中的高浓度 Ca,可能说明 Ca 不仅来自沙漠源头,也来自干旱或半干旱地区的表层土,或两者在沙尘暴传输途中的混合。在常日非沙尘暴时,此三元素应来自外地入侵沙尘与本地扬尘的混合。Cr 在常日气溶胶中的较高富集系数,说明有较多部分来自本地污染源。

③ Ni、Zn、Cu 三元素在非沙尘暴 TSP 和 PM₂.₅ 中的富集系数,分别高达 21.0、16.8、14.4 和 37.8、58.8、27.7,而在沙尘暴时皆为 2～3 左右。在沙尘暴期间,这三元素的含量在 TSP 和 PM₂.₅ 中均接近土壤中的含量(多伦:0.009 5%、0.003 8%、0.000 63%;丰宁:0.005 5%、0.004 1%、0.000 42%);而在非沙尘暴期间,它们的含量要比土壤中的含量高出近 10 倍。所有这些数据表明,此三元素在常日非沙尘暴时,主要来自本地污染源,而在沙尘暴时则主要来自外地入侵沙尘。Ni、Cu、Zn 在沙尘暴中的浓度,比平日高出 3.42、2.93、2.15 倍,应归于沙尘暴入侵气团和本地原有携带污染物的气团交替前后的叠加[33],或有少量来自沿途与污染物沙尘的混合。

④ Pb、As、Cd、S 四元素在非沙尘暴 TSP 和 PM₂.₅ 中的富集系数,分别高达 45.3、

123.9、292.6、54.9 和 116.4、262.1、647.1、152.0;在沙尘暴期间虽然有所降低,但仍分别高达 10.7、40.2、43.7、19.8 和 12.7、29.6、43.5、28.4。在沙尘暴 TSP 和 PM$_{2.5}$ 中,这些元素的含量分别略高于和显著高于土壤中的含量。在非沙尘暴期间,它们均远高于土壤中的含量。这说明了 Pb、As、Cd、S 四元素是北京气溶胶中的主要污染元素,常日主要来自本地污染源。沙尘暴中 Pb、As、Cd、S 的浓度,比平日分别高出 2.03、6.92、3.51、8.58 倍,仅仅由于沙尘暴入侵气团和本地原有携带污染物气团交替前后的叠加,不可能仍有如此高的富集系数。这些污染物,尤其是 S,在沙尘暴 TSP 和 PM$_{2.5}$ 中的含量分别为 0.46% 和 0.96%,高出土壤 S 含量(多伦:0.017%;丰宁:0.009 3%)27~50 和 54~99 倍。因此,最大的可能是,这些污染物的相当部分来自沙尘暴长距离传输途中,矿物气溶胶与沿途污染源排放的污染气溶胶的混合。在沙尘暴颗粒物中,这些污染元素的富集系数在 PM$_{2.5}$ 中远大于在 TSP 中,佐证了沙尘暴中的大量细颗粒物在传输途中易于富集污染物。

8.6 矿物气溶胶和污染物气溶胶的相互作用

图 8-3(a)(b)和(c)(d)显示了 TSP 和 PM$_{2.5}$ 中主要污染元素(Zn、Pb、Cu、Cd)和主要污染物离子(NH$_4^+$、Cl$^-$、NO$_3^-$、SO$_4^{2-}$)在沙尘暴期间及其前后的日均浓度变化。沙尘暴带来的矿物气溶胶中的主要地壳源元素,在沙尘暴过后的多日内并无明显变化(见图 8-1),而上述污染源元素和污染物离子,则在沙尘暴过后逐渐升高,并在 3 月 25 日达最大值。表 8-4 列出了沙尘暴期间及其前后各天的日均浓度,以及各天 PM$_{2.5}$ 占 TSP 的百分比。数据明确显示了污染物达到最大值的 3 月 25 日,正是沙尘暴过后 PM$_{2.5}$ 占 TSP 的百分比达到最大值的日子,高达 34.2%,是其前 2 d(23、24 日)的 1~2 倍多;而 25 日各污染物的浓度,也高于前 2 d 的 2 倍以上。细颗粒物量是污染物积聚多少的重要因素之一。沙尘暴带来大量的矿物气溶胶细颗粒物,部分沉降过后再扬尘,部分或仍游移弥漫于城市大气之中,提供了积聚(经由吸附、表面络合、自由基光化学反应等复相反应)污染物的极好载体。沙尘暴过后污染物浓度普遍增加,则是矿物气溶胶有助于积聚污染物气溶胶的现场监测证据。

表 8-4 沙尘暴期间及其前后各天的日均浓度及各天 PM$_{2.5}$ 占 TSP 的百分比

日期(月.日)	TSP/μg · m^{-3}	PM$_{2.5}$/μg · m^{-3}	PM$_{2.5}$/TSP(%)
3.19	305.5	119.0	39.0
3.20	4 559.0	1 393.0	30.6
3.21	759.4	213.4	28.1
3.22	465.7	137.5	29.5
3.23	900.9	121.2	13.5
3.24	635.7	127.1	20.0
3.25	655.2	224.3	34.2
3.27	565.0	151.8	26.9

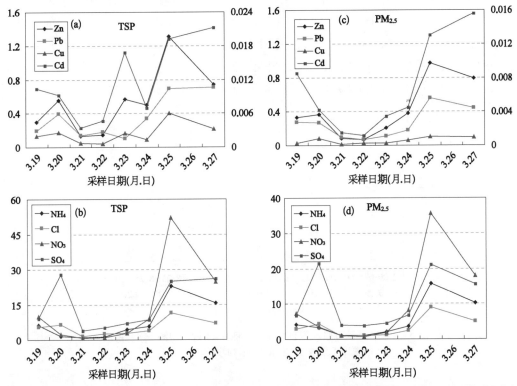

图 8-3　(a)(c)为 TSP 和 $PM_{2.5}$ 中主要污染元素在沙尘暴期间及其前后的日均浓度；(b)(d)为主要污染物离子在沙尘暴期间及其前后的日均浓度。(a)和(c)左坐标轴为 Zn、Pb、Cu 的浓度，右坐标轴为 Cd 的浓度；(b)和(d)左坐标轴为 NH_4^+、Cl^-、NO_3^-、SO_4^{2-} 的浓度。浓度单位均为 $\mu g \cdot m^{-3}$。(彩图见下载文件包，网址见 14 页脚注)

8.7　气溶胶中的 Fe(Ⅱ)

在这次特大沙尘暴期间，所收集的气溶胶中再次检测到较高浓度的 Fe(Ⅱ)。在特大沙尘暴当日的 2 个气溶胶样品中，Fe(Ⅱ)的绝对量分别高达 2.45 和 0.65 $\mu g \cdot m^{-3}$，占总 Fe 量的 5.3% 和 1.3%。在 2000 年沙尘暴的气溶胶中，曾检测到 Fe(Ⅱ)绝对量 1.8~4.3 $\mu g \cdot m^{-3}$，占总 Fe 量的 1.4%~2.6%[23]。值得注意的是，此次沙尘暴期间及前后，北京气溶胶中的 Fe(Ⅱ)和 SO_4^{2-} 浓度呈现了较好的正相关(图 8-4)。Fe(Ⅱ)很可能是沙尘中的 Fe(Ⅲ)被大气中包括低价 S 在内的各种还原剂所还原的产物，而低价 S 则被氧化为硫酸盐[34]。在特大沙尘暴的气溶胶中，Fe(Ⅱ)的发现及其与 SO_4^{2-} 浓度的正相关，再次提供了第 5 章所阐述的大气海洋物质交换中 Fe-S 耦合反馈机制的现场监测证据。气溶胶从亚洲大陆途经北京，最后到达北太平洋，其中的 Fe(Ⅱ)在不断增加。气溶胶中的 Fe(Ⅲ)，还原生成可为海洋表层生物吸收的 Fe(Ⅱ)。亚洲沙尘暴提供了对中国沿海以至北太平洋浮游生物所必需的 Fe(Ⅱ)。海洋表层的浮游生物随 Fe(Ⅱ)的增加而增加,导致其排放物二甲基硫(DMS)的增加。随着 DMS 的增加,其在大气中氧化所生成的S(Ⅳ)及硫酸盐气溶胶也增加,同时这一氧化还原过程又会致使 Fe(Ⅱ)增加。如此反复循环不已。硫酸盐气溶胶的大量增加,因其对太阳辐射的负强迫,会对全球产生降温效应。大气和海洋中的这一 Fe‐S 循环耦合反馈机制,可能直接影响全球的气候变化。

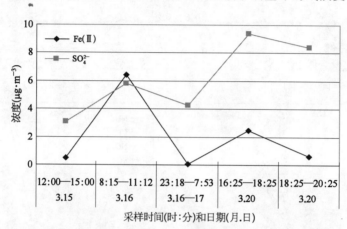

图 8‐4　沙尘暴期间及常日北京气溶胶中的 Fe(Ⅱ)和 SO_4^{2-} 浓度
（彩图见下载文件包,网址见 14 页脚注）

参考文献

［1］ 庄国顺.沧海桑田——中国的沙尘暴、气溶胶与全球生物地球化学循环.科学中国人,2003(6): 38‐42.

［2］ Prospero J M, Lamb P J. African droughts and dust transport to the Caribbean: Climate change implications. Science, 2003, 302(5647): 1024‐1027.

［3］ Riley J. Chemical oceanography, SEAREX: the Sea/Air Exchange Program. New York: Academic Press, 1989.

［4］ Arimoto R, Duce R A, Savoie D L, et al. Trace elements in aerosol particles from Bermuda and Barbados: Concentrations, sources and relationships to aerosol sulfate. Journal of Atmospheric Chemistry, 1992, 14(1‐4): 439‐457.

［5］ Uematsu M, Duce R A, Prospero J M, et al. Transport of mineral aerosol from Asia over the North Pacific Ocean. Journal of Geophysical Research-Oceans, 1983, 88(C9): 5343‐5352.

［6］ Blank M, Leinen M, Prospero J M. Major Asian aeolian inputs indicated by the mineralogy of aerosols and sediments in the western North Pacific. Nature, 1985, 314(6006): 84‐86.

［7］ Reggie R. China's dust storms raise fears of impending catastrophe. National Geographic News, USA, 2001.

［8］ Zhang X Y, Arimoto R, An Z S. Dust emission from Chinese desert sources linked to variations in atmospheric circulation. Journal of Geophysical Research-Atmospheres, 1997, 102(D23):

28041 - 28047.

[9] Andreae M O. Climatic effects of changing atmospheric aerosol levels. World Survey of Climatology, 1995, 16: 347 - 398.

[10] Duce R A. Sources, distributions, and fluxes of mineral aerosols and their relationship to climate. Aerosol Forcing of Climate, 1995, 6: 43 - 72.

[11] Martin J H, Coale K H, Johnson K S, et al. Testing the iron hypothesis in ecosystems of the equatorial Pacific Ocean. Nature, 1994, 371(6493): 123 - 129.

[12] Zhuang G S, Duce R A, Kester D R. The dissolution of atmospheric iron in surface seawater of the open ocean. Journal of Geophysical Research-Oceans, 1990, 95(C9): 16207 - 16216.

[13] Zhuang G S, Yi Z, Duce R A, et al. Link between iron and sulphur cycles suggested by detection of Fe(II) in remote marine aerosols. Nature, 1992, 355(6360): 537 - 539.

[14] Zhuang G S, Guo J H, Yuan H, et al. Coupling and feedback between iron and sulphur in air-sea exchange. Chinese Science Bulletin, 2003, 48(11): 1080 - 1086.

[15] Goudie A S, Middleton N J. Saharan dust storms: Nature and consequences. Earth-Science Reviews, 2001, 56(1 - 4): 179 - 204.

[16] 刘毅,周明煜.北京及近中国海春季沙尘气溶胶浓度变化规律的研究.环境科学学报,1999, 19(6): 642 - 647.

[17] Zhang X Y, Gong S L, Shen Z X, et al. Characterization of soil dust aerosol in China and its transport and distribution during 2001 ACE-Asia: 1. Network observations. Journal of Geophysical Research-Atmospheres, 2003, 108(D9).

[18] Zhang X Y, Gong S L, Arimoto R, et al. Characterization and temporal variation of Asian dust aerosol from a site in the northern Chinese deserts. Journal of Atmospheric Chemistry, 2003, 44 (3): 241 - 257.

[19] Fang M, Zheng M, Wang F, et al. The long-range transport of aerosols from northern China to Hong Kong — a multi-technique study. Atmospheric Environment, 1999, 33(11): 1803 - 1817.

[20] Liu C L, Zhang J, Shen Z B. Spatial and temporal variability of trace metals in aerosol from the desert region of China and the Yellow Sea. Journal of Geophysical Research-Atmospheres, 2002, 107(D14).

[21] Tsuang B J, Lee C T, Cheng M T, et al. Quantification on the source/receptor relationship of primary pollutants and secondary aerosols by a Gaussian plume trajectory model: Part III-Asian dust-storm periods. Atmospheric Environment, 2003, 37(28): 4007 - 4017.

[22] Uematsu M, Yoshikawa A, Muraki H, et al. Transport of mineral and anthropogenic aerosols during a Kosa event over East Asia. Journal of Geophysical Research-Atmospheres, 2002, 107 (D7).

[23] 周秀骥,徐祥德,颜鹏,等.2000 年春季沙尘暴动力学特征.中国科学(D 辑:地球科学),2002(4): 327 - 334.

[24] Zhuang G S, Guo J H, Yuan H, et al. The compositions, sources, and size distribution of the dust storm from China in spring of 2000 and its impact on the global environment. Chinese

Science Bulletin, 2001, 46(11): 895 - 901.

[25] 张仁健, 王明星, 浦一芬, 等. 2000 年春季北京特大沙尘暴物理化学特性的分析. 气候与环境研究, 2000(3): 259 - 266.

[26] 王玮, 岳欣, 刘红杰, 等. 北京市春季沙尘暴天气大气气溶胶污染特征研究. 环境科学学报, 2002 (4): 494 - 498.

[27] 袁蕙, 王瑛, 庄国顺. 气溶胶、降水中的有机酸、甲磺酸及无机阴离子的离子色谱同时快速测定法. 分析测试学报, 2003(6): 11 - 14.

[28] Yi Z, Zhuang G S, Brown P R, et al. High-performance liquid chromatographic method for the determination of ultratrace amounts of iron(Ⅱ) in aerosols, rainwater, and seawater. Analytical Chemistry, 1992, 64(22): 2826 - 2830.

[29] Taylor S R, Mclennan S M. The continental crust: Its composition and evolution. Oxford: Blackwell Scientific Publications, 1985.

[30] Arimoto R, Duce R A, Savoie D L, et al. Relationships among aerosol constituents from Asia and the North Pacific during PEM-West A. Journal of Geophysical Research-Atmospheres, 1996, 101(D1): 2011 - 2023.

[31] Gao Y, Arimoto R, Duce R A, et al. Input of atmospheric trace elements and mineral matter to the Yellow Sea during the spring of a low-dust year. Journal of Geophysical Research-Atmospheres, 1992, 97(D4): 3767 - 3777.

[32] Hseung Y, Jackson M L. Mineral composition of the clay fraction: Ⅲ of some main soil groups of China. Soil Science Society of America Proceedings, 1952, 16(3): 294 - 297.

[33] Guo J, Rahn K A, Zhuang G S. A mechanism for the increase of pollution elements in dust storms in Beijing. Atmospheric Environment, 2004, 38(6): 855 - 862.

[34] Zhuang G S, Yi Z, Duce R A, et al. Erratum: "Chemistry of iron in marine aerosols". Global Biogeochemical Cycles, 1993, 7(3): 711 - 711.

第9章

中国北方沙尘的空间分布
及其对城市大气环境的影响

起源于亚洲沙漠及干旱和半干旱地区的沙尘暴,通过长途传输,到达韩国、日本、北太平洋地区,乃至遥远的美洲大陆[1-3]。沙尘暴传输过程中的物理化学过程,是影响全球气候变化和生物地球化学循环的重要因素之一。沙尘暴所携带的矿物元素,成为北太平洋海底沉积物的重要来源[4]。沙尘暴所携带的营养元素诸如 Fe、P、N 等,则成为北太平洋地区初级生产力的限制性因素[5,6]。

中国北方的春季,时有沙尘暴发生。沙尘暴在起沙后数小时,迅速席卷华北大部分地区,形成面积高达几万乃至十几万平方千米的沙尘云(dust cloud)。沙尘云在传输过程中,与沿途污染城市排放的大量污染物,如各种酸性气体像 SO_2、NO_x 等相互作用,经过海洋时又进一步与海盐气溶胶发生相互作用。海洋表层和低层大气之间的交换过程(SOLAS),已被认为是全球生物地球化学循环的重要途径之一,成为研究全球环境变化及生态危机的重要领域。沙尘气溶胶与沿途以及海盐气溶胶之间的相互混合与作用,不断改变着气溶胶的粒径分布和化学组成,进而影响着气溶胶对全球气候的间接辐射强迫作用。

中国沙尘暴以及中国城市特有的污染特征,为研究沙尘气溶胶与污染气溶胶之间的相互耦合作用以及气溶胶存在的气候负反馈效应,提供了特有的研究平台。"亚洲气溶胶特性观测实验"(ACE-Asia)建立了包括榆林、敦煌、兰州、沙坡头等在内的多个沙尘暴监测点[7]。Zhang 等[8]在此基础上研究了中国不同源区的粉尘特征。中国西部高粉尘区 Ca 和 Fe 的含量分别为 12% 和 6%,显著高于其他源区;但不同源区 Al 的含量却接近一致,为 7%。R. Arimoto 等[9]比较了 ACE-Asia 期间中国镇北台(ZBT)和韩国 Gosan(GOS)两地的气溶胶组成,指出 ZBT 和 GOS 沙尘气溶胶组成的差异,可能主要来自长距离传输过程中与污染物混合及反应程度的不同。中国西北沙漠(民勤)和黄海地区(青岛和千里岩)的同步监测,也显示了痕量金属较大的时空变化,同时证实了中国西北沙漠地区的矿物气溶胶对黄海地区春季和早夏季气溶胶痕量金属组成的重要影响[10]。Y. Gao 等[11]估算了大气输送到黄海地区的痕量金属和矿物质约占气溶胶总量的 20%～70%。前人的多数研究,要么受限于单一的采样点,要么受限于元素数据,很难同时全面地了解亚洲沙尘对中国不同地区气溶胶化学组成的影响。对于沙尘传输过程中与污染物的混合及反应的研究,也非常缺乏。本章根据笔者团队 2004 年春季在陕西榆林、内蒙古多伦、北京(市区北师大和郊区密云)、上海和青岛设立的 6 个采样点,对每天采集的 TSP 和 $PM_{2.5}$ 气溶胶样品所进行研究的成果,重点阐述中国北方沙尘的空间分布及其对城市大气环境的影响。

9.1　采样和分析

　　2004 年 3—4 月在榆林、多伦、北京市区的北师大和郊区的密云、青岛和上海同步采集 TSP 和 $PM_{2.5}$ 气溶胶样品。上述 6 个地区,代表了 3 种类型的采样点,即沙漠源区榆林(位于毛乌素沙地附近)和多伦(位于浑善达克沙地附近),内陆城市北京,沿海城市青岛和上海。采集 TSP 和 $PM_{2.5}$ 气溶胶,使用的是北京地质仪器厂-迪克机电有限公司生产的中流量采样器(型号 $TSP/PM_{10}/PM_{2.5}$-2,流速 77.59 L·min^{-1})和英国 Whatman 公司生产的 Whatman 41 滤膜。采样前后所有的滤膜,均在恒温室里保持恒温($20\pm5℃$)恒湿($40\%\pm2\%$)48 h,然后用精确度为 10 μg 的分析天平(Sartorius 2004 MP)进行称量。采样过程均采取严格的质量控制,避免任何人为污染。化学分析详见第 7、8 章。

9.2　沙尘传输过程及其质量浓度变化

　　2004 年中国北方主要发生了 2 次沙尘暴,时间分别是 3 月 9—11 日和 3 月 26—28 日。沙尘暴从源区席卷了大量沙尘,通过高空或近地面传输,造成了中国北方城市大气颗粒物的严重污染。城市大气颗粒物浓度,在一定程度上显示了沙尘暴传输的基本信息。图 9-1 为 2004 年 3 月 7 日—4 月 27 日中国北方主要城市可吸入颗粒物即 PM_{10} 的质量浓度。在第一次沙尘暴期间,3 月 9 日,中国北方大部分城市经历了第一个沙尘峰,兰州、西宁、呼和浩特、北京当天的空气污染指数(air pollution index, API)达到了最为严重的 500;3 月 10 日,沙尘暴传输到了上海和青岛,当天的颗粒物浓度较常日也有较大增加。在第二次沙尘暴期间,3 月 28 日,沙尘暴强度较 3 月 9—10 日的沙尘暴要小,但是大部分城市可吸入颗粒物的浓度也高达 $200\sim400$ μg·m^{-3};3 月 30 日,沙尘影响到了青岛和上海。

　　由于沙尘的影响,中国北方大部分城市春季的空气首要污染物是可吸入颗粒物 PM_{10}。表 9-1 给出了上述 13 个城市春季 3、4 月份 PM_{10} 浓度的因子分析结果,反映了中国北方春季城市的区域性特征。第一个因子兰州、西宁、银川和西安有高的负载,这些城市位于内蒙古中西部地区,在腾格里沙漠、巴丹吉林沙漠以及毛乌素沙地等地附近(图 9-2Ⅱ),可称为北部粉尘区;第二个因子与青岛、上海和沈阳 3 个城市相关,这些城市主要集中在沿海地区(图 9-2Ⅴ),称沿海区;第三个因子涉及的北京、太原、石家庄等

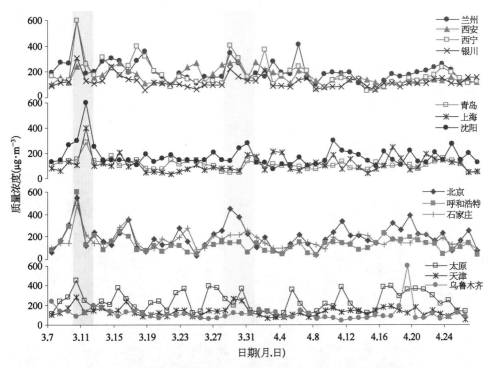

图 9-1　2004 年中国北方主要城市可吸入颗粒物 PM$_{10}$ 质量浓度
（彩图见下载文件包，网址见 14 页脚注）

城市,主要集中在沙尘暴向沿海地区输送的途中,称内陆途经区(图 9-2Ⅳ);第四个因子,乌鲁木齐有高的负载,代表西部粉尘区,主要是塔克拉玛干沙漠和古尔班通古特沙漠地区(图 9-2Ⅰ)。另外一个区域当时国家尚未建立空气质量预报点,而被划分为区域Ⅲ,主要是浑善达克沙地和科尔沁沙地,称东北粉尘区。上述 5 个区域的划分见图 9-2。我们的采样点包括了上述 4 个区域,即区域Ⅱ、Ⅲ、Ⅳ、Ⅴ。

表 9-1　2004 年中国北方 13 城市可吸入颗粒物的因子分析结果

城　　市	因子 1	因子 2	因子 3	因子 4
北　京	0.19	−0.09	0.90	−0.05
呼和浩特	0.22	0.11	0.78	0.08
兰　州	0.82	0.07	0.19	0.23
青　岛	0.16	0.85	0.02	0.09
上　海	0.02	0.84	0.04	−0.02
沈　阳	0.06	0.73	0.35	−0.12
石家庄	0.34	0.12	0.77	−0.13
太　原	−0.02	0.18	0.77	0.01
天　津	0.15	0.13	0.86	−0.06
乌鲁木齐	0.05	−0.02	−0.07	0.94

（续表）

城 市	因子 1	因子 2	因子 3	因子 4
西 安	0.71	0.18	0.02	−0.18
西 宁	0.86	0.09	0.18	0.18
银 川	0.77	−0.08	0.35	−0.14
可解释的方差	2.75	2.10	3.69	1.09
可解释的百分比	0.21	0.16	0.28	0.08

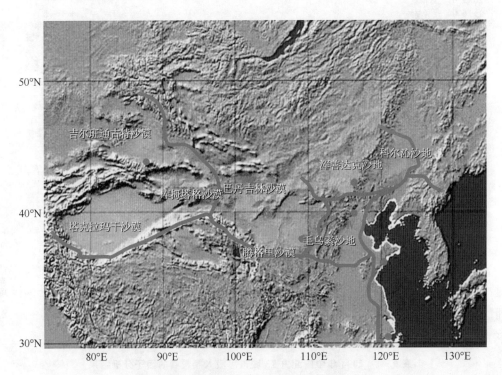

图 9 - 2　2004 年春季中国北方城市可吸入颗粒物空间分布区域划分图
（彩图见下载文件包，网址见 14 页脚注）

9.3　沙尘与非沙尘组分比较

　　2004 年春季发生了 2 次沙尘暴，其中沙尘暴 1：DS1，3 月 9—10 日；沙尘暴 2：DS2，3 月 27—30 日。每次沙尘暴发生的来源、路径、强度和持续时间不同，其化学组分也有明显差异。从整体上看，这 2 次沙尘对不同城市大气环境的影响明显不同，其中 DS1 对青岛影响较大，而 DS2 对多伦和榆林影响较大。即使是对同一城市，沙尘暴对总悬浮颗粒物 TSP 和细颗粒物 $PM_{2.5}$ 中化学组分的影响也不尽相同。以下逐一对此进行讨论。

9.3.1　北师大和密云

所测的化学组分可分为以下 6 类：① 污染元素 As、Zn、Pb 和 Cu；② 矿物元素 Ca、Al、Fe、Na、Mg 和 Ti；③ 其余元素 Mn、V、Ni、Sr 和 Cr；④ 矿物离子 Na^+、Ca^{2+} 和 Mg^{2+}；⑤ 二次气溶胶离子 NH_4^+、NO_3^- 和 SO_4^{2-}；⑥ 其余离子 K^+、F^- 和 Cl^-。图 9-3 给出了区域Ⅳ北师大和密云两地的沙尘暴和非沙尘暴化学组分比较。可以看出，沙尘对气溶胶中矿物元素的影响最大。DS2 期间，北师大和密云矿物元素和矿物离子的浓度，较非沙尘暴期间的浓度增加了 2~5 倍，而污染元素和二次离子的浓度则相对下降。沙尘暴的一个最显著特点就是，从源区携带来大量的沙尘，这些沙尘与城市大气相互混合，与污染气溶胶组分发生相互作用。沙尘暴不仅带来大量矿物元素，其中可能还含有相当数量的污染元素。沙尘期间的污染元素是来自沙尘源区，还是来自沙尘与沿途污染物的混合，抑或来自城市本地源？Guo 等[12]揭示了沙尘暴的传输过程可能存在 4 个阶段，并指出沙尘可能是污染元素的一个重要来源。沙尘与污染物在污染物被沙尘清除过程中的叠加，也是造成高浓度污染物的原因之一。同时，沙尘暴常常伴随着大风和干冷气团，相对湿度

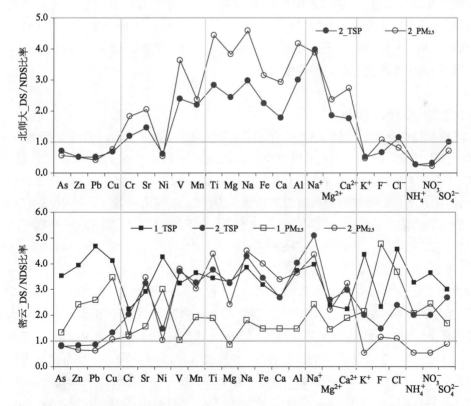

图 9-3　北师大和密云两地 TSP 和 PM₂.₅ 中化学组分在沙尘暴和非沙尘暴期间的浓度比
（彩图见下载文件包，网址见 14 页脚注）

图中 1_TSP、2_TSP、1_PM₂.₅、2_PM₂.₅ 中的 1 和 2 分别指 DS1 和 DS2，以下均相同。
DS：沙尘暴；NDS：非沙尘暴。

较低。这些气象条件有利于污染物的扩散。尽管沙尘暴有时从沿途带来了相当数量的污染物,但同时也清除了本地的一部分污染物,加之由沙尘暴携带而来的大量矿物组分,也有利于本地污染组分的稀释。因此,当这种清除过程占主导地位时,沙尘暴期间污染组分的浓度,会较非沙尘暴低。反之,如果这种清除作用相对较弱,则沙尘暴期间污染组分的浓度,会高于非沙尘暴期间的浓度。所以,DS2 期间的低污染元素浓度,可能来自沙尘对污染物的稀释与清除。一个有趣的现象是,DS2 期间,沙尘对细颗粒物中矿物元素的影响,要大于总悬浮颗粒物。这可能是因为,粗颗粒物在长距离的传输过程中,由于重力作用而沉降;细颗粒物则可以在空气中滞留较长的时间,从而进行更远距离的传输。这同时也说明,沙尘是细颗粒物的一个重要来源。

然而,DS1 对气溶胶化学组成的影响,显著不同于 DS2。TSP 中几乎所有的化学组分,在 DS2 时的浓度是非沙尘期间的 2~5 倍,在 $PM_{2.5}$ 中的浓度是非沙尘期间的 2~3 倍。DS1 与 DS2 最大的不同,就是 DS1 携带了相当数量的污染元素和二次离子。密云位于北京市郊区东北风口,周边鲜有人为污染源,因此密云颗粒物中的污染组分,主要来自长距离传输,尤其是北京周边的一些重污染城市。沙尘暴经过沿途一些重污染城市后,可能与其排放的大量污染物发生混合,进而携带到密云,再加上密云 3 月 9 日的湿度相对较大(30%~50%),属于烟雾天气,不利于污染物的扩散,因此导致 DS1 中化学组分的浓度,均高于非沙尘暴期间的浓度。

9.3.2 多伦和榆林

多伦和榆林分别位于图 9-2 中的区域Ⅲ和区域Ⅱ。它们均属于沙漠边沿区,一个濒临浑善达克沙地,一个位于毛乌素沙地边缘,因此它们受沙尘的影响最大也最直接。图 9-4 给出了多伦和榆林两地沙尘暴和非沙尘暴化学组分的比较。与图 9-3 比较可以看到,沙尘对多伦和榆林两地气溶胶矿物组分的影响,明显大于北京。其中,多伦 DS2 期间矿物元素的浓度是非沙尘期间的 7~15 倍,元素 Fe 更是高达 25 倍;矿物离子也是非沙尘期间的 5 倍左右。DS2 期间 TSP 中污染元素的浓度,比非沙尘期间增加 5~10 倍,SO_4^{2-}、F^- 和 Cl^- 的浓度,在沙尘和非沙尘期间基本上没有什么变化,NH_4^+ 和 NO_3^- 的浓度反而有所下降;$PM_{2.5}$ 中污染元素的浓度,比非沙尘期间增加 2~3 倍;F^-、Cl^-、SO_4^{2-}、NO_3^- 也均增加 4 倍左右。与 DS2 相比,DS1 的影响强度较小,其间组分浓度一般为非沙尘期间的 2~3 倍。另外,我们还注意到,在多伦,沙尘对 TSP 中污染组分浓度的影响,要显著大于对 $PM_{2.5}$ 中污染组分的影响;而对于其他组分,TSP 和 $PM_{2.5}$ 没有明显差异。一般说来,来自人为污染源的污染组分,易富集于细颗粒物中;而来自地壳源的部分,通常集中在粗颗粒中。在多伦沙尘期间,TSP 中污染组分的变化,比 $PM_{2.5}$ 更加敏感,说明这些污染元素在沙尘期间可能来自沙尘源区。DS1 和 DS2 的区别,也再次说明不同的沙尘暴对大气颗粒物的化学组成的影响有显著不同。

与多伦相比,榆林显得更为清晰。在 DS1 期间,TSP 中的矿物组分比非沙尘期间高

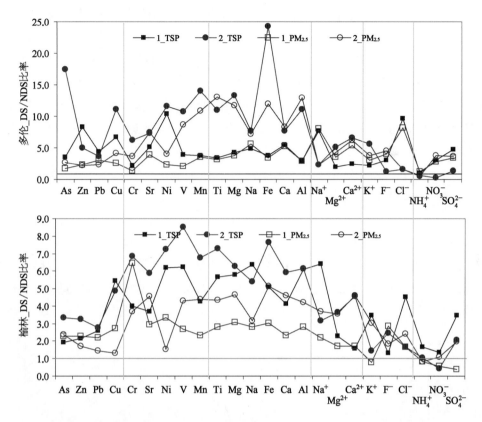

图 9-4　多伦和榆林两地 TSP 和 PM$_{2.5}$ 中化学组分在沙尘暴和非沙尘暴期间的浓度比
（彩图见下载文件包，网址见 14 页脚注）

出 4~7 倍，污染组分约为 2~3 倍；Cu 稍高，接近 6 倍；矿物离子和二次离子也在 2~4 倍之间。PM$_{2.5}$ 中沙尘对化学组分的影响比较均匀，基本上约为 2~3 倍；沙尘期间的二次离子浓度低于非沙尘期间。DS2 的情形类似于 DS1，不过 DS2 对化学组分的影响要大于 DS1。DS2 区别于 DS1 的另外一个特点是，沙尘对 TSP 中污染元素 As、Zn、Pb 和 Cu 的影响显著大于 PM$_{2.5}$。综合以上变化，可以得到以下结论。① 在源区，沙尘对粗颗粒物中矿物组分的影响，显著大于细颗粒物。② 沙尘对 TSP 和 PM$_{2.5}$ 中污染元素的影响不同，说明在颗粒物中，不同粒径范围内的污染元素有不同来源，或者来自沙尘源区，或者来自沙尘与本地污染源的混合，也可能来自与沿途污染物的混合。③ 矿物离子在沙尘期间增加的倍数，要小于矿物元素，说明沙尘中包含更多的是不溶性组分。④ 沙尘对二次离子的影响较为复杂，一方面沙尘本身可能是二次离子的一个重要来源，另一方面沙尘会对二次离子产生稀释效应，也可能会引起表面反应而使重力沉降更易于发生。

9.3.3　青岛和上海

青岛和上海位于图 9-2 中的区域Ⅴ，属于沿海区域。青岛是沙尘的常经之地，而上海受沙尘的影响较小,这一点也可以从图9-5中青岛和上海两地TSP和PM$_{2.5}$中的化学组分,在沙尘暴和非沙尘暴期间的浓度比看出。DS1较DS2对青岛大气化学组分浓度的影响要大。DS1期间,TSP中矿物元素浓度较非沙尘暴期间增加4~8倍,而在PM$_{2.5}$中则为4~12倍;矿物离子则比非沙尘期间浓度提高2~4倍;污染元素浓度基本上与非沙尘期间持平,As和Cu偏高一些;二次离子浓度在DS1期间普遍降低。与DS1比较,DS2对青岛TSP和PM$_{2.5}$中化学组分的影响较小,其中矿物元素增加2~4倍;矿物离子基本未受影响;污染元素和二次离子则均下降。在DS1期间,沙尘对PM$_{2.5}$中矿物组分的影响,显著高于TSP。这再次说明,沙尘对远离源区的城市大气细颗粒物的影响,较粗颗粒物更为重要。沙尘暴的来源、传输路径、强度,都可能是造成不同沙尘暴期间大气化学组成差异的原因。图9-6显示了青岛3月10和30日两天的后向轨迹图。由此图可以看出,DS1和DS2的来源不同,所经过的地区也不一样。DS1主要起源于塔克拉玛干沙漠地带,并沿着西路进行传输;而DS2主要起源于中蒙边境的戈壁,并沿着西北路进行传输。西路较西北路而言,污染要相对严重,因此当这2次沙尘暴传输到青岛时,它们的化学组成成分呈现出明显的差异。通过比较DS1/DS2的比值,发现DS1期间TSP中的化

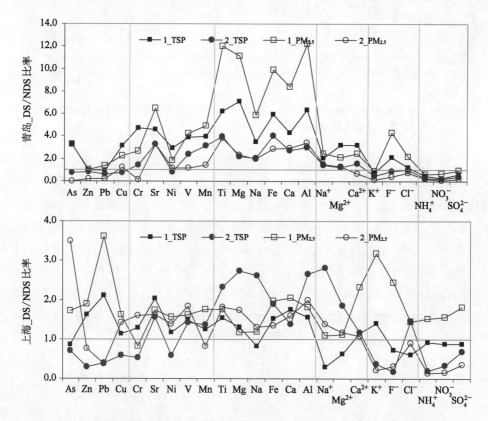

图9-5 青岛和上海两地TSP和PM$_{2.5}$中化学组分在沙尘暴和非沙尘暴期间的浓度比
(彩图见下载文件包,网址见14页脚注)

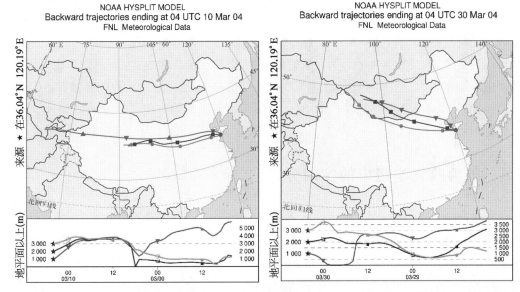

图 9 - 6　青岛 3 月 10 和 30 日两次沙尘暴的后向轨迹图（彩图见下载文件包，网址见 14 页脚注）

　　图上方外文的大体参考含义为：美国国家海洋和大气局（NOAA）HYSPLIT * 模式，后向轨迹结束于国际标准时间 2004 年 3 月 10 日 4：00 气象数据文件。

学组分浓度，约为 DS2 的 1～2 倍之间；但对于细颗粒物 PM$_{2.5}$ 来说，无论矿物元素、污染元素，还是二次离子，DS1 均显著高于 DS2，如 Zn 为 4.4 倍，Pb 为 6.1 倍，SO$_4^{2-}$ 和 NO$_3^-$ 分别为 4.5 和 7.5 倍，矿物元素基本上为 3 倍左右。DS1 沿西路传输，途经中国的许多煤矿区、重工业区以及重污染城市区，必然会与这些地区排放的大量污染物混合并互相作用。沙尘混合了这些污染物后继续前行，最后到达青岛，进而与青岛的大气相混合。目前我们没能定量区分 DS1 中来自途中与来自本地的污染组分，但可以肯定的是，DS1 携带了比 DS2 高几倍的污染元素。

　　上海位于长江三角洲地区，位置偏南，受沙尘影响较小。图 9 - 5 显示了在 DS1 和 DS2 期间，上海 TSP 和 PM$_{2.5}$ 中化学组分的浓度，均未超过非沙尘期间浓度的 4 倍。与前面的讨论类似，DS1 对细颗粒物中化学组分的影响，要显著大于粗颗粒物。在 DS1 期间，PM$_{2.5}$ 中几乎所有化学组分的浓度均增加，而 TSP 中的离子组分均有所降低。DS2 与 DS1 不同，几乎所有矿物元素的浓度均有所增加，而污染元素和离子组分则相对降低，说明 DS2 主要是对污染物起到清除作用；而 DS1 则与之相反，增加了大气颗粒物中的污染成分。

　　综上所述，通过比较沙尘和非沙尘期间化学组分的差异，我们可以得到以下结论。① 沙尘对源区城市影响最大，且其影响随着传输距离的增加而减弱，即榆林、多伦＞北师

---

　　*　参见 473 页脚注 * 。

大、密云＞青岛、上海。② 在源区,沙尘对粗颗粒物的化学组分影响大于细颗粒物,而在远离源区的城市,随着粗颗粒物在传输过程中的沉降,沙尘对细颗粒物中化学组分影响,显著于粗颗粒物。③ 沙尘对矿物元素的影响比较单一,即浓度增加;而对污染元素的影响则相对复杂,一方面混合了沿途大量的污染物,并携带到下游地区,另一方面也对污染物产生清除作用。沙尘期间污染元素浓度的高低,取决于这 2 个作用的相对强弱。④ 不同的沙尘暴,由于来源和传输路径的不同,对城市大气颗粒物中化学组分的影响,也有明显的差别。

9.4 气溶胶化学组成的空间分布

气溶胶的化学组成主要有矿物质、有机物,以及通过各种均相和异相反应生成的二次硫酸盐、硝酸盐和有机酸盐等。由于不同地区的经济发展程度、能源消耗、地理位置以及气象条件有悬殊差异,中国不同区域的气溶胶组成会有显著差别。比较不同地区气溶胶组分的平均值,是判断化学组成差异的最简单方法,但是由于采样集中在春季,受沙尘影响较大,沙尘暴期间的高浓度值,会对总体平均值造成较大影响,以致难以准确地揭示地区差异。从统计学看来,采用中值(median)会更为合理,因此下面将主要采用中值,对中国不同区域气溶胶的空间差异,逐一进行讨论。

9.4.1 矿物元素

图 9-7 给出了春季 TSP 和 $PM_{2.5}$ 中主要矿物元素 Fe、Al、Ca 和 Mg 的空间分布。从图中可以明显看出,北师大 TSP 中 Fe、Al、Ca 和 Mg 的中值浓度最高,榆林次之,青岛则最低。如北师大矿物元素的中值浓度,平均为青岛的 2~4 倍;元素 Fe 和 Al 的浓度,在多伦和密云基本相当。矿物元素大多与地壳源有关,包括沙尘、土壤尘、道路尘以及建筑尘等。北师大处于市区交通中心,其矿物元素的高浓度,表明了风力以及机动车运行造成的道路粉尘,是其主要的来源;青岛和上海处于沿海地区,空气湿度相对较大,不利于二次扬尘,所以浓度偏低;而榆林位于毛乌素沙地附近,受沙尘影响较大,再加上迅猛发展的机动车化,其矿物元素可能主要来自入侵的沙尘以及道路尘。与之相比,多伦的浓度相对较低。多伦位于中国北部相对清洁地区,机动车数量亦远低于东部发达城市,空气相对干燥,矿物元素主要来自本地。经单因素方差分析(one-way ANOVA)检验,TSP 中 Fe 和 Al 在上述 6 个采样点的空间分布,没有明显的差异,而 Ca 和 Mg 则有显著差异($p<0.05$)。与 TSP 相比,$PM_{2.5}$ 的空间分布相对简单。其中榆林、多伦、北师大、密云四地的 Fe、Al 和 Mg 的分布相对均匀,而且它们的平均中值浓度,要显著高于青岛和上海两地。青岛和上海远离沙漠源区,受沙尘的影响较小,所以矿物元素的浓度要相对低于其他地区。$PM_{2.5}$ 较 TSP,分布相对均匀,进一步说明了细颗粒物的区域性分布特征,即细颗粒物在空气中滞留时间较长,易于长距离传输。$PM_{2.5}$ 中 Ca 的分布与 TSP 类似。通

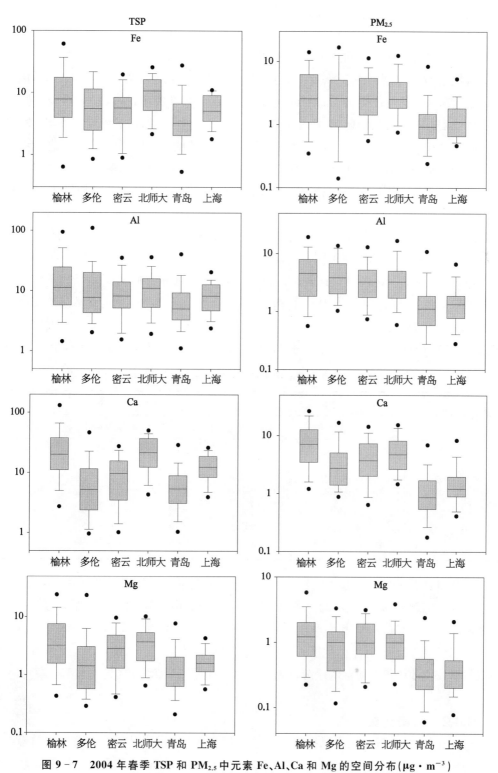

图 9-7 2004 年春季 TSP 和 PM$_{2.5}$ 中元素 Fe、Al、Ca 和 Mg 的空间分布(μg·m^{-3})

过比较矿物元素的平均值和中值的差别,可以在一定程度上了解某些特殊事件,如春季沙尘对城市大气环境影响的相对强弱。榆林和多伦的平均值浓度和中值浓度之间的差异,要显著于其他地区,说明沙尘对源区城市大气环境的影响最为重要。青岛位于北京的下游地区,因此受沙尘的影响应该小于北京。但是,青岛的平均值和中值之间的差异,要大于北师大。这可能因为青岛常日气溶胶中 Al 的浓度较小,所以较小的沙尘便会对其总体浓度有一个较大的影响;而在北京,由于污染相对严重,常日气溶胶中 Al 的浓度已经相对较高,因此沙尘的来临对矿物元素总体平均值的影响较小。表 9-2 进一步显示了不同城市矿物元素 Fe、Mg 和 Ca 与 Al 的比值。由表中可见,TSP 中北师大和上海的 Fe/Al 比值较高,榆林、多伦、密云和青岛四地基本相似,均接近地壳平均组成中的 Fe/Al 比值 0.62[13] 和中国北部高粉尘区的比值 0.65[14]。北师大和上海的高 Fe/Al 值,可能与这 2 个城市的金属冶炼工业排放有关(如北京地区的首钢,其污染物的排放是北京大气颗粒物,尤其是 Fe 的重要来源)。Mg/Al 和 Ca/Al 与 Fe/Al 的分布显著不同,榆林、北师大和上海三地的 Ca/Al 比值比较高,密云和青岛次之,多伦最低,但均高于世界地壳平均组成中的 Ca/Al 比值 0.45。榆林位于中国的北部高粉尘区,该地区含有高浓度的 Ca[14];多伦气溶胶中低浓度的 Ca 则由于多伦位于低 Ca 区(区域Ⅲ)。Ca 和 Mg 通常也被认为是城市建筑尘的指示元素。北师大和上海的高 Ca/Al 比值,可能与该城市的建筑扬尘较多有关。

表 9-2 中国不同地区 TSP 和 PM$_{2.5}$ 中 Fe/Al、Mg/Al 和 Ca/Al 的比值

采样点	TSP			PM$_{2.5}$		
	Fe/Al	Mg/Al	Ca/Al	Fe/Al	Mg/Al	Ca/Al
榆 林	0.65	0.27	1.64	0.70	0.30	1.71
多 伦	0.62	0.18	0.61	0.60	0.21	0.79
密 云	0.63	0.32	1.01	0.85	0.33	1.17
北师大	1.03	0.35	2.27	1.00	0.29	1.55
青 岛	0.62	0.21	0.95	0.79	0.27	0.83
上 海	0.71	0.21	1.60	0.98	0.31	1.09

Ca/Al 比值的区域性显著差异,隐含着 Ca/Al 比值作为元素示踪判别沙尘源区的一般特征。细颗粒物 PM$_{2.5}$ 中的元素比值特征,与 TSP 中类似。图 9-8 显示了,2004 年春季不同地区的 Ca 与 Al 都呈现较强的相关性(TSP 中相关系数 $r=0.77\sim0.95$;PM$_{2.5}$ 中 $r=0.90\sim0.99$),同时不同地区 Ca/Al 的比值显著不同。Ca/Al 比值,成为判别中国大气气溶胶中沙尘组分源区的十分简易而又准确的元素示踪方法(见本书第 2 章)。

9.4.2 污染元素

沙尘在长途传输途中,不但携带了大量的矿物元素,而且混合了沿途排放的相当数量的污染物。污染元素更多地与沿途或本地污染源的排放有关,因此其空间分布较矿物

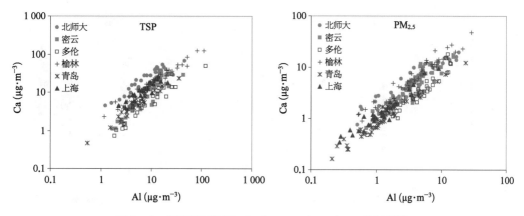

图 9-8　春季不同地区 TSP 和 PM$_{2.5}$ 中 Ca 与 Al 的相关性
（彩图见图版第 1 页，也见下载文件包，网址见正文 14 页脚注）

元素更为复杂。

图 9-9 显示了春季 TSP 和 PM$_{2.5}$ 中污染元素 As、Zn、Pb 和 Cu 的空间分布。最明显的分布特征就是多伦的污染元素浓度显著低于其他地区。富集系数 EF＝(X／Al)$_{气溶胶}$／(X／Al)$_{地壳}$ 是用 Al 作为参比元素，来判断某元素受人为污染源和地壳源影响的相对大小。由图 9-10 的富集系数可见，多伦的 Cu、Zn、Pb 的富集系数约为 10，远低于其他地区，说明这些元素在多伦较少受人为污染源的影响。As 在 TSP 中的富集系数为 60，在 PM$_{2.5}$ 中高达 240，这一则由于中国北方土壤 As 的含量较高，二则可能与当地的燃煤有关。但多伦与其他地区相比，大气相对清洁，因此当外来沙尘途经多伦时，不会混合太多污染物；相反，其继续前行更多是对下游地区大气污染物进行稀释。图 9-9 中另一个比较明显的分布特征是，发达城市青岛、上海和北京地区污染元素的中值浓度，要高于源区附近的城市，尤其在细颗粒物上，差异更为明显。春季冷空气活动频繁，加上沙尘源区附近的采样点靠近沙漠或者沙地，鲜有污染源的影响，因此源区附近城市的污染物浓度相对较低。与多伦相比，由于有来自市区的污染物，榆林的污染元素的富集系数较高。在其他四地，污染元素的分布也不尽相同，其中 As 在北师大，Zn 在青岛，Pb 在北师大，Cu 在上海的浓度分别最高。As 主要来自燃煤，而 Pb 在禁止使用无铅汽油之前，主要来自汽车尾气。研究表明，机动车尾气仍然是 Pb 的重要来源。北京的机动车数量，在全国各大城市高居首位，再加上春季北京仍有许多居民大量使用燃煤取暖，所有这些都是造成北京大气气溶胶的 Pb 和 As 浓度高的原因。青岛的 Zn、上海的 Cu 浓度高于其他地区，可能与本地污染源有关。从图 9-10 富集系数图来看，TSP 中污染元素的富集系数，与其浓度的分布基本一致。如北师大地区 As 和 Pb 的富集系数最高，而 Zn 则青岛最高；PM$_{2.5}$ 中污染元素的富集系数按青岛＞上海＞北师大＞密云＞榆林＞多伦依次降低。青岛和上海的高富集系数，说明沙尘对污染物的稀释作用相对较弱。青岛和上海远离源区，一则受冷空气的影响较小，冷气团对其本地污染物的稀释、清除作用相对较小；二则沙尘

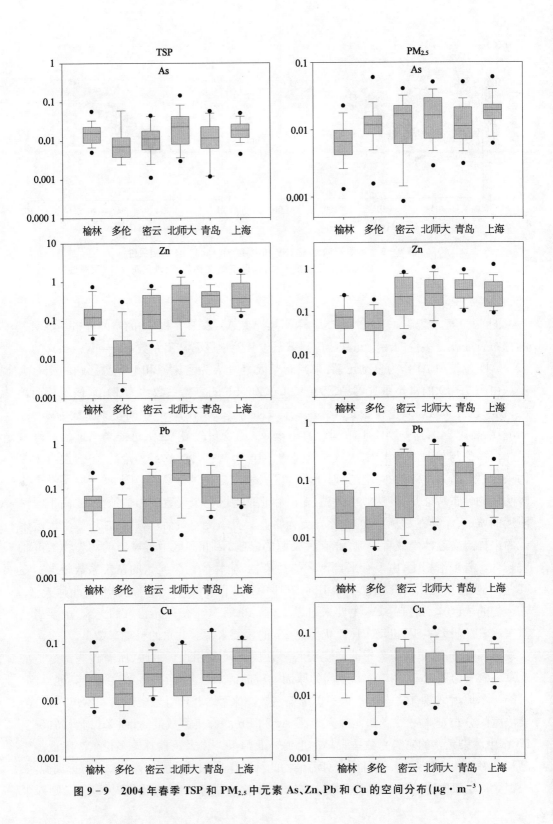

图 9 - 9　2004 年春季 TSP 和 PM$_{2.5}$ 中元素 As、Zn、Pb 和 Cu 的空间分布(μg·m^{-3})

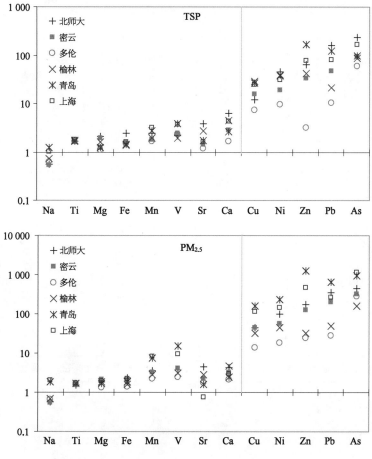

图 9 - 10　春季不同地区 TSP 和 PM₂.₅ 中元素的富集系数
（彩图见图版第 2 页，也见下载文件包，网址见正文 14 页脚注）

沿途携带了较多的污染物。因此，尽管两地区某些污染元素的浓度较其他地区低，但是污染物的富集程度更高。与此形成对比，北师大和密云相对靠近源区，加上春季冷空气频繁入侵，对污染物有稀释和清除的作用，因此其富集系数低于青岛和上海。

9.4.3　离子

图 9 - 11 给出了主要矿物离子 Na^+、Mg^{2+}、Ca^{2+} 以及 K^+ 的空间分布。多伦地区的主要矿物离子浓度，要低于其他地区。Na^+ 的浓度，青岛最高，榆林和上海次之，密云基本与多伦相当。在多伦源区，Na^+ 主要来自地壳源；而在沿海地区的青岛和上海，有部分来自海洋源。因此，青岛和上海两地的 Na^+ 浓度相对较高。Mg^{2+} 和 Ca^{2+} 与元素 Mg 和 Ca 的空间分布类似，榆林和北师大最高，其次为密云，青岛和多伦相对较低。有意思的是，当把 Ca 相对 Ca^{2+} 作图时，我们发现北师大的 Ca^{2+}/Ca 的变化范围最大，说明北京市区 Ca 的来源复杂，是道路扬尘、建筑扬尘以及土壤尘等多种来源的相互混合。K^+ 通常被

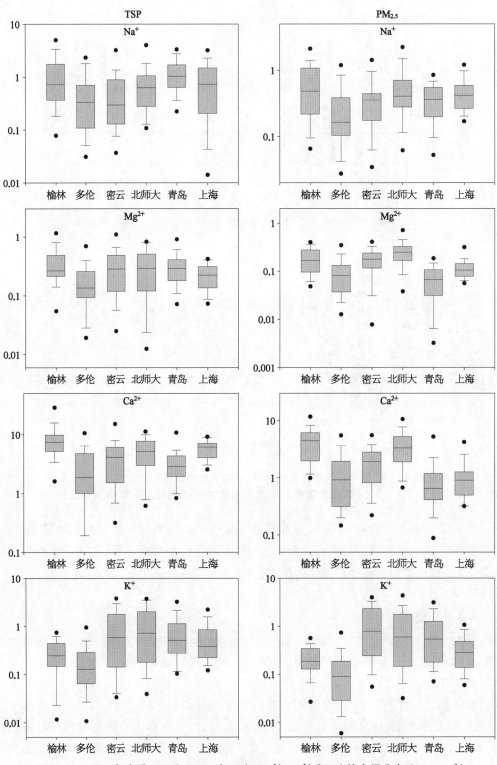

图 9-11 2004 年春季 TSP 和 PM$_{2.5}$ 中 Na$^+$、Mg^{2+}、Ca^{2+} 和 K$^+$ 的空间分布（μg·m^{-3}）

认为是生物质燃烧指示物。图 9-11 显示 K^+ 的空间分布和上述矿物离子的分布明显不同。无论在 TSP 还是 $PM_{2.5}$ 中,北师大和密云地区的 K^+ 浓度最高,青岛和上海次之,而榆林和多伦最低。

　　硫酸盐和硝酸盐主要来其前体物 SO_2 和 NO_x 的均相或异相氧化。随着经济的迅猛发展,硫酸盐和硝酸盐日益成为城市大气颗粒物尤其是细颗粒物最重要的组成成分。在 TSP 中,硝酸盐和硫酸盐的中值浓度按密云＜北师大＜青岛＜上海依次增加,榆林和多伦浓度相对较低(见图 9-12)。榆林和多伦地区的机动车数量以及燃煤污染等,均远

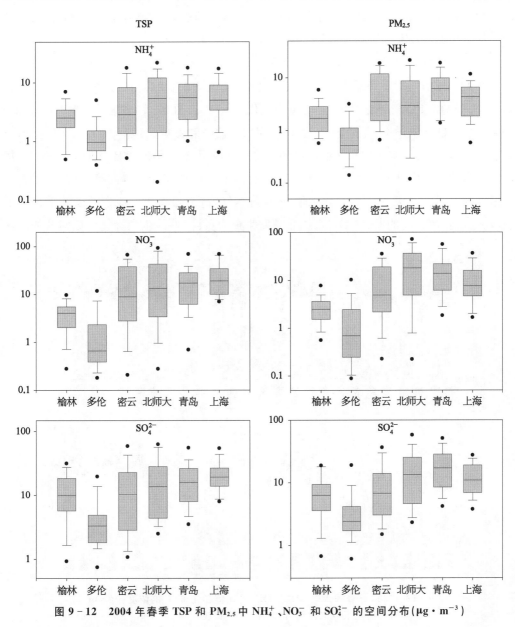

图 9-12　2004 年春季 TSP 和 $PM_{2.5}$ 中 NH_4^+、NO_3^- 和 SO_4^{2-} 的空间分布 $(\mu g \cdot m^{-3})$

小于中国东部沿海发达城市,再加上春季气候的相对干燥(3、4月份榆林和多伦的平均相对湿度分别为25%和34%),导致了较低浓度的二次气溶胶。与此相比,青岛和上海空气则相对湿润(平均相对湿度分别为64%和67%),加上大量的机动车尾气排放,致使二次气溶胶的浓度高于其他地区。北京虽然机动车数量高于青岛和上海,但由于春季气候相对干燥(平均相对湿度为33%),因此硫酸盐和硝酸盐的浓度低于青岛和上海。$PM_{2.5}$中硫酸盐和硝酸盐的空间分布与TSP有所不同。硝酸盐北师大最高,青岛次之,上海又次之,然后为密云和榆林,多伦浓度最低;而对于硫酸盐,除了上海的浓度较北师大低以外,其余的空间分布与TSP中的相似。TSP和$PM_{2.5}$中二次气溶胶空间分布的差异,主要与部分粗颗粒物和细颗粒物的不同来源有关。

由于机动车尾气排放的氮氧化物(NO_x)是大气气溶胶中NO^{3-}的主要来源,故NO_3^-/SO_4^{2-}比值可用于指示大气气溶胶流动源(如机动车排放)与固定源(如燃煤)的相对贡献。NO_3^-/SO_4^{2-}比值越高,流动源的比例越大[15]。图9-13给出了2004年春季6个采样点NO_3^-/SO_4^{2-}比值的变化。由图可见,① 榆林和多伦两地的NO_3^-/SO_4^{2-}比值显著低于其他四地,表明榆林和多伦由机动车尾气排放引起的污染,要比其他地区轻;② 每次沙尘事件都对应着低的NO_3^-/SO_4^{2-}值,而且最低值出现在沙尘暴高峰过后,而不是沙尘暴高峰期间。这从一定程度上说明,沙尘对NO_3^-有清除作用。沙尘可以同HNO_3等反应,生成粗颗粒态的$Ca(NO_3)_2$,从而易发生重力沉降,使沙尘高峰过后硝酸盐的浓度

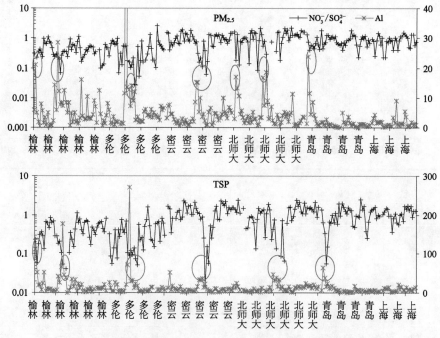

图 9-13 2004 年春季六地 NO_3^-/SO_4^{2-} 的比值和元素 Al 的浓度($\mu g \cdot m^{-3}$)
(彩图见下载文件包,网址见 14 页脚注)

偏低,进而导致低的 NO_3^-/SO_4^{2-} 比值。

9.5　气溶胶的酸碱性

气溶胶浸提液的 pH 值,可作为直接度量气溶胶酸度的参数。气溶胶中 SO_4^{2-} 、 NO_3^- 、Cl^- 以及有机酸等酸性组分,致使其酸性增强,即 pH 值降低;而 NH_4^+ 、Ca^{2+} 、Mg^{2+} 等碱性水溶性组分,则提高其 pH 值。沙尘气溶胶的碱性,主要取决于其所含的 $CaCO_3$ 。由于粗颗粒中碳酸盐含量较之细颗粒物高,故颗粒的粒径越大,其碱性越强,对环境酸化的缓冲能力也越强[15]。图 9 - 14 给出了 2004 年春季 6 个采样点 TSP 和 $PM_{2.5}$ 中可溶性

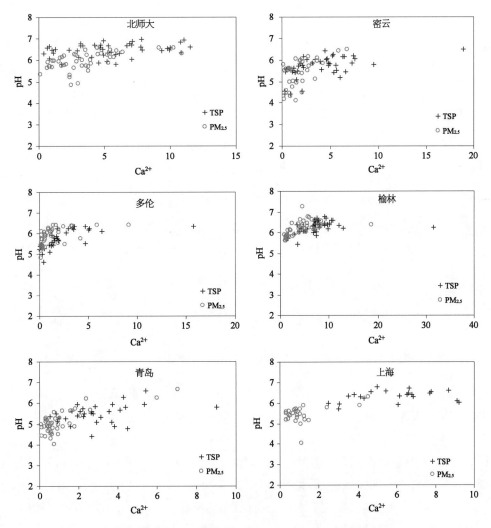

图 9 - 14　2004 年春季 6 个采样点的可溶性 Ca^{2+} ($\mu g \cdot m^{-3}$) 与 pH 值的关系
（彩图见下载文件包,网址见 14 页脚注）

Ca^{2+}与pH的关系。从图中可以看出,TSP气溶胶的碱性,要强于$PM_{2.5}$,即粗颗粒的碱性高于细颗粒物。如在北京春季,TSP气溶胶的平均pH值为6.47,高于$PM_{2.5}$气溶胶的5.95,而且它们的值均高于年平均pH值5.57[16]。这说明,春季沙尘有助于减轻北京大气日益严重的酸化倾向。图9-14也显示了pH值随Ca^{2+}浓度的增加而增大,说明来源于矿物气溶胶的Ca^{2+},一直以来对北京和整个中国北部的降水酸度,起着重要的缓冲与中和作用。多伦和榆林位于沙漠源区,因此该两地最能体现沙尘中Ca^{2+}对大气气溶胶酸度的影响。图9-15分别显示了多伦和榆林两地pH与Ca^{2+}的关系。由图可见,无论在TSP还是$PM_{2.5}$中,pH值和Ca^{2+}浓度都呈明显的指数相关,相关系数r分别高达0.85和0.73,证实了可溶性Ca^{2+}对气溶胶酸性的缓冲作用。如果TSP中Ca^{2+}浓度变化范围为$0\sim15\ \mu g \cdot m^{-3}$,则根据回归方程计算可得pH的变化范围为$5.1\sim6.4$。同样,如果$PM_{2.5}$中$Ca^{2+}$浓度为$0\sim9\ \mu g \cdot m^{-3}$,则pH的变化范围为$5.4\sim6.4$。可见,气溶胶正常范围内的$Ca^{2+}$,对气溶胶酸性的缓冲作用在1个pH值左右。Z. F. Wang等人[17]通过空气质量预报模式,模拟了雨水中的pH值,以及沙尘气溶胶对东亚酸雨的中和影响。结果显示,这种中和作用在春季最为显著,可使中国北部雨水的pH值增加2左右。此结果与本研究的结果都说明了,沙尘气溶胶的入侵,在一定程度上有利于减轻北方城市的酸化。

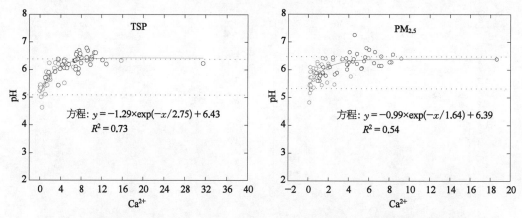

图9-15 多伦和榆林两地总pH值与Ca^{2+}($\mu g \cdot m^{-3}$)的关系(彩图见下载文件包,网址见14页脚注)

综上所述,本研究同步采集并分析2004年春季沙尘长途传输途中,6个采样点的TSP和$PM_{2.5}$,系统分析了中国春季气溶胶的空间分布和沙尘对城市大气颗粒物的影响。中国北方主要城市的大气颗粒物,具有明显的区域性。根据其区域特征,可分为北部粉尘区、沿海区、内陆途经区、西部粉尘区和东北粉尘区。沙尘对源区附近城市影响最大,并随着传输距离的增加而减弱,即榆林、多伦>北师大、密云>青岛、上海。沙尘对源区粗颗粒物化学组分的影响,要大于细颗粒物;而在远离源区的城市,则对细颗粒物中化学组分的影响,显著于粗颗粒物。沙尘一方面混合了沿途大量的污染物,并携带到下游地区;另一方面也对污染物产生清除作用。不同的沙尘由于其来源和传输路径的不同,对城市大气颗粒物中化学组分的影响,也有明显差别。中国气溶胶具有明显的空间分布。矿物元素以北师大最高,榆林次之,青岛最低。中国不同地区的 Ca/Al 比值有显著差异,因此 Ca 和 Al 可用作元素示踪体系,来判断沙尘的来源。污染元素的空间分布呈现多样化。总体来说,多伦地区的污染元素浓度最低,发达城市青岛、上海和北京的浓度相对较高,具体为 Zn 在青岛,Pb 在北师大,Cu 在上海达到最高。污染元素在 $PM_{2.5}$ 中的富集程度,按青岛>上海>北京>北师大>榆林>多伦依次降低。二次离子以榆林和多伦浓度最低,其他地区按密云<北师大<青岛<上海依次增加。沙尘过程对应着低的 $NO_3^-/$ SO_4^{2-} 值,且最低值出现在沙尘峰过后。气溶胶中的 Ca^{2+},对城市酸化具有强烈的缓冲作用,可使气溶胶的 pH 值增加 1 左右。

参考文献

[1] In H J, Park S U. A simulation of long-range transport of yellow sand observed in April 1998 in Korea. Atmospheric Environment, 2002, 36(26): 4173 – 4187.

[2] Husar R B, Tratt D M, Schichtel B A, et al. Asian dust events of April 1998. Journal of Geophysical Research-Atmospheres, 2001, 106(D16): 18317 – 18330.

[3] Mori I, Nishikawa M, Tanimura T, et al. Change in size distribution and chemical composition of kosa (Asian dust) aerosol during long-range transport. Atmospheric Environment, 2003, 37 (30): 4253 – 4263.

[4] Duce R A, Unni C K, Ray B J, et al. Long-range atmospheric transport of soil dust from Asia to the tropical north pacific: temporal variability. Science, 1980, 209(4464): 1522 – 1524.

[5] Zhuang G S, Yi Z, Duce R A, et al. Link between iron and sulphur cycles suggested by detection of Fe(Ⅱ) in remote marine aerosols. Nature, 1992, 355(6360): 537 – 539.

[6] Martin J H, Coale K H, Johnson K S, et al. Testing the iron hypothesis in ecosystems of the equatorial Pacific Ocean. Nature, 1994, 371(6493): 123 – 129.

[7] Huebert B J, Bates T, Russell P B, et al. An overview of ACE-Asia: Strategies for quantifying the relationships between Asian aerosols and their climatic impacts. Journal of Geophysical Research-Atmospheres, 2003, 108(D23).

[8] Zhang X Y, Gong S L, Shen Z X, et al. Characterization of soil dust aerosol in China and its transport and distribution during 2001 ACE-Asia: 1. Network observations. Journal of Geophysical Research-Atmospheres, 2003, 108(D9).

[9] Arimoto R, Zhang X Y, Huebert B J, et al. Chemical composition of atmospheric aerosols from Zhenbeitai, China, and Gosan, South Korea, during ACE-Asia. Journal of Geophysical Research-Atmospheres, 2004, 109(D19).

[10] Liu C L, Zhang J, Shen Z B. Spatial and temporal variability of trace metals in aerosol from the desert region of China and the Yellow Sea. Journal of Geophysical Research-Atmospheres, 2002, 107(D14).

[11] Gao Y, Arimoto R, Duce R A, et al. Input of atmospheric trace elements and mineral matter to

the Yellow Sea during the spring of a low-dust year. Journal of Geophysical Research-Atmospheres, 1992, 97(D4): 3767 - 3777.

[12] Guo J, Rahn K A, Zhuang G S. A mechanism for the increase of pollution elements in dust storms in Beijing. Atmospheric Environment, 2004, 38(6): 855 - 862.

[13] Mason B, Moore C B. The principles of geochemistry. 4th ed. New York: John Wiley & Sons, 1982.

[14] Zhou X J, Xu X D, Yan P, et al. Dynamic characteristics of spring sandstorms in 2000. Science in China Series D-Earth Sciences, 2002, 45(10): 921 - 930.

[15] Arimoto R, Duce R A, Savoie D L, et al. Relationships among aerosol constituents from Asia and the North Pacific Ocean during PEM-West A. Journal of Geophysical Research, 1996, 101 (D1): 2011 - 2023.

[16] Wang Y, Zhuang G S, Tang A H, et al. The ion chemistry and the source of $PM_{2.5}$ aerosol in Beijing. Atmospheric Environment, 2005, 39(21): 3771 - 3784.

[17] Wang Z F, Akimoto H, Uno I. Neutralization of soil aerosol and its impact on the distribution of acid rain over East Asia: Observations and model results. Journal of Geophysical Research-Atmospheres, 2002, 107(D19).

第*10*章
沙尘长途传输中的组分转化及其对区域大气化学的影响

　　亚洲的沙尘气溶胶,可以从中亚地区传到太平洋,直至北美洲西部[1,2]。沙尘颗粒在传输途中,可以吸附酸性气体,发生表面反应,并与其他颗粒物碰撞凝聚,从而改变其组成和形态。这些过程直接影响与 SO_2、NO_x、HCl 有关的大气化学循环[3-6]。沙尘气溶胶的传输及其在大洋的沉降,直接影响某些海区表层海水中的某些元素如 N、P、Fe 等的含量,导致海洋表层生产力和大洋海水对 CO_2 吸收量的变化,进而影响多种微量元素(尤其是 C、S、N)的生物地球化学循环,从而对全球气候变化产生影响[7]。因此,研究亚洲沙尘气溶胶在传输途中的理化特性及组分转化,有助于研究其对全球生物地球化学循环和辐射强迫的影响。许多研究比较了某一特定地区气溶胶在沙尘与非沙尘期间的性质差异,如中国北京[8,9]、青岛[10,11]、台湾[12,13]、香港[14,15],韩国仁川、蔚山、Gosan[16,17],日本京都[18]。这些研究揭示了沙尘传输对当地环境的影响,但由于采样点太少,不能给出沙尘在传输过程中组分的转化机制。对沙尘传输过程中颗粒物变化机制的研究,还很少见,已有的研究主要集中在"亚洲沙漠源区—韩国[19]—日本[20-24]"这一传输途径。例如,亚洲沙尘在从中国呼和浩特传到北京,再到日本长崎的过程中,在长崎发生了矿物颗粒与海盐颗粒的混合[22]。I. Mori 等人[23]在中国和日本设立了 8 个采样点,监测到沙尘颗粒在传输途中表面有大量的硝酸盐生成,而且沙尘还可影响中国南部[13]。2004 年春季发生 2 次沙尘暴期间,我们在沙尘传输途中的中国西北、华北、华东和东南地区设立 5 个采样点,同步采集样品,研究沙尘在传输过程中的变化,探讨沙尘对不同地区空气质量的影响,揭示了矿物颗粒与污染颗粒及污染气体的相互作用机制。本章以此次研究为例,论述沙尘长途传输中的组分转化,及其对区域大气化学的影响。

10.1　实验和化学分析

10.1.1　采样

　　2004 年 3 月 9 日—4 月 23 日,在亚洲沙尘传输途中的 5 个城市(邻近沙尘源区的 2 个采样点,多伦和榆林;1 个内陆点,北京;2 个沿海点,青岛和上海),采集 $PM_{2.5}$ 和 TSP

气溶胶样品。每个样品基本上采集 24 h。在沙尘暴期间,根据强度的不同,适当调整采样时间。采用中流量采样器[(TSP/PM$_{10}$/PM$_{2.5}$)－2,流速为 77.59 L·min^{-1}]和 Whatman 41 滤膜(Whatman Inc., Maidstone, UK)采集样品,共采集 409 个样品。研究区域横跨南北 1 350 km,东西 970 km。5 个采样点的详细信息见表 10-1。采样后,滤膜放入聚乙烯塑料袋中,并保存在冰箱里(－18℃)。采样前后所有滤膜均恒温(20±2℃)与恒湿(40%±2%)24 h 后,用分析天平(Sartorius 2004MP,准确度为 10 μg)称量。从 http://cdc.cma.gov.cn 下载气压、温度、相对湿度、风速、风向等气象数据,从 http://www.arl.noaa.gov 下载混合层高度和太阳辐射强度数据,这些参数在不同时期的平均值见表 10-2。

表 10-1 5 个采样点的信息

地点	地点代号	经纬度	面积(km²)	人口(万)	GDP(百万元人民币)	描述
多伦	DL	42.3°N,116.5°E	3 773	10.05	521	内陆郊外:居住区、沙地
榆林	YL	38.2°N,109.8°E	43 578	329.56	11 136	内陆城区:居住和交通区、沙地
北京	BJ	39.9°N,116.4°E	16 800	1 136.3	312 271	内陆城区:居住和交通区
青岛	QD	36.0°N,120.3°E	10 922	715.68	151 817	沿海城区:居住和交通区
上海	SH	31.2°N,121.5°E	6 341	1 334.23	540 876	沿海城区:居住和交通区

人口一栏基于 2004 年的数据。

表 10-2 采样期间气象参数的平均值

	气压(kPa)	温度(℃)	RH(%)	云量(级)	大气湍流混合厚度(m)	日光通量(W·m^{-2})	风速(m·s^{-1})
DS1	95.7	8.3	31.9	5.1	346.9	234.4	5.8
DS2	92.8	8.6	21.9	3.8	427.2	298.7	5.7
ND	95.8	9.9	40.5	4.0	314.0	294.6	3.3

0 级:无云;10 级:全云覆盖。(数据来源:http://cdc.cma.gov.cn.和 http://www.arl.noaa.gov.)

10.1.2 化学分析

1. 离子分析

用 10 ml 去离子水(电阻系数为 18 MΩ cm)浸提 1/4 滤膜,超声振荡 40 min 后,用微孔滤膜过滤(孔径为 0.45 μm,直径为 25 mm,北京化工学校附属工厂生产),滤液用 pH 计(型号为 Orion 818)测定 pH 值,并保存在 4℃ 下。用离子色谱(IC,型号为 Dionex 600)分析 10 种阴离子(SO$_4^{2-}$、NO$_3^-$、Cl$^-$、F$^-$、PO$_4^{3-}$、NO$_2^-$、CH$_3$COO$^-$、HCOO$^-$、MSA、C$_2$O$_4^{2-}$)和 5 种阳离子(NH$_4^+$、Ca^{2+}、K$^+$、Mg^{2+}、Na$^+$)。离子色谱仪包括一个分离柱(阴离子用 AS11,阳离子用 CS12A)、一个保护柱(阴离子用 AG11,阳离子用 AG12A)、一个

自生抑制电导检测器(ED50)和一个梯度泵(GP50)。弱碱(76.2 mmol/L NaOH＋H_2O)和弱酸(20 mmol/L MSA)分别作为阴离子和阳离子分析的淋洗液。离子回收率在80％～120％之间,相对标准偏差小于5％。按信噪比$S/N=3$计算,阴离子的检测限小于0.04 mg·L^{-1},阳离子的检测限小于0.006 mg·L^{-1}。用国家标准物质局生产的标准溶液(GBW 08606)进行常规质量控制。空白膜的分析方法相同,每个样品减空白后得实际值。

2. 元素分析

将1/2滤膜放入聚四氟乙烯容器中,加入3 ml浓HNO_3、1 ml浓$HClO_4$和1 ml浓氢氟酸(HF),在170℃下高温消化4 h,冷却后将溶液蒸干,加入0.1 ml浓HNO_3,用去离子水定量至10 ml。用电感耦合等离子矩-原子吸收光谱仪(ICP - AES,型号为ULTIMA,JOBIN - YVON Company,France)测定21种元素(Al、Fe、Mn、Mg、Ti、Sc、Na、Sr、Ca、Co、Cr、Ni、Cu、Pb、Zn、Cd、V、S、As、Se和Sb)[8,25]。

10.2　亚洲沙尘传输途中 5 个城市的大气气溶胶在非沙尘侵入期间的理化特性

图10-1显示 TSP 样品中 Al 浓度的变化。由于 Al 可作为矿物组分的示踪,因此沙尘事件可从图中的虚线明显看出。3月9、10日以及3月27—30日,分别发生2次沙尘过程,分别用 DS1 和 DS2 表示。图10-1显示,DS1 主要来自蒙古东部,DS2 主要来自蒙古的戈壁沙漠。风速、混合层高度、温度和湿度等气象条件,对研究沙尘传输及其途中发

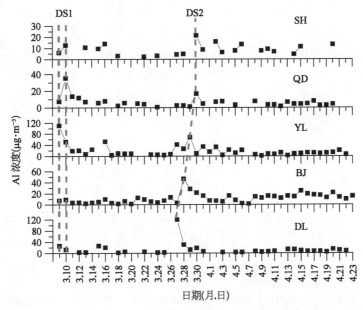

图 10-1　春季五地 TSP 气溶胶中 Al 浓度的日变化(彩图见下载文件包,网址见 14 页脚注)

生化学变化的过程,非常重要。表 10-2 显示 2 次沙尘期间的风速相近,但 DS2 的混合层高度高,表明 DS2 可能传输更多的矿物组分;DS1 的 RH 和云量比 DS2 高 50% 和 35%,表明 DS1 更有利于沙尘在传输途中吸附污染组分,从而更易发生化学转化。

10.2.1 大气气溶胶质量

表 10-1 显示了 5 个采样点的经济、气候、地理条件和源排放强度的不同。表 10-3 显示了 5 个采样点 $PM_{2.5}$、TSP 气溶胶质量浓度的变化范围、平均值以及最大值出现的日期。在非沙尘侵入期间,各地最高浓度出现的日期不同,表明采样点之间的相互影响很弱,主要受当地排放的影响。$PM_{2.5}$ 的浓度在沿海地区高(青岛 140 $\mu g \cdot m^{-3}$、上海 133 $\mu g \cdot m^{-3}$),在内陆城镇低(多伦 60 $\mu g \cdot m^{-3}$);TSP 的浓度,上海>榆林>北京>青岛>多伦。这些变化表明,颗粒物污染在上海最严重,在多伦最轻微。上海位于中国东部沿海,是中国经济最发达的城市,国内生产总值(GDP)最高;而多伦邻近沙尘源区,是一个小城镇,GDP 最低。因此,颗粒物浓度的高低,在一定程度上与 GDP 有关。在非沙尘期间,某一地区的空气质量主要受当地排放的控制,远距离传输的影响较小。

表 10-3 沙尘与非沙尘期间五地 $PM_{2.5}$ 和 TSP 质量浓度范围和平均值

		PM₂.₅ 和 TSP 的浓度范围($\mu g \cdot m^{-3}$)				
		多 伦	榆 林	北 京	青 岛	上 海
DS1	PM₂.₅	70~208 (3.9:139)	145~326 (3.10:236)	225~393 (3.9:303)	142~465 (3.10:283)	16~161 (3.10:161)
	TSP	201~505 (3.9:353)	919~1 996 (3.9:1 458)	478~508 (3.9:493)	305~1 081 (3.10:680)	479~479 (3.10:479)
DS2	PM₂.₅	104~1 732 (3.27:403)	152~497 (3.29:252)	156~286 (3.29:213)	137~137 (3.30:137)	106~126 (3.30:116)
	TSP	508~3 833 (3.27:1 632)	425~2 639 (3.29:1 105)	419~879 (3.29:613)	312~312 (3.30:312)	286~409 (3.30:347)
ND	PM₂.₅	10~149 (3.15:60)	19~296 (4.21:117)	10~255 (4.15:103)	70~480 (3.25:140)	73~218 (4.2:133)
	TSP	26~463 (3.30:153)	21~968 (3.16:269)	40~512 (4.18:240)	80~564 (3.11:209)	133~444 (4.20:278)

括号内为达到最大值的日期(月.日)及平均浓度。

10.2.2 大气气溶胶组成

用变动系数 CD(coefficient of divergence)研究不同地点气溶胶中各种化学组分之间的相似程度,CD 的计算公式为[26]:

$$CD_{jk} = \sqrt{\frac{1}{p} \sum_{i=1}^{p} \left(\frac{x_{ij} - x_{ik}}{x_{ij} + x_{ik}} \right)^2} \qquad (10-1)$$

式中,x_{ij} 表示 j 采样点 i 物种的平均浓度,j 和 k 表示 2 个采样点,p 为化学物种数,如果 CD 接近 0,表明两地差异不明显;如果 CD 接近 1,表明两地差异非常显著。本研究中,将非沙尘期间颗粒物及其中离子和元素的平均浓度代入上述公式计算得到 CD,结果见图 10-2。可见,多伦和其他采样点之间的 CD 值较高,而北京、青岛、上海之间的 CD 值较低,表明采样点之间的差异主要受经济水平控制,周边地理环境的影响较小。图 10-3 显示两采样点之间的 CD 值与它们之间的距离没有任何相关性,进一步证实在非沙尘期间,采样点主要受当地排放影响,各个采样点受远距离传输的影响很小。

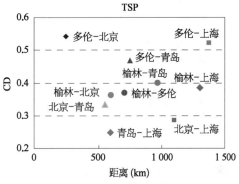

图 10-2　非沙尘期间每 2 个采样点之间的 CD 值与采样点之间距离的关系 (彩图见下载文件包,网址见 14 页脚注)

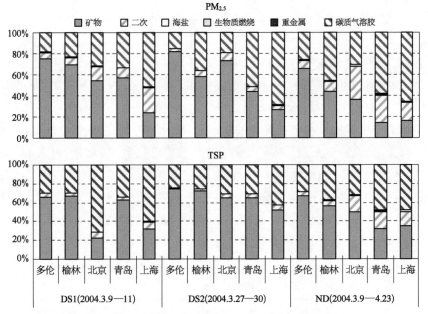

图 10-3　沙尘与非沙尘期间五地 PM$_{2.5}$ 和 TSP 的化学组成 (彩图见下载文件包,网址见 14 页脚注)

为了更清楚地展现化学组成的空间分布,将化学组分分为 6 类,分别代表矿物、二次气溶胶、海盐、生物质燃烧、重金属和碳质气溶胶。它们的浓度由所测离子和元素的浓度估算得到。方法分别为:① 矿物 = Al / 0.08;② 二次气溶胶 = NH$_4^+$ + NO$_3^-$ + SO$_4^{2-}$;

③ 海盐＝2.54×(Na－0.3Al)，这里(Na－0.3Al)表示非矿物源的 Na，并假设其全部来自海盐[26]；④ 生物质燃烧(即非矿物 K)＝K－0.25Al[27]；⑤ 重金属＝所测的非矿物与非海盐元素浓度之和，S 和 K 除外；⑥ 碳质气溶胶＝颗粒物质量－上述 5 类质量之和。图10－3 显示 DS1、DS2、ND(非沙尘)期间，上述 6 类组分占 PM$_{2.5}$和 TSP 的质量百分含量。

图 10－3 表明，非沙尘期间 PM$_{2.5}$和 TSP 组成的空间分布类似，矿物、二次气溶胶和有机组分是气溶胶的主要组分，矿物所占颗粒物的比例在内陆接近沙尘源的地区(多伦、榆林)最高，在沿海地区(青岛、上海)最低。PM$_{2.5}$中矿物组分的含量，多伦(65%)约是青岛(14%)和上海(16%)的 5 倍，表明即使在非沙尘期间，气溶胶中的矿物组分主要来自沙尘源区的排放。二次气溶胶组分的空间分布和矿物组分基本相反，其含量在大城市市区(北京、青岛、上海)高，约占 PM$_{2.5}$的 18%～32%；在小城市(多伦)和中等城市(榆林)低，仅占 PM$_{2.5}$的 8%～10%。二次气溶胶的组分，主要来自人为排放，如燃煤和交通排放的 SO$_2$和 NO$_x$的氧化。北京、青岛、上海的 GDP 比多伦、榆林高 10～1 000 倍，人口数量高 2～130 倍，因此在北京、青岛、上海会消耗大量的化石燃料，使二次气溶胶含量增加。有机气溶胶的空间分布与二次气溶胶类似，表明有机组分主要来自人为排放，如煤燃烧、交通、烹饪和工业排放等[28,29]。值得注意的是，有机气溶胶的含量在榆林很高，尤其在 PM$_{2.5}$样品中，这与榆林附近有三大煤矿有关(www.sxyl.gov.cn)。

10.2.3　大气气溶胶的酸度

阳离子的当量浓度和(Σ＋)与阴离子的当量浓度和(Σ－)之间的关系，可用来指示气溶胶的酸度。非沙尘期间五地Σ＋与Σ－之间的关系见表 10－4。由直线的斜率可以看出，气溶胶的酸度在接近沙尘源区的采样点(多伦、榆林)低，在人口密集的工业化城市(北京、青岛、上海)高。这是由于多伦、榆林的矿物组分含量高，北京、青岛、上海的二次气溶胶组分含量高。多伦、榆林的 TSP 气溶胶中，Σ＋与Σ－之间的相关性差，表明可能存在碳酸盐。CaCO$_3$、MgCO$_3$等碳酸盐，广泛存在于中国干旱和半干旱地区，能与酸性组分反应，阻碍大气的酸化过程[9,29,30]。相反，在经济发达的大城市，人为活动会排放大量的酸性组分，加速酸化过程，使环境更加脆弱。

表 10－4　沙尘期间 DL 与其他采样点之间在 PM$_{2.5}$上各个物种富集系数之间的
线性回归方程及相关系数(r)

	线性回归方程	r	被排除在外的物种[a]
DS1	EF(YL)＝0.95 EF(DL)	0.997 0	NO$_3^-$ NH$_4^+$
	EF(BJ)＝1.82 EF(DL)	0.989 9	NO$_3^-$ NH$_4^+$
	EF(QD)＝1.50 EF(DL)	0.994 6	NO$_3^-$ NH$_4^+$ Cl$^-$
	EF(SH)＝8.92 EF(DL)	0.991 0	NO$_3^-$ NH$_4^+$ Cl$^-$

(续表)

	线性回归方程	r	被排除在外的物种[a]
DS2	$EF(YL) = 3.02\ EF(DL)$	0.987 0	$NO_3^-\ NH_4^+\ Cl^-$
	$EF(BJ) = 3.42\ EF(DL)$	0.988 2	Cl^-
	$EF(QD) = 10.2\ EF(DL)$	0.946 6	$NO_3^-\ Cl^-$
	$EF(SH) = 6.28\ EF(DL)$	0.991 7	$NH_4^+\ Cl^-$

a 被排除在外的物种是指在推导线性关系时被排除在外的物种。

10.2.4　大气气溶胶粒径分布

图 10-4 显示在非沙尘期间,二次气溶胶主要集中在细颗粒上,$PM_{2.5}$/TSP 的值为 0.55~0.97。除上海外,二次气溶胶的 $PM_{2.5}$/TSP 值,由西北到东南逐渐增加,即多伦＜榆林＜北京＜青岛。细颗粒中的二次气溶胶,主要来自 SO_2、NO_x 等污染气体的氧化。粗颗粒中的二次气溶胶,主要来自土壤、道路尘、海盐等的一次排放。北京、青岛的高值,可能与工业、交通和取暖排放大量的 SO_2、NO_x 有关。同时,空气湿度对粒径的分布也有一定影响。相对湿度(RH)高既可以促进 SO_2、NO_x 的氧化,又能阻止粗颗粒的扬起。青岛的 RH(66%)是榆林(21%)的 3 倍多,所以青岛有更多的二次物种集中在细颗粒上。在 5 个采样点中,上海二次气溶胶的 $PM_{2.5}$/TSP 最低,可能是由于上海温度最高,使细颗粒中硝酸盐和铵盐挥发所致,同时也可能与上海采样点附近存在建筑活动有关。

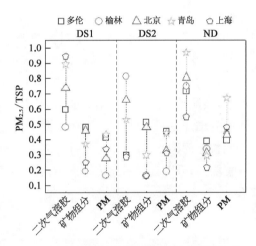

图 10-4　沙尘与非沙尘期间五地二次气溶胶组分、矿物组分和颗粒物(PM)在 $PM_{2.5}$ 中的浓度与其在 TSP 中浓度的比值(彩图见下载文件包,网址见 14 页脚注)

矿物组分主要分布在粗颗粒上,$PM_{2.5}$/TSP 的值在 0.21~0.39 之间,多伦＞榆林＞北京＞青岛＞上海,表明矿物组分的空间分布基本上与二次气溶胶的组分相反,但没有二次气溶胶的组分明显,也表明各地气溶胶的矿物源基本相同,而各地气溶胶具有的不同特性,主要与当地污染的排放有关。颗粒物质量浓度的 $PM_{2.5}$/TSP 在 0.39~0.67 之间。内陆城市(多伦、榆林、北京)粗颗粒的含量,高于沿海城市(青岛、上海)。这与沿海空气湿度大,可阻止大颗粒的扬起,并加速大颗粒的沉降有关。小城市(多伦)与发达城市北京的粒径分布相似,表明大城市受交通、工业排放的细颗粒影响和受道路扬尘、建筑活动的粗颗粒影响,程度相当。

10.3　沙尘长途传输对城市空气质量的影响

10.3.1　沙尘长途传输对大气气溶胶质量浓度的影响

表 10-3 显示,在 DS1 期间,多伦、榆林、北京、青岛、上海的 $PM_{2.5}$ 浓度分别是 ND 期间的 2.32、2.02、2.94、2.02、1.21 倍,TSP 的浓度则为 2.31、5.42、2.05、3.25、1.72 倍。在 DS2 期间,$PM_{2.5}$ 的倍数是 6.72、2.15、2.07、0.98、0.87,TSP 的倍数是 10.67、4.11、2.55、1.49、1.25。可见,DS1 期间颗粒物的增加量较少,五地的差异较小,说明 DS1 的影响范围大,而 DS2 的强度大。颗粒物增加的幅度,在沙尘源区附近(多伦和榆林)最大,且 TSP 比 $PM_{2.5}$ 增加更明显。由于矿物组分主要集中在粗颗粒上,故沙尘期间颗粒物的增加主要是由矿物组分的增加引起的。

10.3.2　沙尘长途传输对大气气溶胶组成的影响

图 10-5 显示气溶胶中矿物和二次气溶胶组分质量百分含量在 DS1 和 DS2 期间与在 ND 期间的比值。整体来看,沙尘期间矿物组分的含量增加,二次气溶胶组分的含量减小,表明沙尘期间矿物组分的侵入部分吹散了当地二次污染的浓度[31]。$PM_{2.5}$ 中矿物组分的增加更明显,可能是因为来源于污染排放的二次组分,大部分集中在细颗粒上,而细颗粒上的矿物组分,更易进行远距离传输。与矿物组分不同,二次组分的降低,在 TSP 中更明显,表明在长距离传输途中,有二次气溶胶组分的形成,且此过程主要发生在细颗粒上。

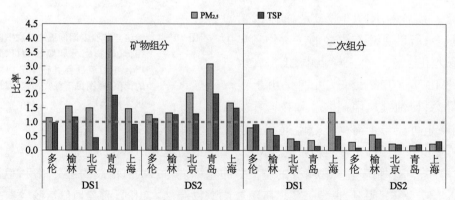

图 10-5　$PM_{2.5}$、TSP 气溶胶中矿物组分、二次组分的质量百分含量在 DS1、DS2 期间与在 ND 期间的比值(彩图见下载文件包,网址见 14 页脚注)

图 10-5 显示矿物组分的增加和二次污染物的降低,在沙尘源区附近(多伦、榆林)不明显,而在沙尘沉降区明显,尤其在青岛,表明沙尘源区附近气溶胶的化学特性,在沙尘和非沙尘期间的变化不大,即无论是否有沙尘暴,气溶胶的特性均由沙尘颗粒的排放控

制。相反在沉降区,气溶胶的特性在沙尘与非沙尘期间有很大的不同,表明非沙尘期间的气溶胶主要由当地排放控制,而在沙尘期间主要受远距离传输的矿物组分影响。青岛矿物组分的增加,比上海明显,可能与青岛距沙尘源区的距离较近有关。

图 10-5 还显示,污染组分的降低,在 DS1 期间没有在 DS2 期间明显,表明 DS1 更有利于硫酸盐、硝酸盐等二次组分的形成。这与 DS1 期间湿度高、云量多、混合层高度低是一致的。在 DS1 期间,二次组分在 $PM_{2.5}$ 中的百分含量在上海甚至有所增加,可能是因为上海离源区远,提供了足够的时间使一次气体转化为二次污染物。

10.3.3　沙尘长途传输对大气气溶胶酸度的影响

图 10-1 表明,在 DS2 期间,各采样点 Al 的浓度均有明显增加,增加的时间随与源区距离的增加有不同程度的滞后。因此,用 DS2 期间的样品,更有利于研究沙尘期间各点之间的相互联系。由于未测定 H^+ 和 CO_3^{2-} 离子浓度,用总阳离子浓度和与总阴离子浓度和的比值($\sum+/\sum-$)可指示气溶胶的酸度[9,32]。图 10-6 是气溶胶水提取液中 $\sum+/\sum-$ 的比值随与源区距离增加而变化的趋势图。可见,随着沙尘颗粒的传输,其酸度逐渐增大,在东部沿海地区(上海),$\sum+/\sum-$ 仅有 0.5,在 TSP 和 $PM_{2.5}$ 样品中,分别比沙尘源区低 88% 和 80%。酸度的增加,可能是由于碱性的矿物颗粒在传输过程中,与途中工业和居民释放的酸性气溶胶或酸性气体发生相互混合、相互作用而引起的。图 10-7 显示了从沙尘源区附近(多伦、榆林)到沿海沉降区(青岛、上海),气溶胶中 SO_4^{2-}/Ca^{2+}、NO_3^-/Ca^{2+} 的比值逐渐增大,证实了含 Ca 矿物颗粒(主要是 $CaCO_3$ 与 SO_2、NO_x、SO_4^{2-}、NO_3^- 在传输途中发生了反应)[9,32]。$\sum+/\sum-$ 的降低和 SO_4^{2-}/Ca^{2+}、NO_3^-/Ca^{2+} 的增加,在 TSP 中更明显,表明上述反应主要发生在粗颗粒上。其原因可能是,粗颗粒的碱性大,更易与酸性物质发生反应,也可能与反应的机理有关。相同质量的颗粒物,细颗粒的表面积更大,但此反应在细颗粒上并不具优势,表明反应可深入颗粒内部。RH 是决定反应能否进入颗粒内部的重要因素。当 RH 高于 20% 时,$CaCO_3$ 与 HNO_3 的反应可侵入内部[33]。DS2 期间 RH 的平均值为 22%,表明反应可进入颗粒内

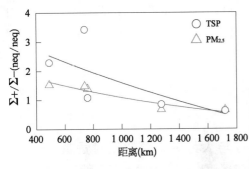
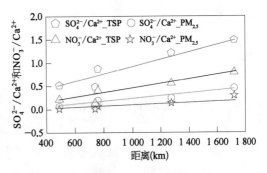

图 10-6　DS2 沙尘传输过程中颗粒物上 $\sum+/\sum-$(左图)、SO_4^{2-}/Ca^{2+} 和 NO_3^-/Ca^{2+}(右图)的变化(彩图见下载文件包,网址见 14 页脚注)

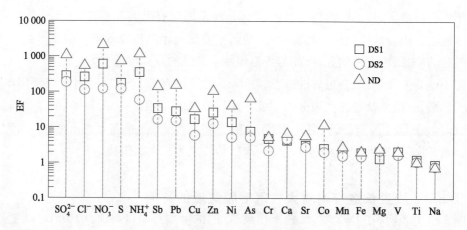

图 10－7　2004 年春季北京 PM$_{2.5}$ 气溶胶中化学组分的富集系数（EF）
（彩图见下载文件包，网址见 14 页脚注）

部。在这种情况下，生成硫酸盐、硝酸盐的量与颗粒物质量正相关[34]，因此 TSP 更有利于二次组分的生成。

图 10－6 显示 SO$_4^{2-}$／Ca^{2+} 回归线的斜率高于 NO$_3^-$／Ca^{2+}，表明颗粒上硫酸盐的形成比硝酸盐明显。这可能由于大气中 NO$_2$ 浓度较低，不过硫酸盐和硝酸盐不同的形成机制，也可能是重要的原因。有研究表明，NO$_2$ 与矿物颗粒的反应性低于 SO$_2$[35,36]，但其准确机理需要进一步的研究。

10.3.4　沙尘长途传输对大气气溶胶粒径分布的影响

图 10－4 显示非沙尘期间，有 40％～67％的 TSP 集中在 PM$_{2.5}$ 中；而在沙尘期间，仅有 16％～45％。沙尘期间细颗粒组分的降低表明沙尘传输的颗粒大都大于 2.5 μm。在沙尘期间，二次组分移向粗颗粒，矿物组分移向细颗粒，这与矿物组分取代二次组分有关。此取代过程对细颗粒更明显。当然也有例外的情况，如在青岛和上海的 DS1 期间，＞90％的二次组分分布在 PM$_{2.5}$ 上，表明传输途中在细颗粒表面形成了二次硫酸盐和硝酸盐。DS1 期间的高温、高云量和低的混合层高度，有利于此形成过程。沙尘期间榆林的矿物组分移向粗颗粒，表明沙尘期间的高风速，可将榆林干燥地面上存在的粗矿物颗粒吹起。

10.4　大气气溶胶源解析

10.4.1　应用富集系数研究天然矿物源与人为污染源的相对贡献

应用富集系数 EF，可初步判别人为污染对气溶胶中离子和元素的贡献。选取 Al 为参比元素，地壳中各元素和离子的丰度参见[37]。EF 的计算公式为：

$$EF_X = (X/Al)_{气溶胶} / (X/Al)_{地壳}$$

式中$(X/Al)_{气溶胶}$和$(X/Al)_{地壳}$分别表示气溶胶和地壳中某组分 X 与 Al 的质量比。EF 如果接近 1，表明主要来自矿物源；当 EF 很高时，表明污染源的贡献显著。图 10-7 显示北京的 $PM_{2.5}$ 气溶胶中化学组分的 EF 值。Na、Ti、V、Mg、Fe、Mn、Co、Sr、Ca、Cr 的 EF 大多小于 5，表明这些元素主要来自矿物；As、Ni、Zn、Cu、Pb、Sb 的 EF 大多大于 5，表明它们受非矿物源的影响；SO_4^{2-}、S、Cl^-、NO_3^-、NH_4^+ 的 EF 大多大于 100，表明主要来自污染源。图 10-8 显示对于特定组分的 EF，存在 ND>DS1>DS2，且物种的 EF 越高，其在不同时段的变化越明显，表明沙尘对污染组分的影响越大，可在一定程度上吹散当地污染，此过程在 DS2 期间更明显。

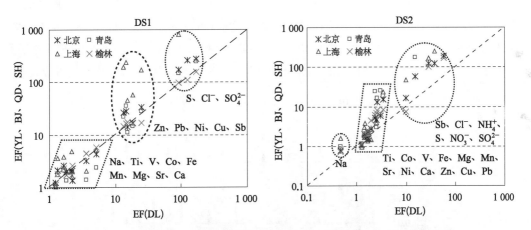

图 10-8　沙尘期间 $PM_{2.5}$ 气溶胶中物种的富集系数在不同地点的相关关系
（彩图见图版第 2 页，也见下载文件包，网址见正文 14 页脚注）

YL：榆林；BJ：北京；QD：青岛；SH：上海。

　　对比不同地点 $PM_{2.5}$ 中各物种的 EF 值（见图 10-8），可见沙尘传输过程中矿物组分与污染物组分的相互作用。不同地点物种 EF 之间的相关关系见表 10-4。图 10-8 显示污染物种（SO_4^{2-}、S、Cl^-、NO_3^-、NH_4^+）EF 的空间变化幅度大于矿物物种（Na、Ti、V、Mg、Fe、Mn、Co、Sr、Ca），表明当地排放或传输途中排放的污染物，有很大的空间多变性。DS1 期间的 EF 高于 DS2，表明在 DS1 期间，颗粒物在远距离传输中可吸附或形成更多的污染物，而在 DS2 期间，更多的污染物被入侵的矿物组分所清除。图 10-8 显示，矿物组分的 EF（EF=1～10）在 DS1 期间的空间变化，高于 DS2 期间，表明 DS1 矿物组分受当地排放的影响较大，而 DS2 受远距离传输的影响较大。

　　表 10-4 显示，沙尘期间各组分的 EF 在不同地点相关性好，表明沙尘的影响范围大；回归直线的斜率基本都大于 1，表明污染物在传输途中的积聚；榆林、北京、青岛、上海各地相对多伦不同的斜率，可能与不同的传输距离和传输途中不同的人为活动有关。表 10-4 同样列出了在做线性回归时所排除的物种。可以看出，这些物种大多为硝酸铵

盐和氯化铵盐。它们与直线的偏差,表明不易进行远距离传输,主要由当地排放控制。

10.4.2　以正交矩阵因子分析局地与远距离传输的相对贡献

将409个样品、21个化学物种(PM[*]、Na^+、NH_4^+、K^+、Mg^{2+}、Ca^{2+}、Cl^-、NO_3^-、SO_4^{2-}、Sr、Pb、Ni、Fe、Mn、Mg、V、Ca、Cu、Ti、Al、Na)进行正交矩阵因子分析(PMF),其他物种由于其高缺失比例或低信噪比被排除在外。由PMF解析出4个因子,计算Q值(11 495)与理论Q值(8 463)的差值小于理论Q值的50%,表明结果是可靠的。从F矩阵可直接得到某因子的化学成分谱($\mu g \cdot m^{-3}$)。图10-10显示每个化学物种在每个因子中的质量百分比[在某一因子上的质量(F矩阵值)与实测平均值的比值]。将实测PM及化学组分浓度分别对4个因子的得分(G矩阵)作多元线性回归。取线性回归系数与因子得分的乘积,为此因子能够解释该物种的浓度值($\mu g \cdot m^{-3}$)。物种在4个因子上的浓度和为计算浓度。图10-10显示PM、Al、SO_4^{2-}、NO_3^-的计算值与实测值的相关性,可见线性回归直线的斜率接近1,相关系数在0.93~0.98之间,表明PMF结果是可靠的。

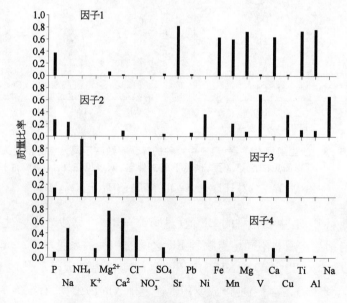

图10-9　化学物种质量在4个因子之间的分布

图10-9显示,因子1上Sr、Fe、Mn、Mg、Ca、Ti、Al的载荷高,图10-7和图10-8显示这些元素的EF<5,表明因子1代表矿物源。此因子对颗粒物质量的贡献,在沙尘期间是非沙尘期间的3倍多(DS1、DS2、ND分别是183.9、322.2、53.1 $\mu g \cdot m^{-3}$),同时与风速正相关($r=0.363$,$p_{双尾}=0.000$),表明此因子代表远距离传输的矿物源。因子2对V、Na、Mn、Ni、Cu的载荷高,对Mg、Ti、Al、Pb有一定的载荷。V、Na、Mn、Mg、Ti、Al主

---

　　*　PM:particulate matter,即颗粒物。

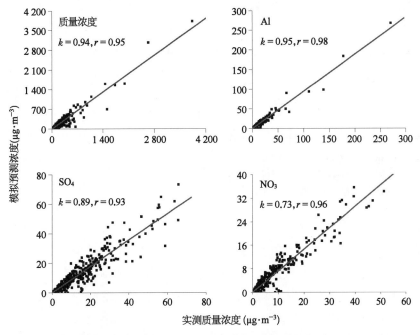

图 10 - 10　所有样品中 PM、Al、SO$_4^{2-}$、NO$_3^-$ 的 PMF 计算值与实测值之间的关系

要来自矿物,Pb、Ni 可能来自燃油,Cu 可能来自轮胎磨损颗粒。因此,因子 2 可代表与交通活动有关的当地矿物源。因子 3 在 NH$_4^+$、NO$_3^-$、SO$_4^{2-}$、Pb、K$^+$ 上的载荷高,在 Cl$^-$、Ni、Cu 上有一定的载荷。此因子可代表二次人为污染源,如燃煤(SO$_4^{2-}$、Pb、Ni)、交通活动(NH$_4^+$、NO$_3^-$、SO$_4^{2-}$、Pb)、生物质燃烧(K$^+$、Cl$^-$)、废弃物焚烧(Cu、Cl$^-$、Pb)等[38]。此因子对颗粒物的贡献在沙尘期间降低(DS1、DS2、ND 分别是 25.2、7.78、35.3 μg·m^{-3}),同时与风速负相关($r=-0.154$, $p_{双尾}=0.002$),表明此因子可代表当地人为产生的二次污染源。因子 4 在 Mg^{2+}、Ca^{2+}、Na$^+$、Cl$^-$ 上的载荷高,在 SO$_4^{2-}$、K$^+$ 上有一定载荷。此因子被认为与中国西北干旱和半干旱地区的盐湖所产生的可溶性矿物尘有关;然而根据因子 4 的源谱,此因子中 Mg^{2+}、Ca^{2+}、Cl$^-$、SO$_4^{2-}$ 与(K$^+$ ＋Na$^+$)的浓度比分别为 0.397、5.866、4.488、5.184,远高于中国盐湖尘中的 0.083、0.280、1.354、1.193[39],表明在碱性盐湖尘(pH=8.7)的远距离传输过程中,吸附了酸性污染物,并形成二次氯化物和硫酸盐气溶胶[39],因此该因子可代表远距离传输的污染源。图 10 - 10 显示因子 1、因子 2、因子 3、因子 4 对 PM 的贡献分别为 37.4%、27.5%、14.3%、8.9%,表明沙尘季节的矿物组分是颗粒物中的主要组分。由上面对 4 个因子所代表的来源进行讨论可知,PM 在因子 1 和因子 4 上的质量浓度与其在 4 个因子上的质量浓度和之比值,可代表远距离传输对 PM 的贡献。相应矿物组分在因子 1 上的质量浓度与其在因子 1 和因子 2 上质量浓度之和的比值,可代表远距离传输对矿物组分的贡献。二次组分在因子 4 上的浓度与其在因子 3 和因子 4 上质量浓度之和的比值,代表远距离传输对二次组分

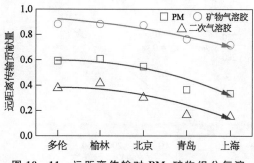

图 10 - 11 远距离传输对 PM、矿物组分气溶胶和二次气溶胶的贡献量（彩图见下载文件包，网址见 14 页脚注）

的贡献。图 10 - 11 显示按上述方法计算得到的远距离传输对 PM、矿物组分和二次气溶胶的贡献。可见，在整个采样期间，远距离传输对 PM、矿物组分和二次气溶胶的贡献，分别为 49%、82%、28%。据此结果可以推论，控制当地污染排放，能够有效地控制二次气溶胶的浓度，但对矿物组分的影响较小。图 10 - 11 还显示了远距离传输的贡献随与沙尘源区距离的增加而降低，说明沙尘传输影响的区域性。

综上所述，沙尘在其长途传输途中与污染气溶胶发生相互混合与相互作用。矿物、二次气溶胶和碳质气溶胶，是大气气溶胶的主要成分。随着与沙尘源区距离的增加，矿物组分的质量分数减小，二次气溶胶和碳质组分的质量分数增大。在沙尘暴期间，沿途所有地点的颗粒物浓度都有明显增加，同时有部分的二次气溶胶组分，被入侵的矿物组分所取代。此取代对细颗粒物更明显。在沙尘期间，二次气溶胶组分移向粗颗粒，矿物组分移向细颗粒。沙尘在传输过程中，发生了碱性沙尘颗粒与酸性气体和污染颗粒的相互混合与相互作用，致使颗粒物酸度增大。在沙尘传输过程中，颗粒物上 SO_4^{2-}/Ca^{2+}、NO_3^-/Ca^{2+} 比例的变化表明了沙尘颗粒与 SO_2、NO_x、SO_4^{2-}、NO_3^- 发生了化学反应。沙尘颗粒更有利于硫酸盐的形成，表明硫酸盐和硝酸盐有不同的形成机制。富集系数分析表明，Mg、Fe、Mn、Co、Sr、Ca、Cr 主要来自矿物源，SO_4^{2-}、S、Cl^-、NO_3^-、NH_4^+ 主要来自污染排放，沙尘期间不同地点物种的 EF 相关性好，表明它们有相同的来源或相同的传输机制，暗示沙尘的影响是区域性的。PMF 分析得到的气溶胶，主要来自：① 远距离传输的沙尘；② 当地与交通活动有关的矿物尘；③ 当地人为排放的二次污染物；④ 与远距离传输有关的二次污染源。远距离传输对颗粒物质量浓度、矿物组分和二次气溶胶的贡献分别为 49%、82%、28%，而且此贡献随着与沙尘源区距离的增加而降低。

参考文献

[1] Duce R A, Liss P S, Merrill J T, et al. The atmospheric input of trace species to the world ocean. Global Biogeochemical Cycles, 1991, 5(3): 193 - 259.

[2] Arimoto R, Ray B J, Lewis N F, et al. Mass-particle size distributions of atmospheric dust and the dry deposition of dust to the remote ocean. Journal of Geophysical Research-Atmospheres, 1997, 102(D13): 15867 - 15874.

[3] Zhang Y, Young S W, Kotamarthi V, et al. Photochemical oxidant processes in the presence of dust: An evaluation of the impact of dust on particulate nitrate and ozone formation. Journal of Applied Meteorology, 1994, 33(7): 813 - 824.

[4]　Dentener F J, Carmichael G R, Zhang Y, et al. Role of mineral aerosol as a reactive surface in the global troposphere. Journal of Geophysical Research-Atmospheres, 1996, 101(D17): 22869 – 22889.

[5]　Song C H, Carmichael G R. A three-dimensional modeling investigation of the evolution processes of dust and sea-salt particles in East Asia. Journal of Geophysical Research-Atmospheres, 2001, 106(D16): 18131 – 18154.

[6]　Zhang D Z, Iwasaka Y. Chlorine deposition on dust particles in marine atmosphere. Geophysical Research Letters, 2001, 28(18): 3613 – 3616.

[7]　Zhuang G S, Yi Z, Duce R A, et al. Link between iron and sulphur cycles suggested by detection of Fe(Ⅱ) in remote marine aerosols. Nature, 1992, 355(6360): 537 – 539.

[8]　Zhuang G S, Guo J H, Yuan H, et al. The compositions, sources, and size distribution of the dust storm from China in spring of 2000 and its impact on the global environment. Chinese Science Bulletin, 2001, 46(11): 895 – 901.

[9]　Wang Y, Zhuang G S, Sun Y, et al. Water-soluble part of the aerosol in the dust storm season — Evidence of the mixing between mineral and pollution aerosols. Atmospheric Environment, 2005, 39(37): 7020 – 7029.

[10]　Zhang D Z, Zang J Y, Shi G Y, et al. Mixture state of individual Asian dust particles at a coastal site of Qingdao, China. Atmospheric Environment, 2003, 37(28): 3895 – 3901.

[11]　Guo Z G, Feng J L, Fang M, et al. The elemental and organic characteristics of $PM_{2.5}$ in Asian dust episodes in Qingdao, China, 2002. Atmospheric Environment, 2004, 38(6): 909 – 919.

[12]　Chen S J, Hsieh L T, Kao M J, et al. Characteristics of particles sampled in southern Taiwan during the Asian dust storm periods in 2000 and 2001. Atmospheric Environment, 2004, 38(35): 5925 – 5934.

[13]　Lee C T, Chuang M T, Chan C C, et al. Aerosol characteristics from the Taiwan aerosol supersite in the Asian yellow-dust periods of 2002. Atmospheric Environment, 2006, 40(18): 3409 – 3418.

[14]　Fang M, Zheng M, Wang F, et al. The long-range transport of aerosols from northern China to Hong Kong — A multi-technique study. Atmospheric Environment, 1999, 33(11): 1803 – 1817.

[15]　Cao J J, Lee S C, Zheng X D, et al. Characterization of dust storms to Hong Kong in April 1998. Water, Air & Soil Pollution: Focus, 2003, 3(2): 213 – 229.

[16]　Lee B K, Jun N Y, Lee H K. Comparison of particulate matter characteristics before, during, and after Asian dust events in Incheon and Ulsan, Korea. Atmospheric Environment, 2004, 38(11): 1535 – 1545.

[17]　Park M H, Kim Y P, Kang C H, et al. Aerosol composition change between 1992 and 2002 at Gosan, Korea. Journal of Geophysical Research-Atmospheres, 2004, 109(D19).

[18]　Ma C J, Kasahara M, Holler R, et al. Characteristics of single particles sampled in Japan during the Asian dust-storm period. Atmospheric Environment, 2001, 35(15): 2707 – 2714.

[19]　Chung Y S, Kim H S, Park K H, et al. Observations of dust-storms in China, Mongolia and

associated dust falls in Korea in spring 2003. Water, Air & Soil Pollution: Focus, 2005, 5(3): 15 – 35.

[20] Iwasaka Y, Yamato M, Imasu R, et al. Transport of Asian dust (KOSA) particles: importance of weak KOSA events on the geochemical cycle of soil particles. Tellus B, 1988, 40(5): 494 – 503.

[21] Zhou M, Okada K, Qian F, et al. Characteristics of dust-storm particles and their long-range transport from China to Japan — Case studies in April 1993. Atmospheric Research, 1996, 40(1): 19 – 31.

[22] Fan X B, Okada K, Niimura N, et al. Mineral particles collected in China and Japan during the same Asian dust-storm event. Atmospheric Environment, 1996, 30(2): 347 – 351.

[23] Mori I, Nishikawa M, Tanimura T, et al. Change in size distribution and chemical composition of kosa (Asian dust) aerosol during long-range transport. Atmospheric Environment, 2003, 37 (30): 4253 – 4263.

[24] Trochkine D, Iwasaka Y, Matsuki A, et al. Comparison of the chemical composition of mineral particles collected in Dunhuang, China and those collected in the free troposphere over Japan: Possible chemical modification during long-range transport. Water, Air & Soil Pollution: Focus, 2003, 3(2): 161 – 172.

[25] Sun Y L, Zhuang G S, Ying W, et al. The air-borne particulate pollution in Beijing — Concentration, composition, distribution and sources. Atmospheric Environment, 2004, 38(35): 5991 – 6004.

[26] Park S S, Kim Y J. $PM_{2.5}$ particles and size-segregated ionic species measured during fall season in three urban sites in Korea. Atmospheric Environment, 2004, 38(10): 1459 – 1471.

[27] Chan Y C, Simpson R W, Mctainsh G H, et al. Characterisation of chemical species in $PM_{2.5}$ and PM_{10} aerosols in Brisbane, Australia. Atmospheric Environment, 1997, 31(22): 3773 – 3785.

[28] Dan M, Zhuang G S, Li X X, et al. The characteristics of carbonaceous species and their sources in $PM_{2.5}$ in Beijing. Atmospheric Environment, 2004, 38(21): 3443 – 3452.

[29] Hou X M, Zhuang G S, Sun Y, et al. Characteristics and sources of polycyclic aromatic hydrocarbons and fatty acids in $PM_{2.5}$ aerosols in dust season in China. Atmospheric Environment, 2006, 40(18): 3251 – 3262.

[30] Guo J, Rahn K A, Zhuang G S. A mechanism for the increase of pollution elements in dust storms in Beijing. Atmospheric Environment, 2004, 38(6): 855 – 862.

[31] Wang Y, Zhuang G S, Tang A H, et al. The ion chemistry and the source of $PM_{2.5}$ aerosol in Beijing. Atmospheric Environment, 2005, 39(21): 3771 – 3784.

[32] Wang Z F, Akimoto H, Uno I. Neutralization of soil aerosol and its impact on the distribution of acid rain over East Asia: Observations and model results. Journal of Geophysical Research-Atmospheres, 2002, 107(D19).

[33] Goodman A L, Underwood G M, Grassian V H. A laboratory study of the heterogeneous reaction of nitric acid on calcium carbonate particles. Journal of Geophysical Research-

Atmospheres, 2000, 105(D23): 29053 - 29064.

[34] Usher C R, Michel A E, Grassian V H. Reactions on mineral dust. Chemical Reviews, 2003, 103 (12): 4883 - 4939.

[35] Mamane Y, Gottlieb J. Nitrate formation on sea-salt and mineral particles — A single particle approach. Atmospheric Environment Part A — General Topics, 1992, 26(9): 1763 - 1769.

[36] Mamane Y, Gottlieb J. Heterogeneous reactions on minerals with sulfur and nitrogen oxides. Journal of Aerosol Science, 1989, 20: 303 - 311.

[37] Taylor S R. Abundance of chemical elements in the continental crust: A new table. Geochimica Et Cosmochimica Acta, 1964, 28(8): 1273 - 1285.

[38] Bandhu H K, Puri S, Garg M L, et al. Elemental composition and sources of air pollution in the city of Chandigarh, India, using EDXRF and PIXE techniques. Nuclear Instruments & Methods in Physics Research Section B: Beam Interactions with Materials and Atoms, 2000, 160(1): 126 - 138.

[39] Abuduwaili J, Mu G J. Eolian factor in the process of modern salt accumulation in western Dzungaria, China. Eurasian Soil Science, 2006, 39(4): 367 - 376.

第11章

亚洲沙尘主要源区——塔克拉玛干沙漠沙尘气溶胶的理化特性及其古海洋源特征

世界第二大流动性沙漠——塔克拉玛干沙漠,是亚洲沙尘的重要源区之一[1,2]。塔克拉玛干沙漠三面高山环绕,北面是海拔 3 000~5 000 m 的天山山脉,南面是海拔 4 000~5 000 m 以上的昆仑山山脉,西面是海拔 4 500~5 500 m 的帕米尔高原,东面地势较低,与罗布泊洼地相连,总面积为 33.76 万 km^2。塔克拉玛干沙漠每年把大量的沙尘气溶胶送入大气中长距离传输,其中粒径小于 10 μm 的颗粒物,占全年沙尘量的 52%[3,4]。塔克拉玛干沙漠之所以是亚洲沙尘最大的贡献者,主要有 2 个原因:起沙风速阈值低,即较小的风速(6.0 $m \cdot s^{-1}$)即可造成沙尘天气;另外,气候极度干旱[5,6]。沙尘进入大气后,分布在从地面至 5 km 高度的范围[7],随高空西风带的运动[8],传输到朝鲜半岛[9]和日本[10],甚至跨越太平洋,到达美国西海岸[11,12]。有学者根据同位素比值等方法,在格陵兰岛[13]、阿尔卑斯山[14]上发现来自塔克拉玛干沙漠沉降的沙尘。依据特征同位素比($^{81}Sr / ^{80}Sr$)和矿物质的磁性研究,确认黄土高原是塔克拉玛干沙漠的沙尘在长途传输过程中逐渐沉降形成的。这也间接地证明,与黄土高原组成相似的太平洋海底沉积物,是来自塔克拉玛干沙漠[14,15]。塔克拉玛干沙漠的沙尘气溶胶,在全球生物地球化学循环中,扮演着重要的角色。迄今为止,对沙漠地区沙尘气溶胶的化学特性,研究涉及得不多。S. Yabuki[16]等分析了塔克拉玛干沙漠北部(阿克苏)不同季节沙尘气溶胶的可溶性组分,包括 Na^+、NH_4^+、Ca^{2+}、Mg^{2+}、SO_4^{2-}、NO_3^-、Cl^-,发现除 NH_4^+ 外,其余离子组分在 3.3~7.0 μm 范围均出现单峰值,而冬季除在亚微米范围有一峰值外,在 0.43~1.1 μm,NH_4^+、SO_4^{2-} 有明显的峰,表明有人为活动的影响。为了揭示这个早在 530 万年前就形成的沙漠地区[17]沙尘气溶胶的内在特性,我们在塔克拉玛干沙漠腹地设置采样点(图 11-1)并收集气溶胶,对样品中的 16 种离子和 19 种元素进行了系统的分析,结合气象因素(图 11-2、图 11-3),力图阐述曾经是海洋的塔克拉玛干沙漠的沙尘气溶胶的理化特性及其对下风向区域环境乃至全球气候变化的影响。

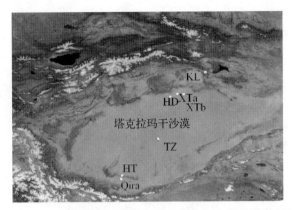

图 11 - 1 塔克拉玛干沙漠气溶胶及表层土的采样点(彩图见下载文件包,网址见 14 页脚注)

图中,KL:Kurler,库尔勒;XT:Xiaotang,肖塘(XTa:肖塘气象站;XTb:肖塘自动气象站);HD:Hade,哈得;TZ:Tazhong,塔中;Qira:策勒;HT:Hetian,和田。

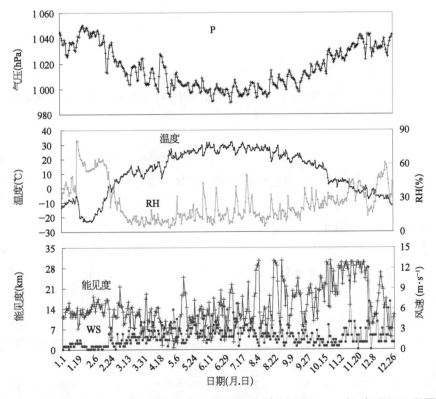

图 11 - 2 塔克拉玛干沙漠 2008 年温度(℃)、湿度(RH,%)、风速(m·s⁻¹)、气压(hPa 即百帕)、能见度(km)的变化(彩图见下载文件包,网址见 14 页脚注)

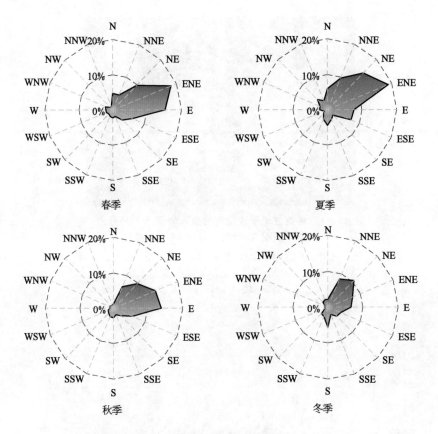

图 11-3 塔克拉玛干腹地（塔中）四季风频图（彩图见下载文件包，网址见 14 页脚注）

春季为静风频率,20.3%;夏季为 9.0%;秋季为 31.7%;冬季为 37.0%＊。

11.1 塔克拉玛干沙漠沙尘气溶胶概况

11.1.1 沙尘气溶胶的质量浓度

2006 年 1 月 1 日至 2008 年 12 月 31 日 3 年间,塔中 PM_{10} 的日变化如图 11-4 所示。2006、2007、2008 年的 PM_{10} 年均值分别为 716.4、475.4、467.4 $\mu g \cdot m^{-3}$,是国家环境空气质量二级年均标准(100 $\mu g \cdot m^{-3}$)的 7.16、4.75、4.67 倍,比同期位于塔克拉玛干沙漠南部和田绿洲带的 PM_{10} 年均浓度高 2.8、2.0、2.2 倍。这说明,塔中是中国沙尘浓度非常高的地区。每年 2 月末至 10 月中旬期间,$PM_{10}>1\,000\ \mu g \cdot m^{-3}$ 的沙尘天气频繁发生,如 2006

＊ 图中各个圆外侧圆周上所标的大写字母组合,在地质等学科中用以表示方位。其中字母 E 表示东(east),S 表示南(south),W 表示西(west),N 表示北(north)。沿顺时针方向,N: 北;NNE: 北北东;NE: 北东;ENE: 东北东;E: 东;ESE: 东南东;SE: 南东;SSE: 南南东;S: 南;SSW: 南南西;SW: 南西;WSW: 西南西;W: 西;WNW: 西北西;NW: 北西;NNW: 北北西。

年期间 PM_{10} 平均值达 973 $\mu g \cdot m^{-3}$,其中最大浓度高达 8 910 $\mu g \cdot m^{-3}$,高出国家空气质量标准二级日均值 150 $\mu g \cdot m^{-3}$ 近 60 倍。即使在冬季也有沙尘天气出现,如 2006 年 2 月 15 日和 2007 年 1 月 14 日,PM_{10} 浓度分别为 3 164 和 6 976 $\mu g \cdot m^{-3}$,分别超标 22 和 46 倍。每年塔中地区有 60% 以上的天数,PM_{10} 浓度超标。很有意思的是,PM_{10} 和能见度(visibility, Vis.)有较好的幂函数关系,如图 11-5 所示。其拟合方程是能见度 $= 98.112 \times PM_{10}^{-0.373\,8}$($R^2 = 0.60$, $n = 980$)。根据方程可知,在塔中,当 $PM_{10} > 449$ $\mu g \cdot m^{-3}$ 时,能见度就降至 10 km 以下;当 $PM_{10} > 2\,873$ $\mu g \cdot m^{-3}$ 时,能见度降至 5 km 以内。作为比较,图 11-6 显示了塔克拉玛干沙漠南部和田绿洲带 PM_{10}(与塔中同期的每日浓度)与能见度之间也存在着这种幂函数的关系,其拟合方程为 Vis. $= 338.93 \times PM_{10}^{-0.650\,9}$, $R^2 = 0.52$, $n = 1\,063$。当 $PM_{10} > 224$ $\mu g \cdot m^{-3}$ 时,能见度降到 10 km 以下;而 $PM_{10} > 650$ $\mu g \cdot m^{-3}$ 时,当地的能见度会降到 5 km 以下。通过两者的比较可以说明,在相同沙尘浓度条件

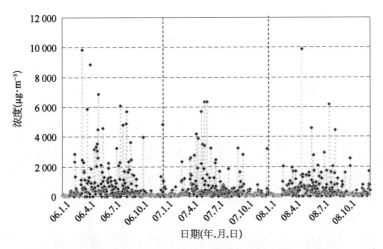

图 11-4　2006—2008 年塔中 PM_{10} 日变化(彩图见下载文件包,网址见 14 页脚注)

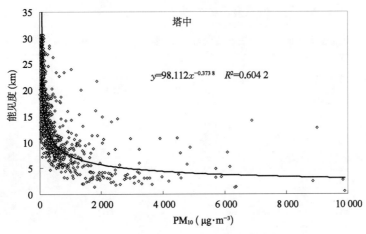

图 11-5　塔中 PM_{10} 和能见度的关系

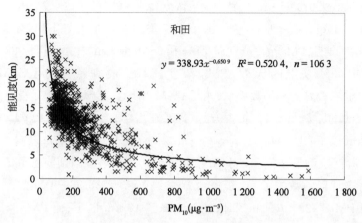

图 11 - 6　和田 PM_{10} 和能见度的关系（彩图见下载文件包，网址见 14 页脚注）

下，和田的能见度更低。塔中能见度的降低，主要是由于高浓度的沙尘气溶胶影响所致；而和田地区不仅有沙尘气溶胶的影响，还有其他因素（该地区有较多人为活动）的贡献，致使沙尘气溶胶在浓度小于塔中近一倍时，能见度就可降至 10 km。塔中地区的沙尘气溶胶，代表亚洲沙尘气溶胶最原始的、最本质的特性。

2007 年 3 月 20 日至 4 月 20 日在塔中采集的 $PM_{2.5}$ 和 TSP 平均浓度，分别为 586、1 308 $\mu g \cdot m^{-3}$。$PM_{2.5}$ 的浓度是美国标准的 49 倍，TSP 是中国标准的 13 倍之多。为便于比较，本章将 TSP 浓度大于 1 000 $\mu g \cdot m^{-3}$ 的天气，定义为沙尘暴天气（dust storm，DS）；小于此的则定义为非沙尘暴天气（non-dust storm, NDS）。表 11 - 1 列出了包括塔中在内的 2007 年中国北方沙漠和沙地（位于浑善达克沙地的多伦和位于毛乌素沙地的榆林）在 DS 与 NDS 期间 $PM_{2.5}$ 和 TSP 的质量浓度。塔中在 NDS 期间 $PM_{2.5}$ 和 TSP 的浓度分别为 235 和 484 $\mu g \cdot m^{-3}$，是多伦和榆林的 4～5 倍；在 DS 期间，塔中 $PM_{2.5}$ 和 TSP 的浓度分别为 1 055 和 2 888 $\mu g \cdot m^{-3}$，是多伦和榆林的 1.8～4.1 倍，这表明塔克拉玛干沙漠是沙尘暴最强、发生频率最高的沙尘源区。

表 11 - 1　中国主要沙漠和沙地在沙尘与非沙尘期间 $PM_{2.5}$ 和 TSP 的质量浓度（$\mu g \cdot m^{-3}$）

地点		经纬度	采样日期	NDS		DS		参考文献
				$PM_{2.5}$	TSP	$PM_{2.5}$	TSP	
塔中	塔克拉玛干沙漠	39.0°N, 83.4°E	2007.3.20—4.21	235	484	1 055	2 888	本章
多伦	内蒙古	42.3°N, 116.5°E	2007.3.20—4.21	53	112	285	812	本章
榆林	黄土高原	38.2°N, 109.8°E	2007.3.20—4.21	54	191.3	276.3	1 224.2	本章

（续表）

地点		经纬度	采样日期	NDS		DS		参考文献
				PM_{2.5}	TSP	PM_{2.5}	TSP	
多伦	内蒙古	42.3°N, 116.5°E	2004.3.9—4.23	60	153	403	1 632	[18]
榆林	黄土高原	38.2°N, 109.8°E	2004.3.9—4.23	117	269	252	1 105	[18]
通辽	科尔沁沙地	43.6°N, 122.3°E	2005.3.3—5.31	104		255		[19]

11.1.2　沙尘气溶胶的季节变化

塔中沙尘气溶胶春季(3、4、5 月)、夏季(6、7、8 月)、秋季(9、10、11 月)和冬季(12、1、2 月)PM_{10} 在 2006 年的季平均浓度分别为 1 359、894、324、264 $\mu g \cdot m^{-3}$，2007 年为 531、342、289、258 $\mu g \cdot m^{-3}$，2008 年为 680、755、234、260 $\mu g \cdot m^{-3}$。显然，春夏高于秋冬，因此人们常指春夏季为沙尘暴季节。一般来说，春季又高于夏季，如 2006 和 2007 年的 3、4、5 月达到全年的峰值(图 11 - 7)。这主要是因为春季西风带活跃且强度大，易将进入大气的沙尘携带走；而夏季多有集中降水事件，对大气的颗粒物起到一定的冲刷作用。随着季节的更替，西风带活动逐渐减弱，风速降低，尤其到了冬季，静风频率可达 37%，平均地面风速仅为 0.7 $m \cdot s^{-1}$。模式计算发现，沙漠地区春季沙尘的输送量，往往占到全年总量的一半以上[20]。这说明春季是沙尘气溶胶产生的主要季节。

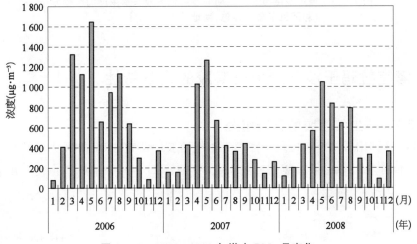

图 11 - 7　2006—2008 年塔中 PM_{10} 月变化

11.1.3　沙尘气溶胶的粒径分布

塔中地区沙尘气溶胶中细颗粒物占总颗粒物的平均比值 $PM_{2.5}$／TSP 为 0.46。进一步分析发现,在非沙尘暴天气下,比值为 0.68,而在沙尘暴天气时,比值降到 0.44。这是因为沙漠地区气团活动频繁,不仅会将细颗粒物带入大气中,而且粒径较大的颗粒物也会被携带进空气中。由于重力原因,较大的颗粒物会很快沉降,而较小的颗粒物在大气中滞留的时间较长,因此会表现出非沙尘暴期间塔中地区沙尘气溶胶以细颗粒物为主,而在沙尘暴期间以粗颗粒物为主(图 11-8)。通过对沙漠不同区域表层土及其形貌的分析发现[21],相对于世界上其他沙漠来说,塔克拉玛干沙漠的沙尘粒径最小,且由北向南,沙砾的粒径逐渐减小;但由于沙漠腹地位于高能风场*,沙尘的输送远高于沙漠周边地区2.3 倍[22]。结合这两个因素,由于塔克拉玛干沙漠拥有世界上最细的沙尘,因此在非沙尘暴期间,塔中地区沙尘气溶胶以细颗粒物为主。在沙尘暴期间,大风扬起更大粒径的沙土,因而含有较多粗颗粒物。

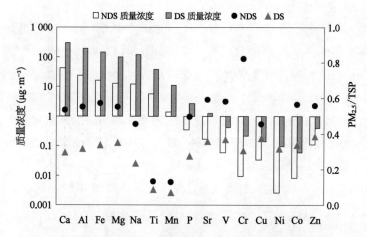

图 11-8　塔中沙尘与非沙尘期间沙尘气溶胶质量浓度的粒径分布
(彩图见下载文件包,网址见 14 页脚注)

11.2　塔克拉玛干沙漠沙尘气溶胶的化学特性

11.2.1　沙尘气溶胶的元素组分

表 11-2 列出了从塔克拉玛干沙漠春季气溶胶中测定的 19 种元素的平均浓度及范围。从表 11-2 中可见,质量浓度最高的元素是 Ca,其春季在 $PM_{2.5}$ 和 TSP 中的平均值分别为 52.20 和 99.67 $\mu g \cdot m^{-3}$,占到总质量的 8.9% 和 7.7%。有些样品中,元素 Ca 占

---

　*　风场是有关特定区域内每一时间风速及风向三维空间分布状况的描述,可显示气流物理特性和反映不同天气过程。

到总质量的 12.9%。与 Ca 在全球地壳中的平均浓度 4.15% 相比,元素 Ca 的浓度是地壳均值的 2 倍多,说明塔克拉玛干沙漠是高钙地区。这一结论与 X. Wang 等报道的塔克拉玛干沙漠表层土中含有较高浓度的 $CaCO_3$ 相一致[21]。其次是典型矿物元素 Al,在 $PM_{2.5}$ 和 TSP 中的浓度分别为 34.85 和 62.87 $\mu g \cdot m^{-3}$,TSP 中 Al 的浓度分别是阿克苏(塔克拉玛干沙漠北部)、敦煌(塔克拉玛干沙漠东部)、沙坡头 TSP 中 Al 浓度的 2.6、3.7、4.5 倍[23],说明沙漠腹地矿物气溶胶的浓度非常高。在 $PM_{2.5}$ 中,其元素浓度大小顺序为 $Ca>Al>Fe>Mg>Na>S>Ti>Mn>P>Sr>Zn>V>As>Cr>Cu>Pb>Ni>Co>Cd$;在 TSP 中略有差别,其顺序为 $Ca>Al>Fe>Na>Mg>S>Ti>P>Mn>Sr>Zn>V>Cr>As>Cu>Ni>Pb>Co>Cd$。

表 11-2 塔中春季 $PM_{2.5}$ 和 TSP 的元素浓度($\mu g \cdot m^{-3}$)

	样品数	平均值	最小值	最大值	平均值	最小值	最大值
		$PM_{2.5}$			TSP		
气溶胶最大浓度	35	595.2	45.3	1 728.9	1 286	53.3	5 407.4
BC	35	2.07	1.45	3.05	1.98	1.14	3.11
pH	35	6.61	4.08	7.49	7.39	5.56	7.68
Al	35	35.07	2.21	112.12	62.87	3.21	275.70
As	35	0.06	0.00	0.13	0.05	0.00	0.16
Ca	35	52.53	4.78	137.94	99.67	5.48	478.95
Cd	35	0.00	BL	0.00	0.00	BL	0.00
Co	35	0.01	0.00	0.03	0.02	0.00	0.08
Cr	35	0.03	BL	0.14	0.07	BL	0.32
Cu	35	0.03	0.00	0.09	0.05	0.01	0.19
Fe	35	27.09	1.69	94.25	46.27	1.63	216.35
Mg	35	19.70	1.01	68.83	32.43	1.48	137.83
Mn	35	0.45	0.03	1.35	0.74	0.03	3.31
Na	35	15.53	1.76	58.45	37.04	2.23	257.55
Ni	35	0.02	BL	0.07	0.03	BL	0.15
P	35	0.42	0.04	1.18	0.85	0.05	4.25
Pb	35	0.03	0.00	0.11	0.04	0.01	0.12
Sr	35	0.26	0.02	0.91	0.41	0.02	2.11
Ti	35	1.88	0.18	5.54	3.63	0.20	17.19
V	35	0.09	0.01	0.26	0.14	0.01	0.60
Zn	35	0.10	0.02	0.27	0.15	0.02	0.52
S	35	7.39	0.05	30.76	12.66	0.77	62.85

1. 沙尘气溶胶元素的富集系数(EF)

为了进一步阐明元素的化学特征,采用 Al 作为矿物源的参比元素,根据公式 $EF=(X/Al)_{气溶胶}/(X/Al)_{地壳}$ 计算了所有元素的富集系数。式中$(X/Al)_{气溶胶}$ 和$(X/Al)_{地壳}$分别代表 X 元素在气溶胶和地壳中的相对浓度。如果 EF<5,说明该元素主要来自地壳;如果 EF>10,说明主要来自人为污染来源;如果 10>EF>5,则说明元素部分来自人为源,又有部分来自地壳源。如图 11-9 所示,矿物元素(EF<5)有 Ni、Cr、Ti、P、Fe、Co、Mn、Cu、Na、Sr、V、Mg、Ca、Zn;元素 Cd、Pb 既有地壳源也有人为污染源。值得关注的是污染元素(EF>10)As、S 的 EF 远大于 10。在细颗粒物中,As 的 EF 甚至超过了 100,说明人迹罕至的沙漠海洋也有人为活动影响的痕迹。S 的 EF>50,似应主要来自人为污染,实际上主要来自矿物源,这是塔克拉玛干沙漠的古海洋源的主要特征,对此会在后续部分详细阐述。

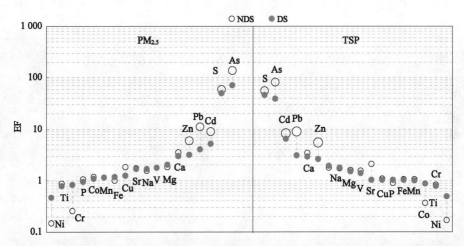

图 11-9　塔中沙尘与非沙尘期间元素的富集系数(彩图见下载文件包,网址见 14 页脚注)

2. 沙尘气溶胶的矿物源元素

沙尘暴期间,在 $PM_{2.5}$ 中的矿物源元素浓度,是非沙尘期间的 1.8~7.7 倍;而在 TSP 中,则是 2.9~9.3 倍。同时,在沙尘暴期间,这些矿物元素在 TSP 中所占的比重,比在非沙尘暴期间都有增加,尤其是 Al、Fe、Mg、Na 等。这些矿物元素在非沙尘暴期间的 $PM_{2.5}/TSP$ 比值,均大于 0.55,如 Ca、Al、Fe、Mg、Na 的 $PM_{2.5}/TSP$ 比值分别为 0.88、0.91、0.92、0.89、0.72;而到了沙尘暴时期,矿物元素 $PM_{2.5}/TSP$ 比值均有不同程度的下降,Ca、Al、Fe、Mg、Na 分别降至 0.49、0.53、0.57、0.59、0.40。这一事实表明,在非沙尘暴时期,矿物元素较多地存在于细颗粒物中;而在沙尘暴时期,矿物元素较多地存在于粗颗粒物中。为进一步判别元素的来源,对元素在沙尘与非沙尘期间的 EF 进行了分析(图 11-10)。值得注意的是,元素 Zn 在所有 $PM_{2.5}$ 和 TSP 样品中的 EF<5,但在非沙尘时期,无论是在粗颗粒物中还是在细颗粒物中,其 EF 值均大于 5。通过比较塔中周

边表层土的元素浓度,Zn 的浓度与全球地壳中的平均浓度相比,并无异常,这说明,非沙尘时期的人为活动,如沙漠公路往来的机动车尾气排放,以及石油天然气在沙漠里的加工过程排放的 Zn,富集于塔中沙尘气溶胶之中。

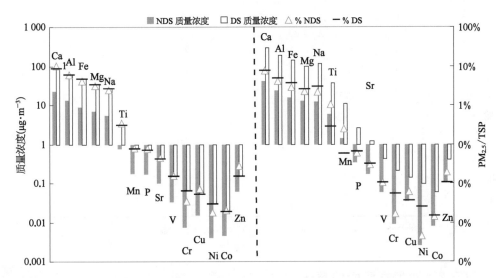

图 11 - 10　塔中沙尘与非沙尘期间元素浓度的比较(彩图见下载文件包,网址见 14 页脚注)

3. 沙尘气溶胶中的污染源元素 As、S、Pb、Cd 及其来源

元素 As、S、Pb、Cd 的 EF>5。尤其是 As,在 $PM_{2.5}$ 中的 EF 高达 120。根据元素 $PM_{2.5}$/TSP 的比值判断,这些污染元素主要分布在细颗粒物中(0.88~1.00);在沙尘暴期间由于粗颗粒物增加,比值会有所降低(0.55~0.99),但还是主要存在于细颗粒物中。我们收集了塔中及其不同方向上表层土的元素,表 11-3 中列出了元素 As、S、Pb、Cd 相对于地壳平均浓度的倍数。在塔克拉玛干沙漠周边的城市街道及郊区的表层土中,元素 Pb、Cd、As 的倍数为 1.4~6.6、5.5~6.6、3.7~8.3;而在沙漠与绿洲的过渡带为 1.2~3.1。这说明,塔克拉玛干沙漠腹地的污染元素,可能来自周边的绿洲如库尔勒、和田等地的工农业活动及机动车尾气排放。在中国西部杳无人烟的塔克拉玛干沙漠,气溶胶和尘土中均含有某种程度的污染元素 As、Pb、Cd。这些发现强烈地提示,燃煤所产生的大气污染物,经由大气颗粒物的长途传输,已经污染了中国几乎所有地区的大气和土壤。中国各地区、各城市的大气污染,不仅来自本地污染源,同时也都来自外地沙尘及污染源的长途传输。气溶胶的长途传输,成为中国大气气溶胶来源和形成机制的主要特点。必须指出的是,元素 S 中可溶性的 S 与总硫的比值接近 1,说明塔中表层沙土中的 S,主要是以可溶性 S 存在。元素 S 在塔中的浓度是地壳平均浓度的 1.2~4.0 倍。关于 S 的富集原因,将在 11.3 节详细讨论。

表 11 - 3　塔克拉玛干沙漠表层沙砾中污染元素 As、Cd、Pb、S 相对于地壳浓度的倍数

元素在地壳中的丰度(mg·kg^{-1})						As 1.8	Cd 0.15	Pb 14	S 350	S_w / S_t
采样点	代号	方位	描述	人口 (10 000)	面积 (km^2)					
库尔勒	KL	北	城市	40	7 117	4.7	5.6	6.6	14.3	0.55
肖塘 a	XTa	北	沙漠			3.0	3.1	1.3	1.5	1.00
肖塘 b	XTb	北	沙漠			1.2	1.7	1.2	3.6	0.65
哈得	HD	中	沙漠			2.3		1.2	4.0	0.49
塔中	TZ	中	沙漠			1.9	2.9	1.2	1.2	1.00
策勒	Qira	南	沙田过渡带	12	31 343	8.1	2.2	1.6	2.5	0.72
和田 c	HTc	南	城市	20	499	8.3	6.6	1.4	3.2	
和田 d	HTd	南	城市			3.7	6.6	1.9	3.4	

S_w 表示 SO_4^{2-} 中可溶性的 S,S_t 表示气溶胶中的总 S。"人口"栏为 2004 年的数据。

11.2.2　沙尘气溶胶的离子组分

1. 沙尘气溶胶的可溶性离子浓度

图 11 - 11 和图 11 - 12 显示了在沙尘暴和非沙尘暴期间,塔中气溶胶中 11 个阴离子 SO_4^{2-}、NO_3^-、Cl^-、$CH_2(COO)_2^{2-}$、F^-、NO_2^-、PO_4^{3-}、MSA、$C_2O_4^{2-}$、$C_4H_4O_4^{2-}$、$C_5H_6O_4^{2-}$ 和 5 个阳离子 NH_4^+、Na^+、K^+、Ca^{2+}、Mg^{2+} 的浓度。在 PM$_{2.5}$ 中的浓度大小顺序为 SO_4^{2-} > Cl^- > Na^+ > Ca^{2+} > $CH_2(COO)_2^{2-}$ > Mg^{2+} > K^+ > NO_3^- > NH_4^+ > $C_2O_4^{2-}$ > NO_2^- > F^- >

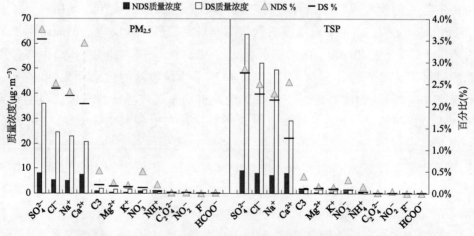

图 11 - 11　塔中沙尘与非沙尘期间离子浓度的比较(彩图见下载文件包,网址见 14 页脚注)

图中 C3 表示气溶胶中含 3 个 C 原子的有机酸离子,主要是丙二酸,即 $CH_2(COOH)_2$,其离子式是 $CH_2(COO^-)_2$。

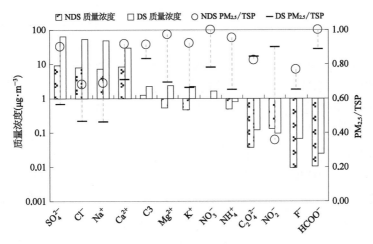

图 11 - 12　塔中沙尘与非沙尘期间离子的分布（彩图见下载文件包，网址见 14 页脚注）

$HCOO^-$，在 TSP 中为 $SO_4^{2-} > Cl^- > Na^+ > Ca^{2+} > CH_2(COO)_2^{2-} > Mg^{2+} > NO_3^- > K^+ > NH_4^+ > NO_2^- > C_2O_4^{2-} > F^- > HCOO^-$。在 $PM_{2.5}$ 和 TSP 中，所有可溶性离子浓度的总和分别为 67.17 和 118.72 $\mu g \cdot m^{-3}$，占总质量的 11.5% 和 9.1%，其中 SO_4^{2-}、Cl^-、Na^+、Ca^{2+} 是含量最高的 4 种离子，四离子浓度之和占总可溶性离子的 90% 以上。SO_4^{2-}、Cl^-、Na^+、Ca^{2+} 在 $PM_{2.5}$ 中的质量浓度分别为 21.20、14.37、13.69、13.40 $\mu g \cdot m^{-3}$，占总质量的 3.57%、2.41%、2.32%、2.25%；在 TSP 中为 35.71、28.22、18.56、27.79 $\mu g \cdot m^{-3}$，占总质量的 2.76%、2.19%、1.44%、2.16%。尤其值得关注的是，在沙漠腹地，丙二酸根离子 $[CH_2(COO)_2^{2-}]$ 的浓度在 $PM_{2.5}$ 和 TSP 中分别为 1.49 和 1.82 $\mu g \cdot m^{-3}$，是居于四大主要离子之后浓度最高的有机酸。这或许与塔克拉玛干沙漠是重要的石油和天然气开采基地有关。石油基地的初加工以及废气的排放，在这个日照充分的沙漠地区，容易发生氧化转化，从而造成这种情况。二次污染离子 NO_3^- 在沙漠腹地亦有检出，在 $PM_{2.5}$ 和 TSP 中的浓度分别为 0.063、0.125 $\mu g \cdot m^{-3}$，可能与离采样点约 3 km 的沙漠公路上来往的车辆尾气排放有关。

离子组分在沙尘暴与非沙尘暴气溶胶的质量、所占的质量百分比以及 $PM_{2.5}/TSP$ 比值上的变化，与元素的变化相似（图 11 - 11、图 11 - 12），即沙尘暴期间各离子的浓度增加，在气溶胶中所占的比例减小，$PM_{2.5}/TSP$ 比值降低。值得关注的是，在非沙尘时期 $Ca^{2+} > Na^+$，而在沙尘时期则 $Ca^{2+} < Na^+$。

2. 沙尘气溶胶水滤取液的酸度

气溶胶在相同条件下经去离子水滤取的滤液，其 pH 可用于比较气溶胶的酸性。塔中 $PM_{2.5}$ 和 TSP 的 pH 分别为 6.7 和 7.6，在粗颗粒物中，pH 在沙尘暴与非沙尘暴期间几近一致，分别为 6.98 和 6.99；而在细颗粒物中，沙尘与非沙尘天气的 pH 差别较明显，分别为 6.73 与 6.51，即在非沙尘暴期间的酸度比沙尘暴期间略高。这可能还是与某些二次气溶胶致酸污染离子如 NO_3^-、$CH_2(COO)_2^{2-}$、$C_2O_4^{2-}$ 等在非沙尘期间较多存在于细颗粒物之中有关。

3. 沙尘气溶胶的酸度及 CO_3^{2-} 离子的估算

根据电中性原理,如果所测离子已经涵盖了气溶胶中所有的可溶性离子,则所有阳离子的当量浓度之和(C),应等于所有阴离子的当量浓度之和(A),其比值(C/A)应大体等于1。本研究中所测定的阳离子不包括 H^+,又基于离子色谱仪器本身的限制,所测的阴离子不包括 CO_3^{2-}。如果比值(C/A)大体等于1,说明所测离子已经涵盖了气溶胶中所存在的主要离子,H^+ 和 CO_3^{2-} 的浓度相对于其他的主要离子,可以忽略不计。在本研究中,总阳离子的当量浓度($\sum+$)与总阴离子的当量浓度($\sum-$)之间的关系如图 11-13 所示。在 $PM_{2.5}$ 和 TSP 中,其斜率分别为 1.3 和 1.13,表明阳离子的总和大于阴离子,说明气溶胶中存在不可忽略的未被测定的 CO_3^{2-}。以总阳离子的当量浓度($\sum+$)与总阴离子的当量浓度($\sum-$)之差,与 Ca^{2+}、Mg^{2+} 离子之和作图(图 11-14),其相关系数 $r=0.99$,其斜率在 $PM_{2.5}$ 和 TSP 中分别为 1.0 和 1.1。此结果表明,气溶胶中未被测定的 CO_3^{2-} 的当量浓度,与 Ca^{2+} 和 Mg^{2+} 两者的当量浓度之和相当。气溶胶中的 CO_3^{2-},应主要以 $CaCO_3$ 和 $MgCO_3$ 的形式存在。如果把总阳离子的当量浓度($\sum+$)与总阴离子的当量浓度($\sum-$)之差,当作 CO_3^{2-} 的当量浓度,那么 Ca^{2+} 和 Mg^{2+} 两者的当量浓度之和,在 $PM_{2.5}$ 和 TSP 中分别为 0.50 和 0.58 $\mu eq \cdot m^{-3}$。如按照 $CaCO_3$ 计算,碳酸盐分别为 48.1 和 102.0 $\mu g \cdot m^{-3}$,占到总质量的 8.2%、7.8%。由于周边昆仑山和天山的风蚀作用,以及冰川摩擦及岩石裂解等的物理作用,产生了大量的 $CaCO_3$ 碎片,随风输送到沙漠,导致沙漠表层沙砾中含有较高的 $CaCO_3$。

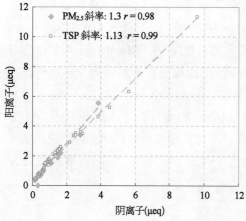

图 11-13 气溶胶总阳离子与总阴离子当量浓度($\mu eq \cdot m^{-3}$)比值(彩图见下载文件包,网址见 14 页脚注)

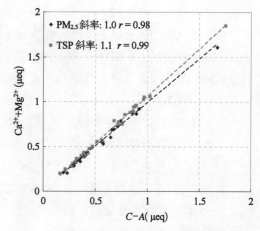

图 11-14 气溶胶中总阳离子与总阴离子当量浓度之差与 $Ca^{2+}+Mg^{2+}$ 的关系(彩图见下载文件包,网址见 14 页脚注)

横坐标的 $C-A$ 表示总阳离子的当量浓度与总阴离子的当量浓度之差,其中 C 是 cation(阳离子)的缩写,A 是 anion(阴离子)的缩写。

4. 沙尘气溶胶与污染气溶胶的相互作用

在渺无人烟的沙漠中,发现了来自污染源的 NO_3^- 和 NH_4^+。$PM_{2.5}$ 和 TSP 中检测出 NO_3^-、NH_4^+ 分别为 0.49、0.64 和 1.20、1.38 $\mu m \cdot m^{-3}$,占总质量的 $0.1\% \sim 0.20\%$ 和 $0.05\% \sim 0.08\%$,且均主要存在于细颗粒物中。如上所述,塔克拉玛干沙漠是重要的石油及天然气开采基地,其附近石油基地的初加工,以及沙漠公路来往机动车废气的排放,可能是这些污染离子的来源。在非沙尘暴期间,气溶胶中 Ca^{2+} 与 NO_3^- 存在相关性,其相关系数为 $r=0.80(n=19, PM_{2.5})$ 和 $r=0.79(n=19, TSP)$。反之,在沙尘暴期间,Ca^{2+} 与 NO_3^- 没有这样的相关性,如图 11 - 15 所示。根据 Ca^{2+} 与 NO_3^- 存在相关性这一点,可推测在沙尘气溶胶中可能发生了如下的反应:

$$HNO_3 + CaCO_3 \rightarrow Ca^{2+} + NO_3^- + HCO_3^-$$
$$HNO_3 + Ca^{2+} + NO_3^- + HCO_3^- \rightarrow Ca(NO_3)_2 + H_2O + CO_2$$

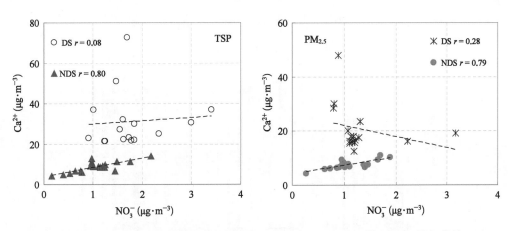

图 11 - 15 塔中沙尘暴期间与非沙尘暴期间 $PM_{2.5}$ 和 TSP 中 Ca^{2+} 和 NO_3^- 的相关性
(彩图见下载文件包,网址见 14 页脚注)

通过上述反应生成 $Ca(NO_3)_2$。NH_4^+ 与 NO_3^- 和 SO_4^{2-},在 $PM_{2.5}$ 中的非沙尘暴期间具有一定的相关性,为 $r=0.68(n=19, NO_3^-)$ 和 $r=0.60(n=19, SO_4^{2-})$;同样在 TSP 中也存在一定的相关性,为 $r=0.59(n=19, NO_3^-)$ 和 $r=0.61(n=19, SO_4^{2-})$。这表明在沙尘气溶胶中,可能也有 NH_4NO_3 和 $(NH_4)_2SO_4$ 的存在。以上结果表明,在亚洲沙尘的源头,沙尘气溶胶已与人为污染气溶胶发生了相互作用。

5. 沙尘气溶胶离子的主要存在形式

利用二元相关分析,可大致估算气溶胶中的主要离子,如 SO_4^{2-}、CO_3^{2-}、NO_3^-、Cl^-、NH_4^+、$CH_2(COO)_2^{2-}$ 的主要存在形式。在 $PM_{2.5}$ 和 TSP 中,Na^+ 和 Cl^- 相关系数分别为 1.0 和 0.99,说明 Na^+ 和 Cl^- 两者可能结合在一起。根据各离子的浓度及其两两的相关系数(详见[24]),除 NaCl 外,这些离子在 $PM_{2.5}$ 和 TSP 中的主要存在形式,按浓度大小的顺次为 Na_2SO_4、$CaSO_4$、$CaCO_3$、$CaCl_2$、K_2SO_4、KCl、K_2CO_3、$MgCO_3$ 等。

11.3 塔克拉玛干沙漠沙尘气溶胶的古海洋源特征

11.3.1 沙尘气溶胶中的可溶性硫

在上述讨论中提到,元素 S 在 $PM_{2.5}$ 和 TSP 中的平均浓度,分别高达 7.36 和 12.78 $\mu g \cdot m^{-3}$。若以矿物元素 Al 为参比元素,在 $PM_{2.5}$ 和 TSP 中,S 的富集系数 EF 分别为 54 和 53,显然元素 S 可归为污染元素。在这个人烟稀少的沙漠中,为什么会有这样高浓度的 S 呢? 图 11 - 16 比较气溶胶里 SO_4^{2-} 中的水可溶性硫(S_w)与总硫(S_t),在 $PM_{2.5}$ 和 TSP 中两者浓度的比值分别为 0.88 和 0.91,表明沙漠中的 S 不仅浓度高(这与以往的报道结果相一致),而且绝大多数还以水可溶性硫也即硫酸盐的形式存在。为了确定沙漠中硫酸盐的来源,我们收集了沙漠腹地塔中及其周边过渡带和绿洲带的表层土,其 S_w / S_t 在 0.49~1.00。这表明表层土中的 S,大多是以硫酸盐的形式存在,进一步说明塔克拉玛干沙尘气溶胶中高浓度的硫酸盐,就来自该沙漠扬起的沙土。

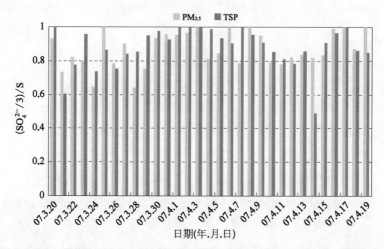

图 11 - 16 塔中气溶胶中的可溶性硫(彩图见下载文件包,网址见 14 页脚注)

沙漠腹地气溶胶中的硫酸盐,不仅浓度高,而且与 Na^+ 有相关性($r=0.98, n=70$),与 Cl^- 也具有相关性($r=0.97, n=70$),并且 Na^+ 与 Cl^- 之间的相关系数高达 0.99($r=0.99, n=70$),表明塔克拉玛干沙漠沙尘气溶胶中的硫酸盐,与海水中的硫酸盐极其相似,显示了塔克拉玛干沙漠的沙尘气溶胶,具有明显的古海洋源的特性。大气气溶胶的研究,正好补充论证了地质学研究的结果,即塔克拉玛干沙漠是 5.3 Myr(百万年)的古海洋隆起而后干涸,并经历长期风化而形成的[25]。

11.3.2 以 Na 为参比元素的富集系数 EF

Na 和 Cl 是海水中浓度最高的元素,因此 Na 可被用作海洋源气溶胶的示踪元素。

以 Na 为参比元素,S、Cl^- 和 SO_4^{2-} 的富集系数 EF 如图 11-17 所示。从图中可以看出,以 Na 作为参比元素所得的 Cl^-、SO_4^{2-} 和 S 的 EF 均小于 10 尤其是 Cl^-,还小于以 Al 为矿物源参比元素的富集系数。这些数据强烈地支持以下观点:在现今存在于塔克拉玛干沙漠的沙尘气溶胶中,硫酸盐就是古海洋中的 Na_2SO_4、$MgSO_4$ 等硫酸盐在百万年的演变过程中,包括在周边山脉山体风化及冰川摩擦和洪水冲刷等过程中形成的。

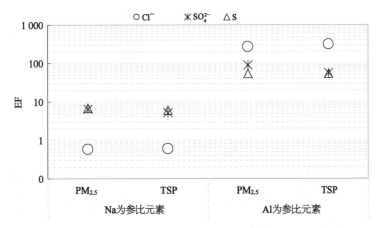

图 11-17　以 Na 和 Al 做参比元素时 Cl^-、S 和 SO_4^{2-} 的富集系数比较

11.4　塔克拉玛干沙漠硫酸盐的长途传输以及对气候变化的影响

塔克拉玛干沙漠每年向全球大气输送的粒径小于 10 μm 的颗粒物,为 5.40×10^6 吨[4],占到全球沙漠总输出量的一半以上。在塔克拉玛干沙漠的气溶胶中,$PM_{2.5}/PM_{10}$ 的比值为 0.77。据此计算,每年就有 4.2×10^6 吨的粒径小于 2.5 μm 的细颗粒物被输送出沙漠。根据本研究测定的 SO_4^{2-} 在 $PM_{2.5}$ 中 3.57％的质量百分比,可以估算出塔克拉玛干沙漠每年向大气中输入 2.1×10^5 吨的硫酸盐(以 $CaSO_4$ 计算),并长途传输至北太平洋。硫酸盐在气候变化的过程中具有降温效应,因此含有高浓度硫酸盐的矿物气溶胶的长途传输,势必会对全球气候变化起到重要作用。

参考文献

[1]　Xuan J, Liu G L, Du K. Dust emission inventory in northern China. Atmospheric Environment, 2000, 34(26): 4565-4570.

[2]　Sun J M, Zhang M Y, Liu T S. Spatial and temporal characteristics of dust storms in China and its surrounding regions, 1960-1999: Relations to source area and climate. Journal of Geophysical Research-Atmosphres, 2001, 106(D10): 10325-10333.

[3] Xuan J, Sokolik I N, Hao J F, et al. Identification and characterization of sources of atmospheric mineral dust in East Asia. Atmospheric Environment, 2004, 38: 6239 – 6252.

[4] Xuan J, Sokolik I N. Characterization of sources and emission rates of mineral dust in northern China. Atmospheric Environment, 2002, 36(31): 4863 – 4876.

[5] Aoki I, Kurosaki Y, Osada R, et al. Dust storms generated by mesoscale cold fronts in the Tarim Basin, Northwest China. Geophysical Research Letters, 2005, 32(6): L06807.

[6] Zhang X Y, Gong S L, Shen Z X, et al. Characterization of soil dust aerosol in China and its transport and distribution during 2001 ACE-Asia: 1. Network observations. Journal of Geophysical Research-Atmospheres, 2003, 108(D9): 4261.

[7] Sun J, Zhang M, Liu T. Spatial and temporal characteristics of dust storms in China and its surrounding regions, 1960 – 1999: Relations to source area and climate. Journal of Geophysical Research, 2001, 106(D10): 10325 – 10333.

[8] Blank M, Leinen M, Prospero J M. Major Asian aeolian inputs indicated by the mineralogy of aerosols and sediments in the western North Pacific. Nature, 1985, 314(6006): 84 – 86.

[9] Mori I, Nishikawa M, Tanimura T, et al. Change in size distribution and chemical composition of kosa (Asian dust) aerosol during long-range transport. Atmospheric Environment, 2003, 37(30): 4253 – 4263.

[10] Yamada M, Iwasaka Y, Matsuki A, et al. Feature of dust particles in the spring free troposphere over Dunhuang in northwestern China: Electron microscopic experiments on individual particles collected with a balloon-borne impactor. Water, Air & Soil Pollution: Focus, 2005, 5(3 – 6): 231 – 250.

[11] Debell L J, Vozzella M, Talbot R W, et al. Asian dust storm events of spring 2001 and associated pollutants observed in New England by the Atmospheric Investigation, Regional Modeling, Analysis and Prediction (AIRMAP) monitoring network. Journal of Geophysical Research-Atmospheres, 2004, 109(D1): D01304.

[12] Grousset F E, Ginoux P, Bory A, et al. Case study of a Chinese dust plume reaching the French Alps. Geophysical Research Letters, 2003, 30(6): 1277.

[13] Bory A J M, Biscaye P E, Grousset F E. Two distinct seasonal Asian source regions for mineral dust deposited in Greenland (NorthGRIP). Geophysical Research Letters, 2003, 30 (4): 149 – 153.

[14] Honda M, Yabuki S, Shimizu H. Geochemical and isotopic studies of aeolian sediments in China. Sedimentology, 2004, 51(2): 211 – 230.

[15] Torii M, Lee T Q, Fukuma K, et al. Mineral magnetic study of the Taklimakan desert sands and its relevance to the Chinese loess. Geophysical Journal International, 2001, 146(2): 416 – 424.

[16] Yabuki S, Mikami M, Nakamura Y, et al. The characteristics of atmospheric aerosol at Aksu, an Asian dust-source region of north-west China: A summary of observations over the three years from March 2001 to April 2004. Journal of the Meteorological Society of Japan Ser II, 2005, 83A: 45 – 72.

[17] Sun J M, Liu T S. The age of the Taklimakan Desert. Science, 2006, 312(5780): 1621 - 1621.

[18] Wang Y, Zhuang G S, Tang A H, et al. The evolution of chemical components of aerosols at five monitoring sites of China during dust storms. Atmospheric Environment, 2007, 41 (5): 1091 - 1106.

[19] Shen Z X, Cao J J, Li X X, et al. Chemical characteristics of aerosol particles (PM$_{2.5}$) at a site of Horqin Sand-land in Northeast China. Journal of Environmental Sciences-China, 2006, 18(4): 701 - 707.

[20] Laurent B, Marticorena B, Bergametti G, et al. Modeling mineral dust emissions from Chinese and Mongolian deserts. Global and Planetary Change, 2006, 52(1 - 4): 121 - 141.

[21] Wang X, Xia D, Wang T, et al. Dust sources in arid and semiarid China and southern Mongolia: Impacts of geomorphological setting and surface materials. Geomorphology, 2008, 97(3 - 4): 583 - 600.

[22] Wang X M, Dong Z B, Zhang J W, et al. Geomorphology of sand dunes in the Northeast Taklimakan Desert. Geomorphology, 2002, 42: 183 - 195.

[23] Zhang X Y, Zhang G Y, Zhu G H, et al. Elemental tracers for Chinese source dust. Science in China, 1996, 39(5): 512 - 521.

[24] Wang Y, Zhuang G S, Tang A H, et al. The ion chemistry and the source of PM$_{2.5}$ aerosol in Beijing. Atmospheric Environment, 2005, 39(21): 3771 - 3784.

[25] Sun J, Liu T. The age of the Taklimakan Desert. Science, 2006, 312(5780): 1621 - 1621.

第12章
塔克拉玛干沙漠沙尘气溶胶中的黑碳

作为世界第二大流动性沙漠的塔克拉玛干沙漠,是亚洲沙尘的重要源区之一[1]。早在 20 世纪 80 年代,国内外的科学家就已利用卫星资料以及地面监测等手段,证实了这一重要的沙尘源区是北太平洋上空气溶胶的主要贡献者[2]。气溶胶的长途传输是全球生物地球化学循环的重要途径之一,必将对全球气候变化产生重大的影响。气溶胶中以硫酸盐为代表的大多数组分显示降温效应,唯独黑碳有增温效应。由于至今对气溶胶组分及其在长途传输中的转化知之不多,气溶胶成为研究气候变化中最大的不确定因素[3]。

文献上所谓"黑碳"(black carbon, BC),指的是用光学方法测定的元素碳(element carbon, EC)。元素碳是含碳有机质在不完全燃烧中产生的单质碳颗粒物。因为是基于光学方法的测定,其结果就包含着所有具吸光功能的组分,比如具吸光功能团的少量有机气溶胶(近年来被称为"棕碳"),所以一般地说,BC 的数值比用热化学方法测定的元素碳要略大一些。

黑碳气溶胶对气候与环境变化具有重要影响。BC 可以吸收太阳辐射中的可见光部分,加热周围的大气,具有明显的增温效应,已成为除 CO_2 外造成全球气候变暖的第二种重要物质[4,5]。它不仅可以影响大气的辐射收支平衡,降低能见度,同时还会参与云凝结核(CCN)形成的微物理过程,并且很可能会优先成为云凝结核[6];加快 SO_2 的氧化速率;在随气团长距离传输的过程中与其他的人为污染气溶胶混合,形成能够横跨洲际、垂直延伸 3~5 km 的大气棕色云(ABC)。由于大气棕色云的遮蔽,到达地面的太阳辐射会减少,从而影响全球的水循环[4]。近年来由于人为活动的不断加剧,在人迹罕至的高山、海洋等地区均发现 BC 的踪迹。在珠穆朗玛峰[6]等高海拔地区,发现不断增加的 BC 浓度影响了积雪的反照率,加速了积雪溶化、雪线上升、冰川消融。在印度洋上空发现约 80%的黑碳气溶胶与硫酸盐已发生相互混合[7]。BC 多存在于细颗粒物中,能够通过呼吸进入人体,对人们健康产生不利的影响。黑碳气溶胶已成为近年来大气气溶胶研究的热点之一。

大部分 BC 是由人为活动产生的,如燃料燃烧以及农业活动中的生物质燃烧,而自然界天然排放的 BC 量微乎其微,因此 BC 常常被用作人类活动的指示物[8]。BC 在大气中滞留 1 周左右,通过降雨(雪)过程被清除。初步估计,通过干和湿去除过程,每年分别向全球海洋沉降 2 和 10 Tg 的 BC[9]。国外有文献报道,城市中 BC 在大气气溶胶中的质量浓度百分比高于郊区,且有明显的季节变化和日变化[10]。秦世广[11]等根据 1999—2000 年 BC 的监测资料,发现四川盆地冬季 1 月份的 BC 浓度达到最高值,并且发现在早上 8:00—10:00 和晚上 21:00—24:00 两个时段,BC 浓度出现当天的峰值。娄淑娟[12]等根据 2003 和 2004 年的资料发现,北京地区的 BC,冬季高于夏季,且主要分布在 $PM_{2.5}$ 中。至今很少有关沙尘源区黑碳气溶胶的文献报道。本章根据塔克拉玛干沙漠腹地塔中观测站的黑碳气溶胶在线监测资料,分析此沙尘源区黑碳气溶胶的季节及昼夜变化,比较其在沙尘暴与非沙尘暴期间的变化,探讨黑碳气溶胶的可能来源,并初步估算沙尘源区黑碳气溶胶在亚洲沙尘长途传输中的贡献。

12.1　黑碳浓度的在线监测

图 12-1 为 7 个不同波段下在线监测黑碳(BC)的浓度。从图中可以看出,从紫外(370 nm)到可见光部分(470~660 nm)所测定的 BC 浓度,有减小的趋势;然后随着波长的增加,所测定的 BC 浓度也增加。2007 年,年均 BC 在 370、470、520、590、660、880、950 nm 监测值分别为 2 194.8、1 931.7、1 710.0、1 624.4、1 605.4、1 659.1、1 653.0 ng·m⁻³。D. L. Savoie 等[13]报道,在可见光范围内,沙尘气溶胶中反射光谱的一阶导数在 560 和 425 nm 对赤铁矿和针铁矿具有识别意义。也就是说,沙尘气溶胶中 Fe 的氧化物在对应的波段有吸收。进一步分析文献[14]中的图谱发现,在近紫外区(370 nm),沙尘气溶胶中反射光谱的一阶导数也有明显的峰值,表明沙漠地区矿物气溶胶中 Fe 的氧化物是导致紫外及可见光区所测定的 BC 浓度不同的主要原因。另外,铁的氧化物在红外区(860 nm)处也有吸收带[15],所以导致所测定 BC 在 880 和 930 nm 处较高。

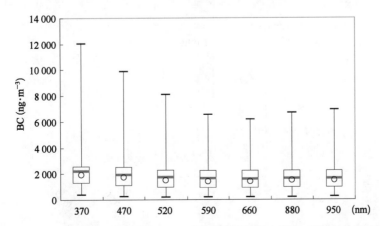

图 12-1　7 个波段下 BC 的浓度(ng·m⁻³)(彩图见下载文件包,网址见 14 页脚注)

塔克拉玛干沙漠沙尘气溶胶中的吸光物质,除了 BC 以外还有 Fe 的氧化物[16]。在塔克拉玛干沙漠表层沙砾中,含有元素 Fe 2.4%～3.2%。沙尘暴期间,TSP 和 PM$_{2.5}$ 中的元素 Fe 含量分别为 2.07% 和 3.22%,非沙尘暴期间分别为 3.05% 和 4.46%。气溶胶中 Fe 主要来自本地扬起的沙尘。R. Arimoto[17] 等发现,赤铁矿在 550 nm 反射率的一阶导数与 Fe 的浓度成正相关,针铁矿在 435 nm 处同样与 Fe 的总浓度存在这样的相关性,氧化铁在可见光部分对太阳辐射有影响。赤铁矿反射率一阶导数与针铁矿反射率一阶导数的比值,可作为识别不同沙尘源区的手段。在本研究中,用 520 nm 的衰减率表示赤铁矿对 BC 的贡献,用近紫外 370 nm 的衰减率表示针铁矿对 BC 的贡献[14]。假设在 BC 的监测中,主要是 BC 及 Fe 的氧化物造成光的衰减,那么扣除由 BC 造成的衰减 (660 nm),即为 Fe 氧化物对光衰减的贡献。370 nm 衰减率的一阶导数与 520 nm 衰减率的一阶导数之间有正相关,$r=0.6(n=14\ 623)$,斜率为 0.39,表明在塔克拉玛干沙漠,针铁矿含量高于赤铁矿含量,可用于追溯塔克拉玛干沙漠沙尘传输路径的重要识别参数。也正因为针铁矿浓度大于赤铁矿,所以在 550 nm 波段所测定的 BC 浓度,大于在 370 nm 波段所测定的浓度。通过以上分析,本研究选择 660 nm 波段所测定的 BC,以剔除 Fe 氧化物对 BC 测定的影响,用于研究此沙漠地区 BC 气溶胶特性及其来源。

12.2 沙尘气溶胶中黑碳的季节分布特征

12.2.1 沙尘气溶胶中黑碳的全年概况

图 12-2 为 2007 年 1 月 1 日—2008 年 2 月 28 日期间,BC 日均浓度的变化情况。图中红线表示 2007 年全年的 BC 平均浓度。2007 年 BC 的日均浓度范围为 173.5～6 191.9 ng·m^{-3},年均浓度为 1 605 ng·m^{-3},相比于瓦里关(全球陆地大气本底站)监测的 BC 浓度 130～300 ng·m^{-3}[18],高出了近一个数量级。全年中,有 42.5% 的天数是超过该均值 1 605 ng·m^{-3}。这说明,人迹罕至的塔克拉玛干沙漠地区,也受到人为活动影

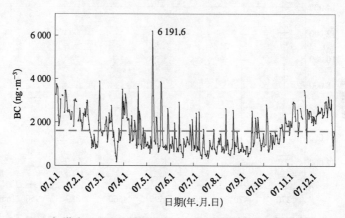

图 12-2 2007 年塔中 BC 日均浓度变化(彩图见下载文件包,网址见 14 页脚注)

响。塔克拉克沙漠在 2007 年 5 月 9 日,BC 的日均浓度达到全年最大值 6 191 ng·m^{-3},该浓度甚至比我国上海在 2006 年冬季的 BC 平均浓度 5 670 ng·m^{-3} 还高,意味着黑碳气溶胶的污染已在沙漠地区凸显。

12.2.2　沙尘气溶胶中黑碳的季节变化

沙漠地区具有明显的季节变化,冬季＞春季＞秋季＞夏季(图 12 - 3)。塔中 2007 年冬季(12、1、2 月)的 BC 平均浓度为 2 232 ng·m^{-3}(范围 775～3 117 ng·m^{-3})。相比于毛乌素沙漠附近的 BC 浓度(范围 900～6 700 ng·m^{-3})[19]来说,我国沙漠地区的黑碳气溶胶污染不容小觑。春(3、4、5 月)、夏(6、7、8 月)季是沙漠地区沙尘频发的季节,两季 BC 的平均浓度分别为 1 818.7、1 094.5 ng·m^{-3},夏季浓度为四季中最低。这可能是由于在沙尘频发季节,除了沙尘起沙而带起以往沉降的 BC 颗粒物外,春季有更多来自采暖排放的黑碳气溶胶的贡

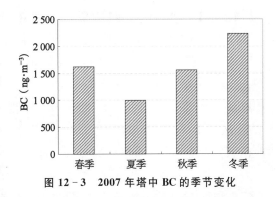

图 12 - 3　2007 年塔中 BC 的季节变化

献,而夏季的降雨对黑碳气溶胶进行冲刷,导致该季节的 BC 浓度最小。另外,夏季温度较高,混合层高度增加,这也是夏季浓度较低的原因之一。秋季随着气温的降低,尤其到 11 月,燃煤的需求不断增加,这使得 BC 浓度陡然增加。

图 12 - 4 详细展示了塔克拉玛干沙漠腹地在 2007 年 12 个月内 BC 的月均浓度。1 月的 BC 浓度最高,平均值为 2 735.2 ng·m^{-3};其次是 11 和 12 月,BC 平均浓度分别为 2 238.2 和 2 340.1 ng·m^{-3};沙尘频繁发生的 3、4、5 月,与上述月份的浓度相差较大,分别为 1 596.2、1 732.0、1 541.1 ng·m^{-3};7 月最低,浓度为 877.5 ng·m^{-3}。这一季节变化特征,与 P. D. Safai[10]等人的研究较为一致。BC 浓度的最小值出现在 7 月,而高

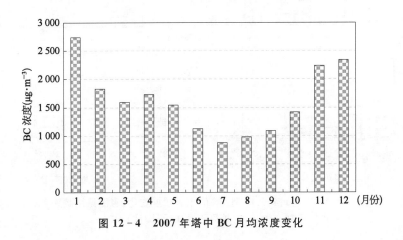

图 12 - 4　2007 年塔中 BC 月均浓度变化

值则出现在冬季的 1 月份。作为影响人类活动的指示物,塔中的 BC 月变化说明该地区 BC 主要还是受周边分布的绿洲带内人们日常生活以及工农业生产的影响。沙漠地区的冬季平均气温降至 −10.3℃,最低降至 −22.3℃。即使在春秋两季,也常出现 0℃ 以下的情况。由此,沙漠周边绿洲带冬季居民的采暖(南疆采暖期从 11 月 1 日开始至来年 3 月 31 日)燃煤所排放的 BC,随着气团运动长距离传输而影响沙漠地区,导致在杳无人烟的沙漠地区出现与城市地区类似的情况,即冬春季的 BC 浓度达到高值。

12.2.3 沙尘气溶胶中黑碳的昼夜变化

图 12-5 是以 1、4、7、10 月代表冬、春、夏、秋季的一天中 BC 的小时均值浓度变化。从图中可以看出,在 0:00—2:00,四季均出现一个峰值,BC 浓度达到一天当中较高的水平;而最低值基本都出现在上午 8:00—11:00 之间。这一现象与城市的日变化特征恰好相反,即在城市地区的上午 8:00—9:00,出现一天当中的最大值,在 16:00 左右降至最小浓度,随之由于交通高峰时间的到来,BC 浓度又逐渐增加。导致这一现象的原因,很可能在于沙漠地区白天下垫面的对流较活跃,风速较大,将分布在塔里木盆地周边绿洲的人为活动带所产生的 BC 颗粒物,通过气流运动而输送到沙漠腹地;待午夜后,风速降低,大气层结稳定,黑碳气溶胶不断累积,出现峰值。冬季与秋季 BC 的小时浓度变化特征较相似,与上述解释符合得较好。而春夏季的情况较为复杂。春季 19:00 和夏季 8:00 均出现一个明显的峰,很可能与沙尘暴的发生时间以及强度有关。沙尘起沙,势必会带起大量曾经沉降的 BC 颗粒物,注入大气中,导致 BC 浓度急剧增加。这一现象在现场也能

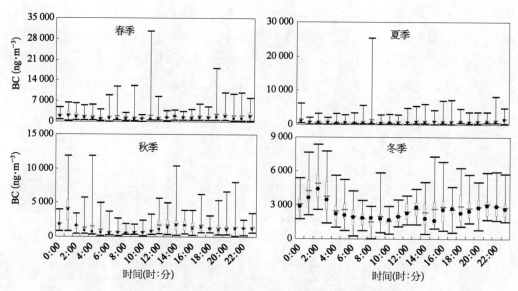

图 12-5　2007 年 1、4、7、10 月 BC 的小时浓度变化(彩图见图版第 3 页,也见下载文件包,网址见正文 14 页脚注)

观测到。有意思的是,BC 浓度的日夜变化与城市地区也不同,夜晚(20:00—次日 8:00)的黑碳气溶胶浓度基本高于白天(8:00—20:00)(图 12-6)。这可能是由于沙漠外对沙漠地区的输送,以及夜间稳定的大气层结所致。根据 BC 在白天与夜间的浓度比值可以看出,4、6、7 月份的比值大都接近 1,说明白天 BC 的浓度与夜间的差别不是很明显;而在其余月份,白天与夜间 BC 的浓度比值在 1.17~1.50 之间,差别较为明显。

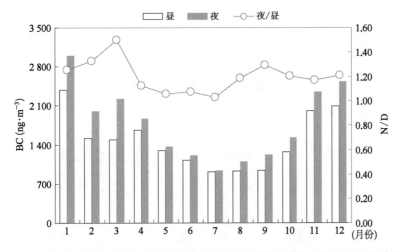

图 12-6　2007 年塔中 BC 的日夜浓度变化(彩图见下载文件包,网址见 14 页脚注)

12.3　沙尘暴与非沙尘暴期间的黑碳比较

春夏是塔克拉玛干沙漠沙尘频发的季节。在此期间,沙尘暴发生的频率、天数以及沙尘的输出量,均占到全年的 80% 以上。在本章中,"沙尘暴期"指的是 PM_{10} 日浓度高于 $500\ \mu g \cdot m^{-3}$ 的日期,"非沙尘暴期"则是指 PM_{10} 小于 $500\ \mu g \cdot m^{-3}$ 的日期。根据文献报道[20],大部分 BC 颗粒物是由粒径约 50 nm 的小球团聚而成的聚合体,表明 BC 多存在于细颗粒物中。本文用比值 BC_{660}/PM_{10} 表示 BC 对可吸入颗粒物的贡献,其中 660 表示在波长为 660 nm 时所测定的 BC 浓度。图 12-7 是 2007 年沙漠地区 BC 对 PM_{10} 的每日贡献,其中红线是 2007 年 BC/PM_{10} 的年均值,为 1.14%。从图 12-7 可以看出,在沙尘暴期间的大部分日期,BC 的贡献率小于年均值。小于均值的天数占总天数的 67%。"沙尘暴期间"BC 对 PM_{10} 的平均贡献值为 0.16%。值得注意的是,在"沙尘暴期"内,有个别几天 BC 的贡献高达 4.9% 以上。根据资料查阅及现场勘查,这可能是由于在沙漠腹地天然气及石油的开采活动过程中,所出现的泄漏等事故导致 BC 浓度增加远大于颗粒物的增加,致使该比值急剧增加。在"非沙尘暴期",BC 的平均贡献达 1.78%,是沙尘暴期间的 10 倍多,有近一半的天数高于 2007 年 BC/PM_{10} 的年均值(1.14%)。尤其在 1 月份,其贡献甚至达到 7.9%。这进一步证实了,沙漠地区黑碳气溶胶的污染,主要来自人为活

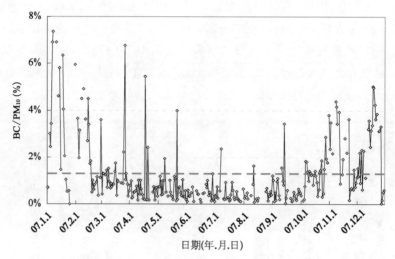

图 12 - 7　2007 年塔中 BC 对 PM_{10} 的贡献(彩图见下载文件包,网址见 14 页脚注)

动,如采暖等的影响。

　　尽管在塔克拉玛干沙漠中,BC 在可吸入颗粒物中所占的比例不大,基本在百分之几,但黑碳气溶胶通过沙尘暴向外长距离传输,必然对全球的大气辐射强迫会产生重要影响。有文献[21]报道,BC 对总悬浮颗粒物的贡献达到 6%,就能增加 11% 的光学厚度,消减 35% 的大气辐射,增加 50% 的大气强迫。亚洲沙尘每年向大气中输入 10.4×10^6 t PM_{10}[22],其中塔克拉玛干沙漠估计贡献 5.4×10^6 t PM_{10}。根据本研究所估算的 BC 在 PM_{10} 沙尘气溶胶中所占的比例,每年塔克拉玛干沙漠向外输送约 8.6×10^4 t 的 BC,这必然对区域乃至全球的气候变化产生影响。

12.4　沙尘气溶胶中黑碳的源解析

　　由于 BC 的化学稳定性高,且多存在于细颗粒物中,在大气中的滞留时间可持续近 1 周,因此 BC 即使在远离排放源的地区,浓度依然较高,因此人们通过 BC 可以追溯人为活动的轨迹。本章应用由美国国家海洋和大气管理局(National Oceanic and Atmosphere Administration, NOAA)大气研究实验室开发的 HYSPLIT 4.0 模式,计算了气团的后向轨迹。根据模式对 2007 年 1、4、7、10 月份每天的后向轨迹进行分析,将影响塔中地区的气团运动分为 3 类:西北、西南和局地,见图 12 - 8 所示的塔中地区四季 3 个典型的后向轨迹图。其中图(a)表示来自西北气团的运动轨迹,图(b)表示来自西南气团的运动轨迹,图(c)表示局地气团的运动轨迹,图(d)表示东向气团轨迹。分析表明,四季中约 70% 以上的气流,主要是来自西面尤其西北方向气团的影响,局地气团的影响占到近 30%,而来自东部气团的影响不足 1%。

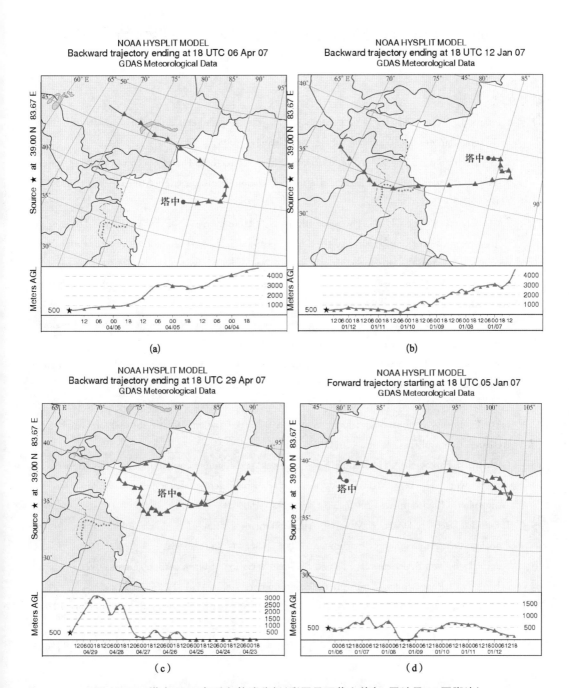

图 12-8　塔中 2007 年后向轨迹分析(彩图见下载文件包,网址见 14 页脚注)

(a) 西北气团;(b) 西南气团;(c) 局地气团;(d) 东向气团。
图上方部分外文含义请参见 127 页图 9-6 图注。

　　塔克拉玛干沙漠周边以及北疆,分布着新疆地区重要的农业绿洲带,包括发电厂、水泥工业区、煤炭和石油加工等。尤其沿天山以北,那里是新疆重要的经济活跃地带。天山以南、沙漠以北及西部周边地区,分布着石油加工基地。这些工农业活动所排放出来的 BC 等污染物,必然会随着气团的移动而影响沙漠地区。

参考文献

[1] Laurent B, Marticorena B, Bergametti G, et al. Modeling mineral dust emissions from Chinese and Mongolian deserts. Global and Planetary Change, 2006, 52(1－4): 121－141.

[2] Gao Y, Arimoto R, Zhou M Y, et al. Relationships between the Dust Concentrations over eastern Asia and the remote North Pacific. Journal of Geophysical Research-Atmospheres, 1992, 97 (D9): 9867－9872.

[3] IPCC. Climate Change 2001: The scientific basis∥Houghton J T, Ding Y, Griggs D G, et al. Contribution of Working Group I to the Third Assessment Report of the Intergovernmental Panel on Climate Change. Cambridge and New York: Cambridge University Press, 2001.

[4] Ramanathan V, Carmichael G. Global and regional climate changes due to black carbon. Nature Geoscience, 2008, 1(4): 221－227.

[5] Ramanathan V, Feng Y. Air pollution, greenhouse gases and climate change: Global and regional perspectives. Atmospheric Environment, 2009, 43(1): 37－50.

[6] Ming J, Cachier H, Xiao C, et al. Black carbon record based on a shallow Himalayan ice core and its climatic implications. Atmospheric Chemistry and Physics, 2008, 8(5): 1343－1352.

[7] Spencer M T, Holecek J C, Corrigan C E, et al. Size-resolved chemical composition of aerosol particles during a monsoonal transition period over the Indian Ocean. Journal of Geophysical Research-Atmospheres, 2008, 113(D16): D16305.

[8] Graham B, Falkovich A H, Rudich Y, et al. Local and regional contributions to the atmospheric aerosol over Tel Aviv, Israel: A case study using elemental, ionic and organic tracers. Atmospheric Environment, 2004, 38(11): 1593－1604.

[9] Jurado E, Dachs J, Duarte C M, et al. Atmospheric deposition of organic and black carbon to the global oceans. Atmospheric Environment, 2008, 42(34): 7931－7939.

[10] Safai P D, Kewat S, Praveen P S, et al. Seasonal variation of black carbon aerosols over a tropical urban city of Pune, India. Atmospheric Environment, 2007, 41(13): 2699－2709.

[11] 秦世广,汤洁,石广玉,等.四川温江黑碳气溶胶浓度观测研究.环境科学学报,2007(8): 1370－1376.

[12] 娄淑娟,毛节泰,王美华.北京地区不同尺度气溶胶中黑碳含量的观测研究.环境科学学报,2005(1): 17－22.

[13] Savoie D L, Arimoto R, Keene W C, et al. Marine biogenic and anthropogenic contributions to non-sea-salt sulfate in the marine boundary layer over the North Atlantic Ocean. Journal of Geophysical Research-Atmospheres, 2002, 107(D18).

[14] 沈振兴,张小曳,季峻峰,等.中国北方粉尘气溶胶中铁氧化物矿物的光谱分析.自然科学进展, 2004,14(8): 910－916.

[15] Deaton B C, Balsam W L. Visible spectroscopy — A rapid method for determining hematite and

goethite concentration in geological-materials. Journal of Sedimentary Petrology, 1991, 61(4): 628 – 632.

[16] Derimian Y, Karnieli A, Kaufman Y J, et al. The role of iron and black carbon in aerosol light absorption. Atmospheric Chemistry and Physics, 2008, 8(13): 3623 – 3637.

[17] Arimoto R, Duce R A, Savoie D L, et al. Trace elements in aerosol particles from Bermuda and Barbados: Concentrations, sources and relationships to aerosol sulfate. Journal of Atmospheric Chemistry, 1992, 14(1 – 4): 439 – 457.

[18] 汤洁,温玉璞,周凌晞,等.中国西部大气清洁地区黑碳气溶胶的观测研究.应用气象学报,1999, 10(2): 160 – 170.

[19] Alfaro S C, Gomes L, Rajot J L, et al. Chemical and optical characterization of aerosols measured in spring 2002 at the ACE-Asia supersite, Zhenbeitai, China. Journal of Geophysical Research-Atmospheres, 2003, 108(D23): 8641.

[20] Fu F F, Watanabe K, Shinohara N, et al. Morphological and light-absorption characteristics of individual BC particles collected in an urban seaside area at Tokaimura, eastern central Japan. Science of The Total Environment, 2008, 393(2 – 3): 273 – 282.

[21] Satheesh S K, Ramanathan V, Xu L J, et al. A model for the natural and anthropogenic aerosols over the tropical Indian Ocean derived from Indian Ocean Experiment data. Journal of Geophysical Research-Atmospheres, 1999, 104(D22): 27421 – 27440.

[22] Xuan J, Sokolik I N, Hao J F, et al. Identification and characterization of sources of atmospheric mineral dust in East Asia. Atmospheric Environment, 2004, 38(36): 6239 – 6252.

第13章
新疆和田大气气溶胶的理化特性及来源

塔克拉玛干沙漠是三面环山的内陆盆地,加之它受到大气环流的影响,在沙漠南部的和田地区形成一个明显的上升辐合区(克里雅辐合区),致使该地区时常发生沙尘暴或者持续性沙尘天气。来自观测[1]和模拟的研究[2]都表明沙漠南端的和田地区,是中亚沙尘暴频发的重要区域之一。M. Mikami[3]等现场观测了和田地区策勒县的降尘,发现降尘量最大在3—8月,2001年3月降尘高达20 g·m^{-2}·d^{-1},是同期沙漠北部阿克苏地区降尘的20多倍。K. Okada和K. Kai[4]运用透射电镜-X射线能谱散射仪,分析了和田地区气溶胶中368个单颗粒物,发现其中不仅有$CaCO_3$,还有$CaCO_3$和$CaSO_4$的混合物。关于和田地区沙尘气溶胶的研究,少有涉及其化学组成,更未有关于沙尘气溶胶与污染气溶胶相互混合的研究。本章根据2006—2008年连续3年观测和田地区大气颗粒物和污染气体的数据,详细阐述中国沙尘暴最严重人居地区——新疆和田的大气气溶胶理化特性、来源及其对下风向地区大气环境之可能影响。

13.1 新疆和田大气气溶胶的基本概况

图13-1所示为2006—2008年3年间和田地区PM_{10}的日浓度变化。2006、2007、2008年和田市PM_{10}年均值分别为250.9、232.1、214.5 $\mu g·m^{-3}$,超标2.5、2.3、2.4倍,超标天数占全年的54%、58%、60%。2007年4月23日PM_{10}日均浓度达1 588 $\mu g·m^{-3}$,为3年中的最高值,超标10倍。2006—2008年和田PM_{10}的年际差别不大,但季节性变化显著。从图中可以看出,每年2—10月是高浓度PM_{10}出现最多的时段。这主要是由于此地区是明显的气流上升辐合区,易形成沙尘天气。这一辐合区四季存在,尤以3—10月发生频繁且呈增强趋势,冬季频率相对较低[5]。2006年春季(3、4、5月)、夏季(6、7、8月)、秋季(9、10、11月)、冬季(12、1、2月)的PM_{10}平均浓度分别为438.8、251.7、159.6、117.1 $\mu g·m^{-3}$,2007年分别为339.3、225.4、199.7、167.9 $\mu g·m^{-3}$,春季浓度最大,夏季浓度最低;但在2008年,PM_{10}的季节变化与2006、2007年不同,其四季平均浓度分别为257.2、274.6、161.7、197.8 $\mu g·m^{-3}$,夏季浓度最大,秋季浓度最小。

图13-2所示为2008年和田地区TSP和$PM_{2.5}$的每日变化。TSP在春季(2008年3

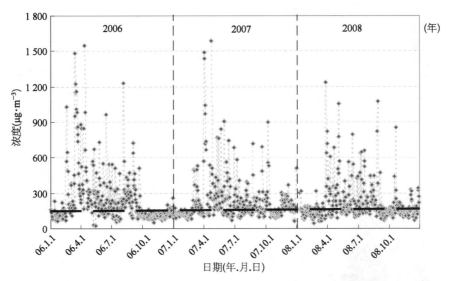

图 13 - 1　和田 2006—2008 年 PM$_{10}$的日变化(彩图见下载文件包,网址见 14 页脚注)

月 20 日—4 月 20 日)、夏季(2008 年 7 月 10 日—8 月 8 日)、秋季(2008 年 10 月 15 日—11 月 14 日)、冬季(2009 年 1 月 10 日—2 月 8 日)分别为 554.6、578.1、318.9、293.4 $\mu g \cdot m^{-3}$,PM$_{2.5}$分别为 143.7、155.0、56.2、104.9 $\mu g \cdot m^{-3}$。PM$_{2.5}$气溶胶的平均质量浓度的季节变化与 PM$_{10}$的变化基本一致,即夏季浓度最大。只是 PM$_{2.5}$秋季浓度最低,TSP 冬季浓度最低。和田位于塔克拉玛干沙漠的边缘,全年受沙漠沙尘暴的影响。沙漠春夏季多爆发沙尘暴,毗邻沙漠的和田地区因此出现春夏季高浓度的颗粒物。根据辐合带的季节变化规律,冬季强度降低,因之对沙尘的影响随之降低。

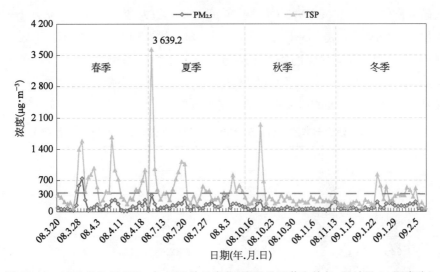

图 13 - 2　2008 年和田 PM$_{2.5}$与 TSP 的日变化(彩图见下载文件包,网址见 14 页脚注)

根据统计分析,发现 PM_{10} 与能见度有乘幂关系(图 13 - 3),其拟合方程为 Vis. = $338.93 \times PM_{10}^{-0.650\,9}$,$R^2 = 0.520\,4$,$n = 1\,040$。根据方程可知,当 $PM_{10} > 224\ \mu g \cdot m^{-3}$ 时,能见度就降至 10 km 以下。而在塔中,当 PM_{10} 浓度达到 $449\ \mu g \cdot m^{-3}$ 以上时,能见度才降为 10 km 以下。这一比较说明,在和田,除了沙尘对光的吸收导致降低能见度以外,沙尘与污染物(如硝酸盐、黑碳等)的相互混合,增强了气溶胶对光的吸收[6],因而导致较低浓度的 PM_{10}($224\ \mu g \cdot m^{-3}$)就使能见度降至 10 km 以下。

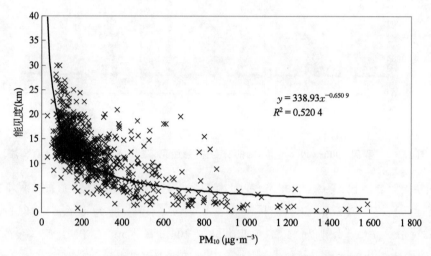

图 13 - 3　2006—2008 年和田 PM_{10} 与能见度的关系(彩图见下载文件包,网址见 14 页脚注)

13.2　和田气溶胶的化学组分及其来源

为研究方便,人为定义 PM_{10} 浓度 $> 500\ \mu g \cdot m^{-3}$ 的为沙尘暴天气(DS),小于 500 为非沙尘暴天气(NDS)。表 13 - 1 列出了在 2008 年采样期间发生的 15 场沙尘暴事件和非沙尘暴中,气溶胶里元素含量的算术平均值。从表中可以看出,沙尘暴期间的元素浓度分别是非沙尘暴期间的 1.0~3.7 倍(除 Cd、Pb)。元素 Ca 浓度最高,其次为 Al,值得关注的元素 S 在沙尘暴期间的浓度是非沙尘暴期间的 3.5 倍以上,增加非常显著。

表 13 - 1　沙尘与非沙尘暴期间 TSP 中元素的浓度($\mu g \cdot m^{-3}$)及含量(%)

元素	PM$_{2.5}$					TSP				
	DS		ND		DS/ND	DS		ND		DS/ND
	质量浓度	%	质量浓度	%	倍数	质量浓度	%	质量浓度	%	倍数
Al	11.62	4.61	4.8	5.78	2.4	42.6	3.54	15.4	4.96	2.8
As	0.02	0.01	0.0	0.02	1.8	0.0	0.00	0.0	0.01	1.5

（续表）

元素	PM$_{2.5}$					TSP				
	DS		ND		DS/ND	DS		ND		DS/ND
	质量浓度	%	质量浓度	%	倍数	质量浓度	%	质量浓度	%	倍数
Ca	18.06	7.16	7.8	9.26	2.3	76.7	6.37	26.6	8.56	2.9
Cd	0.00	0.00	0.0	0.00	0.7	0.0	0.00	0.0	0.00	0.9
Co	0.01	0.00	0.0	0.00	2.6	0.0	0.00	0.0	0.00	2.6
Cr	0.03	0.01	0.0	0.02	1.9	0.1	0.01	0.0	0.01	2.4
Cu	0.03	0.01	0.0	0.03	1.5	0.1	0.00	0.0	0.01	1.6
Fe	7.37	2.92	2.3	2.77	3.2	18.7	1.55	6.6	2.11	2.8
K	5.46	2.17	2.2	2.59	2.5	19.4	1.61	6.5	2.09	3.0
Mg	5.56	2.20	1.8	2.19	3.0	18.9	1.57	5.6	1.81	3.3
Mn	0.19	0.07	0.1	0.08	3.0	0.6	0.05	0.2	0.06	2.9
Na	4.34	1.72	1.6	1.87	2.8	20.3	1.69	5.6	1.81	3.6
Ni	0.02	0.01	0.0	0.01	2.4	0.0	0.00	0.0	0.01	2.4
P	0.16	0.06	0.1	0.09	2.2	0.5	0.05	0.2	0.07	2.4
Pb	0.01	0.00	0.0	0.02	0.9	0.0	0.00	0.0	0.01	1.0
Sr	0.11	0.04	0.0	0.04	3.1	0.3	0.03	0.1	0.03	3.1
Ti	0.66	0.26	0.2	0.29	2.7	2.4	0.20	0.8	0.26	3.0
V	0.03	0.01	0.0	0.01	2.9	0.1	0.01	0.0	0.01	3.0
Zn	0.06	0.02	0.0	0.05	1.5	0.1	0.01	0.1	0.02	2.0
S	4.49	1.78	1.3	1.52	3.5	9.9	0.82	2.7	0.86	3.7

13.2.1　和田气溶胶的元素化学

1. 气溶胶中元素 Ca、S、Al 的含量

图 13-4 为春夏秋三季中沙尘暴与非沙尘暴期间 PM$_{2.5}$ 和 TSP 里元素 Ca、S、Al 的质量百分比浓度,图中虚线为地壳的平均浓度。显然,和田气溶胶中 Ca 和 S 的百分含量均分别高于地壳的平均浓度(4.25%、0.035%),尤其是元素 S,其百分比在 0.49%～3.3%,不仅高于地壳浓度,也远高于本地表层土的浓度(0.12%)。关于 S 的来源将在13.2.2 节第 4 点详细论述。与元素 S、Ca 特点不同的是,气溶胶中元素 Al 的百分比浓度均低于地壳平均值 8.13%,与本地表层土中的浓度相当。造成该地区相对低 Al 百分比的原因是由于高 Ca、高 S 百分比造成相应的其他元素如 Al 的相对浓度的降低。和田地区气溶胶的高 S、高 Ca 特性与沙漠腹地塔中的特性相同,显然说明了它们来源于塔克拉玛干沙漠。

2. 气溶胶中元素的富集系数(EF)及其来源

与地壳的平均丰度比较,塔克拉玛干沙漠的沙尘气溶胶及表层土中含有较高浓度的

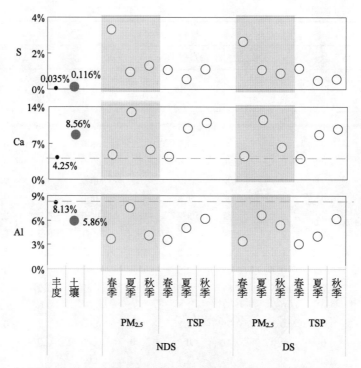

图 13 - 4   S、Ca、Al 在和田气溶胶、表层土与地壳中的百分含量
（彩图见下载文件包，网址见 14 页脚注）

元素 Ca 和较低浓度的元素 Al。如依照常用方法，采用全世界地壳中元素 Al 的平均丰度作为基准，来计算和田地区气溶胶中元素的富集系数，明显不妥。本研究利用与和田地区邻近的塔中地区的表层土里 Al 元素的相对浓度，作为参比基准，以计算和田地区气溶胶中各元素的富集系数，即采用公式 EF＝(X／Al)$_{气溶胶}$／(X／Al)$_{塔中表层土}$ 来计算富集系数。图 13 - 5 所示的是不同季节沙尘暴期间和非沙尘暴期间 TSP 和 PM$_{2.5}$ 中各元素的富集系数。

　　一般情况下，如果某一元素的 EF＜5，则表明该元素主要来自矿物源；如果 EF＞10，则该元素较多来自人为污染源的影响；如果 5＜EF＜10，则表明既有来自地壳的天然源又有人为污染源的影响。从图中明显可以看出，元素 As、S、Zn、Pb、Cu、Cd 在和田气溶胶中明显富集，尤其是 As、S、Zn 在春季非沙尘暴期间富集显著，EF 分别达到 69.0、64.9、135.9。这说明，和田地区尽管位于沙漠附近，其气溶胶除了主要来自沙漠的天然矿物源外，还有来自本地的以及区域或长距离传输的人为污染源的贡献。元素的富集程度在 PM$_{2.5}$ 中大于在 TSP 中，非沙尘暴期间元素的富集程度大于沙尘暴期间。这些结果表明，污染元素易在细颗粒物上富集，同时沙尘暴发生期间，由于大量粗颗粒物进入大气，稀释了污染元素的浓度，因而这些元素的 EF 得以降低。值得注意的是，在沙尘暴期间，春季污染元素的富集程度普遍高于其他季节，尤其是元素 S 表现得非常明显。这可能是由于春季沙尘发生频率高，占到了全年采样期间高沙尘次数（15 次）的 60％（共 9 次），而且强

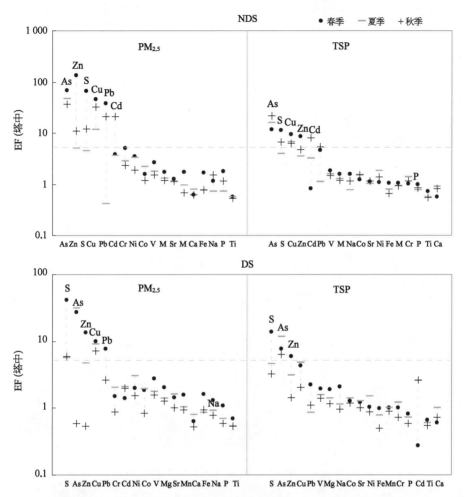

图 13 - 5　以塔中表层土为本底的和田气溶胶元素的富集系数(彩图见下载文件包,网址见 14 页脚注)

度大(TSP 平均浓度为 1 051.7 $\mu g \cdot m^{-3}$)。

　　不同的沙尘传输路径,对和田地区污染元素的富集有着重要的影响(图 13 - 6)。根据后向轨迹分析,可以将传输路径分为 2 类。一类是气团从海拔较低的东天山进入盆地后,形成影响和田的沙尘天气,这称为东路[图 13 - 6(a)和(b)];另一类是来自沙漠西部的沙尘,沿帕米尔高原向西北移动,由于昆仑山的阻隔,沙尘向西移动,进而影响和田,这称为西路[图 13 - 6(c)]。在东路传输路径上,分布着新疆主要的能源及矿产资源。尤其在天山一带,分布着以库尔勒为中心的新疆重要的石油化工基地和绿洲农业带,如天山北坡经济开发带,以及采掘工业基地,如吐鲁番盆地等工业农业活动密集区。另外,由于近些年来人类活动的影响,在这条路径上的湖泊如艾比湖、玛纳斯湖、艾丁湖的湖面面积已锐减[7-9],含盐量骤增(如艾比湖周边地区表层土中硫酸盐的含量高达 185 mg $\cdot$ g^{-1})[8],河床裸露,周边土壤盐碱化严重,加上一些早已干涸的湖泊如罗布泊的盐碱土,新疆盐碱

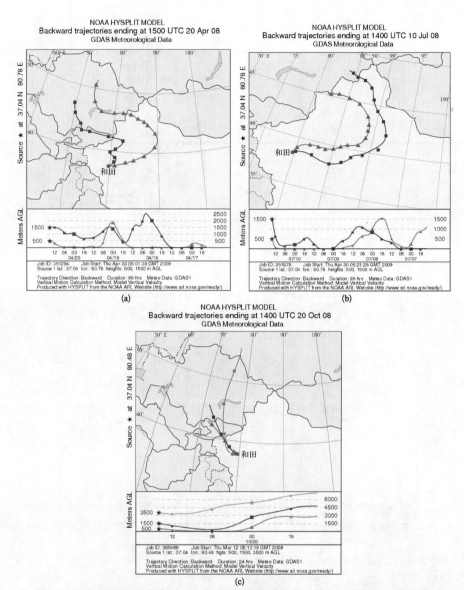

图13-6　和田不同季节典型后向轨迹图（彩图见下载文件包，网址见14页脚注）

　　(a)春季(2008年4月20日)；(b)夏季(2008年7月8日)；(c)秋季(2008年10月20日)。图上方部分外文含义请参见127页图9-6图注。图下方部分外文含义请参考如下内容：Meters AGL：meters above ground level，指地平面之上的高度(m)；Job ID：此工作的代号；Job Start：此工作始于；Lat：纬度，Log：经度；hgts：高度；Trajectory direction：Backward：轨迹方向：后向；Duration：持续时间；Meteorologist Data：FNL：气象学数据格式：FNL(File Name Length)；Vertical Motion Calculation method：Model Vertical velocity：垂直运动计算方法：模型垂直速度；Produced with HYSPLIT from NOAA ARL Website (http：//www.arl.noaa.gov/ready/)：根据〈美〉国家海洋和大气局空气资源实验室研发的HYSPLIT模型＊计算而得(http：//www.arl.noaa.gov/ready/)。

＊　参见473页脚注＊。

土面积已达到 $8.5×10^4$ km²,强盐碱土壤占到了 1/3 以上。与新疆接壤的哈萨克斯坦,有 $8.7×10^5$ km² 的盐碱土,冷风过境对新疆的南北部都有影响[10]。由于阿拉山口一带以及百里风区的特有地形作用(狭管效应和滑移作用)[11],故气团易贴近地面,将污染物扬起,使之进入大气。相对于东路,西路沿途的经济相对落后,除零星的一些工业活动外,主要以农业种植为主。为研究气溶胶中这些污染元素的来源,我们采集了新疆乌鲁木齐地区、吐鲁番盆地、库尔勒市周边以及和田的表层土,分析了其中的元素和离子浓度。结果发现,元素 S 在乌鲁木齐地区、库尔勒、吐鲁番盆地表层土中的含量分别是和田表层土的 3.7～8.1、4.2～4.5、1.2～1.7 倍,元素 Zn 分别是和田的 0.57～5.9、2.7～3.6、1.1～1.6 倍,元素 As 分别是和田的 0.88～9.0、0.57～1.28、0.9～1.8 倍,元素 Pb 分别是和田的 0.99～6.17、3.5～4.8、0.67～1.2 倍,元素 Cu 分别是和田的 3.0～4.4、4.2～6.2、1.2～2.4 倍。这表明,这些污染元素在东路沿途表层土中的含量,大多高于和田。如果和田的沙尘来自东路,沿途路径上污染元素的贡献势必有利于污染元素的富集。而西路沿途则相对"干净",这些污染元素可能更多来自本地污染源的贡献。春季沙尘暴多以东路为主,秋季沙尘来自西路,而夏季以西路和辐合带引起的局地沙尘居多,由此可以判定,夏季沙尘暴期间元素 As 富集较高,这可能更多主要来自本地的贡献。

非沙尘暴期间,在细颗粒物 PM$_{2.5}$ 中,污染元素 S、Zn、Cu、Pb、Cd、As 在春秋两季明显富集。如在春季,元素 As 的富集系数达 85,元素 Pb 达 37,元素 Zn 高达 135。这主要是由于春秋两季采暖,燃煤排放出大量的污染元素所致。在 TSP 中,富集系数有所降低,除元素 As 大于 10,其他元素在 5～10,表明这些污染元素也有部分来自污染源,且更多存在于细颗粒物中。

3. 和田大气气溶胶中的矿物气溶胶

根据公式[12],矿物气溶胶的质量浓度$=1.16×(1.90Al+2.15Si+1.41Ca+1.67Ti+2.09Fe)$,式中元素 Si 的浓度根据 Al 的浓度和 Si/Al 的比值(3.24)计算。Si/Al 比值由单颗粒分析得到的 SiO$_2$(41.9%)和 Al$_2$O$_3$(13.7%)的相对浓度计算而得。由此可以估算出和田地区沙尘气溶胶中的矿物组成。考虑到塔克拉玛干沙漠沙尘气溶胶的古海洋源特性,大量从古海洋沉积下来的海盐,也应是沙尘气溶胶中矿物盐的一部分,其海盐的计算公式[12]为海盐$=Na^+×2.54$。由此计算,和田地区沙尘气溶胶中的矿物气溶胶,分别占到总质量的 82.8%(PM$_{2.5}$)、80.8%(TSP),表明和田地区气溶胶中的绝大部分还是矿物气溶胶。

13.2.2　和田气溶胶的离子化学

1. 和田气溶胶中离子的浓度及其来源

可溶性离子也是和田气溶胶中的重要组成部分。细颗粒物 PM$_{2.5}$ 中总的可溶性离子之和,在沙尘暴与非沙尘暴期间,(全年平均)分别为 50.16、20.12 $\mu g \cdot m^{-3}$,占总质量的 29.1%、28.2%,在 TSP 中分别为 104.47、39.41 $\mu g \cdot m^{-3}$,占总质量的 9.5%、13.8%,表明在细颗粒物中,可溶性离子所占的比重更大,但在沙尘暴与非沙尘暴期间没有太大差异。PM$_{2.5}$中离子的浓度顺序为 Ca^{2+}＞SO$_4^{2-}$＞Cl$^-$＞Na$^+$＞CH$_3$COO$^-$＞NO$_3^-$＞NH$_4^+$＞NO$_2^-$＞K$^+$＞Mg^{2+}＞F$^-$＞C$_2$O$_4^{2-}$＞MSA＞HCOO$^-$＞PO$_4^{3-}$,TSP 中的顺序为 SO$_4^{2-}$＞Cl$^-$＞Ca^{2+}＞Na$^+$＞NH$_4^+$＞NO$_3^-$＞MSA＞NO$_2^-$＞K$^+$＞CH$_3$COO$^-$＞Mg^{2+}＞C$_2$O$_4^{2-}$＞F$^-$＞HCOO$^-$＞PO$_4^{3-}$。但在沙尘与非沙尘时期,以及在季节的更替中,离子序列也略有不同,表明和田沙尘气溶胶的情况远比塔中地区复杂。在可溶性离子中,SO$_4^{2-}$、Cl$^-$、Ca^{2+}、Na$^+$为最主要离子,四者浓度之和占到总可溶性离子的 70% 以上。图 13-7 详细展示了主要离子在沙尘与非沙尘状况下,随不同季节的浓度变化。

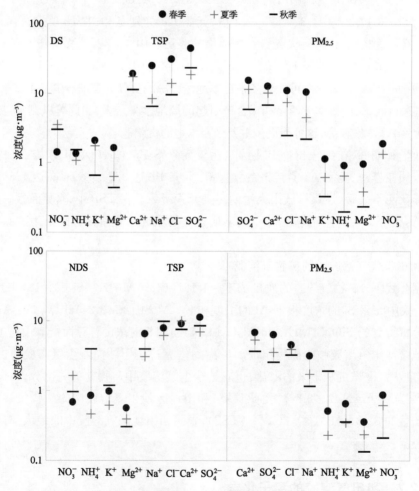

图 13-7　沙尘与非沙尘暴期间不同季节主要离子的浓度(μg·m^{-3})
(彩图见下载文件包,网址见 14 页脚注)

2. 和田大气气溶胶的酸度

气溶胶水提取液的 pH 可间接反映气溶胶的酸度。在 2008 年沙尘暴期间,沙漠腹地采样点气溶胶 TSP 和 PM$_{2.5}$ 水提取液中的 pH，分别为 7.09、6.79；非沙尘暴期间为 6.76、6.48。由此可见，无论是 TSP 还是 PM$_{2.5}$，非沙尘暴期间气溶胶的酸度均高于沙尘暴期间。显然，沙尘暴期间外来沙尘的侵入，稀释了污染离子，使酸度降低。无论在沙尘暴还是非沙尘暴期间，pH 均呈现 TSP>PM$_{2.5}$ 的变化，表明细颗粒的酸度高于粗颗粒，这是由于污染物更多存在于细颗粒物中。TSP 和 PM$_{2.5}$ 水提取液的 pH，呈现出夏（7.02、6.68）>春（6.75、6.68）>秋（6.52、6.21）的季节变化趋势。这与塔中 pH 值春季最高，夏季最低的季节特征不同，表明沙漠周边绿洲城镇的寒冷季节取暖等排放的 SO$_4^{2-}$、NO$_3^-$ 等酸性离子的相对量增加，致使气溶胶的酸度增加。

3. 和田大气气溶胶中元素 S 的主要存在形式

沙尘暴期间，SO$_4^{2-}$ 在 TSP 和 PM$_{2.5}$ 中的质量分别为 32.08、13.02 μg·m^{-3}；占总质量的 2.9%、5.8%；非沙尘暴期间，质量浓度分别为 8.74、3.88 μg·m^{-3}，占到总质量的 3.0%、5.0%。如图 13 - 8 所示，在全年各季度收集的所有样品中，无论是 TSP 还是 PM$_{2.5}$，可溶性 S 占总 S 的比值（SO$_4^{2-}$/3）/S$_总$ 大多在 90% 以上。由此可见，和田地区 90% 以上的 S，都是以可溶性硫即 SO$_4^{2-}$ 的形式存在。硫酸盐具有降温效应，在亚洲沙尘源头大部分的 S，以可溶性的硫酸盐形式存在，其长途传输势必会对全球的气候变化产生影响。

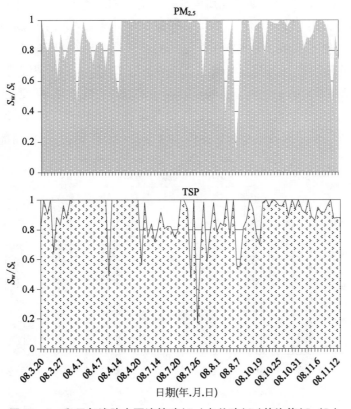

图 13 - 8　和田气溶胶中可溶性硫（S_w）占总硫（S_t）的比值（S_w/S_t）

4. 和田大气气溶胶中硫酸盐的矿物源和人为源

和田地处沙漠南端的绿洲带上,当地的农牧业生产、工业化进程以及每年定期的采暖等人为活动,对当地大气质量产生影响。塔克拉玛干沙漠腹地的气溶胶,是最原始、最本质的亚洲沙尘气溶胶。因此,以塔中气溶胶为背景,可以定量描述和田硫酸盐气溶胶的特性。如上一章所述,因塔克拉玛干沙漠具有古海洋源的特性,沙尘气溶胶中的 SO_4^{2-} 与 Na^+ 具有强相关性,相关系数大于 $0.99(PM_{2.5},n=100;TSP,n=100)$。根据此特性,利用塔中气溶胶里 SO_4^{2-} 与 Na^+ 的克当量比,可以计算来自外来源的硫酸盐,从而估算和田地区沙尘气溶胶中来自本地人为活动污染源的硫酸盐对硫酸盐气溶胶总量的相对贡献,即矿物源硫酸盐气溶胶 $SO_4^{2-}{}_{矿物源}=[SO_4^{2-}/Na^+]_{塔中}\times Na^+{}_{和田}$,污染源硫酸盐气溶胶 $SO_4^{2-}{}_{人为源}=SO_4^{2-}{}_{总}-SO_4^{2-}{}_{矿物源}$。

图 13-9 所示为不同季节在 $PM_{2.5}$ 和 TSP 中矿物源硫酸盐与人为污染源硫酸盐对硫酸盐气溶胶总量的相对贡献。在 $PM_{2.5}$ 中,春、夏、秋季矿物源硫酸盐分别为 90%、91%、67%;在 TSP 中,分别为 85%、95%、68%。显然,春夏季硫酸盐气溶胶中矿物源硫酸盐所占的比重,远高于人为污染所产生的硫酸盐。结合后向轨迹分析发现,和田地区矿物源硫酸盐中,不仅有来自曾为古海洋的塔克拉玛干沙漠的贡献,也有来自新疆北部盐碱地区的输送,甚至可能有来自哈萨克斯坦盐碱地的影响。本地工农业生产及采暖所产生的污染物硫酸盐占到 9%~15%。秋季,和田硫酸盐气溶胶中人为污染产生的硫酸盐,所占比重比春夏季有了明显的增加,是春夏季的 2~3 倍。这表明秋季燃煤采暖排放的 SO_2 转换生成的硫酸盐,在 $PM_{2.5}$ 中约占总硫酸盐的 24%,在 TSP 中为 17%~27%。这一结果说明,秋冬季采暖是污染源硫酸盐的主要来源。由此可见,即便在沙尘的源头,采暖、燃煤发电等人为活动也已经对和田地区的气溶胶产生了重大影响。污染气溶胶与矿物气溶胶在沙尘源头以及在长途传输途中的混合及相互作用,对下风向地区即中国中东

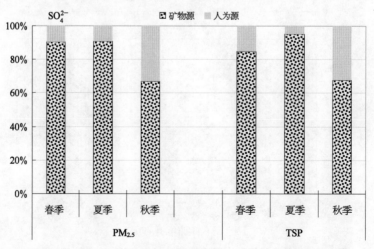

图 13-9 和田不同季节硫酸盐气溶胶中一次源和人为源的贡献

部地区甚至太平洋上空气溶胶的化学特性、光学特性以及气候效应,都产生重要影响。

13.2.3　和田大气气溶胶中的黑碳

黑碳气溶胶通过吸收太阳辐射,可以加热周围大气导致增温效应。近年来,黑碳气溶胶引起人们的普遍关注。图 13-10 为和田 2008 年 $PM_{2.5}$ 和 TSP 中黑碳浓度的日变化情况。2008 年,$PM_{2.5}$ 和 TSP 中的黑碳浓度分别为 2.5 和 4.1 $\mu g \cdot m^{-3}$,高于同期沙漠腹地塔中的黑碳浓度(0.71、1.62 $\mu g \cdot m^{-3}$)2~3 倍。2007 年 11 月 9 日,TSP 中的黑碳浓度高达 7.90 $\mu g \cdot m^{-3}$,占总质量的 2%。黑碳没有天然来源,主要来自化石燃料和生物质的燃烧。因此,这样高浓度的黑碳气溶胶,意味着和田地区的燃煤采暖及机动车尾气排放对黑碳有着显著的贡献。黑碳气溶胶的 $PM_{2.5}$/TSP 比值,在非沙尘暴期间为 0.61,在沙尘暴期间为 0.57,表明黑碳主要存在于细颗粒物中。在沙尘暴期间,沙尘气溶胶对污染源产生的黑碳气溶胶有一定的稀释作用。黑碳气溶胶有明显的季节变化。2008 年春、夏、秋、冬季,黑碳在 TSP 中的浓度分别为 3.47、2.92、4.73、4.50 $\mu g \cdot m^{-3}$,而在 $PM_{2.5}$ 中为 2.32、2.12、2.35、3.41 $\mu g \cdot m^{-3}$,表明在 TSP 中,秋季>冬季>春季>夏季,在 $PM_{2.5}$ 中,冬季>秋季>春季>夏季。黑碳气溶胶的季节变化特性,主要是由寒冷季节的燃煤采暖所致。该地区除了少量工业生产、机动车尾气排放以及居民生活用的小炉灶排放外,采暖期更多的化石燃料燃烧,产生了更多的黑碳。不同粒径黑碳气溶胶的季节差异性,一方面是由于粗颗粒中含有更多沙尘气溶胶,沙尘中铁氧化物在可见光部分的吸收,导致所测定的黑碳浓度偏高[13]。另一方面,黑碳气溶胶的 $PM_{2.5}$/TSP 比值,在秋季和冬季分别为 0.50、0.76,表明冬季黑碳更多集中在细颗粒中。冬季的人为燃煤活动更多,对

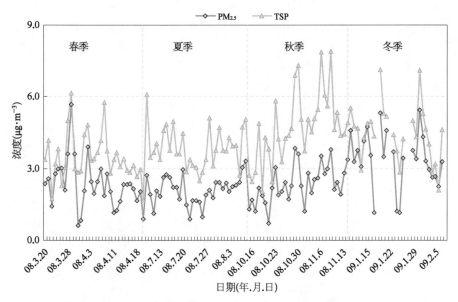

图 13-10　2008 年和田 $PM_{2.5}$ 和 TSP 气溶胶中 BC 的日变化(彩图见下载文件包,网址见 14 页脚注)

黑碳气溶胶的影响也更大；而秋季有较多沙尘，相对减少了人为活动的影响程度。

参考文献

[1]　Wang X M, Dong Z B, Zhang J W, et al. Modern dust storms in China: An overview. Journal of Arid Environments, 2004, 58(4): 559 - 574.

[2]　Uno I, Harada K, Satake S, et al. Meteorological characteristics and dust distribution of the Tarim Basin simulated by the nesting RAMS/CFORS dust model. Journal of the Meteorological Society of Japan, 2005, 83A: 219 - 239.

[3]　Mikami M, Shi G Y, Uno I, et al. Aeolian dust experiment on climate impact: An overview of Japan-China joint project ADEC. Global and Planetary Change, 2006, 52(1 - 4): 142 - 172.

[4]　Okada K, Kai K. Atmospheric mineral particles collected at Qira in the Taklamakan Desert, China. Atmospheric Environment, 2004, 38: 6927 - 6935.

[5]　李江风.塔克拉玛干沙漠和周边山区天气气候.北京：科学出版社,2003.

[6]　Derimian Y, Karnieli A, Kaufman Y J, et al. The role of iron and black carbon in aerosol light absorption. Atmospheric Chemistry and Physics, 2008, 8(13): 3623 - 3637.

[7]　Abuduwaili J, Gabchenko M V, Junrong X. Eolian transport of salts — A case study in the area of Lake Ebinur (Xinjiang, Northwest China). Journal of Arid Environments, 2008, 72: 1843 - 1852.

[8]　Abuduwaili J, Mu G J. Eolian factor in the process of modern salt accumulation in western Dzungaria, China. Eurasian Soil Science, 2006, 39(4): 367 - 376.

[9]　Mu G J, Yan S, Abuduwailin J, et al. Wind erosion at the dry-up bottom of Aiby Lake: A case study on the source of air dust. Science in China Series D-Earth Sciences, 2002, 45 (Suppl): 157 - 164.

[10]　Orlova M A, Seifullina S M. The main regularities of dust-salt transference in the desert zone of Kazakhstan// Khan M A, Böer B, Barth H J, et al. Sabkha ecosystems. Dordrecht: Springer, 2006: 121 - 128.

[11]　张学文,张家宝.新疆气象手册.北京：气象出版社,2006.

[12]　Chan Y C, Simpson R W, Mctainsh G H, et al. Characterisation of chemical species in $PM_{2.5}$ and PM_{10} aerosols in Brisbane, Australia. Atmospheric Environment, 1997, 31(22): 3773 - 3785.

[13]　Deaton B C, Balsam W L. Visible spectroscopy — A rapid method for determining hematite and goethite concentration in geological-materials. Journal of Sedimentary Petrology, 1991, 61(4): 628 - 632.

第 *14* 章

沙尘气溶胶的长途传输——上海的高沙尘污染事件

　　亚洲中部扬起的沙尘气溶胶,能够长途传输到太平洋,甚至传输到美国西海岸[1,2]。中国东部沿海是亚洲沙尘输送到太平洋的途经区域,也是内陆源矿物气溶胶沉降的海域。Zhang 和 Gao[3] 研究了亚洲 42 场沙尘暴的源及输送途径,其中 30% 经过朝鲜海峡和日本海,而 70% 则经由中国东海岸,直接传送到东北太平洋的高纬度地区。亚洲沙尘不仅富含矿物气溶胶,同时携带着亚洲东部工业城市排放的人为污染物,传输到北太平洋。北美西海岸的颗粒物浓度和亚洲沙尘暴源头地区的沙尘,有很强的相关性($r = 0.91$)[4]。亚洲沙尘暴通过与人为源污染物混合,直接影响其下风向地区的空气质量。有关亚洲沙尘的研究,都比较了某个站点的大气气溶胶在沙尘暴期间和非沙尘暴期间的理化性质差异,揭示了沙尘暴对于当地环境的影响,如中国北京[5-7]、青岛[8]、台湾[9,10]和香港[11],韩国仁川、蔚山、Gosan[12,13],以及日本京都[14,15]。2007 年 4 月 2 日是上海市自从 20 世纪 80 年代建立 TSP 自动监控系统及 2002 年建立 PM_{10} 自动监控系统以来,PM_{10} 污染最严重的一天。这就为研究沙尘污染对空气质量的影响,及其在长途传输途径中与人为污染物的混合,提供了宝贵机会。本章以 2007 年 4 月 2 日上海的高沙尘污染事件为例,揭示沙尘气溶胶的长途传输对于下风向地区之重大影响。

　　上海从 2002 年以来,共有 6 个严重污染天(日均 PM_{10} 浓度高于 420 $\mu g \cdot m^{-3}$,即空气污染指数 API 高于 300),其中 2002 年 3 d,2007 年 2 d,2010 年 1 d(表 14-1),其中 4 个严重污染日(2002 年 3 月 2 日、2002 年 4 月 8 日、2007 年 4 月 2 日和 2010 年 3 月 21 日)是在春季。根据气象条件分析,这很明显是受到来自中国西北地区沙尘的影响[16]。在这 4 个严重污染日中,2007 年 4 月 2 日的 API 首次达到 500 的高值,PM_{10} 浓度达到了 623 $\mu g \cdot m^{-3}$。如此严重的沙尘污染,在 3 年之后的 2010 年再次发生。因此,研究该案例对于了解亚洲沙尘在传输途径中与人为排放污染物的混合,及其对于下风向地区空气质量的影响有重要意义。

表 14 - 1　上海 2002—2010 年 6 次严重沙尘污染日的污染物及其与 PM_{10} 的比值

	API	SO_2 ($\mu g \cdot m^{-3}$)	NO_2 ($\mu g \cdot m^{-3}$)	PM_{10} ($\mu g \cdot m^{-3}$)	SO_2/PM_{10}	NO_2/PM_{10}	气溶胶类型
2010.3.21	500	45	52	672	0.067	0.077	沙尘
2007.4.2	500	41	48	623	0.066	0.077	沙尘
2002.4.8	434	34	47	534	0.064	0.088	沙尘
2007.1.19	412	193	123	513	0.38	0.24	污染物
2002.3.22	401	26	47	501	0.052	0.094	沙尘
2002.11.13	355	37	76	464	0.080	0.16	污染物
8 年均值(2002—2009 年日均浓度)		48	57	92	0.53	0.63	

数据来源：上海市环境监测中心(http://www.semc.gov.cn)。

14.1　采样和化学分析

14.1.1　自动采样

上海市的环境污染物日均浓度,取 9 个空气质量自动监测站的 24 h 浓度均值。SO_2、NO_2、PM_{10} 的监测设备以及包含 5 种气象因素(风速、风向、温度、相对湿度和压强)的测量仪,安装在 8 个监测站中。2005 年,还在浦东监测站安装了 1 台测量每小时 $PM_{2.5}$ 浓度的测量仪。该区域代表居住区和教育区。SO_2、NO_2、PM_{10}($PM_{2.5}$)的小时浓度监测仪器,分别是 API 200(Advanced Pollution Instrumentation 公司,美国), 或 TE 43C (Thermo Electron Corporation Environmental Instruments Division,美国)、API 300 或 TE 42C,以及 TOEM 1400A(Rupprecht & Patashnic 公司,美国)。国控监测点位 * 通过中国国家环保部认定,由上海市环境监测中心负责执行相应的质量保证/质量控制(quality assurance/quality control, QA/QC),并据此计算 API 指数。上海市环境空气质量监测网络在 20 世纪 80 年代成立,已经进行了将近 30 年的日常监测,由日常维护团队、质量保证/质量控制实验室、数据收集和检验信息系统组成。这些监测站由遵循 QA/QC 系统技术规范[空气质量监测的自动化方法(HJ/T193 - 2005)]的上海市环境监测中心(Shanghai Environment Monitoring Center, SEMC)的技术团队进行运行和维护。日常质量保证/质量控制(包括每日零/标准校准、跨度和范围检验、监测站环境控制、人员上岗证考核等),依据基于国家规范 HJ/T193 - 2005 进一步细化编制的"上海环境质量自动监测站技术规范",而国家规范则参照由美国 EPA 制定的技术导则(美国国

　＊　国控监测点位是指中国国家环境保护部所确定和具体管理的监测点。

家环保局,1998)。上海 2002—2010 年大气污染物的日均浓度,以及期间严重污染日的日均浓度如表 14-1 所示。

14.1.2　手动采样

如表 14-2 所示,2007 年春季(3 月 20 日—4 月 19 日)对包括 4 个省(新疆、陕西、内蒙古和山东)的 2 个沙漠源以及北京和上海的 5 个监测点,进行了为期 1 个月的 $PM_{2.5}$ 和 TSP 采样。为了研究亚洲沙尘的特点和远距离输送,以及它与沿途污染物气溶胶的混合作用,所有采样站点都设置在亚洲沙尘暴的输送路径上。共获得 430 个 $PM_{2.5}$ 和 TSP 样品,并在 4 月 2 日的高污染日当天,在上海站点增加采集了 4 个样品。上海采样点位于复旦大学(位于居住和交通混合地区)一座建筑物的楼顶(20 m 高)。采用中流量采样器[型号:$(TSP/PM_{10}/PM_{2.5})-2$,流速:$77.59\ L \cdot min^{-1}$],采集在 Whatman 41(Whatman Inc., Maidstone, UK)滤膜上。采样时间为每日北京时间 9:00 到次日北京时间 9:00。样本在采样后被立即放入聚乙烯塑料袋里,并保存在冰箱中。所有滤膜在采样前后经过 24 h 恒温(20 ± 1℃)、恒湿($40\%\pm1\%$)之后,用分析天平称量。所有过程均经严格质量控制。表中乌鲁木齐、北京、上海的数据来源于 2007 年的《中国统计年鉴》(http://www.stats.gov.cn),多伦的数据来源于同年的《内蒙古统计年鉴》,榆林的数据来源于 http://baike.baidu.com/view/148354.htm♯4。

表 14-2　中国 7 处 PM 手工滤膜采样点信息

监测点	监测点代码	位置坐标	面积 (km^2)	人口 $(\times 10\ 000)$	备　注
塔　中	TZ	39.00°N 83.67°E	337 000		沙漠地区
乌鲁木齐	Ur	43.78°N 87.61°E	10 902	202	内陆城市监测点:居住和交通区域
多　伦	DL	42.3°N 116.5°E	3 773	10.05	内陆郊区监测点:居住区域、沙地,靠近沙漠源
榆　林	YL	38.2°N 109.8°E	43 578	352	内陆郊区监测点:居住和交通区域、沙地,靠近沙漠源
北　京	BJ	39.9°N 116.4°E	16 800	1 581	内陆城市监测点:居住和交通区域
泰　山	TS	36.3°N 117.1°E			泰山游客点
上　海	SH	31.2°N 121.5°E	6 341	1 815	沿海城市监测点:居住和交通区域

14.1.3　化学分析

详见第 7、8、10 章的"采样和化学分析"。

14.1.4　空气质量标准和空气污染指数 API

1996 年,环保部颁布了常规污染物的环境空气质量标准限值,包括 3 个级别 SO_2、NO_2、CO 和 O_3 的年、日和小时均值限值,以及 PM_{10} 的年、日均值限值。在 84 个主要城市中,日均浓度也用来计算每日 API(空气污染指数),类似美国国家环境保护局(The United States Environmental Protection Agency, USEPA)的空气质量指数(air quality index, AQI)。如果 SO_2、NO_2、PM_{10} 日浓度超过了空气质量二级标准,则该日定为污染日;当 API 大于 300,即 SO_2、NO_2、PM_{10} 日均值分别超过 1 600、565 和 420 $\mu g \cdot m^{-3}$ 时,定为严重污染日。PM_{10} 的 API 指数计算方法如下。

$$I = I_{低} + (I_{高} - I_{低}) \times (C - C_{低}) / (C_{高} - C_{低})$$

上式中,I 是 PM_{10} 的 API 值,C 是 PM_{10} 的浓度。$I_{高}$ 和 $I_{低}$ 分别代表在 API 分级限值表中最接近 I 的高于和低于 I 的两个值;$C_{高}$ 和 $C_{低}$ 分别代表与 $I_{高}$ 和 $I_{低}$ 对应的 PM_{10} 值。

14.2　沙尘对于上海环境空气质量和能见度的影响

图 14-1 显示了 2007 年 4 月 2 日上海严重沙尘污染前后 3 种主要污染物的变化。PM_{10} 浓度日均值从 3 月 28 日的 169 $\mu g \cdot m^{-3}$(该值已经超过中国每日 PM_{10} 的浓度标准 150 $\mu g \cdot m^{-3}$)上升到 4 月 2 日的峰值 648 $\mu g \cdot m^{-3}$,继而在 4 月 7 日降到 98 $\mu g \cdot m^{-3}$。SO_2 和 NO_2 与 PM_{10} 变化相反,从 3 月 28 日的 102 和 90 $\mu g \cdot m^{-3}$ 分别降到 4 月 3 日的 40 和 36 $\mu g \cdot m^{-3}$,又回升至 4 月 7 日的 77 和 84 $\mu g \cdot m^{-3}$,这显然来自人为污染物。颗粒物和气态污染物浓度变化相反,这种特征与人为排放引起长三角地区的严重雾霾[16],有很大区别。

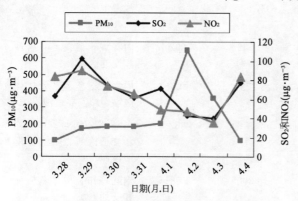

图 14-1　2007 年 3 月 28 日—4 月 4 日上海 SO_2、NO_2、PM_{10} 日均浓度(彩图见下载文件包,网址见 14 页脚注)

如图 14-2 所示,从北方输送来的沙尘,导致了上海市 3 月 30 日—4 月 1 日的污染天气。2007 年 4 月 2 日北京时间 6:00—16:00,上海 PM_{10} 的小时平均浓度达到

$1\,000\,\mu g \cdot m^{-3}$(检测上限)。能见度则从 4 月 1 日北京时间 20：00 的 7～9 km 下降到 4 月 2 日北京时间 14：00 的不足 2 km，之后回升到 4 月 2 日北京时间 20：00 的 9～11 km，如图 14 - 3 所示。2007 年 4 月 2 日，上海的整体平均能见度不足 2.3 km；4 月 2 日北京时间 14：00，达到最低能见度 1.7 km。整个上海的能见度空间分布，东南部沿海较低，北部较高。沙尘经过上海之后，一团新鲜气团迅速地带来了更清洁的空气，因此，上海的能见度在 2007 年 4 月 3 日超过了 14 km。能见度的变化，反映了沙尘的输送途径是到了沿海再返回大陆，导致上海大气气溶胶受海盐气溶胶和沙尘气溶胶的双重影响。

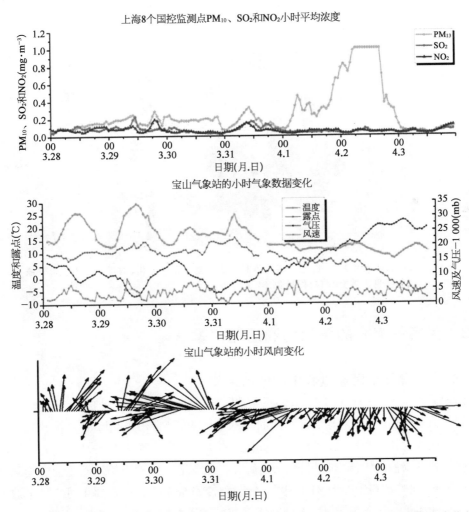

图 14 - 2　2007 年 3 月 28 日北京时间 00：00 至 4 月 3 日北京时间 23：00 上海地面气象变化*
（彩图见图版第 3 页，也见下载文件包，网址见正文 14 页脚注）

---

* mb：毫巴，为非法定压强单位。1 mb＝100 Pa。

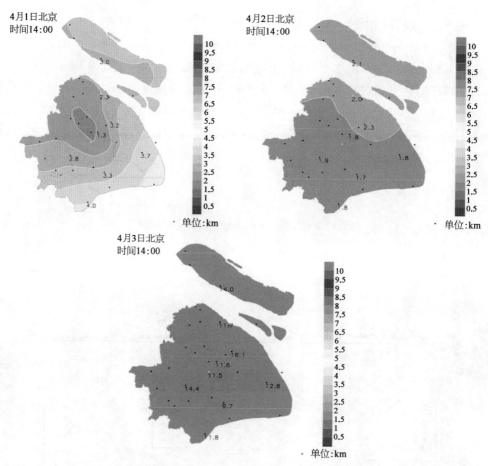

图 14 - 3　2007 年 4 月 1—3 日上海高污染时期能见度分布的变化(数据来源于上海气象局)
(彩图见下载文件包,网址见 14 页脚注)

14.3　大气气溶胶的源识别和远距离输送

14.3.1　高沙尘污染过程中的气象条件

由地面天气图(图 14 - 4)可见,长三角地区在 2007 年 3 月 29 日晚经过了弱冷锋,随后受到 3 月 30 日强冷锋之前来自西南的弱低气压的影响,在 700 hPa(百帕)时,位于东亚气压槽底部的长三角地区,迎来了从西北方向吹来的风速高达 $10\sim12\ m\cdot s^{-1}$ 的强风。这股强风把戈壁沙漠的沙土带到北亚,之后又将北亚上方的沙土输送回东亚。受到低压系统的影响,虽然冷锋于 3 月 31 日中午过境,但冷锋带来的高压直到 4 月 2 日早晨才抵达上海。如图 14 - 2 所示,3 月 31 日冷锋尾部经过了上海,温度和露点*下降,气压和风

---

　　* 露点是指在气压不变、水汽无增减条件下空气中水汽冷却达到饱和时的温度。在此温度下,凝结的水飘浮于空中成为雾,沾在固体表面则为露,露点因此得名。气温接近露点意味着空气湿度接近饱和。

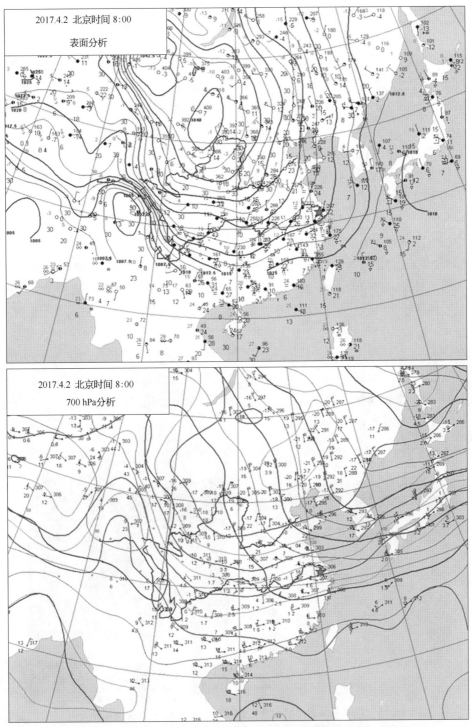

图 14-4　2007 年 4 月 2 日北京时间 8：00 中国表面和 700 hPa 天气图
（彩图见图版第 4 页，也见下载文件包，网址见正文 14 页脚注）

五角星代表上海（http：//218.94.36.199：5050/dmsg/map.htm）。

速上升,气压由 3 月 31 日的 1 003.7 hPa 持续升到 4 月 3 日的 1 028.5 hPa,风向由西南转变为东北。风速从 4 月 1 日下午开始,变得相对缓慢($2\sim3$ m·s^{-1}),直到 4 月 2 日北京时间 12:00 才增强。当东亚气压槽上方来自北方的冷空气吹向南方时,上海 PM$_{10}$ 的浓度从 87 μg·m^{-3} 上升到 4 月 1 日的 458 μg·m^{-3}。由图 14-2 可知,PM$_{10}$ 的浓度从 4 月 1 日北京时间 00:00 开始迅速升高,而 SO$_2$ 和 NO$_2$ 的浓度保持较低。

14.3.2　后向轨迹分析

中国北方的沙尘暴,有明显的地域特征。利用旋转经验正交函数,并根据 1954—1998 年间沙尘暴每年发生的天数,F. Qian 等[17]揭示了与中国北方沙尘暴有关的 5 个区域,分别为新疆地区、内蒙古东部地区、柴达木盆地、青藏高原和黄河附近的戈壁沙漠。根据中国气象局的沙尘暴天气报告,2007 年 3 月 27 日—4 月 2 日,中国西北地区发生了沙尘暴,涉及新疆、甘肃、内蒙古、宁夏和陕西省北部。由图 14-5 的卫星云图可知,沙尘暴于 4 月 1 日输送到中国北方地区,包括河北、河南和山东省。4 月 3 日,沙尘离开大陆。如卫星云图所示,该区域大气又恢复整洁与清新。根据 36 h 的后向轨迹分析(图 14-6),上海这 4 天发生的严重沙尘污染来自 2 条主要途径:一条是来自西北戈壁沙漠气团的内陆途径;另一条是起源于内蒙古东部地区,先吹往东北海区方向,再迂回进入大陆的海洋途径。这次高沙尘事件,沙尘源自内蒙古沙漠地区,经过河北、山东、东海上空,再返回大陆,到达上海。这次的沙尘传输途径与以往典型的沙尘输送途径不同,后者起源于蒙古和中国的戈壁沙漠,直接输送到北太平洋[18]。

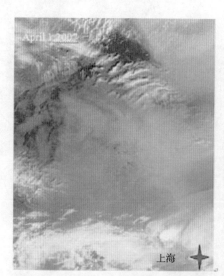

图 14-5　2007 年 4 月 1 日和 3 日的真彩卫星云图(彩图见图版第 5 页,也见下载文件包,网址见正文 14 页脚注)

从美国航天局卫星 Terra 拍摄。2007 年 4 月 2 日,该图像被云层覆盖(http://rapidfire.sci.gsfc.nasa.gov/subsets/? subset=FAS_China4.2007090)。

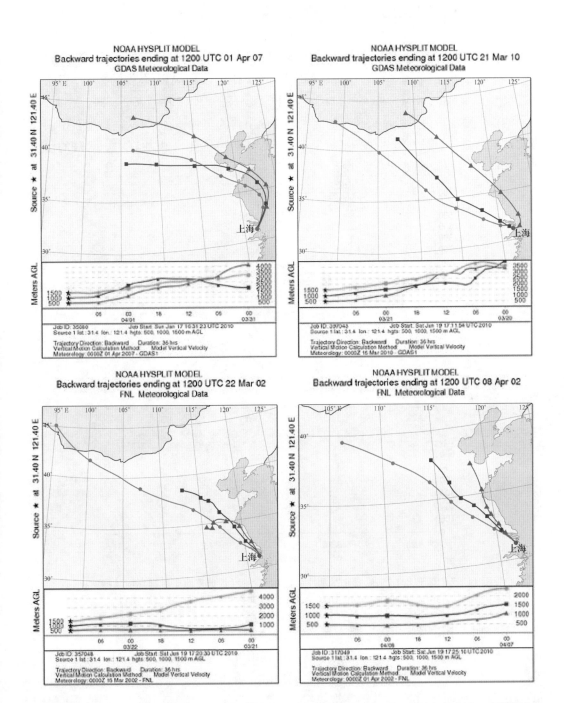

图 14‑6　上海 4 个严重沙尘污染日的 30 h 后向气流轨迹(彩图见下载文件包,网址见 14 页脚注)

　　图上方部分外文含义参见 127 页图 9‑6 图注,图下方部分外文含义参见 192 页图 13‑6 图注 (http://ready.arl.noaa.gov／)。

14.3.3　亚洲沙尘的长距离传输途径和来源

基于中国主要城市的每日环境空气质量报告,沙尘传输经过呼和浩特、枣庄、青岛、连云港,最终到达上海(图 14-7)。呼和浩特和连云港的每日 PM_{10} 浓度,在 3 月 31 日和 4 月 1 日超过了 $600\ \mu g \cdot m^{-3}$(最高 API 为 500,根据国家 API 报告的数据,相当于 $600\ \mu g \cdot m^{-3}$,http://www.cnemc.cn)。API 的变化进一步佐证了卫星云图(图 14-5)所示的沙尘输送途径。经过长三角的此次高沙尘事件的传输途径,与以往发生在中国北方的沙尘暴都不相同。如 2001[5]、2002[19]、2004[20] 和 2006 年[21] 发生在中国大陆的沙尘暴,没有一例经过上海进入北太平洋。

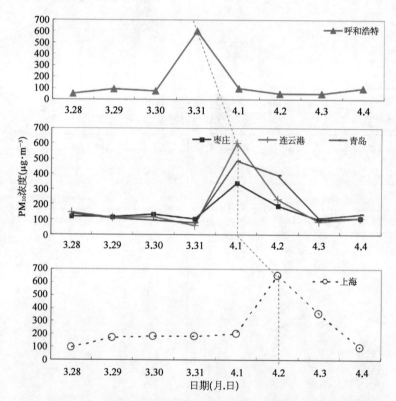

图 14-7　基于 PM_{10} 浓度变化推测沙尘的输送途径(数据来源于中国环境监测站,**http://www.cnemc.cn**)(彩图见下载文件包,网址见 14 页脚注)

虽无理想的示踪物,也未发现专属于特定区域可用于示踪的特定元素,但是可以根据元素的比例来区分沙尘源区的来源。我们研究组发现[20,22],利用 Ca/Al 比值,可以简便而又可靠地辨认沙尘源区(见第 2 章)。我们研究组还发现[19],气溶胶中的 Mg/Al 比值可用来区分城市沙尘气溶胶的本地源与外来源(见第 16 章)。本研究在亚洲沙尘暴的传输途径上,建立了 7 个监测站,包括 1 处沙漠源(塔中:TZ),2 处接近沙漠源(多伦:DL,榆林:YL),3 处输送途径上的城市和高山(乌鲁木齐:Ur,北京:BJ,泰山:TS)以及沿海大城市——上海。由以上监测站测得的 2007 年 3 月 28 日—4 月 2 日气溶胶中的

Ca/Al 比值,如图 14-8 所示。4 月 2 日上海的 Ca/Al 比值为 0.75,该日矿物沙尘达到峰值,而非沙尘日的 Ca/Al 均值为 1.67(非沙尘日较高的 Ca/Al 比值源于本地的地面扬尘)。0.75 的比值更接近以下地区——内蒙古的多伦(0.52)、蒙古戈壁南面和黄土高原北面的榆林(0.94)、河北省包围的北京(0.69)以及山东省的泰山(0.78)——在沙尘途经上海达到峰值的 4 月 2 日之前 1~2 d 沙尘气溶胶的比例。沙尘到达上海 2 d 前,塔克拉玛干沙漠腹地的塔中站(3.2)和乌鲁木齐(2.2)的 Ca/Al 比值,远高于上海的 0.75。比较不同采样点的 Ca/Al 比值,可以发现上海在该时段的沙尘,并非来自塔克拉玛干沙漠,而更有可能是来自蒙古戈壁,是经过内蒙古、河北和山东省,最终到达上海的,如后向气流轨迹分析所示。

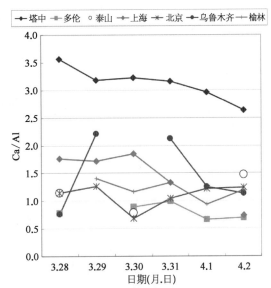

图 14-8　2007 年 3 月 28 日—4 月 2 日 7 个站点每日 PM$_{2.5}$ 中的 Ca/Al 比值(彩图见下载文件包,网址见 14 页脚注)

上海 4 月 1 日由于下雨没有样品。泰山站只测得 3 个样本。

这一结果表明,比较大气气溶胶中的 Ca/Al 比值,是鉴别沙尘暴源头与输送途径的一个十分简便而又可靠的方法。

14.4　上海高沙尘污染的理化特征

14.4.1　沙尘侵入导致的区域污染

如表 14-3 所示,2007 年 3 月 28 日—4 月 5 日,长三角地区城市受到此次沙尘事件的严重污染(>150 μg · m^{-3}),4 月 2 日达到峰值。该日上海和宁波的 PM$_{10}$ 浓度分别高达 648 和 474 μg · m^{-3},高于内陆城市。此次沙尘事件过后,所有城市的气溶胶浓度在 4 月 4 日恢复到正常值。此城市群 PM$_{10}$ 的浓度变化表明,长三角地区在此期间发生了区域性的气溶胶污染。

表 14-3　本次沙尘污染阶段中长三角地区的区域 PM$_{10}$ 污染(μg · m^{-3})

日　　期	上　海	杭　州	绍　兴	宁　波	苏　州	南　京
2007.3.28	98	96	80	82	130	126
2007.3.29	170	124	84	112	182	186
2007.3.30	184	140	106	146	150	170
2007.3.31	182	244	142	138	182	218

（续表）

日 期	上 海	杭 州	绍 兴	宁 波	苏 州	南 京
2007.4.1	202	162	122	144	134	176
2007.4.2	648	316	284	474	222	222
2007.4.3	358	298	324	448	272	146
2007.4.4	100	86	76	82	102	86
2007.4.5	112	112	72	102	106	128

数据来源于中国环境监测站,http://www.cnemc.cn。

14.4.2　SO_2/PM_{10}、NO_2/PM_{10}、$PM_{2.5}/PM_{10}$ 的比值

如图 14-9 和表 14-1 所示,在涵盖沙尘污染日的采样阶段,气态污染物和颗粒物的比值变化很大。SO_2/PM_{10} 比值在 4 月 2 日低至 0.066,而在 2002—2009 年的 8 年间,SO_2/PM_{10} 比值的日均值为 0.53;NO_2/PM_{10} 比值在 4 月 2 日只有约 0.077,而在 2002—2009 年 8 年间的均值为 0.63。此外,$PM_{2.5}/PM_{10}$ 比值在沙尘日减少到 19%,其在 2006—2009 年的均值为 58%。这些比值的变化,可用作判断发生沙尘污染之重要指标,并且表明,长途传输而来的沙尘,直接严重影响了上海局地的空气质量。

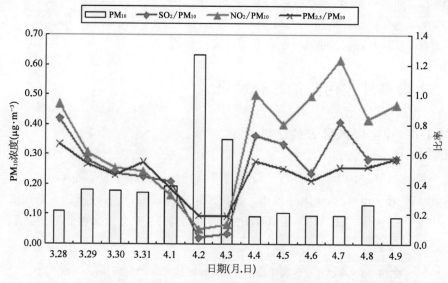

图 14-9　上海 2007 年 3 月 28 日—4 月 9 日的气态污染物与颗粒物比值
（彩图见下载文件包,网址见 14 页脚注）

14.4.3　大气气溶胶的化学特征

TSP 和 $PM_{2.5}$ 的浓度,在 4 月 2 日分别达到最高值 1 340 和 383 $\mu g \cdot m^{-3}$,位居上海自 2002 年以来所有记录值的最高值。沙尘气溶胶中的矿物质(mineral matter, MM)、

海盐气溶胶(sea salt aerosol, SSA)和无机二次污染物(inorganic secondary, IS),可根据以下公式来计算:$[MM]=[Al]/0.08$;$[SSA]=([Na^+]+[Cl^-])\times 1.176$[23];$[IS]=[NH_4^+]+0.922[SO_4^{2-}]+[NO_3^-]$[24],如表 14-4 所示。MM 与 PM$_{2.5}$ 的比值,从 3 月 28 日的 13%,上升到 4 月 2 日的 70%,在峰值日后恢复到 16%;而 MM 与 TSP 的比值,在此阶段的变化走向为 37%、64% 和 15%。MM 在 PM$_{2.5}$ 和 TSP 中的浓度,在峰值日分别上升了 25.1 和 15.6 倍。PM$_{2.5}$ 中 SSA 的浓度,在 4 月 2 日上升到 10.9 $\mu g\cdot m^{-3}$,是 3 月 31 日的 7.3 倍。TSP 中 SSA 的浓度,在 4 月 2 日上升到 19.9 $\mu g\cdot m^{-3}$,为 3 月 31 日的 9 倍。值得注意的是,SSA 和 MM 在 PM$_{2.5}$ 和 TSP 中的比值变化不同,对 PM$_{2.5}$ 的浓度影响大于对 TSP 的浓度影响。SSA 在 PM$_{2.5}$ 中的比值,在沙尘到达上海之前的 2007 年 3 月 31 日为 1%,与 4 月 2 日的 2%～3% 明显不同。然而,SSA 在 TSP 中的比值,在 2007 年 4 月 2 日为 1%,与沙尘日之前与之后的 1%～2% 相差不多。上述结果表明,在高沙尘气溶胶污染阶段,沙尘是先经过海洋,再返回上海。上述 SSA 在 PM$_{2.5}$ 中和 TSP 的比值在这一阶段各个相应时间节点上的变化和差异,也说明了海盐气溶胶更多地存在于细颗粒物中。因此,此次长距离传输而来的沙尘,是不仅携带矿物气溶胶而且携带海盐气溶胶到上海的大气气溶胶。PM$_{2.5}$ 中的 IS 浓度,从 3 月 28 日的 7.5 $\mu g\cdot m^{-3}$ 上升至 4 月 2 日的 20.1 $\mu g\cdot m^{-3}$,TSP 中的 IS 浓度从 11.6 上升至 60.0 $\mu g\cdot m^{-3}$。尽管 IS 在 PM$_{2.5}$ 和 TSP 中的浓度,在沙尘日都随着 PM 总量的迅速增加而增加,但是其与 PM$_{2.5}$ 和 TSP 的比值都减少了。

表 14-4　上海本次沙尘污染阶段中 3 种 PM$_{2.5}$ 和 TSP 主要成分的浓度与比例

日　期	浓度($\mu g\cdot m^{-3}$)			比例(%)		
	MM	SSA	IS	MM	SSA	IS
PM$_{2.5}$						
2007.3.28	10.7	1.5	7.5	13	2	9
2007.3.29	12.5	1.8	4.3	14	2	5
2007.3.30	10.8	1.6	8.5	12	2	9
2007.3.31	3.8	1.5	4.6	2	1	3
2007.4.2	269.0	10.9	20.1	70	3	5
2007.4.3	14.2	1.5	3.5	16	2	4
2007.4.4	14.9	1.3	4.3	18	2	5
2007.4.5	4.2	1.5	5.0	7	3	9
TSP						
2007.3.28	55.0	2.2	11.6	37	2	8
2007.3.29	41.5	0.9	12.9	41	1	13
2007.3.30	28.8	2.3	11.9	27	2	11
2007.3.31	13.6	1.5	11.1	7	1	5
2007.4.2	858.1	19.9	69.0	64	1	5

（续表）

日　期	浓度($\mu g \cdot m^{-3}$)			比例(%)		
	MM	SSA	IS	MM	SSA	IS
2007.4.3	16.0	2.3	6.1	15	2	6
2007.4.4	21.3	2.2	9.2	23	2	10
2007.4.5	31.1	2.2	10.1	26	2	8

2007 年 3 月 28 日为沙尘天气前无沙日的代表。4 月 1 日上海由于下雨无样本。

综上所述,此次上海的高沙尘污染,来自内蒙古和蒙古戈壁沙漠,途经呼和浩特、多伦、连云港、泰山和东海等地,最后传输到上海。比较上海、多伦和塔中气溶胶中的 Ca／Al 比值表明,本次影响上海的高浓度沙尘,来自中国北部戈壁。从 2002 年开展 PM_{10} 常规监测以来,上海最严重沙尘污染日的日均 PM_{10} 浓度高达 648 $\mu g \cdot m^{-3}$,API 为 500。最低能见度小于 2.0 km,它对应于所出现的最低 $SO_2／PM_{10}$(0.066)、$NO_2／PM_{10}$(0.077)、$PM_{2.5}／PM_{10}$(15.5%)比值。$SO_2／PM_{10}$、$NO_2／PM_{10}$、$PM_{2.5}／PM_{10}$ 可用作区分上海沙尘污染日和非沙尘污染日的重要指标。沙尘输送途径中各采样点的 Ca／Al 比值以及 PM_{10} 浓度,可作为追踪沙尘来源的重要示踪信息。在此次特定的沙尘事件中,上海 $PM_{2.5}$ 和 TSP 中的矿物气溶胶在大幅度上升的同时,其中的海盐气溶胶浓度均显著上升,表明沙尘由中国北方先进入中国东部海域,而后再返回大陆进入上海,从而将海盐气溶胶从海洋带入上海。海盐气溶胶和矿物气溶胶在 $PM_{2.5}$ 和 TSP 中比值的不同变化,表明沙尘传输先经过海洋再返回大陆,沙尘气溶胶和海盐气溶胶双重影响上海大气气溶胶的理化特性与上海的空气质量。

参考文献

[1]　Duce R A, Liss P S, Merrill J T, et al. The atmospheric input of trace species to the world ocean. Global Biogeochemical Cycles, 1991, 5(3): 193 - 259.

[2]　Arimoto R, Ray B J, Lewis N F, et al. Mass-particle size distributions of atmospheric dust and the dry deposition of dust to the remote ocean. Journal of Geophysical Research-Atmospheres, 1997, 102(D13): 15867 - 15874.

[3]　Zhang K, Gao H. The characteristics of Asian-dust storms during 2000 - 2002: From the source to the sea. Atmospheric Environment, 2007, 41(39): 9136 - 9145.

[4]　Zhao T L, Gong S L, Zhang X Y, et al. Asian dust storm influence on North American ambient PM levels: observational evidence and controlling factors. Atmospheric Chemistry and Physics, 2008, 8(10): 2717 - 2728.

[5]　Zhuang G S, Guo J H, Yuan H, et al. The compositions, sources, and size distribution of the dust storm from China in spring of 2000 and its impact on the global environment. Chinese Science Bulletin, 2001, 46(11): 895 - 901.

[6] Wang Y, Zhuang G S, Sun Y L, et al. The variation of characteristics and formation mechanisms of aerosols in dust, haze, and clear days in Beijing. Atmospheric Environment, 2006, 40(34): 6579 - 6591.

[7] Guo J, Rahn K A, Zhuang G S. A mechanism for the increase of pollution elements in dust storms in Beijing. Atmospheric Environment, 2004, 38(6): 855 - 862.

[8] Guo Z G, Feng J L, Fang M, et al. The elemental and organic characteristics of $PM_{2.5}$ in Asian dust episodes in Qingdao, China, 2002. Atmospheric Environment, 2004, 38(6): 909 - 919.

[9] Lee C T, Chuang M T, Chan C C, et al. Aerosol characteristics from the Taiwan aerosol supersite in the Asian yellow-dust periods of 2002. Atmospheric Environment, 2006, 40(18): 3409 - 3418.

[10] Chuang M T, Fu J S, Jiang C J, et al. Simulation of long-range transport aerosols from the Asian Continent to Taiwan by a southward Asian high-pressure system. Science of the Total Environment, 2008, 406(1 - 2): 168 - 179.

[11] Cao J J, Lee S C, Zheng X D, et al. Characterization of dust storms to Hong Kong in April 1998. Water, Air & Soil Pollution: Focus, 2003, 3(2): 213 - 229.

[12] Lee B K, Jun N Y, Lee H K. Comparison of particulate matter characteristics before, during, and after Asian dust events in Incheon and Ulsan, Korea. Atmospheric Environment, 2004, 38 (11): 1535 - 1545.

[13] Park M H, Kim Y P, Kang C-H. Aerosol composition change due to dust storm: Measurements between 1992 and 1999 at Gosan, Korea. Water, Air & Soil Pollution: Focus, 2003, 3(2): 117 - 128.

[14] Zhou M, Okada K, Qian F, et al. Characteristics of dust-storm particles and their long-range transport from China to Japan — Case studies in April 1993. Atmospheric Research, 1996, 40 (1): 19 - 31.

[15] Ma C J, Kasahara M, Holler R, et al. Characteristics of single particles sampled in Japan during the Asian dust-storm period. Atmospheric Environment, 2001, 35(15): 2707 - 2714.

[16] Fu Q Y, Zhuang G S, Wang J, et al. Mechanism of formation of the heaviest pollution episode ever recorded in the Yangtze River Delta, China. Atmospheric Environment, 2008, 42(9): 2023 - 2036.

[17] Qian W H, Tang X, Quan L S. Regional characteristics of dust storms in China. Atmospheric Environment, 2004, 38(29): 4895 - 4907.

[18] Sun J M, Zhang M Y, Liu T S. Spatial and temporal characteristics of dust storms in China and its surrounding regions, 1960 - 1999: Relations to source area and climate. Journal of Geophysical Research-Atmospheres, 2001, 106(D10): 10325 - 10333.

[19] Sun Y L, Zhuang G S, Huang K, et al. Asian dust over northern China and its impact on the downstream aerosol chemistry in 2004. Journal of Geophysical Research-Atmospheres, 2010, 115 (D7): 3421 - 3423.

[20] Zhang W J, Zhuang G S, Huang K, et al. Mixing and transformation of Asian dust with pollution

in the two dust storms over the northern China in 2006. Atmospheric Environment, 2010, 44 (28): 3394 – 3403.

[21] Sun Y L, Zhuang G S, Ying W, et al. The air-borne particulate pollution in Beijing — Concentration, composition, distribution and sources. Atmospheric Environment, 2004, 38(35): 5991 – 6004.

[22] Huang K, Zhuang G S, Li J A, et al. Mixing of Asian dust with pollution aerosol and the transformation of aerosol components during the dust storm over China in spring 2007. Journal of Geophysical Research-Atmospheres, 2010, 115(D7): doi: 10.1029/2009JD013145.

[23] Chan Y C, Simpson R W, Mctainsh G H, et al. Characterisation of chemical species in $PM_{2.5}$ and PM_{10} aerosols in Brisbane, Australia. Atmospheric Environment, 1997, 31(22): 3773 – 3785.

[24] Turpin B J, Lim H J. Species contributions to $PM_{2.5}$ mass concentrations: Revisiting common assumptions for estimating organic mass. Aerosol Science and Technology, 2001, 35 (1): 602 – 610.

第 *15* 章

沙尘气溶胶的另一重要来源——地面扬尘

地面扬尘通常是指由于自然风力或人为活动,如交通、建筑等活动,致使地面土壤扬起并进入大气中的颗粒物。地面扬尘是沙尘气溶胶的另一重要来源。燃煤、机动车尾气和扬尘排放的 SO_2、氮氧化物(NO_x)、矿物质和有机物等多种污染物,在大气中发生复杂的相互作用,进而转化成危害更大、主要存在于细颗粒物中的二次污染物,致使中国大气污染更为严重和复杂。中国各地频频出现的霾天气,极大地降低了大气能见度,进而影响居民健康和农作物生长,乃至全球的气候变化[1-13]。本章以北京的地面扬尘为例,论述地面扬尘的理化特性、来源,及其对空气质量的影响。

15.1 采样和化学分析

15.1.1 采样

大气气溶胶采样点分别设在交通区(北京师范大学,位于北二环和三环之间),工业区(首都钢铁公司)和居民区(怡海花园,位于西南四环)。采样方法详见本书第 8 章。在北京市前门、二环、三环、四环以及工业区、建筑区、生活区、加油站和昌平定陵等地,设立了 53 个地面扬尘采样点(图 15 - 1)。采样点基本覆盖了整个北京地区。此外,同时在沙尘暴的源头——内蒙古多伦、甘肃民勤和河北丰宁(沙尘暴途经之地)等地,采集表层土壤样品。所采集的地面扬尘和土壤样品自然风干,用微孔筛(200 和 500 目,浙江省上虞市仪器分析厂生产)筛滤,分别得到粒径为 30～74 和 0～30 μm 的样品,而后进行 ICP 元素分析和离子色谱(ion chromatography, IC)分析。

15.1.2 化学分析

详见本书第 7、8、10 章[14-18]。为验证分析结果的可靠性,一并分析了国家标准物质中心制造的地球化学参考物质(TBW07401),结果见表 15 - 1。分析值与确定值基本吻合。

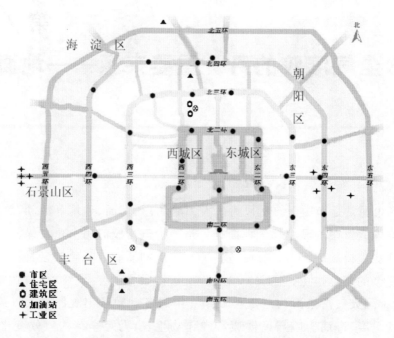

图 15 - 1　北京地区地面扬尘采样点分布(彩图见下载文件包,网址见 14 页脚注)

表 15 - 1　国家标准物质 TBW07401 的测量结果($\mu g \cdot g^{-1}$)

元素	确定值	实际测量值	元素	确定值	实际测量值
S	310±100	322±48	Mn	1 760±98	1 605±150
Cr	62±6	67±6	Mg	10 860±720	10 014±602
Zn	680±39	723±81	V	86±6	88±8
Sr	155±10	185±9.0	Ca	12 886±571	11 242±940
Pb	98±8	111±9.0	Cu	21±2	20±1.5
Ni	20.4±2.7	26.6±3.3	Ti	4 830±250	4 750±188
Cd	4.3±0.6	4.8±0.6	Al	75 051±1 112	71 374±4 998
Fe	36 330±910	31 040±3 443			

15.2　地面扬尘的元素特性

表 15 - 2 列出了北京地区地面扬尘(re-suspended road dust, RRD)RRD_{30}(粒径＜30 μm)和 $RRD_{30\sim74}$(30 μm＜粒径＜74 μm)中主要元素的平均浓度。为了比较,还一并列出了相应的地壳平均丰度[19]。在 RRD_{30} 和 $RRD_{30\sim74}$ 中,元素 Mg、Ti、Na、Fe 和 Mn 的平均浓度分别为 18 854、4 631、21 832、41 028、886 $\mu g \cdot g^{-1}$ 和 11 199、3 183、22 576、29 683、556 $\mu g \cdot g^{-1}$,都

接近于它们的地壳丰度。元素 Al 和 Sc 的浓度在 RRD_{30} 和 $RRD_{30\sim74}$ 中分别为 44 652、6.33 $\mu g \cdot g^{-1}$ 和 39 860、4.51 $\mu g \cdot g^{-1}$，都低于它们的地壳丰度。而 Ca、S、Cd、Cu、Zn、Ni 和 Pb 的浓度都远高于它们的地壳丰度。这些结果表明，Al、Mg、Ti、Sc、Na、Fe 和 Mn 主要来自地壳源，而 Ca、S、Cd、Cu、Zn、Ni 和 Pb 主要来自人为污染源，与汪安璞等[20]的研究结果相一致。表 15-2 还显示了 RRD_{30} 和 $RRD_{30\sim74}$ 中主要元素的平均浓度，以及在 RRD_{30} / $RRD_{30\sim74}$ 中它们的相应比值。Al 和 Na 在 RRD_{30} 中的浓度，非常接近于在 $RRD_{30\sim74}$ 中，Sc、Fe、Co、Ni 和 Pb 在 RRD_{30} 中的浓度略高于在 $RRD_{30\sim74}$ 中，Mg、Mn、Ca、Cu、Zn、S 和 Cd 在 RRD_{30} 中的浓度较高于在 $RRD_{30\sim74}$ 中的浓度，表明地面扬尘中小粒径颗粒物中的元素浓度，不同程度地高于大粒径颗粒物中的元素浓度。

表 15-2　北京地面扬尘 RRD_{30} 和 $RRD_{30\sim74}$ 中主要元素的平均浓度
以及它们的 RRD_{30} / $RRD_{30\sim74}$ 比值

元素	地壳丰度[19]($\mu g \cdot g^{-1}$)	RRD_{30}($\mu g \cdot g^{-1}$)	$RRD_{30\sim74}$($\mu g \cdot g^{-1}$)	RRD_{30}/ $RRD_{30\sim74}$
Al	80 400	44 652±11 213	39 860±11 904	1.1
Sc	11	6.3±1.7	4.5±1.7	1.4
Na	28 900	21 832±6 413	22 576±6 945	1.0
Fe	35 000	41 028±27 684	29 683±24 832	1.4
Mg	13 300	18 854±5 907	11 199±4 368	1.7
Mn	600	886±1 047	556±400	1.6
Ti	3 000	4 631±1 037	3 183±962	1.5
Co	10	21±7.6	16±8.9	1.4
Ca	30 000	77 992±29 008	52 361±26 320	1.5
Cu	25	75±46	43±29	1.8
Zn	71	271±143	167±97	1.6
Ni	20	99±130	72±92	1.4
S	339	1 880±1 110	1 254±1 161	1.5
Pb	20	163±78	126±68	1.3
Cd	0.098	2.5±2.3	1.7±1.5	1.5

表 15-2 也列出了北京地区所有采样点采集的地面扬尘 RRD_{30} 和 $RRD_{30\sim74}$ 中主要元素的标准偏差。在 RRD_{30} 中 Ti、Al、Sc、Na、Mg、Co 和 Ca 的相对标准偏差，依次为 22.4％、25.1％、26.4％、29.4％、31.3％、35.7％和 37.2％，这些元素的空间分布较集中，且接近平均值。Pb、Zn、S、Cu 和 Fe 的相对标准偏差分别为 47.7％、52.7％、59.1％、61.1％和 67.5％，它们的空间分布偏离平均值的程度稍大。Cd 和 Mn 的相对标准偏差分别为

91.5%和118.2%,这2个元素的空间分布偏离平均值的程度较大。在 RRD$_{30\sim74}$ 中,相关元素标准偏差的变化情况与 RRD$_{30}$ 中的相似。

图 15-2 和图 15-3 显示了一些主要元素 Ca、S、Fe、Mn、Cu、Zn、Ni 和 Pb 的空间分布。Ca 在三环(当时有较多的建筑活动)和建筑工地显示出较高的浓度,S 在三环、建筑工地和国华热电厂也表现出较高的浓度,Fe 和 Mn 在国华热电厂和首钢浓度较高,Cu、Zn、Ni 和 Pb 在市区、汽车站和加油站以及工业区都表现出较高的浓度。由此可见,建筑活动、煤燃烧、工业排放、机动车排放等对地面扬尘有较大影响。

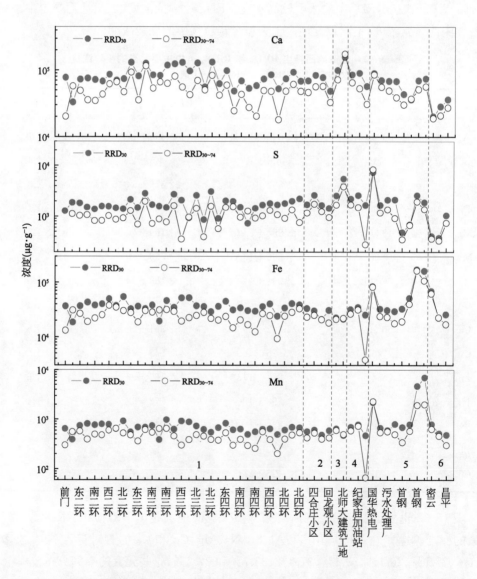

图 15-2　北京市地面扬尘中主要元素的空间分布(彩图见下载文件包,网址见 14 页脚注)

1:市区;2:住宅区;3:建筑区;4:汽车站和加油站;5:工业区;6:近郊区。

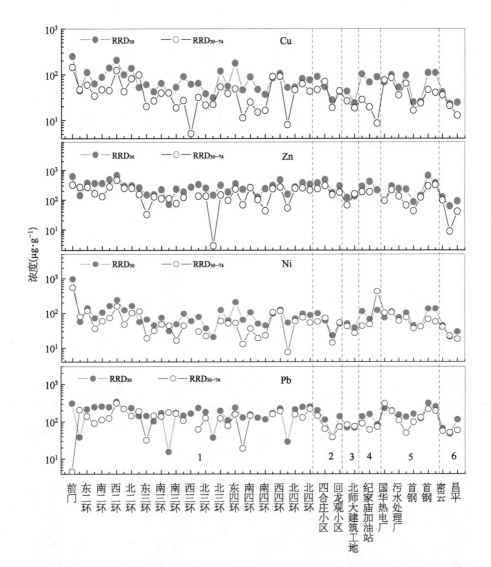

图 15 - 3　北京市地面扬尘中主要元素的空间分布（彩图见下载文件包,网址见 14 页脚注）

　　RRD_{30}：粒径＜30 μm 的地面扬尘；$RRD_{30\sim74}$：30 μm＜粒径＜74 μm 的地面扬尘；1：市区；2：住宅区；3：建筑区；4：汽车站和加油站；5：工业区；6：近郊区。

15.3　地面扬尘的离子特性

　　表 15 - 3 列出了北京地区地面扬尘 RRD_{30} 和 $RRD_{30\sim74}$ 中 F^-、CH_3COO^-、$HCOO^-$、Cl^-、NO_2^-、NO_3^-、SO_4^{2-}、$C_2O_4^{2-}$、PO_4^{3-}、Na^+、NH_4^+、K^+、Mg^{2+} 和 Ca^{2+} 的平均浓度,其中 Ca^{2+} 和 SO_4^{2-} 浓度最高,分别为 3 274、1 821 $\mu g \cdot g^{-1}$ 和 2 629、1 207 $\mu g \cdot g^{-1}$；Cl^-、K^+、

Na^+、NO_3^- 和 CH_3COO^- 浓度较高,分别为 360、275、221、219、128 $\mu g \cdot g^{-1}$ 和 259.47、186.71、154.83、163.92、92.91 $\mu g \cdot g^{-1}$;而 $C_2O_4^{2-}$、Mg^{2+}、F^-、NO_2^-、$HCOO^-$ 和 NH_4^+ 浓度较低,PO_4^{3-} 浓度最低。这些结果说明,北京地区地面扬尘中 Ca^{2+}、SO_4^{2-}、Cl^-、NO_3^-、K^+ 和 Na^+ 是主要离子。表 15-3 还列出了 RRD_{30} 和 $RRD_{30\sim74}$ 中一些离子的平均浓度,以及它们在 $RRD_{30}/RRD_{30\sim74}$ 中的相应比值,其中 Ca^{2+}、NO_3^-、Mg^{2+} 和 NO_2^- 的浓度在 RRD_{30} 和 $RRD_{30\sim74}$ 中非常相近,SO_4^{2-}、NH_4^+、PO_4^{3-}、Cl^-、F^-、$HCOO^-$、CH_3COO^-、$C_2O_4^{2-}$、K^+ 和 Na^+ 在 RRD_{30} 中的浓度都略高于 $RRD_{30\sim74}$。这些结果表明,地面扬尘中小粒径颗粒物中的离子浓度,多数略高于大粒径颗粒物中的离子浓度。

表 15-3　地面扬尘 RRD_{30} 和 $RRD_{30\sim74}$ 中主要离子的平均浓度以及它们的 $RRD_{30}/RRD_{30\sim74}$ 比值

离 子	$RRD_{30}/\mu g \cdot g^{-1}$	$RRD_{30\sim74}/\mu g \cdot g^{-1}$	$RRD_{30}/RRD_{30\sim74}$
Ca^{2+}	3 274±3 777	2 629±3 679	1.2
SO_4^{2-}	1 821±1 666	1 207±1 604	1.5
Cl^-	360±215	260±180	1.4
K^+	275±162	187±106	1.5
Na^+	221±151	155±108	1.4
NO_3^-	219±128	164±131	1.3
CH_3COO^-	128±136	93±99	1.4
$C_2O_4^{2-}$	80±53	54±27	1.5
Mg^{2+}	73±47	64±41	1.1
F^-	60±64	42±49	1.4
NO_2^-	48±74	43±74	1.1
$HCOO^-$	20±17	14±11	1.4
NH_4^+	17±16	11±10	1.5
PO_4^{3-}	7.0±11.0	2.5±5.7	2.8

图 15-4 显示了北京地区地面扬尘 RRD_{30} 中一些主要离子的空间分布。SO_4^{2-} 和 Ca^{2+} 的浓度在工业区、建筑工地和三环表现出较高的浓度,NO_3^- 在整个北京地区都表现出较高的浓度,K^+ 在二环、三环和建筑区表现出较高的浓度,Cl^- 和 Na^+ 在工业区的污水处理厂表现出较高的浓度。这些说明,建筑活动、煤燃烧、生物质燃烧、工业排放、机动车排放等,对地面扬尘有较大影响。

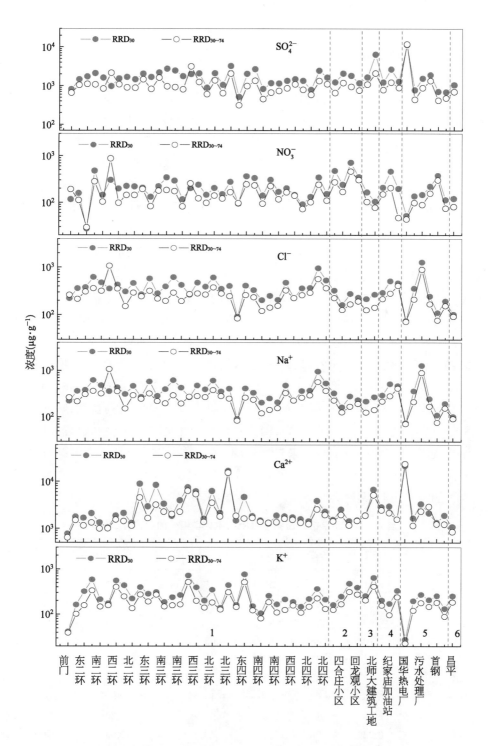

图 15 - 4　北京市地面扬尘中主要离子的空间分布(彩图见下载文件包,网址见 14 页脚注)

1:市区;2:住宅区;3:建筑区;4:汽车站和加油站;5:工业区;6:近郊区。

15.4 地面扬尘组分的来源分析

地面扬尘因其来源复杂而难于识别其中各组分的来源[21]。用因子分析法能够较好地解释地面扬尘组分的来源。表 15-4 列出了对北京地面扬尘 RRD_{30} 中化学组分的因子分析结果,解析出的 7 个因子共解释了总变量的 84%。在第 1 个因子中,Cu、Zn、Ni 和 Pb 有高负载,解释了总变量的 21%。这个因子显然与机动车排放、工业过程、涂料、机械磨损等复合源有关。来自道路的汽车尾气,含有大量的 Cu、Zn 和 Ni[22];冶金过程中排放出大量的 Cu、Zn 和 Ni[23]。北京从 1997 年起就禁止使用含铅汽油,所以机动车尾气已不再是北京气溶胶中 Pb 的主要来源。工业排放、外地传输成为 Pb 的可能来源。在第 2 个因子中,S、SO_4^{2-}、F^- 和 Ca 有高负载,解释了总变量的 19%。该因子明显与煤燃烧、建筑活动和二次气粒转化过程有关。在第 3 个因子中,Cl^- 和 Na^+ 显示出高负载,解释了总变量的 15%。由于 Cl^- 和 Na^+ 在废水处理厂附近的浓度高于在其他采样点的浓度,说明该因子可能与废水处理和化学工业排放有关。第 4 个因子中 Al、Ti、Sc 和 Co 表现出高负载,解释了总变量的 11%,此因子代表了本地土壤源。第 5 个因子中 Fe、Mn 和 Cd 具有高负载,解释了总变量的 7.6%,该因子显然与钢铁和冶金生产有关。第 6 个因子中 NO_3^- 和 K^+ 显示出高负载,解释了总变量的 4.9%,此因子显然与交通排放、NO_x 的光化学反应和生物质的燃烧有关。第 7 个因子中 V(钒)、Ca 和 Mg 有高负载,解释了总变量的 4.8%。由于 V 主要来自煤燃烧[11],因此该因子也主要与煤燃烧和建筑材料等有关。上述结果表明,北京地面扬尘除了来自地壳源,还来自人为污染源。大气颗粒物通过干湿沉降到达地面,影响了地面尘土的组分含量;而通过交通活动、建筑活动和自然风力等进入大气的地面扬尘,又对大气环境产生重大影响。

表 15-4 北京市地面扬尘 RRD_{30} 中化学组分的因子分析结果

项　　目	因子 1	因子 2	因子 3	因子 4	因子 5	因子 6	因子 7	共同度
NO_3^-	−0.01	−0.11	0.06	−0.05	0.02	**0.92**	−0.01	0.57
SO_4^{2-}	−0.09	**0.85**	−0.04	0.36	−0.12	0.02	−0.22	0.97
Cl^-	0.02	−0.07	**0.93**	0.04	−0.10	0.03	−0.01	0.85
F^-	−0.10	**0.88**	0.10	−0.05	0.04	−0.06	0.06	0.76
Na^+	−0.06	0.34	**0.84**	−0.06	−0.16	0.23	0.12	0.91
K^+	0.07	0.36	0.35	−0.15	−0.13	**0.58**	0.25	0.82
S	−0.03	**0.92**	−0.02	0.15	0.07	0.00	−0.16	0.95
Zn	**0.80**	−0.12	0.09	−0.01	0.39	0.20	0.09	0.85
Pb	**0.72**	−0.03	0.15	0.40	0.43	0.04	0.15	0.88
Ni	**0.87**	−0.03	−0.13	−0.05	−0.08	−0.16	0.03	0.76
Co	0.17	0.28	0.01	**0.73**	0.20	−0.25	−0.14	0.84

（续表）

项　　目	因子 1	因子 2	因子 3	因子 4	因子 5	因子 6	因子 7	共同度
Cd	0.15	−0.21	−0.02	−0.10	**0.82**	0.03	−0.07	0.80
Fe	0.14	0.10	−0.11	0.19	**0.93**	−0.02	−0.03	0.96
Mn	0.05	0.12	−0.14	0.08	**0.90**	−0.07	0.00	0.94
Mg	0.49	−0.08	0.47	−0.08	0.01	0.00	**0.57**	0.87
V	0.04	−0.14	−0.02	0.20	−0.07	0.05	**0.78**	0.51
Ca	0.08	**0.68**	0.28	0.01	−0.03	0.09	**0.58**	0.88
Cu	**0.94**	−0.02	0.01	0.06	0.08	0.03	0.04	0.85
Ti	0.16	−0.21	0.07	**0.83**	0.03	0.06	0.22	0.84
Sc	−0.13	0.19	−0.08	**0.92**	0.06	−0.02	−0.01	0.96
Al	0.01	0.14	−0.04	**0.88**	−0.04	−0.04	0.12	0.94
特征值	4.41	3.98	3.31	2.33	1.59	1.03	1.01	
占方差的百分数（%）	21.01	18.95	15.77	11.11	7.59	4.92	4.83	
累加百分数（%）	21.01	39.96	55.72	66.83	74.42	79.34	84.17	

注：黑体字显示因子荷载＞0.5。

15.5　地面扬尘对矿物气溶胶的贡献

矿物气溶胶就是来自地壳源的气溶胶,是北京地区大气颗粒物的重要组分之一,既有本地源也有外来源。元素示踪法可用于估算矿物气溶胶本地源与外来源的相对贡献量。本研究发现气溶胶中元素比值 Mg／Al 是区分北京地区矿物气溶胶本地源与外来源的有效的元素示踪体系。北京地面扬尘中的 Mg 和 Al 都是地壳源元素,相对于其他地壳源元素,分布更为均匀。Mg／Al 比值的变化范围在 0.28～0.61,且所有数值均明显高于内蒙古的黄土和沙土（Mg／Al＝0.14）。统计 t 检验的 p＝0.000＜0.05,说明在 95% 置信区内,北京地区地面扬尘中与外来源土壤中的 Mg／Al 有显著差异。因此,在北京地区各地所采集的地面扬尘样品中,Mg／Al 比值的平均值（0.45）可作为本地源的标识。来自北、西北或西方向的沙尘,是北京外来矿物气溶胶的重要源和途径,故而来自这些方向的沙尘和土壤中 Mg／Al 的平均值（0.16）,可作为北京地区矿物气溶胶外来源之标识[16,17]。

假设北京地区矿物气溶胶的本地源与外来源的百分含量分别设为 m、n,且外来源矿物气溶胶在长距离传输中成分保持不变,则有:

$$(Mg／Al)_{气溶胶} = m × (Mg／Al)_{本地} + n × (Mg／Al)_{外来} \qquad (15-1)$$

$$m + n = 1 \qquad (15-2)$$

式中,$(Mg/Al)_{气溶胶}$是矿物气溶胶中 Mg/Al 的比值;$(Mg/Al)_{本地}$和$(Mg/Al)_{外来}$分别是矿物气溶胶本地源与外来源中 Mg/Al 的比值。表 15-5 列出了按此公式估算的结果。北京矿物气溶胶的本地源在 2002 年春季约占 30%,2002 年夏季 70%,2003 年秋季 80%,2002 年冬季 20%,2002 年沙尘暴期间为 28%。这些结果表明,地面扬尘是北京地区矿物气溶胶本地源的重要贡献者,且夏季和秋季高于冬季和春季。

表 15-5　北京不同季节中的 Mg/Al 和本地源的贡献量

年份	季节	Mg/Al				本地源贡献量(%)			
		TSP		PM_{10}		TSP		PM_{10}	
2001	冬季	0.25	0.21~0.30	—	—	31	17.2~48.3	—	—
2002	春季	0.27	0.20~0.34	0.25	0.19~0.30	37.9	13.8~62.1	31.0	10.3~48.3
	沙尘暴	0.24	0.17~0.30	0.24	0.22~0.25	27.6	3.4~48.3	27.6	20.7~31.0
	夏季	0.36	0.33~0.41	0.38	0.30~0.50	69	58.6~86.2	75.9	48.3~100
	冬季	—	—	0.22	0.18~0.30			20.7	6.9~48.3
2003	春季	0.34	0.30~0.40	0.3	0.26~0.33	62.1	48.3~82.8	48.3	34.5~58.6
	秋季	0.42	0.39~0.44	—	—	89.7	79.3~96.5	—	—

15.6　地面扬尘对污染气溶胶的贡献

随着机动车化和城市化的快速发展,交通活动和建筑活动使地面扬尘成为大气环境中污染气溶胶的重要来源之一。假设地面扬尘中某元素 X 由地壳源和污染源 2 部分组成,则有:

$$X_{地面扬尘} = X_{地壳} + X_{污染} \tag{15-3}$$

$$X_{地壳} = Al_{地面扬尘} (X/Al)_{地壳} \tag{15-4}$$

式中,Al 是地壳源的参考元素。地面扬尘中元素 X 的污染程度,即来自污染源的比例 $X_{污染}(\%)$ 为:

$$X_{污染}(\%) = (1 - X_{地壳}/X_{地面扬尘}) \times 100\% \tag{15-5}$$

表 15-6 列出了按此公式的估算结果。地面扬尘 RRD_{30} 中约 87% 的 S 和 76% 的 Ca 来自污染源,说明煤燃烧、油燃烧和建筑活动对地面扬尘的影响是严重的。此外,约 75% 的 Cu、80% 的 Zn、82% 的 Ni 以及 90% 的 Pb 来自污染源,说明交通排放是地面扬尘 RRD_{30} 的重要污染源之一。值得注意的是,北京禁用含铅汽油后,仍有约 90% Pb 来自污染源,表明包括以前沉降的大气颗粒物的再扬起等人为排放源,是大气中 Pb 的重要来源。Fe、Mn 和 Cd 来自污染源的比例分别是 45%、51% 和 94%,说明工业污染排放严重。

表 15 - 6　地面扬尘 RRD_{30} 中一些主要元素的相关浓度和污染程度

元素	$c_{RRD}(\mu g \cdot g^{-1})$	$c_{地壳}(\mu g \cdot g^{-1})$	$c_{污染}(\mu g \cdot g^{-1})$	$c_{污染}/c_{RRD}(\%)$
Ca	77 992	16 661	61 331	76
S	1 880	188	1 692	87
Cu	75	14	61	75
Zn	271	39	231	80
Ni	99	11	88	82
Pb	163	11	152	90
Fe	41 028	19 438	21 590	45
Mn	885	333	552	51
Cd	2.53	0.05	2.53	94

c_{RRD}：污染元素的平均浓度；$c_{地壳}$：污染元素的地壳平均浓度；$c_{污染}$：污染元素的污染平均浓度$(\mu g/g)$；$c_{污染}/c_{RRD}$：污染元素的污染程度。

本研究进一步估算了地面扬尘中主要污染元素在不同季节对大气可吸入颗粒物 PM_{10} 的平均贡献量。J. G. Watson 和 J. C. Chow 等[24,25]认为，可以用粒径为 $10\ \mu m$ 的土壤风沙扬尘成分谱，来代替同一采样点粒径 $2.5\ \mu m$ 的土壤风沙扬尘成分谱。据此假设，地面扬尘 RRD_{30} 的成分谱可以代替 RRD_{10} 的成分谱，则有：

$$c_{元素} = c_{矿物气溶胶} \times p_{地面扬尘} \times c_{地面扬尘元素} \tag{15-6}$$

式中，$c_{元素}$ 代表地面扬尘 RRD_{30} 中元素对 PM_{10} 的贡献量$(\mu g \cdot m^{-3})$；$c_{矿物气溶胶}$ 代表 PM_{10} 中矿物气溶胶的浓度$(\mu g \cdot m^{-3})$，且 $c_{矿物气溶胶} = 1.89c_{Al} + 2.14c_{Si} + 1.4c_{Ca} + 1.43c_{Fe} + 1.66c_{Mg} + 1.67c_{Ti}$，其中 $c_{Si} = 3.9c_{Al}$；$p_{地面扬尘}$ 代表地面扬尘 RRD_{30} 对 PM_{10} 中矿物气溶胶的贡献$(\%)$；$c_{地面扬尘元素}$ 代表地面扬尘中元素的浓度$(\mu g \cdot g^{-1})$。表 15 - 7 列出了据此公式的估算结果。地面扬尘中的 Ca 在 2002 年冬季、春季、沙尘暴期间和夏季对 PM_{10} 的贡献量分别为 2.24、5.40、9.57 和 $3.79\ \mu g \cdot m^{-3}$，占 PM_{10} 中 Ca 的 $20\%\sim45\%$；S 的贡献量分别为 0.05、0.13、0.23 和 $0.09\ \mu g \cdot m^{-3}$，占 PM_{10} 中 S 的 $5\%\sim18\%$；Cu 的贡献量分别为 0.002、0.005、0.009 和 $0.004\ \mu g \cdot m^{-3}$，占 PM_{10} 中 Cu 的 $4\%\sim50\%$；Zn 的贡献量分别为 0.008、0.019、0.033 和 $0.013\ \mu g \cdot m^{-3}$，占 PM_{10} 中 Zn 的 $2\%\sim46\%$；Ni 的贡献量分别为 0.003、0.007、0.012 和 $0.005\ \mu g \cdot m^{-3}$，占 PM_{10} 中 Ni 的 $4\%\sim52\%$；Pb 的贡献量分别为 0.005、0.011、0.020 和 $0.008\ \mu g \cdot m^{-3}$，占 PM_{10} 中 Pb 的 $5\%\sim20\%$；Fe 的贡献量分别为 1.18、2.84、5.04 和 $1.99\ \mu g \cdot m^{-3}$，占 PM_{10} 中 Fe 的 $30\%\sim60\%$；Mn 的贡献量分别为 0.03、0.06、0.11 和 $0.04\ \mu g \cdot m^{-3}$，占 PM_{10} 中 Mn 的 $20\%\sim40\%$；Cd 的贡献量分别为 0.000 1、0.000 2、0.000 3 和 $0.000\ 1\ \mu g \cdot m^{-3}$，占 PM_{10} 中 Cd 的 $2\%\sim25\%$。这些结果充分说明地面扬尘也是北京污染气溶胶的重要来源之一。

表 15 - 7 地面扬尘 RRD_{30} 中一些主要元素对 PM_{10} 的平均贡献量$(\mu g \cdot m^{-3})$

项　目	冬　季	春　季	沙尘暴	夏　季
Ca	2.24	5.40	9.57	3.79
S	0.05	0.13	0.23	0.09
Cu	0.002	0.005	0.009	0.004
Zn	0.008	0.019	0.033	0.013
Ni	0.003	0.007	0.012	0.005
Pb	0.005	0.011	0.020	0.008
Fe	1.18	2.84	5.04	1.99
Mn	0.03	0.06	0.11	0.04
Cd	0.000 1	0.000 2	0.000 3	0.000 1
矿物气溶胶[i]	143.4	231	438.3	69.4
RRD_{30}[ii]（%）	20	30	28	70

i. PM_{10} 中矿物气溶胶的平均浓度。

ii. 地面扬尘 RRD_{30} 对 PM_{10} 中矿物气溶胶的贡献。

综上所述,在北京的地面扬尘中,Ca、S、Cu、Zn、Ni、Pb 和 Cd 是主要污染元素,Ca^{2+}、SO_4^{2-}、Cl^-、K^+、Na^+ 和 NO_3^- 是主要离子,Al、Ti、Sc、Co 和 Mg 主要来源于地壳源,Cu、Zn、Ni 和 Pb 主要来源于交通排放和煤燃烧,Fe、Mn 和 Cd 主要来源于工业排放、煤燃烧和油燃烧,Ca^{2+} 和 SO_4^{2-} 主要来源于建筑活动、建筑材料和二次气粒转化,Cl^- 和 Na^+ 主要来源于工业废水处理和化学工业排放,NO_3^- 和 K^+ 主要来源于机动车排放、NO_x 的光化学反应和生物质燃烧。北京地区矿物气溶胶的本地源,即地面扬尘,在不同季节的贡献量分别为 2002 年春季约 30%,2002 年夏季约 70%,2003 年秋季约 80%,2002 年冬季约 20%。来自交通活动和建筑活动的地面扬尘,是北京大气颗粒物污染的重要来源之一。

参考文献

[1] 王淑英,张小玲,徐晓峰.北京地区大气能见度变化规律及影响因子统计分析.气象科技,2003 (2)：109 - 114.

[2] Sun Y L, Zhuang G S, Tang A H, et al. Chemical characteristics of $PM_{2.5}$ and PM_{10} in haze-fog episodes in Beijing. Environmental Science & Technology, 2006, 40(10)：3148 - 3155.

[3] Okada K, Ikegami M, Zaizen Y, et al. The mixture state of individual aerosol particles in the 1997 Indonesian haze episode. Journal of Aerosol Science, 2001, 32(11)：1269 - 1279.

[4] Schichtel B A, Husar R B, Falke S R, et al. Haze trends over the United States, 1980 - 1995. Atmospheric Environment, 2001, 35(30)：5205 - 5210.

[5] Chen L W A, Chow J C, Doddridge B G, et al. Analysis of a summertime $PM_{2.5}$ and haze episode in the mid-Atlantic region. Journal of the Air & Waste Management Association, 2003, 53(8)：946 - 956.

[6] Kang C M, Lee H S, Kang B W, et al. Chemical characteristics of acidic gas pollutants and $PM_{2.5}$ species during hazy episodes in Seoul, South Korea. Atmospheric Environment, 2004, 38(28): 4749 – 4760.

[7] Watson J G. Visibility: Science and regulation. Journal of the Air & Waste Management Association, 2002, 52(6): 628 – 713.

[8] Nishikawa M, Kanamori S, Kanamori N, et al. Kosa aerosol as eolian carrier of anthropogenic material. Science of the Total Environment, 1991, 107: 13 – 27.

[9] Li X D, Poon C S, Liu P S. Heavy metal contamination of urban soils and street dusts in Hong Kong. Applied Geochemistry, 2001, 16(11 – 12): 1361 – 1368.

[10] 刘昌岭,张经,刘素美.我国不同矿物气溶胶源区物质的物理化学特征.环境科学,2002(4): 28 – 32.

[11] Kuang C, Neumann T, Norra S, et al. Land use-related chemical composition of street sediments in Beijing. Environmental Science and Pollution Research, 2004, 11(2): 73 – 83.

[12] 姬亚芹,朱坦,白志鹏,等.天津市土壤风沙尘元素的分布特征和来源研究.生态环境,2005(4): 518 – 522.

[13] Zhao P S, Feng Y C, Zhu T, et al. Characterizations of resuspended dust in six cities of North China. Atmospheric Environment, 2006, 40(30): 5807 – 5814.

[14] Zhuang G S, Guo J H, Yuan H, et al. The compositions, sources, and size distribution of the dust storm from China in spring of 2000 and its impact on the global environment. Chinese Science Bulletin, 2001, 46(11): 895 – 901.

[15] 庄国顺,郭敬华,袁蕙,等.2000 年我国沙尘暴的组成、来源、粒径分布及其对全球环境的影响.科学通报,2001(3): 191 – 197.

[16] Han L H, Zhuang G S, Yele S, et al. Local and non-local sources of airborne particulate pollution at Beijing. Science in China Series B-Chemistry, 2005, 48(3): 253 – 264.

[17] 韩力慧,庄国顺,孙业乐,等.北京大气颗粒物污染本地源与外来源的区分——元素比值 Mg/Al 示踪法估算矿物气溶胶外来源的贡献.中国科学(B 辑:化学),2005(3): 237 – 246.

[18] 袁蕙,王瑛,庄国顺.气溶胶、降水中的有机酸、甲磺酸及无机阴离子的离子色谱同时快速测定法. 分析测试学报,2003(6): 11 – 14.

[19] Taylor S R, Mclennan S M. The continental crust: Its composition and evolution. Oxford: Blackwell Scientific Publications, 1985.

[20] 汪安璞,黄衍初,马慈光,等.北京大气颗粒物与地面土中元素的污染及来源初探.环境化学,1983 (6): 25 – 31.

[21] Bityukova L, Shogenova A, Birke M. Urban geochemistry: A study of element distributions in the soils of Tallinn (Estonia). Environmental Geochemistry and Health, 2000, 22(2): 173 – 193.

[22] Zhang X Y, An Z S, Liu D S, et al. Study on three dust storms in China: Concentrations and source characterization of trace elements in mineral aerosol particles. Chinese Science Bulletin, 1992, 37(11): 940 – 945.

[23] 杨东贞,王超,温玉璞,等.1990 年春季两次沙尘暴特征分析.应用气象学报,1995(1): 18 – 26.

[24] Watson J G, Chow J C. Source characterization of major emission sources in the Imperial and Mexicali Valleys along the US / Mexico border. Science of the Total Environment, 2001, 276(1-3): 33-47.

[25] Chow J C, Watson J G, Houck J E, et al. A laboratory resuspension chamber to measure fugitive dust size distributions and chemical compositions. Atmospheric Environment, 1994, 28(21): 3463-3481.

第16章
矿物气溶胶本地源与外来源的区分——元素比值 Mg/Al 示踪法

大气颗粒物即气溶胶的远距离输送,是全球生物地球化学循环的重要途径之一。矿物气溶胶也叫沙尘气溶胶,是对流层气溶胶的重要组成部分。全球每年进入大气中的矿物气溶胶有 1 000~3 000 Tg[1,2],约占对流层气溶胶总量的一半。来自亚洲的沙尘年总量约为 800 Tg[3],占全球沙尘总量(约 1 500 Tg)[4,5]的 50% 以上,其中约一半沉降于海洋,部分传输到北太平洋和北美洲西部。沙尘的远距离输送,直接改变了地球表面的辐射平衡而影响气候;沙尘携带的大量陆地污染物和海洋生物可利用的 Fe 等微量营养元素,可以影响海洋表层初级生产力,进而影响全球的环境变化[6-8]。同时,这些沙尘还是北太平洋深海沉积物的重要来源[9]。矿物气溶胶作为各种物理化学过程的反应界面,经由吸附、表面络合、自由基光化学反应等复相反应,提供了积聚污染物的极好载体。尤其是每年春季,沙尘暴席卷而来的大量矿物气溶胶及夹杂其中的各种污染物,对沿途各地以至广阔的太平洋的生态系统乃至全球气候和环境变化,都有重大影响[10-14]。大气颗粒物是北京地区的首要污染物。矿物气溶胶、硫酸盐等无机污染气溶胶及有机污染气溶胶,同是北京颗粒物的重要组成部分。2000—2002 年,北京地区可吸入颗粒物的日均浓度在原来很高的水平上仍有所增加[15]。X. Y. Zhang 等人[16]2001 年春季在中国西部高粉尘区监测发现,矿物气溶胶占总气溶胶的 45%~82%。K. B. He 等人[17]在对北京气溶胶细颗粒物的质量平衡研究中发现,矿物气溶胶占 $PM_{2.5}$ 的 11%~12%。北京地处亚洲主要沙尘源区的下风方向,是亚洲沙尘气溶胶向下游输送的主要通道[18],因而北京的矿物气溶胶不仅受本地源,而且更多地受外地入侵尘的影响。如何区分并估算北京地区矿物气溶胶的本地源与外来源的相对贡献,不仅会为北京地区防治大气污染,而且将为研究亚洲矿物气溶胶对全球气候和环境变化的影响,提供必不可少的科学依据。近 30 年来,人们在大气颗粒物的源解析方面,已经做了大量的工作,如运用富集系数法、后向轨迹分析法、化学质量平衡法、元素示踪法和受体模式法等。近年来,单颗粒物分析技术因其不但能够提供颗粒物的形貌特征,还能够提供颗粒物的化学成分信息,亦受到广泛重视[19-21]。大气颗粒物污染的本地源与外来源问题,一直是人们关注的焦点。本章通过比较北京及北京以外地区的元素特征,提出一种判断矿物气溶胶本地源与外来源的元素示踪法,并以此估算了北京地区矿物气溶胶中本地源与外来源在不同季节中的相对贡献量。

16.1　采样和化学分析

16.1.1　气溶胶样品采集

详见本书第15章。采样方法详见本书第8章。

16.1.2　土壤样品采集

分别在北京市前门、二环、三环、四环以及工业区、建筑区、生活区、加油站和昌平定陵等地采集地面扬尘。采样点基本覆盖了整个北京地区。同时还在沙尘暴的源头——内蒙古多伦、甘肃民勤和沙尘暴途经之地——河北丰宁采集土壤样品,在内蒙古的呼和浩特采集煤灰。采集后的土壤样品,用微孔筛(200目和500目,浙江省上虞市仪器分析厂生产)筛滤,而后进行化学分析[10]。

16.1.3　化学分析

详见本书第7、8、10章。

16.2　矿物气溶胶是北京大气颗粒物的重要组成部分

元素Al是矿物气溶胶的主要成分,其来自污染源的贡献一般很少而可忽略不计,因此元素Al可以作为地壳源的参比元素,用于估计矿物气溶胶的浓度。虽然Sc(钪)和Ti也是很好的地壳源代表元素,但是Sc在气溶胶中浓度很低,很多样品未能检测出,而对Ti的分析精度在很多情况下也不高。因此,多数研究者通常将Al元素作为地壳源的代表元素。在沙尘暴源区和途经之地所采集的沙尘中,Al的含量约为7%,Zhang等人[14]在中国西北沙漠地区监测出Al约占沙尘总质量的7%。Al在地壳中的平均含量约为8%[22],上述样品低于其在地壳中的平均含量,说明这些样品尽管来自沙尘源区和途经之地,但也含有来自人为污染源的组分。因此,采用Al在地壳中的平均含量(C_{Al})估算矿物气溶胶的浓度($C_{矿物}$),即$C_{矿物}=C_{Al}/8\%$较为合理。表16-1列出了实际监测的北京地区大气颗粒物$PM_{2.5}$、TSP浓度和根据上述方法估算的矿物气溶胶在不同季节的平均浓度,及其在气溶胶中所占的百分含量。图16-1显示了2002—2003年北京交通区(北师大)矿物气溶胶浓度随时间的变化图。由图16-1和表16-1可以看出,矿物气溶胶具有强烈的季节变化,冬季和春季的矿物气溶胶浓度要高于夏季。如2002年春季3月,TSP中矿物气溶胶的平均浓度为1 038 $\mu g \cdot m^{-3}$,比夏季(74 $\mu g \cdot m^{-3}$)高出14倍;而冬季的矿物气溶胶浓度142 $\mu g \cdot m^{-3}$,也比夏季高出近1倍。一般说来,冬季和春季的气候

表 16 - 1　不同季节北京气溶胶中矿物气溶胶的浓度和含量(括号内为标准偏差)

年份	季节	PM$_{2.5}$				TSP			
		气溶胶质量浓度 ($\mu g \cdot m^{-3}$)	矿物气溶胶浓度 ($\mu g \cdot m^{-3}$)	矿物气溶胶含量 (%)	样品数	气溶胶质量浓度 ($\mu g \cdot m^{-3}$)	矿物气溶胶浓度 ($\mu g \cdot m^{-3}$)	矿物气溶胶含量 (%)	样品数
2001	冬季					474.6 (280.6)	142.8 (64.5)	31.8 (8.9)	37
	春季	212.6 (285.6)	158.5 (224.7)	69.6 (25.8)	23	1 410.1 (2 391.5)	1 037.7 (1 901.1)	67.0 (13.7)	28
2002	沙尘暴	535.9 (514.5)	442.3 (360.8)	89.9 (10.5)	5	2 272.4 (3 045.0)	1 717.2 (2 425.0)	73.9 (12.1)	15
	夏季	79.6 (49.6)	7.0 (3.4)	15.8 (18.0)	62	224.6 (119.1)	73.6 (46.2)	34.0 (15.9)	24
	冬季	150.8 (97.9)	12.0 (6.9)	10.4 (8.4)	63				
2003	春季	183.9 (132.6)	51.7 (31.5)	36.5 (20.1)	28	362.4 (240.3)	142.0 (71.9)	47.1 (20.7)	26
	秋季	107.3 (45.6)	6.8 (3.0)	6.8 (2.4)	20	238.2 (89.5)	76.1 (27.7)	32.6 (5.1)	20

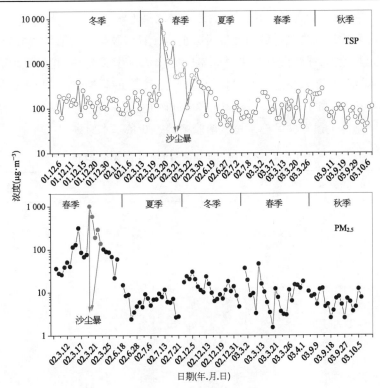

图 16 - 1　TSP 和 PM$_{2.5}$ 中矿物气溶胶浓度的季节变化(彩图见下载文件包,网址见 14 页脚注)

较干燥,地表裸露,且常有冷气团入侵,而夏季降雨量相对较多,且地表植被覆盖好,因此春季沙尘暴期间,矿物气溶胶的浓度急剧增加,如 2002 年 3 月 20—22 日,矿物气溶胶的平均浓度为 1 717 $\mu g \cdot m^{-3}$,比夏季高出 23 倍,矿物气溶胶含量也由平日的约 30% 上升到 74%。在沙尘暴期间,矿物气溶胶成为占气溶胶总量绝大多数的主要成分。矿物气溶胶在细粒子中的含量较 TSP 小,常日约为 15%,但在沙尘暴期间,其含量骤增为 90%,其浓度由夏季的 7.0 $\mu g \cdot m^{-3}$ 增加到 442 $\mu g \cdot m^{-3}$,增加了近 66 倍。矿物气溶胶强烈的季节变化,显示了外来源对北京大气颗粒物污染的显著贡献。同时,这些外地沙尘入侵北京后又混合、夹杂而携带北京局地产生的大量污染物气溶胶,之后继续传输到广阔的北太平洋地区,而对全球生物地球化学循环产生重要影响。

16.3　用元素示踪法区分矿物气溶胶来源的基本原则

为了估算矿物气溶胶本地源和外来源两者的相对贡献量,需要找到一种既存在于两者中,又能够区分两者差异的示踪物。可以想象,一个理想的示踪物必须满足以下 3 个条件:① 鉴于研究对象是矿物气溶胶,此示踪物必须来自地壳源,完全没有污染源;② 此示踪物的数值在不同源区必须有显著的差异,要能反映不同源区的属性,从而区分本地源和外来源;③ 由于外来源和本地源的气溶胶在传输过程中相互混合,示踪物在传输过程中必须保持稳定,不介入化学转化[23]。经过对北京地区可能的外来源和本地源以及覆盖北京所有代表性地区收集得到的大量表层土壤和气溶胶样品的监测和分析,考察了所得到的所有元素数据,尽管没有某单一元素能完全满足上述要求,我们发现有关元素之间的比值在本地源和外来源之间有明显的差别,尤其是元素 Mg 和 Al 的比值(Mg/Al)在本地源和外来源之间差异显著(表 16-2),再加上元素 Mg 和 Al 本身的特征(见下述),基本上可满足上述有关区分矿物气溶胶来源的 3 条基本原则。

表 16-2　不同地区土壤和气溶胶中的 Mg/Al 值

样品来源	Mg/Al	文献
北京	0.45	本章
河北丰宁	0.15	本章
内蒙古多伦	0.12	本章
内蒙古多伦矿物气溶胶 PM$_{2.5}$	0.16	本章
内蒙古多伦矿物气溶胶 TSP	0.13	本章
昌平区定陵	0.23	本章
黄土高原内蒙古呼和浩特	0.21	[24]
戈壁沙漠内蒙古包头	0.16	[25]
黄土高原山西太原	0.22	[25]
黄土高原陕西洛川	0.19	[25]

（续表）

样　品　来　源	Mg／Al	文　献
腾格里沙漠甘肃民勤	0.29	[24]
甘肃临夏	0.29	本章
塔克拉玛干沙漠新疆和田	0.26	[25]
塔克拉玛干沙漠新疆叶城	0.26	[25]

16.4　图像法确定北京地区矿物气溶胶中的 Mg／Al 值

上述第一条原则要求，可作为示踪物的元素必须仅仅来自地壳源，而实际气溶胶中的有关元素，即便是来自地壳源的，在其传输过程中也一定会经历各种变化，包括与其他来源的气溶胶如污染物或海洋气溶胶混合。因此，根据化学分析实际采集的气溶胶中的有关元素的含量，来直接计算相关元素的比值，并不能够准确代表它们在其源头如沙尘源区当地地壳源中的比值。K. A. Rahn[26] 提出的图像法较好地解决了这一困难。假设气溶胶中某一感兴趣的组分 X 来自陆上地壳源、海洋源及污染源三者之和，即

$$X = X_{(地壳)} + X_{(海洋)} + X_{(污染)} \qquad (16-1)$$

由于北京远离海洋，$X_{海洋}$ 可忽略不计，于是式 16-1 变为

$$X = X_{地壳} + X_{污染} \qquad (16-2)$$

以 Al 和 S 分别作为地壳源和污染源的参比元素，假定气溶胶中某元素的含量与各源参比元素含量的比例，在传输过程中保持不变，以 Al 作为地壳元素的代表，S 作为污染元素的代表，则气溶胶中某元素 X 来自各来源的组分含量可以下式表示：

$$X = Al(X／Al)_{地壳} + S(X／S)_{污染} \qquad (16-3)$$

即

$$X／Al = (X／Al)_{地壳} + (S／Al)(X／S)_{污染} \qquad (16-4)$$

对式 16-4 两边取对数

$$\lg(X／Al) = \lg[(X／Al)_{地壳} + (S／Al)(X／S)_{污染}] \qquad (16-5)$$

即

$$\lg(X／Al) = \lg(X／Al)_{地壳} + \lg[1 + R(S／Al)] \qquad (16-6)$$

其中

$$R = (X／S)_{污染} ／ (X／Al)_{地壳}$$

元素 S 是污染源的代表，当气溶胶未有污染源，即当 S→0，S／Al→0 时，由式 16-6 可得

$$\lg(X/Al) \rightarrow \lg(X/Al)_{地壳} = 常数 \qquad (16-7)$$

如果有足够数量的气溶胶样品,以所有样品的 X/Al 对 S/Al 作对数坐标图,当 $S/Al \rightarrow 0$ 时,在 X/Al 相对于 S/Al 的对数函数分布中,会出现一个沿水平方向延伸的趋势,该趋势可用一条水平线表示,即其渐近线与 X/Al 轴相交,其交点值便是 $(X/Al)_{地壳}$。据此图像法,可得到某一元素在此气溶胶原始的地壳源中与参比元素 Al 的比值。用此法可以较为准确地判断某元素来自各源的比例,而且可以判断在某一特定地点,各源所作贡献的相对比例。

图 16-2 和图 16-3 是运用此图像分析法,对北京地区 2002 年夏冬季收集的所有 PM_{10} 和 $PM_{2.5}$ 样品的分析结果。在夏季,PM_{10} 中的 Mg/Al 明显地分布在一条比较窄平的水平直线上,其值在 0.30~0.50 之间。此分布趋势表明[26],分布曲线的渐近线与 Mg/Al 轴的交点值约为 0.38;对 $PM_{2.5}$,该值在 0.31~0.45 之间,与 X/Al 轴的交点值约为 0.38。PM_{10} 和 $PM_{2.5}$ 中的 Mg/Al 值,均高于全球地壳平均组成中的 Mg/Al 值 0.28。在冬季,Mg/Al 值更接近其在地壳中的比值,而且较夏季更为集中。在 PM_{10} 中 Mg/Al 为 0.18~0.30,交点值约为 0.22;在 $PM_{2.5}$ 中 Mg/Al 为 0.22~0.43,交点值约为 0.32。其他季节按照同样方法处理,结果见表 16-3。

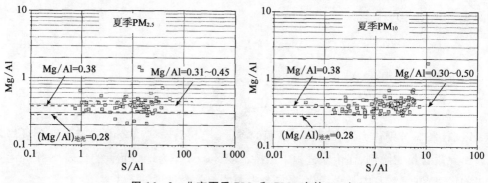

图 16-2　北京夏季 PM_{10} 和 $PM_{2.5}$ 中的 Mg/Al

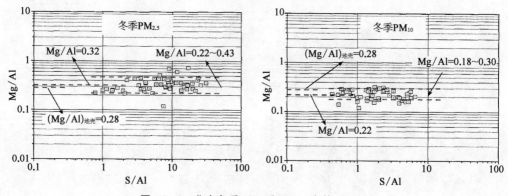

图 16-3　北京冬季 PM_{10} 和 $PM_{2.5}$ 中的 Mg/Al

表 16 - 3 北京不同季节中的 Mg /Al 和外来源的贡献量

年份	季节	Mg/ Al						外来源贡献量(%)					
		TSP		PM₁₀		PM₂.₅		TSP		PM₁₀		PM₂.₅	
		Mg/ Al	范围	Mg/ Al	范围	Mg/ Al	范围	贡献量	范围	贡献量	范围	贡献量	范围
2001	冬季	0.25	0.21~ 0.30	—	—	—	—	69	51.7~ 82.8	—	—	—	—
	春季	0.27	0.20~ 0.34	0.25	0.19~ 0.30	0.23	0.18~ 0.28	62.1	37.9~ 86.2	69.0	51.7~ 89.7	75.9	58.6~ 93.1
2002	沙尘暴	0.24	0.17~ 0.30	0.24	0.22~ 0.25	0.24	0.23~ 0.26	72.4	51.7~ 96.6	72.4	69.0~ 79.3	72.4	65.5~ 75.9
	夏季	0.36	0.33~ 0.41	0.38	0.30~ 0.50	0.38	0.31~ 0.45	31	13.8~ 41.4	24.1	0~ 51.7	24.1	0~ 48.3
	冬季	—	—	0.22	0.18~ 0.30	0.32	0.22~ 0.43	—	—	79.3	51.7~ 93.1	44.8	6.9~ 79.3
2003	春季	0.34	0.30~ 0.40	0.3	0.26~ 0.33	0.28	0.22~ 0.33	37.9	17.2~ 51.7	51.7	41.4~ 65.5	58.6	41.4~ 79.3
	秋季	0.42	0.39~ 0.44	—	—	0.4	0.34~ 0.42	10.3	3.5~ 20.7	—	—	17.2	10.3~ 37.9

16.5 北京地区地面扬尘 Mg /Al 的平均值作为本地源代表值

基于上述区分本地源和外来源的原则,首先考察哪些元素主要来自地壳源。通过富集系数,可大致判断元素的来源。富集系数(EF)的定义为 $EF = (X /Al)_{样品}/(X /Al)_{地壳}$,其中 Al 为地壳源的参比元素[22],$(X /Al)_{样品}$ 为气溶胶样品中某一元素 X 与 Al 的比值,$(X /Al)_{地壳}$ 为地壳中该元素与 Al 的平均比值。有关元素在北京扬尘和内蒙古黄土中的富集系数列于图 16 - 4。无论在北京地面扬尘还是在内蒙古黄土中,Ca、Al、Fe、Mg、Na、Ti、Mn 和 Co 等元素相对于地壳源的富集系数均小于 5,说明它们主要来自地壳源。Zn、S、As、Pb、Cd 在北京地面扬尘中的富集系数为几十甚至高达几百,表明这些元素大部分来自污染源。污染源排放的污染物进入大气,与大气中的气溶胶混合,形成新的大气颗粒物,部分经过

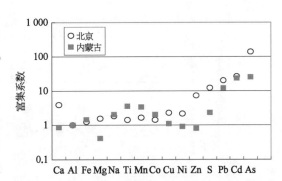

图 16 - 4 北京扬尘和内蒙古黄土中元素的富集系数(彩图见下载文件包,网址见 **14** 页脚注)

干、湿沉降而返回地面。这些沉降颗粒物在风力或汽车交通等影响下,会再次扬起,重新进入北京大气中,从而成为北京扬尘中污染物的主要来源。而在内蒙古黄土中,Zn、S 的富集系数都接近 1,主要来自地壳源。Pb、As、Cd 的富集系数也远远小于其在北京扬尘中的值,说明内蒙古黄土较少受人为源影响。

图 16-5 显示了从北京不同地区所采集的地面扬尘以及内蒙古黄土(粒径≤30 μm)中元素浓度的分布情况。可以看出,Ca、Al、Fe、Mg、Na、Ti、Mn 等元素在北京地面各地扬尘的颗粒物中的浓度分布,相对较为均匀。值得注意的是,Ca 在建筑区,Fe、Mn、Co 在工业区,Cu、Ni、Pb 在交通区,As 在居民区的浓度要比在其他各处高,这显然与各处所代表地域的相关污染源(如建筑区的建筑扬尘、工业区的工业污染物排放、交通区的汽车尾气排放、居民区的烧煤取暖等)排放有关。图 16-6 显示了北京及其周边地区土壤中 Mg

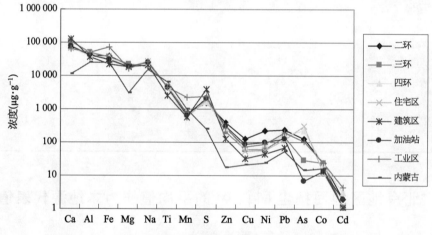

图 16-5　北京地区地面扬尘和内蒙古黄土中元素浓度的分布
(彩图见图版第 5 页,也见下载文件包,网址见正文 14 页脚注)

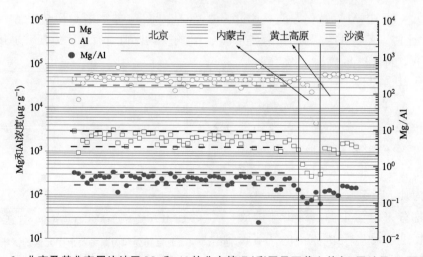

图 16-6　北京及其北京周边地区 Mg 和 Al 的分布情况(彩图见下载文件包,网址见 14 页脚注)

和 Al 的分布情况。很显然,由上述两点可见,在北京地区,元素 Mg 和 Al 同是地壳源元素,相对于其他地壳源元素,分布更为均匀、来自污染源的部分更小而可忽略不计;Mg/Al 比值变化范围为 0.28~0.61,仅在 1~2 倍间,且所有数值均明显高于内蒙古黄土和沙土 (Mg/Al≈0.14),可用于区别外来源。对上述结果做统计 t 检验,$P=0.000<0.05$,说明在 95% 置信区内,北京地区地面扬尘与外来源土壤的 Mg/Al 有显著差异。此外,元素 Mg 和 Al 在大气的传输过程中具较高稳定性,不介入化学转化。综上所述,元素比值 Mg/Al 满足元素示踪法区分矿物气溶胶本地源与外来源的 3 条基本原则。因此,用北京地区各地所采集的地面扬尘 Mg/Al 的平均值(0.45)作为本地源的代表来估算北京地区矿物气溶胶的本地源,是相对合理的。

16.6　内蒙古黄土和多伦沙土的 Mg /Al 平均值作为外来源代表值

沙尘源区表层土粒子的粒径,是影响粒子形成气溶胶的决定因素。有研究表明,在矿物源区产生的沙尘中,只有粒径小于 70 μm 的粒子才能够发生悬浮、漂移和进行长距离输送。内蒙古黄土中高达 91.4% 的颗粒可以形成矿物气溶胶,而甘肃沙漠和内蒙古呼和浩特煤灰分别只有 15.6% 和 7.2% 可以形成矿物气溶胶[24]。比较两者,可见内蒙古黄土对北京地区矿物气溶胶的影响最大,甘肃民勤沙漠和内蒙古巴丹吉林沙漠以及内蒙古呼和浩特煤灰,对北京矿物气溶胶的影响相对较小。但是在冬春季,尤其在春季沙尘暴中,强烈的西风、西北风携带了大量沙尘,席卷了北京及广阔的下风向地区,此时不应忽略后者对北京地区矿物气溶胶的影响。

位于北京正北方,海拔比北京高近 1 000 m 的内蒙古多伦和河北丰宁等地区,近几年来沙化趋势日益严重。尤其在每年冬春季,强烈的北风携带大量沙尘入侵北京,多伦和丰宁等地区的沙尘是北京矿物气溶胶的重要外来源。表 16-2 列出了北京以及其他地区土壤样品和气溶胶样品中的 Mg/Al 比值。从表 16-2 可见,内蒙古多伦矿物气溶胶 TSP 和 PM₂.₅中 Mg/Al 的值分别为 0.13 和 0.16,与来自其正北方向的沙尘源区沙土中的 Mg/Al 值 0.12 非常相近,说明内蒙古多伦的矿物气溶胶主要受本地或正北方向的沙尘源区影响,而受其他沙尘源区沙土的影响较小。河北丰宁位于北京和多伦之间,是多伦矿物气溶胶向北京传输的必经之路,其中 Mg/Al 为 0.15,与多伦土壤 Mg/Al 的值也非常相近,因此我们采用内蒙古多伦沙土中 Mg/Al 的比值作为北京地区正北方向外来源的代表。地处北京西北方向的昌平区定陵,属于远郊区,基本上能够反映北京地区西北方向外来源的一些特征。内蒙古黄土高原位于北京西部偏北,它或多或少受到内蒙古中西部沙漠如巴丹吉林和腾格里沙漠以及塔克拉玛干沙漠的影响。由表 16-2 可见,内蒙古黄土中的 Mg/Al(0.21)与昌平区定陵地面扬尘(0.23)很接近,与黄土高原陕西洛川的 Mg/Al 值(0.19)和山西太原的 Mg/Al 值(0.22)也很相近,同时与甘肃腾格里沙漠中 Mg/Al 值(0.29)、戈壁沙漠内蒙古包头 Mg/Al 值(0.16)以及塔克拉玛干沙漠中 Mg/Al

值(0.26)较为相近。因此,可采用内蒙古黄土中 Mg/Al 值作为北京地区西部和西北方向外来源的代表。

根据北京常年的气候,经由北部、西部和西北部入侵北京的沙尘,是北京矿物气溶胶的主要外来源。作为估算方法,采用来自西部和西北部方向的内蒙古黄土(0.21)与来自北部方向的多伦沙土(0.12)两者的 Mg/Al 平均值(0.165),作为北京矿物气溶胶外来源的代表,这是可以接受的简化方法,可用于估算外来源。

16.7 北京地区矿物气溶胶本地源与外来源的百分含量

设北京地区矿物气溶胶本地源的百分含量为 X,外来源的百分含量为 Y。假设源区物质在形成矿物气溶胶进行长距离输送中,其成分保持不变,可得

$$(Mg/Al)_{气溶胶} = X \times (Mg/Al)_{本地} + Y \times (Mg/Al)_{外来} \tag{16-8}$$

$$X + Y = 1 \tag{16-9}$$

式 16-8 中,$(Mg/Al)_{气溶胶}$ 为北京气溶胶中的 Mg/Al 值,$(Mg/Al)_{本地}$ 和 $(Mg/Al)_{外来}$ 分别为北京地区矿物气溶胶本地源和外来源的 Mg/Al 值。联立式 16-8 和式 16-9,可得

$$X = \frac{(Mg/Al)_{气溶胶} - (Mg/Al)_{外来}}{(Mg/Al)_{本地} - (Mg/Al)_{外来}} \tag{16-10}$$

$$Y = \frac{(Mg/Al)_{气溶胶} - (Mg/Al)_{本地}}{(Mg/Al)_{外来} - (Mg/Al)_{本地}} \tag{16-11}$$

将图像法得出的 Mg/Al 值代入上式,即可得北京地区矿物气溶胶本地源和外来源的相对贡献量,其结果见表 16-3。

2002 年春季,在北京矿物气溶胶中,外来源约占 70%。在 3 月 20—22 日沙尘暴期间,TSP 中外来源的贡献最高达 97%,PM_{10} 和 $PM_{2.5}$ 中外来源的贡献也分别高达 79% 和 76%。春季沙尘暴席卷而来的大量沙尘,成为北京地区矿物气溶胶的主要来源,也成为北京大气颗粒物污染的主要贡献者。而在 2003 年春季,外来源的贡献量略高于 50%,远小于 2002 年春季。2003 年春季,由于降雨和降雪较多,不易起扬沙,北京出现了多年来罕见的无沙尘暴天气。而正是这种气候导致了外来源的贡献量减少,本地源的贡献量增加。冬季 PM_{10} 中外来源仍为主要贡献者,约为 79%;而对于 $PM_{2.5}$,外来源和本地源的贡献量基本相当,分别约为 45% 和 55%。冬季由于大量的居民仍然使用煤炭等化石燃料取暖,会释放出大量的煤飞灰等细颗粒物,而这些细颗粒物在大气中会与其他物质进一步形成矿物气溶胶,从而导致 $PM_{2.5}$ 中本地源的贡献量高于 PM_{10}。在夏季,无论在 PM_{10} 还是 $PM_{2.5}$ 中,本地源的贡献都远大于外来源,本地源约为 80%,外来源约为 20%。一般说来,冬春季气候干燥,地表裸露,再加上冷空气活动频繁,从而会带来大量的外地沙尘,

导致北京地区外来源的贡献量增加;而在夏季,气候相对湿润,降雨量大,植被覆盖好,不易起扬沙,因而矿物气溶胶的浓度要小于冬春季,而且外来源的贡献量也会少于冬春季。

　　综上所述,Mg/Al 比值是区分北京地区矿物气溶胶本地源与外来源的有效的示踪元素比值。通过图像分析法,可以得到矿物气溶胶中 Mg/Al 的值。矿物气溶胶是北京大气颗粒物的重要组成部分,占总颗粒物(TSP)的 32%～67%,占细粒子($PM_{2.5}$)的 10%～70%。矿物气溶胶有强烈的季节变化。在春季沙尘暴期间,矿物气溶胶的浓度骤增,在 TSP 和 $PM_{2.5}$ 中分别高达 74% 和 90%。外来源在冬春季对北京矿物气溶胶的贡献要高于夏秋季。春季外来源占 TSP 的 62%(38%～86%),占 PM_{10} 的 69%(52%～90%),占 $PM_{2.5}$ 的 76%(59%～93%);冬季外来源占 TSP 的 69%(52%～83%),占 PM_{10} 的 79%(52%～93%),占 $PM_{2.5}$ 的 45%(7%～79%);而在夏季和秋季,外来源仅占大约 20%。沙尘暴期间外来源贡献最高达 97%,成为北京大气颗粒物的主要来源。

参考文献

[1] Jonas P, Charlson R, Rodhe H, et al. Aerosols// Houghton J T, Meira Filho L G, Bruce J, et al. Climate change 1994: Radiative forcing of climate change and an evaluation of the IPCC IS92 emission scenarios. Cambridge: Cambridge University Press, 1995: 92 - 128.

[2] D'almeida G A, Koepke P, Shettle E P. Atmospheric aerosols: Global climatology and radiative characteristics. Hampton: A Deepak Pub, 1991.

[3] Zhang X Y, Arimoto R, An Z S. Dust emission from Chinese desert sources linked to variations in atmospheric circulation. Journal of Geophysical Research-Atmospheres, 1997, 102(D23): 28041 - 28047.

[4] Andreae M O. Climatic effects of changing atmospheric aerosol levels. World Survey of Climatology, 1995, 16: 347 - 398.

[5] Duce R A. Sources, distributions, and fluxes of mineral aerosols and their relationship to climate. Aerosol forcing of climate, 1995, 6: 43 - 72.

[6] Uematsu M, Duce R A, Prospero J M, et al. Transport of mineral aerosol from Asia over the North Pacific Ocean. Journal of Geophysical Research-Oceans, 1983, 88(C9): 5343 - 5352.

[7] Reggie R. China's dust storms raise fears of impending catastrophe. National Geographic News, USA, 2001 - 06 - 01.

[8] Zhuang G S, Guo J H, Yuan H, et al. Coupling and feedback between iron and sulphur in air-sea exchange. Chinese Science Bulletin, 2003, 48(11): 1080 - 1086.

[9] Blank M, Leinen M, Prospero J M. Major Asian aeolian inputs indicated by the mineralogy of aerosols and sediments in the western North Pacific. Nature, 1985, 314(6006): 84 - 86.

[10] Zhuang G S, Guo J H, Yuan H, et al. The compositions, sources, and size distribution of the dust storm from China in spring of 2000 and its impact on the global environment. Chinese Science Bulletin, 2001, 46(11): 895 - 901.

[11] Zhuang G S, Huang R H, Wang M X, et al. Great progress in study on aerosol and its impact on

the global environment. Progress in Natural Science, 2002, 12(6): 407 – 413.

[12] 孙业乐,庄国顺,袁蕙,等.2002 年北京特大沙尘暴的理化特性及其组分来源分析.科学通报,2004 (4): 340 – 346.

[13] Guo J, Rahn K A, Zhuang G S. A mechanism for the increase of pollution elements in dust storms in Beijing. Atmospheric Environment, 2004, 38(6): 855 – 862.

[14] Dentener F J, Carmichael G R, Zhang Y, et al. Role of mineral aerosol as a reactive surface in the global troposphere. Journal of Geophysical Research-Atmospheres, 1996, 101(D17): 22869 – 22889.

[15] 北京市环境保护局.2002 年北京市环境状况公报.2003.

[16] Zhang X Y, Gong S L, Shen Z X, et al. Characterization of soil dust aerosol in China and its transport and distribution during 2001 ACE-Asia: 1. Network observations. Journal of Geophysical Research-Atmospheres, 2003, 108(D9): 4261.

[17] He K B, Yang F M, Ma Y L, et al. The characteristics of $PM_{2.5}$ in Beijing, China. Atmospheric Environment, 2001, 35(29): 4959 – 4970.

[18] 刘毅,周明煜.北京沙尘质量浓度与气象条件关系研究及其应用.气候与环境研究,1998(2): 47 – 51.

[19] 汪安璞,杨淑兰,沙因.北京大气气溶胶单个颗粒的化学表征.环境化学,1996(6): 488 – 495.

[20] Berube K A, Jones T P, Williamson B J, et al. Physicochemical characterisation of diesel exhaust particles: Factors for assessing biological activity. Atmospheric Environment, 1999, 33(10): 1599 – 1614.

[21] Ma C J, Kasahara M, Holler R, et al. Characteristics of single particles sampled in Japan during the Asian dust-storm period. Atmospheric Environment, 2001, 35(15): 2707 – 2714.

[22] Taylor S R, Mclennan S M. The continental crust: Its composition and evolution. Oxford: Blackwell Scientific Publications, 1985.

[23] Zhang X Y, Zhang G Y, Zhu G H, et al. Elemental tracers for Chinese source dust. Science in China Series D-Earth Sciences, 1996, 39(5): 512 – 521.

[24] 刘昌岭,张经,刘素美.我国不同矿物气溶胶源区物质的物理化学特征.环境科学,2002(4): 28 – 32.

[25] Nishikawa M, Kanamori S, Kanamori N, et al. Kosa aerosol as eolian carrier of anthropogenic material. The Science of the Total Environment, 1991(107): 13 – 27.

[26] Rahn K A. A graphical technique for determining major components in a mixed aerosol. I. Descriptive aspects. Atmospheric Environment, 1999, 33(9): 1441 – 1455.

第17章
沙尘暴的干盐湖盐渍土源

亚洲沙尘暴不仅对局部地区产生影响,而且经过远距离传输,沉降于北太平洋及美洲西部[1]。亚洲沙尘约有一半最后沉降于中国海区乃至遥远的北太平洋地区[2,3]。黄土高原疏松的沙土、位于中国西部和西北部的沙漠以及内蒙古地区和蒙古国的戈壁,是中国沙尘暴的主要源地。2000[4]、2001[5]、2002[6]年北京连续3年发生大沙尘暴。庄国顺[7,8]等论证了沙尘暴长途传输中的铁硫耦合机制,及其对全球生物化学循环不可忽略的作用。沙尘暴的远距离传输,不仅携带着大量来自其源头的组分,且会不断加入途经地区表层土的组分。沙尘在传输途中会不断加入新颗粒物,且会发生化学转化,因此其组分会随时间和空间而变化。某一地域排放的单颗粒物,具有特定的表面形态和相对稳定的化学组成,化学转化又大多发生在颗粒物表面,故而分析单颗粒物能够反映其排放源头的特征。这种被称为大气气溶胶指纹的单颗粒物分析,正在迅速得到发展。X. Liu[9]、W. Yang[10]、H. Zhang[11]使用扫描电镜和X射线能量散射仪(scanning electron microscope-energy dispersive x-ray detector, SEM – EDX)定性分析了青岛、太原、晋城的大气颗粒物及其可能来源。Y. Gao[12]等人分析了青岛、北京等地的单颗粒物,论证了大气颗粒物都是沙尘和人为污染源颗粒物的异相混合物。L. Xu[13]等人基于对单颗粒物的分析结果,揭示了大气颗粒物组成从同温层到对流层垂直分布的变化。我们运用SEM/EDX分析了2002年3月20日北京特大沙尘暴的565个单颗粒物,发现了北京沙尘暴气溶胶的主要组成是黏土、石英、方解石,还有硫酸盐、氯化物等无机盐。在沙尘暴颗粒物中,石英和黏土是主要组分,Si是最主要的元素,Ca主要存在于方解石;而在非沙尘暴颗粒物中,S是主要污染元素之一,硫酸盐[$CaSO_4$和$(NH_4)_2SO_4$]是主要组分[14]。基于对单颗粒物各组分相对含量的相关性分析结果,元素S和Cl是所测的沙尘暴单颗粒物所有元素中唯一呈现不同寻常显著正相关的一对元素。本章即是根据上述单颗粒物分析和其他相关化学分析结果,论证亚洲沙尘暴不仅源自沙漠,其传输途中所经过的包括干盐湖盐渍土在内的大范围干旱、半干旱地区的表层土,也是亚洲沙尘暴的主要来源之一。

17.1　采样和化学分析

17.1.1　采样

北京采样点设在北京师范大学科技楼的楼顶(12 楼,约 40 m 高)。内蒙古多伦地区采样点设在多伦中学三层楼的楼顶。用核孔滤膜(清华大学核能技术设计研究院,孔径 0.45 μm,直径 90 mm)采集 TSP 颗粒物样品,用于扫描电镜(SEM)分析。用 Whatman 41 滤膜(英国 Whatman 公司)采集 TSP 和 PM$_{2.5}$ 样品用于离子分析。具体采样方法,详见本书第 7、8 章。

17.1.2　单颗粒物分析

使用扫描电镜和能谱仪联机(SEM/EDX、日立 X650、SW9100)分析单颗粒物。加速电压 20 kV,电流 40 pA,光谱获得时间 60~100 s。取 1 cm^2 的滤膜样品,放置于铝样品台上,通过加热飞溅法覆盖上一薄层石墨。单个粒子被随机选择,并用能谱仪 EDX 测量 14 种元素(Na、Mg、Al、Si、P、S、Cl、K、Ca、Ti、V、Mn、Fe、Cu)。使用 EDX 标准化氧化物方法确定在单粒子中氧化物的相对重量百分比。测定了 2002 年 3 月 20 日上午 565 个北京特大沙尘暴期间(8:30—10:30)的单颗粒物,以及 419 个北京地区和 498 个多伦地区的非沙尘暴期间收集的单颗粒物。

17.1.3　XPS 表面结构分析

使用美国 Perkin Elmer 公司的 PHI 5000C ESCA System 型多功能电子能谱仪,采用铝靶,AlKα 射线为激发源,高压 14.0 kV, 功率 250 W,通能(pass energy)93.9 eV。分别采集样品的 0~1 200 eV 的全扫描谱,而后采集 Si2p、C1s、O1s、S2p 等轨道的窄扫描谱,并采用 PHI – MATLAB 软件进行数据分析。在实验条件下,以样品表面污染碳的 C1s 结合能(284.8 eV)定标,并校正荷电效应,从而确定样品的结合能位置。首先对 TSP 样品进行宽程扫描,得到总的谱图,获得表面元素种类的信息;然后窄程扫描得到元素 C、O、Fe、Al、Si、Ca、Mg、Mn、S、Na 的峰,获得结合能数据和元素组成信息。

17.1.4　元素和离子分析

详见本书第 7、8、10 章[15]。

17.2　单颗粒物元素成分组成和粒径分析

2002 年 3 月 20 日,北京特大沙尘暴 TSP 浓度高达 10.90 mg · m^{-3},是非沙尘暴期间的 36 倍;PM$_{2.5}$ 细颗粒物 12 h 平均浓度也高达 1.39 mg · m^{-3},为几十年来所不遇。单颗粒物组分分析结果详见文献[14]。在沙尘暴的单颗粒物中,元素 Si 是主要成分,污染物 SO_3 的含量高达 6.54%;Cl 在所测定的 565 个单颗粒物中,平均含量为 0.48%。这 2 个元素在某单个颗粒物中的最高含量,分别为 SO_3 97.39%,Cl 11.43%。样品中同时含有 S 和 Cl 的颗粒物检出率为 82.5%。在这些同时含有 S 和 Cl 的颗粒物中,SO_3 和 Cl 的平均值分别为 6.70% 和 0.58%,比所有 565 个颗粒物的平均值(SO_3 6.54%, Cl 0.48%)还高。加之,在北京沙尘暴样品中同时含有 S、Cl 和 Na 的颗粒物检出率为 62.0%,这些颗粒物中 Na 元素的平均含量为 6.10%,为所有 565 个颗粒物平均值(4.36%)的 1.4 倍,Na 在这些同时含有 S、Cl 的颗粒物中相对富集。Na 元素百分含量大于 15% 以上的单颗粒物,出现频率为 1.24%,是北京非沙尘暴单颗粒出现频率(0.24%)的 5 倍。沙尘暴源头之一的内蒙古沙地,在非沙尘暴期间样品中 Na 元素的平均含量为 1.54%,低于北京沙尘暴样品的 4.36%。在那些含 S 15% 以上的颗粒物中,90% 是粒径小于 1.0 μm 的细颗粒物,说明这些含 S 高的细颗粒物是二次生成污染物。在那些同时含有 S 和 Cl 的颗粒物中,50% 的粒径大于 1.0 μm,说明这些较粗粒物是原生含有 S 和 Cl 的颗粒物。显然,这些颗粒物不是来自源头的沙漠,而应该来自沙尘暴传输途中能够排放同时富集 S 和 Cl 的颗粒物的另一种来源。三元图像分析法[14]和 PMF 因子分析法的分析结果进一步表明,在这些 S、Cl 相关,并同时富集 S、Cl 和 Na 的颗粒物中,主要是以 Na_2SO_4 和 NaCl 的形式存在,约占总粒子数的 9%。这些结果说明,沙尘暴传输的沿途卷入了同时富集 S、Cl 和 Na 的颗粒物。

17.3　单颗粒物元素成分相关分析

表 17-1 列出了采用专用统计软件 SPSS statistics 对单颗粒物元素组分进行相关性分析的结果。在所测的沙尘暴单颗粒物样品 14 种元素中,仅 S-Cl 一对有不同寻常的相关性(相关系数 0.75,满足置信度为 95% 的可信度检验,$p \ll 0.01$)。在北京非沙尘暴样品中,S-Cl 相关系数为 0.53;而在内蒙古多伦地区的常日颗粒物样品中,仅为 0.07,不呈现相关性。根据 565 个沙尘暴样品来计算相关系数,定义检验水准 $\alpha = 0.05$,也就是说在 95% 置信水平上进行检验,检验效能(power)为 0.875 2,临界相关系数为 0.13。必须指出的是,单颗粒物分析不同于一般的常规分析。如气溶胶整体组分分析中,Si、Al、Fe 等出自同一来源的地壳元素通常有高度正相关。这种相关性指的是不同时间所采集的许多气溶胶整体样品中各元素含量的相关性,而单颗粒物分析所显示的则是同一时间采集的一个样品里,成百成千个颗粒物中每个单颗粒物所含各元素的百分含量组成,传达的是同一个样品里许多单颗粒物中同时含有的各个组分的信息,因而单颗粒物分析所显示的有关元素(S 和 Cl)组分的相关性,反映的是同一样品里较多单颗粒含有 S 和 Cl 组分的相似性。因此,这一结果更适合追踪气溶胶的源头信息。

表 17-1　北京沙尘暴单颗粒物中元素相关性的分析结果

	北京沙尘暴样品									
$Wt\%$	Na_2O	MgO	Al_2O_3	SiO_2	P_2O_5	SO_3	Cl	K_2O	CaO	Fe_2O_3
Na_2O	1.00									
MgO	0.27	1.00								
Al_2O_3	0.09	0.30	1.00							
SiO_2	−0.26	−0.44	−0.16	1.00						
P_2O_5	−0.37	−0.30	−0.28	−0.13	1.00					
SO_3	−0.20	−0.34	−0.45	−0.33	0.49	1.00				
Cl	−0.20	−0.24	−0.33	−0.28	0.41	0.75	1.00			
K_2O	−0.17	−0.10	0.29	0.07	−0.30	−0.13	−0.05	1.00		
CaO	0.10	0.19	−0.22	−0.44	−0.09	−0.08	−0.08	−0.16	1.00	
Fe_2O_3	0.10	0.32	0.12	−0.22	−0.38	−0.29	−0.23	0.05	−0.08	1.00

　　北京沙尘暴几百个单颗粒物中的 Cl 与 SO_3 的线性相关系数为 0.75,可见两者紧密相关。Cl/SO_3 比值是 0.09,是全球土壤中 Cl/SO_3 平均比值 0.06[16] 的 1.5 倍。在北京和内蒙古常日气溶胶颗粒物中,Cl 与 SO_3 相关性不显著。这再次表明,在沙尘暴期间携带来的颗粒物,其组成既不同于非沙尘暴颗粒物,也不同于源头沙漠颗粒物。这一证据表明,从沙漠地区长途传输到达北京的颗粒物中,含有大风卷起的沿途许多原先含有 S 和 Cl 共存的非普通土壤的颗粒物组分,由此显示了不同于非沙尘暴期间颗粒物和其他地区颗粒物的不同寻常的显著正相关。

17.4　水溶性离子成分及其相关分析

　　图 17-1 展示了特大沙尘暴及其前后期间的 TSP 和 $PM_{2.5}$ 样品中 Cl^- 和 SO_4^{2-} 浓度。Cl^- 和 SO_4^{2-} 的浓度在沙尘暴及其前后期间呈显著正相关。在内蒙古多伦沙地泥土样品中,Cl^- 和 SO_4^{2-} 的浓度分别为 0.06 mg · g^{-1} 和 0.07 mg · g^{-1};在 3 月 20 日特大沙尘暴当天,TSP 样品中 Cl^- 和 SO_4^{2-} 的平均浓度分别为 0.48 和 1.95 mg · g^{-1}(换算成与土壤样品所表述的相同单位 mg · g^{-1}),分别是多伦沙地泥土样品的 8 倍和 27 倍。而较为普遍的盐渍土类型草甸盐土表层约含 1.5 mg · g^{-1} Cl^- 和 1.4 mg · g^{-1} $SO_4^{2- [17]}$。显然,长途传输到北京的沙尘暴颗粒物比源头沙地颗粒物富集更多 Cl 和 S,这是由于沙尘暴在传输途中混合了新来源的排放物,而且极有可能来自含高 Cl 和高 S 的盐渍土。

　　图 17-2 展示了在沙尘暴当天连续采集的样品中(6 个样品采集时间分别为 10:20—12:20、12:22—14:22、14:25—16:25、16:25—18:25、18:25—20:25、20:25—22:25),Cl^- 和 SO_4^{2-} 的浓度。两者有着很高的线性相关(线性回归系数 $R^2 = 0.9908$)。单颗粒物分析和离子浓度分析都提供了 S-Cl 之间的正相关,说明沙尘暴颗粒物中 S 和 Cl 两种元素可能有相当部分来自同一源头。沙尘暴期间,西风或西北风达 10 m · s^{-1}。很明显,沙尘

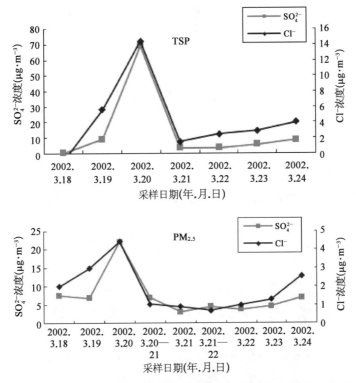

图 17 - 1　TSP 和 PM$_{2.5}$ 样品中的 Cl$^-$ 和 SO$_4^{2-}$ 浓度(北京,2002 年 3 月)
(彩图见下载文件包,网址见 14 页脚注)

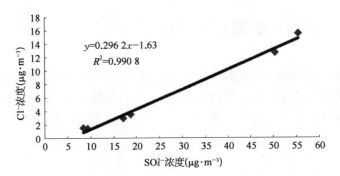

图 17 - 2　沙尘暴期间 Cl$^-$ 和 SO$_4^{2-}$ 的相关性(彩图见下载文件包,网址见 14 页脚注)

暴样品中的 S 和 Cl 不可能是位于其东南部的海洋源,其很大部分一定是来自西向或西北向的同一个外来源。

17.5　PMF 因子分析结果

PMF 是一种有效、新颖的颗粒物源解析方法。运用该方法已经成功地对泰国和西班牙等国家以及中国香港地区大气中颗粒物的来源进行过研究[18-22]。假设 X 为 $n \times m$

矩阵,n 为样品数,m 为化学成分(如各种离子、元素或有机化合物等)数目,那么 X 可以分解为 $X = GF + E$,其中 G 为 $n \times p$ 的矩阵,F 为 $p \times m$ 的矩阵,p 为主要污染源的数目,E 为残差矩阵。定义

$$e_{ij} = x_{ij} - \sum_{h=1}^{p} g_{ih} f_{hj}$$

$$Q = \sum_{i=1}^{m} \sum_{j=1}^{n} (e_{ij} / h_{ij} s_{ij})^2$$

其中 s_{ij} 为 X 的标准偏差。约束条件为 G 和 F 中的元素都为非负值,最优化目标是使 Q 趋于自由度值,这样可以确定 G 和 F。通常认为 F 为源的载荷,G 为主要污染源的源廓线。

利用 PMF2 对上述 565 个北京 2002 年春季沙尘暴单颗粒物、419 个北京非沙尘暴单颗粒物和 498 个内蒙古 2002 年春季常日单颗粒物进行了分析。分析结果表明,在内蒙古和北京的沙尘暴样品中,Cl 和 Na 以及 Mg 分布在一个因子里,Cl/Na 的比率为 5,而在海盐中应当为 1.8。如上所述,沙尘暴期间的风向来自北方或西北,不可能有来自东南的海盐来源,因此北京沙尘暴样品和内蒙古样品中含有的 Na 和 Cl 的可能来源,就是从北方或西北传输过来的盐湖和盐渍土成分。北京沙尘暴样品中的 S 和 Na 属于同一因子。图像分析结果[14]表明,沙尘暴单颗粒物中的 Na_2SO_4 是这个因子的主要贡献者。而内蒙古地区盐湖和盐渍土的主要成分就是岩盐(NaCl)和芒硝($Na_2SO_4 \cdot 10H_2O$)[23]。这进一步说明了发生于北京的这次沙尘暴,其组分中有一部分是源自途经的盐湖和盐渍土。

17.6 XPS 电子能谱表面结构分析

X 射线光电子谱(X-ray photoelectron spectroscopy, XPS)是研究样品表面组成和结构的一种常用的能谱分析技术,具有非破坏性、表面灵敏、有化学位移效应等特点,在表面分析领域得到广泛的应用。为了得到更多关于沙尘暴颗粒物的微观信息,我们利用 XPS 对北京沙尘暴、北京非沙尘暴、内蒙古等地的气溶胶颗粒物样品进行了表面结构分析,并采用 PHI – MATLAB 软件进行数据处理。研究结果显示,北京沙尘暴气溶胶颗粒物表面 Na 的百分含量为 0.30%,而在北京非沙尘暴和内蒙古地区的样品中,仅为 0.2%和 0.18%。可见,在沙尘暴颗粒物表面具有更多的 Na 元素成分。而在沙尘暴期间,Na 不可能来源于本地污染;北京地处内陆,所以也不可能来源于海洋源。那么,唯一的可能就是沙尘暴携带来了某种富含 Na 元素的颗粒物。表面结构分析还发现,在北京沙尘暴气溶胶颗粒物表面,S 的百分含量为 0.80%,大于内蒙古地区样品中的 0.39%,接近北京非沙尘暴中 S 的百分含量 0.90%。在非沙尘暴期间,由于本地污染的贡献,S 在颗粒物中占据很大的比重。如果沙尘暴期间携带了大量的矿物沙尘,将使 S 在颗粒物中的百分含量大大降低。沙尘暴当天对颗粒物样品的表面结构分析显示,在这些沙尘暴颗粒物表面,S 所占的百分含

量接近于非沙尘暴,显然,沙尘暴当天出现的污染物浓度增加的现象,主要是由于在沙尘暴远距离传输过程中外来源的贡献。对这些颗粒物表面的高含量的 S,唯一合理的解释就是,这些远距离传输到北京的颗粒物,本身携带来含有 S 成分的颗粒。从 XPS 分析可以明确知道,北京沙尘暴颗粒物中同时富集了 S 和 Na 的成分。而单颗粒物分析显示,这些沙尘暴颗粒物中 S 和 Cl 紧密相关,PMF 因子分析又给出了 S、Cl 和 Na 在同一因子中。综合以上结果,不难看出在北京沙尘暴期间从源头远距离传输到北京的颗粒物中混合了富含 S、Cl 和 Na 的颗粒,这应是来自沙尘暴传输途中不同于源头沙漠的另外一种来源。

17.7　沙尘暴的干盐湖盐渍土源

沙尘暴的传输路径与地理条件和气象因素有关。2002 年 3 月 20 日影响北京的主要传输路径包括北路和西北路两路[24]。① 北路:内蒙古乌兰察布和锡林郭勒西部的二连浩特市、阿巴嘎旗→浑善达克沙地西部→张家口→北京。② 西北路:哈密市以东至内蒙古阿拉善的中蒙边境→沿河西走廊→从贺兰山南北两侧分别经毛乌素沙地及乌兰布和沙漠→呼和浩特市→张家口→北京。多伦地区地处北京的正北部,离北京直线距离仅 180 km,常是沙尘暴进北京前的必经之地。实验结果表明,多伦地区的常日单颗粒物中并不显示 S 和 Cl 的相关性,且北京沙尘暴样品中 Cl^- 和 SO_4^{2-} 的平均浓度分别是内蒙古多伦沙地泥土样品的 8 倍和 27 倍,可见北京沙尘暴中这些同时含有 S 和 Cl 的单颗粒物,并不是来源于位处北京北方的这些沙地的贡献。此次强沙尘天气由于锋区强、范围广,造成内蒙古地区大面积的春季裸露土壤地区都有起尘点分布。在这些内蒙古地区的起尘点上,分布有许多盐渍土。在 2002 年 3 月 20 日北京沙尘暴的传输路径上,恰好分布着众多的氯化物-硫酸盐型盐渍土,如分布在北京西北部的漠境-草原氯化物-硫酸盐草甸盐土,或者硫酸盐-氯化物苏打碱化盐渍土;漠境氯化物-硫酸盐或者硫酸盐、龟裂碱化盐渍土和漠境氯化物-硫酸盐,或者硫酸盐-氯化物结壳盐渍土[25]。这些盐渍土主要都含有氯化物-硫酸盐结合的泥土矿物。当强大的沙尘暴携着强风刮过这些盐渍土表层时,会把这些同时含有较多 S 和 Cl 的颗粒物卷到高空,与沙尘暴颗粒物混合,借着强劲的沙尘暴气流由西北方向传输到北京。中国盐渍土面积为 3 630.53×10⁴ hm²(公顷),内蒙古有 763.01×10⁴ hm²,占 21%[26]。同时,内蒙古地区分布着数量众多的盐湖[27,28],主要有四大盐湖区——呼伦贝尔盐湖区、锡林郭勒盐湖区、鄂尔多斯盐湖区和阿拉善盐湖区。而影响北京的沙尘暴,正好途径位于北京北部和西北部的锡林郭勒盐湖区和阿拉善盐湖区。阿拉善盐湖区分布着 16 个大小不同的盐湖,主要也是 NaCl 和 $Na_2SO_4 \cdot 10H_2O$ 型盐湖。随着沙漠、沙地的形成,风沙塑造了众多的湖泊——风成湖泊,它们的特点是规模小、数量多。沙漠分布区的气候环境,决定了风成湖泊的水量平衡。阿拉善沙漠区的风成湖要么是咸水湖,要么是干盐湖[29]。锡林郭勒盐湖区分布着 23 个大小不同的盐湖,其主要成分也是 NaCl 和 $Na_2SO_4 \cdot 10H_2O$。经过连续 3 年大旱,内蒙古锡林郭勒最大的湖泊——查干诺尔咸水湖(位于北京正北方 650 km),出现了 80 km²(12 万亩)的盐碱干湖盆。这里的年均降雨量只有 100 多 mm,2001 年 80 多 mm,湖底露出水面,2002 年春季全部干涸。大量的盐碱粉尘在大风的夹带下形成盐碱尘暴,被搬运到京津、华北甚至东亚地区。这种生态灾难直接威胁北京[30,31]。当沙尘暴携着沙漠地区的大量沙尘经过这些干盐湖地区时,卷起这些干盐湖表面的细颗粒物传输到北京。干盐湖颗粒物的主要成分也是氯化物和硫酸盐,所以这些干盐湖和盐渍土一样,也是造成北京沙尘暴单颗粒物中 S 和 Cl 相关的主要原因。由于干盐湖含 Na 多,这正是北京沙尘暴样品中,Na 含量大于 15% 以上的单颗粒物出现频率大的原因。沙尘暴颗粒物中的 S - Cl 相关并同时富集 S、Cl 和 Na,有力地证明了干盐湖和盐渍土地区也是沙尘暴颗粒物的主要来源之一。

参考文献

[1] Duce R A, Arimoto R, Ray B J, et al. Atmospheric trace elements at Enewetak Atoll: 1. Concentrations, sources, and temporal variability. Journal of Geophysical Research-Oceans, 1983, 88(C9): 5321 - 5342.

[2] Zhang X Y, Arimoto R, An Z S. Dust emission from Chinese desert sources linked to variations in atmospheric circulation. Journal of Geophysical Research-Atmospheres, 1997, 102 (D23): 28041 - 28047.

[3] Arimoto R, Duce R A, Savoie D L, et al. Relationships among aerosol constituents from Asia and the North Pacific during PEM-West A. Journal of Geophysical Research-Atmospheres, 1996, 101(D1): 2011 - 2023.

[4] Zhuang G S, Guo J H, Yuan H, et al. The compositions, sources, and size distribution of the dust storm from China in spring of 2000 and its impact on the global environment. Chinese Science Bulletin, 2001, 46(11): 895 - 901.

[5] Zhang X Y, Gong S L, Shen Z X, et al. Characterization of soil dust aerosol in China and its transport and distribution during 2001 ACE-Asia: 1. Network observations. Journal of Geophysical Research-Atmospheres, 2003, 108(D9): 4261.

[6] Sun Y L, Zhuang G S, Yuan H, et al. Characteristics and sources of 2002 super dust storm in Beijing. Chinese Science Bulletin, 2004, 49(7): 698 - 705.

[7] Zhuang G S, Yi Z, Duce R A, et al. Link between iron and sulphur cycles suggested by detection of Fe(Ⅱ) in remote marine aerosols. Nature, 1992, 355(6360): 537 - 539.

[8] Zhuang G S, Guo J H, Yuan H, et al. Coupling and feedback between iron and sulphur in air-sea exchange. Chinese Science Bulletin, 2003, 48(11): 1080 - 1086.

[9] Liu X, Jia H, Qi J, et al. Scanning electron microscopic study of Qingdao aerosol and pollution source identification. Res Environ Sci, 1994, 7(3): 10 - 16.

[10] Yang W, Wu B, Sheehen C. Studies on microscopic characteristics of atmospheric particles. Zhonghua Yu Fang Yi Xue Za Zhi [Chinese journal of preventive medicine], 1996, 30(5): 292 - 295.

[11] Zhang H, Hou T, Fan W-B. Source identification of atmospheric particulate matter and analysis

of scanning electron microscope in Jincheng, Shanxi. Journal of Shanxi University Natural Science Edition, 2000, 23(2): 182 - 185.

[12] Gao Y, Anderson J R. Characteristics of Chinese aerosols determined by individual-particle analysis. Journal of Geophysical Research-Atmospheres, 2001, 106(D16): 18037 - 18045.

[13] Xu L, Okada K, Iwasaka Y, et al. The composition of individual aerosol particle in the troposphere and stratosphere over Xianghe (39.45 degrees N, 117.0 degrees E), China. Atmospheric Environment, 2001, 35(18): 3145 - 3153.

[14] Yuan H, Zhuang G S, Rahn K A, et al. Composition and mixing of individual particles in dust and nondust conditions of North China, Spring 2002. Journal of Geophysical Research-Atmospheres, 2006, 111(D20): doi: 10.1029／2005JD006478.

[15] 袁蕙, 王瑛, 庄国顺. 气溶胶、降水中的有机酸、甲磺酸及无机阴离子的离子色谱同时快速测定法. 分析测试学报, 2003(6): 11 - 14.

[16] Bowen H J M. Trace elements in biochemistry. New York: Academic Press, 1966.

[17] 姜勇, 张玉革. 沈阳地区盐渍土的生态分布、特性及改良利用. 土壤通报, 2001(S1): 124 - 127.

[18] Huang S L, Rahn K A, Arimoto R. Testing and optimizing two factor-analysis techniques on aerosol at Narragansett, Rhode Island. Atmospheric Environment, 1999, 33(14): 2169 - 2185.

[19] Lee E, Chan C K, Paatero P. Application of positive matrix factorization in source apportionment of particulate pollutants in Hong Kong. Atmospheric Environment, 1999, 33(19): 3201 - 3212.

[20] Prendes P, Andrade J M, Lopez-Mahia P, et al. Source apportionment of inorganic ions in airborne urban particles from Coruna city (NW of Spain) using positive matrix factorization. Talanta, 1999, 49(1): 165 - 178.

[21] Xie Y L, Hopke P K, Paatero P, et al. Identification of source nature and seasonal variations of arctic aerosol by positive matrix factorization. Journal of the Atmospheric Sciences, 1999, 56(2): 249 - 260.

[22] Chueinta W, Hopke P K, Paatero P. Investigation of sources of atmospheric aerosol at urban and suburban residential areas in Thailand by positive matrix factorization. Atmospheric Environment, 2000, 34(20): 3319 - 3329.

[23] 杨清堂. 内蒙古盐湖的主要沉积特征及其古气候意义. 化工矿产地质, 1997(1): 50 - 54.

[24] 任阵海, 高庆先, 苏福庆, 等. 北京大气环境的区域特征与沙尘影响. 中国工程科学, 2003(2): 49 - 56.

[25] 中国科学院长春地理研究所. 中国自然保护地图集. 北京: 科学出版社, 1989.

[26] 樊自立, 马英杰, 马映军. 中国西部地区的盐渍土及其改良利用. 干旱区研究, 2001(3): 1 - 6.

[27] 郑绵平. 论中国盐湖. 矿床地质, 2001(2): 181 - 189.

[28] 徐昶. 中国盐湖黏土矿物研究. 北京: 科学出版社, 1993.

[29] 李容全, 郑良美, 朱国荣. 内蒙古高原湖泊与环境变迁. 北京: 北京师范大学出版社, 1990.

[30] 张可佳, 郑柏裕. 中国京津地区沙尘暴庆功尚早, 真正源头尚待治理[EB／OL]. http:／／www.china.com, 2003 - 10 - 07.

[31] 张可佳, 郑柏裕. 查干诺尔湖形成盐碱尘暴, 威胁北京绿色奥运[EB／OL]. http:／／www.sina.com.cn, 2003 - 10 - 07.

第 18 章
沙尘污染和霾污染期间气溶胶组分的变化特征及其形成机制

北京是中国北方遭受外来沙尘和本地污染源排放引起严重大气污染的典型城市。除了沙尘入侵,来自燃煤和交通源等人为排放源的空气污染物,致使北京经常出现雾霾天气[1-7]。在沙尘污染和霾污染期间,气溶胶组分的变化特征及其形成机制有很大不同。阐明沙尘和雾霾气溶胶组分的不同变化机制,才能为控制大气污染提供理论依据。城市大气气溶胶中,水溶性离子约占颗粒物质量的 1/3[8-10]。沙尘入侵和雾霾期间,水溶性离子的季节变化、粒径分布及其长途传输,会对人类健康与生态环境发生直接重大的影响。K^+、NH_4^+、NO_3^-、PO_4^{3-}、Fe(Ⅱ)等离子的沉降,会直接增加海洋表层水的生物生产力[11-20]。本章根据 2001—2004 年连续 4 年春季在北京采集 $PM_{2.5}$ 和 TSP 气溶胶样品的分析结果,对比不同时期水溶性离子的化学特性,进而揭示沙尘入侵、霾和相对清洁 3 种不同天气期间,大气气溶胶的组分变化及其形成机制。

18.1　采样和化学分析

18.1.1　采样和化学分析
2001—2004 年连续 4 年的春季,在北京市区共采集 315 个 $PM_{2.5}$ 和 TSP 样品。详见本书第 7、8、10 章[21-23]。

18.1.2　气象及痕量气体数据
从中国气象科学数据共享服务网(http://cdc.cma.gov.cn)下载了温度、露点、风速、风向、相对湿度(RH)、气压等气象数据,从 Weather Underground 网站(http://www.wunderground.com)下载了能见度数据。从北京市环保局官网(http://www.bjepb.gov.cn)下载了痕量气体 SO_2、NO_2、CO、O_3 的空气污染指数(API,API=100 相对于国家空气质量二级标准)数据,并用以下公式换算为浓度:

$$C = C_{低} + [(I - I_{低})/(I_{高} - I_{低})] \times (C_{高} - C_{低}) \qquad (18-1)$$

C 和 I 分别表示浓度和 API 值;$I_{高}$ 和 $I_{低}$ 表示 API 等级限定值表中最接近于 I 的 2 个值,前者高于 I,后者低于 I。$C_{高}$ 和 $C_{低}$ 是对应于 $I_{高}$ 和 $I_{低}$ 的浓度值。

18.2　沙尘、霾和相对清洁时期的分类

图 18 - 1 显示了采样期间 TSP 质量浓度及气象参数的变化。根据 TSP 的质量浓度、风速以及能见度,区分沙尘、霾和相对清洁的不同时期。在沙尘时期,风速高于 5 m·s⁻¹,TSP 质量浓度大多高于 1 000 μg·m⁻³;在霾时期,能见度低于 5 km,TSP 质量浓度在 500~1 000 μg·m⁻³ 之间。根据以上规则,沙尘、霾和"相对清洁"时期的 TSP 样品数分别有 40、32、117 个,PM₂.₅ 样品数分别有 19、18、89 个。颗粒物浓度与气象条件有密切关系,通过考察气象因素能够很好地理解气溶胶的变化机制。表 18 - 1 显示沙尘和霾期间能见度低,沙尘时期风速高、湿度低,并伴随着冷锋过境,霾时期空气稳定、温度高、湿度大。沙尘和"相对清洁"时期最主要的气象差别是风速,而霾和"相对清洁"时期最主要的差别是湿度。

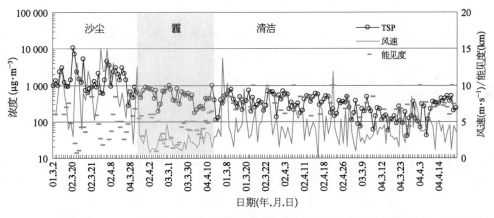

图 18 - 1　北京 2001—2004 春季 TSP、风速、能见度的变化(彩图见下载文件包,网址见 14 页脚注)

表 18 - 1　不同时期污染气体浓度和气象参数的平均值

气象参数	沙　尘	霾	清　洁
O₃(μg·m⁻³)	62.0	89.2	69.7
SO₂(μg·m⁻³)	36.6	89.7	47.7
NO₂(μg·m⁻³)	31.4	72.4	40.4
温度(℃)	11.9	14.6	15.4
露点(℃)	−14.9	3.9	−9.0
RH(%)	20.2	59.1	27.7
气压(kPa)	101.1	101.1	101.5
能见度(km)	4.7	4.0	7.2
风速(m·s⁻¹)	8.1	2.5	4.2

SO_2 和 NO_2 是气溶胶中硫酸盐和硝酸盐的前体物，O_3 代表大气氧化性。在沙尘、霾和相对清洁时期，大气中 SO_2、NO_2、O_3 的平均浓度见表 18－1。O_3 浓度在霾时期高，在沙尘时期低，表明在霾时期大气氧化能力强，而沙尘颗粒可以反射太阳辐射，抑制大气中的光化学反应。沙尘期间 SO_2 和 NO_2 的浓度低，表明高风速吹散了污染物。沙尘、霾和相对清洁时期不同的污染气体浓度、大气氧化性和气象条件，导致了不同时期大气气溶胶的不同形成机制。

18.3 沙尘、霾和相对清洁时期大气气溶胶中的离子浓度与组成

表 18－2 显示沙尘、霾和相对清洁时期 TSP、$PM_{2.5}$ 及其中离子组分的浓度，以及它们在不同时期的比值。在沙尘、霾和相对清洁时期，TSP 质量浓度的平均值分别为 1 949、458、339 $\mu g \cdot m^{-3}$，$PM_{2.5}$ 的浓度分别为 409、179、107 $\mu g \cdot m^{-3}$。在沙尘期间，TSP 和 $PM_{2.5}$ 的浓度分别为相对清洁时期的 6 倍和 4 倍，霾期间约为相对清洁时期的 2 倍，表明颗粒物浓度从清洁到霾再到沙尘，增加明显。对比 TSP 和 $PM_{2.5}$ 增加的比例，可以看出粗颗粒在沙尘时期增加更明显，而细颗粒在霾期间增加明显。

表 18－2 不同时期 TSP、$PM_{2.5}$ 及其中离子组分的平均浓度（$\mu g \cdot m^{-3}$）和它们在不同时期的比值

	沙尘天		霾天		清洁天		沙尘/清洁		霾/清洁	
	TSP	$PM_{2.5}$	TSP	$PM_{2.5}$	TSP	$PM_{2.5}$	TSP	$PM_{2.5}$	TSP	$PM_{2.5}$
No.	40	19	32	18	117	89				
质量浓度	1 949.01	408.93	457.57	178.72	339.19	106.74	5.75	3.83	1.35	1.67
pH	6.95	6.76	6.27	5.33	6.53	6.08	1.06	1.11	0.96	0.88
Na^+	4.02	1.42	1.17	0.61	0.97	0.56	4.16	2.54	1.21	1.09
NH_4^+	3.19	4.06	26.35	18.11	6.95	5.06	0.46	0.80	3.79	3.58
K^+	1.49	1.01	2.87	2.34	1.16	0.91	1.28	1.10	2.47	2.56
Mg^{2+}	1.30	0.53	0.65	0.21	0.45	0.25	2.90	2.09	1.45	0.82
Ca^{2+}	19.74	7.13	9.66	1.86	7.07	2.96	2.79	2.41	1.37	0.63
F^-	0.69	0.33	1.42	0.41	0.63	0.31	1.11	1.09	2.28	1.32
CH_3COO^-	0.75	0.34	0.30	0.30	0.38	0.17	2.00	2.04	0.81	1.80
$HCOO^-$	0.45	0.07	0.43	0.07	0.31	0.18	1.45	0.41	1.38	0.41
MSA	0.05	0.01	0.09	0.04	0.06	0.05	0.75	0.22	1.43	0.80
Cl^-	6.31	2.40	12.67	5.37	5.69	3.35	1.11	0.72	2.23	1.60
NO_2^-	1.07	0.38	1.96	0.76	1.06	0.44	1.02	0.87	1.85	1.74
NO_3^-	7.63	4.79	47.09	25.30	13.56	9.18	0.56	0.52	3.47	2.76
SO_4^{2-}	19.17	15.61	48.94	39.20	13.64	10.98	1.41	1.42	3.59	3.57
$C_2O_4^{2-}$	0.87	0.57	0.74	0.50	0.43	0.40	2.02	1.44	1.73	1.25
PO_4^{3-}	0.64	0.19	0.25	0.17	0.32	0.19	2.03	1.03	0.79	0.90
TWSI	65.23	38.33	153.04	94.82	51.73	34.40	1.26	1.11	2.96	2.76

在沙尘、霾和相对清洁时期,总水溶性离子(total water soluble ion, TWSI)占 TSP 的质量百分比分别为 3%、33%、15%,占 PM$_{2.5}$ 的质量百分比分别为 9%、53%、32%,表明水溶性离子主要集中在细颗粒上,沙尘期间增加的主要是难溶性组分,霾期间形成大量的水溶性离子。沙尘期间的主要离子浓度顺序为 SO$_4^{2-}$ > Ca^{2+} ≫ NO$_3^-$ > Cl$^-$ > NH$_4^+$ > Na$^+$,霾期间的该顺序为 SO$_4^{2-}$ > NO$_3^-$ > NH$_4^+$ ≫ Cl$^-$ > Ca^{2+} > K$^+$。每种离子在沙尘期间和霾期间相对于相对清洁期间的浓度比(沙尘/清洁和霾/清洁),可以指示离子在不同时期的变化,同时可用来比较不同离子的变化特性。表 18 - 2 显示 TWSI 的增加量,在霾期间比沙尘期间高 2 倍,表明霾期间离子的一次排放或二次形成增强。对于单个离子,Na$^+$、Mg^{2+}、Ca^{2+} 在沙尘期间增加最明显,NO$_3^-$、SO$_4^{2-}$、NH$_4^+$ 在霾期间增加最明显,表明 Na$^+$、Mg^{2+}、Ca^{2+} 主要来自沙尘,NO$_3^-$、SO$_4^{2-}$、NH$_4^+$ 主要来自人为污染。在沙尘期间,NO$_3^-$、NH$_4^+$ 降低,表明强风吹走了大量的当地人为污染物;与 NO$_3^-$ 不同,沙尘期间的 SO$_4^{2-}$ 没有明显降低,表明 SO$_4^{2-}$ 可能来自沙尘入侵,或是在远距离传输途中形成的。比较(沙尘/清洁)和(霾/清洁)比值,可以看出 Na$^+$、Ca^{2+}、Mg^{2+} 在沙尘期间的增加量高于霾期间,NH$_4^+$、NO$_3^-$ 在霾期间的增加量高于沙尘期间,K$^+$、SO$_4^{2-}$、Cl$^-$ 的增加量在沙尘和霾期间没有很大差异。根据上述变化特征,可将离子分为 3 类:包括 Na$^+$、Mg^{2+}、Ca^{2+} 在内的沙尘离子,包括 K$^+$、SO$_4^{2-}$、Cl$^-$ 在内的污染-沙尘离子,以及包括 NO$_3^-$、NH$_4^+$ 在内的污染离子。各类离子之间的相关性,可以证明上述分类的合理性。Na$^+$ 与 Mg^{2+}、Mg^{2+} 与 Ca^{2+}、K$^+$ 与 SO$_4^{2-}$、SO$_4^{2-}$ 与 Cl$^-$、NO$_3^-$ 与 NH$_4^+$ 之间的相关系数,分别为 0.86、0.95、0.61、0.70、0.88。各组离子之间的高正相关性,说明了各组离子的同源性。

图 18 - 2 显示 3 类离子占 TWSI 的质量百分比。对于 TSP 样品,在沙尘、霾和相对清洁时期,沙尘离子占 TWSI 的比例分别为 38%、8%、16%,表明沙尘离子是沙尘时期的主要离子;污染离子占 TWSI 的比例分别为 17%、48%、40%,表明污染离子是霾期间的主要离子;污染-矿物离子占 TWSI 的比例,在 3 个时段没有明显的变化,介于 40%~42% 之间,表明这些离子同时具有沙尘源和污染源。比较 TSP 和 PM$_{2.5}$ 的离子组成,可

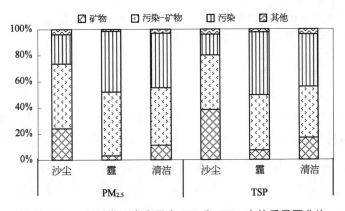

图 18 - 2　不同时期 3 类离子在 TSP 和 PM$_{2.5}$ 中的质量百分比

以看出,TSP 中沙尘离子的含量较高,而 $PM_{2.5}$ 中污染离子的含量较高。

18.4　沙尘、霾和相对清洁时期大气气溶胶中主要离子的粒径分布

图 18-3 显示颗粒物 $PM_{2.5}$ 质量浓度、主要离子浓度及 TWSI 与 TSP 中相应浓度的比值。TWSI 的比值在 0.59~0.67 之间,表明水溶性组分主要分布在细颗粒上;沙尘期间 NH_4^+ 的比值高于 1,可能是由粗颗粒的部分 NH_4^+ 在干燥条件下挥发引起的[24,25]。NH_4^+、SO_4^{2-}、K^+ 的比值均高于 0.7,表明这些离子主要在细颗粒上。细颗粒上的 NH_4^+ 可能来自气态 NH_3 与酸性气体 H_2SO_4、HNO_3、HCl 的反应,或 NH_3 在酸性颗粒表面的凝聚中和反应。由于铵盐可来自土壤中有机物的降解,因此粗颗粒上的 NH_4^+ 可能来自土壤。细颗粒上的 SO_4^{2-} 可能来自 SO_2 的均相或异相反应,K^+ 可能来自生物质燃烧[26],粗颗粒上的 SO_4^{2-}、K^+ 可能来自土壤。Na^+、Mg^{2+}、Cl^-、NO_3^- 的比值在 0.5 左右,表明这些离子在粗细颗粒上均有分布,细颗粒上的 Na^+、Mg^{2+} 可能来自人为排放,粗颗粒上的 Na^+、Mg^{2+} 可能来自土壤扬尘;细颗粒上的 Cl^-、NO_3^- 主要来自 NH_3 与酸性气体 HCl、HNO_3 的均相反应,或 HCl、HNO_3 在细颗粒表面的异相反应;粗颗粒上 Cl^-、NO_3^- 主要来自细颗粒上挥发的 HCl、HNO_3,继而被粗颗粒吸附。Ca^{2+} 的比值小于 0.40,表明沙尘离子的 Ca^{2+} 主要在粗颗粒上,土壤是其主要来源。

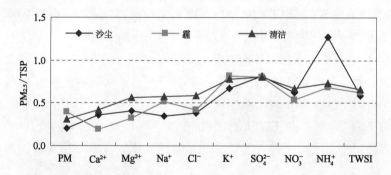

图 18-3　不同时期 $PM_{2.5}$ 中颗粒物(PM)、主要离子、TWSI 的浓度与 TSP 中相应浓度的比值
(彩图见下载文件包,网址见 14 页脚注)

Na^+、Mg^{2+}、Ca^{2+}、K^+、Cl^-、NO_3^- 的比值,在沙尘时期低于相对清洁时期,表明这些离子在沙尘时期移向粗颗粒,Na^+、Mg^{2+}、Ca^{2+}、K^+ 的移动与沙尘期间土壤粗颗粒的增加有关,Cl^-、NO_3^- 的移动可能是因为沙尘期间 HCl、HNO_3 易挥发,从而被大量的碱性粗颗粒吸附。霾期间,Na^+、Mg^{2+}、Ca^{2+}、Cl^-、NH_4^+、NO_3^- 移向粗颗粒,Na^+、Mg^{2+}、Ca^{2+} 的移动可能是交通和建筑扬尘的增加引起的,Cl^-、NH_4^+、NO_3^- 的移动可能与 NH_4Cl、NH_4NO_3 的热动平衡有关。SO_4^{2-} 在不同时期的粒径分布没有很大变化,表明 SO_4^{2-} 可能受多种过程控制,如一次排放和二次形成。气溶胶 $PM_{2.5}/TSP$ 的质量比显示,沙尘期间

移向粗颗粒,霾期间移向细颗粒。这与来自沙尘的颗粒主要分布在粗颗粒,来自污染的颗粒主要分布在细颗粒是一致的。

18.5　沙尘、霾和相对清洁时期大气气溶胶的酸度

不同时期沙尘离子和污染离子粒径分布的变化,导致不同时期粗细颗粒的酸度不同。气溶胶水提取液的 pH,可直接表征气溶胶的酸度。表 18-2 显示,沙尘、霾和相对清洁时期,TSP 中 pH 的平均值分别为 6.95、6.27、6.53,$PM_{2.5}$ 中 pH 的平均值分别为 6.76、5.33、6.08。这表明,$PM_{2.5}$ 的酸度高于 TSP。多数 pH 均高于空白值 5.74,表明北京春季气溶胶对于大气酸化过程具有缓冲作用;但在霾期间,$PM_{2.5}$ 的 pH 平均值(5.33)低于空白值,表明霾污染会使大气环境变得更酸和更脆弱。总阳离子的当量浓度(C)与总阴离子的当量浓度(A)之间的关系,可用来研究气溶胶的酸度。表 18-3 显示了不同时期 $PM_{2.5}$ 和 TSP 气溶胶中 C 与 A 之间的线性回归方程、相关系数以及 C/A 比值。相关系数:霾>清洁>沙尘;C/A:沙尘>清洁>霾。这些表明,沙尘时期的气溶胶碱度高,霾期间的气溶胶酸度高,这与碱性组分(如 Ca^{2+})和酸性组分(如 SO_4^{2-}、NO_3^-)分别在沙尘和霾时期有明显增加是一致的。C/A、TSP 的 pH 值高于 $PM_{2.5}$,表明粗颗粒的酸度低于细颗粒,这与碱性的沙尘离子主要分布在粗颗粒,酸性的污染离子主要分布在细颗粒是一致的。沙尘期间 C 与 A 的相关性差。C/A 高,表明沙尘颗粒中存在大量的碳酸盐[10,19]。这些来自中国西部或西北部沙尘源区的碳酸盐,有助于减缓大气环境的酸化趋势。

表 18-3　总阳离子当量浓度 C($\mu eq \cdot m^{-3}$)与总阴离子当量浓度 A 之间的
线性回归方程、相关系数(r)及比值

	$PM_{2.5}$				TSP			
	线性方程	r	C/A（平均值±SD）	No.	线性方程	r	C/A（平均值±SD）	No.
沙尘	$C=0.12+1.14 A$	0.87	1.55±0.76	19	$C=0.66+1.03 A$	0.39	2.40±2.56	40
霾	$C=0.25+0.66 A$	0.97	0.93±0.29	18	$C=-0.05+0.93 A$	0.97	0.93±0.20	32
清洁	$C=0.10+0.76 A$	0.94	1.10±0.39	89	$C=0.20+0.85 A$	0.89	1.35±0.66	117

SD:标准偏差;No.:样本数。

18.6　沙尘、霾和相对清洁时期气溶胶的形成机制

18.6.1　主要离子的控制过程

表 18-4 显示主要离子与气象参数之间的相关系数。污染组分与气象参数之间的相关性高于沙尘组分,表明污染组分主要来自当地排放,包括直接排放和二次形成,并受当

地条件控制。沙尘组分主要受外来传输的控制。风速与沙尘组分成正相关,与污染组分成负相关,就进一步证明了以上结论。污染组分与相对湿度(RH)、露点、风速的相关性,高于与气压、温度的相关性。高湿度有助于二次组分的形成,低风速为大气污染物提供更长的停留时间,有利于二次组分的形成和污染物在大气中的累积。

表 18-4　主要离子与气象参数之间的相关系数

	气　压	温　度	RH	露　点	风　速
Na^+	−0.10	−0.12	−0.03	−0.09	0.03
Mg^{2+}	**−0.21**	−0.04	0.00	−0.03	0.07
Ca^{2+}	**−0.21**	−0.02	−0.03	−0.01	0.07
NH_4^+	*−0.13*	0.04	**0.47**	**0.37**	**−0.29**
NO_3^-	**−0.24**	**0.19**	**0.41**	**0.48**	**−0.33**
K^+	**−0.40**	**0.18**	**0.40**	**0.40**	**−0.28**
Cl^-	**−0.19**	**0.14**	**0.31**	**0.33**	**−0.33**
SO_4^{2-}	**−0.26**	*0.11*	**0.51**	**0.40**	**−0.28**

黑体字:相关系数在 0.01 水平上显著;斜体字:相关系数在 0.05 水平上显著。

表 18-2 显示,从相对清洁时期到霾时期 NO_3^-、SO_4^{2-}、NH_4^+ 有大幅度增加。元素 Al 不受大气反应的影响,可作为一次沙尘源的示踪。可用 NO_3^-/Al、SO_4^{2-}/Al 表征由化学反应引起的浓度变化量。表 18-5 显示沙尘、霾和相对清洁时期 NO_3^-/Al、SO_4^{2-}/Al 的比值。霾时期 NO_3^-/Al、SO_4^{2-}/Al 的平均值高于相对清洁时期,霾时期 $PM_{2.5}$ 中的 NO_3^-/Al、SO_4^{2-}/Al 分别为 27.51、32.46,表明化学反应引起的浓度变化非常显著。$PM_{2.5}$ 中的 NO_3^-/Al、SO_4^{2-}/Al 高于 TSP,表明化学反应更易在细颗粒上发生。

表 18-5　不同时期 TSP 和 $PM_{2.5}$ 中几个比值的平均值

	TSP			$PM_{2.5}$		
	沙尘	霾	清洁	沙尘	霾	清洁
NO_3^-/Al	0.20	3.25	1.16	0.51	27.51	5.79
SO_4^{2-}/Al	0.34	3.92	1.29	1.24	32.46	5.54
NO_3^-/SO_4^{2-}	0.41	0.96	0.93	0.30	0.89	0.96
Ca^{2+}/Al	0.29	0.71	0.60	0.46	1.35	0.96
SOR	0.29	0.27	0.17	0.25	0.24	0.15
NOR	0.16	0.29	0.18	0.09	0.22	0.13

表 18-5 显示,沙尘、霾和相对清洁时期 TSP 中 NO_3^-/SO_4^{2-} 的平均值分别为 0.41、0.96、0.93,$PM_{2.5}$ 中的分别为 0.30、0.89、0.96;各个时期相应的 NO_2/SO_2 平均值分别为 0.86、0.81、0.85。与相对清洁时期相比,沙尘时期的高 NO_2/SO_2 和低 NO_3^-/SO_4^{2-} 表明沙尘更有利于硫酸盐的形成,这与沙尘期间 NO_3^- 降低、SO_4^{2-} 升高是一致的。较之相对清洁

时期,霾期间 TSP 样品中的(NO_3^-/SO_4^{2-})/(NO_2/SO_2)值高,表明此期间的粗颗粒上更易形成硝酸盐。由于硝酸盐的形成速率约是硫酸盐的 10 倍[27],因此在霾期间当气象条件有利或反应物浓度(大气颗粒、OH、NH_3)增加时,会有大量的硝酸盐形成。与 TSP 不同,霾期间的 $PM_{2.5}$ 中(NO_3^-/SO_4^{2-})/(NO_2/SO_2)没有明显增加,表明反应速率不是细颗粒上硝酸盐浓度的控制因素。硝酸铵作为细颗粒上硝酸盐的主要组分,很易挥发进入气相,因此霾期间的低 NO_3^-/SO_4^{2-} 可能与 NH_4NO_3 的热动平衡有关。

NO_3^-/SO_4^{2-} 比值可以指示大气中 S 和 N 的流动源和固定源的相对重要性[28]。本研究中,非沙尘期间 NO_3^-/SO_4^{2-} 的比值高于其他地区(上海 0.43[9],青岛 0.35[14],台湾 0.20[29],贵阳 0.13[30])。这与北京日益增加的机动车数量和减少的煤消耗有关。

沙尘组分是北京大气气溶胶的主要组分。Al 作为典型的矿物气溶胶组分,被用作土壤颗粒和远距离传输沙尘粒子的示踪;Ca^{2+} 同时来自土壤和建筑尘,被用作北京建筑尘的示踪[31]。因此,Ca^{2+}/Al 可以指示土壤或远距离传输的尘与当地建筑尘的混合程度。表 18-5 显示,本研究中沙尘时期的 Ca^{2+}/Al 值低,表明增加了大量的土壤尘,这可能来自中国西部和西北部的沙尘传输;霾时期和相对清洁时期的 Ca^{2+}/Al 值高,表明沙尘组分主要来自当地建筑活动,远距离传输的影响小(风速低)。在 $PM_{2.5}$ 中,Ca^{2+}/Al 的值高于 TSP,表明建筑尘比远距离传输的沙尘颗粒细。

18.6.2　硫酸盐和硝酸盐的形成机制

可以用硫氧化率 $SOR = n\text{-}SO_4^{2-}/(n\text{-}SO_4^{2-} + n\text{-}SO_2)$ 和氮氧化率 $NOR = n\text{-}NO_3^-/(n\text{-}NO_3^- + n\text{-}NO_2)$ 以及它们与气溶胶质量浓度、NH_4^+、SO_2、NO_2、O_3,还有若干气象因素之间的相互关系,来研究 SO_4^{2-} 和 NO_3^- 的形成机理。表 18-5 显示 SOR 和 NOR 的平均值,表 18-6 显示 SOR、NOR 与其他参数之相关系数。

表 18-6　SOR、NOR 与其他参数之间的相关系数

	PM	NH_4^+	SO_2	NO_2	O_3	露点	RH	温度
SOR	**0.37**	**0.34**	**−0.32**	−0.11	−0.19	**0.35**	**0.32**	**0.15**
NOR	0.07	**0.66**	0.12	**0.21**	0.14	**0.43**	**0.43**	0.14

黑体字:相关系数在 0.01 水平上显著;斜体字:相关系数在 0.05 水平上显著。

SOR 在沙尘时期和霾时期都很高,在沙尘时期比霾时期还要高,同时与 PM 的相关性最好;NOR 在霾时期最高,同时与 NH_4^+、露点和湿度的相关性好。这些表明,沙尘颗粒有助于 SO_2 向 SO_4^{2-} 转化;而霾时期的高湿度,更有利于 NO_3^- 形成。

SO_2 可通过与 OH 自由基反应、液相催化氧化,或被 H_2O_2/O_3 氧化以及云中过程等[9,15,32,33],氧化为 SO_4^{2-}。气相 SO_2 与 OH 的反应跟温度有关[34],但在此研究中,SOR 与露点和 RH 的相关性高于温度,与 PM 的相关性高于 SO_2,表明异相反应是形成硫酸盐的主要过程。沙尘时期 PM 浓度高,能提供异相反应所需的表面,使 SOR 升高;霾时期湿度和 O_3 浓度高,可加速液相中 SO_2 和 O_3 的反应,也使 SOR 升高[35]。

硝酸盐可通过 NO_2 与 OH 或 O_3 的反应而形成,这些反应与温度成正相关。NOR 与 NO_2 和温度的相关性好,与 PM 的相关性差,表明 NO_3^- 主要通过气相均相反应生成。形成机理可能是气相 NO_2 氧化形成 HNO_3,进而与 NH_3 反应生成 NH_4NO_3,或气相 HNO_3 直接在颗粒表面凝聚、吸附。NOR 与 RH 和露点的相关性高,表明湿度在 NO_3^- 的形成中起重要作用,这与 NH_4NO_3 的热动平衡有关。霾期间 NOR 高,可能与高浓度的 O_3 和高的湿度有关,因为 O_3 有助于 NO_2 的氧化,高湿度可抑制 NH_4NO_3 的分解;相反,沙尘时期低的 NOR 与低的 O_3 浓度和较低的湿度有关。SOR、NOR 与 NH_4^+ 有强的相关性,表明碱性物质有利于酸性 SO_4^{2-} 和 NO_3^- 的形成。

18.7　沙尘、霾和相对清洁时期主要离子的存在形式和变化机理

HNO_3 和 H_2SO_4 可与大气中的碱性物质如 NH_3 和 Ca 等发生中和作用,生成硝酸盐和硫酸盐。表 18-7 显示所有样品中主要离子的相关系数,以及形成物种的平均浓度。CO_3^{2-} 的当量浓度近似等于 C 与 A 的差值[19]。表 18-7 表明,沙尘和霾时期的主要物种有很大不同。在沙尘时期,TSP 中主要是 $CaCO_3$ 和 $CaSO_4$,$PM_{2.5}$ 中主要是 $CaCO_3$ 和 $(NH_4)_2SO_4$;在霾时期,TSP 和 $PM_{2.5}$ 中均为 $(NH_4)_2SO_4$、NH_4NO_3、$Ca(NO_3)_2$。因此,沙尘时期粗颗粒上的 SO_4^{2-} 主要以钙盐的形式存在,细颗粒上的 SO_4^{2-} 主要以铵盐的形式存在;霾期间的 SO_4^{2-} 和 NO_3^- 主要以铵盐的形式存在。

表 18-7　不同时期主要离子间的相关系数以及气溶胶中主要物种的平均浓度($\mu g \cdot m^{-3}$)

		TSP			$PM_{2.5}$		
		沙尘	霾	清洁	沙尘	霾	清洁
相关系数	$Ca^{2+}-CO_3^{2-}$	**0.92**	0.19	**0.42**	**0.83**	−0.33	*0.26*
	$Ca^{2+}-SO_4^{2-}$	**0.44**	0.18	**0.42**	0.45	0.35	**0.36**
	$Ca^{2+}-NO_3^-$	0.01	**0.59**	**0.61**	−0.17	−0.09	0.21
	$NH_4^+-SO_4^{2-}$	0.24	**0.94**	**0.88**	**0.97**	**0.87**	**0.84**
	$NH_4^+-NO_3^-$	**0.74**	**0.85**	**0.82**	*0.51*	**0.76**	**0.95**
浓度	$CaCO_3$	**34.86**	7.17	8.41	**12.19**	0.73	4.56
($\mu g \cdot m^{-3}$)	$CaSO_4$	**16.06**	0.00	1.50	6.32	1.13	1.98
	$Ca(NO_3)_2$	2.87	**26.11**	10.06	1.27	**5.11**	1.36
	$(NH_4)_2SO_4$	4.87	**64.50**	17.13	13.53	52.54	12.93
	NH_4NO_3	5.97	**34.50**	7.84	0.46	16.46	6.00

黑体字:相关系数在 0.01 水平上显著或更高;斜体字:相关系数在 0.05 水平上显著。

$Ca(NO_3)_2$ 和 NH_4NO_3 的浓度,在沙尘时期低于相对清洁时期,霾时期高于相对清洁时期,表明沙尘时期很少有硝酸盐形成,霾时期可形成硝酸盐。霾时期 NH_4NO_3 的浓度明显高于 $Ca(NO_3)_2$,同时霾时期 NH_4^+/Ca^{2+} 的比值高于相对清洁时期(表 18-2),表明霾时期 NH_4NO_3 的形成,是硝酸盐的主要形成过程。

沙尘时期 TSP 和 $PM_{2.5}$ 颗粒上 $CaSO_4$ 的浓度,分别是相对清洁时期的 10 倍和 4 倍。在 TSP 样品中,$CaSO_4$ 高于 $(NH_4)_2SO_4$;在 $PM_{2.5}$ 样品中,$CaSO_4$ 低于 $(NH_4)_2SO_4$。这表明,沙尘时期 $CaSO_4$ 的形成,是硫酸盐的主要形成途径;同时,细颗粒上 $(NH_4)_2SO_4$ 的形成,也有一定的重要性。$CaSO_4$ 可通过沙尘远距离传输过程中碱性 $CaCO_3$ 与酸性物种的反应而生成。在霾时期,$(NH_4)_2SO_4$ 的浓度比相对清洁时期高 3 倍多,同时其浓度比其他物种高很多,表明 $(NH_4)_2SO_4$ 的形成是霾期间硫酸盐形成的主要途径。通过比较不同时期某一物种的浓度,以及同一时期不同物种的浓度,可知沙尘时期生成大量的钙盐,霾时期形成大量的铵盐。

综上所述,通过 2001—2004 年连续 4 年春季在北京市区采集和分析 $PM_{2.5}$ 和 TSP 气溶胶样品,揭示了沙尘、霾和相对清洁时期大气气溶胶及其组分的不同形成机制。沙尘离子和污染离子分别是沙尘时期和霾时期的主要离子组分。"$CaCO_3$、$CaSO_4$、$(NH_4)_2SO_4$"和"$(NH_4)_2SO_4$、NH_4NO_3、$Ca(NO_3)_2$"分别是沙尘和霾时期的主要物种。污染离子主要受局地人为污染过程的控制,沙尘离子主要受外来传输的影响。沙尘和霾时期增加的沙尘组分,分别主要来自土壤和建筑活动。大气气溶胶中的硫酸盐,主要通过颗粒物表面的液相异相反应形成,硝酸盐则主要通过气相均相反应形成。沙尘有助于硫酸盐的形成,霾则有助于硝酸盐的形成。

参考文献

[1]　Sun Y L, Zhuang G S, Tang A H, et al. Chemical characteristics of $PM_{2.5}$ and PM_{10} in haze-fog episodes in Beijing. Environmental Science & Technology, 2006, 40(10): 3148-3155.

[2]　Chameides W L, Yu H, Liu S C, et al. Case study of the effects of atmospheric aerosols and regional haze on agriculture: An opportunity to enhance crop yields in China through emission controls? Proceedings of the National Academy of Sciences of the United States of America, 1999, 96(24): 13626-13633.

[3]　Okada K, Ikegami M, Zaizen Y, et al. The mixture state of individual aerosol particles in the 1997 Indonesian haze episode. Journal of Aerosol Science, 2001, 32(11): 1269-1279.

[4]　Schichtel B A, Husar R B, Falke S R, et al. Haze trends over the United States, 1980-1995. Atmospheric Environment, 2001, 35(30): 5205-5210.

[5]　Chen L W A, Chow J C, Doddridge B G, et al. Analysis of a summertime $PM_{2.5}$ and haze episode in the mid-Atlantic region. Journal of the Air & Waste Management Association, 2003, 53(8): 946-956.

[6]　Yadav A K, Kumar K, Kasim A, et al. Visibility and incidence of respiratory diseases during the

1998 haze episode in Brunei Darussalam. Pure and Applied Geophysics, 2003, 160(1 - 2): 265 - 277.

[7] Kang C M, Lee H S, Kang B W, et al. Chemical characteristics of acidic gas pollutants and $PM_{2.5}$ species during hazy episodes in Seoul, South Korea. Atmospheric Environment, 2004, 38(28): 4749 - 4760.

[8] He K B, Yang F M, Ma Y L, et al. The characteristics of $PM_{2.5}$ in Beijing, China. Atmospheric Environment, 2001, 35(29): 4959 - 4970.

[9] Yao X H, Chan C K, Fang M, et al. The water-soluble ionic composition of $PM_{2.5}$ in Shanghai and Beijing, China. Atmospheric Environment, 2002, 36(26): 4223 - 4234.

[10] Wang Y, Zhuang G S, Tang A H, et al. The ion chemistry and the source of $PM_{2.5}$ aerosol in Beijing. Atmospheric Environment, 2005, 39(21): 3771 - 3784.

[11] Shwartz J, Dockery D, Neas L. Is daily mortality associated specially with the particles. Air and Waste Management Association, 1996, 46: 927 - 939.

[12] Hughes L S, Cass G R, Gone J, et al. Physical and chemical characterization of atmospheric ultrafine particles in the Los Angeles area. Environmental Science & Technology, 1998, 32(9): 1153 - 1161.

[13] Goudie A S, Middleton N J. Saharan dust storms: Nature and consequences. Earth-Science Reviews, 2001, 56(1 - 4): 179 - 204.

[14] Hu M, He L Y, Zhang Y H, et al. Seasonal variation of ionic species in fine particles at Qingdao, China. Atmospheric Environment, 2002, 36(38): 5853 - 5859.

[15] Xiu G L, Zhang D N, Chen J Z, et al. Characterization of major water-soluble inorganic ions in size-fractionated particulate matters in Shanghai campus ambient air. Atmospheric Environment, 2004, 38(2): 227 - 236.

[16] Zhang D Z, Zang J Y, Shi G Y, et al. Mixture state of individual Asian dust particles at a coastal site of Qingdao, China. Atmospheric Environment, 2003, 37(28): 3895 - 3901.

[17] Zhang R J, Xu Y F, Han Z W. Inorganic chemical composition and source signature of $PM_{2.5}$ in Beijing during ACE-Asia period. Chinese Science Bulletin, 2003, 48(10): 1002 - 1005.

[18] Zhou M, Okada K, Qian F, et al. Characteristics of dust-storm particles and their long-range transport from China to Japan — Case studies in April 1993. Atmospheric Research, 1996, 40 (1): 19 - 31.

[19] Wang Y, Zhuang G S, Sun Y, et al. Water-soluble part of the aerosol in the dust storm season — Evidence of the mixing between mineral and pollution aerosols. Atmospheric Environment, 2005, 39(37): 7020 - 7029.

[20] Sun Y L, Zhuang G S, Wang Y, et al. Chemical composition of dust storms in Beijing and implications for the mixing of mineral aerosol with pollution aerosol on the pathway. Journal of Geophysical Research-Atmospheres, 2005, 110(D24): doi: 10.1029/2005JD006054.

[21] Zhuang G S, Guo J H, Yuan H, et al. The compositions, sources, and size distribution of the dust storm from China in spring of 2000 and its impact on the global environment. Chinese

Science Bulletin, 2001, 46(11): 895 - 901.

[22] Sun Y L, Zhuang G S, Yuan H, et al. The characteristics and compositional sources of super dust storm from Beijing in 2002. Chinese Science Bulletin, 2004, 49(7): 698 - 705.

[23] 袁蕙,王瑛,庄国顺.气溶胶、降水中的有机酸、甲磺酸及无机阴离子的离子色谱同时快速测定法. 分析测试学报,2003(6): 11 - 14.

[24] Yong P K. Effects of sea salts and crustal species on the characteristics of aerosol. Journal of Aerosol Science, 1997, 1001(28): S95 - S96.

[25] Cheng Z L, Lam K S, Chan L Y, et al. Chemical characteristics of aerosols at coastal station in Hong Kong. I. Seasonal variation of major ions, halogens and mineral dusts between 1995 and 1996. Atmospheric Environment, 2000, 34(17): 2771 - 2783.

[26] Cooper J A. Environmental impact of residential wood combustion emissions and its implications. Journal of the Air Pollution Control Association, 1980, 30(8): 855 - 861.

[27] Hewitt C N. The atmospheric chemistry of sulphur and nitrogen in power station plumes. Atmospheric Environment, 2001, 35(7): 1155 - 1170.

[28] Arimoto R, Duce R A, Savoie D L, et al. Relationships among aerosol constituents from Asia and the North Pacific during PEM-West A. Journal of Geophysical Research-Atmospheres, 1996, 101(D1): 2011 - 2023.

[29] Fang G C, Chang C N, Wu Y S, et al. Ambient suspended particulate matters and related chemical species study in central Taiwan, Taichung during 1998 - 2001. Atmospheric Environment, 2002, 36(12): 1921 - 1928.

[30] Xiao H Y, Liu C Q. Chemical characteristics of water-soluble components in TSP over Guiyang, SW China, 2003. Atmospheric Environment, 2004, 38(37): 6297 - 6306.

[31] Zhang D Z, Iwasaka Y. Nitrate and sulfate in individual Asian dust-storm particles in Beijing, China in spring of 1995 and 1996. Atmospheric Environment, 1999, 33(19): 3213 - 3223.

[32] Ziegler E. Sulfate-formation mechanism: Theoretical and laboratory studies. Advances in Environmental Science and Engineering, 1979, 1: 184 - 194.

[33] Meng Z Y, Seinfeld J H. On the source of the submicrometer droplet mode of urban and regional aerosols. Aerosol Science and Technology, 1994, 20(3): 253 - 265.

[34] Seinfeld J H. Atmospheric chemistry and physics of air pollution. New York: Wiley, 1986.

[35] Penkett S A, Jones B M R, Brice K A, et al. The importance of atmospheric ozone and hydrogen peroxide in oxidizing sulphur dioxide in cloud and rainwater. Atmospheric Environment, 1979, 13(1): 123 - 137.

第19章
沙尘暴气溶胶表面的元素存在形态及组成

气溶胶的长途传输,已被认为是全球生物地球化学循环的重要途径之一,成为研究全球环境变化及生态危机的重要研究领域[1-4]。亚洲沙尘气溶胶约有一半传输到海洋,甚至沉降于远离其来源数千乃至10 000千米以外[5-12]。庄国顺等人[13-15]系统研究了中国近年来的沙尘暴,发现沙尘暴不仅席卷了高出平日数十倍的沙尘,而且携带了高出平日数倍的污染物气溶胶。他们发现了沙尘暴在输送污染物的同时,还输送比常日气溶胶高得多的对远洋初级生产力起限制作用的海洋生物营养物Fe(Ⅱ),并且论证了大气海洋交换体系中可能存在的铁硫循环耦合反馈机制[16,17]。沙尘暴入侵气团与沿途污染气团之间的交汇叠加[15],以及沙尘气溶胶与沿途污染源排放的污染气溶胶的混合[14],是沙尘暴期间污染物大量增加的2个主要原因。沙尘暴在长途传输的途中,与污染气溶胶混合并发生二次转化,而大量增加硫酸盐气溶胶和有机物气溶胶等细粒子[13,14],大大有利于污染物的积聚。气溶胶组分的二次转化,都是发生在气溶胶表面的复相反应,因此研究沙尘大气气溶胶组分变化的微观机制,必须首先研究大气气溶胶的表面结构和组成。X射线光电子能谱(X-ray photoelectron spectroscopy, XPS)具有无破坏性、表面灵敏、有化学位移效应等特点[18],被广泛应用于表面分析[19,20]。本章介绍的即是运用XPS技术,研究有历史记录以来北京最大沙尘暴发生期间大气气溶胶表面的元素存在形态及组成。

19.1 采样和化学分析

19.1.1 采样和化学分析
详见本书第7、8、10章。

19.1.2 XPS测试
采用美国Perkin Elmer公司PHI 5000C ESCA System多功能电子能谱仪。采用铝靶AlKα射线为激发源,高压14.0 kV,功率250 W,通能93.9 eV。先测试样品的0~1 200 eV的全扫描谱而得到总谱图,获得表面元素种类的信息,而后测试其Si2p、C1s、

O1s、S2p 等轨道的窄扫描谱,得到 C、O、Fe、Al、Si、Ca、Mg、Mn、S、Na 的峰,获得结合能数据和元素组成信息。采用 PHI - MATLAB 软件进行数据分析。以样品表面污染碳的C1s 结合能(284.8 eV)定标,并校正荷电效应,从而确定样品的结合能位置。表面相对原子浓度用下面的近似式[21]计算:

$$\frac{n_i}{n_j} = \frac{I_i}{I_j} \cdot \frac{\sigma_i}{\sigma_j} \cdot \left(\frac{E_{kj}}{E_{ki}}\right)^{1/2} \tag{19-1}$$

其中 n 为表面原子数目,I 为 XPS 的峰强度,σ 为相应元素相应能级的光电截面,E_k 为光电子动能。

19.2　颗粒物表面元素铁的存在形态

每个颗粒物样品表面测试的每种元素,都有其 XPS 谱图及对应的计算机拟合谱图。图 19 - 1 和图 19 - 2 分别展示了沙尘暴当天最强时段的气溶胶样品和沙尘暴减弱后当天夜里样品中 Fe 的 XPS 谱图,以及对应的计算机拟合谱。Fe 的电子结合能在 710.0～720.0 eV 之间,逐一对 5 个样品中 Fe 的 XPS 谱进行拟合分峰后,根据每个样品的拟合结果,再对照 XPS 谱峰手册[22],得到每个样品颗粒物表面 Fe 的不同存在形态,及其相应的相对组成。表 19 - 1 详细列出了 Fe 在不同类型颗粒物样品表面的含量、不同存在形态及其相对组成。

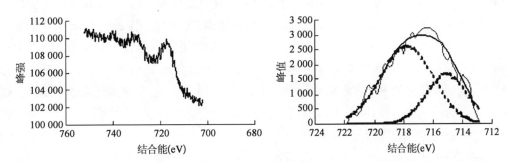

图 19 - 1　2002 年 3 月 20 日 15:00—18:00 TSP 气溶胶样品中 Fe 的 XPS 谱和计算机拟合谱

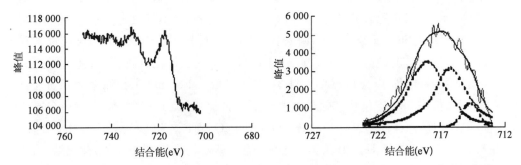

图 19 - 2　2002 年 3 月 20 日 23:00—02:00 TSP 气溶胶样品中 Fe 的 XPS 谱和计算机拟合谱

表 19-1　Fe 在不同类型颗粒物样品表面的不同存在形态及组成

样　品	Fe 在表面的含量(%)	$Fe_{2p3/2}$ 实测	$Fe_{2p3/2}$ 校正	不同形态 Fe 的相对含量(%)	可能的存在形态
2002.3.20 15:00—18:00 北京	0.8	715.1	710.7	32.9	Fe_2O_3、$(Mg/Fe)_2SiO_4$、Fe/Al_2O_3
		717.8	713.4	67.1	$Fe_2(SO_4)_3$
2002.3.20 23:00—02:00 北京	1.4	714.8	710.2	6.2	FeO、Fe_2O_3、Al_2FeO_4 或 Fe/SiO_2
		716.3	711.7	44.3	FeS、$FeSO_4$
		718.1	713.5	49.5	$Fe_2(SO_4)_3$
2002.3.21 12:30—16:30 北京	0.5	714.0	710.2	6.4	FeO、Fe_3O_4、Al_2FeO_4
		716.0	712.2	45.6	FeS、$FeSO_4$
		718.1	714.3	48.0	$Fe_2(SO_4)_3(NH_4)_2SO_4 \cdot 24H_2O$
2002.7.25 08:00—11:00 北京	0.2				含量小,峰形不够平滑,不便分峰,未检出
2002.4.19 12:00—17:00 内蒙古	1.2	712.5	708.3	76.2	Fe_3O_4、$CuFeS_2$
		714.9	710.7	23.8	Fe_2O_3、$(Mg/Fe)_2SiO_4$、Fe/Al_2O_3

由表 19-1 可见,在北京常日非沙尘暴颗粒物表面的 Fe 含量仅为 0.2%,而在 2002 年 3 月 20 日北京沙尘暴当天的颗粒物表面 Fe 含量要高得多,白天样品含量为 0.8%,夜间样品含量为 1.4%。而内蒙古地区常日气溶胶表面 Fe 含量为 1.2%,与北京沙尘暴样品较为接近。现场收集的颗粒物,都是沙尘气溶胶和污染物气溶胶之混合物。北京常日非沙尘暴颗粒物表面,可能更多地为污染物所覆盖,沙尘气溶胶相对量较少,因而作为沙尘气溶胶主要成分的 Fe,在此颗粒物表面的相对含量较低。沙尘暴无疑从沙尘暴源区带来了大量的沙尘气溶胶,因而 Fe 在其表面的含量大大提高,且与沙尘暴源区之一内蒙古多伦地区的颗粒物较为接近。

表 19-1 还清楚地显示了各类型颗粒物表面 Fe 的存在形态主要是不同价态的氧化物、硫酸盐和硅酸盐,以及少量附着在 SiO_2 和 Al_2O_3 上的零价铁。在沙尘暴当天的强锋时段,颗粒物表面 Fe 的存在形态以 Fe(Ⅲ)占绝大多数,其中 $Fe_2(SO_4)_3$ 占 67.1%,Fe_2O_3、$(Mg/Fe)_2SiO_4$、Fe/Al_2O_3(附着在 Al_2O_3 上的 Fe)共占 32.9%。仅仅过了几个小时后,在沙尘暴减弱的当晚,颗粒物表面的 Fe 除了以三价化合物存在,还有将近一半以二价化合物存在,即 FeS、$FeSO_4$ 占 44.31%,而三价铁 $Fe_2(SO_4)_3$ 由原来的 67.1% 降为 49.5%,不同价态的铁硫化物和铁硫酸盐合计由原来的 67.1% 增加到 93.8%。其他含 Fe(Ⅱ)和 Fe(Ⅲ)的存在形态有 FeO、Fe_2O_3、Al_2FeO_4 或 Fe/SiO_2(附着在 SiO_2 上的 Fe),共占 6.2%。3 月 21 日即沙尘暴第二天的样品,颗粒物表面的 Fe(Ⅱ)化合物 FeS 和 $FeSO_4$ 占 45.6%,而 Fe(Ⅲ)由原来的存在形态 $Fe_2(SO_4)_3$ 变成 $Fe_2(SO_4)_3(NH_4)_2SO_4$ ·

$24H_2O$,占 48.0％。其他含 Fe(Ⅱ)和 Fe(Ⅲ)的存在形态有 FeO、Fe_2O_3、Al_2FeO_4,共占 6.4％。上述结果明确地显示：① 沙尘暴颗粒物表面的 Fe,多数以硫酸盐的形态存在；② 沙尘暴传输过程中颗粒物表面产生了 Fe(Ⅱ);③ 沙尘暴传输过程中颗粒物表面的硫酸盐含量增加,颗粒物表面一定发生了含硫化合物的气-固转化反应；④ 在沙尘暴传输过程中,颗粒物表面生成了 $(NH_4)_2SO_4$,可见污染物气溶胶与沙尘的混合,有利于沙尘暴颗粒物表面的气-固转化反应；⑤ 由①②③④推断,沙尘暴在传输过程中所携带的矿物气溶胶与沿途席卷的污染气溶胶相互混合,在颗粒物表面很可能发生了高价铁和低价硫之间的复相反应,因此既生成了 Fe(Ⅱ),又生成了硫酸盐。上述结果提供了气溶胶传输中 Fe－S 耦合机制的重要证据。

19.3　颗粒物表面元素硫、铝、硅和钙的存在形态

图 19-3 和图 19-4 分别展示了沙尘暴当天最强时段的气溶胶样品和沙尘暴减弱后当天夜里的样品中 S 的 XPS 谱图及对应的计算机拟合谱。S_{2p} 的电子结合能在 170 eV 附近。逐一对 5 个样品中 S 的 XPS 谱进行拟合分峰后,再对照 XPS 谱峰手册,得到每个样品颗粒物表面 S 的不同存在形态及其相应的相对组成。表 19-2 详细列出了 S 在不同类型颗粒物样品表面的含量、不同存在形态及相对组成。表 19-2 清楚地显示了各类型颗粒物表面 S 的存在形态主要为各种硫酸盐,如 19.2 中所述的有 $Fe_2(SO_4)_3$、$FeSO_4$ 和 $(NH_4)_2SO_4$,此外还有 Na_2SO_4、$MgSO_4$ 或 $Al_2(SO_4)_3$ 等。

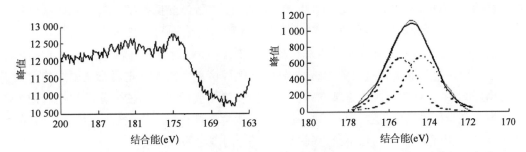

图 19-3　2002 年 3 月 20 日 15:00—18:00 TSP 气溶胶样品中 S 的 XPS 谱和计算机拟合谱

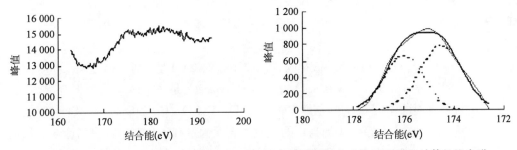

图 19-4　2002 年 3 月 20 日 23:00—02:00 TSP 气溶胶样品中 S 的 XPS 谱和计算机拟合谱

表 19 - 2　S 在不同类型颗粒物样品表面的不同存在形态及组成

样　品	S 在表面的含量(%)	S_{2p} 实测	S_{2p} 校正	可能的存在形态
2002.3.20 15:00—18:00 北京	0.8	174.4 175.4	169.0 170.1	
2002.3.20 23:00—02:00 北京	1.3	174.5 176.0	168.9 170.4	$CaSO_4$、$Fe_2(SO_4)_3$、$FeSO_4$、$Al_2(SO_4)_3$、$MnSO_4$、$(NH_4)_2SO_4$、Na_2SO_4、$MgSO_4$ 等,均以硫酸盐的形式存在
2002.3.21 12:30—16:30 北京	0.6	172.8	169.0	
2002.7.25 08:00—11:00 北京	1.0	171.6	168.6	
2002.4.19 12:00—17:00 内蒙古	0.4			含量微弱,峰形不够平滑,不便分峰

由表 19 - 2 可见,在北京常日非沙尘暴颗粒物表面的 S 含量为 1.0%,而在 3 月 20 日北京沙尘暴当天夜间的颗粒物表面 S 含量,比常日还要高,为 1.3%。内蒙古地区常日气溶胶表面 S 含量为 0.4%,比北京沙尘暴样品和常日样品都要低得多。内蒙古地区受污染较小,所以表面含 S 比较低,北京常日非沙尘暴颗粒物表面可能更多地为污染物所覆盖,所以 S 含量比较高。在北京沙尘暴颗粒物表面上,存在着比常日颗粒物更大量的 S,可见远距离传输来的矿物气溶胶的碱性表面,更大程度地吸附了本地污染气团中的含硫化合物(如 SO_2 气体等),并促进其在颗粒物表面转化生成硫酸盐。沙尘暴颗粒物表面的 S,大多存在于硫酸盐中,这一事实有力地支持了沙尘暴颗粒物表面发生了含硫化合物的气-固转化反应和高价铁与低价硫之间的复相反应的理论假设。

按类似方法可以处理其他有关的元素。受篇幅的限制,本章只展示上述具典型意义的谱图,略去以下所述的相关谱图。Al 的电子结合能大体上位于 80 eV,所采集的各类样品表面的 Al 大多以 Al_2O_3 的形式存在。Ca 的结合能位于 350~360 eV。Ca 有 2 个峰,分别是 2p 3/2 和 2p 1/2,结合能高的那个峰是 2p 1/2,手册上 Ca 的 2p3/2 和 2p1/2 峰间差值是 3.6 eV,正好和两峰差值相吻合。校正后的 CaO 是 346.7 eV 左右,$CaCO_3$ 是 346.9 eV,$Ca(NO_3)_2$ 是 348.7 eV,$CaSO_4$ 是 348 eV,$CaSiO_4$ 是 347 eV。根据拟合谱图,Ca 在这些颗粒物表面的主要存在形态是 CaO、$CaCO_3$、$CaSO_4$、$Ca(NO_3)_2$ 等。Si 主要以单一的 SiO_2 形式存在,在北京沙尘暴当日的颗粒物表面含量高达 4.7%,夜里高达 6.2%;而在常日颗粒物样品表面的含量要低得多,北京为 1.9%,内蒙古为 1.8%。显然,因为在沙尘暴期间大风席卷来大量的矿物气溶胶,造成 Si 在表面的含量大大高于常日样品。

19.4　颗粒物表面的元素富集和表面化学转化

沙尘暴在长途传输中不断发生沙尘气溶胶和污染气溶胶的混合与相互作用,其组分也不断发生化学转化[13,14]。这些化学转化过程,大多或至少首先发生在颗粒物表面,因而颗粒物表面的化学组成,不同于颗粒物整体的组成。通过表面元素的化学组成与整体平均含量的比较,可以洞察发生在颗粒物表面的某些化学转化过程。我们除了用 XPS 对沙尘暴颗粒物进行表面测试,还用 ICP 分析了各相关样品中有关元素的整体平均浓度。表 19 - 3 列出了不同类型颗粒物表面和总体颗粒物中 Fe 和 S 对 Al 的原子比。由于 Al 是主要的地壳源元素,相对地较少涉及表面转化过程,故而被采用作为考察表面转化过程的参比元素。表中还列出了在地壳中这些元素的相对比值[23],以作为比较。

表 19 - 3　不同类型颗粒物表面和总体中有关元素与 Al 的原子比

	S / Al	Fe / Al	Na / Al	Ca / Al	Si / Al
北京 - DS - XPS	0.6	0.6	0.2	0.5	3.3
北京 - DS 后 - XPS	0.8	0.6	0.3	0.6	4.0
北京 - NDS - XPS	3.7	0.7	0.8	1.3	4.9
北京 - DS - ICP	0.06	0.3	0.3	0.8	
北京 - DS 后 - ICP	0.1	0.3	0.2	0.9	
北京 - NDS - ICP *	1.1	0.2	0.2	0.9	
地壳[23]	0.004	0.4	0.3	0.3	3.3

DS:沙尘暴;NDS:非沙尘暴;XPS:X 射线光电子能谱;ICP:等离子发射光谱。

由表 19 - 3 可见,在沙尘暴期间,元素 S 和 Fe 在颗粒物表面高度富集,而元素 Na、Ca、Si 等几乎没有表面富集现象。在 ICP 测试的沙尘暴整体样品中,S / Al 比值为 0.06;而在颗粒物表面,S / Al 为 0.6。S / Al 在地壳的平均值则仅为 0.004。沙尘暴的第二天,颗粒物表面 S / Al 的比值达到 0.8,比沙尘暴当天还要高。这正说明了沙尘暴携来的沙尘气溶胶颗粒物的碱性表面以及沙尘暴强峰过去后大气湿度有所回升等因素,更有利于

---

　　*　北京 - DS - XPS:用 X 射线光电子能谱测试在北京收集的沙尘暴期间样品的颗粒物表面和总体中有关元素和 Al 的原子比。北京 - DS 后 - XPS:用 X 射线光电子能谱测试在北京收集的沙尘暴过后样品的颗粒物表面和总体中有关元素和 Al 的原子比。北京 - NDS - XPS:用 X 射线光电子能谱测试在北京收集的非沙尘暴期间样品的颗粒物表面和总体中有关元素和 Al 的原子比。北京 - DS - ICP:用等离子光谱测试在北京收集的沙尘暴期间样品的颗粒物表面和总体中有关元素和 Al 的原子比。北京 - DS 后 - ICP:用等离子光谱测试在北京收集的沙尘暴过后样品的颗粒物表面和总体中有关元素和 Al 的原子比。北京 - NDS - ICP:用等离子光谱测试在北京收集的非沙尘暴期间样品的颗粒物表面和总体中有关元素和 Al 的原子比。

SO_2 在颗粒物表面发生复相化学转化反应,而导致 S 在颗粒物表面进一步富集。至于 S/Al 在常日颗粒物样品表面的比值高达 3.7,则说明常日颗粒物中硫酸盐等污染物占了相当的比例。值得注意的是,Fe 元素在沙尘暴颗粒物表面相对于其在整体中的浓度,亦有相当富集。在 ICP 测试的沙尘暴整体样品中,Fe/Al 比值为 0.3,而在颗粒物表面的 Fe/Al 为 0.6。在沙尘暴过后的第二天,颗粒物表面的 Fe/Al 还略有增加,而整体样品中的 Fe/Al 比值为 0.3。Fe 和 S 在随着沙尘暴席卷而来的颗粒物表面上同时富集,再次说明了 Fe-S 之间的密切相关。必须指出的是,在常日气溶胶颗粒物表面的 Fe/Al 比值(0.7),较之整体样品中的 Fe/Al 比值(0.2),高出 3 倍多。作为来自地壳源的矿物元素 Fe,在常日颗粒物表面异常富集,说明 Fe 在常日颗粒物表面包括各种均相和复相反应的化学转化过程中,如在低价含硫化合物的氧化和硫酸盐的生成中,扮演着不可或缺的角色。这一事实为 Fe-S 耦合机制的理论假设[17]提供了重要佐证。

19.5　Fe-S 耦合反馈机制

XPS 在沙尘暴颗粒物表面检测到占总铁量近一半的 Fe(Ⅱ)。HPLC 在对 2002 年特大沙尘暴气溶胶的整体分析中,再次检测到绝对量分别高达 2.5 和 0.7 $\mu g \cdot m^{-3}$ 的 Fe(Ⅱ),占总铁量的 5.3% 和 1.3%。在 2000 年北京巨大沙尘暴的气溶胶中,Fe(Ⅱ)高达 1.8~4.3 $\mu g \cdot m^{-3}$,占 1.4%~2.6%[13]。气溶胶从亚洲中部途经北京最后到达北太平洋的传输中,Fe(Ⅱ)占总铁的比例从在黄土样品中的不到 1%,到海洋气溶胶样品中的大于 50%[17,24]。如上所述,Fe(Ⅱ)很可能是沙尘中的 Fe(Ⅲ)被大气中包括低价硫在内的各种还原剂所还原的产物,而低价硫则被氧化为硫酸盐。亚洲沙尘暴提供中国沿海以至北太平洋浮游生物所必需的 Fe(Ⅱ)。海洋表层的浮游生物随 Fe(Ⅱ)的增加而增加,导致浮游生物的排放物二甲基硫(DMS)增加。DMS 的增加又导致海洋大气中 S(Ⅳ)及硫酸盐气溶胶的增加,从而又导致海洋生物所必需的 Fe(Ⅱ)增加。如此反复循环不已。硫酸盐气溶胶的大量增加,因其对太阳辐射的负强迫,将致使全球产生降温效应。特大沙尘暴气溶胶中 Fe(Ⅱ)的发现及其与硫酸盐(SO_4^{2-})浓度的正相关,再次提供了大气海洋物质交换中 Fe-S 耦合反馈机制的现场证据。大气和海洋中的这一 Fe-S 循环耦合反馈机制,可能直接影响了全球环境与气候的变化。

综上所述,本研究采用 XPS 技术对 2002 年北京特大沙尘暴颗粒物进行了表面元素的化学形态表征。颗粒物表面的 Fe,主要以氧化物、硫酸盐、硅酸盐、FeOOH 的形式存在,还有部分附着、黏附在 SiO_2、Al_2O_3 颗粒上。颗粒物表面的 S 主要以硫酸盐存在。Al、Si 主要以 Al_2O_3、SiO_2 的形式存在。沙尘暴期间,颗粒物表面以 Fe(Ⅱ)形式存在的 FeS 和 $FeSO_4$ 高达 44.3% 和 45.6%,沙尘暴颗粒物整体样品中的 Fe(Ⅱ)占总铁的 1.3%~5.3%。沙尘暴期间,颗粒物表面 Fe(Ⅲ)由原来的 $Fe_2(SO_4)_3$ 变成 $Fe_2(SO_4)_3(NH_4)_2SO_4 \cdot 24H_2O$,占 48.0%。在沙尘暴传输过程中,颗粒物表面生成了 $(NH_4)_2SO_4$。污染物气溶胶与沙尘的混合,有利于沙尘暴颗粒物表面的气–固转化反应。上述数据提供了气溶胶传输中 Fe–S 耦合机制的重要证据,也进一步证实了沙尘暴对全球环境和气候变化之重要影响。

参考文献

[1] 庄国顺.沧海桑田——中国的沙尘暴.气溶胶与全球生物地球化学循环.科学中国人,2003(6):38 – 42.

[2] Zhuang G S, Huang R H, Wang M X, et al. Great progress in study on aerosol and its impact on the global environment. Progress in Natural Science, 2002, 12(6): 407 – 413.

[3] Iwasaka Y, Yamato M, Imasu R, et al. Transport of Asian dust (KOSA) particles: importance of weak KOSA events on the geochemical cycle of soil particles. Tellus B, 1988, 40(5): 494 – 503.

[4] Duce R A, Unni C K, Ray B J, et al. Long-range atmospheric transport of soil dust from Asia to the tropical North Pacific: temporal variability. Science, 1980, 209(4464): 1522 – 1524.

[5] Zhang X Y, Arimoto R, An Z S. Dust emission from Chinese desert sources linked to variations in atmospheric circulation. Journal of Geophysical Research-Atmospheres, 1997, 102(D23): 28041 – 28047.

[6] Zhang X Y, Gong S L, Shen Z X, et al. Characterization of soil dust aerosol in China and its transport and distribution during 2001 ACE-Asia: 1. Network observations. Journal of Geophysical Research-Atmospheres, 2003, 108(D9): 4261.

[7] Zhang X Y, Gong S L, Arimoto R, et al. Characterization and temporal variation of Asian dust aerosol from a site in the northern Chinese deserts. Journal of Atmospheric Chemistry, 2003, 44(3): 241 – 257.

[8] Fang M, Zheng M, Wang F, et al. The long-range transport of aerosols from northern China to Hong Kong — A multi-technique study. Atmospheric Environment, 1999, 33(11): 1803 – 1817.

[9] Liu C L, Zhang J, Shen Z B. Spatial and temporal variability of trace metals in aerosol from the desert region of China and the Yellow Sea. Journal of Geophysical Research-Atmospheres, 2002, 107(D14)ACH – 1 – ACH17 – 17.

[10] Tsuang B J, Lee C T, Cheng M T, et al. Quantification on the source/receptor relationship of primary pollutants and secondary aerosols by a Gaussian plume trajectory model: Part III-Asian dust-storm periods. Atmospheric Environment, 2003, 37(28): 4007 – 4017.

[11] Uematsu M, Yoshikawa A, Muraki H, et al. Transport of mineral and anthropogenic aerosols during a Kosa event over East Asia. Journal of Geophysical Research-Atmospheres, 2002, 107(D7 – 8): 4059.

[12] 周秀骥,徐祥德,颜鹏,等.2000 年春季沙尘暴动力学特征.中国科学(D 辑:地球科学),2002(4):327 – 334.

[13] 庄国顺,郭敬华,袁蕙,等.2000 年我国沙尘暴的组成、来源、粒径分布及其对全球环境的影响.科学通报,2001(3):191 – 197.

[14] 孙业乐,庄国顺,袁蕙,等.2002 年北京特大沙尘暴的理化特性及其组分来源分析.科学通报,

2004(4)：340 - 346.

[15] Guo J, Rahn K A, Zhuang G S. A mechanism for the increase of pollution elements in dust storms in Beijing. Atmospheric Environment, 2004, 38(6)：855 - 862.

[16] 庄国顺,郭敬华,袁蕙,等.大气海洋物质交换中的铁硫耦合反馈机制.科学通报,2003(04)：313 - 319.

[17] Zhuang G S, Yi Z, Duce R A, et al. Link between iron and sulphur cycles suggested by detection of Fe(Ⅱ) in remote marine aerosols. Nature, 1992, 355(6360)：537 - 539.

[18] 中一,维昂.表面分析.上海：复旦大学出版社,1989.

[19] Zhu Y J, Olson N, Beebe T P. Surface chemical characterization of 2.5 - μm particulates (PM$_{2.5}$) from air pollution in Salt Lake City using TOF-SIMS, XPS, and FTIR. Environmental Science & Technology, 2001, 35(15)：3113 - 3121.

[20] 肖天存,刘文霞,王海涛,等.济南市不同来源大气颗粒物的特征分析.环境化学,1998(6)：582 - 587.

[21] Boudeville Y, Figueras F, Forissier M, et al. Correlations between X-ray photoelectron spectroscopy data and catalytic properties in selective oxidation on Sb,Sn,O catalysts. Journal of Catalysis, 1979, 58(1)：52 - 60.

[22] Wagner C, Riggs W, Davis L, et al. Handbook of X-ray photoelectron spectroscopy. Eden Prairie：Perkin-Elmer Corporation, Physical Electronics Division, 1992.

[23] Taylor S R, Mclennan S M. The continental crust：Its composition and evolution. Oxford：Blackwell Scientific Publications, 1985.

[24] Zhuang G S, Yi Z, Duce R A, et al. Chemistry of iron in marine aerosols. Global Biogeochemical Cycles, 1992, 6(2)：161 - 173.

第20章
SO₂ 在矿物气溶胶表面的复相反应

二氧化硫(SO_2)是大气对流层的主要含硫气体,其中 75% 来源于人为污染的产物,在城市中的浓度能达到几百个 ppm[1]。SO_2 是大气中 H_2SO_4 的前体物,是酸雨和硫酸盐气溶胶颗粒物形成的主要贡献者。全球排放出来的 SO_2,其中有将近一半被氧化成颗粒状硫酸盐,这些硫酸盐大多与大气气溶胶颗粒物、海洋地区的海盐气溶胶以及矿物沙尘相互结合在一起[2]。SO_2 在对流层大气中被氧化为 SO_4^{2-},其中发生在海盐气溶胶中的反应大约贡献了 60%,而矿物沙尘也被证明对硫酸盐形成的累积有相当贡献[3]。SO_2 在液相中可被 O_3 和 H_2O_2 氧化成硫酸盐[3-10]。由于不同的比表面积,SO_2 与水合 Fe_2O_3 的反应可在几秒到几分钟内完成,而与 Fe_3O_4 的反应在 4 min 内仅完成 17%[11]。B. M. Smith 等发现金属氧化物表面能够在 ppm* 浓度范围内吸附 SO_2[12]。H. S. Judeikis 等[13]用浓度为 3～100 ppm 的 SO_2 模拟了其在不同固体颗粒物和煤飞灰样品表面上的吸附动力学过程,发现反应体系的速率常数不受体系压力和相对湿度的影响。气溶胶不仅为大气物种的复相转化提供了反应途径[14-17],而且在大气光化学反应中起着不可忽视的作用[18-20]。气溶胶对大气中 NO_x[18,19]、CS_2[15-17]、COS[21,22] 的影响已得到较深入的研究。关于 SO_2 在矿物气溶胶表面的反应,在 20 世纪 60 和 70 年代有过一些基础性报道[12,13]。A. L. Goodman 等在 2001 年[23]和 C. R. Usher 等在 2002 年[24],利用努森池(Kundsen Cell)和傅里叶变换红外光谱(Fourier transform infrared spectroscopy, FT-IR)对 SO_2 与几个简单的单一氧化物的反应进行了研究。此项研究技术只能测定气体在颗粒物上的摄取系数,对气体在颗粒物表面的吸附状态及转化产物不能进行定性和定量的分析。本章利用可变长程怀特池(Cell 19-V, Infrared Analysis, Inc)作为静态反应器,DRIFTS 作为动态反应器,结合 FT-IR、XPS 和 BET 等分析技术,研究 SO_2 在大气中一系列典型矿物气溶胶表面的复相反应,探讨氧化物质量和气溶胶外表面性质以及比表面积等因素对反应体系的影响,揭示此反应的化学机理及其动力学变化机制。

---

* ppm: part per million,表示溶质质量占全部溶液质量的百万分比。1 ppm=1 000 ppb。

20.1 实验方法

20.1.1 试剂与样品

实验所用 SO_2、载气氩(Ar)和 O_2 均为高纯气体(纯度>99.999%)。Al_2O_3 分别为层析用酸性 γ-、中性 η-和碱性 γ-Al_2O_3(上海五四化学试剂有限公司),CaO、MgO、SiO_2、Fe_2O_3、TiO_2 和 MnO_2 均为分析纯试剂。$FeOOH$ 在实验室制备,利用氨水滴定 $FeCl_3$ 溶液(pH 8~9)共沉淀,再用去离子水洗提抽滤15次,洗净 Cl^-,所得产物在真空干燥箱中(60℃)烘干。按照以下比例混合各种氧化物备用(SiO_2:Al_2O_3:Fe_2O_3:CaO:MgO:TiO_2:MnO_2=61.5:15.1:6.28:5.5:3.7:0.68:0.1)。使用清华大学核能技术设计研究院研制的核孔滤膜(d=90 mm,孔径 0.45 μm)和北京地质仪器厂及北京迪克机电技术有限公司生产的($TSP/PM_{10}/PM_{2.5}$)-2型颗粒物采样器,采集 TSP 样品,为时37 h。

20.1.2 固态产物表征

采用 BET 法测定比表面积(ASAP2010 型比表面积仪,H_2 载气,液氮吸附,热导池检测,样品活化温度为 200℃)。采用美国 Perkin Elmer 公司 PHI 5000C ESCA System 多功能电子能谱仪进行表面分析。

20.1.3 FTIR–WHITE CELL 原位监测静态反应进程

实验装置如图 20-1 所示,怀特池 Cell 19-V(Infrared Analysis, Inc.),体积 1.68 L,可调光程 2.4~19.2 m,硼硅酸盐玻璃腔,KCl 透光盐窗;NICOLET Avatar 360 型 FTIR 仪、MCT 检测器、ESP 软件。将粉末状氧化物压制成片放入怀特池中,池内红外光线不

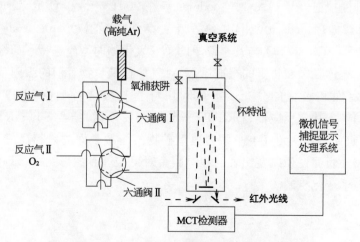

图 20-1 WHITE CELL 实验装置示意图

通过样品,在反射镜面多次反射后进入 MCT 检测器测定,其使用光程为 2.4 m。怀特池于常温和 20 Pa 下抽真空 30 min,然后以高纯 Ar 为载气,通过六通阀 Ⅰ、Ⅱ,分别带入 0.2 ml 的 SO₂ 和 5 ml 的 O₂,继续通入 Ar 气,直至反应器压力为 1.01×10^5 Pa,原位 FTIR 监测怀特池内气态物种的变化情况。

20.1.4　FTIR-DRIFTS 原位监测动态反应进程

实验装置如图 20-2 所示,DRIFTS 反应器为直径=1 mm 的反应池。在反应气体进到反应池之前,先以流速 150 ml/min 通入载气氩气,清除反应池和颗粒物表层的物理吸附水,直到 FTIR 谱图显示稳定为止。打开 SO₂、O₂ 和载气,总流速控制在 156 ml/min,用分流装置控制 3 种成分的比例,使 SO₂ 的含量为 0.6%(V/V)和 O₂ 的含量为 6.5%(V/V)。利用 NICOLET Avatar 360 型 FTIR 仪、MCT 检测器在 400~4 000 cm⁻¹ 波段,在线实时检测颗粒物表面生成的新产物,然后用 ESP 软件进行产物定量处理。

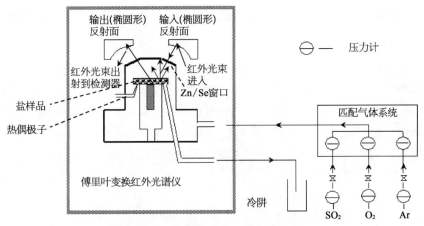

图 20-2　DFIRTS 实验装置示意图

20.1.5　气态产物的 FTIR 原位监测

图 20-3 是 FeOOH 与 SO₂ 反应时,不同反应时间上怀特池内气态物质的 FTIR 光谱图。SO₂ 在 1 400 cm⁻¹ 左右呈最大吸收;随着反应时间的增加,SO₂ 的特征吸收峰迅速减弱。这说明 SO₂ 在 FeOOH 表面有明显反应。在反应过程中,除 SO₂ 的吸收峰外,未发现有其他新峰出现,说明无 SO₃ 等气态产物生成。

20.2　不同氧化物对 SO₂ 的氧化性能比较

不同氧化物对 SO₂ 的氧化性能有很大差异。图 20-4 是不同氧化物体系里 SO₂ 浓度随时间变化的动力学曲线。FeOOH 与 SO₂ 反应迅速,2 h 时转化率为 73%;碱性 γ-

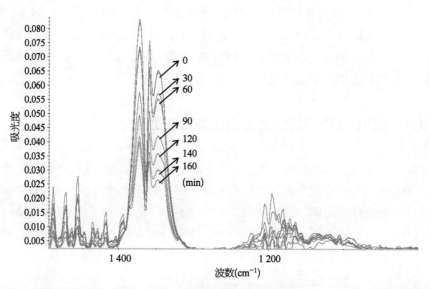

图 20-3　FeOOH 与 SO₂ 氧化反应的 FTIR 光谱图（彩图见下载文件包，网址见 14 页脚注）

Al_2O_3 与 SO_2 反应时，2 h 时转化率为 70％；混合物与 SO_2 反应时，2 h 时转化率为 57％。如果按照混合物中各个单一组分对 SO_2 氧化能力的简单加和来计算混合物的氧化能力，则其转化率在 2 h 时应该为 24％，反应速率常数为 0.49×10^{-2}，均为实际测得的 57％ 和 1.04×10^{-2} 的 0.4 倍左右。可见，混合物对 SO_2 的氧化作用具有协同效应。MgO 的氧化能力与混合物相近，转化率为 58％，TiO_2、Fe_2O_3 和 SiO_2 在 2 h 时的转化率分别是 32％、15％ 和 14％。不同氧化物对 SO_2 的氧化反应能力，依次为 $FeOOH > Al_2O_3 >$ 混合物 $\sim MgO > TiO_2 > Fe_2O_3 \sim SiO_2$[*]。采集实际气溶胶样品与 SO_2 体系进行反应，发现气溶胶对 SO_2 有显著的氧化作用（图 20-5），在 2 h 时对 SO_2 的氧化转化率为 12％。

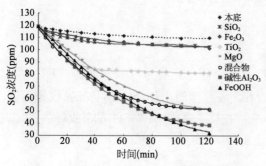

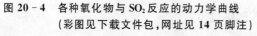

图 20-4　各种氧化物与 SO₂ 反应的动力学曲线
（彩图见下载文件包，网址见 14 页脚注）

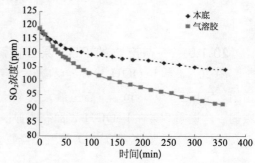

图 20-5　气溶胶样品与 SO₂ 反应的动力学曲线
（彩图见下载文件包，网址见 14 页脚注）

---

* 其中 ～ 表示前后项对 SO_2 氧化反应能力大致相当。

20.3 反应动力学常数测定

SO$_2$ 与各种氧化物反应时,由于反应物 SO$_2$ 和 O$_2$ 是气态,反应产物 SO$_4^{2-}$ 为固态,因此反应是不可逆的,其化学反应式可记为:

$$SO_{2(g)} + O_{2(g)} \xrightarrow{M} SO_{4(s)}^{2-} \quad *$$

(20 - 1)

其中 M 为氧化物。Judeikis 等[13]的早期研究认为,SO$_2$ 与颗粒物的复相反应为一级反应。在本实验体系中,分别以准零级反应、准一级反应和准二级反应的动力学过程,拟合所有体系的数据。结果表明,对于大部分氧化物体系,准一级反应动力学方程拟合曲线的相关系数>0.99,而准零级反应和准二级反应的拟合效果不佳。因此,可以认为 SO$_2$ 在这些氧化物表面的氧化反应是准一级反应,但是 Fe$_2$O$_3$ 和 SiO$_2$ 与 SO$_2$ 的反应,并不完全符合准一级或二级动力学规律,其准一级反应动力学方程拟合曲线的相关系数<0.99。这两者的反应体系有待进一步深入研究。所有反应体系的表观反应速率常数及半衰期见表 20 - 1。

表 20 - 1 反应体系的表观反应速率常数及半衰期

样　　品	表观速率常数(s^{-1})	半衰期(h)	相关系数(R^2)
碱性- Al$_2$O$_3$	1.41×10^{-2}	0.855	0.998 2
中性- Al$_2$O$_3$	1.35×10^{-2}	0.862	0.996 7
酸性- Al$_2$O$_3$	1.26×10^{-2}	0.899	0.990 3
TiO$_2$	1.12×10^{-2}	0.976	0.996 1
TiO nH$_2$O	1.12×10^{-2}	1.031	0.998 2
混合物	1.04×10^{-2}	1.049	0.994
FeOOH	1.03×10^{-2}	1.059	0.996 6
MgO	9.0×10^{-3}	1.110	0.996 7
SiO$_2$	3.1×10^{-3}	3.630	0.906 9
Fe$_2$O$_3$	2.6×10^{-3}	4.380	0.959 1

20.4 气溶胶表面不同酸碱度对反应的影响

氧化物表面的羟基,可能是影响此反应体系的重要因素[25]。我们选取不同酸碱性的

---

* 式中 g 表示气态,s 表示固态。M: medium,表示反应介质。

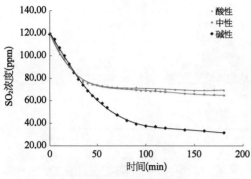

图 20 - 6　不同表面酸碱度的 Al_2O_3 与 SO_2 反应的动力学曲线（彩图见下载文件包，网址见 14 页脚注）

Al_2O_3，考察其氧化能力的大小。图 20 - 6 表示了不同酸碱性的 Al_2O_3 参与反应时，SO_2 浓度随时间变化的动力学曲线。可以看出，SO_2 在不同酸碱度的 Al_2O_3 上，初始反应速率都很快，而且反应速率比较接近，但在 30 min 以后，在酸性 Al_2O_3 和中性 Al_2O_3 上的反应逐渐变平缓，而在碱性 Al_2O_3 上的反应继续以较快的速率进行，一直到 100 min 后，反应才趋于平缓。由表 20 - 1 可以看出，不同酸碱性 Al_2O_3 催化剂的反应速率大小为：碱性 $\gamma - Al_2O_3 >$ 中性 $\eta - Al_2O_3 >$ 酸性 $\gamma - Al_2O_3$。Al_2O_3 的酸碱性不同，直接表现为表面羟基数量的多少。Al_2O_3 样品主要结构成分是 $Al(OH)_3$ 和 $AlO(OH)$，两种结构的相对含量决定了 Al_2O_3 的表面羟基数目及其酸碱性。碱性和中性 Al_2O_3 的 $Al(OH)_3$ 含量相对较多，而酸性 Al_2O_3 的表面羟基较少。因此，可以认为氧化物表面较多的羟基，有利于 SO_2 的氧化反应进行。

20.5　不同氧化物的单位表面积对 SO_2 氧化能力的影响

用 BET 法测定各种氧化物的比表面积，根据比表面积可计算氧化物单位表面积上 SO_2 的转化率（表 20 - 2）。Fe_2O_3 的单位表面积对 SO_2 的氧化能力最大，前人的一些研究结果[12]也认为含 Fe 的化合物对 SO_2 的氧化转化能力要比不含 Fe 的显著。

表 20 - 2　不同氧化物的单位表面积及其对 SO_2 转化率的影响

氧化物	BET($m^2 \cdot g^{-1}$)	表面积(m^2)	2 h 单位表面积 SO_2 的转化率	氧化能力大小
Fe_2O_3	9.77	0.29	0.51	1
MgO	65.52	1.97	0.29	2
TiO nH_2O	82.05	2.46	0.29	3
TiO_2	48.40	1.45	0.22	4
FeOOH	118.07	3.54	0.21	5
混合物	105.28	3.16	0.18	6
碱性- Al_2O_3	146.30	4.39	0.16	7
中性- Al_2O_3	124.60	3.74	0.12	8
酸性- Al_2O_3	155.30	4.66	0.09	9
SiO_2	206.00	6.18	0.02	10

20.6　气溶胶外层表面性质和质量对 SO₂ 氧化过程的影响

H. S. Judeikis 等在早期研究中曾报道[13]，SO₂ 在矿物气溶胶表面的复相转化，与这些颗粒物的厚度无关，其反应吸收系数仅与外层表面有关系，但是他们未深入研究外层表面的性质及质量与 SO₂ 氧化过程的关系。本研究考察了相同质量不同外层表面积和相同外层表面积不同质量的氧化物对反应体系的影响。图 20 - 7 展示了 Al₂O₃ 30 mg 压成一片和 60 mg 压成一片后体系的动力学变化曲线，以及对应的准一级拟合曲线与方程。从图中可以看出，相同外层表面积而不同质量，体系反应的初始速率几乎一致，表观速率常数也相近，分别为 1.23×10^{-2} 和 1.28×10^{-2}；但是体系对 SO₂ 氧化的程度不同，30 mg 在 2 h 时氧化了 67.8%，60 mg 在 2 h 时氧化了 76.9%。图 20 - 8 展示的是 Al₂O₃ 30 mg 压成 1 片和 30 mg 压成 2 片（每片 15 mg）后体系的动力学变化曲线，以及对应的准一级拟合曲线与方程。从图中可以看出，在相同质量的条件下，外层表面积大的体系，反应的速率要快得多，表观速率常数分别为 1.61×10^{-2} 和 1.23×10^{-2}，但是体系对 SO₂ 氧化的程度几乎一致，30 mg 压成 1 片在 2 h 时氧化了 67.8%，30 mg 压成 2 片在 2 h 时氧化了 66.5%。由此可见，氧化物的外层表面积影响体系的初始反应速率。外层表面积

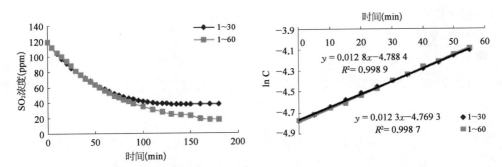

图 20 - 7　相同外露表面、不同质量氧化物反应体系的动力学变化曲线，以及对应的准一级拟合曲线（彩图见下载文件包，网址见 14 页脚注）

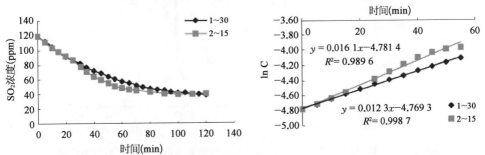

图 20 - 8　相同质量不同外露表面氧化物反应体系的动力学变化曲线，以及对应的准一级拟合曲线（彩图见下载文件包，网址见 14 页脚注）

图右侧纵坐标取浓度（C）的自然对数。

越大,氧化速度越快。氧化物的质量影响氧化的程度。质量越大,氧化程度越深。

20.7　固态产物的 XPS 分析

用 XPS 考察各个氧化物反应后的表面物种。图 20-9、图 20-10、图 20-11 分别展示了 Al_2O_3、FeOOH 和 Fe_2O_3 表面的 XPS 全扫描谱和对应表面 S 的微扫描计算机拟合谱。图 20-9 对应的是 Al_2O_3,其中 C_{1s}*(287.15 eV)为内标(标准值为 284.5 eV,此为校正值,下同),Al_{2p}*(74.35 eV)、Al_{2s}(119.35 eV)和 O_{1s}*(532.35 eV)为 Al_2O_3 本身的吸收峰。此外,在(168.34 eV)和(170.25 eV)处检测出新的吸收峰,对应 S_{2p} 结合标准谱图和反应体系,可以判断 S_{2p}(168.34 eV)的吸收峰对应于 $Al_2(SO_4)_3$ 的 S,S_{2p}(170.25 eV)的吸收峰对应于 SO_4^{2-} 的 S,氧化物表面 S 全部以 SO_4^{2-} 的形式存在。图 20-10 对应的是 FeOOH,其中除了氧化物本身对应的吸收峰 $Fe_{2p1/2}$(724.68 eV)、$Fe_{2p3/2}$(714.18 eV)和 O_{1s}(536.30 eV)、C_{1s}(287.15 eV)外,在 167.96 eV、169.26 eV 和 170.96 eV 处检测出新的吸收峰。结合标准谱图和反应体系可以判断,S_{2p}(167.96 eV)的吸收峰对应于 $FeSO_4$ 形态的 S;S_{2p}(169.26 eV)对应于 $Fe_2(SO_4)_3$ 形态的 S;S_{2p}(170.96 eV)的吸收峰对应于 SO_3^{2-} 的 S。其中氧化物表面 S(Ⅵ)和 S(Ⅳ)比例为 82∶18。可见,在 FeOOH 上还有小部分四价 S 没有被氧化。在图 20-11 中,$Fe_{2p1/2}$(724.49 eV)、$Fe_{2p3/2}$(714.18 eV)和 O_{1s}(536.30 eV)、C_{1s}(286.61 eV)对应的是 Fe_2O_3 本身的吸收峰,和 SO_2 反应后在 168.67 eV 和 170.06 eV 处检测出的新吸收峰。S_{2p}(168.67 eV)的吸收峰对应于 SO_4^{2-} 形态的 S(Ⅵ)(可能是 $FeSO_4$),S_{2p}*(170.06 eV)的吸收峰对应于 SO_3^{2-} 的 S(Ⅳ),可见在 Fe_2O_3 表面上,S(Ⅵ)和

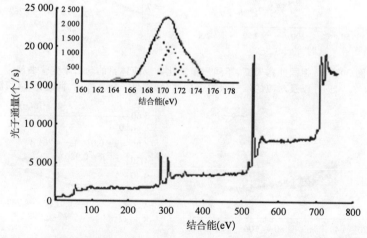

图 20-9　Al_2O_3 表面的 XPS 全扫描谱和对应表面 S 的微扫描计算机拟合谱
(彩图见下载文件包,网址见 14 页脚注)

---

* 元素 C、Al、O、S 右侧下标中的字母 s 和 p,表示原子的核外电子轨道。

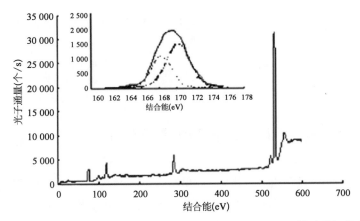

图 20‐10　FeOOH 表面的 XPS 全扫描谱和对应表面 S 的微扫描计算机拟合谱
（彩图见下载文件包，网址见 14 页脚注）

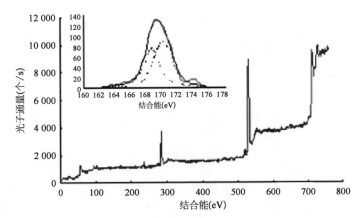

图 20‐11　Fe₂O₃ 表面的 XPS 全扫描谱和对应表面 S 的微扫描计算机拟合谱
（彩图见下载文件包，网址见 14 页脚注）

S(Ⅳ)的比例为 47∶53,有较多部分的低价 S 没有被氧化成硫酸盐。

图 20‐12 是实际采集的气溶胶参与反应前后 S 在其表面存在形态的 XPS 谱图及计

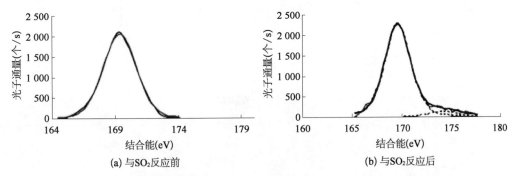

图 20‐12　气溶胶参与反应前后 S 在表面存在形态 XPS 谱图及计算机拟合谱
（彩图见下载文件包，网址见 14 页脚注）

算机拟合谱,反应前 S 全部以硫酸根的形态存在,其含量为 2.6％;反应后 S 绝大部分以硫酸根形态存在,还有些以亚硫酸根形态存在,硫酸根形态的 S 与亚硫酸根形态的 S 比例为 93：7。S 的含量比反应前高,为 3.5％。可见,气溶胶吸附了 SO_2 气体,进而把大部分 SO_2 氧化成硫酸根。

20.8　颗粒物动态 DRIFTS 的模拟研究分析

漫反射红外傅里叶变换光谱(diffuse reflectance infrared fourier transform spectroscopy, DFIRTS)用来研究颗粒物表面在有 SO_2 气体流过时表面发生的物质结构变化。图 20 - 13 和

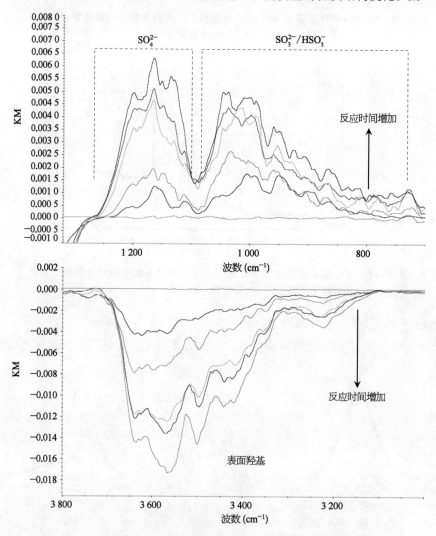

图 20 - 13　Al_2O_3 暴露在 SO_2 气体下的 DRIFTS 光谱图(彩图见图版第 6 页,也见下载文件包,网址见正文 14 页脚注)

图 20 - 14 分别展示了在 Al₂O₃ 和 MgO 颗粒物表面的 DRIFTS 光谱图。在大多数金属氧化物(除了 MnO₂和 SiO₂)的模拟体系上也有类似的谱图。从谱图中可以看出,随着 SO₂ 流动时间的增加,谱峰强度逐渐增强,直到颗粒物表面饱和而不再变化。在 800～1 300 cm⁻¹ 的峰位置,可以明显看到有正峰生成;在 3 300～3 650 cm⁻¹ 的位置,有负峰生成。根据前人的研究结果,谱图中在 850～1 100 cm⁻¹ 的峰是由 SO_3^{2-}/HSO_3^- 贡献的,而在 1 100～1 300 cm⁻¹ 的峰则是由 SO_4^{2-} 贡献的。在 3 300～3 650 cm⁻¹ 位置的负峰,是颗粒物表面 OH 随着暴露时间的增加逐渐减少而造成的。在图 20 - 13 中可以看出,在 Al₂O₃ 颗粒物表面同时生成了四价硫和六价硫的固态产物,在不同的波束范围有明显的 2 个峰;而在图 20 - 14 中,MgO 颗粒物表面仅在 850～1 100 cm⁻¹ 的位置有一个峰,是

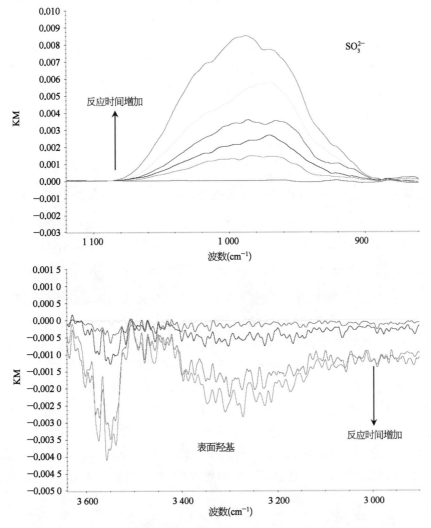

图 20 - 14　MgO 暴露在 SO₂气体下的 DRIFTS 光谱图(彩图见图版第 7 页,
也见下载文件包,网址见正文 14 页脚注)

SO_3^{2-} 产物的特征峰位置。采用漫反射红外光测试样品时,会得到样品的漫反射光谱,其纵坐标以 KM(Kubelka - Munk,库伯卡-芒克)函数表示。此时光谱吸收峰强度与样品浓度成正比关系。KM 函数无量纲单位。

20.9 表面反应机理探讨

SO_2 气体在仅有 O_2 的条件下一般不发生反应,但在 Al_2O_3、FeOOH 等氧化物存在的情况下,SO_2 氧化生成 SO_4^{2-}。A. L. Goodman 等[23]研究了 SO_2 在 Al_2O_3 表面的复相反应,发现 SO_2 在表面能够形成 HSO_3^- 和 SO_3^{2-},因此矿物气溶胶对 SO_2 在气相和颗粒物相的重新分配起着重要的作用,SO_2 气体在颗粒物表面的复相氧化反应是颗粒物中硫酸盐增加的主要途径之一。在反应过程中,从气态产物未检测到 SO_3,说明 SO_2 与氧化物的复相反应,并不先经过生成 SO_3 的阶段而氧化为 SO_4^{2-}。Al_2O_3 等氧化物表面容易吸附 O_2、$H_2O_{(g)}$ 等气体,在表面形成吸附的活性氧和表面羟基。根据实验的动力学数据和氧化产物的表征结果,推测 SO_2 先与氧化物表面吸附的活性氧和表面 OH 作用生成 SO_3^{2-} 或者 HSO_3^-,继而进一步被表面吸附的活性氧和表面 OH 氧化成 SO_4^{2-},即:

$$[O^{2-}\!\!\!-\!\!\!]M + SO_{2(g)} \longrightarrow [SO_3^{2-}\!\!\!-\!\!\!]M(s) \qquad (20-2)$$

$$[OH^-\!\!\!-\!\!\!]M + SO_{2(g)} \longrightarrow [HSO_3^-\!\!\!-\!\!\!]M(s) \text{ 或 } 2[OH^-\!\!\!-\!\!\!]M + SO_{2(g)} \longrightarrow [SO_3^{2-}\!\!\!-\!\!\!]M(s)$$
$$(20-3)$$

$$[HSO_3^-\!\!\!-\!\!\!]M + [O^{2-}\!\!\!-\!\!\!]M + [OH^-\!\!\!-\!\!\!]M \longrightarrow [SO_4^{2-}\!\!\!-\!\!\!]M + H_2O \text{ 或}$$
$$[SO_3^{2-}\!\!\!-\!\!\!]M + 2[O^{2-}\!\!\!-\!\!\!]M + [OH^-\!\!\!-\!\!\!]M \longrightarrow [SO_4^{2-}\!\!\!-\!\!\!]M + H_2O^* \qquad (20-4)$$

由上述过程可知,Al_2O_3 表面羟基直接影响 SO_2 在其表面的转化,从而解释了碱性 Al_2O_3 为什么比中性和酸性 Al_2O_3 对 SO_2 的氧化能力强。各种氧化物表现出来的较大差异,与氧化物本身的结构特性有关。具有空或半空 d 轨道的过渡金属 Al、Fe 的氧化物如 Al_2O_3、FeOOH 和 Fe_2O_3,一般易吸附 O_2,表面也易形成羟基和活性氧原子,因此对 SO_2 具有较强的氧化性能。Fe_2O_3 由于极小的比表面积,因此宏观上没有对 SO_2 表现出较强的氧化性能;但是其单位面积对 SO_2 表现出很强的氧化性能。而满外层电子轨道的金属氧化物如 MnO_2,以及非金属氧化物 SiO_2,表面的活化和吸附性能差,因此对 SO_2 的氧化能力较差。SO_2 在 FeOOH 和 Fe_2O_3 表面的复相氧化反应产物,不仅有 $Fe_2(SO_4)_3$,而且有部分是以 $FeSO_4$ 的形式存在,这与本书第 5 章论述的 Fe - S 耦合反馈机制密切相关[26,27]。

---

* 式中除了 H_2O 外,每个分子式里都有一个横杠穿过右方或左方括号,这是表示此分子存在于反应介质(M,medium 的缩写)中。

参考文献

［ 1 ］ Pandis S N, Seinfeld J H. Atmospheric chemistry and physics: From air pollution to climate change. New York: Wiley, 2006.

［ 2 ］ Levin Z, Ganor E, Gladstein V. The effects of desert particles coated with sulfate on rain formation in the eastern Mediterranean. Journal of Applied Meteorology, 1996, 35(9): 1511 - 1523.

［ 3 ］ Luria M, Sievering H. Heterogeneous and homogeneous oxidation of SO₂ in the remote marine atmosphere. Atmospheric Environment Part A-General Topics, 1991, 25(8): 1489 - 1496.

［ 4 ］ Jayne J T, Davidovits P, Worsnop D R, et al. Uptake of sulfur dioxide(G) by aqueous surfaces as a function of pH: The effect of chemical reaction at the interface. Journal of Physical Chemistry, 1990, 94(15): 6041 - 6048.

［ 5 ］ Martin L R, Good T W. Catalyzed oxidation of sulfur dioxide in solution: The iron-manganese synergism. Atmospheric Environment Part A-General Topics, 1991, 25(10): 2395 - 2399.

［ 6 ］ Sievering H, Boatman J, Galloway J, et al. Heterogeneous sulfur conversion in sea-salt aerosol particles: The role of aerosol water content and size distribution. Atmospheric Environment Part A-General Topics, 1991, 25(8): 1479 - 1487.

［ 7 ］ Keene W C, Sander R, Pszenny A P, et al. Aerosol pH in the marine boundary layer: A review and model evaluation. Journal of Aerosol Science, 1998, 29(3): 339 - 356.

［ 8 ］ Capaldo K, Corbett J J, Kasibhatla P, et al. Effects of ship emissions on sulphur cycling and radiative climate forcing over the ocean. Nature, 1999, 400(6746): 743 - 746.

［ 9 ］ Krischke U, Staubes R, Brauers T, et al. Removal of SO₂ from the marine boundary layer over the Atlantic Ocean: A case study on the kinetics of the heterogeneous S(IV) oxidation on marine aerosols. Journal of Geophysical Research-Atmospheres, 2000, 105(D11): 14413 - 14422.

［10］ Dentener F J, Carmichael G R, Zhang Y, et al. Role of mineral aerosol as a reactive surface in the global troposphere. Journal of Geophysical Research-Atmospheres, 1996, 101(D17): 22869 - 22889.

［11］ Urone P, Lutsep H, Noyes C M, et al. Static studies of sulfur dioxide reactions in air. Environmental Science & Technology, 1968, 2(8): 611 - 618.

［12］ Smith B M, Wagman J, Fish B R. Interaction of airborne particles with gases. Environmental Science & Technology, 1969, 3(6): 558 - 562.

［13］ Judeikis H S, Stewart T B, Wren A G. Laboratory studies of heterogeneous reactions of SO₂. Atmospheric Environment, 1978, 12(8): 1633 - 1641.

［14］ Jacob D J. Heterogeneous chemistry and tropospheric ozone. Atmospheric Environment, 2000, 34(12 - 14): 2131 - 2159.

［15］ 王琳,宋国新,张峰,等.大气颗粒物对 CS₂ 催化氧化反应动力学研究.高等学校化学学报,2002 (9): 1738 - 1742.

［16］ 王琳,张峰,陈建民.大气颗粒物及氧化物对 CS₂ 的催化氧化作用.中国科学(B 辑化学),2001(4): 369 - 376.

[17] Wang L, Zhang F, Chen J M. Carbonyl sulfide derived from catalytic oxidation of carbon disulfide over atmospheric particles. Environmental Science & Technology, 2001, 35(12): 2543 – 2547.

[18] Martinez-Arias A, Fernandez-Garcia M, Iglesias-Juez A, et al. Study of the lean NO_x reduction with C_3H_6 in the presence of water over silver / alumina catalysts prepared from inverse microemulsions. Applied Catalysis B-Environmental, 2000, 28(1): 29 – 41.

[19] Mochida M, Finlayson-Pitts B J. FTIR studies of the reaction of gaseous NO with HNO_3 on porous glass: Implications for conversion of HNO_3 to photochemically active NO_x in the atmosphere. Journal of Physical Chemistry A, 2000, 104(43): 9705 – 9711.

[20] Cooper P L, Abbatt J P D. Heterogeneous interactions of OH and HO_2 radicals with surfaces characteristic of atmospheric particulate matter. Journal of Physical Chemistry, 1996, 100(6): 2249 – 2254.

[21] Wu H B, Wang X, Chen J M. Photooxidation of carbonyl sulfide in the presence of the typical oxides in atmospheric aerosol. Science in China Series B-Chemistry, 2005, 48(1): 31 – 37.

[22] Wu H B, Wang X, Chen J M, et al. Mechanism of the heterogeneous reaction of carbonyl sulfide with typical components of atmospheric aerosol. Chinese Science Bulletin, 2004, 49(12): 1231 – 1235.

[23] Goodman A L, Li P, Usher C R, et al. Heterogeneous uptake of sulfur dioxide on aluminum and magnesium oxide particles. Journal of Physical Chemistry A, 2001, 105(25): 6109 – 6120.

[24] Usher C R, Al-Hosney H, Carlos-Cuellar S, et al. A laboratory study of the heterogeneous uptake and oxidation of sulfur dioxide on mineral dust particles. Journal of Geophysical Research-Atmospheres, 2002, 107(D23): 4713.

[25] Hampson J W, Bleam W F. Thermoanalytical studies of water on activated alumina, Brockmann I -V , (acid, neutral, basic) from $-60℃$ to $+700℃$. Thermochemica Acta, 1996, 288(1 - 2): 179 – 189.

[26] Zhuang G S, Yi Z, Duce R A, et al. Link between iron and sulphur cycles suggested by detection of Fe(Ⅱ) in remote marine aerosols. Nature, 1992, 355(6360): 537 – 539.

[27] Zhuang G S, Guo J H, Yuan H, et al. Coupling and feedback between iron and sulphur in air-sea exchange. Chinese Science Bulletin, 2003, 48(11): 1080 – 1086.

第 3 篇

污染气溶胶

本篇论述各种不同污染源排放的污染气溶胶,以及各典型地区污染气溶胶的来源和理化特性。

第21章
中国城市大气污染的区域性和季节性特征

大气气溶胶主要包括来自天然源的沙尘气溶胶和来自人为源的污染气溶胶,两者的混合及相互作用,导致了中国大气环境的严重恶化。中国北方春季时常发生沙尘暴[1-5],大量沙尘夹杂着污染物,传输到中国东部和东南部[1,6,7]、韩国[8,9]、日本[10,11]、北太平洋,甚至可传送到北美地区[12-14]。大气污染问题不只是中国某个地区的问题,而是区域性的甚至是全球性的环境问题[4,15]。中国大气污染主要集中在大中城市。1989—1997年,城市大气污染为煤烟型污染,主要污染物是烟尘和SO_2,北方城市烟尘污染较重,南方城市SO_2污染较重。大气环境污染仍在发展,并向农村蔓延,生态破坏的范围仍在扩大,酸雨问题依然严重。

中国大气污染的监测和研究,大多集中在某些发达城市,如北京[16-18]、上海[19,20]、香港[21-23]等。虽然各城市各有其污染特征,但每个城市的大气污染并非全部来自其局地的污染源。大气污染物大范围、跨区域的长途传输,已成为很多城市大气污染的重要来源。来自河北、天津、山东、山西和内蒙古等地的大气污染物,经由西南、东南和东部的通道进入北京[24];香港的大气污染也有很大一部分来自广州等城市,甚至有来自大陆工业区的远距离输送[22,23]。城市空气质量不单单与局地的工业污染源有关,还与大气输送、地理位置、地形、人口等相关。区域性和季节性已成为中国大气污染的一个重要特征[25,26]。本章收集了2001—2004年中国47个环境重点保护城市(图21-1)的API和气象数据,以及部分城市气溶胶的水溶性离子浓度数据,据此论述中国城市大气污染的区域性和季节性特征。

21.1 中国城市大气的污染水平

21.1.1 首要污染物的出现频率

图21-2为2001—2004年中国47个环境重点保护城市首要污染物的出现频率(某种物质作为首要污染物的天数与总天数的比值)。由图21-2可见,在2001—2004年,47个城市的首要污染物均为PM_{10},其中哈尔滨、南京、西安、西宁等11个城市的出现频率达100%,长春、呼和浩特、青岛、上海、厦门、深圳等21个城市的出现频率大于90%,北京、

图 21－1　中国 47 个环境重点保护城市分布图（彩图见图版第 8 页，
　　　　　也见下载文件包，网址见正文 14 页脚注）

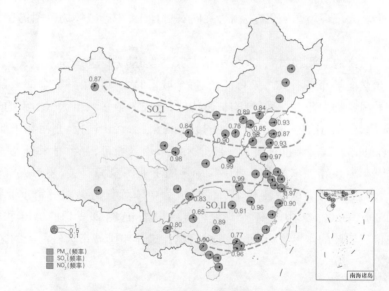

图 21－2　中国 47 个城市的首要污染物出现频率（彩图见图版第 8 页，
　　　　　也见下载文件包，网址见正文 14 页脚注）

重庆、乌鲁木齐、长沙、南宁等 11 个城市大于 80％，还有 4 个出现频率最小的城市为昆明（80％）、石家庄（78％）、广州（77％）和贵阳（65％）。那些以 PM_{10} 作为首要污染物，而其出现频率不足 90％的城市，主要分布在华北、西北以及西南的 2 个 SO_2 控制区。在这 2 个 SO_2 控制区内的所有城市中，SO_2 作为首要污染物的出现频率，在贵阳最高，达到 35％，其次为石家庄（22％）、昆明（20％）、长沙（19％）、重庆（17％）、秦皇岛（16％）、银川

(16%),其余城市低于 15%。NO_2 作为首要污染物的出现频率从高到低的前 5 位城市为:广州(9%)、深圳(6%)、呼和浩特(3%)、宁波(2%)和温州(2%)。中国的大气环境污染已经由 1999 年前以烟尘和 SO_2 为主要污染物的煤烟型,过渡为总悬浮颗粒物(或 PM_{10})为首要污染物的沙尘、煤烟与汽车尾气污染并重的类型。

21.1.2　污染物浓度及年变化

表 21-1 总结了 47 个环境保护重点城市大气中 PM_{10}、SO_2、NO_2 的达标比率。PM_{10}、SO_2、NO_2 的国家空气质量二级标准的浓度值分别为 100、60、40 $\mu g \cdot m^{-3}$,三级标准分别为 150、100、80 $\mu g \cdot m^{-3}$。可见,PM_{10} 为超标的首要污染物。

表 21-1　47 个环境重点保护城市大气中 PM_{10}、SO_2 和 NO_2 的达标比率

	PM_{10} ($\mu g \cdot m^{-3}$)	2001	2002	2003	2004 (年)	SO_2 ($\mu g \cdot m^{-3}$)	2001	2002 (年)	NO_2 ($\mu g \cdot m^{-3}$)	2001	2002 (年)
超过三级	>150	26%	19%	11%	9%	>100	9%	6%	>80	0%	0%
超过二级	>100	56%	56%	50%	50%	>60	19%	23%	>40	44%	41%
达到二级	≤100	44%	44%	50%	50%	≤60	79%	74%	≤40	56%	59%

北方城市的 PM_{10} 和 SO_2 污染水平远远高于南方城市。兰州、太原、北京、重庆、济南为 2004 年 PM_{10} 污染最重的 5 个城市,年均浓度分别为 172、170、154、153、151 $\mu g \cdot m^{-3}$,超过了国家三级标准,而海口、北海、桂林、珠海等城市的 PM_{10} 浓度达到国家一级标准。值得注意的是,南方城市如广州、昆明、南宁、宁波等几个城市,浓度逐年有所上升,2001—2004 年增幅达 30%。SO_2 污染严重的城市主要分布在 SO_2 两控区,即以宜宾、贵阳、重庆为代表的西南高硫煤地区和北方能源消耗量大的山西、河北地区。2002 年石家庄(154 $\mu g \cdot m^{-3}$)、乌鲁木齐(131 $\mu g \cdot m^{-3}$)、太原(126 $\mu g \cdot m^{-3}$)的 SO_2 浓度超三级标准,长沙、重庆、贵阳、兰州、天津、北京、沈阳、南昌等 11 个城市超二级标准。少数城市如南昌、秦皇岛、郑州、大连、桂林、湛江、西宁、北京等,2002 年的 SO_2 浓度不但没有下降反而有所增加。NO_2 污染,大城市重于中小城市。2002 年 NO_2 浓度高的城市为北京(75 $\mu g \cdot m^{-3}$)、广州(68 $\mu g \cdot m^{-3}$)、乌鲁木齐(64 $\mu g \cdot m^{-3}$)、上海(56 $\mu g \cdot m^{-3}$)等,其中有 50% 的城市,NO_2 浓度有增高趋势,宁波、兰州的增幅达到 40%,可见,汽车尾气污染已在大中城市呈现逐年加重的趋势。

21.2　中国城市大气污染物的区域性和季节性特征

21.2.1　中国城市大气污染的十大区域划分

选取北京、重庆、上海和广州分别作为北方内陆、西南内陆、长江三角洲和珠江三角洲的代表性城市,计算 47 个城市与这 4 个城市的 PM_{10}、SO_2 和 NO_2 日均浓度之间的相关系数。北京、上海、广州和重庆这 4 个经济发达、百万人口以上的大城市之间,并没有显著的相关性,而与之相关的城市都在它们附近,且相关系数以这 4 个城市为中心向四周逐渐减小。由此可见,大气污染物的显著特征是地域性。结合 PM_{10}、SO_2 和 NO_2 的浓度特征和城市之间的相关系数,可将全国 47 个城市分为 10 个区域(图 21 - 3),它们分别为:① 位于西北的乌鲁木齐;② 位于华北的北京、天津、秦皇岛、石家庄、太原、呼和浩特和位于西北的西宁、兰州、银川、西安,以及作为中部的郑州;③ 位于东北的哈尔滨、长春、沈阳;④ 位于渤海沿岸的大连、烟台和位于山东的青岛、济南;⑤ 位于长江中下游流域和长江三角洲的合肥、武汉、南昌、上海、南通、苏州、杭州、长沙、南京以及江苏北部的连云港;⑥ 位于东南沿海的宁波、温州、福州、厦门、汕头;⑦ 位于华南的广州、深圳、珠海;⑧ 位于西南的贵阳、南宁、桂林、昆明和位于南部沿海的湛江、北海、海口;⑨ 位于四川盆地的成都、重庆;⑩ 位于青藏高原的拉萨。有关各个区域大气污染物的特征和影响因素,将在以下各节中加以详细讨论。

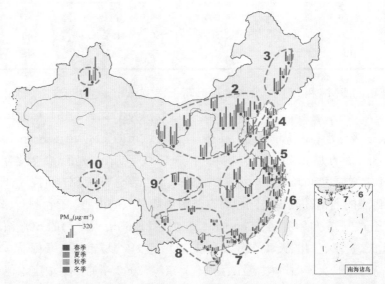

图 21 - 3 中国城市根据大气污染状况划分的十大区域及其 PM_{10} 的四季变化
(彩图见图版第 9 页,也见下载文件包,网址见正文 14 页脚注)

21.2.2 污染气体的区域性和季节性特征

图 21 - 4 展现了 2001—2002 年各季节中国城市大气中 SO_2 的平均浓度。总体而言,SO_2 浓度北方大于南方,在北方城市冬季远高于夏季,而在南方城市季节差异较小。这是由于秦岭、淮河以北城市冬季取暖,而化石燃料的燃烧,是 SO_2 的主要来源[17,20,27]。位于 SO_2 两控区的太原、石家庄、乌鲁木齐及重庆、贵阳、长沙等城市,SO_2 污染较严重。北方地区(区域 1—4)各城市 SO_2 的月变化曲线较平滑而且非常相似,但是各地的浓度差别较大,说明大气中 SO_2 与局地的排放源直接相关。SO_2 的季节差异较大,在冬季采暖期和春

季沙尘期浓度最高。乌鲁木齐 SO_2 的冬季月均值高达 $900\ \mu g \cdot m^{-3}$，太原和石家庄的 SO_2 在冬季达到 $430\ \mu g \cdot m^{-3}$，北京等其他城市的 SO_2 月均值在 $25 \sim 150\ \mu g \cdot m^{-3}$ 之间；夏季 SO_2 浓度最低，仅为 $5 \sim 30\ \mu g \cdot m^{-3}$，这是由于在非采暖期，$SO_2$ 排放量下降，且 SO_2 生成硫酸盐的二次反应效率提高[2,20,27,28]。位于南方地区(区域 5—7)的各城市，除长沙 SO_2 浓度很高外，上海等其他城市 SO_2 浓度在 $0 \sim 80\ \mu g \cdot m^{-3}$ 之间，冬春季较高，夏季较低，但是季节差异不明显。广州和深圳各个季节的 SO_2 浓度虽有变化，但很难找到峰值，可能与南北气团交替控制该地区有关。西南地区(区域 8)各城市的 SO_2 月变化曲线不尽相同，可能受局地的影响较为明显，而以成都、重庆为代表的区域 9，月变化一致，污染较为严重，冬春高，夏秋低。青藏高原(区域 10)的拉萨，SO_2 浓度全年约为 $6\ \mu g \cdot m^{-3}$，仅在 11—12 月有个小峰约为 $10\ \mu g \cdot m^{-3}$，与冬季取暖有关。

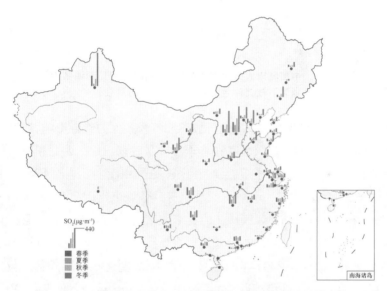

图 21-4　中国城市大气中 SO_2 的四季变化(彩图见图版第 9 页，
也见下载文件包,网址见正文 14 页脚注)

图 21-5 展现了 2001—2002 年各季中国城市大气中 NO_2 的平均浓度。总体而言，发达城市的 NO_2 浓度较高，但是南北差异不明显，季节差异不大。冬季浓度稍高于夏季，可能由于冬季采暖排放了 NO_2；夏季二次转化率增高，更多的 NO_2 转变为硝酸盐。2001—2002 年各个区域城市的 NO_2 月变化和区域特征与 SO_2 相似，北方城市的季节差异稍大于南方。其中，珠江三角洲的广州、深圳，长江三角洲的上海、杭州，北方的北京、石家庄、呼和浩特、乌鲁木齐等城市的 NO_2 污染较严重。

21.2.3　可吸入颗粒物 PM_{10} 的区域性和季节性特征

图 21-3 展现了 2001—2004 年各季里中国城市大气中 PM_{10} 的平均浓度。就全国范围而言，PM_{10} 的浓度从西北向东南逐渐降低；几乎所有城市都是冬春高、夏秋低；北方

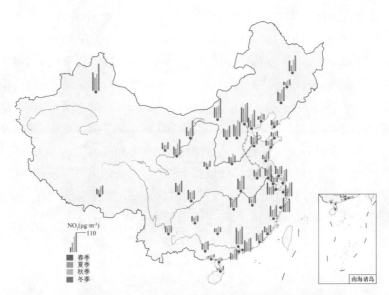

图 21-5　中国城市大气中 NO_2 的四季变化(彩图见图版第 10 页,
也见下载文件包,网址见正文 14 页脚注)

城市的季节差异大于南方城市。受局地排放源和气候条件的综合影响,PM_{10} 的浓度变化
在某些区域之间存在某种相似性,尤其在春季沙尘暴时期。位于西北和华北的区域 1—2
有内陆城市的特点,有很明显的季节差异,在采暖冬季和沙尘春季的 PM_{10} 浓度最高。月
均浓度乌鲁木齐最高,达到 450 $\mu g \cdot m^{-3}$,北京等其他城市也达 200~350 $\mu g \cdot m^{-3}$;夏季
浓度最低,为 60~150 $\mu g \cdot m^{-3}$。区域 2 的各个城市,在 2002 年春季出现沙尘峰值;而区
域 1 的乌鲁木齐不很明显,且它的季节差异最大(达 350 $\mu g \cdot m^{-3}$),说明采暖是乌鲁木齐
PM_{10} 的最主要来源。2001—2004 年两区域的 PM_{10} 浓度逐年有所降低。位于东北和华
北沿海的区域 3—4 的变化趋势相近,浓度在 70~250 $\mu g \cdot m^{-3}$ 之间变化,采暖季 12 月和
沙尘季 4 月的浓度最高,夏季浓度低;PM_{10} 浓度缓缓上升到峰值,然后在 5 月迅速下降。
它们可能受渤海、黄海等海洋气团的影响。沿海区域 4 的季节差异小于区域 3,而且这 2
个区域均小于上述区域 1—2。位于华东长江流域的区域 5,除长沙 PM_{10} 浓度很高外,上
海等其他城市浓度在 70~170 $\mu g \cdot m^{-3}$ 之间不断起伏,可能与南北气团交替控制该地区
有关。冬季 PM_{10} 浓度最高,秋季最低,因为南方冬季没有采暖,所以季节差异相对不明显。
在华南沿海城市的区域 6—7,包括广州在内的城市 PM_{10} 浓度均较低,在 20~120 $\mu g \cdot m^{-3}$
之间。由于受海洋的影响,其月变化曲线较平滑,季节差异和年差异均不大。尽管没有
采暖季,但是 PM_{10} 仍为冬春季较高,夏秋季较低,可能是由于受到冬季强冷空气驱动的
长途传输影响。西南区域 8—9,PM_{10} 的月变化曲线不尽相同,可能受局地源的影响较为
明显。以成都、重庆为代表的区域 9,污染较为严重,达 80~230 $\mu g \cdot m^{-3}$,而以昆明、桂
林为代表的区域 8,空气质量较好,为 20~80 $\mu g \cdot m^{-3}$。冬季稍高,夏季稍低,但是季节

差异很小。在青藏高原的区域 10,拉萨有明显的季节变化,冬春季高(约 110 $\mu g \cdot m^{-3}$),夏季低(约 30 $\mu g \cdot m^{-3}$)。这是由于冬季采暖,春季沙尘入侵所致[29]。

21.3 中国城市气溶胶离子组分的区域性和季节性特征

21.3.1 中国城市气溶胶离子组分的区域性特征

表 21-2 总结了文献里中国有关城市 $PM_{2.5}$ 中可溶性离子组分的年均浓度。由于少部分中小城市缺少 $PM_{2.5}$ 数据,为了便于比较,将文献中仅有的 TSP 和 PM_{10} 浓度分别乘以系数 0.6、0.8 换算成 $PM_{2.5}$ 的大致浓度。总体而言,各地 $PM_{2.5}$ 中的离子浓度差异不大,这是因为粒径小的颗粒物在空气中停留时间较长,传输范围较广。SO_4^{2-} 的浓度在 SO_2 两控区的浓度较高,如包头、北京、上海、贵阳、南宁等,为 15~45 $\mu g \cdot m^{-3}$。NO_3^- 的浓度在较发达的城市北京、青岛、南京、上海、高雄较高,为 7~10 $\mu g \cdot m^{-3}$。由于来自生物质燃烧的贡献较多,K^+ 的浓度在北方城市较高。根据 NO_3^-/SO_4^{2-} 的质量比值,可以大致推断大气颗粒物移动源和固定源的相对重要性。$PM_{2.5}$ 中 NO_3^-/SO_4^{2-} 的质量比在北京、大连、上海、高雄等城市较大,说明移动源相对于固定源来说,贡献更大[20,30,31]。

表 21-2 中国城市 $PM_{2.5}$ 中可溶性离子组分的年平均浓度

| 区域 | 地点 | 浓度($\mu g \cdot m^{-3}$) | | | | | | | | | | $NO_3^-/$ SO_4^{2-} | 参考文献 |
		F^-	Cl^-	NO_3^-	SO_4^{2-}	PO_4^{3-}	Na^+	NH_4^+	K^+	Mg^{2+}	Ca^{2+}		
2	包头	2.0	3.3	3.1	18.0							0.2	[32]a
2	北京			10.3	14.5			6.2	2.2			0.7	[17]
4	大连		1.9	5.5	7.0		1.3	1.8		0.2		0.8	[33]a
4	青岛		1.3	9.0	16.1		0.7	8.1	2.5	0.3	0.5	0.6	[34]
5	南京	0.2	1.1	7.5	16.3		2.4	9.5	3.3	0.1	1.7	0.5	[35]
5	上海		1.7	6.5	15.2		0.7	6.2	1.9	0.3	2.5	0.4	[36]
8	贵阳		1.5	6.3	25.6			4.8		0.6	6.0	0.2	[37]a
8	阳朔	0.5	5.8	2.2	11.9		1.0	0.8	0.2	1.6	8.2	0.2	
8	韶关	0.8	1.7	1.2	45.2		1.4	1.9	0.8	2.3	15.6	0.0	
8	柳州	0.0	1.5	1.2	24.2		0.3	3.9	1.7	0.2	1.9	0.0	
8	南宁	0.5	5.7	1.0	23.1		1.5	1.3	0.5	1.7	11.8	0.0	
7	广州	0.8	2.0	1.2	16.8		1.9	1.6		1.2	5.8	0.1	
6	厦门		0.9	2.2	7.4		0.3	0.6	0.3	0.0	0.4	0.3	[38]a
	高雄		1.5	7.0	13.4		1.8	7.9		0.1	0.2	0.5	[39]

（续表）

区域	地点	浓度(μg·m^{-3})										NO$_3^-$/SO$_4^{2-}$	参考文献
		F$^-$	Cl$^-$	NO$_3^-$	SO$_4^{2-}$	PO$_4^{3-}$	Na$^+$	NH$_4^+$	K$^+$	Mg^{2+}	Ca^{2+}		
	香港	0.5	1.3	13.1				1.7				0.1	[40]
	东海		0.1	3.6	0.05			1.6				0.0	[41]
	南黄海		1.1	6.7	0.08			1.2				0.2	

ᵃ文献中的 TSP 和 PM$_{10}$ 浓度分别乘以系数 0.6 和 0.8 换算成 PM$_{2.5}$ 的近似浓度。

21.3.2 中国城市气溶胶离子组分的季节性特征

由表 21-2 可见,大部分城市的 SO$_4^{2-}$、NO$_3^-$ 和 NH$_4^+$ 浓度的季节变化一致,冬春季高,夏秋季低,且各个城市气溶胶中的 SO$_4^{2-}$、NO$_3^-$ 分别与大气中 SO$_2$ 和 NO$_2$ 的浓度高低和季节分布基本一致,北方城市的季节差异稍大,东海和黄海的海洋气溶胶季节变化较小,说明 PM$_{2.5}$ 中 SO$_4^{2-}$ 和 NO$_3^-$ 主要来源于 SO$_2$、NO$_2$ 的二次反应,主要以(NH$_4$)$_2$SO$_4$ 和 NH$_4$NO$_3$ 的形式存在。由此我们可以由 SO$_2$ 和 NO$_2$ 的浓度,来初步推测各地二次硫酸盐、硝酸盐气溶胶的分布和变化。

21.3.3 北方内陆城市北京和南方沿海城市上海的气溶胶离子组分比较

中国城市大气污染的区域性特征,某种程度体现在北方与南方、内陆与沿海的差异性。选取北方内陆城市北京和南方沿海城市上海作为代表,比较同步采集的 PM$_{2.5}$ 中的离子物种在各个季节的浓度及所占的百分比(图 21-6)。这里的春、夏、秋、冬和沙尘季分别指的是 2004 年 3—4 月、2004 年 7—8 月、2003 年 9 月、2002 年 12 月—2003 年 1 月,以及 2004 年 3 月的沙尘事件。北京 PM$_{2.5}$ 中总水溶性离子的浓度大于上海,其中二次污染气溶胶(NH$_4$)$_x$SO$_4$、NH$_4$NO$_3$、NH$_4$C$_2$O$_4$、NH$_4$Cl 的浓度,北京高于上海;但是这些二次污染气溶胶所占的百分比,在两地相差不多,达 70%。二次污染物在北京,夏季的浓度和百分比最高,冬季秋季其次,春季最低(仅为 40%);而在上海,夏季稍稍高于春季和秋季,可能由于夏季的温度和湿度有利于二次反应。北京在采暖季冬季和春季的二次气溶胶前体物 SO$_2$ 和 NO$_2$ 浓度较高,而上海虽然没有采暖季,但春季从北方传输来的二次污染物较多。PM$_{2.5}$ 中 NH$_4$NO$_3$ 和 KNO$_3$ 的浓度及百分比,北京均高于上海,分别说明北京的机动车污染更为严重,并且在北京地区,生物质燃烧对大气污染有一定贡献。而 NaCl 和 NaF 的浓度和百分比,上海均高于北京,且夏季最高。这可能是由于上海位于长江的入海口,东南风将海洋气溶胶带入上海[19,20]。来自矿物气溶胶的 CaCO$_3$ 和 CaSO$_4$ 的浓度和百分比,沙尘时期均高于非沙尘时期,但在北京的 PM$_{2.5}$ 中所占比例更大。这是由于北京更靠近沙尘源区,春季沙尘事件更加频繁。由此可见,虽然工业发达程度相当,但由于

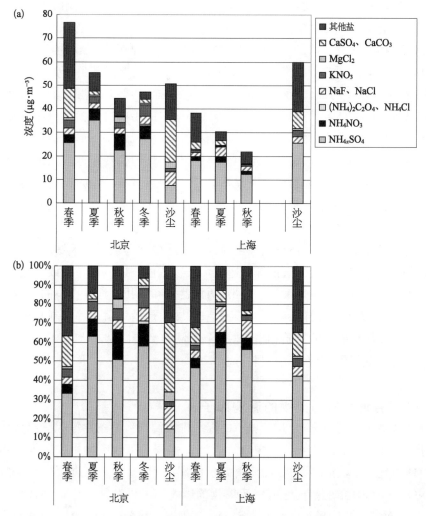

图 21‑6　北京和上海 $PM_{2.5}$ 气溶胶中的离子物种的浓度(a)和所占的百分比(b)
(彩图见图版第 10 页,也见下载文件包,网址见正文 14 页脚注)

所处的地理位置、气候条件和污染区域不同,北京和上海的离子组分存在着显著差异。

21.4　中国城市大气污染区域性的影响因素

21.4.1　各区域大气污染与气象条件的关系

为深入研究气象条件对各区域大气污染的影响,分别计算了 2001—2002 年各城市 PM_{10}、SO_2 和 NO_2 的日浓度与其相对应的气象参数的相关系数。PM_{10}、SO_2 和 NO_2 的相关性分布特征较为相似。北方地区(区域1—4)的城市如乌鲁木齐、哈尔滨、兰州、天津等的污染物浓度与温度和露点呈非常显著的负相关,可能由于冬季温度低,容易形成逆温层,且取暖排放的污染物量大。华东地区(区域5)城市上海、南京、杭州、合肥等的污染物浓度与湿度呈非常显著的负相关,可能由于湿度大有利于 SO_2 的二次转化[17,20,27,28],且降水有利于污染物的冲刷。乌鲁木齐的污染物与湿度呈显著正相关。西南、华南地区(区域8—9)城市如南宁、重庆、杭州等的污染物浓度与能见度有显著负相关,可能由于雾天能见度下降,但有利于污染物的积累和转化。而硫酸盐、硝酸盐气溶胶浓度的增加,又能进一步降低能见度。乌鲁木齐、广州、上海等几个城市的污染物浓度与风速呈反比,说明污染较多地来自局地排放,强风则稀释了污染物。不同区域的城市与气象参数的相关性不尽相同,而同一区域的城市则有一定的相似性,说明地理位置较近的城市,受相似的气象条件影响,局地污染的累积和稀释过程相似,区域内大气有一定的传输和混合,由此造成大气污染呈区域性分布。相似的气象条件,造成邻近城市的大气污染有相似的区域性。

大气污染的区域性特征,还可以细化为天气型区域性与气团型区域性。天气型区域性是指相邻城市具有相似的天气情况而造成污染物浓度同比例地增加或者减少。例如,乌鲁木齐地区常年各月都出现大气汇聚带,两湖盆地和四川盆地存在小的大气汇聚带和静风区,所以各污染物浓度异常高[26]。气团型区域性是指气团交替控制某个区域,气团携带的物质与该区域局地的物质相混合,整个区域的污染同时增大或减小,比如在沙尘暴期间的强冷空气气团,会席卷中国北方。

21.4.2 各地大气污染物的影响因子

中国城市的大气污染分布,是各城市的局地排放源与气象条件等因素综合作用的结果。基于各城市湿度和降雨量等气象条件、人口、面积和工业废物排放量等年均统计数据(来自1999年《国家统计年鉴》),采用简单的影响因子,分别拟合大气污染物 PM_{10}、SO_2 和 NO_2 在不同城市的浓度。大气污染物的影响因子以及拟合公式的计算结果见表21-3。① SO_2 的影响因子为:指标(index)=工业 SO_2 排放量/(湿度×降水量×日照时间×城市面积)。SO_2 的浓度与其影响因子成 S 形曲线关系,拟合公式为 $SO_2 = e^{(4.05-0.02/指标)}$ *,其 $p=0.002<0.01$。($p<0.01$ 意味着在 $\alpha=0.01$ 检验水平上);② NO_2 的影响因子为:指标=汽车拥有量×人口/(湿度×降水量×日照时间×城市面积)。NO_2 的浓度与其影响因子成直线关系,拟合公式为:$NO_2=36.8+1.82$ 指标,其 $p=0.009<0.01$。③ PM_{10} 的影响因子为:指标=(工业 SO_2 排放量+工业烟尘+工业粉尘)×人口/(湿度×降水量×日照时间×城市面积)。PM_{10} 的浓度与其影响因子成 S 形曲线关系,拟合公式为 $SO_2 = e^{(4.82-0.02/指标)}$,其 $p=0.000<0.01$。这里,工业 SO_2 排放量、工业烟尘和工业粉尘等,代表工业废物排放量,显示该城市的工业化程度;汽车拥有量代表机动车尾气排放量;人口代表居民采暖和烹饪等生活污染物排放量。可见,它们与 SO_2、NO_2 和 PM_{10}

---

* 这里 e 为自然对数的底数 2.718 28。

浓度呈显著的正相关。而湿度和日照时间代表这些一次污染物转化为二次污染物的多少,降雨量作为该地区污染气溶胶的稀释因素,它们与 SO_2、NO_2 和 PM_{10} 浓度呈显著的负相关。拟合公式的 p 值均小于 0.01,可见,这些影响因子与实际污染物的浓度值符合得很好,正说明了局地排放源和气候条件等多种因素的综合作用,决定了中国城市大气污染的区域性分布。

表 21 - 3　大气污染物的影响因子以及拟合公式

指　　标		拟　合　公　式	p
SO_2	指标 $= \dfrac{\text{工业 } SO_2 \text{ 排放量}}{(\text{湿度} \times \text{降水量} \times \text{日照时间} \times \text{城市面积})}$	$SO_2 = e^{(4.05-0.02/\text{指标})}$	0.002
NO_2	指标 $= \dfrac{\text{汽车拥有量} \times \text{人口}}{(\text{湿度} \times \text{降水量} \times \text{日照时间} \times \text{城市面积})}$	$NO_2 = 36.8 + 1.82 \text{ 指标}$	0.009
PM_{10}	指标 $= \dfrac{(\text{工业 } SO_2 \text{ 排放量} + \text{工业烟尘} + \text{工业粉尘}) \times \text{人口}}{(\text{湿度} \times \text{降水量} \times \text{日照时间} \times \text{城市面积})}$	$PM_{10} = e^{(4.82-0.02/\text{指标})}$	0.000

参考文献

[1] Zhang R J, Wang M X, Pu Y F, et al. Analysis on the chemical and physical properties of "2000. 4.6" super dust storm in Beijing. Climatic and Environmental Research, 2000, 5: 259 - 266.

[2] Sun Y, Zhuang G, Yuan H, et al. Characteristics and sources of 2002 super dust storm in Beijing. Chinese Science Bulletin, 2004, 49(7): 698 - 705.

[3] Guo J, Rahn K A, Zhuang G, et al. A mechanism for the increase of pollution elements in dust storms in Beijing. Atmospheric Environment, 2004, 38(6): 855 - 862.

[4] Zhuang G S, Guo J H, Yuan H, et al. Coupling and feedback between iron and sulphur in air-sea exchange. Chinese Science Bulletin, 2003, 48: 1080 - 1086.

[5] Liu T S, Gu X F, An Z S, et al. The dust fall in Beijing, China on April 18, 1980. Geological Society of America Special Paper, 1981, 186: 149 - 157.

[6] Lin T H. Long-range transport of yellow sand to Taiwan in Spring 2000: Observed evidence and simulation. Atmospheric Environment, 2001, 35: 5873 - 5882.

[7] Murayama T, Sugimoto N, Uno I, et al. Ground-based network observation of Asian dust events of April 1998 in East Asia. Journal of Geophysical Research, 2001, 106: 18345 - 18359.

[8] Yi S M, Lee E Y, Holsen T M. Dry deposition fluxes and size distributions of heavy metals in Seoul, Korea during yellow-sand events. Aerosol Science and Technology, 2001, 35: 569 - 576.

[9] Chun Y, Kim J, Choi J C, et al. Characteristic number size distribution of aerosol during Asian dust period in Korea. Atmospheric Environment, 2001, 35: 2715 - 2721.

[10] Uematsu M, Yoshikawa A, Muraki H, et al. Transport of mineral and anthropogenic aerosols during a Kosa even over East Asia. Journal of Geophysical Research, 2002, 107(D7): 4059.

[11] Ma C J, Kasahara M, Holler R, et al. Characteristics of single particles sampled in Japan during the Asian dust storm period. Atmospheric Environment, 2001, 35(15): 2707 - 2714.

[12] Husar R B, Tratt D M, Schichtel B A, et al. The Asian dust events of April 1998. Journal of Geophysical Research, 2001, 106: 18317 - 18330.

[13] Perry K D, Cahill T A, Schnell R C, et al. Long-range transport of anthropogenic aerosols to the National Oceanic and Atmospheric Administration baseline station at Mauna Loa Observatory, Hawaii. Journal of Geophysical Research, 1999, 104: 18521 - 18533.

[14] Tratt D M, Frouin R J, Westphal D L. April 1998 Asian dust event: A southern California perspective. Journal of Geophysical Research, 2001, 106: 18371 - 18379.

[15] Zhuang G, Huang R H, Wang M X, et al. Great progress in study on aerosol and its impact on the global environment. Progress in Natural Science, 2002, 12(6): 407 - 413.

[16] Zhang D, Iwasaka Y. Nitrate and sulfate in individual Asian dust-storm particles in Beijing, China in spring of 1995 and 1996. Atmospheric Environment, 1999, 33(19): 3213 - 3223.

[17] He K B, Yang F, Ma Y L, et al. The characteristics of $PM_{2.5}$ in Beijing, China. Atmospheric Environment, 2001, 35(29): 4959 - 4970.

[18] Yuan H, Wang Y, Zhuang G. MSA in Beijing aerosol. Chinese Science Bulletin, 2004, 49(10): 1020 - 1025.

[19] Ye B, Ji X, Yang H, et al. Concentration and chemical composition of $PM_{2.5}$ in Shanghai for a 1 yr period. Atmospheric Environment, 2003, 37: 499 - 510.

[20] Yao X, Chan C K, Fang M, et al. The water-soluble ionic composition of $PM_{2.5}$ in Shanghai and Beijing, China. Atmospheric Environment, 2002, 36: 4223 - 4234.

[21] Cheng Z L, Lam K S, Chan L Y, et al. Chemical characteristics of aerosols at coastal station in Hong Kong. I. Seasonal variation of major ions, halogens and mineral dusts between 1995 and 1996. Atmospheric Environment, 2000, 34(17): 2771 - 2783.

[22] Ho K F, Lee S C, Chan C K, et al. Characterization of chemical species in $PM_{2.5}$ and PM_{10} aerosols in Hong Kong. Atmospheric Environment, 2003, 37(1): 31 - 39.

[23] Lee E, Chan C K, Paatero P, et al. Application of Positive Matrix factorization in source apportionment of particulate pollutants in Hong Kong. Atmospheric Environment, 1999, 33: 3201 - 3212.

[24] 苏福庆,高庆先,张志刚,等.北京边界层外来污染物输送通道.环境科学研究,2004,17(1): 25 - 29,40.

[25] 任阵海,高庆先,苏福庆,等.北京大气环境的区域特征与沙尘影响.中国工程科学,2003,15(2): 49 - 56.

[26] 任阵海,万本太,苏福庆,等.当前中国大气环境质量的几个特征.环境科学研究,2004,17(1): 1 - 5.

[27] Wang Y, Zhuang G S, Tang A, et al. The ion chemistry and the source of $PM_{2.5}$ aerosol in Beijing. Atmospheric Environment, 2005, 39(21): 3771 - 3784.

[28] Yao X H, Lau A P, Fang M, et al. Size distributions and formation of ionic species in

atmospheric particulate pollutants in Beijing, China：1-inorganic ions. Atmospheric Environment, 2003, 37：2991 – 3000.

[29] 张小曳,沈志宝,张光宇,等.青藏高原远源西风粉尘与黄土堆积.中国科学(D 辑),1996,26(2)：147 – 153.

[30] Xiao H, Liu C. Chemical characteristics of water-soluble components in TSP over Guiyang, SW China, 2003. Atmospheric Environment, 2004, 38：6297 – 6306.

[31] Arimoto R, Duce R A, Savoie D L, et al. Relationships among aerosol constituents from Asia and the North Pacific during Pem-West A. Journal of Geophysical Research, 1996, 101：2011 – 2023.

[32] 籍静钰,李萍.包头市区大气颗粒物中硫酸根等四种阴离子含量水平及特征的研究.内蒙古环境保护,1997,9(4)：32 – 35.

[33] 李连科,栗俊,高广智,等.大连海域大气气溶胶特征分析.海洋环境科学,1997(3)：46 – 52.

[34] Hu M, He L, Zhang Y, et al. Seasonal variation of ionic species in fine particles at Qingdao, China. Atmospheric Environment, 2002, 36：5853 – 5859.

[35] Wang G, Huang L, Gao S X, et al. Characterization of water-soluble species of PM_{10} and $PM_{2.5}$ aerosols in urban area in Nanjing, China. Atmospheric Environment, 2002, 36(8)：1299 – 1307.

[36] Ye B, Ji X, Yang H, et al. Concentration and chemical composition of $PM_{2.5}$ in Shanghai for a 1 yr period. Atmospheric Environment, 2003, 37：499 – 510.

[37] 吴兑,陈位超.广州气溶胶质量谱的年变化特征.气象学报,1994,52(4)：499 – 533.

[38] 高金和,王玮,杜渐,等.厦门春季气溶胶特征初探.环境科学研究,1996,9(5)：33 – 37.

[39] Fang G C, Chang C N, Wu Y S, et al. Characterization of chemical species in $PM_{2.5}$ and PM_{10} aerosols in suburban and rural sites of central Taiwan. The Science of the Total Environment, 1999, 234：203 – 212.

[40] Ho K F, Lee S C, Chan C K, et al. Characterization of chemical species in $PM_{2.5}$ and PM_{10} aerosols in Hong Kong. Atmospheric Environment, 2003, 37(1)：31 – 39.

[41] 万小芳,吴增茂,常志清,等.南黄海和东海海域营养盐等物质大气入海通量的再分析.海洋环境化学,2002,21(13)：14 – 18.

第22章

华北地区严重大气污染的典型——
北京大气气溶胶的组成和来源解析

　　北京市从 20 世纪 90 年代就采取了一系列控制空气污染的措施,包括使用低硫煤、天然气或者液化气取代部分燃煤,实施汽油无铅化以及重污染工业外移等。尽管如此,由于机动车尾气排放在过去十几年里迅速增加,以及大量燃煤继续使用,加之周边华北地区大气污染物的长途传输,因而北京市的大气颗粒物浓度依然居高不下[1-8]。有关北京气溶胶的理化特性,已进行了广泛的研究[9-13]。早在 90 年代初就观测到北京 $PM_{2.5}$ 的年均浓度为 89.7 $\mu g \cdot m^{-3}$,发现有机碳(OC)、元素碳(EC)以及硫酸盐这 3 种主要成分,约占气溶胶颗粒物总质量的 2/3[14]。CMB 受体模型研究表明,柴油车尾气、煤燃烧和二次扬尘,是北京细颗粒物的主要来源。1999 年 7 月—2000 年 9 月,观测到 $PM_{2.5}$ 浓度为 37~357 $\mu g \cdot m^{-3}$,且有明显的季节变化。有机碳是 $PM_{2.5}$ 中最重要的化学组分,硫酸盐、硝酸盐和铵盐也是其中主要组分[15]。X. H. Yao 等人报道了 $PM_{2.5}$ 中的离子组成,硫酸盐、硝酸盐和铵盐分别占总可溶性离子质量的 44%、25% 和 16%;讨论了不同粒径范围内的离子特性和形成机制;推断硫酸盐在夏季主要形成于云中过程,而在春季主要来源于非云中颗粒物表面的异相反应[16,17]。由于北京位于亚洲沙尘的下风向地区,亚洲沙尘所携带的矿物气溶胶混合了沿途各种污染气溶胶,长距离传输沙尘和人为污染物的混合气溶胶又与北京当地气溶胶混合,使得北京气溶胶的特性变得更为复杂。我们于 2002 年到 2003 年连续 2 年在北京交通区(位于二环和三环之间的北京师范大学)、工业区(位于首钢附近的北辛安小学)和居民区(位于四环附近的怡海花园)3 个采样点同步采集 PM_{10} 和 $PM_{2.5}$ 气溶胶样品,测定了大气气溶胶中的 23 种元素、15 种离子以及元素碳和有机碳。交通点位于北京师范大学科技楼 12 楼屋顶约 40 m 高,居民点位于怡海花园内一座居民楼的楼顶(约 40 m 高),工业点位于首钢北辛安小学内的一个平房顶(约 4 m 高)。这 3 个采样点基本覆盖了北京各类不同的功能区,可以反映北京各区域的大气状况。采样点位置见图 22-1。采样和化学分析方法详见第 7、8、10章。本章基于 2 年的连续观测,系统分析北京大气气溶胶及其组分的季节变化与空间变化,进而揭示北京大气气溶胶的来源及形成机制。

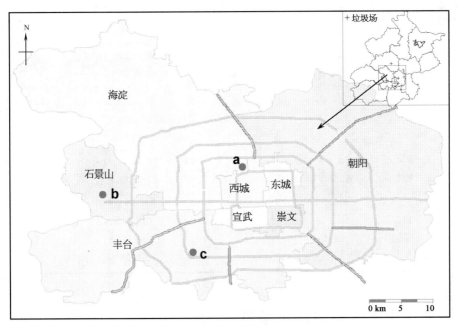

图 22 - 1　采样点图(彩图见下载文件包,网址见 14 页脚注)

(a) 北师大;(b) 首钢;(c) 怡海花园。

22.1　北京大气气溶胶 PM$_{10}$ 和 PM$_{2.5}$ 的浓度

表 22 - 1 显示了北京冬夏季 PM$_{10}$ 和 PM$_{2.5}$ 的质量浓度。夏季北师大、首钢和怡海花园 3 个采样点 PM$_{10}$ 的平均浓度分别为 172.2、170.0 和 150.1 $\mu g \cdot m^{-3}$,均低于其在冬季的平均浓度 184.4、287.7 和 292.7 $\mu g \cdot m^3$。夏季 PM$_{2.5}$ 在 3 个采样点的平均浓度分别为 77.3、82.2 和 75.4 $\mu g \cdot m^{-3}$,也均低于其在冬季的平均浓度 135.7、140.8 和 182.2 $\mu g \cdot m^{-3}$。在所有采样点的各个季节里,PM$_{10}$ 浓度均超过国家空气质量二级标准(150 $\mu g \cdot m^{-3}$,通常定义为轻微污染);PM$_{2.5}$ 在夏季和冬季的浓度,分别比美国国家环保局制定的空气质量标准(年均值不得高于 15 $\mu g \cdot m^{-3}$)高出 5 倍和 8～11 倍。这些结果清楚地表明,北京市大气颗粒物污染严重,而且冬季较夏季尤甚。从下面的讨论中,可以进一步看到煤燃烧、汽车尾气及长距离传输尘,是北京气溶胶污染的主要来源。

表 22 - 1 也列出了 PM$_{2.5}$／PM$_{10}$ 的比值。冬季北师大、首钢和怡海花园 PM$_{2.5}$／PM$_{10}$ 的平均比值分别为 0.73、0.52 和 0.61,夏季则分别为 0.45、0.48 和 0.47。显然,细颗粒物 PM$_{2.5}$ 贡献了北京夏季可吸入颗粒物的大约一半,冬季则更多。北京地处亚洲沙尘长距离输送到北太平洋甚至美洲大陆的必经之地,因此北京颗粒物污染中如此高的细颗粒物比例,不仅会对人体健康,而且会对全球环境变化产生深远影响。

表 22 - 1　不同采样点 PM_{10} 和 $PM_{2.5}$ 的平均质量浓度($\mu g \cdot m^{-3}$)以及 $PM_{2.5}/PM_{10}$ 比值

采样点	成　分	夏　季				冬　季			
		平均值 (标准偏差)	最小值	最大值	数目	平均值 (标准偏差)	最小值	最大值	数目
北师大	PM_{10}	172.2(101.9)	23.9	461.5	22	184.4(130.5)	29.4	446.1	20
	$PM_{2.5}$	77.3(55.7)	15.8	216.2	20	135.7(96.6)	24.0	349.2	20
	$PM_{2.5}/PM_{10}$	0.45(0.22)	0.08	0.96	20	0.73(0.16)	0.30	0.99	18
首　钢	PM_{10}	170.0(66.7)	51.1	310.8	22	287.7(155.7)	40.5	573.2	18
	$PM_{2.5}$	82.2(49.5)	12.2	169.5	22	140.8(73.9)	21.3	301.3	20
	$PM_{2.5}/PM_{10}$	0.48(0.21)	0.06	0.87	22	0.52(0.15)	0.26	0.84	18
怡海花园	PM_{10}	150.1(56.9)	63.7	275.7	21	292.7(172.7)	81.6	631.9	18
	$PM_{2.5}$	75.4(45.6)	14.6	179.7	21	182.2(120.8)	43.5	460.9	20
	$PM_{2.5}/PM_{10}$	0.47(0.17)	0.19	0.69	21	0.61(0.09)	0.45	0.84	17

22.2　北京大气气溶胶的化学组成

　　大气气溶胶是不同种类化合物的混合物。气溶胶的化学组成指的是,混合了这些化合物的大气颗粒物的主要化学组分。基于气溶胶的质量平衡原理,根据测定的气溶胶中元素、可溶性离子、有机碳和元素碳的浓度,可测算北京大气气溶胶的化学组成。气溶胶的成分分析基于以下 3 个假设:① 用有机碳浓度的 1.2 倍作为气溶胶中的有机物浓度。1.2 倍是为了包含有机化合物中未测的 H 和 O。气溶胶中有机化合物真正的化学组成并没有完全明了,文献中采用的转换倍数 1.2 或 1.4[18, 19],也是有争议的。本章如果采用倍数 1.4,将会导致总质量超过 100%,所以我们采用了倍数 1.2。② 用 Al、Si、Ca、Fe、Ti、Mg、K 和 Na 的常见氧化物的总和作为地壳物质。受到分析方法的限制,本研究未有元素 Si 的数据,本文中 Si 的浓度是根据参考文献[20,21]中 Si/Al 的浓度比(4.0)推算所得。③ 痕量成分是排除上面地壳物质中提到的 Al、Si、Ca、Fe、Ti、Mg、K 和 Na 之外的所有测得元素之和。

　　图 22 - 2 展示了不同采样点、不同季节的气溶胶中的化学组成及各组分的浓度。结果表明,无论冬季还是夏季,SO_4^{2-}、NO_3^-、NH_4^+、有机物、地壳物质和元素 C,是北京大气气溶胶 $PM_{2.5}$ 中的 6 种主要组成成分,这 6 种组分总和占总质量浓度的 85.8%~97.7%。其中,SO_4^{2-} 为 16.4%~26.1%,NO_3^- 为 9.6%~17.5%,NH_4^+ 为 9.4%~14.3%,有机物为 13.3%~30.9%,地壳物质为 12.5%~15.5%,元素 C 为 6.7%~12.0%。如果假设所有的 SO_4^{2-} 均以 $(NH_4)_2SO_4$ 形式存在,那么其在夏季和冬季分别占 $PM_{2.5}$ 总量的 32.6% 和 25.3%;SO_4^{2-}、NO_3^- 和 NH_4^+ 三者总和在夏季和冬季分别占 $PM_{2.5}$ 的 53.9% 和 39.3%。上述化学组成表明,煤燃烧和汽车尾气是北京大气气溶胶的两大主要来源。

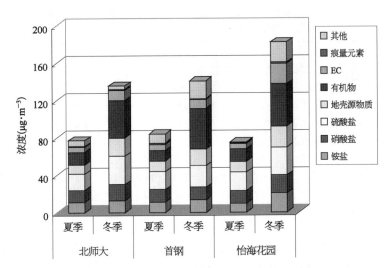

图 22 - 2　北师大、首钢和怡海花园采样点 PM$_{2.5}$的平均化学组成
（彩图见图版第 11 页，也见下载文件包，网址见正文 14 页脚注）

在所有采样点，有机碳和元素碳浓度占 PM$_{2.5}$总质量浓度的百分比率，冬季要高于夏季，而硫酸盐和硝酸盐则夏季高于冬季。例如在怡海地区，冬季有机碳和元素碳分别占 PM$_{2.5}$总浓度的 24.7％和 12.0％，显著高于夏季的 17.8％和 7.9％。冬季高比率的有机物可能与冬季燃煤取暖有关。在夏季，SO$_4^{2-}$、NO$_3^-$和 NH$_4^+$分别占 PM$_{2.5}$总浓度的 26.1％、17.5％和 12.9％，而冬季仅占 16.4％、10.6％和 11.1％。夏季高强度的光照以及较高的温度，有利于大气中的光化学反应，导致二次气溶胶大量生成，而使得夏季 SO$_4^{2-}$、NO$_3^-$和 NH$_4^+$在气溶胶总质量浓度中占有高百分比率。代表沙尘的地壳物质，夏季占 PM$_{2.5}$总浓度 13.0％～15.5％，冬季占 12.5％～14.5％，且在北京 3 个采样点的分布比较均匀。这个结果表明，不仅有本地扬尘，而且由于北京地处亚洲沙尘长途传输的必经之地，外地入侵也是北京细颗粒物的一个重要来源。

22.3　北京大气气溶胶的空间分布

表 22 - 2 和表 22 - 3 列出了 PM$_{10}$和 PM$_{2.5}$中化学组分的浓度。居民区怡海花园的 PM$_{10}$浓度最高。这是因为冬季居民区取暖消耗更多燃煤，而产生更多污染气溶胶。加之，冬季西北风把位于上风向的首钢排放的污染物携带到怡海花园，使其污染在 3 个采样点中最严重。在首钢，冬季燃煤增多使其污染水平高于交通区(北师大)。夏季怡海花园 PM$_{10}$浓度比其他 2 个点都低，表明夏季居民区污染源相对较少。交通区(北师大)的 PM$_{2.5}$／PM$_{10}$比率，是 3 个点中最高的。这是由于交通区机动车排放的尾气，转化成更多的细粒子 PM$_{2.5}$。不同采样点的 PM$_{2.5}$浓度，在夏季和冬季没有显著差异。这是由于 PM$_{2.5}$气溶胶在大气中停滞时间较长，可传输到更远距离，可以更好地相互混合，从而使其空间分布较为均匀。

表 22-2　夏季 3 个采样点元素和离子的浓度数据(Co、Cd 和
　　　　V 的单位为 $ng \cdot m^{-3}$，其余为 $\mu g \cdot m^{-3}$)

成　分	北师大		首　钢		怡海花园	
	PM_{10}	$PM_{2.5}$	PM_{10}	$PM_{2.5}$	PM_{10}	$PM_{2.5}$
NH_4^+	11.9(9.39)	10.4(7.74)	12.1(8.53)	11.0(6.59)	10.8(7.75)	9.75(6.78)
K^+	1.74(2.18)	1.20(1.32)	1.77(1.56)	1.53(1.24)	1.68(1.77)	1.21(1.64)
F^-	0.38(0.30)	0.11(0.11)	0.37(0.16)	0.06(0.04)	0.36(0.20)	0.10(0.06)
Cl^-	2.69(2.32)	1.93(1.50)	2.91(2.04)	1.98(1.12)	2.29(1.45)	1.69(1.30)
NO_3^-	21.1(17.3)	12.2(12.6)	18.6(13.1)	13.3(9.26)	18.2(12.6)	13.2(10.3)
SO_4^{2-}	24.8(22.3)	16.0(17.3)	24.9(19.8)	19.2(14.0)	25.4(20.4)	19.7(16.2)
As	0.02(0.02)	0.01(0.01)	0.04(0.06)	0.04(0.06)	0.03(0.03)	0.02(0.04)
Cr	0.04(0.02)	0.02(0.01)	0.04(0.02)	0.03(0.04)	0.02(0.01)	0.03(0.07)
Zn	0.33(0.26)	0.32(0.21)	0.69(0.33)	0.63(0.29)	0.42(0.26)	0.27(0.12)
Sr	0.02(0.02)	0.02(0.004)	0.05(0.02)	0.02(0.01)	0.05(0.04)	0.01(0.01)
Pb	0.11(0.09)	0.11(0.05)	0.22(0.11)	0.20(0.10)	0.11(0.08)	0.10(0.05)
Ni	0.04(0.03)	0.06(0.03)	0.05(0.05)	0.06(0.06)	0.05(0.03)	0.07(0.07)
Co	未检测出	3.85(0.60)	2.91(1.67)	1.56(1.00)	1.64(0.96)	0.54(0.48)
Cd	2.43(2.81)	3.69(1.99)	4.36(3.62)	3.47(2.28)	2.69(2.21)	1.70(1.01)
Fe	3.73(2.36)	0.65(0.32)	6.16(2.29)	1.91(0.99)	3.26(1.56)	1.00(0.50)
Mn	0.11(0.06)	0.03(0.02)	0.18(0.09)	0.08(0.04)	0.09(0.03)	0.05(0.02)
Mg	2.04(1.09)	0.22(0.08)	1.62(0.52)	0.19(0.18)	1.46(0.07)	0.29(0.12)
V	未检测出	19.0(5.45)	97.5(11.7)	59.0(27.6)	57.2(31.0)	57.1(26.5)
Ca	9.05(5.21)	0.75(0.35)	8.79(3.27)	1.02(0.34)	5.78(3.00)	0.96(0.61)
Cu	0.05(0.04)	0.04(0.03)	0.05(0.04)	0.04(0.05)	0.06(0.04)	0.07(0.08)
Ti	0.33(0.21)	0.03(0.01)	0.27(0.08)	0.04(0.01)	0.22(0.10)	0.05(0.03)
Al	5.33(3.55)	0.53(0.24)	4.77(2.02)	0.49(0.15)	3.36(1.77)	0.68(0.35)
Na	1.60(1.10)	0.39(0.23)	1.07(0.65)	0.25(0.31)	0.92(0.84)	0.27(0.18)
S	7.83(7.18)	5.89(4.84)	8.32(6.73)	6.53(4.80)	8.18(6.82)	6.68(4.91)
OC	未检测出	11.5(3.7)	未检测出	9.3(3.2)	未检测出	11.2(3.8)
EC	未检测出	5.2(2.4)	未检测出	6.6(3.2)	未检测出	5.9(2.6)

表 22-3　冬季 3 个采样点元素和离子的浓度数据(Co、Cd 和
　　　　V 的单位为 $ng \cdot m^{-3}$，其余为 $\mu g \cdot m^{-3}$)

成　分	北师大		首　钢		怡海花园	
	PM_{10}	$PM_{2.5}$	PM_{10}	$PM_{2.5}$	PM_{10}	$PM_{2.5}$
NH_4^+	13.7(12.0)	12.9(10.7)	19.1(13.4)	13.3(7.18)	18.9(12.1)	20.3(10.4)
K^+	1.88(1.75)	1.94(1.80)	3.25(2.76)	1.88(1.33)	3.21(2.62)	4.23(2.10)
F^-	0.98(0.66)	0.58(0.30)	1.47(0.78)	0.58(0.33)	1.30(0.94)	0.59(0.43)
Cl^-	7.17(4.02)	6.38(3.45)	9.80(3.78)	6.57(2.07)	9.66(6.12)	7.36(4.69)
NO_3^-	18.7(18.4)	17.0(15.4)	23.2(19.2)	13.5(9.17)	27.3(19.9)	19.3(13.7)

（续表）

成　分	北师大		首　钢		怡海花园	
	PM$_{10}$	PM$_{2.5}$	PM$_{10}$	PM$_{2.5}$	PM$_{10}$	PM$_{2.5}$
SO$_4^{2-}$	34.5(32.8)	30.4(25.4)	40.5(35.4)	23.1(17.1)	46.0(39.1)	29.9(23.4)
As	0.06(0.07)	0.05(0.05)	0.09(0.06)	0.05(0.03)	0.08(0.06)	0.06(0.04)
Cr	0.04(0.06)	0.02(0.01)	0.008(0.007)	0.03(0.01)	0.03(0.02)	0.03(0.02)
Zn	0.68(0.65)	0.58(0.56)	0.87(0.73)	0.49(0.29)	1.14(0.85)	0.73(0.50)
Sr	0.06(0.03)	0.02(0.01)	0.09(0.04)	0.01(0.01)	0.11(0.06)	0.03(0.02)
Pb	0.37(0.37)	0.31(0.33)	0.46(0.40)	0.27(0.17)	0.49(0.42)	0.32(0.23)
Ni	0.11(0.11)	0.08(0.06)	0.09(0.07)	0.06(0.05)	0.13(0.08)	0.08(0.05)
Co	5.56(1.99)	3.58(1.46)	4.41(1.81)	1.14(0.83)	5.13(2.95)	2.85(1.47)
Cd	15.2(20.6)	11.2(15.9)	15.0(1.84)	7.63(7.38)	21.9(25.6)	10.6(11.8)
Fe	2.62(1.35)	1.04(0.59)	4.97(2.41)	1.06(0.38)	4.17(2.57)	1.18(0.89)
Mn	0.11(0.06)	0.08(0.05)	0.21(0.12)	0.10(0.04)	0.19(0.11)	0.10(0.06)
Mg	0.95(0.58)	0.32(0.16)	1.38(0.79)	0.28(0.09)	1.31(0.90)	0.33(0.18)
V	7.36(5.00)	2.49(2.08)	29.2(9.04)	23.2(19.3)	18.0(9.86)	12.6(10.3)
Ca	4.57(1.92)	1.67(0.68)	14.9(8.48)	2.04(0.58)	13.6(9.57)	2.44(1.81)
Cu	0.11(0.11)	0.08(0.06)	0.09(0.07)	0.05(0.03)	0.12(0.07)	0.07(0.05)
Ti	0.24(0.11)	0.07(0.03)	0.36(0.17)	0.06(0.02)	0.34(0.18)	0.08(0.07)
Al	4.05(2.13)	1.11(0.55)	6.08(2.87)	0.85(0.44)	5.54(3.18)	0.99(0.63)
Na	1.86(1.16)	1.15(0.79)	2.56(1.46)	1.14(0.93)	2.52(1.82)	1.28(1.10)
S	10.0(10.7)	8.71(8.57)	14.0(13.0)	7.77(6.32)	14.6(12.6)	9.44(7.55)
OC	未检测出	33.2(26.4)	未检测出	36.3(22.8)	未检测出	37.5(11.2)
EC	未检测出	11.0(9.4)	未检测出	9.8(6.8)	未检测出	21.9(12.1)

　　气溶胶各组分的浓度,取决于其源头的排放强度和该组分与其源头的距离。对于那些多源头组分,其空间变化在不同季节有明显不同。北师大、首钢和怡海花园 3 个地区夏季 PM$_{10}$ 中 Al 的平均浓度分别是 5.33、4.77 和 3.36 μg·m^{-3},冬季则分别为 4.05、6.08 和 5.54 μg·m^{-3}。夏季 Al 在交通区(北师大)的浓度最高,这可能与机动车引起的道路扬尘以及附近工地的建筑扬尘有关。而冬季工业区(首钢)高浓度的 Al 则与来自工业生产的煤烟灰及道路扬尘有关。夏季 PM$_{10}$ 和 PM$_{2.5}$ 中 Fe、Zn 和 Pb 的浓度在首钢最高,怡海花园则最低。比如,夏季首钢的 PM$_{10}$ 和 PM$_{2.5}$ 中 Zn 的浓度分别为 0.69 和 0.63 μg·m^{-3},比其他 2 个地方都高,Pb 的浓度也比另外 2 个点高出近 2 倍。首钢是污染元素诸如 Zn 和 Pb 以及元素 Fe 和 Mn 等的最大工业排放源,所以这些元素的浓度在采样点首钢要比其他 2 个点高。怡海花园是居民区,夏季空气相对清洁,所以污染元素浓度最低。冬季首钢的 Fe 浓度最高,显然来自工业排放;而冬季 Zn 和 Pb 的浓度在怡海花园最高,可能是由于冬季燃煤取暖增多带来的污染物,以及西北风从上风向地区(如首钢)带来的工业污染物的双重影响。尽管北京从 1997 年起就禁止使用含铅汽油,但北京气溶胶中 Pb 的含量与

美国同类城市相比还是很高。工业区高浓度的 Pb，表明工业排放源可能是北京 Pb 的一个重要来源。如同上面提到的 $PM_{2.5}$ 总质量浓度的空间分布一样，$PM_{2.5}$ 化学组分的空间分布也相对均匀。例如，北师大、首钢和怡海花园冬季 Fe 的平均浓度分别为 1.04、1.06 和 1.18 $\mu g \cdot m^{-3}$，没有什么显著差异。而硫酸盐和硝酸盐无论夏季还是冬季，在不同点的分布也相对均匀，因为硝酸盐和硫酸盐主要通过其前体物 SO_2 和 NO_x 的均相或异相反应转化而来，受点源的影响不大。同时这也说明，北京气溶胶中的硫酸盐和硝酸盐，可能有部分来自长途传输的气溶胶。

22.4 北京大气气溶胶的时间分布和季节变化

图 22-3 为怡海花园采样点 PM_{10} 和 $PM_{2.5}$ 中 6 种元素（Fe、Ca、Al、Zn、Pb、Cu）和 3

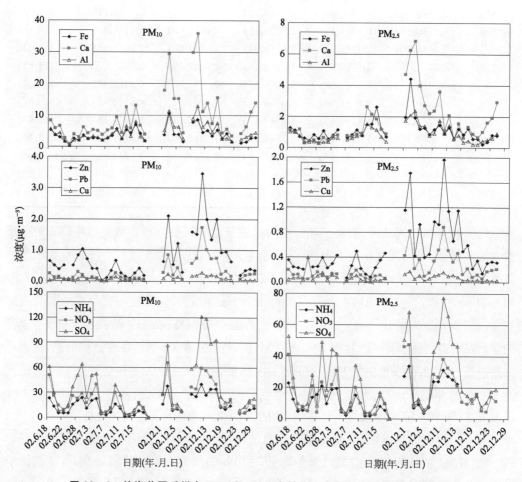

图 22-3 怡海花园采样点 PM_{10} 和 $PM_{2.5}$ 中某些元素和离子随时间的变化图
（彩图见下载文件包，网址见 14 页脚注）

种离子(NH_4^+、NO_3^- 和 SO_4^{2-})的时间变化图。这些元素和离子都呈现出强的日变化。PM_{10} 中 Fe 的浓度范围为 $0.47\sim10.60$ $\mu g \cdot m^{-3}$,Ca 为 $0.71\sim35.76$ $\mu g \cdot m^{-3}$,Al 为 $0.35\sim12.82$ $\mu g \cdot m^{-3}$,Zn 为 $0.038\sim3.45$ $\mu g \cdot m^{-3}$,Pb 为 $0.004\,1\sim1.74$ $\mu g \cdot m^{-3}$,Cu 为 $0.016\sim0.27$ $\mu g \cdot m^{-3}$,NH_4^+ 为 $1.26\sim40.60$ $\mu g \cdot m^{-3}$,NO_3^- 为 $3.57\sim65.60$ $\mu g \cdot m^{-3}$,SO_4^{2-} 为 $3.30\sim121.11$ $\mu g \cdot m^{-3}$。与此类似,$PM_{2.5}$ 中这些元素和离子的日变化也很大。例如,Al 的浓度变化范围为 $0.29\sim2.36$ $\mu g \cdot m^{-3}$,Zn 为 $0.067\sim1.96$ $\mu g \cdot m^{-3}$,SO_4^{2-} 为 $3.49\sim77.09$ $\mu g \cdot m^{-3}$。这种日变化应归因于气象因素,如温度、相对湿度、风速等的变化。它们或者有利于污染物的扩散,或者有利于污染物的积累。此外,不同时间的源排放强度变化,也会影响这些变化。

图 22-3 也显示了气溶胶中化学组分的季节变化。冬季元素和离子的浓度约是夏季的 $1\sim3$ 倍。表 22-4 给出了采样期间 SO_2、NO_2、CO 和 O_3 的平均浓度。冬季 SO_2、NO_2 和 CO 的平均浓度分别为 156 $\mu g \cdot m^{-3}$、98.2 $\mu g \cdot m^{-3}$ 和 8.4 $mg \cdot m^{-3}$,为夏季浓度的 10、1.5 和 2.9 倍。工业排放量在全年各个季节一般不会有显著差异,冬季取暖消耗燃煤产生较高浓度的 SO_2,导致气溶胶中有较高浓度的硫酸盐。Yao 等[16]也发现,冬季 SO_2 和硫酸盐有高相关性。冬季高浓度的 NO_2 和 CO 可能与 2 个因素有关。一是冬季燃煤用量增加,排放出更多的 NO_2 和 CO;二是机动车辆由于冬季的冷发动,而排放出更多的汽车尾气。冬季较高浓度的硝酸盐,还由于该季节较低的温度有利于气态硝酸向颗粒态的 NH_4NO_3 转化[22]。气象条件也是影响空气污染程度的重要因素。图 22-4 给出了采样期间风速、温度、相对湿度等各种气象条件的变化。冬季较低的风速和低温,有利于污染物的积累;而夏季的高温,则有利于空气的对流和污染物的扩散。此外,冬季裸露的地表易于起扬尘,而夏季较多的雨水则更利于颗粒物的清除。值得注意的是,夏季 O_3 的浓度为 93.0 $\mu g \cdot m^{-3}$,比冬季 20.6 $\mu g \cdot m^{-3}$ 高出了 4.5 倍。如此高浓度的 O_3,会促进光化学反应,并生成更多的二次气溶胶。因此如上文所提及,SO_4^{2-}、NO_3^- 和 NH_4^+ 在夏季所占总质量浓度的百分比(26.1%、17.5% 和 12.9%)高于冬季(16.4%、10.6% 和 11.1%)。夏季的气象条件加上夏季较高浓度的 O_3,决定了北京夏季气溶胶含有较高的二次污染气溶胶,这是北京大气气溶胶的典型特征之一。

表 22-4　采样期间 SO_2、NO_2、CO 和 O_3 的浓度(CO 单位为 $mg \cdot m^{-3}$,其余的为 $\mu g \cdot m^{-3}$)

成分	夏　季					冬　季				
	平均值	标准偏差	最小值	最大值	数目	平均值	标准偏差	最小值	最大值	数目
SO_2	15	6	7	33	33	156	55	56	261	31
NO_2	64.4	11.9	38.4	88.8	33	98.2	34.9	38.4	180.8	31
CO	2.9	0.9	1.5	5	33	8.4	6.7	1.9	31.5	29
O_3	93.0	46.3	14.4	177.6	33	20.6	14.3	7.2	50.4	29

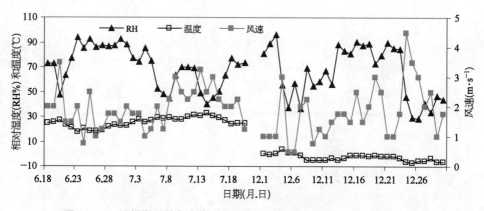

图 22 - 4　采样期间的气象条件(彩图见下载文件包,网址见 14 页脚注)

22.5　北京大气气溶胶的来源分析

表 22－5 和表 22－6 展示了基于上述 3 个采样点 PM_{10} 和 $PM_{2.5}$ 的元素与离子数据,采用因子分析法对北京气溶胶进行源解析的结果(排除了某些因检测限的限制而致使数据量较少而不适用于统计分析的组分,只采用了 19 种化学组分,即 As、Zn、Pb、Ni、Cd、Fe、Mn、Mg、Ca、Cu、Ti、Al、Na、NH_4^+、K^+、Cl^-、F^-、NO_3^-、SO_4^{2-})。对 PM_{10},解析出了 4 个因子,共解释了所有变量的 88.3％。所有化学组分的公因子方差均大于 0.82,表明 4 个因子的解析结果可靠。第一个因子解释了大部分变量(60.5％),且 As、Zn、Pb、Ni、Cd 和 Cu 有高的负载。这一因子代表了工业和汽车尾气的复合源。冶金过程排放出大量的 Cu、Zn 和 Ni,而汽车尾气也含有大量的 Cu、Zn 和 Ni。北京从 1997 年起就禁止使用含铅汽油,机动车尾气不再是北京气溶胶中 Pb 的主要来源。工业排放、道路扬尘以及外地传输,便成了 Pb 的可能来源。第二个因子中 Fe、Mn、Mg、Ca、Ti、Al 和 Na 有高的负载,并解释了总变量的 17.8％。这个因子显然与来自道路扬尘和外地入侵尘的矿物气溶胶有关。第三个因子中 NO_3^-、SO_4^{2-}、NH_4^+ 有高负载。很显然,该因子主要与燃煤排放的污染物通过化学转化形成二次气溶胶即 $(NH_4)_2SO_4$ 和 NH_4NO_3 有关。第四个因子中 Cl^- 和 F^- 有高负载,可能来自废弃物燃烧和部分的煤炭燃烧。Cl^- 可能来自聚氯乙烯塑料的焚烧。冬季高浓度的 Cl^- 则有可能来自燃煤。北京的许多垃圾场在粉碎垃圾进行焚烧的同时,也会释放大量的污染物质,如 HCl 和 HF,以及其他的元素如 Cr、Cu、Pb 和 Mn。这些从垃圾焚烧中产生的污染物,可以被传输到整个城区,成为北京大气气溶胶的重要来源。

$PM_{2.5}$ 因子分析解析出的 6 个因子,共解释了所有变量的 87.4％。除了 NO_3^- 的公因子方差为 0.64 外,其余化学组分的公因子方差均大于 0.90。第一个因子代表二次气溶胶

表 22 - 5 PM₁₀化学组分的最大方差旋转因子矩阵负载

成 分	因子 1 工业和机动车排放	因子 2 道路尘	因子 3 二次源	因子 4 废弃物及煤燃烧	公因子方差
NH_4^+	0.55	0.16	0.76	0.23	0.96
NO_3^-	0.39	0.25	0.85	0.16	0.90
SO_4^{2-}	0.61	0.13	0.73	0.15	0.90
K^+	0.34	0.36	0.70	0.36	0.95
F^-	0.33	0.32	0.24	0.81	0.94
Cl^-	0.43	0.25	0.35	0.77	0.95
As	0.79	0.11	0.25	0.24	0.82
Zn	0.84	0.24	0.35	0.17	0.92
Pb	0.88	0.19	0.30	0.22	0.96
Ni	0.80	0.14	0.28	0.30	0.99
Cd	0.90	0.02	0.14	0.05	0.85
Fe	0.15	0.87	0.16	0.00	0.88
Mn	0.53	0.68	0.19	0.18	0.90
Mg	−0.09	0.92	0.18	−0.03	0.91
Ca	0.11	0.82	0.03	0.43	0.87
Cu	0.76	0.16	0.31	0.27	0.99
Ti	0.17	0.88	0.14	0.28	0.96
Al	0.18	0.90	0.14	0.26	0.96
Na	0.35	0.62	0.22	0.59	0.91
%变量	60.5	17.8	5.1	5.0	88.3

表 22 - 6 PM₂.₅化学组分的最大方差旋转因子矩阵负载

成 分	因子 1 工业和机动车排放	因子 2 道路尘	因子 3 二次源	因子 4 废弃物及煤燃烧	公因子方差
NH_4^+	0.55	0.16	0.76	0.23	0.96
NO_3^-	0.39	0.25	0.85	0.16	0.90
SO_4^{2-}	0.61	0.13	0.73	0.15	0.90
K^+	0.34	0.36	0.70	0.36	0.95
F^-	0.33	0.32	0.24	0.81	0.94
Cl^-	0.43	0.25	0.35	0.77	0.95
As	0.79	0.11	0.25	0.24	0.82
Zn	0.84	0.24	0.35	0.17	0.92
Pb	0.88	0.19	0.30	0.22	0.96
Ni	0.80	0.14	0.28	0.30	0.99
Cd	0.90	0.02	0.14	0.05	0.85
Fe	0.15	0.87	0.16	0.00	0.88
Mn	0.53	0.68	0.19	0.18	0.90

(续表)

成　　分	因子 1 工业和机动车排放	因子 2 道路尘	因子 3 二次源	因子 4 废弃物及煤燃烧	公因子方差
Mg	−0.09	0.92	0.18	−0.03	0.91
Ca	0.11	0.82	0.03	0.43	0.87
Cu	0.76	0.16	0.31	0.27	0.99
Ti	0.17	0.88	0.14	0.28	0.96
Al	0.18	0.90	0.14	0.26	0.96
Na	0.35	0.62	0.22	0.59	0.91
%变量	60.5	17.8	5.1	5.0	88.3

源，NO_3^-、SO_4^{2-} 和 NH_4^+ 具有高的负载。该因子解释了总变量的 53.7%。第二个因子同 Mg、Ca、Ti 和 Al 相关，代表了上面所提到的矿物气溶胶源，可能来自道路扬尘或者外地长途传输尘。第三个因子中 Fe 有高的负载，Mn 有中等负载。该因子代表冶金源，很可能来自首都钢铁公司。Mn 通常与金属冶炼过程相关[23]，而 Fe 也会在燃煤或者自然源产生的飞灰中富集[24]。这些来源也可能对该因子有所贡献。第四个因子中 Ni 和 Cu 有高的负载，可能代表机动车排放源。重油燃烧是气溶胶中 Ni 和 V 的重要来源[25]。第五个因子中 As、Zn、Pb 和 Cd 有负载，很明显代表工业排放源，尤其是非金属冶炼工业。E. Lee 等人[26]在研究香港颗粒污染物的来源时，也解析出相似的因子。第六个因子与 Cl^- 和 F^- 相关，可能代表了上面提及的垃圾焚烧和部分煤炭燃烧源。

22.6　北京矿物气溶胶的外来源

我们开发了一种新的元素示踪技术，用来估算北京矿物气溶胶外来源的相对贡献量，并提出区分本地源和外地源示踪物必须满足的 3 个条件（详见第 16 章）[27]。经过对北京地区可能的外来源和本地源，以及覆盖北京所有代表性地区收集的大量表层土壤和气溶胶样品的监测与分析，考察了所得到的所有元素的数据。我们发现有关元素之间的比值，尤其是元素 Mg 和 Al 的比值（Mg／Al），基本上能满足区分矿物气溶胶来源的 3 条基本原则[28]。

来自北部和西北方向的沙尘，是北京矿物气溶胶的 2 个主要外来源[29]。内蒙古黄土中高达 91.4% 的颗粒，可以形成矿物气溶胶；而甘肃沙漠和内蒙古呼和浩特煤灰只有 15.6% 和 7.2% 可以形成矿物气溶胶[30]。通过两者比较可见，内蒙古黄土无疑对北京地区的矿物气溶胶有最大影响，而甘肃民勤沙漠和内蒙古巴丹吉林沙漠以及内蒙古呼和浩特煤灰，对北京矿物气溶胶的影响相对较小。位于北京正北方、海拔比北京高近 1 000 m 的内蒙古多伦和河北丰宁等地区，近几年来沙化趋势日益严重。强劲的北风或者西北风，尤其是在每年的冬春季，携带着大量的沙尘入侵北京，成为北京矿物气溶胶的重要部分。无疑,多伦和丰宁等地区的沙尘,是北京矿物气溶胶的重要外来源。多伦和丰宁土壤中 Mg/Al 的平均比值分别为 0.12 和 0.15,两者非常接近,因此我们采用其平均比值 0.14 作为北京地区正北方向外来源的代表。地处北京西北方向的昌平区定陵属于远郊区,基本上能够反映北京地区西北方向外来源的一些特征。内蒙古黄土高原位于北京西部偏北,其黄土中的 Mg/Al(0.21)与昌平区定陵的地面扬尘(0.23)非常接近,与黄土高原陕西洛川的 Mg/Al 值(0.19)也非常相近[31],因此可采用内蒙古黄土中的 Mg/Al 值,作为北京地区西部和西北方向外来源的代表。作为估算方法,采用来自西部和西北方向的内蒙古黄土(0.21)与来自北部方向的沙土(0.14)两者的 Mg/Al 平均值(0.175)作为北京矿物气溶胶外来源的代表,是可以接受的简化。我们所采集的北京有代表性地区的表层土壤中,Mg/Al 比值的变化范围为 0.28~0.61,仅在 1~2 倍间,且所有数值均明显高于内蒙古黄土和沙土(Mg/Al≈0.14),可用以区别于外来源。因此,用北京地区各地所采集的地面扬尘 Mg/Al 的平均值(0.45)作为本地源的代表值,用来估算北京地区矿物气溶胶的本地源,是相对合理的。基于元素 Mg 和 Al 的比值(Mg/Al)在上述外来源和本地源沙尘(即矿物气溶胶)中的代表值,可以对北京大气气溶胶中矿物气溶胶部分的本地源和外来源的贡献量进行估算。设北京地区矿物气溶胶本地源的百分含量为 X,外来源的百分含量为 Y。假设在由源区物质形成的矿物气溶胶的长途输送中,其成分保持不变,则可得:

$$(Mg/Al)_{气溶胶} = X \times (Mg/Al)_{本地} + Y \times (Mg/Al)_{外来} \qquad (22-1)$$

$$X + Y = 1 \qquad (22-2)$$

式中,$(Mg/Al)_{气溶胶}$ 为北京气溶胶中的 Mg/Al 值,$(Mg/Al)_{本地}$ 和 $(Mg/Al)_{外来}$ 分别为北京地区矿物气溶胶本地源和外来源的 Mg/Al 值。

表 22-7 列出了根据上面公式计算的北京矿物气溶胶的本地源和外来源的相对平均贡献量。夏季 PM_{10} 和 $PM_{2.5}$ 的外来源贡献量,分别占 19% 和 20%。冬季则分别为 79% 和 37%。在 2002 年春季,北京 PM_{10} 和 $PM_{2.5}$ 的外来源贡献量分别达 69% 和 76%;而且在 3 月 20—22 日的沙尘暴期间,TSP、PM_{10} 和 $PM_{2.5}$ 的外来源贡献量,甚至高达 97%、79% 和 76%。这些结果表明,外来源对北京矿物气溶胶有重要贡献,而且在冬春季节较夏季尤甚。

表 22-7　气溶胶和土壤样品中的 Mg/Al 值,以及北京矿物气溶胶的外来源贡献量

类　　型	平均值	最小值	最大值	贡献量(%)
TSP-春季	0.27	0.20	0.34	62
TSP-沙尘暴	0.24	0.17	0.30	72
PM_{10}-春季	0.25	0.19	0.30	69
PM_{10}-沙尘暴	0.24	0.22	0.25	72

（续表）

类　　型	平均值	最小值	最大值	贡献量（%）
PM_{10}-夏季	0.40	0.25	0.70	19
PM_{10}-冬季	0.22	0.12	0.32	79
$PM_{2.5}$-春季	0.23	0.18	0.28	76
$PM_{2.5}$-沙尘暴	0.24	0.23	0.26	72
$PM_{2.5}$-夏季	0.40	0.21	0.72	20
$PM_{2.5}$-冬季	0.35	0.12	0.73	37
北京土壤	0.46			
定陵土壤	0.23			
多轮土壤	0.12			
丰宁土壤	0.15			
洛川土壤[a]	0.19			
内蒙古黄土	0.21			

综上所述,北京的大气颗粒物污染非常严重,而且冬季较夏季尤甚。$PM_{2.5}$是PM_{10}的主要组成部分。在夏季,$PM_{2.5}$占PM_{10}的近一半,冬季则大于一半。二次气溶胶(主要是硫酸盐、硝酸盐、铵盐)、有机物、地壳物质和元素C,是北京气溶胶中4种最主要的化学组分。硫酸盐在夏季和冬季分别占$PM_{2.5}$总质量的32.6%和25.3%。煤炭燃烧、工业和汽车的尾气排放以及道路扬尘和外地入侵沙尘,是北京大气颗粒污染物的主要来源。$PM_{2.5}$及其中各种化学组分的空间分布相对均匀,PM_{10}则呈现明显的空间分布。在夏季,工业区大气气溶胶的浓度最高,冬季则以居民区为最高。$PM_{2.5}$、PM_{10}以及各种化学组分的浓度,冬季高于夏季;而夏季气溶胶又以二次气溶胶占显著比例为典型特征。在冬季,外来源对北京PM_{10}和$PM_{2.5}$的贡献,分别为79%和37%;夏季则分别为19%和20%。

参考文献

[1]　Dockery D W, Pope C A. Acute respiratory effects of particulate air pollution. Annual Review of public Health, 1994, 15(1): 107 – 132.

[2]　Schwartz J, Dockery D W, Neas L M. Is daily mortality associated specifically with fine particles? Journal of Air and Waste Management Association, 1996, 46(10): 927 – 939.

[3]　Wilson W H, Suh H H. Fine particles and coarse particles: Concentration relationships relevant to epidemiological studies. Journal of the Air and Waste Management Association, 1997, 47(12): 1238 – 1249.

[4]　Charlson R J, Schwartz S E, Hales J M, et al. Climate forcing by anthropogenic aerosols. Sciences, 1992, 255: 423 – 430.

[5]　Twomey S. Pollution and the planetary albedo. Atomspheric Environment, 1974, 8: 1251 – 1256.

[6]　Chameides W L, Yu H, Liu S C, et al. Case study of the effects of atmospheric aerosols and

regional haze on agriculture: An opportunity to enhance crop yields in China through emission controls? Proceedings of the National Academy of Sciences of the United States of America 1999, 96(24): 13626 – 13633.

[7]　Wolf M E, Hidy G M. Aerosols and climate: Anthropogenic emissions and trends for 50 years. Journal of Geophysical Research[Atmospheres], 1997, 102(D10): 11113 – 11121.

[8]　Elliott S, Blake D R, Duce R A, et al. Motorization of China implies changes in Pacific air chemistry and primary production. Geophysical Research Letters 1997, 24(21): 2671 – 2673.

[9]　Winchester J W, Bi M T. Fine and coarse aerosol composition in an urban setting: A case study in Beijing, China. Atmospheric Environment, 1984, 18(7): 1399 – 1409.

[10]　Cao L, Tian W Z, Ni B F, et al. Preliminary study of airborne particulate matter in a Beijing sampling station by instrumental neutron activation analysis. Atmospheric Environment, 2002, 36(12): 1951 – 1956.

[11]　Yang S, Dong J, Cheng B. Characteristics of air particulate matter and their sources in urban and rural area of Beijing, China. Journal of Environment Science, 2000, 12(4): 402 – 409.

[12]　Dong J, Yang S. Characteristics of the aerosol and study of their sources in Huabei clean area. Environment Chemistry, 1998, 17(1): 38 – 44.

[13]　Wang X. Determination of concentrations of elements in atmospheric aerosol of urban and rural areas of Beijing in winter. Biological Trace Element Research, 1999, 71 – 72: 203 – 208.

[14]　Chen Z, Ge S, Zhang J. Measurement and analysis for atmospheric aerosol particulates in Beijing. Research of Environmental Sciences (in Chinese), 1994, 7(3): 1 – 9.

[15]　He K B, Yang F M, Ma Y L, et al. The characteristics of $PM_{2.5}$ in Beijing, China. Atmospheric Environment, 2001, 35(29): 4959 – 4970.

[16]　Yao X H, Chan C K, Fang M, et al. The water-soluble ionic composition of $PM_{2.5}$ in Shanghai and Beijing, China. Atmospheric Environment, 2002, 36(26): 4223 – 4234.

[17]　Yao X H, Lau A P S, Fang M, et al. Size distributions and formation of ionic species in atmospheric particulate pollutants in Beijing, China: 1 – Inorganic ions. Atmospheric Environment, 2003, 37(21): 2991 – 3000.

[18]　Ye B M, Ji X L, Yang H Z, et al. Concentration and chemical composition of $PM_{2.5}$ in Shanghai for a 1-year period. Atmospheric Environment, 2003, 37(4): 499 – 510.

[19]　Ho K F, Lee S C, Chan C K, et al. Characterization of chemical species in $PM_{2.5}$ and PM_{10} aerosols in Hong Kong. Atmospheric Environment, 2003, 37(1): 31 – 39.

[20]　Taylor S R, McLennan S M. The geochemical evolution of the continental crust. Review of Geophysics, 1995, 33, 241 – 265.

[21]　Zhang X Y, Gong S L, Arimoto R, et al. Characterization and temporal variation of Asian dust aerosol from a site in the northern Chinese deserts. Journal of Atmospheric Chemistry, 2003, 44 (3): 241 – 257.

[22]　Stelson W T, Seinfeld J H. Relative humidity and temperature dependence of the ammonium nitrate dissociation constant. Atmospheric Environment, 1982, 16: 983 – 992.

[23] Kumar A V, Patil R S, Nambi K S V. Source appointment of suspended particulate matter at two traffic junctions in Mumbai, Indian. Atmospheric Environment, 2001, 35: 4245 – 4251.

[24] Gao Y, Anderson J R. Characterization of Chinese aerosols determined by individual-particle analysis. Journal of Geophysical Research, 2001, 106(D16): 18037 – 18045.

[25] Swietlicki E, Krejci R. Source characterization of the Central European atmospheric aerosol using multivariate statistical methods. Nuclear Instrument and Method in Physics Research Section B, 1996, 109/110: 519 – 525.

[26] Lee E, Chan C K, Paatero P. Application of positive matrix factorization in source apportionment of particulate pollutants in Hong Kong. Atmospheric Environment, 1999, 33: 3201 – 3212.

[27] Zhang X Y, Zhang G Y, Zhu G H, et al. Elemental tracers for Chinese source dust. Science in China (Ser.D), 1996, 39(5): 512 – 521.

[28] Han L H, Zhuang G S, Sun Y L, et al. Local and non-local sources of airborne particulate pollution at Beijing — The ratio of Mg/Al as an element tracer for estimating the contributions of mineral aerosols from outside Beijing. Science in China (Ser B), 2005, 48(4): 253 – 264.

[29] Ren Z, Gao Q, Su F, et al. The regional characteristics of the atmosphere environment and the impact of dust-storm in Beijing. Engineer Science (in Chinese), 2003, 5(2): 49 – 56.

[30] Liu C, Zhang J, Liu S. Physical and chemical characters of materials from several mineral aerosol sources in China. Environmental Science (in Chinese), 2002, 23(4): 28 – 32.

[31] Nishikawa M, Kanamori S, Kanamori N, et al. Kosa aerosol as eolian carrier of anthropogenic material. Science of the Total Environment, 1991, 107: 13 – 27.

第23章
北京 PM$_{2.5}$ 的离子化学及其形成机制

中国首都北京(39.9°N,116.4°E)拥有大约 2 170 万人口(2017 年),面积达 16 800 km²。能源消耗和机动车数量的增加,以及外来沙尘的入侵,使得北京面临着严重的颗粒物污染。自 20 世纪 80 年代以来,有许多关于 TSP 和 PM$_{10}$ 的研究[1-4],而对细粒子 PM$_{2.5}$ 的研究较少。最早观测北京的 PM$_{2.5}$,是在 1989—1990 年间[5],PM$_{2.5}$ 的四季平均浓度是 70～90 μg · m^{-3}。SO$_4^{2-}$、NO$_3^-$、NH$_4^+$ 是上海和北京 PM$_{2.5}$ 中的主要离子组分,约占 PM$_{2.5}$ 质量的 1/3[6,7]。Yao 等人[8,9] 研究了 PM$_{2.5}$ 中 SO$_4^{2-}$、NO$_3^-$、NH$_4^+$、Cl$^-$、K$^+$ 等主要离子的形成过程,揭示了这些离子的来源。颗粒物上的化学组分及其携带有毒物质的能力,是影响健康的主要因素。PM$_{2.5}$ 更易进入肺部,可诱发呼吸系统的疾病[10,11]。水溶性离子,如 SO$_4^{2-}$、NO$_3^-$ 以及其他与酸雨有关的污染物,对健康的影响很严重[12-14]。因此,研究细颗粒物的组成、变化、来源以及二次离子尤其是 SO$_4^{2-}$ 和 NO$_3^-$ 的形成过程,成为大气污染控制的焦点。从 2001 年到 2003 年,我们在北京市区和郊区设置了以下 5 个采样点:① 交通点,北京师范大学,位于二环路和三环路之间;② 工业点,首都钢铁公司附近;③ 居民点,怡海花园,四环路附近;④ 北京郊区密云县;⑤ 平谷县。上述 3 个市区采样点代表了不同的功能区,加上 2 个郊区采样点,可基本代表全北京的状况。采样和化学分析方法详见第 7、8、10 章。本章基于连续 3 年观测 PM$_{2.5}$ 所得数据的统计分析,论述北京 PM$_{2.5}$ 细粒子的离子化学及其形成机制。

23.1 北京大气中的主要污染气体及相关气象条件的影响

大气中的主要污染气体是 SO$_2$、NO$_2$ 和 O$_3$。图 23 - 1 显示了 2000—2003 年期间 SO$_2$ 和 NO$_2$ 的日变化及季节变化。根据此变化,可将采样时段分为 4 个季节——春(3—5 月)、夏(6—8 月)、秋(9—11 月)、冬(12—2 月)。冬季 SO$_2$ 的浓度(平均值 163.65 μg · m^{-3})约为夏季(平均值 14.84 μg · m^{-3})的 11 倍。SO$_2$ 主要来自煤燃烧,冬季燃煤量的增加导致其浓度增加。NO$_2$ 浓度也是冬季高于夏季,也是由于冬天取暖增加了燃煤。O$_3$ 浓度夏季高(平均值 118.67 μg · m^{-3})、冬季低(平均值 30.47 μg · m^{-3})。O$_3$ 可表征大气的氧化能力,夏季高浓度 O_3 表明光化学氧化会是这些痕量污染气体发生转化的重要过程。此外,2001—2003 年期间 SO_2 浓度有所降低,这是燃煤脱硫的成效。

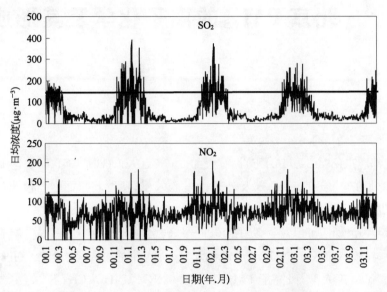

图 23 - 1 2000—2003 年期间北京 SO_2 和 NO_2 日平均浓度
横线代表国家二级标准值。SO_2:150;NO_2:120。

北京夏季湿润,6、7、8 月的平均降水量分别为 66.1、57.7、34.2 mm;冬季干燥,12、1、2 月的平均降水量分别为 0.0、9.6、2.9 mm。气温从 4 月开始上升,7—8 月达最高(约 27℃),接着逐渐降低至 1 月的 $-5℃$。夏季气溶胶的湿沉降最明显,同时由于高 O_3 浓度和高温,这些污染气体光化学氧化形成二次气溶胶的过程也增强。冬季一次排放最显著,同时由于冬天易形成的逆温层使污染物易在大气中集聚。春季和秋季的风速(平均值分别为 3.5 和 3.8 $m \cdot s^{-1}$)均高于夏季(平均值 2.0 $m \cdot s^{-1}$)和冬季(平均值 1.8 $m \cdot s^{-1}$),表明远距离传输的气溶胶颗粒物,在春季和秋季对北京影响显著,尤其是在春季的高沙尘期间(平均风速达 5.5 $m \cdot s^{-1}$)。

23.2 北京大气气溶胶 $PM_{2.5}$ 的质量浓度

表 23 - 1 列出了北京春夏秋冬四季 $PM_{2.5}$ 的平均质量浓度和主要水溶性离子的平均浓度及标准偏差。$PM_{2.5}$ 的质量浓度在 11.1~1 393.0 $\mu g \cdot m^{-3}$ 之间,平均值和标准偏差为 154.3±145.7 $\mu g \cdot m^{-3}$,高于 1989 年的 77.5 $\mu g \cdot m^{-3}$[5]、1999—2000 年的 129.0 $\mu g \cdot m^{-3}$[8]以及 2001 年的 109.6 $\mu g \cdot m^{-3}$[15]。与世界卫生组织 $PM_{2.5}$ 的标准值 10 $\mu g \cdot m^{-3}$ 相比,100%超标,表明北京细颗粒物污染十分严重。

表 23-1　北京四季 PM$_{2.5}$ 和水溶性离子的平均浓度($\mu g \cdot m^{-3}$)及标准偏差(S.D.)

PM$_{2.5}$	春　季		夏　季		秋　季		冬　季		总　计	
	平均值	S.D.	平均值	S.D.	平均值	S.D.	平均值	S.D.	平均值	S.D.
No.	101	—	86	—	40	—	107	—	334	—
质量浓度	162.06	179.94	93.29	56.26	105.22	39.00	214.23	159.34	154.26	145.65
pH	5.99	0.87	5.48	0.49	5.92	0.54	5.10	0.89	5.57	0.84
Na$^+$	0.61	0.64	0.24	0.17	0.21	0.15	0.88	0.52	0.55	0.54
NH$_4^+$	6.47	6.75	10.10	6.97	6.33	5.80	10.64	8.83	8.72	7.66
K$^+$	1.09	0.97	1.29	1.25	0.76	0.74	2.48	2.16	1.55	1.63
Mg^{2+}	0.24	0.20	0.10	0.07	0.06	0.06	0.20	0.17	0.17	0.16
Ca^{2+}	2.54	2.46	0.73	0.60	1.16	1.70	1.68	1.67	1.63	1.90
F$^-$	0.25	0.22	0.10	0.09	0.09	0.09	0.55	0.36	0.29	0.31
CH$_3$COO$^-$	0.21	0.57	0.15	0.26	0.06	0.10	0.22	0.39	0.18	0.41
HCOO$^-$	0.04	0.05	0.08	0.08	0.07	0.07	0.13	0.12	0.08	0.10
MSA	0.07	0.32	0.06	0.07	0.02	0.03	0.01	0.03	0.04	0.18
Cl$^-$	2.92	2.19	1.41	1.31	1.09	1.09	5.28	3.99	3.07	3.13
NO$_2^-$	0.64	0.70	0.27	0.26	0.12	0.13	0.40	0.42	0.41	0.51
NO$_3^-$	11.92	11.79	11.18	10.37	9.14	10.27	12.29	12.12	11.52	11.37
SO$_4^{2-}$	13.52	13.95	18.42	15.28	12.69	12.91	20.96	19.72	17.07	16.52
C$_2$O$_4^{2-}$	0.43	0.36	0.25	0.16	0.32	1.01	0.36	0.28	0.35	0.44
PO$_4^{3-}$	0.17	0.24	0.43	0.41	0.28	0.25	0.21	0.16	0.26	0.29

No.为样品数。

　　表 23-1 显示 PM$_{2.5}$ 浓度有明显的季节变化。冬季最高,春秋季逐渐降低,夏季最低。冬季 PM$_{2.5}$ 的平均浓度为 214.2 $\mu g \cdot m^{-3}$,超过年平均值(154.3 $\mu g \cdot m^{-3}$)39%。春夏秋季的平均值分别为 162.1、93.3、105.2 $\mu g \cdot m^{-3}$。

　　图 23-2 显示了代表交通区的北师大采样点的 PM$_{2.5}$、痕量污染气体和有关气象参数的日变化,以及它们之间的关系。PM$_{2.5}$ 与上述有关因素之间,在某个特定季节显示了一定的相关性。例如,冬季 PM$_{2.5}$ 与 SO$_2$ 相关,夏季 PM$_{2.5}$ 与 O$_3$ 和水汽压相关。冬季高PM$_{2.5}$ 浓度是由于取暖引起的高排放和不利于扩散的气象条件;夏季一部分 PM$_{2.5}$ 可能来自光化学转化过程,其低浓度可能与高的湿沉降有关。春季出现了几次 PM$_{2.5}$ 高峰,显然与来自中国西部或西北部沙尘的入侵有关。例如 PM$_{2.5}$ 日均浓度的最高值(1 393.0 $\mu g \cdot m^{-3}$)出现在 2002 年 3 月 20 日的沙尘暴期间,此时气团来自中国西北部的沙漠地区。因此,北京大气污染来自本地源和外来源的共同影响。

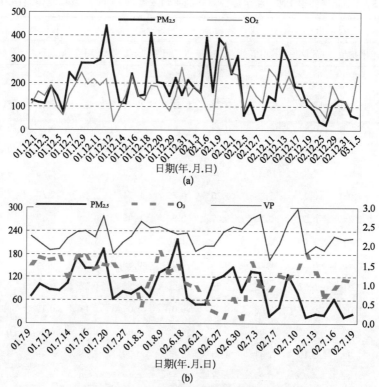

图 23 - 2　2001—2003 年期间北师大采样点冬季 PM$_{2.5}$ 和 SO$_2$ 的相关性
（彩图见下载文件包，网址见 14 页脚注）

（a）夏季 PM$_{2.5}$、O$_3$ 和水汽压（VP）的相关性（2 条折线之间的相似程度）。
（b）纵坐标左轴：PM$_{2.5}$、SO$_2$、O$_3$ 浓度（μg·m^{-3}）；纵坐标右轴：水汽压（kPa）。

23.3　北京大气气溶胶 PM$_{2.5}$ 的离子组成及其存在形式

23.3.1　北京 PM$_{2.5}$ 的离子组成

表 23 - 1 显示了整个采样期间各种离子的平均浓度。总离子浓度约占 PM$_{2.5}$ 质量浓度的 30%。主要阳离子 NH$_4^+$（19%）、Ca^{2+}（6%）、K$^+$（4%）和主要阴离子 SO$_4^{2-}$（34%）、NO$_3^-$（23%）、Cl$^-$（7%）分别是 PM$_{2.5}$ 中的主要碱性和酸性组分，共占总离子浓度的 90% 以上。

NO$_3^-$/SO$_4^{2-}$ 比值可用来指示大气中 S、N 流动源和固定源的相对比例[4,8,16]。NO$_3^-$/SO$_4^{2-}$ 比值越高，流动源的比例越大[16]。中国的汽油和柴油含 S 质量百分比分别为 0.12% 和 0.2%[17]，由此估计，汽油和柴油燃烧排放的 NO$_x$/SO$_x$ 分别为 13∶1 和 8∶1。煤中含硫质量百分比为 1%，燃煤排放的 NO$_x$/SO$_x$ 为 1∶2。因此，用 SO$_4^{2-}$ 指示固定源，用 NO$_3^-$ 指示流动源是合理的。本研究中 NO$_3^-$/SO$_4^{2-}$ 比值在 0.01～2.94 之间（平均值＝

$0.71, \mathrm{S.D.} = 0.48$），此值与北京 2001—2003 年的 0.67 接近，高于北京 1999—2000 年的 $0.58^{[8]}$，明显高于上海 $(0.43)^{[8]}$、青岛 $(0.35)^{[9]}$、台湾 $(0.20)^{[18]}$ 和贵阳 $(0.13)^{[4]}$，表明北京机动车排放（流动源）引起的空气污染日益严重。图 23 - 3 显示了 $\mathrm{NO_3^-/SO_4^{2-}}$ 冬季 (0.49) 和夏季 (0.63) 低于秋季 (0.93) 和春季 (0.84)，图 23 - 1 显示了 $\mathrm{NO_2}$ 全年分布均匀，$\mathrm{SO_2}$ 浓度冬季高。冬季高浓度的 $\mathrm{SO_2}$ 致使 $\mathrm{SO_4^{2-}}$ 浓度高；夏季高温、高湿以及强太阳辐射，更有利于 $\mathrm{SO_4^{2-}}$ 的形成。因此，夏季高浓度的 $\mathrm{SO_4^{2-}}$，导致了较低的 $\mathrm{NO_3^-/SO_4^{2-}}$ 比值。

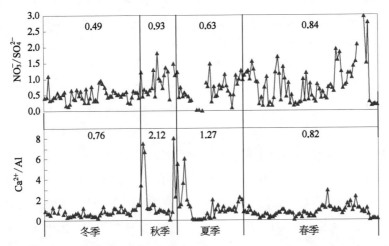

图 23 - 3　2001—2003 年期间北师大采样点 $\mathrm{NO_3^-/SO_4^{2-}}$ 比值和 $\mathrm{Ca^{2+}/Al}$ 比值的季节变化
（彩图见下载文件包，网址见 14 页脚注）

所有样品按 4 个季节进行归类。最后 5 点代表沙尘期间的样品。图中数字代表季节平均值。

图 23 - 4 比较了不同地区气溶胶中的离子浓度。纵坐标轴表示各地区与北京地区离子浓度的比值。由这些比值可见，北京的污染气溶胶（如 $\mathrm{SO_4^{2-}}$）浓度是所有城市中最高的，北京的 $\mathrm{NO_3^-}$ 和 $\mathrm{NH_4^+}$ 浓度比其他地区高出 $3\% \sim 4\%$，北京的矿物组分（以 $\mathrm{Ca^{2+}}$ 为代表）浓度高于其他大部分城市。

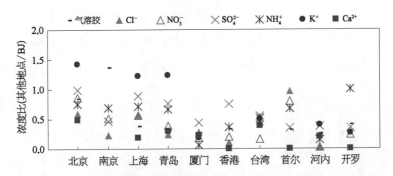

图 23 - 4　不同地区 PM₂.₅ 质量浓度及主要离子浓度比较
（彩图见图版第 11 页，也见下载文件包，网址见正文 14 页脚注）

23.3.2　北京 $PM_{2.5}$ 的酸度

气溶胶水提取液的 pH 值,可作为直接度量气溶胶酸度的参数。表 23 – 1 显示北京 $PM_{2.5}$ 水提取液的 pH 在 3.94~7.65 之间(平均值 5.57,标准偏差 S.D.＝0.84),空白值为 5.74。SO_4^{2-}、NO_3^-、Cl^- 以及有机酸等酸性组分会降低 pH 值,而 NH_4^+、Ca^{2+}、Mg^{2+} 等碱性水溶性组分会提高 pH 值。平均值 5.57 低于空白值 5.74,表明尽管北京不在酸雨控制区,但仍面临着酸雨问题。

总阳离子的当量浓度($\mu eq \cdot m^{-3}$)与总阴离子的当量浓度的比值(C/A)可作为度量离子平衡的参数,并可用来研究气溶胶的酸度。本研究 C/A 在 0.63~3.28 之间(平均值＝1.09,S.D.＝0.48)。平均值 1.09 接近于 1,表明几乎所有的离子均被准确测定。用总阳离子的当量浓度对总阴离子的当量浓度作线性回归分析,回归线的斜率略低于 1(斜率＝0.87,R＝0.92),这是由于没有计算 H^+,加之部分 NH_4^+ 挥发所致。pH 和 C/A 最高值同时出现在强沙尘日 2002 年 3 月 20 日,表明来自中国西部及西北部的沙尘带来大量的矿物组分,可减缓北京地区的酸化趋势。沙尘期间回归直线斜率大于 1(斜率＝1.61,R＝0.80),表明有阴离子缺失。此缺失的阴离子可能是化学分析所采用的离子色谱不能测定的 HCO_3^- 或 CO_3^{2-}。当用 Ca^{2+} 对阴离子的缺失作图时,两者呈正相关(R＝0.90),表明 HCO_3^- 或 CO_3^{2-} 确实是沙尘期间阴离子缺失的主要原因。碳酸盐与污染气体(SO_2、NO_x、HCl)或酸性颗粒物(SO_4^{2-}、NO_3^-、Cl^-)的相互作用可能是上述酸化过程减缓的变化机理。

23.3.3　北京 $PM_{2.5}$ 主要离子的存在形式

二元相关分析的结果可用于推断气溶胶中 SO_4^{2-}、NO_3^-、Cl^-、NH_4^+、Ca^{2+}、K^+ 等主要离子的存在形式。表 23 – 2 显示了北京 $PM_{2.5}$ 主要离子之间的相关系数以及线性回归方程。比如,NH_4^+(μeq)与 SO_4^{2-}(μeq)相关性显著;回归线的斜率为 1.14,表明 SO_4^{2-} 被 NH_4^+ 完全中和。据此可推断,北京 $PM_{2.5}$ 中的 SO_4^{2-} 和 NH_4^+ 离子主要以 $(NH_4)_2SO_4$ 的形式存在,而不是 NH_4HSO_4。以此方法推断,$(NH_4)_2SO_4$、NH_4NO_3、NaF、NaCl、KCl 这些化学物种是北京气溶胶 $PM_{2.5}$ 主要离子的存在形式。这些物种的浓度由组成离子的浓度以及它们之间的相互关系计算得到。根据离子之间的相关系数按 $NH_4^+ - SO_4^{2-}$(0.92)＞ $NH_4^+ - NO_3^-$(0.88)＞$Na^+ - F^-$(0.71)的顺序依次降低,先计算 $(NH_4)_2SO_4$ 的浓度,接着计算 NH_4NO_3 和 NaF。后面物种的浓度根据构成的离子浓度扣除已结合为前面物种的浓度计算得到。表 23 – 3 列出了 $PM_{2.5}$ 中主要物种的浓度。如果不考虑那些高浓度沙尘样品,北京 $PM_{2.5}$ 中的 $(NH_4)_2SO_4$ 和 NH_4NO_3 的平均浓度分别在 16~30 和 5~10 $\mu g \cdot m^{-3}$,二次气溶胶总质量浓度[total secondary aerosol, TSA,即 $(NH_4)_2SO_4$ 和 NH_4NO_3 的总浓度]占总水溶性离子(TWSI)浓度的比例很高,从春季的 52.3％ 到夏季的 72.0％。但沙尘期间 TSA 只占 TWSI 的 11.8％,表明由气相前体物形成二次气溶胶的气–固转化过程在夏季显著,而在干燥的沙尘季节并不明显。

表 23 - 2　北京 PM$_{2.5}$ 中主要离子之间的相关系数(R)及其线性回归方程

R	F^-	Cl^-	NO_3^-	SO_4^{2-}	$NH_4^+ = 0.08 + 1.14SO_4^{2-}$
Na^+	0.71	0.55	0.27	0.35	$NH_4^+ = 0.11 + 2.03NO_3^-$
NH_4^+	0.43	0.65	0.88	0.92	$NH_4^+ = 0.06 + 0.78(SO_4^{2-} + NO_3^-)$
K^+	0.50	0.52	0.51	0.53	$Na^+ = 0.01 + 1.02F^-$
Mg^{2+}	0.45	0.30	0.18	0.22	$Na^+ = 0.01 + 0.15Cl^-$
Ca^{2+}	0.26	0.08	0.02	0.02	$K^+ + Mg^{2+} + Ca^{2+} = 0.10 + 0.37Cl^-$

表 23 - 3　北京四季 PM$_{2.5}$ 所含主要物种的浓度($\mu g \cdot m^{-3}$)

	春 季	夏 季	秋 季	冬 季	沙 尘
No.	96	86	40	107	5
$(NH_4)_2SO_4$	17.190	25.847	15.769	27.983	4.181
NH_4NO_3	8.683	9.527	5.284	9.566	0.000
NaF	0.512	0.183	0.178	1.113	0.536
Cloride	4.157	2.378	1.844	6.616	2.983
TSA/TWSI	0.523	0.720	0.648	0.591	0.118

No.：样品数；Cloride(氯化物)：NaCl、KCl、MgCl$_2$、CaCl$_2$；TSA：总二次气溶胶[$(NH_4)_2SO_4$ 和 NH_4NO_3]；TWSI：总水溶性离子。

大气气溶胶中 S 的氧化率 SOR $= n - SO_4^{2-}/(n - SO_4^{2-} + n - SO_2)$ 和 N 的氧化率 NOR $= n - NO_3^-/(n - NO_3^- + n - NO_2)$* 可用来表征气溶胶的二次转化过程。SOR 表示 SO_4^{2-} 中的 S 占总硫量(SO_4^{2-} 和 SO$_2$ 中的 S 之和)的比例,表示 S 的氧化程度;NOR 表示 NO_3^- 中的 N 占总氮量(NO_3^- 和 NO$_2$ 中的 N 之和)的比例,表示 N 的氧化程度。SOR 和 NOR 值越高,表明越多的气体被氧化而形成二次气溶胶。以往的研究指出,在不具备发生光学氧化反应条件的情况下如夜间,一次排放污染物中的 SOR<0.10[19,20];当 SOR>0.10 时,便可发生 SO$_2$ 的光化学氧化过程[21]。图 23 - 5 显示了在高沙尘期间以及春夏秋冬季 SOR 的平均值分别为 0.08、0.12、0.39、0.19 和 0.07,NOR 分别为 0.00、0.05、0.08、0.04 和 0.05。北京 PM$_{2.5}$ 中 SOR 在夏秋季高于 0.10,而在沙尘期间和春冬季接近或小于 0.10,表明 SO$_2$ 氧化为 SO_4^{2-} 的气-固转化过程在夏秋季明显,而在冬季和高沙尘期间受到抑制。NOR 的季节变化与 SOR 类似。NOR 普遍低于 SOR,表明 NO$_2$ 形成 NO_3^- 的过程不如 SO$_2$ 形成 SO_4^{2-} 的过程显著。

图 23 - 5 还显示了 SOR、NOR 与温度、相对湿度(RH)、大气压以及 NH_4^+ 离子和 O$_3$ 等参数之间的相关性。表 23 - 4 列出了它们之间的相关系数。由表 23 - 4 的数据可见,SOR 与温度正相关,与大气压负相关;NOR 与 NH_4^+ 正相关。关于 SO$_2$ 转化为 SO_4^{2-} 的途

---

　*　这里 n 为克分子浓度。

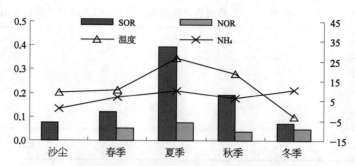

图 23 – 5　SOR 和 NOR 的季节变化及其与温度和 NH_4^+ 浓度的关系
（彩图见下载文件包，网址见 14 页脚注）

纵坐标左轴：SOR、NOR；纵坐标右轴：温度(℃)、NH_4^+($\mu g \cdot m^{-3}$)。

径有气相 SO_2 与 OH 反应、液相氧化（金属催化氧化或 H_2O_2/O_3 氧化）、云中氧化等机理。基于 SO_2 与 OH 反应形成 SO_4^{2-} 的过程与温度高低相关[22]，SOR 与温度的正相关表明 SO_2 氧化为 SO_4^{2-} 的机理可能是气相 SO_2 与 OH 反应。NOR 和 NH_4^+ 正相关表明 NH_4NO_3 是北京 $PM_{2.5}$ 中 NO_3^- 的主要存在形式。温度和 NH_4^+ 的浓度是控制 SO_2 和 NO_2 二次转化的主要因素。夏季强的太阳辐射（高温）、高 O_3 浓度、高 RH、低气压以及高 NH_3 排放可加速二次转化，而沙尘期间干燥的天气和冬季高气压则抑制此过程的发生。

表 23 – 4　SOR、NOR 和其他参数之间的相关系数

	NH_4^+	O_3	温度	气压	RH
SOR	0.43	0.47	0.64	−0.56	0.38
NOR	0.76	0.08	0.13	−0.18	0.38

23.4　北京气溶胶 $PM_{2.5}$ 所含离子的空间分布

将北京地区的 5 个采样点分为两类：市区，包括北师大、首钢、怡海花园；郊区，包括密云和平谷。由于气溶胶各种化学组分浓度差异很大，用配对样品 t 检验和变动系数 CD 两种方法研究空间分布。CD 定义为[23]：

$$\mathrm{CD}_{jk} = \sqrt{\frac{1}{p} \sum_{i=1}^{p} \left(\frac{x_{ij} - x_{ik}}{x_{ij} + x_{ik}} \right)^2} \tag{23-1}$$

上式中，x_{ij} 表示采样点 j 中物种 i 的平均浓度，j 和 k 是采样点的符号，p 为化学物种数，包括颗粒物的质量浓度、pH 和 15 种离子。如果 CD 接近 0，表明两地差异不明显；如果 CD 接近 1，表明两地差异非常显著。根据 t 检验所得结果，$PM_{2.5}$ 中所有物种在 $p < 0.05$ 置信度水平下市区和郊区的差异不明显。由郊区-市区 $PM_{2.5}$ 中化学物种计算得到的 CD

为 0.40，表明在整个北京地区无论市区还是郊区没有明显的地区差异。这是由于细颗粒在大气中停留时间长，可进行远距离传输，并发生内混合和外混合所致。

23.5　北京大气气溶胶 PM$_{2.5}$ 所含离子的季节变化

表 23－1 的数据显示了 PM$_{2.5}$ 中所有离子均呈明显的季节变化。阳离子的总当量浓度由高到低的顺序为冬季 0.81＞夏季 0.65＞春季 0.60＞秋季 0.43 μeq·m^{-3}，阴离子的总当量浓度也有相似的变化（冬季 0.85＞夏季 0.67＞春季 0.62＞秋季 0.49 μeq·m^{-3}）。比较 PM$_{2.5}$ 质量浓度的季节变化（冬季＞春季＞秋季＞夏季），夏季的细粒子质量浓度较低但离子浓度较高，表明夏季的气候条件有利于离子的形成。

图 23－6 显示了 PM$_{2.5}$ 中代表性离子的季节变化。Ca^{2+} 和 Mg^{2+} 作为土壤和沙尘的

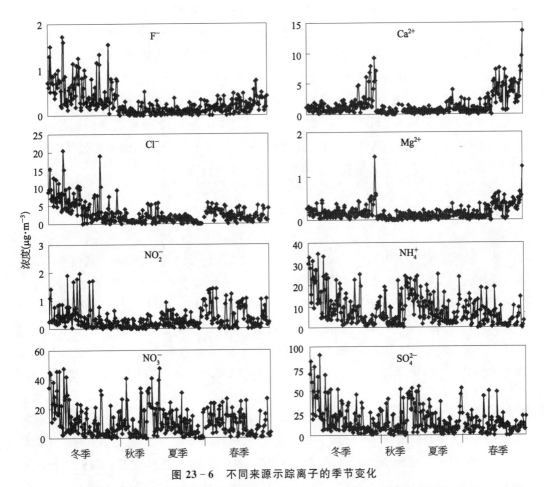

图 23－6　不同来源示踪离子的季节变化

所有数据按 4 个季节归类，横坐标轴最后 5 点代表高沙尘期间。土壤源：Mg^{2+}、Ca^{2+}；二次源：NH$_4^+$、NO$_3^-$、SO$_4^{2-}$；燃烧源：F$^-$、Cl$^-$；交通源：NO$_2^-$。

指示物,其浓度夏季低(平均值:Ca^{2+} 0.73 $\mu g \cdot m^{-3}$、Mg^{2+} 0.10 $\mu g \cdot m^{-3}$),春季高(平均值:Ca^{2+} 2.54 $\mu g \cdot m^{-3}$、Mg^{2+} 0.24 $\mu g \cdot m^{-3}$)。夏季强的湿清除作用、春季来自西部-西北部沙尘的入侵,是此季节变化的主要原因。春季非沙尘期间 Ca^{2+} 和 Mg^{2+} 的浓度(平均值:Ca^{2+} 2.22 $\mu g \cdot m^{-3}$、Mg^{2+} 0.22 $\mu g \cdot m^{-3}$)还略高于冬季浓度(平均值:Ca^{2+} 1.68 $\mu g \cdot m^{-3}$、Mg^{2+} 0.20 $\mu g \cdot m^{-3}$),表明干燥的季节有利于土壤颗粒的二次扬起。

春夏秋冬季 NH_4^+ 的浓度分别为 6.47、10.10、6.33、10.64 $\mu g \cdot m^{-3}$,SO_4^{2-} 的浓度分别为 13.52、18.42、12.69、20.96 $\mu g \cdot m^{-3}$,NO_3^- 的浓度分别为 11.92、11.18、10.27、12.12 $\mu g \cdot m^{-3}$。这些离子浓度在夏冬季高于春秋季。SO_2 的平均浓度冬季(163.65 $\mu g \cdot m^{-3}$)是夏季(14.84 $\mu g \cdot m^{-3}$)的 11 倍,且冬季 SO_2 和 SO_4^{2-} 有一定正相关($R=0.35, n=107$),表明冬季高浓度的 SO_4^{2-} 可能由高浓度的 SO_2 引起,与燃煤量增加、扩散条件不利和湿清除率低有关。夏季 SOR 高、SO_2 浓度低,表明夏季较高的 SO_4^{2-} 主要来自 SOR 较高的二次转化,而不是一次源的直接排放。NO_2 的平均浓度冬季高于夏季,分别为 92.16 和 64.22 $\mu g \cdot m^{-3}$。NO_3^- 主要通过气相 NO_x 氧化为 HNO_3,进一步与 NH_3 反应生成 NH_4NO_3。冬季低温有利于从气相 HNO_3 到颗粒相 NH_4NO_3 的转化,从而增加 NO_3^- 的浓度;夏季高的 NOR 和高的 NH_3 排放,可导致较高浓度的 NO_3^-。因此,NO_3^- 离子浓度在夏冬季也高于春秋季。Cl^- 浓度冬季高,平均值为 5.28 $\mu g \cdot m^{-3}$,是夏季平均值 1.41 $\mu g \cdot m^{-3}$ 的 4 倍左右。由于北京受海洋的影响小[22],Cl^- 冬季浓度高,应与海洋源无关,冬季取暖燃煤增加可能是冬季高 Cl^- 的主要原因。NO_2^- 的浓度夏季低,可能与夏季强的太阳辐射加速了 NO_2^- 的分解和强的湿沉降有关。市区交通活动可能是 NO_2^- 的主要来源。

23.6 北京大气气溶胶 $PM_{2.5}$ 的来源分析

表 23-5 为对北京大气气溶胶 $PM_{2.5}$ 各组分进行因子分析得到的因子载荷矩阵。根据特征值大于 1 的原则,用 6 个主成分可以解释离子浓度变化总方差的 80.03%。第一个因子对 NH_4^+、S、SO_4^{2-}、NO_3^- 有高的载荷,同时对 Cl^-、K^+、Se、F^- 有一定的载荷,可解释 26.24% 的方差,Se、Cl^-、F^- 可能主要来自煤燃烧,秋冬季节北京近郊有玉米梗的燃烧,K^+ 可能主要来自生物质燃烧,故这个因子可代表来自化石燃料燃烧、交通排放和生物质燃烧的二次污染源。第二个因子对 Fe、Al、Mn、Ca^{2+}、Mg^{2+}、Na^+ 有高的载荷,可解释 22.00% 的方差。此因子可代表矿物源,包括道路扬尘、建筑尘和其他短时粉尘。第三个因子对 Ni、Cu、Zn 的载荷很高,可解释 12.20% 的方差,可代表冶金工业源和垃圾焚烧。第四个因子对甲基磺酸(MSA)和 F^- 载荷较高,可解释 7.29% 的方差;北京气溶胶中曾检测出一定量的非海洋源 MSA[24],这个因子可代表未知的工业排放源。第五个因子对 $C_2O_4^{2-}$ 和 NO_2^- 的载荷较高,$C_2O_4^{2-}$ 与 O_3 在春季($R=0.40, n=49$)和夏季($R=0.31, n=86$)相关性显著,表明光化学转化是 $C_2O_4^{2-}$ 的主要来源[24],同时 $C_2O_4^{2-}$ 还可来自机动

车排放[25];NO_2^- 可能是由机动车排放的 NO_x 被氧化得到的。因此,这个因子与机动车排放污染物的二次转化有关。第六个因子只对 PO_4^{3-} 有一定的载荷,PO_4^{3-} 的来源还不清楚,需要进一步的研究。根据上述 6 个因子可推断,煤和生物质燃烧排放污染物的二次转化、工业和交通排放以及矿尘是北京大气细颗粒物的主要来源。

表 23-5　方差最大化旋转得到的因子载荷矩阵

因　子	1	2	3	4	5	6	公因子方差
NH_4^+	**0.92**	−0.09	0.23	−0.06	0.05	0.14	0.93
S	**0.90**	0.06	0.24	−0.08	−0.01	0.12	0.90
SO_4^{2-}	**0.90**	0.02	0.20	−0.06	0.17	0.12	0.90
NO_3^-	**0.87**	−0.04	0.21	−0.04	0.17	0.11	0.84
Cl^-	**0.75**	0.10	0.22	0.26	−0.01	−0.37	0.83
K^+	**0.66**	0.15	0.08	0.26	−0.13	−0.07	0.55
Se	**0.59**	0.09	0.30	0.34	−0.26	−0.01	0.62
F^-	**0.58**	0.24	0.10	**0.56**	−0.10	−0.32	0.83
Fe	−0.07	**0.95**	−0.03	−0.13	−0.06	0.04	0.92
Al	−0.12	**0.94**	−0.03	−0.12	−0.02	0.03	0.92
Mn	0.22	**0.90**	0.12	−0.06	−0.11	0.00	0.89
Ca^{2+}	−0.04	**0.86**	0.10	0.06	0.14	−0.01	0.80
Mg^{2+}	0.16	**0.80**	0.18	0.29	0.15	−0.06	0.82
Na^+	0.37	**0.66**	0.18	0.48	0.01	−0.19	0.87
Ni	0.29	0.18	**0.89**	0.09	0.11	0.05	0.93
Cu	0.30	0.19	**0.87**	0.11	0.15	0.01	0.92
Zn	0.41	−0.05	**0.75**	−0.06	−0.16	0.00	0.76
MSA	−0.03	−0.05	0.03	**0.70**	0.17	0.22	0.58
$C_2O_4^{2-}$	0.02	0.10	0.06	0.19	**0.80**	0.07	0.70
NO_2^-	0.08	−0.06	0.03	−0.10	**0.64**	−0.46	0.64
PO_4^{3-}	0.16	−0.01	0.06	0.10	−0.06	**0.79**	0.67
特征值	5.51	4.62	2.56	1.53	1.35	1.23	
方差%	26.24	22.00	12.20	7.29	6.44	5.86	
累计%	26.24	48.24	60.44	67.73	74.17	80.03	

提取方法:主成分分析。
旋转方法:正交旋转。
因子载荷大于 0.50 用黑体表示。

　　矿物组分是北京气溶胶 $PM_{2.5}$ 的重要组成部分。Al 是典型的矿物元素,用于指示土壤尘和远距离传输的沙尘;城市气溶胶中的 Ca^{2+} 可能来自土壤尘和建筑材料,Ca^{2+} 可用作建筑尘的指示物[26]。用 Ca^{2+}/Al 比值可示踪城市气溶胶中土壤尘和建筑尘的混合程度。图 23-3 显示了北师大采样点 Ca^{2+}/Al 的季节变化。Ca^{2+}/Al 冬春季低,夏秋季高。冬季低值是由寒冷季节建筑活动减少所致,春季低值表明来自中国西部或西北部的沙尘对北京气溶胶的贡献大;夏秋季的高值与建筑活动增加以及湿沉降对土壤尘的清除有关。

不同的气团传输途经不同的区域,沿途携带不同化学组成的颗粒物,可能影响大气气溶胶的物理化学特性。每年春季袭击北京的沙尘气团主要来自中国西部或西北部,因此来自 W - NW 方向的气团可能带来大量的矿物组分;北京工业区主要分布在南部和西南部地区,因此来自 S - SE - E 和 SW 方向的气团可能携带大量的污染物。表 23 - 6 显示五种主要离子(NH_4^+、Ca_2^+、SO_4^{2-}、NO_3^-、Cl^-)在各个方位上的分布情况。结果表明春季和冬季大部分气团来自 W - NW 方向,而夏季和秋季主要来自 SW 方向。春季沙尘期间,W - NW 方向 Ca^{2+} 浓度很高,而 NH_4^+、NO_3^-、Cl^- 浓度却很低,表明春季远距离传输的沙尘给北京带来了大量的矿物组分,同时对当地污染有清除作用。夏季,SW 方向 NH_4^+、SO_4^{2-}、NO_3^-、Cl^- 等离子的浓度高,这可能与大多数的工厂分布在此区域有关。

表 23 - 6 四季不同来源的气团对主要离子(NH_4^+、Ca^{2+}、
Cl^-、NO_3^-、SO_4^{2-})浓度($\mu g \cdot m^{-3}$)的影响

季 节		春	季				夏	季		
离子物种	No.	NH_4^+	Ca^{2+}	SO_4^{2-}	NO_3^-	Cl^-	No.	NH_4^+	Ca^{2+}	SO_4^{2-}	NO_3^-	Cl^-
局地	12	5.25	1.45	8.62	10.30	3.49	14	9.85	0.90	17.78	11.28	1.35
N - NE	7	7.87	1.06	17.79	13.52	3.94	11	4.53	0.39	7.05	5.74	0.90
S - SE - E	9	11.89	1.63	21.90	22.33	4.05	13	13.64	0.68	24.56	14.92	1.41
SW	24	10.21	2.26	19.12	18.86	4.04	28	14.83	0.81	27.44	16.52	2.10
W - NW	49	3.75	3.32	9.83	6.78	1.88	20	4.40	0.72	8.49	4.19	0.77

季 节		秋	季				冬	季		
离子物种	No.	NH_4^+	Ca^{2+}	SO_4^{2-}	NO_3^-	Cl^-	No.	NH_4^+	Ca^{2+}	SO_4^{2-}	NO_3^-	Cl^-
局地	2	2.88	0.08	5.59	3.77	0.86	19	9.32	1.40	16.71	11.72	5.84
N - NE	6	2.33	0.23	5.33	3.58	0.67	1	7.27	1.09	3.36	1.09	1.69
S - SE - E	6	8.39	1.27	18.95	9.71	1.28	1	8.41	0.50	17.55	10.36	5.06
SW	12	10.91	1.07	22.33	16.00	1.70	12	19.19	1.60	41.77	22.03	5.63
W - NW	14	3.72	1.76	5.92	6.16	0.70	74	9.66	1.79	18.96	11.04	5.13

No.:样品数。

综上所述,2001—2003 年期间采集了北京五地 $PM_{2.5}$ 气溶胶样品,测定了 334 个样品中的水溶性离子(SO_4^{2-}、NO_3^-、Cl^-、F^-、PO_4^{3-}、NO_2^-、CH_3COO^-、$HCOO^-$、MSA、$C_2O_4^{2-}$、NH_4^+、Ca^{2+}、K^+、Mg^{2+}、Na^+)和 23 种元素的浓度。研究发现,北京地区 $PM_{2.5}$ 气溶胶细粒子及其各种组分空间分布均匀,但有明显的季节变化。大多数离子的浓度,冬季高于夏季,SO_4^{2-} 和 NO_3^- 等二次离子浓度冬季和夏季均很高,夏季的高湿度和强太阳辐射加速了二次转化过程,冬季则源于燃煤排放大量的 SO_2 和低的湿清除量。$PM_{2.5}$ 气溶胶细粒子的主要离子组分是 SO_4^{2-}、NO_3^-、Cl^-、NH_4^+、Ca^{2+}、K^+,以 $(NH_4)_2SO_4$、NH_4NO_3、

NaCl、KCl、CaCl$_2$的形式存在。温度和 NH$_4^+$分别控制 SO$_4^{2-}$和 NO$_3^-$的形成。温度、相对湿度、降水量、气团来源可能是控制气溶胶分布的主要因素。每年春季来自中国西部和西北部的沙尘,造成矿物离子浓度出现高值。Ca^{2+}/Al 可指示不同来源矿物尘的混合程度。因子分析表明,煤和生物质燃烧排放污染物的二次转化、工业和交通排放以及矿尘,是北京大气细颗粒物的主要来源。近年来由于城市的机动车化,交通源的贡献更加显著。

参考文献

[1]　Winchester J W, Lu W, Ren L, et al. Fine and coarse aerosol composition from a rural area in North China. Atmospheric Environment, 1981, 15: 933 - 937.

[2]　Cheng Z L, Lam K S, Chan L Y, et al. Chemical characteristics of aerosols at coastal station in Hong Kong. I. Seasonal variation of major ions, halogens and mineral dusts between 1995 and 1996. Atmospheric Environment, 2000, 34 (17): 2771 - 2783.

[3]　Kim K, Lee M, Lee G, et al. Observations of aerosol-bound ionic compositions at Cheju Island, Korea. Chemosphere, 2002, 48: 317 - 327.

[4]　Xiao H, Liu C. Chemical characteristics of water-soluble components in TSP over Guiyang, SW China, 2003. Atmospheric Environment, 2004, 38: 6297 - 6306.

[5]　Chen Z L, Ge S, Zhang J. Measurement and analysis for atmospheric aerosol particulates in Beijing. Research of Environmental Sciences, 1994, 7(3): 1 - 9.

[6]　He K, Yang F, Ma Y, et al. The characteristics of PM$_{2.5}$ in Beijing, China. Atmospheric Environment, 2001, 35: 4959 - 4970.

[7]　Ye B, Ji X, Yang H, et al. Concentration and chemical composition of PM$_{2.5}$ in Shanghai for a 1 yr period. Atmospheric Environment, 2003, 37: 499 - 510.

[8]　Yao X, Chan C K, Fang M, et al. The water-soluble ionic composition of PM$_{2.5}$ in Shanghai and Beijing, China. Atmospheric Environment, 2002, 36: 4223 - 4234.

[9]　Hu M, He L, Zhang Y, et al. Seasonal variation of ionic species in fine particles at Qingdao, China. Atmospheric Environment, 2002, 36: 5853 - 5859.

[10]　Shwartz J, Dockery D W, Neas L M. Is daily mortality associated specially with the particles? Air and Waste Management Association, 1996, 46: 927 - 939.

[11]　Hughes L S, Cass G R, Gone J, et al. Physical and chemical characterization of atmospheric ultra-fine particles in the Los Angeles area. Environ Sci Technol, 1998, 32: 1153 - 1161.

[12]　Raizenne M, Neas L M, Damokosh A L, et al. The effects of acid aerosols on North American children: Pulmonary function. Environ Health Perspect, 1996, 104: 506 - 514.

[13]　Ostro B. Fine particulate air pollution and mortality in two southern California counties. Environmental Research, 1995, 70(2): 98 - 104.

[14]　Michelozzi P, Forastiere F, Fusco D, et al. Air pollution and daily mortality in Rome, Italy. Occupational Environment and Medicine, 1998, 55(9): 605 - 610.

[15] 王京丽,谢庄,张远航,等.北京市大气细粒子的质量浓度特征研究.气象学报,2004,62(1):104-111.

[16] Arimoto R, Duce R A, Savoie D L, et al. Relationships among aerosol constituents from Asia and the North Pacific during Pem-West A. Journal of Geophysical Research, 1996, 101: 2011-2023.

[17] Kato N. Analysis of structure of energy consumption and dynamics of emission of atmospheric species related to the global environmental change (SO_x, NO_x, and CO_2) in Asia. Atmospheric Environment, 1996, 30: 2757-2785.

[18] Fang G, Chang C, Wu Y, et al. Ambient suspended particulate matters and related chemical species study in central Taiwan, Taichung during 1998-2001. Atmospheric Environment, 2002, 36: 1921-1928.

[19] Pierson W R, Brachaczek W W, Mckee D E. Sulfate emissions from catalyst equipped automobiles on the highway. Journal of Air Pollution Control Association, 1979, 29: 255-257.

[20] Truex T J, Pierson W R, Mckee D E. Sulfate in diesel exhaust. Environmental Science and Technology, 1980, 14: 1118-1121.

[21] Ohta S, Okita T. A chemical characterization of atmospheric aerosol in Sapporo. Atmospheric Environment, 1990, 24A: 815-822.

[22] Seinfeld J H. Atmospheric chemistry and physics of air pollution. New York: Wiley, 1986: 348.

[23] Park S S, Kim Y J. $PM_{2.5}$ particles and size-segregated ionic species measured during fall season in three urban sites in Korea. Atmospheric Environment, 2004, 38: 1459-1471.

[24] Yuan H, Wang Y, Zhuang G. MSA in Beijing aerosol. China Science Bulletin, 2004, 49(10): 1020-1025.

[25] Kawamura K, Kaplan I R. Motor exhaust emission as a primary source for dicarboxylic acids in Los Angeles ambient air. Environmental Science and Technology, 1987, 21: 105-110.

[26] Zhang D, Iwasaka Y. Nitrate and sulphate in individual Asian dust-storm particles in Beijing, China in spring of 1995 and 1996. Atmospheric Environment, 1999, 33: 3213-3223.

第24章

上海污染气溶胶的理化特性、来源及形成机制

长江三角洲位于中国东部,是中国的经济中心,占全国进出口贸易的 1/3 左右,其 GDP 占全中国的 20% 左右。由于该地区稠密的人口、大量的工厂农田以及来自上游城市的污染,如今长三角已成为海洋污染的源头之一。上海作为世界上的超大城市之一,位居长三角城市之首,人口超过 2 000 万,人口密度为 2 700 人/ m^2,拥有全国最大规模的工业和海港,其空气质量一直引人关注。上海的 SO_2 排放总量在 1996—2005 年间从 4.0×10^5 吨增至 5.4×10^5 t,其中工业导致的 SO_2 排放占总量的 70%,而非工业 SO_2 排放则从 2000 年以来增加了 40% 以上[1]。随着能源结构的不断调整,来自工业的 CO_2 从 1995 的 47% 降至 2006 年的 30%,来自煤燃烧的 CO_2 排放从 1995 年的 8 400 万 t 增至 2006 年的 11 000 万 t,其中由燃油产生的 CO_2 排放在 1995 年为 2 300 万 t,而到 2006 年则为 6 400 万 t;来自天然气燃烧的在 2006 年只有 500 万 t。2000—2020 年 SO_2 排放会维持在 2000 年的水平,CO_2 的排放也会有所下降,但由于上海机动车数量近年来增加非常迅速,NO_x 的排放到 2020 年预计会增加 60%~70%。2000 年上海的 NO_x 排放为 4.0×10^5 t,其中 1.7×10^5 t 来自电厂排放,1.0×10^5 t 来自工业排放,0.9×10^5 t 来自交通排放,而剩下的 0.4×10^5 t 则来自其他源[2]。到 2020 年,NO_x 可能会达到 6.0×10^5 t。随之而来由交通产生的 CO_2 排放比例也从 7% 增至 18%[3]。上海 $PM_{2.5}$ 中的硫酸盐主要来自当地的 SO_2 排放,且在不同温度下,SO_4^{2-}/SO_2 比值较稳定[4]。1999—2000 年间上海气溶胶中 $(NH_4)_2SO_4$ 和 NH_4NO_3 之和占 $PM_{2.5}$ 质量的 41.6%,而其中硫酸盐就占了 23.4%。含碳物质占 $PM_{2.5}$ 质量的 41.4%,其中 73% 为有机物[5]。上海气溶胶中的主要离子以 $(NH_4)_2SO_4$、$Ca(NO_3)_2$、$CaCl_2$ 和 $CaSO_4$ 的形态存在[6]。由于极高的 SO_2 和 NO_2 气体浓度所发生的光化学反应,2007 年 1 月 19 日在长三角发生了有史以来最强的一次区域霾事件,当日上海日均 SO_2 和 NO_2 浓度分别达到 194、123 $\mu g \cdot m^{-3}$,当天区域能见度低于 0.6 km[7]。人为排放的污染气体在气溶胶表面的复相反应是上海大气中硫酸盐、硝酸盐和有机酸盐等污染气溶胶的主要形成机制[8-13]。含碳气溶胶[包括有机碳(OC)和元素碳(EC)]约占 $PM_{2.5}$ 质量浓度的 30%[14],二次有机气溶胶的浓度为 5.7~7.2 $\mu g \cdot m^{-3}$,约占 OC 的 30%。OC 中约 50% 来自机动车排放,15% 则来自煤燃烧[15]。可溶性有机碳占总碳的比例(water soluble organic carbon/ total carbon, WSOC/ TC)大约在 0.3,其中可提取的有

机组分中主要成分是脂肪酸,烹饪是其主要来源[16]。上海气溶胶中来自生物质燃烧的元素 K 与元素 C 的比例(K/EC)比国外很多地区高出很多,表明其深受生物质燃烧的影响[17]。燃煤和机动车排放是上海大气气溶胶中的多环芳烃(PAH)和非甲烷碳氢化合物(non-methane hydrocarbon, NMHC)中甲苯、乙苯和二甲苯的主要来源[18-20]。大气气溶胶中的另一类主要组分为重金属,虽然含量较低,但其对人体健康和生态环境意义很大。上海大气中的有毒金属,包括 Pb、Zn、Cu、Cr、Cd 和 Ni。Pb、Zn、Cu 主要来自交通污染,Cd 主要来自工业源,而 Ni 则主要来自自然源。空间分布显示,以上金属浓度较高的区域一般分布在城市中心、街道交叉口以及工业区附近[21]。Cd、Cr、Cu、Pb 和 Zn 从 1965 至 2005 年呈明显增加趋势,特别是在 20 世纪 80 年代以后,其来源主要是当地的工业及交通[22]。上海大气中的颗粒态 Hg 主要来自固定源和气-固转化,与硫酸盐和元素 C 高度相关,却不和 F、Cl、硝酸盐以及有机碳相关。粗略估计,煤的燃烧对上海大气中的 Hg 的贡献可达到 80% 左右[23,24]。上海大气中的 Pb 在 20 世纪 90 年代 40% 来自水泥,18% 来自有铅汽油,16% 来自冶金工业,而只有 9% 和 5% 来自油燃烧和煤燃烧[25]。1997 年之后,上海已经禁止了有铅汽油的使用,$PM_{2.5}$ 中的 Pb 浓度仍处于较高的水平($213\sim176$ ng · m^{-3}),Pb 的主要来源为煤燃烧、以往含铅汽油排放生成的颗粒物沉降后再扬起,以及冶金工业排放[26-31]。上海大气中含有的 CS_2 和 SO_2 有很好的相关性,表明 CS_2 主要来自煤炉的煤燃烧[32]。上海颗粒物的来源主要是煤燃烧,其他来源包括建筑活动、机动车排放、扬尘以及炼钢[33]。以上结果大都局限于对上海大气污染的某些组分例如臭氧(O_3)、有机物、Pb 污染等的研究。鉴于大气颗粒物污染对国计民生尤其是对人体健康的重大危害[34-42],迫切需要系统而全面地揭示上海污染气溶胶的来源及其形成机制。本章基于 2008 年和 2009 年之交采用多种监测手段的综合观测结果,全面分析了上海市大气气溶胶及其各种组分的物理、化学、辐射特性与来源,并估算了不同组分对大气气溶胶消光(导致太阳光衰减)的贡献。

24.1 上海大气质量概况

24.1.1 数据准确度比较

采样和化学分析方法详见第 7、8、10 章。2009 年 1 月 15 日—2 月 15 日,在复旦大学采样点进行了为期一个月的大气质量观测。使用 TEOM 1405D 颗粒物浓度自动监测仪,监测 $PM_{2.5}$、$PM_{2.5\sim10}$ * 以及 PM_{10} 的小时浓度。为了校验数据的准确性,我们将复旦站点(FDU)的监测数据与上海环境监测站(Shanghai Environmental Monitoring Center, SEMC)提供的数据相对比,图 24-1 分别给出了 $PM_{2.5}$ 和 PM_{10} 在同一时期的日均浓度变化图,发现不管在浓度还是在变化趋势上,两者都非常吻合,表明了本采样点数据的准确

---

* $PM_{2.5\sim10}$ 是指直径介于 2.5~10 μm 的所有颗粒物。

性。上海环境监测站的数据为整个上海市的平均浓度,因此两者的高度相关,表明本采样点能比较好地代表整个上海的空气质量状况。

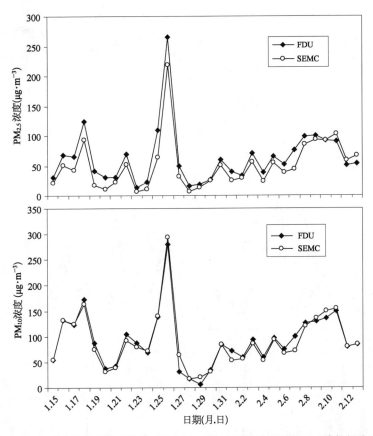

图 24-1　研究期间复旦采样点(FDU)与上海全市平均值(SEMC)的数据比对

24.1.2　上海大气气溶胶的质量浓度

研究期间 $PM_{2.5}$ 和 PM_{10} 的日平均浓度分别为 $61.5\pm47.3\ \mu g\cdot m^{-3}$ 和 $89.8\pm53.1\ \mu g\cdot m^{-3}$。图 24-2 展示了研究期间颗粒物($PM_{2.5}$、$PM_{10}$)的小时平均浓度和相应的气象参数(温度、露点、大气压、风速风向、湿度和能见度)。纵观整个研究期间,总共出现 3 次高污染阶段。第一阶段出现在 16—18 日,$PM_{2.5}$ 与 PM_{10} 平均浓度分别达到 $85.4\pm33.2\ \mu g\cdot m^{-3}$ 和 $142.5\pm26.2\ \mu g\cdot m^{-3}$。此期间湿度适中(约 60%);风速在整个研究期间最小,约为 $2\sim3\ m\cdot s^{-1}$[图 24-2(b)];该阶段的高污染可能更多地来自本地污染。从 19 日开始天气转阴,之后连续 2 天下雨,此时期颗粒物浓度大幅下降,主要是由于湿沉降的去除作用。第二个高污染阶段出现在 25 日 19:00—26 日 10:00,其间 $PM_{2.5}$ 与 PM_{10} 平均浓度分别高达 $354.6\pm23.5\ \mu g\cdot m^{-3}$ 和 $496.4\pm306.5\ \mu g\cdot m^{-3}$,而 26 日 0:00—2:00 的小时平均浓度一度接近 $1\,000\ \mu g\cdot m^{-3}$。这主要是由于除夕和初一大量烟花爆竹燃放导致颗粒物

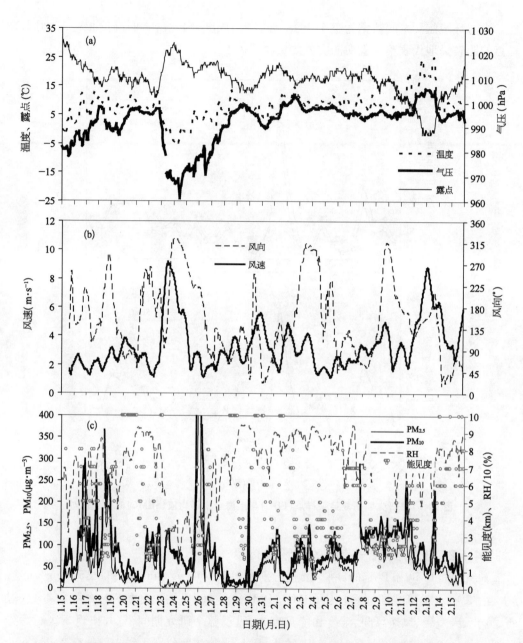

图 24-2　研究期间的颗粒物小时平均浓度以及气象参数（彩图见下载文件包，网址见 14 页脚注）

（a）温度、露点、大气压力；（b）风向［以与正东方向（0°）的顺时针夹角表示］、风速；（c）PM$_{2.5}$、PM$_{10}$浓度、相对湿度以及能见度（1 月 26 日颗粒物小时浓度最高接近 1 000 μg·m^{-3}，为能显示良好视觉，未将纵坐标 y 轴设置到最高值）。

急剧增加。从 24 日开始湿度急剧降低，达到研究期间最低值，基本保持在 40% 以下，同时温度降低，尤其是露点大幅度下降至接近 −24℃，且大气压在这期间处于高值。主导风向主要来自西北方，说明受到了北方冷高压气团的影响。由于风速较大，23—25 日白天的浓度值均较低,特别是 PM$_{2.5}$平均浓度在 20 μg・m^{-3}以下,很可能由于低湿度导致的二次污染物生成较少;而此期间 PM$_{10}$浓度相对较高,很可能是由于较大风速导致扬尘和二次扬尘增加。大气质量在经历了 25、26 日的重度污染后,从 27 日起有明显降低。此时的主导风向已从西北风转向东北风以及东南风,来自海上的气团有利于污染物的稀释和扩散。第三个高污染阶段持续时间较长,从 1 月 31 日至 2 月 11 日,PM$_{2.5}$与 PM$_{10}$平均浓度分别为 68.4±23.9 和 98.2±30.9 μg・m^{-3},主要集中在春节假期结束后的上班阶段,很可能是由于节假日过后工业、交通业活动增加。其间天气状况以阴天为主,相对湿度较高,维持在 80%~90%;风速较低,气象条件不利于本地污染物的扩散,大气能见度大多在 5 km 以下。源排放的增强以及不利的气象条件是导致颗粒物浓度上升、能见度降低的主要原因。

24.1.3　湿度对大气能见度的影响

颗粒物浓度与能见度的关系如图 24 - 3 所示,相关曲线拟合得到一条幂函数曲线:能见度=−2.48ln[PM$_{2.5}$]+14.60,相关系数 r=0.58,说明影响能见度的因素比较复杂,不仅仅是 PM$_{2.5}$质量浓度,还有其他因素,如化学组分、气象条件等。图中的空心点和实心点分别用来区分相对湿度 RH 小于和大于 75%时 PM$_{2.5}$浓度与能见度的关系。以RH=75%来区分颗粒物对能见度,原因在于气溶胶中已知的大部分物种例如NH$_4$NO$_3$、(NH$_4$)$_2$SO$_4$、NH$_4$HSO$_4$等基本上在湿度为 75%左右发生潮解(固体颗粒随相对湿度的升高从气相中吸水变为液态或水溶液的过程,此时的相对湿度称为潮解点),进而吸水膨胀导致颗粒物增大,最终影响颗粒物对光的衰减(具体物种的潮解点见表 24 - 1)。比较 2个不同湿度区间 PM$_{2.5}$与能见度的关系,可见在高湿度条件下(实心点)要达到与低湿度条件下(空心点)相同的能见度,所需的颗粒物浓度更低。换句话说,在湿度较高的条件

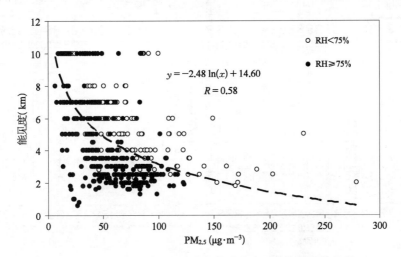

图 24 - 3　PM$_{2.5}$小时平均浓度与能见度小时平均的函数关系

下,形成低能见度天气乃至致霾的门槛较低。一方面,大气中较多的水汽本身能对光有所衰减;另一方面,高湿度有利于二次污染气溶胶硫酸盐、硝酸盐、铵盐的生成及膨胀,从而造成能见度的进一步恶化。春节采样期间出现的第三次污染事件,很可能与该段时期的高湿度有关。

表 24-1　气溶胶中主要化合物的潮解点

物　　　种	潮解点	物　　　种	潮解点
$NH_4NO_{3(s)}$	0.62	$NaHSO_{4(s)}$	0.52
$(NH_4)_2SO_{4(s)}$	0.80	$NaCl_{(s)}$	0.75
$NH_4HSO_{4(s)}$	0.40	$NaNO_{3(s)}$	0.74
$(NH_4)_3H(SO_4)_{2(s)}$	0.69	$NH_4Cl_{(s)}$	0.80
$Na_2SO_{4(s)}$	0.84		

24.1.4　颗粒物、污染气体的日变化

$PM_{2.5}$、$PM_{2.5\sim10}$、PM_{10}浓度以及 $PM_{2.5}/PM_{10}$ 比值的日变化箱式图如图 24-4 所示。颗粒物浓度第一次峰值出现在早上 7:00—9:00,对应着早高峰时段,机动车尾气是颗粒

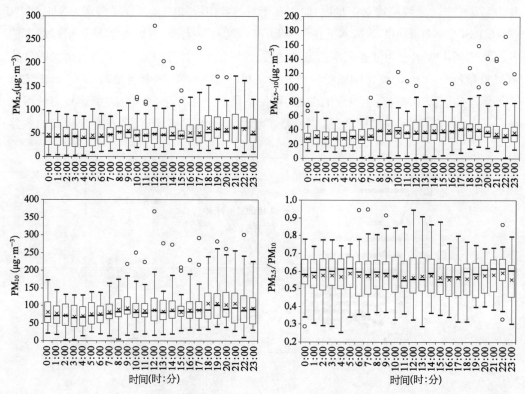

图 24-4　$PM_{2.5}$、$PM_{2.5\sim10}$、PM_{10}浓度以及 $PM_{2.5}/PM_{10}$ 比值的日变化箱式图(空心点代表极端值)

物浓度增加的主要原因。从污染气体 NO_x 和 CO 的日变化图,也能明显看出气态前体物对颗粒物生成的影响(图 24-5)。NO_x 和 CO 是指示机动车尾气排放的示踪物,此段时期内 NO_x 和 CO 出现明显峰值,可解释早高峰时段颗粒物浓度的峰值。早高峰后,太阳辐射逐渐增加,边界层随之升高,使颗粒物容易对流和扩散。在 10:00—16:00 这段时间,颗粒物浓度有所下降,主要由于边界层高度增加所致。此外,风速在一天之内的这个时段相对最大(图 24-6),有利于颗粒物的扩散。16:00 以后,太阳辐射逐渐减少,温度下降,混合层高度也随之降低,不利于颗粒物的扩散。由于下班高峰来临,汽车尾气排放又增加(如图 24-5 中 NO_x 和 CO 浓度的日变化),17:00 后颗粒物浓度出现了一天中的第二个高峰。相对于早高峰,晚高峰的颗粒物浓度增加更为明显,变化范围以及极大值更大(如图中的高低线所示)。这是由于早高峰时段中,混合层高度、风速都在增加,对颗粒物浓度增加起了缓和作用。进入午夜之后,虽然混合层高度降到最低,但由于人为活动的影响渐渐减缓,颗粒物浓度也相应有所下降。在 23:00—6:00 的午夜时段,颗粒物浓度变化范围相对较小,说明了此段时间人为活动的影响有所降低。从 7:00 至 23:00,每个时段的颗粒物浓度变化都较大,极大值也基本出现在这个时段(图中以空心点表示),这是由于人为活动大多集中在此时段。$PM_{2.5}/PM_{10}$ 比值可以用来衡量细颗粒物对总

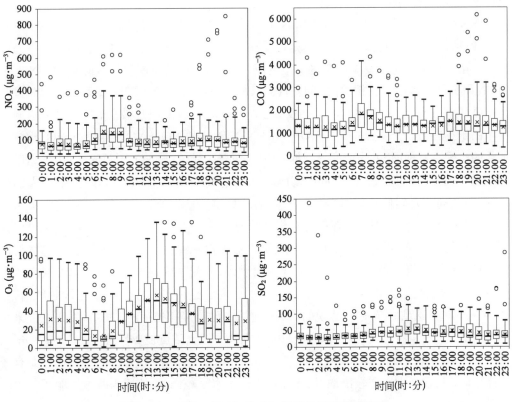

图 24-5　NO_x、CO、O_3 和 SO_2 浓度的日变化箱式图

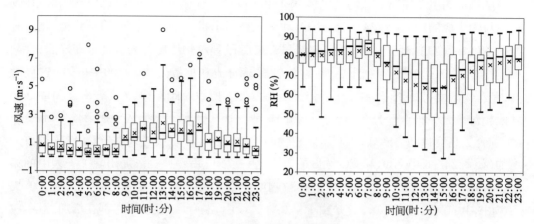

图 24 - 6   风速与相对湿度的日变化箱式图

颗粒物的贡献,如图 24 - 4 所示。比值最低的时段出现在 10:00—16:00,平均值约为 0.55。这主要与气象条件有关,边界层高度的增加使得细颗粒物相对粗颗粒物更加容易扩散,因此在近地面的监测环境中,$PM_{2.5}/PM_{10}$ 比值有所下降。而在早高峰以及晚高峰期间,$PM_{2.5}/PM_{10}$ 的比值较高,这是由于交通源排放更多的细粒子。在午夜时段,细粒子比例也较高,很可能是由于气象条件不利于颗粒物的扩散。

图 24 - 5 展示了主要污染气体如 NO_x、CO、O_3 和 SO_2 的浓度日变化。NO_x 和 CO 在早高峰以及晚高峰出现浓度峰值,这是由于这 2 种气体是机动车尾气排放的主要气态污染物。浓度极大值也主要集中在这 2 个时段,正说明了机动车尾气排放的影响。NO_x 和 CO 在研究期间内高度正相关[图 24 - 7(a)],相关系数为 0.80,说明这 2 种气体有相同来源。O_3 的日变化趋势与 NO_x 恰好相反,在 2 个车流高峰期出现波谷,而在中午达到波峰。由于存在着以下反应:$O_3 + NO \rightarrow O_2 + NO_2$,$NO_2 + NO \rightarrow NO_x$,导致在 NO_x 排放量最大的早晚高峰期间 O_3 的浓度受到抑制[43]。清晨阳光较弱,NO_2 不易光解;中午太阳辐射增强,NO_2 可在短短的几分钟内被光解,从而造成 O_3 浓度增加[43]。晚上缺少光的作用,O_3 浓度也相对较低。如图 24 - 7(b)所示,NO_x 与 O_3 以乘幂关系呈负相关,相关系数达到 0.66,反映了这 2 种气体存在有互相制约的关系。这和之前提出的上海 O_3 浓度受挥发性有机化合物(VOC)限制而非 NO_x 限制的结论相一致[43-45]。SO_2 的日变化趋势与以上几种气体有很大区别。由于 SO_2 主要源自燃煤,不受早晚高峰影响,在中午浓度达到较高值;而在其他时段,SO_2 浓度变化范围较为平稳。这可能由于上班后一段时间内,商业、工业用电量达到高峰,同时也说明 SO_2 在全天各时段都有稳定的来源,即 SO_2 主要来自燃煤固定源。在午夜时段,例如 23:00、1:00,SO_2 出现极大浓度值,最高达到 435 $\mu g \cdot m^{-3}$,是由于此时段燃放烟花爆竹所致。珠三角的监测结果显示,其 SO_2 昼夜变化和上海有较大的不同[46],在晚上出现较高浓度,而在白天浓度水平较低,可能因为两地工业活动的时段不同。

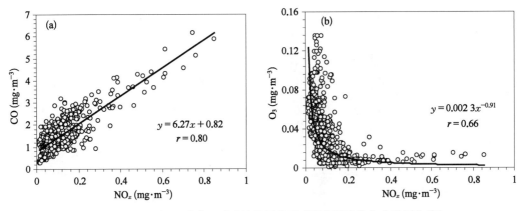

图 24 - 7　NO_x 与 CO(a)、O_3(b)的相互关系（所有浓度均为小时平均值）

24.2　上海大气气溶胶的光学性质

　　整个研究期间,上海颗粒物的散射系数和吸收系数如图 24 - 8 所示。散射系数 σ_{sp} 通过浊度仪直接测得。由于黑碳是气溶胶中吸热效应最重要的物种,吸收系数 σ_{ap} 可基于测定的黑碳浓度(由在线黑碳测定仪 Aethalometer AE - 21 测定)而换算得到,公式为 $\sigma_{ap}=$ [BC]×11.7,其中 BC 的吸收系数 11.7 $m^2 \cdot g^{-1}$ 取自相关文献[47]。单次反照率 ω_0 通过以下公式计算得到:$\omega_0 = \sigma_{sp}/(\sigma_{ap}+\sigma_{sp})$。$\omega_0$ 是表征气候效应的重要物理量,比值越低,表示吸热效应越强。从图中可见,σ_{sp} 的变化趋势和颗粒物 $PM_{2.5}$、PM_{10} 的浓度变化非常一致[图 24 - 2(c)]。整个研究期间出现的几个高散射系数时期,基本和前面讨论的颗粒物高浓度时期吻合。16—18 日的平均 σ_{sp} 为 297.2±189.8 Mm^{-1}(兆米$^{-1}$),25、26 日由于大量烟花爆竹燃放,σ_{sp} 小时平均值达到了整个期间最高的 807.2 Mm^{-1}。2—11 日的平均

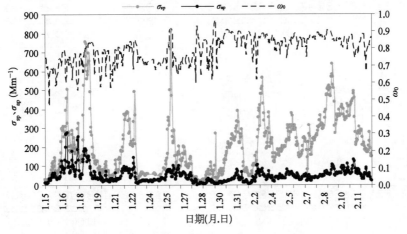

图 24 - 8　研究期间的颗粒物散射系数 σ_{sp}、吸收系数 σ_{ap} 以及单次反照率 ω_0

σ_{sp} 为 283.2±121.6 Mm^{-1},与第一次高污染阶段比较接近。吸收系数 σ_{ap} 在第一次污染阶段较高,达到 99.1±64.1 Mm^{-1},几乎是平日的 2 倍还多(其他时段 σ_{ap} 平均值为 42.2±24.2 Mm^{-1})。σ_{ap} 较高,说明大气中黑碳的浓度水平较高。黑碳的主要来源之一是机动车的排放。这段时期的高黑碳浓度,可能由于春节前一个星期之内为外地人返乡最密集和繁忙的阶段,大幅增加的进出上海的车流量,是造成黑碳浓度明显上升的主要原因之一。

上海大气气溶胶的吸收系数明显高于中国几个主要发达地区。如北京 1999 年测得的散射和吸收系数分别为 488±370 和 83±40 Mm^{-1}[48],2006 年观测值则为 361±295 和 51.8±36.5 Mm^{-1}[49],珠江三角洲 2004 年观测值分别为 344±128 和 52.5±19.6 Mm^{-1}[46],临安 1999 年观测值分别为 353±202 和 23±14 Mm^{-1}[12]。上海大气颗粒物在第一次高污染时期(16—18 日)与其他时期的单次反照率 ω_0 平均值分别为 0.70 和 0.80,这也反映了吸光物质在上海大气颗粒物中的比例很高,极低的 ω_0 说明存在燃烧源产生的大量新鲜气溶胶[46]。第一次高污染期间的高颗粒物浓度,表明了本地机动车排放的有机物污染是其主要来源,而 2 月 2—11 日的黑碳浓度虽然较低,但是颗粒物浓度仍然较高,也许说明了受到二次无机污染控制。整个研究期间的 ω_0 平均值低达 0.79,说明上海大气颗粒物中有大量吸光物质存在,因而其对低层大气具有升温效应。

图 24-9 展示了 σ_{ap}、σ_{sp}、ω_0 以及能见度的日变化。σ_{ap} 表现了明显日变化,在早高峰

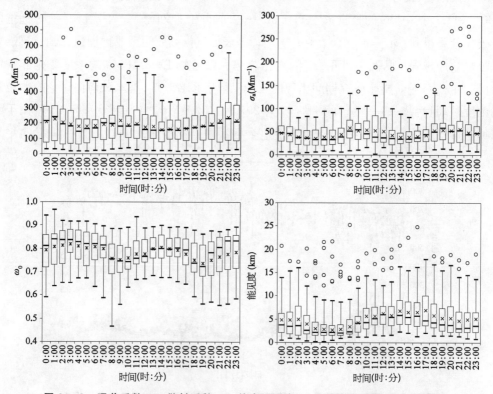

图 24-9　吸收系数 σ_{ap}、散射系数 σ_{sp}、单次反照率 ω_0 以及能见度的日变化箱式

和晚高峰出现波峰,主要由于机动车尾气排放的黑碳增加所致。σ_{ap} 从中午至下午时段达到一天中的最低值,主要是由于一则交通流量减少,二则混合层高度增加。晚上 σ_{ap} 数值较低,主要由于交通排放源减少。σ_{sp} 的日变化趋势和 σ_{ap} 有所不同,在早高峰出现波峰,而且在晚间 22:00—2:00 也出现了较高值,这可能由于夜晚较高湿度所致(图 24 - 6)。空气中的水蒸气对光具有不可忽略的消光作用。长三角临安站点的研究表明,水汽对散射总量的贡献可能达到 40%[12],因此夜晚较高的 σ_{sp} 可能是由于颗粒物和水汽协同作用的结果。ω_0 的日变化趋势在早高峰和晚高峰出现最低值,平均值在 0.75 左右,反映了吸光物质黑碳的显著增加。ω_0 在中午以及晚间较高,一方面由于排放的黑碳减少,另一方面二次气溶胶例如硫酸盐、硝酸盐、铵盐以及二次有机气溶胶的增加,加强了对光的散射,引起 ω_0 升高。能见度的日变化趋势,基本和散射系数、吸收系数相反,在清晨以及傍晚最低,平均值在 2~3 km,主要是由于受到交通排放以及气象条件的双重影响。中午时候能见度有所好转,但也只是接近 5 km 左右。整个采样期间,能见度值都在 5 km 上下浮动,远低于霾定义(<10 km)范围,表明上海冬季颗粒物污染非常严重。

24.3　上海大气气溶胶的化学组成

24.3.1　大气气溶胶中的元素浓度水平及来源分析

本次研究一共分析了气溶胶中的 31 种元素,包括常规元素和微量元素,具体分析的物种和浓度列在表 24 - 2 中。所有元素中浓度最高的是 S,其在 $PM_{2.5}$ 和 TSP 中的平均浓度分别达到 4.12±3.26 和 6.04±4.36 $\mu g \cdot m^{-3}$。紧接着的高浓度元素是 Al 和 Ca,在 $PM_{2.5}$ 和 TSP 中的平均浓度分别为 0.64 和 2.51 $\mu g \cdot m^{-3}$ 以及 0.72 和 3.39 $\mu g \cdot m^{-3}$。由公式[矿物气溶胶浓度]=2.2[Al]+2.49[Si]+1.63[Ca]+2.42[Fe]+1.94[Ti],可以估算颗粒物中矿物气溶胶的浓度[50]。其中 Si 由于分析方法的限制未能直接测定,而是根据 Si/ Al 在地壳中的比值为 3.43 估算的。通过以上公式计算得到的上海矿物气溶胶,分别占 $PM_{2.5}$ 和 TSP 的质量百分比 12.0% 和 27.7%。

表 24 - 2　$PM_{2.5}$ 和 TSP 中主要元素的平均值($\mu g \cdot m^{-3}$)、相对偏差和变异系数

元　素	$PM_{2.5}$			TSP		
	平均值	S.D.	C.V.	平均值	S.D.	C.V.
Al	0.64	0.78	1.21	2.51	1.62	0.64
As	0.019	0.007	0.34	0.018	0.009	0.48
Ba	0.09	0.25	2.78	0.14	0.20	1.45
Br	BDL	BDL		0.01	0.01	1.16
Ca	0.72	0.78	1.08	3.39	1.63	0.48
Cd	8.98E - 04	5.57E - 04	0.62	1.10E - 03	9.74E - 04	0.88
Ce	1.70E - 03	6.47E - 03	3.81	1.71E - 02	2.14E - 02	1.26

（续表）

元　素	PM$_{2.5}$			TSP		
	平均值	S.D.	C.V.	平均值	S.D.	C.V.
Co	4.15E − 04	4.66E − 04	1.12	BDL	BDL	
Cr	0.02	0.06	2.97	0.02	0.02	0.78
Cu	0.04	0.02	0.65	0.07	0.09	1.24
Eu	2.29E − 04	6.71E − 04	2.93	5.59E − 03	8.88E − 03	1.59
Fe	0.56	0.50	0.88	1.93	1.07	0.55
Ge	0.01	0.01	0.46	BDL	BDL	
I	BDL	BDL		BDL	BDL	
K	1.01	1.31	1.29	1.80	1.47	0.82
Mg	0.26	0.27	1.05	0.81	0.62	0.77
Mg	0.26	0.28	1.09	0.82	0.66	0.81
Mn	0.04	0.04	1.02	0.07	0.04	0.54
Mo	7.11E − 04	5.61E − 04	0.79	1.02E − 03	1.09E − 03	1.07
Na	0.45	0.40	0.89	1.73	1.04	0.60
Ni	0.01	0.02	2.36	0.01	0.01	1.08
P	0.003	0.02	6.86	0.04	0.07	1.65
Pb	0.06	0.04	0.68	0.11	0.21	1.82
S	4.12	3.26	0.79	6.04	4.36	0.72
Sb	3.06E − 03	2.57E − 03	0.84	4.46E − 03	6.38E − 03	1.43
Sc	6.38E − 05	6.44E − 05	1.01	6.67E − 05	1.26E − 04	1.89
Se	2.00E − 03	1.60E − 03	0.80	6.57E − 04	9.84E − 04	1.50
Sr	0.02	0.03	1.76	0.06	0.17	2.81
Ti	0.32	0.26	0.82	1.10	0.73	0.66
V	0.01	0.01	0.72	0.01	0.01	0.59
Zn	0.13	0.28	2.13	0.50	0.65	1.31

S.D.：标准偏差；C.V.：相对偏差／平均值；BDL：低于检测限。

　　元素的富集系数(EF)可以反映各个元素在大气气溶胶中的富集程度。计算公式如下：$EF = (X / X_{参比})_{气溶胶} / (X / X_{参比})_{地壳}$，其中 $X_{参比}$ 表示某参比元素，要求参比元素基本没有人为污染源，且其物理化学性质比较稳定，一般选用 Al、Sc 等。本研究中选择 Al 为参比元素，计算所得上海大气气溶胶中各元素在 PM$_{2.5}$ 和 TSP 中的平均富集系数，如图 24 - 10 所示。富集系数小于 10 左右，说明受到的污染较少，主要包括 Al、Ca、Fe、Mg、Na、Sc 和 P，说明这些元素主要是来自地壳源。以 Ca 和 Fe 为例，图 24 - 11 分别表示这 2 种元素在 TSP 中和 Al 的相关性。两者和 Al 都具有显著相关性，相关系数均在 0.70 以上。其中，元素 Fe 和 Al 的浓度比值(Fe／Al)为 0.72，非常接近地壳中的 Fe／Al 比值 0.68，说明 Fe 基本上没有受到污染源的影响。而元素浓度比值 Ca／Al 为 1.32，是地壳中 Ca／Al 比值 0.50 的两倍多，说明上海大气气溶胶中的 Ca 相对于地壳浓度水平有一定的富集。上海频繁的建筑活动使得街道扬尘乃至表层土壤中的 Ca 浓度升高,其再次扬起便导致其在大气中的富集。富集系数在 10～100 范围内的元素包括 Sr、Mn、K、Ti、V、Ba、Ni、Cr、Cu 和 Mo,说明这些元素属中度污染。余下元素 Pb、Zn、Cd、As、Sb、Se、S 在 PM$_{2.5}$ 中的平均富集系数分别为 765、936、1 258、2 431、2 793、8 888 和 7 552,说明这些元素属重度污染,尤其以 Se 和 S 的污染最为严重。这 2 种元素主要源自煤燃烧,说明燃煤对上海大气质量有严重影响。同一元素在 PM$_{2.5}$ 中的富集系数,大多高于 TSP,说明这些微量金属元素更容易富集在细颗粒物中。

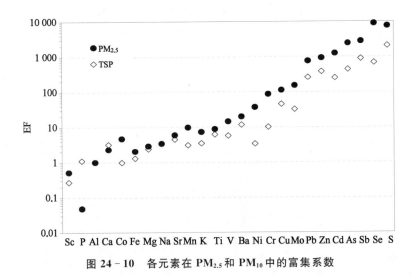

图 24 - 10　各元素在 PM$_{2.5}$ 和 PM$_{10}$ 中的富集系数

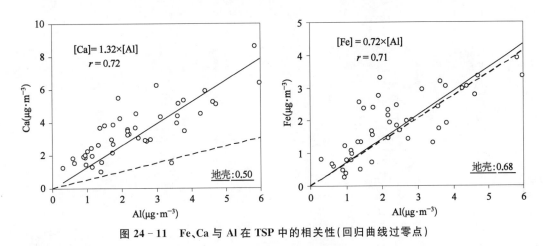

图 24 - 11　Fe、Ca 与 Al 在 TSP 中的相关性(回归曲线过零点)

虚线代表在地壳中的平均比值。

表 24 - 3 是 PM$_{2.5}$ 中主要元素的主因子分析结果。一共得到 5 个因子,共可解释 83.17％ 的方差,说明绝大多数来源可以得到解释。第一个因子对 Al、Ca、Fe、Mg、Na 和 Ti 有较高载荷,可解释 18.16％ 的方差。这些元素主要来自地壳源,因此将第一个因子归

为矿物源。第二个因子对 Co、Cr、Fe、Mn、Mo 和 Ni 有较高载荷,可解释 18.39% 的方差,这个因子可归为机动车尾气排放和刹车中释放出的金属元素[51],主要是来自交通源。第三个因子对 Ba、Cu、K、Sr 有较高载荷,对 Pb 也有一定载荷,可解释 17.96% 的方差。这几种元素若在平日应来自不同来源。因本研究处在春节烟花爆竹燃放活动较多的时期,而这几种元素也是烟花中常用的添加剂,因此将第三个因子解释为燃放烟花爆竹源。之前在北京对元宵节期间的研究,也发现这几种元素比平日增加了几倍至几十倍不等[52]。第四个因子对 Cd、Pb、Sb 和 Se 的载荷较高,由于这几种元素的富集系数均相当高,并且可能来自工业、冶金排放,因此将此因子解释为工业来源,可解释 15.89% 的方差。最后一个因子对 As、Ge、S 和 Se 的载荷较高,很明显是来自煤燃烧的排放,可解释 12.77% 的方差。除了 S 以外,Se 也是煤燃烧来源的很好示踪物之一[53]。如图 24-12 所示,Se 和 S 在整个研究期间的变化趋势非常一致,相关系数达到 0.74,进一步说明了燃煤是元素 Se 和 S 的共同来源。

表 24-3　PM$_{2.5}$中主要元素的主因子源解析

因　子	因子载荷矩阵				
	PC1	PC2	PC3	PC4	PC5
Al	0.63	−0.04	0.58	0.16	−0.35
As	−0.09	0.10	0.33	−0.02	0.85
Ba	0.02	−0.08	0.95	0.00	0.05
Ca	0.90	0.04	0.22	0.02	−0.30
Cd	0.03	−0.04	0.04	0.83	0.34
Co	0.12	0.95	−0.01	0.11	0.07
Cr	−0.16	0.95	0.05	−0.21	−0.07
Cu	0.25	0.19	0.62	0.26	0.04
Eu	0.21	−0.09	0.48	−0.39	−0.35
Fe	0.57	0.72	0.11	0.14	−0.17
Ge	−0.02	0.12	0.04	0.34	0.85
K	0.00	0.03	0.92	0.17	0.30
Mg	0.74	0.00	0.56	−0.12	−0.03
Mn	0.30	0.85	−0.06	0.25	0.05
Mo	0.16	0.65	−0.13	0.59	0.20
Na	0.87	0.01	0.05	−0.18	0.15
Ni	−0.11	0.97	−0.06	−0.13	0.05
Pb	0.06	−0.10	0.56	0.73	0.26
S	−0.02	−0.11	0.00	0.32	0.75
Sb	0.21	0.14	0.08	0.83	0.09
Sc	0.59	0.07	0.04	0.59	−0.11
Se	−0.13	−0.06	0.13	0.70	0.57
Sr	0.12	−0.09	0.95	0.00	0.10

（续表）

因　子	因子载荷矩阵				
	PC1	PC2	PC3	PC4	PC5
Ti	0.82	0.10	0.09	0.36	−0.12
V	0.58	0.22	−0.17	0.27	0.28
方差%	18.16	18.39	17.96	15.89	12.77

PC：principal component(主成分)，PC1—PC5 即正文中提到的 5 个主因子。

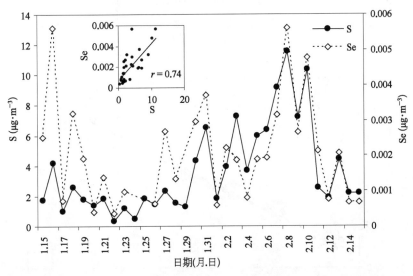

图 24 - 12　Se 和 S 在采样期间的日均浓度变化趋势，小图为两者相关性

24.3.2　大气气溶胶中的离子浓度水平及来源分析

通过离子色谱检测出的大气气溶胶可溶性组分包括 10 种阴离子——SO_4^{2-}、NO_3^-、Cl^-、F^-、PO_4^{3-}、NO_2^-、MSA、CH_3COO^-、$HCOO^-$、$C_2O_4^{2-}$，以及 5 种阳离子——NH_4^+、Ca^{2+}、K^+、Mg^{2+}、Na^+。通过离子平衡校验可以判断方法的准确性，并间接判断气溶胶的酸碱性[54]。离子平衡校验是将总阳离子当量浓度之和与总阴离子当量浓度之和进行线性相关，如图 24 - 13 所示。整个采样期间，TSP 和 $PM_{2.5}$ 中的阴阳离子总和高度相关，相关系数高达 0.96，说明离子色谱检测方法准确可靠。TSP 和 $PM_{2.5}$ 的斜率如图所示分别为 1.05 和 1.09，非常接近于 1.00，说明主要的可溶性组分均已检出。阳离子当量总和与阴离子当量总和的比值(C/A)接近 1.00，说明上海冬季气溶胶偏中性。表 24 - 4 分别总结了主要离子在 $PM_{2.5}$ 和 TSP 中的平均浓度和相对偏差。$PM_{2.5}$ 中离子浓度的大小顺序为：$SO_4^{2-}>NH_4^+>NO_3^->K^+>Cl^->Ca^{2+}>Na^+>Mg^{2+}>F^->C_2O_4^{2-}>HCOO^->$ MSA。SO_4^{2-} 在 $PM_{2.5}$ 和 TSP 中的平均浓度分别为 9.92 和 16.96 $\mu g \cdot m^{-3}$，较大部分在细颗粒物中。NO_3^- 在 $PM_{2.5}$ 和 TSP 中的平均浓度分别为 5.68 和 11.22 $\mu g \cdot m^{-3}$，较多存在于粗

颗粒物中。NH_4^+ 在 $PM_{2.5}$ 和 TSP 中的平均浓度分别为 7.57 和 10.56 $\mu g \cdot m^{-3}$，较大部分存在于细颗粒物中。K^+ 在 $PM_{2.5}$ 中的浓度为 1.53 $\mu g \cdot m^{-3}$，小于 SO_4^{2-}、NH_4^+ 和 NO_3^-，而大于 Ca^{2+}、Na^+ 和 Mg^{2+} 等离子的浓度。1999—2000 年上海大气气溶胶中的 K^+ 年均浓度为 2.0 $\mu g \cdot m^{-3}$ 左右[4]，2005 年 5—6 月的 K^+ 平均浓度为 2.3 $\mu g \cdot m^{-3}$[9]，K^+ 常被用作生物质燃烧的指示物。本研究和以往研究中的高浓度 K^+ 表明，上海大气气溶胶深受生物质燃烧的影响。Ca^{2+}、Na^+、Mg^{2+} 的浓度相对较小，这几种离子可能主要源自土壤和扬尘。大气气溶胶中离子质量浓度总和约占 $PM_{2.5}$ 质量浓度的 51%，其中 SO_4^{2-}、NH_4^+ 和 NO_3^- 是浓度最大的 3 个组分，分别占 $PM_{2.5}$ 的 18.1%、15.0%和 10.4%。K^+ 和 Cl^- 各占 2%～3%。矿物离子 Ca^{2+}、Na^+ 和 Mg^{2+} 贡献较少，总共约占 1.3%。

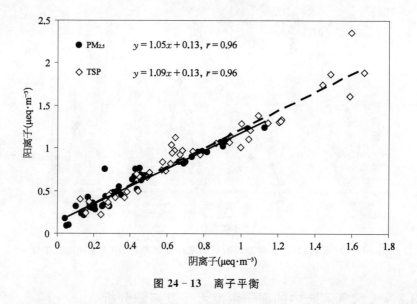

图 24 - 13 离子平衡

表 24 - 4 主要离子在 $PM_{2.5}$ 和 TSP 中的平均浓度（$\mu g \cdot m^{-3}$）和相对偏差

物 种	$PM_{2.5}$		TSP	
	平均值	S.D.	平均值	S.D.
F^-	0.11	0.19	0.14	0.27
$HCOO^-$	0.05	0.03	0.10	0.05
MSA	0.02	0.03	0.07	0.12
Cl^-	1.48	0.65	3.62	3.27
NO_2^-	0.15	0.19	0.22	0.23
NO_3^-	5.68	4.96	11.22	8.05
SO_4^{2-}	9.92	8.89	16.96	12.24
$C_2O_4^{2-}$	0.06	0.05	0.16	0.11
Na^+	0.31	0.18	1.06	0.88
NH_4^+	7.57	5.17	10.56	6.34

（续表）

物　　种	PM$_{2.5}$		TSP	
	平均值	S.D.	平均值	S.D.
K$^+$	1.53	1.03	3.57	6.67
Mg^{2+}	0.13	0.06	0.36	0.29
Ca^{2+}	0.53	0.61	2.24	1.35

1. 大气气溶胶中的 SO$_4^{2-}$、NO$_3^-$ 离子

SO$_4^{2-}$ 与 NO$_3^-$ 在粗细颗粒物中的分布以及整个研究期间的浓度变化,如图 24-14 所示。SO$_4^{2-}$ 与 NO$_3^-$ 在 PM$_{2.5}$ 和 TSP 中的相关性,分别高达 0.85 和 0.81,说明它们的形成机制类似,两者都是通过气态前体物 SO$_2$ 和 NO$_x$ 的同相或异相反应后生成 H$_2$SO$_4$ 和 HNO$_3$ 气体,再与碱性物质中和后,形成盐类进入颗粒态。以上 2 种组分在 1 月 16—18 日以及节假日过后的上班时期 1 月 30 日—2 月 12 日出现较高浓度。在除夕(1 月 25 日)和初一(1 月 26 日),硫酸盐也出现较高浓度,但主要集中在粗颗粒物中,说明可能由于燃放烟花爆竹释放含 S 物质所致。通过硫氧化率(SOR)和氮氧化率(NOR),可以评价 S 和 N 的氧化效率。硫氧化率和氮氧化率分别通过以下公式来定义:

$$SOR = SO_4^{2-} / (SO_4^{2-} + SO_2), NOR = NO_3^- / (NO_3^- + NO_2)$$

其较高的比值代表气相前体物的氧化率较高,并且生成较多的二次气溶胶。一般认为,当 SOR 比值大于 0.10 时,将会有 SO$_2$ 的光化学氧化产物生成[55]。在本研究期间,二次气溶胶的形成出现在 1 月 28 日—2 月 15 日,这和硫酸盐出现高浓度的时间基本吻合。SO$_4^{2-}$ 的形成主要有气相机制(例如 OH 自由基的氧化)和液相机制(例如 H$_2$O$_2$/O$_3$ 的氧化、微量金属的催化氧化以及云中过程[40,56,57])。由图 24-14 可见,在 1 月 28 日—2 月

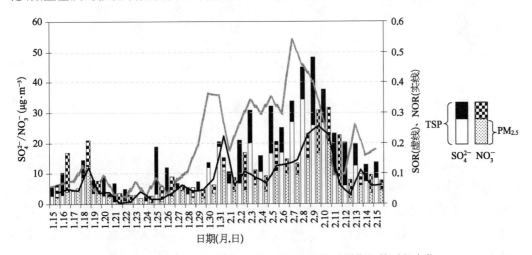

图 24-14　SO$_4^{2-}$、NO$_3^-$ 浓度以及 SOR、NOR 在采样期间的时间变化

15 日,SOR 相当高,SO_4^{2-} 的绝对浓度也在一个较高的水平。SO_2 的气相氧化主要取决于温度,这段时间是冬天,温度较低,SO_2 气相反应对生成硫酸盐的贡献较小。有研究认为,相对湿度＞75％时,硫酸盐的生成主要来自异相反应[58]。1 月 28 日—2 月 15 日期间,大多为阴天,相对湿度较大,基本在 80％～90％,因此可以认为,这段时间出现的高浓度硫酸盐、硝酸盐,主要通过云中过程的液相反应机制生成。上海是一座海滨城市,受海洋性气候影响,常年相对湿度都维持在中等及较高水平,因此液相反应很可能是形成污染气溶胶的主要途径之一。

2. 大气气溶胶中的 NH_4^+ 离子

大气中 NH_4^+ 是主要的酸中和物质。图 24-15 展示了 NH_4^+ 当量浓度与 SO_4^{2-}、NO_3^- 两者当量浓度之和,在 PM$_{2.5}$ 和 TSP 中的相关性。NH_4^+ 与 SO_4^{2-}、NO_3^- 两者之和高度相关,相关系数达 0.90 以上,说明在大气中 H_2SO_4 与 HNO_3 主要通过 NH_4^+ 的中和形成铵盐。图中两变量在 PM$_{2.5}$ 中斜率为 1.26,在 TSP 中的斜率为 1.04,均大于 1.00,说明气溶胶中的酸可以完全被 NH_4^+ 中和。因此,SO_4^{2-} 和 NO_3^- 在气溶胶中的主要存在形式是铵盐,也就是以 $(NH_4)_2SO_4$ 和 NH_4NO_3 的形式存在。这 2 种物质的总质量占可溶性离子总量的 65.8％(PM$_{2.5}$)和 69.6％(TSP)。$(NH_4)_2SO_4$ 和 NH_4NO_3 的潮解点分别是 0.80 和 0.62,也就是在较高的湿度下容易吸水膨胀生长。高湿度的天气有利于 $(NH_4)_2SO_4$ 和 NH_4NO_3 的形成以及生长。高浓度的硫酸盐、硝酸盐、铵盐成为导致霾形成的重要机制之一。

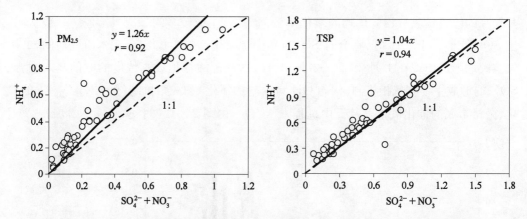

图 24-15　NH_4^+ 当量浓度与 SO_4^{2-}、NO_3^- 两者当量浓度之和在 PM$_{2.5}$ 和 TSP 中的相关性

图 24-16 显示了 NH_4^+ 与 NH_3 的日均浓度。NH_4^+ 在大气中的前体物是 NH_3,因而两者的变化趋势相同。NH_3 的主要来源是人及牲畜排泄物、化肥使用、秸秆分解以及家用能源使用过程中的释放[59]。从图中可见,NH_4^+ 与 NH_3 之间的差值,在整段采样期间不尽相同,从 1 月 31 日至 2 月 10 日差值较大,可能因为这段时间的相对湿度高。NH_3 极易溶于水,因此高湿度有利于 NH_3 从气态向液态和固态转化,致使 NH_3 通过酸碱中和而保留在颗粒态中。湿度很可能是决定 NH_3 气-固分配的决定因素之一。

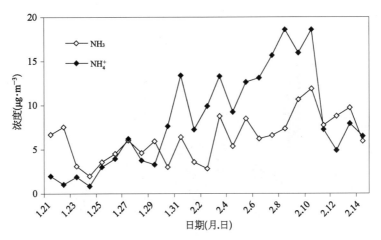

图 24 - 16　NH_4^+ 与其气态前体物 NH_3 浓度在采样期间的时间变化

3. 大气气溶胶中的 K^+ 和 BC

图 24 - 17 展示了 K^+ 和 BC 浓度在整个研究期间的日变化,及其在粗细颗粒中的分布。生物质燃烧时,会释放出大量含 KCl、K_2CO_3 等的含钾化合物,K^+ 是生物质燃烧很好的指示物之一。K^+ 浓度在 1 月 25 日晚上和 26 日白天分别高达 65 和 13 $\mu g \cdot m^{-3}$(图中 25、26 日的浓度是代表整天的日平均浓度,因此略低)。这显然并非由于生物质燃烧所引起,而是由于该段时间集中燃放烟花爆竹所引起。K 常常被用作烟花爆竹颜色的添加剂之一。25 日当晚,$PM_{2.5}$ 中 K^+ 占总颗粒物中 K^+ 的不到 10%,说明烟花爆竹燃放产生的颗粒物主要是粗颗粒物。BC 浓度在该 2 个时段也达到了最高值,分别为 7.93 和 6.98 $\mu g \cdot m^{-3}$,细颗粒物中 BC 占 22%。BC 在城市中主要来自机动车的汽油、柴油等的不完全燃烧排放产物,或是生物质燃烧,主要存在于细颗粒物中[11]。过年期间,机动车流量较平时有所减少,因此如此高的 BC 浓度和其主要集中在粗颗粒物中的性质,说明其可能主要也是来自烟花爆竹。图 24 - 17 所示的整个研究期间,可分为 4 个阶段。第一阶段为春节假期前,BC 的平均浓度为 3.49 $\mu g \cdot m^{-3}$;第二个阶段为春节假期前后一个多星期,机动车流量相对减少,如果去除烟花爆竹的影响(1 月 25、26 日),BC 这段时期的平均浓度为 2.15 $\mu g \cdot m^{-3}$。第三阶段是假期后人们陆续恢复上班,BC 浓度又有所上升,平均浓度为 3.44 $\mu g \cdot m^{-3}$。第四阶段是人们完全正常上班,BC 浓度完全恢复到接近节假日之前的水平。BC 浓度的日变化,说明了机动车排放是黑碳(BC)的主要来源。K^+ 在上述 4 个阶段的平均浓度分别为 1.77、0.66、3.08 和 2.08 $\mu g \cdot m^{-3}$,其中第二阶段 K^+ 的平均浓度同样也是去除了除夕和大年初一烟花燃放的影响。图 24 - 18 显示的是对应 4 个阶段的 MODIS 卫星反演的中国东南部火点图。可以清楚看到,K^+ 浓度与火点数有较好的相关,春节前和春节后卫星显示中国东南部火点较多[图 24 - 18(a)(c)(d)],而在春节期间,也就是第二阶段卫星图片上的火点相对很少[图 24 - 19(b)],这意味着春节前和春节后生物质排放较多,上海受区域传输影响,其气溶胶中含较高浓度 K^+,而在春节期间 K^+ 浓度较低,这和这段时期的生物质燃烧较少有关。

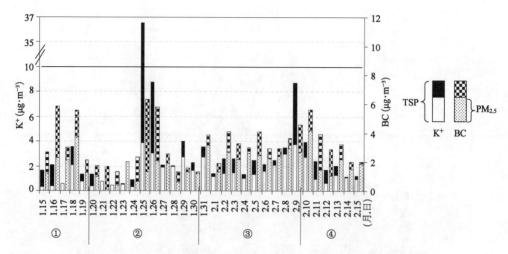

图 24 - 17　K⁺ 和 BC 在整个研究期间的日变化和在粗细颗粒中的分布

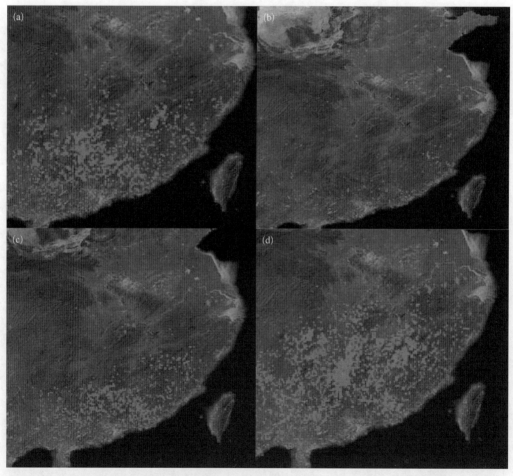

图 24 - 18　采样期间 4 个阶段的 MODIS 卫星反演的火点图,其中(a)(b)(c)(d)分别对应图 24 - 17 中的
①②③④阶段。(彩图见图版第 12 页,也见下载文件包,网址见正文 14 页脚注)

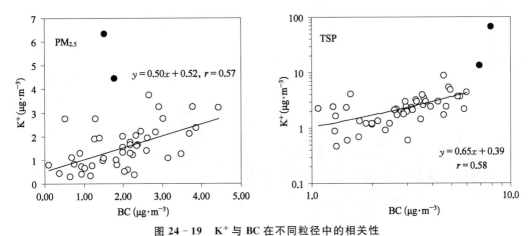

图 24 - 19　K⁺ 与 BC 在不同粒径中的相关性

黑点代表 1 月 25 日夜晚与 26 日白天由于烟花爆竹燃放出现的异常点。

BC 除了来自机动车排放外,生物质燃烧也是其来源之一。图 24 - 19 分别分析了 PM$_{2.5}$、TSP 中 K⁺ 和 BC 的相关性,其中 1 月 25 日晚上和 26 日早上的数据不参与线性回归。K⁺ 和 BC 在 PM$_{2.5}$ 和 TSP 中的相关系数均接近 0.60,说明两者具有显著的正相关,因此生物质燃烧确实是 BC 的另一主要来源。

4. 大气气溶胶中的 Na⁺、Cl⁻ 离子

图 24 - 20 展示了 Na⁺ 和 Cl⁻ 浓度在整个研究期间的日变化,以及在粗细颗粒中的浓度分布。从图中可以明显看出,1 月 25 日晚上和 26 日白天 Cl⁻ 的浓度达到了最大值,分别为 30.03 和 15.87 $\mu g \cdot m^{-3}$,这是由于烟花燃放所致。Cl 是烟花显色剂之一,致色物种包括 CaCl⁺、SrCl⁺、BaCl⁺ 等[60]。但 Na⁺ 在此期间没有明显增加,而在之前对北京元宵节期间的研究,也观察到类似现象[52]。当天 Cl⁻/Na⁺ 比值达到极高值,接近 15,显然表明 Cl⁻ 来自诸如烟花燃放的人为污染源。烟花燃放期间,PM$_{2.5}$ 中的 Cl⁻ 含量占 TSP 中总 Cl⁻ 的 14.5%,表明烟花燃放产生的 Cl⁻ 多存在于粗颗粒物中。Cl⁻ 在平时主要来自垃圾焚烧以及煤燃烧。由于上海是海滨城市,Cl⁻ 也有来自海盐的贡献。

图 24 - 20 还用虚线标注了气溶胶中 Cl⁻/Na⁺ 比值的日变化,根据气溶胶中 Cl⁻/Na⁺ 比值与海水中的 Cl⁻/Na⁺ 比值(1.79)之比较,可以粗略判断 Cl⁻ 主要是来自污染源还是天然的海盐。除了 1 月 25 和 26 日达到极高值外,在整个采样期间,Cl⁻/Na⁺ 比值出现了 3 次 Cl⁻ 浓度较高的阶段。第一阶段为 1 月 15—19 日,Cl⁻/Na⁺ 远远高于海水中的比值,且 Cl⁻、Na⁺ 均主要集中在细颗粒物中。第二阶段和第三阶段分别是从 1 月 28 日—2 月 5 日和 2 月 13 日至采样结束。这两段时期,Cl⁻/Na⁺ 比值远低于第一阶段,并且比较接近海水比值,而且发现 Cl⁻、Na⁺ 主要集中在粗颗粒物中。这两段时期的风向主要来自东北和东南,且风速较大,显然是受到来自海洋的海盐气溶胶的影

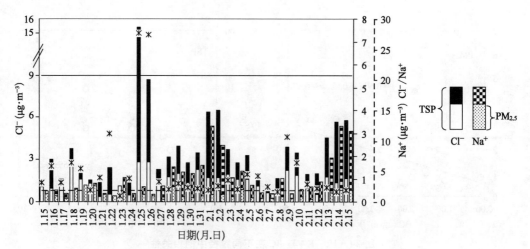

图 24 - 20 Na⁺（右实线轴）和 Cl⁻（左轴）浓度在整个研究期间的日变化和在粗细颗粒中的浓度分布，以及 Cl⁻/Na⁺（右虚线轴）比值的变化

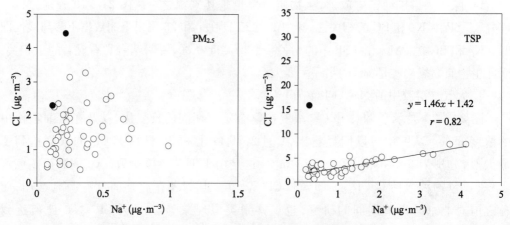

图 24 - 21 Cl⁻ 和 Na⁺ 在不同粒径中的相关性

黑点代表 1 月 25 日夜晚与 26 日白天的异常点。

响。图 24 - 21 可用来揭示不同粒径气溶胶中 Cl⁻、Na⁺ 的来源。在 TSP 中，Cl⁻ 和 Na⁺ 有很好的相关性，达到 0.82，并且斜率为 1.46；而在 PM$_{2.5}$ 中，Cl⁻ 和 Na⁺ 几乎没有任何相关性。Na⁺ 主要来自海盐，几乎没有污染源，因此可以认为，PM$_{2.5}$ 中的 Cl⁻ 主要来自污染源，而粗颗粒物中的 Cl⁻ 主要来自海盐。这也解释了第一阶段 Cl⁻ 和 Na⁺ 主要存在于细颗粒物，而其比值（Cl⁻/Na⁺）却远高于海水中的比值，因为这个时期 Cl⁻ 主要来自污染源。

大气气溶胶中的 Cl⁻ 除了来自以上提到的垃圾焚烧、煤燃烧来源外[6]，还可能有生物质燃烧源[61,62]。图 24 - 22(a) 显示了在本研究的大气气溶胶中 Cl⁻ 与 K⁺ 的浓度，相关系数达到 0.67，可见两者显著相关。K⁺ 是生物质燃烧的指示物，因此 Cl⁻ 与 K⁺ 的相关性说明，在这段时期 Cl⁻ 也有来自生物质燃烧源的。2009 年 5 月 30 日，上海发生了一次严

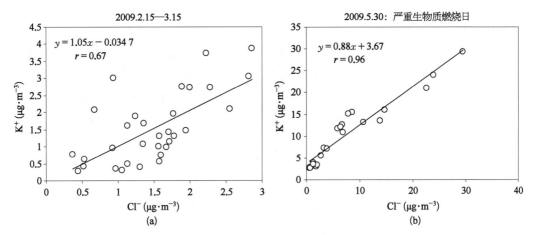

图 24 - 22　(a) K⁺ 和 Cl⁻ 在 2009 年 2 月 15 日—3 月 15 日采样期间的相关性;(b) 上海 2009 年 5 月 30 日发生严重生物质燃烧事件时 K⁺ 和 Cl⁻ 小时平均浓度相关性。

重的生物质燃烧污染,提供了 Cl⁻ 的生物质燃烧来源的明显证据。图 24 - 22(b)所示的是 Cl⁻ 和 K⁺ 在当天的小时平均浓度的散点图,相关系数高达 0.96,说明生物质燃烧在释放 K⁺、BC 的同时,也会释放大量的 Cl⁻。

24.3.3　大气气溶胶中的有机碳和元素碳

本研究期间,$PM_{2.5}$ 中的有机碳(OC)平均浓度为 $6.92 \pm 3.75 \ \mu g \cdot m^{-3}$,元素碳(EC)的平均浓度为 $1.53 \pm 0.97 \ \mu g \cdot m^{-3}$。考虑到上海有机气溶胶中的高含氧量,有机物(OM)总量以 OM=2.0×OC 估算[63,64]。由此算得的 OM 占 $PM_{2.5}$ 质量的 28.8%。中国城市的 OC/EC 比值基本在 3 左右[65],OC/EC 平均值在本研究期间为 4.4 ± 0.7。大气颗粒物中的有机碳来源于一次排放源和二次源。一次排放源包括矿石燃料和生物质燃烧(通常为细颗粒)、植物孢子和花粉、植物碎片、老化的橡胶以及土壤中有机碳等直接进入大气中(这些通常为粗粒子)。有机碳的二次源包括挥发性有机气体的气-固转化或凝聚。元素碳主要是矿石燃料和生物质不完全燃烧的产物。EC 难以发生化学反应,加之 EC 和一次有机碳往往有相同的来源(特别是在细粒子中),因此 EC 可作为一次人为源的示踪物,并被用于二次有机碳的估算[66,67]。对于某一地区,如果各源排放相对稳定,一次排放的 OC、EC 比值(OC/EC)$_{pri}$ 应该相对稳定。如果实测的 OC/EC 比值高于(OC/EC)$_{pri}$,那么较多的 OC 会被认为是二次有机碳。B. J. Turpin 和 J. T. Huntzicker 基于这种假设,提出二次有机碳的估算方程[68]:

$$OC_{sec} = OC_{tol} - EC \times (OC/EC)_{pri} \tag{24-1}$$

$$OC_{pri} = EC \times (OC/EC)_{pri} \tag{24-2}$$

其中,OC_{pri}、OC_{sec} 和 OC_{tol} 分别指一次有机碳、二次有机碳和总有机碳。不同排放源排放的颗粒物 OC/EC 不同,这使某地区的(OC/EC)$_{pri}$有一定的不确定性。(OC/EC)$_{pri}$受气象条件的影响大,会有日夜和季节的变化[66];在实际分析中也不可能将颗粒物中一次有机碳和二次有机碳分离。因此,(OC/EC)$_{pri}$实际上无法测定。Turpin 和 Huntzicker[68] 在没有阳光、有间歇小雨、低 O_3 浓度、不稳定的气团条件下监测了 OC 和 EC 浓度,其比值 OC/EC 的平均值为 2.2 ± 0.2。这样的气象条件下,发生光化学反应少,所形成的二次有机碳可忽略,因之可假设所得 OC/EC 比值的平均值是一次的(OC/EC)$_{pri}$。L. M. Castro 等[69]提出,如果非燃烧性的一次源排放的有机碳很少,半挥发性有机物的含量相对于总有机碳可以忽略,而碳质颗粒物的来源及各源的相对贡献率又相对稳定,则可以用实测的环境样品中最小的 OC/EC 比值(OC/EC)$_{min}$代替一次 OC/EC 比值,来计算二次有机碳,于是 24-1 式也就可写成

$$OC_{sec} = OC_{tol} - EC \times (OC/EC)_{min} \qquad (24-3)$$

根据以上方法估算,本研究中的(OC/EC)$_{min}$值为 3,如图 24-23 所示。可以根据此值来估算二次有机气溶胶的含量。计算得到 OC_{sec} 的平均浓度为 $2.1\pm1.7\ \mu g \cdot m^{-3}$,二次有机碳占 OC 的平均百分比为 $31.2\%\pm8.9\%$,与以往的研究结果比较吻合[14]。OC 与 EC 相关系数达到 0.9 以上,两者高度相关,说明 OC 与 EC 具有相似来源。在上海,两者主要来自机动车尾气排放[15]。

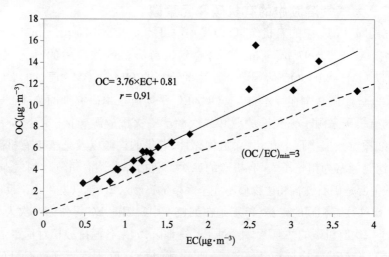

图 24-23　OC 和 EC 之间的相关性以及本研究的 OC/EC 最小值

24.4　上海大气污染过程分析

SO_4^{2-}、NO_3^-、NH_4^+ 和有机气溶胶是上海大气气溶胶中的主要污染组分。图 24-24 显示了 $PM_{2.5}$ 中这几种主要组分的日变化。在第一次污染阶段,即 16—18 日,OC 的平均

浓度达到 13.7 $\mu g \cdot m^{-3}$,是整个研究期间的最高值。二次无机离子的浓度则处于中等水平,SO_4^{2-}、NO_3^- 和 NH_4^+ 的平均浓度分别为 5.3、7.2 和 5.5 $\mu g \cdot m^{-3}$。之后在 19—24 日,不管是有机气溶胶浓度还是二次无机组分浓度均很低,在整个研究期间达到最低值。这段期间天气多雨,有利于颗粒物的清洗和去除,因此气溶胶组分浓度相应较低。第二次污染阶段,即 25—26 日,OC 的浓度较高,平均浓度为 11.5 $\mu g \cdot m^{-3}$,基本达到第一次污染阶段的水平;而二次无机离子与第一次污染阶段相比则有所降低,SO_4^{2-}、NO_3^- 和 NH_4^+ 的平均浓度分别为 3.7、1.7 和 3.5 $\mu g \cdot m^{-3}$。第三次污染阶段,也即 1 月 31 日—2 月 10 日,二次无机污染达到研究期间的最高值,而有机组分则维持在中等水平。SO_4^{2-}、NO_3^-、NH_4^+ 和 OC 的平均浓度分别为 19.2、10.2、13.4 和 5.2 $\mu g \cdot m^{-3}$。因此,第一次和第二次污染阶段主要是受有机气溶胶主导,而第三次污染阶段则主要来自二次无机污染。这说明了本次冬季气溶胶观测过程中出现的几次阶段性霾,其形成机制不尽相同。

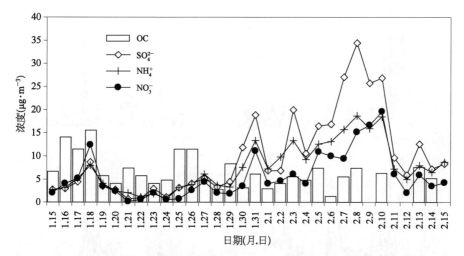

图 24-24　研究期间 OC、SO_4^{2-}、NO_3^- 和 NH_4^+ 浓度的日变化

图 24-25 显示了同一时间的污染气体浓度和气溶胶组分浓度。可以看到,有机气溶胶浓度较高时,总伴随着较高的 NO_x 和 CO 气体浓度,而无机气溶胶浓度较高时,总伴随着较高的 O_3 气体浓度。对气溶胶化学组分与污染气体进行相关性分析,可见 OC 与 NO_2、NO_x、CO 都具有比较显著的相关[图 24-26(a)(b)(c)]。NO_2、NO_x 和 CO 均是机动车排放尾气中的主要成分,这也意味着上海大气气溶胶中的有机组分很可能主要来自机动车排放。第一阶段的有机污染对应着整个研究时期最高的 $NO - NO_2 - NO_x$ 和 CO 浓度[图 24-26(a)(b)],很可能由于春运期间返乡高峰期所增加的机动车排放。而与第二次污染阶段对应的机动车尾气排放物的浓度,并不是很高,这是因为当时处在春节期间交通流量最少的阶段。第二次污染阶段出现的较高有机物浓度可能来自餐饮业,因为这段时间人们对于餐饮的需求量较大。第三次污染阶段的机动车尾气排放物的浓度,明显较第一次污染阶段有所降低,因此气溶胶中的有机物浓度也随之下降。SO_4^{2-} 的

前体物 SO_2 在第一阶段和第三阶段的平均浓度分别为 66.8 ± 11.6 和 $43.1\pm16.1~\mu g\cdot m^{-3}$，但是第一阶段的 SO_4^{2-} 浓度却比第三阶段低了约 70%。NO_3^- 的前体物 NO_x 在第一阶段和第三阶段的平均浓度则分别为 270.1 ± 60.1 和 $95.2\pm26.7~\mu g\cdot m^{-3}$，而第一阶段的 NO_3^- 浓度也比第三阶段低了约 30%。以上结果表明，二次无机气溶胶浓度并不是完全由其气态前体物的量所决定的。相关性分析表明了 SO_4^{2-} 与 SO_2 并没有明显的相关性，而图 $24-26(d)$ 却显示了 SO_4^{2-} 与 O_3 具有一定的相关性，说明在 SO_2 的氧化过程中，氧化剂例如 O_3、H_2O_2 等可能对 SO_4^{2-} 的生成起着更为重要的作用。O_3 在第一阶段和第三阶段的平均浓度分别为 14.7 ± 5.4 和 $33.9\pm19.8~\mu g\cdot m^{-3}$，其浓度增加了约 130%，表明第三阶段大气中的氧化性较强，因此二次无机物的氧化程度也较高。

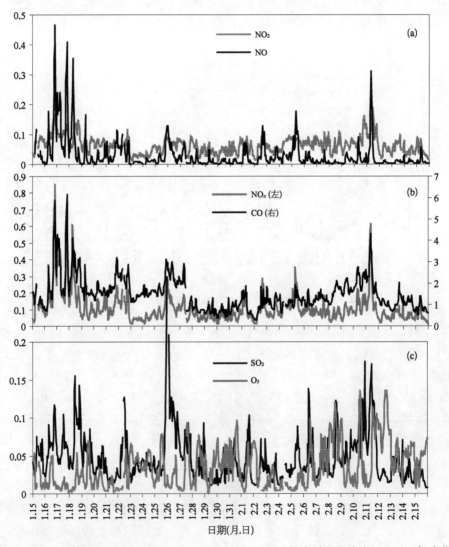

图 24 - 25　研究期间 NO、NO_2(a)，NO_x、CO(b)，SO_2、O_3(c)的小时平均浓度($mg\cdot m^{-3}$)变化

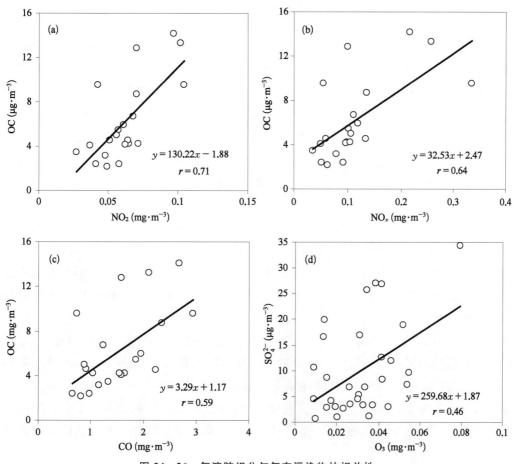

图 24 - 26　气溶胶组分与气态污染物的相关性

(a) OC 对 NO$_2$；(b) OC 对 NO$_x$；(c) OC 对 CO；(d) SO$_4^{2-}$ 对 O$_3$。

24.5　大气气溶胶化学组分对其光学性质的贡献

大气气溶胶对光的衰减作用包括散射和吸收，不同组分对光的散射和吸收的效应有所不同。上海大气气溶胶的化学组分可分为以下几个部分：硫酸盐、硝酸盐、有机物（OM）、黑碳（BC）、矿物气溶胶以及海盐。以上物种的散射和吸收效率，采用的是在珠江三角洲气溶胶研究中的文献值[70]，如表 24 - 5 所示。

表 24 - 5　气溶胶中主要组分对光的散射和吸收效率(m^2 · g^{-1})

	海　盐	硝酸盐	硫酸盐	OM	EC	沙　尘
σ_{sp}	4.1±2.1	7.6±1.6	7.1±1.4	6.7±1.3	4.2±0.8	0.5
σ_{ap}	—	—	—	0.06±0.01	9.3±1.4	0.07

根据各组分浓度和各组分的散射、吸收效率,可以得到每天各组分的散射、吸收系数。通过化学组分计算,得到日散射系数和浊度仪测得的散射系数比较,如图 24 - 27 所示。大部分时间 2 个变量比较吻合,说明本研究采用的各组分散射、吸收效率值比较合理。$PM_{2.5}$ 中各组分对光的散射系数百分比如图 24 - 28(a)所示。OM、硫酸盐和硝酸盐是气溶胶中对光散射的最主要化学组分。1 月 15 日—2 月 4 日期间,以上 3 种组分对光的散射平均百分比分别为 50.6%、23.8% 和 15.1%。此期间包含 2 次有机污染阶段,OM 对光的散射效应显得尤为重要。在 1 月 15—29 日期间,OM 对光的散射比例甚至高达 60%。当进入 1 月 30 日,无机污染物开始主导后,OM 的散射比例急剧下降,取而代之的是硫酸盐、硝酸盐对光的散射大幅度增加,两者散射比例之和达到 66%。EC、海盐和矿物气溶胶虽然也对光有一定的散射效应,但所占比例较小,总和为 10% 左右。因此,气溶胶中对光的散射起决定性作用的组分是有机气溶胶和可溶性无机组分(硫酸盐、硝酸盐等)。图 24 - 28(b)是 $PM_{2.5}$ 中各组分对光的吸收系数百分比。从表 24 - 5 中可以看出,EC 是最强烈的吸光物种,矿物气溶胶和有机气溶胶对光也有吸收效应,但其吸收效率远小于 EC,而可溶性组分对光的吸收效应基本可以忽略。EC 对光吸收的比例在研究期间都维持在 90% 以上,因此 EC 是气溶胶中吸热效应最显著的物质,对环境具有增温效应。图 24 - 29 分析了以上组分对光衰减作用的比例,其中有机物的比例最大,约占 47%。有机物的来源主要是机动车排放。对光衰减比例较大的还包括硫酸盐和硝酸盐,分别约占 22% 和 14%,其来源主要是燃煤和机动车排放。EC 虽然只占到大气气溶胶质量浓度的 2%~5%,但其对光衰减作用的比例高达 12%,说明其消光效率在所有物种中最高。EC 的主要来源也是机动车排放,因此控制机动车的排放已成为改善大气质量的当务之急。

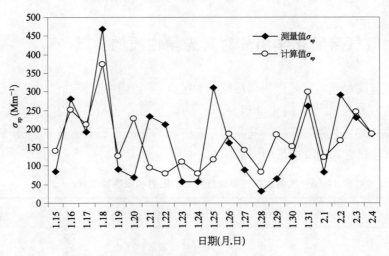

图 24 - 27 散射系数测量值与计算值的比较

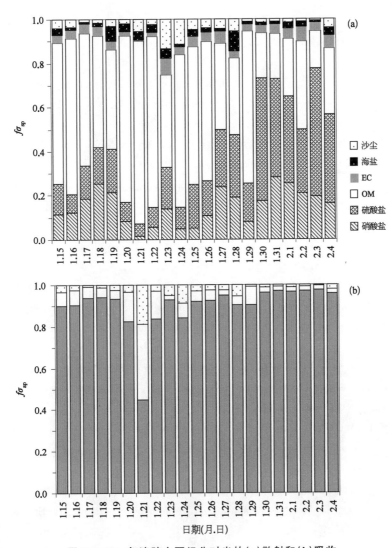

图 24 - 28　气溶胶主要组分对光的(a)散射和(b)吸收

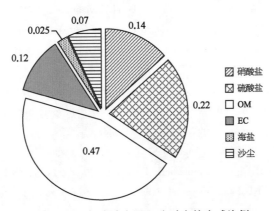

图 24 - 29　气溶胶主要组分对光的衰减比例

参考文献

[1] Chan C K, Yao X. Air pollution in mega cities in China. Atmospheric Environment, 2008, 42 (1): 1 - 42.

[2] Chen C H, Wang B Y, Fu Q Y, et al. Reductions in emissions of local air pollutants and co-benefits of Chinese energy policy: A Shanghai case study. Energy Policy, 2006, 34 (6): 754 - 762.

[3] Li L, Chen C H, Xie S C. Energy demand and carbon emissions under different development scenarios for Shanghai, China. Energy Policy, 2010, 38(9): 4797 - 4807.

[4] Yao X H, Chan C K, Fang M, et al. The water-soluble ionic composition of $PM_{2.5}$ in Shanghai and Beijing, China. Atmospheric Environment, 2002, 36(26): 4223 - 4234.

[5] Ye B M, Ji X L, Yang H Z, et al. Concentration and chemical composition of $PM_{2.5}$ in Shanghai for a 1-year period. Atmospheric Environment, 2003, 37(4): 499 - 510.

[6] Wang Y, Zhuang G S, Zhang X Y, et al. The ion chemistry, seasonal cycle, and sources of $PM_{2.5}$ and TSP aerosol in Shanghai. Atmospheric Environment, 2006, 40(16): 2935 - 2952.

[7] Fu Q Y, Zhuang G S, Wang J, et al. Mechanism of formation of the heaviest pollution episode ever recorded in the Yangtze River Delta, China. Atmospheric Environment, 2008, 42 (9): 2023 - 2036.

[8] Wang X F, Zhang Y P, Chen H, et al. Particulate nitrate formation in a highly polluted urban area: A case study by single-particle mass spectrometry in Shanghai. Environmental Science & Technology, 2009, 43(9): 3061 - 3066.

[9] Pathak R K, Wu W S, Wang T. Summertime $PM_{2.5}$ ionic species in four major cities of China: Nitrate formation in an ammonia-deficient atmosphere. Atmospheric Chemistry and Physics, 2009, 9(5): 1711 - 1722.

[10] Yang F, Chen H, Wang X N, et al. Single particle mass spectrometry of oxalic acid in ambient aerosols in Shanghai: Mixing state and formation mechanism. Atmospheric Environment, 2009, 43(25): 3876 - 3882.

[11] Yue W S, Lia X L, Liu J F, et al. Characterization of $PM_{2.5}$ in the ambient air of Shanghai city by analyzing individual particles. Science of the Total Environment, 2006, 368(2 - 3): 916 - 925.

[12] Xu J, Bergin M H, Yu X, et al. Measurement of aerosol chemical, physical and radiative properties in the Yangtze delta region of China. Atmospheric Environment, 2002, 36 (2): 161 - 173.

[13] Gao J, Wang T, Zhou X H, et al. Measurement of aerosol number size distributions in the Yangtze River Delta in China: Formation and growth of particles under polluted conditions. Atmospheric Environment, 2009, 43(4): 829 - 836.

[14] Feng Y L, Chen Y J, Guo H, et al. Characteristics of organic and elemental carbon in $PM_{2.5}$ samples in Shanghai, China. Atmospheric Research, 2009, 92(4): 434 - 442.

[15] Feng J L, Chan C K, Fang M, et al. Characteristics of organic matter in $PM_{2.5}$ in Shanghai. Chemosphere, 2006, 64(8): 1393 - 1400.

[16] Feng J L, Hu M, Chan C K, et al. A comparative study of the organic matter in PM$_{2.5}$ from three Chinese megacities in three different climatic zones. Atmospheric Environment, 2006, 40(21): 3983 – 3994.

[17] Yang F, He K, Ye B, et al. One-year record of organic and elemental carbon in fine particles in downtown Beijing and Shanghai. Atmospheric Chemistry and Physics, 2005, 5: 1449 – 1457.

[18] Liu M, Cheng S B, Ou D N, et al. Characterization, identification of road dust PAHs in central Shanghai areas, China. Atmospheric Environment, 2007, 41(38): 8785 – 8795.

[19] Jiang Y F, Wang X T, Wang F, et al. Levels, composition profiles and sources of polycyclic aromatic hydrocarbons in urban soil of Shanghai, China. Chemosphere, 2009, 75 (8): 1112 – 1118.

[20] Tang J H, Chan L Y, Chang C C, et al. Characteristics and sources of non-methane hydrocarbons in background atmospheres of eastern, southwestern, and southern China. Journal of Geophysical Research-Atmospheres, 2009, 114(D03304): doi: 10.1029/2008JD010333.

[21] Shi G T, Chen Z L, Xu S Y, et al. Potentially toxic metal contamination of urban soils and roadside dust in Shanghai, China. Environmental Pollution, 2008, 156(2): 251 – 260.

[22] Cao T, An L, Wang M, et al. Spatial and temporal changes of heavy metal concentrations in mosses and its indication to the environments in the past 40 years in the city of Shanghai, China. Atmospheric Environment, 2008, 42(21): 5390 – 5402.

[23] Xiu G L, Cai J, Zhang W Y, et al. Speciated mercury in size-fractionated particles in Shanghai ambient air. Atmospheric Environment, 2009, 43(19): 3145 – 3154.

[24] Xiu G L L, Jin Q X, Zhang D N, et al. Characterization of size-fractionated particulate mercury in Shanghai ambient air. Atmospheric Environment, 2005, 39(3): 419 – 427.

[25] Wang J, Guo P, Li X, et al. Source identification of lead pollution in the atmosphere of Shanghai City by analyzing single aerosol particles (SAP). Environmental Science & Technology, 2000, 34 (10): 1900 – 1905.

[26] Li X L, Zhang Y X, Tan M G, et al. Atmospheric lead pollution in fine particulate matter in Shanghai, China. Journal of Environmental Sciences-China, 2009, 21(8): 1118 – 1124.

[27] Li X L, Zhang G L, Li Y. A method for source apportionment of lead in fine particulate matter based on individual particle analysis using a synchrotron X-ray fluorescence microprobe. Applied Spectroscopy, 2009, 63(2): 180 – 184.

[28] Chen J M, Tan M G, Li Y L, et al. A lead isotope record of Shanghai atmospheric lead emissions in total suspended particles during the period of phasing out of leaded gasoline. Atmospheric Environment, 2005, 39(7): 1245 – 1253.

[29] Zheng J, Tan M G, Shibata Y, et al. Characteristics of lead isotope ratios and elemental concentrations in PM$_{10}$ fraction of airborne particulate matter in Shanghai after the phase-out of leaded gasoline. Atmospheric Environment, 2004, 38(8): 1191 – 1200.

[30] Tan M G, Zhang G L, Li X L, et al. Comprehensive study of lead pollution in Shanghai by multiple techniques. Analytical Chemistry, 2006, 78(23): 8044 – 8050.

[31] Zhang Y P, Wang X F, Chen H, et al. Source apportionment of lead-containing aerosol particles in Shanghai using single particle mass spectrometry. Chemosphere, 2009, 74(4): 501 – 507.

[32] Yu Y, Geyer A, Xie P H, et al. Observations of carbon disulfide by differential optical absorption spectroscopy in Shanghai. Geophysical Research Letters, 2004, 31 (11): doi: 10. 1029/ 2004GL019543.

[33] Shu J, Dearing J A, Morse A P, et al. Determining the sources of atmospheric particles in Shanghai, China, from magnetic and geochemical properties. Atmospheric Environment, 2001, 35(15): 2615 – 2625.

[34] Ye S H, Zhou W, Song J, et al. Toxicity and health effects of vehicle emissions in Shanghai. Atmospheric Environment, 2000, 34(3): 419 – 429.

[35] Kan H D, Chen B H, Chen C H, et al. An evaluation of public health impact of ambient air pollution under various energy scenarios in Shanghai, China. Atmospheric Environment, 2004, 38(1): 95 – 102.

[36] Kan H D, London S J, Chen G H, et al. Differentiating the effects of fine and coarse particles on daily mortality in Shanghai, China. Environment International, 2007, 33(3): 376 – 384.

[37] Cao J S, Li W H, Tan J G, et al. Association of ambient air pollution with hospital outpatient and emergency room visits in Shanghai, China. Science of the Total Environment, 2009, 407 (21): 5531 – 5536.

[38] Huang W, Tan J G, Kan H D, et al. Visibility, air quality and daily mortality in Shanghai, China. Science of the Total Environment, 2009, 407(10): 3295 – 3300.

[39] Kan H D, London S J, Chen H L, et al. Diurnal temperature range and daily mortality in Shanghai, China. Environmental Research, 2007, 103(3): 424 – 431.

[40] Zhao X S, Wan Z, Zhu H G, et al. The carcinogenic potential of extractable organic matter from urban airborne particles in Shanghai, China. Mutation Research-Genetic Toxicology and Environmental Mutagenesis, 2003, 540(1): 107 – 117.

[41] Lu S L, Yao Z K, Chen X H, et al. The relationship between physicochemical characterization and the potential toxicity of fine particulates ($PM_{2.5}$) in Shanghai atmosphere. Atmospheric Environment, 2008, 42(31): 7205 – 7214.

[42] Kan H D, Chen B H. Particulate air pollution in urban areas of Shanghai, China: health-based economic assessment. Science of the Total Environment, 2004, 322(1 – 3): 71 – 79.

[43] Geng F H, Tie X X, Xu J M, et al. Characterizations of ozone, NO_x, and VOCs measured in Shanghai, China. Atmospheric Environment, 2008, 42(29): 6873 – 6883.

[44] Geng F H, Zhang Q, Tie X X, et al. Aircraft measurements of O – 3, NO_x, CO, VOCs, and SO_2 in the Yangtze River delta region. Atmospheric Environment, 2009, 43(3): 584 – 593.

[45] Ran L, Zhao C S, Geng F H, et al. Ozone photochemical production in urban Shanghai, China: Analysis based on ground level observations. Journal of Geophysical Research-Atmospheres, 2009, 114(D15): doi: 10.1029/2008JD010752.

[46] Andreae M O, Schmid O, Yang H, et al. Optical properties and chemical composition of the

atmospheric aerosol in urban Guangzhou, China. Atmospheric Environment, 2008, 42(25): 6335 – 6350.

[47] Zhang X Y, Wang Y Q, Zhang X C, et al. Aerosol monitoring at multiple locations in China: Contributions of EC and dust to aerosol light absorption. Tellus Series B-Chemical and Physical Meteorology, 2008, 60(4): 647 – 656.

[48] Bergin M H, Cass G R, Xu J, et al. Aerosol radiative, physical, and chemical properties in Beijing during June 1999. Journal of Geophysical Research-Atmospheres, 2001, 106(D16): 17969 – 17980.

[49] Garland R M, Schmid O, Nowak A, et al. Aerosol optical properties observed during Campaign of Air Quality Research in Beijing 2006 (CAREBeijing – 2006): Characteristic differences between the inflow and outflow of Beijing city air. Journal of Geophysical Research-Atmospheres, 2009, 114(D2): 1065 – 1066.

[50] Malm W C, Sisler J F, Huffman D, et al. Spatial and seasonal trends in particle concentration and optical extinction in the United-States. Journal of Geophysical Research-Atmospheres, 1994, 99(D1): 1347 – 1370.

[51] Amato F, Pandolfi M, Viana M, et al. Spatial and chemical patterns of PM_{10} in road dust deposited in urban environment. Atmospheric Environment, 2009, 43(9): 1650 – 1659.

[52] Wang Y, Zhuang G S, Xu C, et al. The air pollution caused by the burning of fireworks during the lantern festival in Beijing. Atmospheric Environment, 2007, 41(2): 417 – 431.

[53] Nriagu J O. A global assessment of natural sources of atmospheric trace-metals. Nature, 1989, 338(6210): 47 – 49.

[54] Wang Y, Zhuang G S, Sun Y, et al. Water-soluble part of the aerosol in the dust storm season — Evidence of the mixing between mineral and pollution aerosols. Atmospheric Environment, 2005, 39(37): 7020 – 7029.

[55] Ohta S, Okita T. A chemical characterization of atmospheric aerosol in Sapporo. Atmospheric Environment Part a-General Topics, 1990, 24(4): 815 – 822.

[56] Meng Z Y, Seinfeld J H. On the source of the submicrometer droplet mode of urban and regional aerosols. Aerosol Science and Technology, 1994, 20(3): 253 – 265.

[57] Xiu G L, Zhang D N, Chen J Z, et al. Characterization of major water-soluble inorganic ions in size-fractionated particulate matters in Shanghai campus ambient air. Atmospheric Environment, 2004, 38(2): 227 – 236.

[58] Mcmurry P H, Wilson J C. Droplet phase (heterogeneous) and gas-phase (homogeneous) contributions to secondary ambient aerosol formation as functions of relative-humidity. Journal of Geophysical Research-Oceans and Atmospheres, 1983, 88(9): 5101 – 5108.

[59] Yang R, Ti C P, Li F Y, et al. Assessment of N_2O, NO_x and NH_3 emissions from a typical rural catchment in eastern China. Soil Science and Plant Nutrition, 2010, 56(1): 86 – 94.

[60] Helmenstin A M. The chemistry of firecracker colors. http://chemistry.about.com/library/weekly/aa062701a.htm, 2005.

[61] Li X G, Wang S X, Duan L, et al. Particulate and trace gas emissions from open burning of wheat straw and corn stover in China. Environmental Science & Technology, 2007, 41(17): 6052 - 6058.

[62] Cao G L, Zhang X Y, Gong S L, et al. Investigation on emission factors of particulate matter and gaseous pollutants from crop residue burning. Journal of Environmental Sciences-China, 2008, 20 (1): 50 - 55.

[63] Bae M S, Schauer J J, Turner J R. Estimation of the monthly average ratios of organic mass to organic carbon for fine particulate matter at an urban site. Aerosol Science and Technology, 2006, 40(12): 1123 - 1139.

[64] Chen X, Yu J Z. Measurement of organic mass to organic carbon ratio in ambient aerosol samples using a gravimetric technique in combination with chemical analysis. Atmospheric Environment, 2007, 41(39): 8857 - 8864.

[65] Zhang X Y, Wang Y Q, Zhang X C, et al. Carbonaceous aerosol composition over various regions of China during 2006. Journal of Geophysical Research-Atmospheres, 2008, 113(D14): doi: 10. 1029/2007JD009525.

[66] Turpin B J, Huntzicker J J. Secondary formation of organic aerosol in the Los-Angeles Basin — A descriptive analysis of organic and elemental carbon concentrations. Atmospheric Environment Part A-General Topics, 1991, 25(2): 207 - 215.

[67] Strader R, Lurmann F, Pandis S N. Evaluation of secondary organic aerosol formation in winter. Atmospheric Environment, 1999, 33(29): 4849 - 4863.

[68] Turpin B J, Huntzicker J J. Identification of secondary organic aerosol episodes and quantitation of primary and secondary organic aerosol concentrations during Scaqs. Atmospheric Environment, 1995, 29(23): 3527 - 3544.

[69] Castro L M, Pio C A, Harrison R M, et al. Carbonaceous aerosol in urban and rural European atmospheres: Estimation of secondary organic carbon concentrations. Atmospheric Environment, 1999, 33(17): 2771 - 2781.

[70] Cheng Y F, Wiedensohler A, Eichler H, et al. Aerosol optical properties and related chemical apportionment at Xinken in Pearl River Delta of China. Atmospheric Environment, 2008, 42 (25): 6351 - 6372.

第25章

典型沿海大城市的颗粒物污染——上海大气气溶胶的离子化学

上海位于长江入海口(31.23°N,121.48°E),有 2 000 多万人口,是世界上最大的经济、商业、海港中心之一。中国最大的石化、钢铁产业以及其他重要的工业企业均在上海。快速的经济发展也严重影响了上海的空气质量。超过80%的上海能源来自低质煤,尽管近年来 SO_2 排放量随着上海的煤使用量减少而相应减少,但是包括机动车和轮船排放的交通源,已和燃煤并列为上海大气污染的两大重要来源。此外,上海大气质量还受东亚沙尘远距离传输的影响。近年来,对上海大气气溶胶的季节变化[1]、组成[1]、来源[2-6]、粒径分布、离子存在形式[5]等特性进行了深入研究,但较少有同时研究 TSP 和 $PM_{2.5}$ 特性及其相互关系的报道。我们从 2003 年 9 月—2005 年 1 月,春夏秋冬每个季节在上海同时采集 TSP 和 $PM_{2.5}$ 样品一个月,重点研究离子组成、季节变化、来源和形成机制。采样方法和化学分析方法详见第 7、8、10 章。采样点分布见图 25 - 1(a),春夏秋季

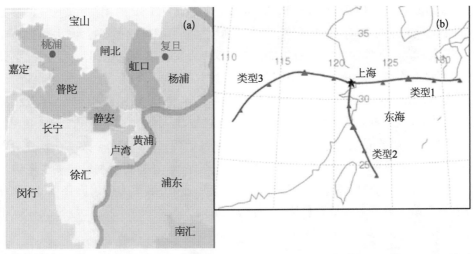

图 25 - 1 (a) 位于上海市区的 2 个采样点(复旦大学,混合源;桃浦工业区,工业源);(b) 影响上海大气的气团:类型 1. 海洋气团;类型 2. 陆地气团;类型 3. 海洋陆地混合气团。(彩图见下载文件包,网址见 14 页脚注)

采样点位于复旦大学(居民、交通、建筑混合点)第四教学楼的楼顶,离地面约 15 m,冬季采样点位于桃浦工业区。

25.1　上海 TSP 和 $PM_{2.5}$ 气溶胶的质量浓度

表 25-1 列出了上海四季 $PM_{2.5}$、TSP 的质量浓度及其比值 $PM_{2.5}/TSP$。TSP 和 $PM_{2.5}$ 的年均值分别为 230.5 和 94.6 $\mu g \cdot m^{-3}$,TSP 的浓度与国家二级标准值 200 $\mu g \cdot m^{-3}$ 接近。上海 $PM_{2.5}$ 浓度比其他沿海城市高,如青岛[7] 1997—2000 年为 $38.15 \sim 56.88$ $\mu g \cdot m^{-3}$、厦门[8] 1993 年为 40 $\mu g \cdot m^{-3}$、台湾[9] 2001—2003 年为 59.8 $\mu g \cdot m^{-3}$、香港[10] 2000 年冬为 $42.37 \sim 57.38$ $\mu g \cdot m^{-3}$。2003—2005 年上海 $PM_{2.5}$ 远高于 1999—2000 年的 $57.9 \sim 61.4$ $\mu g \cdot m^{-3}$[11]。上海 TSP 的浓度也比其他沿海地区高,如厦门[9] 1993 年 182 $\mu g \cdot m^{-3}$、大连[12] 1994—1995 年 91.36 $\mu g \cdot m^{-3}$。与 TSP 的日标准 300 $\mu g \cdot m^{-3}$ 和 $PM_{2.5}$ 的日标准 65 $\mu g \cdot m^{-3}$[13] 相比,TSP 和 $PM_{2.5}$ 分别超标 22%、72%,表明上海颗粒物尤其是细颗粒污染极为严重。$PM_{2.5}$ 呈春＞秋＞冬＞夏的季节变化,TSP 则为春＞冬＞夏＞秋。春季浓度高与高风速有关,高风速增加了远距离传输的沙尘以及本地的扬尘;夏季浓度低与高湿沉降有关;秋季细颗粒占总颗粒的百分比高($PM_{2.5}/TSP=0.66$),可能是因为秋季风速低,致使更多细颗粒悬浮于大气中。$PM_{2.5}$、TSP 浓度白天低于晚上,可能与夜间温度低所形成的逆温层有关。

TSP 和 $PM_{2.5}$ 与痕量气体和有关气象参数的相互关系见表 25-2。$PM_{2.5}$ 和 TSP 与气体浓度正相关,表明大部分颗粒物的来源与 SO_2 和 NO_2 的来源类似,主要是化石燃料的燃烧和机动车的排放。颗粒物与 NO_2 的相关性高于其与 SO_2 的相关性,表明交通排放对颗粒物贡献更大。SO_2 和 NO_2 与 $PM_{2.5}$ 的相关性高于与 TSP 的相关性,而气象参数与 TSP 的相关性高于与 $PM_{2.5}$ 的相关性,表明细颗粒主要由源排放强度控制,而粗颗粒受气象因素影响较大。气象因素对颗粒物的影响较复杂,如高温可加速挥发、半挥发组分的挥发,可促进二次组分(如硫酸盐、硝酸盐和有机物)的形成;高湿度可加速湿沉降,也可促进二次组分形成。在冬季,白天颗粒物(PM)与 SO_2、NO_2 相关性高,晚上与气压和风速的相关性高,表明白天质量浓度由 SO_2 和 NO_2 控制,而夜间则由气象条件控制。此外,颗粒物与白天源排放强度(机动车活动和化石燃料燃烧)高于夜晚有关。在秋季,$PM_{2.5}$ 和 TSP 与各气象因素的相关性都很高,而在春季则很低,表明秋季颗粒物更多地由当地源控制,而在春季,远距离传输的影响明显。秋季风速低,远距离传输的影响小,而春季风速高,可以给上海带来大量颗粒物。因此,上海的大气污染同时受当地排放和远距离传输的影响。

表 25 - 1　上海大气气溶胶 PM$_{2.5}$ 和 TSP 质量浓度 (μg · m^{-3}) 及其比值 PM$_{2.5}$/TSP

季节	地点	时间	类型	统计值						PM$_{2.5}$/TSP
				No.[a]	Max.[b]	Min.[c]	平均值	S.D.[d]	C.V.[e] ($\mu g \cdot m^{-3}$)	
春季	复旦	8:00—20:00	PM$_{2.5}$	22	217.85	72.85	134.77	34.01	0.25	0.46
			TSP	22	479.19	132.64	293.05	104.90	0.36	PM$_{2.5}$=0.17 TSP+85.2 (r^f=0.52)
夏季	复旦	8:00—20:00	PM$_{2.5}$	19	128.88	24.80	71.66	28.20	0.39	0.43
			TSP	19	392.28	99.35	167.15	73.20	0.44	PM$_{2.5}$=0.19 TSP+39.2 (r=0.50)
秋季	复旦	8:00—20:00	PM$_{2.5}$	20	158.60	54.95	96.38	28.54	0.30	0.66
			TSP	20	234.25	66.05	145.68	43.15	0.30	PM$_{2.5}$=0.58 TSP+11.7 (r=0.88)
冬季	桃浦	6:00—17:00	PM$_{2.5}$	20	180.56	25.20	76.09	40.97	0.54	0.30
			TSP	20	632.24	96.00	253.45	110.15	0.43	PM$_{2.5}$=0.29 TSP+1.6 (r=0.79)
		17:00—6:00	PM$_{2.5}$	20	210.70	17.80	89.16	59.93	0.67	0.31
			TSP	20	666.82	121.57	283.55	164.29	0.58	PM$_{2.5}$=0.32 TSP−1.4 (r=0.88)
年均			PM$_{2.5}$	101	217.85	17.80	94.64	45.52	0.48	0.41
			TSP	101	666.82	66.05	230.46	121.63	0.53	PM$_{2.5}$=0.28 TSP+22.9 (r=0.73)

[a] 样品数;[b] 最大值;[c] 最小值;[d] 标准偏差;[e] 方差系数(C.V.=S.D./平均值);[f] 相关系数。

表 25 - 2　各个季节白天和夜间 TSP、PM$_{2.5}$ 与气象因子的相关系数

			温度	露点	气压	风速	SO$_2$	NO$_2$
春季	白天	PM$_{2.5}$	0.19	0.06	−0.25	−0.24	0.30	0.22
		TSP	**0.59**	0.34	**−0.51**	−0.14	0.32	0.21
夏季	白天	PM$_{2.5}$	0.15	−0.09	0.26	−0.40	**0.70**	**0.68**
		TSP	0.19	−0.13	−0.11	**−0.53**	0.55	0.51
秋季	白天	PM$_{2.5}$	0.38	**0.59**	**−0.65**	−0.35	**0.80**	**0.61**
		TSP	**0.59**	**0.73**	**−0.79**	−0.26	**0.74**	0.38
冬季	白天	PM$_{2.5}$	−0.20	−0.17	−0.33	−0.46	**0.68**	**0.68**
		TSP	0.10	0.10	−0.20	−0.35	**0.50**	**0.68**
	夜间	PM$_{2.5}$	0.13	0.11	**−0.53**	**−0.61**	0.36	0.44
		TSP	−0.02	−0.02	**−0.47**	**−0.65**	0.43	0.38
年均		PM$_{2.5}$	−0.07	−0.11	−0.13	**−0.25**	**0.24**	**0.38**
		TSP	**−0.33**	**−0.36**	0.18	**−0.38**	**0.48**	**0.59**

黑体数字表示有显著相关($p = 0.01$)。

25.2　上海气溶胶中的离子组成、浓度、粒径分布及其季节变化

　　表 25 - 3 显示上海气溶胶中离子的平均浓度及相应的 pH,表 25 - 4 显示世界其他地区颗粒物浓度及其离子组分的浓度。可以看出,上海气溶胶污染比中国沿海其他地区高,同时也高于其他国家。在 TSP 样品中,污染组分(如 NO$_3^-$)和矿物组分(如 Ca^{2+})浓度在上海最高,可能是由交通和建筑活动引起。除内陆市区点外,上海 K$^+$ 和 NH$_4^+$ 的浓度比大多数城市高,表明其主要来自市区内外的污染源。上海 SO$_4^{2-}$ 浓度低于内陆城市,但高于大多数沿海城市,表明上海 SO$_4^{2-}$ 可能同时来自人为排放和海洋源。除沿海城市香港外,上海 Cl$^-$ 和 Mg^{2+} 浓度高于大多数城市,表明它们部分来自海洋源。PM$_{2.5}$ 中,所有离子浓度上海都比北京、南京和广州高,表明大城市细颗粒污染程度比粗颗粒严重。如此高的 Ca^{2+} 和二次污染物(铵盐、硝酸盐、硫酸盐)浓度,表明建筑和交通/工业排放已经成为影响上海空气质量的重要因素。

表 25 - 3　上海四季 PM$_{2.5}$ 和 TSP 中各种离子浓度($\mu g \cdot m^{-3}$)及其 pH 的季度平均值

物　种	春　季		夏　季		秋　季		冬季白天		冬季夜间		总　计	
	TSP	PM$_{2.5}$	TSP	PM$_{2.5}$	TSP	PM$_{2.5}$	TSP	PM$_{2.5}$	TSP	PM$_{2.5}$	TSP	PM$_{2.5}$
pH	6.33	5.47	6.26	5.92	6.37	6.06	6.52	5.54	6.40	5.47	6.38	5.68
Na$^+$	1.09	0.57	1.21	0.51	1.29	0.41	3.08	0.55	2.87	0.79	1.90	0.57
NH$_4^+$	6.96	4.05	4.47	2.44	4.11	3.60	6.19	4.38	6.47	4.36	5.68	3.78
K$^+$	0.73	0.53	0.46	0.23	0.39	0.34	1.79	0.85	2.30	1.20	1.13	0.63

（续表）

物　种	春　季		夏　季		秋　季		冬季白天		冬季夜间		总　计	
	TSP	$PM_{2.5}$	TSP	$PM_{2.5}$	TSP	$PM_{2.5}$	TSP	$PM_{2.5}$	TSP	$PM_{2.5}$	TSP	$PM_{2.5}$
Mg^{2+}	0.37	0.27	0.35	0.28	0.28	0.19	1.09	0.37	1.27	0.32	0.67	0.28
Ca^{2+}	5.85	1.45	4.93	1.55	3.84	0.79	9.22	1.34	11.06	1.17	6.98	1.25
F^-	1.74	0.87	0.47	0.49	0.34	0.35	0.87	0.39	1.13	0.50	0.94	0.55
CH_3COO^-	未检出	未检出	0.42	0.35	0.37	0.55	0.38	0.27	0.44	0.43	0.40	0.36
$HCOO^-$	0.44	0.29	0.39	0.37	0.33	0.30	0.43	0.41	0.56	0.39	0.44	0.36
MSA	0.80	0.26	0.26	0.27	0.42	0.48	0.60	0.44	0.35	0.52	0.54	0.34
Cl^-	18.68	5.28	1.80	0.50	2.83	0.93	6.36	3.40	8.91	4.55	8.06	3.00
NO_2^-	0.34	0.26	0.54	0.19	0.42	0.52	0.36	0.31	0.63	0.46	0.42	0.36
NO_3^-	21.70	9.05	10.41	2.59	8.30	3.70	16.26	8.53	13.33	6.96	14.19	6.23
SO_4^{2-}	21.00	11.73	14.03	5.43	11.00	8.70	20.61	12.79	21.99	13.06	17.83	10.39
$C_2O_4^{2-}$	0.43	0.33	0.45	0.34	0.31	0.29	0.42	0.25	0.31	0.23	0.39	0.30
PO_4^{3-}	0.40	0.42	0.45	0.71	0.54	0.30	未检出	未检出	未检出	未检出	0.52	0.44

MSA：甲基磺酸。

　　总离子浓度（TWSI）占 $PM_{2.5}$ 和 TSP 的质量百分比分别为 32％和 26％。$PM_{2.5}$ 中离子浓度顺序为 $SO_4^{2-}>NO_3^->NH_4^+>Cl^->Ca^{2+}>K^+$，TSP 中为 $SO_4^{2-}>NO_3^->Cl^->Ca^{2+}>NH_4^+>Na^+$。在 $PM_{2.5}$ 和 TSP 中，这些主要离子占 TWSI 的比例分别为 88％和 91％。

　　图 25-2 显示 TWSI 的质量浓度及其占颗粒物质量百分比的季节变化。TWSI 的质量浓度，冬春季高于夏秋季。$PM_{2.5}$ 和 TSP 中 TWSI 占颗粒物的质量百分比有不同的季节变化。TSP 中季节变化不明显，在 20％～30％之间；$PM_{2.5}$ 中冬季（约 50％）高于春夏秋季（约 20％）。冬季 TWSI 的浓度及其占颗粒物的百分比都高，可能与工业活动有关，因为工业可以排放大量的细颗粒。春季浓度高，但比例低，可能与外来传输的沙尘有关，因为沙尘中很大部分为不可溶组分。夏秋季浓度和比值均低，与水溶性离子易被降水冲刷有关。

　　表 25-3 和图 25-3 显示单个离子的季节变化及相应的变动系数（C.V.）。C.V.即标准偏差（S.D.）与平均浓度的比值，可指示离子的变化幅度。可见，所有离子浓度冬春季高于夏秋季，Cl^-、K^+、Mg^{2+} 和 NO_3^- 的季节变化幅度高于其他离子。TSP 中离子的变化幅度与 $PM_{2.5}$ 相近，表明气象因素（主要控制粗颗粒）与源排放（主要控制细颗粒）所引起的变化幅度类似。

　　土壤源的示踪离子 Ca^{2+}、Na^+ 和 Mg^{2+} 等的浓度冬季高，春夏秋季低，可能是由于冬季天气干燥，有利于土壤颗粒的再扬起，而春夏秋季降水量多，可以有效地清除空气中的颗粒物，同时抑制土壤和道路尘的再扬起。这些离子在春季没有峰值，表明上海作为沿海城市，远离中国西北的沙尘源，受沙尘暴的影响小。

表 25 - 4　国内外不同地区 $PM_{2.5}$ 和 TSP 质量浓度及其中主要离子浓度($\mu g \cdot m^{-3}$)

	地点	类型	时间	质量浓度	Cl^-	NO_3^-	SO_4^{2-}	Na^+	NH_4^+	K^+	Mg^{2+}	Ca^{2+}	参考文献
TSP	中国上海	城市	2003—2005	**230.5**	**8.06**	**14.19**	**17.83**	**1.90**	**5.68**	**1.13**	**0.67**	**6.98**	本章
	中国广州	城市	1993	223.0	5.13	9.59	**43.68**	1.65	**8.49**	**2.47**	0.58	6.71	[8]
	中国厦门	沿海	1993	182.0	1.78	3.87	**18.19**	0.87	1.34	0.66	0.50	8.11	[8]
	中国贵阳	城市	2003	153.6	0.89	3.03	**22.34**	NR	3.81	NR	0.60	5.29	[14]
	中国大连	沿海	1994—1995	91.4	3.14	9.14	11.70	2.20	3.01	NR	0.37	NR	[12]
	中国香港	沿海	1995—1996	NR	**16.80**	4.21	10.77	**11.13**	1.39	0.78	**1.38**	0.91	[15]
	中国台湾	交通	2001—2003	172.0	3.73	6.00	12.60	2.79	**5.82**	0.81	0.82	1.83	[9]
	韩国济州	局地	1997—1998	NR	2.09	1.97	3.41	1.40	0.76	0.17	0.03	0.11	[16]
	土耳其	乡村	1996—1999	NR	4.63	3.34	7.50	**2.87**	2.22	0.30	0.44	2.66	[17]
$PM_{2.5}$	中国上海	城市	2003—2005	**94.6**	**3.00**	6.23	10.39	0.57	3.78	0.63	**0.28**	**1.25**	本章
	中国上海	城市	1999—2000	57.9	1.70	6.50	15.20	0.70	6.20	1.90	**0.30**	0.30	[11]
	中国北京	城市	2001—2003	**154.3**	**3.07**	**11.52**	17.07	0.55	**8.72**	1.55	0.17	**1.63**	[18]
	中国北京	城市	1999—2000	**129.0**	1.80	9.90	16.90	0.70	6.50	**2.20**	**0.40**	0.80	[11]
	中国南京	居住	2001	**149.0**	1.08	7.46	16.34	0.94	**9.49**	**3.29**	0.16	**1.72**	[19]
	中国广州	城市	1993	**109.0**	**3.77**	6.30	**29.02**	0.93	5.68	0.85	0.12	**1.92**	[8]
	中国青岛	沿海	1997—2000	43.6	0.83	3.40	11.94	**1.48**	**5.79**	**2.27**	**0.52**	0.52	[7]
	中国厦门	沿海	1993	40.0	0.86	2.17	7.40	0.34	0.57	0.29	0.01	0.38	[8]
	中国香港	交通	2000冬季	50.9	0.29	2.27	**12.76**	NR	3.16	NR	NR	NR	[10]
	中国台湾	交通	2001—2003	59.8	1.37	1.93	9.45	**1.44**	4.49	0.77	**0.35**	0.64	[9]
	越南河内	居住	1999—2001	37.7	0.03	0.33	6.47	0.14	1.33	0.61	0.05	0.33	[20]
	埃及开罗	居住	1999.2—1999.3	61.9	**13.00**	2.70	6.00	0.30	**8.70**	0.40	NR	NR	[21]

NR: 未有报道;黑体数字表示较大浓度值。

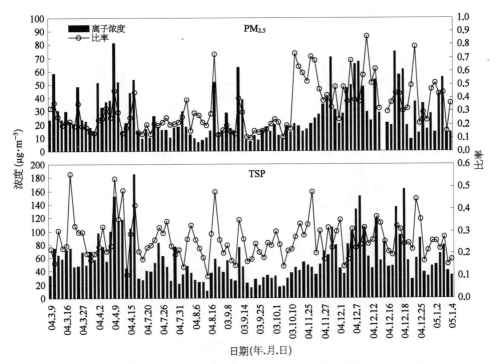

图 25-2　水溶性离子总质量浓度及其占 $PM_{2.5}$ 和 TSP 质量浓度百分比的季节变化

二次离子 NH_4^+、SO_4^{2-} 和 NO_3^- 的季节变化类似,冬春季高于夏秋季。SO_4^{2-} 冬春季浓度比夏秋季高约 70%。春、夏、秋、冬 SO_2 的平均浓度分别为 52.41、62.47、34.25 和 78.00 $\mu g \cdot m^{-3}$。冬季 SO_4^{2-} 和 SO_2 均高,表明受工业和燃煤排放的影响,同时与弱的大气扩散和湿沉降有关。春季 SO_4^{2-} 浓度相对 SO_2 较高,表明部分 SO_4^{2-} 来自远距离传输。秋季 SO_4^{2-} 和 SO_2 均低,与弱的源排放和有利扩散的大气条件有关。夏季 SO_4^{2-} 浓度相对 SO_2 较低,表明由 SO_2 形成 SO_4^{2-} 的过程在上海没有在北京明显,这可能与两城市的气象条件有关。NO_3^- 主要来自 NO_x 的氧化,故 NO_3^- 的变化可能与 NO_2 和气象因素的变化有关。NO_2 主要来自交通排放,由于交通排放没有明显的季节变化,因此 NO_3^- 的变化主要与气象因素相关。上海湿度变化不明显,但温度变化明显:夏季高,>30℃;冬季低,<0℃。低温有助于气态 HNO_3 转化为颗粒态 NO_3^-,使冬春季 NO_3^- 的浓度高。另外,不同季节的气象条件不同,NO_3^- 形成机制不同,也可能引起季节变化,冬季和夏季 NO_3^- 的形成机制将在下面讨论。NH_4^+ 的季节变化与 SO_4^{2-} 和 NO_3^- 类似,表明 NH_4^+ 主要来自 NH_3 与这些酸性物质的中和过程。

表 25-3 显示单个离子日夜浓度的变化,NH_4^+、SO_4^{2-}、Cl^- 和 K^+ 浓度晚上高于白天,NO_3^- 浓度白天高于晚上。晚上 NH_4^+、SO_4^{2-}、Cl^- 和 K^+ 的浓度高,可能与逆温层有关;白天 NO_3^- 的浓度高,可能与白天机动车排放量大有关。同时,白天光化学反应有利于 NO_2 向 NO_3^- 的转化。

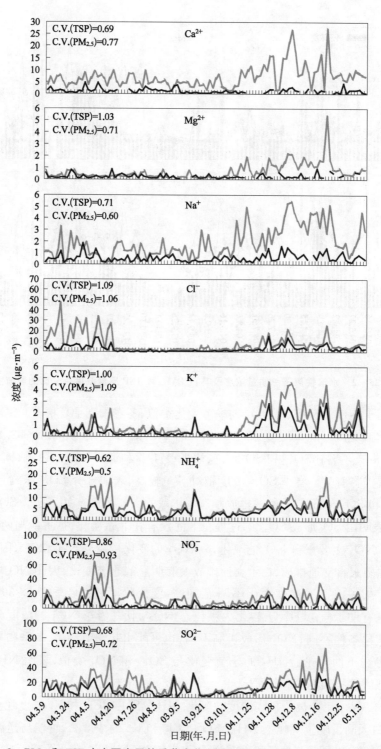

图 25-3　PM$_{2.5}$ 和 TSP 中主要离子的季节变化(彩图见下载文件包,网址见 14 页脚注)

C.V.为变动系数。

TSP 中 K⁺ 的浓度冬季(2.06 μg·m⁻³)高于春季(0.73 μg·m⁻³)、夏季(0.46 μg·m⁻³)和秋季(0.39 μg·m⁻³)。冬季燃烧量增加,因此 K⁺ 主要与燃烧活动有关。TSP 中 Cl⁻ 的浓度春、冬、秋、夏分别为 18.68、7.63、2.83 和 1.80 μg·m⁻³。春季和冬季主要受西风和西北风控制,海洋对 Cl⁻ 的影响小;春、冬、秋、夏 Cl⁻／Na⁺ 的摩尔浓度比分别为 11.12、1.66、1.43、0.96。春季比值 11.12 远高于海水中的比值 1.17,表明春季 Cl⁻ 主要来自非海洋源。图 25-4 中离子峰值与特定的气象条件有关。2004 年 12 月 6—18 日,大多数离子浓度都高,可能与浓雾有关。2004 年 4 月 9—20 日,NH₄⁺、NO₃⁻、SO₄²⁻、Cl⁻ 和 K⁺ 浓度高。此时上海受西南风影响,风速达 3～4 级,高风速可将内陆地区的污染物带入上海,造成离子浓度增加。

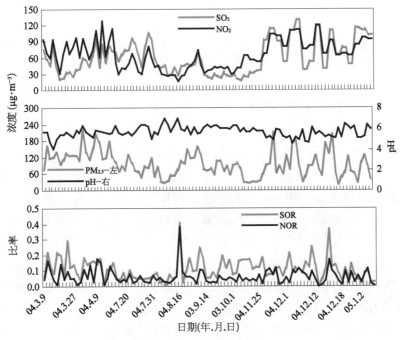

图 25-4　PM₂.₅ 中 SOR、NOR、pH 的季节变化以及 SO₂、NO₂、PM₂.₅ 质量浓度的季节变化
(彩图见下载文件包,网址见 14 页脚注)

PM₂.₅ 中离子浓度与 TSP 中离子浓度的相关关系见表 25-5。PM₂.₅ 中 TWSI 的浓度为 TSP 的 47%,并且两者相关系数达 0.80,线性回归方程为:TWSI(PM₂.₅)＝0.41×TWSI(TSP)＋3.52,表明大多数离子集中在细颗粒物上。PM₂.₅ 中 K⁺、NH₄⁺ 和 SO₄²⁻ 的浓度占 TSP 中相应浓度的比高于 0.5,且它们在 PM₂.₅ 中的浓度与 TSP 中的浓度有很好的相关性,相关系数分别为 0.87、0.76 和 0.74,说明 K⁺、NH₄⁺ 和 SO₄²⁻ 主要存在于细颗粒上。PM₂.₅ 中 Cl⁻ 和 NO₃⁻ 的浓度是 TSP 中的 37% 和 44%,且它们在 PM₂.₅ 中浓度与在 TSP 中浓度的相关系数分别为 0.60 和 0.73,表明 Cl⁻ 和 NO₃⁻ 在粗细粒子中均有分布,这与 Cl⁻ 和 NO₃⁻ 的挥发有关。PM₂.₅ 中 Mg²⁺、Ca²⁺ 和 Na⁺ 占 TSP 的 42%,且它们在 PM₂.₅

中的浓度与其在 TSP 中的浓度相关性差,表明这些离子主要集中在粗颗粒上。

表 25 - 5　大气气溶胶中主要离子在 PM$_{2.5}$ 和 TSP 里的分布

物　　种	PM$_{2.5}$／TSP	PM$_{2.5}=a\times$TSP$+b$	r
Mg^{2+}	0.42	$y = 0.062\ 7x + 0.243\ 5$	0.16
Ca^{2+}	0.18	$y = 0.063\ 1x + 0.822\ 5$	0.29
Na$^+$	0.30	$y = 0.085\ 4x + 0.407\ 6$	0.33
Cl$^-$	0.37	$y = 0.214\ 3x + 1.295\ 9$	0.60
NO$_3^-$	0.44	$y = 0.340\ 3x + 1.430\ 6$	0.72
SO$_4^{2-}$	0.58	$y = 0.457\ 8x + 2.313\ 1$	0.74
NH$_4^+$	0.67	$y = 0.470\ 1x + 1.123\ 3$	0.76
K$^+$	0.56	$y = 0.522\ 9x + 0.042\ 9$	0.87
TWSI	0.47	$y = 0.410\ 2x + 3.522\ 3$	0.80

r:相关系数;y:PM$_{2.5}$离子浓度;x:TSP 离子浓度;TWSI:总可溶性离子。

25.3　上海大气气溶胶 PM$_{2.5}$和 TSP 的酸度

气溶胶水提液的 pH,可以间接反映气溶胶的酸度。表 25 - 3 显示 PM$_{2.5}$ 和 TSP 气溶胶水提液的 pH 平均值分别为 5.68 和 6.38。PM$_{2.5}$ 的 pH 低于 TSP,表明细颗粒水溶性组分的酸度高于粗颗粒。PM$_{2.5}$ 和 TSP 不同的 pH,主要与酸性组分(硫酸盐、硝酸盐、氯化物和羧酸离子)和碱性组分(铵盐、钙盐、镁盐)的粒径分布有关。与空白值 5.74 相比,PM$_{2.5}$ 可加速酸化过程,而 TSP 可减缓酸化过程。

总阳离子和总阴离子的当量浓度(μeq · m^{-3})比($C／A$)是研究环境酸度的重要参数。PM$_{2.5}$ 样品中 $C／A$ 值在 0.40～2.14 之间(平均值=0.88,标准偏差=0.36),TSP 样品中 $C／A$ 值在 0.32～2.12 之间(平均值=1.05,标准偏差=0.38)。TSP 中的平均值 1.05 接近 1,表明所有的离子都被准确定量,PM$_{2.5}$ 中的平均值 0.88 小于 1,可能与颗粒物上存在 H$^+$ 有关,或者与 NH$_4^+$ 的挥发有关。此结论与细颗粒的酸度高,NH$_4^+$ 主要分布在细颗粒上,并且易挥发的现象是一致的。

25.4　上海大气气溶胶主要离子的存在形式及其形成机制

利用 S 的氧化率 SOR$=n$ - SO$_4^{2-}／(n$ - SO$_4^{2-}+n$ - SO$_2$)和 N 的氧化率 NOR$=n$ - NO$_3^-／(n$ - NO$_3^-+n$ - NO$_2$)研究二次形成过程。SOR、NOR 分别表示 S、N 的氧化程度。高的 SOR 和 NOR 表明二次氧化过程明显。有研究报道,当 SOR 高于 0.10 时,便可说明发生了一次排放物 SO$_2$ 的二次光化学氧化形成 SO$_4^{2-}$ 的过程[22-24]。

图 25 - 4 显示 PM$_{2.5}$ 中 SOR 和 NOR 的季节变化及与其他参数的关系。PM$_{2.5}$ 和

TSP 中 SO_4^{2-} 与 SO_2 的相关系数分别为 $0.36(n=100)$ 和 $0.44(n=101)$，表明当地 SO_2 的排放是 SO_4^{2-} 的重要来源。SOR 基本上都高于 0.10，表明二次形成的可能性，但夏季 SOR 低(0.05)，表明夏季由 SO_2 反应生成 SO_4^{2-} 的过程很少发生。这与北京不同，北京夏季的转化非常明显[18]，表明两城市的氧化机制不同。SO_2 可通过气相与 OH 自由基的反应、液相被金属催化氧化或被 H_2O_2/O_3 氧化以及云中过程等[5,11,25,26]，转化为 SO_4^{2-}。由于气相 SO_2 与 OH 反应是温度的函数[27]，故冬季 SOR 应该低，但 SOR 在冬季并没有明显降低，相反 SOR 在冬季高，并在秋、冬、春三季保持基本恒定，表明气相 SO_2 氧化形成 SO_4^{2-} 的过程不重要。当 RH>75% 时，SO_4^{2-} 主要来自异相氧化[28]。作为沿海城市，上海湿度高于北京，因此上海异相反应可占主导，而北京以气相反应为主。SOR 与颗粒物($r=0.46$，$n=201$)的相关性高于与 SO_2($r=0.28$，$n=201$)的相关性，进一步表明上海 SO_4^{2-} 主要来自异相转化。异相形成 SO_4^{2-} 是相对湿度和颗粒物浓度的函数[29]，由于上海湿度变化不明显，夏季 SOR 低可能与颗粒物浓度低有关。

$PM_{2.5}$ 和 TSP 中 NO_3^- 和 NO_2 的相关系数分别为 $0.51(n=100)$ 和 $0.52(n=101)$，表明当地 NO_2 的排放可能是 NO_3^- 的重要来源。NOR 冬季比夏季低，说明冬季以气相氧化机制为主，此机制在寒冷季节受到抑制。太阳辐射对 NO_2 氧化的影响，低于对 SO_2 氧化的影响，进一步说明冬季以 NO_2 的气相氧化为主。具体过程可能是 NO_2 首先发生较慢的气相氧化生成 HNO_3，然后 HNO_3 与 NH_3 反应生成新的颗粒，或 HNO_3 直接被颗粒物吸附。NOR 与颗粒物(PM)的相关性夏季最高(春、夏、秋、冬的相关系数分别为 0.60、0.73、0.42、0.61)，表明夏季 NO_3^- 可能通过异相反应生成，简单的机理可能是 NO_2 首先被气溶胶表面的水所吸附，继而发生液相氧化。SOR、NOR 与 pH 正相关，相关系数分别是0.17 和 0.24($n=200$)，表明颗粒物的碱性可加速此转化过程。

通过二元相关性分析，可研究主要离子 SO_4^{2-}、NO_3^-、Cl^-、NH_4^+、Ca^{2+}、Na^+、K^+ 的存在形式，表 25-6 显示这些主要离子之间的相关系数。NH_4^+ 与 SO_4^{2-} 有很强的相关性，线性回归方程为 $NH_4^+=0.05+0.68SO_4^{2-}$($\mu eq$)。由于 NH_4HSO_4 和 $(NH_4)_2SO_4$ 中 NH_4^+ 与 SO_4^{2-} 的当量浓度比分别为 0.50 和 1.00，这里斜率 0.68 表明 NH_4HSO_4 和 $(NH_4)_2SO_4$ 同时存在，NH_4HSO_4 的存在可加剧大气的酸化。相关性分析表明，NH_4NO_3、K_2SO_4、KNO_3、$CaSO_4$、$Ca(NO_3)_2$、NH_4Cl、$CaCl_2$、NaCl 也是气溶胶颗粒物中的主要物种，这些物种的浓度根据其构成离子的浓度及相关性计算得到[18]，结果见表 25-7。表 25-7 显示 SO_4^{2-} 主要以 $(NH_4)_2SO_4$ 存在，NO_3^- 主要以 $Ca(NO_3)_2$ 存在，$(NH_4)_2SO_4$、$Ca(NO_3)_2$、$CaCl_2$、$CaSO_4$ 的浓度最高，这与有些研究[11,18]中报道的 $(NH_4)_2SO_4$ 和 NH_4NO_3 的浓度最高有所不同，可能是由于上海缺 NH_3，NH_3 主要来自动物排放、肥料和有机物降解，上海作为中国现代化程度最高的城市，农业活动较少，同时 NH_3 很难进行远距离传输[30]，故上海 NH_3 浓度低。另外，上海建筑活动多，Ca 浓度高，造成 $Ca(NO_3)_2$ 和 $CaSO_4$ 含量增加。

表 25 - 6　上海大气气溶胶主要离子之间的相关系数(r)

r	Na^+	NH_4^+	K^+	Ca^{2+}
Cl^-	0.327	0.438	0.326	0.385
NO_3^-	0.392	0.881	0.626	0.616
SO_4^{2-}	0.478	0.924	0.728	0.638

表 25 - 7　上海四季 $PM_{2.5}$ 和 TSP 中主要化学物种的浓度($\mu g \cdot m^{-3}$)

物种	春　季		夏　季		秋　季		冬季白天		冬季夜间	
	TSP	$PM_{2.5}$	TSP	$PM_{2.5}$	TSP	$PM_{2.5}$	TSP	$PM_{2.5}$	TSP	$PM_{2.5}$
$NH_4HSO_4^a$	0.01	0.16	0.01	0.04	0.01	0.02	0.01	0.10	0.01	0.14
$(NH_4)_2SO_4$	23.37	15.77	14.94	8.28	12.25	10.46	20.83	15.38	23.83	15.41
$Ca(NO_3)_2$	16.44	3.19	11.29	1.73	7.79	0.66	19.96	2.96	21.56	2.22
$CaCl_2$	0.16	0.00	1.66	0.31	2.57	0.83	7.18	0.16	9.29	0.10
$CaSO_4$	5.87	2.10	1.66	0.71	0.21	0.13	5.09	0.89	5.51	0.81
$NaNO_3$	2.10	1.72	0.52	0.41	0.05	0.16	0.99	1.34	1.09	1.79
$NaCl$	0.74	0.03	0.46	0.03	1.48	0.27	1.51	0.31	2.94	0.47
K_2SO_4	1.19	0.60	0.42	0.17	0.12	0.04	3.14	1.24	4.12	1.80
KNO_3	0.19	0.33	0.69	0.21	0.63	0.44	0.74	0.78	1.33	0.86
NH_4NO_3	0.18	0.56	1.54	0.69	1.58	2.18	0.36	0.64	0.88	0.49
TSA^b	23.55	16.33	16.48	8.97	13.83	12.64	21.19	16.02	24.71	15.90
$TWSI^c$	80.53	35.36	40.64	16.25	34.77	21.45	67.66	34.28	71.62	34.94
TSA/TWSI	0.29	0.46	0.41	0.55	0.40	0.59	0.31	0.47	0.34	0.45

a 单位: $ng \cdot m^{-3}$; b TSA: total secondary aerosol, 总二次气溶胶[NH_4HSO_4、$(NH_4)_2SO_4$ 和 NH_4NO_3]; c TWSI: total water soluble ion, 总水可溶性离子。

　　总二次气溶胶[包括 NH_4HSO_4、$(NH_4)_2SO_4$、NH_4NO_3]占 TWSI 大部分在 $PM_{2.5}$ 样品中占 45%（冬季）～59%（秋季）之间，TSP 样品中占 29%（春季）～41%（夏季）之间。这些二次气溶胶对大气辐射平衡和气候有重要影响。

25.5　上海大气气溶胶的来源

　　NO_3^-/SO_4^{2-} 比值可用于指示大气中 S、N 流动源和固定源的相对重要性[11,14,31]。R. Arimoto 等[31]指出，NO_3^-/SO_4^{2-} 的高值表明流动源占主导。中国汽油和柴油的含硫质量百分比分别为 0.12% 和 0.2%[32]，由此估计相应排放的 NO_x 与 SO_x 的比值分别为13 : 1 和 8 : 1；煤中的含硫量为 1%，由此估计的 NO_x 与 SO_x 比值为 1 : 2；因此可将 SO_4^{2-} 作为固定源的示踪，将 NO_3^- 作为流动源的示踪。图 25 - 5 显示本研究中 NO_3^-/SO_4^{2-} 的季节变化，总平均值为 0.74，与 2001—2003 年期间北京的 0.71 接近[18]，高于上海2003 年期间的 0.43 和北京 1999—2000 年期间的 0.58[11]，远高于青岛（0.35）[7]、台湾

$(0.20)^{[9]}$、贵阳[14](0.13)，表明上海机动车排放的污染日益严重。在所有城市中，上海 NO_3^-/SO_4^{2-} 值最高，表明作为中国的最大城市，移动源的排放日益严重。然而，此比值仍小于 1，表明固定源的排放仍是大气颗粒物的主要来源。在 TSP 中的该比值高于在 $PM_{2.5}$ 中，表明机动车排放的颗粒物更多为粗颗粒。

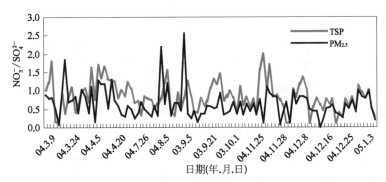

图 25-5　TSP 和 $PM_{2.5}$ 中 NO_3^-/SO_4^{2-} 的季节变化（彩图见下载文件包，网址见 14 页脚注）

不同气团来自不同源区，经过不同路径，因此气溶胶的组分在不同气团方向上的分布，可指示它们的可能来源。根据气团的传输路径，可将影响上海的气团分为海洋、陆地和海洋-陆地混合气团 3 类[图 25-1(b)]。海洋气团主要来自东北/东/东南，可携带大量的海水组分；陆地气团主要来自西北/西/西南，可带来大量的污染和矿物组分。表 25-8 显示 $PM_{2.5}$ 和 TSP 的质量浓度、pH，及其中主要离子（Na^+、NH_4^+、K^+、Mg^{2+}、Ca^{2+}、SO_4^{2-}、NO_3^-、Cl^-）的质量百分含量在这 3 类气团之间的分布。$PM_{2.5}$ 和 TSP 的浓度按陆地、混合、海洋的顺序依次降低，而 pH 的变化正好相反，表明在海洋气团影响下，空气质量高，颗粒物碱性高。$PM_{2.5}$ 中，NH_4^+、K^+、Cl^-、NO_3^- 和 SO_4^{2-} 含量在陆地气团影响下的百分比，远高于在混合和海洋气团的影响下，表明这些离子主要来自陆地污染源的排放；Na^+、Mg^{2+} 和 Ca^{2+} 的含量在 3 种气团影响下的比例接近，表明这些离子同时受陆地和海洋的影响；Cl^- 和 SO_4^{2-} 的含量在受海洋气团影响时略高于受混合气团影响时，表明它们部分来自海洋。TSP 中，Ca^{2+} 的百分含量在受陆地气团影响时最高，可能与陆地建筑活动有关；Na^+ 和 Cl^- 的百分含量在受海洋气团影响时最高，表明主要来自海洋。对比 $PM_{2.5}$ 和 TSP 中离子的分布，可见 TSP 更多受海洋影响，$PM_{2.5}$ 更多受陆地人为活动影响。

表 25-8　不同气团影响下 $PM_{2.5}$ 和 TSP 的质量浓度（$\mu g \cdot m^{-3}$）、pH 及其中离子质量的百分含量（%）

		质量浓度	pH	Na^+	NH_4^+	K^+	Mg^{2+}	Ca^{2+}	Cl^-	NO_3^-	SO_4^{2-}
$PM_{2.5}$	陆地	117.0	5.41	0.65	4.63	1.06	0.28	1.38	4.51	8.65	13.55
	混合	93.9	5.73	0.53	3.68	0.55	0.31	1.48	2.35	6.17	9.69
	海洋	84.1	5.79	0.60	3.71	0.45	0.30	1.22	2.68	5.37	9.90

（续表）

		质量浓度	pH	Na⁺	NH₄⁺	K⁺	Mg²⁺	Ca²⁺	Cl⁻	NO₃⁻	SO₄²⁻
TSP	陆地	344.3	6.34	0.66	2.45	0.64	0.30	3.28	3.55	6.53	7.70
	混合	214.0	6.33	0.70	2.66	0.35	0.20	2.59	2.55	6.75	8.01
	海洋	182.7	6.41	1.04	2.36	0.43	0.34	3.05	3.98	5.48	7.61

图 25-6 显示 4 个季节气溶胶中 Na^+ 和 Cl^- 的相关性。Na^+ 和 Cl^- 在夏季和秋季有好的相关性，在冬季和春季的相关性差，表明它们在夏季和秋季的来源相同，在冬季和春季的来源不同。夏季和秋季以东风、东南风为主，Na^+ 和 Cl^- 很可能来自海洋；冬季和春季主要受西北风、西风控制，海洋的影响小，Na^+ 可能来自土壤扬尘，Cl^- 可能与冷季燃烧活动有关。夏秋季线性回归直线的斜率分别为 1.33 和 2.11，与海水中的比值 1.81 接近，表明海洋源的贡献显著。夏季比值低于海水中的，表明发生了 Cl^- 损失。这一过程与夏季的高温有关。春季和冬季回归直线的斜率分别为 12.38 和 2.59，远高于海水中的 1.81，表明此季节 Cl^- 主要来自煤燃烧等非海洋源。

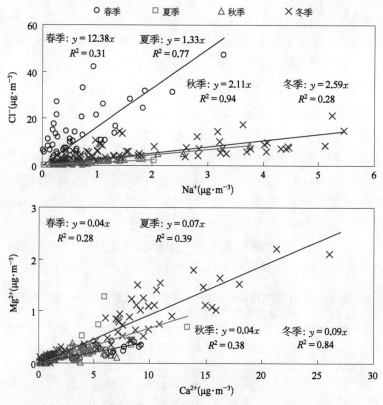

图 25-6 上海四季气溶胶中 Na^+ 与 Cl^-、Mg^{2+} 与 Ca^{2+} 之间的相关性
（彩图见下载文件包，网址见 14 页脚注）

图 25 - 6 显示上海 Ca^{2+} 和 Mg^{2+} 只在冬季有好的相关性,表明这 2 种离子只在冬季有相同的来源——矿物源。春夏秋季 Ca^{2+} 和 Mg^{2+} 的相关性均不好,表明两者的来源不同。在此三季,采样点周围有很多建筑活动,Ca^{2+} 主要来自建筑尘。在受海洋气团影响时,Mg^{2+} 与 Na^+($r=0.74$, $n=101$)有好的相关性,表明 Mg^{2+} 除了来自内陆源外,海洋的贡献也显著。Ca^{2+} 和 Mg^{2+} 在矿物尘、建筑尘和海水中的相对含量不同。不同季节有不同相关性,表明其来源在四个季节有所不同。

综上所述,2003 年 9 月—2005 年 1 月期间,上海 $PM_{2.5}$ 和 TSP 的年均浓度分别为 94.6、230.5 $\mu g \cdot m^{-3}$,表明上海的颗粒物污染尤其是细颗粒污染非常严重。气溶胶中离子总浓度分别占 $PM_{2.5}$ 和 TSP 质量浓度的 32% 和 26%。$PM_{2.5}$ 和 TSP 中离子浓度顺序分别为 $SO_4^{2-} > NO_3^- > NH_4^+ > Cl^- > Ca^{2+} > K^+$ 和 $SO_4^{2-} > NO_3^- > Cl^- > Ca^{2+} > NH_4^+ > Na^+$,而且都具有冬春高、夏秋低的季节变化特征和晚上高、白天低的日变化特征。细颗粒略显酸性,粗颗粒显碱性。K^+、NH_4^+ 和 SO_4^{2-} 主要分布在细颗粒上,Mg^{2+}、Ca^{2+} 和 Na^+ 主要分布在粗颗粒上,Cl^- 和 NO_3^- 在粗细颗粒上均有分布。NH_4^+ 和 SO_4^{2-} 以 NH_4HSO_4 和 $(NH_4)_2SO_4$ 的形式存在,$(NH_4)_2SO_4$、$Ca(NO_3)_2$、$CaCl_2$ 和 $CaSO_4$ 是颗粒物中的主要物种。NO_3^- 冬季主要通过气相光化学反应形成,夏季主要通过异相反应形成;SO_4^{2-} 主要通过异相反应生成。上海 NO_3^-/SO_4^{2-} 比值在中国所有城市中最高,但此值仍小于 1,表明作为中国第一大城市,移动源的贡献越来越显著,但固定源的贡献仍占主导。NH_4^+、K^+、Cl^-、NO_3^- 和 SO_4^{2-} 主要受陆地人为污染的影响,其中 Cl^- 和 SO_4^{2-} 还受海洋影响;Na^+、Mg^{2+} 和 Ca^{2+} 同时受内陆矿物源和海洋源的影响。

参考文献

[1] Ye B, Ji X, Yang H, et al. Concentration and chemical composition of $PM_{2.5}$ in Shanghai for a 1 yr period. Atmospheric Environment, 2003, 37: 499 - 510.

[2] Jiang D, Li X, Qiu Z, et al. The source of indoor aerosol particles in Shanghai determined by nuclear microprobe. Journal of Radioanalytical and Nuclear Chemistry, 2004, 260(2): 301 - 304.

[3] Yue W, Li Y, Li X, et al. Source identification of PM_{10}, collected at a heavy-traffic roadside, by analyzing individual particles using synchrotron radiation. Journal of Synchrotron Radiation, 2004, 11(Pt5): 428 - 431.

[4] Li X, Zhu J, Guo P, et al. Preliminary studies on the source of PM_{10} aerosol particles in the atmosphere of Shanghai City by analyzing single aerosol particles. Nuclear Instruments and Methods in Physics Research B, 2003, 210: 412 - 417.

[5] Xiu G, Zhang D, Chen J, et al. Characterization of major water-soluble inorganic ions in size-fractionated particulate matters in Shanghai campus ambient air. Atmospheric Environment, 2004, 38: 227 - 236.

[6] Li D, Zhang Y, Li A, et al. Principal component analysis of atmospheric aerosol PM_{10} in Wusong industrial district of Shanghai. Nuclear Techniques, 2005, 28(2): 109 - 112 (in Chinese).

[7] Hu M, He L, Zhang Y, et al. Seasonal variation of ionic species in fine particles at Qingdao, China. Atmospheric Environment, 2002, 36: 5853 – 5859.

[8] Gao J, Wang W, Du J, et al. Preliminary Study on the Aerosol Characteristics of Xiamen in Spring. Research of Environmental Sciences, 1996, 9(5): 33 – 37.

[9] Fang G, Chang C, Wu Y, et al. Ambient suspended particulate matters and related chemical species study in central Taiwan, Taichung during 1998 – 2001: Atmospheric Environment, 2002, 36: 1921 – 1928.

[10] Ho K F, Lee S C, Chan C K, et al. Characterization of chemical species in $PM_{2.5}$ and PM_{10} aerosols in Hong Kong. Atmospheric Environment, 2003, 37: 31 – 39.

[11] Yao X, Chan C K, Fang M, et al. The water-soluble ionic composition of $PM_{2.5}$ in Shanghai and Beijing, China. Atmospheric Environment, 2002, 36: 4223 – 4234.

[12] Li L, Li J, Gao G, et al. Characteristics analysis of the marine aerosol in Dalian area. Marine Environmental Science, 1997, 16(3): 46 – 52 (in Chinese).

[13] US Environmental Protection Agency (US EPA). National ambient air quality standards for particulate matter, final rule. Federal Register, 1997, 62(138): 50, 1997 – 07 – 18.

[14] Xiao H, Liu C. Chemical characteristics of water soluble components in TSP over Guiyang, SW China, 2003. Atmospheric Environment, 2004, 38: 6297 – 6306.

[15] Cheng Z L, Lam K S, Chan L Y, et al. Chemical characteristics of aerosols at coastal station in Hong Kong. I. Seasonal variation of major ions, halogens and mineral dusts between 1995 and 1996. Atmospheric Environment, 2000, 34(17): 2771 – 2783.

[16] Kim K, Lee M, Lee G, et al. Observations of aerosol-bound ionic compositions at Cheju Island, Korea. Chemosphere, 2002, 48: 317 – 327.

[17] Kocak M, Kubilay N, Mihalopoulos N. Ionic composition of lower tropospheric aerosols at a Northeastern Mediterranean site: implications regarding sources and long-range transport Atmospheric Environment, 1997, 38: 2067 – 2077.

[18] Wang Y, Zhuang G, Tang A, et al. The ion chemistry and the source of $PM_{2.5}$ aerosol in Beijing. Atmospheric Environment, 2005, 39(21): 3771 – 3784.

[19] Wang H, Wang G, Gao S, et al. Characteristics of atmospheric particulate pollution in Spring in Nanjing City. Zhongguo Huanjing Kexue (in Chinese), 2003, 23(1): 55 – 59.

[20] Hien P D, Bac V T, Thinh N T H. PMF receptor modeling of fine and coarse PM_{10} in air masses governing monsoon conditions in Hanoi, northern Vietnam. Atmospheric Environment, 2004, 38: 189 – 201.

[21] Mahmoud A, Alan W, Douglas H. A preliminary apportionment of the sources of ambient PM_{10}, $PM_{2.5}$ and VOCs in Cairo. Atmospheric Environment, 2002, 36: 5549 – 5557.

[22] Pierson W R, Brachaczek W W, Mckee D E. Sulfate emissions from catalyst equipped automobiles on the highway. Journal of Air Pollution Control Association, 1979, 29: 255 – 257.

[23] Truex T J, Pierson W R, Mckee D E. Sulfate in diesel exhaust. Environmental Science and Technology, 1980, 14: 1118 – 1121.

[24] Ohta S, Okita T. A chemical characterization of atmospheric aerosol in Sapporo. Atmospheric Environment, 1990, 24A: 815 - 822.

[25] Ziegler E N. Sulfate-formation mechanism: Theoretical and laboratory studies. Advances in Environmental Science and Engineering, 1979, 1: 184 - 194.

[26] Meng Z, Seinfeld J H. On the source of the submicrometer droplet mode of urban and regional aerosols. Aerosol Sci Technol, 1994, 20: 253 - 265.

[27] Seinfeld J H. Atmospheric chemistry and physics of air pollution. New York: Wiley, 1986: 348.

[28] McMurry P H, Wilson J C. Droplet phase (heterogeneous) and gas phase (homogeneous) contributions to secondary ambient aerosol formation as functions of relative humidity. Journal of Geophysical Research, C: Oceans and Atmospheres, 1983, 88(C9): 5101 - 5108.

[29] Liang J Y, Jacobson M Z. A study of sulfur dioxide oxidation pathways over a range of liquid water contents, pHs, and temperatures. Journal of Geophysical Research: Atmosphere, 1999, 104(D11).

[30] Asman W A H. Emission and deposition of ammonia and ammonium. Nova Acta Leopoldina, 1994, 70(288): 263 - 297.

[31] Arimoto R, Duce R A, Savoie D L, et al. Relationships among aerosol constituents from Asia and the North Pacific during Pem-West A. Journal of Geophysical Research, 1996, 101: 2011 - 2023.

[32] Kato N. Analysis of structure of energy consumption and dynamics of emission of atmospheric species related to the global environmental change (SO_x, NO_x, and CO_2) in Asia. Atmospheric Environment, 1996, 30: 2757 - 2785.

第26章
黄土高原北缘城市大气气溶胶的典型特性

黄土高原是亚洲沙尘源区之一,同时又处于亚洲沙尘由北/西北地区向东/东南方向的传输路径中。亚洲沙尘可被长途传输到北太平洋,甚至到北美上空[1,2]。沙尘气溶胶及其长途传输,不仅对下风向地区的空气质量[3]、人类健康[4]以及全球生物地球化学循环[5]产生影响,而且能通过吸收、散射太阳辐射以及形成云凝结核等,对气候变化造成影响[6,7]。在沙尘长途传输过程中,沙尘气溶胶能与人为排放污染物相互混合、相互作用。酸性气体如 SO_2、NO_x、HCl 等,能与颗粒物中的碱性成分发生反应,使颗粒物表面形态和化学成分发生变化[8],增加颗粒物中硫酸盐、硝酸盐的含量[9,10],从而可能导致 N 和 S 的循环,以及大气酸碱平衡的变化[11,12]。沙尘气溶胶与污染物之间的相互作用,受沙尘颗粒物的性质,如粒径大小以及化学成分等的影响[13]。黄土高原主要是由塔克拉玛干沙漠的沙尘在向外传输的过程中沉积而形成的[14]。也有研究认为,它主要是由蒙古戈壁沙尘沉积而形成[15]。榆林处在黄土高原的北缘,是研究黄土高原大气气溶胶特性的典型地区。ACE - Asia 研究了榆林地区大气气溶胶的物理、化学以及光学性质,揭示了榆林地区的大气气溶胶中含有相当多的人为排放污染物[16-19]。本章基于 2006—2008 连续3 年在榆林地区采集大气气溶胶样品,分析气溶胶中的主要元素、水溶性离子和黑碳(BC)等化学成分,并且同步在亚洲沙尘传输路径中的塔中(塔克拉玛干沙漠中心)、多伦(内蒙古浑善达克沙地南端)、北京、上海同步采集大气气溶胶样品所进行的分析比较,阐述黄土高原大气气溶胶的理化特性、来源和形成机制,重点揭示矿物气溶胶和人为排放污染物之间的相互混合与相互作用。采样方法和化学分析方法详见第 7、8、10 章。

26.1 榆林地区沙尘和非沙尘时期大气气溶胶的浓度水平

榆林市位于中国陕西省的北部,处在黄土高原的北缘,其大气环境深受沙尘气溶胶的影响。同时,榆林又处在中国的"黑三角"区域,能源矿产资源丰富,被誉为"中国的科威特",拥有世界七大煤田之一的神府煤田和中国陆上探明最大的整装气田,其煤炭等能源得到了较好的开发,相应的工业得到了较好的发展,因此人为污染排放也影响其大气环境。本章根据有无沙尘事件发生,将所采集的气溶胶样品分为沙尘(DS)和非沙尘

(NDS)时期样品,比较不同时期气溶胶的理化性质。根据采样期间的气象条件以及卫星遥感观测结果,在本章相关的采样期间,共有 21 个沙尘天,分别是 2006 年的 3 月 31 日—4 月 1 日、4 月 5—6 日、4 月 11—12 日、4 月 17—19 日、4 月 23 日、4 月 25 日、4 月 27—28 日、4 月 30 日—5 月 1 日,2007 年 3 月 30 日—4 月 1 日、4 月 15 日、4 月 19 日,2008 年 4 月 1 日。其余样品则为非沙尘时期样品,即为平常天气。在采样期间共有 61 个非沙尘天。在非沙尘时期,总悬浮颗粒物 TSP 的 24 h 平均质量浓度为 160.3 $\mu g \cdot m^{-3}$(浓度范围为 25.0~369.1 $\mu g \cdot m^{-3}$),高于中国环境空气质量标准中 TSP 一级标准的日平均质量浓度限值 120 $\mu g \cdot m^{-3}$。同时,$PM_{2.5}$ 的平均质量浓度 56.7 $\mu g \cdot m^{-3}$(浓度范围为 7.1~218.9 $\mu g \cdot m^{-3}$),远高于美国 EPA 的 $PM_{2.5}$ 标准——日平均质量浓度限值 35 $\mu g \cdot m^{-3}$。与中国典型的严重大气污染城市如乌鲁木齐[20]、兰州[21]、北京和上海[22]相比,在非沙尘时期,榆林地区的大气颗粒物污染程度较小。然而,在发生沙尘事件的情况下,TSP 和 $PM_{2.5}$ 的质量浓度明显升高,其中 TSP 的 24 h 平均浓度达到 591.0 $\mu g \cdot m^{-3}$(浓度范围为 104.3~1 464.3 $\mu g \cdot m^{-3}$),是非沙尘时期平均浓度的 3.7 倍;同时,$PM_{2.5}$ 的平均质量浓度也达到 159.5 $\mu g \cdot m^{-3}$(浓度范围为 35.5~561.0 $\mu g \cdot m^{-3}$),为非沙尘时期平均浓度的 2.8 倍。沙尘时期榆林地区 TSP 的浓度水平与其他研究在榆林沙尘暴期间观测到的浓度水平(浓度范围为 260~1 000 $\mu g \cdot m^{-3}$)[17]相近,也与另一个沙尘源区采样点敦煌在沙尘暴期间的观测结果(浓度范围为 317~1 000 $\mu g \cdot m^{-3}$)[23]在同一个数量级范围。以上分析说明,在偏远的榆林地区,也存在严重的大气颗粒物污染。

26.2　榆林地区大气气溶胶的化学组分

26.2.1　大气气溶胶的元素组分

表 26-1 为 TSP 和 $PM_{2.5}$ 中 19 种元素的 24 h 平均质量浓度和元素占颗粒物总质量的比例(DS 表示沙尘时期的平均浓度值,NDS 表示非沙尘时期的平均浓度值),以及相应元素的地壳丰度[24]。可以看出,主要来自矿物源的 Al、Fe、Ca、Na、Mg 等元素,在沙尘和非沙尘情况下的平均质量浓度均比较高,在 TSP 和 $PM_{2.5}$ 中的质量百分含量都在 1% 以上。这 5 种元素在 TSP 和 $PM_{2.5}$ 中的平均质量浓度和质量百分含量,在沙尘时期明显高于非沙尘时期的平均值,并且这些元素的质量百分含量在沙尘时期的平均值也更接近于地壳丰度(除了 Ca),说明在榆林气溶胶中,这 5 种元素主要来自矿物源。与其他元素不同,在沙尘和非沙尘时期,榆林气溶胶中 Ca 元素的质量百分含量均大于其地壳丰度,说明该地区的大气气溶胶富含 Ca。以往的研究也表明,在黄土高原的黄土[25]以及榆林地区的大气气溶胶中,Ca 的含量比较高[19]。因此,可以用沙尘气溶胶中 Ca 元素的含量,来判别这一地区的沙尘源。

元素 Ti、P、Mn、Sr、Cr、Co、V、Ni 在榆林气溶胶中的质量百分含量在 0.01%~1% 之间。由表 26-1 可以看出,这 8 种元素在 TSP 和 $PM_{2.5}$ 中的质量浓度和质量百分含量,在

表26-1 TSP和PM中主要元素和离子的平均质量浓度($\mu g \cdot m^{-3}$)和质量百分含量(%)

	丰度[a] (%)	浓度 PM2.5		百分比 PM2.5		浓度 TSP		百分比 TSP	
		DS	NDS	DS	NDS	DS	NDS	DS	NDS
Al	8.23	10.86	1.70	6.57	3.65	36.38	6.91	6.21	4.25
Fe	5.63	6.88	0.99	3.98	2.05	20.31	3.95	3.59	2.46
Ca	4.15	10.22	2.07	6.81	4.60	25.61	7.90	4.80	5.04
Na	2.36	2.41	0.48	1.49	1.04	10.45	1.79	1.79	1.10
Mg	2.33	3.26	0.59	2.05	1.28	9.84	2.07	1.74	1.28
Ti	0.565	0.68	0.10	0.41	0.22	2.53	0.43	0.43	0.26
P	1.05E-01	1.71E-01	2.85E-02	1.00E-01	6.10E-02	5.37E-01	1.16E-01	9.16E-02	7.20E-02
Mn	9.50E-02	1.77E-01	3.49E-02	1.06E-01	7.53E-02	4.76E-01	1.09E-01	8.21E-02	6.93E-02
Sr	3.70E-02	8.28E-02	1.59E-02	4.96E-02	3.45E-02	2.11E-01	5.97E-02	3.69E-02	3.82E-02
Cr	1.02E-02	2.91E-02	6.48E-03	2.08E-02	1.61E-02	6.50E-02	1.25E-02	1.31E-02	7.73E-03
Co	2.50E-03	5.06E-03	8.90E-04	3.22E-03	1.98E-03	1.33E-02	2.46E-03	2.30E-03	1.50E-03
V	1.20E-02	1.92E-02	3.62E-03	1.34E-02	8.18E-03	5.65E-02	1.41E-02	9.18E-03	8.77E-03
Ni	8.40E-03	1.21E-02	2.91E-03	8.32E-03	7.94E-03	2.73E-02	4.95E-03	4.90E-03	3.02E-03
Cu	6.00E-03	1.06E-02	8.42E-03	7.22E-03	1.57E-02	2.86E-02	1.18E-02	5.32E-03	7.22E-03
Pb	1.40E-03	2.43E-02	2.45E-03	1.54E-02	4.57E-02	3.54E-02	4.71E-02	6.57E-03	2.96E-02
Zn	7.00E-03	8.54E-02	8.78E-03	1.48E-01	1.56E-01	1.24E-01	1.53E-01	2.37E-02	1.02E-01
Cd	1.50E-05	6.66E-04	4.96E-04	4.71E-04	8.63E-04	8.24E-04	8.73E-04	1.64E-04	5.10E-04

（续表）

	丰度[a]（%）	浓度 PM$_{2.5}$		百分比 PM$_{2.5}$		浓度 TSP		百分比 TSP	
		DS	NDS	DS	NDS	DS	NDS	DS	NDS
As	1.80E−04	1.76E−02	1.19E−02	1.91E−02	6.26E−02	2.24E−02	1.31E−02	4.23E−03	6.76E−03
S	0.035	1.75	1.29	1.22	2.35	3.27	2.80	0.60	1.79
SO$_4^{2-}$		5.00	5.02	3.53	8.96	10.93	9.09	2.03	5.76
NO$_3^-$		1.05	1.64	0.81	3.33	1.45	3.86	0.30	2.51
Cl$^-$		1.05	0.99	0.78	2.06	2.29	1.43	0.41	1.00
NO$_2^-$		0.23	0.35	0.17	0.79	0.31	0.47	0.06	0.30
F$^-$		0.14	0.16	0.11	0.36	0.56	0.53	0.10	0.44
Ca^{2+}		3.99	2.70	3.23	6.01	6.43	6.37	1.30	4.38
NH$_4^+$		0.52	2.28	0.45	4.08	0.54	3.34	0.12	2.20
Na$^+$		1.40	0.62	1.02	1.41	3.71	1.14	0.67	0.76
K$^+$		0.31	0.37	0.23	0.78	0.50	0.59	0.09	0.40
Mg^{2+}		0.32	0.26	0.25	0.60	0.60	0.48	0.12	0.33

[a] 丰度：元素在地壳中的平均含量（%）[24]。

沙尘时期的平均值明显高于非沙尘时期,说明这些元素主要来自矿物源。从气溶胶中元素的富集系数(图 26-1)[富集系数的计算公式为$(X/Al)_{气溶胶}/(X/Al)_{地壳}$,X 代表不同元素,详见第 7 章]也可以看出,元素 Fe、Na、Ti、P、Mg、Co、V、Ni、Mn、Sr、Cr、Ca 的富集系数 EF 在沙尘和非沙尘时期均小于 5,进一步说明这些元素主要来自矿物源。然而在非沙尘时期,这些来自矿物源的元素在颗粒物中的质量百分含量,远小于它们在地壳中的平均含量,可见榆林气溶胶中含有一定量的污染物。而且即使在沙尘时期,这些元素的质量百分含量也明显低于地壳中的含量,说明榆林沙尘时期的气溶胶中含有污染物,存在沙尘与人为排放污染物之间的相互混合、相互作用。相比之下,非沙尘时期 Pb、Zn、Cd、S、As 等元素在榆林气溶胶中的质量百分含量比沙尘时期高,在 $PM_{2.5}$ 中,Pb、Zn、Cd、S、As 的最高含量分别达到了 4.3×10^{-2}%、0.16%、8.8×10^{-4}%、2.35%、5.8×10^{-2}%,在 TSP 中则分别为 2.7×10^{-2}、9.4×10^{-2}、4.8×10^{-4}、1.79、6.6×10^{-3}%。然而即使在沙尘时期,这些元素的含量也远比它们在地壳中的平均含量高(在 $PM_{2.5}$ 中,Pb、Zn、Cd、As、S 的质量百分含量分别是其地壳丰度的 11.0、21.1、31.4、35.0、106.3 倍;而在 TSP 中,为4.7、3.4、11.0、17.1、23.5 倍)。以上分析表明,榆林气溶胶中这5种元素主要来自人为污染物排放。As 和 S 可能主要来自居民生活以及工业的煤炭等化石燃料的燃烧,而 Pb 则主要与交通排放有关[26,27]。与其他城市相比,榆林大气气溶胶中这 5 种污染元素的浓度不及北京[28]、上海[29]等大城市,却明显高于青藏高原大气气溶胶中这 5 种元素的浓度[30],也表明榆林气溶胶中存在一定程度的污染物。

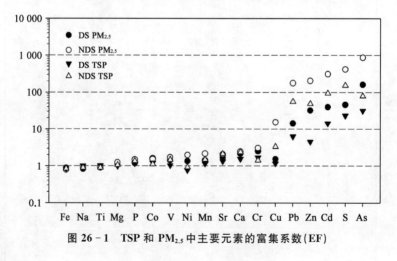

图 26-1　TSP 和 $PM_{2.5}$ 中主要元素的富集系数(EF)

从富集系数来看,沙尘和非沙尘时期 $PM_{2.5}$ 中元素 Pb、Zn、Cd、As、S 的 EF 值均大于10,甚至大于 100,而且这些元素的 EF 值在非沙尘时期远大于沙尘时期,说明这些污染元素主要来自榆林当地的污染物排放。在沙尘时期,由于外来沙尘气溶胶的稀释作用,污染元素的富集系数显著下降。进一步分析这 5 种元素与 Al 元素的相关性(由于 Al 主要来自矿物源,可作为矿物气溶胶的指示物),发现在沙尘时期(进行相关分析的数据包含采样期间所有样品)和非沙尘时期(进行相关分析的数据只包含非沙尘时期所采集的样品),元素 Pb、Zn、Cd、As 与 Al 都不存在相关关系,而元素 S 与 Al 则在沙尘时期(同上)有较好的相关性(PM$_{2.5}$中 2006 和 2007 年的相关系数分别为 0.96 和 0.58,TSP 中为 0.73 和 0.57),表明元素 Pb、Zn、Cd、As 主要来自当地污染物排放,而 S 则既受到人为污染排放影响,又受到来自矿物源的沙尘颗粒物影响。

26.2.2　大气气溶胶的离子组分

在沙尘和非沙尘时期,TSP 和 PM$_{2.5}$中主要离子的平均质量浓度和离子占颗粒物总质量的比例如表 26-1 所示。可以看出,沙尘时期 Ca^{2+}、Na$^+$、Mg^{2+}离子的质量浓度明显比非沙尘时期浓度高,PM$_{2.5}$中 Ca^{2+}、Na$^+$、Mg^{2+}离子的质量浓度分别是非沙尘时期浓度的 1.5、2.3、1.2 倍,TSP 中为 1.0、3.3、1.3 倍。此外,Ca^{2+}、Na$^+$、Mg^{2+}离子与 Al 元素有较好的相关性,2006—2008 年春季的 PM$_{2.5}$和 TSP 中 Ca^{2+}-Al、Na$^+$-Al、Mg^{2+}-Al 的相关系数分别为 0.57 和 0.97、0.47 和 0.94、0.56 和 0.89,说明榆林大气颗粒物中 Ca^{2+}、Na$^+$、Mg^{2+}离子主要来自矿物源。

SO$_4^{2-}$是 PM$_{2.5}$和 TSP 颗粒物中质量浓度最高的阴离子。与 Ca^{2+}、Na$^+$、Mg^{2+}离子类似,SO$_4^{2-}$的浓度在沙尘时期明显升高,且在沙尘时期与 Al 元素有较好的相关(进行相关分析的数据包含采样期间所有样品时,SO$_4^{2-}$-Al 在 PM$_{2.5}$和 TSP 中的相关系数分别为 0.55 和 0.94),而在非沙尘时期 SO$_4^{2-}$与 Al 不存在相关关系,说明 SO$_4^{2-}$部分来自矿物源,部分来自人为污染物排放,即由人为活动排放的污染气体 SO$_2$在大气中经过化学转化而生成。即使在强沙尘时期,气溶胶里 SO$_4^{2-}$中元素 S 的质量,与实验所测得总 S 元素的质量比值,达到 0.69~1.00,说明颗粒物中矿物源的元素 S,主要是以 SO$_4^{2-}$的形式存在。我们的研究也发现,在塔克拉玛干沙漠的沙尘气溶胶中,含有大量的矿物源 SO$_4^{2-}$。因此,可以推测榆林大气气溶胶中的 SO$_4^{2-}$有 2 个来源:一是气态 SO$_2$/H$_2$SO$_4$在大气以及颗粒物表面吸附和化学转化而生成的颗粒态 SO$_4^{2-}$[25],二是来自矿物沙尘中的"自然源" SO$_4^{2-}$[18,31]。同样,Cl$^-$、NO$_2^-$、F$^-$、K$^+$在沙尘时期与 Al 元素存在较好的相关性(Cl$^-$、NO$_2^-$、F$^-$、K$^+$与 Al 元素在 TSP 和 PM$_{2.5}$中的相关系数分别为 0.57 和 0.90、0.46 和 0.52、0.49 和 0.78、0.41 和 0.99),而在非沙尘时期不存在相关关系,说明这 4 种离子同 SO$_4^{2-}$离子一样,既受到矿物源的影响,也受到污染源的影响。相比之下,颗粒物中 NO$_3^-$和 NH$_4^+$的平均质量浓度和质量百分含量,在沙尘时期远低于非沙尘时期,原因为 NO$_3^-$和 NH$_4^+$主要来自当地的人为污染物排放,而沙尘入侵对其有稀释作用。此外,在沙尘和非沙尘时期 NO$_3^-$和 NH$_4^+$离子均不与 Al 元素相关,进一步说明这 2 种离子主要来自当地的污染物排放。

26.2.3　大气气溶胶中的矿物气溶胶组分

基于气溶胶中元素 Al 的含量,矿物气溶胶组分的含量可根据公式:矿物气溶胶＝

Al/0.08[32]来估算。结果表明，沙尘和非沙尘时期矿物组分对 PM$_{2.5}$的贡献分别为82.2％和44.7％，对 TSP 的贡献则分别为84.1％和60.3％。可见，在沙尘和非沙尘时期，矿物气溶胶组分均为榆林大气气溶胶最主要的成分。另外也可以看出，即使在沙尘时期，污染气溶胶对颗粒物，尤其是对细颗粒物有相当大的贡献。榆林位于中国内蒙古、陕西和山西三省交界煤炭资源丰富的"黑三角"地区，煤矿的开采以及相关工业的废气排放等，对大气气溶胶有相当贡献。这也进一步说明，即使在沙尘源区附近，也存在矿物气溶胶与污染气溶胶的相互混合。

26.3　榆林地区矿物气溶胶与污染物的相互作用

上述分析表明，在沙尘期间，榆林大气气溶胶中含有相当数量的人为排放污染物。如表 26-1 所示，TSP 和 PM$_{2.5}$中污染元素的含量，远高于其在地壳中的平均含量，且污染成分对大气气溶胶的贡献在非沙尘期间明显升高。除了物理混合之外，许多研究[33-36]表明，矿物气溶胶含有大量碱性物质（如 CaCO$_3$、MgCO$_3$等），有利于大气中酸性污染气体 SO$_2$、NO$_x$等的化学转化，从而促进颗粒物中硫酸盐、硝酸盐的形成。因此，可以通过分析气溶胶中 SO$_4^{2-}$和 NO$_3^-$的浓度变化，来研究沙尘气溶胶与污染物之间的相互作用。图 26-2 为研究期间榆林气溶胶中 SO$_4^{2-}$、NO$_3^-$、Al 元素的质量浓度变化。榆林气溶胶中的 SO$_4^{2-}$既受矿物源的影响，也受人为污染物排放的影响，而 NO$_3^-$则主要来自人为污

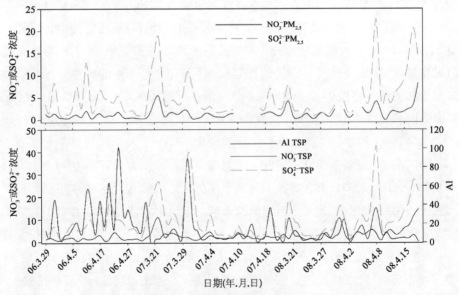

图 26-2　TSP 和 PM$_{2.5}$中 SO$_4^{2-}$、NO$_3^-$、Al 元素的质量浓度变化（单位：μg·m^{-3}）

（彩图见图版第 12 页，也见下载文件包，网址见正文 14 页脚注）

空缺值是由于雨天或仪器故障停止采样所致。

染物排放。SO_4^{2-} 质量浓度在沙尘时期随着 Al 元素浓度的升高而明显升高,在 2007 年 3 月 30 日的沙尘事件中,TSP 中 SO_4^{2-} 的质量浓度是非沙尘时期平均浓度的 4.3 倍,说明沙尘气溶胶可带来大量与矿物气溶胶相关的 SO_4^{2-}。而在非沙尘期间,SO_4^{2-} 浓度随着 NO_3^- 浓度的升高而升高,说明非沙尘期间 SO_4^{2-} 与 NO_3^- 一样,主要来自酸性气体 SO_2、NO_x 在大气以及颗粒物表面的化学转化,如 SO_2、NO_x 与碱性物质 $CaCO_3$ 之间的化学反应[22]。相反在沙尘期间,由于入侵沙尘对大气污染物的稀释作用,颗粒物中 NO_3^- 明显下降。在沙尘期间,颗粒态 NO_3^- 分别占 $PM_{2.5}$ 和 TSP 总质量的 0.8% 和 0.3%,大于更为偏远的塔克拉玛干沙漠大气气溶胶中 NO_3^- 的含量($PM_{2.5}$ 和 TSP 中 NO_3^- 的含量分别为 0.5% 和 0.1%),说明即使是在沙尘期间,也存在矿物气溶胶与污染物的相互作用。

　　SO_4^{2-} 和 NO_3^- 作为大气气溶胶中的主要水溶性污染成分,其与 Al 元素的比值 NO_3^-/Al 和 SO_4^{2-}/Al,可用来指示矿物气溶胶与污染物的混合程度[31]。在本研究中,由于榆林大气气溶胶中的 SO_4^{2-} 受到矿物源的影响,不可用作污染物排放水平的指示物。气溶胶中的 NO_3^- 主要来自当地的污染物排放,如图 26-3 所示,NO_3^- 的质量浓度变化与其他污染组分 Pb、Cd、Zn 和 NH_4^+ 等的浓度变化一致,因此可作为当地污染物排放的指示物,而 Al 元素通常可作为矿物气溶胶的指示物。因此,NO_3^- 离子与 Al 元素质量浓度的比值 NO_3^-/Al,可用来指示气溶胶中矿物气溶胶与污染物的混合程度。

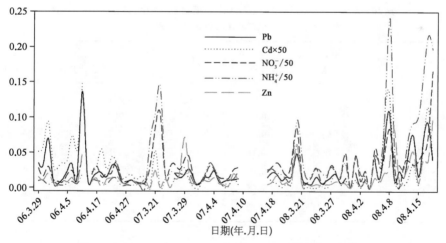

图 26-3　$PM_{2.5}$ 中 NO_3^-、NH_4^+、Pb、Cd、Zn 的质量浓度变化

空缺值是由于雨天或仪器故障停止采样所致。

　　表 26-2 为榆林沙尘和非沙尘时期大气气溶胶中 NO_3^-/Al 比值的平均值。与榆林同步采样的塔中、多伦、北京、上海站点,在沙尘和非沙尘期间大气气溶胶中的 NO_3^-/Al 比值也列入表中以作比较。从颗粒物的粒径来看,$PM_{2.5}$ 中的 NO_3^-/Al 比值总大于 TSP 中的比值,可见细颗粒物中矿物气溶胶与污染物的混合程度比粗颗粒物高,说明细颗粒物的污染含量比较高,矿物气溶胶与污染物的相互作用在细颗粒物中更为显著。从不同

的天气状况来看,非沙尘时期 NO_3^-/Al 比值远比沙尘时期高,尤其是在粗颗粒物中更为明显,说明沙尘期间矿物气溶胶对污染物有显著的稀释作用。以 2007 年 3 月 30 日—4 月 1 日的沙尘事件为例,细颗粒 $PM_{2.5}$ 中 NO_3^-/Al 比值随着沙尘强度的增强而升高。在沙尘入侵榆林前一天(3 月 29 日),NO_3^-/Al 比值为 0.35,而在 30 日颗粒物中的 NO_3^-/Al 比值从一开始的 0.71 急剧下降至 0.07,并且在 30 日晚上下降到了 0.04;而后随着矿物气溶胶与污染物之间的混合与转化,NO_3^-/Al 在 31 日和 4 月 1 日略有上升,分别为 0.07 和 0.09,到 4 月 2 日 NO_3^-/Al 比值回到受沙尘影响前的 0.74。从气溶胶的年际变化来看,在非沙尘时期,细颗粒物 $PM_{2.5}$ 中的 NO_3^-/Al 比值在 2006、2007、2008 年的平均比值分别为 0.24、1.23、5.08,而 TSP 中的 NO_3^-/Al 比值为 0.19、0.71、1.41。这主要是由于 2006 年沙尘排放量较高,而 2008 年沙尘比较少,并且在 2006—2008 年,随着经济的发展,榆林大气中污染物排放有所升高所致(陕西省《2009 年统计年鉴》)。从不同观测点的情况来看,榆林气溶胶中的 NO_3^-/Al 比值比北京、上海气溶胶中的比值小,但远高于其他靠近沙尘源区站点的内蒙古多伦和通辽[37],以及塔克拉玛干沙漠中心大气气溶胶中的 NO_3^-/Al 比值,说明榆林矿物气溶胶和污染物的混合程度,比其他沙尘源区高。榆林处于亚洲沙尘向东、向南传输的路径中,沙尘在传输过程中与污染物的混合,会给下风向地区输送更多的污染物。

表 26 - 2　沙尘(DS)和非沙尘(NDS)时期榆林、塔中、多伦、北京、上海
大气气溶胶中 NO_3^-/Al 比值的平均值

地　点	年份	NO_3^-/Al $PM_{2.5}$	NO_3^-/Al TSP	地　点	年份	NO_3^-/Al $PM_{2.5}$	NO_3^-/Al TSP
榆林(DS)	2006	0.10	0.04	塔中(DS)	2007	0.07	0.06
榆林(DS)	2007	0.19	0.05	塔中(DS)	2008	0.16	0.08
榆林(DS)	2008	0.44	0.17	多伦(NDS)	2007	1.02	0.51
榆林(NDS)	2006	0.24	0.19	多伦(NDS)	2008	3.97	1.11
榆林(NDS)	2007	1.23	0.71	上海	2007	13.19	3.98
榆林(NDS)	2008	5.08	1.41	北京	2007	7.63	1.9
多伦(DS)	2007	0.17	0.03				

26.4　榆林地区沙尘气溶胶的来源

图 26 - 4 为研究期间榆林发生沙尘事件采样天的 72 h 后向轨迹。可以看出,在发生沙尘事件情况下,影响榆林地区的沙尘气团是由北北西(NNW)* 以及北北东(NNE)方向中程或长程传输而来。由榆林 NNW 方向传来的沙尘,主要来自中国西部和西北地区

---

* 参见 160 页脚注。

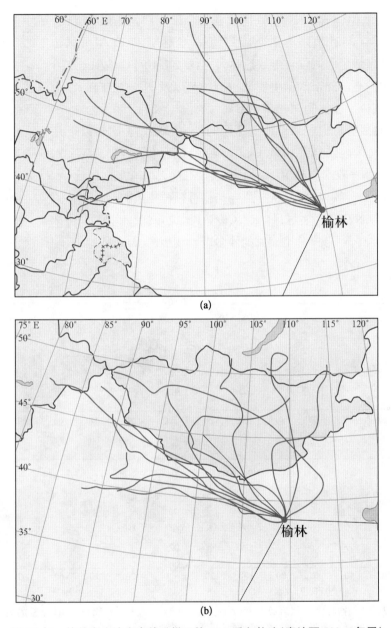

图 26 - 4　榆林发生沙尘事件采样天的 72 h 后向轨迹(离地面 500 m 气团)
(彩图见下载文件包,网址见 14 页脚注)

的沙漠以及内蒙古和蒙古西南部的戈壁滩;而由 NNE 方向传来的沙尘,则来自中国内蒙古中东部以及蒙古东部的戈壁。

以往研究[37-40]表明,大气颗粒物中的 Ca、Mg、Fe、Ti 元素与 Al 元素的质量浓度比值 Ca/Al、Mg/Al、Fe/Al、Ti/Al,可以作为沙尘来源的指标。本研究期间,榆林 TSP 颗粒物中 Ca/Al、Mg/Al、Fe/Al、Ti/Al 比值随 Al 元素浓度的变化情况如图 26 - 5 所示。

可以看出,Mg/Al、Fe/Al、Ti/Al 比值在整个采样期间变化不大(包括沙尘时期与非沙尘时期),而 Ca/Al 比值则从非沙尘时期到沙尘时期,随着 Al 元素浓度的升高而显著下降。可见,外来沙尘的入侵可导致榆林大气颗粒物中的 Ca/Al 比值下降。由后向轨迹分析可知,影响榆林的外来沙尘主要来自 NNW 以及 NNE 方向的沙尘源区。中国黄土高原大部分区域位于榆林的 90—225°方向,因此,当风向 100% 为 90—225°时,榆林大气颗粒物中的矿物成分可代表来自黄土高原的沙尘颗粒物。比较以下几组采自不同角度主导风向的大气气溶胶样品中的 Ca/Al 比值(S:90—225°,NW:270—315°,N:315—22.5°,NE:22.5—67.5°),研究期间主导风向占全天所有风向的比例 S/所有风向、NW/所有风向、N/所有风向、NE/所有风向与榆林颗粒物中 Ca/Al 比值的关系如图 26-6 所示。当以 NW、N、NE 为主导风向时,Ca/Al 比值较低,而以 S(90—225°)为主导风向时,Ca/Al 比值较高。可见,黄土高原的沙尘颗粒物中的 Ca/Al 比值,与其他沙尘源区的沙尘有明显区别。

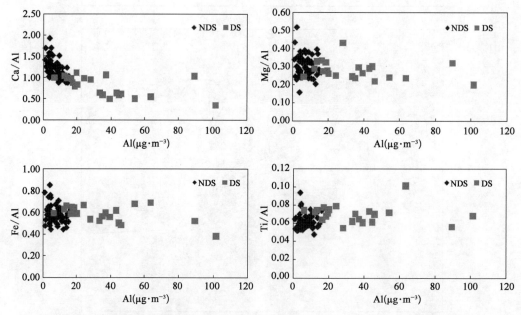

图 26-5　榆林大气气溶胶中 Ca/Al、Mg/Al、Fe/Al、Ti/Al 比值与 Al 元素的关系
（彩图见下载文件包,网址见 14 页脚注）

在本研究期间出现风向 100% 为 90—225°的采样天有 5 天(2007 年 3 月 21 日、4 月 4 日、4 月 7 日、4 月 14 日以及 2008 年 4 月 16 日),因此可用这 5 天所采集的颗粒物样品,来估算黄土高原沙尘中的 Ca/Al 比值。这 5 天所采集的 $PM_{2.5}$ 和 TSP 颗粒物中 Ca/Al 比值的平均值分别为 1.26 和 1.28,与黄土高原尘土中的 Ca/Al 比值(1.22)[41]相近,因此可以认为,黄土高原 $PM_{2.5}$ 和 TSP 沙尘中的 Ca/Al 比值分别为 1.26 和 1.28。此外如图 26-6 所示,NNW 方向传输而来的沙尘中,Ca/Al 比值高于 NNE 传输而来的沙尘,根据

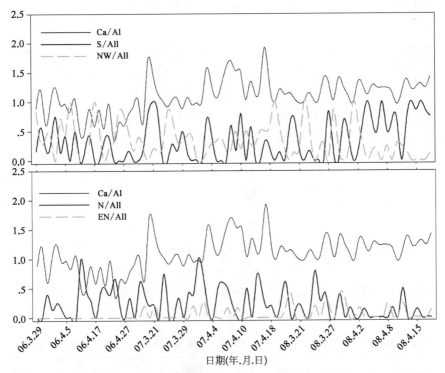

图 26－6　研究期间榆林 TSP 颗粒物中 Ca／Al 比值与主导风向比值 S／All、NW／All、N／All、EN／All(彩图见下载文件包,网址见 14 页脚注)

　　S：90—225°,NW：270—315°,N：315—22.5°,EN：22.5—67.5°,All：采样全天观测到的所有风向。

　　本书第 2 章阐述的用元素比值判别沙尘源区的方法,可判断影响榆林的 NNW、NNE 外来沙尘,来自 2 个明显不同的沙尘源区。根据气象条件以及后向轨迹,2006 年 4 月 11日、4 月 12 日、4 月 19 日、4 月 23 日、5 月 1 日,2007 年 4 月 15 日的沙尘污染,是受 NNE 沙尘源的影响;而 2006 年 4 月 1 日、4 月 5 日、4 月 17 日、4 月 18 日、4 月 25日、4 月 27 日、4 月 28 日、5 月 1 日,2007 年 3 月 30 日、3 月 31 日、4 月 19 日,2008 年 4 月 1 日的沙尘污染,是受 NNW 沙尘源的影响。其中 2006 年 4 月 11 日期间 100% 风向为 NNE 源,因此可用这一天 $PM_{2.5}$ 和 TSP 颗粒物中的 Ca／Al 比值 0.61 和 0.50,来代表 NNW 源沙尘中的 Ca／Al 比值。这一结果与位于内蒙古浑善达克沙地(NNE 源)的多伦站点,在非沙尘时期大气颗粒物中的 Ca／Al 比值($PM_{2.5}$ 和 TSP 颗粒物中的 Ca／Al 比值分别为 0.61 和 0.47)相近,可见 NNE 源 $PM_{2.5}$ 和 TSP 沙尘颗粒物中的 Ca／Al 比值,可分别估计为 0.61 和 0.50。同样,2006 年 4 月 6 日榆林 $PM_{2.5}$ 和 TSP 颗粒物中的 Ca／Al 比值 0.78 和 0.84(与甘肃敦煌的沙尘 Ca／Al 比值 0.94 相近[17])可代表 NNW 源沙尘中的 Ca／Al 比值。综合以上分析,中国黄土高原沙尘、NNE 源沙尘、NNW 源沙尘中的 Ca／Al 比值,分别为 $PM_{2.5}$ 中 1.26、0.61、0.78 和 TSP 中 1.28、0.50、0.84。进一步分析塔中站点

(塔中位于榆林站点的西方,而离榆林较远)同步采集的颗粒物样品,发现 $PM_{2.5}$ 和 TSP 颗粒物中的 Ca/Al 比值分别为 1.65 和 1.67。对比几个源区沙尘中的 Ca/Al 比值可以看出,中国黄土高原沙尘中的 Ca/Al 比值,介于塔克拉玛干沙漠沙尘与内蒙古戈壁沙尘的比值之间,因此可以推断,中国黄土高原沙尘同时受塔克拉玛干沙尘与内蒙古戈壁沙尘的影响。

根据几个源区沙尘颗粒物中的 Ca/Al 比值,可以进一步估算沙尘期间本地沙尘(黄土高原沙尘)与外来沙尘对榆林沙尘气溶胶的相对贡献。计算公式如下:

$$(Ca/Al)_{气溶胶} = m \times (Ca/Al)_{本地沙尘} + n \times (Ca/Al)_{外来沙尘} \qquad (26-1)$$

$$m + n = 1 \qquad (26-2)$$

m、n 为本地和外来沙尘对榆林沙尘气溶胶的贡献比,$(Ca/Al)_{本地沙尘}$ 为黄土高原沙尘中的 Ca/Al 比值,$(Ca/Al)_{外来沙尘}$ 则是根据后向轨迹分别取 NNE 源沙尘、NNW 源沙尘中的 Ca/Al 比值,计算结果如表 26-3 所示。根据估算结果,沙尘期间外来沙尘对榆林大气中的沙尘气溶胶有很大贡献,对 $PM_{2.5}$ 颗粒物中矿物气溶胶的贡献量可达 81%,而对 TSP 中矿物气溶胶的贡献量基本上都高于 65%(范围为 16%~100%)。

表 26-3 沙尘期间榆林大气气溶胶中的 Ca/Al 比值及外来沙尘对沙尘气溶胶的贡献(%)

日　期	Ca/Al $PM_{2.5}$	贡献 $PM_{2.5}$	Ca/Al TSP	贡献 TSP
2006.3.31	0.95	0.47	0.61	0.86
2006.4.17	0.98	0.58	0.58	1.00
2006.4.19	0.91	0.54	0.54	0.94
2006.4.23	0.92	0.53	0.34	1.00
2006.5.1	1.06	0.31	0.63	0.83
2007.3.30	1.14	0.26	1.08	0.46
2007.4.19	1.08	0.37	0.99	0.65
2006.4.18	1.53	0.00	0.87	0.92
2006.4.25	0.73	0.81	0.65	0.81
2006.4.27	0.86	0.62	0.59	0.88
2007.3.31	1.33	0.00	0.95	0.75
2007.4.11	1.42	0.00	1.21	0.16
2007.4.15	2.72	0.00	1.12	0.20
2008.4.1	0.95	0.48	0.97	0.39

参考文献

[1] Duce R A, Unni C K, Ray B J, et al. Long-range atmospheric transport of soil dust from Asia to

the tropical North Pacific — Temporal variability. Science, 1980, 209(4464): 1522 - 1524.

[2]　Duce R A, Liss P S, Merrill J T, et al. The atmospheric input of trace species to the world ocean. Global Biogeochem Cycles, 1991, 5(3): 193 - 259.

[3]　Cao J J, Lee S C, Zhang X Y, et al. Characterization of airborne carbonate over a site near Asian dust source regions during Spring 2002 and its climatic and environmental significance. Journal of Geophysical Research-Atmospheres, 2005, 110(D3): doi: 10.1029/2004JD005244.

[4]　Meng Z Q, Lu B. Dust events as a risk factor for daily hospitalization for respiratory and cardiovascular diseases in Minqin, China. Atmospheric Environment, 2007, 41(33): 7048 - 7058.

[5]　Zhuang G S, Yi Z, Duce R A, et al. Link between iron and sulfur cycles suggested by detection of Fe(II) in remote marine aerosols. Nature, 1992, 355(6360): 537 - 539.

[6]　Kim J, Yoon S C, Kim S W, et al. Chemical apportionment of shortwave direct aerosol radiative forcing at the Gosan super-site, Korea during ACE-Asia. Atmospheric Environment, 2006, 40 (35): 6718 - 6729.

[7]　Arimoto R. Eolian dust and climate: Relationships to sources, tropospheric chemistry, transport and deposition. Earth-Science Reviews, 2001, 54(1 - 3): 29 - 42.

[8]　Chou C C K, Lee C T, Yuan C S, et al. Implications of the chemical transformation of Asian outflow aerosols for the long-range transport of inorganic nitrogen species. Atmospheric Environment, 2008, 42(32): 7508 - 7519.

[9]　Zhang D Z, Shi G Y, Iwasaka Y, et al. Mixture of sulfate and nitrate in coastal atmospheric aerosols: Individual particle studies in Qingdao (36 degrees 04' N, 120 degrees 21' E), China. Atmospheric Environment, 2000, 34(17): 2669 - 2679.

[10]　Usher C R, Al-Hosney H, Carlos-Cuellar S, et al. A laboratory study of the heterogeneous uptake and oxidation of sulfur dioxide on mineral dust particles. Journal of Geophysical Research-Atmospheres, 2002, 107(D23): 4713.

[11]　Iwasaka Y, Shi G Y, Shen Z, et al. Nature of atmospheric aerosols over the desert areas in the Asian Continent: Chemical state and number concentration of particles measured at Dunhuang, China. Water, Air & Soil Pollution: Focus, 2003, 3(2): 129 - 145.

[12]　Chung Y S, Kim H S, Dulam J, et al. On heavy dustfall observed with explosive sandstorms in Chongwon-Chongju, Korea in 2002. Atmospheric Environment, 2003, 37(24): 3425 - 3433.

[13]　Shi Z, Zhang D, Hayashi M, et al. Influences of sulfate and nitrate on the hygroscopic behaviour of coarse dust particles. Atmospheric Environment, 2008, 42(4): 822 - 827.

[14]　Liu C Q, Masuda A, Okada A, et al. Isotope geochemistry of quaternary deposits from the arid lands in northern China. Earth and Planetary Science Letters, 1994, 127(1 - 4): 25 - 38.

[15]　Sun J M, Zhang M Y, Liu T S. Spatial and temporal characteristics of dust storms in China and its surrounding regions, 1960 - 1999: Relations to source area and climate. Journal of Geophysical Research-Atmospheres, 2001, 106(D10): 10325 - 10333.

[16]　Alfaro S C, Gomes L, Rajot J L, et al. Chemical and optical characterization of aerosols measured in spring 2002 at the ACE-Asia supersite, Zhenbeitai, China. Journal of Geophysical Research-

Atmospheres, 2003, 108(D23): 8641.

[17] Zhang X Y, Gong S L, Shen Z X, et al. Characterization of soil dust aerosol in China and its transport and distribution during 2001 ACE-Asia: 1. Network observations. Journal of Geophysical Research-Atmospheres, 2003, 108(D9): doi: 10.1029/2002JD002633.

[18] Xu J, Bergin M H, Greenwald R, et al. Aerosol chemical, physical, and radiative characteristics near a desert source region of Northwest China during ACE-Asia. Journal of Geophysical Research-Atmospheres, 2004, 109(D19): D19S03.

[19] Arimoto R, Kim Y J, Kim Y P, et al. Characterization of Asian dust during ACE-Asia. Global and Planetary Change, 2006, 52(1-4): 23-56.

[20] Li J, Zhuang G S, Huang K, et al. Characteristics and sources of air-borne particulate in Urumqi, China, the upstream area of Asia dust. Atmospheric Environment, 2008, 42(4): 776-787.

[21] Chu P C, Chen Y C, Lu S H, et al. Particulate air pollution in Lanzhou China. Environment International, 2008, 34(5): 698-713.

[22] Wang Y, Zhuang G S, Tang A H, et al. The evolution of chemical components of aerosols at five monitoring sites of China during dust storms. Atmospheric Environment, 2007, 41(5): 1091-1106.

[23] Duvall R M, Majestic B J, Shafer M M, et al. The water-soluble fraction of carbon, sulfur, and crustal elements in Asian aerosols and Asian soils. Atmospheric Environment, 2008, 42(23): 5872-5884.

[24] Lida D R. Handbook of chemistry and physics: A ready-reference book of chemical and physical data. 86th ed. New York: CRC Press, 2006: 14-17.

[25] Arimoto R, Zhang X Y, Huebert B J, et al. Chemical composition of atmospheric aerosols from Zhenbeitai, China, and Gosan, South Korea, during ACE-Asia. Journal of Geophysical Research-Atmospheres, 2004, 109(D19): D19S04.

[26] Borbely-Kiss I, Koltay E, Szabo G Y, et al. Composition and sources of urban and rural atmospheric aerosol in eastern Hungary. Journal of Aerosol Science, 1999, 30(3): 369-391.

[27] Hien P D, Binh N T, Truong Y, et al. Comparative receptor modeling study of TSP, PM_2 and PM_{2-10} in Ho Chi Minh City. Atmospheric Environment, 2001, 35: 2669-2678.

[28] Zhuang G S, Guo J H, Yuan H, et al. The compositions, sources, and size distribution of the dust storm from China in spring of 2000 and its impact on the global environment. Chinese Science Bulletin, 2001, 46(11): 895-901.

[29] Fu Q Y, Zhuang G S, Wang J, et al. Mechanism of formation of the heaviest pollution episode ever recorded in the Yangtze River Delta, China. Atmospheric Environment, 2008, 42(9): 2023-2036.

[30] Cong Z Y, Kang S C, Liu X D, et al. Elemental composition of aerosol in the Nam Co region, Tibetan Plateau, during summer monsoon season. Atmospheric Environment, 2007, 41(6): 1180-1187.

[31] Wang Y, Zhuang G S, Sun Y L, et al. The variation of characteristics and formation mechanisms of aerosols in dust, haze, and clear days in Beijing. Atmospheric Environment, 2006, 40(34): 6579 – 6591.

[32] Chan Y C, Simpson R W, McTainsh G H, et al. Characterisation of chemical species in $PM_{2.5}$ and PM_{10} aerosols in Brisbane, Australia. Atmospheric Environment, 1997, 31 (22): 3773 – 3785.

[33] Hwang H J, Ro C U. Single-particle characterization of four aerosol samples collected in ChunCheon, Korea, during Asian dust storm events in 2002. Journal of Geophysical Research-Atmospheres, 2005, 110(D23): doi: 10.1029/2005JD006050.

[34] Saliba N A, Chamseddine A. Uptake of acid pollutants by mineral dust and their effect on aerosol solubility. Atmospheric Environment, 2012, 46: 256 – 263.

[35] Takahashi Y, Miyoshi T, Higashi M, et al. Neutralization of calcite in mineral aerosols by acidic sulfur species collected in China and Japan studied by Ca K-edge X-ray absorption near-edge structure. Environmental Science & Technology, 2009, 43(17): 6535 – 6540.

[36] Geng H, Park Y, Hwang H, et al. Elevated nitrogen-containing particles observed in Asian dust aerosol samples collected at the marine boundary layer of the Bohai Sea and the Yellow Sea. Atmospheric Chemistry and Physics, 2009, 9(18): 6933 – 6947.

[37] Shen Z X, Cao J J, Arimoto R, et al. Chemical composition and source characterization of spring aerosol over Horqin sand land in northeastern China. Journal of Geophysical Research-Atmospheres, 2007, 112(D14): doi: 10.1029/2006JD007991.

[38] Sun Y L, Zhuang G S, Ying W, et al. The air-borne particulate pollution in Beijing — concentration, composition, distribution and sources. Atmospheric Environment, 2004, 38(35): 5991 – 6004.

[39] Sun Y L, Zhuang G S, Yuan H, et al. Characteristics and sources of 2002 super dust storm in Beijing. Chinese Science Bulletin, 2004, 49: 7698 – 7050.

[40] Han L H, Zhuang G S, Sun Y L, et al. Local and non-local sources of airborne particulate pollution at Beijing. Science China, Series B, Chemistry, 2005, 48(4): 1 – 12.

[41] Cao J J, Chow J C, Watson J G, et al. Size-differentiated source profiles for fugitive dust in the Chinese Loess Plateau. Atmospheric Environment, 2008, 42(10): 2261 – 2275.

第27章

高山气溶胶的典型案例——
泰山大气气溶胶理化特性及其形成机制

气溶胶对大气化学过程以及云和沉降的生成都具有重要意义[1-4]。人为排放的气溶胶主要以细颗粒物形式存在,包括一次排放的和一次排放后继续形成的二次气溶胶,对气候、水文循环[5]、能见度[6]以及人类健康[7]等都有影响。中国东部是中国经济最发达和发展最快的区域,经济的发展导致SO_2、NO_2和颗粒物等的排放持续增加,空气质量下降,继而引发严重酸沉降[8]。泰山位于中国中东部,面积$200×50\ km^2$,海拔$1\ 532.7\ m$,周边被山东、安徽、江苏、河南和河北所环绕。泰山顶部的大气反映了其所在区域的大气质量。已有研究表明,源于气象条件和排放源的季节变化,泰山顶部的CO和O_3明显呈现夏季高、冬季低的趋势[9,10],并且VOC、O_3和CO都明显高于其他高山环境[11],然而,泰山顶部过氧化物的含量明显偏低,表明泰山顶部有对H_2O_2特殊的清除过程[12]。CO和O_3作为人为污染的指示物[13,14],其在光照下具有氧化作用,因此VOC、O_3、CO和H_2O_2都与二次气溶胶的生成有关,这可能是泰山顶部细颗粒物的污染严重诱因之一。沙尘气溶胶可以提供物理和化学反应界面,利于二次气溶胶的转化,且沙尘可以携带二次污染物长途传输[15-18]。亚洲沙尘可穿越中国中部,甚至长途传输至太平洋。目前对于气溶胶的研究主要集中在地面水平,对包括泰山顶部在内的高山气溶胶的水平和组成知之甚少。泰山恰好位于亚洲沙尘向下游传输的路径之上,是一个用于研究亚洲沙尘传输以及沙尘与人为排放污染混合机理的理想观测点。本章阐述泰山气溶胶的特性、来源、形成机理,揭示污染气溶胶与沙尘气溶胶在其长途传输中的混合与相互作用。

分别于2006春季(3月14日—5月6日)和夏季(6月2日—6月30日)以及2007年春季(3月26日—5月18日)在泰山顶部采集TSP和$PM_{2.5}$样品,每个样品采集24 h,少数样品为48 h。同步采集中国西部(乌鲁木齐、塔中、天池),北部(多伦和榆林)以及中国最大城市(北京和上海)的气溶胶样品。采样方法和化学分析方法详见第7、8、10章。温度、露点、压力、相对湿度等气象参数通过世界天气预报(Weather Underground)网站下载(http://www.wunderground.com/)。上海和泰山的NO_2、SO_2数据从上海环境热线的http://www.envir.gov.cn/airnews/index.asp下载获得,火点图来自MODIS全球消防地图服务＊(MODIS Global Fire Mapping Service，http：//firefly.geog.umd.edu/firemap/)；O_3在线监测用紫外分光分析(Thermal，Model 49，检测下限 2 ppbv)；CO 用非散射红外法分析(Thermal，Model 300，检测下限 30 ppbv)，总的不确定性约为 10％。根据 NOAA HYSPLIT＊＊ 轨迹线模式，获得前向和后向气团的轨迹。

27.1　泰山顶部的大气气溶胶

27.1.1　大气气溶胶浓度和粒径分布

泰山顶部以及其他采样点的 $PM_{2.5}$ 和 TSP 质量浓度及其季节变化，见图 27-1 和表 27-1、表 27-2。TSP 相对于季节较稳定，2006 和 2007 年春季分别为 128.1 和 143.8 $\mu g \cdot m^{-3}$，2006 年夏季为 135.0 $\mu g \cdot m^{-3}$，而 $PM_{2.5}$ 的季节变化较大，2006 和 2007 年春季分别为 46.6 和 70.1 $\mu g \cdot m^{-3}$，2006 年夏季浓度高达 123.1 $\mu g \cdot m^{-3}$，远远高于春季的浓度水平。2007 年春季(3 月 26 日—5 月 18 日)的 PM 相对高于 2006 年春季(3 月 14 日—5 月 6 日)，这

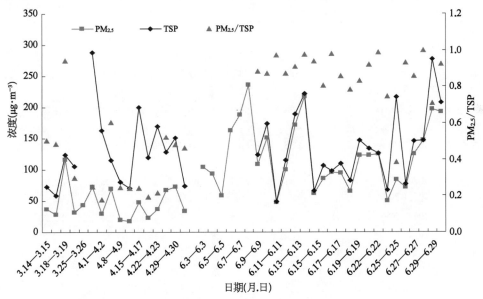

图 27-1　泰山顶部 TSP 和 $PM_{2.5}$ 日变化(2006.3.14—2006.6.30)
(彩图见下载文件包，网址见 14 页脚注)

＊ MODIS：Moderate Resolution Imaging Spectroradiometer(中分辨率成像光谱仪)，美国地球观测系统(Earth Observation System，EOS)系列卫星上最主要的仪器，是当前世界上新一代"图谱合一"的光学遥感仪器和被动式成像的分光辐射计。共有 490 个探测器、36 个离散光谱波段。其光谱范围宽，从 0.4 μm(可见光)到 14.4 μm(热红外)全光谱覆盖。MODIS 搭载在 Terra 和 Aqua 卫星上，两颗卫星相互配合，每 1～2 d 可重复观测整个地球表面，得到 36 个波段的观测数据。MODIS 消防监测的理论基础是根据着火点比周围温度高来判断火点，其判断基础是热辐射强度与温度和波长的关系。MODIS 的多波段数据可以同时提供反映陆地表面状况、云边界、云特性、海洋水色、浮游植物、生物地理、化学、大气中水汽、气溶胶、地表温度、云顶温度、大气温度、O_3 和云顶高度等的特征信息。参见 473 页脚注 ＊＊。

＊＊ 参见 473 页脚注 ＊。

可能由于 2007 年的采样时间比 2006 年推迟近半个月。TSP 的浓度水平与地面采样点的同期 TSP 水平相当,粗颗粒物污染没有因为 1 534 m 的海拔高度而降低,其 $PM_{2.5}$ 在夏季的浓度与北京和上海接近。泰山顶部的 TSP 和 $PM_{2.5}$ 皆比海拔稍高的天池(1 900 m)高很多。$PM_{2.5}$／TSP 比值在 2006 年春季为 0.37 而夏季高达 0.91,说明泰山顶部的气溶胶,春季以粗颗粒为主,而夏季以细颗粒物污染为主。夏季较高的细颗粒物污染,主要源于其典型的气候特点(表 27 - 3)和排放源的强度变化。与春季相比,夏季温度高、风速低、气压低、辐射强。泰山夏季的气候特点可以加强大气的垂直对流,导致地表的污染物很容易向上传输,从而使边界层高度增加,以致盖没泰山顶部;而在春季,边界层被压缩,通常低于泰山,再加上太阳辐射弱而风速大,因此地面污染物很难被输送至泰山顶部。同时春季沙尘频发,而泰山正好位于亚洲沙尘传至西太平洋的途径之上[19-21],因此在风速较高的情况下,即使在 1 500 m 以上高度的大气层中,仍有较高浓度的粗颗粒物存在。

表 27 - 1　泰山顶部和其他有关采样点 TSP 和 $PM_{2.5}$ 气溶胶的质量浓度($\mu g \cdot m^{-3}$)

采样点	采样时间	样品数		平均浓度		最大值		最小值	
		$PM_{2.5}$	TSP	$PM_{2.5}$	TSP	$PM_{2.5}$	TSP	$PM_{2.5}$	TSP
塔中	2007.3.20—2007.4.19	36	35	640.4	1 225.2	2 295.3	5 407.4	45.3	53.3
新疆天池	2007.4.2—2007.5.2	31	31	24	57.7	117.7	191	5.3	7.3
内蒙古多伦	2007.3.20—2007.4.20	34	34	64.1	176.2	590.5	1 381.7	4.3	16.7
陕西榆林	2007.3.20—2007.4.21	31	38	83	354.4	592.1	3 187	7.1	25
北京	2007.3.21—2007.4.20	31	31	77.1	160.9	141	351.9	20.8	60.7
	2007.7.23—2007.8.22	31	31	78.4	114.5	129.8	261.2	10.5	78.4
乌鲁木齐	2007.3.1—2007.4.19	37	37	81.9	232.5	158.9	523.8	27.7	54.5
	2007.7.2—2007.8.22	34	34	45.9	172.6	111.1	303.1	18.8	86.1
上海	2006.3.28—2007.4.30	32	30	32	108	73.3	213.7	7.8	44.5
	2006.8.1—2007.8.26	26	26	20	61.2	47.5	131.6	12.4	21.8
	2007.3.20—2007.4.21	32	32	25.3	80.7	115.4	913.9	8.4	17.4
	2007.7.23—2007.8.19	28	28	30.5	91	105.1	147.7	3.8	7.7

（续表）

采样点	采样时间	样品数		平均浓度		最大值		最小值	
		$PM_{2.5}$	TSP	$PM_{2.5}$	TSP	$PM_{2.5}$	TSP	$PM_{2.5}$	TSP
泰山	2006.3.14— 2006.5.6	16	15	46.6	128.1	116.8	287.6	17.2	59.1
	2006.6.2— 2006.6.30	27	21	123.1	135.0	235.7	276.9	48	49.2
	2007.3.26— 2007.5.18	31	18	70.1	143.8	167.4	230.4	18	39.6

表 27 - 2　泰山顶部和其他有关采样点 TSP 和 $PM_{2.5}$ 质量浓度（$\mu g \cdot m^{-3}$）及其粒径分布

采样点	时间（年）	春　季			夏　季		
		$PM_{2.5}$	TSP	$PM_{2.5}$／TSP	$PM_{2.5}$	TSP	$PM_{2.5}$／TSP
上　海	2003—2005[22]	135.0	293.0	0.46	72.0	167.0	0.43
	2006	32.0	108.0	0.30	20.0	61.2	0.33
	2007	25.3	80.7	0.31	30.5	91.0	0.34
泰　山	2006	46.6	128.1	0.37	123.1	135.0	0.91
	2007	70.1	143.8	0.49			
乌鲁木齐	2007	81.9	232.5	0.35	45.9	172.6	0.27
北　京	2002[23]	212.6	1 410.1	0.15	79.6	224.6	0.35
	2007	77.1	160.9	0.48	78.4	114.5	0.68
多　伦	2007	64.1	176.2	0.36			
天　池	2007	24.0	57.7	0.42			
榆　林	2007	83.0	354.4	0.23			

表 27 - 3　泰山顶部的气象条件和有关痕量气体浓度

月份	温度 （℃）	露点 （℃）	湿度 （%）	能见度 （km）	风速 （mph，英里／小时）	浓度 （ppbv）		
						O_3	CO	H_2O_2
3	2	−10	36	10	20	56	358	0.17
4	7	2	49	10	22	61	425	
6	17	10	60	9	16	71	516	0.55

27.1.2　大气气溶胶的离子和元素组成

表 27 - 4 是泰山顶部 $PM_{2.5}$ 和 TSP 中离子的质量浓度。泰山顶部夏季不仅细颗粒浓度远高于春季，细颗粒中水溶性离子的含量也远高于春季，春季水溶性离子在 TSP 和

PM$_{2.5}$中的含量分别为10.82%和23.99%,夏季则上升为40.89%和41.08%,夏季二次气溶胶在颗粒物中的比例明显比春季高。不论在春季还是夏季,水溶性离子在PM$_{2.5}$中的含量都明显高于TSP中,说明二次污染物主要存在于细颗粒物中,特别是SO$_4^{2-}$、NO$_3^-$、NH$_4^+$。3种离子在PM$_{2.5}$中占可测水溶性离子的61.5%(春季)和72.65%(夏季),而在TSP中也分别达到69.20%(春季)和71.47%(夏季)(表27-5)。Ca^{2+}在春季浓度较高,在TSP中占到总离子的21.93%,证明春季气溶胶中沙尘源贡献较大。而作为生物质燃烧指示物的K$^+$,在夏季表现出较高的浓度和相对值,占到总离子的8.37%。泰山夏季的K$^+$浓度是所有采样点中的最高值,达到4.4 μg·m^{-3},而同是高山采样点的贡嘎山,K$^+$浓度只有0.21 μg·m^{-3}。高浓度的K$^+$离子贯穿整个夏季的采样时间,表明泰山夏季长时间受到严重的生物质燃烧污染。PM$_{2.5}$中K$^+$与生物质燃烧排放有关的化学组分有显著的相关性,这进一步证明颗粒物和这些化学组分的同源性。泰山硝酸根的含量大大低于硫酸根的含量,而在发达城市(上海和北京)以及西部沙源地边缘城市(乌鲁木齐),气溶胶中的硝酸根都与硫酸根的含量较为接近,说明泰山顶部不像这些城市采样点那样受到交通污染的严重影响,而主要是受到生物质燃烧和二次污染的影响。水溶性离子由于有吸水性,所以在许多大气过程中起非常关键的作用,例如云的形成、能见度和辐射强度的降低、云雨雾的酸化以及霾的形成[24-27]等。霾天气通常发生在温湿度相对低和低风速的条件下,伴随着较高比例的细颗粒物和较高的水溶性离子浓度,例如SO$_4^{2-}$、NO$_3^-$、NH$_4^+$。北京以及泰山在沙尘、霾以及干净天气中气溶胶的特性见表27-5,泰山顶部气溶胶中水溶性离子占颗粒物的百分比C_{IC}/C_P,SO$_4^{2-}$、NO$_3^-$、NH$_4^+$三种离子在总离子中的含量$C_{(S+N+A)}/C_{IC}$,SO$_2$氧化率SOR和氮氧化物氧化率NOR,与北京霾天气中的非常相似。泰山顶部月均能见度只有9.0 km,说明霾频发。

表27-4 泰山顶部PM$_{2.5}$和TSP气溶胶中水可溶性离子浓度(μg·m^{-3})及其夏季与春季的浓度比值

水可溶性离子	浓 度				比 值	
	春 季		夏 季		夏季/春季	
	TSP	PM$_{2.5}$	TSP	PM$_{2.5}$	TSP	PM$_{2.5}$
NH$_4^+$	1.48	0.88	10.40	9.56	7.03	10.86
Na$^+$	0.68	0.56	1.36	1.28	2.00	2.29
K$^+$	0.72	0.48	4.56	4.41	6.33	9.19
Mg^{2+}	0.24	0.16	0.24	0.16	1.00	1.00
Ca^{2+}	3.04	1.72	2.88	1.76	0.95	1.02
F$^-$	0.13	0.11	0.03	0.02	0.23	0.18
Cl$^-$	0.83	0.65	2.30	2.18	2.77	3.35
MSA	0.02	0.01	0.54	0.22	27.00	22.00
HCOO$^-$	0.12	0.06	0.12	0.16	1.00	2.67

（续表）

水可溶性离子	浓度				比值	
	春　季		夏　季		夏季/春季	
	TSP	PM$_{2.5}$	TSP	PM$_{2.5}$	TSP	PM$_{2.5}$
CH_3COO^-	0.27	0.23	1.83	1.32	6.78	5.74
$C_2O_4^{2-}$	0.15	0.10	0.48	0.37	3.20	3.70
$CH_2C_2O_4^{2-}$	0.42	0.22	0.65	0.49	1.55	2.23
$C_2H_4C_2O_4^{2-}$	0.02	0.01	0.10	0.04	5.00	4.00
NO_3^-	3.61	3.24	8.82	8.21	2.44	2.53
SO_4^{2-}	4.47	2.72	20.73	20.26	4.64	7.45
NO_2^-	0.03	0.03	0.14	0.12	4.67	4.00
PO_4^{3-}	0.01	n.a	0.02	0.01	2.00	
离子总浓度(C_{IC})	13.86	11.18	55.20	50.57		
质量浓度(C_P)	128.1	46.6	135.0	123.1		
C_{IC}/C_P(%)	10.82	23.99	40.89	41.08		
Ca^{2+}/离子总浓度	21.93	15.38	5.22	3.48		
K^+/离子总浓度	5.19	4.29	8.26	8.72		

表 27 - 5　泰山顶部及北京 PM$_{2.5}$ 和 TSP 中水可溶性离子的平均浓度
及其硫氧化率(SOR)和氮氧化率(NOR)

		泰山顶部		北京[22]		
		春　季	夏　季	霾　天	沙尘天	清洁天
PM$_{2.5}$/TSP		0.37	0.91	0.39	0.21	0.31
C_{IC}/C_P(%)	PM$_{2.5}$	23.99	41.08	53.20	9.30	15.20
	TSP	10.82	40.89	33.30	3.30	32.2
$C_{(S+N+A)}/C_{IC}$(%)	PM$_{2.5}$	61.50	72.65	87.10	63.70	73.00
	TSP	69.20	71.47	79.90	45.70	66.10
SOR	PM$_{2.5}$	0.08	0.31	0.27	0.29	0.15
	TSP	0.09	0.32	0.24	0.25	0.17
NOR	PM$_{2.5}$	0.09	0.22	0.22	0.09	0.13
	TSP	0.10	0.26	0.29	0.16	0.18

$C_{(S+N+A)}$：SO_4^{2-}，NO_3^- 和 NH_4^+ 三种离子的浓度和($\mu g \cdot m^{-3}$)；C_{IC}：水溶性离子的总浓度($\mu g \cdot m^{-3}$)；C_P：TSP 或 PM$_{2.5}$ 的质量浓度($\mu g \cdot m^{-3}$)；SOR：硫氧化率，$SOR = nSO_4^{2-}/(nSO_4^{2-} + nSO_2)$；($n$ 表示克分子浓度)；NOR：氮氧化率，$NOR = nNO_3^-/(nNO_3^- + nNO_2)$($n$ 表示克分子浓度)。

表 27 - 6 列出了泰山气溶胶中 9 种金属元素以及黑碳(BC)的浓度。可以看出,矿物元素(Ca、Mg、Al、Mn、Ti、Sr 和 Na)春季高;而除了 As 和 Cu,其他污染元素(包括 Pb、Cr、Cd、Zn、Ni、S 和 BC)都是夏季偏高。所有的元素可以根据其富集系数[EF=(X/Al)$_{气溶胶}$/(X/Al)$_{地壳}$]的大小分为 4 组:高富集污染元素(Pb 和 As)、中等富集污染元素

(S 和 Zn)、微富集污染元素(Ni、Cu 和 Cr)和非富集的矿物元素(Ca、Ma、Al、Mn、Ti、Sr 和 Na)。所有元素的富集系数见图 27-2。矿物元素的富集系数是 TSP 高于 PM$_{2.5}$,而所有的污染元素正好相反,是细颗粒物高于粗颗粒物。As 和 Pb 这 2 个高富集的污染元素,表现出不同的季节变化,Pb 在夏季高而 As 在春季高。

表 27-6 泰山顶部 PM$_{2.5}$ 和 TSP 气溶胶中元素浓度($\mu g \cdot m^{-3}$)及其夏季与春季浓度比值

| 元　素 | 浓度($\mu g \cdot m^{-3}$ 或 $ng \cdot m^{-3}$) | | | | 比　值 | |
| | 春　季 | | 夏　季 | | 夏季/春季 | |
	TSP	PM$_{2.5}$	TSP	PM$_{2.5}$	TSP	PM$_{2.5}$
Al	3.01	1.20	2.20	1.96	0.73	1.63
Ca	3.95	1.75	2.61	1.72	0.66	0.98
Fe	2.18	0.81	1.69	0.71	0.77	0.88
Mg	1.02	0.35	0.50	0.42	0.50	1.19
Na	0.99	0.59	1.48	1.27	1.49	2.15
Zn	0.49	0.40	0.78	0.45	1.59	1.11
S	1.49	0.90	6.96	6.73	4.52	7.48
BC	1.49	0.42	2.36	2.06	1.58	4.90
Ti	240.00	81.40	150.00	85.30	0.62	1.05
Sr	22.60	8.71	16.60	15.90	0.60	1.83
Mn	75.30	39.10	72.40	71.90	0.96	1.84
Cu	57.00	24.00	26.20	21.80	0.46	0.91
As	5.71	2.30	4.07	3.58	0.71	1.56
Cd	1.29	1.00	3.60	3.35	2.79	3.35
Co	1.79	1.01	3.48	2.78	1.94	2.75
Cr	23.00	22.90	98.50	85.40	4.28	3.73
Ni	7.49	7.41	22.70	19.80	3.03	2.67
Pb	42.20	15.20	76.50	72.00	1.81	4.74
P	94.60	36.60	130.00	84.60	1.37	2.31
V	5.35	BDL	BDL	BDL		

BDL: 低于检测限;BC: 黑碳(表中在 BC 以下元素的浓度单位为 $ng \cdot m^{-3}$)。

27.1.3 大气气溶胶的酸碱性

图 27-3 显示气溶胶浸出液的 pH,从春季到夏季有明显的降低趋势。夏季的 PM$_{2.5}$ 和 TSP 浸出液的 pH 分别为 4.62 和 4.92,而春季分别为 5.92 和 7.22。不同采样点气溶胶浸出液的 pH 值比较见表 27-7。泰山夏季 PM$_{2.5}$ 浸出液的 pH 值是最低的;而冬季 TSP 浸出液略显碱性,与沙源地的塔中(pH=7.39)以及北京的特大沙尘期间(pH=

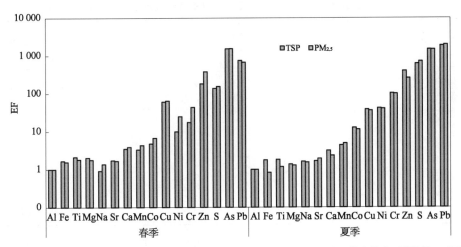

图 27 - 2　泰山顶部 2006 年春季和夏季气溶胶中元素的富集系数（彩图见下载文件包，网址见 14 页脚注）

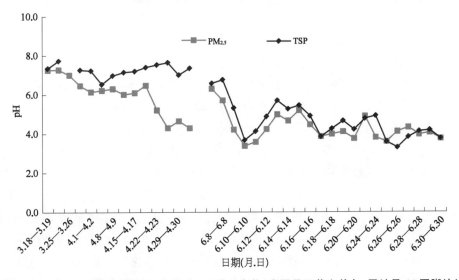

图 27 - 3　泰山顶部气溶胶水过滤液 pH 值的日变化（彩图见下载文件包，网址见 14 页脚注）

7.25)相当[28]。夏季泰山大气的酸性也可以从泰山湿沉降的 pH 变化看出。泰山在夏季
降雨时的 pH 值是所有季节最低的[29]。气溶胶浸出液的酸性，取决于其阳离子和阴离子
的当量浓度比(C/A)。如果所有的阴离子和阳离子都被测到，则 C/A 的值为 1。然而，
由于采用的离子色谱无法测定 CO_3^{2-} 和 HCO_3^- 的量，因此可以用阴阳离子总量的差值，粗
略估计这 2 种阴离子的量[28]。泰山 C/A 的值在春季为 1.6,而在夏季为 1.1,说明在春
季气溶胶中，有大量的碳酸根和碳酸氢根存在;夏季的硝酸根、硫酸根和有机酸根明显增
加，说明二次污染气溶胶增加，也导致了所采集气溶胶浸出液的 pH 值较低。上海夏季
PM2.5 和 TSP 的 pH 值分别为 5.29 和 6.37,说明泰山气溶胶的酸性以及二次气溶胶的污
染比上海严重。

表 27 – 7   泰山顶部及其他采样点春季和夏季气溶胶水过滤液 pH 值的比较

采 样 点	春 季		夏 季		参考文献
	PM$_{2.5}$	TSP	PM$_{2.5}$	TSP	
泰山顶部	5.92	7.22	4.62	4.92	本章
上海	5.27	6.48	5.29	6.37	本章
乌鲁木齐	5.49	6.21			本章
天池	5.81	6.35			本章
塔中	6.61	7.39			本章
北京					
正常天	6.54	6.79	5.92	6.26	[28]
严重沙尘天	7.25	7.54			[28]
霾天	5.33	6.27			[22]

27.2   泰山顶部大气气溶胶的来源和形成机制

27.2.1   生物质燃烧的影响

生物质燃烧包括森林和草原大火以及农业废弃物的燃烧,其中农业废弃物能够占到总量的 60%[30]。随着经济迅速发展,越来越多的农业废弃物被露天燃烧。在农业收获季节,每年大约 5.182×10⁷ t 废弃物被直接露天燃烧,占总量 40%。特别在中国中东部包括山东、江苏、河南与河北等,这些农业大省同时又是经济发达地区。泰山坐落于山东,仅山东就约有 1.798×10⁷ t 秸秆被直接露天燃烧,是燃烧最多的省份。生物质燃烧可向大气中释放大量的颗粒物和气态化合物[31,32],特别是农业废弃物。水溶性 K$^+$ 是生物质燃烧的很好指示物[33]。气溶胶中的 K$^+$ 可以来源于生物质燃烧、扬尘、海盐,而元素 Al 和 Na$^+$ 则分别是扬尘和海盐的指示物。Na、K 和 Al 在海盐和地壳中的含量为:Na 31%、K 1.1%、Al 0% 和 Na 2.6%、K 2.9%、Al 7.7%[34]。可以看出,K$^+$ 在海盐中低于 Na$^+$,在地壳中低于 Al,因此如果气溶胶来源于海盐和地壳的贡献,那么气溶胶中 Na$^+$ 和 Al 的增加都将比 K$^+$ 的增加显著。从图 27 – 4 可以看出,K$^+$ 在夏季采样期间会有突然增加的现象,比 Na$^+$ 和 Al 增加明显,说明大气颗粒物的增加主要源于生物质燃烧。

气溶胶中总的 K$^+$ 离子用 K$^+_总$ 表示,其表达式为 K$^+_总$ = K$^+_{生物质燃烧}$ + K$^+_{地壳}$ + K$^+_{海盐}$[35],其中 K$^+_{海盐}$ 表示海盐来源,K$^+_{地壳}$ 表示地壳来源,K$^+_{生物质燃烧}$ 表示生物质燃烧来源。同样,气溶胶中 Na$^+$ 离子仅来源于海盐和地壳,总量的表达式为 Na$^+_总$ = Na$^+_{地壳}$ + Na$^+_{海盐}$;气溶胶中的 Al 仅来源于地壳,因此 K$^+_{地壳}$ 和 K$^+_{海盐}$ 可以通过地壳中 K$^+$/Al 及 Na$^+$/Al 的比值,还有海水中 K$^+$/Na$^+$ 的比值获得,即

$$K^+_{地壳} = Al_{气溶胶} \left(\frac{K^+}{Al} \right)_{地壳}, K^+_{海盐} = [Na^+_总 - (Na^+/Al)_{地壳} \times Al_{地壳}] \times (K^+/Na^+)_{海盐}$$

其中 K$^+$/Na$^+$ 为 0.037,而沙尘中 K$^+$/Al 及 Na$^+$/Al 的比值,则因采样区域土壤类型的

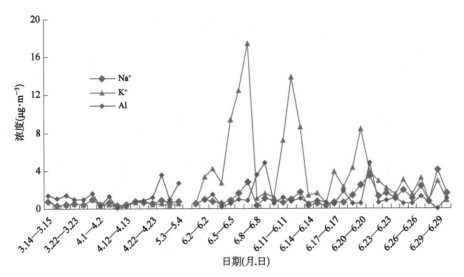

图 27－4　泰山顶部 PM$_{2.5}$ 中 K$^+$、Na$^+$ 和 Al 的日变化（2006.3.14—2006.6.30）
（彩图见下载文件包，网址见 14 页脚注）

不同，会有不同的背景值。现在我们采用 2 种方法估算 K$^+_{海盐}$。

（1）利用气溶胶样品中 K$^+$/Al 和 Na$^+$/Al 的最小值，计算沙尘中 K$^+$ 和 Na$^+$ 的背景值，然后利用 K$^+_{生物质燃烧}=$ K$^+_{总}-$ K$^+_{地壳}-$ K$^+_{海盐}$ 计算生物质燃烧对 K$^+$ 的贡献，即 K$^+_{地壳}=$ Al$_{气溶胶}\left(\dfrac{K^+}{Al}\right)_{气溶胶}$，K$^+_{海盐}=\left[Na^+_{总}-(Na^+/Al)_{气溶胶}\times Al_{气溶胶}\right]\times(K^+/Na^+)_{海盐}$。2006 年泰山 PM$_{2.5}$ 样品中 K$^+$/Al 和 Na$^+$/Al 的最小值为 0.152 和 0.240，因此 K$^+_{地壳}=0.152\times$ Al$_{气溶胶}$，K$^+_{海盐}=(Na^+_{总}-0.240\times Al_{气溶胶})\times 0.037$。

（2）利用泰山附近土壤样品中 K$^+$/Al 及 Na$^+$/Al 的比值（0.107 和 0.031），计算沙尘对 K$^+$ 和 Na$^+$ 的贡献，即

$$K^+_{地壳}= Al_{气溶胶}\left(\frac{K^+}{Al}\right)_{土壤}=0.107\times Al_{气溶胶}$$

$$K^+_{海盐}=\left[Na^+_{总}-(Na^+/Al)_{土壤}\times Al_{气溶胶}\right]\times(K^+/Na^+)_{海盐}$$
$$=(Na^+_{总}-0.031\times Al_{气溶胶})\times 0.037。$$

用上述 2 种方法获得泰山 PM$_{2.5}$ 中 K$^+_{生物质燃烧}$ 非常接近（见图 27－5）。用气溶胶最小 K$^+$/Al 及 Na$^+$/Al 比值获得泰山春季和夏季的 K$^+_{生物质燃烧}$ 浓度分别为 0.40 和 4.30 $\mu g\cdot m^{-3}$，而用土壤 K$^+$/Al 及 Na$^+$/Al 比值获得的 K$^+_{生物质燃烧}$ 浓度分别为 0.32 和 4.30 $\mu g\cdot m^{-3}$。泰山夏季 PM$_{2.5}$ 中高浓度的 K$^+_{生物质燃烧}$，表明生物质燃烧对泰山顶部空气的质量有影响。

根据 MODIS 全球火点图*得到的可能影响泰山的区域火点图，进一步证实了生物质燃烧对空气质量影响的变化规律，见图 27－6(a)—(f)。泰山周边区域的火点，从 5 月份

＊　参见 397 页脚注 ＊ 。

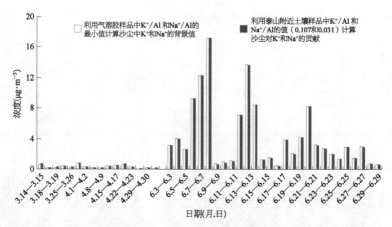

图 27 - 5　泰山顶部 PM$_{2.5}$ 中由生物质燃烧产生的钾离子（K$^+$）浓度
（彩图见下载文件包，网址见 14 页脚注）

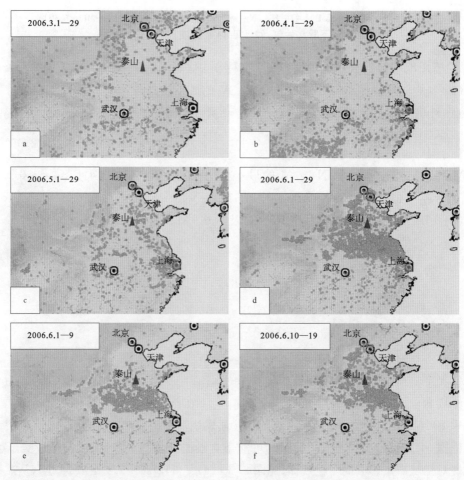

图 27 - 6　根据 MODIS 全球火点图所得可能影响泰山的区域火点图（彩图见下载文件包，网址见 14 页脚注）
（a）3 月 1—29 日；（b）4 月 1—9 日；（c）5 月 1—29 日；（d）6 月 1—29 日；（e）6 月 1—9 日；（f）6 月 10—19 日。

开始增加[图 27 - 6(c)],火点数在 6 月达到峰值(图 27 - 6d),6 月 1—9 日火点主要分布在南方区域[图 27 - 6(e)],之后(6 月 10—19 日)逐步朝北方迁移[图 27 - 6(f)],这与在此期间中国水稻、小麦的收割时节吻合。生物质燃烧、矿尘以及其他来源对泰山 $PM_{2.5}$ 的质量浓度贡献见图 27 - 7。

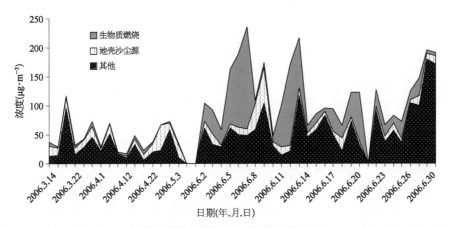

图 27 - 7　泰山顶部 $PM_{2.5}$ 各种来源贡献值的日变化(彩图见下载文件包,网址见 14 页脚注)

通过对小麦和水稻秸秆燃烧排放的 $PM_{2.5}$ 中 K^+ 含量的分析获得 K^+ 在秸秆燃烧释放颗粒物中的百分含量分别为 $9.56\pm11.8(wt\%)$ * 和 $11.38\pm8.49(wt\%)$[36,37]作为计算依据。也就是说,生物质燃烧对大气 $PM_{2.5}$ 的贡献可以用 $PM_{2.5}=K^+_{生物质燃烧}/0.095\,6$ 计算,沙尘源对 $PM_{2.5}$ 的贡献按照 $Al/0.08$ 计算,据此计算出生物质燃烧对泰山 $PM_{2.5}$ 的贡献,春季为 7.56%,夏季则升至 36.71%,6 月 12 日生物质燃烧对 $PM_{2.5}$ 的贡献达到 81.58%。不同采样点气溶胶中 K^+ 的浓度分布见表 27 - 8。可以看出,泰山气溶胶中 K^+ 浓度是各采样点中最高的,且表现出强烈的季节波动,春季日均为 $0.48\,\mu g \cdot m^{-3}$,而夏季升至 $4.41\,\mu g \cdot m^{-3}$。同时,K^+ 与涉及生物质燃烧的其他化学组分(例如 BC、$C_2O_4^{2-}$)高度相关(表 27 - 9)。所有上述讨论都表明,生物质燃烧是泰山所在地的中国中东部边界层气溶胶的重要来源。

表 27 - 8　泰山顶部和其他采样点钾离子(K^+)浓度

采样点	年　份	春　季	夏　季	秋　季	冬　季
上　海	2003—2004[22]	0.73	0.46	0.39	1.79
	2005	0.53	0.29	0.97	0.70
	2006	0.57	0.32	2.39	1.30
	2007	0.30	0.50	1.11	0.94
泰　山	2006	0.48	4.41		
乌鲁木齐	2007	0.77	0.96	2.68	3.56
北　京	2002b[23]	1.42	1.18		2.80

* wt%指重量百分比。

表 27 - 9　泰山顶部夏季气溶胶 $PM_{2.5}$ 中钾离子(K^+)和其他有关离子的相关系数

	K^+	$C_2O_4^{2-}$	BC	SO_4^{2-}	Cl^-	NO_3^-	NH_4^+
K^+	1.000						
$C_2O_4^{2-}$	0.869	1.000					
BC	0.904	0.781	1.000				
SO_4^{2-}	0.636	0.749	0.526	1.000			
Cl^-	0.708	0.640	0.742	0.481	1.000		
NO_3^-	0.813	0.903	0.767	0.802	0.753	1.000	
NH_4^+	0.636	0.749	0.526	1.000	0.481	0.802	1.000

27.2.2　二次污染组分 SO_4^{2-}、NO_3^- 和 NH_4^+ 的形成机制

图 27 - 8 展现了泰山以及乌鲁木齐、北京、上海气溶胶中 2006—2007 年的 SO_4^{2-}、NO_3^- 和 NH_4^+。泰山这 3 种离子在夏季的浓度比春季高 5 倍;而作为发达城市的北京和上海,这 3 种离子在夏季仅略高于春季,乌鲁木齐则是春季高于夏季。由泰山上气溶胶中这 3 种离子的总和高于其他所有采样点,泰山顶部二次污染的严重性可略见一斑。另外,泰山春季 SO_4^{2-} 和 NO_3^- 在 TSP 中的浓度分别为 4.47 和 3.61 $\mu g \cdot m^{-3}$,夏季则达到 20.73 和 8.82 $\mu g \cdot m^{-3}$,SO_4^{2-} 远高于 NO_3^-;而上海春夏分别为春季 2.28 和 1.42 $\mu g \cdot m^{-3}$,夏季 7.34 和 5.50 $\mu g \cdot m^{-3}$,SO_4^{2-} 的浓度与 NO_3^- 接近。在研究期间,泰山的 SO_2 和 NO_2 浓度,春季分别为 46.0 和 24.0 $\mu g \cdot m^{-3}$,夏季为 34.0 和 26.0 $\mu g \cdot m^{-3}$;而在上海,春季为

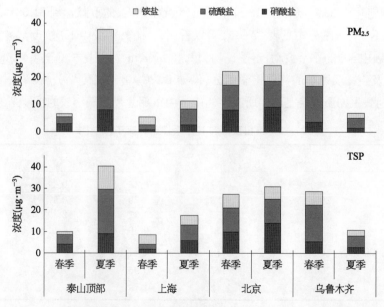

图 27 - 8　泰山顶部和其他相关地点气溶胶中 SO_4^{2-}、NO_3^- 和 NH_4^+ 的季节变化
(彩图见下载文件包,网址见 14 页脚注)

51.0 和 41.0 $\mu g \cdot m^{-3}$，夏季为 33.0 和 19.0 $\mu g \cdot m^{-3}$。SO_2 和 NO_2 可以在矿物气溶胶表面通过异相反应生成酸根[38]，因此沙尘颗粒表面可以覆盖一层硫酸盐和硝酸盐。研究表明，在沙尘暴传输的下游，沙尘颗粒的表面形态会发生变化[39,40]，SO_2 在富钙颗粒表面的反应起着关键作用。SO_2 和 NO_2 向 SO_4^{2-} 和 NO_3^- 的转化，是大气中硫酸盐和硝酸盐的主要来源，SO_2 氧化率（SOR）和氮氧化物氧化率（NOR）可以表示上述转化的效率。若 SOR<0.10，表明硫酸盐主要来源于一次排放[41-43]，若 SOR>0.10，SO_4^{2-} 则有来源于 SO_2 的光化学反应贡献[44]。泰山的 SOR 和 NOR 从春季的 0.09 和 0.10，上升到夏季的 0.32 和 0.26，而同期上海是从春季的 0.06 和 0.10 上升到夏季的 0.12 和 0.16。尽管上海和泰山同期的 SO_2 和 NO_2 处于同一浓度水平，但是 SOR 和 NOR 在泰山和上海两个采样点明显不同，特别是夏季。夏季泰山顶部气体的氧化效率明显高于上海，从而导致泰山夏季硫酸盐和硝酸盐明显高于上海。泰山顶部 SO_2 和 NO_2 氧化效率高，湿度高起了关键作用。全球 80%～90% 的硫酸盐通过水相反应生成[43]。在泰山，春季和夏季的多云天气分别为 5.4 和 7 d，而雾天在夏季可达到每月 26 甚至 30 d；春季的雾天数则仅为 10 d。夏天的高湿度有利于 SO_2 向 SO_4^{2-} 的转化。第二，SO_2 向 SO_4^{2-} 转化有 3 个重要途径：H_2O_2 氧化、O_3 氧化和 Fe(Ⅲ)或 Mn 催化氧化，前 2 种途径占主导地位[43]。生物质燃烧释放大量的气体组分，例如 VOC 和 NO_x 等 O_3 前体物。泰山顶部夏季的 H_2O_2 浓度为 0.55 ± 0.6 ppbv，明显高于春季 0.17 ± 0.2 ppbv[12]。通过对 2003 和 2006 年 O_3 的观测（表 27-3）也发现，夏季 O_3 明显高于春季[9]。泰山顶部夏季高浓度的 H_2O_2 和 O_3 浓度，促进了 NO_2 和 SO_2 向 SO_4^{2-} 和 NO_3^- 的转化。第三，泰山顶部的植被覆盖率高达 90%，能够释放大量的碳氢化合物[11]，尤其是夏季。O_3 可以直接与 SO_2 反应生成 OH 自由基，进而在光照下与碳氢化合物反应生成 HO_2 和 RO_2（$OH+RH \xrightarrow{[O_2]} RO_2+H_2O, NO+RO_2 \rightarrow RCHO+HO_2+NO_2$）[45]。生物质燃烧释放大量的 CO，也有助于 HO_2 的生成（$OH+CO \xrightarrow{[O_2]} HO_2+CO_2$），并促进有机酸的生成，即 $HO_2+RO_2 \rightarrow ROOH+O_2$。观测结果显示，泰山顶部有机酸明显偏高，并与 SO_4^{2-} 有很好相关性（图 27-9），这进一步印证了上述反应过程。泰山高浓度的二元酸以及二元酸与 SO_4^{2-} 很好的相关性，也进一步证明了上述二次气溶胶的生成机理。NH_4^+ 的浓度从春季的 1.48 $\mu g \cdot m^{-3}$ 上升到夏季的 10.4 $\mu g \cdot m^{-3}$，可能是由于 5 月泰山区域喷洒农药，以及随着温度升高，农业源释放增加所造成的[46]。

27.2.3　春季沙尘的影响

Al、Fe 和 Ca 的浓度变化，可以很好地指示沙尘气溶胶的变化。图 27-10 是 2007 年春季各采样点上这 3 种元素的分布，从中可以看到 3 月 30 日—4 月 2 日期间有一次强烈的沙尘暴发生，导致这 3 种元素在所有采样点都出现峰值，特别是塔中、榆林、多伦、泰山和北京。根据 Ca/Al 的比值可以推知沙尘的来源[47]。不同来源沙尘的 Ca/Al 比值见表 27-10，中国西部塔克拉玛干沙漠明显高于 1.5，而中国北部多伦和浑善达克沙地沙尘

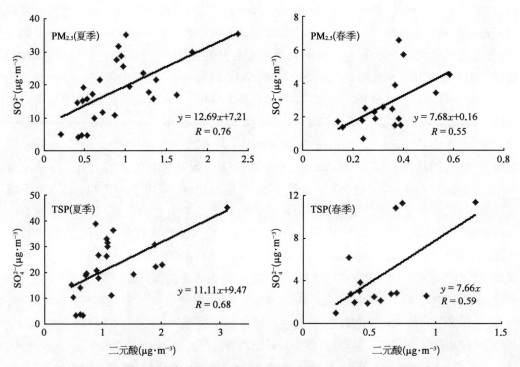

图 27-9 泰山顶部气溶胶中 SO_4^{2-} 及二元酸离子 $CH_2C_2O_4^{2-}$、$C_2H_4C_2O_4^{2-}$ 和
$C_2O_4^{2-}$ 浓度和的关系图（彩图见下载文件包，网址见 14 页脚注）

的 Ca／Al 值只有 0.5，泰山顶部春天气溶胶的 Ca／Al 比值高达 1.37±0.22，表明泰山顶部的沙尘气溶胶来源于中国西部或者西北部沙尘的长途传输。泰山顶部春季较高的粗颗粒物比例（$PM_{2.5}$／TSP=0.37）以及 TSP 浸出液的高 pH 值（7.22），也进一步证明了西部沙尘传输对泰山气溶胶的贡献。

表 27-10 泰山顶部和其他相关地区气溶胶及沙漠地区表层土中元素钙与铝的比值（Ca／Al）

采 样 点	类 型	Ca／Al	参考文献
塔中（塔克拉玛干沙漠腹地）	$PM_{2.5}$	1.55±0.22	本章
陕西榆林	$PM_{2.5}$	0.52±0.43	本章
内蒙古多伦	$PM_{2.5}$	0.45±0.12	本章
北京	$PM_{2.5}$	1.37±0.39	本章
泰山顶部	$PM_{2.5}$	1.37±0.22	本章
塔克拉玛干沙漠	TSP	1.99	[48]
巴丹吉林沙漠	TSP	1.2	
浑善达克沙地	TSP	0.52	
通辽科尔沁沙地	$PM_{2.5}$	0.76	[49]
黄土高原	TSP	1.14	[50]
黄土高原	TSP	1.22	[51]

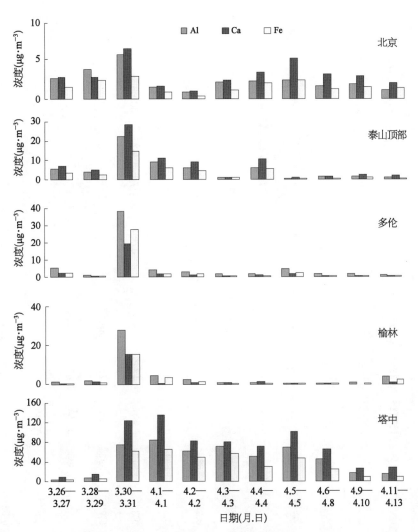

图 27 - 10　泰山顶部和其他有关采样点在 2007 年春季气溶胶中的矿物元素(Ca、Al 和 Fe)
浓度之日变化(彩图见下载文件包,网址见 14 页脚注)

27.2.4　污染元素 As 和 Pb 的来源

污染元素 As 和 Pb 在泰山春季 $PM_{2.5}$ 中的富集系数(EF)为 1 541 和 679,而夏季为
1 470 和 1 969。As 和 Pb 的 EF 随季节变化而不同,Pb 是夏季高、春季低,As 是春季高、
夏季低。As 和 Pb 在春季与地壳元素 Al 和 Fe 相关度很高,Pb 与 Al 和 Fe 的相关系数
分别为 0.701 和 0.873,As 与 Al 和 Fe 的相关系数分别为 0.837 和 0.778,而 Pb 和 As 的
相关系数高达 0.949。As 和 Pb 与矿物元素皆有很高的相关性,说明在春季泰山顶部气
溶胶以及 As 和 Pb 这 2 种污染元素,皆与西北部沙尘的长途传输有关。来自西北部沙尘
源的扬尘,在传输过程中与富含 As 和 Pb 的人为排放污染物混合,气溶胶的长途传输可

表 27 - 11　泰山顶部春季和夏季大气气溶胶中各有关组分间的相关系数

春季＼夏季	SO$_4^{2-}$	NO$_3^-$	BC	Al	Fe	Ca	As	Cr	Cu	Cd	Mn	Pb	Zn	Ti
SO$_4^{2-}$		0.802	0.526	0.253	0.274	0.249	0.502	0.325	0.478	0.613	0.303	0.496	0.538	−0.243
NO$_3^-$	0.954		0.767	0.223	0.237	0.259	0.415	0.249	0.594	0.551	0.286	0.419	0.557	−0.087
BC	0.748	0.792		−0.030	−0.029	−0.002	0.358	0.090	0.323	0.378	0.023	0.476	0.081	0.004
Al	0.225	0.185	−0.027		0.997	0.986	0.469	0.795	0.623	0.691	0.984	−0.184	0.725	0.411
Fe	0.353	0.239	−0.070	0.781		0.982	0.456	0.775	0.616	0.677	0.984	−0.194	0.733	0.390
Ca	0.057	0.049	−0.241	0.857	0.806		0.529	0.838	0.684	0.721	0.992	−0.139	0.755	0.482
As	0.326	0.234	−0.061	0.837	0.778	0.683		0.786	0.672	0.812	0.561	0.494	0.486	0.274
Cr	0.164	0.111	−0.185	0.845	0.832	0.881	0.863		0.785	0.847	0.855	0.148	0.704	0.372
Cu	0.013	−0.043	−0.026	0.284	0.332	0.313	0.407	0.484		0.802	0.700	0.337	0.825	0.308
Cd	0.478	0.345	0.111	0.693	0.692	0.593	0.806	0.779	0.609		0.754	0.527	0.720	0.204
Mn	0.415	0.295	−0.004	0.815	0.963	0.805	0.764	0.851	0.320	0.782		−0.092	0.770	0.447
Pb	0.438	0.359	0.086	0.701	0.873	0.554	0.949	0.774	0.591	0.704	0.735		0.134	−0.126
Zn	0.358	0.250	0.057	0.403	0.511	0.455	0.850	0.600	0.752	0.572	0.661	0.717		0.105
Ti	0.367	0.425	−0.051	0.763	0.749	0.793	0.687	0.809	0.354	0.994	0.960	0.679	0.599	

以携带石化燃烧排放的污染,扩散到全国各地。在夏季 Pb 与 Al 和 Fe 的相关系数都呈负相关(−0.184 和−0.194),说明夏季 Pb 的局地排放占绝对优势;As 与 Al 和 Fe 仍有一定的正相关(0.469 和 0.456),而 Pb 与 As 的相关系数也降低到 0.494,说明泰山夏季气溶胶中的 Pb 和 As 主要源于局地或区域的排放。Pb 和 As 与 Cr、Cu 及 Zn 在夏季都有较高的相关性,表明在夏季 Pb 和 As 来自局地人为排放的贡献。

　　综上所述,以泰山为代表的中国中东部气溶胶,显示明显的季节变化,春季以粗颗粒为主,而夏季以细颗粒物污染占主导地位。污染气溶胶的来源包括中国西北部沙尘的长途传输、区域人为排放以及泰山特殊环境的二次气溶胶污染。生物质燃烧是泰山颗粒物污染的重要来源,春季贡献 7.56%,而夏季上升到 36.71%,某些天甚至达到 81.58%。泰山顶部高浓度的 O_3 和过氧化物浓度,加上其特殊的气候特点,使 SO_2 和 NO_x 更易于转化为 SO_4^{2-} 和 NO_3^-,导致该区域严重的二次污染。

参考文献

[1]　Tegen I, Lacis A A, Fung I. The influence of climate forcing of mineral aerosols from disturbed soils. Nature, 1996, 380(4): 419 - 422.

[2]　Arimoto R. Eolian dust and climate: Relationship to sources, tropospheric chemistry, transport and deposition. Earth Sci Rev, 2001, 54: 29 - 42.

[3]　Rastogi N, Sarin M M. Long-term characterization of ionic species in aerosols from urban and high altitude sites in western India: Role of mineral dust and anthropogenic sources. Atmos Environ, 2005, 39: 5541 - 5554.

[4]　Rastogi N, Sarin M M. Chemistry of aerosols over a semiarid region: Evidence for acid neutralization by mineral dust. J Geophys Res Lett, 2006, 33: L23815. doi: 10. 1029 / 2006GL027708.

[5]　Kaufman Y J, Tanre D, Boucher O. A satellite view of aerosols in the climate system. Nature, 2002, 419: 215 - 223.

[6]　Chan Y C, Simpson R W, Mctainsh G H, et al. Source apportionment of visibility degradation problems in Brisbane (Australia) using the multiple linear regression technique. Atmos Environ, 1999, 33: 3237 - 3250.

[7]　Dockery D W, Pope A C, Xu X, et al. An association between air pollution and mortality in six US cities. New Engl J Med, 1993, 329(24): 1753 - 1759.

[8]　Wang Y, Wai K, Gao J, et al. The impacts of anthropogenic emissions on the precipitation chemistry at an elevated site in north-eastern China. Atmos Environ, 2008, 42: 2959 - 2970.

[9]　Gao J, Wang T, Ding A, et al. Observational study of ozone and carbon monoxide at the summit of Mount Tai (1534　ma. s. l.) in central-eastern China, Atmos Environ, 2005, 39 (20): 4779 - 4791.

[10]　Wang T, Cheung A, Vincent T F, et al. Ozone and related gaseous pollutants in the boundary layer of eastern China: Overview of the recent measurements at a rural site. Geophys Res Lett,

2001, 28(12): 2373 – 2376.

[11] Suthawaree J, Kato S, Okuzawa K, et al. Measurements of volatile organic compounds in the middle of Central East China during Mount Tai Experiment 2006 (MTX2006): Observation of regional background and impact of biomass burning. Atmos Chem Phys, 2010, 10: 1269 – 1285, doi: 10.5194/acp – 10 – 1269 – 2010.

[12] Ren Y, Ding A, Wang T, et al. Measurement of gas-phase total peroxides at the summit of Mount Tai in China. Atmos Environ, 2009, 43: 1702 – 1711.

[13] Novelli P C, Masarie K A, Tans P P, et al. Recent changes in atmospheric carbon monoxide. Science, 1994, 263: 1587 – 1590.

[14] Novelli P C, Masarie K A, Lang P M. Distributions and recent changes of carbon monoxide in the lower troposphere. J Geophys Res, 1998, 103(D51): 19015 – 19033.

[15] Guo J, Kenneth A R, Zhuang G. A mechanism for the increase of pollution elements in dust storms in Beijing. Atmos Environ, 2004, 38: 855 – 862.

[16] Dentener F J, Carmichael G R, Zhang Y. Role of mineral aerosol as a reactive surface in the global troposphere. J Geophys Res Atmos, 1996, 101(D17): 22869 – 22889.

[17] Sun Y, Zhuang G, Wang Y, et al. The air-borne particulate pollution in Beijing-concentration, composition, distribution and sources. Atmos Environ, 2004, 38: 5991 – 6004.

[18] Liu C L, Zhang J, Liu S M. Physical and chemical characters of materials from several mineral aerosol sources in China. Environ Sci, 2002, 23: 28 – 32.

[19] Arimoto R, Duce R A, Savoie D L. Relationships among aerosol constituents from Asia and the North Pacific during PEM-West. J Geophys Res Atmos, 1996, 101(D1): 2011 – 2023.

[20] Zhang X Y, Arimoto R, An Z S. Dust emission from Chinese desert sources linked to variations in atmospheric circulation. J Geophys Res-Atmos, 1997, 102(D23): 28041 – 28047.

[21] Sun Y, Zhuang G, Huang K, et al. Asian dust over northern China and its impact on the downstream aerosol chemistry in 2004. J Geophys Res, 2010, 115: D00K09. doi: 10.1029/2009JD012757.

[22] Wang Y, Zhuang G, Sun Y, et al. The variation of characteristics and formation mechanisms of aerosols in dust, haze, and clear days in Beijing. Atmos Environ, 2006a, 40: 6579 – 6591.

[23] Wang Y, Zhuang G, Zhang X, et al. The ion chemistry, seasonal cycle, and sources of $PM_{2.5}$ and TSP aerosol in Shanghai. Atmos Environ, 2006b, 40: 2935 – 2952.

[24] Tsai Y I, Cheng M T. Visibility and aerosol chemical compositions near the coastal area in central Taiwan. Sci Total Environ, 1999, 231: 37 – 51.

[25] Novakov T, Penner J E. Large condensation of organic aerosols to cloud-condensation nuclei concentration. Nature, 1993, 365: 823 – 826.

[26] Matsumoto K, Tanaka H, Nagao I, et al. Contribution of particulate sulfate and organic carbon to cloud condensation nuclei in the marine atmosphere. Geophys Res Lett, 1997, 24: 655 – 658.

[27] Facchini M C S, Decesari M, Mircea S, et al. Surface tension of atmospheric wet aerosol and cloud/fog droplets in relation to their organic carbon content and chemical composition. Atmos

Environ, 2000, 34: 4853 - 4857.

[28] Wang Y, Zhuang G, Sun Y, et al. Water-soluble part of the aerosol in the dust storm season — Evidence of the mixing between mineral and pollution aerosols. Atmos Environ, 2005, 39: 7020 - 7029.

[29] 王艳,葛福玲,刘晓环,等.泰山降水的离子组成特征分析.中国环境科学,2006,26(4): 422 - 426.

[30] Streets D G, Yarber K F, Woo J H, et al. Biomass burning in Asia: Annual and seasonal estimates and atmospheric emissions. Global Biogeochem Cy, 2003, 17(4): 1099. doi: 10.1029/2003GB002040.

[31] 曹国良,张小曳,王丹,等.秸秆露天焚烧排放的 TSP 等污染物清单.农业环境科学学报,2005,2, 25(4): 389 - 393.

[32] 祝斌,朱先磊,等.农作物秸秆燃烧 $PM_{2.5}$ 排放因子的研究.环境科学研究,2005,18(2): 29 - 33.

[33] Andreae M O. Soot carbon and excess fine potassium: Long-range transport of combustion-derived aerosols. Science, 1983, 220: 1148 - 1151.

[34] Wedepohl K H. The compositions of the continental crust. Geochim Cosmochim Acta, 1995, 59: 1217 - 1232.

[35] Virkkula A, Teinilä K, Hillamo R, et al. Chemical composition of boundary layer aerosol over the Atlantic Ocean and at an Antarctic site. Atmos Chem Phys, 2006, 6: 3407 - 3421. doi: 10.5194/acp - 6 - 3407 - 2006.

[36] Li X, Wang S, Duan L, et al. Particulate and trace gas emissions from open burning of wheat straw and corn stover in China. Environ Sci Technol, 2007, 41(17): 6052 - 6058.

[37] Cao G, Zhang X, Gong S, et al. Investigation on emission factors of particulate matter and gaseous pollutants from crop residue burning. Environ Sci, 2008a, 20: 50 - 55.

[38] Yaacov M, Judith G. Heterogeneous reactions of minerals with sulfur and nitrogen oxides. J Aerosol Sci, 1989, 20(3): 303 - 311.

[39] Underwood G M, Li P, Al-Abadleh H, et al. A Knudsen cell study of the heterogeneous reactivity of nitric acid on oxide and mineral dust particles. J Phys Chem A, 2001, 105(27): 6609 - 6620.

[40] Song C H, Carmichael G R. A three-dimensional modeling investigation of the evolution processes of dust and sea-salt particles in East Asia. J Geophys Res-Atmos, 2001, 106 (D16): 18131 - 18154.

[41] Pierson W R, Brachaczek W W, Mckee D E. Sulfate emissions from catalyst equipped automobiles on the highway. J Air Pollut Control Assoc, 1979, 29: 255 - 257.

[42] Truex T J, Pierson W R, Mckee D E. Sulfate in diesel exhaust. Environ Sci Technol, 1980, 14: 1118 - 1121.

[43] Jill E R, Oliver V R, Katharine F M, et al. Drop size-dependent S(IV) oxidation in chemically heterogeneous radiation fogs. Atmos Environ, 2001, 35: 5717 - 5728.

[44] Ohta S, Okita T. A chemical characterization of atmospheric aerosol in Sapporo. Atmos Environ, 1990, 24A: 815 - 822.

[45] Ariel F S, Lamb D. The sensitivity of sulfur wet deposition to atmospheric oxidants. Atmos Environ, 2000, 34: 1681 – 1690.

[46] Sacoby M W, Marc L. Examination of atmospheric ammonia levels near hog CAFOs, homes, and schools in eastern North Carolina. Atmos Environ, 2007, 41: 4977 – 4987.

[47] Sun Y, Zhuang G, Wang Y, et al. Chemical composition of dust storms in Beijing and implications for the mixing of mineral aerosol with pollution aerosol on the pathway. J Geophys Res, 2005, 110: D24209. doi: 10.1029/2005JD006054.

[48] Zhang X Y, Zhuang G Y, Zhu G H, et al. Element tracers for Chinese source dust. Science in China (Series D), 1996, 39(5): 512 – 521.

[49] Shen Z X, Cao J J, Li X X, et al. Chemical characteristics of aerosol particles ($PM_{2.5}$) at a site of Horqin Sand-land in Northeast China. Environmental Sciences-China, 2006, 18(4): 701 – 707.

[50] Zhang D, Zang J, Shi G, et al. Mixture state of individual Asian dust particles at a coastal site of Qingdao, China. Atmos Environ, 2003, 37(28): 3895 – 3901.

[51] Cao J J, Chow J C, Watson J G, et al. Size-differentiated source profiles for fugitive dust in the Chinese Loess Plateau. Atmos Environ, 2008b, 42(10): 2261 – 2275.

第 28 章
沙尘源区附近城市乌鲁木齐大气气溶胶的理化特征和来源解析

伴随着中国城市化的进程和机动车量的迅速增加,城市空气质量近年来显著恶化。目前中国有一半以上城市的颗粒物浓度,超过国家规定的空气质量标准[1-3]。由于机动车尾气排放、燃煤发电与采暖等因素,一种新型的天气模式——霾,在中国城市群上空如京津地区、长三角地区以及华中、四川地区频繁游弋[4]。霾的形成主要与气象因素和大气颗粒物有关[5,6]。霾大多源于空气中过多的人为源排放,以及气-固转化的颗粒物[7]。霾影响大气能见度、云的形成、居民健康、农业生产,甚至全球气候变化[8-13]。霾研究已引起广泛关注。Y. Sun[14]等人研究了 2004 年北京的一次重度霾,发现主要是二次人为气溶胶导致了霾。C. M. Kang[13]等研究了韩国首尔霾期间酸性污染气体以及 $PM_{2.5}$ 中各种组分的化学特性,发现 NO_3^-、SO_4^{2-}、NH_4^+ 等无机离子和有机物是 $PM_{2.5}$ 中的主要组成。Chen 等[11]研究了大西洋中部夏季霾的形成,发现颗粒物中 SO_4^{2-} 约占到 60%,意味着 SO_4^{2-} 能促进霾形成。B. A. Schichtel 等[10]报道了美国 1980—1995 年期间霾的特点及发展趋势,表明霾的减少与 $PM_{2.5}$ 含量和 S 排放的减少相一致。W. L. Chameides 等[8]估计,由于人为气溶胶和霾的影响,中国小麦和水稻每年减产 5%~30%。

值得注意的是,重霾不仅在中国经济发达的东部地区频繁发生,即使在亚洲中部、中国西北内陆城市的乌鲁木齐,每年有超过 1/3 的天数出现霾。乌鲁木齐三面环山,东南部有高 5 445 m 的博格达峰,北面开阔,与准噶尔盆地相连。1998 年,乌鲁木齐被世界卫生组织列为十大污染城市之一[15]。2002 年,乌鲁木齐的 TSP 和 PM_{10} 年均浓度分别为 467 和 284 $\mu g \cdot m^{-3}$[16]。乌鲁木齐在 2003 年 12 月 16 日—2004 年 1 月 11 日期间,发生严重的空气污染事件,PM_{10} 浓度高达 303~642 $\mu g \cdot m^{-3}$,高于国家规定的标准 3~6 倍之多[17-19]。

亚洲沙尘可远征数千上万千米传输到太平洋[20,21],甚至到达美国的西海岸[22,23]。沙尘在长途传输过程中,可与途经地区尤其是中国东部经济发达地区的人为气溶胶相互混合,通过吸收气体、表面反应、与其他粒子聚合等作用,发生化学组成及形貌特征上的变化。这一过程对气溶胶中的元素和某些化合物组分及其相关的大气痕量气体如 SO_2、NO_x 和 HCl 的全球生物化学循环有重大影响[24-27]。有关乌鲁木齐的霾及外来入侵沙尘的研究都很少。由于乌鲁木齐位于沙尘源区,其化学组成和霾形成机制不同于其他城市,因此研究乌鲁木齐由沙尘侵入与人为气溶胶相混合所致的霾天气,不仅对改善局地空气质量,而且对于认识区域环境乃至全球气候变化具有重要意义。本章基于2001—2007年期间对乌鲁木齐市气溶胶、降尘以及城市周边和新疆南北两大沙漠表层土的研究结果,揭示乌鲁木齐这座位于沙尘源头的城市之大气气溶胶的理化特征、来源及重霾的形成机制。

2001—2007年在乌鲁木齐市区连续采集大气气溶胶。采用美国 Rupprecht & Patashnick 公司生产的 PM_{10} 颗粒物分析仪(TEOM series 1400a PM_{10} monitor, Albany)在线测定 PM_{10} 的质量浓度,流量为 $16.7\ L \cdot min^{-1}$,采用特氟隆(teflon)覆硼硅酸盐玻璃滤膜。采样方法和化学分析方法详见第7、8、10章。为研究气溶胶的来源,同时收集了乌鲁木齐市区街道(U1—U5)降尘、郊区盐湖附近地区(S1、S2)、准噶尔盆地典型地区(JB1、JB2、JB3、KT)以及乌鲁木齐以南的塔克拉玛干沙漠中部(塔中)和北部(肖塘)的表层土。温度、相对湿度(RH)、能见度、风速和风向等气象数据来自网站 www.wunderground.com。

28.1　乌鲁木齐的严重大气污染状况

28.1.1　乌鲁木齐 2001—2007 年大气气溶胶浓度

图28-1所示为2001—2006年 PM_{10} 日浓度变化。2001—2006年的 PM_{10} 年均值,逐年分别为201、284、127、229、233和213 $\mu g \cdot m^{-3}$,比国家规定的年均浓度限值100 $\mu g \cdot m^{-3}$ 均高出2倍多。2001—2006年冬季(2006年12月和2007年1、2月) PM_{10} 浓度分别307.1、341.2、245.2、385.4、400.6、305.6 $\mu g \cdot m^{-3}$,比浓度限值高出3~4倍。2007年1月里 PM_{10} 浓度大于150 $\mu g \cdot m^{-3}$ 的有28 d,其中有10 d大于500 $\mu g \cdot m^{-3}$。表28-1列出了北京、上海、沿海城市青岛以及沙漠边沿的多伦、榆林等城市在2004年春季的 TSP 和 $PM_{2.5}$ 浓度[28-30]。结果显示,乌鲁木齐 $PM_{2.5}$ 和 TSP 的浓度均高于其他城市,说明乌鲁木齐是

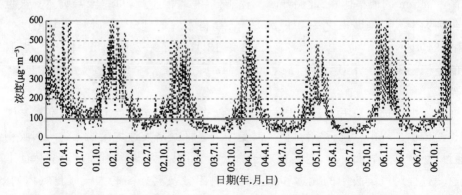

图28-1　2001—2006年乌鲁木齐 PM_{10} 浓度($\mu g \cdot m^{-3}$)(彩图见下载文件包,网址见14页脚注)

中国大气污染最严重的城市。2007 年 2—3 月间,$PM_{2.5}$ 平均浓度高达 187 $\mu g \cdot m^{-3}$,是浓度限值(按世界卫生组织提出的 15 $\mu g \cdot m^{-3}$)的 12 倍之多。早在 1998 年,乌鲁木齐被世界卫生组织列为世界十大污染城市中的第三位。至今乌鲁木齐的大气污染状况未见多大改善。

表 28-1　乌鲁木齐及有关城市的 $PM_{2.5}$ 和 TSP 浓度($\mu g \cdot m^{-3}$)

	乌鲁木齐	多　伦	榆　林	北　京	青　岛	上　海
文献	本章	[28,30]	[28,30]	[28,30]	[28,30]	[28,30]
$PM_{2.5}$	83～487(187)	10～149(60)	19～296(117)	10～255(103)	70～480(140)	73～218(133)
TSP	157～798(327)	26～463(153)	21～968(269)	40～512(240)	80～564(209)	133～444(278)

28.1.2　乌鲁木齐大气气溶胶的季节变化

PM_{10} 浓度 2004、2005、2006 年冬季分别为 385.4、400.6、305.6 $\mu g \cdot m^{-3}$;春季(3—5 月)为 196.2、181.5、143.0 $\mu g \cdot m^{-3}$;夏季(6—8 月)为 128.2、117.1、97.3 $\mu g \cdot m^{-3}$;秋季(9—11 月)为 251.5、179.2、326 $\mu g \cdot m^{-3}$。浓度变化顺序为冬季＞春季＞秋季＞夏季。显然,冬季是污染最严重的季节,这与乌鲁木齐冬季持续半年(10 月 15 日—次年 4 月 15 日)之久的燃煤采暖有关。乌鲁木齐地处中国西北沙尘源区,位于古尔班通古特沙漠南缘,春季外来沙尘常常入侵,造成颗粒物浓度增加。夏季雨水相对较多,颗粒物被雨水冲刷,浓度相对较低。

28.1.3　乌鲁木齐市大气能见度

如果定义霾为能见度＜10 km 的天气状况的话,则霾既非云也非雾,而是高浓度细颗粒物所致的一种新的天气模式。图 28-2 统计了 2001—2006 年乌鲁木齐采暖期的霾天数。2001—2006 年每年采暖期间霾天数达 107～145 d,占整个采暖天数的 60%～

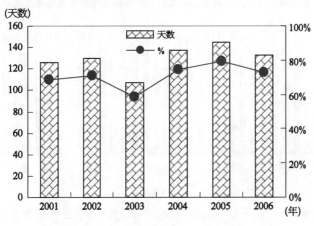

图 28-2　2001—2006 年乌鲁木齐采暖期间的霾天数及百分比(彩图见下载文件包,网址见 14 页脚注)

80％,如统计全年天数,霾天超过全年的1/3。乌鲁木齐的霾不仅发生频繁,而且形成快速。2007年3月23日下午2:30—4:30,仅仅2 h的时间,PM₁₀浓度就从80增加到550 μg·m⁻³。细颗粒浓度高,形成迅速,发生频繁,是乌鲁木齐霾的三大特点。

28.2 乌鲁木齐大气气溶胶的化学组成及来源

28.2.1 乌鲁木齐大气气溶胶的组成

图28-3所示为2007年2—3月间气溶胶的化学组成。大气气溶胶主要有4类组分:可溶性无机盐(total water soluble inorganic ion, TWSII)、有机气溶胶(OC)、黑碳(BC)和矿物气溶胶。可溶性无机盐主要是硫酸盐、硝酸盐、氯化物和铵盐等二次气溶胶。BC主要是元素碳。因为Al在地壳中的平均丰度约为8％[31],矿物气溶胶可以根据公式Al/0.8大致计算而得。本章中的有机气溶胶浓度以气溶胶总质量减去可溶性无机盐、BC和矿物气溶胶三组分质量之和而得。在$PM_{2.5}$中,可溶性无机盐＞有机气溶胶＞矿物气溶胶＞BC;在TSP中,可溶性无机盐＞矿物气溶胶＞有机气溶胶＞BC。由此可知,乌鲁木齐气溶胶中的可溶性无机盐含量最高,在$PM_{2.5}$和TSP中分别占总质量的49.3％和40.5％;有机气溶胶和矿物气溶胶在$PM_{2.5}$、TSP中,分别占38.1％、26.7％和9.1％、30.1％;BC浓度在$PM_{2.5}$和TSP中分别为3.5％和2.7％。就气溶胶的质量浓度而言,可

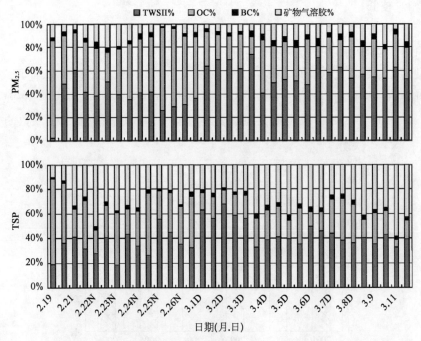

图28-3 乌鲁木齐冬季大气气溶胶的化学组成(彩图见下载文件包,网址见14页脚注)

N:夜间;D:白天。

溶性无机盐、有机气溶胶和 BC 在 PM$_{2.5}$ 中的含量与其在 TSP 中的含量的比值（PM$_{2.5}$/TSP）分别为 70.4％、81.7％和 75.9％，表明可溶性无机盐、有机气溶胶、BC 大多存在于细颗粒物中；而矿物气溶胶仅为 17.4％，表明其多数存在于粗颗粒物中。

28.2.2　乌鲁木齐大气气溶胶的元素特征及来源

1. 大气气溶胶中有关元素的富集系数

表 28-2 列出了乌鲁木齐冬季气溶胶中所分析的 19 种元素相对于以 Al 为地壳源参比元素的富集系数（EF）。根据 EF 的大小，这些元素可分为 3 类。① 地壳元素：Al、Fe、Ca、Mg、Na、Sr 和 Mn，EF<5，这些元素主要来自地壳源；② 污染元素：S、Cd、Pb、As 和 Zn，EF>50，这些元素主要来自人为污染源；③ 地壳/污染元素：50>EF>5 的元素，包括 P、Cr、Ni 和 Cu，部分来自地壳源，部分来自人为污染源。

表 28-2　乌鲁木齐气溶胶中有关元素的浓度（μg·m^{-3}）及富集系数

		地　壳　元　素							
		Al	Ti	Mg	Fe	Ca	V	Na	Sr
PM$_{2.5}$	浓度	1.37	0.08	0.38	1.19	1.55	0.08	1.68	0.03
	EF	1	0.8	1.0	1.4	2.3	3.4	4.6	4.8
TSP	浓度	8.05	0.52	1.73	4.69	11.95	0.52	3.25	0.03
	EF	1	0.9	0.8	0.9	3.0	2.1	1.4	4.1
	PM$_{2.5}$/TSP(%)	17	14	22	25	13	14	52	99

		地壳/污染元素						污　染　元　素				
		Mn	Co	Ni	P	Cr	Cu	Zn	As	Pb	Cd	S
PM$_{2.5}$	浓度	0.07	0.002	0.01	0.25	0.03	0.08	0.47	0.04	0.36	0.004	15.88
	EF	5.1	6.5	6.9	16	18	96	524	1 582	1 659	1 755	2 554
TSP	浓度	0.15	0.01	0.02	0.58	0.03	0.13	0.59	0.07	0.45	0.01	21.67
	EF	1.7	3.3	2.4	6	3	24	95	383	333	369	541
	PM$_{2.5}$/TSP(%)	48	32	47	43	98	63	81	64	79	74	73

2. 污染元素 Pb、As、Cd、S 及其来源

污染元素 Pb、As、Cd、S 在 PM$_{2.5}$ 中的 EF 分别高达 1 658、1 582、1 317 和 2 553（见表 28-2）。为弄清楚污染元素的来源，采集了乌鲁木齐城市街道降尘以及可能向乌鲁木齐传输沙尘的不同地区表层土壤。根据地理位置的不同，将采样区域分为 3 类：乌鲁木齐市区、乌鲁木齐郊区的盐湖附近地区和乌鲁木齐北部的准噶尔盆地南缘地区。Pb、As、Cd、S 在乌鲁木齐市区（U1—U5）降尘中的含量相对于该元素在地壳中平均丰度的倍数，

分别为 6.6~12.8、7.6~33.2、303.8~877.4、7.8~40.3(表 28-3)。尽管乌鲁木齐于 1999 年 1 月 1 日开始禁止使用含 Pb 汽油,然而乌鲁木齐 $PM_{2.5}$ 和 TSP 中 Pb 的 EF 分别为 1 658 和 333。上述结果说明,气溶胶中高浓度的 Pb,可能主要来自道路灰尘的再次扬起。位于准噶尔盆地南部(JB1、JB2 和 JB3)的天山绿洲农业经济带和乌鲁木齐郊区盐湖地区(S1、S2)是外来沙尘及表层土壤扬起传输到乌鲁木齐的必经之地。该地区表层土壤中 As 和 Cd 的浓度相对于地壳平均丰度,分别高出 5.6~16.0 倍和 186.5~239.3 倍,意味着乌鲁木齐大气溶胶中高浓度的 As 和 Cd,不仅可能来自本地道路扬尘,也可能来自准噶尔盆地和盐湖地区沙尘的输送。值得注意的是,乌鲁木齐 $PM_{2.5}$ 中 S 的 EF 高达 2 553。SO_4^{2-} 在 $PM_{2.5}$ 和 TSP 中分别为 48.51 和 63.08 $\mu g \cdot m^{-3}$;如果计算 SO_4^{2-} 中的 S 含量(分子量之比 S/SO_4^{2-} 为 1/3),其值应为 SO_4^{2-} 浓度的 1/3。SO_4^{2-} 中的 S,即可溶性硫酸盐中的 S,在 $PM_{2.5}$ 和 TSP 中的含量为 15.88 和 21.03 $\mu g \cdot m^{-3}$;$PM_{2.5}$ 和 TSP 样品中测出的总 S 分别为 15.88 和 21.67 $\mu g \cdot m^{-3}$,硫酸盐中的 S 与总 S 的比值分别为 1.00 和 0.97,说明乌鲁木齐大气气溶胶中的 S,几乎都以硫酸盐的形式存在。这样高浓度的硫酸盐,很可能与乌鲁木齐严重霾的形成有关。准噶尔盆地(JB1、JB2、JB3)和新疆盐湖周边地区(S1、S2)表层土壤中的 S 含量,高于其在地壳中平均丰度的倍数(见表 28-3),为 3.3~56.64。这些 S 也主要以硫酸盐的形式存在,这 2 个地区硫酸盐中的 S 与总 S 的比值为 0.7~1.0。准噶尔盆地南缘是新疆重要的绿洲现代农业经济带,大量使用化肥造成土壤中含有大量的硫酸盐;新疆盐湖及周边地区因靠近盐湖或是干枯的古盐湖地区,故表层土中也含有高浓度的 SO_4^{2-}。含有大量硫酸盐的沙尘气溶胶在传输途径中与乌鲁木齐市区的人为气溶胶相互混合,很可能是造成乌鲁木齐高浓度硫酸盐及重霾形成的原因。此外,S、Pb、As、Cd 和 Zn 在细颗粒物 $PM_{2.5}$ 中的含量与其在总颗粒物 TSP 中的含量的比值($PM_{2.5}/TSP$),分别为 73.3%、79.2%、64.2%、74.5% 和 80.6%,表明这些污染元素多数存在于细颗粒物中(表 28-2),因之可随细颗粒物被远距离传输,所以这些元素部分源于远距离外来源的输送。

表 28-3 乌鲁木齐降尘及其他相关地区表层土壤中
污染元素 Pb、As、Cd 和 S 的浓度($\mu g \cdot g^{-1}$)

	丰度[31]	市 区					准噶尔盆地				盐 湖	
		U1	U2	U3	U4	U5	KT	JB1	JB2	JB3	S1	S2
Pb	14	119	92.2	166.3	178.9	148.4	77	21.5	29.9	21.1	26.3	18.2
倍数		8.5	6.6	11.9	12.8	10.6	5.5	1.5	2.1	1.5	1.9	1.3
As	1.8	59.7	13.7	52.1	38.4	36.5	25.7	28.7	11.6	10.1	13.2	10.3
倍数		33.2	7.6	28.9	21.3	20.3	14.3	16	6.4	5.6	7.3	5.7
Cd	0.15		45.6	113	131.6	123.6	35.9		33.7	28	49.9	23.2
倍数			303.8	753.6	877.4	823.8	239.3		224.5	186.5	332.7	154.9
S_T	350	4 118	2 721	11 579	8 110	14 113	3 525	10 656	10 397	1 343	9 060	19 792

（续表）

丰度[31]	市　区					准噶尔盆地				盐　湖	
	U1	U2	U3	U4	U5	KT	JB1	JB2	JB3	S1	S2
倍数	11.8	7.8	33.1	23.2	40.3	10.1	30.4	29.7	3.3	25.9	56.5
$S_{SO_4^{2-}}$	2 270	1 347	7 793	5 611	12 697	1 943	10 781	7 291	1 328	8 146	18 849
$S_T/S_{SO_4^{2-}}$	0.55	0.49	0.67	0.69	0.9	0.55	1.00	0.7	0.99	0.9	0.95

丰度：元素在地壳中的平均浓度（$\mu g \cdot g^{-1}$）；S_T：样品中元素 S 总量；$S_{SO_4^{2-}}$：样品中 SO_4^{2-} 离子中相应的含 S 量；倍数：元素在降尘或表层土中的含量相对于该元素在地壳中的平均丰度的倍数。

3. 气溶胶以及土壤中的 Ca/Al 比值及其示踪意义

表 28 - 4 为乌鲁木齐大气气溶胶、降尘以及乌鲁木齐周边地区和新疆其他地区表层土壤中 Ca/Al 的比值。乌鲁木齐 $PM_{2.5}$ 和 TSP 中的 Ca/Al 比值分别为 1.13 和 1.48，这与准噶尔盆地南部（约 1.2）、盐湖地区（0.8～1.2）和乌鲁木齐城区（0.8～1.3）降尘中的 Ca/Al 比值相似，进一步说明乌鲁木齐气溶胶可能部分来自准噶尔盆地及盐湖地区沙尘的输送。位于塔克拉玛干沙漠中部的塔中和南缘的肖塘，其 Ca/Al 比值约为 2.2，高于乌鲁木齐大气气溶胶的比值。这说明，来自乌市南边的沙尘可能性较小，因为横亘于乌鲁木齐与塔克拉玛干沙漠之间、平均海拔约 4 000 m 的天山，阻挡了塔克拉玛干沙漠的沙尘输送北上。

表 28 - 4　气溶胶、降尘和表层土壤中的 Ca/Al 比值

气溶胶		道路降尘					表层土壤							
		市　区					盐　湖		准噶尔盆地				塔克拉玛干沙漠	
$PM_{2.5}$	TSP	U1	U2	U3	U4	U5	S1	S2	KT	JB1	JB2	JB3	塔中	肖塘
1.14	1.48	0.8	0.9	1.1	1.1	1.3	0.8	1.3	0.9	1.2	1.2	1.1	2.2	2.1

28.2.3　乌鲁木齐大气气溶胶的离子特征

1. 乌鲁木齐大气气溶胶的酸性

利用二次去离子水浸提气溶胶，所得浸提液的酸性可用于表示气溶胶的酸性。乌鲁木齐大气气溶胶 $PM_{2.5}$ 和 TSP 的 pH 分别为 4.33 和 5.80，比中国沿海大城市上海的气溶胶 pH（$PM_{2.5}$ 为 5.68，TSP 为 6.38）[29]还低。气溶胶酸度的降低，主要与气溶胶中的酸根离子如 SO_4^{2-}、NO_3^-、Cl^- 和有机酸等有关；反之，pH 的增加则与 Ca^{2+}、Mg^{2+}、NH_4^+ 等碱性离子有关。乌鲁木齐位于古尔班通古特沙漠南部，含有大量 Ca^{2+} 和 Mg^{2+} 的沙尘会传输到乌鲁木齐，可是乌鲁木齐气溶胶的酸性比上海气溶胶还强，说明乌鲁木齐气溶胶中高浓度的 SO_4^{2-}，是导致其酸度降低的主要因素。

2. 乌鲁木齐大气气溶胶的离子浓度

表 28 - 5 列出了乌鲁木齐大气气溶胶中主要阴离子和主要阳离子的浓度。从表中可

见,在 $PM_{2.5}$ 和 TSP 中,总的可溶性离子(TWSI)分别为 96.54 和 135.77 $\mu g \cdot m^{-3}$,占总质量的 50.9% 和 41.5%。阴离子在 $PM_{2.5}$ 中的浓度顺序是 $SO_4^{2-} > NO_3^- > Cl^- > CH_2(COO)_2^{2-} > F^- > NO_2^- > PO_4^{3-} >> MSA > C_2O_4^{2-} > HCOO^-$;在 TSP 中为 $SO_4^{2-} > NO_3^- > Cl^- > CH_2(COO)_2^{2-} > F^- > MSA > NO_2^- > PO_4^{3-} > C_2O_4^{2-} > HCOO^-$。阳离子在 $PM_{2.5}$ 中的浓度顺序为 $NH_4^+ > Na^+ > K^+ > Ca^{2+} > Mg^{2+}$,在 TSP 中为 $NH_4^+ > Ca^{2+} > Na^+ > K^+ > Mg^{2+}$。主要阴离子 SO_4^{2-}、NO_3^-、Cl^-、$CH_2(COO)_2^{2-}$ 对 $PM_{2.5}$ 和 TSP 总质量分别贡献 25.83%、5.03%、3.97%、0.47% 和 19.27%、3.75%、2.95%、0.59%;主要阳离子 NH_4^+、Na^+、Ca^{2+} 对 $PM_{2.5}$ 和 TSP 总质量分别贡献 12.71%、1.21%、1.06% 和 8.99%、1.14%、3.08%。主要离子 NH_4^+、SO_4^{2-}、NO_3^-,即二次气溶胶主要成分,在细颗粒物 $PM_{2.5}$ 中的含量与其在总颗粒物 TSP 中的含量的比值($PM_{2.5}/TSP$)分别为 81.1%、73.7% 和 77.0%,表明这些离子,即二次气溶胶,多数存在于细颗粒物中。值得注意的是,在乌鲁木齐气溶胶 $PM_{2.5}$ 和 TSP 中,还检测出较高浓度的丙二酸根离子,分别为 0.88 和 1.93 $\mu g \cdot m^{-3}$,说明有机气溶胶是乌鲁木齐气溶胶的重要组成部分。

表 28-5 气溶胶中主要离子浓度($\mu g \cdot m^{-3}$)及其对气溶胶质量浓度的贡献率(%)

	TWSI	%	NH_4^+	%	Na^+	%	K^+	%	Ca^{2+}	%	Mg^{2+}	%
$PM_{2.5}$	95.64	50.93	23.86	12.71	2.28	1.21	2.1	1.12	1.99	1.06	0.36	0.19
TSP	135.77	41.48	29.43	8.99	3.74	1.14	2.46	0.75	10.08	3.08	0.93	0.28
$PM_{2.5}/TSP$(%)	70.4		81.1		141.3		61.0		106.2		85.4	

	SO_4^{2-}	%	NO_3^-	%	Cl^-	%	CO_3^{2-}	%	NO_2^-	%	$CH_2(COO)_2^{2-}$	%
$PM_{2.5}$	48.51	25.83	9.45	5.03	7.46	3.97	26.36	14.04	0.36	0.19	0.88	0.47
TSP	63.08	19.27	12.28	3.75	9.66	2.95	35.43	10.82	0.49	0.15	1.93	0.59
$PM_{2.5}/TSP$(%)	73.7		77		77.2		74.4		73.2		45.8	

	质量浓度	pH	BC	%	$C_2O_4^{2-}$	%	$HCOO^-$	%	$\Sigma+$	%	$\Sigma-$	%
$PM_{2.5}$	187.8	4.33	7.65	4.07	0.12	0.06	0.09	0.05	31.01	16.51	65.94	35.11
TSP	327.3	5.80	10.06	3.07	0.17	0.05	0.1	0.02	47.55	14.53	90.08	27.52
$PM_{2.5}/TSP$(%)			75.9		74.6		90.0		65.2		73.2	

$\Sigma+$:阳离子总浓度;$\Sigma-$:阴离子总浓度;$PM_{2.5}/TSP$(%):气溶胶中细颗粒物($PM_{2.5}$)占总颗粒物含量的百分比。

3. 乌鲁木齐大气气溶胶中离子的主要存在形式

利用二元相关分析估算气溶胶中主要离子如 SO_4^{2-}、CO_3^{2-}、NO_3^-、Cl^-、NH_4^+、$CH_2(COO)_2^{2-}$ 的主要存在形式。在 $PM_{2.5}$ 和 TSP 中,NH_4^+ 与 SO_4^{2-} 的相关系数分别为 0.92 和 0.96,说明 NH_4^+ 和 SO_4^{2-} 两者可能结合在一起。以 NH_4^+(μeq)对 SO_4^{2-}(μeq)作图,其斜率为 2.08($PM_{2.5}$)和 2.02(TSP),说明 NH_4^+ 与 SO_4^{2-} 主要以 $(NH_4)_2SO_4$ 的形式存在,而不是以 NH_4HSO_4 的形式。根据各离子的浓度及其间的相关系数,除 $(NH_4)_2SO_4$

外,在 PM$_{2.5}$ 和 TSP 中这些离子的主要存在形式可推测为 Ca(NO$_3$)$_2$、NaCl、(NH$_4$)$_2$CO$_3$、NH$_4$Cl 和 NH$_4$NO$_3$。值得注意的是 2007 年 2—3 月间乌鲁木齐 PM$_{2.5}$ 中 NH$_4^+$ 的浓度高达 23.86 μg·m^{-3},其克当量数比 SO$_4^{2-}$、NO$_3^-$、Cl$^-$ 克当量数的总和还多;与 2004 年春季北京(8.72 μg·m^{-3})和上海(5.68 μg·m^{-3})相比高出 3~4 倍[29,32]。高浓度的铵盐很可能是造成乌鲁木齐严重霾天气的主要因素。

4. 乌鲁木齐大气气溶胶中的离子平衡和 CO$_3^{2-}$ 浓度

如果气溶胶水浸提液中所有的离子都被检测出来,根据电中性原理,总阳离子克当量浓度与总阴离子克当量浓度比值(C/A)应为 1。对本研究中所有气溶胶样品的阳离子克当量浓度之和与阴离子克当量浓度之和作图,其回归方程斜率,即比值 C/A,为 1.4。这说明气溶胶中有未被检测的阴离子,而且其浓度不可忽略。由于用离子色谱技术无法检测出 CO$_3^{2-}$ 和 HCO$_3^-$,故 C/A 比值为 1.4,说明气溶胶中含有不可忽略的 CO$_3^{2-}$ 或/和 HCO$_3^-$。总阳离子克当量和总阴离子克当量之差,可视为气溶胶中含有的 CO$_3^{2-}$ 或/和 HCO$_3^-$ 的克当量。以 NH$_4^+$ 克当量减去 SO$_4^{2-}$、NO$_3^-$、Cl$^-$ 和 CH$_2$(COO)$_2^{2-}$ 克当量的差值,对总阳离子克当量和总阴离子克当量之差作图,发现两者相关系数为 0.98,高度正相关,且其斜率为 1.04(见图 28-4),说明气溶胶中的 NH$_4^+$ 被主要阴离子 SO$_4^{2-}$、NO$_3^-$、Cl$^-$ 和 CH$_2$(COO)$_2^{2-}$ 中和之后,还有"多余的"NH$_4^+$ 与 CO$_3^{2-}$ 或/和 HCO$_3^-$ 等当量结合。这就是说,气溶胶中的铵盐,除了(NH$_4$)$_2$SO$_4$、NH$_4$Cl、NH$_4$NO$_3$ 和 CH$_2$(COO)$_2$(NH$_4$)$_2$,还有(NH$_4$)$_2$CO$_3$ 或/和 NH$_4$HCO$_3$ 存在。如此未检测的阴离子全是 CO$_3^{2-}$ 离子,计算结果表明,本研究中乌鲁木齐气溶胶中(NH$_4$)$_2$CO$_3$ 的平均浓度为 26.36 μg·m^{-3}。这样高浓度的(NH$_4$)$_2$CO$_3$,进一步证明了乌鲁木齐的

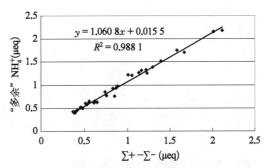

图 28-4 "多余"NH$_4^+$ 相对于总阳离子克当量和总阴离子克当量之差作图(彩图见下载文件包,网址见 14 页脚注)

["多余"NH$_4^+$](μeq)= =[NH$_4^+$](μeq)−
[SO$_4^{2-}$+NO$_3^-$+Cl$^-$+CH$_2$(COO)$_2^{2-}$](μeq)。

大气颗粒物污染,不仅来自本地的人为污染源,同时也来自道路扬尘和外来沙尘气溶胶的传输,这些道路扬尘及沙尘气溶胶中通常含有较多的碳酸盐。

28.3　乌鲁木齐重霾的形成机制

28.3.1　乌鲁木齐大气能见度与风速、风向和相对湿度的关系

图 28-5 显示乌鲁木齐大气能见度与风速、风向和相对湿度(RH)的关系。由图可见,能见度与风速呈显著正相关,与 RH 呈负相关。在四季中,冬季风速最小,不利于污染物的扩散,因此风速最小也是冬季大气颗粒物污染最严重的原因之一。图 28-6 的风

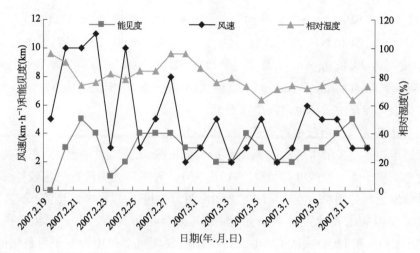

图 28 - 5　能见度与风速和相对湿度的相关性(彩图见下载文件包,网址见 14 页脚注)

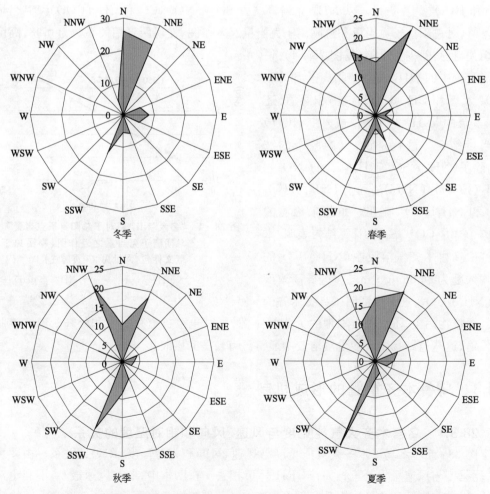

图 28 - 6　乌鲁木齐四季风向频率分布图(彩图见下载文件包,网址见 14 页脚注)

频图说明乌鲁木齐的主导风向为北风,这一结果进一步验证了北风会把位于准噶尔盆地的绿洲农业经济带以及盐湖的表层土壤带入乌鲁木齐。

28.3.2　乌鲁木齐大气气溶胶中的总可溶性离子、铵盐与大气能见度

图 28-7 所示为 2007 年 2—3 月 $PM_{2.5}$ 和 TSP 中总可溶性离子(TWSI)和铵盐的浓度及其占总质量的百分比。TWSI、铵盐在 $PM_{2.5}$ 和 TSP 中分别为 107.8、94.0 $\mu g \cdot m^{-3}$ 和 167.5、103.7 $\mu g \cdot m^{-3}$,占 $PM_{2.5}$ 和 TSP 总质量高达 57.8%、49.5% 和 51.0%、31.0%;样品中 TWSI、铵盐占 $PM_{2.5}$ 和 TSP 中的总质量的比例最高可达 83%、74% 和 78%、66%。气溶胶中含有这样高比例的可溶性离子,尤其是这样高浓度的铵盐,在中国各地以往的气溶胶研究中未见报道。可溶性离子尤其铵盐,是一类具有很强吸水性的化合物。比如,当 RH 从 80% 增大至 90% 时,NH_4HSO_4 相对于其干燥状态时的体积可增大 2.4 倍;而当 RH 从 90% 仅增加 1%,达到 91% 时,其体积相对于干燥状态可增加 8 倍[33]。显然,铵盐具有很强的吸水性。在乌鲁木齐,铵盐在气溶胶组分中占有如此高的比例,很可能是乌鲁木齐霾快速形成并频繁产生的主要原因。

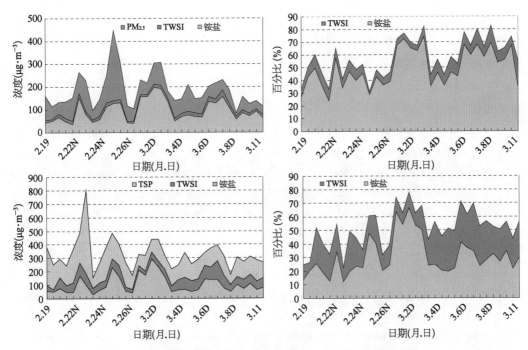

图 28-7　总可溶性离子与铵盐在 $PM_{2.5}$ 和 TSP 中的浓度和百分比
(彩图见下载文件包,网址见 14 页脚注)
横坐标为日期(月.日)。N:夜间;D:白天。

28.3.3　乌鲁木齐大气能见度与 $PM_{2.5}$、TWSI、SO_4^{2-} 和 NH_4^+ 的关系

除风速外,能见度的降低不仅与大气气溶胶尤其是细颗粒物的质量浓度有关,还与气溶胶中化学组分的本性密切有关。根据对 2004 年春季北京、上海的能见度与大量 $PM_{2.5}$ 样品的各种离子相应浓度数据所进行的统计分析,在北京,能见度与 NH_4^+、SO_4^{2-}、TWSI、$PM_{2.5}$ 的相关系数分别为 -0.726、-0.696、-0.678、-0.520;在上海,分别为 -0.637、-0.484、-0.427、-0.534。结果表明,能见度与铵盐、硫酸盐、可溶性离子总浓度和气溶胶浓度,均有某种程度的负相关。无论在北京还是在上海,铵盐均是上述 4 种主要组分(铵盐、硫酸盐、可溶性离子总浓度和气溶胶细颗粒物浓度)中与能见度相关程度最高的组分。铵盐在乌鲁木齐 2007 年 2—3 月间大气气溶胶 $PM_{2.5}$ 和 TSP 中的浓度,分别为 94.0 和 103.7 $\mu g \cdot m^{-3}$,占 $PM_{2.5}$ 和 TSP 总质量的比例高达 49.5% 和 31.0%。显然,高浓度的铵盐,是导致乌鲁木齐冬季严重霾天气的主要因素之一。

综上所述,一种新型的天气模式——霾,每年困扰中国典型的内陆城市乌鲁木齐达 140 多天,且有细颗粒物浓度高、形成迅速、发生频繁的显著特点。乌鲁木齐已成为中国甚至世界上污染最严重的城市之一。城区人为污染源与外来沙尘的相互混合,SO_2 转化形成的硫酸盐和来自准噶尔盆地南缘农业带以及周边盐湖地区含有高浓度硫酸盐的土壤沙尘传送到城区,这是乌市高浓度硫酸盐的主要来源。可溶性离子和具有强吸水性的铵盐分别占 $PM_{2.5}$ 中总质量的 57.8% 和 51.0%,高浓度铵盐[主要是 $(NH_4)_2SO_4$]的强吸水性是形成乌鲁木齐重霾的主要机制。

参考文献

[1]　He K B, Yang F M, Ma Y L, et al. The characteristics of $PM_{2.5}$ in Beijing, China. Atmos Environ, 2001, 35: 4959 - 4970.

[2]　Sun Y L, Zhuang G S, Ying W, et al. The air-borne particulate pollution in Beijing — Concentration, composition, distribution and sources. Atmos Environ, 2004, 38: 5991 - 6004.

[3]　Yao X H, Chan C K, Fang M, et al. The water-soluble ionic composition of $PM_{2.5}$ in Shanghai and Beijing. China Atmos Environ, 2002, 36: 4223 - 4234.

[4]　Kaiser D P, Qian Y. Decreasing trends in sunshine duration over China for 1954 - 1998: Indication of increased haze pollution. Geophysical Research Letters, 2002, 29: 2042 - 2045.

[5]　Meng Y J, Wang S Y, Zhao X F. An analysis of air pollution and weather conditions during heavy fog days in Beijing area. Weather (in Chinese), 2000, 26: 40 - 42.

[6]　Wang S Y, Zhang X L, Xu X F. Analysis of variation features of visibility and its effect factors in Beijing. Meteorol Sci Technol(in Chinese), 2003, 31: 109 - 114.

[7]　Watson J G. Visibility: Science and regulation. J Air Waste Manage Assoc, 2002, 52: 628 - 713.

[8]　Chameides W L, Yu H, Liu S C, et al. Case study of the effects of atmospheric aerosols and regional haze on agriculture: An opportunity to enhance crop yields in China through emission controls. Proceedings of the National Academy of Sciences of the United States of America,

1999, 96: 13626 – 13633.

[9] Okada K, Ikegami M, Zaizen Y, et al. The mixture state of individual aerosol particles in the 1997 Indonesian haze episode. J Aerosol Sci, 2001, 32: 1269 – 1279.

[10] Schichtel B A, Husar R B, Falke S R, et al. Haze trends over the United States, 1980 – 1995. Atmos Environ, 2001, 35: 5205 – 5210.

[11] Chen L W A, Chow J C, Doddridge B G, et al. Analysis of a summertime PM$_{2.5}$ and haze episode in the mid-Atlantic region. J Air Waste Manage Assoc, 2003, 53: 946 – 956.

[12] Yadav A K, Kumar K, Kasim A, et al. Visibility and incidence of respiratory diseases during the 1998 haze episode in Brunei Darussalam. Pure Appl Geophys, 2003, 160: 265 – 277.

[13] Kang C M, Lee H S, Kang B W, et al. Chemical characteristics of acidic gas pollutants and PM$_{2.5}$ species during hazy episodes in Seoul, South Korea. Atmos Environ, 2004, 38: 4749 – 4760.

[14] Sun Y, Zhuang G, Tang A, et al. Chemical characteristics of PM$_{2.5}$ and PM$_{10}$ in haze-fog episod in Beijing. Environ Sci & Technl, 2006, 40: 3148 – 3155.

[15] Mamtimin B, Meixner F X. The characteristics of airpollution in the semi-arid city of Urumqi (NW China) and its relation to climatological process. Geophysical Research Abstracts, 2007, 9: 06537.

[16] 冯银厂,彭林,吴建会,等.乌鲁木齐市环境空气中 TSP 和 PM$_{10}$ 来源解析.中国环境科学,2005,25 (Suppl): 30 – 33.

[17] 郭宇宏,高利军,吕爱华.乌鲁木齐市典型的冬季环境空气重污染过程剖析.环境化学,2006,25 (3): 379 – 380.

[18] 李娟,张广兴,李霞,等.PM$_{10}$ 浓度及微观特征季节分布分析——以乌鲁木齐天山区 2004 年为例. 城市环境与城市生态,2005,18(6): 16 – 18.

[19] 彭林,游燕,朱坦,等.乌鲁木齐空气颗粒物中 PAHs 碳同位素组成及来源解析.中国环境科学, 2006,26(5): 542 – 545.

[20] Sun Y, Zhuang G, Wang Y, et al. An chemical composition of dust storms in Beijing and implications for the mixing of mineral aerosol with pollution aerosol on the pathway. J Geophys Res, 2005, 110: D24209. doi: 10. 1029/2005JD006054.

[21] Yuan H, Zhuang G, Rahn K A, et al. Composition and mixing of individual particles in dust and nondust conditions of North China, Spring 2002. J Geophys Res, 2006,111: D20208. doi: 10. 1029/2005JD006478.

[22] Duce R A, Liss P S, Merrill J T, et al. The atmospheric input of trace species to the world ocean. Global Biogeochemical Cycles, 1991, 5: 193 – 259.

[23] Arimoto R, Ray B J, Lewis N F, et al. Mass-particle size distribution of atmospheric dust and the dry deposition of dust to the remote ocean. Journal of Geophysical Research, 1997, 102 (D13): 15867 – 15874.

[24] Zhang Y, Sunwoo Y, Kothamarthi V, et al. Photochemicaloxidant processes in the presence of dust: An evaluation of the impact of dust on particulate nitrate and ozone formation. Journal of Applied Meteorology, 1994, 33: 813 – 824.

[25] Dentener F J, Carmichael G R, Zhang Y, et al. Role of mineral aerosol as a reactive surface in the global troposphere. Journal of Geophysical Research, 1996, 101: 22869 – 22889.

[26] Song H C, Carmichael G R. A three-dimensional modeling investigation of the evolution processes of dust and sea-salt particles in East Asia. Journal of Geophysical Research, 2001, 106: 18131 – 18154.

[27] Zhang D, Iwasaka Y. Chlorine deposition on dust particles in marine atmosphere. Geophysical Research Letters, 2001, 28: 3613 – 3616.

[28] Sun Y, Zhuang G, Wang Y, et al. The air-borne particulate pollution in Beijing-Concentration, composition, distribution and sources. Atmospheric Environment, 2004, 38: 5991 – 6004.

[29] Wang Y, Zhuang G, Zhang X, et al. The ion chemistry, seasonal cycle, and sources of $PM_{2.5}$ and TSP aerosol in Shanghai. Atmospheric Environment, 2006, 40(16): 2935 – 2952.

[30] Wang Y, Zhuang G, Tang A, et al. The evolution of chemical components of aerosols at five monitoring sites of China during dust storms. Atmospheric Environment, 2007, 41: 1091 – 1106.

[31] Lida D R. Handbook of chemistry and physics: A ready-reference book of chemical and physical data: 86th edition. New York: CRC press, 2005 – 2006: 14 – 17.

[32] Wang Y, Zhuang G, Tang A, et al. The ion chemistry and the source of $PM_{2.5}$ aerosol in Beijing. Atmospheric Environment, 2005, 39(21): 3771 – 3784.

[33] Seinfeld J H, Pandis S N. Atmospheric chemistry and physics. From air pollution to climate change. New York: John Wiley & Sons, 1998: 1326.

第29章
燃煤污染物经由沙尘长途传输对全中国大气质量的影响

　　大气中的细颗粒物因对人体健康有显著影响而受到特别关注。燃煤能排放大量含 S 化合物、重金属和有机污染物，是细颗粒物的主要来源之一。每年春季，亚洲沙尘暴频发于中国的北部、西北部。沙尘可以被冷锋带来的由西向东气流驱动，经过中国煤矿的主要矿区，与矿区排放的上述细颗粒污染物相互混合作用，继而长距离地输送至朝鲜半岛、日本及北太平洋区域，甚至到达北美沿海地区[1-4]。携带污染物的沙尘被长途传输，不仅影响本地的空气质量，还影响下风向区域的空气质量，包括亚洲其他国家、东北太平洋[5]以及北美[6-7]。长途传输的大气气溶胶不仅降低大气能见度[8-9]，增加易感人群的患病概率[10]，而且沙尘所携带的燃煤所产生的气态污染物 SO_2、NO_2 和气溶胶污染物硫酸盐等，最后沉降于中国东部沿海和北太平洋，造成海洋酸污染[11-13]。此外，还有大量 As、重金属(Cd、Zn、Pb、Cu、Hg 等)和有机污染物等也会进入海洋，造成海洋环境的严重污染，影响海洋生态系统[14,15]。本研究组在位于沙尘源区的塔克拉玛干沙漠的塔中站、黄土高原北缘的陕西榆林和内蒙古的多伦以及中国的典型城市北京、上海、乌鲁木齐、青岛，直至位于东海的小洋山岛和花鸟岛设置地面观测点，还在新疆天山天池和山东泰山分别设置高山采样点，长期监测和同步收集大气气溶胶样品。本章根据 2003—2010 年的大气气溶胶样品的分析数据，论述煤炭污染物经由沙尘长途传输，对全中国大气质量和海洋生态系统产生的影响。

29.1　煤炭产生的污染物及其伴随亚洲沙尘气溶胶的长途传输

　　煤中含有 Hg、As、Se、Pb、Cu、Cd 等严重危害健康的污染元素。表 29-1 是有关痕量元素在世界各地和中国原煤中的含量[16]。由表 29-1 可见，中国原煤中大部分污染元素的含量，较其他国家均高出几倍。中国各地原煤中的 3 种典型污染元素 Hg、As、Se 相对于其在地壳的平均丰度(分别为 0.06、2.0、0.09 $\mu g \cdot g^{-1}$)均有几倍乃至数十倍的富集。这些污染元素对人体健康影响极大。如 Hg[17]的挥发性很强，会引起肾功能衰竭、神经系统损害；As[17]能使细胞代谢发生障碍，损害神经系统；Se[17]也较易挥发，可使人患"脱甲症"和癌症;Cd[18]的氧化物可在人体取代骨骼中的 Ca,使骨质疏松,引起痛风病;Cr[19]的氧化物可致肺癌、皮肤癌和婴儿畸变;Pb[20]经呼吸进入人体后对人体多种组织产生危害,影响神经系统。除了这些痕量元素,燃煤能产生大量含 S 污染物。煤中的平均含 S 量在 1% 左右,经燃煤产生的含 S 化合物,主要是在大气中经氧化产生的 SO_2、SO_3 及硫酸盐,是影响大气质量的最主要污染物[21]。此外,燃煤会排放各种有机污染物[22],包括多环芳烃(PAH)和非多环芳香烃(有机酸和非有机酸,即 non-PAH)。此 2 类有机污染物在粉煤灰中的含量大致相当,都对人的健康有相当损害,具致癌性、致畸变性和生物毒性。

表 29-1　煤中痕量污染元素含量

| 元素 | 痕量元素的含量($\mu g \cdot g^{-1}$) | | | | | | | | | |
| | 美国 | | 英国 | | 澳大利亚 | | 中　国 | | | |
	1	2	1	2	1	2	平顶山烟煤	莱阳无烟煤	河南贫煤	钱家营褐煤
Ba[a]		150.00	125.00		142.00	<100.00	438.00			
Sr[a]	37.00	100.00	700.00			100.00	434.90			
Ti[a]	700.00	800.00	89.00	63.00		900.00	620.00			
Zn[a]	272.00	39.00				<100.00	472.00			
As[b]	14.00	15.00	16.00		18.00	3.00	4.90	12.10	11.00	
Cr[b]	14.00	15.00	22.00		34.00	6.00	160.30	21.60	26.00	12.20
Cu[b]	15.00	19.00	26.00	48.00		15.00	151.50	31.40	23.30	
Pb[b]	35.00	16.00	23.00	48.00	38.00	10.00	39.90	12.20	22.80	
Ni[b]	21.00	15.00	23.00		28.00	15.00	87.20	17.10	12.40	
V[b]	33.00	20.00	64.00		76.00	20.00	360.40	70.80	48.50	
Be[c]	1.60	2.00	1.40		1.80	1.50	10.50	1.80	1.90	
Cd[c]	2.50	1.30	0.30~3.40	0.24	0.40			0.29	0.10	
Co[c]	9.60	7.00	9.60			4.00	45.80	11.60	6.70	
Ge[c]	6.60		5.50	6.80	5.10	6.00	23.50	0.47	0.94	
Mo[c]	7.50	3.00	1.00~4.30		<2.00	1.50	2.50			
Sc[c]	2.40		4.60				18.40			
Se[c]	2.10	4.10	2.70		2.80	0.80		2.36		
Th[c]	2.00		3.00	3.90		<3.00	19.10			2.36
W[c]	1.60	1.80			1.30	2.00	22.50			
Hg[d]	0.20	0.18	0.20~0.70	0.20		0.10		0.47		
Ag[d]	0.20		<0.70			<0.50				0.40

[a] $>50\ \mu g \cdot g^{-1}$;[b] $10\sim50\ \mu g \cdot g^{-1}$;[c] $1\sim10\ \mu g \cdot g^{-1}$;[d] $<1\ \mu g \cdot g^{-1}$。

　　J. M. Sun[23]等人研究了亚洲沙尘的传输路线,冷空气入袭的路线分为 3 条。① 冷空气在贝加尔湖附近形成,向南移动经过蒙古中部和中国,引起戈壁沙漠的沙尘暴;② 来自西北的冷空气,常常造成沙尘暴产生于河西走廊和中国北部的戈壁沙漠;③从西部来的冷空气,不仅造成河西走廊和中国北部戈壁沙漠的沙尘暴,而且造成了塔克拉玛干沙漠的沙尘暴。1960—1999年,3条路线的频率分别为32%、41%、27%。冷空气入袭后,携带沙尘的气团传输路径在中国大陆大多经过煤矿聚集地区,再传输到华北和华东地区、韩国、日本直至北太平洋。

由于沙尘长途传输所携带的矿物气溶胶表面一般呈碱性,因此提供了积聚(经由吸附、表面络合、自由基光化学反应、复相反应)污染物的极好载体[24]。沙尘在传输过程中与途中的污染气溶胶或气态污染物 SO_2、NO_x 混合并相互作用,成为影响下风向地区大气质量的重要因素。

29.2　燃煤排放污染物随沙尘长途传输的直接证据

29.2.1　燃煤排放物元素 As、S 的长距离传输

表29-2列出了近年来中国各个典型地区在沙尘暴期间(DS)和非沙尘暴期间(NDS)大气气溶胶中元素砷(As)和硫(S)的含量及其富集系数(EF)。表29-2的数据清楚地表明,沙尘暴期间中国各个典型地区 TSP 气溶胶中的 As 含量都增加了4倍以上,而在细粒子 $PM_{2.5}$ 中则至少增加了3倍以上,其中很多地区增加了数十倍。沙尘暴期间,各典型地区大气气溶胶中的 S 含量也都增加了几倍直至一二十倍。As 和 S 的富集系数在某些地区高达数百乃至数千。在杳无人烟的塔克拉玛干沙漠的大气气溶胶中,污染元素 As 在沙尘暴期间也比非沙尘暴期间增加了9.5倍,在接近内蒙古戈壁的多伦地区,As 在沙尘暴期间比非沙尘暴期间增加了59倍。所有这些数据都明确地显示,燃煤过程产生的污染物经由沙尘传输,对全中国各地从西北地区的沙漠到东南沿海的海岛的大气质量,都产生了严重影响。

29.2.2　有机污染物随沙尘的长途传输

一些持久性的有机污染物(persistent organic pollutant, POP)例如多环芳烃,可随大气气团的长途传输到达遥远地区,致使那些偏远地区如北极,也都受到有机污染物的影响[25]。多环芳烃是燃煤排放的有机污染物。在沙尘暴期间,高浓度的有机污染物(多环芳烃和脂肪酸)也可随着沙尘的传输而被输送到下风向地区。多环芳烃的降解、沉降以及相关的气象因素,在多环芳烃的长途传输中会影响其浓度变化[26]。由于半挥发性的4环多环芳烃存在于气、固两相,并且不断地相互转化,而五环和六环的多环芳烃大都为颗粒态,有研究表明,颗粒态的多环芳烃较半挥发性的多环芳烃,更容易发生光化学降解与沉降,因此其清除速率要高于那些存在于气、固两相的多环芳烃[27]。据此,我们可以用四环多环芳烃与五六环多环芳烃的比值,即 PAH(4)/PAH(5,6),来估计多环芳烃的来源,即较高的 PAH(4)/PAH(5,6)比值,说明多环芳烃主要来源于长途传输,而较低的

表 29-2　各个典型地区在沙尘暴期间及非沙尘暴期间大气气溶胶中 As 和 S 的含量和富集系数(EF)的比较

地 点	日 期	As - TSP(μg·m⁻³) NDS	DS	增加倍数	TSP - EF NDS	DS	As - PM₂.₅(μg·m⁻³) NDS	DS	增加倍数	PM₂.₅ - EF NDS	DS
乌鲁木齐	2007.4.15	0.041 7	0.168 8	4.0	309.0	523	0.022 7	0.112	4.9	307	328.0
塔中	2007.3.31	0.017 6	0.138 8	6.9	104.8	23	0.019 8	0.129 9	5.6	110	69.9
天池	2007.4.15	0.002 1	0.071 1	32.9	41.0	1 571	0.002 7	0.009 5	2.5	106	684.0
榆林	2004.3.29	0.002 1	0.070 3	33.8	18.0	18	0.001 3	0.013 7	10.8	107	10.0
多伦	2004.3.27	0.003 5	0.210 1	59.3	53.0	36	0.001 7	0.078 2	45.3	39	50.0
北京	2004.4.21	0.003 3	0.133 4	39.9	94.0	447	0.002 7	0.040 7	14.8	71	796.0
泰山	2003.3.29	0.002 8	0.092 7	33.4	72.0	374	0.001 3	0.059 2	46.1	49	2 342.0
泰山	2007.4.4	0.010 5	0.455 1	42.3	2 147.0	8 027	0.008 8	0.096	9.9	5 512	10 132.0
青岛	2004.3.10	ND	0.058 2		70		ND	0.023 3			93.0
上海	2004.4.20	0.009 7	0.043 8	4.5	71.0	151	0.007 5	0.021 4	2.9	281	1 119.0

地 点	日 期	S - TSP(μg·m⁻³) NDS	DS	增加倍数	TSP - EF NDS	DS	S - PM₂.₅ (μg·m⁻³) NDS	DS	增加倍数	PM₂.₅ - EF NDS	DS
乌鲁木齐	2007.4.15	10.76	152.16	14.1	410.5	2 424.0	2.19	10.38	4.7	152.1	156.0
塔中	2007.3.31	1.95	62.85	31.2	171.4	53.6	2.036 9	30.76	14.1	58.3	85.1
天池	2007.4.15	0.70	1.17	0.7	54.6	133.0	0.32	0.52	0.6	85.1	190.0
榆林	2004.3.29	1.07	7.83	7.3	48.4	52.0	0.78	1.93	2.5	336.9	37.0
多伦	2004.3.27	0.70	5.45	7.8	53.5	5.0	0.36	3.228 4	9.0	42.3	11.0
北京	2004.4.21	1.50	16.18	10.8	200.9	336.0	0.5	10.31	20.8	98	2 099.0
泰山	2003.3.29	1.31	8.70	6.6	190.1	6.0	0.68	3.97	5.8	91.1	399.0
泰山	2007.4.4	1.07	7.83	6.3	48.4	52.0	0.78	1.92	1.5	336.9	37.0
青岛	2004.3.10	0.98	7.77	7.9	102.8	25.0	0.89	6.86	7.7	358.2	36.0
上海	2004.4.20	2.08	11.92	5.7	78.1	211.0	0.59	3.67	6.2	114.5	98.5

PAH(4)/PAH(5,6)比值,主要来源于局地源的排放。图 29-1 所示的是 5 个采样点 PM$_{2.5}$ 中 PAH(4)/PAH(5,6)比值的变化趋势。从图中可以看出,榆林和多伦采样点 PM$_{2.5}$ 中 PAH(4)/PAH(5,6)的比值在 DS 和 NDS 期间分别是 0.5~0.6 和 0.4~0.5,DS 和 NDS 期间的变化不大。而在北京、上海和东海小洋山岛站点,PAH(4)/PAH(5,6)的比值在 DS 期间明显高于 NDS 期间。据此可以推断,在 DS 期间北京和上海的 PAH 受到了沙尘气溶胶长距离传输的影响,有机污染物随着沙尘而传输到北京、上海和小洋山。此结果与 B. R. T. Simoneit[28] 等人的结论一致,证实了沙尘传输过程能够吸附并携带燃煤过程所产生的有机污染物 PAH。

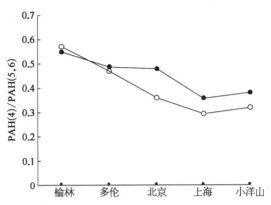

图 29-1　PAH(4)/PAH(5,6)在 DS 期间与 NDS 期间的比较

图中实心线为 DS 期间,空心线为 NDS 期间。

29.3　煤炭污染物对沿海大城市及海洋的气溶胶之影响

29.3.1　沿海城市气溶胶中 As、Se、S 的含量

作为沙尘传输的下风向地区,上海近年来越来越多地受到沙尘的入侵。以 2007 年 4 月为例,源自中国北方的大范围沙尘暴入侵上海。图 29-2 显示了 2007 年 4 月中国北方大范围沙尘暴入侵上海的途径。沙尘暴所经过的途径覆盖了中国北方大部分煤矿区,沙尘和燃煤排放物等污染气溶胶的混合与相互作用,对中国广大地区的大气质量带来了严重影响。表 29-3 展示了上海地区近年多次由外地传输而来的高沙尘事件中 As、Se、S 在 DS 期间与在 NDS 期间的含量。从表 29-3 可见,As、Se、S 的含量在 DS 期间比在 NDS 期间高出几倍以上,其中 As 在 2007 年的沙尘暴 TSP 和 PM$_{2.5}$ 中分别高出 60 倍和 42 倍。作为来自煤灰和燃煤过程的最典型元素 Se,在 2010 年高沙尘过程中的 TSP,高出非沙尘期间十几至 20 倍。S 元素在 TSP 中增加了近 10 倍,与其相应的上海大气气溶胶中硫酸盐的浓度在 2010 年高沙尘过程中比非沙尘期间增加了 3 倍以上。2007 年沙尘暴期间,上海大气气溶胶的 pH 减少了 2 个单位[28]。这一事实证明了沙尘长途传输途中与污染物气溶胶的混合和相互作用大大增加了下风向地区的大气酸化。

29.3.2　煤炭污染物对海洋气溶胶的影响

有研究指出,若东海上空海洋气溶胶的 TSP 中元素 Al 的浓度达到 1.5 $\mu g \cdot m^{-3}$ 以上,则该区域受到了来自中国大陆西北部沙尘输送的影响[29,30]。东海小洋山岛位于亚洲沙尘向西太平洋输送的下风向,我们在小洋山岛长期持续采集海洋气溶胶样品。监测结

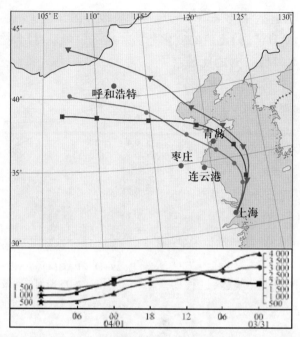

图 29 - 2　2007 年 4 月中国北方大范围的沙尘暴入侵上海的途径
(彩图见下载文件包,网址见 14 页脚注)

图底"500""1 000"等数字表示气团运动的高度(m)。

表 29 - 3　上海地区气溶胶中 As、Se、S 在沙尘暴期间(DS)及
非沙尘暴期间(NDS)含量的比较

元　素	采样点上海 (年.月.日)	TSP(μg·m^{-3})		增加 倍数	PM$_{2.5}$(μg·m^{-3})		增加 倍数
		NDS	DS		NDS	DS	
As	2004.4.20	0.009 7	0.043 8	4.5	0.007 5	0.021 4	2.9
	2007.4.2	0.006 8	0.411 2	60.8	0.004 5	0.189 6	42.0
	2010.3.20	0.004 3	0.025 8	5.9	0.003 4	0.016 9	4.9
	2010.11.11	0.009 5	0.044 2	4.7	0.000 5	0.001 9	4.0
Se	2010.3.20	0.001 0	0.011 3	11.1	0.001 1	0.004 1	3.9
	2010.4.27	0.001 0	0.015 9	15.6	0.001 1	0.008 9	8.4
	2010.11.11	0.002 6	0.056 1	21.8	ND	ND	
S	2010.3.20	1.762	13.19	7.5	1.131	3.305	2.9
	2010.4.27	1.762	7.71	4.4	1.131	2.180	1.9
	2010.11.11	3.706	9.87	2.7	0.531	0.620	1.2

果显示,如根据上述海洋气溶胶 TSP 中元素 Al 的浓度来判别的话,东海小洋山岛 61%
以上的采样天数里都受到来自中国西北部沙尘传输的影响。2008 年 3 月 23 日和 4 月 2
日,小洋山岛大气气溶胶的 TSP 出现了最高值。气团后向轨迹追踪显示,这 2 次采集的
样品包含有来自中国大陆西北和北方长距离传输并途经众多煤矿所在地区而后到达小
洋山岛的沙尘与污染物混合的大气气溶胶。如果把这 2 d 作为弱沙尘暴(DS)的长途传

输期间,而把春季其他时间作为非沙尘暴(NDS)期间,分析结果表明,元素 As 在 $PM_{2.5}$ 中的含量,在 DS 期间和 NDS 期间分别为 0.054 6 和 0.032 3 $\mu g \cdot m^{-3}$,在 TSP 中分别为 0.061 1 和 0.031 8 $\mu g \cdot m^{-3}$。而 S 在 $PM_{2.5}$ 中的含量在 DS 期间和 NDS 期间分别为 1.179 1 和 0.984 0 $\mu g \cdot m^{-3}$,在 TSP 中分别为 9.243 7 和 3.991 7 $\mu g \cdot m^{-3}$。可见,As 和 S 即使在弱沙尘暴期间也比平日增加了 2~3 倍。由此可见,沙尘长途传输携带的煤炭污染物,不仅污染了全中国陆地,还直接影响东海海岛,增加了海洋气溶胶中污染物组分的含量,其沉降海洋之后,必将进一步影响海洋生态系统。

29.4　燃煤对全中国各地大气气溶胶中污染物的影响

本研究组近十多年来长期观测了全国各典型地区的大气气溶胶。监测结果显示,在全国范围内,所有典型地区大气气溶胶中 As 和 Pb 的含量,都大大超过其在地壳中的平均含量。中国大气颗粒物中的 As、Pb 污染状况严重,其浓度在世界范围内处于较高水平。如图 29 - 3

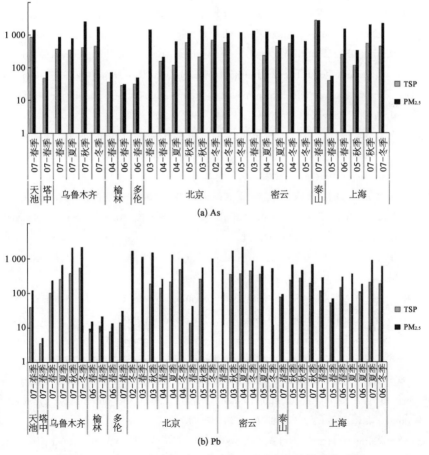

图 29 - 3　$PM_{2.5}$ 和 TSP 中 As(a) 和 Pb(b) 在各地的富集系数

所示,As、Pb 在很多地区大气气溶胶中的富集系数(EF),均高达 100 以上,甚至在中国西部杳无人烟的塔克拉玛干沙漠的大气气溶胶和沙土中,均有相当程度的富集。污染元素 As,在天山大气气溶胶中的 EF 高达 1 000 以上,其他污染元素如 Pb 的 EF 也高于 20。在天山及其周边表层土壤中,As 浓度高出地壳平均浓度约 1.4～15.7 倍。在中国各地的大气气溶胶中,As 含量在沙尘暴期间均增加了 3～4 倍;在很多地区,增加量高达数十倍。中国各地大气气溶胶中的 S 含量,也都增加了几倍乃至十几到二十倍。As 和 S 的 EF 在某些地区高达数百乃至数千。这些数据显示了在杳无人烟的西北沙漠和东海边陲小岛都受到了燃煤排放物的污染。可以推测,中国主要能源煤炭和煤灰所产生的大气污染物,经由大气气溶胶的长途传输,已经污染了中国几乎所有地区的大气和土壤。

参考文献

[1] Arimoto R, Ray B J, Lewis N F, et al. Mass particle size distribution of atmospheric dust and the dry deposition of dust to remote ocean. Journal of Geophysical Research, 1997, 102(D13): 15867 - 15874.

[2] Duce R A, Unni C K, Ray B J, et al. Long range atmospheric transport of soil dust from Asia to the tropical North Pacific: Temporal variability. Science, 1980, 209(4464): 1522 - 1524.

[3] Gao Y, Arimoto R, Zhou M Y, et al. Relationship between the dust concentration over eastern Asia and the remote North Pacific. Journal of Geophysical Research, 1992, 97: 9867 - 9872.

[4] Rea D K. The paleoclimatic record provided by eolian deposition in the deep sea: The geological history of wind. Review of Geophysics, 1994, 32(2): 159 - 195.

[5] Nowak J B, Parrish D D, Neuman J A, et al. Gas-phase chemical characteristics of Asian emission plumes observed during ITCT 2K2 over the eastern North Pacific Ocean. Agu Fall Meeting Abstracts, 109(D23): D23S19.

[6] Heald C L, Jacob D J, Park R J, et al. Transpacific transport of Asian anthropogenic aerosols and its impact on surface air quality in the United States. Journal of Geophysical Research-Atmospheres, 2006, 111(D14): D14310.

[7] Cahill C F. Asian aerosol transport to Alaska during ACE-Asia. Journal of Geophysical Research-Atmospheres, 2003, 108(D23): 8664.

[8] Kim K W, Kim Y J, Oh S J. Visibility impairment during Yellow Sand periods in the urban atmosphere of Kwangju, Korea. Atmospheric Environment, 2001, 35(30): 5157 - 5167.

[9] Chung Y S, Kim H S, Dulam J, et al. On heavy dustfall observed with explosive sandstorms in Chongwon-Chongju, Korea in 2002. Atmospheric Environment, 2003, 37 (24): 3425 - 3433.

[10] Lei Y C, Chan C C, Wang P Y, et al. Effects of Asian dust event particles on inflammation markers in peripheral blood and bronchoalveolar lavage in pulmonary hypertensive rats. Environmental Research, 2004, 95 (1): 71 - 76.

[11] Kang C H, Kim W H, Ko H J, et al. Asian dust effects on total suspended particulate (TSP) compositions at Gosan in Jeju Isle, Korea. Atmospheric Research, 2009, 94(2): 345 - 355.

［12］ Tsaia Y I, Chen C L. Characterization of Asian dust storm and non-Asian dust storm $PM_{2.5}$ aerosol in southern Taiwan. Atmospheric Environment, 2006, 40(25): 4734 – 4750.

［13］ Dod R L, Giauque R D, Novakov T, et al. Sulfate and carbonaceous aerosols in Beijing, China. Atmospheric Environment, 1986, 20(11): 2271 – 2275.

［14］ Leea B K, Juna N Y, Leeb H K, et al. Comparison of particulate matter characteristics before, during, and after Asian dust events in Incheon and Ulsan, Korea. Atmospheric Environment, 2004, 38(11): 1535 – 1545.

［15］ Tamamura S J, Tsutomu S, Yukie O, et al. Long-range transport of polycyclic aromatic hydrocarbons (PAHs) from the eastern Asian continent to Kanazawa, Japan with Asian dust. Atmospheric Environment, 2007, 41(12): 2580 – 2593.

［16］ Nelson P F. Trace metal emissions in fine particles from coal combustion. Energy & Fuels, 2007, 21(2): 477 – 484.

［17］ Tian H Z, Wang Y, Xue Z G, et al. Trend and characteristics of atmospheric emissions of Hg, As, and Se from coal combustion in China, 1980 – 2007. Atmospheric Chemistry and Physics, 2010, 10(23): 11905 – 11919.

［18］ Li W Y, Zhong L, Feng J, et al. Release behavior of As, Hg, Pb, and Cd during coal gasification. Energy Sources Part A-Recovery Utilization and Environmental Effects, 2010, 32 (9): 818 – 825.

［19］ Huang Y J, Jin B S, Zhong Z P, et al. Trace elements (Mn, Cr, Pb, Se, Zn, Cd and Hg) in emissions from a pulverized coal boiler. Fuel Processing Technology, 2004, 86(1): 23 – 32.

［20］ Bhuiyan M A H, Parvez L, Islam M A, et al. Heavy metal pollution of coal mine-affected agricultural soils in the northern part of Bangladesh. Journal of Hazardous Materials, 2010, 173 (1 – 3): 384 – 392.

［21］ Zhao Y, Wang S X, Duan L, et al. Primary air pollutant emissions of coal-fired power plants in China: Current status and future prediction. Atmospheric Environment, 2008, 42 (36): 8442 – 8452.

［22］ Sun Y Z, Fan J S, Qin P, et al. Pollution extents of organic substances from a coal gangue dump of Jiulong Coal Mine, China. Environmental Geochemistry and Health, 2009, 31(1): 81 – 89.

［23］ Sun J M, Zhang M Y, Liu T S. Spatial and temporal characteristics of dust storms in China and its surrounding regions, 1960 – 1999: Relations to source area and climate. Journal of Geophysical Research-Atmospheres, 2001, 106(D10): 10325 – 10333.

［24］ Sun Y, Zhuang G, Wang Y, et al. The air-borne particulate pollution in Beijing — Concentration, composition, distribution and sources. Atmospheric Environment, 2004, 38(35): 5991 – 6004.

［25］ Kallenborn R, Christensen G, Evenset A, et al. Atmospheric transport of persistent organic pollutants (POPs) to Bjornoya (Bear island). Journal of Environmental Monitoring, 2007, 9 (10): 1082 – 1091.

［26］ Tamamura S, Sato T, Ota Y, et al. Long-range transport of polycyclic aromatic hydrocarbons

(PAHs) from the eastern Asian continent to Kanazawa, japan with Asian dust. Atmospheric Environment, 2007, 41(12): 2580 - 2593.

[27] Zhang S C, Zhang W, Shen Y T, et al. Dry deposition of atmospheric polycyclic aromatic hydrocarbons (PAHs) in the southeast suburb of Beijing, China. Atmospheric Research, 2008, 89(1 - 2): 138 - 148.

[28] Simoneit B R T, Sheng G Y, Chen X J, et al. Molecular marker study of extractable organic-matter in aerosols from urban areas of China. Atmospheric Environment Part A-General Topics, 1991, 25(10): 2111 - 2129.

[29] Hsu S C, Liu S C, Lin C Y, et al. Metal compositions of PM_{10} and $PM_{2.5}$ aerosols in Taipei during Spring 2002. Terrestrial Atmospheric Ocean Science, 2004, 15(5): 925 - 948.

[30] Hsu S C, Liu S C, Huang Y T, et al. A criterion for identifying Asian dust events based on Al concentration data collected from northern Taiwan between 2002 and early 2007. Geophysics Research, 2008, 113(D18): D18306.

第30章

燃放烟花爆竹对空气质量的严重影响

烟花爆竹含有 KNO_3、$KClO_3$、$KClO_4$、S、C、Mn、$Na_2C_2O_4$、Al、Fe、$Sr(NO_3)_2$、$Ba(NO_3)_2$ 等化学物质[1],燃放烟花爆竹能释放 SO_2、CO_2、CO、PM 以及 Al、Mn、Cd 等金属,这些物质将影响人类健康[2,3];使用彩色烟花会生成 O_3,这种强氧化性的物质更会危及人类健康[4]。尽管人们知道烟花爆竹能对环境和人类健康造成影响,但少有关于燃放烟花爆竹所释放颗粒物的理化特性的报道。2000 年 7 月 4 日,佛罗里达州 PM_{10} 气溶胶中 Mg 和 Al 的浓度有很大提高[5],7 月 4 日后,在加州大学观测到气溶胶中 Mg、Al、K、Pb、Ba、Sr、Cu 的浓度有大幅度提高[6]。在印度 2002 年的排灯节期间,Ba、K、Al、Sr 的浓度分别提高了 1 091、25、18、15 倍[7],黑碳(BC)浓度提高 3 倍多[8],SO_2、NO_2、PM_{10}、TSP 的浓度增加了 2～10 倍多[9]。千禧年(2000 年)期间,德国莱比锡积聚态(>100 nm)颗粒物浓度有很大增加[10]。除了研究烟花排放气溶胶的特性外,O. Fleischer 等报道了烟花残留物中有机毒物包括八氯二氧芑、呋喃、六氯苯的特性[11],D. Y. Liu 等报道了典型烟花的原始化学组成和粒径特征[6]。上述研究提供了关于燃放烟花爆竹释放颗粒物的有限的化学特性。中国政府自 1993 年起,在部分城市禁止燃放烟花爆竹,但考虑到民间的传统习俗,北京市允许 2006 年春节期间在部分地区燃放烟花爆竹,这给我们提供了一次研究燃放烟花爆竹影响空气质量的珍贵机会。元宵节在中国农历的正月十五,是中国春节期间最重要的节日。本章基于在 2006 年元宵节期间收集的气溶胶样品,深入研究燃放烟花引起的颗粒物污染,重点探讨颗粒物的化学特性和二次气溶胶的形成机制,以及燃放烟花对大气污染的贡献量。

2006 年元宵节期间,在北京市区采集 $PM_{2.5}$ 和 PM_{10} 气溶胶样品,共采集 8 个样品(4 个 $PM_{2.5}$、4 个 PM_{10}),采样时间分别为元宵节晚上(2 月 12 日,记作样品♯1)、元宵节后白天(2 月 13 日,记作样品♯2)、元宵节后晚上(2 月 13 日,记作样品♯3)和常日(2 月 14—15 日,记作样品♯4)。采样点位于北京师范大学科技楼楼顶,距地面约 40 m,此采样点代表交通和居民混合区。用 Whatman 41 滤膜(Whatman Inc., Maidstone, UK)和中流量采样器[型号:$(TSP/PM_{10}/PM_{2.5})-2$,流速:77.59 $L \cdot min^{-1}$]采集样品。由于燃放烟花爆竹只允许在 19:00—24:00 期间,我们对样品的采集时间也作了相应的调整,以便更好地研究燃放爆竹所带来的污染。具体的采样信息见表 30-1。采样方法和化学分析方法详见第7、8、10章。采样后滤膜放入聚乙烯塑料袋中,并保存在冰箱里。采样前后所有滤膜均恒温(20±2℃)、恒湿(40%±2%)24 h后,用分析天平(Sartorius 2004MP,准确度10 μg)称量。所有步骤都有严格的质量控制以避免对样品可能的污染。利用光度计(M43D, Smokerstain Reflectometer, Diffusion Systems Ltd, London)测定BC的浓度。光度计的读数通过公式$U=0.0777×$读数,转化为输出电压。假定滤膜上的颗粒呈单层分布,根据Lambert-Beer's定律[12],电压可通过公式$RZ=RZ_{max}(U_{RZ0}-U_{RZ})/(U_{RZ0}-U_{RZmax})$转化为黑度,其中$U_{RZ0}$、$U_{RZ}$、$U_{RZmax}$分别为全白滤膜、实际滤膜、全黑滤膜对应的电压,$RZ_0$、$RZ$、$RZ_{max}$分别为三者对应的黑度。黑度转化为浓度($C_R$)的公式为:

$$C_R=-(RM_1/V)\ln[1-(RZ-RZ_0)/kRZ_{max}] \tag{30-1}$$

其中,V为采样体积,k、RM_1为校正常量,本文中$RM_1=11.2$ μg,$k=0.95$,$U_{RZmax}=0.5$,$U_{RZ0}=8$,$RZ_{max}=9$。最后,C_R乘以面积校正系数(滤膜面积与暴露面积之比)得到BC的浓度。此方法BC的相对标准偏差和检测限分别为0.12%和0.01 μg·m^{-3}。用仪器提供的标准全白和灰度片进行常规质量控制。从http://www.wunderground.com和http://www.arl.noaa.gov/下载温度、露点、相对湿度、风速、能见度、混合层高度等气象数据,见表30-1。从北京市环保局http://www.bjepb.gov.cn下载痕量气体SO_2、NO_2和PM_{10}的空气污染指数(API,API=100相对于国家空气质量二级标准)数据,并用下面公式换算为浓度:

$$C=C_{低}+[(I-I_{低})/(I_{高}-I_{低})]×(C_{高}-C_{低}) \tag{30-2}$$

C和I分别表示浓度和API值;$I_{高}$和$I_{低}$表示API等级限定值表中最接近于I的2个值,前者高于I,后者低于I;$C_{高}$和$C_{低}$是对应于$I_{高}$和$I_{低}$的浓度值。

30.1 燃放烟花爆竹引起的严重污染

2005和2006年春节期间SO_2、NO_2、PM_{10}的日变化见图30-1。红色和绿色箭头分别指示除夕和元宵节,可见在2006年的这两天,SO_2、NO_2、PM_{10}有明显增加,而2005年的变化不明显。2006年元宵节期间,SO_2、NO_2、PM_{10}的浓度分别比前一天增加57%、25%和183%。元宵节期间,SO_2和NO_2的浓度比限定值(SO_2为150 μg·m^{-3},NO_2为80 μg·m^{-3})高,PM_{10}浓度是限定值(150 μg·m^{-3})的2倍。燃放爆竹引起的严重空气污染,也可以从我们采集的$PM_{2.5}$和PM_{10}样品上看出。元宵节晚上(样品♯1)$PM_{2.5}$和PM_{10}的浓度最高,分别为184和466 μg·m^{-3},比常日样品(样品♯4)高6倍和4倍(表30-1)。这样高浓度的污染物,可能与稳定的气象条件有关(低风速和低的混合层高度,表30-1)。然而,颗粒物的增加,尤其是细颗粒的增加,比污染气体(SO_2和NO_2)的增加

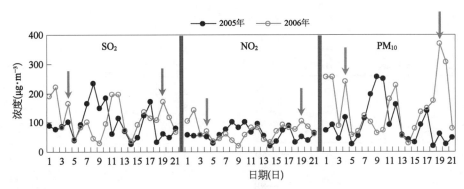

图 30 - 1　2005 和 2006 年春节期间 SO₂、NO₂、PM₁₀ 的日变化（彩图见下载文件包，网址见 14 页脚注）

要多，表明气象条件变化不能单独解释浓度的增加，燃放爆竹可能是颗粒物的重要来源。燃放爆竹可释放大量的碳质和金属氧化物，这些高温颗粒主要是细颗粒，且碳质颗粒和金属能够催化大气中硫酸盐的生成等反应，因此爆竹释放的颗粒物化学特性，可能与典型的城市气溶胶不同，对此需要作进一步的研究。

表 30 - 1　采样期间 PM₂.₅ 和 PM₁₀ 的质量浓度及气象条件

	日期,时间 (月.日,时:分)	$PM_{2.5}$ $(\mu g \cdot m^{-3})$	PM_{10} $(\mu g \cdot m^{-3})$	温度 (℃)	露点 (℃)	RH (%)	风速 $(m \cdot s^{-1})$	能见度 (km)	混合层 高度(m)	气象 条件
样品#1	2.12,19:54— 2.13,07:45	184.3	466.2	−2.23	−4.00	88	1.69	1.81	250	雾
样品#2	2.13,07:54— 2.13,19:50	142.5	406.9	2.00	−0.58	83	1.67	1.33	253	雾
样品#3	2.13,19:50— 2.14,07:50	137.8	394.9	0.33	−2.25	85	3.08	1.69	257	霾
样品#4	2.14,07:52— 2.15,07:52	26.1	85.6	4.38	−5.71	55	3.08	7.58	509	晴

30.2　燃放烟花爆竹引起大气气溶胶化学组分浓度的变化

图 30 - 2(a)—(h)显示元宵节期间不同组分浓度的变化。元宵节晚上的元素浓度顺序为 K>S>Al>Mg、Na、Ca 和 Ba>Zn>Pb>Fe>Sr>Cu>Mn>P>As>V>Bi>Ni>Cd>Ag，BC 和离子浓度的顺序为 SO_4^{2-}>NO_3^- 和 K^+>Cl^->BC>NH_4^+>Ca^{2+}、Mg^{2+} 和 Na^+>F^->PO_4^{3-} 和 $C_2O_4^{2-}$>$C_4H_4O_4^{2-}$>$C_3H_2O_4^{2-}$>$C_5H_6O_4^{2-}$>NO_2^->CH_3COO^-。据此，本研究不考虑 $HCOO^-$、MSA、As、V、Bi、Ni、Cd、Ag、CH_3COO^- 等低浓度物种。

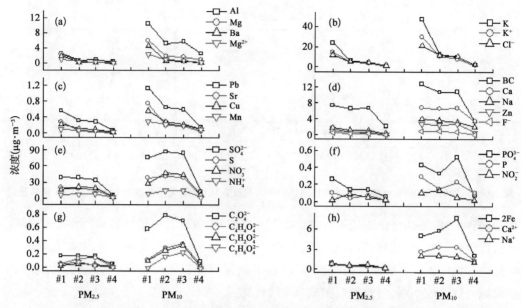

图 30-2　元宵期间 $PM_{2.5}$、PM_{10} 中物种浓度的变化(彩图见下载文件包,网址见 14 页脚注)

图 30-2(a)—(c)显示 Al、Mg、Mg^{2+}、Ba、K、K^+、Cl^-、Pb、Sr、Cu、Mn 的变化,这些组分(记作组 1)的浓度在元宵节晚上有明显的峰值,节后有明显的下降,表明燃放烟花对其有显著贡献,而当地其他污染源的贡献小。图 30-2(d)显示 F^-、Zn、BC、Ca、Na 的变化,这些组分(记作组 2)浓度在元宵节晚上有一定的增加,但与组 1 不同的是,节后它们的浓度并没有明显降低,表明当地其他污染源也有贡献。图 30-2(e)—(f)显示 SO_4^{2-}、S、NO_3^-、NH_4^+、PO_4^{3-}、P、NO_2^-、$C_2O_4^{2-}$、$C_4H_4O_2^{2-}$、$C_3H_2O_2^{2-}$、$C_5H_6O_4^{2-}$、Ca^{2+}、Na^+、Fe 的变化,这些组分(记作组 3)在节后浓度最高,表明它们不是来自爆竹的直接燃放,而主要是由燃放爆竹排放的气体经过间接反应形成的。值得注意的是,Na^+ 和 Ca^{2+} 的变化与 Na 和 Ca 不同,Na^+ 和 Ca^{2+} 可能是通过一次含 Na 和 Ca 的碱性颗粒与酸性物质反应生成的二次物种。

30.2.1　大气气溶胶一次组分的增加

图 30-2(a)—(d)显示元宵节晚上 PM_{10} 中 Ba、K、K^+、Sr、Mg^{2+}、Cl^-、Pb、Mg、Cu、Al、F^-、Zn、BC、Mn、Ca、Na 的浓度比常日高 81、21、20、16、10、8、7、7、5、5、4、4、4、3、2、2 倍,表明爆竹燃放可释放有毒金属如 Ba、Pb、Cu、Al、Mn、Sr 以及其他金属 K、Mg、Zn、Ca、Na,含碳化合物和可溶性盐 K^+、Mg^{2+}、Cl^-、F^- 也可能存在。

图 30-3 对比了元宵节晚上和常日气溶胶中一次组分的百分含量。元宵节晚上 $PM_{2.5}$ 和 PM_{10} 中 K 的含量最高,平均浓度分别为 131 和 103 $mg \cdot g^{-1}$,比常日气溶胶高 3 倍左右,表明钾盐是爆竹中主要的化合物,K 可作为爆竹燃放的示踪元素。事实上,爆竹

中钾盐(如 KNO_3、$KClO_3$、$KClO_4$ 等)被广泛用作供氧剂,相应的化学反应为 $2KNO_3 = 2KNO_2 + O_2$,$2KClO_3 = 2KCl + 3O_2$,$KClO_4 = KCl + 2O_2$。图 30 - 2(f)显示 NO_2^- 在整个燃放时期浓度都很低,而 Cl^- 浓度有明显增加,表明爆竹中的供氧剂主要是氯酸盐和高氯酸盐。K 与 Mg、Ba、Pb、Sr($r = 0.99$、0.98、0.92、0.99)有强的相关性,与 Al、Na、Ca、Zn、Cu、Mn($r = 0.83$、0.66、0.53、0.60、0.84、0.76)的相关性并不高,表明 Mg、Ba、Pb、Sr 主要来自爆竹的排放,而 Al、Na、Ca、Zn、Cu、Mn 还有其他来源,如道路尘(Al、Ca)、化石燃料的燃烧(Al、Na、Ca)、机动车的排放(Zn、Cu),以及金属合金制造业(Al、Zn、Cu、Mn)等。实际上,Mg - Al 合金是很好的金属燃料,广泛用于烟花制造中,Al 还有银光效果;Sr、Na、Cu、Ba、Ca 用作焰色剂,能产生红、黄、蓝、绿和桔色光;Pb 可使燃烧稳定[13]。另外,Cl^- 与 K、Mg、Ba、Pb、Sr 相关性好,相关系数分别为 0.947、0.996、0.958、0.990、0.988,表明这些金属主要以氯化物的形式存在于烟花中。据报道,$CaCl^+$、$SrCl^+$、$BaCl^+$ 等为实际产生颜色的物质[14]。

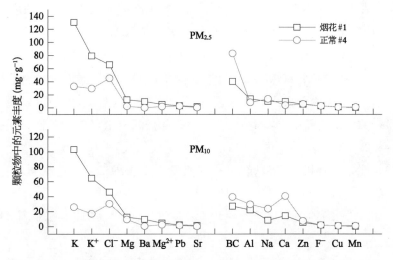

图 30 - 3　元宵节晚上和常日 $PM_{2.5}$、PM_{10} 中一次物种的质量百分含量
(彩图见下载文件包,网址见 14 页脚注)

30.2.2　大气气溶胶二次组分的增加

图 30 - 2(e)—(h)显示 $C_5H_6O_4^{2-}$、$C_3H_2O_4^{2-}$、PO_4^{3-}、$C_2O_4^{2-}$、$C_4H_4O_4^{2-}$、SO_4^{2-}、NO_3^-、NO_2^-、NH_4^+、Fe、Ca^{2+}、Na^+ 等物质在元宵夜过后的浓度最高,它们在 PM_{10} 中的浓度分别比常日高 22、13、10、8、7、6、6、5、4、2、2、1 倍,这种浓度增加延迟的现象,表明上述物质主要来自二次转化。烟花中非金属燃料(包括木炭、硫黄和红磷)的燃烧,能释放大量的有毒气体(如 CO、CO_2、SO_2、NO_x、P_2O_5)和含碳颗粒。元宵节晚上及节后的低风速,有利于这些污染物的积聚(表 30 - 1)。同时,高的湿度可以加快二次转化过程。因此,硫酸盐、硝酸盐、亚硝酸盐、磷酸盐以及草酸盐、丙二酸盐、丁二酸盐、戊二酸盐等二次酸性组

分,在节后出现浓度的高峰。硫酸盐和硝酸盐本底浓度高,在节庆期间有一定的增加,表明它们同时来自烟花爆竹排放和燃煤、机动车排放等典型的人为活动。同样,在常日气溶胶中也检测到亚硝酸盐、磷酸盐、草酸盐、丙二酸盐、丁二酸盐,表明它们同时有烟花源和其他人为源。而戊二酸盐在常日气溶胶中的检出率低,在燃放烟花期间的浓度明显增加,表明它主要来自烟花的燃放。

30.3　燃放烟花爆竹期间大气气溶胶的化学组成

燃放烟花排放的颗粒物通常会具有特定的化学组成,为了更清楚地阐述颗粒物的化学组成,将所测化学物种分为 6 类,分别代表二次无机、地壳物质、有机物、烟花排放物、BC 和痕量物质。各类浓度的计算方法如下:① 二次无机物＝硫酸盐＋硝酸盐＋铵盐;② 矿物质＝Al/0.08;③ 烟花排放物＝K＋Cl,注意此浓度只能作为烟花排放物的示踪,并不是其绝对浓度,因为我们不知道钾盐和氯化物的化学形式;④ BC 的浓度直接测定得到;⑤ 痕量物质的浓度为除上述 4 类外,即除 SO_4^{2-}、NO_3^-、NH_4^+、Al、Ca、Fe、K、Mg、Mn、Na、S、Mg^{2+}、Na^+、Ca^{2+}、K^+、Cl^-、$C_2O_4^{2-}$、$C_3H_2O_4^{2-}$、$C_4H_4O_4^{2-}$、$C_5H_6O_4^{2-}$、BC 外,所测组分浓度的加和;⑥ 有机物(OM)浓度通常由有机碳(OC)浓度乘以一定的系数 1.4～2.1 得到[15],然而本研究中由于采用纤维素滤膜,无法准确定量 OC。但研究发现"气溶胶总质量与上述 5 类质量的差值"与"4 个二元酸浓度之和"有很好的相关性,线性回归方程为"质量差＝92.198×(草酸＋丙二酸＋丁二酸＋戊二酸)＋10.188",相关系数达0.95。因为质量差大部分为有机物,所以有机物的质量可由 4 种二元酸的质量和乘以92.198 得到。此方法计算得到 OM 占气溶胶质量的百分比在 16.1％～37.7％之间,与2002—2003 年期间北京气溶胶中的 13.3％～30.9％接近[16],表明用此方法估算 OM 的浓度是可靠的。

图 30-4 显示上述 6 类物质占 PM$_{2.5}$和 PM$_{10}$的质量百分比,可见二次无机物、有机物、矿物质和烟花排放物是气溶胶的主要成分,分别占颗粒物总质量的 24.5％～48.0％,16.1％～37.7％,5.0％～37.2％,5.17％～19.6％,共占 83.6％～95.9％。常日气溶胶(♯4)中,二次无机物和有机物是 PM$_{2.5}$的主要成分,分别占颗粒物质量的 43％和 31％;矿物质是 PM$_{10}$的主要成分,占 37％;烟花排放物的含量小,只有 6％～7％。在元宵夜采集的样品(♯1)中,烟花排放物和矿物质的含量高,二次组分的含量低,表明大气受烟花燃放的影响明显。至于节后采集的样品(♯2 和♯3),烟花排放物的含量与常日气溶胶(♯4)水平相当,而二次无机物和有机组分的含量相对于元宵夜气溶胶(♯1)有明显增加,表明燃放烟花直接排放的一次污染物能够很快被清除,而释放的气态污染物会被氧化为二次无机物和有机物,存在于颗粒物中。

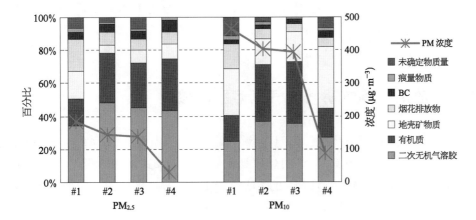

图 30-4　元宵节期间 $PM_{2.5}$ 和 PM_{10} 的化学组成（彩图见图版第 13 页，也见下载文件包，网址见正文 14 页脚注）

二次无机气溶胶 $= [SO_4^{2-}] + [NO_3^-] + [NH_4^+]$，有机质 $= 92.198 \times ([C_2O_4^{2-}] + [C_3H_2O_4^{2-}] + [C_4H_4O_4^{2-}] + [C_5H_6O_4^{2-}])$，地壳矿物质 $= [Al]/0.08$，烟花排放物 $= [K] + [Cl^-]$，痕量物质 $= [F^-] + [HCOO^-] + [CH_3COO^-] + [MSA] + [NO_2^-] + [Ag] + [As] + [Ba] + [Bi] + [Cd] + [Cu] + [Ni] + [P] + [Pb] + [Sr] + [V] + [Zn]$，未确定物质量 = 气溶胶质量浓度 - 上述各种物质之和；质量浓度单位为 $\mu g \cdot m^{-3}$。

30.4　燃放烟花爆竹期间大气气溶胶化学物种在 $PM_{2.5}$ 和 PM_{10} 中的分配

图 30-5 显示主要物种在 $PM_{2.5}$ 和 PM_{10} 中的分配。一次排放元素主要分布在粗颗粒上，其 $PM_{2.5}/PM_{10}$ 比值低于 0.5；水溶性离子在粗细颗粒上均有分布，其 $PM_{2.5}/PM_{10}$ 比值在 0.5 附近变动。图 30-5 还显示，燃放烟花期间一次和二次组分的粒径分布变化。图左部显示，一次组分的 $PM_{2.5}/PM_{10}$ 在燃放烟花时最高，随着烟花过程的结束，其比值

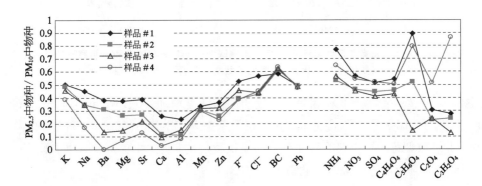

图 30-5　各物种在 $PM_{2.5}$ 和 PM_{10} 中的分配（彩图见下载文件包，网址见 14 页脚注）

逐渐降低,在常日达到最低;图右部显示,二次和有机组分的 $PM_{2.5}/PM_{10}$ 在燃放烟花期间及常日都高,在烟花过程后最低。以上现象表明,燃放烟花可排放大量的细颗粒,而二次转化主要发生在节后粗颗粒气溶胶上。

30.5　燃放烟花爆竹期间大气气溶胶的酸度

图 30-6 显示气溶胶提取液的 pH 在燃放烟花期间及节后(#1、#2、#3)的值,低于常日气溶胶(#4)和空白值 6.25,表明燃放烟花爆竹可以加速环境的酸化过程。在燃放烟花期间及节后(#1、#2、#3)$PM_{2.5}$ 的 pH 高于 PM_{10},表明酸性组分主要在粗颗粒上,这与此期间(#1、#2、#3)PM_{10} 中总阴离子的当量浓度大幅度增加且阴离子/阳离子比值(1.60~2.10)增大是相一致的。总阴离子(anion)的当量浓度与总阳离子(cation)的当量浓度有很好的相关性,线性回归方程为"总阳离子=0.53×总阴离子($r=0.97$)",斜率远小于 1,可能与颗粒物上存在 Al^{3+}、Pb^{2+}、Cu^{2+}、Mn^{2+}、Sr^{2+}、Zn^{2+} 等阳离子有关,因为这些离子通常用作烟花添加物,但没有包括在总阳离子的计算中。上述金属的溶解性可由下式计算得到:

$$溶解性 = \frac{水提取液中的浓度}{水提取液中的浓度 + 滤渣中的浓度}$$

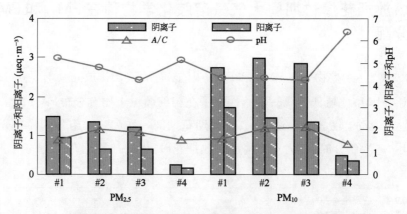

图 30-6　元宵节期间 $PM_{2.5}$ 和 PM_{10} 水提取液的 pH、总阳离子和总阴离子的当量浓度及其比值(彩图见下载文件包,网址见 14 页脚注)

图 30-7 显示节后(#2 和 #3)这些物质的溶解度增加,Al、Pb、Cu、Mn、Sr、Zn 的溶解度与阴离子/阳离子有很高的相关性,相关系数分别为 0.62、0.91、0.95、0.92、0.71、0.80,因此燃放烟花爆竹引起的酸性有机和无机物质的形成,可增加金属的溶解度,水溶性金属对生态环境和人类健康的危害更大[17]。

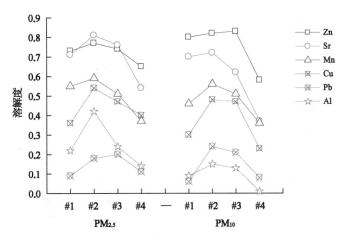

图 30-7　元宵节期间 $PM_{2.5}$ 和 PM_{10} 中几种金属的溶解度(彩图见下载文件包,网址见 14 页脚注)

30.6　二次气溶胶的形成机制

30.6.1　硫酸盐和硝酸盐

S 的氧化率 $SOR = n\text{-}SO_4^{2-}/(n\text{-}SO_4^{2-}+n\text{-}SO_2)$ 和 N 的氧化率 $NOR = n\text{-}NO_3^-/(n\text{-}NO_3^-+n\text{-}NO_2)$ 可指示二次转化过程。SOR、NOR 与气象因素及特定组分的相关系数见表 30-2。SO_2 可通过气相 SO_2 与 OH 自由基的反应、液相金属催化氧化或 H_2O_2/O_3 氧化、云中过程等,氧化为 SO_4^{2-}[18-21]。气相 SO_2 与 OH 的反应是温度的函数[22],异相反应是相对湿度和颗粒物浓度的函数[23],且当 RH>75% 时硫酸盐大部分通过异相反应生成[24]。由于 SOR 与颗粒物质量($PM, r = 0.977$)和 $RH(r = 0.733)$ 的相关性好,与 $SO_2(r = -0.082)$ 和温度($r = -0.668$)的相关性差(表 30-2),且采样期间 RH 高(表 30-1),因此硫酸盐主要通过异相反应生成。同时,SOR 与过渡金属(Cu、Fe、Mn)、碱性组分(Al、Na、K、Mg、Ca)和 BC 的相关性好(表 30-2),过渡金属和 BC 能催化硫酸盐的形成,碱性组分有利于对酸性 SO_2 的吸附,表明在燃放烟花期间硫酸盐主要通过异相催化反应生成。NOR 与 RH、PM、BC、过渡金属(除水溶性 Fe)和碱性金属的相关性都不好,但与污染气体(SO_2 和 NO_2)和 NH_4^+ 的相关性好,同时 NH_4^+ 和 NO_3^- 之间的相关性很强($r = 0.989$),NOR 与碱性金属的相关性差,表明 NO_2 在被颗粒物吸附前,就被氧化为 HNO_3,故硝酸盐的形成过程可能是:气相 NO_2 与 OH(或 O_3)反应形成 HNO_3,继而 HNO_3 与 NH_3 反应形成 NH_4NO_3。虽然 NOR 与多数过渡金属的相关性不好,但与水溶性 Fe 的相关性好。研究表明,HNO_3 能与 $\alpha\text{-}Fe_2O_3$ 反应生成表面 NO_3^-,颗粒物表面的 H_2O 能提高初始反应速率[25]。在燃放烟花期间,潮湿的大气有利于 HNO_3 与气溶胶中 $\alpha\text{-}Fe_2O_3$ 的反应,使"$NH_4NO_3 \rightleftharpoons NH_3 + HNO_3$"的动态平衡向右进行,增加二次反应生成 NO_3^- 的量以及水溶性 Fe 的量,因此 NOR 与水溶性 Fe 之间有很好的相关性。与

NOR 不同,SOR 与总 Fe 的相关性高于与水溶性 Fe 的相关性(表 30 - 2),表明 S-Fe 之间的相互作用机理与 N-Fe 的不同。含 Fe 颗粒物表面可能存在"Fe-O"或"Fe-OH"等活性基团,SO_2 可通过在这些活性基团表面的吸附、氧化而形成 SO_4^{2-}。由于"Fe-O"或"Fe-OH"活性基团的数目与颗粒物中 Fe 的含量成正比,故 SOR 与总 Fe 的相关性高于与可溶性 Fe 的相关性。除 Fe 外,其他金属(如 Cu 和 Mn)通过提供"M-O"或"M-OH"等活性位,同样可以催化 SO_4^{2-} 的形成,但 SOR 与 Cu、Mn 的相关性高于 Fe(表 30 - 2),表明 Fe 的作用不仅是提供"Fe-O"或"Fe-OH"等活性位,由于 Fe-S 之间存在"Fe(Ⅲ)+S(Ⅳ)→Fe(Ⅱ)+S(Ⅵ)"耦合作用[26],故 Fe 还同时参加 SO_2 的氧化过程。

表 30 - 2　SOR、NOR 与气象参数、特定物种之间的相关系数

	RH	温度	SO_2	NO_2	PM	NH_4^+	BC	
SOR	0.733	−0.688	−0.082	−0.176	0.977	0.788	0.978	
NOR	0.298	0.152	0.792	0.765	0.444	0.803	0.400	
水溶性	Cu	Fe	Mn	Al	Na	K	Mg	Ca
SOR	0.996	0.651	0.973	0.992	0.882	0.849	0.874	0.803
NOR	0.298	0.911	0.392	0.290	0.494	−0.225	−0.167	0.618
总体	Cu	Fe	Mn	Al	Na	K	Mg	Ca
SOR	0.915	0.773	0.940	0.886	0.911	0.785	0.825	0.833
NOR	−0.045	0.624	0.273	0.078	0.375	−0.333	−0.237	0.454

30.6.2　草酸盐、丙二酸盐、丁二酸盐、戊二酸盐

用 SO_4^{2-}、NO_3^-、NH_4^+、Ca^{2+} 作为参比物研究二元酸的形成机制。表 30 - 3 显示二元酸与此 4 种参比离子的相关系数。丙二酸(C_3)、丁二酸(C_4)、戊二酸(C_5)与 NO_3^-、NH_4^+ 的相关性高,而草酸(C_2,又称乙二酸)与 SO_4^{2-}、Ca^{2+} 的相关性高,表明 C_3、C_4、C_5 主要通过气相光化学反应生成,C_2* 可能与颗粒物表面的异相反应有关。大气中二元酸的形成机理有 2 种[27]。一种是不饱和脂肪酸的氧化,在这种情况下,长链脂肪酸可能是短链脂肪酸的前体,所得二元酸之间有很好的相关性。另一种是芳香烃如苯、甲苯等的氧化,在这种情况下,通过气-固转化只能生成 C_2。表 30 - 3 显示二元酸之间的相关性随着它们含 C 个数差的减小而增强,表明从 C_5 到 C_4 到 C_3 到 C_2 的依次氧化,故 C_2 到 C_5 主要通过不饱和脂肪酸的氧化生成。C_2 与 C_4 和 C_5 之间的相关性相对较差,表明 C_2 也可能来自芳香烃的氧化。

---

　* C_2、C_3、C_4、C_5 分别表示乙二酸[$C_2O_4^{2-}$]、丙二酸[$(C_3)C_3H_2O_4^{2-}$]、丁二酸[$(C_4)C_4H_4O_4^{2-}$]、戊二酸[$(C_5)C_5H_6O_4^{2-}$]。这几种酸各个相应的离子式中所含的碳原子分别是 2、3、4、5。

表 30 - 3　二元酸与 NO_3^-、NH_4^+、SO_4^{2-}、Ca^{2+} 之间(左半部) 以及二元酸之间(右半部)的相关系数

	C_2	C_3	C_4	C_5	$C_3:C_4$	$C_4:C_5$	$C_2:C_3$ *
NO_3^-	0.954	0.919	0.940	0.832	0.957	0.924	0.911
NH_4^+	0.914	0.900	0.944	0.843			
SO_4^{2-}	0.970	0.858	0.839	0.699	$C_3:C_5$	$C_2:C_4$	$C_2:C_5$
Ca^{2+}	0.951	0.880	0.787	0.650	0.911	0.857	0.721

30.7　燃放烟花爆竹对当地大气气溶胶的贡献

燃放烟花可使 K 的浓度大幅度增加,因此 K 可作为燃放烟花的示踪物。如果满足① K 只来自燃放烟花的排放;② X 一部分来自烟花排放,另一部分来自其他源排放;③ 直接来自烟花排放的 X/K,即$(X/K)_{烟花}$ 是常数,可用公式 $X=(X/K)_{烟花}×K+X_{非烟花}$ 估算燃放烟花对气溶胶中 X 的贡献。由于中国还没有$(X/K)_{烟花}$ 的报道,本文采用印度排灯节期间采集的烟花排放物中$(X/K)_{烟花}$ 的值。对于 Pb、Zn、TC、SO_4^{2-}、NO_3^-,此比值分别为 0.022 7、0.011 2、0.517 9、0.044 5、0.056 1(www.indiatogether.org)。这里"Pb"、"Zn"、"TC 和 SO_4^{2-}、NO_3^-"分别代表大幅度增加的一次组分(组 1)、一般增加的一次组分(组 2)、碳质气溶胶和二次气溶胶(组 3)。燃放烟花对 X 的贡献由$(X/K)_{烟花}×K/X$ 计算得到,结果见表 30 - 4。

表 30 - 4　源解析中所用几种示踪物的值

		BC[a]	OM[a]	OC[a]	Mg/Al[b]	m[c]	Pb[d]	Zn[d]	TC[d]	NO_3^{-}[d]	SO_4^{2-}[d]
$PM_{2.5}$	样品♯1	7.44	30.17	21.55	0.91	92.1%	97.8%	27.5%	43.1%	8.3%	2.7%
	样品♯2	6.60	43.20	30.86	0.85	84.8%	43.3%	10.3%	8.3%	1.5%	0.7%
	样品♯3	6.76	37.06	26.47	0.29	14.3%	36.3%	6.0%	7.2%	1.3%	0.6%
	样品♯4	2.17	9.21	6.58	0.27	11.8%	27.7%	6.5%	5.1%	1.2%	0.6%
PM_{10}	样品♯1	12.8	75.1	53.6	0.57	49.2%	96.2%	20.0%	37.4%	9.4%	2.8%
	样品♯2	10.8	140.0	100.0	0.35	21.9%	43.5%	5.5%	5.8%	1.5%	0.6%
	样品♯3	10.8	151.5	108.2	0.30	14.7%	38.4%	4.3%	4.4%	1.3%	0.5%
	样品♯4	3.38	15.04	10.74	0.32	17.8%	34.0%	3.8%	8.2%	1.8%	0.8%

[a] 黑碳(BC)和有机质(OM)浓度$(\mu g \cdot m^{-3})$ $[OM]=92.198×([C_2O_2^{2-}]+[C_3H_2O_2^{2-}]+[C_4H_4O_2^{2-}]+[C_5H_6O_2^{2-}])$, $[OC]=[OM]/1.4$。
[b] 数值表示 Mg 和 Al 在气溶胶中的含量比值(Mg/Al)。
[c] m 代表局地燃放烟花爆竹对矿物气溶胶含量的贡献比值,根据以下公式计算: $(Mg/Al)_{气溶胶}=m×(Mg/Al)_{当地}+n×(Mg/Al)_{传输}$,$m+n=1$;$(Mg/Al)_{当地}=0.97$,$(Mg/Al)_{传输}=0.18$。
[d] 燃放烟花爆竹对所列物种在气溶胶中含量的贡献百分比,根据以下公式计算: 物种 X 的贡献百分比$=(X/K)_{烟花}×K/X$;总含碳物质含量等于黑碳与有机碳之和:$[TC]=[BC]+[OC]$。

---

* $C_2:C_3$ 表示 C_2 相对于 C_3,其余类推。

总体来看,燃放烟花的贡献在元宵节晚上是常日的 2～8 倍,对细颗粒的贡献高于对粗颗粒。元宵节晚上,$PM_{2.5}$ 中燃放烟花对 Pb、TC、Zn、NO_3^-、SO_4^{2-} 的贡献分别是 97.8%、43.1%、27.5%、8.3%、2.7%,PM_{10} 中相应的贡献为 96.2%、37.4%、20.0%、9.4%、2.8%,表明组 1 中的一次排放元素主要来自烟花的燃放,组 3 的二次组分在元宵节晚上受烟花燃放的影响小。

如果满足① 矿物气溶胶来自当地排放和远距离传输两部分,② 矿物气溶胶组成在远距离传输途中没有变化,③ 远距离传输的沙尘和当地排放的沙尘中 Mg/Al 的比值在统计意义上不同,则可利用 Mg/Al 研究当地和远距离传输对矿物气溶胶的贡献[16,28],根据以下公式:

$$(Mg/Al)_{气溶胶} = m \times (Mg/Al)_{当地} + n \times (Mg/Al)_{传输}$$
$$m + n = 1 \qquad\qquad (30-3)$$

m、n 分别代表当地和远距离传输对矿物气溶胶的贡献,$(Mg/Al)_{气溶胶}$、$(Mg/Al)_{当地}$ 和 $(Mg/Al)_{传输}$ 分别是环境气溶胶、当地尘和远距离传输尘中 Mg/Al 的值。在已有的研究中[16,28],$(Mg/Al)_{当地}$ 和 $(Mg/Al)_{传输}$ 的值分别为 0.45 和 0.18,但在本研究中,由于燃放烟花使当地的状况与常日不同,故用烟花排放颗粒中 Mg/Al 的值作为 $(Mg/Al)_{当地}$。烟花排放颗粒物中 Mg 和 Al 的浓度分别为 51.62 和 53.36 $ng \cdot m^{-3}$[5],计算得到 $(Mg/Al)_{当地}$ 的值为 0.97(=51.62/53.36)。表 30-4 列举了 $PM_{2.5}$ 和 PM_{10} 中 Mg/Al 的值以及由式 30-3 计算出的 m 值。可见,在元宵节晚上(#1),当地烟花燃放对 $PM_{2.5}$、PM_{10} 中矿物气溶胶的贡献分别为 92.1%、49.2%,约是常日气溶胶的 8 和 2 倍(#4,$PM_{2.5}$ 11.8%、PM_{10} 17.8%)。同时,当地的贡献随着烟花尘的清除而降低,表明燃放烟花对当地矿物气溶胶的贡献显著。表 30-4 还说明节日期间当地烟花排放对 $PM_{2.5}$ 的贡献高于对 PM_{10},常日远距离传输对 $PM_{2.5}$ 的贡献高于对 PM_{10},表明烟花排放和远距离传输的矿物颗粒大多为细颗粒。总之,燃放烟花带来的污染非常严重,尤其是细颗粒污染。对烟花的使用必须采取有效的控制措施,以给市民营造一个欢乐祥和的节日。

总而言之,烟花排放的颗粒物呈酸性,且以无机组分为主。元宵节晚上 $PM_{2.5}$ 和 PM_{10} 的浓度比常日高 6 和 4 倍。PM_{10} 中一次组分包括 Ba、K、K^+、Sr、Mg^{2+}、Cl^-、Pb、Mg、Cu、Al、F^-、Zn、BC、Mn、Ca、Na 的浓度在元宵节晚上最高,是常日的 81、21、20、16、10、8、7、7、5、4、4、3、2、2 倍;二次组分包括 $C_5H_6O_4^{2-}$、$C_3H_2O_4^{2-}$、PO_4^{3-}、$C_2O_4^{2-}$、$C_4H_4O_4^{2-}$、SO_4^{2-}、NO_3^-、NO_2^-、NH_4^+、Fe、Ca^{2+}、Na^+ 的浓度在节后第一天最高,分别是常日的 22、13、10、8、7、6、6、5、4、2、2、1 倍。烟花排放的一次污染物主要是细颗粒物,而二次反应主要发生在粗颗粒上。硝酸盐主要通过 NO_2 的气相均相反应生成,硫酸盐主要通过 SO_2 在颗粒物表面的异相催化反应形成。Fe 通过 HNO_3 与 $\alpha-Fe_2O_3$ 的反应,催化硝酸盐的形成。在硫酸盐的形成过程中,Fe 不仅是催化剂,同时也是氧化剂。丙二酸、丁二酸和戊二酸主要通过不饱和脂肪酸的气相氧化形成,而草酸还可以通过芳香烃的异相反应生成。利用 Mg/Al 比值得到,元宵节晚上当地烟花排放对 $PM_{2.5}$ 和 PM_{10} 中矿物气溶胶的贡献分别达到 92.1% 和 49.2%。利用 K 作为烟花排放示踪物计算得到,元宵节晚上 $PM_{2.5}$ 气溶胶中有 97.8% 的 Pb、43.1% 的 TC(总碳)、27.5% 的 Zn、8.3% 的 NO_3^-、2.7% 的 SO_4^{2-} 来自烟花燃放,PM_{10} 气溶胶中,烟花燃放对气溶胶中 Pb、TC、Zn、NO_3^-、SO_4^{2-} 的贡献分别为 96.2%、37.4%、20.0%、9.4%、0.8%。

参考文献

[1]　Mclain J H. Pyrotechnics from the viewpoint of solid state chemistry. The Franklin Institute Press, 1980: 155 – 157.

[2]　Bull M J, Agran P, Gardner H G, et al. American Academy of Pediatrics, Committee on Injury and Poison Prevention: Fireworks-related injuries to children. Pediatrics, 2001, 108: 190 – 191.

[3]　Ravindra K, Mittal A K, Grieken R V. Health risk assessment of urban suspended particulate matter with special reference to polycyclic aromatic hydrocarbons: A review. Reviews on Environmental Health, 2001, 16(3): 169 – 189.

[4]　Attri A K, Kumar U, Jain V K. Microclimate: Formation of ozone by fireworks. Nature, 2001, 411(6841): 1015.

[5]　Carranza J E, Fisher B T, Yoder G D, et al. On-line analysis of ambient air aerosols using laser-induced breakdown spectroscopy. Spectrochim Acta, Part B, 2001, 56: 851 – 864.

[6]　Liu D Y, Rutherford D, Kinsey M, et al. Real-time monitoring of pyrotechnically derived aerosol particles in the troposphere. Analytical Chemistry, 1997, 69: 1808 – 1814.

[7]　Kulshrestha U C, Rao T N, Azhaguvel S, et al. Emissions and accumulation of metals in the atmosphere due to crackers and sparkles during Diwali festival in India. Atmospheric Environment, 2004, 38: 4421 – 4425.

[8]　Babu S S, Moorthy K K. Anthropogenic impact on aerosol black carbon mass concentration at a tropical coastal station: A case study. Current Science, 2001, 81: 1208 – 1214.

[9]　Ravindra K, Mor S, Kaushik C P. Short-term variation in air quality associated with firework events: A case study. Journal of Environmental Monitoring, 2003, 5: 260 – 264.

[10]　Wehner B, Wiedensohler A, Heintzenberg J. Submicrometer aerosol size distributions and mass concentration of the millennium fireworks 2000 in Leipzig, Germany. Journal of Aerosol Science, 2000, 31(12): 1489 – 1493.

[11]　Fleischer O, Wichmann H, Lorenz W. Release of polychlorinated dibenzo-p-dioxins and dibenzofurans by setting off fireworks. Chemosphere, 1999, 39: 925 – 932.

[12]　Gagel A. Simultaneous black smoke and airborne particulate emission measurement by means of an automated combined instrument. VDI-Report, 1996, 1257: 631 – 645.

[13]　Conkling J A. Chemistry of pyrotechnics: Basic principles and theory. New York: Marcel Dekker, Inc., 1985.

[14]　Helmenstin A M. The chemistry of firecracker colors. http://chemistry.about.com/library/

weekly/aa062701a.htm, 2005.

[15] Turpin B J, Lim H J. Species contributions to $PM_{2.5}$ mass concentrations: Revisiting common assumptions for estimating organic mass. Aerosol Science & Technology, 2001, 35 (1): 602 - 610.

[16] Sun Y, Zhuang G, Wang Y, et al. The air-borne particulate pollution in Beijing-concentration, composition, distribution and sources. Atmospheric Environment, 2004, 38: 5991 - 6004.

[17] Dat V T. Main issues on rice production on wet acid soils of the tropics // Deturck P, Ponnamperuma F N. Rice production on acid soil of the tropics. Kandy, Sri Lanka: Institute of Fundamental Studies, 1991: 87 - 96.

[18] Ziegler E N. Sulfate-formation mechanism: Theoretical and laboratory studies. Advances in Environmental Science and Engineering, 1979, 1: 184 - 194.

[19] Meng Z, Seinfeld J H. On the source of the submicrometer droplet mode of urban and regional aerosols. Aerosol Science & Technology, 1994, 20: 253 - 265.

[20] Yao X, Chan C K, Fang M, et al. The water-soluble ionic composition of $PM_{2.5}$ in Shanghai and Beijing, China. Atmospheric Environment, 2002, 36: 4223 - 4234.

[21] Xiu G, Zhang D, Chen J, et al. Characterization of major water-soluble inorganic ions in size-fractionated particulate matters in Shanghai campus ambient air. Atmospheric Environment, 2004, 38, 227 - 236.

[22] Seinfeld J H. Atmospheric chemistry and physics of air pollution. New York: Wiley, 1986: 348.

[23] Liang J Y, Jacobson M Z. A study of sulfur dioxide oxidation pathways over a range of liquid water contents, pHs, and temperatures. Journal of Geophysical Research: Atmospheres, 1999, 104(D11).

[24] McMurry P H, Wilson J C. Droplet phase (heterogeneous) and gas phase (homogeneous) contributions to secondary ambient aerosol formation as functions of relative humidity. Journal of Geophysical Research, C: Oceans and Atmospheres, 1983, 88(C9): 5101 - 5108.

[25] Goodman A L, Bernard E T, Grassian V H. Spectroscopic study of nitric acid and water adsorption on oxide particles: Enhanced nitric acid uptake kinetics in the presence of adsorbed water. Journal of Physical Chemistry A, 2001, 105(26): 6443 - 6457.

[26] Zhuang G, Yi Z, Duce R A, et al. Link between iron and sulfur suggested by the detection of Fe (Ⅱ) in remote marine aerosols. Nature, 1992, 355: 537 - 539.

[27] Kawamura K, Seméré R, Imai Y, et al. Water soluble dicarboxylic acids and related compounds in Antarctic aerosols. Journal of Geophysical Research, 1996, 101: 18721 - 18728.

[28] Han L, Zhuang G, Sun Y, et al. Local and non-local sources of airborne particle pollution at Beijing — A new elemental tracer technique for estimating the contributions of mineral aerosols from out of the city. Science in China (Series B Chemistry), 2005, 48(4): 253 - 264.

第31章
污染气溶胶的烧烤源成分谱

大气颗粒物排放清单的数据表明,来自烧烤和煎肉排放的细颗粒物对城市大气中的有机气溶胶有重要贡献。据统计,1982 年洛杉矶地区来自烧烤源排放的气溶胶中有机碳(OC)的排放速率为 4 400~4 900 kg·d^{-1},来自煎肉排放的速率为 1 400 kg·d^{-1}。烧烤和煎肉排放源对该地区有机气溶胶的贡献量约为 21%[1]。来自烧烤和煎肉源的排放,取决于食物的烹调方式、肉类的脂肪含量等。L. M. Hildemann 等人以及 W. F. Rogge 等人[1,2]研究了日常生活中普通烧烤以及煎肉等不同烹调方式所排放的有机物之组成及排放速率等。在中国,餐饮业非常繁荣,烹调方式较为复杂,然而对于城市中烹调源对大气污染影响的研究很少。L. He 等人[3]报道了北京市餐馆排放烹调烟尘的研究成果,建立了 2 种传统烹调方式的源成分谱,并对比美国的烹调源成分谱,阐述了中国式烹调源排放的有机气溶胶特点。在中国,烧烤源也是一类跟烹调源一样重要的城市大气污染源。在餐馆以及街边常见的烧烤,主要是以木炭作为燃料。虽然大部分烧烤餐馆安装了不同形式的排风设施,但烧烤对餐馆内空气质量均有严重影响,CO、颗粒物浓度明显上升。烧烤时木炭的不完全燃烧,造成 CO 污染严重,同时木炭燃烧产生烟尘,烧烤肉类食品和食用油在高温条件下产生大量热氧化分解产物,以烟雾形式散发到空气中,造成烧烤时严重的颗粒物污染。这些由油烟产生大量的热氧化产物,其中含有大量多环芳烃类化合物,能诱导机体产生氧自由基,影响机体抗氧化和过氧化过程的平衡,有氧化损伤 DNA 的潜在可能。肉类烧烤的油烟中含杂环胺类物质,其遗传毒性作用高于苯并芘。因而,烧烤所造成的环境空气污染及其致癌性和致突变性,越来越引起人们的普遍关注[4]。开展此项研究,最重要的就是建立烧烤排放源的有机物组成,以及找到其重要的标识物和特征。本章调查和分析了生活中常见的烧烤方式,在实验室里模拟了烧烤实验,采集了烧烤源排放的细颗粒物样品,用 GC/MS* 进行了有机物的定性和定量分析,为获得烧烤源信息提供了重要资料。

---

* GC/MS:gas chromatography combined with mass spectrometry(气相色谱质谱联合分析法)。

31.1　采样、提取和化学分析

　　整个采样程序严格按照中国传统的烧烤方式进行。实验在一个 7 m² 左右干净的小屋里进行。进行实验之前,用采样器采集了 12 h 的室内空气样品,作为本实验的背景样品。实验中选用的烧烤架,是普通铁制烧烤架。烧烤架分为 2 层,上层放烧烤用的木炭,下层是空的。上下层之间的隔层上有很多小孔,可以让木炭燃烧后的灰烬沉积到下层,并且可以使上层燃烧的木炭与空气相通,有利于木炭的完全燃烧。实验选用的木炭也是普通烧烤用木炭,约 0.5 kg。烧烤的原料有:普通的羊肉(脂肪含量约为 20%),以及各种调料——盐、辣椒粉、孜然和香油等。实验开始之前,在室外将烧烤架上的木炭燃着。同时将羊肉切成片,用竹签穿成串。实验开始时,将羊肉串放在烧烤架上炙烤,直到烤熟羊肉,其间将盐、辣椒粉和孜然等调料撒到羊肉串上。采样进行了约 5 h,烧烤了大约 3 kg 羊肉。用 3 台 PM$_{2.5}$ 采样器同步采集样品,采样器流速为 77.59 L·min^{-1}。采样器放置在离烧烤架 1 m 远处。2 张石英滤膜(90 mm, Whatman Company, UK)叠放在采样器中,上层滤膜用于收集颗粒物样品,下层滤膜用于收集半挥发性有机物。实验所用的石英滤膜,在采样前在 500℃ 中焙烤 2 h,以减小有机污染物的背景值。当完成源采样实验以后,将滤膜样品装入聚乙烯塑料袋中,储存在 −20℃ 的实验室冰箱中,以避免可能发生的生物降解。

　　本研究中,分析的目标物为多环芳烃和脂肪酸,因此提取试剂选用了二氯甲烷。首先将采集的滤膜样品在室温下超声提取 3 次,每次用 20 ml CH$_2$Cl$_2$(HPLC 级,Fisher,USA),每次超声提取 15 min。然后合并提取溶液,用玻纤膜过滤除去溶液中的不溶解物质以及滤膜残渣。接着用旋转蒸发仪在 40℃ 下减压旋转蒸发滤液,将溶液浓缩到 3 ml 并移取到试管中。将浓缩提取液分为 2 份,一份加入氘代二十四烷(n-C$_{24}$D$_{50}$)作为脂肪酸的内标物和回收测试,一份加入六甲基苯作为多环芳烃的内标物和回收测试。2 份提取液用高纯氮气(N$_2$)吹脱直干*,然后用 3 ml 正己烷溶解。用于多环芳烃分析的样品溶液,用硅胶柱(500 mg, 6 ml)(Phenomenex, Torrance, CA, USA)进行固相萃取、净化并浓缩样品中的多环芳烃。首先用 3 ml 正己烷活化硅胶柱,然后将样品也倒入小柱,待充分吸收后,用 3 ml 正己烷淋洗,再 3 ml 苯/正己烷(1∶1)洗脱。最后将洗脱液用 N$_2$ 浓缩,并用正己烷定容为 500 μl,用于 GC/MS 分析。用于脂肪酸测定的样品,则加入 500 μl 的 10% 三氟化硼甲醇(BF$_3$-methanol)溶解在 80℃ 衍生 30 min,然后加入正己烷和饱和 NaCl 进行萃取,萃取液用 Na$_2$SO$_4$ 干燥后,浓缩定容至 500 μl,用于 GC/MS 分析。

　　在样品分析中,测定的目标物为多环芳烃、脂肪酸以及左旋葡聚糖和胆固醇,提取试

---

　　*　吹脱法即将空气或此处的高纯氮气(N$_2$)通入水中,使二相互充分接触,使水中溶解气体和挥发性物质穿过气液界面,向气相转移,从而达到脱除污染物的目的。这里所说的"吹脱直干"即是用高纯 N$_2$ 吹到所有的水分全部进入气相。

剂选用 1∶1 的丙酮／二氯甲烷。提取操作如上所述。在提取浓缩之后，将提取溶液分为
3 份，其中 2 份加入氘代二十四烷（n - $C_{24}D_{50}$），作为脂肪酸和左旋葡聚糖、胆固醇的内标
物和回收测试，一份加入六甲苯，作为多环芳烃的内标物和回收测试。3 份提取液用高
纯 N_2 吹脱直干，然后用 3 ml 正己烷溶解。待测多环芳烃和脂肪酸样品的固相萃取以及
衍生反应操作过程一样。待测左旋葡聚糖和胆固醇的衍生反应是加入 bis-(trimethylsilyl)
trifluoroacetamide (BSTFA)，在 70℃衍生 3 h。将溶液用 N_2 浓缩，并定容为 500 μl 用于
GC／MS 分析。

31.2　烧烤源成分谱的组成

31.2.1　多环芳烃

环境中广泛存在多环芳烃，因其毒性和致突变性，已成为有机气溶胶排放源成分谱
研究之主要对象。多环芳烃是生物质、化石燃料等不完全燃烧的主要污染物。T.
Panalaks 的发现表明，木炭烧烤排放的多环芳烃浓度与所用肉的脂肪含量成正比[5]。烤
肉的油脂滴到高温的木炭上发生热解，形成多环芳烃，同时所生成的多环芳烃又挥发，其
中一部分沉积到烤肉表面。因此，烤肉的脂肪含量对烧烤排放的多环芳烃浓度有决定性
作用[6,7]。在本实验中，我们仅仅在源样品中检测到 6 种多环芳烃。多环芳烃和其他有
机物的浓度见表 31 - 1。多环芳烃的总浓度为 8.97 ng·m^{-3}。三环和四环的多环芳烃浓
度远远高于大分子量的五环、六环的多环芳烃，这一结果与先前的研究结果一致。在本
研究中，多环芳烃中排放浓度最高的是荧蒽（fluoranthene）和芘（pyrene）。A. Dyremark
等人[6]研究了木炭烧烤中仅仅木炭燃烧和木炭烤肉所排放的气溶胶的成分谱。他们发
现，2 种源成分谱中含量最高的多环芳烃是荧蒽和芘。这一结论同本研究建立的源谱相
一致。用天然气烧烤的源谱中，排放速率最高的多环芳烃是䓛（chrysene）和三亚苯
（triphenylene）[1,6]。在这几项研究中，多环芳烃成分谱的差异，是由于烧烤选用的燃料
不同，一种为木炭，一种为天然气。这也说明，木炭烧烤排放的多环芳烃的特征，主要受
木炭燃烧的影响[6]。

31.2.2　脂肪酸

在中国式烹调过程中排放的有机气溶胶里，脂肪酸是含量最高的一类有机物。生肉
中的脂肪酸存在于甘油三酯和磷脂中。在烹调过程中，脂肪酸通过生物酶或者水解和热
解被释放出来[8-10]，不饱和脂肪酸不断增加，尤其是亚油酸[11]。本研究中，木炭烧烤排放
的脂肪酸浓度列在表 31 - 1 中。7 种脂肪酸的总浓度为 87 377.4 ng·mg^{-1}。油酸是含
量最高的一种脂肪酸，为 22 843.5 ng·mg^{-1}。这一结果同先前报道烧烤汉堡包的源谱组
成相一致[1]。在烹调过程中，饱和脂肪酸和不饱和脂肪酸的浓度变化较大。我们将其他
烧烤实验中源谱和肉油脂的脂肪酸组成，与本研究建立的成分谱的硬脂酸（octadecanoic

acid)及其同系物亚油酸(9,12 - octadecadienoic acid)的分布进行了比较,$C_{18:2}/C_{18:0}$ *的比值如表 31 - 4 所列。本研究中 $C_{18:2}/C_{18:0}$ 的比值<1,接近羊肉中脂肪的 $C_{18:2}/C_{18:0}$比值,这说明,木炭烧烤排放的脂肪酸与脂肪的脂肪酸的组成一致。其原因可能是脂肪由于加热而融解成油滴,当油滴滴落在燃烧的木炭上后挥发[1,12-14]。然而,煎肉时排放的脂肪酸中,$C_{18:2}/C_{18:0}$的比值远远高于脂肪中,说明不饱和脂肪酸浓度在烹调过程中增加,尤其是亚油酸[15]。

表 31 - 1 烧烤源细颗粒物成分谱($ng \cdot mg^{-1}$)

烧烤源细颗粒物有机化合物	含 量	烧烤源细颗粒物有机化合物	含 量
月桂酸(lauric acid)	609.22	苯并[b,k]荧蒽(benzo[b/k]fluoranthene)	0.29
肉豆蔻酸(myristic acid)	4 554.92	苯并[a]芘(benzo[a]pyrene)	0.13
十六碳烯酸(hexadecanoic acid)	22 421.49	茚并[1,2,3 - cd]芘(indeno[1,2,3 - cd]pyrene)	0.00
十七烷酸(heptadecanoic acid)	1 569.89		
亚麻酸(linoleic acid)	15 299.33	二苯并[a, h]蒽(dibenz[a, h]anthracene)	0.00
油酸(oleic acid)	22 843.48		
硬脂酸(octadecanoic acid)	20 079.05	苯并[ghi]苝(benzo[ghi]perylene)	0.00
脂肪酸总排放	87 377.38	多环芳烃总排放	8.97
荧蒽(fluranthene)	2.45	胆固醇(cholesterol)	103.61
芘(pyrene)	4.76	左旋葡聚糖(levoglucosan)	58.18
苯并[a]蒽(benzo[a]anthracene)	0.51		
䓛(chrysene)	0.84		

31.2.3 左旋葡聚糖(levoglucosan)和胆固醇(cholesterol)

左旋葡聚糖作为纤维素燃烧的产物,被作为生物质燃烧的重要示踪物[16,17]。植物纤维素在燃烧过程中通常存在两种反应机制:一种是当加热或燃烧温度维持在 300℃以下时,纤维素发生解聚、脱水、分裂以及氧化等作用,转化为含 C 的有机底物;另一种是当温度高于 300℃时,纤维素由于转糖基作用、裂解以及不均匀反应,生成焦油酐糖和挥发性产物[16]。在第二种过程中,生成了生物质燃烧的示踪物,即左旋葡聚糖及其同系物。由于在食物烹调的时候,食物纤维素在加热等条件下同样会发生相似的化学转化,因此 L. He 等人在中国传统烹调源中检出了左旋葡聚糖[3]。在本研究中同样也检出了左旋葡聚糖,浓度为 58.18 ng·mg^{-1},而在 W. F. Rogge 等人以及 L. M. Hildemann 等人的烧烤源中,对此没有报道[1,2],这是因为尽管本实验中烧烤的原料主要是肉类,但在传统的中国烧烤过程中,要在烤肉上撒几种调料、孜然粉和辣椒粉等,这些调料的纤维素在加热条件下产生了左旋葡聚糖[18]。因此,源成分谱中的左旋葡聚糖可能主要来源于孜然粉和辣

---

* $C_{18:2}$代表亚麻酸,又称十八碳二烯酸(linoleic acid);$C_{18:0}$代表硬脂酸,又称十八烷酸(octadecanoic acid)。

椒粉等调料的燃烧。

　　胆固醇属于类固醇中的一种,是高等动物通过生化过程合成的。它主要存在于动物体组织里,尤其在动物脂肪和油脂中[5,19-22]。Rogge 等人[1]研究发现,在烧烤肉类排放的颗粒物中,没有检测到胆固醇的热解产物,说明胆固醇在食物烹调过程中是通过水蒸气剥离(steam-stripping)或者少量挥发而进入大气中的。因此在烧烤肉类食物的过程中,胆固醇的排放成为该排放源的特殊标识物。本研究中胆固醇的排放量为 103.61 ng·mg^{-1},如表 31-1 所列。

31.3　各类烹调源成分谱的比较

　　尽管在城市环境中食物烹调排放的颗粒物对大气有重要影响,尤其对有机气溶胶,但是由于对源成分谱中的有机物组成等方面缺乏信息,故没有深入研究和总结。我们总结了已建立的几类烹调源和烧烤源的成分谱,文献数据和本研究的多环芳烃数据列于表 31-2 中。由于在不同研究中多环芳烃浓度及排放速率的单位不同,我们将结果归一化处理后进行比较。从中国传统烹调源与国外煎肉烹调源的成分谱轮廓图来看(图 31-1),2 种中国传统烹调方式(湖南菜和粤菜)下排放的多环芳烃成分谱轮廓图相似,峰值为芘,而煎肉的成分谱中相对含量最高的是荧蒽和䓛。比较本研究的木炭烧烤源和天然气烧烤源(如图31-2),荧蒽的相对含量都较低,天然气烧烤源中含量最高的是䓛,木炭烧烤源中含量最高的是芘。然而,同为天然气烧烤源,烧烤原料中的脂肪含量不同,成分谱差异也很大。脂肪含量高的源谱中,高分子量的多环芳烃的百分含量远远高于脂肪含量低的源谱,甚至检测到苯并[ghi]芘,这说明肉类的脂肪含量是成分谱中多环芳烃分布的主要影响因素。总之,源成分谱主要受到烹调方式、烹调燃料以及烹调原料中的脂肪含量等因素影响。

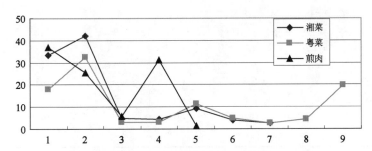

图 31-1　中国传统烹调源成分谱与国外煎肉成分谱中 PAH 的分布(%)
(彩图见下载文件包,网址见 14 页脚注)

　　1. 荧蒽;2. 芘;3. 苯并[a]蒽;4. 䓛;5. 苯并[b/k]荧蒽;6. 苯并[e]芘;7. 苯并[a]芘;8. 苭;9. 苯并[ghi]芘。

　　由于多环芳烃中的同分异构体具有相当的热动力学分配系数和动力传输系数,它们在环境中与天然气溶胶的混合稀释程度相似,且在气、固两相的分布也相似,因此多环芳烃同分异构体之间的相对含量,或者是同分异构体之间的比值,是其来源的有效标识

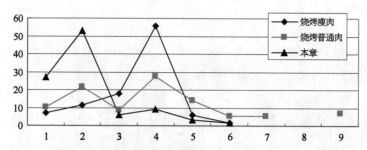

图 31 - 2   文献中烧烤源成分谱与本研究的成分谱中 PAH 的分布(%)
(彩图见下载文件包,网址见 14 页脚注)

1. 荧蒽;2. 芘;3. 苯并[a]蒽;4. 䓛;5. 苯并[b/k]荧蒽;6. 苯并
[e]芘;7. 苯并[a]芘;8. 茚;9. 苯并[ghi]苝。

物[23,24]。先前的研究中估计了汽车尾气、燃煤、生物质燃烧等源成分谱中特征性的多环芳烃比值。我们将烹调源和烧烤源的多环芳烃同分异构体之间的比值列在表 31 - 2 中,可以为研究烹调源和烧烤源对环境的贡献提供参考。表 31 - 3 为中国式烹调源的特征比值,为湘菜和粤菜成分谱的平均值,烧烤源是天然气和木炭 2 种烧烤源的平均值。

表 31 - 2   各类烹调源成分谱中 PAH 的排放速率

PAH	[a]中国烹饪 (ng · mg^{-1})		[b]煎汉堡 (mg·kg^{-1})	[b]炭烤 (mg · kg^{-1})		[c]木炭烧烤 (ng·mg^{-1})
	1	2		超瘦	普通	
荧蒽	6.2	15.5	0.13	0.12	0.35	2.45
芘	7.8	27.8	0.09	0.19	0.74	4.76
苯并[a]蒽	0.86	2.5	0.02	0.3	0.29	0.51
䓛	0.81	2.8	0.11	0.92	0.95	0.84
苯并[b]荧蒽			0.004	0.06	0.27	0.29
苯并[k]荧蒽	1.7	9.7	nd	0.04	0.21	
苯并[e]芘	0.71	4.2	nd	0.03	0.19	0.13
苯并[a]芘	0.51	2.1	nd	nd	0.19	nd
茚并[1,2,3 - cd]芘	nd	3.9	—	—	—	nd
苯并[ghi]苝	nd	16.7	nd	nd	0.24	nd
总计	18.59	85.2	0.354	1.66	3.43	8.98

[a][3];[b][1];[c]本章;nd:未检出。

表 31 - 3   各类烹调源中 PAH 的特征比值

来 源	中国烹饪	炒 肉	炭 烤
荧蒽／芘	0.68±0.17	1.44	0.54±0.08
苯并[a]蒽／䓛	0.98±0.12	0.18	0.41±0.17
苯并[a]芘／苯并[e]芘	0.61±0.15		1.00

脂肪酸无论在烹调源还是在烧烤源中,都是排放量最高的一类有机物,其中油酸是烹调源的重要标识物。文献数据和本研究中的数据列于表 31-4 中。在大气环境中,不饱和脂肪酸与饱和脂肪酸的比值大小常常用来估计气溶胶在环境中滞留时间的长短。而对于排放源,不饱和脂肪酸与饱和脂肪酸的相对含量,取决于烹调或者烧烤过程中温度以及原料的脂肪含量等[13,25],例如烧烤普通肉的油酸排放量远远高于烧烤瘦肉的排放量。我们对不饱和脂肪酸与饱和脂肪酸的比值进行了比较,发现不同烹调方式和烧烤方式的比值,差异较大。2 种不同的中国传统烹调方式,其 $C_{16:1}/C_{16}$、$C_{18:2}/C_{18:0}$ 和 $C_{18:1}/C_{18:0}$* 的比值均不同。在粤菜的烹调源成分谱中,不饱和脂肪酸相对其饱和脂肪酸的排放量较大,且远远高于煎肉源的排放。天然气烧烤瘦肉时的 $C_{18:1}/C_{18:0}$ 比值(1.46)小于烧烤普通肉时的比值(2.30)。这些都为先前研究中提出"烹调原料中脂肪含量对成分谱中脂肪酸的分布有重要影响"提供了证据。

表 31-4 汇总了各类烹调源成分谱中脂肪酸以及左旋葡聚糖、胆固醇的排放速率。

表 31-4　各类烹调源成分谱中脂肪酸以及左旋葡聚糖、胆固醇的排放速率

脂 肪 酸	[a]中国烹饪 ($ng \cdot mg^{-1}$)		[b]煎汉堡 ($mg \cdot kg^{-1}$)	[b]炭烤 ($mg \cdot kg^{-1}$)		[c]木炭烧烤 ($ng \cdot mg^{-1}$)
	1	2		超瘦	普通	
月桂酸,lauric acid (C_{12})	2 461.7	462.5	2.1	10	33	609.22
肉豆蔻酸,myristic acid (C_{14})	7 359.2	1 211.3	6.2	17.1	87	4 554.92
十六碳烯酸,hexadecanoic acid(C_{16})	57 892.4	26 620.5	14.2	83.5	481.2	22 421.49
十七烷酸,heptadecanoic acid(C_{17})	839	463.9	3	9.2	45.2	1 569.89
9-棕榈油酸,9-hexadecenoic acid($C_{16:1}$)	3 638.1	2 101.4	0.8	4.6	52	—
亚麻酸,linoleic acid ($C_{18:2}$)	85 634.5	64 756.1	—	—	—	15 299.33
油酸,oleic acid ($C_{18:1}$)	33 584.1	39 806.2	10.1	82.4	568	22 843.48
硬脂酸,octadecanoic acid ($C_{18:0}$)	21 412.3	11 165.6	8.7	56.3	246.9	20 079.05
总排放	212 821.3	146 587.5	45.1	263.1	1 513.3	87 377.38
$C_{16:1}/C_{16}$	0.06	0.08	0.06	0.06	0.11	—
$C_{18:2}/C_{18:0}$	4.00	5.80	—	—	—	0.76
$C_{18:1}/C_{18:0}$	1.57	3.57	1.16	1.46	2.30	1.14
胆固醇(cholesterol)	525	369	7.1	26.5	72.7	103.61
左旋葡聚糖(levoglucosan)	50.5	196.8				58.18

[a] [3];[b] [1];[c]本章。

本研究按照中国传统的烧烤方式进行木炭烧烤源采样,并通过 GC/MS 分析了多环芳烃、脂肪酸、左旋葡聚糖和胆固醇等有机化合物。木炭烧烤源成分谱具有以下几个

---

　*　$C_{16:1}$ 代表 9-棕榈油酸,又称顺-9-十六碳烯酸(9-hexadecenoic acid);C_{16} 代表十六碳烯酸(hexadecenoic acid);$C_{18:0}$ 代表硬脂酸,又称十八烷酸(octadecanoic acid)。

特征。

(1) 多环芳烃的总浓度为 8.97 ng·m^{-3},三环和四环的多环芳烃浓度远远高于大分子量的五环、六环多环芳烃。这一结果与先前的研究结果一致。多环芳烃中排放浓度最高的是荧蒽和嵌二萘,并且木炭燃烧对烧烤源中多环芳烃的浓度有重要影响。

(2) 通过比较其他烧烤实验的源谱和本研究建立的成分谱中的硬脂酸(octadecanoic acid)及其同系物亚油酸(9,12 - octadecadienoic acid),以及肉中油脂的脂肪酸组成,发现木炭烧烤排放的脂肪酸与脂肪的脂肪酸的组成一致,说明烧烤中肉的脂肪含量对源谱中脂肪酸的分布有重要影响。

(3) 源成分谱中的左旋葡聚糖可能主要来源于孜然粉和辣椒粉等调料的燃烧。

(4) 胆固醇作为烹调源的标识物,在本研究中的排放量为 103.61 ng·mg^{-1}。

(5) 基于各类烹调源成分谱的比较,发现烹调方式、烹调燃料以及烹调原料中的脂肪含量等,是烹调源成分谱的主要影响因素。

参考文献

[1] Rogge W F, Hildemann L M, Mazurek M A, et al. Sources of fine organic aerosol: 1. Charbroilers and meat cooking operations. Environ Sci Technol, 1991, 25: 1112 - 1125.

[2] Hildemann L M, Markowski G R, Cass G R. Chemical composition of emission from urban sources of fine organic aerosol. Environ Sci Technol, 1991, 25: 744 - 759.

[3] He L, Hu M. Measurement of emissions of fine particulate organic matter from Chinese cooking. Atmospheric Environment, 2004, 38: 6557 - 6564.

[4] Siegmann K, Sattler K. Aerosol from hot cooking oil, a possible health hazard. J Aerosol Sci, 1996, 27(Suppl 1): s493 - s494.

[5] Panalaks T. Determination and identification of polycyclic aromatic hydrocarbons in smoked and charcoal-broiled food products by high pressure liquid chromatography and gas chromatography. J Environ Sci Health B, 1976, 11(4): 299 - 315.

[6] Dyremark A, Westerholm Ö E, Gustavsson J. Polycyclic aromatic hydrocarbon (PAH) emissions from charcoal grilling. Atmospheric Environment, 1995, 29(13): 1553 - 1558.

[7] Kimoanh N, et al. Emission of polycyclic aromatic hydrocarbons and particulate matter from domestic combustion of selected fuels, 1999. Environ Sci Technol, 1999, 33: 2703 - 2709.

[8] Eckery E W. Vegetable fats and oils. Reinhold: New York, 1954: 25 - 50.

[9] Rogge W R, Hildemann L M, Mazurek M A, et al. Mathematical modelling of atmospheric fine-particle-associated primary organic compound concentrations. Geophys Res, 1996, 101: 19379 - 19394.

[10] Hildemann L M, Klinedinst D B, Klouda G A, et al. Source of urban contemporary carbon aerosol. Environ Sci Technol, 1994, 28: 1565 - 1576.

[11] Chung T Y, Eiserich J P, Shibamoto T J. Volatile compounds identified in headspace samples of peanut oil heated under temperatures ranging from 50 to 200 degree C. Agric Food Chem, 1993,

1467 – 1470.

[12] Baines D A, Mlotkiewicz J A. Chapter 7//Bailey A J. Recent advances in the chemistry of meat: Special Publication No.47. Langford, Bristol, U K: ARC Meat Research Institute, 1983.

[13] Lovern J A. Vol 6, Chapter 2//Florkin M. Comprehensive biochemistry: Lipids and amino acids and related compounds. Elsevier: New York, 1965.

[14] Doremire M E, Harmon G E, Pratt D E. 3,4 – Benzopyrene in charcoal grilled meats. J Food Sci, 2010, 44(2): 622 – 623.

[15] Candela M, Astlasaran I, Bello J. Effect of frying on the fatty acid profile of some meat dishes. J of Food Composition and Analysis, 1996, 9: 277 – 282.

[16] Simoneit B R T. Characterization of organic constituents in aerosols in relation to their origin and transport: A review. International Journal of Environmental Analytical Chemistry, 1986, 23: 207 – 237.

[17] Schauer J J, Kleeman M J, Cass G R, et al. Measurement of emissions from air pollution sources. 3. C1 – C29 organic compounds from fireplace combustion of wood. Environ Sci Technol, 2001, 35: 1716 – 1728.

[18] Cremer D R, Eichner K. Formation of volatile compounds during heating of spice Paprika (*Capsicum annuum*) Powder. J Agric Food Chem, 2000, 48: 2454 – 2460.

[19] Halaby G A, Fagerson I S. Proceedings: SOS/70, Third International Congress, Food Science and Technology. Chicago: Institute of Food Technology, 1970: 820 – 829.

[20] Fazio T, Howard J W. Chapter 11//Bjorseth A, Ramdahl T. Handbook of polycyclic aromatic hydrocarbons. New York: Marcel Dekker, 1985.

[21] Agricultural Research Service, United States Department of Agriculture. Agricultural handbook No. 8, Composition of foods. Washington, DC: U. S. Government Printing Office, 1963.

[22] Merck Index, 11th ed. New York: Merck and Co, Inc., 1989.

[23] Schauer C, Niessner R, Poschl U. Polycyclic aromatic hydrocarbons in urban air particulate matter: Decadal and seasonal trends, chemical degradation, and sampling artifacts. Environmental Science and Technology, 2003, 37: 2861 – 2868.

[24] Zheng M, Wan T S M, Fang M, et al. Characterization of the non-volatile organic compounds in the aerosols of Hong Kong-Identification, abundance and origin. Atmospheric Environment, 1997, 31: 227 – 237.

[25] Bavelaar F J, Beynen A C. Relationships between dietary fatty acid composition and either melting point or fatty acid profile of adipose tissue in broilers. Meat Science, 2003, 64: 133 – 140.

第*32*章
世界博览会期间长江三角洲区域大气污染特征

　　上海市在 2010 年 5 月 1 日—10 月 31 日举办了世界博览会,访问人次达到 7 300 万。这场空前的盛会为研究长三角空气污染特征及来源,乃至空气污染对气候因子的影响,提供了极好的契机。长三角地区是世界上城市最集中的区域,包括上海、南京、杭州、苏州和无锡等高速发展的城市。这一区域也是人口最为密集的区域,根据 2007 年数据,拥有近 8 000 万人口,其中 63％居住在城市地区。长三角也是工业化程度最高的地区,国内生产总值 GDP 占全国的 21.4％,并保持高速增长趋势。尤其是上海,1996—2006 年间,GDP 增长了 3.6 倍。与此同时,机动车数量迅速增加,从 47 万增加到 253 万辆[1]。为保障 2010 年世博会期间的空气质量,上海市政府采取了一系列控制措施,包括逐步、长期的区域控制措施和应急控制措施。2000 年以来,上海市政府启动了环保三年行动计划,着眼于建设一个能源高效、环境友好城市。得益于天然气和风能发电以及外来电的供应,上海市的燃煤用量大幅下降[1]。2007—2010 年,上海关闭 7 家发电厂,包括 29 套污染严重、效率低下的燃煤装置,所减少的总装机容量达 2 108 MW,年均 SO_2 的排放量因此减少了 80 000 t。从 2005 年起,上海开始实施燃煤发电厂烟气脱硫工程,到 2009 年 6 月,上海所有的燃煤发电厂超过 1 000 万 kW 燃煤机组完成脱硫设施建设[1]。2008 年底,长三角区域实行大气污染联合防治,减少区域污染传输的影响。上海、浙江和江苏三地签署了环境保护合作协议,提高企业环境准入标准,实施相同的排放标准,严格推行区域内大气污染控制措施[2],诸如要求所有的燃煤发电厂在 2010 年以前实现烟气脱硫,对机动车采取更为严格的排放标准,禁止区域内秸秆焚烧等。

　　2008 年奥运会期间,北京的空气质量得到大幅改善[3,4]。这究竟应主要归因于污染物排放的控制,还是归因于有利的气象条件,还未有定论[5-7]。北京在奥运会期间实行了严格的大气污染控制措施,如机动车限行,停止在施工地采用污染工序,要求重点企业限排等[8]。大量关停北京本地以及邻省市的高污染企业等,使得污染排放得以大量削减,有效保证了奥运会期间的空气质量。然而,这些措施并不适用于上海世博会。世博会持续 184 d,持续时间和访问人数都远高于奥运会。若在长达半年的世博会期间,关停部分企业工业活动和其他人为排放源,经济上难以承受。同时,长三角的区域联控也不如奥运会那么严格。因此,保障世博会期间的空气质量相较奥运会面临更多挑战。得益于平缓的地形以及海洋季风型气候,上海的空气质量状况往往好于内陆城市。尽管上海 BC 和 NO_x 的排放量高出北京 $2\sim3$ 倍,但是颗粒物和污染气体浓度仍旧低于北京[9]。长三角位于典型的东亚季风型气候区,夏季温暖而湿润,冬季寒冷而干燥。研究表明,城市空气质量和季风、厄尔尼诺南方涛动(ENSO)存在显著相关[10]。拉尼娜事件也显著影响长三角区域的梅雨季[11]。极端天气现象如台风,可能在造成边界层升高的同时还造成空气污染[12]。2010 年 6 月,中国南部持续降雨,而长江以北地区的降雨则低于 1981—2010 年的长期平均雨量。研究表明,这与反常的季风环流有关[13]。上海地处季风区,其空气污染的形成和传输受到复杂的季风与其他天气现象很大影响。

已有研究通过遥感监测到上海在世博会期间的空气污染物(如 NO_2 和 CO)浓度以及气溶胶光学厚度(aerosol optical depth, AOD)相较前 3 年为低,这表明短期的排放控制措施,有效地降低了污染物的浓度[14]。长期的太阳光度计观测数据表明,世博期间的 AOD 相对较低[15]。本章以世博会期间长三角 9 个城市的空气质量状况为例,阐明长三角主要空气污染物的区域分布和月均值的变化特征,揭示世博会期间影响上海空气质量之主要因素,并讨论区域传输和天气条件对空气质量的影响。

2010 年上海世博会期间,长三角的主要城市,包括上海以及江苏省的南京、苏州、南通和连云港,浙江省的杭州、宁波、嘉兴和舟山 9 个城市,组成了联合观测网络,监测长三角区域的空气质量状况。其中,舟山位于中国东海的岛屿上,可作为背景站点。每个城市都拥有数个自动观测站,整个观测网络包括 53 个自动监测站点。图 32 - 1 显示了各个监测站点的所在位置,表 32 - 1 提供了各个站点的详细信息。SO_2、NO_2 和 PM_{10} 是所有监测站点的常规监测污染物,基于测量的小时平均浓度,计算得到日均浓度。SO_2 采用 API200(Advanced Pollution Instrumentation, Inc., US)或者 TE 43C(Thermo Electron Corporation Environmental Instruments Division, US)测定。NO_2 采用 API 300 或者 TE 42C 测量。PM_{10} 采用 TOEM 1400A (Rupprecht & Patashnick Co., Inc., US)测定。O_3 和 CO 分别采用 49i O_3 分析仪和 48i CO 分析仪测定。$PM_{2.5}$ 采用 TOEM1405D 测定。所有监测均遵照 1998 年 USEPA 准则予以严格的质量控制。采样方法和化学分析方法详见第 7、8、10 章。

表 32 - 1　长三角 9 个城市观测站点概述

城市	面积 (km^2)	人口 (10^5)	监测点 数目	纬度 (°N)	经度 (°E)	监测污染物
连云港	1 156	8.87	4	34.66	119.26	SO_2、NO_2、PM_{10}
嘉兴	968	8.31	1	30.76	120.77	SO_2、NO_2、PM_{10}
南京	4 723	54.60	9	32.06	118.78	SO_2、NO_2、PM_{10}、$PM_{2.5}$、CO、O_3
南通	1 521	21.15	5	32.00	120.92	SO_2、NO_2、PM_{10}、CO、O_3

(续表)

城市	面积 (km²)	人口 (10⁵)	监测点 数目	纬度 (°N)	经度 (°E)	监 测 污 染 物
苏州	1 650	24.02	8	31.28	120.63	SO_2、NO_2、PM_{10}、$PM_{2.5}$、CO、O_3
舟山	1 028	7.00	2	30.42	122.28	SO_2、NO_2、PM_{10}、CO、O_3
宁波	2 462	22.18	3	29.89	121.61	SO_2、NO_2、PM_{10}、$PM_{2.5}$、CO、O_3
杭州	3 068	42.94	10	30.24	120.21	SO_2、NO_2、PM_{10}、$PM_{2.5}$、CO、O_3
上海	5 155	133.17	11	31.20	121.48	SO_2、NO_2、PM_{10}、$PM_{2.5}$、CO、O_3

面积和人口数据出自《中国城市统计年鉴》的统计(2010)。

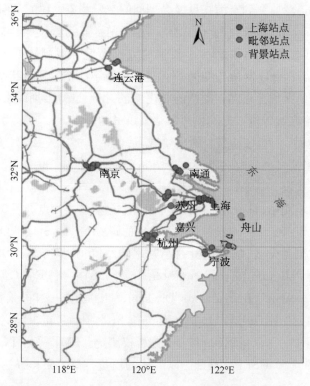

图 32-1 上海世博期间长三角联合观测网络的站点分布图(彩图见下载文件包,网址见 14 页脚注)

32.1 长三角气态污染物和气溶胶的区域分布

图 32-2 为世博会期间长三角几个城市气态污染物和气溶胶浓度的空间分布。长三角大气污染物的区域分布有明显的空间差异。在世博会期间,各个站点 SO_2 的平均浓度(单位: $\mu g \cdot m^{-3}$)为南京(32.3±3.3)>嘉兴(32.1±6.2)>连云港(29.0±4.9)>苏州(27.3±3.0)>南通(25.5±4.3)>杭州(23.9±4.7)≈宁波(23.5±5.5)>上海(21.4±4.3)>

舟山(12.3±4.3)。图32-3标示了长三角燃煤发电厂的年均发电量分布图。如图所示，在发电厂集中的区域，相应的SO_2浓度较高，如江苏南部和浙江北部地区，南京、嘉兴和苏州等城市集中的地区，SO_2浓度相对较高。浙江省的杭州和宁波两市的SO_2浓度较低，可能归因于浙江省的火力发电厂分布较为分散，而且位置靠近海岸。世博会期间上海市的SO_2浓度仅高于作为背景点的舟山。而据2004年的研究，上海SO_2浓度在长三角的16个城市中为最高(文献[16]的Fig. 18)。世博会期间上海市SO_2的低值，至少部分归因于对火力发电厂和工业SO_2排放实行了相对严格的控制措施[17]。

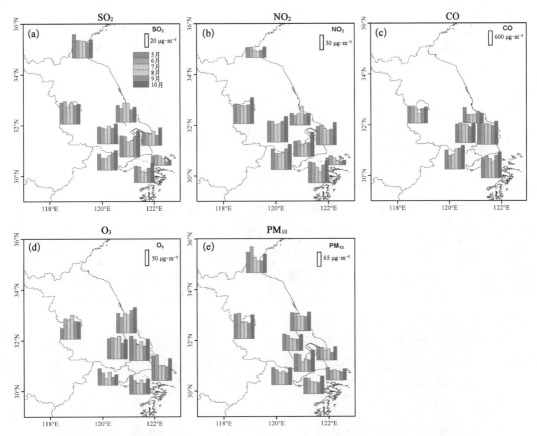

图32-2 世博会期间长三角各站点 SO_2、NO_2、CO、O_3 和 PM_{10} 的空间分布和月均值
(彩图见图版第13页，也见下载文件包，网址见正文14页脚注)

NO_2和CO[如图32-2(b)和(c)]的区域空间分布则与SO_2的分布有明显差别。世博会期间NO_2浓度(单位：$\mu g \cdot m^{-3}$)的序列为苏州(46.4±6.3)＞南京(44.3±6.9)＞杭州(43.0±8.0)＞上海(40.5±6.4)＞宁波(40.2±9.2)＞嘉兴(35.3±10.0)＞南通(27.6±7.1)＞连云港(19.0±4.7)＞舟山(13.5±4.5)。CO浓度的序列则为上海(1 005.6±73.8)＞宁波(983.7±160.0)＞杭州(881.8±181.9)＞苏州(878.5±69.0)＞南京(692.3±116.6)＞南通(483.5±131.6)。机动车保有量越大的城市，如上海、杭州、苏州、宁波和南

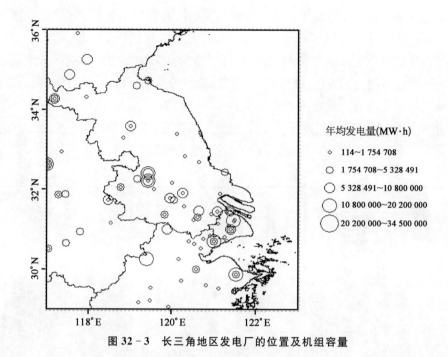

图 32 - 3　长三角地区发电厂的位置及机组容量

京,NO_2 和 CO 的浓度越高。这 5 座城市的机动车保有量较高,机动车保有量占长三角的比例分别为 26%、12%、11%、8% 和 8%[16]。其他规模较小、经济较不发达的城市如连云港、南通和舟山,其机动车保有量较低,NO_2 和 CO 的浓度也较低。此外,世博会的参观人数超过 7 300 万。世博会期间庞大的客流量,对上海以及周边交通系统也是巨大挑战。"世博效应"使得原本旅游名城如苏州和杭州的旅游客流量也相应上升,从而导致了本研究中,苏州和杭州的 NO_2 和 CO 浓度亦处于较高水平。

　　世博会期间各个城市站点的 O_3 平均浓度[图 32 - 2(d)]分布为苏州(71.3±8.3)≈南通(71.0±12.4)≈上海(69.4±13.1)≈舟山(69.1±19.2)>南京(65.1±15.5)>宁波(49.2±10.9)>杭州(39.3±12.9)。如图 32 - 2 所示,东海沿岸有明显的 O_3 高值区,沿海站点(如舟山和南通)与城市站点的 O_3 浓度相近,表明存在污染物从城市向郊区以及远郊的侵入。宁波和杭州的 O_3 浓度值较低,是由于长三角处于 VOC 限制区,较高的 NO_x 浓度会对 O_3 产生消耗作用[18]。

　　世博会期间长三角各个站点 PM_{10} 的平均浓度[图 32 - 2(e)]序列为南京(103.8±23.7)>连云港(88.5±27.7)>南通(82.1±10.6)>嘉兴(75.8±23.0)>杭州(73.5±12.3)>苏州(70.0±11.8)>宁波(69.8±13.9)>上海(57.8±11.1)>舟山(51.3±9.3)。江苏省几个城市的 PM_{10} 浓度明显高于其他城市。如前所述,江苏地区来自发电厂和机动车排放的气态污染物都较高,导致气溶胶浓度也较高。与 SO_2 类似,上海地区的 PM_{10} 浓度仅高于舟山站点。上海出乎意料地成为 PM_{10} 的低值中心,周边环绕城市的 PM_{10} 则较高。据 2010 年以前的研究报道,上海当时还是长三角地区颗粒物污染的中心[16]。建

筑和道路扬尘是 PM_{10} 的重要来源[19,20],为了有效降低 PM_{10} 的浓度,上海市政府采取了多项措施,减少建筑施工和道路的扬尘污染,在建筑工地推广扬尘污染的管理和控制措施,要求对裸露的土壤、水泥和建筑垃圾进行覆盖。此外,相当数量的建筑工地在世博会期间暂停施工,避免产生扬尘[17]。然而,尽管 PM_{10} 排放得到了有力控制,$PM_{2.5}$ 仍是上海和长三角其他城市面临的最大空气污染问题。上海 $PM_{2.5}$/PM_{10} 的比例高达 0.7,表明在 PM_{10} 中以细颗粒物为主 *。世博会期间,南京、宁波、杭州、苏州和上海的 $PM_{2.5}$ 平均浓度分别为 71、44、58、48、40 $\mu g \cdot m^{-3}$。尽管上海 $PM_{2.5}$ 的浓度水平在上述 5 个城市中是最低的,但仍几乎 3 倍于美国国家空气质量标准(NAAQS)的年均 $PM_{2.5}$ 浓度标准。此外,世博会期间大约有 50% 的天数,日均 $PM_{2.5}$ 浓度超过美国 EPA 规定的 35 $\mu g \cdot m^{-3}$。

32.2 长三角气态污染物和气溶胶的月变化

图 32 - 2 同时也显示了各个城市气态污染物和气溶胶浓度的月变化。气态污染物浓度在世博会的中期即 7—9 月份,均出现较低值;而在世博会的前期(5、6 月份)和后期(10 月份)则出现高值。上海市 SO_2 浓度在 5—7 月间的变化较小,基本保持在 19~20 $\mu g \cdot m^{-3}$;而其他城市的 SO_2 浓度则均在 5 或 6 月出现较高值。上海与其他城市月变化的差异表明,上海在世博会前期采取的控制措施,有效地减少了 SO_2 排放。为保障世博会前期的空气质量,上海 SO_2 排放量在 5 月份削减了 20.3%,SO_2 的浓度也相应地出现低值。SO_2 浓度在 8 月份较前几个月约升高 3~5 $\mu g \cdot m^{-3}$,据研究是由于发电厂的缘故[21]。5—6 月间,舟山 SO_2 月均浓度大约是上海的 80%;在后 4 个月里,比值降低到 30%~50%。在前 2 个月(5—6 月),舟山和上海的 SO_2 浓度更为接近,可能归因于从内陆到海洋的区域污染传输。如图 32 - 5 所示,5 和 6 月间盛行的西风和西北风推动污染物向东输送,而舟山可能因此受到内陆传输过来的气流影响,导致污染物浓度升高。在接下来的几个月里,舟山更多地受海洋气流的影响,因此污染物浓度与其他城市站点存在较大区别。NO_2 与 SO_2 的月变化非常接近,所有大城市的 NO_2 月均峰值均出现在 10 月[图 32 - 2(b)],世博会参观人数也是在 10 月份达到最高值,因此 10 月份 NO_2 的升高,很可能是由于人为活动的增多所引起的。与 NO_2 的月变化幅度相比,CO 的变化相对不明显[图 32 - 2(c)]。比如在 7 和 8 月,NO_2 值比较低的时候,CO 浓度仍然较高,与前 2 个月的浓度相当。世博会期间正值华东地区晚春至夏天的收获季节,因此很有可能部分 CO 是来自生物质的燃烧[22]。图 32 - 4 中显示了 FLAMBE** 排放清单关于华北地区每月来源于生物质燃烧的碳排放量[23]。从图中可以看出,世博会期间生物质燃烧最集中的季节为 5—8 月,而 9 和 10 月则很少。5 月份期间,浙江省北部有较多的秸秆焚烧,导致杭州和苏州的 CO 浓度也较高

---

* 根据定义,PM_{10} 当中包含 $PM_{2.5}$。$PM_{2.5}$ 占比越高,即 PM_{10} 的成分中含有越多的细颗粒。

** FLAMBE: Fire Locating and Modeling of Burning Emissions(火灾定位与燃烧排放模式),美国一个监控全球火情的科学项目。

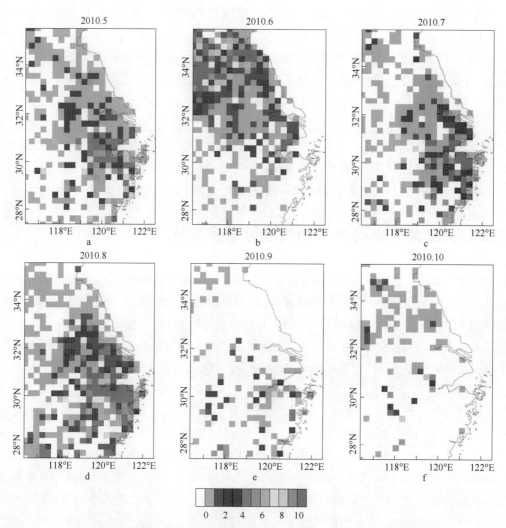

图 32-4　FLAMBE 生物质燃烧排放源 2010 年 5—10 月的碳排放量
（彩图见图版第 14 页，也见下载文件包，网址见正文 14 页脚注）

［图 32-2(c)］。6 月，尽管在长三角北部有较多的生物质燃烧，但由于盛行东南风（图 32-4），因此长三角的城市较少受到影响，如南通和杭州的 CO 浓度都在 6 月份出现最低值［图 32-2(c)］。唯一例外的城市是宁波，CO 浓度在 6 月反而有所升高。值得注意的是，这一时期宁波周边地区出现较多的秸秆燃烧，这可能导致了 CO 浓度的升高。7 和 8 月是世博会期间生物质燃烧最集中的月份，主要位于浙江省北部。受南风和东南风的影响，上海位于区域污染传输的下风向，因此相比前 2 个月，CO 浓度较高。其他内陆城市如杭州、苏州及连云港等，也不同程度地受到影响；而南京则因为不在传输路径上，因此未受影响，8 月份的 CO 浓度最低。尽管宁波位于秸秆焚烧最为集中的区域，但由于受海风的影响，CO 浓度也相对较低。如图 32-4 所示，9 和 10 月间，生物质燃烧对长三角空

气质量的影响很小,几乎可以忽略。因此可以推断,世博会期间最后 2 个月 CO 浓度的升高,是由于人为活动的增加以及不利的气象条件所致。

O_3 的月变化在各个城市不尽相同。NO_x 和 VOC 排放量是决定 O_3 浓度的主要因素。对于上海和舟山,5、6、10 月的 O_3 平均浓度大约在 $78 \sim 90\ \mu g \cdot m^{-3}$,浓度水平远高于其他 3 个月。在这 3 个月高浓度的 O_3 可能归因于机动车的 VOC 排放增加,因为上海是 VOC 限制区[18]。月均 PM_{10} 与 O_3 呈现类似的月变化规律,整个长三角除上海外,5、6、10 月的浓度较高。相比前 2 个月,7—9 月其他站点的 PM_{10} 平均浓度下降了 30% 左右,而上海的 PM_{10} 浓度在前 4 个月一直较高,保持在 $60\ \mu g \cdot m^{-3}$ 左右。O_3 与 PM_{10} 和 SO_2 呈现类似的月变化特征也进一步说明了这些月变化特征应归因于世博会早期上海实施了强有力的控制措施。

32.3　影响世博会期间空气质量的主要因素

气象条件是空气污染形成及其在大气中传输的重要影响因素。月平均温度和露点的变化非常一致,在 7 月(28.8℃)和 8 月(30.8℃)出现峰值,而在其他月份则相对较低。月平均风速没有明显的月变化,大都在 $3.7 \sim 3.9\ m \cdot s^{-1}$ 左右,仅在 7 月出现最低值 $2.9\ m \cdot s^{-1}$。图 32-5 显示了混合层高度的时间序列变化。降雨一般会降低混合层高度,如梅雨期间(6 月 24 日—7 月 16 日)观测的混合层高度最低。世博会期间是上海全年里最为多雨的时段,降雨天数达全年的 36%。因此,日均和月均的混合层高度都受这些降雨的影响。图 32-5 显示了以温度差 $\Delta T / \Delta z$(单位: ℃/100 m,Δz 为高度差)表示的大气稳定度的时间变化系列。大气稳定度和混合层高度存在明显的负相关关系。大气稳定度低,对应着强对流及高混合层。世博会初期的 3 个月,大气相对稳定;从 8 月份开始,大气稳定度下降,至 10 月份最不稳定。世博会期间总降雨量是 709.2 mm,较以往 10 年(2000—2009

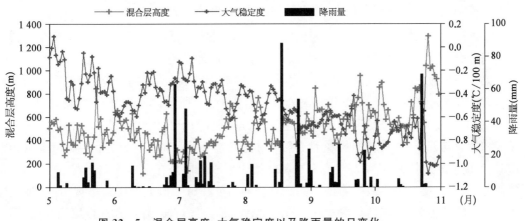

图 32-5　混合层高度、大气稳定度以及降雨量的日变化
(彩图见图版第 14 页,也见下载文件包,网址见正文 14 页脚注)

年)的平均水平 823.3 mm 略低。

通过对 PM$_{2.5}$ 小时平均浓度及污染气体与气象参数之间的相关分析,可进一步阐明气溶胶形成的化学过程和气象条件的相对重要性。表 32 - 2 列出了 PM$_{2.5}$ 与各个参数的相关系数。气态污染物 SO$_2$、NO$_2$、CO 与 PM$_{2.5}$ 的相关关系最为显著,其中 NO$_2$、CO 相较 SO$_2$,与 PM$_{2.5}$ 的相关系数更大。在上海,机动车是 NO$_x$ 和 CO 的主要来源,而固定源(例如发电厂等)的燃煤则是 SO$_2$ 的主要来源[16]。相关性分析表明,移动源在气溶胶生成过程中相对固定源的作用更为明显。5—10 月间每个月的相关系数变化,高值通常出现在 5、6、10 月,而较低值则出现在 7—9 月。在以下的 32.5 节将提到,7—9 月是整个研究期间气象条件最好的时期,有利于颗粒物的扩散,因此颗粒物前体物的作用相对减少。PM$_{2.5}$ 和 O$_3$ 仅在 7 和 8 月有一定的相关性,相关系数在 0.4~0.5 左右。7 和 8 月是全年中最炎热的季节,强烈的太阳辐射导致光化学作用,这可能是 PM$_{2.5}$ 和 O$_3$ 呈现出一定相关性的原因之一。此外,在 32.2 节对图 32 - 4 的讨论中已经提到,7 和 8 月是生物质燃烧最频繁的时期。由于生物质燃烧会释放大量颗粒物以及污染气体如 O$_3$、CO、CO$_2$ 等[24],因此 PM$_{2.5}$ 和 O$_3$ 之间的相关性也可能来自生物质燃烧的贡献。在其他月份,两者之间只有很微弱的相关性,甚至没有相关性,表明光化学过程的贡献相对较低。

表 32 - 2　PM$_{2.5}$ 浓度与污染气体(SO$_2$、NO$_2$、CO、O$_3$)以及气象参数的相关系数

PM$_{2.5}$ (月)	SO$_2$	NO$_2$	CO	O$_3$	风速	X轴向量	Y轴向量	温度 (℃)	露点 (℃)	混合层高度(m)	RH
5	0.60**	0.75**	0.76**	−0.06	−0.29**	−0.33**	0.12**	0.33**	0.26**	−0.15*	−0.14
6	0.54**	0.72**	0.75**	−0.05	−0.37**	−0.35**	−0.16**	0.38**	0.31**	−0.26**	−0.08*
7	0.60**	0.71**	0.68**	0.40**	−0.40**	−0.42**	0.12**	0.22**	0.32**	−0.29**	−0.25**
8	0.49**	0.60**	0.69**	0.48**	−0.39**	−0.35**	0.11**	0.22**	0.27**	−0.37**	−0.20**
9	0.50**	0.65**	0.70**	0.06	−0.34**	−0.30**	0.11**	−0.16**	−0.07	−0.33**	0.16**
10	0.63**	0.72**	0.83**	−0.09*	−0.37**	−0.25**	−0.24**	−0.06	−0.12**	−0.25**	−0.12

** 相关系数在 0.01 水平上显著(双尾),* 相关系数在 0.05 水平上显著(双尾)。

根据这几个气象参数与 PM$_{2.5}$ 的相关系数,风速呈现最显著的负相关。在整个世博会期间,两者的相关系数为 −0.3~−0.4。世博会期间的平均风速达到 3.7 m·s^{-1},有利于污染物的扩散。为分析风向对颗粒物浓度的影响,分别将测定的所有风(包括风速风向)的 X 和 Y 向量与 PM$_{2.5}$ 浓度作相关分析。如表 32 - 2 所示,X 向量与颗粒物有中度弱相关,而 Y 向量则基本不呈现相关性。这表明,东风有利于污染物的扩散,西风则不利。温度和露点与颗粒物浓度的相关性,不同月份各有不同。在 5—8 月,温度和露点与 PM$_{2.5}$ 呈现中度正相关,表明高温有利于颗粒物的形成。但是在之后的 2 个月,并未出现类似的正相关,反而出现微弱的负相关。混合层高度在整个研究期间都呈现出跟 PM$_{2.5}$ 浓度中度的负相关,尤其在夏季。夏季的高温有利于大气对流,并提升混合层的高度,因此更有利于污染物的扩散。没有发现相对湿度与颗粒物浓度之间存在显著相关性。世

博会期间相对湿度的平均值达到 78.9%,相对偏差为 12.8%。相对偏差与平均值的比值仅为 0.16,表明相对湿度的波动相对平缓,因此其与颗粒物浓度之间的相关性不明显。

32.4　后向轨迹追踪来源

我们使用 NOAA 开发的 HYSPLIT 模型[25] * ,研究世博会期间气溶胶的区域/长程传输。图 32 - 6 为气团到达上海的 3 天后向轨迹。后向轨迹所模拟的时间为当地时间 8:00 和 20:00,并且每条轨迹均用不同颜色表示与之同一时间的当地 PM$_{2.5}$ 浓度。图 32 - 6 同时也显示了东亚地区由 MODIS** 观测的月均气溶胶光学厚度(AOD)。如图 32 - 6 显示了上海大部分的高污染天主要和来自内陆污染较严重地区的气流有关,而较为干净的天则主要和来自海洋以及轻污染地区的气流有关。表 32 - 3 列出了来自 8 个风

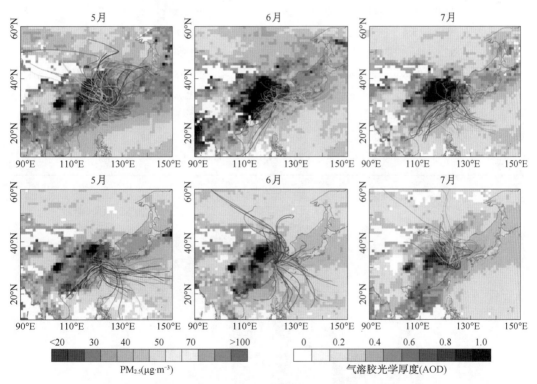

图 32 - 6　世博会每个月气团到达上海的后向轨迹(颜色代表 PM$_{2.5}$ 浓度)和东亚月均 AOD 值
(彩图见图版第 15 页,也见下载文件包,网址见正文 14 页脚注)

---

　* HYSPLIT 模型:Hybrid Single-Particle Lagrangian Integrated Trajectory(混合单粒子拉格朗日积分轨迹模型),是美国国家海洋和大气局下属的空气资源实验室开发的一个完整的模式,用于模拟简单的气团轨迹及其复杂的传输、扩散、化学转化和沉降过程,至今仍是大气科学界最广泛使用的大气传输和扩散模型之一。
　** MODIS:moderate-resolution imaging spectroradiometer(中等分辨率成像光谱辐射仪),是搭载在美国 Terra 和 Aqua 卫星上的一种重要传感器,是卫星上唯一将实时观测数据通过 X 波段向全世界直接广播,并可以免费接收数据并无偿使用的星载仪器。全球许多国家和地区都在接收和使用 MODIS 数据。参见 397 页脚注 * 。

向的上海 $PM_{2.5}$ 浓度的平均值。来自西方和西南方向的气团,明显呈现更高浓度的 $PM_{2.5}$。每个月的区域/长程传输模式各不相同。在 5 月份,上海几乎一半的后向轨迹来自中国东部和中部的高 AOD 区域,因此可以部分解释在世博会初期较差的空气质量。6 月份,风向开始转向从海上传输,$PM_{2.5}$ 浓度的平均值约为 35 $\mu g \cdot m^{-3}$。从图 32-6 中还是能够发现从东海传输的气流偶尔会带来高污染。如图 32-7 所示,从 EDGAR (Emissions Database for Global Atmospheric Research,全球大气研究排放数据库)全球排放清单中的海运排放源,可以看出海运活动在中国东海海域非常频繁。因此,在航运过程中的污染排放,也可能是造成夏天某些污染日的原因之一。

表 32-3 基于后向轨迹聚类分析,来自 8 个风向的上海 $PM_{2.5}$ 浓度月均值(单位: $\mu g \cdot m^{-3}$)

方向	5 月	6 月	7 月	8 月	9 月	10 月
北	41.9±14.9	56.2±32.0	28.8±27.7	30.8±22.2	24.2±15.7	47.1±30.8
东北	35.2±16.4	51.6±29.0	27.4±22.6	37.0±20.5	19.7±11.1	36.7±29.0
东	32.6±19.0	34.9±24.6	25.0±17.7	25.3±25.0	27.2±11.7	51.6±27.0
东南	34.8±20.8	36.8±30.5	22.4±22.1	31.8±28.8	19.7±12.5	38.3±21.7
南	40.3±14.8	68.6±32.2	46.9±27.0	45.2±32.3	19.0±14.0	53.9±23.4
西南	65.5±32.1	69.2±40.3	53.9±28.9	55.7±22.9	16.5±9.6	47.6±15.1
西	63.3±29.4	56.3±26.0	49.1±33.9	54.6±24.8	39.4±14.3	67.8±25.9
西北	37.2±18.4	52.3±31.5	44.2±40.2	56.1±23.4	39.5±16.9	58.4±27.1

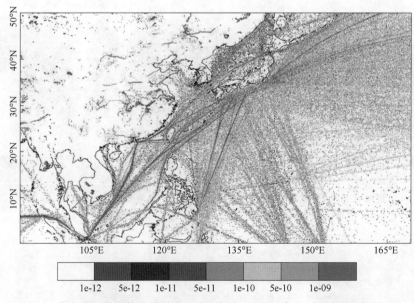

图 32-7 来自海运的颗粒物排放源强度(单位: $kg \cdot m^{-2} \cdot s^{-1}$)(数据源: EDGAR)
(彩图见图版第 15 页,也见下载文件包,网址见正文 14 页脚注)

污染事件的主要特点是气团来自内陆并且后向轨迹较短,这些特点都是霾形成的典型条件。从图 32-6 的 AOD 区域分布来看,6 月是污染最严重的时期,高 AOD 区从华北平原一直延伸到中国南部。因此,区域传输可能是上海 6 月份颗粒物浓度高的原因之一。7 和 8 月的传输模式在一定程度上较为类似。由图 32-6 可以看出,后向轨迹主要来自东南、西南方向,而极少部分来自中国北部或东部。从表 32-3 可以看到,来自东南气团的 $PM_{2.5}$ 浓度平均值在 35 $\mu g \cdot m^{-3}$ 左右或更少,而来自南方、西南和西方的 $PM_{2.5}$ 浓度则高出 15~20 $\mu g \cdot m^{-3}$ 左右。与前几个月不同,9 月的后向轨迹绝大部分来自东北、北方、东南和南方。表 32-3 显示,从北方到西南风向的气团的 $PM_{2.5}$ 浓度低于 30 $\mu g \cdot m^{-3}$,而来自西方和西北的气团则呈现出较高的污染。如 32.2 小节所述,10 月是整个研究期间颗粒物浓度最高的月份。后向轨迹主要来自西北、北和东北。如表 32-3 所示,除了东北和东南方向,来自其他方向的气流均带来较高的污染。本地加重的污染排放,是导致颗粒物浓度升高的主要原因。另外,中国北部的污染也可能通过长程传输,对上海的空气质量产生影响。上海的污染事件通常与来自内陆污染地区的区域／长程传输有关。但是,由于绝大部分的气团在世博会期间来自海洋,因此上海的空气质量在这段时间内较好。

32.5　区域传输对污染物分布的影响

图 32-8 分析了上海和其他城市在 6 个月中污染物之间的相关性。上海的污染物与苏州、宁波、南通和嘉兴最为相关,相关系数在 0.5 和 0.8 之间。由于这些城市最接近上海,因此能够观察到较显著的相关性。然而杭州是个例外,尽管它也非常靠近上海,这两个城市的污染物几乎没有任何相关性,这一点可能和杭州的地形有关。杭州有较多丘陵山地,主城区主要坐落于山谷中,因此其大气环流在大部分时间里跟其他区域相互隔绝,从而导致受区域传输的影响较小。其他城市如南京、连云港的污染物与上海的相关性较低,相关系数在 0.5 以下,表明距离较远的城市之间的相互影响较弱。

在所有污染物中,SO_2 在上海和其他城市中的相关性最低。这是由于 SO_2 主要来自固定点源燃煤的排放,例如发电厂和工业锅炉等。因此,SO_2 的区域分布更依赖于当地点源的分布。NO_2、CO 和 PM_{10} 在不同城市间的相关性相较于 SO_2 要来得高。机动车是 NO_2、CO 和扬尘的主要来源。相较于点源,分布更为广泛的交通源是以上污染物在各城市间相关性更高的原因。污染物中相关性最显著的是 O_3,这说明臭氧生成在整个长三角是区域性问题。至于月变化,不同城市之间同一污染物的相关性在污染较高的时期,也就是在 5、6、10 月也较高,表明区域传输的作用较大。在这些月份,较少的降雨可能是有利于区域传输的原因之一。7—9 月份的污染水平较低,而城市间的相关性也较低。从 32.3 节的讨论中可知,气象参数和污染物的相关性较高,因此气象参数可能是减低城市间污染物相关性的原因之一。另一方面,如图 32-9 所示,这 3 个月的降雨量明显增加,

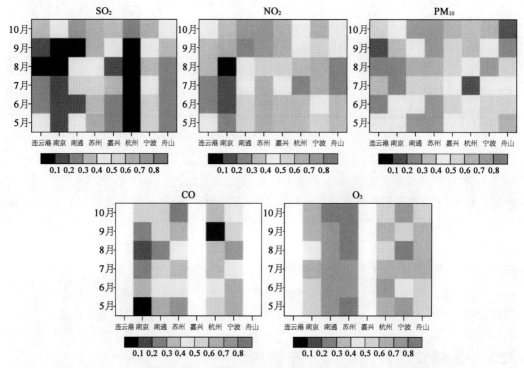

图 32-8　上海与长三角 8 座城市之间 5—10 月同一污染物之间的相关性
（彩图见图版第 16 页，也见下载文件包，网址见正文 14 页脚注）

并且其空间分布非常不均匀。因此，不同强度及不同区域的湿沉降，也是降低城市间相关性的重要原因之一。

图 32-10 定量分析了气象条件对于区域传输的影响。图中分析了上海、南京和杭州三地在整个世博会期间的风向玫瑰图和每个风向的 PM_{10} 颗粒物浓度。来自海洋的风向（北方、东北、东和东南）占上海发生的所有风向的 73%。来自海洋的气团平均 PM_{10} 浓度为 35 $\mu g \cdot m^{-3}$，比来自内陆的气团低 10 $\mu g \cdot m^{-3}$ 左右。并且，从图中可以观察到来自海洋的低浓度气溶胶（例如小于 30 $\mu g \cdot m^{-3}$）的频率要远高于来自内陆的气团。因此，世博会期间占主导风向的海洋风，是上海空气质量较好的主要原因。模式研究也发现，亚洲夏季季风对地面 $PM_{2.5}$ 的去除效率可达到 50%～70%[26]。跟上海相比，南京的颗粒物风向玫瑰图呈现出完全相反的趋势。尽管 57% 的风来自海洋的方向，但是观察到了较高的颗粒物浓度，PM_{10} 平均值达到 110 $\mu g \cdot m^{-3}$。跟其他风向相比，来自海洋的 PM_{10} 浓度高出 20～30 $\mu g \cdot m^{-3}$。在世博会期间，更为内陆的南京处于沿海城市的下风向，因此易受到上游污染物排放的影响。模式研究也发现在某些气象条件下，上海和长三角多个城市之间存在显著的跨界传输现象[27]。通过以上比较可见，世博会期间的气象条件有利于沿海城市空气质量的改善，但可能对内陆城市的空气质量造成一定的负面影响。与上海和南京相比，在杭州，来自各个方向的风向分布显得更加均匀。并且，来自每个方向的 PM_{10}

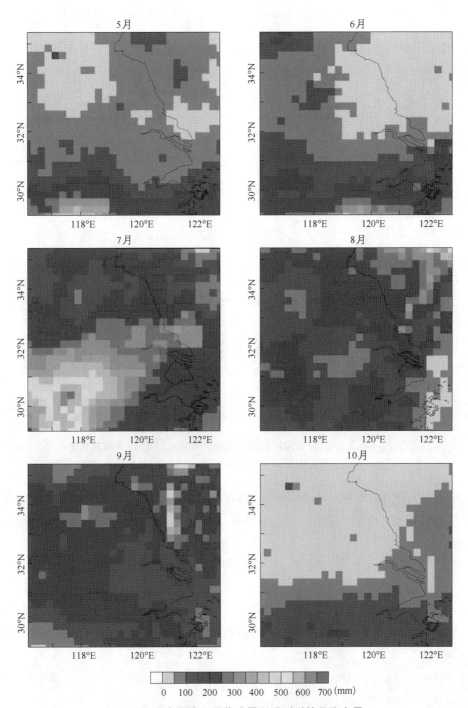

图 32 - 9　TRMM* 降水雷达卫星传感器所观测到的月降水量
（彩图见图版第 17 页，也见下载文件包，网址见正文 14 页脚注）

---

* TRMM：Tropical Rainfall Measuring Mission（热带雨量测量任务）。

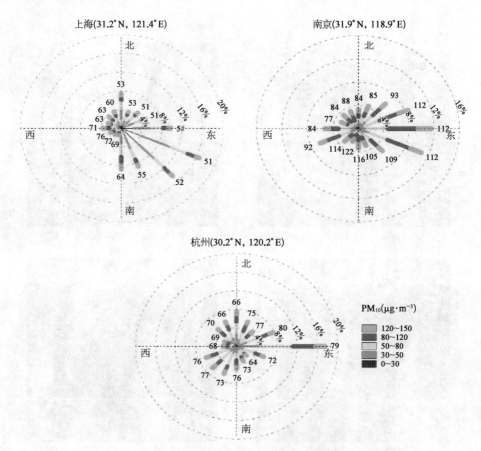

图 32 - 10 上海、南京和杭州三地在世博会期间的 PM₁₀ 风向玫瑰图
（彩图见图版第 18 页,也见下载文件包,网址见正文 14 页脚注）

平均浓度,并未显现出显著的差别,表明杭州本地的大气质量较少受到区域传输的影响。这与之前的讨论中,杭州与上海的污染物相关性较低是吻合的,尽管这 2 个城市在地理位置上较为接近。

综上所述,2010 年世博会期间,由于对于发电厂和建筑工地的排放进行了控制,上海成为长三角 SO_2 和 PM_{10} 的低值中心。但是由于持续增加的机动车数量以及世博会期间大量人流所带来的污染排放,上海也成为长三角 NO_x、CO 和 O_3 的高值中心。上海与其他城市在同一污染物上的空间相关性分析表明,区域传输是影响上海空气质量的主要因子。世博会期间上海发生的污染事件主要和来自内陆的长程／区域传输有关。整体来讲,由于世博会期间的主导风向来自海洋,对靠近海岸的城市的空气质量有利,但是有可能对内陆城市的空气质量产生负面影响。

参考文献

[1] UNEP. UNEP environmental assessment: Expo 2010 — Shanghai, China. www.

indiaenuiromentportal.org.in, 2009.

[2]　SEPB. Agreement on environmental protection cooperation of the Yangtze River Delta (2009 – 2010). www.sepb.gov.cn, 2009.

[3]　Wang W T, Primbs T, Tao S, et al. Atmospheric particulate matter pollution during the 2008 Beijing Olympics. Environmental Science & Technology, 2009, 43: 5314 – 5320.

[4]　Wang T, Xie S D. Assessment of traffic-related air pollution in the urban streets before and during the 2008 Beijing Olympic Games traffic control period. Atmospheric Environment, 2009, 43: 5682 – 5690.

[5]　Wang T, Nie W, Gao J, et al. Air quality during the 2008 Beijing Olympics: Secondary pollutants and regional impact. Atmospheric Chemistry and Physics, 2010, 10: 7603 – 7615. doi: 10.5194/acp – 10 – 7603 – 2010.

[6]　Zhang X Y, Wang Y Q, Lin W L, et al. Changes of atmospheric composition and optical properties over Beijing 2008 Olympic Monitoring Campaign. Bulletin of the American Meteorological Society, 2009, 90: 1633 – 1651.

[7]　Wang Y S, Sun Y, Wang L L, et al. *In situ* measurements of SO(2), NO(x), NO(y), and O(3) in Beijing, China during August 2008. Science of the Total Environment, 2011, 409: 933 – 940.

[8]　Wang S X, Zhao M, Xing J, et al. Quantifying the air pollutants emission reduction during the 2008 Olympic Games in Beijing. Environmental Science & Technology, 2010, 44: 2490 – 2496.

[9]　Chan C K, Yao X. Air pollution in mega cities in China. Atmospheric Environment, 2008, 42: 1 – 42.

[10]　Kim J S, Zhou W, Cheung H N, et al. Variability and risk analysis of Hong Kong air quality based on Monsoon and El Nino conditions. Advances in Atmospheric Sciences, 2013, 30: 280 – 290.

[11]　Wang X, Wang D X, Zhou W, et al. Interdecadal modulation of the influence of La Nina events on mei-yu rainfall over the Yangtze River valley. Advances in Atmospheric Sciences, 2012, 29: 157 – 168.

[12]　Yang J X, Lau A K H, Fung J C H, et al. An air pollution episode and its formation mechanism during the tropical cyclone Nun's landfall in a coastal city of South China. Atmospheric Environment, 2012, 54: 746 – 753.

[13]　Yuan F, Chen W, Zhou W. Analysis of the role played by circulation in the persistent precipitation over South China in June 2010. Advances in Atmospheric Sciences, 2012, 29: 769 – 781.

[14]　Hao N, Valks P, Loyola D, et al. Space-based measurements of air quality during the World Expo 2010 in Shanghai. Environmental Research Letters, 2011, 6: doi 10.1088/1748 – 9326/6/4/044004.

[15]　Jia X, Cheng T T, Chen J M, et al. Columnar optical depth and vertical distribution of aerosols over Shanghai. Aerosol and Air Quality Research, 2012, 12: 320 – 330.

[16] Li L, Chen C H, Fu J S, et al. Air quality and emissions in the Yangtze River Delta, China. Atmospheric Chemistry and Physics, 2011, 11: 1621 – 1639.

[17] SEMC. Shanghai Environmental Monitoring Center: Assessment of the 2010 Shanghai Expo air quality joint monitoring and protection effect, Nov. 2011, Shanghai. Personal communication, 2011.

[18] Geng F H, Zhang Q, Tie X X, et al. Aircraft measurements of O – 3, NO_x, CO, VOCs, and SO_2 in the Yangtze River Delta region. Atmospheric Environment, 2009, 43: 584 – 593.

[19] Wang Y, Zhuang G S, Zhang X Y, et al. The ion chemistry, seasonal cycle, and sources of $PM_{2.5}$ and TSP aerosol in Shanghai. Atmospheric Environment, 2006, 40: 2935 – 2952.

[20] Shu J, Dearing J A, Morse A P, et al. Determining the sources of atmospheric particles in Shanghai, China, from magnetic and geochemical properties. Atmospheric Environment, 2001, 35: 2615 – 2625.

[21] CAI – Asia. Clean Air Initiative for Asian Cities (CAI – Asia) Center, Blue Skies Shanghai EXPO 2010 and Beyond: 3rd Shanghai Clean Air Forum & International Workshop Achievement of 2010 EXPO Air Quality Management — Post-EXPO Workshop Report. 2010.

[22] Huang K, Zhuang G, Lin Y, et al. Typical types and formation mechanisms of haze in an eastern Asia megacity, Shanghai. Atmospheric Chemistry and Physics, 2012, 12: 105 – 124.

[23] Reid J S, Hyer E J, Prins E M, et al. Global monitoring and forecasting of biomass-burning smoke: Description of and lessons from the Fire Locating and Modeling of Burning Emissions (FLAMBE) Program. IEEE Journal of Selected Topics in Applied Earth Observations and Remote Sensing, 2009, 2: 144 – 162.

[24] Andreae M O, Merlet P. Emission of trace gases and aerosols from biomass burning. Global Biogeochemical Cycles, 2001, 15: 955 – 966.

[25] Draxler R, Rolph G. HYSPLIT (HYbrid Single-Particle Lagrangian Integrated Trajectory) Model. http://www.arl.noaa.gov/ready/hysplit4.html, 2003.

[26] Zhang L, Liao H, Li J. Impacts of Asian summer monsoon on seasonal and interannual variations of aerosols over eastern China. J Geophys Res, 2010, 115: D00K05, doi: 10.1029/2009JD012299.

[27] Wang T J, Jiang F, Li S, et al. Trends in air pollution during 1996 – 2003 and cross-border transport in city clusters over the Yangtze River Delta region of China. Terr Atmos Ocean Sci, 2007, 18: 995 – 1009, doi: 10.3319/TAO.2007.18.5.995(A).

第33章

大气气溶胶中的有机碳和元素碳——以北京 $PM_{2.5}$ 中的碳质组分为例

中国首都北京位于 39°28′—41°05′N 和 115°25′—117°30′E 之间,属于温带半干旱半湿润季风气候区,四季分明,春秋短促,冬夏较长,是典型的北方内陆城市。总面积 16 808 km²,38% 是平原,62% 是山丘,人口大约 2 170 万(2017 年)。它距离海洋 183 km,高于海平面 44 m,西北毗邻山西、内蒙古高原,南与华北大平原相接。其北部为燕山山脉的军都山,西部为太行山脉的西山,西北 400 km 左右是戈壁沙漠,东南部为低洼盐碱地区,东南 160 km 左右是渤海,西北部两山在南口关沟相交,形成一个向东南展开的半圆形大山弯,人们称之为"北京弯"。北京市处于两山脉围成的圆形山弯内,三面环山的地形非常不利于污染物的扩散。近年来,北京人口逐年增多,工业逐步发展,能源消耗量逐年增大,机动车保有量以每年 15% 增长,大大增加了大气污染物的排放,使北京原本就令人担忧的大气污染问题,变得更加严峻。颗粒物取代了原来的 SO_2,成为北京大气污染的主要污染物。诸多有关北京的大气污染研究[1-5],主要集中在颗粒物中的化学组分如元素和水溶性离子[6-12]。近年的研究表明,碳质组分(包括有机碳和元素碳)是大气颗粒物特别是细颗粒物的主要组成之一,总碳平均占 $PM_{2.5}$ 的 20% ~ 40% 左右[13-18],在 PM_{10} 中也占 20% 左右[19]。基于有机碳(OC)和元素碳(EC)在颗粒物中占据如此高的比例,我们在 2001—2004 年连续 4 年在北京城区和郊区采集 $PM_{2.5}$ 样品,详细研究了其中 OC 和 EC 的时空分布特征及来源。本研究涉及的有关采样信息,详见表 33-1。采用 C/H/N 元素分析仪和热导检测器(thermal conductivity detector,TCD)测定 OC 和总碳(TC)。由气溶胶样品在 450 和 950℃ 下的氧化产物 CO_2 的量,推算出气溶胶中的含碳量,分别定义为 OC 和 TC。TC 和 OC 之间的差值定义为 EC,即 EC=TC-OC。采样方法和化学分析方法详见第 7、8、10 章。

33.1 北京 $PM_{2.5}$、OC 和 EC 的浓度水平

表 33-2 列出了 2001—2005 年春北京各采样点 $PM_{2.5}$、OC、EC 的浓度及百分含量。

表 33-1　北京城区和郊区 4 个采样点的信息及采样季节和时间

采样点		描　述	采样时间	季节	样品数
北师大	交通混合区	二环和三环之间 海淀区北师大科技楼楼顶 (约 40 m)	01.7.19—01.8.15	夏	10
			01.12.7—02.1.16	冬	11
			02.6.20—02.7.22	夏	10
			02.12.3—03.1.3	冬	10
			03.9.7—03.10.7	秋	10
			04.3.9—04.4.9	春	20
			04.7.18—04.8.17	夏	12
			04.12.15—05.1.25	冬	40
			05.3.16—05.4.28	春	18
密云	远郊区	密云水库附近一楼顶 (约 4 m)	03.9.7—03.10.7	秋	10
			04.3.9—04.4.9	春	20
			04.7.18—04.8.17	夏	10
			04.12.15—05.1.25	冬	40
			05.3.16—05.4.28	春	21
怡海花园	近郊居民区	丰台怡海花园居民楼顶 (约 20 m)	02.6.20—02.7.22	夏	10
			02.12.3—03.1.3	冬	10
首钢	工业区	石景山首钢附近某学校楼顶 (约 4 m)	02.6.20—02.7.22	夏	10
			02.12.3—03.1.3	冬	10

北京城区 $PM_{2.5}$ 的最低平均浓度出现在夏季的首钢和怡海花园,分别为 86.7 ± 30.3、$86.8\pm29.6\ \mu g \cdot m^{-3}$。2005 年中国还没有 $PM_{2.5}$ 的国家空气质量标准,比较美国 $PM_{2.5}$ 空气二级标准(日平均浓度 $65\ \mu g \cdot m^{-3}$),北京城区 $PM_{2.5}$ 的最低平均浓度已经远远高于该标准,城区最高平均浓度(2001 年冬季北师大:$254.6\pm77.0\ \mu g \cdot m^{-3}$)甚至是该标准的近 4 倍,可见北京的细颗粒物污染水平确实很高,亟待治理。郊区 $PM_{2.5}$ 的浓度水平远低于城区。在密云,除了春季外其他几个季节的 $PM_{2.5}$ 浓度都低于 $65\ \mu g \cdot m^{-3}$。城区和郊区的这种差别,也从另一个侧面说明城市工业、机动车辆排放是细颗粒物的主要污染源。而在几次沙尘事件中,北京 $PM_{2.5}$ 的平均浓度高达 $200\ \mu g \cdot m^{-3}$ 左右;最高在北师大,达到 $615.3\ \mu g \cdot m^{-3}$,超过美国二级标准近 10 倍。可见,沙尘不仅带来大量的粗粒子,也带来大量细颗粒物,对人体健康和城市大气环境以及气候造成更不利的影响。碳质组分 TC(包括 OC 和 EC)在 $PM_{2.5}$ 中占有很大比例,在 12%~80% 之间。2002 年冬季,TC 在 $PM_{2.5}$ 中的质量比,城区平均值最高,达 40.2%,和珠江三角洲[20,21](冬季 40.2%、夏季 38.0%)及台湾[16](冬春季平均 21.2%)$PM_{2.5}$ 中 TC 的比例相近。这表明碳质组分是细颗粒物的主要组成之一,而其中 OC 占到 TC 的 70% 左右。因此,研究颗粒物中碳质组分的时间分布和地区分布规律,进而确定其来源,才能有针对性地控制含碳气溶胶的排放,从而能更有效地控制细颗粒物污染。

表 33－2　北京各采样点 2001—2004 年的 PM₂.₅、OC 和 EC 浓度

地　点	时间	PM₂.₅		OC		EC		OC(%)		EC(%)		TC(%)		OC/EC	样品数
		平均值	STD	平均值	STD	平均值	STD	平均值	STD	平均值	STD	平均值	STD		
北师大	01-夏	110.8	46.7	17.1	4.1	4.9	5.4	19.3	9.2	4.1	2.8	22.8	7.5	6.3	9
	01-冬	254.6	77.0	46.3	25.5	31.6	31.0	18.8	10.0	11.3	10.9	28.0	15.5	4.1	10
	02-夏	99.3	33.9	11.5	3.7	5.2	2.4	12.1	3.4	5.2	1.6	17.3	3.5	2.6	10
	02-冬	134.9	128.4	36.6	26.2	12.9	10.4	29.8	11.7	10.4	5.7	40.2	12.3	3.8	8
	03-秋	158.4	87.6	20.9	8.6	15.2	8.9	17.2	10.1	10.4	4.8	27.6	13.2	1.8	10
	04-春	147.2	140.9	10.4	9.8	9.2	9.0	10.2	8.3	6.3	3.7	16.5	9.0	1.9	20
	04-夏	112.6	64.3	14.1	4.3	6.7	3.6	15.8	7.6	6.6	2.5	22.3	8.8	2.6	12
	04-冬	91.6	74.2	17.4	13.1	8.8	8.4	19.9	6.3	9.2	5.3	28.4	6.1	2.7	40
	05-春	136.5	72.2	14.4	8.3	4.3	3.0	11.2	4.6	3.3	1.7	14.5	4.9	3.9	18
	沙尘期	200.7	167.9	12.5	12.7	5.4	8.0	7.0	3.1	2.3	1.8	9.3	3.1	3.6	11
首钢	02-夏	86.7	30.3	9.3	3.2	6.6	3.2	10.9	1.9	7.6	2.3	18.4	3.3	1.6	10
	02-冬	171.6	141.7	36.0	21.5	9.8	6.8	29.0	13.3	8.8	6.2	37.7	18.3	4.8	10
怡海花园	02-夏	86.8	29.6	11.3	3.6	5.3	3.1	13.6	4.0	5.8	3.1	19.4	3.7	2.5	9
	02-冬	180.0	77.9	37.5	11.2	21.9	12.1	22.0	6.1	12.4	4.3	34.4	5.6	2.2	10
密云	03-秋	46.2	23.9	4.9	1.3	5.7	3.9	13.2	6.9	12.1	4.0	25.4	6.7	1.3	10
	04-春	101.6	99.9	7.1	5.8	4.6	4.1	11.6	8.3	9.8	9.2	21.4	16.0	1.7	19
	04-夏	53.8	41.7	5.0	1.7	3.9	2.4	16.2	12.4	9.7	5.1	25.9	15.9	1.8	10
	04-冬	34.0	33.4	10.7	6.8	4.8	3.9	39.8	17.0	18.0	9.7	56.8	20.0	3.0	40
	05-春	110.7	111.7	11.2	6.9	3.0	1.9	14.1	7.7	4.8	3.6	26.6	8.5	4.1	21
	沙尘期	210.5	136.1	12.8	8.2	3.3	3.4	7.1	3.5	1.7	1.3	8.9	3.8	5.2	11

STD：标准偏差。

北京的 OC、EC 在 2001 年冬季,北师大最高,分别为 46.3 ± 25.5、$31.6 \pm 31.0\,\mu g \cdot m^{-3}$。OC 的最低值出现在秋季的密云($4.9 \pm 1.3\,\mu g \cdot m^{-3}$),而 EC 在 2005 年春季的城区和郊区都是最低值 $3.0\,\mu g \cdot m^{-3}$。从平均值来看,沙尘虽然带来了大量的细颗粒物,但对 OC 和 EC 的影响不大。城区及郊区密云在沙尘暴期间的 OC 均约为 $12\,\mu g \cdot m^{-3}$,EC 分别为 5.4 及 $3.3\,\mu g \cdot m^{-3}$。不同时期、不同采样地点、不同研究者观测的北京市 OC 和 EC 的浓度水平相当,冬季 OC 一般在 $30 \sim 40\,\mu g \cdot m^{-3}$ 之间,夏季在 $10 \sim 17\,\mu g \cdot m^{-3}$ 之间,秋季在 $20\,\mu g \cdot m^{-3}$ 左右。季节变化趋势也相似,一般是冬季最高,秋季其次,夏季最低。把北京城区所有采样点按照季节的平均值,和中国及世界其他地区同一季节的 OC、EC 浓度比较,所得比值分布见图 33-1。从图中可以清晰地看到,除了广州夏季和成都的 OC 比北京高以外,北京的 OC 和 EC 浓度几乎是中国其他城市如上海[22]、香港[20-22]、深圳、珠海[20-22]等的 2 倍,也远高于美国洛杉矶、日本东京[23]和韩国首尔[17],可见北京 OC 和 EC 的污染很严重。

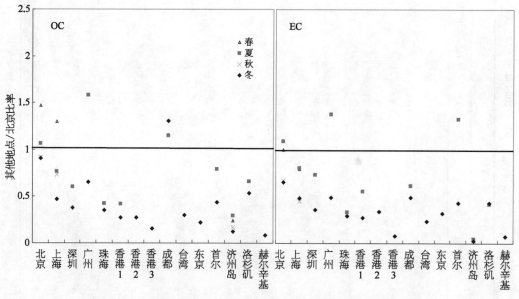

图 33-1　中国和世界其他地区 OC、EC 跟北京 OC、EC 浓度的比值
(彩图见下载文件包,网址见 14 页脚注)

33.2　北京 OC 和 EC 的空间分布

从平均值来看,在城区北师大、首钢和怡海花园 3 个不同的功能区,无论在夏季还是冬季,OC 平均浓度都极其接近。夏季北师大、首钢和怡海花园的 OC 浓度分别为 11.5 ± 3.7、9.3 ± 3.2 和 $11.3 \pm 3.6\,\mu g \cdot m^{-3}$,冬季分别为 36.6 ± 26.2、36.0 ± 21.5 和 $37.5 \pm 11.2\,\mu g \cdot m^{-3}$。除了怡海花园的冬季 EC 格外高以外,冬夏季 3 个采样点的 EC 浓度也基本在同一水

平,表明城区 $PM_{2.5}$ 中 OC 和 EC 的分布较为均匀,没有很强的功能区差别;而怡海花园的冬季 EC 浓度格外高,其原因可能是冬季居民燃煤取暖增加,供暖燃煤锅炉的燃烧不太充分,这会导致更多的 EC 排放。城区和郊区相比则不一样,城区浓度远高于郊区。北师大春夏秋冬四季 $PM_{2.5}$、OC、EC 的平均浓度,几乎都是同步采集的密云样品的 $1.5\sim3$ 倍。

表 33-3　2001—2005 年春北京 4 类功能区采样点 $PM_{2.5}$ 样品质量浓度、OC 和 EC 的配对 t 检验结果

显著性(双尾)	北师大和首钢	北师大和怡海花园	首钢和怡海花园	北师大和密云
t 检验的配对数	20	20	20	91
质量浓度	0.20	0.29	0.83	3.2E-10
OC	0.83	0.63	0.63	3.4E-11
EC	0.97	0.06	0.09	1.5E-06

为进一步研究北京 $PM_{2.5}$ 中 OC 和 EC 的空间分布特征,对 2001—2005 年春北京城区和郊区 4 个功能区采样点的样品进行了配对 t 检验。配对 t 检验即是求出各个对的差值 d,然后检验差值的总体均数是不是为 0。如果在同一天 2 个地点的情况相同,那么理论上差值 d 的总体均数应该为 0,如果取检验水平 $\alpha=0.05$,p 值就应该大于 0.05;如果在同一天 2 个地点的情况不同,那么理论上差值 d 的总体均数就应该不等于 0,p 值就应该小于 0.05。由于配对 t 检验排除了其他因素(日期)对研究因素的影响,所以它的检验效能比成组 t 检验更高。检验结果见表 33-3,可以看到,北师大、首钢和怡海花园两两之间的 $PM_{2.5}$ 质量浓度、OC 和 EC 配对结果,p 都大于 0.05,表明在城区 3 个不同功能区之间,$PM_{2.5}$、OC、EC 都没有显著差异,分布较均匀。这是由于 $PM_{2.5}$ 粒径小,在空气中滞留时间长,能够充分混合,导致城区 $PM_{2.5}$ 没有显著差异。对 3 个功能区 $PM_{2.5}$ 中其他元素和离子的配对检验,也得到同样的结果[24,25]。但是,城区和郊区相比,t 检验的 p 值都远远小于 0.05,表明城区和郊区 $PM_{2.5}$、OC 和 EC 有很大差异。密云采样点位于北京东北角密云水库旁的一座小山上,周围没有任何的厂矿企业,机动车也很少,除了本地扬尘以外,没有局地污染源。$PM_{2.5}$、OC、EC 在这样一个"干净"采样点的浓度,从另一角度说明了城区工业和机动车排放是大气细颗粒物中 OC 和 EC 的主要来源。

33.3　OC 和 EC 的时间分布特征

从采样期间 OC 和 EC 浓度随时间的变化图(图 33-2)可以看出,OC 和 EC 在夏季的日变化不大,而在其他季节特别在冬季,日变化非常大。影响污染物浓度变化的因素,一个是排放源,另一个重要的是气象条件。在同一季节、同一地点,污染物排放源差别应

该不大,那么导致浓度日变化的主要因素是气象条件。比较采样期间的气象条件——温度(T)、风速(WS)和相对湿度(RH)随时间的变化趋势,可见冬季和春季的各种气象因素尤其风速的日变化大,而在夏季,气象条件特别是风速相对而言比较稳定,这与 OC 和 EC 的日变化趋势一样。气象条件的影响将在下文详细讨论。

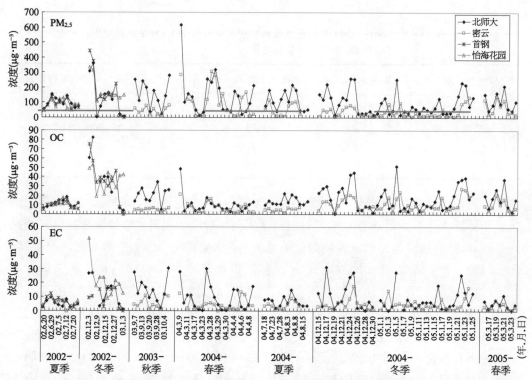

图 33 - 2 北京 4 个功能区 PM$_{2.5}$、OC 和 EC 浓度随时间的变化图(彩图见下载文件包,网址见 14 页脚注)

PM$_{2.5}$ 图中红色水平线代表美国当年大气质量标准 65 $\mu g \cdot m^{-3}$。

北京的 OC 和 EC 浓度有明显季节变化。由于北京城区没有明显的功能区差异,因此将 3 个功能区当作一个整体来看。北京城区春、夏、秋、冬的 OC 平均浓度分别为 12.4、12.6、20.9、34.7 $\mu g \cdot m^{-3}$,EC 平均分别是 6.7、5.7、15.2、17.0 $\mu g \cdot m^{-3}$。北京郊区密云春、夏、秋、冬的 OC 平均浓度分别为 9.1、5.0、4.9、10.7 $\mu g \cdot m^{-3}$,EC 分别为 3.8、1.7、5.7、4.8 $\mu g \cdot m^{-3}$。可见,北京的 OC 和 EC 浓度冬季最高,是夏季浓度的近 3 倍,其次是秋季;城区春季和夏季差不多,都远低于冬秋季;在郊区则是夏季最低,春季 OC 和 EC 都是夏季的 2 倍左右,这和其他研究者的结果类似[9,10,13]。北京的 OC 和 EC 浓度有如此鲜明的季节变化,除了气象因素外,更主要的还是缘自局地排放源的季节差异。一般来说,工业排放量在全年基本没有大的变化,而冬季的 OC、EC 浓度比春夏季高这么多,主要是由冬季燃煤采暖造成的。另外由于冬天温度低,机动车冷启动时可能排放更多的烟尘,还有半挥发性有机物在低温时主要以颗粒物的形式存在,这些也是冬季 OC 和 EC 浓度高的原因。秋季是收获季节,焚烧秸秆这样的生物质,其特点就是大量排放 OC。生物质燃烧源标识物 K^+,在秋季有高浓度的分布。这说明了生物质燃烧是秋季颗粒物的重要来源之一,也是秋季 OC 和 EC 的主要来源[26]。在春季,燃煤和生物质燃烧这两种来源相对于秋冬季有所减少,加上春季外来或本地矿物沙尘对 OC、EC 的稀释作用,使得 OC、EC 在春季浓度低。夏季除了污染源减少外,高温导致半挥发有机物挥发,对 OC 的减少也有一定贡献;同时夏季降水量增大,对污染物也有一定的冲刷作用。这些都导致了 OC 和 EC 在夏季的浓度低。冬季 $PM_{2.5}$、OC 和 EC 的浓度有显著的年际变化。跟 1989 年冬季($77.9\ \mu g \cdot m^{-3}$)[10]相比,1999 年冬季的 $PM_{2.5}$ 平均浓度达到 $175.9\ \mu g \cdot m^{-3}$,增加了近 1.5 倍,2001 年冬季,继续增加到 $254.6\ \mu g \cdot m^{-3}$,是 1989 年冬季的 3 倍多。OC 和 EC 也分别由 1989 年的 22.2 和 $23.3\ \mu g \cdot m^{-3}$ 增加到 2001 年 46.3 和 $31.6\ \mu g \cdot m^{-3}$。可见,城市发展导致燃煤和机动车辆增加,极大地增加了大气中细颗粒物的排放。

33.4　二次有机碳的估算

大气颗粒物中的 OC 来源,包括一次源和二次源。一次排放源包括矿石燃料和生物质燃烧(通常为细颗粒),植物孢子和花粉、植物碎片、老化的橡胶和土壤中 OC 等直接进入大气中(这通常为粗粒子)。OC 的二次源则包括挥发性有机气体如甲苯、苯乙烯、蒎烯、异戊二烯等的光氧化反应导致气-粒转化或凝聚。很多研究者通过实验室模拟或模式计算,研究苯、甲苯、异戊二烯、蒎烯、萜等有机气体的气-粒转化过程,以及二次有机气溶胶形成过程中的影响因素[27-32]。研究发现,有机气体发生光氧化反应形成二次有机气溶胶的反应,是大气颗粒物特别是细粒子的重要来源之一。在加利福尼亚州南部的光化学烟雾时期,有机气体发生反应形成的二次有机气溶胶,占总有机气溶胶的 70%~75%[33]。在美国南部海岸,年平均有 20%~30% 的有机气溶胶是二次气溶胶[34]。所以,对二次 OC 进行定量研究,对于揭示气溶胶的来源,进而控制有机气溶胶,具有重要意义。

有机气溶胶的成分很复杂。二次有机气溶胶一旦形成,很难通过分析技术将其与一次有机气溶胶区分开,所以也就没有办法直接对二次有机气溶胶进行定量研究,只能通过间接方法来定量估算二次 OC。目前定量估算二次 OC 的方法主要有 3 种。一种是应用特征有机示踪物通过受体模式(如 CMB 模式)定量计算出一次有机碳(OC_{pri}),总 OC 减去一次 OC 就得到二次 OC 的量[34,35]。这种方法比较准确,但需要定量检测大量的有机物,还要有不同源排放的各种有机物的详细源谱,对实验室有机物检测水平也有很高的要求。第二种估算方法是利用化学传输模式计算一次 OC,进而求得二次 OC 或直接预测二次 OC[36,37]。这种方法需要输入各种物质或气体的排放清单,而目前这些排放清单有很大的不确定性,导致估算结果有较大误差;而应用最简单也最广的估算方法,是以 EC 作为一次排放示踪物来计算一次 OC,进而定量计算二次 OC[33,35,37-39]。

EC主要是矿石燃料和生物质不完全燃烧的产物,通常认为是燃烧源产生OC的副产物,而且EC很难发生化学反应,所以被认为是一次人为源很好的示踪物。对一个特定地区,如果各种源排放是相对稳定的,一次排放的OC、EC比值$(OC/EC)_{pri}$也应该是恒定的。如果实测环境样品中的OC/EC比值$>(OC/EC)_{pri}$,那些多出的OC被认为是二次有机气溶胶。基于这种假设,B. J. Turpin和J. J. Huntzicker[33]提出计算二次有机碳(SOC)的以下数学式:

$$OC_{sec} = OC_{tol} - EC \times (OC/EC)_{pri} \tag{33-1}$$

$$OC_{pri} = EC \times (OC/EC)_{pri} \tag{33-2}$$

其中,OC_{pri}、OC_{sec}、OC_{tol}分别指一次OC、二次OC和总OC。EC示踪方法的最大不确定性来自$(OC/EC)_{pri}$的不确定性。首先,不同排放源所排放的颗粒物OC/EC比值不同,这使准确确定某地区的$(OC/EC)_{pri}$有一定难度;其次,$(OC/EC)_{pri}$受气象条件的影响也较大,会有日夜和季节的变化[40];第三,几乎不可能将颗粒物中一次OC和二次OC分离开,所以直接由环境样品得到的$(OC/EC)_{pri}$,不能说是绝对的一次源比值。但是不管怎样,如果能够仔细确定,在一次排放占绝对优势的颗粒物中,例如在冬季和早上上班高峰期的颗粒物中,OC和EC有很强的线性关系,那么也可以将这些不确定性降到最低,从而得到相对准确的$(OC/EC)_{pri}$。Turpin和Huntzicker[33]监测了没有阳光、有间歇小雨、O_3浓度低、气团不稳定条件下的OC和EC浓度。由于在这样的条件下光化学反应少,相应的二次OC形成已很少,因此将这种气象条件下得到的OC/EC比值的平均值,认为是一次OC/EC比值,得到$(OC/EC)_{pri}$的数值为2.2 ± 0.2。H. J. Lim(2001年)[41]用同样的方法得到一次OC/EC的比值为2.1。L. M. Castro等[38]提出,如果非燃烧性一次源排放的OC(自然排放)很少,半挥发性有机物的含量相对于总OC可以忽略,而碳质颗粒物的来源及各源的相对贡献率又较稳定,那么可以用实测的环境样品中最小的OC/EC比值$(OC/EC)_{min}$代替一次OC/EC比值,来计算SOC,从而式33-1可写成

$$OC_{sec} = OC_{tol} - EC \times (OC/EC)_{min} \tag{33-3}$$

如果在某地区测定的大量环境样品中,不同采样点、不同季节都得到相同或相似的$(OC/EC)_{min}$,则可认为满足了上述假设,可以用式33-3估算SOC。样品的多少和样品的代表性会影响$(OC/EC)_{min}$代替$(OC/EC)_{pri}$的可靠性,但是至少用$(OC/EC)_{min}$代替$(OC/EC)_{pri}$进行估算所得SOC,能够反映SOC的上限。对北京而言,冬季有燃煤供暖,而夏季没有,所以采暖季和非采暖季来源的贡献有所差别,理应分开讨论和确定$(OC/EC)_{min}$。但在分析过程中发现,采暖和非采暖季的最小OC/EC值没有太大差别,所以也就放在一起讨论。图33-3是采样期间北京4个功能区采样点的OC-EC浓度关系图。可以发现,在不同采样点、不同季节,都得到相似的$(OC/EC)_{min}$:北师大

冬、夏、秋季都为 0.8，春季为 0.7；密云春秋季为 0.7，夏冬季为 0.8；首钢夏冬季均为 0.9；怡海花园冬季为 0.9，夏季为 1.0。究竟选何值作为北京地区的 (OC/EC)$_{min}$？R. Strader 等[37]指出，如果 OC/EC>2.9，二次 OC 会很高，他们选择 OC/EC<2.9 的样品，对 OC 和 EC 作最小二次回归处理，得到 (OC/EC)$_{pri}$ 为 2.4。我们对所采样品作了同样的处理，得到的回归方程为 OC=0.93EC+3.42，R^2=0.65。因此我们选择 0.9 作为一次排放的 OC/EC，按式 33-3 估算 SOC。值得注意的是，在 3 个城区采样点得到的 (OC/EC)$_{min}$，都发生在同一天，即 2002 年 6 月 29 日和 2002 年 12 月 15 日。经查，这 2 天 O$_3$ 浓度、能见度和风速都非常小，二次 OC 的形成可以忽略，所以用这 2 天的 OC/EC 作为 (OC/EC)$_{pri}$ 是合理的。计算所得 SOC 浓度及其在 OC 和 PM$_{2.5}$ 中所占的百分数见表 33-4。

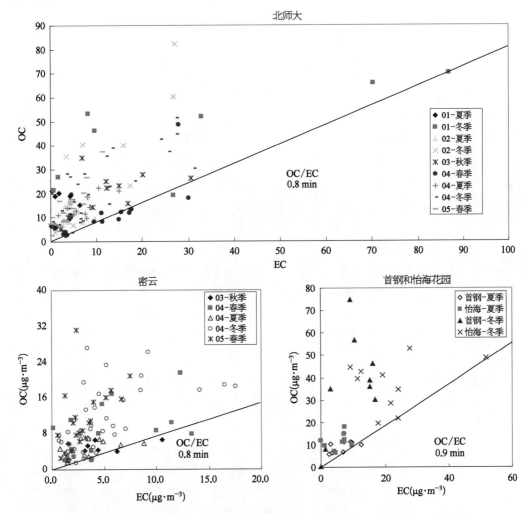

图 33-3　北京各采样点不同季节的 OC-EC 散点图，图中线表示最小 OC/EC 比值
（彩图见图版第 19 页，也见下载文件包，网址见正文 14 页脚注）

表 33 - 4　北京 4 个功能区二次 QC 浓度及其在 OC 和 PM_{2.5} 中所占的百分数

地　点	季　节	$SOC(\mu g \cdot m^{-3})$		$SOC/OC(\%)$		$SOC/PM_{2.5}(\%)$	
		平均值	STD	平均值	STD	平均值	STD
北师大	春季	6.8	1.2	49.6	5.8	5.8	1.1
	夏季	8.5	0.9	59.7	4.3	9.8	1.4
	秋季	8.4	2.8	37.8	8.9	8.4	2.6
	冬季	13.3	1.8	50.3	4.2	10.5	1.2
密云	春季	6.3	0.9	53.9	4.5	7.8	1.1
	夏季	1.5	0.5	29.8	9.8	6.7	3.4
	秋季	1.2	0.5	23.6	8.3	4.6	2.1
	冬季	6.5	0.9	52.8	4.5	22.1	2.8
怡海花园	夏季	5.8	1.2	50.3	7.8	6.1	1.5
	冬季	17.8	4.3	43.4	9.3	10.8	2.7
首钢	夏季	3.4	0.8	36.8	6.4	4.1	0.7
	冬季	27.5	6.8	72.3	5.1	18.9	4.1

在北师大和怡海花园,夏季 SOC 在 OC 中所占的比例高于冬季,平均分别为 59.7%和 50.3%,跟美国夏季 SOC 在 OC 中所占的比例相当(48%~77%)[35],说明夏季 OC 主要源于二次反应。但北京冬季 SOC 在 OC 中所占的比例也很高,几乎都大于 50%,高于美国加利福尼亚州的冬季[37]。气-粒转化模式预测,二次有机气溶胶的产率可能是颗粒物质量浓度的函数,即细粒子的存在可以作为晶核,促进半挥发性有机物在颗粒物上发生凝聚和反应[31]。北京冬季燃煤可能导致大量气态有机前体物的排放,而冬季低温也有利于半挥发性有机物的凝结。两者协同作用,就有可能导致二次 OC 增加。而密云冬春季 SOC 在 OC 中的百分比,远高于夏季。这可能是由于在冬春季,密云的颗粒物较多地源于长距离传输,这种长距离传输过程有利于二次 OC 的形成。

33.5　OC 和 EC 的来源分析

33.5.1　污染的气体和气象条件对 OC 和 EC 浓度的影响

图 33 - 4 展示了采样期间北京温度、相对湿度和风速随时间的变化。北京的气象特征是四季分明,夏秋季温度高、湿度大,冬季温度低、湿度小;夏季风速较小,风速的日变化不大,而冬春季风速大且日变化特别大。夏季高温、高湿度,有利于二次有机气溶胶的形成;而较恒定的低风速,使污染物主要来源于局地源。夏季相对于冬季来说,排放源较少,所以夏季 OC 和 EC 的浓度较低,且日变化不大;而在冬季,温度低且易形成高度较低的逆温层,不利于污染物扩散,导致污染物累积,故冬季总体来看污染物浓度高。同时,在冬季风速日变化大,来自相对洁净方向的风,可能对污染物有清除作用;而来自污染严

重方向的风,可能带来更多的污染物。不管是清除作用还是累加作用,多变的风速会使污染物浓度发生较大变化,所以我们看到,在冬季,OC 和 EC 的日变化很大。春季风速最大,湿度小,尤其在沙尘暴期间,大风将沙尘带到北京,使矿物气溶胶增多,OC 和 EC 得到一定程度稀释,浓度较低。

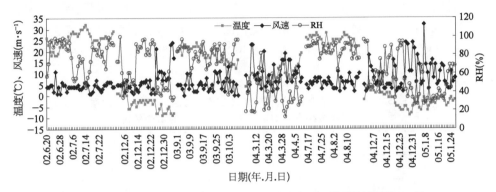

图 33-4　采样期间北京气象条件随时间的变化图(彩图见图版第 19 页,
也见下载文件包,网址见正文 14 页脚注)

SO$_2$ 和 NO$_2$ 在采样期间的时间变化如图 33-5 所示。SO$_2$ 有明显的采暖季和非采暖季差别。在冬季,SO$_2$ 平均浓度高达 154 $\mu g \cdot m^{-3}$,而在夏季仅为 16 $\mu g \cdot m^{-3}$,秋季和夏季在同一水平。采暖季与非采暖季之间如此大的浓度差别,表明 SO$_2$ 主要源于燃煤,是燃煤源的代表物;而 NO$_2$ 虽然是冬季高、夏季低,但冬夏季差别并不太多,说明除了冬季燃煤的贡献外,NO$_2$ 主要还是来源于机动车尾气。

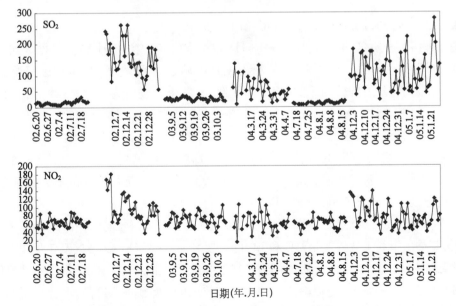

图 33-5　2002—2004 年采样期间北京 SO$_2$ 和 NO$_2$ 随时间的变化图(纵坐标单位:$\mu g \cdot m^{-3}$)

表 33-5 分采暖季和非采暖季列出了 OC、EC 浓度与温度、压力、相对湿度、风速以及污染气体 SO_2、NO_2、CO 和 O_3 的相关系数。非采暖期(春夏秋)的气象条件对 OC、EC 浓度的影响不是很大,仅和 NO_2、CO、O_3 和 OC 有一定相关性,说明在非采暖季,机动车排放和二次反应是 OC 的主要来源。在冬季,除温度外,几乎每个气象指标和 OC 都有一定的相关性。相对湿度与 OC、EC 正相关,即湿度大,有利于 OC、EC 累积;而风速和压力与 OC、EC 负相关,高压、高风速使城市污染物随气团运动向周边扩散,从而起到一定的清除作用。OC、EC 与 SO_2、NO_2 都有良好的相关性,说明冬季燃煤、机动车尾气是 OC、EC 的重要来源。

表 33-5　采暖季和非采暖季北京 OC、EC 浓度与温度、压力、相对湿度、风速以及污染气体 SO_2、NO_2、CO 和 O_3 的相关系数

	非采暖季				采暖季			
	OC		EC		OC		EC	
	R^2	显著性	R^2	显著性	R^2	显著性	R^2	显著性
温度	0.17	0.20	−0.04	0.76	0.14	0.34	0.06	0.70
RH	0.18	0.20	−0.01	0.96	0.52	0.00	0.37	0.01
压力	−0.11	0.45	0.02	0.87	−0.44	0.00	−0.33	0.03
风速	0.00	0.98	0.10	0.44	−0.47	0.00	−0.26	0.08
SO_2	0.07	0.59	0.19	0.15	0.67	0.00	0.43	0.00
NO_2	0.33	0.01	0.21	0.13	0.74	0.00	0.35	0.01
CO	0.45	0.06	0.19	0.46	0.57	0.03	0.14	0.63
O_3	0.60	0.01	−0.03	0.91	−0.47	0.08	0.16	0.58

33.5.2　后向轨迹技术解析 OC 和 EC 来源

对 2004 年夏季(2004 年 7 月 18—19 日)和冬季(2004 年 12 月 15 日—2005 年 1 月 25 日)采样期间每天作一 48 h 后向轨迹图,对所有轨迹进行聚类。夏季轨迹都很短,可以看成局地源,依据方向分为 2 类(南路和北路)。冬季轨迹分为 4 类(西路、西北、北路和局地源)。图 33-6(a)—(c)分别是夏季、冬季长距离传输和局地源的轨迹示例图。

不同类型轨迹所对应的 OC、EC 浓度分布,如图 33-7 所示。冬季 OC、EC 浓度的高值几乎都集中在局地气团和西路气团的控制下,占高浓度天数的 70%。两路 OC 的平均浓度为 26.2 和 32.2 $\mu g \cdot m^{-3}$,EC 为 13.2 和 17.9 $\mu g \cdot m^{-3}$;而西北路和北路控制的 OC 平均浓度分别为 14.8、8.9 $\mu g \cdot m^{-3}$,EC 分别为 7.1 和 3.9 $\mu g \cdot m^{-3}$。西路长距离传输会经过太原等煤炭重污染城市,从而带来高浓度的 OC 和 EC。局地源和西路的高浓度水平表明,冬季燃煤和工业排放是 OC 和 EC 的主要来源。OC/EC 比值的高值集中在北路和西北路(图 33-8),验证了长距离传输是其主要来源。而在夏季,几乎都是本地气团控制,所以浓度差别不是太大,但南方气团比北方气团的 OC、EC 浓度高,而北京工业主要分布在东南和西南方向,表明局地工业排放是夏季 OC、EC 的主要来源之一。

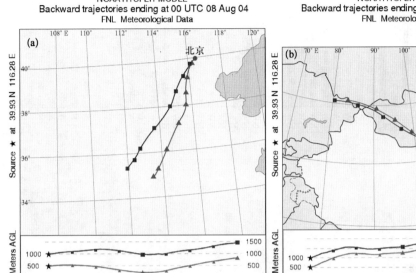

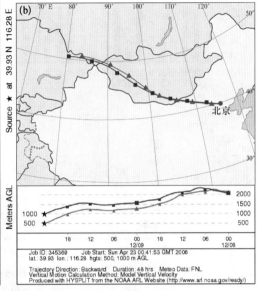

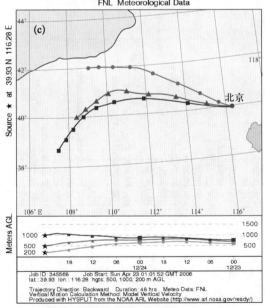

图 33 - 6　后向轨迹示例图(彩图见下载文件包,网址见 14 页脚注)

　　(a) 2004 年夏季长距离传输;(b) 2004 年冬季长距离传输;(c) 局地源。(a)(b)(c)图上方部分外文的解释请参见 127 页图 9 - 6 图注。下方部分外文的解释请参见 192 页图 13 - 6 图注。

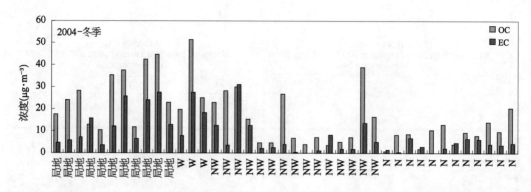

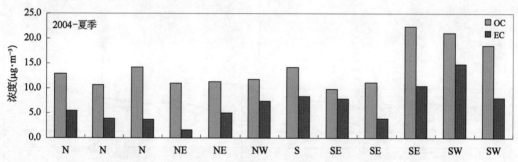

图 33-7　与 2004 年夏季和冬季不同类型后向轨迹对应的 OC 和 EC 浓度分布图
（彩图见下载文件包，网址见 14 页脚注）

图中 W、NW、N 均指气团运动方向。

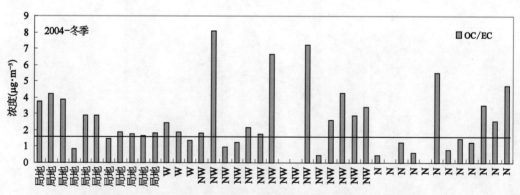

图 33-8　与 2004 年冬季不同类型后向轨迹对应的 OC/EC 比值分布图

33.5.3　相关性分析和因子分析

　　根据因子分析、富集系数法(EF)、正交矩阵因子分析法(PMF)等源解析技术的分析
结果，K^+ 是生物质燃烧的标识物，Zn、Pb 是机动车尾气和工业源的标识物，As 是燃煤源
的标识物[7,42,43]。根据同源组分相关性好的基本原理，基于 OC 和 EC 与这些元素的相关
性，可以初步认定其来源。表 33-6 列出了上述组分间的相关系数。在北京，各季节的

OC、EC 都和 Pb、Zn、As、K$^+$ 有很好的相关性,说明在春夏冬季,生物质燃烧、工业排放以及与工业有关的煤燃烧、机动车排放,都是北京 OC、EC 的主要来源。沙尘对 OC 和 EC 的贡献少。

表 33 - 6　OC、EC 与源标识元素及离子的相关性

季　节	春　季		夏　季		冬　季	
样品数	16		12		40	
	OC	EC	OC	EC	OC	EC
OC	1.00	0.85	1.00	0.75	1.00	0.78
EC	0.85	1.00	0.75	1.00	0.78	1.00
K$^+$	0.46	0.64	0.74	0.71	0.80	0.84
F$^-$	0.40	0.64	0.38	0.08	0.58	0.60
Cl$^-$	0.44	0.67	0.72	0.79	0.75	0.76
As	0.74	0.90	0.69	0.85	0.80	0.81
Zn	0.82	0.93	−0.04	0.00	0.80	0.84
Pb	0.86	0.93	0.80	0.80	0.80	0.85
Al	0.02	0.14	0.09	0.02	0.13	0.19

　　对北京所有样品进行因子分析(表 33 - 7),解析出 4 个因子,共解析了总变量的 92.19%。除 Zn 以外,所有化学组分的公因子方差都大于 0.89,表明 4 个因子的解析结果是令人满意的。在第一个因子中,Fe、Mn、Mg、Ca、V 和 Al 有高的负载,解释了总变量的 33.96%。这个因子和道路扬尘以及外地入侵尘的矿物气溶胶有关。在第二个因子中,NO$_3^-$、SO$_4^{2-}$、NH$_4^+$ 有高的负载。很显然,该因子主要与燃煤排放的污染物通过化学转化形成的二次气溶胶即 (NH$_4$)$_2$SO$_4$ 和 NH$_4$NO$_3$ 有关。在第三个因子中,OC、EC、As、Pb 有高的负载,解释了总变量的 20.81%,代表了燃煤和汽车尾气的复合源。因为北京从 1997 年起就禁止使用含 Pb 汽油,所以机动车尾气已不再是北京气溶胶中 Pb 的主要来源,工业排放、道路扬尘以及外地传输便成了 Pb 的可能来源。OC 和 EC 在第三个因子的高载荷,进一步说明燃煤和机动车尾气排放是北京 OC 和 EC 的最主要来源。在第四个因子中,Zn、Cu、Ni 有高载荷。冶金过程排放出大量的 Cu、Zn 和 Ni[44],而来自道路汽车的尾气,也含有大量的 Cu、Zn 和 Ni[45]。该因子代表了工业和机动车尾气的复合源。

表 33 - 7　PM$_{2.5}$ 样品的因子分析结果

	因　子				因子提取（%）
	1	2	3	4	
OC	0.23	−0.14	0.82	0.42	0.91
EC	0.28	0.32	0.86	−0.06	0.92
K$^+$	−0.02	0.87	0.09	0.39	0.91

（续表）

| | 因 子 | | | | 因子提取 |
	1	2	3	4	（％）
NH_4^+	−0.16	0.91	0.21	0.15	0.91
NO_3^-	−0.07	0.90	0.26	−0.09	0.90
SO_4^-	−0.09	0.88	0.20	0.28	0.91
As	0.15	0.53	0.77	−0.03	0.90
Zn	−0.19	0.13	−0.06	0.80	0.70
Pb	0.06	0.49	0.83	0.16	0.96
Cu	−0.03	0.41	0.51	0.71	0.93
Ni	−0.02	0.39	0.53	0.72	0.95
Fe	0.98	−0.05	0.10	−0.01	0.98
Mn	0.93	0.07	0.32	0.02	0.98
Mg	0.93	−0.07	0.02	−0.13	0.89
V	0.96	−0.13	0.12	0.02	0.96
Ca	0.97	−0.02	0.02	−0.16	0.97
Al	0.99	−0.10	0.10	−0.05	1.00
方差％	33.96	24.67	20.81	12.75	92.19

总而言之，有机碳(OC)和元素碳(EC)是北京 $PM_{2.5}$ 的主要组成部分。OC 占气溶胶中碳质总量的 70％。OC 和 EC 均呈现冬季高、夏季低的显著季节差异。这要归因于冬季燃煤取暖。二次有机碳(SOC)估计占有机碳(OC)的 50％以上，在夏季甚至高达 95％。北京市区范围内 OC 和 EC 的空间分布较为均匀。基于各采样点气溶胶中 OC 和 EC 与 As、Zn、K、Pb 等痕量元素浓度的比较，可知冬季燃煤是细颗粒物 $PM_{2.5}$ 中 OC 和 EC 的最主要来源；而在夏季，机动车尾气、生物质燃烧和/或工业排放，是其主要来源。

参考文献

[1] Zhang R J, Xu Y F, Han Z W. Inorganic chemical composition and source signature of $PM_{2.5}$ in Beijing during ACE‐Asia period. Chinese Science Bulletin, 2003, 48(10): 1002‐1005.

[2] Cao L, Tian W Z, Ni B F, et al. Preliminary study of airborne particulate matter in a Beijing sampling station by instrumental neutron activation analysis. Atmospheric Environment, 2002, 36(12): 1951‐1956.

[3] Song X H, et al. Sources of fine particle composition in the northeastern US. Atmos Environ, 2001, 35: 5277‐5286.

[4] Zheng M, Salmon L G, Schauer J J, et al. Seasonal trends in $PM_{2.5}$ source contributions in Beijing, China. Atmospheric Environment, 2005, 39(22): 3967‐3976.

[5] Zhang J, Chen Z L, Wang W. Source apportionment on fine particulates in atmosphere in Beijing. Acta Environmental Science (in Chinese), 1998, 18(1): 62‐67.

[6]　Wang Y, Zhuang G, Tang A, et al. The ion chemistry of PM$_{2.5}$ aerosol in Beijing. Atmospheric Environment, 2005, 39: 3771 - 3784.

[7]　Yang S, Dong J, Cheng B. Characteristics of air particulate matter and their sources in urban and rural area of Beijing, China. Journal of Environment Science, 2000, 12(4): 402 - 409.

[8]　Dong J, Yang S. Characteristics of the aerosol and study of their sources in Huabei clean area. Environment Chemistry, 1998, 17(1): 38 - 44.

[9]　Wang X. Determination of concentrations of elements in atmospheric aerosol of urban and rural areas of Beijing in winter. Biological Trace Element Research, 1999, 71 - 72: 203 - 208.

[10]　Chen Z, Ge S, Zhang J. Measurement and analysis for atmospheric aerosol particulates in Beijing. Research of Environmental Sciences (in Chinese), 1994, 7(3): 1 - 9.

[11]　Zhang R, Wang M, Zhang W, et al. Research on elemental concentrations and distributions of aerosol in winter/summer in Beijing. Climatic and Environmental Research (in Chinese), 2000, 5 (1): 6 - 12.

[12]　Wang Y, Zhuang G S, Sun Y L, et al. Water soluble part of the aerosol in the dust storm season — Evidence of the mixing between mineral and pollution aerosols. Atmospheric Environment, 2005, in press.

[13]　He K, Yang F, et al. The characteristics of PM$_{2.5}$ in Beijing. China Atoms Environ, 2001, 35 (29): 4959 - 4970.

[14]　Dan M G, Zhuang X, Li H, et al. The characteristics of carbonaceous species and their sources in PM$_{2.5}$ in Beijing. Atmospheric Environment, 2004, 38: 3443 - 3452.

[15]　Yang F, He K, Ma Y, et al. Characterization of carbonaceous species of ambient PM$_{2.5}$ in Beijing, China. Journal of the Air & Waste Management Association, 2005, 55(7): 984 - 992.

[16]　Lin J J, Tai H S. Concentrations and distributions of carbonaceous species in ambient particles in Kaohsiung City, Taiwan. Atmos Environ, 2001, 35: 2627 - 2636.

[17]　Kim Y P, Moon K C, Lee J H, et al. Concentrations of carbonaceous species in particles at Seoul and Cheju in Korea. Atmos Environ, 1999, 33: 2751 - 2758.

[18]　Kim Y P, Moon K C, Lee J H, et al. Organic and elemental carbon in fine particles at Kosan, Korea. Atmos Environ, 2000, 34: 3309 - 3317.

[19]　Duan F, He K, Ma Y, et al. Characteristics of carbonaceous aerosols in Beijing, China. Chemosphere, 2005, 60(3): 355 - 364.

[20]　Cao J J, Lee S C, Ho K F, et al. Characteristics of carbonaceous aerosol in Pearl River Delta Region, China during 2001 winter period. Atmospheric Environment, 2003, 37: 1451 - 1460.

[21]　Cao J J, Lee S C, Ho K F, et al. Spatial and seasonal variations of atmospheric organic carbon and elemental carbon in Pearl River Delta region, China during 2001 winter period. Atmospheric Environment, 2004, 38: 4447 - 4456.

[22]　Ho K F, Lee S C, Yu J C, et al. Carbonaceous characteristics of atmospheric particulate matter in Hong Kong. The Science of the Total Environment, 2002, 300: 59 - 67.

[23]　Ohta S, Hori M, Yamagata S, et al. Chemical characterization of atmospheric fine particles in

Sapporo with determination of water content. Atmos Environ, 1998, 32(6): 1021 - 1025.

[24] Sun Y, Zhuang G, Wang Y, et al. The air-borne particulate pollution in Beijing — Concentration, composition, distribution and sources. Atmospheric Environment, 2004, 38: 5991 - 6004.

[25] Yuan H. The study on the characteristics and the sources of Chinese aerosol, Ph. D. thesis. Beijing Normal University, 2005.

[26] Waston J G, Chow J C. CMB8 applications and validation protocol for $PM_{2.5}$ and VOCs. Desert Research Institute, 1998.

[27] Pankow J F. An absorption-model of gas-particle partitioning of organic-compounds in the atmosphere. Atmospheric Environment, 1994, 28: 185 - 188.

[28] Odum J R, Hoffmann T P W, Bowman F, et al. Gas/particle partitioning and secondary organic aerosol yields. Environmental Science and Technology, 1996, 30: 2580 - 2585.

[29] Griffin R J, Cocker D R, Flagan R C, et al. Organic aerosol formation from the oxidation of biogenic hydrocarbons. Journal of Geophysical Research, 1999, 104: 3555 - 3567.

[30] Cocker D R, Clegg S L, Flagan R C, et al. The effect of water on gas-particle partitioning of secondary organic aerosol. Part I: A-pinene/ozone system. Atmospheric Environment, 2001, 35: 6049 - 6072.

[31] Hurley M D, Sokolov O, Wallington T J. Organic aerosol formation during the atmospheric degradation of toluene. Environ Sci Technol, 2001, 35: 1358 - 1366.

[32] Sheehan P E, Bowman F M. Estimated Effects of temperature on secondary organic aerosol concentrations. Environ Sci Technol, 2001, 35: 2129 - 2135.

[33] Turpin B J, Huntzicker J J. Identification of secondary organic aerosol episodes and quantitation of primary and secondary organic aerosol concentrations during SCAQS. Atmospheric Environment, 1995, 29: 3527 - 3544.

[34] Schauer J J, Rogge W F, Hildemann L M, et al. Source apportionment of airborne particulate matter using organic compounds as tracer. Atmospheric Environment, 1996, 30: 3837 - 3855.

[35] Yu S, Dennis R L, Bhave P V, et al. Primary and secondary organic aerosols over the United States: Estimates on the basis of observed organic carbon and elemental carbon, and air quality modeled primary (OC/EC) ratios. Atmospheric Environment, 2004, 38: 5257 - 5268.

[36] Pandis S N, Harley R H, Cass G R, et al. Secondary organic aerosol formation and transport. Atmospheric Environment, 1992, 26A: 2269 - 2282.

[37] Strader R, Lurmann F, Pandis S N. Evaluation of secondary organic aerosol formation in winter. Atmospheric Environment, 1999, 33: 4849 - 4863.

[38] Castro L M, Pio C A, Harrison R M, et al. Carbonaceous aerosols in urban and rural European atmospheres: Estimation of secondary organic carbon concentrations. Atmos Environ, 1999, 31: 2771 - 2781.

[39] Wolff G T, Groblicki P J, Cadle S H, et al. Particulate carbon at various locations in the United States//Wolff G T, Klimisch R L. Particulate carbon: Atmospheric life cycle. New York:

Plenum Press, 1983: 297 - 315.

[40] Chan C Y, Xu X D, Li Y S, et al. Characteristics of vertical profiles and sources of PM₂.₅, PM₁₀ and carbonaceous species in Beijing. Atmospheric Environment, 2005, 39: 5113 - 5124.

[41] Lim H J, Turpin B J. Origins of primary and secondary organic aerosol in Atlanta: Results of time resolved measurements during the Atlanta Supersite Experiment. Environmental Science and Technology, 2002, 36: 4489 - 4496.

[42] Lee E, Chan C K, Paatero P. Application of positive matrix factorization in source apportionment of particulate pollutants in Hong Kong. Atmospheric Environment, 1999, 33: 3201 - 3212.

[43] Gao Y, Nelson E D, Field M P, et al. Characterization of atmospheric trace elements on PM₂.₅ particulate matter over the New York-New Jersey harbor estuary. Atmospheric Environment, 2002, 36: 1077 - 1086.

[44] 杨东贞, 王超, 温玉璞, 等. 1990 年春季两次沙尘暴的特性分析. 应用气象学报, 1995, 6(1): 18 - 25.

[45] Zhang X Y, An Z S, Liu D S, et al. Study on three dust storms in China — Source characterization of atmospheric trace elements and transport process of mineral aerosol particles. Chinese Science Bulletin, 2001, 37(11): 940 - 945.

第34章
来自陆地源的大气气溶胶中的甲基磺酸

二甲基硫(DMS)是海洋表层浮游植物排放到大气中的主要挥发性含 S 化合物。DMS 经由海-气交换进入海洋边界层,是全球硫循环的重要途径。R. J. Charlson 等[1]根据 DMS 被氧化成 SO_2,进而又被氧化为 SO_4^{2-},成为非海盐硫酸盐气溶胶的主要来源,提出了海洋浮游植物减少太阳辐射的反馈模式。此后,DMS 在世界范围内得到广泛研究。DMS 与 OH·(白天、夏季)和 NO_3·(夜晚、冬季)经由光化学反应,生成 MSA 和硫酸盐。在污染大气中,此反应会更显著[2]。非海盐硫酸盐(nss-SO_4^{2-})除了经由 DMS 氧化外,还可来自人为污染源。至今人们普遍认为,甲基磺酸(MSA)的唯一前体是 DMS,因此 MSA 可作为 DMS 的示踪物。MSA 对于硫酸盐气溶胶引起辐射强迫效应,也即硫循环引起气候变化,具有重要研究价值,因而成为近年来大气化学研究的热点。自从 E. S. Saltzman 等[3]首次在海洋气溶胶中检测到 MSA 以来,许多观测表明,MSA 在海洋边界层包括远海和沿海城市的气溶胶中普遍存在[4,5],但是至今尚未见到关于内陆气溶胶中 MSA 的报道。令人惊奇的是,在北京这一人口密集的内陆城市,在市区和郊区的冬夏两季,甚至在沙尘暴期间,从所采集的 TSP、PM_{10}、$PM_{2.5}$ 气溶胶样品中,均检测到了 MSA,且平均检出率达 60%(采样方法和分析方法见本书第 7、8、10 章,采样点位置见图 22-1)。这是关于中国内陆地区气溶胶中存在 MSA 的首次报道[6]。

34.1 MSA 的时空分布

在北京不同地点和时期采集的气溶胶样品中,所有检出的含有 MSA 的样品的采集地及其浓度叙述如下。2001 年冬季在北师大采集的 TSP、PM_{10}、$PM_{2.5}$ 样品中,MSA 的浓度分别是 0.149±0.118(标准偏差)、0.090±0.099、0.044±0.057 $\mu g \cdot m^{-3}$,2001 年夏季分别是 0.160±0.104、0.083±0.053、0.086±0.034 $\mu g \cdot m^{-3}$,2002 年夏季与 2001 年类似。TSP 样品中 MSA 的浓度首钢最高(0.232±0.280 $\mu g \cdot m^{-3}$),怡海花园最低(0.121±0.060 $\mu g \cdot m^{-3}$)。MSA 的检出率夏季(60%～100%)高于冬季(26%～61%),且基本上随粒径的增大而增加。夏季的浓度和检出率很高,可能是因为高温和高强度的太阳辐射,使排放的 DMS 增多,从而导致较高的 MSA。三地 MSA 的浓度差异,可能是因为首钢附近有严重的工业污染,而怡海花园的污染相对较轻。在三地的 $PM_{2.5}$ 样品中,MSA 的浓度相近,而在 TSP 样品中,有很大的浓度差异,说明细颗粒可以远距离传输,而大大减少空间差异,粗颗粒则受局地源的影响,而变化明显。

34.2　MSA 的粒径分布

用 9 级分级采样器在北师大分别采集一份常日气溶胶样品(2002 年 5 月 1 日,晴,东南风转南风约 3 m · s⁻¹)和一份沙尘暴气溶胶样品[7](2002 年 3 月 20 日,特大沙尘暴,西北风约 10 m · s⁻¹)。MSA 等组分的粒径分布如图 34-1 所示。常日气溶胶中的 MSA 呈双峰分布,在 0~0.4 μm(0.112 μg · m⁻³)和 1.1~2.1 μm(0.055 μg · m⁻³)处,分别有一个强峰和一个弱峰。尽管当日风从南刮来(渤海离北京最近,约 150 km),但 Na⁺ 的粒径分布(在 1.1~3.3 μm 处有强峰)与沿海海洋源气溶胶(只在 3.6~9.3 μm 处有单峰)[5]不同。这说明通常被用于代表海洋源的 Na⁺,在北京气溶胶中并不主要来自海洋,可能更多地是来自北京的局地源。Cl⁻ 也被认为是海洋气溶胶的标识物,而北京气溶胶中 MSA

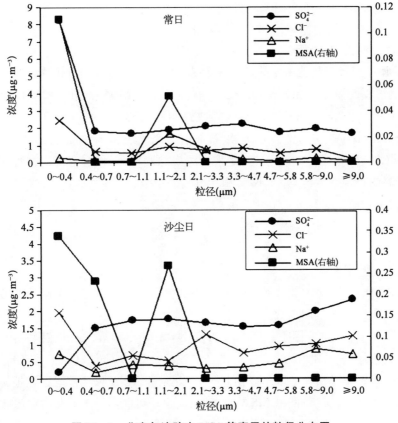

图 34-1　北京气溶胶中 MSA 等离子的粒径分布图

和 Cl^- 的粒径分布,都与 SO_4^{2-} 有类似之处,其分布的第一高峰都在最细粒子区段($0\sim$ $0.4\ \mu m$)。SO_4^{2-} 即硫酸盐气溶胶,是人为污染源的典型代表,说明北京的 MSA 和 Cl^- 都与 SO_4^{2-} 类似,应是来自污染源。MSA 可能是北京局地污染源排放的 DMS 或二甲基亚砜(dimethyl sulfoxide, DMSO)等,经由气-固反应后进一步聚集,或被吸附在细颗粒物上而生成。即便在北京春季沙尘暴期间,MSA 的浓度也高达约 $1\ \mu g \cdot m^{-3}$,且气溶胶中 MSA 的双峰明显移向粗粒径。沙尘暴明显来自西北内陆方向[7,8],不可能有东南方向来的海洋源。从北方来的强风引起本地大量扬尘,其中的污染气溶胶引起沙尘暴期间 MSA 的升高。这一事实更进一步证明,北京气溶胶中的 MSA 来自本地污染源,而与海洋源无关。

34.3 MSA 的来源分析

34.3.1 MSA 的浓度比较

北京气溶胶中的 MSA 浓度(夏季 0.155 ± 0.142、冬季 $0.149\pm0.118\ \mu g \cdot m^{-3}$)比青岛(春季[5]$0.066\pm0.046$、冬季[9]约 $0.1\ \mu g \cdot m^{-3}$)、厦门[5](春季 $0.036\pm0.012\ \mu g \cdot m^{-3}$)等沿海城市高出 $2\sim12$ 倍。显然,北京的 MSA 不可能全来自海洋源,即便是有,与北京的局地源比较,也是后者的贡献要大得多。

34.3.2 相关性分析

选择 MSA 与代表其他来源的离子或元素作相关性分析。所测的物种可分为 3 类,代表北京气溶胶的 3 个主要来源(见表 34-1)。① 地壳物种:Al、Fe、Mg、Ca、Na,它们之间的相关系数达 $0.80\sim0.90$;② 二次污染物:NH_4^+、NO_3^-、SO_4^{2-},它们之间的相关系数高达 $0.87\sim0.92$;③ 一次污染物:Cl^- 和 Na^+ 这 2 个离子和 Se 的相关系数分别是 0.53、0.52,说明 Cl^-、Na^+ 可能和 Se 一样,是来自污染源。MSA 和所有其他物种的相关系数都很低,最高的是与 Mg^{2+}、Ca^{2+}、K^+、Na^+ 的相关系数,分别为 0.40、0.32、0.38、0.32,这些离子也无一与海洋源有关。其中 Mg^{2+}、Ca^{2+} 主要来自地壳,K^+、Na^+ 部分来自污染,因此 MSA 没有明显的海洋源。

34.3.3 因子分析

用 STATISTICA 软件对所有物种进行主成分因子分析。前 5 个因子的方差贡献率之和>90%,所以选定主因子数为 5。不同季节的因子分析结果见表 34-2。冬季 MSA 和 K^+、Ca^{2+}、Mg^{2+} 在同一因子;夏季 MSA 和 Na^+、Mg^{2+}、Ca^{2+}、Cu 在同一因子。K^+ 来自土壤、生物质燃烧[10]和植物释放[11],在北京 Na^+、Mg^{2+}、Ca^{2+}、Cu 主要来自土壤,部分来自污染,两者都不是海洋源因子。由此可见,北京的 MSA 只能是来自陆地源。冬季生物质燃烧在北京很常见,可能是 MSA 的来源;而夏季可能由于土壤和污泥吸收了含有机溶剂的废水,散发出 DMSO,继而被氧化产生 MSA[12-14]。

表 34 - 1　北京气溶胶中 MSA 和其他物种的相关分析结果

北京	MSA	Cl⁻	NO₂⁻	SO₄⁻	Na⁺	NH₄⁺	K⁺	Mg²⁺	Ca²⁺	Se	Zn	Pb	Fe	Mg	V	Ca	Cu	Al	Na	S
MSA	1																			
Cl⁻	0.26	1																		
NO₂⁻	0.14	0.42	1																	
SO₄⁻	0.2	0.5	0.87	1																
Na⁺	0.32	0.76	0.1	0.2	1															
NH₄⁺	0.15	0.51	0.89	0.92	0.18	1														
K⁺	0.38	0.45	0.05	0.15	0.55	0.11	1													
Mg²⁺	0.4	0.41	0.33	0.33	0.5	0.33	0.44	1												
Ca²⁺	0.32	0.41	0.38	0.33	0.47	0.32	0.38	0.83	1											
Se	0.21	0.53	0.03	0.1	0.52	0.14	0.45	0.3	0.24	1										
Zn	0.12	0.31	0.2	0.25	0.19	0.25	0.11	0.07	0.02	0.38	1									
Pb	0.05	0.06	0.2	0.2	0.02	0.27	0.01	0.2	0.22	0.08	−0	1								
Fe	0.07	0.37	0.18	0.17	0.46	0.13	0.34	0.52	0.6	0.23	0.09	−0	1							
Mg	0.09	0.34	0.24	0.19	0.42	0.17	0.27	0.57	0.74	0.23	0.01	0.04	0.81	1						
V	−0.13	0	0.16	0.08	−0.04	0.13	−0.17	−0.09	−0.06	0.01	0.12	−0.3	0.24	0.04	1					
Ca	0.14	0.38	0.12	0.1	0.51	0.07	0.35	0.54	0.69	0.13	−0	0.01	0.83	0.88	−0.1	1				
Cu	0.25	0.44	0.32	0.35	0.29	0.38	0.04	0.47	0.53	0.18	0.2	0.09	0.29	0.46	0	0.4	1			
Al	0.13	0.43	0.11	0.11	0.58	0.08	0.43	0.59	0.7	0.33	0	0.06	0.8	0.91	−0.1	0.89	0.41	1		
Na	0.23	0.55	0.14	0.19	0.68	0.17	0.45	0.54	0.59	0.4	0.12	0.01	0.67	0.74	−0.1	0.76	0.46	0.82	1	
S	0.2	0.5	0.72	0.87	0.25	0.82	0.18	0.31	0.29	0.23	0.32	0.1	0.19	0.21	0.03	0.1	0.43	0.15	0.27	1

表 34 - 2   北京地区气溶胶样品的因子分析结果

冬　季	因子1	因子2	因子3	因子4	因子5	$\sum L^2$
NH_4^+	0.94	0.02	0.12	0.15	−0.01	0.93
NO_3^-	0.94	0.04	0.06	0.07	0	0.9
SO_4^{2-}	0.94	0	0.21	0.13	0.02	0.94
Cl^-	0.91	0.2	0.1	0.09	0.05	0.89
S	0.82	−0.06	0.1	0.34	0.05	0.8
Zn	0.81	0.17	0.13	0.36	0.16	0.86
Na^+	0.75	0.38	0.26	−0.02	0.13	0.79
Cu	0.66	0.29	−0.33	−0.09	0.13	0.65
Pb	0.6	0.23	−0.01	0.61	0.17	0.81
Mg	0.05	0.95	0.01	0.18	0.02	0.93
Fe	0.08	0.94	0.2	0.02	−0.04	0.94
Al	0.08	0.93	0.11	0.13	0.01	0.91
Ca	0.02	0.89	0.09	−0.23	−0.06	0.85
Na	0.34	0.75	0.11	0.04	0.32	0.79
Ca^{2+}	0.31	0.64	0.56	0.16	0.1	0.86
K^+	0.07	0.2	0.8	0.11	0.07	0.7
MSA	0.07	−0.03	0.79	−0.01	0.36	0.75
Mg^{2+}	0.22	0.43	0.68	0.11	−0.07	0.71
Se	0.38	0.03	0.23	0.85	0.14	0.93
V	0.14	0.05	0.28	0.19	0.87	0.9
特征值	8.91	4.07	2.08	1.03	0.76	
百分比%	44.57	20.33	10.42	5.14	3.78	
夏　季	因子1	因子2	因子3	因子4	因子5	$\sum L^2$
Ca	0.96	0.18	0.01	0.12	0.01	0.97
Mg	0.95	0.18	0.04	0.08	0.04	0.94
Al	0.94	0.16	−0.03	0.11	0.08	0.94
Fe	0.89	0.31	0.06	−0.04	0.03	0.9
Na	0.83	0.34	0.16	0.11	0.07	0.84
Ca^{2+}	0.72	0.18	−0.23	0.5	−0.06	0.85
Mg^{2+}	0.6	0.24	−0.21	0.61	−0.06	0.83
Cu	0.59	0.14	0	0.51	0.23	0.67
SO_4^{2-}	0.16	0.92	−0.13	0.1	0.02	0.91
NH_4^+	0.14	0.9	−0.14	0.11	0.09	0.87
S	0.27	0.85	0.07	0.08	0.09	0.81
NO_3^-	0.28	0.84	−0.15	0.04	−0.02	0.8
Cl^-	0.27	0.83	0.12	0.24	−0.01	0.83
K^+	0.17	0.78	−0.06	0.06	−0.04	0.65
Zn	0.09	0.71	0.19	−0.11	0.23	0.61

（续表）

夏　季	因子 1	因子 2	因子 3	因子 4	因子 5	$\sum L^2$
V	−0.03	−0.01	0.8	−0.06	0.21	0.69
Pb	−0.08	0.05	−0.86	−0.03	0.15	0.77
MSA	0.05	−0.02	0.04	0.86	0.04	0.74
Na^+	0.24	0.47	0	0.55	−0.22	0.63
Se	0.13	0.14	0.04	0	0.91	0.86
特征值	8.99	3.05	1.82	1.3	0.97	
百分比%	44.95	15.27	9.11	6.5	4.83	

34.3.4　气象条件与 MSA 的可能来源

我们比较了北京城区每小时的气象资料,以及在采样点北师大检测的气溶胶中 MSA 的浓度(图 34 - 2)。风向数据来自实地实时观测,其他气象数据来自网站下载资料 (http://www.wunderground.com)。北京冬季以西北风和西风为主导风向,从蒙古高原移入的高压冷气团控制北京地区。冬季如果没有强冷锋过境,或者强高压气团控制,北京会受渤海海陆风影响(白天北风、夜间南风),但是我们采集的样品白天居多,而且冬季夜间 MSA 的检出率为 TSP 约 50%、PM_{10} 约 20%、$PM_{2.5}$ 约 10%,均小于白天的 TSP 约 73%、PM_{10} 约 81%、$PM_{2.5}$ 约 40%。这说明,即使夜间海-气交换带来的 DMS 能够到达北京地区,并且转化为气溶胶中的 MSA,也只能影响我们采集的很小一部分样品。大多数样品是在西北风控制的天气下采集的,而且 MSA 的检出率高,浓度与北京夏季相当,这些情况明显与东南的海洋无关。2002 年夏季,高压和高湿度控制着采样区[见图 34 - 2(a)],此时样品中的 MSA 大多低于 50 ng·m^{-3}。仅在 6 月 19—20 日和 7 月 10—14 日,由于气压急剧下降,温度高达 30℃,MSA 达 70 ng·m^{-3},在 7 月 13 日甚至高达 530 ng·m^{-3}。这表明低压高温气团和长时间的辐照有利于 MSA 的生成。在 7 月 1—8 日,可能经由海洋的东南风和南风控制了北京地区[见图 34 - 2(b)],但是 MSA 浓度反而低于 50 ng·m^{-3},甚至低于检测限。而 6 月 26 日(西南风约 3 m·s^{-1})、7 月 11 日(北风约 4 m·s^{-1})和 7 月 13 日(西风约 6 m·s^{-1})等,来自内陆方向的大风可能由于吹起更多的局地污染物,而使 MSA 浓度增加。上述数据充分说明,北京的 MSA 主要不是来源于海洋。

虽然海洋排放的 DMS 占 DMS 总排放量的 98%[15],但是大陆上的植被和土壤也可以释放 DMS,且其速率随温度和辐照而呈指数上升。这一点已经在研究小麦以及其他诸如云杉、山毛榉树、苓树和橡树等中纬度地区树木[16]和赤道地区树木[17]时得到证明。肥料、盐沼植物、湿地和家畜等,也能够释放 DMS。P. J. Maroulis 和 A. R. Bandy[18]测定了美国东部沿海地区的 DMS。其浓度与风向关系不大,表明陆地源和海洋源同时存在。而 S. Burgermeister[19]在德国污染严重的莱茵河地区冬季检测到了高达 900 pmol·mol^{-1} 的 DMS,而在法兰克福北部的山区,浓度却很低(6 pmol·mol^{-1}),证实了当地的 DMS

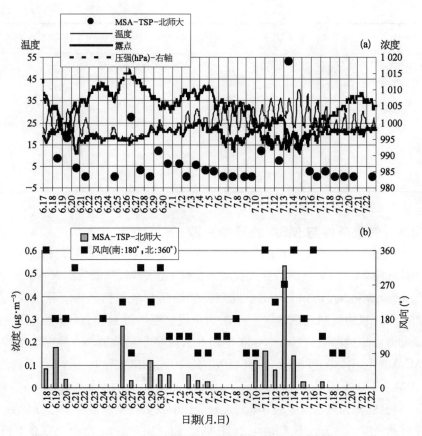

图 34 - 2　北京气溶胶中 MSA 与气象条件的关系

（a）图中 MSA 的浓度单位（右）为 10 ng · m⁻³，温度和露点的单位（左）为℃。

主要来自陆地污染源的排放。这些例证说明，并不是所有地区的 DMS 都主要来自海洋源，在有的地区，DMS 主要来自陆地源。如上所述，陆地源释放的 DMS，极有可能是北京 MSA 的一个前体。此外，关于 DMS 是 MSA 唯一前体的说法正受到质疑。M. Legrand[13] 发现，吸附在颗粒物表面的 DMSO 会很快被氧化，且至少 1/3 生成 MSA。这一异相氧化过程，比 DMSO 与 OH· 的气相反应更有利于生成颗粒物上的 MSA。G. Chen[14] 指出，在赤道地区，DMSO 可以通过两步基本反应生成 MSA。在食品、药物、化妆品工业中，DMSO 被广泛用作溶剂或助溶剂[12]，其工业废水通常含 DMSO[20]。由于 DMSO 可能是 MSA 的前体，因此污水、土壤、沙地、含 DMSO 的建筑排放废水，都可能是 MSA 的来源。陆地释放的 DMS 和工业废弃物释放的 DMSO，可能是北京气溶胶中 MSA 的两个主要前体。细颗粒上的 MSA 可能来自 DMS 或 DMSO 的异相氧化，粗颗粒上的 MSA 可能由于 MSA 在细颗粒表面挥发后被粗颗粒吸附而形成。北京气溶胶中相对高含量的 MSA 很可能来自污染源，值得深究其确切的排放源头。较高浓度的 MSA 随亚洲气溶胶的长距离传输（如沙尘暴），有可能影响包括太平洋及更远的美洲大陆的全球硫循环。这一新发现会导致对北京等内陆城市及其所在区域的各种含 S 化合物之来源、分布、归宿甚至全球 S 之生物地球化学循环机制,作更深入的探究。

参考文献

[1] Charlson R J, Lovelock J E, Andreae M O, et al. A climate feedback loop of sulfate aerosols. Nature, 1987, 326: 655 - 661.

[2] Huebert B J, Zhuang L, Howell S, et al. Sulfate, nitrate, methanesulfonate, chloride, ammonium, and sodium measurements from ship, island, and aircraft during the atlantic stratocumulus transition, Experiment / Marine Aerosol Gas Exchange. Journal of Geophysical Research[Atmospheres], 1996, 101(D2): 4413 - 4423.

[3] Saltsman E S, Savoie D L, Zika R G, et al. Methane sulfonic acid in the marine atmosphere. Journal of Geophysical Research, 1983, 88: 10897 - 10902.

[4] Pakkanen T A, Kerminen V M, Korhonen C H, et al. Urban and rural ultrafine ($PM_{0.1}$) particles in the Helsinki area. Atmospheric Environment, 2001, 35: 4593 - 4607.

[5] Gao Y, Arimoto R, Duce R A, et al. Atmospheric non-sea-salt sulfate, nitrate and methanesulfonate over the China Sea. Journal of Geophysical Research [Atmospheres], 1996, 101(D7): 12601 - 12611.

[6] 袁蕙,王瑛,庄国顺.北京气溶胶中的 MSA.科学通报,2004,49(8): 744 - 749.

[7] 孙业乐,庄国顺,袁蕙,等.2002 年北京特大沙尘暴的理化特性及其组分来源分析.科学通报,2004,49(4): 340 - 346.

[8] Zhuang G, Guo J, Yuan H, et al. The compositions, sources, and size distribution of the dust storm from China in spring of 2000 and its impact on the global environment. Chinese Science Bulletin, 2001, 46(1): 895 - 901.

[9] 胡敏,陆昀,曾立民.离子色谱法测定大气中的甲磺酸.环境化学,2000,19(6): 572 - 576.

[10] Cooper J A. Environmental impact of residential wood combustion emissions and its implications. Journal of Air Pollution Control Association, 1980, 8: 855 - 861.

[11] Kleinman M T, Tomezyk C, Leaderer B P, et al. Inorganic nitrogen compounds in New York City. Air Annals of the New York Academy of Sciences, 1979, 322: 115 - 123.

[12] Anon Environ Prot Agency, Washington DC, USA. Dimethyl sulfoxide. Exemption from the requirement of a tolerance. Federal Register, 1973, 38(158): 22124.

[13] Legrand M, Sciare J, Jourdian B, et al. Subdaily variations of atmospheric dimethylsulfide, dimethylsulfoxide, methanesulfonate, and non-sea-salt sulfate aerosols in the atmospheric boundary layer at Dumont d'Urvile (coastal Antarctica) during summer. Journal of Geophysical Research, 2001, 106(D13): 14409 - 14422.

[14] Chen G, Davis D D, Kasibhatla P, et al. A study of DMS oxidation in the tropics: Comparison of Christmas Island field observations of DMS, SO_2, and DMSO with model simulations. Journal of Atmospheric Chemistry, 2000, 37: 137 - 160.

[15] Bate T S, Lamb B K, Guenther A, et al. Sulfur emissions to the atmosphere from natural

sources. Journal of Atmospheric Chemistry, 1992, 14: 315 - 337.

[16] Kesselmeier J, Schroder P, Erisman J W. Exchange of sulphur gases between the biosphere and the atmosphere// Slanina J. Biosphere-Atmosphere Exchange of Pollutants and Trace Substances, 1997: Transport and chemical transformation of pollutants in the troposphere, Vol 4 (series eds, Borrell P M, Cvitas T, Kelly T, et al.). Berlin: Springer-Verlag, 1997: 167 - 198.

[17] Kesselmeier J, Merk L. Exchange of carbonyl sulfide (COS) between agricultural plants and the atmosphere: Studies on the deposition of COS to peas, corn and rape seed. Biogeochemistry, 1993, 23: 47 - 59.

[18] Maroulis P J, Bandy A R. Estimate of the contribution of biologically produced dimethyl sulfide to the global sulfur cycle. Science, 1977, 196: 647 - 648.

[19] Burgermeister S. Messung von Bodenemissionen and atmospharischen Konzentrationendes Dimethylsulfide. Diploma-Thesis. Institutes fur Geologic und Geophysik, Universitat Frankfurt (Main), 1984.

[20] Park S Y, Yoon T I, Bae J H, et al. Biological treatment of wastewater containing dimethyl sulphoxide from the semiconductor industry. Process Biochemistry, 2001, 36 (6): 579 - 589.

第35章

污染气溶胶中的主要致霾物铵盐及其前体物氨的来源和大气化学

上述各章有关污染气溶胶来源的论述,主要涉及工业源和交通排放源。形成二次无机气溶胶的前体物,主要来自燃煤排放的 SO_2 和来自燃煤及交通源排放的氮氧化物。SO_2 和氮氧化物在大气中进一步氧化,并与大气中的氨(NH_3)形成易于吸水的 $(NH_4)_2SO_4$、$(NH_4)HSO_4$ 和 NH_4NO_3,这些铵盐是致使雾霾发生的最主要的二次无机气溶胶。本章论述雾霾期间大气气溶胶主要组分铵盐的前体物——大气 NH_3 的来源及其转化机制。

35.1 大气氨的主要来源——农业源

就全球大尺度而言,大气 NH_3 的最主要来源为农业源。19 世纪中期工业革命以来,全球人口加速增长(图 35 - 1),人类对肉蛋制品的需求,促使畜禽养殖规模迅速扩大,并

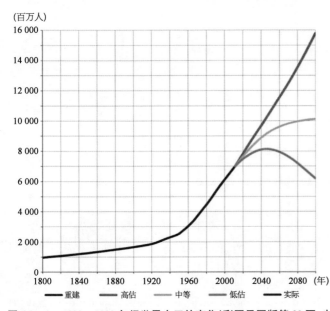

黑线代表历史时期的人口增长,见 http://www.census.gov/population/international/,根据美国人口普查局(US Census Bureau)的数据重建;红线、橙线和绿线分别代表联合国从 2010 年起设置的 3 种不同人口增长预测情境(http://esa.un.org/unpd/wpp/)——高(在 2010 年增长到 160 亿人)、中(在 2010 年稳定在 100 亿人)、低(在 2010 年减为 60 亿人)。蓝线代表截至 2010 年有统计资料记录的实际人口增长。

图 35 - 1　1800—2080 年间世界人口的变化(彩图见图版第 20 页,也见下载文件包,网址见正文 14 页脚注)

朝集约化方向发展。1960—2000 年期间,世界人口翻一番,同期家养畜禽数量增长 3
倍[1]。现代农业的迅速发展,又导致化肥使用量急速增长。20 世纪中期以来,绝大部分
合成氨用于化肥生产[2]。全球现今有一半人口依靠氮肥所生产的粮食得以存活[3-5]。以
中国[6-11]、印度[12-14]等为代表的发展中国家在经济上的迅速发展,进一步促使全球畜禽
养殖业和化肥工业的生产规模扩大。因此,畜禽养殖和化肥施用是当今大气 NH_3 的最
主要来源。

表 35-1 是基于 W. H. Schlesinger 和 A. E. Hartley、F. Dentener 和 P. Crutzen、
A. F. Bouwman[15-18]等人的研究结果编制的全球范围大气 NH_3 的排放清单。从表中可
知,人为源占全球 NH_3 排放总量的约 80%。

表 35-1　全球大气 NH_3 排放清单的 3 个不同研究之对比

排放源	NH_3 排放量(Mt NH_3-N yr^{-1})*		
	Schlesinger 和 Hartley[15]a	Dentener 和 Crutzen[16]	Bouwman 等[17]
牛	19.9	14.2	14.0
猪	2.0	2.8	3.4
马/驴/骡	1.8	1.2	0.5
绵羊/山羊	4.1	2.5	1.5
禽类	2.4	1.3	1.9
野生动物b	/	2.5	0.1
动物总和	32.3	24.5	21.7
氮肥	8.5	6.4	9.0
自然环境	10.0	5.1	2.4
农田	/	/	3.6
生物质燃烧	5.0	2.0	5.7
薪柴燃烧	5.0	2.0	5.7
人体排泄物	4.0	/	2.6
海洋表面	13.0	7.0	8.2
化石燃烧	2.2c	/	0.1
工业生产	/	/	0.2
排放总量	75.0	45.0	53.6

a 原文中为 10^{12} g N;b Schlesinger 和 Hartley[15]将野生动物纳入自然排放一类的排放;c 主要指燃煤。

以上论文所提供的数据缺乏时效性。一些研究机构和组织不定期更新多种空间尺
度下包括 NH_3 在内的各种污染物排放量。如 NitroEurope[19]**研究计划关注从局地至区

* Mt:百万吨。

** NitroEurope:The Nitrogen Cycle and Its Influence on the European Greenhouse Gas Balance(氮循环及其对欧
洲温室气体平衡的影响)。这是一个研究项目,2006 年 2 月—2011 年运行 5 年。

域尺度上的 N 流通平衡[20]（http：//www.nitroeurope.eu）。全球大气研究排放数据库
（Emissions Database for Global Atmospheric Research，EDGAR；http：//edgar.jrc.ec.
europa.eu/）提供了全球人为 NH_3 的排放总量及其栅格化空间的分布数据。EDGARv4.0 *
的排放清单所采用的排放因子，基于技术进步而不断得以修正。以此数据库为基础，图
35－2 和图 35－3 分别展示了 1970—2005 年间全球 NH_3 排放总量和各主要排放源的贡
献比例[21]。由图 35－2 可见，全球大气 NH_3 的排放总量由 1970 年的 27 000 kt NH_3－N
增加到 2005 年的 48 400 kt NH_3－N，平均每年的排放量增加量为 621.6 kt NH_3－N。由
图 35－3 可见，① 包括燃烧和非燃烧过程在内、与能源相关的排放源贡献占比，其变化范
围在 4.4％（即 1970 年的 1 180 kt NH_3－N）到 8.3％之间（即 2005 年的 4 030 kt NH_3－N）；
② 畜禽养殖（包括粪便处理和农田施用）所占比重的变化范围在 34.1％（即 2005 年的
16 500 kt NH_3－N）到 42.3％（即 1975 年的 11 400 kt NH_3－N）之间；③ 化肥施用所占比重
的变化范围，在 31.8％（即 1970 年的 9 750 kt NH_3－N）到 46.5％（即 2005 年的 22 500 kt
NH_3－N）之间；④ 生物质燃烧（包括萨王纳**、农业秸秆、森林和草原等的燃烧）所占比重
的变化范围在 11.0％（即 2005 年的 5 320 kt NH_3－N）到 21.5％（即 1970 年的 5 810 kt
NH_3－N）之间。就 2005 年而言，农业源（48 400 kt NH_3－N）占 NH_3 的年排放总量为
80.6％；其次是生物质燃烧，占 11.0％；再次是包括工业在内的能源部门，占 8.3％。就
地区而言，约一半排放量来源于亚洲。美国、南美、欧洲、俄罗斯和亚洲作为农作物生

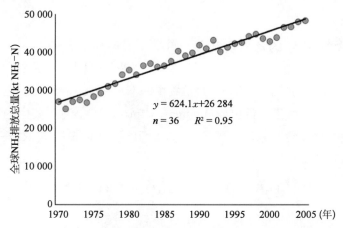

$$y = 624.1x + 26\ 284$$
$$n = 36 \quad R^2 = 0.95$$

图 35－2　全球 1970—2005 年间 NH_3 排放总量的年际变化趋势
（彩图见下载文件包，网址见 14 页脚注）

资料整理自 EDGAR 数据库，http：//edgar.jrc.ec.europa.eu/。

---

*　EDGARv4.0：全球大气研究排放数据库（Emissions Database for Global Atmospheric Research）4.0 版本。EDGAR
是欧盟委员会内部的全球大气研究排放数据库，按国家分列估计每个国家人为的温室气体排放量，从而提高透明度，为
每个国家提供具有时间序列的人为温室气体排放的全球状况。
**　萨王纳，又译萨瓦那，来自英语 savanna 也就是热带草原。这个英语词取自航海世纪的西班牙商人对美洲南部
草原的描述，他们用的是西班牙词语 çavana。

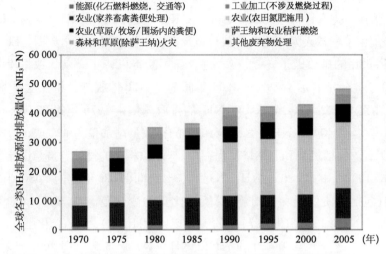

图 35 - 3 全球 1970—2005 年间各排放源对 NH₃ 排放总量的贡献
（彩图见图版第 20 页，也见下载文件包，网址见正文 14 页脚注）
资料整理自 EDGAR 数据库，http://edgar.jrc.ec.europa.eu/。

产集中的地区，其农业相关的 NH₃ 排放量占全球 NH₃ 排放总量的 70%。亚洲的氮肥施用所释放的 NH₃，贡献了全球 NH₃ 总排放量的 30%，是该类排放源之全球排放量的 60%。

35.1.1 大气 NH₃ 的畜禽养殖源

动物排泄物中所含的 N 以尿素（哺乳动物）或尿酸（禽鸟类）的形式存在，通过粪尿以尿素、NH₃ 和有机氮的方式排出体外。排泄物中的 NH₃ 挥发，来源于尿素[$CO(NH_2)_2$]、尿酸($C_5H_4O_3N_4$)和未消化的蛋白质(undigested proteins)。有关其中的微生物过程和物理及化学过程已经研究得相当透彻[22-25]，具体可总结为 R35 - 1 至 R35 - 6 的反应以及公式 35 - 1 和 35 - 2。

$$C_5H_4O_3N_4 + 1.5O_2 + 4H_2O \longrightarrow 5CO_2 + 4NH_3 \qquad (R35-1)$$

$$CO(NH_2)_2 + H_2O \longrightarrow CO_2 + 2NH_3 \qquad (R35-2)$$

$$未消化的蛋白质 \longrightarrow NH_3 \qquad (R35-3)$$

尿酸在微生物的尿酸酶作用下，与 O_2 和 H_2O 结合生成 CO_2 和 NH_3(R35-1)。尿素则通过脲酶（普遍存在于含微生物的排泄物中）的降解而产生 CO_2 和 NH_3(R35 - 2)。未消化的蛋白质通过尿酸酶和脲酶参与细菌代谢过程，从而分解产生 NH_3(R35 - 3)。畜禽排泄物的 NH₃ 挥发速率与排泄物表层的 NH₃ 浓度和环境大气 NH₃ 之间的梯度差存在比例关系。这也是模型模拟 NH₃ 挥发速率的理论依据，可通过公式 35 - 1 表示：

$$E = k(C_{排泄物} - C_{空气}) \tag{35-1}$$

其中 E 表示 NH_3 的挥发速率 $(g \cdot m^{-2} \cdot s^{-1})$，$k$ 代表空气中 NH_3 的扩散系数 $(m \cdot s^{-1})$，$C_{排泄物}$ 代表排泄物排放的 NH_3 浓度 $(g \cdot m^{-3})$，$C_{空气}$ 代表排泄物周围环境的 NH_3 浓度 $(g \cdot m^{-3})$。$C_{排泄物}$ 的大小取决于排泄物表面的水相 NH_4^+ [NH_4^+(水相，排泄物)] 和 NH_3 [NH_3(水相，排泄物)] (R35-4)：

$$NH_4^+(水相，排泄物) \leftrightarrow NH_3(水相，排泄物) + H^+ \tag{R35-4}$$

NH_4^+/NH_3 的平衡，取决于溶液中的离子强度，也就是 R35-4 中的电离常数 (K_a)，以下式表示：

$$K_a = [NH_3][H^+]/[NH_4^+] \tag{35-2}$$

其中 $[NH_3]$、$[H^+]$ 和 $[NH_4^+]$ 代表各自的摩尔浓度。$[NH_3]$ 和 $[NH_4^+]$ 的平衡，取决于 pH 和温度。

排泄物气态 NH_3 的生成，取决于排泄物中 NH_3 [NH_3(水相，排泄物)] 和气态 NH_3 [NH_3(气相，排泄物)] 的平衡，在此稀释系统中受亨利定律 (Henry's law) 支配 (R35-5)：

$$NH_3(水相，排泄物) \leftrightarrow NH_3(气相，排泄物) \tag{R35-5}$$

自排泄物中挥发的 NH_3 [NH_3(气相，排泄物)] 进入空气中成为 NH_3(气相，空气) 的过程表示为：

$$NH_3(气相，排泄物) \leftrightarrow NH_3(气相，空气) \tag{R35-6}$$

O. Oenema 等研究者[1,26]指出，用于喂养畜禽的食物，其所含的 N 只有一小部分驻留在奶、肉和蛋里，大部分（55%～95%）以排泄物的形式排放到环境中。畜禽养殖作为一个系统，其排泄物的 NH_3 挥发，除了受上述微观机制调控之外，还由于所处阶段的不同（如栏内存储、堆肥、田间施用等）而导致 NH_3 挥发速率呈现显著性差异。另外，排泄物自身的特点也会强烈影响排泄物的 NH_3 排放。譬如，随着排泄物与土壤和水的混合稀释，其所含的 NH_4^+ 浓度将会减少，进而减少排泄物本身的 NH_3 挥发。又如，若排泄物的含水量较多，则所含的 NH_4^+ 易淋溶转移到地下，也会减少 NH_3 挥发；反之亦然。R. Stevens 等人[27]在实验中用 85 份水和 100 份水稀释排泄物，结果表明，两者可使 NH_3 挥发分别减少 50% 和 75%。当然，不同类的畜禽，其排泄物的组分及其特点也不同。排泄物的存储方式以及所喂食物营养组分的不同，也会导致排泄物 NH_3 挥发的差异。有关环境因素如何影响排泄物 NH_3 的挥发，S. G. Sommer 等人[28]通过实验总结为：① NH_3 排放速率在排泄物产生 6 h 后随温度升高而呈指数型增加 $(R^2 = 0.84)$，但当施入农田后，相关关系变弱；② NH_3 的挥发随着水-汽压力差的增大而增加；③ NH_3 的排放随风速增大而加快，但当风速达到 $2.5\ m \cdot s^{-1}$ 并上升至 $4\ m \cdot s^{-1}$ 时，NH_3 挥发速率不存在连续性的增加。

35.1.2 大气 NH_3 的农业肥料源

本研究所探讨的肥料类型仅是含氮肥料。表 35-2 总结了目前世界上使用的氮肥类型及其配方和含 N 量。其中 NH_4HCO_3 极易挥发，几乎所有用量都集中在中国。尿素因其含 N 量高(47%)而成为全球使用量最大的氮肥品种(56%)，在发展中国家也占到一半左右市场。当尿素施入土壤后，在脲酶的作用下经过 $2\sim3$ d 时间才首先转化为 NH_4HCO_3，故可通过多种途径减少其 NH_3 挥发。

表 35-2　全球各种氮肥消费类型及其消费量

肥料类型	化 学 配 方	含 N 量 (%)	全球消费量 (Mt N yr^{-1})[a]	全球消费 占比(%)[b]
硫酸铵	$(NH_4)_2SO_4$	21	3.4	3.3
尿素	$(NH_2)_2CO$	47	56.8	55.8
硝酸铵	NH_4NO_3	35	5.0	4.9
硝酸铵钙	NH_4NO_3、$CaCO_3$ 和 $MgCO_3$ 的混合	28	3.2	3.1
无水氨	NH_3	82	3.7	3.6
氮溶液	$(NH_2)_2CO$、NH_4NO_3 和 H_2O 的混合	$28\sim32$	5.0	4.9
碳酸氢铵	NH_4HCO_3	18	7.3	7.2
磷酸氢二铵	$(NH_4)_2PO_4$	19	7.0	6.9
氮磷钾肥	N-P-K	17	8.5	8.3
其他复合肥	N-P	31	1.9	1.9
总　计			101.8	100.0

[a] 来源于国际肥料组织(International Fertilizer Association,IFA: http://www.fertilizer.org/ifa/ifadata/search);
[b] 消费占比：各分项肥料的消费量除以全球氮肥总消费量。

氮肥施用后的 NH_3 排放，其本质是氨性溶液表面(表层土壤或植物)向大气运移 NH_3。NH_3 的释放速率取决于 NH_3 的浓度梯度、NH_3 由氨性溶液表面向环境大气运移过程中的阻力、氨性溶液及后续化学转化物 TAN^{*}(NH_3-$N+NH_4^+$-N)在土壤和植被中的变化。NH_3 的运移必须通过 2 个基本流体层，即液-气表面受分子扩散控制的薄片层和受湍流扩散控制而向自由大气释放的湍流层。瞬时 NH_3 释放率(F_v)的高低可通过下式表示：

$$NH_4^+ \leftrightarrow NH_3 + H^+ \qquad (R35-7)$$

$$F_v = K_b \times (x - NH_{3,a}) \qquad (35-3)$$

其中 K_b 表示整体输送系数，x 表示土壤/植物-空气界面间的 NH_3 分压，$NH_{3,a}$ 表示土壤/植物与自由大气间的 NH_3 分压。K_b 的大小取决于风速和大气稳定度。x 受转化物 TAN(NH_3-$N+NH_4^+$-N)的浓度和氨性溶液的平衡过程控制：

---

* TAN: total ammonia nitrogen(总氨氮，氨氮总量)。

$$[NH_4^+] = \frac{TAN}{1 + 10^{(0.090\,18 + 2\,729.92 / T - pH)}} \qquad (35-4)$$

$$x = [NH_{3,L}] \times 10^{1\,477.7 / T - 1.69} \qquad (35-5)$$

其中 $NH_{3,L}$ 代表溶液中 NH_3 的浓度（L 表示 liquid，液体），T 代表绝对温度（℃）。

S. Rachhpal 和 P. H. Nye[29] 根据对土壤表层施用尿素的 NH_3 挥发实验结果指出，以 NH_3 挥发形式损失的 N 比例大小，对土壤初始 pH、土壤 pH 缓冲性、尿素施用量以及土壤脲酶活性等要素非常敏感，因此可以通过实验结果建立机理模型，用以模拟尿素的 NH_3 挥发。影响肥料 NH_3 挥发的因素主要有：① 肥料的类型。肥料 NH_3 挥发的机理就是肥料中复杂的含 N 分子的水解过程。不同类型的肥料因含 N 量的差异，影响 NH_3 挥发。在编制特定地区或国家的 NH_3 排放清单时，需要着重考虑这一因素。② 土壤性质。土壤粗糙度大，土壤孔隙的湍流也较强，使得摩擦速度加快，导致土壤表面和大气的交换较强，最终使得施肥后的 NH_3 挥发更快。S. G. Sommer 和 A. Ersbøll[30] 对沙壤土施用尿素后的累积 NH_3 损失随时间发生的变化进行了研究，发现两者符合 S 形模型（sigmoidal model），即有一半的 NH_3 损失集中发生在施肥后的 2～7 d。随着土壤含水量的增加，肥料的水解率会相应增加。大气相对湿度上升也会因肥料具有吸湿性的特点而增强水解。③ 气象条件。如前所述，公式 35-3 中的 K_b 大小取决于风速和大气稳定度。风速和温度较高，则肥料施用后的 NH_3 挥发较大。但在较低太阳辐射的情况下，风速加大将降低土壤和植物表面的温度，进而减少氨性溶液表面的 NH_3 释放潜力。J. K. Schjoerring 和 M. Mattsson[31] 的研究表明，干燥土壤表面经受少量降水以后，肥料颗粒将加速溶解，从而促进土壤的 NH_3 挥发，但是如果遭受大雨（如一天内降雨 20 mm）侵袭，土壤的 NH_3 挥发能力反而会受到显著抑制。

35.1.3　大气 NH_3 的生物质燃烧源

N 是蛋白质及其构成的所有生命有机体的最基本组分。树木的平均含 N 量约为 0.1%，通常以酰胺 R—(C＝O)—NH—R′ 和有机胺 R - NH$_2$ 的形式存在。在燃烧过程中，生物质所含的部分 N 在高温（通常要求在 650℃ 以上）氧化作用下，可转化为 NH_3 而释放到大气。生物质燃烧包含的源，有森林、草原（包括热带稀树草原，即萨王纳）和农田秸秆焚烧，还有以获取能源为目的的生物燃料燃烧（如农村的薪柴）。O. Denmead[32] 基于生物质燃烧所排放 NH_3 和 CO_2 的比例关系得出，生物质燃烧排放的 NH_3，占澳大利亚大气 NH_3 排放总量的 1/16～1/6。W. H. Schlesinger 和 A. E. Hartley[15] 在估算全球 NH_3 排放清单时，估计生物质燃烧最多可占总排放量的 12%。

35.1.4　陆地自然生态系统以及海洋表面释放到大气中的 NH_3

从自然植被覆盖下的土壤或自然植被本身释放到大气的排放，归为陆地自然生态系统的排放。土壤中存在的众多微生物,可将土壤中的有机质分解而释放 NH_3,或者将易于水解的含 N 化合物变为 $NH_y(NH_3+NH_4^+)$。NH_y 的产生可发生在地表或数厘米深的地下[表层 10 cm 深的土壤所含的 50%(±20%)的 N 会被矿化为 NH_y],这也就意味着自然土壤的 NH_3 通量受制于土壤的微生物活性[33]。地表 NH_y 易于以 NH_3 的形式散逸损失到大气,后者则有较长时间滞留,其所释放的 NH_3 有部分可再次沉降到土表或植物叶面,而被重新吸收利用[34]。由于 NH_3 从土壤基质释放,大气传输的速度远大于叶面气孔对 NH_3 的吸收,因而郁闭的植被冠层可创造更多的叶面积,从而能更有效地吸收土壤释放的 NH_3。如果有露水或雨水发生,则 NH_3 滞留在叶面上和冠层下的时间会更长,植物吸收 NH_3 也相应地会更多[35,36]。

在植被冠层中的 NH_3 浓度,受到多种源、汇的综合作用,包括叶面气孔、凋落物和地表的 NH_3 交换。与 SO_2 和 NO_2 不同,植物冠层在环境 NH_3 浓度较高时通常表现为吸收 NH_3,即 NH_3 汇;反之也能释放 NH_3 而成为 NH_3 的一个排放源。这称为 NH_3 的双向交换(bi-directional exchange)[36-38]。植物作为 NH_3 源或汇的分界点所需的环境 NH_3 浓度,称为植被冠层补偿点。当环境 NH_3 浓度高于冠层补偿点时,植被表现为吸收大气中的 NH_3,反之亦然。补偿点的高低取决于环境温度、叶片 NH_4^+ 浓度、叶面所受的 NH_3 沉降量以及土壤的 pH 值[39-41]。

土壤-植被交互作用下的陆地自然生态系统的 NH_3 净排放,受土壤的 NH_3-NH_4^+ 平衡、冠层的湍流输送、植被和大气间的补偿点及其 NH_3 交换等因素控制。也正因如此,局地陆地自然生态系统的 NH_3 通量可正可负。

类似于植被冠层补偿点的概念,海洋表面和大气之间也存在 NH_3 的双向交换。在通常情况下,海水中的 NH_4^+ 与水中溶解的 NH_3 之间保持平衡,而海洋上空的 NH_3 浓度 [$NH_{3气相}$]也倾向于遵循亨利定律,在海洋上空标准粗糙面的高度,维持海-气平衡时的浓度 [$NH_{3液相}$][42]。

35.2 大气氨的工业源

大气 NH_3 的工业源主要包括与能源消耗有关的化石燃料燃烧、工业加工(非燃烧源)和交通。估算能源消耗的 NH_3 排放的研究非常有限且不确定性大(如 A. F. Bouwman 等人[17]、M. Sutton 等人[43]、K. Barrett[42])。其原因可能是,跟畜禽养殖和氮肥施用等农业源相比,与能源消耗相关的 NH_3 排放量非常少,在大尺度下甚至可以忽略不计,因而未得到充分重视。然而,越来越多的证据表明,机动车的 NH_3 排放,是城市内部 NH_3 的一个重要来源。

交通源 NH_3 的生成和排放,与 20 世纪 70 年代以来汽车工业引入三元催化器(three-way catalytic converters, TWC)以减少 NO_x 排放密切相关[44-50]。具体产生过程包含 2 个步骤:首先是水汽和汽车排放的 CO 生成 H_2,即

$$CO + H_2O \rightarrow CO_2 + H_2 \tag{R35-8}$$

其次,产生的 H_2 与 NO(公式 35-10)或者与 NO 和 CO 一起(R35-8),在催化器表面生成 NH_3,即

$$2NO + 5H_2 \rightarrow 2NH_3 + 2H_2O \tag{R35-9}$$

$$2NO + 2CO + 3H_2 \rightarrow 2NH_3 + 2CO_2 \tag{R35-10}$$

重型柴油车也需要减少 NO_x 排放。与汽油车不同的是,它采用的是选择性催化还原(selective catalytic reduction, SCR)技术,将尿素溶液作为还原剂喷入车辆排气系统后产生 NH_3。这虽然也会造成排气管的 NH_3 排放,但不是汽车自身生成的 NH_3,而是属于 NH_3 逃逸或泄露(ammonia slip 或 escape)[51]。其具体工作原理如下:

$$4NH_3 + 4NO + O_2 \rightarrow 2H_2 + 6H_2O \tag{R35-11}$$

$$2NH_3 + NO_2 + NO \rightarrow 2H_2 + 3H_2O \tag{R35-12}$$

$$4NH_3 + 3NO_2 \rightarrow 3.5H_2 + 6H_2O \tag{R35-13}$$

美国 EPA 估计,2006 年全美约有 8% 的 NH_3 排放,来源于机动车等移动源[52]。Sutton 等人[42]的研究表明,这一比例在英国约为 12%。虽然远低于农业源的贡献,但要考虑以下几方面的因素,机动车 NH_3 排放对二次无机气溶胶的贡献不容忽视[52,53]:① 空间分布,畜禽养殖和肥料施用散布于广阔的农业区,而机动车集中于面积相对狭小的城市区域;② 农业活动如播种施肥,具有极大的季节性波动,而城市机动车除了有明显的日变化(如早晚通勤高峰)以外,在季节尺度上几乎没有变化;③ 如前所述,农业源排放的强度对温度、湿度等环境气象因子的变化极为敏感,这也是通常夏季 NH_3 浓度大于其他季节的原因,但是这个问题不存在于机动车的 NH_3 排放中;④ NH_3 一旦排放,其大气寿命(滞留时间)仅为数分钟到一两天,依据气象条件,最远也仅可传输数千米。虽然缺乏相关的实测证据,但是不难推断,排放量巨大而处于城市外围的农业源 NH_3,缺乏以气态形式直接传输至城市的能力。有学者提出气态 NH_3 可利用"蚱蜢效应"(简而言之就是"排放-传输-沉降-再排放-再传输-再沉降")作较长距离的传输[54,55]。这种理论与 NH_3 的双向交换特性似乎相符,但依然停留在理论假设阶段。考虑到 NH_3 的垂直梯度大(集中于近地表),传输量在传输过程中由于沉降和植被吸收会不断衰减,即便在传输沿途有可能得到新的补充,但这对拥有大量硬质地表的大都市外围而言,长距离传输的可能性依然较低。⑤ 当 NH_3 转化为颗粒态 NH_4^+ 后,可随大气作数百数千千米甚至更长距离的传输。然而,农村地区相对缺少 NH_3 中和成核的条件。城市作为能源密集和人口聚集之地,其 NO_x 和 SO_2 浓度普遍较农村地区为高。换言之,城市大气普遍富含 NO_x 和 SO_2,因而产生自城市内部的 NH_3 排放(包括机动车的 NH_3 排放),有机会充分转化为二次无机气溶胶,从而影响城市的空气质量。

35.3　大气氨的城市污水排放源

除了上述的农业源和工业源,还有其他一些 NH_3 排放量较少的源:① 人体直接排放(如呼吸[42,56,57]、排汗[42]、吸烟[58,59]、婴儿排泄[42]等);② 野生动物和海鸟[60-63];③ 马和宠物(如狗、猫等)[42,64,65];④ 污水。需要特别指出的是,中国和国外在城市污水处理的方式上存在很大差异。国外尤其发达国家的城市污水管网系统发达,污水处理配套设施较完备,抽水马桶普及,且人体排泄物和其他生活污水可同时经由管网输送至污水处理厂,而不至于造成管道堵塞。因此,国外污水的 NH_3 排放,集中于城市污水厂。中国城市的路网、建筑等地面设施虽不逊于发达国家,但地下管网设施严重滞后于城市化进程。这从每年多雨时节北京、上海、广州等中国一线城市频发的城市内涝即可见一斑。不仅如此,中国大多数城市的污水处理设施仍无法满足城市排污量。目前,中国对污水局部处理设施的设置规定,主要依据《城市环境卫生设施规划规范》(GB 50337 - 2003)第 3.5.1 条:"城市污水管网和污水处理设施尚不完善的区域,可采用粪便污水前端处理设施;城市污水管网和污水处理设施较为完善的区域,可不设置粪便污水前端处理设施,应将粪便污水纳入城市污水处理厂统一处理。"该条文旨在要求污水必须达到排放标准,对是否设置诸如化粪池的前端处理设施并未作出硬性规定。这使得国内省、市对化粪池的设置有不同要求。目前大部分省、市的做法仍然是一律设置化粪池,由环卫人员定期(一般为半年或一年)掏挖清运出城市,尚未有全部取消化粪池做法的地区(图 35 - 4)。除此之外,为

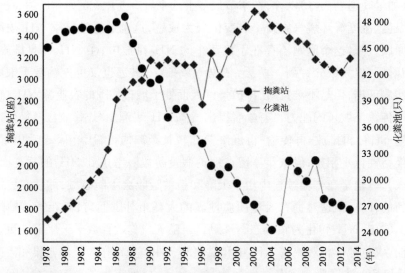

图 35 - 4　上海 1978—2013 年城市掏粪站和化粪池的数量变化(彩图见下载文件包,网址见 14 页脚注)

数据来源于 2014 年《上海统计年鉴》之"环境卫生设施篇",http://www.stats-sh.gov.cn/tjnj/nj15.htm?d1＝2015tjnj/C0619.htm。

降低管网负荷,中国公共厕所的每个隔间,大多会放置一个纸篓收集厕纸,以防止其对管网的堵塞。化粪池是城市建设中的重要构筑物,是城市排污系统不完善情况下的一种必要选择。然而,化粪池内排放的气体(包括 NH_3),会通过与之相连的管道排放到大气中去。因而,中国城市的污水 NH_3 排放,既包括了污水处理厂的排放,也应考虑化粪池的排放。

35.4　大气氨生成二次气溶胶的转化机制

35.4.1　NH_3 与 SO_2 和 SO_3 的反应

关于无水 NH_3 与 SO_2 反应生成何种产物的问题,学术界曾经长期存在争议。一些研究者认为,产物取决于 NH_3 和 SO_2 的摩尔比,以及它们的蒸汽压[66,67]。当 NH_3 和 SO_2 处于 1∶1 的化学计量比时,两者反应生成 NH_3SO_2(黄色固体)以平衡各组分的蒸汽压[67];当处于 2∶1 的化学计量比时,两者生成 $(NH_3)_2SO_2$(白色固体)以平衡蒸汽压[66]。这两种反应都是完全可逆的:当气体的蒸汽压足够低时,之前的固体产物会再次分解回 SO_2 和 NH_3[68]。

W. Benner 等人[69]模拟了 SO_2 与 NH_3 在云下状况和薄层水幕状况下的反应情况,发现当两者的浓度均在 1 ppm,相对湿度在 60% 时,有近 81% 的 SO_2 会在 10 min 后反应生成 SO_4^{2-}。在典型的云下状况和有 NH_3 参与的情况下,SO_2 会在 5 min 内全部转化为 SO_4^{2-},证明了云雾对 SO_4^{2-} 的形成具有极大的促进作用[70]。

SO_2 在 OH 和过氧自由基的气相氧化作用下,也会形成三氧化硫(SO_3)。这是在湿润大气条件下最终形成 H_2SO_4 的过渡产物。G. Shen 等人[68]的研究表明,NH_3 与 SO_3 的气相反应(反应常数为 6.9×10^{-11} $cm^3 \cdot mol^{-1} \cdot s^{-1}$)较之 SO_3 与水汽的气相反应要快近 4 个数量级[71]。然而在正常大气状况下,空气中水汽的含量比 NH_3 的浓度至少高 6 个数量级,因此 SO_3 与水的反应,要远大于其与 NH_3 的反应。

35.4.2　NH_3 与 H_2SO_4 的反应

H_2SO_4 既可以附着于已有的颗粒物上,又可以与 NH_3 中和,生成新的粒子[72]。H_2SO_4 与 NH_3 的反应产物是 $(NH_4)_2SO_4$ 和 NH_4HSO_4。大气水相反应是 SO_2 氧化形成 SO_4^{2-} 的重要途径。通过气相成核生成新粒子的过程,对大气中颗粒物的粒径和数量有重大影响。当 NH_3 和 H_2SO_4 的摩尔比分别为 1、1.5 和 2 时,两者的气相反应可分别生成 NH_4HSO_4、$(NH_4)_3 H(SO_4)_2$ 和 $(NH_4)_2SO_4$。其中 $(NH_4)_2SO_4$ 以固态形式存在,具有较低的蒸汽压,因此能够在大气中保持很强的稳定性,而成为 $PM_{2.5}$ 的重要组分之一[73-75]。

35.4.3　其他反应途径

在正常大气状况下,颗粒态 SO_4^{2-} 是 SO_2 在氧化以后,通过均相和非均相的气–固反应所生成的产物。在气相阶段，SO_2 在 OH 自由基的氧化下生成 H_2SO_4，然后进而形成 SO_4^{2-}。表 35-3 归纳了大气中生成铵盐的所有可能的化学反应途径。由表中可见，与 SO_2 的大部分水相反应，发生在云雨条件下。此时的 SO_2 可以通过多种途径与溶解性 O_3、OH 和有机过氧化物、羟基及其他多种 N 的氧化物反应生成 SO_4^{2-}。

表 35-3 大气中生成 NH_4^+ 的所有化学反应途径

代号	反应式	文献来源
R8	$NO_{2(g)} + h\nu \rightarrow NO_{(g)} + O_{(g)}$	[76]
R9	$NO_{(g)} + O_{3(g)} \rightarrow NO_{2(g)} + O_{2(g)}$	[76]
R10	$O_{(g)} + O_{2(g)} \rightarrow O_{3(g)}$	[76]
R11	$NO_{2(g)} + OH_{(g)} + M \rightarrow HNO_3 + M$	[76]
R12	$HNO_{3(g)} + h\nu \rightarrow OH_{(g)} + NO_{2(g)}$	[77]
R13	$HNO_{3(g)} + OH_{(g)} \rightarrow H_2O_{(g)} + NO_{3(g)}$	[77]
R14	$NO_{2(g)} + O_{3(g)} \rightarrow NO_{3(g)} + O_{2(g)}$	[77]
R15	$NO_{(g)} + HO_{2(g)} \rightarrow NO_{2(g)} + OH_{(g)}$	[78]
R16	$NO_{3(g)} + h\nu \rightarrow NO_{2(g)} + O_{(g)}$	[78]
R17	$NO_{3(g)} + NO_{2(g)} + M \rightarrow N_2O_{5(g)} + M$	[78]
R18	$N_2O_{5(g)} + H_2O_{(g)} \rightarrow 2HNO_{3(g)}$	[78]
R19	$SO_{2(g)} + OH_{(g)} (+O_{2(g)} + H_2O_{(g)}) \rightarrow H_2SO_{4(g)} + HO_{2(g)}$	[79]
R20	$SO_{2(g)} + O_{(g)} + h\nu \rightarrow SO_{3(g)}$	[79]
R21	$SO_{3(g)} + H_2O_{(g)} \rightarrow H_2SO_{4(g)}$	[80]
R22	$NH_{3(g)} \leftrightarrow NH_{3(aq)}$	[81]
R23	$NH_{3(aq)} + H_2O \leftrightarrow NH_4^+ (aq) + OH_{(aq)}^-$	[81]
R24	$2NH_{3(g)} + H_2SO_{4(aq)} \rightarrow (NH_4)_2SO_{4(s) \text{ or}(aq)}$	[73]
R25	$NH_{3(g)} + H_2SO_{4(aq)} \rightarrow NH_4HSO_{4(aq)}$	[73]
R26	$NH_{3(g)} + NH_4HSO_{4(aq)} \rightarrow (NH_4)_2SO_{4(aq)}$	[73]
R27	$NH_{3(g)} + HNO_{3(g)} \leftrightarrow NH_4NO_{3(s)}$	[73]
R28	$NH_{3(g)} + HCl_{(g)} \leftrightarrow NH_4Cl_{(s) \text{ or}(aq)}$	[82]
R29	$NH_{3(g)} + HNO_{3(g)} \leftrightarrow NH_4^+ (aq) + NO_{3(aq)}$	[83]
R30	$NH_{3(g)} + OH_{(g)} \leftrightarrow NH_{2(g)} + H_2O_{(g)}$	[84]

如前所述，颗粒物 SO_4^{2-} 的形成，取决于大气中含 NH_3 的量。当 NH_3 足量时，会通过中和过程生成颗粒物 $(NH_4)_2SO_4$。在正常大气状况下，NH_3 也会和 HNO_3、NH_3 和 HCl 分别生成 NH_4NO_3 和 NH_4Cl。H_2SO_4 与 NH_3 反应时的亲和力，远大于 HNO_3 和 HCl，因而大气中的 NH_3 会首先与 H_2SO_4 反应生成 $(NH_4)_2SO_4$；在 NH_3 多余的情况下，才会与 HNO_3 和 HCl 结合，而分别生成 NH_4NO_3 和 NH_4Cl。由于 NH_4NO_3 和 NH_4Cl 具有半挥发性，在湿度较高、温度较低的环境下两者较易形成并保持相对稳定[21]。颗粒态 NO_3^- 也

是首先通过 NO_x 形成 HNO_3，进而通过气-固反应生成的。白天 HNO_3 的形成主要通过 NO_2 和 OH 自由基的均相气相反应（R11）；到了晚上，NO_3 自由基就成了对流层 HNO_3 的来源。NO_3 既可以与 NO_2 反应生成 N_2O_5 后，在有水的条件下（如气溶胶的含水表面、云雾水滴等）形成 HNO_3；也可以通过醛或烃的抽氢反应形成 $HNO_3^{[21]}$。因此，HNO_3 的形成与白天持续时间的长短和气象因子有关。一旦 HNO_3 生成，就会与大气中过量的 NH_3 反应形成 NH_4NO_3，这是城市大气颗粒态 NO_3^- 形成的主要途径[78,85]。NO_3^- 的另一个形成途径是，HNO_3 与海盐中的 NaCl 反应，生成 $NaNO_3$ 颗粒物并释放 $HCl^{[21,86,87]}$。W. R. Pierson 和 W. W. Brachaczek[87] 指出，$PM_{2.5}$ 中的 NO_3^- 为 NH_4NO_3，而粗颗粒中既有 NH_4NO_3，也有 $NaNO_3$。

参考文献

[1]　Oenema O. Nitrogen budgets and losses in livestock systems // Proceedings of the International Congress Series F. Elsevier, 2006.

[2]　Matson P A, Naylor R, Ortiz – Monasterio I. Integration of environmental, agronomic, and economic aspects of fertilizer management. Science, 1998, 280(5360): 112 – 115.

[3]　Erisman J W, Sutton M A, Galloway J, et al. How a century of ammonia synthesis changed the world. Nature Geoscience, 2008, 1(10): 636 – 639.

[4]　Smil V. Global population and the nitrogen cycle. Scientific American, 1997, 277(1): 76 – 81.

[5]　Tilman D, Fargione J, Wolff B, et al. Forecasting agriculturally driven global environmental change. Science, 2001, 292(5515): 281 – 284.

[6]　Gu B, Ge Y, Ren Y, et al. Atmospheric reactive nitrogen in China: Sources, recent trends, and damage costs. Environmental Science and Technology, 2012, 46(17): 9420 – 9427.

[7]　Gu B, Ju X, Chang J, et al. Integrated reactive nitrogen budgets and future trends in China. Proceedings of the National Academy of Sciences, 2015, 112(28): 8792 – 8797.

[8]　Zhang W F, Dou Z X, He P, et al. New technologies reduce greenhouse gas emissions from nitrogenous fertilizer in China. Proceedings of the National Academy of Sciences, 2013, 110(21): 8375 – 8380.

[9]　Gu B, Leach A M, Ma L, et al. Nitrogen footprint in China: Food, energy, and nonfood goods. Environmental Science and Technology, 2013, 47(16): 9217 – 9224.

[10]　Cui Z, Wang G, Yue S, et al. Closing the N – use efficiency gap to achieve food and environmental security. Environmental Science and Technology, 2014, 48(10): 5780 – 5787.

[11]　Shi Y, Cui S, Ju X, et al. Impacts of reactive nitrogen on climate change in China. Scientific Reports, 2015, 5: doi: 10.1038/srep08118.

[12]　Zhang Q, Streets D G, Carmichael G R, et al. Asian emissions in 2006 for the NASA INTEX – B mission. Atmospheric Chemistry and Physics, 2009, 9(14): 5131 – 5153.

[13]　Aneja V P, Schlesinger W H, Erisman J W, et al. Reactive nitrogen emissions from crop and livestock farming in India. Atmospheric Environment, 2012, 47: 92 – 103.

[14] Ohara T, Akimoto H, Kurokawa J, et al. An Asian emission inventory of anthropogenic emission sources for the period 1980 – 2020. Atmospheric Chemistry and Physics, 2007, 7(16): 4419 – 4444.

[15] Schlesinger W H, Hartley A E. A global budget for atmospheric NH_3. Biogeochemistry, 1992, 15(3): 191 – 211.

[16] Dentener F, Crutzen P. A three-dimensional model of the global ammonia cycle. Journal of Atmospheric Chemistry, 1994, 19(4): 331 – 369.

[17] Bouwman A F, Lee D S, Asman W A H, et al. A global high-resolution emission inventory for ammonia. Global Biogeochemical Cycle, 1997, 11(4): 561 – 587.

[18] Olivier J G J, Bouwman A F, Van der Hoek K W, et al. Global air emission inventories for anthropogenic sources of NO_x, NH_3 and N_2O in 1990// Nitrogen, the confer-N-s. Amsterdam: Elsevier, 1998: 135 – 148.

[19] Skiba U, Drewer J, Tang Y, et al. Biosphere – Atmosphere exchange of reactive nitrogen and greenhouse gases at the NitroEurope core flux measurement sites: Measurement strategy and first data sets. Agriculture, Ecosystems & Environment, 2009, 133(3): 139 – 149.

[20] Van Grinsven H J, Holland M, Jacobsen B H, et al. Costs and benefits of nitrogen for Europe and implications for mitigation. Environmental Science and Technology, 2013, 47 (8): 3571 – 3579.

[21] Behera S N, Sharma M, Aneja V P, et al. Ammonia in the atmosphere: A review on emission sources, atmospheric chemistry and deposition on terrestrial bodies. Environmental Science and Pollution Research International, 2013, 20(11): 8092 – 8131.

[22] Bussink D, Huijsmans J, Ketelaars J. Ammonia volatilization from nitric-acid-treated cattle slurry surface applied to grassland. NJAS Wageningen Journal of Life Sciences, 1994, 42(4): 293 – 309.

[23] Koerkamp P G, Metz J, Uenk G, et al. Concentrations and emissions of ammonia in livestock buildings in northern Europe. Journal of Agricultural Engineering Research, 1998, 70(1): 79 – 95.

[24] Koerkamp P G, Speelman L, Metz J. Litter composition and ammonia emission in aviary houses for laying hens. Part Ⅰ: Performance of a litter drying system. Journal of Agricultural Engineering Research, 1998, 70(4): 375 – 382.

[25] Koerkamp P G, Speelman L, Metz J. Litter composition and ammonia emission in aviary houses for laying hens: Part Ⅱ, Modelling the evaporation of water. Journal of Agricultural Engineering Research, 1999, 73(4): 353 – 362.

[26] Oenema O, Tamminga S. Nitrogen in global animal production and management options for improving nitrogen use efficiency. Science in China Series C: Life Sciences, 2005, 48 (2): 871 – 887.

[27] Stevens R, Laughlin R, Frost J. Effects of separation, dilution, washing and acidification on ammonia volatilization from surface-applied cattle slurry. The Journal of Agricultural Science,

1992, 119(03): 383 - 389.

[28] Sommer S G, Olesen J E, Christensen B T. Effects of temperature, wind speed and air humidity on ammonia volatilization from surface applied cattle slurry. The Journal of Agricultural Science, 1991, 117(1): 91 - 100.

[29] Rachhpal S, and Nye P H. A model of ammonia volatilization from applied urea. IV. Effect of method of urea application. Journal of Soil Science, 1988, 39: 9 - 14. doi: 10.1111/j.1365 - 2389. 1988.tb01189.x, 1988.

[30] Sommer S G, Ersbøll. Effect of air flow rate, lime amendments, and chemical soil properties on the volatilization of ammonia from fertilizers applied to sandy soils. Biology and Fertility of Soils, 1996, 21(1 - 2): 53 - 60.

[31] Schjoerring J K, Mattsson M. Quantification of ammonia exchange between agricultural cropland and the atmosphere: Measurements over two complete growth cycles of oilseed rape, wheat, barley and pea. Plant Soil, 2001, 228(1): 105 - 115.

[32] Denmead O. An ammonia budget for Australia. Soil Research, 1990, 28(6): 887 - 900.

[33] Trumbore S E, Davidson E A, Barbosa De Camargo P, et al. Belowground cycling of carbon in forests and pastures of eastern Amazonia. Global Biogeochemical Cycle, 1995, 9(4): 515 - 528.

[34] Denmead O, Freney J, Simpson J. A closed ammonia cycle within a plant canopy. Soil Biology and Biochemistry, 1976, 8(2): 161 - 164.

[35] Burkhardt J, Flechard C, Gresens F, et al. Modeling the dynamic chemical interactions of atmospheric ammonia and other trace gases with measured leaf surface wetness in a managed grassland canopy. Biogeosciences Discussions, 2008, 5(3): 2505 - 2539.

[36] Langford A, Fehsenfeld F. Natural vegetation as a source or sink for atmospheric ammonia: A case study. Science, 1992, 255(5044): 581.

[37] Massad R S, Nemitz E, Sutton M A. Review and parameterisation of bi-directional ammonia exchange between vegetation and the atmosphere. Atmospheric Chemistry and Physics, 2010, 10 (21): 10359 - 10386.

[38] Flechard C R, Massad R S, Loubet B, et al. Advances in understanding, models and parameterizations of biosphere-atmosphere ammonia exchange. Biogeosciences, 2013, 10 (7): 5183 - 5225.

[39] Asman W A, Sutton M A, Schjärring J K. Ammonia: Emission, atmospheric transport and deposition. New Phytologiest, 1998, 139(1): 27 - 48.

[40] Sutton M, Place C, Eager M, et al. Assessment of the magnitude of ammonia emissions in the United Kingdom. Atmospheric Environment, 1995, 29(12): 1393 - 1411.

[41] Fowler D, Pilegaard K, Sutton M, et al. Atmospheric composition change: Ecosystems-atmosphere interactions. Atmospheric Environment, 2009, 43(33): 5193 - 5267.

[42] Barrett K. Oceanic ammonia emissions in Europe and their transboundary fluxes. Atmospheric Environment, 1998, 32(3): 381 - 391.

[43] Sutton M, Dragosits U, Tang Y, et al. Ammonia emissions from non-agricultural sources in the

UK. Atmospheric Environment, 2000, 34(6): 855 – 869.

[44] Amanatidis S, Ntziachristos L, Giechaskiel B, et al. Impact of selective catalytic reduction on exhaust particle formation over excess ammonia events. Environmental Science and Technology, 2014, 48(19): 11527 – 11534.

[45] Sun K, Tao L, Miller D J, et al. On-road ammonia emissions characterized by mobile, open-path measurements. Environmental Science and Technology, 2014, 48(7): 3943 – 3950.

[46] Liu T, Wang X, Deng W, et al. Role of ammonia in forming secondary aerosols from gasoline vehicle exhaust. Science China Chemistry, 2015, 58(9): 1377 – 1384.

[47] Livingston C, Rieger P, Winer A. Ammonia emissions from a representative in-use fleet of light and medium-duty vehicles in the California South Coast Air Basin. Atmospheric Environment, 2009, 43(21): 3326 – 3333.

[48] Cheng X, Bi X T. A review of recent advances in selective catalytic NO_x reduction reactor technologies. Particuology, 2014, 16: 1 – 18.

[49] Suarez-Bertoa R, Zardini A A, Astorga C. Ammonia exhaust emissions from spark ignition vehicles over the New European Driving Cycle. Atmospheric Environment, 2014, 97: 43 – 53.

[50] Heeb N V, Forss A-M, Brühlmann S, et al. Three-way catalyst-induced formation of ammonia-velocity- and acceleration-dependent emission factors. Atmospheric Environment, 2006, 40(31): 5986 – 5997.

[51] Tadano Y S, Borillo G C, Godoi A F, et al. Gaseous emissions from a heavy-duty engine equipped with SCR aftertreatment system and fuelled with diesel and biodiesel: Assessment of pollutant dispersion and health risk. The Science of the Total Environment, 2014, 500 – 501: 64 – 71.

[52] Chang Y, Zou Z, Deng C, et al. The importance of vehicle emissions as a source of atmospheric ammonia in the megacity of Shanghai. Atmospheric Chemistry and Physics, 2016, 16(5): 3577 – 3594.

[53] Chang Y. Non-agricultural ammonia emissions in urban China. Atmospheric Chemistry and Physics Discussions, 2014, 14(6): 8495 – 8531.

[54] Yao X, Hu Q, Zhang L, et al. Is vehicular emission a significant contributor to ammonia in the urban atmosphere? Atmospheric Environment, 2013, 80: 499 – 506.

[55] Yao X H, Zhang L. Analysis of passive-sampler monitored atmospheric ammonia at 74 sites across southern Ontario, Canada. Biogeosciences Discussions, 2013, 10(8): 12773 – 12806.

[56] Ross B M, Babay S, Ladouceur C. The use of selected ion flow tube mass spectrometry to detect and quantify polyamines in headspace gas and oral air. Rapid Communications in Mass Spectrometry: RCM, 2009, 23(24): 3973 – 3982.

[57] Španěl P, Davies S, Smith D. Quantification of ammonia in human breath by the selected ion flow tube analytical method using $H_3 O^+$ and O_2^+ precursor ions. Rapid Communication in Mass Spectrometry, 1998, 12(12): 763 – 676.

[58] Basumallick L, Rohrer J. Determination of ammonia in tobacco smoke. http://www.

thermoscientific. com ∕ content ∕ dam ∕ tfs ∕ ATG ∕ CMD ∕ CMD％ 20Documents ∕ AN – 1054-Determination-of-Ammonia-in-Tobacco-Smoke-AN – 70516.pdf, 2018 – 11 – 03.

[59] Brunnemann K D, Hoffmann D. Chemical studies on tobacco smoke XXXIV. Gas chromatographic determination of ammonia in cigarette and cigar smoke. Journal of Chromatographic Science, 1975, 13(4): 159 – 163.

[60] Wilson L, Bacon P, Bull J, et al. The spatial distribution of ammonia emitted from seabirds and its contribution to atmospheric nitrogen deposition in the UK. Water, Air, & Soil Pollution: Focus, 2005, 4(6): 287 – 296.

[61] Riddick S N, Dragosits U, Blackall T D, et al. The global distribution of ammonia emissions from seabird colonies. Atmospheric Environment, 2012, 55: 319 – 327.

[62] Wentworth G R, Murphy J G, Croft B, et al. Ammonia in the summertime Arctic marine boundary layer: Sources, sinks and implications. Atmospheric Chemistry and Physics Discussions, 2015, 15(21): 29973 – 30016.

[63] Theobald M R, Crittenden P D, Tang Y S, et al. The application of inverse-dispersion and gradient methods to estimate ammonia emissions from a penguin colony. Atmospheric Environment, 2013, 81: 320 – 329.

[64] Bai Z, Dong Y, Wang Z, et al. Emission of ammonia from indoor concrete wall and assessment of human exposure. Environmental International, 2006, 32(3): 303 – 311.

[65] 古颖纲,王伯光,杨俊,等.城市污水厂氨气的来源及排放因子研究.环境化学,2012,31(5): 708 – 713.

[66] Landreth R, De Pena R G, Heicklen J. Thermodynamics of the reactions (NH_3) n. $SO_2(s)$. far. $nNH_3(g)+SO_2(g)$. The Journal of Physical Chemistry, 1974, 78(14): 1378 – 1380.

[67] Meyer B, Mulliken B, Weeks H. The reactions of ammonia with excess sulfur dioxide. Phosphorus and Sulfur and the Related Elements, 1980, 8(3): 291 – 299.

[68] Shen G, Suto M, Lee L. Reaction rate constant of SO_3^+, NH_3 in the gas phase. Journal of Geophysical Research: Atmospheres, 1990, 95(D9): 13981 – 13984.

[69] Benner W, Ogorevc B, Novakov T. Oxidation of SO_2 in thin water films containing NH_3. Atmospheric Environment Part A General Topics, 1992, 26(9): 1713 – 1723.

[70] Hansen A, Benner W, Novakov T. Sulfur dioxide oxidation in laboratory clouds. Atmospheric Environment Part A General Topics, 1991, 25(11): 2521 – 2530.

[71] Renard J J, Calidonna S E, Henley M V. Fate of ammonia in the atmosphere-A review for applicability to hazardous releases. Journal of Hazardous Materials, 2004, 108(1): 29 – 60.

[72] Swartz E, Shi Q, Davidovits P, et al. Uptake of gas-phase ammonia. 2. Uptake by sulfuric acid surfaces. The Journal of Physical Chemistry A, 1999, 103(44): 8824 – 8833.

[73] Finlayson-Pitts B J, Pitts Jr J N. Chemistry of the upper and lower atmosphere: Theory, experiments, and applications. Academic Press, 1999.

[74] Wang Y, Zhuang G, Zhang X, et al. The ion chemistry, seasonal cycle, and sources of $PM_{2.5}$ and TSP aerosol in Shanghai. Atmospheric Environment, 2006, 40(16): 2935 – 2952.

[75] Poulain L, Spindler G, Birmili W, et al. Seasonal and diurnal variations of particulate nitrate and organic matter at the IfT research station Melpitz. Atmospheric Chemistry and Physics, 2011, 11 (24): 12579 - 12599.

[76] Lin Y, Cheng M. Evaluation of formation rates of NO_2 to gaseous and particulate nitrate in the urban atmosphere. Atmospheric Environment, 2007, 41(9): 1903 - 1910.

[77] Seinfeld J H, Pandis S N. Atmospheric chemistry and physics: From air pollution to climate change. John Wiley & Sons, 2012.

[78] Stockwell W R, Watson J G, Robinson N F, et al. The ammonium nitrate particle equivalent of NO_x emissions for wintertime conditions in Central California's San Joaquin Valley. Atmospheric Environment, 2000, 34(27): 4711 - 4717.

[79] Bufalini M. Oxidation sulfur dioxide in polluted atmospheres. Review. Environmental Science and Technology, 1971, 5(8): 685 - 700.

[80] Phillips J, Canagaratna M, Goodfriend H, et al. Microwave detection of a key intermediate in the formation of atmospheric sulfuric acid: The structure of $H_2O - SO_3$. The Journal of Physical Chemistry, 1995, 99(2): 501 - 504.

[81] Clegg S, Brimblecombe P. Solubility of ammonia in pure aqueous and multicomponent solutions. The Journal of Physical Chemistry, 1989, 93(20): 7237 - 7248.

[82] Zhang Y, Wu S-Y, Krishnan S, et al. Modeling agricultural air quality: Current status, major challenges, and outlook. Atmospheric Environment, 2008, 42(14): 3218 - 3237.

[83] Mozurkewich M. The dissociation constant of ammonium nitrate and its dependence on temperature, relative humidity and particle size. Atmospheric Environment Part A General Topics, 1993, 27(2): 261 - 270.

[84] Diau E W G, Tso T L, Lee Y P. Kinetics of the reaction hydroxyl + ammonia in the range 273 - 433 K. Journal of Physical Chemistry, 1990, 94(13): 5261 - 5265.

[85] Ianniello A, Spataro F, Esposito G, et al. Chemical characteristics of inorganic ammonium salts in $PM_{2.5}$ in the atmosphere of Beijing (China). Atmospheric Chemistry and Physics, 2011, 11 (21): 10803 - 10822.

[86] Zhuang H, Chan C K, Fang M, et al. Size distributions of particulate sulfate, nitrate, and ammonium at a coastal site in Hong Kong. Atmospheric Environment, 1999, 33(6): 843 - 853.

[87] Pierson W R, Brachaczek W W, Japar S M, et al. Dry deposition and dew chemistry in Claremont, California, during the 1985 nitrogen species methods comparison study. Atmospheric Environment (1967), 1988, 22(8): 1657 - 1663.

第*36*章
机动车的氨排放

污染源排放清单的建立,仰赖于排放因子(emission factor)和活动水平(activity data)两个关键要素。就大气氨(NH_3)排放而言,对自然源和人为源中的农业源研究得较为透彻,但对于非农业源的研究远不及前两者,从而无法有效地解释城市内部高浓度 NH_3 的来源,即产生所谓"NH_3失源"问题。研究者发现,世界上诸如东亚的北京、香港、首尔,北美的休斯敦、洛杉矶、墨西哥城,欧洲的图卢兹、罗马、巴塞罗那,南亚的德里、拉合尔、斋普尔,以及南美的圣地亚哥等许多城市,其大气 NH_3 中都可能有机动车的贡献(通过 NH_3 与汽车污染指示物如 CO、NO_x 的相关性分析)。目前主要采用隧道实测和实验室台架模拟两种方式,研究机动车污染物的排放特征和排放因子。台架测试便于得到不同类型机动车的排放因子,不足之处是仅能测试尾气排放,不包括挥发、泄漏等非尾气排放环节,难以代表一个城市或地区的机动车实际平均排放水平。美国和欧洲的一些国家开展了大量的台架实验,并且建立了机动车排放因子数据库。与台架测试相比,隧道实验可以更真实地反映机动车在道路上行驶的情况,而且包含了当地机动车构成、交通状况、气象条件的影响,从而可以获得更加可靠的排放因子和源成分谱。台架试验的不足之处在于,对其他地区不具备广泛的适用性。隧道实验在国际上开展得相当广泛。在瑞士 Gubrist 隧道[1] 和美国 Fort McHenry[2]、Tuscarora[3] 等隧道进行了一系列研究。法国、韩国以及中国台湾等也都通过隧道实验得到了当地的机动车排放因子。本章根据实际测定的机动车 NH_3 排放因子,论述机动车的 NH_3 排放。

36.1 研究方法

36.1.1 监测点的布设

邯郸路是上海中环线北段(汉水路-邯郸路-翔殷路)路段上的重要节点之一,其两侧主要是复旦大学本部的南北校园。北校园主要承担教育学习,而南校园主要承担生活休息,所以两侧的人流、自行车流相当频繁。为了降低交通安全隐患,同时充分保留复旦大学原有的校园风貌,在 2001—2005 年间,上海市政部门开建邯郸路地道。该地道全长 760 m,为城市快速路的双洞独立单向车道设计,各洞分别为四车道(行车道设计为 2×

3.5 m＋2×3.25 m）。地道两侧设置有 0.75 m 宽的检修道,供日常巡视和维护,高度为 4.5 m,横向坡度为 1.5%,设计车速为 80 km·h^{-1}。在隧道的中段设置了约 200 m 长的开孔阵列,用于通风,且便于火灾时的排烟及救援。本实验一方面在隧道的进出口和中段通风口的两端布点,用于估算机动车的整体 NH_3 排放因子;另一方面自隧道北段出口起,设置了距离梯度实验,用以验证汽车 NH_3 排放的环境扩散。在北段隧道内设置了 4 个采样点,分别为距离隧道进口 10 m 的 T－a、距离排气口 10 m 而与进口较近的 T－b、距离排气口 10 m 而与出口较近的 T－c、距离隧道出口 10 m 的 T－d,采样高度为 1.5 m。隧道外为紧邻路边的 $O_{0 m}$,与隧道口相距约 20、150 和 310 m 的 $O_{20 m}$、$O_{150 m}$ 和 $O_{310 m}$。

36.1.2 采样和分析

采样时间为 2014 年 4—6 月间(不连续,一般为北京时间 8:00—11:00 或 14:00—19:00)。NH_3 采样方法为美国 EPA 方法 207.1"固定源氨排放量的测定"。采样装置预先组装,由两级串联的玻璃吸收管(15 ml)和一个小型气体采样器构成。吸收液为 0.005 mol·L^{-1} 的 H_2SO_4 溶液,以约 1 L·min^{-1} 的流速,稳定采气 2 h。每次采样均设置一个实验室空白对照和一个现场空白对照。采样点的风速由万向风速风温仪每 1 s 自动记录一次数据。风速约 5 m·s^{-1},出口略大于其他点位。隧道车流情况是:在每次试验过程中,每隔 10 min 人工记录 5 min 的车辆通过数量,连续计数 3 次,这样得到平均每天的车流量大约为 12 000(正常估计)～15 000 辆(高估;因为夜间车流量少,但未作计数,采用白天数据估计),其中轻型车约占 90%,平均测速约为 60 km·h^{-1}。由于隧道边缘狭窄,采样安全风险较大,且交警巡逻频繁,故而 T－a、T－b 和 T－c 在时间上能够匹配的样品量仅为 6 个,其余点为 19 个。样品采集后立即冷藏,24 h 内用离子色谱法(883 Basic IC plus, Metrohm Co., Switzerland)进行分析。

36.2 机动车的氨排放因子

各采样点的 NH_3 浓度($\mu g·m^{-3}$)及数据统计结果如表 36－1 所示。隧道出口处即 T_d 的 NH_3 浓度最高,T－a 的浓度最低,与预期相符。从 T_a 开始,NH_3 浓度不断升高,T－d(64.9±11.5 $\mu g·m^{-3}$)的 NH_3 浓度高出 T－a(12.6±3.3 $\mu g·m^{-3}$)5 倍。由于中段有通风口存在,致使 T－b(29.2±6.6 $\mu g·m^{-3}$)和 T－c(31.5±5.9 $\mu g·m^{-3}$)的结果差异不显著(表 36－1)。尽管 NH_3 浓度的波动较大,但在每次实验中,T－d 点的浓度均显著高于其他各点,即便是最小值也较其他各点的最大值为高。这充分证明机动车是 NH_3 的排放源,且在特定环境下(如隧道),其排放贡献抵消了气象等外界条件的干扰,是影响环境 NH_3 浓度的最重要因素。以 T－c 到 T－d 这段暗道为例,两者的距离(physical distance, PD)为 300 m,平均 NH_3 浓度差(concentration gap, CG)为 33.4±11.5 $\mu g·m^{-3}$,而隧道的截面积(cross section, CS)、试验期间的平均风速(wind speed, WS)为 5 m·s^{-1},交通流量

(traffic flow, TF)为每天 120 000 辆。基于这些参数,可根据质量守恒原理,通过以下公式计算平均每辆车的平均 NH_3 排放因子(emission factor, EF)* 为 28 ± 5 mg·km^{-1}:

$$EF = (CG \times CS \times WS \times 86\,400)/(TF \times PD)$$

其中 86 400 表示 1 d 的秒数。本研究中的机动车 NH_3 排放因子,结果与瑞士的 Gurbrist 隧道(31 ± 4 mg·km^{-1})[1]和美国加州的 Caldecott 隧道(49 ± 3 mg·km^{-1})[2]相近,但大幅低于近期中国广州珠江隧道的测试结果(230 ± 14 mg·km^{-1})[4]。虽试图与相关研究者讨论,但尚未找到差异巨大的确切原因。这凸显出机动车排放因子具有很强的地域特征。

表 36 - 1　机动车 NH_3 排放与扩散实验中 8 个采样点的 NH_3 浓度(μg·m^{-3})及统计结果

	采样点	N	平均值	标准差	最小值	中位数	最大值
隧道内	T - a	6	12.6	3.3	8.8	12.3	18.1
	T - b	6	29.2	6.6	20.1	28.6	38.7
	T - c	6	31.5	5.9	21.4	33.3	37.6
	T - d	19	64.9	11.5	47.0	65.4	82.9
隧道外	O_{0m}	19	11.7	4.2	7.5	10.7	25.0
	O_{20m}	19	6.5	2.8	2.8	5.8	13.2
	O_{150m}	19	5.9	2.5	2.1	5.1	10.7
	O_{310m} **	19	5.6	2.5	1.9	4.9	10.1

本研究作为为数不多的尝试,也存在诸多缺陷。譬如,研究中 NH_3 采样方法的时间分辨率过低,而类似研究多采用高时间分辨率的自动监测仪器。该缺陷在机动车 NH_3 排放因子的估算上,影响可能更大,因为 NH_3 一旦释放到大气中,极易反应或者沉降,致使低分辨率仪器不能捕捉到真实的排放量。为解决该问题,通行的做法是在监测 NH_3 的同时,同步监测某些大气活性较低的汽车污染物如 CO,但本研究尚不具备同步监测能力。此外,邯郸路隧道用于计算排放因子的理论长度虽然足够,但由于隧道中部通风口的设置,使得计算排放因子所使用的隧道段长度过短,这也是本研究难以克服的不利因素。鉴于此,后续研究应尽可能消弭以上种种缺陷,以求更精确地估算机动车的 NH_3 排放量。

从图 36 - 1(a)可以看出,无论是隧道内还是隧道外,各点位距离隧道出口越远,NH_3 浓度越低。其中浓度相差最大的是隧道口 T - d 与隧道外的 O_{310m},前者(64.9 ± 11.5 μg·m^{-3})超过后者(5.6 ± 2.5 μg·m^{-3})逾 11 倍。但降幅最大的是距离最近的 T - d 和 O_{0m}(相距 50 m)。这表明了邯郸路隧道周围受到机动车 NH_3 排放的扩散影响,且 NH_3 的排放一旦扩散,其影响强度在短距离内会迅速降低。这一点与 NH_3 的近源性沉降和大气寿

* 排放因子(emission factor, EF)不同于富集系数(enrichment factor, EF)。
** 这里的 O多少米 表示与隧道进口的距离。参见 528 页第 1 自然段(36.1.1)最后一行内容。

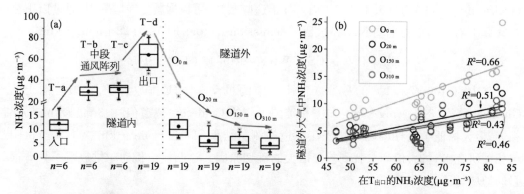

图 36 - 1 （a）邯郸路隧道内外各监测点位 NH₃ 浓度的框图；（b）邯郸路隧道出口的 NH₃ 浓度（x 轴）与隧道外各点位 NH₃ 浓度的相关分析。（彩图见图版第 21 页，也见下载文件包，网址见正文 14 页脚注）

命短的特性相符。从定量角度来看，图 36 - 1(b)表明，$O_{0\,m}$ 和 $O_{20\,m}$ 两个点位的 NH_3 浓度，分别有 64% 和 48% 来源于 T - d，即机动车的 NH_3 排放；而距离 T - d 稍远的 $O_{150\,m}$ 和 $O_{310\,m}$ 的 NH_3 浓度相近，且与 T - d 的 NH_3 浓度相关性最差。这表明，邯郸路隧道出口机动车 NH_3 排放的影响，越向外围越弱，主要集中在半径 150 m 范围内。这也再次证明，NH_3 排放后以本地影响为主，长程影响较弱（NH_3 前体是以 NH_4^+ 的气态形式存在）。

36.3　机动车氨排放对环境氨的影响

本研究以上海市为例，探究城市 NH_3 排放对环境 NH_3 浓度的影响，或者说，环境 NH_3 浓度的变化是否体现机动车 NH_3 排放的影响。上海市 2014 年的机动车保有量为 304 万辆，年均行驶里程 15 000 km，以本研究确定的 NH_3 排放因子估算，全市的机动车 NH_3 排放量为 1 300 t，这与 2010 年采用美国排放因子的自下而上的排放清单估算结果相近（1 581.1 t）。这部分 NH_3 排放量与农业 NH_3 排放量比较起来，所占比例虽然很小，却占到上海城市内部 NH_3 排放量（基本为非农业源排放）的 12%。此外，与农村不同的是，城市具有富 NO_x 和富 SO_2 的大气氛围，且下垫面多为硬质表面，汽车 NH_3 排放可以较彻底地中和，而形成二次无机气溶胶，因此其环境影响不容小觑。

由长时间高分辨的环境监测数据，可得到污染物浓度在四季的可靠的昼夜变化规律，并从中一窥污染物的可能来源及其影响。图 36 - 2 表示，上海城区 NH_3 和 CO 浓度的四季昼夜变化，依据 2014 年 4 月—2015 年 4 月间上海每小时连续监测的数据进行分析绘制。数据的具体来源和质量控制详见第 5 章。在改革开放初期的较长历史时期，上海及其所处长三角区域的 CO，主要来源于钢铁冶炼和交通运输。2007 年，两者分别占比为 34% 和 30%[5]。中国经济社会发展水平一直处于稳步提升中，由此导致与之相关联的污染物排放源也在发生着变化。譬如在过去数年间，中国在工业领域实施了诸如"抓大放小"、提高排放标准等一系列新举措。而同期的中国汽车销量，经历了数年的两位数发展,并于 2009 年超越美国,首次跻身全球第一大汽车消费市场。中国发达的东部沿海区域的机动车现已超过工业源,成为 CO 的最大排放源[5]。图 36-2 中,上海城区 CO 浓度的昼夜变化,呈现典型的双峰构型,分别出现在城市交通的早高峰(从当地时间 5:00 开始)和晚高峰(从当地时间 16:00 开始)。因而,CO 的变化可作为机动车活跃性的强有力指标。与 CO 类似,NH_3 浓度在四季的昼夜变化中也呈现出清晰的双峰构型,表明上海城市大气的 NH_3 受到机动车排放(市民日间通勤)的显著影响。

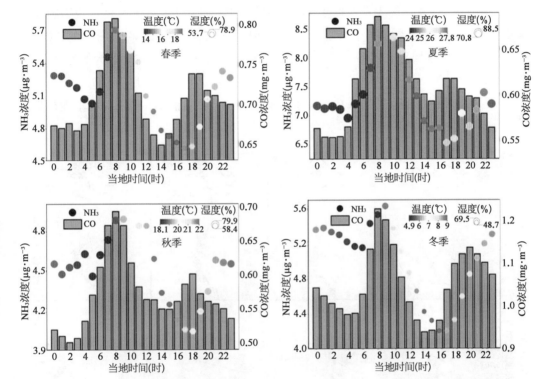

图 36-2　上海城区 NH_3 和 CO 浓度在 2014 年 4 月—2015 年 4 月间各个季节的昼夜变化
(彩图见图版第 21 页,也见下载文件包,网址见正文 14 页脚注)
其中圆点的颜色深浅代表温度高低,圆点的大小代表湿度高低。

　　分季节来看,CO 与 NH_3 浓度的相关关系强弱又有所不同[图 36-3(b)]。展开而言,夏季两者的相关性最强($R^2 = 0.48$,$p < 0.001$),春秋稍次,冬季则没有相关性。无论在哪个季节,机动车的 NH_3 排放量的变化应无显著差异。因此,造成相关性的季节性差异的原因,有可能是气象条件(如边界层高度、温度、湿度、降水等)的不同,也可能是 NH_3/CO 的非本地排放传输至上海。气象因素并不构成上海城区 NH_3 浓度变化的主要原因。对于是否有长程传输的影响,本研究利用 HYSPLIT-4 后向轨迹模式和美国国家环境预报中心(National Centers for Enviromental Prediction, NCEP)2014 年 4 月—2015 年 4 月间全球资料同化系统(Global Data Assimilation System, GDAS)气象数据,

结合同期的 NH₃ 和 CO 小时质量浓度数据,对上海的大气污染输送过程进行潜在源贡献分析(potential source contribution function, PSCF),以确定大气污染传输路径及可能源区。PSCF 算法是一个条件概率函数,主要利用后向轨迹来计算和描述可能的源区位置,反映了一定空间覆盖率的空气团在到达研究区之前的滞留时间。本研究将被轨迹覆盖的地理空间区域(114—117°E,26—41°N)按照 0.5°×0.5° 进行水平网格化。由于 PSCF 为一种条件概率,因此采用其与 W_{ij}(权重因子)的乘积(WPSCF)表示,以减少不确定性。在本研究时段内,上海 NH₃ 浓度的季节变化较为平稳,而 CO 的浓度变化呈现出较大的季节性差异,春夏秋冬的平均值分别为 0.71、0.61、0.51 和 1.1 $\mu g \cdot m^{-3}$。图 36-3(a) 指示北方燃煤集中区域是上海冬季 CO 的主要源区,又结合 CO 具有较长的大气寿命,可以预期上海冬季 CO 深受外来长程传输的影响。而图 36-3(c) 表明,上海 NH₃ 的来源在四季中均以本地源为主导。冬季 CO 的来源以长程传输为主,而 NH₃ 的来源以本地贡献为主,这解释了为何冬季两者的相关关系最弱。

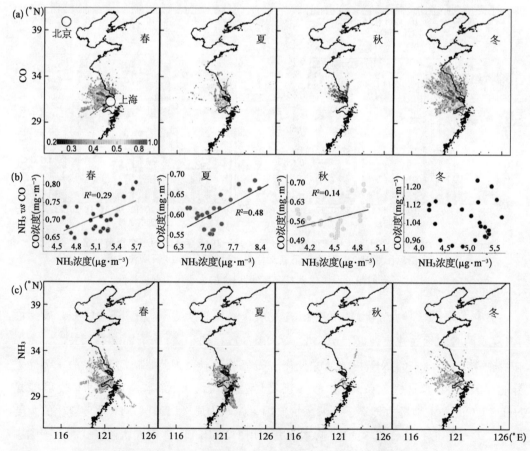

图 36-3 上海 2014 年 4 月—2015 年 4 月间 CO(a)和 NH₃(c)的 PSCF 分析,CO 和 NH₃ 浓度在研究期间各季节的相关性分析(b)。(彩图见下载文件包,网址见 14 页脚注)

参考文献

［1］　Emmenegger L, Mohn J, Sigrist M, et al. Measurement of ammonia emissions using various techniques in a comparative tunnel study. International Journal of Environmental Pollution, 2004, 22(3): 326 – 341.

［2］　Kean A J, Harley R A, Littlejohn D, et al. On-road measurement of ammonia and other motor vehicle exhaust emissions. Environmental Science and Technology, 2000, 34(17): 3535 – 3539.

［3］　Durbin T D, Wilson R D, Norbeck J M, et al. Estimates of the emission rates of ammonia from light-duty vehicles using standard chassis dynamometer test cycles. Atmospheric Environment, 2002, 36(9): 1475 – 1482.

［4］　Liu T, Wang X, Wang B, et al. Emission factor of ammonia (NH_3) from on-road vehicles in China: Tunnel tests in urban Guangzhou. Environmental Research Letters, 2014, 9(6): 064027.

［5］　Huang C, Chen C H, Li L, et al. Emission inventory of anthropogenic air pollutants and VOC species in the Yangtze River Delta region, China. Atmospheric Chemistry and Physics, 2011, 11(9): 4105 – 4120.

第37章
城市建筑物人居排泄物的氨排放

关于大气中所含氨气（NH₃）的来源，研究得较多的是农业源，对于非农业源尚未予以足够的重视，从而无法有效解释城市内部高浓度 NH₃ 的来源。鉴于此，本研究首先要解决的问题是，对城市内部的 NH₃ 排放源进行筛查，找到以往未予研究或研究基础差且不确定性高的潜在重要源，进而确定其排放因子与活动水平。通过实地调研发现，中国城市对建筑物人居排泄物的处理方式，与西方发达国家直接输送到污水处理厂的方式明显不同。由于中国城市普遍存在管网设施发展滞后，污水处理能力不足的问题，城市建筑物的人居排泄物，通常先贮存于建筑物底部的化粪池内，经过复杂的生化过程，其中气体（包括 NH₃）通过与之相连的楼顶排气管释放到环境大气中去，上清液流入城市下水道管网，固形累积物由市政部门定期掏挖转运（频率视情况而定，通常为一年一次）。发达国家城市建筑物的人居排泄物处理方式，从而除污水处理厂以外的整个过程不会有 NH₃ 的大量释放，因而没有将城市建筑物的人居排泄物（不包括婴儿），纳入 NH₃ 排放清单的核算体系。中国的情况是，农村人口的建筑物的人居排泄物，可以通过旱厕释放 NH₃；城市人口的城市建筑物人居排泄物，也可以通过与化粪池相连的楼顶排气管释放 NH₃。城市建筑物人居排泄物作为具有某种中国特色的 NH₃ 排放源而存在，对此尚未有任何报道。本章以人口密集的上海为例，论述城市建筑物人居排泄物的 NH₃ 排放。

依据中国《城市环境卫生设施规划规范》（GB 50337 - 2003），"城市污水管网和污水处理设施尚不完善的区域，可采用粪便污水前端处理设施；城市污水管网和污水处理设施较为完善的区域，可不设置粪便污水前端处理设施，应将粪便污水纳入城市污水处理厂统一处理。规划城市污水处理设施规模及污水管网流量时，应将粪便污水负荷计入其中。"该规范对于化粪池的设置虽只是提出建议，不作强制要求，但现实情况是，中国城市污水处理能力普遍不足。为减轻排污、除污压力，中国几乎所有城市都在建筑物底部布设化粪池作为"粪便污水前端处理设施"，以储存城市建筑物的人居排泄物。这一几乎中国独有的建筑附属物，近年来也面临着承载压力日渐增大的问题。据 2006 年《中国城市建设统计年鉴》记载，中国城市建筑物的人居排泄物年收集与转运量已从 1987 年的 24 220 kt 增加到 2005 年的 38 050 kt。中国部分沿海城市已在探索实施城市建筑物的人居排泄物与生活污水直接共网输送至污水处理厂。以上海为例,据 2014 年《中国城市建设统计年鉴》,该市城市建筑物的人居排泄物处理量,已经达到 637 kt。即便如此,上海 2013 年的化粪池储粪量依然高达 2 220 kt,远高于同期的直接处理量。表面上,2014 年《上海市统计年鉴》表明,上海 2013 年的化粪池绝对数量(43 887)较 2002 年(49 220)略有减少,然而此期间是上海城市立体化垂直发展最为迅猛的时期。上海市城乡建设和交通委员会的数据证实,上海的高层建筑(地面高度为 100 m 及以上)数量由 2000 年的 212 栋迅速扩充至 2013 年的 1 463 栋,位居世界首位(高层建筑的实际高度总和仍低于香港)。高楼的建设势必导致原有低矮建筑物的拆除,这就使得以往众多分散且小容量的化粪池统一为容量更大但数量更少的化粪池。事实上,上海作为中国领先的城市,其城市建筑物人居排泄物的直接处理水平,依然不及日本 1975 年的水平。由此可以明确一点,中国城市在处理城市建筑物人居排泄物的问题上,任重而道远。

37.1　研究方法

37.1.1　建筑物的选取

本研究选取分散于上海各城区的 13 栋建筑物作为研究对象,包含 6 栋居民楼(因为楼群分布最为广泛,需要更多样本量)、2 栋学生公寓、1 栋教学楼、1 栋宾馆、1 栋社区居民活动中心和 2 栋写字楼(具有较为先进的除异味设施,可作为 NH_3 排放治理的典型案例)。城市建筑物内的人居排泄物,经由管道首先被抽水马桶冲入建筑物底部的化粪池中贮存。各个化粪池最近的掏挖活动均在半年前。化粪池内产生的气体(包括 NH_3),经由 PVC 管道升至楼顶,并最终排放到环境大气中。每栋建筑物均有 1 个化粪池,除写字楼的化粪池容量为 60 m³,其余建筑物的化粪池均为 12 m³ 的标准化粪池。值得注意的是,教学楼分男女厕所,虽然只有 1 个化粪池,但有 2 个楼顶排气孔连接化粪池和外界大气。位于卢湾区的雁荡宾馆拥有 4 条排气管,但是其中 2 条的楼顶排气孔受到物体遮挡,而未能采得样品。总之,本研究有 13 栋建筑物、13 个化粪池和 15 个楼顶排气孔。为便于阐述结果,每栋建筑物和每个化粪池分别以特定的代码和罗马字母代表。具体而言,6 栋建筑物(6 个排气管)分别为 RB‐1(Ⅰ)、RB‐2(Ⅱ)、RB‐3(Ⅲ)、RB‐4(Ⅳ)、RB‐5(Ⅴ)和 RB‐6(Ⅵ)。1 栋宾馆的代码为 HT,其 4 个排气管中的 2 个作为本研究的对象,分别标示为Ⅶ和Ⅷ。2 栋写字楼(及其所对应的排气管)分别标示为 OB‐1(Ⅸ)和 OB‐2(Ⅹ)。1 栋教学楼的代号为 TB,其所含的 2 个排气管分别为Ⅺ‐f(女用)和Ⅻ‐m(男用)。2 栋学生公寓(及其所对应的排气管)分别标示为 SA‐1(ⅩⅢ)和 SA‐2(ⅩⅣ)。1 栋居民活动中心及其对应的排气管分别标示为 CC 和ⅩⅤ。各建筑物的具体信息详见表 37‐1。特别值得指出的是,获取某栋建筑物内的确切居住人数及其社会经济状况和每日室内停留时间是困难的,但对于居民楼和学生公寓而言,这些信息都可以通过上门走访和咨询居民楼所在小区的物业管理部门获取所需的大致数据。又鉴于居民楼是上海楼群的绝对主体,因而对本研究中城市建筑物人居排泄物 NH_3 排放因子的估算,主要是基于对居民楼的监测结果。

表 37 - 1　城市建筑物人居排泄物 NH_3 排放实验所选取建筑物的相关信息

建筑物类型	建筑物编号	楼层数目	排气管代码	事件		基本情况描述
居民楼	RB - 1	17	Ⅰ			16 户 56 人
	RB - 2	17	Ⅱ			16 户 56 人
	RB - 3	11	Ⅲ			10 户 35 人
	RB - 4	11	Ⅳ			10 户 35 人
	RB - 5	8	Ⅴ			7 户 21 人
	RB - 6	8	Ⅵ			7 户 21 人
宾馆	HT	5	Ⅶ			35 间房 4 排气管,但只测了其中 2 个
			Ⅷ			
写字楼	OB - 1	21	Ⅸ	工作日		24 000 m² 办公面积,工作日满员
				休息日		
	OB - 2	21	Ⅹ	工作日		24 000 m² 办公面积,工作日满员
				休息日		
教学楼	TB	5	Ⅺ - f	教学		35 间教室,分男女共 2 排气管
				假期		
			Ⅻ - m	教学		
				假期		
学生公寓	SA - 1	7	ⅩⅢ			7 间房 28 人
	SA - 2	7	ⅩⅣ			7 间房 28 人
居民活动中心	CC	5	ⅩⅤ			综合娱乐设施,有小型剧院、歌舞厅、体操房各 1 间,训练房 4 间,办公室若干

37.1.2　大气氨的采样和分析

城市建筑物人居排泄物 NH_3 排放的采样借助 Ogawa 被动采样器(Ogawa & Co., Inc., Pompano Beach, Florida, USA)完成。Ogawa 被动采样器的实物如图 37 - 1(b)所示,主体为塑料圆柱体,两端中空可供采样(既可作重复分析,又可合并成一个样品进行分析),中段封堵。采样膜为采购自生产商的涂油磷酸吸附液的干燥特氟隆膜。采样时,用两片过滤用的铁丝网将特氟隆膜夹住,放入主体一端的内部,再在出口处盖上具有蜂窝细孔的保护套即可。化粪池所释放的 NH_3，必然经由排气管释放到大气中去，因而 Ogawa 采样器从楼顶排气管放入 1.5 m 处，以避免外界空气的干扰[图 37-1(d)]。采样分冬夏两季，分别为 2014 年的 7—8 月份和 2014 年 12 月—翌年 3 月，而不是连续的每天采样。每个排气管每次采样时放置 1 个 Ogawa 采样器，采样时长为 24 h，通常为本地时间 12:00—次日 12:00。此外，为检验在采样膜的装载、转运和分析过程中是否发生污染，每个采样日设置 1 个现场空白对照样品和 1 个实验室空白对照样品。冬季采样只在 1 栋教学楼(排气管 XI-f 和 XII-m)、2 栋学生公寓(排气管 XIII 和 XIV)和 1 栋居民楼(RB-5，排气管为 V)展开。为测定 NH_3 的释放量，需要在排气管内放置风速风温仪[WFWZY-1，天建华仪，北京；见图 37-1(a)]以测定风速(时间精度为 1 s，风速精度为 0.01 m·s^{-1})。膜样品采回来后立即放入冰箱冷藏(4℃)，以备分析。分析流程严格按照厂方提供的指导原则(http://www.ogawausa.com)，首先将样品放入 15 ml 的小瓶中，用超纯水(18.2 MΩ·cm)浸泡 30 min，盖住瓶盖后偶尔摇晃数次。水溶液中的 NH_4^+ 用离子色谱仪(883 Basic IC plus，Metrohm Co.，Switzerland)进行分析，采用 Metrosept C4/4.0 阳离子柱。流动相为 1.0 mmol/L HNO_3＋0.5 mmol/L PDA。NH_4^+ 的仪器检测限为 2.8 $\mu g·L^{-1}$，对应于用 Ogawa 采样器对环境 NH_3 采样一周后的浓度值——0.01 $\mu g·m^{-3}$。

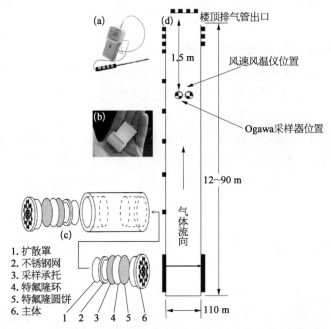

图 37-1　排气管内城市建筑物人居排泄物 NH_3 排放的监测示意图
(彩图见下载文件包，网址见 14 页脚注)

　　(a) 风速风温仪；(b) Ogawa 被动采样器实物图；(c) Ogawa 被动采样器结构图；(d) Ogawa 采样器和风速风温仪在排气管中的布设位置。

样品中 NH_4^+ 的分析标准误差在 5% 以内。去除空白值后,根据厂方提供的公式,转化为标准状况(21.1℃和101.3 kPa)下的 NH_3 质量浓度($\mu g \cdot m^{-3}$)。

37.1.3　NH_3 排放因子的计算方法

NH_3 排放速率(emission rate,并非排放因子)的含义是物质在单位时间内的排放量,在本研究中,它是指单位时间内 NH_3 从化粪池经由排气管排放至环境大气中的量,单位为克/日($g \cdot d^{-1}$)。由于化粪源源不断地释放气体,因而排气管可视为 NH_3 从化粪池向环境大气传输的单向通道,据此就可以建立基于流向传输通量的排放速率。具体而言,对于特定的建筑物,城市建筑物人居排泄物的 NH_3 排放速率,与排气管内的空气通量(以风速指示)、采样时间和 NH_3 浓度相关,公式表达为:

$$ER_{ij} = \pi r^2 (86\,400W_{ij})(C_{ij} / 1\,000\,000) \tag{37-1}$$

其中 ER 表示排放速率($g \cdot d^{-1}$);ij 表示建筑物 j 的楼顶排气管 i;r 表示排气管的内径(0.11 m);86 400 表示一天的秒数;W 表示排气管内日平均风速($m \cdot s^{-1}$);C 表示排气管内的日平均 NH_3 浓度($\mu g \cdot m^{-3}$);1 000 000 表示质量单位由微克转化为克的系数。得到排放速率以后,再根据建筑物的人数和在室内的活动时间,就可以估算特定建筑物中每个人来源于城市建筑物人居排泄物的 NH_3 排放因子。

37.1.4　NH_3 排放空间分布的估算

基于 NH_3 排放因子,可以结合人口分布和建筑物类型(与人的室内活动时间相关)估算来源于城市建筑物人居排泄物的 NH_3 排放量。本研究中,首先采用地理信息系统软件 ArcGIS(ArcGIS 10.2, ESRI, Redlands, CA, USA),以空间分辨率为 250 m×250 m 的全球城市分布图,去截取新近发布的高精度(每个像素单元为 100 m^2)全球人口分布图(http://www.worldpop.org.uk/),再结合上海政区图,就可以得到上海城区的人口分布图。标记比例尺为 1∶250 000 的上海路网和行政边界,提取自中国国家基础地理信息中心(http://ngcc.sbsm.gov.cn/)。

37.2　氨的浓度对比

夏季期间从 15 个排气管中成功收集并测得 170 样品。总体而言,NH_3 浓度介于 148～8 612 $\mu g \cdot m^{-3}$ 之间,平均数(±SD)和中位数分别为 2 809(±2 032)和 2 078 $\mu g \cdot m^{-3}$,是上海城区环境 NH_3 浓度(约 5～10 $\mu g \cdot m^{-3}$)的数十倍乃至上千倍。需要注意的是,最低浓度是从教学楼的排气管 XI 内测得。彼时正值夏季学校放假,教学楼停用。各建筑物的 NH_3 浓度如图 37-2 所示。相较而言,教学楼、写字楼和社区居民活动中心排气管内的 NH_3 浓度通常最高,这也与采样时的观察一致,即这些楼宇的人群最为密集。

宾馆(5 层,总共 35 间客房)的排气管除了本研究测定的Ⅶ($905 \pm 222\ \mu g \cdot m^{-3}$)和Ⅷ($738 \pm 448\ \mu g \cdot m^{-3}$),还有其他 2 条排气管未得到测定,因而宾馆整体的实际排放要高出当前的结果。对于教学楼而言,暑假期间排气管的 NH_3 浓度,Ⅻ－m($1\ 128 \pm 404\ \mu g \cdot m^{-3}$)显著高于Ⅺ－f($337 \pm 184\ \mu g \cdot m^{-3}$)。2 条排气管在正常教学期间所释放的 NH_3 浓度分别为 $5\ 937 \pm 982$ 和 $4\ 988 \pm 351\ \mu g \cdot m^{-3}$。开学期间高于暑期容易理解,而造成暑期时 2 条排气管内 NH_3 浓度差异的原因在于,有一群男性工人在进行暑期的教室装修改造,因而使得Ⅻ-男有更多机会排放新鲜城市建筑物人居排泄物所释放的 NH_3。与此类似,2 栋写字楼工作日的 NH_3 浓度(Ⅸ为 $5\ 395 \pm 1\ 322\ \mu g \cdot m^{-3}$,Ⅹ为 $3\ 884 \pm 971\ \mu g \cdot m^{-3}$)均高于周末(Ⅸ为 $1\ 585 \pm 11\ \mu g \cdot m^{-3}$,Ⅹ为 $1\ 286 \pm 393\ \mu g \cdot m^{-3}$),但是其下降幅度明显小于教学楼。这是因为有众多的教育培训机构租用了部分写字楼办公,周末依然有许多培训活动,因而造成排气管内 NH_3 的浓度在周末依然较高。居民楼和学生公寓没有明显的周末效应。从以上结果可以得出一个结论,上海城市建筑物的人居排泄物,排放 NH_3 的现象非常普遍,其排放浓度与人群活动强度密切相关。

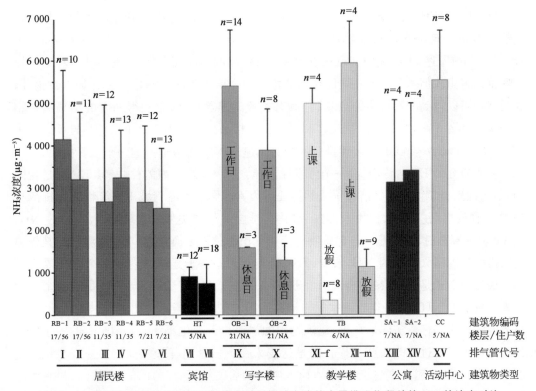

图 37－2　夏季期间各建筑物的排气管内所测得城市建筑人居排泄物释放的 NH_3 的浓度对比
(彩图见下载文件包,网址见 14 页脚注)

NA：not available,意指相关楼面的数据不可得到。

表 37-2 中,排气管 Ⅴ、Ⅶ、Ⅷ和 ⅩⅣ内冬季 NH_3 的浓度接近夏季,可能由于化粪池埋于地下,冬暖夏凉,四季温差不大,因而化粪池内的微生物活性对季节变化进而导致的环境温度变化不敏感。这也充分说明,源于城市化粪池内城市建筑物人居排泄物的 NH_3 排放,是上海城市大气 NH_3 的一个稳定排放源。

表 37-2 建筑物排气管内 NH_3 浓度的冬夏对比

建筑物代码	排气管编号	夏 季			冬 季		
		n	$T(℃)$	$NH_3(\mu g \cdot m^{-3})$	n	$T(℃)$	$NH_3(\mu g \cdot m^{-3})$
RB-5	Ⅴ	12	28.3 ± 4.9	$2\,662 \pm 1\,798$	4	7.8 ± 1.4	$3\,126 \pm 1\,359$
TB	Ⅻ	4	27.7 ± 2.6	$5\,937 \pm 982$	4	7.6 ± 1.1	$5\,554 \pm 1\,201$
SA-1	Ⅷ	4	27.9 ± 3.1	$3\,116 \pm 1\,943$	4	9.1 ± 1.2	$2\,980 \pm 1\,649$
SA-2	ⅩⅣ	4	27.8 ± 3.4	$3\,397 \pm 1\,590$	4	9.5 ± 1.6	$3\,174 \pm 1\,424$

37.3 氨的排放因子

排放因子(EF)表示某物质生产单位的排放速率。本研究中,物质生产单位显然指的是特定城市建筑物人居排泄物所释放 NH_3 的生产单位——人,单位是 $g \cdot capita^{-1} \cdot yr^{-1}$ *。如前所述,本研究中城市建筑物人居排泄物的 NH_3 排放因子,是基于 6 栋居民楼的数据而得出。但本节将 6 栋居民楼和 2 栋学生公寓的 NH_3 排放因子一并加以讨论,因为两者都可以得到相对可靠的信息,且具有类似的建筑构造,这使得两者的结果可供相互校验。从图 37-3(a)可知,居民楼和学生公寓楼顶排气管内 NH_3 的浓度,与风速显著相关($R^2 = 0.52$, $p < 0.001$),表明排气孔内的风速是 NH_3 排放速率的一个很好指标。

在本研究的 EF 估算中,有一个假设性前提:某一建筑物内的住户,其 EF 都是相同的,不论性别、年龄、社会经济状况或其他任何因素的影响。尽管城市建筑物人居排泄物的 NH_3 释放周期以日计,但由于人在 1 d 内可能会在不同类型的建筑物间流转,故 NH_3 在 1 d 内的释放过程,不是一栋建筑物内全进全出的过程。换言之,本研究测得的某栋建筑物排气管内每天平均的 NH_3 浓度,只可能在众人停留于建筑物内的某个时间段中产生。极端的例子是,一栋楼内全部为上班族,并且在工作日全部正点上班,那么某个人通过粪尿释放的 NH_3,不是在自己家里一栋建筑物内完成的[但是由图 37-3(a)可知,风速是浓度的替代指标。实际情况是,建筑物内的风速全天变化不大,可知排气管内的 NH_3 是一个全天都在进行的缓释过程],而是这些人在下班时间、回家之后产生的。因而,需要根据实际情况,对典型建筑物(在本研究中是指居民楼和公寓)内的"EF"(因为原始的 EF 不是全天的 EF,而是人在建筑物内那段时间的 EF)赋予一个时间系数。基于登门访

---

* $g \cdot capita^{-1} \cdot yr^{-1}$ 表示"克每人每年"。capita 表示"人"。

间住户,本研究估算的居民楼住户平均在家时间是 12 h,其中至少 6 h 为睡眠时间,因而城市建筑物人居排泄物的产生时间也在 6～12 h 之间,或者一天的 1/4～1/2。由此可知,时间系数的一个合理的取值区间应为 2～4。本研究共成功获取了 6 栋居民楼(RB-1—RB-6)和 2 栋学生公寓(SA-1 和 SA-2)排气管的 79 个样品,因而有 79 个独立的 EF。其中 RB-1 和 RB-2、RB-3 和 RB-4、RB-5 和 RB-6、SA-1 和 SA-2 有相同的住户,因而可以根据住户数的不同,将这 79 个 EF 分为 4 组,即 56(RB-1 和 RB-2)、35(RB-3 和 RB-4)、24(RB-5 和 RB-6)及 21(SA-1 和 SA-2)。在图 37-3(b)中,各组的住户数与 EF 的线性相关分析表明,他们之间不存在显著性差异,仅有微弱的负相关(斜率为-0.14)。这说明,各个组 EF 的一致性较好,可以扩展延伸,并代表其他居民楼的 EF。

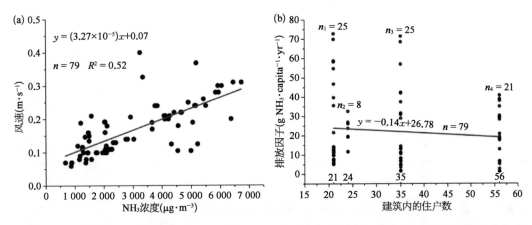

图 37-3　(a) 居民楼和学生公寓楼顶排气管内 NH_3 的浓度与风速的相关关系;(b) 居民楼和学生公寓内人数与城市建筑物人居排泄物 NH_3 排放因子的关系。(彩图见下载文件包,网址见 14 页脚注)

　　基于前述方法,6 栋居民楼和 2 栋学生公寓用于计算城市建筑物人居排泄物的 NH_3,EF 的参数和具体结果列于表 37-3。两类建筑物的平均 EF(平均值±1σ)分别为 22.0±19.4(RB_{NH_3})和 21.5±7.4 g·$capita^{-1}$·yr^{-1}(SA_{NH_3})。又基于以上的讨论,从一天整体的视角来看,以上 RB_{NH_3} 需要乘以一个时间系数(变化范围为 2～4),才能得出个人全天真实的 EF,即 HM_{NH_3}。取平均值 3 为最佳时间系数估计,则每人平均的城市建筑物人居排泄物的 NH_3 排放因子最终确定为 3×RB_{NH_3},即 66.0±58.9 g·$capita^{-1}$·yr^{-1}。M. Sutton 等[1]认为,婴儿排泄物的 EF 为 13.7(2.8～63.2) g NH_3-N·$capita^{-1}$·yr^{-1}。然而,迄今尚没有基于实验的 HM_{NH_3} 的报道。根据本研究得出的 HM_{NH_3},上海城区约 2 400 万常住人口(2015 年数据)每年排放的 NH_3 为 1 584±1 414 Mg。C. Huang 等[2]和 X. Fu 等[3]的排放清单结果表明,上海 2007 和 2010 年的 NH_3 排放总量分别约为 42 600 Mg(在 95% 置信区间内的不确定性,为 36% 以下～77% 以上,后同)和 64 500 Mg(±112.8%),但两者都低估甚至忽略了城市内部的 NH_3 排放。尽管上海城市建筑物人

居排泄物的 NH_3 排放量,对全市 NH_3 排放总量的贡献不大,却占到了城区 NH_3 排放量(10 742 Mg)的 14.7%。有模型研究结果表明,超过一半的农业 NH_3 排放,会在下风向10 km 范围内沉降(具体距离取决于气象条件)。因而,城市建筑物人居排泄物的 NH_3 排放对城区颗粒物的贡献比例,有可能远超过其在排放清单中所占的比例。当然,具体的贡献比例尚需要更多的观测和模拟结果作为依据。

表 37 - 3　居民楼和学生公寓中排气管的 NH_3 浓度($\mu g \cdot m^{-3}$)、平均风速($m \cdot s^{-1}$)及排放因子($g\ NH_3 \cdot capita^{-1} \cdot yr^{-1}$)

建筑物类型	建筑编号	样品数	NH_3 浓度 ($\mu g \cdot m^{-3}$)	平均风速 ($m \cdot s^{-1}$)	排放因子 ($g\ NH_3 \cdot capita^{-1} \cdot yr^{-1}$)
居民楼	17 - A	10	4 149±1 631	0.23	22.6±13.2
	17 - B	11	3 209±1 581	0.20	16.5±10.2
	11 - A	12	2 679±2 286	0.16	20.8±27.4
	11 - B	13	3 247±1 118	0.18	22.1±13.7
	8 - A	12	2 662±1 797	0.14	24.2±22.6
	8 - B	13	2 517±1 414	0.15	25.3±22.9
学生公寓	SA - 1	4	3 116±1 943	0.14	20.7±10.7
	SA - 2	4	3 397±1 590	0.15	22.2±3.3

37.4　氨排放的空间分布——以上海为例

基于人口分布和本研究核算的 HM_{NH_3},图 37 - 4(a)全景展示了上海城区来源于城市建筑物人居排泄物 NH_3 排放的空间分布状况。年 NH_3 排放强度的变化范围为 132～2 390 $kg \cdot km^{-2}$,平均值为 1 110 $kg \cdot km^{-2}$。位于上海人口密集地的城区和郊区监测点标记在图 37 - 4(b)。图 37 - 4(c)表明,各个监测点的环境 NH_3 混合比 * 与其所在地的人口密度呈相关关系。黄浦区(Huangpu,13.6 ppb)和原卢湾区(Luwan,12.9 ppb)因处于人口最为密集的区域,因而 NH_3 的浓度也最高。然而,人口密度与环境 NH_3 浓度的相关性,原则上并不适用于农村点(淀山湖)和海洋点(花鸟岛)。花鸟岛由于人口稀少,可被视为背景点。然而 NH_3 的浓度(7.3±1.7 ppb)依然高过世界上其他许多大城市,如美国得克萨斯州的休斯敦(Houston,3.0±2.5 ppb)[4]。S. N. Riddick 等[5]认为,海鸟在栖息地的排泄物,可能是海洋环境下的一个重要 NH_3 排放源。对于淀山湖较高的 NH_3 浓度,一个可能的解释是其周边都是农业生产区,因而农业源的 NH_3 排放占主导。农业源已被公认为大气 NH_3 浓度之最重要来源。然而,本研究在上海的研究表明,城区环境的 NH_3 浓度与农村区域相当,部分区域甚至高过后者,而城市建筑物的人居排泄物,无疑是一个

---

* 气体在大气中的混合比即是通常所说的浓度。

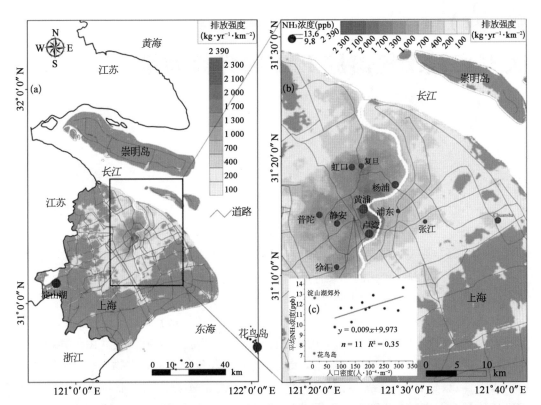

图 37-4　(a) 上海城市建筑物人居排泄物排放的 NH₃ 空间分布;(b) 上海城区和郊区环境 NH₃ 监测点的分布;(c) 上海城区和郊区点的环境 NH₃ 监测点(排除了农村点和海洋点)人口密度与 NH₃ 浓度的相关性分析。(彩图见下载文件包,网址见 14 页脚注)

潜在的贡献源。本研究期待能够引起学术界对于城市环境非农业 NH₃ 排放源的重视。

参考文献

[1]　Sutton M, Dragosits U, Tang Y, et al. Ammonia emissions from non-agricultural sources in the UK. Atmospheric Environment, 2000, 34(6): 855-869.

[2]　Huang C, Chen C H, Li L, et al. Emission inventory of anthropogenic air pollutants and VOC species in the Yangtze River Delta region, China. Atmospheric Chemistry and Physics, 2011, 11(9): 4105-4120.

[3]　Fu X, Wang S, Zhao B, et al. Emission inventory of primary pollutants and chemical speciation in 2010 for the Yangtze River Delta region, China. Atmospheric Environment, 2013, 70: 39-50.

[4]　Gong L, Lewicki R, Griffin R J, et al. Role of atmospheric ammonia in particulate matter formation in Houston during summertime. Atmospheric Environment, 2013, 77: 893-900.

[5]　Riddick S N, Dragosits U, Blackall T D, et al. The global distribution of ammonia emissions from seabird colonies. Atmospheric Environment, 2012, 55: 319-327.

第38章
大气亚微米气溶胶 PM_1 的污染特征

　　大气中的细颗粒物 $PM_{2.5}$（由于其粒径小，可以直接进入肺泡，也被称为可入肺颗粒物），作为大气污染物的核心组成部分，加上它对人体健康和气候变化的重大影响，已经被科技界和广大民众所广泛认识，也成为近年来大气环境研究领域的热点。近 10 年来，中国大气环境界对细颗粒物的污染特征、来源与形成机制，进行了较为深入的研究，大多集中在 $PM_{2.5}$[1-3]。细颗粒物 $PM_{2.5}$ 的一个组成部分是 PM_1，即空气中空气动力学直径≤1 μm 的细小颗粒物，在有些文献中亦被称为亚微米颗粒物。相对于 $PM_{2.5}$，PM_1 不仅颗粒直径更小，其所含各种化学组分的相对比例，较之 $PM_{2.5}$ 也大有不同。由于其粒径更小，故在大气中停留时间更长，传输距离更远，更加富含各种有毒有害物质。PM_1 所含的一些吸湿性强、易于降低能见度的物质，相对比例较之 $PM_{2.5}$ 更大，因而对人体健康及大气环境质量的影响更大。随着对细颗粒物研究的深入，近年来，大气环境研究领域已对 PM_1 的污染特征及机制予以了越来越多的关注。北京[4,5]、广州[6-9]、武汉[10,11]、西安[12-14]、南京[15]等城市均有涉及 PM_1 的研究报道。孙业乐[16]等通过气溶胶化学形态监测仪（aerosol chemical speciation monitor, ACSM），在线监测北京 PM_1 及其中的主要化学成分，发现有机气溶胶占 PM_1 总质量的 60% 以上，并提出了雾霾形成机制及其对能见度的影响机制。邓雪娇[8]等通过在线监测和多元回归统计方法，拟合出 PM_1 组分对能见度的函数。修光利[17]等在 2013 年 4 月—2014 年 2 月连续观测上海的 PM_1，发现在华东理工大学采样点的年均 PM_1 为 49.8 $\mu g \cdot m^{-3}$，季节分布为冬季＞春季＞秋季＞夏季。他们重点研究了 PM_1 中的水可溶有机碳（WSOC）、类腐殖质碳（humus-like substance-C，HULIS – C）、水可溶性无机离子总浓度（TWSII）及其中水含量（liquid water content，LWC），进而发现了 PM_1 中的 WSOC 和 HULIS – C 在霾天比正常天分别高出 2.5 和 4.4 倍，说明 HULIS – C 对霾的形成起重要作用。他们还发现，在正常天，PM_1 中的硫酸盐浓度高于硝酸盐，但是在霾天，硝酸盐的浓度要高于硫酸盐，表明高浓度的硝酸盐更有利于霾天中亚微米颗粒物的吸湿增长。周敏[18]等人报道了在线监测 2013 年 1 月严重雾霾期间 $PM_{2.5}$ 和 PM_1 的质量浓度，PM_1 为 48~125 $\mu g \cdot m^{-3}$，占 $PM_{2.5}$ 的 41%~71%。沈俊秀[19]等人 2011 年对上海道旁细颗粒物的质量浓度进行实时监测，发现上海的细颗粒物污染严重，污染日时颗粒物质量浓度 $PM_1 / PM_{2.5}$ 高达 88%。Y. Shi[20] 等报道了用

MARGA 观测上海 PM_1 一个半月,雾霾期间水溶性成分(TWSII)占颗粒物质量的 60%。X. F. Huang[21] 等在上海世博会期间用 HR-TOF-AMS 监测上海 PM_1 一个月,表明硫酸盐和有机质是上海 PM_1 的主要成分。目前尚未有上海 PM_1 全面长期监测的研究报道。本研究组在上海自 2008 年至今长期在线监测 PM_1 7~8 年。本章以 2013 年 3 月—2014 年 2 月整整一年[涵盖了春季(3—5 月)、夏季(6—8 月)、秋季(9—11 月)、冬季(12 月—翌年 2 月)4 个季节]为研究期间,除了在线监测 PM_1 质量浓度,同步手工膜采样* PM_1,还同步采集 $PM_{2.5}$、TSP 样品。每个季节持续采样 1 个月,每个样品采集时间为 24 h,重污染天(11 月 30 日—12 月 10 日)期间加大采集密度,每 12 h 采集一个样品。共获得 PM_1、$PM_{2.5}$、TSP 样品各 136 个。采样方法和化学分析方法详见第 7、8、10 章。本章根据上述上海样品中各类化学组分的分析结果,全面探讨亚微米颗粒物 PM_1 的污染特征。

38.1 颗粒物质量浓度及粒径分布

研究期间(2013 年 3 月—2014 年 2 月),上海 PM_1、$PM_{2.5}$ 和 TSP 的平均浓度分别为 89.0、118.1 和 169.0 $\mu g \cdot m^{-3}$,细颗粒物 $PM_{2.5}$ 浓度超过国家空气质量二级年均标准 3 倍。现行国家空气质量标准中尚无 PM_1 的限量标准,在我们研究期间,上海 PM_1 的质量浓度已经超过 $PM_{2.5}$ 年平均达标浓度的 2 倍以上,可见 2013 年上海空气污染严重,尤其是细颗粒物污染更为严重。与 X. F. Huang[21] 等在 2010 年上海世博会期间测得的上海 PM_1 日均浓度(29.2 $\mu g \cdot m^{-3}$)相比,2013 年 PM_1 污染形势更为严峻。在研究期间,PM_1 与 $PM_{2.5}$ 和 TSP 的质量比分别为 79% 和 54%,该比值与 2011 年在道路边采样的结果相当[19]。上述结果说明,上海亚微米颗粒物 PM_1 占 $PM_{2.5}$ 的 80% 左右,是上海细颗粒物的最大组成部分。根据相关文献报道,PM_1 占 $PM_{2.5}$ 的比值,西安为 60%[13],宁波达 65%~70%[22],广州高达 71%~90%[23],而在台湾,PM_1 / PM_{10} 比值也在 48%~62% 之间[24]。可见在全国范围内,PM_1 已经是细颗粒物分布的主要粒径范围。

图 38-1 为研究期间上海颗粒物(PM_1、$PM_{2.5}$、TSP)日均浓度的季节变化。

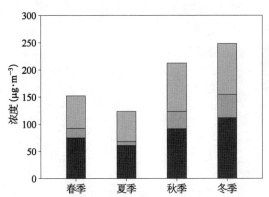

图 38-1 上海颗粒物粒径分布的季节变化(彩图见图版第 22 页,也见下载文件包,网址见正文 14 页脚注)

图中棕色部分为 PM_1,橙色部分为 $PM_{1-2.5}$,绿色部分为 $PM_{2.5-100}$(TSP 中粒径 > 2.5 μm 部分)。

---

* "同步手工膜采样"表示人工使用滤膜采样器采样,并和气溶胶在线监测仪同步采样。也可称为"同步人工膜采样"。

PM$_1$在春、夏、秋、冬四季的平均浓度分别为81.5、57.8、96.9、108.9 $\mu g \cdot m^{-3}$；PM$_{2.5}$平均浓度分别为87.1、60.8、121.0、149.1 $\mu g \cdot m^{-3}$；TSP 平均浓度分别为 139.5、108.5、180.6、199.3 $\mu g \cdot m^{-3}$。PM$_1$、PM$_{2.5}$、TSP 的浓度的季度分布顺序均为冬季＞秋季＞春季＞夏季。

38.2 上海亚微米颗粒物化学组分的特征及其来源分析

38.2.1 亚微米颗粒物中的离子化学及来源分析

表 38-1 列出了亚微米颗粒物 PM$_1$ 中主要阴阳离子日均浓度在不同季节的平均值。PM$_1$ 中可溶性无机离子总浓度(TWSII)的平均值为 30.7 $\mu g \cdot m^{-3}$，占 PM$_1$ 颗粒物总质量的 35％。TWSII 在 4 个季节的平均浓度分别为 39.2、29.6、26.0、25.0 $\mu g \cdot m^{-3}$，季节分布特征为冬季＞秋季＞春季＞夏季。TWSII 占 PM$_1$ 的质量比，按大小分布顺序则为夏季＞冬季＞秋季＞春季，分别为 43％、36％、32％、30％。PM$_1$ 中主要阴离子浓度由大到小为 NO$_3^-$＞SO$_4^{2-}$＞Cl$^-$，平均浓度分别为 10.69、9.38、1.88 $\mu g \cdot m^{-3}$。阳离子为 NH$_4^+$＞Ca^{2+}＞K$^+$＞Na$^+$＞Mg^{2+}，平均浓度分别为 6.06、1.17、0.76、0.67、0.26 $\mu g \cdot m^{-3}$。二次无机离子 SO$_4^{2-}$、NO$_3^-$、NH$_4^+$(sulfate, nitrate, ammonium, SNA)三离子为上海亚微米颗粒物中含量最高的离子,SNA 日平均浓度高达 22.3 $\mu g \cdot m^{-3}$,占 TWSII 质量浓度的 83％,占 PM$_1$ 质量浓度也高达 29％。在研究期间,上述三离子(SNA)在化合物 NH$_4$NO$_3$ 和(NH$_4$)$_2$SO$_4$ 中的当量浓度比值[NH$_4^+$]/([NO$_3^-$]+2[SO$_4^{2-}$])为 0.97,十分接近相应的当量比值 1,表明在上海亚微米颗粒物 PM$_1$ 中,NO$_3^-$、SO$_4^{2-}$ 基本以 NH$_4$NO$_3$、(NH$_4$)$_2$SO$_4$ 的形式存在。根据质量守恒定律和当量比定律*,以下列出的 2 个方程组可用于估算颗粒物中可能存在的化合物硫酸盐和硝酸盐的浓度：

$$c[(NH_4)_2SO_4] = m[SO_4^{2-}] \times (18 \times 2 + 96) \tag{38-1}$$

$$c[NH_4NO_3] = m[NO_3^-] \times (18 + 62) \tag{38-2}$$

c 为(NH$_4$)$_2$SO$_4$ 或 NH$_4$NO$_3$ 的质量浓度,m 为(NH$_4$)$_2$SO$_4$ 或 NH$_4$NO$_3$ 的摩尔浓度。根据每日样品中实际测定的各个离子浓度,由上述方程可计算每日亚微米颗粒物 PM$_1$ 样品中可能存在(NH$_4$)$_2$SO$_4$ 和 NH$_4$NO$_3$ 的浓度。计算结果表明,(NH$_4$)$_2$SO$_4$ 和 NH$_4$NO$_3$ 分别占亚微米颗粒物 PM$_1$ 中可溶性离子总量的 42％和 40％。由此可见,二次无机离子 SO$_4^{2-}$、NO$_3^-$、NH$_4^+$(SNA)三离子及其形成的具有高度吸湿性的化合物 (NH$_4$)$_2$SO$_4$ 和 NH$_4$NO$_3$,是上海大气亚微米颗粒物 PM$_1$ 的最重要组分。

---

* 当量比定律亦称当量定律:当两种物质完全作用时,它们的克当量数相等。

表 38－1　上海 2013 年 PM_1 离子组分及浓度($\mu g \cdot m^{-3}$)

	SO_4^{2-}	NO_3^-	Cl^-	NO_2^-	F^-
春　季	8.85	8.90	0.92	0.12	0.08
夏　季	8.95	7.86	1.19	—	0.19
秋　季	9.23	9.99	2.13	0.08	0.16
冬　季	10.19	14.49	2.88	0.09	0.10
平均值	9.38	10.69	1.88	—	0.13
	NH_4^+	Na^+	K^+	Mg^{2+}	Ca^{2+}
春　季	5.13	0.84	0.53	0.19	1.19
夏　季	4.95	0.51	0.66	0.40	0.87
秋　季	5.65	0.36	0.72	0.22	1.15
冬　季	7.89	0.88	1.04	0.23	1.38
平均值	6.06	0.67	0.76	0.26	1.17

　　在以上章节中我们已多次指出,SO_4^{2-} 除了在沙尘入侵的春夏季节有部分来自长途传输沙尘中由古海洋源形成的一次性硫酸盐[25,26],其最主要的来源是燃煤所排放的 SO_2 在大气中的氧化产物;NO_3^- 来自燃煤和机动车两者所排放氮氧化物在大气中的氧化产物。上海亚微米颗粒物 PM_1 中的 SO_4^{2-},在冬季的浓度为 10.19 $\mu g \cdot m^{-3}$,比夏季的浓度 8.95 $\mu g \cdot m^{-3}$ 高出 14%;在乌鲁木齐这个冬季集中采暖的城市,冬季的 SO_4^{2-} 比夏季高出 9 倍。可见,上海 SO_4^{2-} 主要来源于稳定的工业燃煤排放。上海亚微米颗粒物 PM_1 中 NO_3^- 的浓度季节变化,比起 SO_4^{2-} 更为明显,NO_3^- 在冬季的浓度为 14.49 $\mu g \cdot m^{-3}$,比夏季的浓度(7.86 $\mu g \cdot m^{-3}$)高近 2 倍。这个季节变化由比值 NO_3^-/SO_4^{2-} 的季节变化可以更清楚地体现,PM_1 中 NO_3^-/SO_4^{2-} 从夏季的 0.91 上升到冬季的 1.32。NO_3^- 既来源于工业排放,又来源于机动车 NO_x 的二次污染物。由于冬季白昼时间短,容易造成交通拥堵,冬季高浓度的 NO_3^- 主要来源于机动车排放。

38.2.2　亚微米颗粒物中的元素特征及其来源分析

　　本研究测定了 2008 年每个亚微米颗粒物 PM_1 样品中所含的包括常量元素和微量元素的 19 个元素(Al、As、Ca、Cd、Co、Cr、Cu、Fe、K、Mg、Mn、Na、Ni、Pb、S、Ti、V、Zn、Si)的浓度,其中 Si 由于本实验方法无法测得,因此通过 Si 和 Al 在地壳中的比值 Si/Al(3.4)来估算。通过公式[矿物气溶胶浓度]＝2.2[Al]＋2.49[Si]＋1.63[Ca]＋2.42[Fe]＋1.94[Ti][27]来估算亚微米颗粒物中矿物气溶胶组分的浓度。由以上公式计算,得到 PM_1 中矿物气溶胶的平均浓度为 18.1 $\mu g \cdot m^{-3}$,矿物气溶胶在 PM_1 中的质量百分比为 21%。

　　图 38－2 列出样品中的 16 种元素相对于 Al 的富集系数(EF)。EF 值计算公式为:

$EF = (X / Al)_{气溶胶} / (X / Al)_{地壳}$，式中$(X / Al)_{气溶胶}$和$(X / Al)_{地壳}$分别代表$X$元素在气溶胶和地壳中其浓度与参比元素 Al 的浓度的比值。一般认为当 EF<10 时，该元素受到的人为污染较少，主要来自天然矿物源；EF 越高，则表明该元素来自污染源的贡献越大。根据 EF 值，可以把各元素的来源大致分为 3 类——人为源、地壳源、人为和地壳混合源。EF 值在 10 以下的元素有 Al、Mg、Na、Fe、Ti、Co、Ca、Mn，这些元素主要来自地壳源。其中 Ca 和 Mn 的 EF 值分别为 5.0 和 5.4，来源于人为源和地壳源的混合。EF 在 10~100 范围内的元素有 V(钒)、Ni、Cr、Cu 和 K，这些元素主要来自人为污染源。其中 Cr、Cu、Ni 被证明主要来自交通源[28]，Ni 和 V 被认为是船舶排放的示踪物[29]，其中 V 在道路扬尘中较少发现，船舶排放可能是最为主要的来源。V 和 Ni 在 PM_1 中的质量浓度比(V/Ni)全年平均为 0.98。该比值在夏秋季较高，分别为 1.17 和 1.01；冬春季较低，分别为 0.86 和 0.92。夏秋季盛行从海洋方向来的季风，V/Ni 比值的升高更加证明了船舶排放是上海 PM_1 中 V、Ni 的主要来源。V、Ni 在 PM_1 中的较高浓度水平，也提示了船舶排放已经是上海大气亚微米颗粒物 PM_1 不可忽视的来源。EF 值>100 的元素，从大到小有 As、S、Cd(镉)、Pb、Zn。其中 As、S、Cd 三元素的富集系数甚至大于 1 000，说明这些元素在亚微米颗粒物 PM_1 中大量富集。以下的因子分析表明，这 3 种元素主要来自同一污染源，即燃煤。由于上海冬天没有集中供暖，这 3 种元素应该是来源于工业、电力等部门大量使用的煤燃烧。道路的扬尘实验[30]证明了大气颗粒物中的 Zn、Cu、Pb、Ni 几种金属元素主要来源于交通[31,32]。轮胎添加剂中含有 Zn、Cu、Pb 和 Cd 等多种金属元素，轮胎磨损会释放出这些重金属。如轮胎中的 Zn 含量高达约 1%[24]，加上不同的石油燃料里也含有不同含量的 Zn[33,34]，因之，机动车尤其是其轮胎磨损被认为是大气环境中 Zn 的重要来源。

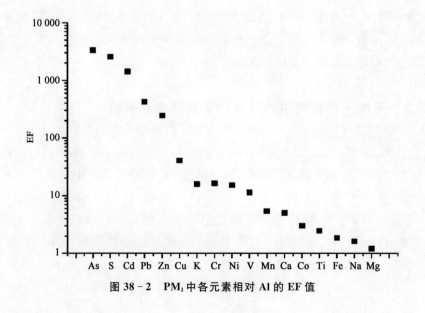

图 38-2 PM_1 中各元素相对 Al 的 EF 值

　　数值统计的主因子分析法,可以对各个元素进行来源分析。表 38－2 是对 PM₁ 中主要元素进行分析的结果。KMO 检验 * 为 0.853,表明数据符合主因子分析的要求。通过主成分分析方法得到 4 个因子,共能解释 88.67％的方差,大多数元素的来源能够得以解释。第一个因子包括有 Al、Ca、Fe、Co、Mg、Na 和 Ti,都有较高的载荷,能解释 35.11％的方差。基于上面的富集因子分析,很容易看出,这些元素主要是来自地壳源,因此将第一个因子归为地壳源。第二个因子里,Cd、Cu、K、Mn、Pb、S、Zn 有较高的载荷,对 Fe 也具有一定的载荷,能解释 27.31％的方差。这个因子所包括的几种元素主要来自交通源以及生物质燃烧,与上述的讨论相符合。第三个因子包括 As、Cd、Cr、Na、S 等元素,都有较高的载荷,共能解释 15.13％的方差。这几种元素在乌鲁木齐采暖期间也有大量的富集,被认为主要来自煤炭燃烧。第四个因子里,载荷较高的是 V 和 Ni。如上述讨论,它们被认为是船舶排放的示踪物,因此船舶排放能解释剩余 11.12％的方差,进一步说明了船舶排放已成为上海大气污染中不可忽视的来源。

表 38－2　PM₁ 中元素的主成分分析

因　　子	因子载荷矩阵			
	PC1	PC2	PC3	PC4
Al	0.887	0.29	−0.028	0.201
As	−0.315	0.371	0.524	0.414
Ca	0.872	0.364	0.244	0.01
Cd	0.193	0.657	0.679	−0.075
Co	0.797	0.373	0.295	0.146
Cr	0.261	0.304	0.847	0.107
Cu	0.389	0.755	0.27	0.218
Fe	0.813	0.464	0.03	0.236
K	0.545	0.755	0.26	0.07
Mg	0.93	0.204	0.198	0.058
Mn	0.574	0.718	0.174	0.247
Na	0.627	0.174	0.704	−0.128
Ni	0.396	0.38	−0.034	0.765
Pb	0.223	0.922	0.238	0.06
S	0.015	0.549	0.509	0.285
Ti	0.924	0.067	0.057	0.154
V	0.154	−0.032	0.105	0.931
Zn	0.386	0.81	0.292	0.036
方差％	35.11	27.31	15.13	11.12

---

　　* KMO(Kaiser－Meyer－Olkin)检验统计量是用于比较变量间简单相关系数和偏相关系数的指标,主要应用于多元统计的因子分析。KMO 统计量是取值在 0 和 1 之间。当所有变量间的简单相关系数平方和远远大于偏相关系数平方和时,KMO 值越接近于 1,意味着变量间的相关性越强,所有变量越适合作因子分析;当所有变量间的简单相关系数平方和接近 0 时,KMO 值越接近于 0,意味着变量间的相关性越弱,所有变量越不适合作因子分析。

38.2.3 亚微米颗粒物 PM₁ 中各种主要组分的相对比例及其来源

根据亚微米颗粒物 PM₁ 中各种组分的理化特征及其对光学特性的影响,所有化学组分大体可分为以下 4 大类:水溶性无机离子(total water soluble inorganic ion, TWSII);有机物(organic matter, OM);矿物气溶胶(mineral);黑碳(BC)。其中的 TWSII 总浓度是实际测定的十多种无机离子浓度的总和,有机物浓度是实际测定的 OC 浓度乘上系数 1.8,BC 是实际测定的浓度。颗粒物中的矿物气溶胶浓度是根据实际测定的相关元素浓度,再根据公式[矿物气溶胶浓度]=2.2[Al]+2.49[Si]+1.63[Ca]+2.42[Fe]+1.94[Ti][27]估算而来,其中 Si 浓度是根据实际测定的 Al 浓度,再根据 Si 和 Al 在地壳中的比值(Si/Al=3.43)估算而来。图 38-3 显示了上述四大类组分在各个季节占大气气溶胶 PM₁ 总质量的相对比值。

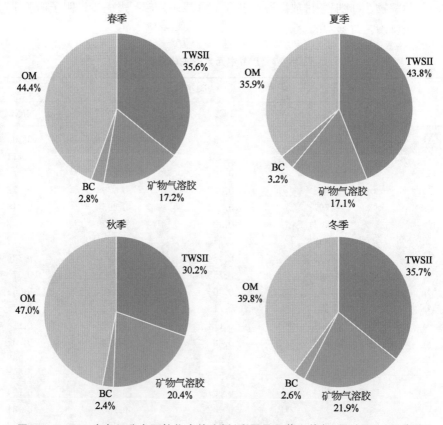

图 38-3 PM₁ 中各组分在颗粒物中的比例(彩图见下载文件包,网址见 14 页脚注)

由图 38-3 可以清楚地看到,在 4 个季节,亚微米颗粒物 PM₁ 中的 TWSII 和 OM,合计占 PM₁ 总质量的比例高达 75%~80%,说明了人为污染源是亚微米颗粒物 PM₁ 的最主要贡献者。颗粒物中的水溶性离子和 OM,大都来自人为污染源。根据上述有关章节的讨论,上海 PM₁ 主要来源于机动车排放与工业排放,而近年来机动车排放对上海亚

微米颗粒物 PM_1 的贡献越来越大。矿物气溶胶在颗粒物中的比例在 4 个季度间变化不大。在沙尘暴活动较弱的年份,外来沙尘不是矿物气溶胶的主要来源,而扬尘,包括建筑扬尘、街道扬尘、机动车带起的扬尘,将原来沉降的矿物气溶胶再次带到大气中。这部分经过沉降再扬起的矿物气溶胶,比沙尘源区的沙尘气溶胶更多地富集在细颗粒物中。这也是为什么矿物气溶胶在上海雾霾及重度雾霾过程中的浓度也上升的原因。

综上所述,上海大气亚微米颗粒物 PM_1,是上海颗粒物污染的核心贡献者,也是形成上海雾霾的占压倒比例的颗粒物粒径范围。换句话说,上海的大气污染问题,主要是细颗粒物乃至亚微米颗粒物 PM_1 的污染问题。OM 和可溶性无机离子是上海大气亚微米颗粒物 PM_1 的最主要组分。二次无机离子 SO_4^{2-}、NO_3^-、NH_4^+ (SNA)三离子及其形成的具高度吸湿性的化合物 $(NH_4)_2SO_4$ 和 NH_4NO_3,是上海大气亚微米颗粒物 PM_1 的最重要组分,在冬季 NH_4NO_3 比 $(NH_4)_2SO_4$ 浓度上升更快。船舶排放已经是上海大气不可忽视的污染源。

参考文献

[1] Wang Y, Zhuang G S, Zhang X Y, et al. The ion chemistry, seasonal cycle, and sources of $PM_{2.5}$ and TSP aerosol in Shanghai. Atmospheric Environment, 2006, 40(16): 2935 - 2952.

[2] Huang K, Zhuang G, Lin Y, et al. Impact of anthropogenic emission on air quality over a megacity - Revealed from an intensive atmospheric campaign during the Chinese Spring Festival. Atmos Chem Phys, 2012, 12(23): 11631 - 11645.

[3] Huang K, Zhuang G, Lin Y, et al. How to improve the air quality over megacities in China: Pollution characterization and source analysis in Shanghai before, during, and after the 2010 World Expo. Atmos Chem Phys, 2013, 13(12): 5927 - 5942.

[4] 张小曳,张养梅,曹国良.北京 PM_1 中的化学组成及其控制对策思考.应用气象学报,2012,23(3): 257 - 264.

[5] 苏荣荣,钱枫,熊振华,等.北京市春季大气 $PM_{1.0}$ 的微观形貌及富集特征//2013 北京国际环境技术研讨会论文集.北京,2013: 39 - 45.

[6] Xu J, Bergin M H, Yu X, et al. Measurement of aerosol chemical, physical and radiative properties in the Yangtze Delta region of China. Atmospheric Environment, 2002, 36 (2): 161 - 173.

[7] 邓雪娇,李菲,李源鸿,等.广州市近地层 PM 的垂直分布特征//第 30 届中国气象学会年会论文集.南京,2013: 1 - 11.

[8] 邓雪娇,张芷言,李菲,等.广州地区 PM_1 气溶胶、湿度效应与能见度的函数关系//第十一届全国气溶胶会议暨第十届海峡两岸气溶胶技术研讨会论文集.武汉,2013: 118 - 128.

[9] Huang X F, He L Y, Hu M, et al. Characterization of submicron aerosols at a rural site in Pearl River Delta of China using an Aerodyne high-resolution aerosol mass spectrometer. Atmospheric Chemistry and Physics, 2011, 11(5): 1865 - 1877.

[10] Cheng H, Gong W, Wang Z, et al. Ionic composition of submicron particles ($PM_{1.0}$) during the

long-lasting haze period in January 2013 in Wuhan, Central China. Journal of Environmental Sciences-China, 2014, 26(4): 810 - 817.

[11] 成海容,王祖武,张帆,等.武汉市大气霾期 $PM_{1.0}$ 水溶性组分污染特征研究.第十一届全国气溶胶会议暨第十届海峡两岸气溶胶技术研讨会论文集.武汉.2013: 45 - 48.

[12] 沈振兴,韩月梅,周娟,等.西安冬季大气亚微米颗粒物的化学特征及来源解析.西安交通大学学报,2008,42(11): 1418 - 1423.

[13] 王泯尘,曹军骥,张宁宁,等.西安大气细颗粒(PM_1)化学组成及其对能见度的影响. 地球科学与环境学报, 2014, 36(3): 94 - 101.

[14] Shen Z, Cao J, Tong Z, et al. Chemical characteristics of submicron particles in winter in Xi'an. Aerosol and Air Quality Research, 2009, 9(1): 80 - 93.

[15] Zhang Y J, Tang L L, Wang Z, et al. Insights into characteristics, sources, and evolution of submicron aerosols during harvest seasons in the Yangtze River Delta region, China. Atmos Chem Phys, 2015, 15(3): 1331 - 1349.

[16] Sun Y, Jiang Q, Wang Z, et al. Investigation of the sources and evolution processes of severe haze pollution in Beijing in January 2013. Journal of Geophysical Research-Atmospheres, 2014, 119(7): 4380 - 4398.

[17] Qiao T, Zhao M, Xiu G, et al. Seasonal variations of water soluble composition (WSOC, Hulis and WSIIs) in PM_1 and its implications on haze pollution in urban Shanghai, China. Atmospheric Environment, 2015, 123: 306 - 314.

[18] 周敏,陈长虹,乔利平,等.2013 年 1 月中国中东部大气重污染期间上海颗粒物的污染特征.环境科学学报,2013,33(11): 3118 - 3126.

[19] 沈俊秀,肖珊,余琦,等.上海市道路环境 PM_1、$PM_{2.5}$ 和 PM_{10} 污染水平.环境化学,2011,30(6): 1206 - 1207.

[20] Shi Y, Chen J, Hu D, et al. Airborne submicron particulate (PM_1) pollution in Shanghai, China: Chemical variability, formation/dissociation of associated semi-volatile components and the impacts on visibility. Science of The Total Environment, 2014, 473: 199 - 206.

[21] Huang X F, He L Y, Xue L, et al. Highly time-resolved chemical characterization of atmospheric fine particles during 2010 Shanghai World Expo. Atmos Chem Phys, 2012, 12(11): 4897 - 4907.

[22] 顾卓良.霾天气不同粒径的颗粒物污染特征分析.环境监测管理与技术,2012,24(2): 31 - 33.

[23] 陈慧娟,刘君峰,张静玉,等.广州市 $PM_{2.5}$ 和 $PM_{1.0}$ 质量浓度变化特征.环境科学与技术,2008, 31(10): 87 - 91.

[24] Lin J J, Lee L C. Characterization of the concentration and distribution of urban submicron (PM_1) aerosol particles. Atmospheric Environment, 2004, 38(3): 469 - 475.

[25] Li J, Zhuang G S, Huang K, et al. Characteristics and sources of air-borne particulate in Urumqi, China, the upstream area of Asia dust. Atmospheric Environment, 2008, 42(4): 776 - 787.

[26] Zhang D, Lee D J, Pan X. Potentially harmful metals and metalloids in urban street dusts of Urumqi City: Comparison with Taipei City. Journal of the Taiwan Institute of Chemical

Engineers, 2014, 45(5): 2447 - 2450.

[27]　Malm W C, Sisler J F, Huffman D, et al. Spatial and seasonal trends in particle concentration and optical extinction in the United-States. Journal of Geophysical Research-Atmospheres, 1994, 99(D1): 1347 - 1370.

[28]　Werkenthin M, Kluge B, Wessolek G. Metals in European roadside soils and soil solution - A review. Environmental Pollution, 2014, 189(0): 98 - 110.

[29]　Zhao M, Zhang Y, Ma W, et al. Characteristics and ship traffic source identification of air pollutants in China's largest port. Atmospheric Environment, 2013, 64: 277 - 286.

[30]　Harrison R M, Tilling R, Romero M S C, et al. A study of trace metals and polycyclic aromatic hydrocarbons in the roadside environment. Atmospheric Environment, 2003, 37(17): 2391 - 2402.

[31]　Nagarajan R, Jonathan M P, Roy P D, et al. Enrichment pattern of leachable trace metals in roadside soils of Miri City, Eastern Malaysia. Environmental Earth Sciences, 2014, 72(6): 1765 - 1773.

[32]　Iqbal M Z, Sherwani A K, Shafiq M. Vegetation characteristics and trace metals (Cu, Zn and Pb) in soils along the super highways near Karachi, Pakistan. Studia Botanica Hungarica, 1998, 29: 79 - 86.

[33]　Smolders E, Degryse F. Fate and effect of zinc from tire debris in soil. Environmental Science & Technology, 2002, 36(17): 3706 - 3710.

[34]　Jones F, Bankiewicz D, Hupa M. Occurrence and sources of zinc in fuels. Fuel, 2014, 117: 763 - 775.

第39章
大气气溶胶中草酸的来源、形成机制及其与霾污染的关系

草酸($H_2C_2O_4$)及草酸盐($C_2O_4^{2-}$),作为对流层气溶胶中已知含量最高的有机气溶胶组分,近年来获得了较大关注[1-3]。草酸是大气颗粒物中主要的水溶性有机物质,能够直接影响颗粒物的吸湿特性[4-6]。草酸的存在可以减小颗粒物的表面张力,而使其更易扮演云凝结核的角色[7,8];还可影响颗粒物的折射率,并进一步影响对其辐射强迫的估算。草酸对于大气颗粒物中过渡金属(如Fe)的溶解性、光化学特性以及生物可利用性也有影响[9,10]。大气中的草酸可来自化石燃料燃烧、生物质燃烧和生物源的直接排放。大量研究显示,在一次来源之外,草酸的二次来源似乎更为重要[11-14]。以乙烯、甲苯、异戊二烯等挥发性有机物为前体物,大气中大部分的草酸成分被认为是自由基参与的化学／光化学反应产物[15-17]。从观测得知,大气颗粒物中的草酸成分主要分布在液滴态,即粒径在0.54～1.0 μm的区间,质量中位空气动力学直径*为1.0 μm[14,18]。云中过程和气相前体物的氧化、凝聚过程,是目前认为的大气细颗粒物中二次形成草酸的主要路径[14,19-22]。同时有许多研究发现,大气中的草酸与硫酸盐关联紧密,预示这2种化学特性上很不相同的物质,可能有着相似的主要形成路径[23,24]。P. K. Martinelango的研究[25]还发现了沿海地区大气中草酸与硝酸盐的"平行"形成路径。

上海(31.14°N,121.29°E)位于北太平洋西岸、长江三角洲的东沿,是一个具有2 000多万人口的现代化大都市。上海的气候类型为亚热带海洋季风气候,年平均降雨量1 100 mm。受季风系统的影响,上海5—10月的半年间,盛行来自北太平洋的东南风,较为温暖潮湿;11月到次年4月的半年间,盛行西北大陆风,相对寒冷干燥[26]。过去的十几年间,由于快速的工业化加上城市机动车保有量的急剧增多,上海的空气质量下降,霾成为常见的天气。包括草酸在内的有机酸,连同大气颗粒物中的其他有机成分,很可能

---

* 斯托伯(W.Stober)定义空气动力学直径为:单位密度($\rho_0=1$ g·cm^{-3})的球体,在静止空气中作低雷诺数运动时,达到与实际粒子相同的最终沉降速度(V_s)时的直径。也就是将实际的颗粒粒径换成具有相同空气动力学特性的等效直径(或等当量直径),指某一种类的粒子,不论其形状、大小和密度如何,如果它在空气中的沉降速度与一种密度为1的球型粒子的沉降速度一样时,则这种球型粒子的直径即为该种粒子的空气动力学直径。中位数是按顺序排列的一组数据中居于中间位置的数,质量中位空气动力学直径为1.0 μm,是指粒径大于和小于1.0 μm部分的质量占比均为50%。

对大气霾的形成有重要贡献。本研究分析 2007 年 4 个季节上海大气颗粒物中草酸的浓度水平、季节变化及其在 $PM_{2.5}$ 和 TSP 中的相对分布状况,探讨其可能来源与形成路径,进而揭示大气颗粒物中的草酸和地区性霾污染的关系。

本研究采用 2007 年四季中在上海复旦大学采样点采集的共 238 个大气 $PM_{2.5}$ 与 TSP 样品。采样方法和化学分析方法详见第 7、8、10 章。采样时间段的选取,代表了上海 4 个季节的特点:① 春季:2007 年 3 月 20 日—4 月 20 日;② 夏季:2007 年 7 月 23 日—8 月 19 日;③ 秋季:2007 年 11 月 1 日—11 月 29 日;④ 冬季:2007 年 12 月 24 日—2008 年 1 月 26 日。采样的误差主要取决于目标成分的挥发性、大气酸度、环境温度以及相对湿度[27-30]。草酸在大气中的蒸汽压<20 mm Hg 也即 2.67 kPa(20℃),说明其挥发性相对不高。较低的环境温度、较低的大气酸度和较高的相对湿度,会使得大气中的草酸更多地存在于颗粒态。上海的环境大气由于富含 SO_2 和氮氧化合物(NO_x)而显示出偏酸性[31]。我们研究中所检测的上海大气颗粒物水提取滤液的 pH 值,也在 3.96~5.41 之间(见表 39 - 1)。但是,上海除夏季之外,其他 3 个季节的环境温度均较温和,而且全年平均相对湿度在 65% 以上。因此可以认为,本研究采集的 $PM_{2.5}$ 与 TSP 样品中检测到的草酸成分的理化特性,可以代表大气中草酸的主体。在上海本地特点的环境下,其测量结果受采样过程中吸附和解吸附过程的影响可以忽略。

表 39 - 1　2007 年四季大气颗粒物水提取物 pH 值、相对湿度(RH)、
温度(T)及大气中 SO_2、NO_2 的浓度

	PH		RH(%)	T(℃)	SO_2 $(mg \cdot m^{-3})$	NO_2 $(mg \cdot m^{-3})$
	$PM_{2.5}$	TSP				
春季	3.96 (2.92~4.57)	4.35 (3.61~5.97)	66.0 (50~87)	15.5 (8~22)	0.070 (0.026~0.173)	0.060 (0.022~0.091)
夏季	5.25 (3.77~6.04)	6.22 (5.91~6.33)	71.4 (60~80)	30.8 (28~34)	0.056 (0.020~0.119)	0.042 (0.013~0.096)
秋季	5.41 (4.00~5.99)	6.41 (6.16~6.65)	65.6 (53~83)	13.7 (8~18)	0.051 (0.022~0.096)	0.058 (0.023~0.103)
冬季	5.25 (3.81~6.06)	5.44 (4.24~6.33)	70.6 (44~90)	5.5 (0~12)	0.075 (0.011~0.203)	0.059 (0.014~0.130)

39.1　上海大气颗粒物中草酸的理化特性

39.1.1　草酸的浓度水平、季节变化以及在 $PM_{2.5}$ 与 TSP 中的分布

表 39 - 2 列出了上海地区大气 $PM_{2.5}$ 与 TSP 中 $C_2O_4^{2-}$ 的浓度。作为比较,同时列出了世界范围内其他一些地区大气颗粒物中 $C_2O_4^{2-}$ 的质量浓度。在 2007 年 4 个季节的上海大气颗粒物样品中,$PM_{2.5}$ 中的 $C_2O_4^{2-}$ 浓度在 0.07~0.41 $\mu g \cdot m^{-3}$ 之间,TSP 中的

$C_2O_4^{2-}$ 浓度在 $0.10 \sim 0.48\ \mu g \cdot m^{-3}$ 之间。$PM_{2.5}$ 中的 $C_2O_4^{2-}$ 浓度值与 1999—2000 年间 X. H. Yao 测量的值相比略有降低[32]。由表 39 - 2 可见,上海大气颗粒物中 $C_2O_4^{2-}$ 的浓度低于北京和香港的值,但与南京、日本东京、日本千叶和美国洛杉矶测得的浓度值具有可比性。北京大气颗粒物中 $C_2O_4^{2-}$ 的较高浓度值,可能来自严重的机动车尾气与冬季供暖系统的排放;而香港地区常年较高的相对湿度和较厚的云量,则被认为是较高 $C_2O_4^{2-}$ 浓度的主要原因。

表 39 - 2　本研究观测到的上海大气颗粒物中 $C_2O_4^{2-}$ 浓度及相关文献值

地 点	采样时间(年)	粒径	浓度 ($\mu g \cdot m^{-3}$)	文献
上海	2007.3—2008.1	$PM_{2.5}$	$0.07 \sim 0.41$	本章
上海	1999—2000	$PM_{2.5}$	0.50	[32]
南京	2001	$PM_{2.5}$	$0.22 \sim 0.30$	[33]
香港	2000(冬季)	$PM_{2.5}$	0.35 ± 0.14	[34]
东京,日本	1989	$PM_{2.5}$	0.27 ± 0.19	[1]
北京	2002—2003	$PM_{2.5}$	0.35 ± 0.26	[35]
上海	2007.3—2008.1	TSP	$0.10 \sim 0.48$	本章
东京,日本	1992.2	TSP	0.27 ± 0.19	[36]
千叶,日本	1987.4—1993.3	TSP	0.38	[37]
坦帕湾,美国	2002	$PM_{12.5}$	0.29	[25]
洛杉矶,美国	1987	TSP	0.19 ± 0.78	[38]
北京	2002—2003	PM_{10}	0.38 ± 0.32	[35]

$PM_{2.5}$ 和 TSP 样品中 $C_2O_4^{2-}$ 浓度的季节变化如表 39 - 3 所示。从各个季节的平均浓度值看,$PM_{2.5}$ 和 TSP 中的 $C_2O_4^{2-}$ 浓度,都显示出秋季＞夏季＞冬季＞春季的变化趋势。而 $C_2O_4^{2-}$ 对颗粒物总量的贡献率,则表现出略为不同的季节趋势:夏季＞秋季＞春季＞冬季。由于大气环境中草酸的形成是一个由以 OH 自由基为主的各种自由基参与的光化学／化学氧化过程[15,24,25],因此上海夏秋季较高的 $C_2O_4^{2-}$ 浓度,可归因于这 2 个季节较高的环境温度和较充足的光照。

表 39 - 3　大气颗粒物中 $C_2O_4^{2-}$ 浓度($\mu g \cdot m^{-3}$)及其占颗粒物质量百分比(%)的季节变化

		春 季	夏 季	秋 季	冬 季	沙尘天 2007.4.2
$PM_{2.5}$	平均值	0.14	0.20	0.31	0.15	0.26
	中值	0.12	0.13	0.29	0.11	
	质量比(%)	59	80	77	13	21
TSP	平均值	0.19	0.27	0.37	0.25	0.67
	中值	0.12	0.25	0.36	0.15	
	质量比(%)	19	49	38	10	9

2007 年各季节上海大气颗粒物中 $C_2O_4^{2-}$ 及 SO_4^{2-}、NO_3^-、NH_4^+ 和 K^+ 等主要无机离子成分在 $PM_{2.5}$ 和 TSP 中的相对分布如图 39-1 所示。可以看出，$C_2O_4^{2-}$ 主要分布于较细的颗粒态，其浓度的 $PM_{2.5}/TSP$ 比值在夏季达到 0.88 的峰值。本研究组在同一采样点对大气中 PM_1 和 $PM_{2.5}$ 的浓度进行在线监测，由监测数据得知，此站点 $PM_1/PM_{2.5}$ 值常年平均约在 0.80，说明上海大气颗粒物中的草酸，很可能分布于更细的颗粒态（$<1.0~\mu m$）。这与之前相关研究的结论是一致的[14,18,25]。

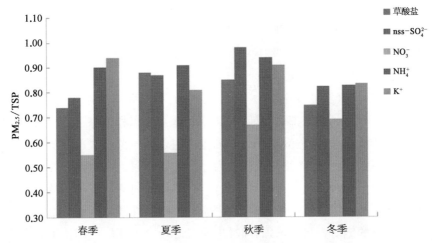

图 39-1　大气颗粒物中各季节 $C_2O_4^{2-}$ 及主要无机离子成分在 $PM_{2.5}$ 和 TSP 中的相对分布
（彩图见图版第 22 页，也见下载文件包，网址见正文 14 页脚注）

由图 39-1 可见，非海盐 SO_4^{2-}、NH_4^+ 和 K^+，都大部分分布在 $PM_{2.5}$ 中，而 NO_3^- 则是一个例外。大气中 NO_3^- 的 $PM_{2.5}/TSP$ 比值在 0.5 上下，很可能是由于 HNO_3/NO_3^- 的高挥发性，以及上海作为沿海城市的环境特点所造成的。气态的 HNO_3 和与大气颗粒物结合的 NO_3^- 成分，共存于大气中。大气颗粒物中的 NO_3^-，能以 NH_4NO_3、$NaNO_3$、$Ca(NO_3)_2$ 等形式存在，具体何种形式占主体则取决于大气中 HNO_3 可结合的气态及颗粒态物质的种类与浓度。在沿海地区，丰富的海盐气溶胶会促使更多气态 HNO_3 分配到颗粒态，以液态或颗粒态 $NaNO_3$ 的形式存在[39]。这些新形成的 $NaNO_3$ 大部分仍然留在海盐的粗颗粒中，导致上海地区大气颗粒物中 NO_3^- 浓度具有较低的 $PM_{2.5}/TSP$ 比值。P. K. Martinelango 也曾报道沿海地区 NO_3^- 较高的 $PM_{10}/PM_{2.5}$ 比值[25]，即较低的 $PM_{2.5}/PM_{10}$ 比值，在香港的研究[14,40]亦表明，当地大气颗粒物中的 NO_3^- 成分主要分布在粗颗粒态。当环境温度较高、大气酸性较强时，HNO_3 更易分布在气相。这也意味着，通过气态 HNO_3 和海盐的转化反应，有更多的粗颗粒态 NO_3^- 生成。从我们的观测结果可以看到，上海地区大气颗粒物中 NO_3^- 浓度的 $PM_{2.5}/TSP$ 比值的两个低值，分别出现在大气酸性最强的春季以及环境温度最高的夏季，也印证了此观点。大气颗粒物中的草酸主要分布在液滴态这一特征，以及其在粒径分布上与其他无机离子的相似性，对于我们分析大气颗粒物中草酸的来源和形成路径也有启示,将会在下面的内容中讨论。

39.1.2 个案研究:沙尘事件中的草酸气溶胶

2007 年 4 月 2 日,上海天气受到沙尘事件的严重影响。为避免沙尘入侵时段颗粒物浓度攀升带来采样滤膜过载,同时也为了更好地分析沙尘事件,4 月 2 日当天的大气颗粒物采样被分割成 5 段(表 39 - 4)。可以看出,最强的沙尘输入发生在 4 月 2 日上午时段(09:29—12:10),TSP 的质量浓度达到 1 340.4 $\mu g \cdot m^{-3}$,而 TSP 中 $C_2O_4^{2-}$ 的质量浓度达到 1.14 $\mu g \cdot m^{-3}$,为 $C_2O_4^{2-}$ 春季平均值(0.19 $\mu g \cdot m^{-3}$)的 6 倍。同时,颗粒物浓度的 $PM_{2.5}$/TSP 比值降至 0.29,$C_2O_4^{2-}$ 浓度的 $PM_{2.5}$/TSP 比值也降至 0.38,只有非沙尘日的一半左右。以沙尘事件起始阶段为终点,作气团的 3 日后向运动轨迹[图 39 - 2(a)]。后向轨迹显示,沙尘气团来自亚洲主要沙尘源区之一的中国西部及西北地区,自西向东传输,途经中国内陆省份,到达东部沿海地区,部分经过了渤海和黄海上空,最终抵达上海。气团的传输高度距地面 2 500 ～3 500 m,是沙尘高空传输气象模式的典型传输高度。在传输过程中,沙尘颗粒与沿途各地排放的人为源污染物、海盐等相互反应,形成了以沙尘颗粒为主体的混合气溶胶。随着沙尘气团的传输,途经的内陆及海洋上空大气中的草酸成分及其前体物可被沙尘气团挟带,并与沙尘颗粒中的碱性或中性成分发生反应。这可导致沙尘气团中草酸绝对含量的增加,同时也使得占沙尘主体的粗颗粒中的草酸含量相对于细颗粒中的草酸含量有更显著的增加。这解释了在表 39 - 4 中看到的情况,即沙尘事件期间 $C_2O_4^{2-}$ 浓度的 $PM_{2.5}$/TSP 比值相对于春季平均值有明显的下降。

表 39 - 4　2007 年 4 月 2 日分段大气颗粒物浓度、$C_2O_4^{2-}$ 浓度、环境温度和云量

日　期	时间 (UTC*+ 8:00)	质量浓度($\mu g \cdot m^{-3}$)			草酸浓度($\mu g \cdot m^{-3}$)			环境 温度 (℃)	云量 (%)
		$PM_{2.5}$	TSP	$PM_{2.5}$/ TSP	$PM_{2.5}$	TSP	$PM_{2.5}$/ TSP		
2007.4.2	09:29—12:10	383.3	1 340.4	0.29	0.43	1.14	0.38	11.9	100
	12:14—15:14	223.8	1 221.0	0.18	0.32	0.99	0.32	13.1	100
	15:19—19:42	101.5	913.9	0.11	0.24	0.76	0.31	11.7	100
	19:46—22:21	92.0	449.4	0.20	0.19	0.35	0.55	8.6	100
	22:29—09:11	35.4	106.2	0.33	0.10	0.12	0.85	6.8	66.7
春季平均值[a]		47.9	95.6	0.50	0.14	0.19	0.74	15.5	47.7

[a] 不包括高沙尘天的春季样品的平均均值。

5 个连续采样阶段的颗粒物质量浓度变化,反映出沙尘强度逐渐减弱的过程。在第

---

* UTC:universal time coordinated(协调世界时),是以原子时秒长为基础,在时刻上尽量接近于世界时的一种时间计量系统。中国(包括大陆、香港、澳门、台湾)与 UTC 的时差为 +8,也就是 UTC+8:00。

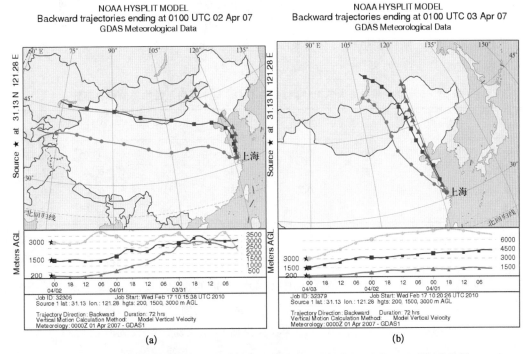

图 39-2　2007 年 4 月 2 日上海沙尘事件起始(a)和结束(b)阶段 3 日后向轨迹图

(彩图见图版第 22 页,也见下载文件包,网址见正文 14 页脚注)

图内外文的译文参见 127 页图 9-6 图注和 192 页图 13-6 图注。

五个采样段(4 月 2 日 22:29—3 日 09:11),PM$_{2.5}$ 和 TSP 的质量浓度都有一个显著的降低,预示着此次沙尘事件的结束。在沙尘事件的末期,观测到的气团主要来自中国的东北和内蒙古东部地区等非沙尘源区[图 39-2(b)]。云量(cloud cover)在此个案中很大程度上受沙尘气团带来的亚洲棕云影响,在此阶段也从 100% 降至 66.7%。

颗粒物质量浓度及 C$_2$O$_4^{2-}$ 浓度的 PM$_{2.5}$/TSP 比值变化,则不同于浓度值的变化。这 2 个比值均在沙尘当天的第三个采样阶段(15:19—19:42)达到最低值,分别为 0.11 和 0.31。在接下来的第四、第五采样段,这 2 个比值继续回升至接近非沙尘天的水平,再次印证了沙尘气溶胶主要由粗颗粒组成、到达沙尘下游地区的粗颗粒占颗粒物总量的百分比会随着沙尘强度的减弱而降低这一事实。沙尘粗颗粒输入的减少,意味着来自上海本地的一次源或二次源草酸成分在细颗粒态的气溶胶中逐渐占回主体地位。

39.2　上海大气颗粒物中草酸的来源与形成路径

39.2.1　基于相关分析的源解析

为了研究上海大气颗粒物中草酸的来源与形成路径,我们选取了若干可指示不同来源的大气颗粒物成分,与 $C_2O_4^{2-}$ 进行相关分析。我们选取元素 Al 作为地壳源的标识物,NO_2^- 作为机动车尾气排放的标识物,$nss-SO_4^{2-}$ 和 NO_3^- 分别代表经由 2 种不同路径的二次形成来源,而 K^+ 则代表生物质燃烧来源。上海大气 $PM_{2.5}$ 中的 $C_2O_4^{2-}$ 与这些来源的标识性物质的相关系数,如表 39-5 所列。

表 39-5　2007 年上海大气 $PM_{2.5}$ 样品中 $C_2O_4^{2-}$ 与来源指示性物质的相关系数

	样品数	Al	NO_2^-	NO_3^-	$nss-SO_4^{2-}$	NH_4^+	K^+
春季	34	0.53[a]	0.19	0.80[a]	0.85[a]	0.60[a]	0.53[a]
夏季	28	0.36[b]	0.21	0.90[a]	0.95[a]	0.80[a]	0.51[a]
秋季	27	0.02	0.25[b]	0.49[a]	0.60[a]	0.52[a]	0.65[a]
冬季	31	0.10	0.07	0.60[a]	0.67[a]	0.59[a]	0.29[b]

[a] 在 $p<0.01$ 水平上呈显著相关;[b] 在 $p<0.05$ 水平上呈显著相关;$nss-SO_4^{2-}$:非海盐硫酸盐。

总体上说,$PM_{2.5}$ 中 $C_2O_4^{2-}$ 与 Al 的相关性较弱($r=0.02\sim0.53$),峰值出现在春季。这说明地壳或土壤源对上海大气颗粒物中 $C_2O_4^{2-}$ 含量的贡献相对较小。土壤中的一些真菌,在新陈代谢过程中也会向大气中排放草酸及草酸的前体物[41,42],从 $C_2O_4^{2-}$ 与 Al 的相关系数值来看(表 39-5),相比在秋冬季,在真菌新陈代谢活动较为旺盛的春夏季,两者的确有较高的相关值。

燃烧过程是大气中 HNO_2 的一个重要来源,而燃烧过程来源中最有效的一种即为机动车发动机的燃烧[35,43,44]。根据亨利定律,大气颗粒物中 NO_2^- 的浓度应与气态 HNO_2 的浓度成正比。分析表明,上海大气 $PM_{2.5}$ 中 $C_2O_4^{2-}$ 与 NO_2^- 几乎不具有相关性($r=0.07\sim0.25$),可认为机动车尾气排放作为一次源,对上海大气颗粒物中草酸含量的贡献十分有限。这同时也暗示,大气中的二次形成是上海草酸气溶胶的主要来源。$PM_{2.5}$ 中 $C_2O_4^{2-}$ 与 NO_3^- 的相关度较高,相关系数在 0.49~0.90 之间。草酸在大气中的前体物主要为挥发性有机物(如烯烃),而 NO_3^- 在大气中的前体物主要为氮氧化合物(NO_x)。这 2 类前体物在城市环境中有着一个共同的主要来源,即机动车尾气排放,说明机动车尾气排放虽作为一次源对上海大气 $PM_{2.5}$ 中草酸含量的贡献很小,却是草酸的一个很重要的二次源。在 NO_x 向 NO_3^- 转化的过程中,大气中的臭氧(O_3)和 OH 自由基等会参与其中的多个氧化还原反应;而从烯烃产生草酸的过程,也被认为是自由基参与的一系列氧化还原反应。这 2 个反应过程很可能共享或是"争夺"大气中气相或液相的自由基,从而使得这 2 个反应过程"并行",或者说内部关联。对于分布在大气中、大于液滴态粒径范围($>1.0~\mu m$)颗粒中的草酸,可由气态草酸或其前体物在碱性粗颗粒表面发生反应,或由较小粒径范围内的草酸经蒸发-凝聚过程而形成[13,32]。大气中 HNO_3 的挥发性大于草酸,因此在相同大气条件下,更大比例的 HNO_3 易从气态或细颗粒态转化到碱性较强的粗颗粒态。也就是说,这 2 种物质在具有较高相关度的同时,有着迥异的粒径分布。关于 SO_4^{2-} 在大气中形成机制的研究已较成熟,普遍认为是经过液相的氧化过程形成的。

一些学者从模式研究中发现,对流层中约有 80% 的 SO_2,是通过云中过程转化为 SO_4^{2-} 的[15,45]。而最近的研究结果表明,乙醛酸(glyoxylate)是对流层中草酸形成的一个关键液相前体物,并且该转化反应的发生,需要液相介质的存在[14,16,24]。另外,很多研究也证实,液相反应对于大气中液滴态的 SO_4^{2-} 以及液滴态的二次有机气溶胶的形成是必需的[20]。如表 39-5 所列,上海大气 $PM_{2.5}$ 中 $C_2O_4^{2-}$ 与非海盐硫酸盐($nss-SO_4^{2-}$)的相关度很高,相关系数在 $0.60\sim0.95$ 之间,峰值出现在夏季。本章 39.1.1 节对 $C_2O_4^{2-}$ 及 SO_4^{2-} 在 $PM_{2.5}$ 和 TSP 中分布的分析表明,两者均主要分布在液滴态,上述数据为上海大气颗粒物中草酸的液相形成路径提供了佐证。

上海 $PM_{2.5}$ 中的 NH_4^+,也显示出与 $C_2O_4^{2-}$ 明显的正相关,相关系数在 $0.52\sim0.80$。这一现象一方面可能是由于大气中的 NH_4^+ 主要是由气态的 NH_3 和酸性的硫酸盐颗粒反应而形成的[46],因此其与 $C_2O_4^{2-}$ 较高的相关度是由 SO_4^{2-} 与 $C_2O_4^{2-}$ 较高的相关度所导致的。另一方面,也可从草酸在大气颗粒物中的存在形式来考虑。B. L. Lefer 和 R. W. Talbot 的研究[47]认为,$(NH_4)_2C_2O_4$ 可由气态的 NH_3 和 $H_2C_2O_4$ 直接反应形成。同时,两者的粒径范围分布也表明,大气颗粒物中 NH_4^+ 和 $C_2O_4^{2-}$ 同样主要分布在细颗粒态。所以,NH_4^+ 和 $C_2O_4^{2-}$ 较高的相关度指示了 $(NH_4)_2C_2O_4$ 是上海 $PM_{2.5}$ 中草酸盐的一个可能存在形式。K^+ 是植物生长必需的一种营养元素,被用作大气颗粒物生物质燃烧来源的一个有效标识物,尤其对细颗粒物而言[18,34,48,49]。本研究观测到的上海大气颗粒物中的 K^+,也是以细颗粒态的分布为主,其质量浓度的 $PM_{2.5}/TSP$ 比值平均达到 0.80。相关分析显示,K^+ 与 $C_2O_4^{2-}$ 两者的相关系数在秋季的平均值达到了 0.65。在上海及其周边地区,秋季正是秸秆等生物质燃烧事件发生最频繁的季节。如果说秋季 K^+ 与 $C_2O_4^{2-}$ 的较高相关度,反映了该季节生物质燃烧对上海大气颗粒物中草酸的较大贡献,接下来要探讨的问题是:生物质燃烧对草酸来说仅仅是一次源,还是同时也是二次源? 我们通过比较 $C_2O_4^{2-}$ 与 K^+ 的浓度值发现,文献报道的在生物质燃烧烟羽 * 中直接测得的 $C_2O_4^{2-}/K^+$ 比值仅为 $0.03\sim0.1$[48],而上海秋季大气 $PM_{2.5}$ 中 $C_2O_4^{2-}/K^+$ 比值平均为 0.26,远大于前者。生物质燃烧气溶胶中有高含量的水溶性无机盐和水溶性有机物成分,故而较易成为云凝结核(CCN)[50,51]。因此,由生物质燃烧排放的 VOC 在大气中二次形成的草酸,是上海大气颗粒物中草酸的一个重要组成部分,并且很可能也是经由云中过程的液相反应而生成的。据此可以推测,生物质燃烧对草酸来说不仅仅是一次源,还是更为主要的二次源。也正因为秋季生物质燃烧排放的 VOC 是该季节草酸前体物的一个特征性来源,所以虽然在秋季 $C_2O_4^{2-}$ 与 NO_3^-、SO_4^{2-} 的相关度是 4 个季节中最低的(表 39-5),但秋季大气颗粒物中 $C_2O_4^{2-}$ 的质量浓度却是 4 个季节中最高的(表 39-3)。

---

　　* 燃烧过程中连续排放到大气中的烟气流,因外形如羽毛状的烟体而得名。

39.2.2 上海大气颗粒物中 $C_2O_4^{2-}$ 与 SO_4^{2-}、NO_3^- 的线性关系

分析大气颗粒物中 $C_2O_4^{2-}$ 与 2 种来源标识物 SO_4^{2-}、NO_3^- 的线性关系,有助于进一步了解其二次形成的路径。如前所述,大气中气态 SO_2 向 SO_4^{2-} 的转化,主要发生在液相。溶解态的 SO_2 首先形成 HSO_3^- 和 SO_3^{2-}[52],接着被 O_3 或 H_2O_2 等氧化剂以极快的速率氧化,而生成 SO_4^{2-}。与此不同的是,大气中气态 NO_2 向 HNO_3 / NO_3^- 的转化,主要发生在气相。NO_2 首先生成 $NO_3 \cdot$ 自由基或 N_2O_5,接着这 2 种中间体被 $OH \cdot$ 自由基或 O_3 氧化生成 HNO_3 / NO_3^-。先前的研究[16,25,53,54]表明,大气中的 VOC,如乙烯、乙炔、来自生物源的异戊二烯等,都可作为草酸的前体物,先经由气相或液相的氧化而生成乙醛酸,再在液相中被 $OH \cdot$ 等自由基氧化生成草酸。由此可见,$OH \cdot$ 自由基同时参与了 $C_2O_4^{2-}$ 和 NO_3^- 在大气中的二次形成过程,或者说,$C_2O_4^{2-}$ 和 NO_3^- 的二次形成,都受到 $OH \cdot$ 自由基可获得性的限制。从这一点看,大气中这 2 种物质的二次形成过程是内部关联的。

以夏季和冬季作为代表季节,上海大气 $PM_{2.5}$ 中 $C_2O_4^{2-}$ 浓度与 SO_4^{2-}、NO_3^- 浓度之间存在着显著的线性相关关系(图 39 - 3)。从图中还能发现,在冬季,SO_4^{2-} - $C_2O_4^{2-}$ 与 NO_3^- - $C_2O_4^{2-}$ 两条线性回归曲线的斜率值,都大于夏季的值。究其原因,从 2007 年 4 个季节上海大气颗粒物中 SO_4^{2-} 和 NO_3^- 的主要气态前体物 SO_2 和 NO_2 的平均浓度看

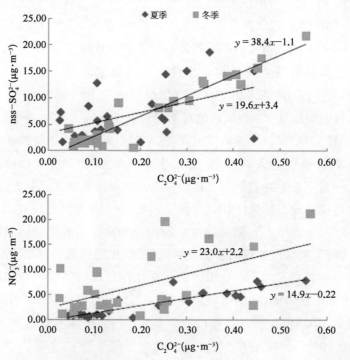

图 39 - 3　2007 年夏、冬季上海大气 $PM_{2.5}$ 中 $C_2O_4^{2-}$ 与 nss - SO_4^{2-}（上）、NO_3^-（下）浓度的
线性回归曲线（彩图见下载文件包,网址见 14 页脚注）

（表 39‑1），冬季大于夏季。而据文献[55] 报道，上海大气颗粒物中草酸的主要前体物烯烃和醛类等 VOC 的浓度值，远小于 SO_2 和 NO_2 这 2 种无机污染气体，平均值低于 5 ppbv，且无显著的季节变化特征。因此，SO_4^{2-} 和 NO_3^- 作为与草酸在大气中有着相似或内部关联的形成路径的物质，由于其冬季在大气中的前体物与草酸前体物的浓度水平差异加大，而获得了较高的 $SO_4^{2-}/C_2O_4^{2-}$ 和 $NO_3^-/C_2O_4^{2-}$ 比值。

39.2.3　草酸形成路径的气象证据

本节探讨上海大气颗粒物中草酸形成的气象学因素。基于 2007 年全年大气颗粒物采样期间的若干相关气象参数（如温度、相对湿度、云量、风速和风向等）的日均观测值，未发现任何单一参数与 $C_2O_4^{2-}$ 的浓度存在显著的定量相关。然而，结合每天的天气状况，我们发现在以下 3 种天气类型时，上海大气颗粒物中草酸的浓度的确有所升高：① 晴天有云时；② 有雾或霾发生的日子；③ 采样当天有小雨或雷阵雨发生。那么，是否有可能上海大气颗粒物中草酸的浓度水平被多个气象因素同时影响呢？我们对采样期间的相对湿度、云量和大气 $PM_{2.5}$ 中 $C_2O_4^{2-}$ 浓度作时间序列图（图 39‑4）。从三者的时间变化趋势中可以看出，当某个采样日的相对湿度及云量这 2 项参数的值相比前一日的值都有所下降时，该采样日的 $C_2O_4^{2-}$ 浓度值较前日也是降低的，反之亦然（图 39‑4，紫色虚线指示的采样日）。这也即说明，环境相对湿度和云量的同时增加，可带来当日草酸浓度的升高。

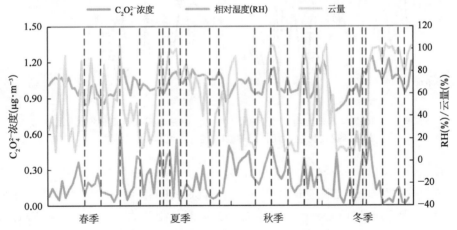

图 39‑4　2007 年四季上海 $PM_{2.5}$ 中 $C_2O_4^{2-}$ 浓度、大气相对湿度及云量的时间序列图
（彩图见图版第 23 页，也见下载文件包，网址见正文 14 页脚注）

对相邻两天的各参数数值进行比较，在这一时间尺度上，由总体气象条件的改变及 VOC 前体物的来源和浓度水平变化所带来的影响可被忽略。由以上分析可见，环境相对湿度和云量是对上海大气颗粒物中草酸浓度有贡献的气象因素。这也意味着，上海大气颗粒物中草酸的二次形成，很可能是经由云中过程在液相介质中发生的。

39.3　上海大气颗粒物中的草酸与霾污染

霾被定义为一种天气现象,指由大气中的湿气、灰尘、烟、水蒸气等成分导致的大气能见度低于 10 km 的现象。霾污染因其对大气能见度、公共卫生乃至全球气候变化的影响,近年来获得较多关注[56-59]。霾天气的特征及其形成机制,因地区而异。但很多关于霾污染的研究,包括在上海及其周边地区开展的研究表明,细颗粒物 $PM_{2.5}$ 中 NH_4^+、SO_4^{2-}、NO_3^- 等水溶性无机离子的质量百分比,在霾期间会有明显的增加[31,60-62]。霾期间大气颗粒物的这一组成特征说明,相对于其他组分,颗粒物中以上几种吸湿性较强的无机盐类,对于能见度的降低贡献较大。作为大气颗粒物中的一种水溶性有机成分,草酸在大气霾的形成中是否也扮演着相似的角色呢? 我们比较了上海 2007 年 4 个季节 $PM_{2.5}$ 中 $C_2O_4^{2-}$ 的浓度变化情况,以及采样期间的日均大气能见度值。如图 39-5 所示,上海的大气能见度在各个季节都与草酸的浓度水平呈现出明显的负相关。

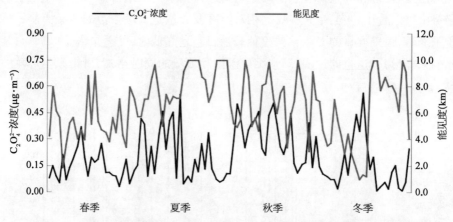

图 39-5　2007 年四季上海大气 $PM_{2.5}$ 中 $C_2O_4^{2-}$ 浓度与采样期间日均大气能见度变化情况的比较(彩图见下载文件包,网址见 14 页脚注)

总体上说,草酸作为一种水溶性有机物,占大气 $PM_{2.5}$ 总质量浓度的百分比<1%。从大气颗粒物中草酸-水溶性有机物(WSOC)-有机物(OC)-颗粒物总体这四者的关系出发,探讨城市大气能见度与大气 $PM_{2.5}$ 中 $C_2O_4^{2-}$ 浓度负相关的更深层含义。WSOC 在大气有机气溶胶中的含量因地区而异,占 OC 的质量百分比为 20%～70%[63,64]。这个百分比在诸如上海这样大城市的大气颗粒物中偏向于高值。因为上海等大城市大气中的有机成分多为二次有机物(second organic aerosol, SOA),而在二次有机物的形成过程中,物质的极性会逐渐增大[65-67],即意味着物质的亲水性(吸湿性)增强。

采用离子组分、元素组分和黑碳(BC)的观测值,以估算大气颗粒物中 OC 的含量。估算方法如下所示[68]: ① 矿物气溶胶＝Al/0.08;② 二次无机组分＝$NH_4^+＋NO_3^-＋$

SO_4^{2-}；③ 海盐＝2.54×(Na－0.3Al)；④ 非地壳源钾＝K－0.25Al；⑤ 金属＝所有 ICP－
OES* 检测出的非地壳及非海盐元素的加和；⑥ 颗粒物中含碳物质＝颗粒物质量－
Σ(①－⑤)；⑦ OC＝⑥－EC，此处以 BC 的浓度值代替 EC 浓度值进行估算[69]。之前的
研究表明，有机成分占到大气细颗粒物总质量的 20％～80％[70]，而利用本研究观测数据
估算得出的 OC 浓度，占上海大气 $PM_{2.5}$ 质量浓度的 60％左右，与该研究结论相符。基于
前文的讨论，对上海大气颗粒物采用 WSOC/OC 为 50％，比较 WSOC 与 NH_4^+、SO_4^{2-}、
NO_3^-、K^+ 等主要无机离子对 $PM_{2.5}$ 质量浓度的贡献量(图 39－6)。由图 39－6 可见，水溶
性有机组分 WSOC 占 $PM_{2.5}$ 质量浓度的百分比平均约达到 30％。相比较而言，计算得出
的 NH_4^+、SO_4^{2-}、NO_3^-、K^+ 等主要水溶性无机离子成分合计仅占上海大气 $PM_{2.5}$ 质量浓度
的 20％左右。水溶性有机物(WSOC)对 $PM_{2.5}$ 质量浓度的贡献，大于主要水溶性无机离
子的贡献。WSOC 的存在会增强颗粒物的吸湿性，使之更易成为凝结核。作为已知的对
流层气溶胶中含量最丰富的二元羧酸，草酸可作为大气颗粒物中 WSOC 的代表物质。
大气颗粒物中草酸浓度水平的升高，从一定程度上反映了气溶胶中 WSOC 成分含量的
升高。这有利于大气霾的形成，从而影响大气能见度及人类健康等。另有研究[71]表明，
大气颗粒物中的一些非水溶性有机成分，可与某些特定的水溶性无机成分如 SO_4^{2-} 相互
反应，生成有机-无机络合物。这类络合物的生成，对于有机、无机水可溶性物质这 2 种
组分在大气颗粒物中的新产生都是有利的。因此，从大气能见度与 $C_2O_4^{2-}$ 浓度水平显著
的负相关、上海大气颗粒物中高含量的 WSOC 成分，可以看出，以草酸作为代表的大气

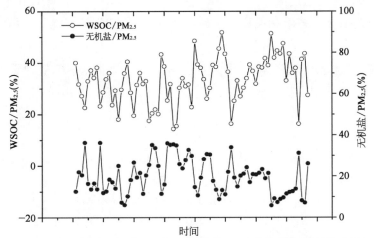

**图 39－6　$PM_{2.5}$ 中 WSOC 与 NH_4^+、SO_4^{2-}、NO_3^-、K^+ 等主要无机离子对 $PM_{2.5}$
质量浓度之贡献量(彩图见下载文件包，网址见 14 页脚注)**

横坐标表示样品采集时间。第 2 和第 3 刻度这部分是春季的样品，第
4 和第 5 刻度是夏季，第 6 和第 7 刻度是秋季，第 8 和第 9 刻度是冬季。

---

* ICP－OES：inductively coupled plasma source optical emission spectroscopy(电感耦合等离子体源光发射
光谱)。

颗粒物中的有机成分在霾的形成、颗粒物特性的塑造以及城市空气质量等方面,扮演了重要的角色。

综上所述,上海 2007 年 4 个季节大气颗粒物中 $C_2O_4^{2-}$ 的质量浓度,在 $PM_{2.5}$ 中为 $0.07\sim0.41\ \mu g \cdot m^{-3}$,在 TSP 中为 $0.10\sim0.48\ \mu g \cdot m^{-3}$。在这 2 种颗粒物的粒径范围内,$C_2O_4^{2-}$ 浓度都呈现秋季>夏季>冬季>春季的季节变化趋势。在全部 238 个大气颗粒物样品中,草酸均主要分布在 $PM_{2.5}$ 甚至更细的颗粒($<1.0\ \mu m$)中,其质量浓度 $PM_{2.5}/TSP$ 值的峰值出现于夏季。上海大气颗粒物中非海盐硫酸盐($nss-SO_4^{2-}$)、NH_4^+ 和 K^+ 也均主要分布在 $PM_{2.5}$ 中,而 NO_3^- 则例外,因其质量浓度 $PM_{2.5}/TSP$ 比值仅在 0.5 上下。在 2007 年 4 月 2 日发生的沙尘事件中,上海大气中草酸($C_2O_4^{2-}$)的质量浓度急剧升高,而且伴随着草酸质量浓度的升高,$PM_{2.5}/TSP$ 比值下降。说明入侵的沙尘给上海的大气带来了气态或颗粒态的草酸或其前体物,并使得草酸相较非沙尘天被更多地分配到占沙尘主体的粗颗粒中。通过颗粒物中草酸与若干来源标识物的相关分析发现,地壳和机动车尾气排放作为一次源,对上海大气颗粒物中草酸含量的贡献甚少。但来自机动车尾气排放的 VOC,是城市大气颗粒物中草酸的主要前体物,因此机动车尾气排放是一个重要的二次源。生物质燃烧被证实是上海大气颗粒物中除机动车尾气排放之外草酸的另一个二次源,尤其在生物质燃烧事件发生频繁的秋季。大气颗粒物中草酸与 $nss-SO_4^{2-}$、K^+ 等具有高相关度,草酸主要分布在细颗粒态甚至更小的液滴态,较高相对湿度和较高云量同时出现时有利于草酸浓度的升高。与 SO_4^{2-} 相似,上海大气颗粒物中的草酸,在各个季节均主要通过液相的二次氧化路径形成。大气中的 VOC 在形成草酸过程之初始阶段也存在着一些气相反应。草酸与 NO_3^- 的较高相关度说明,两者在大气中的二次形成过程,通过参与反应的氧化自由基而相互关联。由于大气 $PM_{2.5}$ 中的高 WSOC 含量,以草酸为代表的有机水溶性组分对霾污染和大气能见度降低的贡献,与 NH_4^+、SO_4^{2-}、NO_3^-、K^+ 等主要无机水溶性组分的贡献相当。

参考文献

[1] Kawamura K, Ikushima K. Seasonal changes in the distribution of dicarboxylic acids in the urban atmosphere. Environ Sci Technol, 1993, 27: 2227 - 2235.

[2] Facchini M C, Fuzzi S, Zappoli S, et al. Partitioning of the organic aerosol component between fog droplets and interstitial air. J Geophy Res, 1999a, 104(D21): 26821 - 26832.

[3] Mader B T, Yu J Z, Xu J H, et al. Molecular composition of the water-soluble fraction of atmospheric carbonaceous aerosols collected during ACE-Asia. J Geophys Res, 2004, 109 (D06206): doi: 10.1029/2003JD004105.

[4] Cruz C N, Pandis S N. The effect of organic coatings on the cloud condensation nuclei activation of inorganic atmospheric aerosol. J Geophys Res, 1998, 103(D11): 13111 - 13123.

[5] Brooks S D, Wise M E, Cushing M, et al. Deliquescence behavior of organic/ammonium sulfate

aerosol. Geophys Res Lett, 2002, 29(19): 1917. doi: 10.1029/2002GL014733.

[6] Kumar P P, Broekhuizen K, Abbatt J P D. Organic acids as cloud condensation nuclei: Laboratory studies of highly soluble and insoluble species. Amos Chem Phys, 2003, 3: 509 - 520.

[7] Facchini M C, Mircea M, Fuzzi S, et al. Cloud albedo enhancement by surface-active organic solutes in growing droplets. Nature, 1999b, 401: 257 - 259.

[8] Kerminen V M. Relative roles of secondary sulfate and organics in atmospheric cloud condensation nuclei production. J Geophy Res, 2001, 106(D15): 17321 - 17333.

[9] Jickells T D, An Z S, Andersen K K, et al. Global iron connections between desert dust, ocean biogeochemistry, and climate. Science, 2005, 308: 67 - 71.

[10] Deguillaume L, Leriche M, Desboeufs K, et al. Transition metals in atmospheric liquid phases: Sources, reactivity, and sensitive parameters. Chem Rev, 2005, 105: 3388 - 3431.

[11] Kawamura K, Kasukabe H, Barrie L A. Source and reaction pathways of dicarboxylic acids, ketoacids and dicarbonyls in arctic aerosols: One year of observations. Atmos Environ, 1995, 30: 1709 - 1722.

[12] Kawamura K, Sakaguchi F. Molecular distributions of water soluble dicarboxylic acids in marine aerosols over the Pacific Ocean including tropics. J Geophy Res, 1999, 104(D3): 3501 - 3509.

[13] Kerminen V M, Ojanen C, Pakkanen T, et al. Low-molecular weight dicarboxylic acids in an urban and rural atmosphere. J Aerosol Sci, 2000, 31: 349 - 362.

[14] Yao X H, Fang M, Chan C K. Size distributions and formation of dicarboxylic acids in atmospheric particles. Atmos Environ, 2002a, 36: 2099 - 2107.

[15] Warneck P. The relative importance of various pathways for the oxidation of sulphur dioxide and nitrogen dioxide in sunlit continental fair weather clouds. Phys Chem Chem Phys, 1999, 1: 5471 - 5483.

[16] Carlton A G, Turpin B J, Altieri K E, et al. Atmospheric oxalic acid and SOA production from glyoxal: Results of aqueous photooxidation experiments. Atmos Environ, 2007, 41: 7588 - 7602.

[17] Sullivan R C, Prather K A. Investigations of the diurnal cycle and mixing state of oxalic acid in individual particles in Asian aerosol outflow. Environ Sci Technol, 2007, 41: 8062 - 8069.

[18] Huang X F, Yu J Z, He L Y, et al. Water-soluble organic carbon and oxalate in aerosols at a coastal urban site in China: Size distribution characteristics, sources, and formation mechanism. J Geophy Res, 2006, 111: D22212. doi: 10.1029/2006JD007408.

[19] Seinfeld J H, Pandis S N. Atmospheric chemistry and physics: From air pollution to climate change. New York: John Wiley and Sons, 1998.

[20] Blando J D, Turpin B J. Secondary organic aerosol formation in cloud and fog droplets: A literature evaluation of plausibility. Atmos Environ, 2000, 34: 1623 - 1632.

[21] Yao X H, Lau A P S, Fang M, et al. Size distribution and formation of ionic species in atmospheric particulate pollutants in Beijing, China: 2-dicarboxylic acids. Atmos Environ, 2003, 37: 3001 - 3007.

[22] Crahan K K, Hegg D, Covert D S, et al. An exploration of aqueous oxalic acid production in the

coastal marine atmosphere. Atmos Environ, 2004, 38: 3757 – 3764.

[23] Yu J Z, Huang X F, Xu J H, et al. When aerosol sulfate goes up, so does oxalate: Implication for the formation mechanisms of oxalate. Environ Sci Technol, 2005, 39: 128 – 133.

[24] Sorooshian A, Varutbangkul V, Brechtel F J, et al. Oxalic acid in clear and cloudy atmospheres: Analysis of data from International Consortium for Atmospheric Research on Transport and Transformation 2004. J Geophys Res, 2006, 111: D23S4. doi: 10.1029/2005JD006880.

[25] Martinelango P K, Dasgupta P K, Al-Horr R S. Atmospheric production of oxalic acid/oxalate and nitric acid/nitrate in the Tampa Bay airshed: Parallel pathways. Atmos Environ, 2007, 41: 4258 – 4269.

[26] Yin J, Tan J. Effect of surface wind direction on air pollutant concentrations in Shanghai. Meteorol Sci Technol, 2003, 31: 366 – 369 (in Chinese).

[27] Clegg S L, Brimblecombe P, Khan I. The Henry's law constant of oxalic acid and its partitioning into the atmospheric aerosol. Idö Járás, 1996, 100: 51 – 68.

[28] Souza S R, Vasconcellos P C, Carvalho L R F. Low molecular weight carboxylic acids in an urban atmosphere: Winter measurements in São Paulo City, Brazil. Atmos Environ, 1999, 33: 2563 – 2574.

[29] Limbeck A, Puxbaum H, Otter L, et al. Semivolatile behavior of dicarboxylic acids and other polar organic species at a rural background site (Nylsvley, RSA). Atmos Environ, 2001, 35: 1853 – 1862.

[30] Pathak R K, Chan C K. Inter-particle and gas-particle interactions in sampling artifacts of $PM_{2.5}$ in filter-based samplers. Atmos Environ, 2005, 39: 1597 – 1607.

[31] Fu Q Y, Zhuang G S, Wang J, et al. Mechanism of formation of the heaviest pollution episode ever recorded in the Yangtze River Delta, China. Atmos Environ, 2008, 42: 2023 – 2036.

[32] Yao X H, Chan C K, Fang M, et al. The water-soluble ionic composition of $PM_{2.5}$ in Shanghai and Beijing, China. Atmos Environ, 2002, 36: 4223 – 4234.

[33] Yang H, Yu J Z, Ho S S H, et al. The chemical composition of inorganic and carbonaceous materials in $PM_{2.5}$ in Nanjing, China. Atmos Environ, 2005, 39: 3735 – 3749.

[34] Yao X H, Fang M, Chan C K, et al. Characterization of dicarboxylic acids in $PM_{2.5}$ in Hong Kong. Atmos Environ, 2004, 38: 963 – 970.

[35] Wang Y G. Zhuang Z, Chen S, et al. Characteristics and sources of formic, acetic and oxalic acids in $PM_{2.5}$ and PM_{10} in Beijing, China. Atmos Res, 2007a, 84: 169 – 181.

[36] Sempere R, Kawamura K. Comparative distribution of dicarboxylic acids and related polar compounds in snow, rain and aerosols from urban atmosphere. Atmos Environ, 1994, 28: 449 – 459.

[37] Uchiyama S. The behavior of oxalic acid in atmospheric aerosols. Taiki Kankyo Gakkaishi, 1996, 31: 141 – 148.

[38] Kawamura K, Kaplan I R. Motor exhaust emissions as a primary source for dicarboxylic acids in Los Angeles ambient air. Environ Sci Technol, 1987, 21: 105 – 110.

[39] Dasgupta P K, Campbell S W, Al-Horr R S, et al. Conversion of sea salt aerosol to and the production of HCl: Analysis of temporal behavior of aerosol chloride / nitrate and gaseous HCl/ HNO$_3$ concentrations with AIM. Atmos Environ, 2007, 41: 4242 – 4257.

[40] Zhuang H, Chan C K, Fang M, et al. Size distributions of particulate sulfate, nitrate, and ammonium at a coastal site in Hong Kong. Atmos Environ, 1999, 33: 843 – 853.

[41] Dutton M V, Evans C S. Oxalate production by fungi: Its role in pathogenicity and ecology in the soil environment. Can J Microbiol, 1996, 42: 881 – 895.

[42] Gadd G M. Fungal production of citric and oxalic acid: Importance in metal speciation, physiology and biogeochemical processes. Adv Microb Physiol, 1999, 41: 47 – 92.

[43] Kessler C, Platt U. Nitrous acid in polluted air masses - Sources and formation pathways // Versino B, Angeletti G. Physico-chemical behaviour of atmospheric pollutants. Varese, Italy: Proceedings of the 3rd European Symposium, 1984: 412 – 421.

[44] Pitts J N, Biermann Jr H W, et al. Spectroscopic identification and measurement of gaseous nitrous acid in dilute auto exhaust. Atmos Environ, 1984, 18: 847 – 854.

[45] McHenry J N, Dennis R L. The relative importance of oxidation pathways and clouds to atmospheric ambient sulfate production as predicted by the regional acid deposition model. J Appl Meteorol, 1994, 33: 890 – 905.

[46] Finlayson-Pitts B J, Pitts Jr J N. Chemistry of the upper and lower atmosphere. New York: Academic Press, 2000.

[47] Lefer B L, Talbot R W. Summertime measurements of aerosol nitrate and ammonium at northeastern U. S. site. J Geophy Res, 2001, 106(D17): 20, 365 – 20, 378.

[48] Yamasoe M A, Artaxo P, Miguel A H, et al. Chemical composition of aerosol particles from direct emissions of vegetation fires in the Amazon Basin: Water soluble species and trace elements. Atmos Environ, 2000, 34: 1641 – 1653.

[49] Falkovich A H, Graber E R, Schkolink G, et al. Low molecular weight organic acids in aerosol particles from Rondonia, Brazil, during the biomass-burning, transition and wet periods. Atmos Chem Phys, 2005, 5: 781 – 797.

[50] Rogers C F, Hudson G J, Zielinska B, et al. Global biomass burning: Atmospheric, climatic and biopheric implications. Cambridge: MIT Press, 1991: 431 – 438.

[51] Novakov T, Corrigan C E. Cloud condensation nucleus activity of the organic component of biomass smoke particles. Geophys Res Lett, 1996, 23(16): 2141 – 2144.

[52] Warneck P. Chemistry of the natural atmosphere. London: Academic Press, 2000.

[53] Warneck P. In-cloud chemistry opens pathway to the formation of oxalic acid in the marine atmosphere. Atmos Environ, 2003, 37: 2423 – 2427.

[54] Warneck P. Multi-phase chemistry of C$_2$ and C$_3$ organic compounds in the marine atmosphere. J Atmos Chem, 2005, 51: 119 – 159.

[55] Geng F H, Tie X X, Xu J M, et al. Characterizations of ozone, NO$_x$, and VOCs measured in Shanghai, China. Atmos Environ, 2008, 42: 6873 – 6883.

[56] Okada K, Ikegami M, Zaizen Y, et al. The mixture state of individual aerosol particles in the 1997 Indonesian haze episode. J Aerosol Sci, 2001, 32: 1269 – 1279.

[57] Wang H B, Shooter D. Coarse-fine and day-night differences of water-soluble ions in atmospheric aerosols collected in Christchurch and Auckland, New Zealand. Atmos Environ, 2002, 36: 3519 – 3529.

[58] Chen L W A, Chow J C, Doddridge B G, et al. Analysis of a summertime $PM_{2.5}$ and haze episode in the mid-Atlantic region. J Air Waste Manage Assoc, 2003, 53: 946 – 956.

[59] Yadav A K, Kumar K, Kasim A, et al. Visibility and incidence of respiratory diseases during the 1998 haze episode in Brunei Darussalam. Pure Appl Geophys, 2003, 160: 265 – 277.

[60] Chan Y C, Simpson R W, Mctainsh G H, et al. Source apportionment of $PM_{2.5}$ and PM_{10} aerosols in Brisbane (Australia) by receptor modeling. Atmos Environ, 1999, 33: 3251 – 3268.

[61] Mysliwiec M J, Kleeman M J. Source apportionment of secondary airborne particulate matter in a polluted atmosphere. Environ Sci Technol, 2002, 36: 5376 – 5384.

[62] Sun Y L, Zhuang G S, Tang A H, et al. Chemical characteristics of $PM_{2.5}$ and PM_{10} in haze-fog episodes in Beijing. Environ Sci Technol, 2006, 41: 3148 – 3155.

[63] Decesari S, Facchini M C, Matta E, et al. Chemical features and seasonal variation of water soluble organic compounds in the Po valley fine aerosol. Atmos Environ, 2001, 35: 3691 – 3699.

[64] Decesari S, et al. Characterization of the organic composition of aerosols from Rondonia, Brazil, during the LBA – SMOCC 2002 experiment and its representation through model compounds. Atmos Chem Phys, 2006, 6: 375 – 402.

[65] Saxena P, Hildemann L M. Water-soluble organics in atmospheric particles: A critical review of the literature and application of thermodynamics to identify candidate compounds. J Atmos Chem, 1996, 24: 57 – 109.

[66] Lim H J, Turpin B J. Origins of primary and secondary organic aerosol in Atlanta: Results of time-resolved measurements during the Atlanta supersite experiment. Environ Sci Technol, 2002, 36: 4489 – 4496.

[67] Hennigan C J, Bergin M H, Weber R J. Correlations between water-soluble organic aerosol and water vapor: A synergistic effect from biogenic emissions. Environ Sci Technol, 2008, 42: 9079 – 9085.

[68] Wang Y, Zhuang G, Tang A, et al. The ion chemistry and the source of $PM_{2.5}$ aerosol in Beijing. Atmospheric Environment, 2005, 39(21): 3771 – 3784.

[69] Chow J C, Watson J G, Doraiswamy P, et al. Aerosol light absorption, black carbon, and elemental carbon at the Fresno Supersite, California. Atmos Res, 2009, 93: 874 – 887.

[70] Zhang Q, Jimenez J. Ubiquity and dominance of oxygenated species in organic aerosols in anthropogenically-influenced northern hemisphere midlatitudes. Geophys Res Lett, 2007, 34: L13801. doi: 10.1029/2007GL029979.

[71] Zhang R, Suh I, Zhao J, et al. Atmospheric new particle formation enhanced by organic acids. Science, 2004, 304: 1487 – 1490.

第 *40* 章
生物质燃烧对污染气溶胶的贡献

　　细颗粒物主要源于燃烧过程中的排放及其所生成的二次气溶胶。燃烧物主要有化石燃料和生物质。化石燃料包括煤、石油、天然气等,主要集中在火力发电厂及其他工业和交通工具(机动车、船舶及飞机)的燃料燃烧过程。众所周知,化石能源燃烧是自 20 世纪初至今空气污染的主要来源。生物质燃烧对大气污染的贡献,至今尚没有引起足够重视,相关研究也较少。生物质燃烧包括农村居民使用农业废弃物和薪柴作为炊事及采暖的燃料,农村在收获季节露天焚烧农田废弃秸秆,以及杂草清理、森林火灾、草原火灾,还有城市绿化废弃物的处理等。生物质燃烧的排放,包括自然源和人为源。使用秸秆和薪柴作为炊事及采暖燃料,露天焚烧农田废弃秸秆,是典型的人为过程,而因高温干旱引发的森林大火以及生物质的自然腐败过程,则是自然源。正因为生物质燃烧有自然源的特点,并且多发生在农村地区,所以对生物质燃烧排放产生的大气污染,至今未能给予足够的重视,也难于采取有效的控制措施。生物质燃烧的排放具有普遍性。全中国生物质总燃烧量每年达到 450 Mt[1]。印度生物质燃烧供能占总能量消耗的 47%,在农村地区占家用餐饮供能的 85%～90%。在全球范围内,农作物秸秆燃烧占生物质燃烧的 20% 左右[2],是生物质燃烧的重要组成部分。中国是一个农业大国,年均秸秆产量约为 6 亿 t[3],生物质能源一直是中国的主要能源之一。特别在农村地区,生物质能源占整个农村能源消费量的 70% 以上。在寒冷季节,生物质燃料是农村地区家用取暖的主要能源。虽然随着经济的发展以及煤、液化气、沼气等能源的普及,部分生物质能源被取代,一些农村地区不再将植物秸秆和薪柴作为主要生活燃料,但是由于废弃秸秆没有更好的归宿,农民们采用在农田里露天集中焚烧秸秆或杂草,以达到节省劳力、直接提供肥力和去除病虫害的目的。随着粮食产量增加,秸秆数量增多,而农村青壮年劳动力相对减少,搬运秸秆难度非常大,又有翻耕农田赶种下一季农作物的需要,因此近几年在收获季节或耕种季节在农田里露天焚烧秸秆或杂草的情况猛增。由秸秆焚烧引起的突出污染事件屡见不鲜。据统计,中国每年约有 1.4 亿 t 秸秆被露天焚烧,约占其全年产量的 1/4。露天焚烧量从东北至华东呈带状分布,山东焚烧量最高,其次为河南、江苏、河北、黑龙江等省(http://www.sina.com.cn)。不同区域露天焚烧秸秆的原因各不相同:吉林、黑龙江等产粮区,秸秆因大量剩余而焚烧;江苏、浙江、山东等沿海地区,商品能源取代秸秆成为农民日常生活的主要能源,半数左右的农业秸秆被焚烧;农民在露天焚烧秸秆时,不可避免地伴随着山草燃烧,甚至引发森林火灾。森林和草原火灾一直是无法避免的世界性灾害,亚洲地区每年的森林过火面积占世界总过火面积的80%以上。

40.1 生物质燃烧对大气的污染

在全球范围内,生物质燃烧对大气中飘尘的贡献达 21%,与海盐(20%)、矿尘(30%)和其他人为过程(24%)相当,成为大气污染的主要来源[4]。生物质燃烧排放污染物,已成为城市、区域乃至全球范围内大气的重要污染源之一,甚至影响区域和全球的气候。生物质燃烧是大气中细颗粒物的主要来源之一,不仅恶化区域空气质量,降低大气能见度,而且改变生态系统循环,产生不利于健康的效应。生物质燃烧伴随着能量和物质的转换过程,除了释放热量,还直接向环境排放大量的气体组分如 SO_2、NO_x、NH_3、CH_4、VOC、CO、CO_2 等,以及黑碳(BC)等颗粒物状污染物。颗粒物中以碳质(OC、EC)颗粒组分为主[1,5]。这些组分与辐射强迫以及能见度、温室效应等环境问题直接相关[6-8]。因此,生物质燃烧不仅对区域大气环境产生影响,而且能够改变整个大气层的辐射平衡[8],排放的颗粒物及其增加的凝结核能够直接改变光的辐射。生物质燃烧还可以促进二次污染物生成,例如大量 CO 和 NO_x 的生成,可以促使 O_3 的生成,导致对流层 O_3 浓度的升高[9]。生物质燃烧对全球排放的 CO_2、对流层的 O_3、有机碳质颗粒(OC)和黑碳(BC)的贡献,分别达到 40%、38%、39% 和 86% 以上。中国2000 年因生物质露天燃烧,向大气中排放的 CO 达到 16.5 Tg[10]。在特定年份,生物质燃烧排放对东亚地区对流层低层大气成分造成的影响,可能远大于其他人为源排放的贡献[11]。

根据中国有关政府部门 2000—2003 年对全国粮食作物和经济作物产量的县级统计资料,结合谷-草比,估算秸秆年产生量约 6 亿 $t \cdot yr^{-1}$,其中水稻、小麦、玉米秸秆共占76%左右。依据农村生活水平等基础资料,估算秸秆被露天焚烧的总量约为 1.4 亿 $t \cdot yr^{-1}$,占其全年产量的 1/4。在全球范围内,所有燃烧的农作物秸秆只占生物质燃烧的20%左右,因此秸秆露天燃烧只是生物质燃烧中很少的一部分,只占生物质燃烧总量的 5%。但就是这 5% 生物质的露天燃烧,已成为除沙尘之外,造成城市恶劣天气的第二大原因。据统计,中国农作物废弃物的去向,除了约 20% 被露天燃烧,另外还有50% 被用于家庭燃料,21% 用于还田增肥,4% 用于发酵产生沼气[12]。这意味着,每年有 70% 的农作物秸秆被燃烧。秸秆燃烧已成为一个连续的固定源,不断地向大气中排放污染物。

虽然生物质燃烧主要发生在广大农村地区,但是已经对城市空气质量产生明显影响。合肥市 2008 年有 21 个污染天气是由于露天秸秆焚烧所造成的,秸秆焚烧诱发的污染天气占合肥全年污染天气的 1/5,PM_{10} 的瞬时值高达 290 $\mu g \cdot m^{-3}$(2009 年)、960 $\mu g \cdot m^{-3}$ (2007 年)。2009 年 6 月 12 日,南京空气"飘尘"的七成来自烧秸秆。2009 年 5 月 14 日, 合淮阜高速部分路段因秸秆燃烧产生的滚滚浓烟,致使 5 m 内看不清前方物体,高速公 路路面几乎完全被烟雾淹没,焚烧点绵延 20 多 km。1996 年因焚烧秸秆烟雾巨大,成都 双流机场 3 次被迫关闭。生物质燃烧不仅污染当地大气,而且因其排放的颗粒物,尤其 细颗粒物,能随气团长距离传输,并在传输的过程中与沿途污染气溶胶混合并相互作用, 形成区域性污染。生物质燃烧导致的细粒子污染及引发的相关问题,已受到世界范围的 关注[13,14]。东南亚及印度半岛的生物质燃烧排放,致使西太平洋存在一条明显的输送通 道,可以扩散到新加坡,影响波及中国西南、华南及华东等地区。印度半岛的排放尤其会 对四川盆地低层大气环境造成重大影响。中亚、东西伯利亚及蒙古高原的生物质燃烧排 放,主要影响中国东北、华北等区域,甚至会延伸至华东及华南[11]。俄罗斯西部的森林大 火和农业废弃物的露天燃烧,致使 PM_{10}、SO_2、NO_2 浓度升高,严重影响了英国甚至北极 的空气质量[15]。

40.2　生物质燃烧排放颗粒物的特性

40.2.1　生物质燃烧排放因子

生物质燃烧除了能够释放大量以 BC 为主要成分的颗粒物(PM)外,还排放大量的污 染气体,如 SO_2、NO_x、OC、VOC、CO 和 CO_2 等。研究表明,生物质燃烧产生的颗粒物粒 径呈双峰分布,主要是细颗粒物,约 90% 的颗粒物粒径小于 2.5 μm,其中绝大部分颗粒物 的直径小于 100 nm。在生物质燃烧过程中,约 90% 的 C 以 CO_2、CO 的形式释放到大气 中,另外约有 5% 以颗粒物的形态存在。生物质燃烧释放的颗粒物,以碳质组分为主, 50%~60% 为有机碳(OC)。生物质燃烧对全中国 BC、VOC、OC、CO、CO_2 总排放量的贡 献十分显著。排放的空间分布极不均衡,单位面积排放量较高的地区主要在东部地区和 东北地区,从东北至华东呈带状分布。

排放因子是表征污染源排放颗粒物特征的重要参数,也是建立污染源排放清单的 基础数据。不同生物质在不同的燃烧状况下,颗粒物的排放因子列于表 40-1。可以 看到,不同的生物质和不同的燃烧方式,其排放因子会有很大差异。焖烧和明火只是 描述燃烧的 2 种极端状态,对这 2 种状态的定义未有统一标准。不同燃烧方式和不同 颗粒物采样方法测定的结果有很大差异。即使同种生物质在相同的条件下,所报道的 排放因子也有较大不同。例如木材在炉内燃烧的排放因子,最大值和最小值相差近 15 倍。所以,简单地用排放因子衡量生物质燃烧对大气污染的贡献,有太大的不确 定性[3]。

表 40 - 1　生物质燃烧的 $PM_{2.5}$ 排放因子($g \cdot kg^{-1}$)

	释放因子	标准偏差
玉米	3.75	1.13
水稻	4.56	1.86
小麦	6.52	3.58
典型农作物秸秆焖烧	67.6～104.6	
典型农作物明烧	7.2～39	
木材炉内燃烧	2.3～33.5	
木材野外燃烧	10.8～62.5	
草原烧荒	2.8～6.8	
森林大火	4.9～18.8	
烤肉	18.8、39.8	

40.2.2　生物质排放因子及其排放颗粒物化学组分的测定

有关颗粒物排放因子,有较多的文献报道,但是对颗粒物的化学组成和排放后在大气中的物理化学过程,了解较少。本章介绍本研究组用水稻、小麦和玉米等农作物秸秆以及树叶和木头等燃材,测定不同情况下燃烧排放的细颗粒物之化学组分及其在大气中老化的过程中组成的变化。

燃烧秸秆来自中国山东、安徽、江苏、浙江、四川、河北 6 个省,这些秸秆类型代表了当地农村普遍产出且使用量最大的秸秆;树叶(杏、梧桐、塔松、女贞)、木头、煤制品采集于上海,全为生活中常见的品种和规格,样品具有代表性。所有植物样品采用自然风干、晾干方式去除水分,样品收集后,放置至少 1 个月,使其中水分充分蒸发而足够干燥,并切成大约 5 cm 长。燃烧在实验室内完成,燃品放在实验室里的通风橱(1.2 m×0.4 m×0.4 m)内燃烧,助燃气体由通风橱下面的窗口进入。在每个样品燃烧前,充分通风 4 h 以上,以排除背景的影响。每个样品测试前,首先采集背景样品。生物质样品点燃后立即启动采样。每个样品采集时间为 30 min,采集 3 个平行样品。

生物质燃烧包括 3 个过程。第一个过程是去除去生物质中的水分,温度为 20～200℃;第二个过程主要是有机物的挥发,温度在 200～480℃;第三个过程是无机盐的分解以及炭化过程,温度在 480～820℃。燃烧过程和方式的不同,直接影响燃烧排放污染物的种类和浓度[16],即排放因子因实验条件和过程的不同而有所差别。目前,生物质燃烧排放因子的测定方法一般有 2 类:一是通过模拟燃烧实验,采集燃烧时气体和颗粒物的排放量来获得排放因子;二是通过同步测定燃烧现场烟羽中颗粒物和 CO_2 的浓度来推算排放因子。燃烧方式主要有明火和焖烧 2 个类型。焖烧状态多发生在燃烧初期,或者生物质燃烧时氧化剂不充分,或生物质湿度较高等情况下;明火温度高,易发生在燃烧的中后期,或者在温度较高或燃料量与氧化剂量之比值与两者的化学当量比相近的情况下。一般而言,焖烧比明火的排放因子高,因为焖烧过程温度比较低,生物质氧化不完全。事实上,生物质燃烧无论是作为能源供能,还是在露天集中焚烧时,在实际发生过程中,焖烧和明火状态都会同时存在,无法严格分离、控制或者计量。在本实验中,采集了整个燃烧过程的样品,以求全面反映整个过程。实测到的 $PM_{2.5}$ 排放因子见表 40 - 1,3 种秸秆的排放因子比较接近,但是都低于文献值。如上所述,采样方式不同,所测得的排放因子也不同,简单地用排放因子评估生物质的燃烧贡献,有太多不确定性。

生物质燃烧排放的颗粒物(biomass burning particulate matter, BBPM)的化学组分与大气气溶胶基本相同。生物质自身的组成以碳质组分为基础,占到其质量的 50% 左右。燃烧时,生物质中的碳质大约 90%～95% 以 CO 和 CO_2 的形式排放,其余的 C 大部分以 CH_4 及其他 VOC 排放,另有少于 5% 的 C 存在于颗粒物中[17]。植物燃烧排放的颗粒物中的含碳量,与大气气溶胶中的碳质组分的含量有较大的差异,不管是作为大城市的上海和北京,还是沙尘贡献较多的多伦和榆林,或者海盐丰富的青岛等地,其气溶胶中总的含碳量一般不超过 30%。燃烧过程排放的颗粒物,是大气中碳质组分的主要来源。虽然化石燃料和生物质燃烧都释放碳质颗粒,但是碳源的组成却有很大差别。生物质燃烧主要释放有机碳组分,有机碳(OC)和元素碳(EC)比值 OC/EC 介于 9.4～21.6,而煤燃烧排放颗粒物中的 OC/EC 比值为 0.39。

用离子色谱对秸秆燃烧排放的颗粒物中的水溶性离子进行分析。各类秸秆燃烧排放颗粒物中水溶性离子的排放因子相差不大,总离子占到颗粒物总质量的 21%～29%;水稻秸秆的排放因子最低,而玉米秸秆的排放因子最高,稻谷秸秆的排放因子与小麦非常接近。K^+ 作为生物质燃烧排放的一次组分,在大气中形态稳定,也就是说,老化过程不会影响 BBPM 中的 K^+。麦秸秆的 K^+ 排放因子最高,稻谷秸秆次之,而玉米秸秆最低;麦秸秆具有最高的 Cl^- 排放因子,棉花秸秆和稻谷秸秆次之,玉米秸秆最低。麦秸秆、稻谷秸秆和玉米秸秆的 Cl^- 排放因子大于各自的 K^+ 排放因子,而棉花秸秆的 K^+ 排放因子和其 Cl^- 排放因子接近。不同地区同类秸秆样品的水溶性离子的排放因子非常接近,说明 BBPM 的组成主要取决于秸秆的类型,与地域差异的关系很小。与生物质燃烧中颗粒物的排放因子相比,K^+ 的排放因子在不同生物质间的差异较小。各类型秸秆燃烧排放的颗粒物水溶性离子中,排放因子最高的是 K^+ 和 Cl^-,平均分别占水溶性离子总排放因子的 33.1% 和 43.6%,秸秆样品 K^+ 和 Cl^- 的平均排放因子分别为 $0.475\ g \cdot kg^{-1}$ 和 $0.625\ g \cdot kg^{-1}$。麦秸秆的排放因子最高,而玉米秸秆的排放因子最低,稻谷秸秆的排放因子居中。

BBPM 的老化程度,会影响水溶性离子的组成。相对新排放颗粒物测到的水溶性离子,占总颗粒质量的 17%～30%,其中含量最高的阴离子是 Cl^-,含量最高的阳离子是 K^+。经过一定老化的颗粒物的水溶性离子有所增加,增加的部分主要为 SO_4^{2-}、NO_3^- 和 NH_4^+,与此相反的是 K^+ 和 Cl^- 的贡献降低。说明在 BBPM 的老化过程中,发生了物理和化学作用,颗粒物的组成与性质发生了变化。生物质燃烧除了释放颗粒物外,还释放

大量的气态组分 CO_2、CO、NO_x、VOC,以及 H_2SO_4、HCl 气体和碱性气体 NH_3。氨气(NH_3)在空气中保留时间很短,遇到酸性气体或者酸性颗粒物,就会马上反应,所生成的产物会吸附到颗粒物表面,也会成为新凝结核,因此 BBPM 的老化过程会增加颗粒物量,致使颗粒物排放因子增大。生物质燃烧排放组分与自然空气混合的过程,一方面可以发生化学变化,生成新物种,同时由于温度降低,也使烟气中在高温下以气态存在的有机物,凝结在颗粒物表面,促使颗粒物的组成和粒径在老化过程中发生变化。BBPM 老化过程能够凝聚的阴离子主要是 SO_4^{2-}、NO_3^-,而阳离子则是 NH_4^+。

含重金属的污染物,通过各种途径进入土壤,而后被生物质吸收,因而生物质燃烧排放的颗粒物含有各种重金属。重金属在植物体内的含量分布,通常是根>叶>茎>花果。不同植物对重金属的吸收累积,有很大的差别。同一作物对不同重金属元素的吸收富集和忍耐能力也不同。例如,印度芥菜在含 Cu 250 $mg \cdot kg^{-1}$、Pb 500 $mg \cdot kg^{-1}$ 或 Zn 500 $mg \cdot kg^{-1}$ 的污染土壤上能够正常生长,但在含 Cd 200 $mg \cdot kg^{-1}$ 的土壤上就会发生镉中毒而出现失绿黄化症状[18]。杂草内的重金属含量为 $Zn>Mn>Pb>Cu>Cr>Cd$。冬小麦在含 250 $mg \cdot kg^{-1}$ As 的土壤上可以正常生长,而水稻对 Cd 有很高的耐受能力和富集效应,引起了著名的"镉米环境"事件。我们测定了秸秆等燃品燃烧释放的颗粒物中的重金属富集系数(EF)。农作物秸秆产生的 BBPM 中,重金属的总含量远高于土壤以及气溶胶样品中的含量。3 种农作物对重金属总的富集效应是小麦>水稻>玉米。不同的作物对不同金属也表现出不同的富集效应。水稻的 BBPM 中,Cd 的含量明显比玉米和小麦高,小麦 BBPM 对 Pb 和 Zn 的富集效应较高,而玉米对 As 和 Cu 的富集效应较高。

40.3　生物质燃烧对大气污染气溶胶贡献的估算

示踪物的浓度变化是估算生物质燃烧对大气污染贡献的主要方法。与生物质燃烧释放有关的主要气态组分有 CO_2、CO、NO_x、NH_3、VOC 等。这些气态组分都不太适用于定量考察生物质燃烧的贡献,除了因为有其他较强的源排放外,还因其排放因子的不确定性太大。生物质燃烧排放大量的颗粒物(BBPM),其中 $90\%\sim92.2\%$ 为 $PM_{2.5}$[19],是引起大气细颗粒物污染的一个重要原因。BBPM 内的一些组分,例如元素 K、左旋葡萄糖、草酸盐以及 BC 等,都与生物质燃烧有较高的相关性。其中水溶性 K^+ 是指示生物质燃烧的经典方法,也是应用最多的方法[20]。这是因为 K 元素在生物质中的含量丰富,生物质燃烧排放的颗粒物,其首要特征就是含有较高浓度的 K^+,还由于 K 元素的熔点较低,易挥发(759℃,而 Ca 为 1 484℃)。生物质燃烧时,K 会先转换成气态,遇到冷空气 K 就聚集成颗粒物,且主要以 K^+ 存在。其次应用得较多的是左旋葡萄糖[21-23]。左旋葡萄糖有较好的专属性[21],能够明确指示生物质燃烧的存在,是定性指示生物质燃烧很好的示踪物。燃烧实验证明,即使是相同的生物质燃烧,左旋葡萄糖的排放因子也有很大变化,随着温度升高或者燃烧效率提高,左旋葡萄糖的释放量会降低。由于左旋葡萄糖是木质素的热解产物,其热解率必然与热解温度等外部条件有关,而且左旋葡萄糖自身是有机物,在高温和有氧环境下可继续被氧化,不同的燃烧状态,其释放情况必然有很大的区别[24,25],因此左旋葡萄糖作为定性指示生物质燃烧的示踪物非常合适,用于定量估算就存在较大偏差。其他有机指示物,例如绿胆素、乙氰、草酸、OC 等,都存在同样的问题,因为它们都是热解反应的中间产物。还可以用一些组合的指标来反映生物质燃烧的存在,例如 OC/EC、OC/K^+、S/K、S/(S+K^+)等。大气气溶胶中的碳质组分,主要来源于燃烧过程。不同的燃料燃烧,产生颗粒物中的 OC/EC 比值有明显的区别。在 BBPM 中,OC/EC 比值较高,介于 9.4~21.6;而在化石燃料(煤、石油、天然气)燃烧排放的颗粒物中,OC/EC 比值一般小于 0.4[26]。可以利用 OC/EC 的升高,指示生物质燃烧的发生。气溶胶中的 OC 还有一个重要的来源,就是二次反应。气态有机物通过光氧化反应聚集在颗粒物中,使气溶胶中的 OC 含量增加。1997 年发生在印度尼西亚的森林大火所采集的 0.15~3 μm 颗粒物中,S/K 明显增高到 9~18。生物质燃烧可以直接生成大量的 KCl 和 K_2SO_4[27-31]。木材和树叶燃烧释放的新颗粒物中,S/K<0.1。在靠近科特迪瓦的草原大火中采集的样品,也有很低的 S/K 比值(0.052)[29-31]。作物秸秆释放颗粒物中的 S/K 为 0.12[30]。与常态环境中的气溶胶不同的是,所采集的未老化 BBPM 中,大部分 S 不是以 SO_4^{2-} 的形式存在;而在城市大气颗粒物中的 S,主要是以硫酸盐的形式存在。生物质燃烧后,会有约 5% 的 C 存在于 BBPM 中[17]。用 S/K、S/(S+K^+)指示生物质燃烧,是由于与非 BBPM 来源的颗粒物相比,BBPM 中含有丰富的 K^+,且 S 含量很低,因此 BBPM 中的 S/K 值较低;而在大气气溶胶中,由于二次反应会使气溶胶中含丰富的硫酸盐,故此 S/K 值较高。所以,如果气溶胶中的 S/K 值降低,那就意味着生物质燃烧源的贡献增加。大气气溶胶中的 S,毕竟是二次反应的产物,而二次反应的程度受到多方面因素的影响,且 S 还有海洋源、沙尘源等,所以,大气气溶胶中的 S 与 K 之比,是一个非常不确定的因素。相比之下,K 作为植物的营养元素,在植物体内含量丰富。当植物燃烧时,K 存在于排放的颗粒物中,不仅释放因子较大[20],而且稳定、形态单一、易于分析,因此更适合用来指示生物质的燃烧。这已成为共识。

不过,K^+ 作为指示物来定量评估生物质燃烧的贡献这一方法所存在的问题是,K 还有非生物质燃烧的来源,例如矿尘、海盐等。因此,必须从气溶胶的水溶性 K^+ 总量中剔除生物质燃烧以外的来源,才能较为准确地估算出生物质燃烧对污染气溶胶产生的贡献。

沙尘、扬尘、海盐以及冶金尘等颗粒物中都含有 K(表 40-2)。矿尘,即矿物气溶胶,是气溶胶的基本组成之一。气溶胶中的矿尘包括沙尘和扬尘,沙尘来源于沙漠和干旱地区的自然风蚀过程以及其后的随风扬起,扬尘则是由于人类活动和土地利用过程所引起的区域内尘土的飞扬。矿尘可占到气溶胶的 30% 左右,春季矿尘含量更高。在矿尘中,K 元素和 Al 元素的丰度,处于相同的数量级。在土壤中,两者含量分别是 20.9 和 82.3 g·kg^{-1}[32]。我们测定了各地尘土的化学组成。不同来源的土壤中,Al 的含量变化不大,总

平均值为 47.5 ± 10.0 mg·g^{-1},所以 Al 可作为尘土源的标识物。尘土中水溶性 K$^+$ 的浓度范围在 $0.04\sim1.04$ mg·g^{-1} 之间,不同来源的尘土浓度变化较大,可相差两个数量级。水溶性 K$^+$ 与元素 Al 的比值为 0.008 ± 0.005,说明尘土中的 K 基本是非水溶性的。在沙源地,此比值稍高。尘土中 Na$^+$ 表现出更明显的区域特点。图 40-1 展示了土壤中水溶性 K$^+$ 与水溶性 Na$^+$ 的比值以及与 Al 元素的比值。沈阳、河南、山西以及和田的土壤中,K/Na 接近 1(图中虚线表示 K/Na 值为 0.89);山东和上海因为靠近大海,致使这 2 个区域土壤中的 Na 含量高于 K 含量;而吐鲁番盆地、塔里木盆地、准噶尔盆地以及乌鲁木齐等地土壤中的 K 含量大大低于 Na 的含量,这也进一步证明了这些区域是由古海洋形成的盆地。新疆天池虽离古海洋盆地较近,但是可能由于海拔高(1 900 m),海盐的侵蚀影响较小,所以其 Na 含量低于 K。多伦、甘肃、青海等地则是 K 含量明显高于 Na 含量,除了与这些区域的地质状况有关外,有可能与农业种植过程中钾肥以及富含 K 的植物残骸的累积有关。不同来源的矿尘中,K$^+$ 与 Al 元素的比值有一定的差异,但是总的说来,矿尘的水溶性 K 含量较低。

表 40-2　尘土和海水中相关元素的含量

元　素	Al	Ca	K	Mg	Na
地壳(mg·kg^{-1})	8.23E+04	4.15E+04	2.09E+04	2.33E+04	2.36E+04
海水(mg·L^{-1})	2.00E-03	4.12E+02	3.99E+02	1.29E+03	1.08E+04

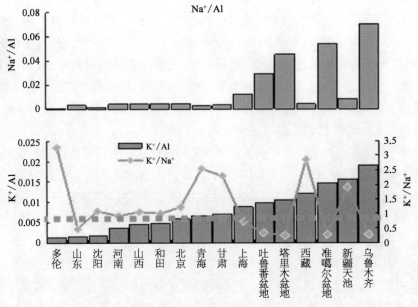

图 40-1　土壤中水溶性 K$^+$ 与水溶性 Na$^+$ 的比值以及与 Al 元素的比值
(彩图见下载文件包,网址见 14 页脚注)

　　海盐是气溶胶的来源之一。海水的潮汐和海浪会使海水喷溅到大气中,水分蒸发后,溶解在海水中的组分变成颗粒停留在大气中,形成海盐气溶胶。由于海水组成均匀,因此不同区域海水的盐分构成不会有很大区别。可以看到,海水中 Al 元素的含量极低,海盐对气溶胶中 Al 的贡献可以忽略,海水中 K 元素的含量明显要低于在土壤中的丰度,与 Na 元素相比相差 2 个数量级。Na 是海水中最丰富的元素,常常用来作为海洋气溶胶*的标识物质。海盐气溶胶中的 Na 和 K 都易溶于水,其比值与海水中的 Na 和 K 比值(0.037)几近一致。所以,海盐对气溶胶中水溶性 K^+ 的贡献,可以通过气溶胶中海洋源 Na^+ 的浓度和海水中两者的比值求得: $K_{海盐} = 0.037 \, Na_{海盐}^+$ 。式中 $K_{海盐}^+$ 和 $Na_{海盐}^+$ 分别代表来自海盐的 K 和 Na。有研究表明,化石燃料燃烧不会排放 $K^{[20,33]}$,油品燃烧释放的颗粒物中没有检测到 $K^{[34]}$。选用 2 种煤——优质无烟煤和加工的蜂窝煤进行试验,结果表明,燃煤块和蜂窝煤燃烧时,能排放少量的 K,而且其 K^+/Al 的值比土壤样品中的比值要高一些,但是远低于生物质燃烧的排放。煤因为品种的不同,其内含有的元素种类和数量会不同,含煤矸石较多的煤炭含有 K 元素,在燃烧时必然会排放一定量的 K。而纯度较高的煤,燃烧时排放的矿物元素相对较少。但总的来讲,化石燃料燃烧排放的 K^+ 很少,与生物质燃烧相比可以忽略。

　　农作物秸秆中水溶性 K^+ 的丰度要大大高于其他种类的样品。特别是小麦秸秆,K^+ 可以占到 BBPM 质量的 6.77% 以上,其比值 K^+/Al 较之同是生物质的树叶和木头高大约 10 和 500 倍。选择了中国 5 个省的玉米、小麦和水稻秸秆,并采集了上海市的城市绿化树木的落叶和树干部分,在实验室中燃烧,采集其燃烧时排放的 $PM_{2.5}$,测定不同产地秸秆 BBPM($PM_{2.5}$)中的水溶性 K^+ 和 Al 元素的比值列于表 40-3。K^+/Al 的大小,主要取决于农作物种类的不同,而产地的影响很小。含 K 最丰富的是小麦,玉米和水稻 BBPM 中的 K^+/Al 相接近。生物质释放颗粒物中含有少量的 Na^+,但是 Al 元素很少。

表 40-3　不同产地秸秆燃烧释放 $PM_{2.5}$ 中 K^+ 和 Al 的分布

	地　点	K^+/总离子浓度	Cl^-/总离子浓度	K^+/Na^+	K^+/Al
玉米	山东	0.18	0.32	21.58	459.88
	安徽	0.16	0.35	30.87	234.75
	浙江	0.10	0.33	18.56	521.36
	四川	0.16	0.24	18.59	405.30
	平均	0.15	0.31	22.06	405.32
水稻	安徽	0.20	0.33	40.69	373.68
	江苏	0.15	0.32	33.09	487.45
	浙江	0.23	0.35	60.15	361.35
	四川	0.13	0.30	23.39	365.38
	平均	0.18	0.33	39.29	396.96

---

*　海洋气溶胶的主要成分是海盐气溶胶。

（续表）

	地　点	K$^+$/总离子浓度	Cl$^-$/总离子浓度	K$^+$/Na$^+$	K$^+$/Al
小麦	河北	0.28	0.39	61.63	1 195.72
	山东	0.18	0.22	33.76	1 284.58
	安徽	0.24	0.32	40.22	925.61
	浙江	0.36	0.41	132.99	747.52
	平均	0.26	0.33	62.61	1 038.36

基于上述分析，从气溶胶中水溶性 K$^+$ 的总量剔除生物质燃烧以外的来源，就能较为准确地估算出生物质燃烧释放的钾（K$^+_{生物质燃烧}$）。假设气溶胶中水溶性钾（K$^+_{总}$）的来源有生物质燃烧（K$^+_{生物质燃烧}$）、矿尘（K$^+_{矿尘源}$）和海盐（K$^+_{海盐}$），K$^+_{总}$＝K$^+_{矿尘源}$＋K$^+_{生物质燃烧}$＋K$^+_{海盐}$，因此生物质燃烧释放的水溶性 K$^+$ 的计算公式为

$$K^+_{生物质燃烧} = K^+_{总} - K^+_{矿尘源} - K^+_{海盐} \tag{40-1}$$

在式中，K$^+_{总}$ 为测定的气溶胶中总的水溶性 K$^+$，K$^+_{矿尘源}$ 表示来源于矿尘中的水溶性 K$^+$ 的量，矿尘以 Al 元素作为指示物，也就是假设气溶胶中的 Al 元素全部来自矿尘，因此可以得到

$$K^+_{矿尘源} = Al_{气溶胶} \left(\frac{K^+}{Al}\right)_{矿尘源} \tag{40-2}$$

其中，Al$_{气溶胶}$ 为气溶胶中 Al 元素的含量。基于全中国 16 个采样点 284 个土壤样品的分析结果，来源于矿尘气溶胶中 K$^+$/Al 的值为 0.077（0.001 4～0.018 1），Na$^+$/Al 的值为 0.015 8（0.000 4～0.070 4），因此 K$^+_{矿尘源}$＝0.007 7×Al$_{气溶胶}$。K$^+_{海盐}$ 为海盐带来的水溶性 K$^+$，如上所述，K$^+_{海盐}$＝0.037 Na$_{海盐}$。所以，K$^+_{海盐}$＝（Na$_{总}$－0.015 8×Al$_{气溶胶}$）×0.037，从而得到 K$^+_{生物质燃烧}$ 的计算通式为：

$$K^+_{生物质燃烧} = K^+_{气溶胶} - Al_{气溶胶}\left(\frac{K^+}{Al}\right)_{矿尘源} - \left[Na^+_{气溶胶} - Al_{气溶胶}\left(\frac{Na^+}{Al}\right)_{矿尘源}\right] * 0.037 \tag{40-3}$$

代入对土壤的分析结果，得到 K$^+_{生物质燃烧}$ 计算公式：

$$K^+_{生物质燃烧} = K^+_{总} - 0.007\ 7 \times Al_{气溶胶} - (Na_{总} - 0.015\ 8 \times Al_{气溶胶}) \times 0.037 \tag{40-4}$$

K$^+_{气溶胶}$ 为 PM$_{2.5}$ 中测得的 K$^+$ 的浓度，Na$^+_{气溶胶}$ 为测得 Na$^+$ 的浓度，Al$_{气溶胶}$ 为测得的 Al 元素的浓度。

上述计算扣除了大气气溶胶中来自尘土以及海盐中的水溶性 K$^+$，也就是测定的是除了海洋源和尘土源之外的水溶性 K 作为生物质燃烧的来源。知道了 K$^+_{生物质燃烧}$ 的含量，

就可以根据 BBPM 中 K^+ 的含量,求得来源于生物质燃烧对颗粒物的贡献,同时可以根据 $K^+_{生物质燃烧}$ 与燃烧时其他排放组分的相对比值,获得这些组分的排放量。

图 40-2 展示的是各采样点在 2007 和 2008 年春季采集的 $PM_{2.5}$ 中的 K^+ 含量。可以看到,各采样点 $PM_{2.5}$ 中的 $K^+<$ TSP 中的 K^+。在中国中东部的上海、北京和泰山,$PM_{2.5}$ 中的 K^+ 非常接近 TSP。K^+ 基本存在于细颗粒物中。K^+ 含量最低的采样点是天池,最高的是北京,其次是塔中和泰山。北京和泰山的 K^+ 浓度较高,这很好理解,因为这 2 个采样点处于华北和华东地区,是粮食的主产区,而且在北方,人口密度大,农村日常取暖和炊饮大多用生物质燃烧供能。但是就塔中而言,如果单纯用水溶性 K^+ 来表示生物质燃烧贡献的话,似乎塔中存在严重的生物质燃烧污染。事实上,塔中作为一个沙源地,采样点位于沙漠之中,采集的气溶胶中既没有明显的人为源贡献,更因为主导风向也不可能有来自东部的长途传输。因此像塔中这样尘土中 K 对气溶胶贡献大的地区,不能单纯地用 K^+ 的浓度来判别生物质燃烧的贡献,一定要扣除尘土对气溶胶中 K^+ 和 Na^+ 的贡献。图 40-3 展示的是各个采样点在 2007 和 2008 年春季的 K^+/Al 比值。可以看到,除了塔中,其他采样点的 K^+/Al 比值,在 $PM_{2.5}$ 中都明显地高于在 TSP 中,说明这些采样点的细颗粒物和 TSP 并不具备相同的来源,大气中的细颗粒物受到了人为活动的影响。其次,北京、泰山和上海 3 个采样点的 K^+/Al 比值,明显高于其他采样点。另外一个非常典型的特征就是,沙源地塔中的 K^+/Al 比值,在所有采样点中最小,与其他采样点相差很大;而且 K^+/Al 比值在 $PM_{2.5}$ 中和在 TSP 中非常接近。上述 3 个特点都与气溶胶的实际来源情况相符。

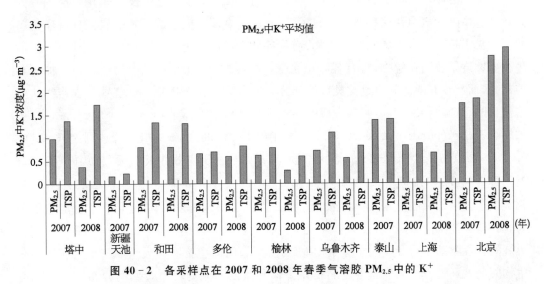

图 40-2　各采样点在 2007 和 2008 年春季气溶胶 $PM_{2.5}$ 中的 K^+

塔中沙源地几乎没有受到过人为活动的影响,因此尘土保持很好的原有背景值,粗细颗粒物的来源相同,因此组成基本一致,而且在整个采样期间,K^+/Al 比值的波动很小。K^+/Al 最小值为 0.02,平均值为 0.033,因此基本代表了进入气溶胶的沙尘中 $K^+/$

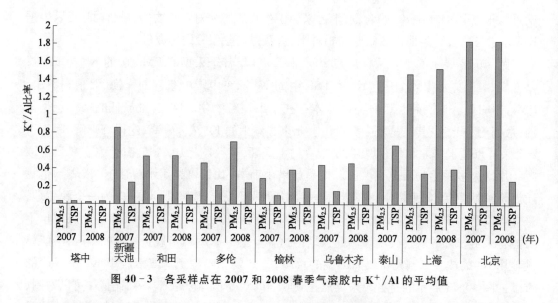

图 40 - 3　各采样点在 2007 和 2008 春季气溶胶中 K^+/Al 的平均值

Al 的背景值。但是,其他采样点受到了人为活动的影响,特别是人口密度大的中国中东部。由此可见,K^+/Al 比单纯的 K^+ 能更好地反映生物质燃烧对大气气溶胶的贡献。

40.4　生物质燃烧对重金属生态循环的驱动作用

大气气溶胶中的重金属,主要来源于工业生产、汽车尾气排放及汽车轮胎磨损等人为活动。中国大气中普遍存在重金属污染,而由重金属污染造成严重危害群体健康的事件也屡见于报道。含重金属的污染物,通过各种途径进入土壤,而后被生物质吸收,因而生物质燃烧排放的颗粒物,含有各种重金属。植物内的重金属,绝大部分存在于被废弃的部分,而被废弃的部分也是被焚烧的部分。这意味着农作物秸秆燃烧致使农作物从土壤富集的重金属,又以气溶胶和灰烬的形式排放到环境中,其中大部分排放到大气中,例如燃烧黄松针(ponderosa needles),此植物中的 Hg 有 98.3%～99.8% 释放到大气。其中0.55%～1.01% 是以气态 Hg 的形式排放,其余的存在于排放的大气颗粒物中[35]。大自然的野火释放的 Hg 就占全球 Hg 总释放量的 13%,占自然释放 Hg 量的 28.5%[35]。植物不仅通过根部吸收土壤和水中的重金属,植物表面也可以吸附大量降尘而富集重金属。在全球范围内,生物质燃烧对大气颗粒物的贡献可以达到 20% 以上。所以,生物质燃烧的过程驱动了重金属的全球生物地球化学循环,即生物圈→大气圈→地圈和水圈→生物圈的循环过程。大气气溶胶的长途传输和气团的流动使重金属的分布区域大幅度扩大,并通过干湿沉降使重金属在地面重新分布。由于地球表面 2/3 的面积被水体覆盖,因此生物质燃烧促进了重金属由陆地环境向水域环境的迁移。生物质燃烧促使重金属在地球表面迁移,使原本没有污染的区域被污染。

　　图 40-4、图 40-5 展示了不同生物质燃烧排放的 $PM_{2.5}$ 中主要重金属的富集因子，并列出了煤、尘土和沙尘气溶胶中重金属的富集系数（EF），以作比较。不同的 BBPM 中，重金属的 EF 有很大差别。所测定的重金属 Cu、Pb、Zn、Cd 和 As 在 3 种农作物秸秆 BBPM 中重金属 EF 远高于其他来源颗粒物的 EF。Cu、Pb、Zn、Cd 和 As 在水稻秸秆中的富集因子分别为 4 408、20 235、14 281、30 593 和 8 833，在小麦秸秆中为 8 594、28 443、21 380、88 658 和 5 234，在玉米秸秆中分别为 9 222、21 617、15 969、2 943 和 12 351。EF 较大即污染比较严重的是 As、Pb 和 Cd。水稻 BBPM 中 Cd 最高，As 在玉米 BBPM 中最显著，Pb 的污染在各种作物中比较接近。树叶、木头和煤释放的颗粒物的重金属 EF 接近。X. Li[36] 测得玉米 BBPM 中重金属 Pb 的 EF 达到 13 971。农作物秸秆的 BBPM 中重金属污染严重，明显高于树叶和木头，这与农作物土壤的重金属污染以及施肥和喷洒农药有关。S. Lee 等[37] 测得各种树叶中的 EF 也非常高，与测到的农作物秸秆 BBPM 中的 EF 非常接近甚至更高。有研究者燃烧纸屑、甘蔗渣、木粉、谷壳、垃圾衍生燃料（refuse derived fuel, RDF）5 种废弃物，比较所排放的可吸入颗粒物（PM_{10}）中与灰烬中重金属的质量分数和排放特性，发现 PM_{10} 中重金属的 EF 远高于灰烬，生物质废弃物（甘蔗渣、木粉、谷壳）燃烧产物中的重金属质量分数较相近，且都比土壤中的质量分数高出很多倍[38]。上述所有实验结果表明，生物质燃烧排放对大气中重金属污染有重大影响。

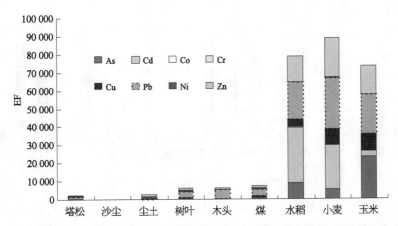

图 40-4　BBPM 中重金属富集系数（彩图见图版第 23 页，也见下载文件包，网址见正文 14 页脚注）

　　土壤重金属污染的一条重要途径，就是经由大气的干湿沉降。生物质燃烧对大气中细颗粒物的贡献，已经达到 20%～30%，秸秆燃烧的 BBPM 比煤燃烧排放颗粒物中重金属的富集效应更严重。更重要的是，农作物秸秆焚烧致使的重金属循环，在中国是一个逐步累积的循环过程。农作物中的重金属，包括从土壤中自然吸收的部分，也包括因施肥和喷洒农药而被动吸收的部分，更包括秸秆表面附着的来自大气沉降的部分，其中施肥和农药喷洒的那部分重金属，每年都在累加。重金属污染事件频发，成为中国重大的环境问题之一。国家环保部此前所做的全中国土壤污染状况调查显示，目前全中国耕种

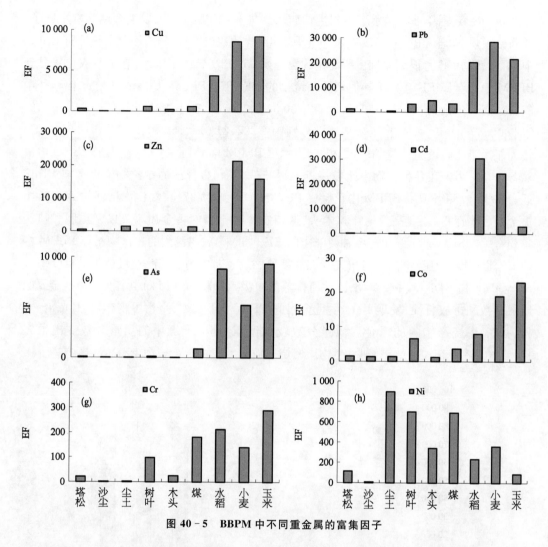

图 40-5 BBPM 中不同重金属的富集因子

土地面积的 10% 以上,已受到重金属污染。对中国主要产粮区(华东、东北、华中、西南、华南和华北)县级以上市场大米样品的随机调查发现,有 10% 的市售大米 Cd 超标。而作物秸秆的燃烧,促使重金属污染的迁移,与地面通过水介质传播的重金属相比,大气传输的扩散距离更远,速度更快,面积更大。地球表面 2/3 的面积被水覆盖,因此大气的这种传输作用必然促使重金属向水体环境输送。许多研究已经表明,对某些水体而言,大气沉降的贡献甚至超过了地面水体的输送,由此对海洋生产力也必将带来不容忽视的影响。

参考文献

[1] Reddy M S, Venkataraman C. Inventory of aerosol and sulphur dioxide emissions from India. Atmospheric Environment, 2002(36): 699 - 712.

［2］　Crutzen P J, Andreae M O, Biomass burning in the tropics：Impact on atmospheric chemistry and biogeochemical cycles. Sci, 1990, 250 1669 - 1678.

［3］　祝斌,朱先磊,张元勋,等.农作物秸秆燃烧 $PM_{2.5}$ 排放因子的研究.环境科学研究,2005, 18(2)：29 - 33.

［4］　Viana M, López J M, Querol X, et al. Tracers and impact of open burning of rice straw residues on PM in Eastern Spain. Atmospheric Environment, 2008, 42：1941 - 1957.

［5］　胡海清,周振宝,焦燕,俄罗斯森林火灾现状统计分析.林业研究,2006,119(12)：75 - 78.

［6］　Ogunjobi K O, He Z, Kim K W, et al. Aerosol optical depth during episodes of Asian dust storms and biomass burning at Kwangju, South Korea. Atmospheric Environment, 2004, 38：1313 - 1323.

［7］　Schkolnik G, Chand D, Hoffer A, et al. Constraining the density and complex refractive index of elemental and organic carbon in biomass burning aerosol using optical and chemical measurements. Atmospheric Environment, 2007, 41: 1107 - 1118.

［8］　Andreae M O, Merlet P. Emission of trace gases and aerosols from biomass burning. Global Biogeochemical Cycles, 2001, 15 (4)：955 - 966.

［9］　徐敬,张小玲,刘洁,等.生物质燃烧对清洁地区地面 O_3 含量的影响.气候与环境研究,2008, 13(6)：775 - 782.

［10］　Kanayama S, Yabuki S, Yanagisawa F, et al. The chemical and strontium isotope composition of atmospheric aerosols over Japan：The contribution of long-range-transported Asian dust (Kosa). Atmospheric Environment, 2002, 36(33)：5159 - 5175.

［11］　秦世广,丁爱军,王韬.欧亚大陆生物质燃烧气团的输送特征及对中国的影响.中国环境科学, 2006,26(6)：641 - 645.

［12］　王书肖,张楚莹.中国秸秆露天焚烧大气污染物排放时空分布.中国科技论文在线,2008,3(5)：329 - 333.

［13］　Koe L C C, Arellano A F, McGregor J L. Investigating the haze transport from 1997 biomass burning in Southeast Asia：Its impact upon Singapore. Atmospheric Environment, 2001, 35：2723 - 2734.

［14］　Witham C, Manning A. Impacts of Russian biomass burning on UK air quality. Atmospheric Environment, 2007, 41：8075 - 8090.

［15］　Sahai S, Sharma C, Singh D P, et al. A study for development of emission factors for trace gases and carbonaceous particulate species from *in situ* burning of wheat straw in agricultural fields in Indi. Atmospheric Environment, 2007, 41：9173 - 9186.

［16］　刘圣勇,秦立臣,李荫,等.秸秆成型燃料锅炉污染物排放规律试验研究.环境污染与防治,2006, 28(10)：3.

［17］　Reid J S, Eck T F, Christopher S A, et al. A review of biomass burning emissions part Ⅱ: Intensive physical properties of biomass burning particles. Atmos Chem Phys, 2005, 5：799 - 825.

［18］　蒋先军,骆永明,赵其国,重金属污染土壤的植物修复研究.金属富集植物,2000,2：71 - 74.

[19] Dennis A, Fraser M, Anderson S, et al. Air pollutant emissions associated with forest, grassland, and agricultural burning in Texas. Atmospheric Environment, 2002, 36: 3779 – 3792.

[20] Andreae M O. Soot carbon and excess fine potassium: Long-range transport of combustion-derived aerosols. Science, 1983, 220: 1148 – 1151.

[21] Okada K, Ikegami M, Zaizen Y, et al. Soot particles in the free troposphere over Australia. Atmos Environ, 2005(39): 5079 – 5089.

[22] Jeong C-H, Evans G J, Dann T, et al. Influence of biomass burning on wintertime fine particulate matter: Source contribution at a valley site in rural British Columbia. Atmospheric Environment, 2008, 42: 3684 – 3699.

[23] Lee J J, Engling G, Lung S C C, et al. Particle size characteristics of levoglucosan in ambient aerosols from rice straw burning. Atmospheric Environment, 2008, 42: 8300 – 8308.

[24] Kim E, Hopke P K. Source apportionment of fine particles in Washington, DC, utilizing temperature-resolved carbon fractions. Journal of Air and Waste Management, 2004, 54: 773 – 785.

[25] Schmidl C, Marr I L, Caseiro A, et al. Chemical characterization of fine particle emissions from wood stove combustion of common woods growing in mid-European Alpine regions. Atmospheric Environment, 2008, 42: 126 – 141.

[26] Wang B, Lee S C, Ho K F. Chemical composition of fine particles from incense burning in a large environmental chamber. Atmospheric Environment, 2006, 40: 7858 – 7868.

[27] Gras J L, Ayers G P. On sizing impacted sulfuric acid aerosol particles. Journal of Applied Meteorology, 1979, 18: 634 – 638.

[28] Gras J L, Gillett R W, Bentley S T, et al. CSIRO-EPA Melbourne aerosol study (final report). Melbourne: CSIRO Atmospheric Research, 1992: 194.

[29] Akagawa H. Elemental composition of atmospheric soot particles and their capability as cloud condensation nuclei. Master Thesis, Tsukuba University (in Japanese), 1993: 79.

[30] Christensen K A, Stenholm M, Livbjerg H. The formation of submicron aerosol particles, HCl and SO_2 in straw-fired boiler. Journal of Aerosol Science, 1998, 29: 421 – 444.

[31] Gaudichet A, Echalar F, Chatenet B, et al. Trace elements in tropical African savanna biomass burning aerosols. Journal of Atmospheric Chemistry, 1995, 22: 19 – 39.

[32] Lide D R. Handbook of chemistry and physics: A ready-reference book F Chemical and physical data: 86th edition. New York: CRC press, 2006: 14 – 17.

[33] Park R J, Jacob D J, Logan J A. Fire and biofuel contributions to annual mean aerosol mass concentrations in the United States. Atmospheric Environment, 2007, 41: 7389 – 7400.

[34] Sippula O, Hokkinen J, Puustinen H, et al. Comparison of particle emissions from small heavy fuel oil and wood-fired boilers. Atmospheric Environment, 2009, doi: 10.1016/j.atmosenv.2009.07.022: 1 – 10.

[35] Friedli H R, Radke L F, Lu J Y, et al. Mercury emissions from burning of biomass from temperate North American forests: Laboratory and airborne Measurements. Atmospheric

Environment, 2003, 37: 253 - 267.

[36] Li X, Wang S, Duan L, et al. Particulate and trace gas emissions from open burning of wheat straw and corn stover in China. Environ Sci Technol, 2007, 41(17): 6052 - 6058.

[37] Lee S, Baumann K, Schauer J J, et al. Gaseous and particulate emissions from prescribed burning in Georgia. Environ Sci Technol, 2005, 39: 9049 - 9056.

[38] 王小刚,李海滨,向银花,等.废弃物燃烧产生的可吸入颗粒物中金属元素的排放特性研究.燃料化学学报,2006,34(1):81 - 84.

第4篇

雾霾及其形成机制

本篇论述各典型地区雾霾的形成机制。

第41章
霾的 3 种基本类型及其形成机制

　　第 3 篇阐述了污染气溶胶的各种污染源及其在各典型地区的来源和理化特征。第 4 篇则要揭示大气气溶胶光学特性所引起的雾霾的形成机制。本章基于 2009 年 4—6 月在上海的大气气溶胶观测结果,阐述霾形成的 3 种不同大气气溶胶类型,并比较它们之间不同的物理化学特性及来源。

41.1　上海发生的 3 次大气重污染事件

　　本研究时段为 2009 年 3 月 30 日—5 月 16 日以及 5 月 28 日—6 月 3 日。图 41-1 展示了上述研究时段中,上海 PM_1、$PM_{2.5}$ 以及 PM_{10} 的小时平均浓度值。从颗粒物的浓

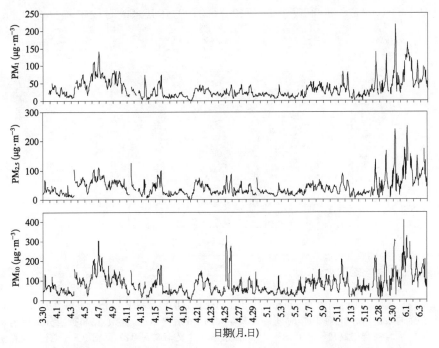

图 41-1　研究期间上海 PM_1、$PM_{2.5}$ 以及 PM_{10} 的小时平均浓度值

度水平上看,本研究时段出现了 3 次高污染事件。第一次污染事件(pollution event 1,PE1)发生在 4 月 4—10 日之间,持续时间较长。在此期间,PM_1、$PM_{2.5}$ 以及 PM_{10} 的日平均浓度值分别为 60.9 ± 14.0、63.6 ± 16.4 和 $120.1\pm40.7\ \mu g \cdot m^{-3}$,细颗粒物和粗颗粒物的浓度水平均较高。其中 $PM_1/PM_{2.5}$ 的平均值在 $0.90\sim0.99$ 之间,表明 PE1 时期细颗粒物污染集中在更细粒径的 PM_1 中。从图 41-2[a]中的 3 d 后向轨迹看来,此期间气团传输距离较短,风速较小,并且方向不定,日均混合层高度较低,基本上在 500 m 左右甚至以下,因此第一阶段的污染主要来自本地污染以及邻近区域的影响。$PM_{2.5}/PM_{10}$ 在 PE1 时期的平均比值为 0.54 ± 0.09。考虑到此段时期正好处于春季,干燥的天气所造成的本地扬尘以及北方沙尘的外来影响,可能是造成上海本地较高 PM_{10} 浓度以及中等 $PM_{2.5}/PM_{10}$ 比值的主要原因。

第二次污染事件(PE2)发生在 4 月 25 日,持续时间较短,仅仅持续了 1 d,且有高浓度的粗颗粒物 PM_{10}。当天 PM_1、$PM_{2.5}$ 以及 PM_{10} 的浓度值分别为 26.3、53.0 和 174.5 $\mu g \cdot m^{-3}$。PM_1 的浓度较第一次污染阶段明显降低,且 $PM_{2.5}/PM_{10}$ 的比值达到了本研究区间中的最低值 0.35。结合图 41-2[b]中当天的 3 d 气团后向轨迹,发现不同高度的气流均主要来自中国北方,气流在传输过程中途经了北方的戈壁沙漠。当天风速较大,上海本地的平均风速达到 5 $m \cdot s^{-1}$,且混合层较高,当天平均混合层高度在 1 000 m 左右。因此,较高的 PM_{10} 浓度以及很低的 $PM_{2.5}/PM_{10}$ 比值,结合后向轨迹分析,表明此次颗粒物重污染事件源于外来沙尘的长程传输。事实上,沙尘在当天对上海的影响体现在 2 个时段,分别是早上的 4:00—8:00 和晚上的 17:00—23:00,在其余的时段中浓度均较小,说明此

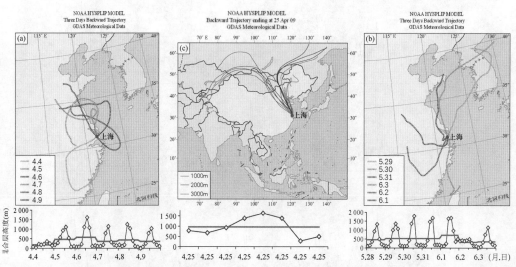

图 41-2 (a) 上海 PE1 时期每天 500 m 的 3 d 后向轨迹;(b) 上海 PE2 当天 1 000、2 000、3 000 m 的 3 d 后向轨迹;(c) 上海 PE3 时期每天 500 m 的 3 d 后向轨迹。空心点和折线分别代表 3 h 和 1 d 的平均混合层高度。a、b、c 图上方部分外文含义请参见 127 页图 9-6 图注。(彩图见下载文件包,网址见 14 页脚注)

次沙尘向东南的传输范围以及影响程度并不是非常大,相比于 2007 年 4 月 2 日上海发生的严重浮尘天,影响明显小得多[1]。沙尘于 26 日迅速过境,PM_{10} 浓度明显降低,$PM_{2.5}$／PM_{10} 的比值重新上升到 0.50 以上,表明外来沙尘源已不占主导地位。

第三次污染事件(PE3)出现在 5 月 28 日—6 月 3 日。此期间 PM_1、$PM_{2.5}$ 和 PM_{10} 的日平均浓度值分别为 67.8±37.6、84.0±48.4 和 135.6±71.4 $\mu g \cdot m^{-3}$,$PM_{2.5}$／PM_{10} 比值为 0.65±0.04。该阶段的细颗粒物浓度及其在颗粒物 PM_{10} 中的比例,均是 3 次污染事件中最高的。结合图 41-2(c)中的后向轨迹以及混合层高度可以发现,类似于第一次污染时期,此时期的天气类型也是不利于污染物扩散的,上海的高颗粒物浓度也受到来自区域传输的影响。不管怎样,仅从颗粒物的浓度大小、粗细颗粒物比例以及气象条件,并不能确定不同污染阶段的类型。需要通过研究颗粒物的化学物理性质,来进一步分析不同污染阶段的特性。

41.2 3 次重污染期间大气气溶胶的不同理化特征

41.2.1 基于大气气溶胶中离子、元素组分的浓度来确定大气污染类型

图 41-3 是此研究期间大气气溶胶中主要特征性化学组分浓度的日变化。图 41-3(a) 为 $PM_{2.5}$ 中 3 种主要二次无机可溶性离子 SO_4^{2-}、NO_3^- 和 NH_4^+ 浓度总和的日变化。可以明显看出,PE1 中上述 3 种离子的浓度明显高于其他时段,其浓度和平均值达到 48.86± 5.01 $\mu g \cdot m^{-3}$,约占 $PM_{2.5}$ 质量浓度的 77%,表明第一次污染阶段由细颗粒物中的二次无机污染物主导。PE3 中上述 3 种离子的浓度也在中等水平,其浓度和平均值为 27.12± 7.37 $\mu g \cdot m^{-3}$,说明二次无机污染对此次污染事件也有一定贡献。在其余时段,上述 3 种离子浓度的总和都在 20 $\mu g \cdot m^{-3}$ 以下。图 41-3(b)为总悬浮颗粒物 TSP 中 Al 元素浓度的日变化、矿物气溶胶占 TSP 的百分比及 TSP 中元素 Ca 和 Al 的比值(Ca／Al)。Al 元素能很好地表征颗粒物中矿物组分的来源。从图 41-3(b)中可以看出,4 月 25 日 Al 元素浓度达到最高值,也就是第二次污染阶段 PE2 的那一天,当天 Al 的质量浓度高达 13.7 $\mu g \cdot m^{-3}$,是平日的 2～3 倍。利用公式[矿物气溶胶]=2.2[Al]+2.49[Si]+ 1.63[Ca]+2.42[Fe]+1.94[Ti],可估算气溶胶中矿物来源的气溶胶总量[2]。根据以上公式计算,4 月 25 日当天矿物组分占 TSP 的 76.8%。很明显,上海当天受到了外来沙尘强烈的影响。当天上海气溶胶中的 Ca／Al 比值为 0.75,而其他时段的 Ca／Al 比值范围在 1.0～2.0,如图 41-3(b)中的空心圈所示。上海平日有较多建筑扬尘,导致上海气溶胶中的 Ca／Al 比值较高;而 4 月 25 日 Ca／Al 比值显著降低,再次说明了上海当天的大气气溶胶受到外来源影响。与中国 3 个主要沙尘源区比较,上海当日的 Ca／Al 比值与蒙古戈壁的沙尘特性比较接近(戈壁、黄土高原和塔克拉玛干沙漠的 Ca／Al 值分别为 0.5、1.0 和 1.5[1]),这也与当天的后向轨迹分析比较吻合[图 41-2(b)]。主要二次无机可溶性离子 SO_4^{2-}、NO_3^- 和 NH_4^+ 的浓度总和为 11.23±5.25 $\mu g \cdot m^{-3}$,为整个研究期间的最低

值。这也反映了 PE2 期间人为污染影响的贡献很低。其他时期 TSP 中的 Al 也处于较高的浓度水平,PE1 和 PE3 的 Al 平均浓度分别为 5.48 ± 2.52 和 $4.56\pm0.87\ \mu g\cdot m^{-3}$,矿物组分占 TSP 的 40% 左右,说明矿物组分是粗颗粒物的重要来源。这和上海春季受北方沙尘的影响,且湿度相对较低,易产生扬尘有关。

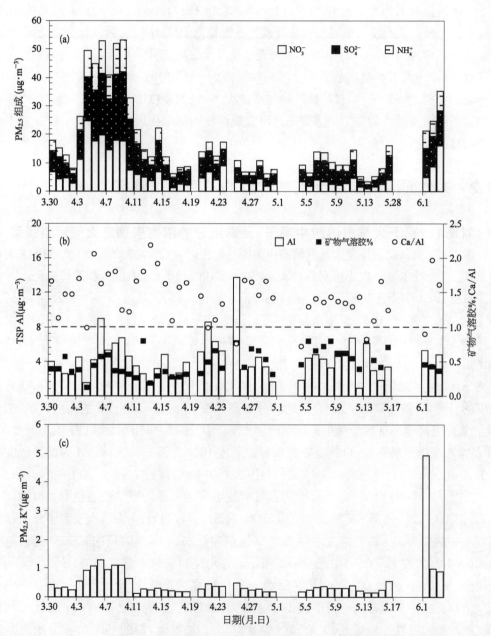

图 41-3 (a) $PM_{2.5}$ 中 SO_4^{2-}、NO_3^- 和 NH_4^+ 浓度总和的日变化;(b) TSP 中 Al 元素浓度、矿物气溶胶占总悬浮颗粒物的质量百分比(矿物气溶胶%)以及 Ca/Al 比值的日变化;(c) $PM_{2.5}$ 中 K^+ 质量浓度的日变化。

图 41-3(c)为 PM$_{2.5}$ 中 K$^+$ 浓度的日变化。K$^+$ 是大气气溶胶生物质燃烧源的指示物。从图中看到,K$^+$ 高值出现在第三次污染阶段 PE3,在 6 月 1 日达到 4.93 $\mu g \cdot m^{-3}$,其后 2 天 K$^+$ 浓度也处在较高水平,较之平日提高了大约 5～10 倍。气溶胶中的 K 有来自土壤、地壳等的自然源。根据上海土壤中 K/Fe 比值 0.56[3,4],可计算来自土壤、地壳等自然源部分的 K。扣除这部分后,估算来自生物质燃烧源的 K$^+$ 约占总 K 的 80%,表明这一阶段的颗粒物高浓度,主要源自生物质燃烧。此时段主要二次可溶性离子 SO$_4^{2-}$、NO$_3^-$ 和 NH$_4^+$ 的浓度总和为 27.12±7.37 $\mu g \cdot m^{-3}$,处于中等浓度水平,较非污染时期略高,表明此时段的重污染源自人为污染气溶胶和生物质燃烧气溶胶的混合。基于上述分析可以判断,2009 年 4—6 月上海出现的 3 次重污染时段,分别由二次无机气溶胶、外来沙尘以及生物质燃烧气溶胶控制。

表 41-1　3 次污染时期气溶胶的有关参数

	PM$_{2.5}$ / PM$_{10}$	SNA ($\mu g \cdot m^{-3}$)[a]	K$^+$ ($\mu g \cdot m^{-3}$)[a]	Al ($\mu g \cdot m^{-3}$)[b]	矿物气溶胶(%)[b]	Ca/Al[b]
PE1	0.54±0.09	48.86±5.01	1.07±0.13	5.48±2.52	0.40±0.17	1.58±0.40
PE2	0.35±0.07	11.23±5.25	0.53±0.20	14.4±6.40	0.78±0.13	0.77±0.08
PE3	0.65±0.04	27.12±7.37	2.27±2.31	4.56±0.87	0.41±0.05	1.49±0.54

SNA:SO$_4^{2-}$+NO$_3^-$+NH$_4^+$;矿物气溶胶:2.2[Al]+2.49[Si]+1.63[Ca]+2.42[Fe]+1.94[Ti];[a] PM$_{2.5}$;[b] TSP。

41.2.2　不同类型重污染期间大气气溶胶中有机碳和元素碳之不同特性

图 41-4 为上述由二次无机气溶胶、外来沙尘以及生物质燃烧气溶胶控制的三次重

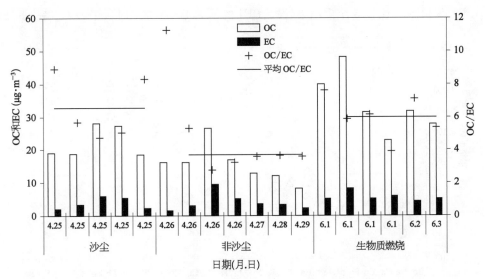

图 41-4　沙尘时期、平日以及生物质燃烧时期 PM$_{10}$ 中 OC、EC 的浓度以及 OC/EC 的比值

污染时段 PM$_{10}$中 OC、EC 的浓度以及 OC/EC 的比值。生物质燃烧时段的 OC 和 EC 浓度,明显较其他时段高,分别为 35.8±8.1 和 5.7±1.3 μg·m^{-3},比其他时段高出了 30%～100%。这主要由于生物质燃烧后能释放大量含碳物质,包括有机碳(OC)和元素碳(EC)。元素碳也称为黑碳(BC),是气溶胶中对光吸收最强烈的组分。生物质燃烧过程中所释放的含碳物质,会对本地以及区域的辐射平衡有极大影响。OC/EC 比值能够很好地指示有机物来源。非污染时期的 OC/EC 比值为 3.70±0.86,此值是中国绝大多数大城市的典型值[5],OC 和 EC 的主要来源是机动车排放和煤燃烧。PE3 时段的 OC/EC 比值提高到 6.4,表明生物质燃烧可以释放更多 OC。PE2 时段也就是上海受沙尘影响那天。不同时段采集的大气气溶胶样品,其 OC/EC 比值变化范围很大。比值最大的 2 个时段(OC/EC 比值在 8 以上),恰好是 PM$_{10}$浓度的 2 次峰值时段。在其他没有沙尘影响的时段,OC/EC 比值明显降低。从 OC 和 EC 的质量浓度看来,出现沙尘峰值时段的 EC 浓度明显较低,而 OC 浓度仍维持在一定水平。这说明,沙尘的到来能对一次污染物 EC 有明显稀释,而由于有机气溶胶前体物在沙尘表面可能发生复相反应,导致 OC 浓度并未明显下降,因此在沙尘浓度较大时,观察到较高的 OC/EC 比值。在沙尘长程传输过程中,也可能携带较多的一次或二次有机气溶胶,从而导致了较高的 OC/EC 比值。

41.2.3　不同类型重污染期间大气气溶胶中元素的富集系数

元素的富集系数(EF)可用于比较不同污染阶段上各种元素的富集程度(图 41-5)。一般认为,EF<10 的元素,其人为污染来源较少。这些元素包括 Sc、Na、Ca、Co、Fe、Mn、Sr、Ba、P、K、Ni、Mn、Ti 和 V。富集程度较大的污染元素,包括 Cu、Mo、As、Sb、Ge、Pb、Zn、Cd、I、S 和 Se。比较 3 个重污染时段,PE1 的元素 EF 在 3 个时段中最高,特别是 Pb、

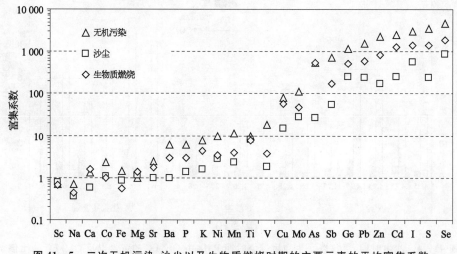

图 41-5　二次无机污染、沙尘以及生物质燃烧时期的主要元素的平均富集系数

Zn、Cd、S、Se 的 EF 均达到 1 000 以上。这说明二次无机污染带来更多的污染元素,与之前关于上海重霾个例的研究结果一致[6]。污染物 SO_2、NO_x、SO_4^{2-}、NO_3^- 较高的时期,也往往伴随着污染元素的中度富集。PE2 的元素 EF 在 3 个时期中最低,如 Cu、Mo、As、Sb 等,均降至十几或几十,说明来自北方戈壁的沙尘相对洁净,对本地污染具有稀释清洁的作用。沙尘时段二次无机气溶胶浓度也达到最低,说明在沙尘传输过程中,并未发生强烈的表面复相反应。生物质燃烧时期 PE3 的元素 EF,基本上都低于 PE1 而高于 PE2;唯独只有 As 元素在生物燃烧时期的 EF,却反而略高于 PE1。这可能和东亚地区水体中普遍较高的 As 含量有关。当植物吸收了含 As 量较高的水分后,经过燃烧释放出来,从而导致气溶胶中 As 的 EF 较高。

41.2.4 不同类型大气重污染期间痕量气体的不同特征

图 41-6 为主要污染气体 SO_2、NO_x、O_3 和 CO 在不同时段的浓度值。从图中可见,在 PE1 时段,SO_2、NO_x 和 CO 比其他时段明显增加。SO_2 在城市中的主要来源是煤燃烧。NO_x 主要来自交通排放以及燃煤,如发电厂排放等。CO 在平日主要来自机动车尾气排放。SO_2 和 NO_x 分别作为形成硫酸盐和硝酸盐的前体物。在 PE1 时期,这几种气体的高浓度,和二次无机组分的高浓度完全吻合。在 PE1 时段,O_3 较低,可能和高浓度 NO_x 的抑制作用有关。PE2 时段的污染气体浓度,与非污染时段接近,都处于较低水平。PE3 除了 SO_2、NO_x 和 O_3 与 PE2 以及非污染时段较为接近外,其 CO 浓度明显较 PE2 和非污染时段高出许多,仅比 PE1 阶段略低。图 41-7 对比了非污染时段和 PE3 时段 CO、NO_x 的小时平均浓度变化,发现在 2 种不同时段中,NO_x 的浓度和变化趋势并没有明显差别。而 CO 在 PE3 比非污染时段高出许多。在通常情况下,由于交通早高峰和晚

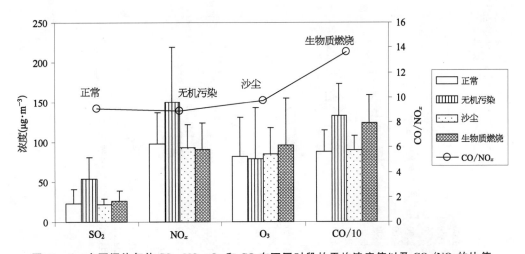

图 41-6 主要污染气体 SO_2、NO_x、O_3 和 CO 在不同时段的平均浓度值以及 CO/NO_x 的比值

所谓"不同时段"指平常时段、二次无机污染、沙尘和生物质燃烧时段,其中平常时段指 3 个污染时段之外的其他时段。为了视觉效果,将 CO 的浓度除以 10。

高峰,CO 在一天中出现峰值的时间在 6:00—9:00 和 17:00—20:00 这 2 个时段中。在 PE3 时段,CO 峰值时间出现在 8:00—10:00 和 14:00—16:00 中。PE3 显著增加的 CO 排放及其有别于常日的变化趋势,很可能是由于生物质的不完全燃烧。图 41-6 中的折线,为 4 个不同时段的 CO/NO_x 比值。可以看到,在非生物质燃烧时段,PE1 和 PE2 中的该比值非常接近,基本上在 9~10 之间。这是因为在污染来源相对固定(机动车排放、发电厂排放等)的情况下,不论绝对排放量变化多少,CO/NO_x 比值应该是个相对固定的常数。而当排放源的类型发生变化时,例如 PE3 时段的生物质燃烧导致 CO 排放量急剧增加,CO/NO_x 比值的平均值达到 14,较之其他时段显著增加了 40%。据此,可以利用 CO/NO_x 的比值来判断是否有生物质燃烧源的影响。

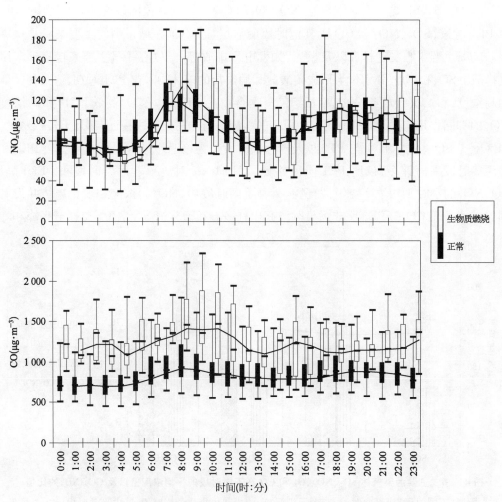

图 41-7　生物质燃烧与非污染时期 NO_x、CO 的小时平均浓度变化趋势

41.3　不同类型重污染期间大气气溶胶的垂直分布——雷达观测

图 41 - 8 为 PE1 时段的雷达解析图。Shanghai Sphere 代表的是上海的球形颗粒物,也就是指通过化学反应生成的二次气溶胶,而 Shanghai Dust 则代表的是上海的不规则的颗粒物,主要代表的是沙尘颗粒物。4 月 4—10 日期间的颗粒物消光系数,连续出现高值。这与颗粒物浓度自动监测的数据非常吻合。消光系数的垂直分布,随着高度而变化剧烈。近地面随着高度的增加,消光系数逐渐减少,反映了污染气溶胶主要集中于近地面。基于消光系数的垂直分布,可以大致估计混合层高度,大约在 0.5～2.0 km。在 PE1 时段,混合层的高度有明显变化:早上、夜间低,中午高。这主要和气象条件有关。从非球形粒子的日变化来看,4 月 6—9 日均有一定程度的浮尘,但是强度相对较低。后向散射系数的垂直分布,基本和消光系数的垂直分布类似,高值主要分布在 0.5 km 之内,532 nm 的偏振比率也均在 0～0.03 之间,表明这段时段观测到的近地面颗粒物成分,主要为细颗粒物。

图 41 - 9 为 4 月 22—28 日的雷达解析图。其中 PE2 时段也就是 4 月 25 日,非球形粒子消光系数明显有所提高,且分布在较大的垂直高度范围(0～2 km),主要由于高空传输的沙尘所致。球形粒子的消光系数较 PE1 明显降低,说明二次气溶胶的贡献相对较小。PE2 时段球形粒子的垂直分布相对于 PE1 较为均匀,大部分时间没有明显的垂直变化,可能与沙尘天气风速较大、混合层高度较大有关。4 月 24—25 日前半夜是下雨天气,气溶胶浓度较低,但是从雷达图上反映出来的消光系数却相当高,可能由于雨滴对光的消光作用所致。这段时间内的高消光,应该是由于上述因素的干扰,所反映的并不是真正的大气气溶胶信息。后向散射系数绝对值明显较 PE1 有所降低,但是偏振比率在 4 月 25 日出现了高值,绝对值在 0.05～0.08 之间,明显有别于细颗粒物的性质。这是由于存在不规则颗粒物所导致的高偏振比率。PE2 时段出现的高偏振比率,主要发生在 25 日凌晨和晚间,这和当日 2 次高沙尘浓度出现的时段非常吻合。从偏振比率的垂直分布,可以很清楚地区分沙尘层与细颗粒层,沙尘层高度基本可以从近地面往上达到 1～1.5 km。

图 41 - 10 为 PE3 时期的雷达解析图。从图中可以看到,几乎每天都出现强消光事件,且相较于 PE1、PE3 的混合层高度更低,只有不足 0.5 km,这对于污染物的扩散明显非常不利。后向散射系数的垂直分布,同样和消光系数的分布类似,高值主要分布在 0.5 km 之内,532 nm 的偏振比率也均在 0～0.03 之间,表明这段时期观测到的近地面颗粒物的成分,主要为细颗粒物。

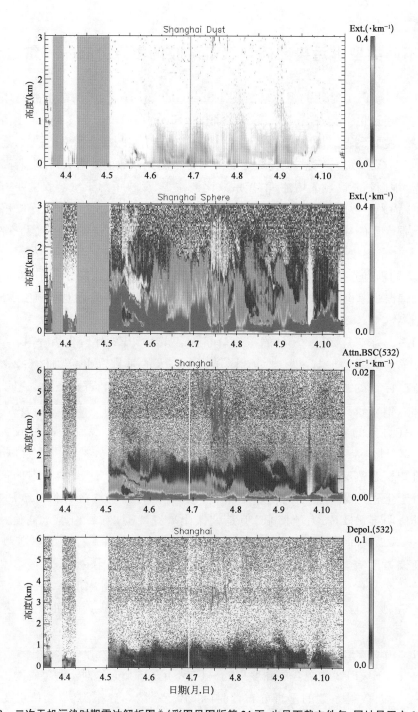

图 41 - 8 二次无机污染时期雷达解析图 *（彩图见图版第 **24** 页，也见下载文件包，网址见正文 **14** 页脚注）

Ext.：extinction coefficient（消光系数）；Attn.BSC：attenuated backscatter
coefficient（衰减后向散射系数）；Depol.：depolarization（退偏振）。

---

* sr 为激光雷达比的量纲单位。

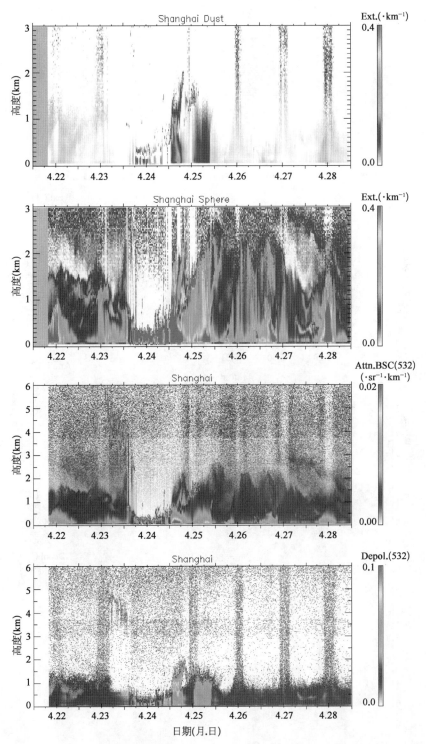

图 41 - 9　沙尘时期雷达解析图(彩图见图版第 25 页,也见下载文件包,网址见正文 14 页脚注)

右侧刻度上方的外文缩写含义,见图 41 - 8。

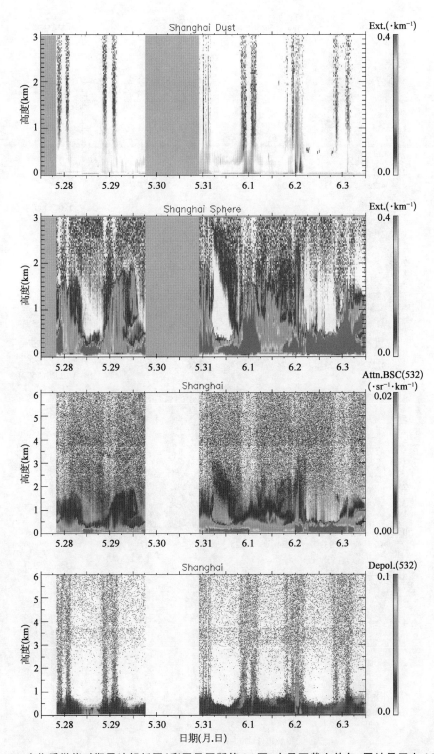

图 41 - 10　生物质燃烧时期雷达解析图(彩图见图版第 26 页,也见下载文件包,网址见正文 14 页脚注)

右侧刻度上方的外文缩写含义,见图 41 - 8。

41.4　不同类型重污染期间大气气溶胶的光学厚度和 Angstrom 指数[*]

图 41-11 是卫星反演 PE1 时段气溶胶光学厚度(AOD)和 Angstrom 指数的区域分布特征。从图中可见,此时段内 AOD 的高值主要集中在长三角的上海、浙江北部、江苏、山东、安徽、河南和湖北大部,以及京津冀地区。其中上海的 AOD 平均值在 1.2 以上,表明大气气溶胶的强烈消光作用。这与上述对颗粒物浓度的分析相互吻合。结合之前的后向轨迹分析[图 41-2(a)]可以判断,上海本地可能受到 AOD 高值区污染气溶胶长途传输的影响。

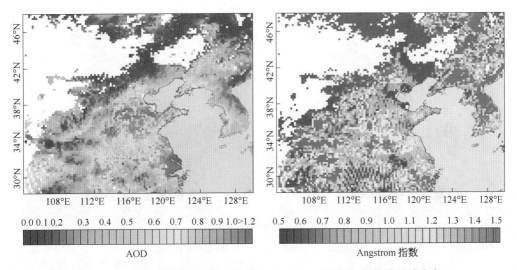

图 41-11　PE1 时期气溶胶光学厚度 AOD 和 Angstrom 指数的区域分布
(彩图见图版第 27 页,也见下载文件包,网址见正文 14 页脚注)

Angstrom 指数指征的是颗粒物的粒径大小,其值越大表示粒径越小。从图中可见,在同一时段内,Angstrom 指数的空间分布与 AOD 不尽相同。在 AOD 浓度并不是十分高的区域,例如浙江南部、中部地区,出现了高 Angstrom 值,高达 1.3～1.5,说明了这些地区的气溶胶主要以细颗粒物为主。在高 AOD 的上海、江苏、山东、京津冀等区域,Angstrom 指数并未出现最高值,其值在 0.8～1.2 左右,说明这些地区气溶胶中存在一定量的粗粒子。这与上述对中等 $PM_{2.5}/PM_{10}$ 比值及较高 Al 元素浓度和 TSP 中较高矿物

---

[*]　Angstrom 指数: Angstrom exponent(埃斯特朗指数)。1929 年,瑞典物理学家 Anders Ångström(安德斯·埃斯特朗)发现了气溶胶光学厚度与光波长的关系: $\dfrac{\tau_\lambda}{\tau_{\lambda 0}} = \left(\dfrac{\lambda}{\lambda_0}\right)^{-\alpha}$

式中,τ_λ 和 $\tau_{\lambda 0}$ 分别表示光波长为 λ 和参比光波长为 λ_0 时的气溶胶光学厚度。式中的参数 α 定义为气溶胶的 Angstrom 指数。Angstrom 指数与气溶胶中粒子的平均尺寸成反比: 粒子越小,指数越大。

百分比,是比较吻合的。二次气溶胶在 PE1 中是主要致污染因子,其所含的粗颗粒物对于总悬浮颗粒物的贡献,也不可忽略。从京津冀、山东、江苏以及上海的 Angstrom 指数的区域连贯性来看,上海 PE1 时段也很可能受到了外来浮尘一定程度的影响。

图 41-12 是 PE2 也即 4 月 25 日当天的 MODIS 气溶胶光学性质反演图。与图 41-11 类似的是,华东、华北大部分区域出现较高的 AOD 浓度值。但是 Angstrom 指数与 PE1 有着显著的差别。在 PE2 时段,Angstrom 指数值处于 0.5～0.6 之间,说明气溶胶的粒径较大。气溶胶以粗颗粒为主,说明其包含较多大粒径矿物气溶胶。这和之前判断此时段主要来自外来沙尘影响非常吻合。Angstrom 指数在区域上表现出大范围的一致性,说明上海 PE2 时段的污染,是一次大范围的区域污染,主要由蒙古戈壁沙漠的沙尘气溶胶长程传输所致。

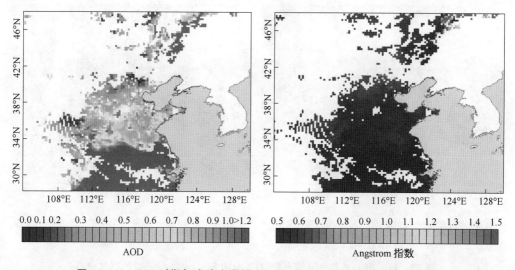

图 41-12 PE2 时期气溶胶光学厚度 AOD 和 Angstrom 指数的区域分布
(彩图见图版第 27 页,也见下载文件包,网址见正文 14 页脚注)

图 41-13 中黑点代表的是 PE3 时段的 MODIS 火点总和。从图中可见,火点主要集中在上海西部,在上海与江苏交界处的火点尤为密集。外省市的火点主要集中在江苏北部、浙江北部、安徽北部以及山东。火点密集地区所对应的气溶胶光学厚度(AOD)都明显增大,基本大于 1.2,最大值接近 2.0,反映了这段时期内较高的颗粒物浓度。但是图 41-13 左图不能完全说明高 AOD 由生物质燃烧所引起,因为也有可能是本地或区域的二次气溶胶污染所引起。图 41-13 中图为 Angstrom 指数在 PE3 时段的平均值。可见,火点集中区域的 Angstrom 指数在 0.7～1.0 之间,从绝对值上看仍属于细颗粒主导,但低于江西。从图 41-3 左图可知,江西的 AOD 值很高,但没有火点,因此很可能在这期间,江西的污染属于本地二次转化所致。二次污染生成的粒子,粒径较小,可以基于 Angstrom 指数的区域分布来说明,这期间火点密集地区的大气气溶胶性质有别于其他

地区的污染气溶胶。为区分本地污染和生物质燃烧对 AOD 的相对贡献(针对左图),将 5 月 28 日—6 月 3 日的平均 AOD 与 5、6 月的平均 AOD 做差值(图 41 - 13 右图),发现有火点的区域差值可达到 0.5～1.0,而无火点的区域差值变化不大,基本在－0.2～0.3(除了江西和浙江东部)。做差值的目的在于扣除本底污染,用于判断生物质燃烧的影响程度。据此发现了生物质燃烧确实对本地以及区域的颗粒物浓度有所贡献,且非常可观。

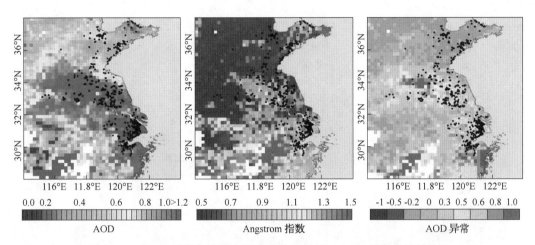

图 41 - 13　PE3 时期气溶胶光学厚度 AOD 和 Angstrom 指数的区域分布
(彩图见图版第 27 页,也见下载文件包,网址见正文 14 页脚注)

41.5　不同类型重污染时段大气气溶胶的源解析

图 41 - 14 是 3 次污染时段 PM_{10} 与 SO_2、NO_x 的小时浓度变化情况。PE1 时段 PM_{10} 的变化趋势与 SO_2 和 NO_x 均比较类似,表明 SO_2 和 NO_x 作为二次气溶胶的前体物,很可能对第一阶段的高污染有所贡献。进一步分析 $PM_{2.5}$ 与 SO_2、NO_x 以及 CO 的相关性[图 41 - 15(a)—(c),黑色散点代表小时平均浓度,方框散点为日平均浓度],发现相关系数均大于 0.70。与 SO_2、NO_x 的显著相关性,说明二次无机气溶胶是造成 PE1 高污染的主要因素之一。CO 虽然是较为惰性的气体,不能作为二次气溶胶的前体物,但是仍发现其与 PM_{10} 有较好的相关性。这主要是因为,作为机动车排放源所排放的主要污染气体,CO 和 NO_x 本身具有很好的相关性。由于 NO_x 和 PM_{10} 具显著相关性,因此也同样发现 CO 和 PM_{10} 具有显著的相关性。在 PE2 时段虽然 PM_{10} 的浓度很高,但是 SO_2 和 NO_x 浓度却相对较低。这是由于外来沙尘对本地污染物会有一定程度的稀释作用。从图 41 - 14 可见,颗粒物与以上 2 种气体基本没有相关性。这跟上述的二次无机气溶胶占颗粒物的百分比较低颇为吻合。在 PE3 时段,虽然 SO_2 和 NO_x 浓度较 PE2 有所提高,但是其变化趋势与 PM_{10} 还是不尽相同。进一步通过检验 $PM_{2.5}$ 与污染气体的相关性[图 41 - 15(d)—

(f)],发现,SO_2和NO_x与$PM_{2.5}$的相关系数,分别为0.11和0.41,在统计学意义上属于不显著相关,说明二次无机气溶胶对颗粒物浓度的贡献不大。CO和$PM_{2.5}$有显著相关性,相关系数达到0.80。因为NO_x与$PM_{2.5}$的相关性较弱,所以CO与$PM_{2.5}$的显著相关性,显然不是来自机动车排放源的贡献。PE3时段的CO,有很大一部分可能来自生物质燃烧的排放,而生物质燃烧的产物是颗粒物中的主要组成部分,因此CO与$PM_{2.5}$具有显著相关性。

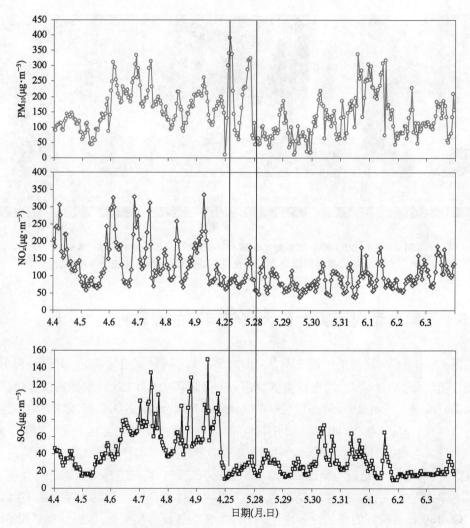

图41-14　3次污染时段(以竖线分隔)PM_{10}与SO_2、NO_x的小时浓度变化情况
(彩图见下载文件包,网址见14页脚注)

　　综上所述,上海2009年4—6月期间出现了3次能见度较低的污染事件,其形成机制各不相同。通过特征性气溶胶化学组分、气团后向轨迹以及化学示踪物,确定了造成霾污染的3种基本类型,即二次无机离子、沙尘以及生物质燃烧。在二次无机污染时段,气

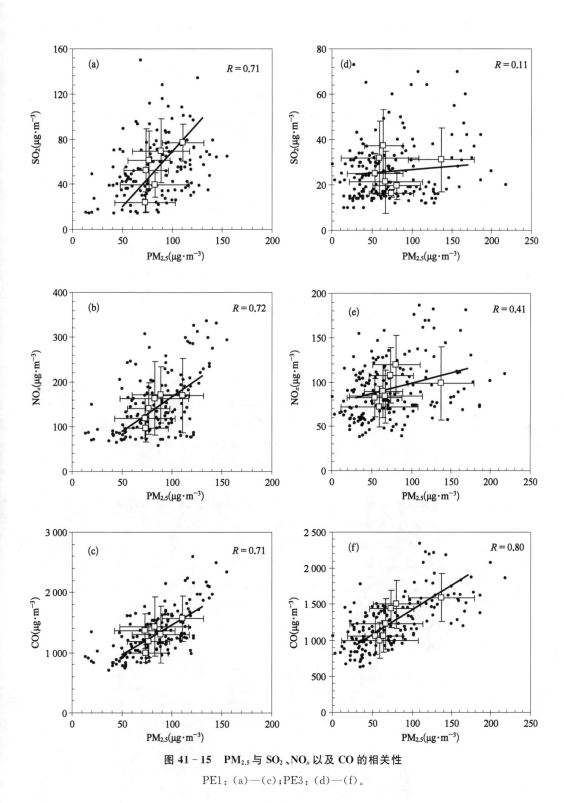

图 41 - 15　PM$_{2.5}$ 与 SO$_2$、NO$_x$ 以及 CO 的相关性

PE1：(a)—(c)；PE3：(d)—(f)。

溶胶中的主要组分为二次无机可溶性离子——SO_4^{2-}、NO_3^- 和 NH_4^+，其质量浓度总和占 $PM_{2.5}$ 的比例约为 77%：沙尘时段的主要组分——矿物气溶胶，占 TSP 的百分比为 76.8%；而生物质燃烧时段的主要物种——有机气溶胶，约占 PM_{10} 的 50%。元素 EF 表明，As 元素在生物质燃烧时段较高，这可能和东亚地区水体中普遍较高的 As 含量有关。在二次无机污染时段，SO_2、NO_x 和 CO 均有显著增加，而在生物质燃烧时段，增加最明显的是 CO，沙尘时期的 CO 气体浓度则最低。基于 CO/NO_x 的高比值（约 14），可以判断有生物质燃烧源的影响。线性相关分析表明，在二次无机污染时段，SO_2、NO_x、CO 与 $PM_{2.5}$ 存在显著相关性，表明煤燃烧和机动车排放是该时段的主要污染源。在生物质燃烧时段，CO 与 $PM_{2.5}$ 存在显著相关性，这表明有机气溶胶主导了颗粒物的生成。雷达观测气溶胶的垂直分布显示，二次无机污染和生物质燃烧期间的混合层高度均较低，且有明显变化的垂直分布，高消光系数主要集中在近地面，532 nm 的退偏振比率在 0～0.03 之间，表明主要为细颗粒物。而沙尘时段的混合层高度较高，消光系数的垂直分布比较均匀，显示了沙尘的高空传输特点；退偏振比率明显增大，说明有大量粗颗粒物存在。卫星反演也揭示了长程传输和区域传输对上海空气质量的重要影响。

参考文献

[1] Huang K, Zhuang G, Li J, et al. The mixing of Asian dust with pollution aerosol and the transformation of aerosol components during the dust storm over China in Spring, 2007. Journal of Geophysical Research-Atmospheres, 2010, 115(D00K13)：doi: 10.1029/2009JD013145.

[2] Malm W C, Sisler J F, Huffman D, et al. Spatial and seasonal trends in particle concentration and optical extinction in the United-States. Journal of Geophysical Research-Atmospheres, 1994, 99(D1)：1347 – 1370.

[3] China National Environmental Monitoring Center. Background values of crustal elements in China (in Chinese). Beijing：China Environmental Science Press, 1990.

[4] Yang F M, Ye B M, He K B, et al. Characterization of atmospheric mineral components of $PM_{2.5}$ in Beijing and Shanghai, China. Science of the Total Environment, 2005, 343(1 – 3)：221 – 230.

[5] Zhang X Y, Wang Y Q, Zhang X C, et al. Carbonaceous aerosol composition over various regions of China during 2006. Journal of Geophysical Research-Atmospheres, 2008, 113(D14)：doi: 10.1029/2007JD009525.

[6] Fu Q Y, Zhuang G S, Wang J, et al. Mechanism of formation of the heaviest pollution episode ever recorded in the Yangtze River Delta, China. Atmospheric Environment, 2008, 42(9)：2023 – 2036.

第*42*章

中国中东部 **2013** 年大范围持久性雾霾的形成机制

霾污染的本质是大气细颗粒物的污染,不仅危害人体健康[1],而且对全球气候变化产生影响[2]。近年来,随着经济的快速发展以及城市化、机动车化进程的加快,中国大气霾污染频繁发生,并出现诸如京津冀、长三角、珠三角以及成渝地区这几大雾霾高发区。2013 年以来,中国北部和东部地区出现数次持续数日的大范围严重霾污染事件,影响范围达 140 万 km^2。污染期间的大气 PM$_{2.5}$ 浓度严重超标,直接危害人体健康,并导致交通等居民日常活动受阻。研究大气污染的特征、来源、形成机制及其健康和气候效应,可以为大气污染防治提供理论依据,已成中国环境保护工作的当务之急。霾污染主要来自发电厂、工业生产、交通、生物质燃烧等人为活动所排放的一次颗粒物,以及 SO$_2$、NO$_x$、VOC 等气态污染物的二次气-粒转化。燃煤是 SO$_2$ 和 NO$_x$ 的主要排放源。随着机动车保有量的快速增长,机动车排放对城市 NO$_x$ 和颗粒物的贡献也越来越大[3]。燃煤取暖是中国北方冬季霾污染的主要来源[4,5]。每年 5—6 月份及 10—11 月份的农作物收获季节,生物质燃烧是霾的主要来源[6,7]。在霾污染期间,NO$_3^-$、SO$_4^{2-}$、NH$_4^+$ 等二次污染物显著升高[8,9],三者之和对 PM$_{2.5}$ 的质量浓度贡献可达 77%[7]。高相对湿度、逆温等气象条件,有利于气态污染物的气-粒转化而不利于其扩散,从而加剧霾污染[10-14]。除了本地排放外,区域传输对霾污染的形成亦有重要贡献[13,15]。

2013 年 1 月 9—16 日中国中东部的大气污染事件持续时间长、影响范围广、污染强度大,其间华北地区和华东地区大部分城市的小时平均 PM$_{2.5}$ 浓度,都超过环境空气质量标准的上限 500 μg·m^{-3},且大气能见度急剧下降,导致交通受阻以及众多航班被延误或被取消,对居民日常生活以及人体健康造成很大威胁。此次污染事件是中国环境空气质量实时监测网络建立后的首次区域性、大范围大气污染事件,引起社会各界广泛关注。2013 年 1 月,东亚冬季风有所减弱,导致近地面风速较低,有利于大气污染过程的形成[12]。基于京津冀地区 11 个大气观测站颗粒物和气态污染物的在线观测结果,污染期间气态污染物的气-粒转化速率显著上升,是污染形成的主要影响因素[16]。北京的大气观测数据显示了此次污染事件期间大气中的硫氧化率(SOR)和氮氧化率(NOR)较高[17],进一步说明二次化学转化对京津冀大气污染的形成贡献较大。基于颗粒物化学组分的在线观测(ACSM)结果,燃煤排放对污染物颗粒物中一次有机物的贡献最大,贡献率范围为 20%~32%。同时,区域污染传输对北京污染的形成有明显贡献[18]。此外,模型模拟结果也表明,区域污染传输对京津冀大气污染有重要贡献[19,20]。在同期 1 月 14—16 日发生在南京的大气污染事件中,约 15% 的元素碳(EC)来自区域污染传输[21]。本章基于在北京(代表京津冀地区)、上海(代表长三角地区)以及花鸟岛(东海偏远岛屿,背景站点)同步采集 PM$_{2.5}$ 样品,分析颗粒物的主要水溶性离子、元素以及黑碳(BC)等化学组分,并结合气态污染物、气象参数以及气团的后向运动轨迹,揭示 2013 年 1 月 9—16 日严重大气污染期间 3 个典型站点大气污染物的特征、来源及各地雾霾的形成机制。3 个采样点的详细信息见表 42-1。

表 42-1　北京、上海、花鸟岛观测站的详细信息

站 点 名 称	站 点 信 息
北京 (39°54′N,116°24′E)	城市站点;交通、商住、文教区;采样站点位于北京工业大学一栋教学楼的楼顶,离地高度约 20 m。
上海 (31°18′N,121°30′E)	城市站点;交通、商住、文教区;采样站点位于复旦大学一栋教学楼的楼顶,离地高度约 20 m。
花鸟岛 (30°51′N,122°40′E)	偏远海岛;常住人口 2 431,陆地面积约 3.28 km²;采样站点位于花鸟灯塔的楼顶,离地高度约 16 m。

42.1　各个典型地区大气气溶胶的浓度分布

根据 2013 年 1 月 9—17 日全国 120 个主要城市环保部门所公布、包括日均 PM$_{10}$ 浓度的大气环境监测数据,可以看出在此次大气污染事件期间,污染最严重的区域为华北地区,包括北京、天津、河北、河南、山东等多个省市。1 月 9—14 日,北京、天津、保定、唐山、石家庄、邯郸等城市的日均 PM$_{10}$ 浓度高于 500 $\mu g \cdot m^{-3}$,甚至达到了空气污染指数(API)的上限值 600,其间北京的小时平均 PM$_{2.5}$ 浓度甚至超过了 900 $\mu g \cdot m^{-3}$。中部地区的安徽、湖南、湖北等地 1 月 10—15 日期间的日均 PM$_{10}$ 浓度也高于 200 $\mu g \cdot m^{-3}$。1 月 12—16 日长三角地区也出现了显著的霾污染,主要城市日均 PM$_{10}$ 浓度高于 150 $\mu g \cdot m^{-3}$。其间,长三角地区的大气细颗粒物污染更为严重,如 12—15 日上海高于 200 $\mu g \cdot m^{-3}$ 的 PM$_{2.5}$ 小时平均浓度频现,杭州的日均 PM$_{2.5}$ 浓度达到了 170~200 $\mu g \cdot m^{-3}$。此次大气污染严重影响了 17 个省/直辖市,范围达 140 万 km²。图 42-1 给出了 1 月 1—18 日北京、上海、花鸟岛的日均 PM$_{2.5}$ 浓度、能见度以及风向风速的变化情况。本章着重分析比较以上 3 个站点污染天(pollution day, PD)与非污染天(non-pollution day, ND)的颗粒物污染特征。所谓"非污染天"(ND)指的是此次大气污染事件之前日均 PM$_{2.5}$ 浓度小于国家空气

质量二级日均浓度标准限值 75 $\mu g \cdot m^{-3}$ 的天数,即北京 1 月 1—5 日(ND_北京)、上海 1 月 3—10 日(1 月 6—7 日下雨天除外)(ND_上海)、花鸟岛 1 月 1—11 日(1 月 6—7 日和 9 日下雨天除外)(ND_花鸟岛)。如图 42-1 所示,上海 1 月 12—15 日期间颗粒物浓度最高、污染最为严重(PD_上海)。污染天(PD_上海)期间的大气能见度大多在 5 km,$PM_{2.5}$ 平均浓度高达 180.8 $\mu g \cdot m^{-3}$,为国家二级日均浓度标准限值的 2 倍以上。由图 42-1(a) 可以看出,1 月 12 日上海的近地面风速仅为 2.0±1.0 $m \cdot s^{-1}$,而 $PM_{2.5}$ 的日均浓度高达 201.2 $\mu g \cdot m^{-3}$;1 月 14 日随着近地面风速上升至 3.1±1.3 $m \cdot s^{-1}$,$PM_{2.5}$ 日均

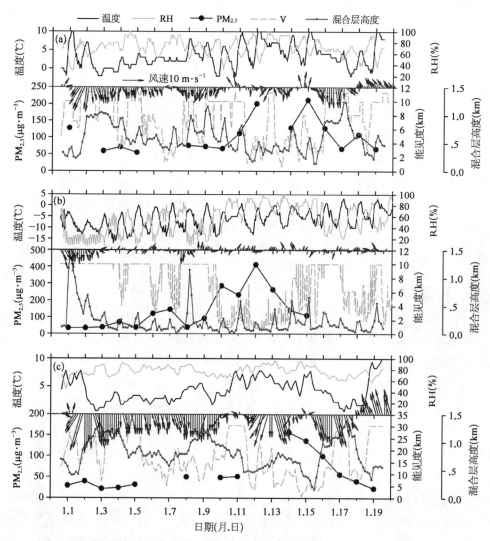

图 42-1　1 月 1—18 日北京、上海、花鸟岛的 $PM_{2.5}$ 日均浓度、能见度以及风向、风速变化
（彩图见下载文件包,网址见 14 页脚注）
（a）上海；（b）北京；（c）花鸟岛。

浓度下降到 129.1 $\mu g \cdot m^{-3}$。1 月 12—14 日期间，上海的主导风向为北、西北、东北风；到 16 日，主导风向转变为偏南风，且风速升高至 4.8 ± 0.7 $m \cdot s^{-1}$，而 $PM_{2.5}$ 浓度再次上升到 200 $\mu g \cdot m^{-3}$ 以上。污染天（PD_上海）期间的平均相对湿度为 80%，高于非污染天（ND_上海）期间的 70%；风速和混合层高度分别为 3.0 $m \cdot s^{-1}$ 和 386 m，低于 ND_上海期间的 3.8 $m \cdot s^{-1}$ 和 652 m，不利于污染物扩散。在北京，当近地面平均风速从 1 月 8 日的 4.4 ± 2.3 $m \cdot s^{-1}$ 显著下降至 9 日的 2.1 ± 1.2 $m \cdot s^{-1}$，$PM_{2.5}$ 的日均浓度从 40.1 $\mu g \cdot m^{-3}$ 上升至 92.7 $\mu g \cdot m^{-3}$。与此同时，近地面风向从北、东北转变成西南风。在此风场条件下，来自北京南面的河北高污染地区的污染物，可以被输送至北京[20]。1 月 10 日凌晨开始，北京的大气能见度急剧下降至 5 km（甚至 2 km）以下，$PM_{2.5}$ 的日均浓度显著升高至 286.9 $\mu g \cdot m^{-3}$。日均 $PM_{2.5}$ 浓度高于 200 $\mu g \cdot m^{-3}$ 的重霾，一直持续到 1 月 13 日。1 月 12 日的 $PM_{2.5}$ 日均浓度高达 413.0 $\mu g \cdot m^{-3}$。1 月 10—13 日为本章重点研究的污染天（PD_北京）。污染天期间的平均 $PM_{2.5}$ 浓度达 299.2 $\mu g \cdot m^{-3}$，约为"非污染天"平均浓度 43.3 $\mu g \cdot m^{-3}$ 的 7 倍，是美国 EPA 规定的日均浓度限值 35 $\mu g \cdot m^{-3}$ 的 8 倍以上，是中国国家环境空气质量二级日均浓度标准限值 75 $\mu g \cdot m^{-3}$ 的 4 倍左右。与北京、上海这 2 座城市站点相比，位于东海远离大陆的花鸟岛的空气质量状况较好。然而，在 1 月 14—16 日（PD_花鸟岛），花鸟岛的 $PM_{2.5}$ 明显上升，平均浓度高达 131.1 $\mu g \cdot m^{-3}$，而平均能见度仅为 3 km。可见，1 月份中国中东部的严重霾污染，影响波及远离大陆的花鸟岛。与北京、上海不同，花鸟岛污染天（PD_花鸟岛）期间的主导风向为偏北风[图 42-1(c)]，且风速较高，达 4.2 ± 1.5 $m \cdot s^{-1}$，说明花鸟岛的大气污染，主要来自外来污染物的长途传输。

42.2　重霾期间各典型地区大气气溶胶主要组分的变化

图 42-2(a)给出了研究期间上海 $PM_{2.5}$ 中水溶性离子的日均浓度。水溶性离子在 $PM_{2.5}$ 中的平均总含量从非污染天期间的 39%，升高到了污染天期间的 45%。非污染天期间 SO_4^{2-}、NO_3^-、NH_4^+ 的平均浓度分别为 9.2、9.2、4.9 $\mu g \cdot m^{-3}$，污染天期间升高至 25.7、37.3、14.8 $\mu g \cdot m^{-3}$。同时，三者之和占 $PM_{2.5}$ 的比例也从非污染天期间的 35%，上升至污染天期间的 43%。与北京不同的是，上海非污染天（ND_上海）期间 NO_3^- 的平均浓度与 SO_4^{2-} 相当，而在污染天（PD_上海）期间 NO_3^- 远高于 SO_4^{2-}，且 SO_4^{2-}、NO_3^-、NH_4^+ 的 PD_上海／ND_上海比值分别为 3、5、3，NO_3^- 的增加幅度最大。污染天期间 NO_3^- 的显著上升，主要原因为上海氮氧化物 NO_x 的排放量大。除了 1 月 12 日外，污染天期间 $NO_2／SO_2$ 比值高于 ND_上海，平均比值从非污染天（ND_上海）期间的 1.7，上升至污染天（PD_上海）期间的 2.9。大气中的 SO_2 主要来自燃煤排放，而 NO_x 的主要来源除了燃煤排放外，还有机动车尾气排放。因此，可以推测 PD_上海期间 $NO_2／SO_2$ 比值升高，主要与机动车尾气排放有关。此外，长三角地区无冬季燃煤取暖，燃煤氮氧化物排放的季

节差异比北方地区小。上海污染期间 NO_3^- 的显著上升，说明机动车排放在此次上海大气重霾形成过程中起重要作用。

上海污染天（PD_上海）期间 Cl^- 和 K^+ 浓度的增加幅度相对较小。为阐明人为排放对 Cl^- 和 K^+ 的影响，根据海盐中 Cl^- 和 K^+ 与 Na^+ 的当量浓度比值，即 $[Cl^-]/[Na^+]=1.17$，$[Cl^-]/[K^+]=0.022$，估算非海盐 Cl^-（$nss-Cl^-$）和非海盐 K^+（$nss-K^+$）的浓度。结果表明，PD_上海期间 $nss-Cl^-$ 和 $nss-K^+$ 浓度均比 ND_上海期间增加了 2 倍左右。气溶胶中 $nss-Cl^-$ 主要来自燃煤排放[22]，而气溶胶中 $nss-K^+$ 主要来自生物质燃烧[23]，但燃煤排放也含有 K^+ [15,24]。在污染天期间，$nss-Cl^-$ 和 $nss-K^+$ 浓度的增加幅度小于 NO_3^-，说明与机动车排放相比，燃煤或生物质燃烧对上海这次重霾的贡献相对较小。对于 Ca^{2+}，污染天（PD_上海）期间 Ca^{2+} 的平均浓度是"非污染天"（ND_上海）期间平均浓度的 3.6 倍，而北京则仅为 1.4 倍。城市环境中的 Ca^{2+} 主要来自机动车扬尘，污染天期间的高浓度 Ca^{2+}，也表明机动车源对上海大气污染的贡献较大。

为分析此次重霾期间大气气溶胶的酸性强度，本文计算了所有已测水溶性阴离子的当量浓度之和与阳离子的当量浓度之和

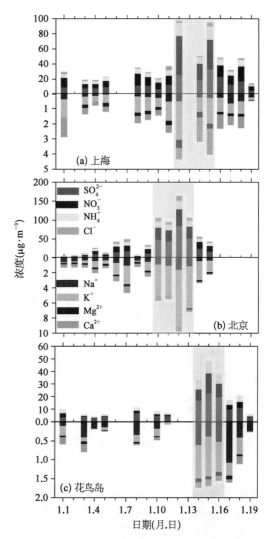

图 42-2　$PM_{2.5}$ 主要水溶性离子的日平均浓度（彩图见图版第 28 页，也见下载文件包，网址见正文 14 页脚注）

的比值（$[NO_3^-]+2[SO_4^{2-}]+[Cl^-]$）/（$[NH_4^+]+[Na^+]+[K^+]+2[Mg^{2+}]+2[Ca^{2+}]$）。上海 $PM_{2.5}$ 的这一比值范围为 1.1～1.3，表明上海大气中的 NH_3 不足以中和硫酸盐和硝酸盐，颗粒物呈现弱酸性。在研究期间，上海的相对湿度都在 60% 以上，在污染天（PD_上海期间）上升到了 77%±14%。高湿度有利于大气中的气-粒化学转化过程，所以非污染天（ND_上海）期间与污染天（PD_上海）期间的（$[NO_3^-]+2[SO_4^{2-}]$）/$[NH_4^+]$ 比值差异较小。如图 42-3 所示，污染天期间的（$[NO_3^-]+2[SO_4^{2-}]$）/$[NH_4^+]$ 比值低于 PD_北京期间的比值，说明污染期间上海 SO_2 和 NO_x 的氧化产物 H_2SO_4 和 HNO_3 与 NH_3 的中和反应程度高于北京。

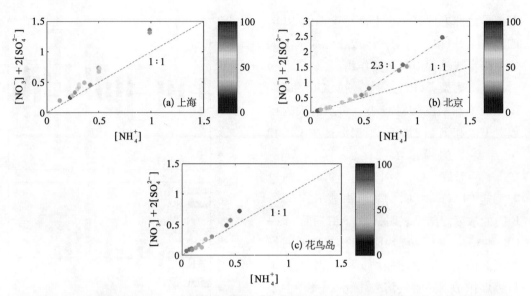

图 42 - 3 $PM_{2.5}$ 中 NH_4^+（neq · m^{-3}）、2[SO_4^{2-}]+[NO_3^-]（neq · m^{-3}）、相对湿度（%）三者之间的关系
（彩图见图版第 28 页，也见下载文件包，网址见正文 14 页脚注）

$PM_{2.5}$中的元素组分主要来自一次排放源，其富集程度可以很好地反映大气污染物的累积情况。图 42 - 4 给出了北京、上海、花鸟岛在污染与非污染期间元素的富集系数（EF）。EF 的计算公式为 EF = (X／$X_{参比}$)$_{气溶胶}$／(X／$X_{参比}$)$_{地壳}$，其中(X／$X_{参比}$)$_{气溶胶}$ 和(X／$X_{参比}$)$_{地壳}$分别为颗粒物和地壳[25]中元素 X 与参比元素 $X_{参比}$ 的比值。本章 EF 的参比元素为 Al。根据 EF 大小，可以把元素分为 2 类：① 污染与非污染期间 3 个站点气溶胶中 Fe、Ti、Sr 的 EF 都小于 5，说明这 3 种元素与 Al 一样，主要来自矿物源，被定义为矿物元素；② 元素 As、Cd、Cu、Mn、Ni、Pb、V、Zn 的 EF 都大于 10，说明这 8 种元素主要来自人为污染源，被定义为污染元素。

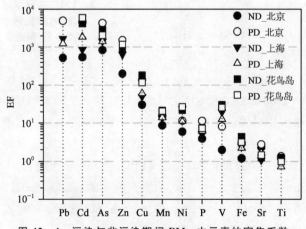

图 42 - 4 污染与非污染期间 $PM_{2.5}$ 中元素的富集系数

上海污染天期间,污染元素 As、Cd、Cu、Mn、Pb、Zn 的平均浓度分别为 21.0、2.1、31.3、0.1、0.2、0.5 ng·m^{-3},是"非污染天"期间平均浓度的 3～6 倍[图 42-5(a)]。同时,污染天期间污染元素 As、Cd、Cu、Pb、Zn 的 EF,也上升到了 50～5 000(图 42-4)。大气颗粒物中的 As、Cd、Pb,主要来自工业和发电厂锅炉等的燃煤排放[26-28],Zn 和 Cu 主要来自机动车排放[29]和工业生产[30],Mn 主要来自金属冶炼过程[31]。污染天期间,这些污染元素显著上升,说明燃煤、机动车以及工业生产,是上海大气污染的主要来源。PD_上海期间,矿物元素 Al、Fe、Ti、Sr 等的浓度也明显升高,说明机动车扬尘的影响也较为明显。此外,在上海污染天期间,Ni 和 V 元素的浓度也有所增加,且 EF 为 10～25。污染天期间 Ni 和 V 的平均浓度(8.9 和 14.7 ng·m^{-3})甚至高于北京污染天期间的平均浓度(6.7 和 6.7 ng·m^{-3})。Ni 和 V 为船舶排放的指示物质[32]。2010 年以来,上海港的集装箱吞吐量已达到世界第一位,因此上海重霾期间很可能受到船舶排放的影响[33]。在此研究期间,气溶胶中的 V／Ni 比值均在 1.5 左右,与国内船舶重油燃烧排放的比值 (1.9)[32]较为接近,说明船舶排放是这次上海重霾期间大气污染物的来源之一。

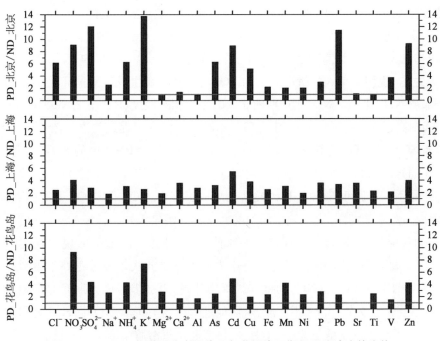

图 42-5　PM$_{2.5}$化学组分在污染天与非污染天期间平均浓度的比值
(彩图见下载文件包,网址见 14 页脚注)

北京污染天(PD_北京)期间总水溶性离子平均浓度升高至 125.0 μg·m^{-3},占 PM$_{2.5}$的 42%,而非污染天(ND_北京)期间的平均浓度仅为 14.3 μg·m^{-3},占 PM$_{2.5}$的 31%。其中,二次无机离子 SO$_4^{2-}$、NO$_3^-$、NH$_4^+$ 增长幅度最大,PD_北京期间的平均浓度分别为 56.1、34.9、17.3 μg·m^{-3},分别为 ND_北京时期的 12、9、6 倍。同时,SO$_4^{2-}$、NO$_3^-$、NH$_4^+$

三者之和(SNA)占 PM$_{2.5}$的比例,也从 ND_北京期间的 24% 上升到 PD_北京期间的 36%。可见,气态污染物 SO$_2$ 和 NO$_x$ 的气-粒化学转化是导致重霾期间 PM$_{2.5}$浓度极高的主要原因之一。SO$_4^{2-}$ 是 PD_北京时期浓度最高的无机水溶性离子,约占 SNA 的 50% 和 PM$_{2.5}$ 的 19%;ND_北京时期 SO$_4^{2-}$ 也占到 SNA 的 44% 和 PM$_{2.5}$ 的 10%。北方冬季燃煤取暖导致 SO$_2$ 和 NO$_x$ 排放量增大,进而导致硫酸盐和硝酸盐气溶胶浓度显著升高。PD_北京期间 Cl$^-$ 的平均浓度也从 ND_北京时期的 1.5 $\mu g \cdot m^{-3}$ 上升至 9.5 $\mu g \cdot m^{-3}$,是 PD_上海期间 nss-Cl$^-$ 浓度(2.1 $\mu g \cdot m^{-3}$)的 3 倍以上。在北京,污染天期间和非污染天期间 PM$_{2.5}$ 中 Cl$^-$ 的含量分别为 4% 和 3% 左右,高于上海 PM$_{2.5}$ 中的 nss-Cl$^-$ 含量(1% 左右)。这些再次说明,燃煤排放是此次北京重霾天的主要来源。

北京污染天(PD_北京)期间 K$^+$ 浓度也明显上升(图 42-2),且 K$^+$ 浓度的 PD_北京/ND_北京比值高达 14,甚至高于 SNA 平均浓度的上升幅度。污染天期间 K$^+$ 的日均浓度高达 7.4 $\mu g \cdot m^{-3}$(1 月 12 日),与主要由生物质燃烧源导致的大气污染事件期间的浓度相当[7]。K$^+$ 主要来自生物质和燃煤的燃烧排放。在中国农村地区,秸秆被广泛用于居民做饭和取暖燃料[34],说明生物质燃烧也是此次北京重霾天的来源之一。由于污染天期间京津冀地区的雾霾严重,卫星遥感观测的区域火点分布图,未能指示生物质燃烧排放源的贡献[18,35]。北京非污染天(ND_北京)期间([NO$_3^-$]+2[SO$_4^{2-}$])/[NH$_4^+$])的比值在 1.0 左右,说明北京大气气溶胶中的 SO$_4^{2-}$ 和 NO$_3^-$ 在生成硫酸盐和硝酸盐的过程中可以全部被 NH$_3$ 中和。ND_北京期间北京的环境相对湿度(RH)都在 50% 以下,而在污染天期间则高于 70%,平均值达到了 78%±3%,高湿度可促进气态污染物 SO$_2$ 和 NO$_x$ 向颗粒态 SO$_4^{2-}$ 和 NO$_3^-$ 的转化。如图 42-3(b)所示,北京 PM$_{2.5}$ 中的 SO$_4^{2-}$、NO$_3^-$、NH$_4^+$ 随着 RH 的升高而明显上升。污染天期间,([NO$_3^-$]+2[SO$_4^{2-}$])/[NH$_4^+$]比值上升到了 2.3,说明在污染天期间,硫酸盐和硝酸盐在形成过程中,SO$_4^{2-}$ 和 NO$_3^-$ 不能被 NH$_3$ 完全中和,因而在污染天期间,大气气溶胶的酸性增强。污染天期间,[NO$_3^-$+2SO$_4^{2-}$+Cl$^-$]/[NH$_4^+$+Na$^+$+K$^+$+2Mg^{2+}+2Ca^{2+}]的比值为 1.7±0.1,高于 1.0,说明存在阳离子缺失,其原因主要为 H$^+$ 作为阳离子在估算中未被考虑。此次重霾天正处于中国北方燃煤取暖时期,酸性气体 SO$_2$ 和 NO$_x$ 的排放量急剧升高,再加上污染天期间北京相对湿度较高[12],有利于气溶胶表面的液相反应,从而促进大气中 SO$_2$ 和 NO$_x$ 向 H$_2$SO$_4$ 和 HNO$_3$ 的转化[36]。由于相对湿度低于 50%,1 月 10 日前北京气溶胶中液态水含量非常低,气溶胶酸度非常低。从 1 月 10 日开始,气溶胶液态水含量明显升高,有利于 SO$_2$ 和 NO$_x$ 在颗粒物表面发生异相反应,且提高颗粒物的吸湿性。与此同时,在污染天期间,气溶胶酸度明显升高,是非污染天的 2~10 倍。可以推测在高湿度条件下,颗粒物表面液膜的异相反应,是北京硫酸盐和硝酸盐的主要形成机制。在此次重霾天期间,温度变化较小,说明光化学反应不是硫酸盐和硝酸盐气溶胶的主要形成过程。在 RH 较高的情况下,风速较小,如在 RH 为 70%~80%、80%~90%、90%~100% 时,风速分别仅为 0.8、0.6、0.6 m · s^{-1},不利于污染物的扩散,导致气溶胶中硫酸盐和硝酸盐浓度明显升高。加之,在北方冬季,NH_3 的排放量较低,不能完全中和大气中的 H_2SO_4 和 HNO_3,导致在污染天期间,北京大气气溶胶的酸度明显升高。污染天期间 As、Cd、Cu、Pb、Zn 的平均浓度分别为 54.8、4.8、57.7 ng·m^{-3},0.5、0.8 μg·m^{-3},是非污染天期间的 5～13 倍。污染天期间 As、Cd、Cu、Pb、Zn 的最高日均浓度达 88.9、6.5、88.7 ng·m^{-3},0.7、1.1 μg·m^{-3}(1 月 12 日)。同时,As、Cd、Pb、Zn 的 EF 也从 ND_北京期间的 200～850 上升到 PD_北京期间的 1 500～8 000(图 42 - 4),Cu 的 EF 从 31 上升到 136。显然,污染期间颗粒物中污染元素的富集严重。如上所述,燃煤取暖是北京此次重霾天期间 As、Cd、Pb 富集的主要来源,而 Zn 和 Cu 的富集主要与交通和工业生产有关。

在远离大陆的东海花鸟岛,污染天(PD_花鸟岛)期间 SO_4^{2-}、NO_3^-、NH_4^+ 的平均浓度上升到 19.5、11.9、8.5 μg·m^{-3},是非污染天(ND_花鸟岛)期间平均浓度的 9、4、4 倍,增加幅度甚至高于上海。由于花鸟岛本地无人为污染,二次无机离子主要归结于污染气团的外来传输。为排除来自海盐的 SO_4^{2-},假定气溶胶中的 Na^+ 都来自海盐,可估算非海盐硫酸盐(nss - SO_4^{2-})。根据海盐中 SO_4^{2-}/Na^+ 比值为 0.25,可以算出非污染天(ND_花鸟岛)期间和污染天(PD_花鸟岛)期间,nss - SO_4^{2-} 均占总 SO_4^{2-} 的 99% 以上。可见,花鸟岛颗粒物中的 SO_4^{2-},绝大多数来自人为污染排放。这也进而说明,污染期间高浓度的 SO_4^{2-},主要来自外来污染物的传输。在 PD_花鸟岛期间,SNA 占 $PM_{2.5}$ 的平均比例为 31%(高于 ND_花鸟岛期间的平均比例 24%),与距离较远的北京气溶胶中的比值接近,而远低于距离较近的上海气溶胶中的比值,表明花鸟岛可能更多地受北方污染气团的影响。花鸟岛 96% 以上的 K^+ 为非海盐源(nss - K^+),且污染天期间 K^+ 的平均浓度为 0.9 μg·m^{-3},是非污染天期间平均浓度(0.1 μg·m^{-3})的 9 倍,说明 K^+ 主要来自外来污染物的中长途传输。在此次重霾天期间,花鸟岛的 RH 范围为 69%～86%,在 3 个站点中最高;在污染天期间的平均值高达 80%±14%。如图 42 - 3 所示,花鸟岛 $[NH_4^+]$ 与 $[NO_3^-]+2[SO_4^{2-}]$、RH 三者之间的关系,与上海类似。在非污染天期间,($[NO_3^-]+2[SO_4^{2-}]$)/$[NH_4^+]$ 比值接近 1.0,说明 SO_4^{2-} 和 NO_3^- 基本上都可被 NH_3 中和;在污染天期间,($[NO_3^-]+2[SO_4^{2-}]$)/$[NH_4^+]$ 比值为 1.3,气溶胶的酸性有所增强。在重霾天期间,花鸟岛污染元素的富集程度与北京、上海相当(图 42 - 4),说明花鸟岛气溶胶中污染组分的含量较高。在污染天期间,As、Cd、Cu、Mn、Pb、Zn 的平均浓度是非污染天期间的 2～5 倍,平均浓度分别为 7.7、1.8、14.8、41.9、7.4、200 ng·m^{-3},而非污染天期间的平均浓度仅为 3.0、0.4、7.5、9.9、3.1、40 ng·m^{-3}。与二次无机离子一样,污染天期间污染元素的升高,主要受外来污染气团的影响。值得一提的是,花鸟岛 Ni 和 V 的 EF 为 3 个站点中最高,其原因可归结于中国东海船舶排放的影响[37],因采样点离航运繁忙的洋山港仅 60 km 左右。花鸟岛非污染天期间和污染天期间气溶胶中的 V/Ni 比值分别为 2.2 和 1.3,与国内船舶重油燃烧排放的比值(1.9)[32]较为接近。可见,花鸟岛的大气污染受东海船舶排放的影响。

42.3　大气污染物长途传输对三地的不同影响

图 42-6 给出了北京、上海、花鸟岛在此次严重大气污染期间,气团的 48 h 后向轨迹。上海污染天(PD_上海)期间的气团,主要受江苏、浙江等地影响,颗粒物中的 NO_3^-/SO_4^{2-} 比值在 1.1～2.0 之间,与之前主要由长三角局地污染排放导致的上海雾霾期间的

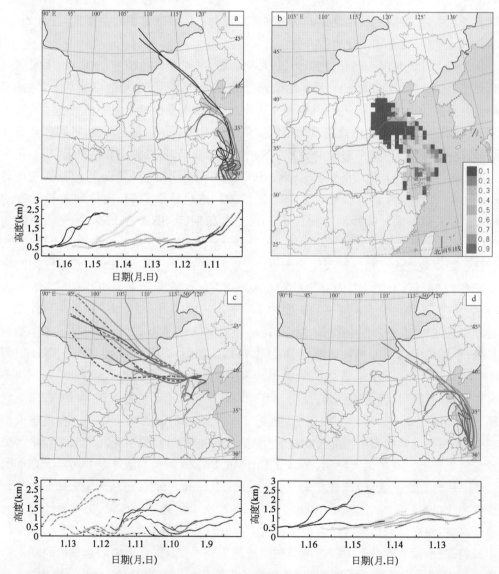

图 42-6　(a) 上海污染天期间的 48 h 气团后向轨迹;(b) 上海 2013 年 1 月 12—15 日 $PM_{2.5}$ 的潜在源贡献函数分布图;(c) 北京污染天期间的 48 h 气团后向轨迹;(d) 花鸟岛污染天期间的 48 h 气团后向轨迹。(彩图见下载文件包,网址见 14 页脚注)

比值较为接近[38]。潜在源贡献函数(potential source contribution function, PSCF)的分析结果也表明,1 月 12—15 日上海的大气污染主要受上海本地、江苏南部以及浙江北部局地排放的影响。而到了 1 月 16 日,气团后向轨迹表明,上海受来自中国华北地区污染气团的影响,其间颗粒物中的 NO_3^-/SO_4^{2-} 比值明显地下降到了 0.6,与北京污染期间的比值较为接近,进一步说明在此次重霾天,上海受中国北方污染气团长距离传输的影响。

北京污染天(PD_北京)期间,1 月 10 日和 12—13 日的气团,经由高污染排放地区的河北和天津,传输至北京;且输送路径的垂直高度较低,可携带大量污染物。北京污染最为严重的 1 月 12 日,SO_4^{2-} 的浓度比 11 日高出了 92%,而 NO_3^- 浓度的增加比例仅为 51%,导致 $\Delta NO_3^-/\Delta SO_4^{2-}$ 比值在 1 月 12 日下降到了 0.4。人为污染源排放清单的数据表明,北京氮氧化物和 SO_2 排放量的比值 NO_x/SO_2 为 1.5,而整个华北地区排放量的 NO_x/SO_2 可低至 0.5[39]。北京污染期间颗粒物中的 NO_3^-/SO_4^{2-} 比值,与华北地区污染物排放量的 NO_x/SO_2 更为接近。此外,与燃煤排放密切相关的 Cl^-、As、Cd、Pb 等组分,在 12 日的浓度也比 11 日高出 80%,说明区域污染传输对此次北京的严重大气污染有显著贡献。

而在远离大陆的东海花鸟岛,如图 42-6 所示,污染天(PD_花鸟岛)期间的大气环境受华北地区以及长三角地区污染传输的影响。如上所述,花鸟岛当地的人为排放污染源几乎为零,而华北地区和长三角地区颗粒物中的 NO_3^-/SO_4^{2-} 比值差异较大,故可以初步用 NO_3^-/SO_4^{2-} 比值判断花鸟岛大气污染的来源。如表 42-2 所示,污染天(PD_花鸟岛)期间 NO_3^-/SO_4^{2-} 比值仅为 0.6,与北京污染期间的比值更为接近。值得一提的是,花鸟岛非污染天(ND_花鸟岛)期间 NO_3^-/SO_4^{2-} 比值是 0.4,为 3 个站点最低,且非污染天期间 NO_3^- 的平均浓度仅为 1.3 $\mu g \cdot m^{-3}$。由于花鸟岛当地居民少(不足 2 500 人),且机动车数量极少,故非污染期间的 NO_3^-,很有可能与船舶排放有关。而在污染天期间,NO_3^-/SO_4^{2-} 的比值与北京的比值更为接近,说明污染天期间花鸟岛更多受来自华北地区污染气团的影响。表 42-3 给出了污染天和非污染天期间颗粒物中污染元素 As、Cd、Cu、Zn 和水溶性离子 K^+ 与矿物元素 Al 的比值。可以看出,非污染天(ND_花鸟岛)期间这些比值与 ND_上海期间的比值较为接近。因此可推断,平时花鸟岛主要受长三角大气传输的影响;而在污染天(PD_花鸟岛)期间,这些比值明显升高,且与北京污染天期间的比值更为接近,进一步说明此次重霾天期间,花鸟岛的大气污染主要受华北地区污染物长距离传输的影响。

表 42-2　不同站点 $PM_{2.5}$ 中 SO_4^{2-} 和 NO_3^- 的平均浓度($\mu g \cdot m^{-3}$)以及 NO_3^-/SO_4^{2-} 比值的比较

地　点	观测时间	SO_4^{2-}	NO_3^-	NO_3^-/SO_4^{2-}	参考文献
上海	1999—2000 年	15.2	6.5	0.4	[22]
	2005 年冬季	15.8	7.1	0.5	[40]
	2006 年冬季	9.6	6.8	0.7	[41]

(续表)

地　点	观　测　时　间	SO_4^{2-}	NO_3^-	NO_3^-/SO_4^{2-}	参考文献
	2010 年春秋季	6.5	7.5	1.2	[38]
	2012 年冬季 ND	9.2	9.2	1.0	本章
	2012 年冬季 PD	25.1	31.7	1.2	本章
北京	1999—2000 年	17.7	10.1	0.6	[22]
	2001—2003 年冬季	21.0	12.3	0.6	[42]
	2012 年冬季 ND	4.6	3.8	0.7	本章
	2012 年冬季 PD	56.1	34.9	0.6	本章
花鸟岛	2012 年冬季 ND	4.4	1.3	0.4	本章
	2012 年冬季 PD	19.5	11.8	0.6	本章

表 42 - 3　污染天与非污染天期间 $PM_{2.5}$ 中 K^+、As、Cd、Cu、Zn 与 Al 的比值

	ND_北京	PD_北京	ND_上海	PD_上海	ND_花鸟岛	PD_花鸟岛
K^+/Al	0.8 ± 0.7	9.0 ± 1.6	3.0 ± 0.7	2.7 ± 0.3	1.2 ± 1.5	5.3 ± 1.5
As/Al	$(1.8\pm2.6)\times 10^{-2}$	$(9.3\pm2.5)\times 10^{-2}$	$(3.1\pm1.6)\times 10^{-2}$	$(3.2\pm0.2)\times 10^{-2}$	$(3.3\pm2.9)\times 10^{-2}$	$(4.5\pm1.5)\times 10^{-2}$
Cd/Al	$(9.9\pm8.0)\times 10^{-4}$	$(8.2\pm1.3)\times 10^{-3}$	$(1.6\pm0.6)\times 10^{-3}$	$(3.4\pm1.9)\times 10^{-3}$	$(4.2\pm3.0)\times 10^{-3}$	$(1.1\pm0.4)\times 10^{-2}$
Cu/Al	$(2.2\pm2.0)\times 10^{-2}$	$(9.9\pm1.8)\times 10^{-2}$	$(3.7\pm1.0)\times 10^{-2}$	$(4.8\pm1.1)\times 10^{-2}$	$(5.0\pm3.6)\times 10^{-2}$	$(8.6\pm3.4)\times 10^{-2}$
Zn/Al	0.2 ± 0.2	1.3 ± 0.3	0.5 ± 0.1	0.7 ± 0.2	0.5 ± 0.4	1.0 ± 0.3

42.4　污染气溶胶的固定源与移动源

　　近年来,随着机动车保有量的急剧增加,移动源也即机动车排放,已成为中国大气污染的主要来源之一。气溶胶中硝酸盐与硫酸盐的质量浓度之比 NO_3^-/SO_4^{2-},可用于指示移动源和固定源(主要为燃煤排放)的相对贡献[43]。在机动车排放为最主要污染排放源的地区,气溶胶中的 NO_3^-/SO_4^{2-} 比值较高。例如在美国洛杉矶,NO_3^-/SO_4^{2-} 比值可高达 2.0[44]。表 42 - 2 给出了 3 个站点污染天与非污染天期间 $PM_{2.5}$ 中 NO_3^- 与 SO_4^{2-} 的平均浓度,以及 NO_3^-/SO_4^{2-} 比值的平均值,并与北京和上海之前的观测结果[22,40-42,45]进行了对比。

　　在上海,非污染天(ND_上海)期间和污染天(PD_上海)期间的 NO_3^-/SO_4^{2-} 比值,分别为 1.0 和 1.4,远高于北京非污染天(ND_北京)期间和污染天(PD_北京)期间的比值。

从 10 年来的变化趋势看,上海气溶胶中的 NO_3^-/SO_4^{2-} 比值,从 2007 年前的 0.4～0.7,上升到 2010 年之后的 1.0 以上。与此同时,上海大气中 SO_2 和 NO_2 的比值 NO_2/SO_2 也从 2005 年的 1.0 左右,上升到 2012 年的 2.0 以上(上海统计年鉴,2006—2012 年)。2005 年上海的年均 SO_2 浓度为 61 $\mu g \cdot m^{-3}$,到 2012 年下降到了 23 $\mu g \cdot m^{-3}$(上海统计年鉴,2006—2012 年),下降比例达 60%。"十一五"期间,由于燃煤脱硫措施被广泛实施,加上上海的年原煤消耗量下降了 42%,上海年均 SO_2 浓度大幅度下降。上海机动车保有量则从 2000 年的 100 万辆左右,急剧增加到 2011 年的 330 万辆左右(上海统计年鉴,2002—2012 年)。上海大气中 NO_2 浓度的下降幅度小于 SO_2,2012 年的年均浓度(46 $\mu g \cdot m^{-3}$)比 2005 年(62 $\mu g \cdot m^{-3}$)下降了 25%(上海统计年鉴,2006—2013 年)。由此可见,上海气溶胶中 NO_3^-/SO_4^{2-} 比值的升高,与机动车排放的增加密切相关,机动车排放对上海大气污染的贡献越来越显著。

北京在 2001—2003 年冬季及 2004 年冬季污染天期间,NO_3^-/SO_4^{2-} 比值较低,仅为 0.58;而在本研究非污染天期间的 NO_3^-/SO_4^{2-} 比值为 0.83。这说明在北京的冬季,移动源也即机动车排放对大气污染的相对贡献明显升高。主要原因是近年来北京的燃煤发电厂、钢铁生产等固定源排放显著下降;加之,北京机动车数量大幅度增加。相比之下,北京污染天期间 NO_3^-/SO_4^{2-} 比值下降为 0.62。北京 2013 年污染天期间的 NO_3^-/SO_4^{2-} 比值范围为 0.62～0.78[18],与 2001—2003 及 2004 年冬季的研究结果相比,无明显变化。如上所述,除了本地排放外,区域传输对北京污染天期间的 $PM_{2.5}$ 也有很大贡献,特别是北京周边城市的燃煤发电厂和钢铁生产所排放的传输,对北京的 SO_2 和 SO_4^{2-} 有较大贡献。据统计,2012 年河北省的日均原煤消耗量(735 958 t 标准煤)比 2006 年(546 882 t 标准煤)增加了 34%(河北省统计年鉴,2007—2013 年),且 2007—2013 年河北省的年均 NO_2/SO_2 比值范围仅为 0.5～0.7(河北省环境质量公报,2007—2013 年),说明河北大气颗粒物中 SO_4^{2-} 的含量明显高于 NO_3^-。因此,如果仅有河北省大气污染传输的影响,北京污染天期间 NO_3^-/SO_4^{2-} 比值将显著下降。然而,由于北京机动车排放的影响,北京污染天期间的 NO_3^- 浓度也明显上升,因此 NO_3^-/SO_4^{2-} 比值仍保持为 0.62,略高于 2001—2004 年的比值。据统计,北京的机动车保有量从 2000 年的 140 万辆急剧增加到 2012 年的 520 万辆(北京统计年鉴,2001—2013 年),机动车排放对于北京大气污染的贡献显著升高。此外,北京市环保局的 $PM_{2.5}$ 源解析结果表明,在不考虑区域传输影响的情况下,本地机动车排放对北京 $PM_{2.5}$ 的贡献高于 30%。综上所述,机动车排放也是北京此次重霾污染的主导因素之一。

参考文献

[1] Zhang Z L, Wang J, Chen L H, et al. Impact of haze and air pollution-related hazards on hospital admissions in Guangzhou, China. Environmental Science and Pollution Research, 2014, 21(6): 4236 - 4244.

[2] Menon S, Hansen J, Nazarenko L, et al. Climate effects of black carbon aerosols in China and India. Science, 2002, 297(5590): 2250 – 2253.

[3] Lang J L, Cheng S Y, Wei W, et al. A study on the trends of vehicular emissions in the Beijing-Tianjin-Hebei (BTH) region, China. Atmospheric Environment, 2012, 62: 605 – 614.

[4] Sun Y L, Wang Z F, Fu P Q, et al. Aerosol composition, sources and processes during wintertime in Beijing, China. Atmospheric Chemistry and Physics, 2013, 13(9): 4577 – 4592.

[5] Zhao P S, Dong F, He D, et al. Characteristics of concentrations and chemical compositions for $PM_{2.5}$ in the region of Beijing, Tianjin, and Hebei, China. Atmospheric Chemistry and Physics, 2013, 13(9): 4631 – 4644.

[6] Cheng Z, Wang S, Fu X, et al. Impact of biomass burning on haze pollution in the Yangtze River Delta, China: A case study in summer 2011. Atmospheric Chemistry and Physics, 2014, 14(9): 4573 – 4585.

[7] Huang K, Zhuang G, Lin Y, et al. Typical types and formation mechanisms of haze in an eastern Asia megacity, Shanghai. Atmos Chem Phys, 2012, 12(1): 105 – 124.

[8] Kang C M, Lee H S, Kang B W, et al. Chemical characteristics of acidic gas pollutants and $PM_{2.5}$ species during hazy episodes in Seoul, South Korea. Atmospheric Environment, 2004, 38(28): 4749 – 4760.

[9] Tan J H, Duan J C, Chen D H, et al. Chemical characteristics of haze during summer and winter in Guangzhou. Atmospheric Research, 2009, 94(2): 238 – 245.

[10] Meng Y J, Wang S Y, Zhao X F. An analysis of air pollution and weather conditions during heavy fog days in Beijing area (in Chinese). Weather, 2000, 26: 40 – 42.

[11] Sun Y L, Zhuang G S, Tang A H, et al. Chemical characteristics of $PM_{2.5}$ and PM_{10} in haze-fog episodes in Beijing. Environmental Science & Technology, 2006, 40(10): 3148 – 3155.

[12] Zhang R H, Li Q, Zhang R N. Meteorological conditions for the persistent severe fog and haze event over eastern China in January 2013. Science China-Earth Sciences, 2014, 57(1): 26 – 35.

[13] Zhao X J, Zhao P S, Xu J, et al. Analysis of a winter regional haze event and its formation mechanism in the North China Plain. Atmospheric Chemistry and Physics, 2013, 13(11): 5685 – 5696.

[14] Sun Y L, Wang Z F, Fu P Q, et al. The impact of relative humidity on aerosol composition and evolution processes during wintertime in Beijing, China. Atmospheric Environment, 2013, 77: 927 – 934.

[15] Hsu S C, Liu S C, Huang Y T, et al. Long-range southeastward transport of Asian biosmoke pollution: Signature detected by aerosol potassium in northern Taiwan. Journal of Geophysical Research-Atmospheres, 2009, 114(D14): doi: 10.1029/2009 JDO11725.

[16] Wang Y S, Yao L, Wang L L, et al. Mechanism for the formation of the January 2013 heavy haze pollution episode over central and eastern China. Science China-Earth Sciences, 2014, 57(1): 14 – 25.

[17] Ji D, Li L, Wang Y, et al. The heaviest particulate air-pollution episodes occurred in northern

China in January, 2013: Insights gained from observation. Atmospheric Environment, 2014, 92: 546 – 556.

[18] Sun Y L, Jiang Q, Wang Z F, et al. Investigation of the sources and evolution processes of severe haze pollution in Beijing in January 2013. Journal of Geophysical Research-Atmospheres, 2014, 119(7): 4380 – 4398.

[19] Wang L T, Wei Z, Yang J, et al. The 2013 severe haze over southern Hebei, China: Model evaluation, source apportionment, and policy implications. Atmospheric Chemistry and Physics, 2014, 14(6): 3151 – 3173.

[20] Wang Z-F, Li J, Wang Z, et al. Modeling study of regional severe hazes over mid-eastern China in January 2013 and its implications on pollution prevention and control. Science China Earth Sciences, 2014, 57(1): 3 – 13.

[21] Wang H, An J, Shen L, et al. Mechanism for the formation and microphysical characteristics of submicron aerosol during heavy haze pollution episode in the Yangtze River Delta, China. Science of the Total Environment, 2014, 490: 501 – 508.

[22] Yao X, Chan C K, Fang M, et al. The water-soluble ionic composition of $PM_{2.5}$ in Shanghai and Beijing, China. Atmospheric Environment, 2002, 36(26): 4223 – 4234.

[23] Andreae M O. Soot carbon and excess fine potassium: Long-range transport of combustion-derived aerosols. Science (New York, NY), 1983, 220(4602): 1148.

[24] Takuwa T, Mkilaha I S N, Naruse I. Mechanisms of fine particulates formation with alkali metal compounds during coal combustion. Fuel, 2006, 85(5 – 6): 671 – 678.

[25] Lida D R. Handbook of chemistry and physics: A ready-reference book of chemical and physical data: 86th ed. New York: CRC Press, 2006: 14 – 17.

[26] Tian H Z, Wang Y, Xue Z G, et al. Trend and characteristics of atmospheric emissions of Hg, As, and Se from coal combustion in China, 1980 – 2007. Atmos Chem Phys, 2010, 10(23): 11905 – 11919.

[27] Tian H, Cheng K, Wang Y, et al. Temporal and spatial variation characteristics of atmospheric emissions of Cd, Cr, and Pb from coal in China. Atmospheric Environment, 2012, 50: 157 – 163.

[28] Duan J C, Tan J H. Atmospheric heavy metals and Arsenic in China: Situation, sources and control policies. Atmospheric Environment, 2013, 74: 93 – 101.

[29] Tanner P A, Ma H-L, Yu P K N. Fingerprinting metals in urban street dust of Beijing, Shanghai, and Hong Kong. Environmental Science & Technology, 2008, 42(19): 7111 – 7117.

[30] Cheng M-C, You C-F, Cao J, et al. Spatial and seasonal variability of water-soluble ions in $PM_{2.5}$ aerosols in 14 major cities in China. Atmospheric Environment, 2012, 60(0): 182 – 192.

[31] Sun Y L, Zhuang G S, Ying W, et al. The air-borne particulate pollution in Beijing — Concentration, composition, distribution and sources. Atmospheric Environment, 2004, 38(35): 5991 – 6004.

[32] Zhao M, Zhang Y, Ma W, et al. Characteristics and ship traffic source identification of air pollutants in China's largest port. Atmospheric Environment, 2013, 64: 277 – 286.

[33] Yang D-Q, Kwan S H, Lu T, et al. An emission inventory of marine vessels in Shanghai in 2003. Environmental Science & Technology, 2007, 41(15): 5183 - 5190.

[34] Mestl H E S, Aunan K, Seip H M, et al. Urban and rural exposure to indoor air pollution from domestic biomass and coal burning across China. Science of the Total Environment, 2007, 377 (1): 12 - 26.

[35] Huang K, Zhuang G, Wang Q, et al. Extreme haze pollution in Beijing during January 2013: Chemical characteristics, formation mechanism and role of fog processing. Atmos Chem Phys, Discuss, 2014, 2014: 7517 - 7556.

[36] Jacobson M Z. Development and application of a new air pollution modeling system. 2. Aerosol module structure and design. Atmospheric Environment, 1997, 31(2): 131 - 144.

[37] Lin Y, Huang K, Zhuang G, et al. Air quality over the Yangtze River Delta during the 2010 Shanghai Expo. Aerosol and Air Quality Research, 2013, 13: 1655 - 1666.

[38] Huang K, Zhuang G, Lin Y, et al. How to improve the air quality over megacities in China: Pollution characterization and source analysis in Shanghai before, during, and after the 2010 World Expo. Atmos Chem Phys, 2013, 13(12): 5927 - 5942.

[39] Zhao B A, Wang P A, Ma J Z A, et al. A high-resolution emission inventory of primary pollutants for the Huabei region, China. Atmospheric Chemistry and Physics, 2012, 12: 481 - 501.

[40] Wang Y, Zhuang G S, Zhang X Y, et al. The ion chemistry, seasonal cycle, and sources of $PM_{2.5}$ and TSP aerosol in Shanghai. Atmospheric Environment, 2006, 40(16): 2935 - 2952.

[41] Fu Q Y, Zhuang G S, Wang J, et al. Mechanism of formation of the heaviest pollution episode ever recorded in the Yangtze River Delta, China. Atmospheric Environment, 2008, 42(9): 2023 - 2036.

[42] Wang Y, Zhuang G S, Tang A H, et al. The ion chemistry and the source of $PM_{2.5}$ aerosol in Beijing. Atmospheric Environment, 2005, 39(21): 3771 - 3784.

[43] Wang Q, Zhuang G, Huang K, et al. Probing the severe haze pollution in three typical regions of China: Characteristics, sources and regional impacts. Atmospheric Environment, 2015, 120: 76 - 88.

[44] Gao Y, Arimoto R, Duce R A, et al. Atmospheric non-sea-salt sulfate, nitrate and methanesulfonate over the China Sea. Journal of Geophysical Research-Atmospheres, 1996, 101 (D7): 12601 - 12611.

[45] Huang K, Zhuang G, Lin Y, et al. How to improve the air quality over mega-cities in China: Pollution characterization and source analysis in Shanghai before, during, and after the 2010 World Expo. Atmos Chem Phys, Discuss, 2013, 13(2): 3379 - 3418.

第43章

北京雾霾期间大气气溶胶的化学特性及其形成机制

    北京(116°E,40°N)拥有 2 170 万人口(2017 年),距离海洋 183 km,比海平面高出 43 m,三面环山,总面积为 16 800 km²(2004 年),38％是平原,62％是山丘。这种地理环境加上小的环境容量,导致了北京大气环境的先天不足。随着城市化和机动车化的快速发展,机动车以每年约 15％的速度增加,北京市的大气环境一直面临严重的污染挑战[1-3]。此外,外地沙尘传输使北京的空气污染犹如雪上加霜[4]。机动车排放、工业排放、燃煤以及道路扬尘,是北京大气颗粒物的主要来源[1,3]。SO_4^{2-}、NO_3^- 和 NH_4^+ 是北京气溶胶中主要的可溶性离子。冬天的气相转化和夏天的云中过程,是硫酸盐形成的主要途径[2]。

    雾霾的形成与气象条件以及大气污染水平密切相关[5,6]。大多数雾霾的形成,与人为排放到大气中以及通过气-固转化形成的颗粒物有关[7]。因此,采暖季节排放的更多污染物,加上静风的气象条件,非常有利于雾霾天的形成。进而,雾霾天又会通过液滴里面的液相化学转化反应,改变气溶胶的化学组成。雾霾天由其对大气能见度、公众健康以及全球气候的可能影响,而日益引起人们关注[8-11]。雾霾天有高浓度的 $PM_{2.5}$,其主要离子物种(NO_3^-、SO_4^{2-} 和 NH_4^+)及有机物,是 $PM_{2.5}$ 的两大主要贡献者[12]。污染较为严重的空气,含有较多的硫酸盐,彰显了硫酸盐在霾形成过程中的作用[9]。1980—1995 年期间,整个美国霾的出现频率呈下降趋势。这与细颗粒物 $PM_{2.5}$ 以及 S 排放的减少相一致[13]。中国大米和小麦由于大气气溶胶以及区域性霾等空气污染,每年至少减产 5％～30％[14]。不仅如此,雾霾天的细颗粒物还富集了几十倍甚至几千倍的有毒金属、酸性污染物质、细菌以及病毒,而这些细颗粒物又很容易进入人体肺部,从而增加呼吸道疾病以及各种诱变疾病*[13,15,16]。本章基于 2004 年 11 月 30 日—12 月 9 日期间,对北京 2 次雾霾事件的系统研究(期间每隔 6 h 采集一次气溶胶 $PM_{2.5}$ 和 PM_{10} 样品,没有缺漏),阐述雾霾期间 $PM_{2.5}$ 和 PM_{10} 的化学特性,包括各种化学组分的昼夜变化、雾霾天和非雾霾天气溶胶的化学组成差异以及导致雾霾天高浓度的化学成分的可能来源。采样方法和化学分析方法详见第 7、8、10 章。

---

    * 诱变疾病是指细颗粒物进入呼吸道及人体肺部所引起的各种疾病。

43.1　北京地区的雾霾事件

　　2004 年 11 月 30 日,中国江南、江淮、西南和华北平原的大部分地区,先后出现了雾和大雾天气。这是中国当年入冬以来出现的影响范围最大的一次大雾天气,其中河北中南部、山东中西部、河南中南部等地的能见度只有 100～200 m,有的地区甚至不超过 10 m。据"风云一号"气象卫星 11 月 30 日早晨监测,包括北京地区在内华北一带的雾区面积达到了 21.7 万 km²。北京在 11 月底到 12 月上旬期间经历了 2 次大的雾霾天,即 11 月 30 日—12 月 2 日、12 月 7—8 日,以及中间的一段非雾霾天(12 月 4—6 日)。雾霾天北京的空气污染非常严重,空气污染指数甚至达到了 300,属于中度重污染。能见度在 12 月 1 日甚至不足 200 m(见图 43 - 1)。可吸入颗粒物 PM_{10} 的 6 h 平均最高浓度为 592.1 $\mu g \cdot m^{-3}$,比国家空气质量二级标准 150 $\mu g \cdot m^{-3}$ 高出近 3 倍。细颗粒物 $PM_{2.5}$ 的 6 h 平均最高浓度也高达 329.8 $\mu g \cdot m^{-3}$,比美国 EPA 制定的细颗粒物日平均标准 65 $\mu g \cdot m^{-3}$ 高出 4 倍。雾霾天 PM_{10} 和 $PM_{2.5}$ 的总平均浓度,也分别比国家标准高出 2～3 倍,比非雾霾天高出 3～5 倍。除去北京先天不足的地理气候条件和暖冬带来的不利气

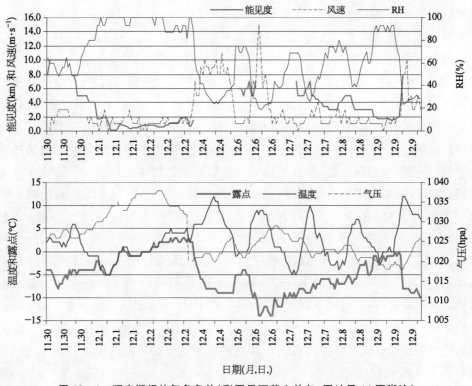

图 43 - 1　研究期间的气象条件(彩图见下载文件包,网址见 14 页脚注)

hPa:百帕。

象条件外,机动车排放、工业排放、燃煤污染、扬尘污染等因素同时存在,并相互作用,这些是造成北京雾霾天严重空气污染的重要原因。

　　雾霾天有利于污染物尤其是细颗粒物的积累。图 43 - 2 给出了 $PM_{2.5}/PM_{10}$ 在整个采样期间的变化比率。在雾霾天期间,细颗粒物占 PM_{10} 的一半以上($PM_{2.5}/PM_{10}$ 平均值 0.54,标准偏差 0.13,范围 0.37～0.77),远高于非雾霾天的比率(平均值 0.37,标准偏差 0.13,范围 0.13～0.69)。雾霾天 $PM_{2.5}/PM_{10}$ 的比率与之前的研究结果[1,3]相近。细颗粒物 $PM_{2.5}$ 是北京雾霾天 PM_{10} 的主要组成部分。

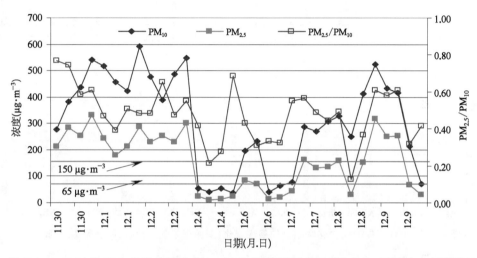

图 43 - 2　$PM_{2.5}$ 和 PM_{10} 的浓度以及 $PM_{2.5}/PM_{10}$ 比值(彩图见下载文件包,网址见 14 页脚注)

43.2　北京大气气溶胶 PM_{10} 和 $PM_{2.5}$ 中化学组分的日夜变化

　　图 43 - 3 显示了 PM_{10} 和 $PM_{2.5}$ 中主要化学组分的日夜变化。在 95% 的可信区间,元素和水溶性离子都没有明显的日夜变化。不过,大多数矿物元素和矿物离子白天的浓度要比夜间略高一些。如白天 Ca、Fe、Al、Ti 和 Ca^{2+} 在 $PM_{2.5}$ 和 PM_{10} 中的浓度分别为 2.0、1.5、1.6、0.11 和 1.8 $\mu g \cdot m^{-3}$ 以及 8.9、3.8、5.8、0.38 和 4.7 $\mu g \cdot m^{-3}$,比夜间平均浓度高出 20%～60%。上面提到的组分大多来自地壳源,如道路扬尘、建筑扬尘以及外地传输尘等。白天的较高风速与更多人为活动的扰动,如交通运输和建筑活动等,是造成白天这些组分浓度较高的原因。对于大多数污染元素和污染离子来说,夜间的浓度要略高于白天,如夜间 Zn、Pb、Cu、K^+、Cl^-、NH_4^+、SO_4^{2-} 在 $PM_{2.5}$ 中的平均浓度分别为 0.58、0.33、0.079、3.6、4.7、7.3、15 $\mu g \cdot m^{-3}$,在 PM_{10} 中分别为 0.94、0.46、0.10、6.6、6.7、11、28 $\mu g \cdot m^{-3}$,比白天的平均浓度高 10%～40%。这些污染物组分的浓度,取决于源排放的强度及气象条件。夜间由于室内取暖消耗更多的燃煤,会排放出更多污染物,进而在夜间相对稳定的边界层中积累,从而使污染组分的浓度在夜间略高于白天。

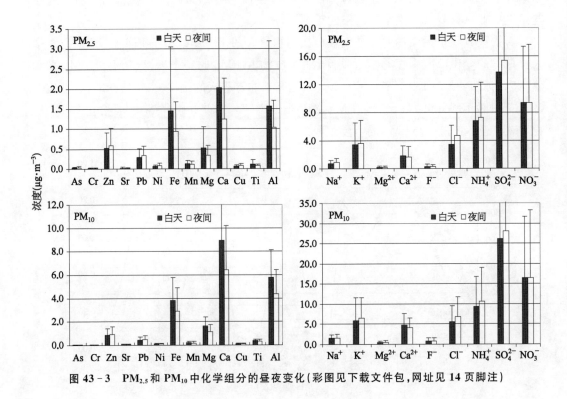

图 43-3 PM₂.₅ 和 PM₁₀ 中化学组分的昼夜变化（彩图见下载文件包，网址见 14 页脚注）

43.3　北京大气气溶胶中细颗粒物（<2.5 μm）和粗颗粒物（2.5～10 μm）的组分差异

图 43-4 给出了粗细颗粒物的化学组分浓度。与之前研究者报道的一样[17,18]，来自天然源的化学成分如 Ca、Al、Fe、Mg、Ti、Sr、Mg^{2+}、Ca^{2+} 等，主要集中在粗颗粒物中（66%～78%）。那些主要来自人为污染源的组分诸如 As、Zn、Pb、Cu 和 Cl^- 等，主要聚集在细颗粒物中（58%～66%）。二次气溶胶如硫酸盐和硝酸盐主要来自其前体物 SO_2 和 NO_x 的化学转化，它们也主要集中在细颗粒物中（53%～64%）。雾霾天气能够极大地影响化学组分在粗细颗粒物之间的分配。雾霾期间所有的化学成分在粗细颗粒物中的浓度都有所增加，这种特殊事件更有利于污染物组分在细颗粒物中的积累。如 As、Zn、Pb、Cl^-、SO_4^{2-} 在雾霾天占细颗粒物的百分比要比非雾霾天高 10%～17%。Na^+ 在雾霾期间更多地聚集在细颗粒物中，比非雾霾天高 18%。相比较而言，Ca^{2+} 和 Mg^{2+} 更多地集中在粗颗粒物中，比非雾霾天分别高出 18% 和 13%。雾霾天对其他化学组分如 Ca、Al、Fe、Mg、Ti、Sr、K^+、F^- 和 NO_3^- 在细颗粒物中所占的百分比，没有明显的影响（在 ±3% 的范围之内）。

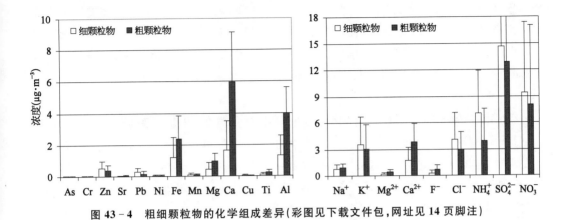

图 43-4　粗细颗粒物的化学组成差异(彩图见下载文件包,网址见 14 页脚注)

43.4　雾霾期间气溶胶 PM$_{10}$ 和 PM$_{2.5}$ 化学组分的变化

43.4.1　大气气溶胶传输途径轨迹分析

为探明雾霾重污染期间颗粒物的来源,计算了北京(40°N,116°E)的 3 d 后向轨迹。后向轨迹计算采用的是美国国家海洋以及空气资源实验室开发的 HYSPLIT4 扩散传输模型[19]以及 FNL 气象数据*。图 43-5 给出了利用等熵法计算的 1 000 m 高度的 3 d 后向轨迹。11 月 30 日、12 月 7—8 日,气团来源于蒙古国的西部,然后途经内蒙古中部的

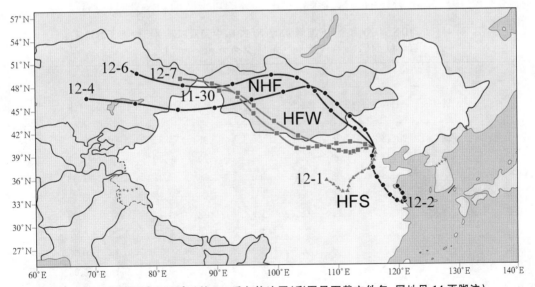

图 43-5　北京(40°N,116°E)的 3 d 后向轨迹图(彩图见下载文件包,网址见 14 页脚注)

---

*　FNL 气象数据为一种气象数据格式。

沙漠以及半沙漠地区,最后抵达北京,称为西路。而12月1和2日的气团,主要来源于北京南部各省市如天津、山东、山西、河北等,称为南路。来自西路和南路颗粒物的化学组成有明显差异。因此,我们将数据分为3类,即HFS(haze-fog south,南路雾霾)、HFW(haze-fog west,西路雾霾)和NHF(non haze-fog,非雾霾),并进行讨论。

43.4.2 雾霾和非雾霾期间大气气溶胶中元素的浓度及来源

HFS、HFW和NHF期间大气气溶胶中的元素浓度,列于表43-1。无论是PM$_{2.5}$中还是PM$_{10}$中的元素,在雾霾期间的浓度均要高于非雾霾期间。矿物元素Ca、Fe、Al、Ti、Mg和Sr在雾霾期间的浓度,是非雾霾期间浓度的2~4倍。污染元素As、Zn、Pb和Cu在雾霾期间PM$_{2.5}$中的浓度分别为0.04、0.79、0.44和0.09 μg·m^{-3},PM$_{10}$中则分别为0.06、1.26、0.62和0.13 μg·m^{-3},是非雾霾期间浓度的4~10倍。雾霾天积累了高浓度的污染物,尤其是气溶胶中的污染元素。HFS和HSW之间的元素差异也列于表43-1。在PM$_{10}$中,HFW中地壳元素的浓度要略高于HFS,而污染元素As、Zn和Pb在HFS中的浓度要比HFW高30%~40%。北京南部和西南部拥有大量的煤矿区,以及太原、唐山等重污染城市。气团经过此地,必然会与这沿途排放的大量污染物混合,进而抵达北京。来自西路的气团,起源于沙尘暴频发的蒙古以及内蒙古的沙漠地区,必将比南路携带更多的矿物元素。相比较而言,PM$_{2.5}$中除了Fe和Mn之外,大多数矿物元素在HFS和HFW之间有明显的不同($p < 0.1$)。以Ca、Al、Ti和Mg为例,当传输方向由南路转为西路时,它们的浓度增加了1.2~3.2倍。PM$_{2.5}$中的污染元素As、Zn和Pb在HFW中比在HFS中略高(14%~64%),其余元素在95%的可信区间内没有明显差异。

表43-1 **HFS、HFW和NHF期间PM$_{2.5}$和PM$_{10}$中元素以及水溶性离子的浓度**
(单位:Cr、Co和V为ng·m^{-3},其余为μg·m^{-3})

	PM$_{2.5}$					PM$_{10}$				
	HFS	HFW	HFT[a]	NHF	HFT/NHF	HFS	HFW	HFT	NHF	HFT/NHF
质量浓度	242.19	206.28	219.96	36.73	6.0	485.95	374.35	416.86	98.57	4.2
Ca	0.67	2.80	1.99	0.97	2.1	6.70	10.70	9.18	4.47	2.1
Fe	1.12	1.87	1.58	0.48	3.3	3.96	4.28	4.16	1.62	2.6
Al	0.73	1.91	1.46	1.00	1.5	4.86	6.13	5.65	3.76	1.5
Ti	0.06	0.13	0.11	0.06	1.8	0.38	0.42	0.41	0.23	1.8
Mg	0.20	0.69	0.50	0.28	1.8	1.15	1.85	1.59	0.97	1.6
Mn	0.13	0.18	0.16	0.04	4.0	0.28	0.25	0.26	0.08	3.2
Sr	0.01	0.03	0.02	0.01	2.4	0.10		0.04		2.2
Cr	11.97	20.79	18.58	10.20	1.8	17.36	33.51	27.05	4.13	6.5
Co	1.06	2.36	1.86	0.65	2.9	5.21	5.20	5.20	3.04	1.7
Ni	0.06	0.11	0.09	0.02	3.8	0.14	0.13	0.14	0.04	3.8

（续表）

	PM$_{2.5}$					PM$_{10}$				
	HFS	HFW	HFT[a]	NHF	HFT/NHF	HFS	HFW	HFT	NHF	HFT/NHF
V	6.16	5.76	5.91	8.36	0.7	9.33	10.33	9.95	8.06	1.2
As	0.04	0.05	0.04	0.01	6.4	0.07	0.05	0.06	0.01	4.8
Zn	0.65	0.88	0.79	0.10	8.2	1.46	1.14	1.26	0.16	7.8
Pb	0.41	0.47	0.44	0.04	10.0	0.77	0.53	0.62	0.08	8.2
Cu	0.06	0.11	0.09	0.02	3.6	0.13	0.13	0.13	0.03	4.0
S	14.09	8.28	10.49	1.06	9.9	24.36	12.18	16.82	1.80	9.3
Na$^+$	0.73	1.10	0.96	0.22	4.3	1.91	1.91	1.91	0.67	2.9
Mg^{2+}	0.15	0.31	0.25	0.11	2.2	0.73	0.72	0.73	0.21	3.5
Ca^{2+}	1.57	2.08	1.88	1.51	1.2	4.36	6.11	5.45	2.33	2.3
F$^-$	0.12	0.46	0.32	0.04	7.8	0.85	1.31	1.14	0.12	9.5
Cl$^-$	3.88	6.54	5.53	0.76	7.3	8.47	9.12	8.87	0.99	8.9
K$^+$	4.31	4.81	4.62	0.36	12.8	9.32	7.71	8.32	0.57	14.7
NH$_4^+$	11.63	8.99	10.00	1.41	7.1	19.65	11.08	14.34	1.66	8.6
SO$_4^{2-}$	29.46	16.32	21.32	1.71	12.5	61.15	25.91	39.34	3.66	10.8
NO$_3^-$	17.05	11.77	13.78	0.94	14.7	36.96	16.71	24.43	1.46	16.8

[a] HFT：total haze-fog，即来自所有气团方向的雾霾。

　　基于富集系数(EF)可推断气溶胶中元素的来源。富集系数计算以 Al 作为地壳参比元素，以其在地壳的平均组成[20]作为参比。富集系数定义为：

$$EF = (X/Al)_{气溶胶} / (X/Al)_{地壳}$$

其中，$(X/Al)_{气溶胶}$指气溶胶样品中某元素 X 与 Al 的浓度比值，$(X/Al)_{地壳}$指地壳中某元素 X 与 Al 的浓度比值。如果 EF 接近 1，说明地壳源为其主要来源；如果 EF>5，说明该元素有部分非地壳源。元素 Ca、Al、Fe、Mg 和 Ti 无论在 PM$_{2.5}$还是在 PM$_{10}$中的 EF 均小于 5，说明它们主要来自地壳源。Zn、Pb、Cu、As 和 S 在 PM$_{2.5}$中的 EF 高达 100～100 000，说明它们主要来自人为污染源，如煤炭燃烧、机动车尾气排放以及工业排放等[3]。与 PM$_{2.5}$相比，PM$_{10}$中污染元素的 EF，仅为几十到几千。污染元素更易富集于细颗粒物中，而后随细颗粒物的长距离传输，产生局部到区域范围内的影响。图 43-6 清楚地显示了，污染元素在 HFS 中的 EF 最高，其次是在 HFW 中，最后为 NHF。这些结果进一步证实了，雾霾天的空气污染非常严重。

43.4.3　雾霾和非雾霾期间大气气溶胶中的离子浓度

　　HFS、HFW 和 NHF 的水溶性离子浓度，列于表 43-1。水溶性离子是大气颗粒物的重要组成部分。所检测到的离子总浓度，在雾霾期间分别占 PM$_{2.5}$ 和 PM$_{10}$ 的 27%

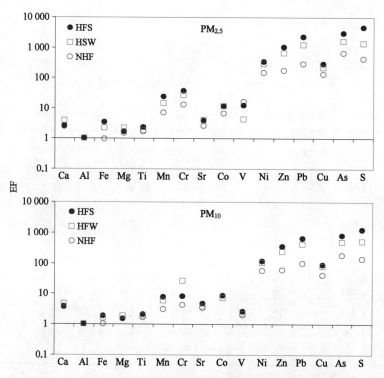

图 43-6　HFS、HFW 和 NHF 中元素的富集系数(彩图见下载文件包,网址见 14 页脚注)

(S.D.＝0.05％)和 24％(S.D.＝0.07％),在非雾霾期间分别占 19％(S.D.＝0.06％)和 10％(S.D.＝0.04％)。其中,雾霾期间的主要阳离子(NH_4^+、Ca^{2+} 和 K^+)和主要阴离子(SO_4^{2-}、NO_3^- 和 Cl^-)总共占 $PM_{2.5}$ 和 PM_{10} 的 96％和 95％,非雾霾期间约占 93％。跟元素一样,雾霾期间 $PM_{2.5}$ 和 PM_{10} 中的离子浓度,均高于非雾霾期间的浓度。例如雾霾期间的水溶性离子 Na^+、Mg^{2+} 和 Ca^{2+} 的浓度,是非雾霾期间的 2～4 倍,F^- 和 Cl^- 为非雾霾期间的5～10倍。雾霾对 K^+、SO_4^{2-} 和 NO_3^- 的影响最大,雾霾期间 $PM_{2.5}$ 中 K^+、SO_4^{2-} 和 NO_3^- 的浓度分别为 4.62、21.32 和 13.78 $\mu g \cdot m^{-3}$,在 PM_{10} 中分别为 8.32、39.34 和 24.43 $\mu g \cdot m^{-3}$,均比非雾霾期间的浓度高出 10 倍左右。显而易见,雾霾导致了严重的空气污染,尤其是其中的二次污染物。

　　$PM_{2.5}$ 中 SO_4^{2-}($p<0.01$)、Mg^{2+}、F^-、Cl^- 和 NH_4^+($p<0.05$),Na^+ 和 NO_3^-($p<0.1$)在 HFS 和 HFW 之间有明显差异。当传输方向由南变西时,Na^+、Mg^{2+}、F^- 和 Cl^- 的浓度分别从 0.73、0.15、0.12 和 3.88 $\mu g \cdot m^{-3}$ 增加到 1.10、0.31、0.46 和 6.54 $\mu g \cdot m^{-3}$,分别增加了 0.5～3 倍。NH_4^+、SO_4^{2-} 和 NO_3^- 的浓度从 11.63、29.46 和 17.05 $\mu g \cdot m^{-3}$ 变化到 8.99、16.32 和 11.77 $\mu g \cdot m^{-3}$,降低了 20％～40％。$PM_{2.5}$ 中 Ca^{2+} 和 K^+ 在 HFS 和 HFW 期间并没有明显差异。与 $PM_{2.5}$ 中的化学组分相比,PM_{10} 中除了二次气溶胶(NH_4^+、SO_4^{2-} 和 NO_3^-,$p<0.01$),大多数水溶性离子在 HFS 和 HFW 期间没有明显差异。气团

传输方向由西到南,NH_4^+、SO_4^{2-} 和 NO_3^- 的浓度由 11.08、25.91 和 16.71 $\mu g \cdot m^{-3}$,变化到 19.65、61.15 和 36.96 $\mu g \cdot m^{-3}$,增加了 0.8~1.4 倍。这结果体现了 $PM_{2.5}$ 的区域性对长距离传输具有强响应,而 PM_{10} 更多地与本地源有关。

43.4.4　大气气溶胶中的离子平衡

图 43-7 显示了 $PM_{2.5}$ 和 PM_{10} 中总阳离子和总阴离子的当量比即离子平衡,两者均以 μeq 为单位。雾霾期间,$PM_{2.5}$ 中阳离子/阴离子(C/A)的平均当量比为 1.02(S.D.=0.19),在 PM_{10} 中为 0.99(S.D.=0.31)。结果明显表明,几乎所有离子都被准确测定。HFS 中的 C/A 当量比稍低于 1,而在 HFW 中则稍大于 1。也就是说,来自南方的气溶胶颗粒物,体现更多的酸性,而来自西部的颗粒物,体现更多的碱性。在非雾霾期间,在 $PM_{2.5}$(平均值 2.43,标准偏差 0.89)和 PM_{10}(平均值 1.94,标准偏差 0.69)中的 C/A 当量浓度比,均显著高于 1,这是由于未测定 CO_3^{2-} 和 HCO_3^- 离子所致[21]。非雾霾期间的碱性矿物组分为吸收大气中的酸性气体(SO_2、NO_x 和 HCl)提供了反应界面,从而加速了它们的清除过程,减轻了当地大气环境的酸化。NH_3 是大气中唯一的碱性气体,它首先被 H_2SO_4 中和形成 $(NH_4)_2SO_4$ 或者 NH_4HSO_4,剩余部分才与 HNO_3 反应生成 NH_4NO_3。雾霾期间,无论在 $PM_{2.5}$ 还是在 PM_{10} 中,$[NH_4^+]$ 都与 $[SO_4^{2-}]$[图 43-8(a)和(c)]与 $[SO_4^{2-}+NO_3^-]$[图 43-8(b)和(d)]呈现明显的相关性,但是 $[NH_4^+]$ 与 $[SO_4^{2-}+NO_3^-]$ 线性回归方程的斜率均小于 1($PM_{2.5}$ 中为 0.50,PM_{10} 中为 0.46),说明雾霾期间的 NH_3 并不能完全中和酸性成分(如 HNO_3 和 H_2SO_4)。这一方面可能与未考虑 NH_3 的挥发部分有关,另一方面,北京可能处在 NH_3 缺乏区,HNO_3 和 H_2SO_4 能够跟碱性土壤颗粒物反应,生成 $CaSO_4$、$NaNO_3$ 和 $Ca(NO_3)_2$。相反,尽管非雾霾期间 $PM_{2.5}$ 和 PM_{10} 中的 $[NH_4^+]$ 与 $[SO_4^{2-}]$[图 43-8(a)和(c)]和 $[SO_4^{2-}+NO_3^-]$[图 43-8(b)和(d)]具有强的相关性,但是它们回归方程的斜率,在 $PM_{2.5}$ 中分别为 2.24 和 1.42,在 PM_{10} 中分别为 1.21 和 0.89。结

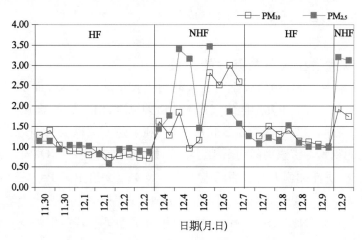

图 43-7　$PM_{2.5}$ 和 PM_{10} 中的阴阳离子平衡(彩图见下载文件包,网址见 14 页脚注)

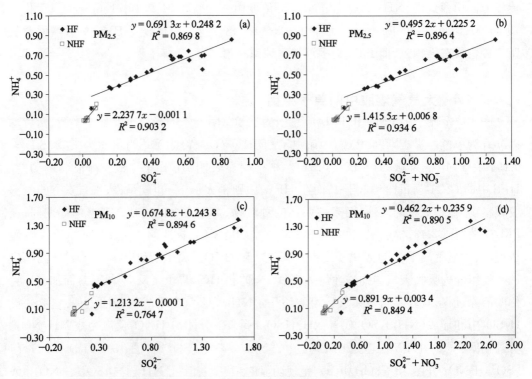

图 43-8 雾霾以及非雾霾期间 $[NH_4^+]$ 与 $[SO_4^{2-}]$ 和 $[SO_4^{2-}+NO_3^-]$($\mu eq \cdot m^{-3}$ 对 $\mu eq \cdot m^{-3}$)的相关性(彩图见下载文件包,网址见 14 页脚注)

果表明,非雾霾期间 $PM_{2.5}$ 中的酸性成分,已经被 NH_3 全部中和。多余的 NH_3 与 Cl 和草酸结合,生成 NH_4Cl 和 $(NH_4)_2C_2O_4$。在 PM_{10} 中,尽管 NH_3 全部中和了 H_2SO_4,却并没有完全中和所有的酸性成分,剩余的 HNO_3 可能与碱性颗粒物反应。$(NH_4)_2SO_4$ 和 NH_4NO_3 是非雾霾天的主要成分;而在雾霾期间,除了这 2 种主要成分之外,$CaSO_4$、$NaNO_3$ 和 $Ca(NO_3)_2$ 也是气溶胶中的重要成分。

43.4.5 雾霾发生与气象条件的关系

雾霾期间的污染,不仅与采暖季节更多的污染物排放有关,还与气象条件有明显的相关性。图 43-1 给出了研究期间的气象条件诸如风速、相对湿度、温度以及能见度等的变化情况。暖冬期间相对较低的温度和风速,有利于逆温层以及低的边界层形成,从而有利于污染物的积累。雾霾期间的高相对湿度,能够加速 SO_2 和 NO_x 向硫酸盐和硝酸盐的二次化学转化,进而加剧大气中的污染水平。表 43-2 给出了 $PM_{2.5}$ 各种化学组分和气象条件的相关系数。可以看到,相对湿度和风速,是影响大气中污染物浓度最重要的 2 个因素。二次气溶胶(NH_4^+、SO_4^{2-} 和 NO_3^-)与相对湿度呈显著正相关($r=0.66\sim0.77$),与风速呈显著负相关($r=0.60\sim0.70$)。雾霾期间高相对湿度和低风速,必然会导致高浓度的二次气溶胶。其他污染物组分也与相对湿度呈现负相关($r=-0.46\sim-0.57$),与风速呈正相关($r=0.60\sim0.67$)。这些污染组分还与温度呈现微弱的负相关,表明逆温层对污染物积累有一定作用。大多数矿物元素与气象条件几乎没有关系,说明雾霾对矿物元素的影响很小。

表 43 - 2　PM$_{2.5}$中化学组分与气象条件的相关性

	As	Zn	Pb	Cu	Ca	Fe	Al	Ti	Mg	Mn
温度	-0.43	-0.36	-0.39	$-0.54^{\dagger}$	0.03	-0.08	0.09	0.01	0.05	-0.20
相对湿度	0.46^{*}	0.49^{*}	$0.57^{\dagger}$	0.30	-0.17	0.09	-0.18	-0.09	-0.15	0.40
压强	0.18	0.07	0.19	0.01	-0.20	0.07	-0.18	-0.08	-0.24	0.06
风速	$-0.61^{\dagger}$	$-0.65^{\dagger}$	$-0.67^{\dagger}$	$-0.60^{\dagger}$	-0.08	-0.24	-0.02	-0.09	-0.07	-0.51^{*}

	Sr	K$^+$	Na$^+$	Mg^{2+}	Ca^{2+}	F$^-$	Cl$^-$	NH$_4^+$	SO$_4^{2-}$	NO$_3^-$
温度	-0.05	-0.03	-0.07	0.01	0.09	-0.07	-0.35	-0.42	-0.34	-0.26
相对湿度	-0.06	0.34	0.04	0.02	0.09	-0.20	0.33	$0.75^{\dagger}$	$0.77^{\dagger}$	$0.66^{\dagger}$
压强	-0.16	0.15	-0.06	-0.21	0.09	-0.22	-0.03	0.46^{*}	$0.60^{\dagger}$	$0.50^{\dagger}$
风速	-0.16	-0.48^{*}	-0.33	-0.24	-0.05	-0.12	$-0.59^{\dagger}$	$-0.70^{\dagger}$	$-0.60^{\dagger}$	$-0.60^{\dagger}$

显著性水平$^{\dagger}p<0.001$,$^{*}p<0.01$。

43.4.6　大气气溶胶中水溶性离子和元素的质量平衡

图 43 - 9 为 PM$_{2.5}$和 PM$_{10}$中所检测到的水溶性离子和元素的质量平衡。地壳组分为 Al、Si、Ca、Fe、Ti、K 等常见氧化物的总和,即地壳组分 $= 1.89\times$ Al$+2.14\times$ Si$+1.4\times$ Ca$+1.36\times$ Fe$+1.2\times$ K$+1.67\times$ Ti[22]。Si 的浓度是根据 Si/Al 的浓度比 4.0[20,21]估算的。受本研究所采用的分析方法限制,未实际测量 Si 的浓度。痕量组分即上面所谈到的元素,以及 NH$_4^+$、SO$_4^{2-}$ 和 NO$_3^-$ 离子之外的其他组分之和。HFS、HFW 和 NHF 三者的气溶胶化学组分显著不同。二次气溶胶[主要是(NH$_4$)$_2$SO$_4$ 和 NH$_4$NO$_3$]是 PM$_{2.5}$的最主要物种,其在 HFS 和 HFW 中分别占所测组分总量的 73%和 47%,在 NHF 中则降为 16%。地壳组分的贡献从 HFS 和 HFW 的 19%和 41%增加到 NHF 的 50%。与 PM$_{2.5}$中的组分相比较,PM$_{10}$中的地壳组分在 HFW 和 NHF 中,分别占所测组分总量的 59%和 67%;而二次气溶胶仍是 HFS 的最主要组分,占所测组分总量的 56%。PM$_{2.5}$和 PM$_{10}$中地壳组分的贡献从 HFS 到 HFW 再到 NHF 递增,而二次气溶胶正好相反。上述结果清楚地表明了,雾霾对气溶胶的化学组分有影响。气溶胶的粒径和化学组成,又会进一步影响雾霾的形成。

雾霾期间硫酸盐和硝酸盐的高贡献量,与 SO$_2$ 和 NO$_x$ 的高氧化率有关。硫氧化率 SOR $= n$-SO$_4^{2-}$/(n-SO$_4^{2-}$+n-SO$_2$)和氮氧化率 NOR $= n$-NO$_3^-$/(n-NO$_3^-$+n-NO$_2$)可反映二次转化过程的程度。高 SOR 和 NOR 值,说明生成了更多的二次气溶胶。

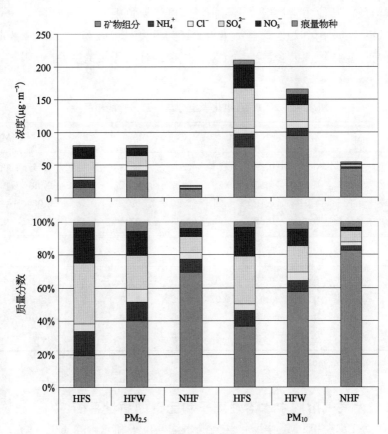

图 43-9 PM$_{2.5}$和 PM$_{10}$在 HFS、HFW 和 NHF 中的质量平衡
（彩图见图版第 29 页，也见下载文件包，网址见正文 14 页脚注）

据文献报道，在一次源排放的污染气溶胶中，SOR 值<0.10[23,24]；当 SOR 值>0.10 时，SO$_2$进行了光化学氧化反应[25]。图 43-10 给出了 SO$_2$和 NO$_2$以及 PM$_{2.5}$中的 SOR 和 NOR 值的变化。雾霾期间 SOR 和 NOR 值(12 月 2 日分别为 0.27 和 0.14，12 月 1 日分别为 0.19 和 0.09)显著高于非雾霾期间(仅约为 0.01～0.02)，说明雾霾期间的二次转化大大增强。不仅如此，SOR 和 NOR 还与相对湿度呈明显的正相关(r 分别为 0.92 和 0.67)，与温度成中等程度的负相关(r 分别为−0.52 和−0.55)。据报道，SO$_2$通过 OH 自由基的气相氧化生成硫酸盐的过程，与温度强烈相关[26]。上述结果表明，雾霾期间 SO$_2$的金属催化氧化，或者云中 H$_2$O$_2$/O$_3$的液相氧化过程，较之气相氧化过程更为重要。NOR 与温度之间的负相关，可能与颗粒物态的 NH$_4$NO$_3$和 NH$_3$之间的气-固平衡有关。

综上所述，北京雾霾天的空气污染非常严重。元素以及可溶性离子在雾霾天的浓度，要比非雾霾天的浓度高几倍甚至几十倍。PM$_{2.5}$中的大多数组分，以及 PM$_{10}$中的二次气溶胶，在来自西部的雾霾和来自南部的雾霾中表现出很大的差异。一般说来，来自南部雾霾(HFS)中的二次气溶胶和来自西部雾霾(HFW)中的其他组分，浓度要偏高一些。

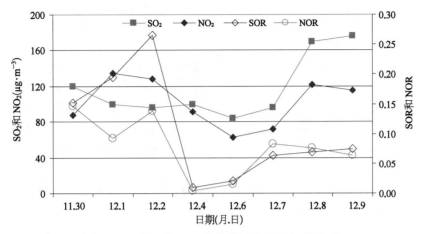

图 43-10　SO₂ 和 NO₂ 的浓度以及 SOR 与 NOR 值

雾霾天 PM$_{2.5}$ 中的化学组分对长距离传输的强响应,表明了 PM$_{2.5}$ 的区域性;而 PM$_{10}$ 中的组分则更多地与本地源相关。离子平衡表明,HFS 的气溶胶颗粒体现了更多的酸性,而 HFW 体现了更多的碱性。二次气溶胶是雾霾天气溶胶的主要化学成分,而且它们的浓度沿 NHF-HFW-HFS 逐渐增加。雾霾天高浓度的二次气溶胶,可能与云中高的硫氮(S-N)转化率有关。雾霾天的空气污染与人为污染物的排放密切相关,同时与气象条件也有关系。

参考文献

[1]　He K B, Yang F M, Ma Y L, et al. The characteristics of PM$_{2.5}$ in Beijing, China. Atmospheric Environment, 2001, 35(29): 4959-4970.

[2]　Yao X H, Chan C K, Fang M, et al. The water-soluble ionic composition of PM$_{2.5}$ in Shanghai and Beijing, China. Atmospheric Environment, 2002, 36(26): 4223-4234.

[3]　Sun Y L, Zhuang G S, Ying W, et al. The air-borne particulate pollution in Beijing — Concentration, composition, distribution and sources. Atmospheric Environment, 2004, 38(35): 5991-6004.

[4]　Han L H, Zhuang G S, Sun Y L, et al. Local and non-local sources of airborne particulate pollution at Beijing — The ratio of Mg/Al as an element tracer for estimating the contributions of mineral aerosols from outside Beijing. Science in China (Ser B), 2005, 48(4): 253-264.

[5]　Meng Y J, Wang S Y, Zhao X F. An analysis of air pollution and weather conditions during heavy fog days in Beijing area. Weather (in Chinese), 2000, 26(3): 40-42.

[6]　Wang S Y, Zhang X L, Xu X F. Analysis of variation features of visibility and its effect factors in Beijing. Meteorological Science and Technology (in Chinese), 2003, 31(2): 109-114.

[7]　Watson J G. Visibility: Science and regulation. Journal of The Air & Waste Management Association, 2002, 52(6): 628-713.

[8] Wang H B, Shooter D. Coarse-fine and day-night differences of water-soluble ions in atmospheric aerosols collected in Christchurch and Auckland, New Zealand. Atmospheric Environment, 2002, 36(21): 3519 - 3529.

[9] Chen L W A, Chow J C, Doddridge B G, et al. Analysis of a summertime $PM_{2.5}$ and haze episode in the mid-Atlantic region. Journal of the Air & Waste Management Association, 2003, 53(8): 946 - 956.

[10] Yadav A K, Kumar K, Kasim A, et al. Visibility and incidence of respiratory diseases during the 1998 haze episode in Brunei Darussalam. Pure and Applied Geophysics, 2003, 160(1 - 2): 265 - 277.

[11] Okada K, Ikegami M, Zaizen Y, et al. The mixture state of individual aerosol particles in the 1997 Indonesian haze episode. Journal of Aerosol Science, 2001, 32(11): 1269 - 1279.

[12] Kang C M, Lee H S, Kang B W, et al. Chemical characteristics of acidic gas pollutants and $PM_{2.5}$ species during hazy episodes in Seoul, South Korea. Atmospheric Environment, 2004, 38(28): 4749 - 4760.

[13] Schichtel B A, Husar R B, Falke S R, et al. Haze trends over the United States, 1980 - 1995. Atmospheric Environment, 2001, 35(30): 5205 - 5210.

[14] Chameides W L, Yu H, Liu S C, et al. Case study of the effects of atmospheric aerosols and regional haze on agriculture: An opportunity to enhance crop yields in China through emission controls. Proceedings of the National Academy of Sciences of the United States of America, 1999, 96(24): 13626 - 13633.

[15] Schwartz J, Dockery D W, Neas L M. Is daily mortality associated specifically with fine particles? Journal of Air and Waste Management Association, 1996(46): 927 - 939.

[16] Wilson W H, Suh H H. Fine particles and coarse particles: Concentration relationships relevant to epidemiological studies. Journal of the Air and Waste Management Association, 1997(47): 1238 - 1249.

[17] Wang M X, Ren L X, Lu W X, et al. Element concentrations and their particle size distributions in aerosols over Beijing in January. Atmospheric Sciences (in Chinese), 1986, 10(1): 46 - 54.

[18] Yao X H, Lau A P S, Fang M, et al. Size distributions and formation of ionic species in atmospheric particulate pollutants in Beijing, China: 1 — Inorganic ions. Atmospheric Environment, 2003, 37(21): 2991 - 3000.

[19] Draxler R R, Hess G D. An overview of the Hysplit - 4 modeling system for trajectories, dispersion, and deposition. Australian Meteorological Magazine, 1998, 47: 295 - 308.

[20] Taylor S R, McLennan S M. The geochemical evolution of the continental crust. Review of Geophysics, 1995, 33: 241 - 265.

[21] Zhang X Y, Gong S L, Shen Z X, et al. Characterization of soil dust aerosol in China and its transport and distribution during 2001 ACE-Asia: 1. Network observations. Journal of Geophysical Research-Atmospheres, 2003, 108(D9).

[22] Marcazzan G M, Vaccaro S, Valli G, et al. Characterisation of PM_{10} and $PM_{2.5}$ particulate matter

in the ambient air of Milan (Italy). Atmospheric Environment, 2001, 35(27): 4639 - 4650.

[23] Truex T J, Pierson W R, Mckee D E. Sulfate in diesel exhaust. Environmental Science and Technology, 1980, 14: 1118 - 1121.

[24] Pierson W R, Brachaczek W W, Mckee D E. Sulfate emissions from catalyst equipped automobiles on the highway. Journal of Air Pollution Control Association, 1979, 29: 255 - 257.

[25] Ohta S, Okita T. A chemical characterization of atmospheric aerosol in Sapporo. Atmospheric Environment, 1990, 24A: 815 - 822.

[26] Seinfeld J H. Atmospheric chemistry and physics of air pollution. New York: Wiley, 1986: 348.

第44章
大气气溶胶化学组分演化与
霾的形成机制——以上海市为例

　　霾是能见度严重降低所引起的天气现象。一般界定霾为能见度在 10 km 以下的低能见度天气。大气中的颗粒物及其气态前体物,是霾的主要贡献者。霾的形成与大气污染和天气条件紧密相关。总体来说,霾的形成过程主要源于大量人为排放的一次颗粒物和气-粒转化过程中产生的二次气溶胶。雾霾天因其对能见度、公众健康以及全球气候的可能影响,而引起人们广泛关注[1-3]。在过去数十年中,为了减少排放,改善能见度,做了种种努力。美国和欧洲的城市地区在 20 世纪 80 年代后期,得益于污染物的减排,能见度得到明显改善。1980—1995 年间,美国霾的减少趋势与 $PM_{2.5}$ 和 S 的排放减少相一致[4]。欧洲的研究也同样发现,在过去 30 年间,低能见度天的出现频率大幅度地下降了50％,且与 SO_2 排放在空间分布和时间变化的趋势上均呈现正相关[5]。

　　基于 SeaWiFS* 从 1998 年 1 月至 2010 年 12 月长期观测的气溶胶光学厚度(AOD),不管是在全球尺度还是在区域尺度上,除主要受沙尘影响的阿拉伯半岛外,中国的 3 个区域(即华北、华南和东部地区)的气溶胶 AOD 增加的趋势最为显著。随着城市化进程的加速和机动车的激增,近年来中国已产生大范围的霾区域,从珠江三角洲、长江三角洲、京津地区和四川盆地,向中国中西部的城市广泛蔓延[6]。中国的地面站观测显示,短波辐射在 1971—2000 年间持续下降,其中中国中部和东部沿海区域的下降趋势最大[7]。中国的水平能见度在 1981—2005 年间显著下降[8]。大多数城市包括北京[9]、济南[10]、广州[11]和上海[12]等的 $PM_{2.5}$ 浓度与能见度,具有显著的负相关。

　　上海位于长江三角洲的东端,位于世界上最大的大都市圈。上海市的 GDP(国内生产总值)在 10 年间(1996—2006 年)增长了 5 倍,汽车数量从 47 万辆提高到 253 万辆[13]。由于工业和生活污染物的高强度排放,以及高湿度等气象条件的影响,能见度的降低已经成为上海城市环境所面临的重要问题[12,14]。在过去 10 年特别是"十一五"规划期间,中国强调了 SO_2 的减排。上海市政府具体筹办了 2010 年世博会,制定了各种措施来减

---

　　* SeaWIFS:sea-viewing wide field-of-view sensor(海洋观测宽视场传感器)。SeaWIFS 是一种卫星载传感器,用于收集全球海洋生物数据,其主要任务是于 1997 年 9 月—2010 年 12 月,量化海洋浮游植物(显微植物)所产生的叶绿素。

少大气污染物的排放。本章分析 2004—2008 年的上海市能见度和霾出现频率的年际变化,对比主要污染物(即 SO_2、NO_2 和 PM_{10})的频率分布模态的年际变化,阐述大气气溶胶化学组分的变化趋势,揭示能见度恶化与气溶胶组分的关系。

44.1　2004—2008 年上海能见度和霾发生频率的季节及年际变化

由中国 388 个 NCDC* 站点在 2004—2008 年的平均能见度数据可见,中国能见度的分布,非常类似于中国人口密度的分布,表明人为活动对能见度的高低起着重要的作用。能见度较低的区域(<20 km)分布在中国东北一直延伸至华北平原、中国东部、四川盆地和中国南部。在这些地区中,霾天气(定义为能见度<10 km)主要发生在京津冀(北京、天津、河北)、长三角、中国中部部分地区、四川盆地以及珠三角。在以下的讨论中,我们将重点关注长三角特大城市——上海的霾成因。图 44-1 是上海市在 2004—2008 年间按季节平均能见度的年际变化趋势。这 5 年间的春夏秋冬四季的季节平均能见度分别为 7.7、8.4、8.1 和 6.5 km,均低于目前普遍采用的能见度<10 km 的划分霾与非霾的标准,可见上海霾污染的严重程度。本研究将 2004—2008 年间的所有采样天数,按日均能见度划分为三大类进行比较研究,即中度霾天(5 km<能见度≤10 km)、重度霾天(能见度≤5 km)以及非霾天(能见度>10 km)。根据这个定义,在冬季有 55 个霾天,占总天数的 88%,其中重度霾天占 62%,远高于其他 3 个季节;春夏秋三季分别有 34、28 和 30 d 的霾天,其中重度霾天分别占 45%、43% 和 57%。霾的发生具有明显的季节特征,在温

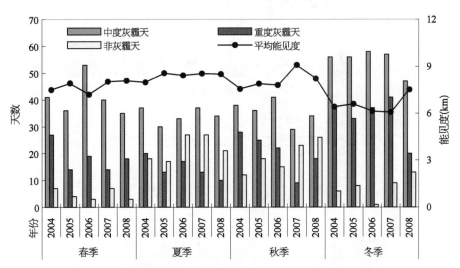

图 44-1　上海 2004—2008 年间每年 4 个季节的非灰霾天、中度灰霾天以及重度灰霾天的天数和月均能见度(彩图见图版第 29 页,也见下载文件包,网址见正文 14 页脚注)

---

*　NCDC:National Climatic Data Center(国家气候数据中心)。

暖的季节,即夏季和秋季,大气能见度较高,霾发生频率明显低于寒冷的季节,即冬季和春季。霾的这种季节分布特征,主要归因于天气条件以及污染物排放。在温暖季节里,有更丰富的降水、更高的边界层高度以及盛行海风等因素,有利于污染物的扩散,因此能见度较高;而在寒冷季节里,能见度的降低更多地归因于污染物排放的增多。

除了能见度的季节变化,图 44-1 显示了 2004—2008 年能见度的年际变化趋势。重度霾天数在 4 个季节里都呈现明显的下降趋势,但总的霾天数并没有减少,而能见度的年际变化也几乎可以忽略不计。图 44-2 中提供了 2004—2008 年间 SO_2、NO_2 和 $PM_{2.5}$ 日均浓度的频次分配曲线,从而可以对霾和能见度的年际变化趋势提供部分解释。如图 44-2 所示,SO_2 浓度的频率分布形态,在 2004—2008 年间变化很大,逐渐趋向于低浓度,即低 SO_2 浓度的出现天数越来越多,同时高浓度的 SO_2 出现的天数逐渐减少。SO_2 浓度频率分布的中心在 2008 年处于 40 $\mu g \cdot m^{-3}$(意味着 50% 的天数 SO_2 浓度低于 40 $\mu g \cdot m^{-3}$)左右,这个值较前一年的中心值少了 10 $\mu g \cdot m^{-3}$。SO_2 浓度的降低,归因于火力发电厂关闭了一些低效、高污染的燃煤机组,以及上海近些年安装了大量的烟气脱硫装置[13]。

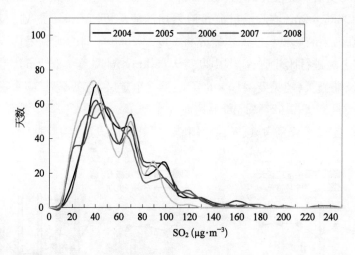

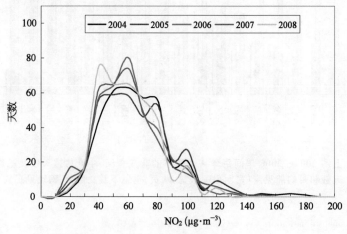

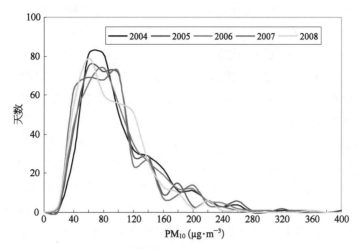

图 44 - 2　上海 2004—2008 年每年的 SO₂、NO₂ 和 PM₁₀ 的频数分布
（彩图见图版第 30 页，也见下载文件包，网址见正文 14 页脚注）

NO_2 也有与 SO_2 类似的变化趋势。2004—2005 年，NO_2 的浓度较为分散，大部分值在 40～80 $\mu g \cdot m^{-3}$ 之间。2006—2007 年，NO_2 日均浓度的频率集中分布的范围变窄，中心值约为 60 $\mu g \cdot m^{-3}$，出现高浓度 NO_2 的天数也比 2004—2005 年有所减少。2008—2009 年 NO_2 的日均浓度则多集中在 40 $\mu g \cdot m^{-3}$ 附近。相比 SO_2，NO_2 日均浓度的频次分布，形态变化较不明显。这可能有 2 个方面的原因，一方面是脱硝技术（例如 SCR* ）的效率（约为 40%）远低于脱硫技术（>90%）。脱硫技术在"十一五"期间已大力推广，而脱硝技术在"十二五"计划中才得到重点规划。另一方面，作为氮氧化物的另一主要来源，上海快速增长的机动车数量、里程及排放，也是导致 NO_2 居高不下的原因。与 SO_2 和 NO_2 相比，PM_{10} 的年际分布变化相对较小，在近年内有一定程度的降低趋势。例如，2004 年 PM_{10} 的频数分布主要集中在 60～80 $\mu g \cdot m^{-3}$，并且 25% 的样品天数大于 100 $\mu g \cdot m^{-3}$。而在 2005—2007 年，PM_{10} 的分布变得更集中于 70 $\mu g \cdot m^{-3}$ 左右，大于 100 $\mu g \cdot m^{-3}$ 的比例降至 10% 以下。总体来讲，以上 3 个物种的浓度和极端污染事件的数量，在研究期间均有下降趋势。这可以部分解释以上重度霾事件减少的原因。尽管 SO_2 和 NO_2 的浓度有所降低，但是颗粒物浓度却没有明显改进，这表明还存在其他污染因子的贡献，抵消了 SO_2 和 NO_2 的减排。

44.2　大气气溶胶组分和不同天气的气象参数之关系

如上所述，根据能见度，可把天气分为 3 类，即非霾天、中度霾天和重度霾天。比较气象参数、气溶胶浓度及气溶胶化学组分在 3 类天气中的区别。在气象参数中主要考虑温度、风速和相对湿度。化学组分则分为 3 类，包括总可溶性无机离子、矿物气溶胶以及

---

* 　SCR：selective non-catalytic reduction（选择性非催化还原）。

黑碳(BC)。总可溶性无机离子为所测得的离子浓度总和。矿物气溶胶浓度的算法为[矿物气溶胶]＝2.2[Al]＋2.49[Si]＋1.63[Ca]＋2.42[Fe]＋1.94[Ti][15]。表 44-1 列出了2004—2008 年每个气象参数的平均值和相对偏差,同时计算了各个参数和各个组分在每类天气下的平均值与在所有各类天气下的平均值之比例。通过这些比值的大小,可以评估不同气象参数和不同组分对霾形成的重要性。对于气象参数来说,温度和风速在 3 类天气条件下的变化最为显著,其比值的顺序为非霾＞中度霾＞重度霾。这表明,在霾形成的过程中,低温和低风速更为有利。低温经常导致逆温层的生成,因此容易限制对流,造成污染物的积聚;而低风速则更是不利于污染物的扩散。相对湿度的比值呈现出相反的排序:重度霾＞中度霾＞非霾,表明霾倾向于在较高的湿度之下形成。这主要是由于气溶胶中的可溶性组分具有吸湿性所致。但是,在这 3 类天气情况下,湿度的比值非常接近,表明相对湿度的变化在霾的形成过程中并不是决定因素。这主要是由于上海常年的相对湿度较高(2004—2008 年的平均湿度为 65.6％),但是波动较小,因此气溶胶在大部分时候都处于吸水性增长的状态,在霾和非霾状况下的差距并不显著。这可以解释,在这 3 种不同的天气情况下,为何相对湿度的影响较为不明显。

表 44-1　在 3 类不同天气下气象参数和气溶胶组分的比较

参　数		全部样品		比率("A"[a]/全部样品平均值)		
		平均值	S.D.	晴　天	能见度(5～10 km)	能见度 <5 km
气象参数	能见度(km)	7.77	3.04	1.33	0.87	0.47
	β_{ext}[b]	0.29	0.17	0.63	0.92	1.74
	温度(℃)	16.94	9.47	1.04	0.97	0.88
	风速($m \cdot s^{-1}$)	3.48	1.47	1.17	0.95	0.71
	RH(％)	65.63	11.35	0.96	1.02	1.06
$PM_{2.5}$物种 ($\mu g \cdot m^{-3}$)	$PM_{2.5}$	60.62	39.67	0.86	1.02	1.43
	TWSI	19.78	12.57	0.76	1.03	1.51
	BC	2.39	1.63	0.83	1.02	1.29
	土壤	16.20	25.18	1.08	0.96	1.33
	其他	22.24	16.27	0.90	0.94	1.29
	Na^+	0.54	0.39	1.03	1.10	0.96
	NH_4^+	3.30	2.29	0.73	1.17	1.39
	K^+	0.61	0.52	0.71	1.01	1.46
	Mg^{2+}	0.13	0.14	0.98	1.03	1.22
	Ca^{2+}	0.94	1.10	1.03	1.09	1.28
	NO_3^-	4.10	4.02	0.70	0.95	1.77
	SO_4^{2-}	7.01	5.51	0.70	0.97	1.62
	$C_2O_4^{2-}$	0.13	0.75	0.85	1.00	2.17
	Cl^-	1.62	1.49	0.94	0.95	1.34

（续表）

参　数		全部样品		比率（"A"[a]/全部样品平均值）		
		平均值	S.D.	晴　天	能见度 （5～10 km）	能见度 <5 km
PM$_{2.5}$ 物种 （μg·m^{-3}）	F$^-$	0.13	0.21	1.01	1.25	1.14
	NO$_2^-$	0.23	0.39	0.87	1.09	1.09
TSP 物种 （μg·m^{-3}）	TSP	128.18	66.46	0.85	0.99	1.28
	TWSI	38.64	24.46	0.80	1.00	1.38
	BC	2.76	1.63	0.82	1.01	1.31
	土壤	63.01	50.62	0.93	1.02	1.13
	其他	23.77	16.83	0.86	0.95	1.27
	Na$^+$	1.46	1.10	1.09	0.99	0.86
	NH$_4^+$	5.00	4.20	0.75	1.08	1.46
	K$^+$	0.95	0.97	0.68	0.95	1.65
	Mg^{2+}	0.39	0.47	0.99	0.91	1.08
	Ca^{2+}	4.42	2.58	0.86	0.96	1.27
	NO$_3^-$	9.06	7.79	0.72	1.02	1.52
	SO$_4^{2-}$	11.23	8.72	0.70	1.02	1.57
	C$_2$O$_4^{2-}$	0.21	0.26	0.84	1.01	1.30
	Cl$^-$	3.58	4.04	1.05	0.85	0.99
	F$^-$	0.41	0.80	0.87	0.99	1.22
	NO$_2^-$	0.40	0.73	0.90	0.85	1.25

[a] "A"表示 3 类不同天气中任一种天气条件下的气象参数和在这种天气条件下所采集样品的各种组分的平均值。
[b] β_{ext} 表示消光系数。

气溶胶的化学组分,在 3 类不同天气下有明显区别。可溶性离子呈现出最为明显的差别,其比值在非霾天、中度霾天和重度霾天分别为 0.76、1.03 和 1.51。这表明,在重度霾天,可溶性离子的浓度比包括所有天气时段的平均值高出约 50％。BC 表现出和可溶性离子类似的情况,其变化的幅度较可溶性离子小。在重度霾天,BC 的浓度比整个时期的平均值高出约 29％。矿物气溶胶并未表现出和其他 2 组化学组分相类似的变化。如表 44-1 所示,矿物气溶胶在 3 类不同天气条件下的比值均为 1.00 左右,表明其在霾的形成过程中作用较小。可溶性离子作为对霾形成影响最大的化学物种,几乎其所有的离子都呈现出一致的趋势,即其比值在非霾天较小,而在重度霾天较大。其中,NH$_4^+$、K$^+$、NO$_3^-$ 和 SO$_4^{2-}$ 是在不同天气类型下区分最明显的物种。NO$_3^-$ 和 SO$_4^{2-}$ 作为可溶性离子当中浓度最高的 2 个物种,主要来自燃煤和机动车等所有使用化石燃料的行业的排放,表明人为排放是霾的主要贡献因子。值得注意的是,草酸在重度霾事件中增加得尤为明显。草酸的来源可能是生物质燃烧、生物排放等。尽管在本研究中,并未测定有机气溶胶的浓度,但是可以确定,可溶性有机气溶胶在霾的形成过程中扮演重要角色。除了上述物种,其他离子如 NH$_4^+$ 和 K$^+$ 在这 3 个组里也有较大差别。NH$_4^+$ 是中和气溶胶中酸性物质的主要碱性物质,而 K^+ 是生物质燃烧的很好示踪物[16],其在 3 类天气中的明显区别,也说明生物质燃烧是上海霾形成的重要来源之一。上海位于长三角东端,而长三角是中国最重要的农业区域之一。生物质燃烧是长三角在农作物收获季节导致严重霾的主要来源[12]。其他一些离子例如 Ca^{2+}、Mg^{2+} 和 Cl^-,则基本在 3 类天气中变化不大,表明这些离子对于霾的形成作用较小。与大部分离子在霾事件中较高的浓度相比,Na^+ 表现出相反的趋势,在非霾天气中浓度较高。这是由于上海毗邻东海,常年受海风影响。较高浓度的 Na^+ 表示气团有可能来自海洋,传输较为洁净的海洋风,有利于能见度的提高。Na^+ 在 TSP 中表现得更为明显。TSP 中的气溶胶组分,基本上表现出和 $PM_{2.5}$ 类似的变化趋势(表 44 - 1)。只是 TSP 在 3 类天气中的区别未像 $PM_{2.5}$ 那么明显,这是因为细颗粒物比粗颗粒物对太阳光的消光效率更高。总体来讲,大部分气象参数和气溶胶组分,在中度污染天的平均值和所有天气的平均值之比值,接近于 1.00,表明中度霾天是上海当前主要的天气状况。

44.3　大气气溶胶 $PM_{2.5}$、TSP 中的物种与能见度/消光系数的相关性

通过 Pearson 相关性分析,计算了能见度(以及估算的干消光系数)与气象参数以及气溶胶组分的相关性,如表 44 - 2 所示。由于上海地处相对潮湿的环境,大气中的水汽本身也会导致对光的消减作用,因此在相关性分析中,必须扣除水汽对光的消减作用。在不同湿度条件下的干消光系数的计算公式如下:

$$\beta_{\mathrm{dryext}} = \begin{cases} \dfrac{\beta_{\mathrm{ext}}}{0.85}, & \mathrm{RH} \leqslant 30\% \\[2mm] \dfrac{\beta_{\mathrm{ext}}}{(\mathrm{RH}-30\%)\times 0.5+0.85}, & 30\% < \mathrm{RH} < 40\% \\[2mm] \dfrac{\beta_{\mathrm{ext}}}{(\mathrm{RH}-40\%)\times 0.5+0.90}, & 40\% < \mathrm{RH} < 50\% \\[2mm] \dfrac{\beta_{\mathrm{ext}}}{(\mathrm{RH}-50\%)\times 0.5+0.95}, & 50\% < \mathrm{RH} \leqslant 60\% \\[2mm] \dfrac{\beta_{\mathrm{ext}}}{(\mathrm{RH}-60\%)\times 0.5+1.00}, & 60\% < \mathrm{RH} \leqslant 70\% \\[2mm] \dfrac{\beta_{\mathrm{ext}}}{(\mathrm{RH}-70\%)\times 0.3+1.05}, & 70\% < \mathrm{RH} \leqslant 75\% \\[2mm] \dfrac{\beta_{\mathrm{ext}}}{(\mathrm{RH}-75\%)\times 0.4+1.20}, & 75\% < \mathrm{RH} \leqslant 80\% \\[2mm] \dfrac{\beta_{\mathrm{ext}}}{(\mathrm{RH}-80\%)\times 0.5+1.40}, & 80\% < \mathrm{RH} \leqslant 85\% \\[2mm] \dfrac{\beta_{\mathrm{ext}}}{(\mathrm{RH}-85\%)\times 0.29+1.65}, & 85\% < \mathrm{RH} \leqslant 90\% \end{cases}$$

其中 β_{dryext} 为干消光系数。

表 44 - 2　能见度/干消光系数与气象因子、气溶胶物种的相关性

		能见度和干消光系数		气象因子		
		能见度(km)	β_{ext}	温度(℃)	风速(m·s^{-1})	RH(%)
PM$_{2.5}$物种	PM$_{2.5}$	−0.40	0.37	−0.20	−0.22	0.13
(μg·m^{-3})	TWSI	−0.61	0.65	−0.20	−0.40	−0.07
	BC	−0.37	0.46	−0.42	−0.26	−0.16
	土壤	−0.08	0.13	−0.22	−0.04	−0.32
	其他	−0.23	0.16	−0.09	−0.10	0.26
	Na$^+$	0.04	−0.04	−0.10	−0.03	0.00
	NH$_4^+$	−0.48	0.46	−0.07	−0.35	0.05
	K$^+$	−0.45	0.52	−0.37	−0.32	−0.10
	Mg^{2+}	−0.11	0.12	−0.19	−0.08	−0.06
	Ca^{2+}	−0.11	0.15	−0.15	−0.13	−0.13
	NO$_3^-$	−0.55	0.64	−0.29	−0.38	−0.15
	SO$_4^{2-}$	−0.58	0.60	0.00	−0.31	0.02
	C$_2$O$_4^{2-}$	−0.09	0.08	−0.06	−0.08	0.04
	Cl$^-$	−0.21	0.29	−0.43	−0.16	−0.15
	F$^-$	−0.07	0.11	−0.21	−0.04	−0.22
	NO$_2^-$	−0.05	−0.03	−0.09	−0.05	0.10
TPS物种	TSP	−0.36	0.40	−0.21	−0.25	−0.13
(μg·m^{-3})	TWSI	−0.45	0.50	−0.12	−0.33	0.01
	BC	−0.45	0.56	−0.27	−0.32	−0.14
	土壤	−0.13	0.18	−0.10	−0.04	−0.34
	其他	−0.27	0.20	−0.10	−0.12	0.20
	Na$^+$	0.14	−0.12	−0.08	0.22	0.21
	NH$_4^+$	−0.42	0.42	−0.03	−0.31	0.08
	K$^+$	−0.46	0.55	−0.27	−0.34	−0.08
	Mg^{2+}	−0.05	0.07	−0.12	0.00	0.03
	Ca^{2+}	−0.35	0.40	−0.13	−0.26	−0.17
	NO$_3^-$	−0.46	0.50	−0.05	−0.37	−0.04
	SO$_4^{2-}$	−0.54	0.57	−0.01	−0.32	0.10
	C$_2$O$_4^{2-}$	−0.18	0.19	0.16	−0.09	0.01
	Cl$^-$	0.02	0.05	−0.25	0.01	−0.03
	F$^-$	−0.08	0.11	−0.17	−0.13	−0.13
	NO$_2^-$	−0.08	0.10	−0.06	−0.11	0.05

　　由于剔除了水汽影响,表 44 - 2 所示的各个参数与干消光系数的相关性,较之与能见度的相关性来得高。在上述定义的 3 组化学组分中,总可溶性离子和 BC 表现出与能见度以及干消光系数有较为明显的相关性,而与矿物气溶胶的相关性则比较微弱。总可溶性离子

和 BC 的区别在于,总可溶性离子在 $PM_{2.5}$ 中与能见度的相关性较高,而 BC 则是在 TSP 中与能见度的相关性较高。NH_4^+、K^+、NO_3^- 和 SO_4^{2-} 的总和,分别占 $PM_{2.5}$ 和 TSP 中总可溶性离子的 84.4% 和 64.2%。以上 4 种离子表现出和能见度以及干消光系数最显著的相关性,也表明这些离子是导致上海霾形成的主要因子。Ca^{2+} 在 TSP 中与能见度以及干消光系数有中等的相关性,但在 $PM_{2.5}$ 中与能见度及干消光系数基本上无相关性。这是由于 Ca^{2+} 在上海主要来自本地的扬沙、建筑扬尘以及外来的沙尘传输,大约 80% 的 Ca^{2+} 集中在粗颗粒物中。因此,Ca^{2+} 在 TSP 中表现出与能见度较好的相关性。另外一个类似的例子是 Na^+,其在 TSP 中表现出与能见度有一定的相关性,而在 $PM_{2.5}$ 中则与能见度基本无相关性。上海气溶胶中的 Na^+,主要来自海盐,主要积聚在粗颗粒物中。这些结果都与上节的结论相一致。

44.4　影响上海大气能见度年际变化的主要因子

尽管 SO_2 和 NO_2 的浓度,有逐年下降的趋势,但是 2004—2008 年上海的能见度,没有明显的年际变化(斜率为 0.02,线性相关系数为 0.17)。图 44 - 3 绘制了气溶胶中主要酸性组分(SO_4^{2-} 和 NO_3^-)及碱性组分(NH_4^+ 和 Ca^{2+})的年际变化趋势,图中的每个点代表季节平均值。从图中可以看到,硫酸盐和硝酸盐具有明显的下降趋势,相关系数分别达到 0.51 和 0.35。这和图 44 - 2 的结果是吻合的。根据拟合方程的斜率,硫酸盐比硝酸盐的下降趋势更加明显,硫酸盐和硝酸盐的年均下降速率分别达到 0.96 和 0.56 $\mu g \cdot m^{-3}$。这是由于对

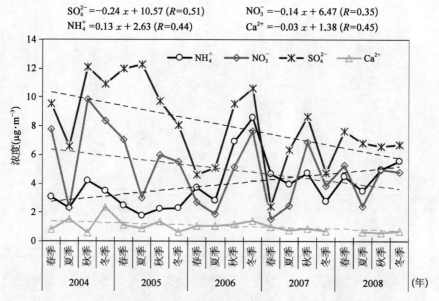

图 44 - 3　上海 2004—2008 年 SO_4^{2-}、NO_3^-、NH_4^+ 和 Ca^{2+} 的年际变化趋势
(彩图见下载文件包,网址见 14 页脚注)

SO_2 和 NO_x 排放的控制采取不同的措施和具有不同的力度所致。上海 SO_2 的排放主要来自燃煤,近年来 FGD* 脱硫技术(减排效率可达 90% 以上)的广泛应用,使 SO_2 的排放得以大幅减少。这也是为什么,SO_2 的年均浓度明显下降,其形成的硫酸盐也相应地降低。对于 NO_x 的排放,尽管相关控制技术例如 SCR、SNCR、LNB** 等也开始应用,其减排效率仍然较 SO_2 来得低。更为重要的是,上海每年的机动车量大幅增加,其排放的氮氧化物 NO_x 亦大幅增加,显然"贴补"了燃煤减少和脱硝减排所减少的 NO_x 排放量,进而导致气溶胶中硝酸盐的下降比硫酸盐较为平缓。

NH_4^+ 呈现出明显的年际上升趋势,其线性相关系数达 0.44,年际增加浓度达到 $0.52\ \mu g \cdot m^{-3}$。很明显,NH_4^+ 的增加,说明 NH_3 的排放中和了较多的 SO_2 和 NO_x,因而抵消了部分原来因 SO_2 和 NO_x 减排所导致的硫酸盐和硝酸盐的可能降低,这也就解释了,尽管 SO_2 和 NO_2 的浓度有逐年下降的趋势,而能见度没有得到明显提高的原因。为进一步解释 NH_4^+ 增加的原因,图 44-4 比较了 2004—2008 年每年的 $[NH_4^+]$ 与 $[SO_4^{2-}+NO_3^-]$ 的散点图以及 $[NH_4^++Ca^{2+}]$ 与 $[SO_4^{2-}+NO_3^-]$ 的散点图,图中的直线为过零点的回归曲线;并列出了回归方程。如图 44-4 所示,阳离子和阴离子之间均有非常显著的相关关系,表明 NH_4^+ 和 Ca^{2+} 均在酸性物质的中和过程中起重要作用。通过比较 $[NH_4^+]$ 对 $[SO_4^{2-}+NO_3^-]$ 和 $[NH_4^++Ca^{2+}]$ 对 $[SO_4^{2-}+NO_3^-]$ 的斜率,NH_4^+ 和 Ca^{2+} 的中和作用可被定量分析。从年际变化上看,2 条回归曲线在早些年间表现出较大的差别。例如在 2004 和 2005 年,两者斜率的差别分别为 0.51 和 0.50。2004 年,NH_4^+ 和 Ca^{2+} 对于酸性物质的中和效率分别为 0.49 和 0.51。在 2005 年,两者均为 0.5。这些表明,这 2 年 NH_4^+ 和 Ca^{2+} 对于酸性盐的生成作用相当。2006—2008 年,2 条回归曲线之间的差异很明显有所降低,在这 3 年分别为 0.13、0.23 和 0.17,表明 Ca^{2+} 在近年来的作用愈发降低。因此,NH_4^+ 的中和作用从 2004—2005 年的 50%,上升到 2006—2008 年的 80% 左右。Ca^{2+} 的年际下降趋势,是导致上海气溶胶中化学物种浓度变化的主要因素。究其原因,这种下降趋势应主要来自排放源的变化。在上海,Ca^{2+} 的主要来源是建筑物扬尘。为准备 2010 年上海世界博览会,实施了一系列措施以控制本地的污染源排放量,其中就包括对建筑扬尘、道路扬尘的控制。因此,Ca^{2+} 对于酸性物质的中和作用,有大幅度的下降。而在长三角区域,NH_3 的排放是充足的。Ca^{2+} 排放的降低,导致了一部分 $CaSO_4$ 和 $Ca(NO_3)_2$ 被 $(NH_4)_2SO_4$ 和 NH_4NO_3 所取代。由于 $(NH_4)_2SO_4$ 和 NH_4NO_3 的强吸水性,其浓度的增加对于能见度的恶化起重要作用。由于钙盐的吸湿性较低[17],其被铵盐的替代,很可能是上海近年来能见度几乎没有提高的主要原因。平衡的污染减排,比起单一污染物的减排更为有效。模拟结果显示,在美国加州的南海岸空气区,同时减少 NH_3 的排放,会有利于二次硝酸盐的降低[18]。这表明,能见度的变化不仅仅和硫氧化物、氮氧化物有关,

---

　　*　FGD: flue gas desulfurization(烟道气脱硫)。
　　**　SNCR: selective non-catalytic reduction(选择性非催化还原);LNB: low nitrogen burning(低氮燃烧技术)。

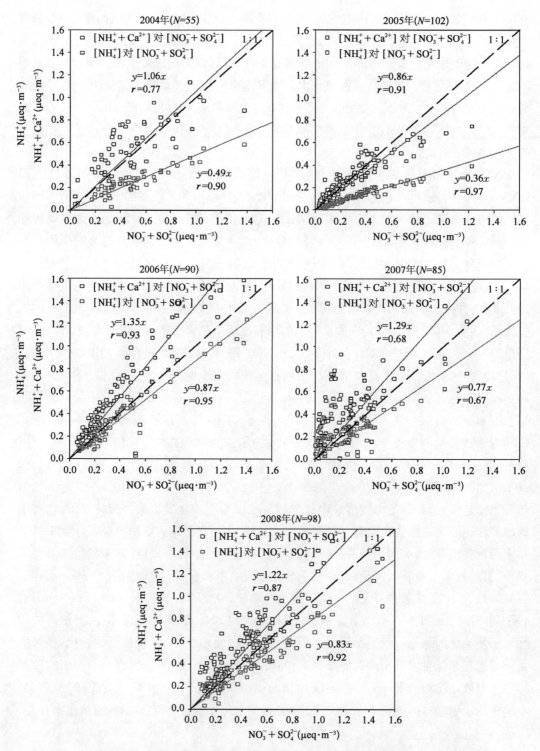

图 44 - 4　2004—2008 年每年 $[NH_4^+]$ 对 $[SO_4^{2-}+NO_3^-]$ 的散点图以及 $[NH_4^++Ca^{2+}]$ 对 $[SO_4^{2-}+NO_3^-]$ 的散点图（彩图见图版第 31 页，也见下载文件包，网址见正文 14 页脚注）

NH_3 排放量的多寡,也是决定气溶胶质量浓度,以及其中某些引起能见度降低之关键物种[如(NH_4)$_2SO_4$、NH_4NO_3 等]浓度变化的关键因素。

综上所述,上海霾的发生频率有明显季节性变化,春夏秋冬四季在 2004—2008 年间的平均能见度分别为 7.7、8.4、8.1 和 6.5 km,均远低于 10 km 为霾天气的能见度标准。能见度在冬季最低,其次分别是春、秋和夏季。SO_2、NO_2、可吸入颗粒物的浓度分布频率表明,SO_2 和 NO_2 这 2 种污染物的浓度有所降低,PM_{10} 的变化则较不显著,而年均能见度没有明显改善。中度霾天(能见度在 5~10 km 之间)已经成为上海天气的常态。大部分的物种浓度表现的趋势为:重度霾天>中度霾天>非霾天。总可溶性离子是在 3 类天气中差别最为明显的物种,其次是 BC,而矿物气溶胶则最不明显。在可溶性离子中,差异最明显的物种有 NH_4^+、K^+、NO_3^- 和 SO_4^{2-},是影响能见度的关键因子。尽管 SO_4^{2-} 和 NO_3^- 浓度在研究期间呈下降趋势,但是能见度却鲜有提高。NO_3^- 浓度下降趋势不如 SO_4^{2-} 明显,这是由于逐年快速增加的机动车排放所致[19-41]。NH_4^+ 呈现明显的上升趋势,Ca^{2+} 浓度由于对建筑扬尘的控制呈现出下降的趋势,因之,(NH_4)$_2SO_4$ 和 NH_4NO_3 取代气溶胶中原有的 $CaSO_4$ 和 $Ca(NO_3)_2$。由于铵盐的高吸湿性,且在高湿度的条件下比钙盐能更有效地散射光,故(NH_4)$_2SO_4$ 和 NH_4NO_3 成为气溶胶导致霾发生的最主要组分。铵盐(包括有机酸盐)的增加,可能是导致能见度降低的主要原因。

参考文献

[1] Kang C -M, Lee H S, Kang B -W, et al. Chemical characteristics of acidic gas pollutants and $PM_{2.5}$ species during hazy episodes in Seoul, South Korea. Atmospheric Environment, 2004, 38: 4749 - 4760.

[2] Chen L W A, Chow J C, Doddridge B G, et al. Analysis of a summertime $PM_{2.5}$ and haze episode in the mid-Atlantic region. J Air Waste Manage Assoc, 2003, 53: 11.

[3] Cass G R. On the relationship between sulfate air quality and visibility with examples in Los Angeles. Atmospheric Environment, 1979, 13: 1069 - 1084.

[4] Schichtel B A, Husar R B, Falke S R, et al. Haze trends over the United States, 1980 - 1995. Atmospheric Environment, 2001, 35: 5205 - 5210.

[5] Vautard R, Yiou P, van Oldenborgh G J. Decline of fog, mist and haze in Europe over the past 30 years. Nature Geoscience, 2009, 2: 115 - 119.

[6] Kaiser D P, Qian Y. Decreasing trends in sunshine duration over China for 1954 - 1998: Indication of increased haze pollution? Geophys Res Lett, 2002, 29(21): doi: 10.1029/2002GL016057.

[7] Streets D G, Yu C, Wu Y, et al. Aerosol trends over China, 1980 - 2000. Atmospheric Research, 2008, 88: 174 - 182.

[8] Che H Z, Zhang X Y, Li Y, et al. Horizontal visibility trends in China 1981 - 2005. Geophysical Research Letters, 2007, 34(24): L24706.

[9] Wang Y, Zhuang G, Zhang X, et al. The ion chemistry, seasonal cycle, and sources of $PM_{2.5}$ and TSP aerosol in Shanghai. Atmospheric Environment, 2006, 40: 2935 - 2952.

[10] Yang L X, Wang D C, Cheng S H, et al. Influence of meteorological conditions and particulate matter on visual range impairment in Jinan, China. Science of the Total Environment, 2007, 383: 164 - 173.

[11] Tan J H, Duan J C, Chen D H, et al. Chemical characteristics of haze during summer and winter in Guangzhou. Atmospheric Research, 2009, 94: 238 - 245.

[12] Huang K, Zhuang G, Lin Y, et al. Typical types and formation mechanisms of haze in an eastern Asia megacity, Shanghai. Atmos Chem Phys, 2012, 12: 105 - 124.

[13] UNEP. UNEP environmental assessment: Expo 2010 — Shanghai, China. 2009.

[14] Huang K, Zhuang G, Lin Y, et al. Impact of anthropogenic emission on air quality over a megacity — Revealed from an intensive atmospheric campaign during the Chinese Spring Festival. Atmospheric Chemistry & Physics, 2012, 12: 17151 - 17185.

[15] Malm W C, Sisler J F, Huffman D, et al. Spatial and seasonal trends in particle concentration and optical extinction in the United States. J Geophys Res, 1993, 99: 24.

[16] Andreae M O. Soot carbon and excess fine potassium: Long-range transport of combustion-derived aerosols. Science, 1983, 220: 1148 - 1151.

[17] Sullivan R C, Moore M J K, Petters M D, et al. Effect of chemical mixing state on the hygroscopicity and cloud nucleation properties of calcium mineral dust particles. Atmos Chem Phys, 2009, 9: 3303 - 3316.

[18] Kleeman M J, Eldering A, Hall J R, et al. Effect of emissions control programs on visibility in southern California. Environmental Science & Technology, 2001, 35: 4668 - 4674.

[19] SEPB. Agreement on environmental protection cooperation of the Yangtze River Delta (2009 - 2010). 2009.

[20] Jiang Y, Zhuang G, Wang Q, et al. Aerosol oxalate and its implication to haze pollution in Shanghai, China, Chinese Science Bulletin, 2014, 59(2): 227 - 238. DOI: 10.1007/s11434 - 013 - 0009 - 4.

[21] Wang T, Xie S D. Assessment of traffic-related air pollution in the urban streets before and during the 2008 Beijing Olympic Games traffic control period. Atmospheric Environment, 2009, 43: 5682 - 5690.

[22] Wang T, Nie W, Gao J, et al. Air quality during the 2008 Beijing Olympics: Secondary pollutants and regional impact. Atmospheric Chemistry and Physics, 2010, 10: 7603 - 7615. doi: 10.5194/acp - 10 -7603 -2010.

[23] Zhang X Y, Wang Y Q, Lin W L, et al. Changes of atmospheric composition and optical properties over Beijing 2008 Olympic monitoring campaign. Bulletin of the American Meteorological Society, 2009, 90: 1633 - 1651.

[24] Li L, Chen C H, Fu J S, et al. Air quality and emissions in the Yangtze River Delta, China. Atmos Chem Phys, 2011, 11: 1621 - 1639.

[25] Wang S X, Zhao M, Xing J, et al. Quantifying the air pollutants emission reduction during the

2008 Olympic Games in Beijing. Environmental Science & Technology, 2010, 44: 2490 - 2496.

[26] Chan C K, Yao X. Air pollution in mega cities in China. Atmospheric Environment, 2008, 42: 1 - 42.

[27] Kim J S, Zhou W, Cheung H N, et al. Variability and risk analysis of Hong Kong air quality based on Monsoon and El Nino conditions. Advances in Atmospheric Sciences, 2013, 30: 280 - 290.

[28] Wang X, Wang D X, Zhou W, et al. Interdecadal modulation of the influence of La Nina events on mei-yu rainfall over the Yangtze River valley. Advances in Atmospheric Sciences, 2012, 29: 157 - 168.

[29] He K, Yang F, Ma Y, et al. The characteristics of $PM_{2.5}$ in Beijing, China. Atmospheric Environment, 2001, 35: 4959 - 4970.

[30] Yuan F, Chen W, Zhou W. Analysis of the role played by circulation in the persistent precipitation over South China in June 2010. Advances in Atmospheric Sciences, 2012, 29: 769 - 781.

[31] Zhu T, Shang J, Zhao D F. The roles of heterogeneous chemical processes in the formation of an air pollution complex and gray haze. Science China-Chemistry, 2011, 54: 145 - 153.

[32] Jia X, Cheng T T, Chen J M, et al. Columnar optical depth and vertical distribution of aerosols over Shanghai. Aerosol and Air Quality Research, 2012, 12: 320 - 330.

[33] SEMC. Shanghai Environmental Monitoring Center: Assessment of the 2010 Shanghai Expo air quality joint monitoring and protection effect, Nov. 2011, Shanghai, Personal communication. 2011.

[34] Geng F H, Zhang Q, Tie X X, et al. Aircraft measurements of O - 3, NO_x, CO, VOCs, and SO_2 in the Yangtze River Delta region. Atmospheric Environment, 2009, 43: 584 - 593.

[35] Wang Y, Zhuang G S, Zhang X Y, et al. The ion chemistry, seasonal cycle, and sources of $PM_{2.5}$ and TSP aerosol in Shanghai. Atmospheric Environment, 2006, 40: 2935 - 2952.

[36] Shu J, Dearing J A, Morse A P, et al. Determining the sources of atmospheric particles in Shanghai, China, from magnetic and geochemical properties. Atmospheric Environment, 2001, 35: 2615 - 2625.

[37] CAI-Asia. Clean Air Initiative for Asian Cities (CAI-Asia) Center, Blue Skies Shanghai EXPO 2010 and Beyond: 3rd Shanghai Clean Air Forum & International Workshop Achievement of 2010 EXPO Air Quality Management — Post-EXPO Workshop Report. 2010.

[38] Huang K, Zhuang G, Lin Y, et al. Typical types and formation mechanisms of haze in an eastern Asia megacity, Shanghai. Atmospheric Chemistry and Physics, 2012, 12: 105 - 124.

[39] McMeeking G R, Kreidenweis S M, Lunden M, et al. Smoke-impacted regional haze in California during the summer of 2002. Agricultural and Forest Meteorology, 2006, 137: 25 - 42.

[40] Andreae M O, Merlet P. Emission of trace gases and aerosols from biomass burning. Global Biogeochem Cycles, 2001, 15: 955 - 966.

[41] Draxler R, Rolph G. HYSPLIT (HYbrid Single-Particle Lagrangian Integrated Trajectory) Model. http://www.arl.noaa.gov/ready/hysplit4.html, 2003.

第45章

因燃煤产生雾霾的典型案例——
西北内陆城市乌鲁木齐重霾形成机制

位于西北沙尘源区的乌鲁木齐,三面环山。其特殊的峡口盆地地形,极不利于大气污染物的扩散[1,2]。特别在冬季采暖期间,大气污染十分严重,常年遭受雾霾的困扰[3]。大气污染直接影响大气的能见度、水循环、农业生产,甚至全球的气候变化[4-8],严重影响居民的健康[9]。乌鲁木齐雾霾具有细颗粒物浓度高、形成迅速、发生频繁的特点[10,11]。本章基于乌鲁木齐市大气气溶胶的特性,以及大气严重污染的季节分布特征和来源,揭示乌鲁木齐严重雾霾的形成机制。

45.1 乌鲁木齐市发生雾霾的严重状况

根据霾的定义(在非雨雪天气下,大气能见度<10 km),2008 年全年,乌鲁木齐发生雾霾 180 d,占全年天数的 64%,其中春季 44 d,夏季 7 d,秋季 52 d,冬季 77 d。雾霾发生的频率为冬季>秋季>春季>夏季。雾霾天的平均能见度春季为 6.6 km,夏季 7.4 km,秋季 4.8 km,冬季 2.2 km。2008 年整个冬季,每天的日均能见度均小于 10 km。春季雾霾天的能见度大多在 6~7 km 范围,而发生在冬季的雾霾,86% 为能见度<3 km 的重度雾霾。乌鲁木齐有长达半年的采暖期,采暖期间共发生雾霾 148 d,占整个采暖期天数的 90%;在非采暖期间,雾霾发生天数为 32 d,占非采暖期天数的近 26%。采暖期的雾霾天数主要分布在能见度 3 km 以下及 6 km 的区域。3 km 以下的雾霾天分布在冬季,而能见度为 6 km 的雾霾主要在春季和秋季。采暖期发生雾霾天的平均能见度为 2.9 km,而非采暖期的平均能见度为 6.9 km。可见,采暖期间雾霾不仅多发,而且多为重度雾霾。雾霾与采暖期的燃煤有着如此直接的关系,说明燃煤是乌鲁木齐市严重雾霾的直接源头。

45.2 大气气溶胶 $PM_{2.5}$ 和 TSP 及气态污染物 SO_2、NO_2 的高浓度污染特征

图 45-1 为乌鲁木齐 2008 年的大气气溶胶季节浓度分布图。$PM_{2.5}$ 和 TSP 的年均浓度

分别为 139.5 和 239.7 $\mu g \cdot m^{-3}$。春夏秋冬四季 $PM_{2.5}$ 的季平均浓度分别为 69.2、58.8、164.8、259.7 $\mu g \cdot m^{-3}$，TSP 的季平均浓度分别为 174.0、91.3、263.6、428.5 $\mu g \cdot m^{-3}$。$PM_{2.5}$ 和 TSP 的浓度均为冬季＞秋季＞春季＞夏季。采暖期与非采暖期 $PM_{2.5}$ 的平均浓度分别为 165.6 和 58.8 $\mu g \cdot m^{-3}$，TSP 则为 289.0 和 91.3 $\mu g \cdot m^{-3}$。细气溶胶 $PM_{2.5}$ 和气溶胶总浓度 TSP 在采暖期均是非采暖期的 3 倍左右。可见，燃煤对乌鲁木齐空气质量的影响十分严重。气溶胶的细气溶胶占总气溶胶的比值，即 $PM_{2.5}$/TSP，除了在沙尘高发的春季外，在另外 3 个季节均约为 60%，表明细颗粒物的严重污染，是乌鲁木齐大气污染的主要特点。

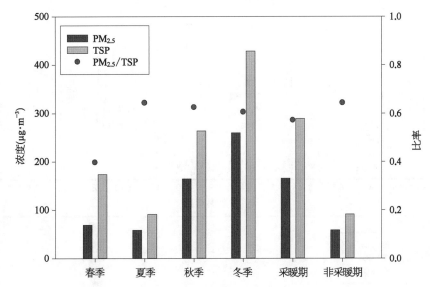

图 45 - 1 乌鲁木齐气溶胶 $PM_{2.5}$、TSP 在各季度及在采暖期与非采暖期的分布特征
（彩图见下载文件包，网址见 14 页脚注）

气态污染物 SO_2、NO_2 是大气气溶胶主要污染离子 SO_4^{2-}、NO_3^- 的前体物。燃煤或燃油排放的污染气体，可通过化学反应转化成气溶胶，SO_2、NO_2 的浓度直接影响大气气溶胶的浓度。如图 45 - 2 所示，气态污染物 SO_2、NO_2 表现出明显的季节及采暖期的变化特征。在 2008 年一整年期间，春夏秋冬四季 SO_2 的季平均浓度分别为 75.7、22.7、65.3、204.3 $\mu g \cdot m^{-3}$，冬季＞春季＞秋季＞夏季；而 NO_2 的季平均浓度则分别为 57.8、52.3、70.3、85.1 $\mu g \cdot m^{-3}$，冬季＞秋季＞春季＞夏季。SO_2 的浓度表现出强烈的季节变化，春、秋、冬季的平均浓度均超过了国家环境空气质量标准（GB 3095 - 1996）二级标准。其中冬季的平均浓度超过 200 $\mu g \cdot m^{-3}$，是年平均二级标准浓度的 3.8 倍；单日最高浓度接近 400 $\mu g \cdot m^{-3}$，超过日均标准的 3.4 倍。而在夏季，SO_2 浓度仅为 22.7 $\mu g \cdot m^{-3}$。这种差别在采暖期和非采暖期的比较中更加明显。采暖期 SO_2 的日均浓度为 153.9 $\mu g \cdot m^{-3}$，高于非采暖期日均浓度（28.7 $\mu g \cdot m^{-3}$）5 倍以上。SO_2 主要来源于煤燃烧，可见采暖期

燃煤对空气质量产生严重影响。由日均浓度图可见,非采暖期的 SO_2 浓度急剧下降, NO_2 的浓度高于 SO_2 , SO_2/NO_2 比值在采暖期与非采暖期分别为 1.95 与 0.56,说明在采暖期内的首要污染气体为 SO_2 ,而在非采暖期的首要污染气体为 NO_2 。这也充分说明了乌鲁木齐 SO_2 的主要来源为采暖期的燃煤。与 SO_2 相比, NO_2 在采暖期与非采暖期的日均浓度分别为 77.9 与 53.2 $\mu g \cdot m^{-3}$,两者变化并不明显。 NO_2 的来源除了煤燃烧之外,还有机动车尾气,即来自交通源的排放。

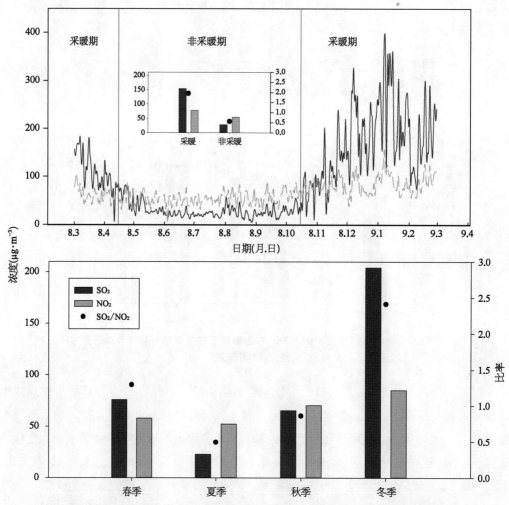

图 45-2　乌鲁木齐 2008 年 SO_2 、 NO_2 浓度在各季度及在采暖期与非采暖期的分布特征
(彩图见下载文件包,网址见 14 页脚注)

45.3　大气气溶胶中离子组分的分布特征及其来源

表 45-1 为乌鲁木齐大气气溶胶中所包含的主要阴阳离子在各个季节及全年采暖期

间的平均浓度。$PM_{2.5}$ 中主要阴离子浓度,由大到小为 $SO_4^{2-}>Cl^->NO_3^-$,主要阳离子则为 $NH_4^+>Na^+>Ca^{2+}$;而 TSP 中的阳离子为 $NH_4^+>Ca^{2+}>Na^+$。表 45-2 列出了春夏秋冬四季 $PM_{2.5}$ 和 TSP 中 5 种离子(SO_4^{2-}、NO_3^-、Cl^-、NH_4^+、Na^+)和 3 种离子(SO_4^{2-}、NO_3^-、Cl^-)的季平均浓度的总和,以及全年采暖期间的平均浓度总和及其占 $PM_{2.5}$ 与 TSP 总质量浓度的百分比。由表 45-2 可见,5 种离子(SO_4^{2-}、NO_3^-、Cl^-、NH_4^+、Na^+)就全年平均而言,其浓度之和在 $PM_{2.5}$ 和 TSP 中分别占 $PM_{2.5}$ 和 TSP 总质量浓度的 41% 和 31%;尤其在冬季,分别占 $PM_{2.5}$ 和 TSP 总质量浓度高达 53% 和 50%。其中仅 3 种离子(SO_4^{2-}、NO_3^-、Cl^-)之和,全年平均就分别占 $PM_{2.5}$ 和 TSP 总质量浓度的 31% 和 24%;在冬季,则高达 42% 和 41%。毫无疑问,上述 5 种离子是乌鲁木齐大气气溶胶中存在的最主要离子。上述 5 种离子中的 NH_4^+ 离子,主要来源于周边的农业源和城市中的生活排放源;SO_4^{2-} 除了在沙尘入侵的春夏季节,有部分来自沙尘中古海洋源形成的一次硫酸盐[12],其他主要来源就是燃煤所排放的 SO_2 在大气中的氧化物;NO_3^- 来自燃煤和机动车两者所排放的氮氧化物在大气中的氧化物;Cl^- 离子应主要来自煤燃烧、生物质燃烧、垃圾焚烧的排放;Na^+ 离子有部分来自长途传输沙尘中古海洋源形成的钠盐[12],其他主要来源就是燃煤。显然,人为污染源的排放,是乌鲁木齐水溶性离子的最主要来源。

表 45-1　乌鲁木齐 2008 年大气气溶胶的离子组分及浓度($\mu g \cdot m^{-3}$)

| | SO_4^{2-} | | NO_3^- | | Cl^- | | NO_2^- | | F^- | |
	$PM_{2.5}$	TSP	$PM_{2.5}$	TSP	$PM_{2.5}$	TSP	$PM_{2.5}$	TSP	$PM_{2.5}$	TSP
春季	6.61	9.56	2.98	3.51	4.07	4.95	0.98	1.59	0.32	0.59
夏季	2.37	5.61	1.76	1.85	1.08	2.99	0.29	0.39	0.16	0.18
秋季	23.04	25.72	8.89	5.62	12.06	10.86	0.58	3.22	0.11	0.30
冬季	80.88	135.53	10.23	16.88	17.42	23.83	0.12	0.21	—	—
平均值	28.23	41.22	5.97	6.65	9.13	9.49	0.53	1.54	0.20	0.35
采暖期	37.14	52.73	7.34	8.22	11.16	12.58	0.57	0.57	—	—
H/N*	15.65	9.39	4.16	4.44	10.35	4.20	1.97	1.47	0.00	0.00

| | NH_4^+ | | Na^+ | | Ca^{2+} | | K^+ | | Mg^{2+} | |
	$PM_{2.5}$	TSP	$PM_{2.5}$	TSP	$PM_{2.5}$	TSP	$PM_{2.5}$	TSP	$PM_{2.5}$	TSP
春季	3.57	3.29	1.52	2.47	3.11	7.27	0.56	0.83	0.26	0.47
夏季	1.26	2.88	0.48	0.56	1.72	3.59	0.21	0.37	0.13	0.16
秋季	13.02	12.31	4.09	4.27	2.69	8.31	1.81	2.04	0.24	0.50
冬季	19.64	22.73	8.50	9.43	1.03	6.52	1.40	1.86	0.21	0.62
平均值	9.92	10.61	3.71	4.32	2.14	6.59	1.03	1.31	0.21	0.45
采暖期	12.20	13.11	4.75	5.37	2.27	7.36	1.25	1.61	0.24	0.55
H/N	9.68	4.55	9.90	9.59	1.32	2.05	5.94	4.36	1.85	3.44

* H/N 为采暖期/非采暖期。

表 45-2 各个季节五离子（SO_4^{2-}、NO_3^-、Cl^-、NH_4^+、Na^+）和三离子（SO_4^{2-}、NO_3^-、Cl^-）的平均浓度总和及采暖期平均浓度总和（$\mu g \cdot m^{-3}$）及其占 $PM_{2.5}$ 和 TSP 总质量的百分比

	颗粒物质量 ($\mu g \cdot m^{-3}$)		五离子总和[a] ($\mu g \cdot m^{-3}$)		百分比[b] (%)		三离子总和[c] ($\mu g \cdot m^{-3}$)		百分比[b] (%)	
	$PM_{2.5}$	TSP	$PM_{2.5}$	TSP	$PM_{2.5}$	TSP	$PM_{2.5}$	TSP	$PM_{2.5}$	TSP
春季	69.2	174	19.2	24.34	28	14	13.99	18.45	20	11
夏季	58.8	91.3	6.96	13.9	12	15	5.21	10.46	8.9	11
秋季	164.8	263.6	61.05	58.15	37	22	43.99	42.19	27	16
冬季	259.7	428.5	137.25	213.63	53	50	108.53	176.24	42	41
平均值	139.5	239.7	57.13	73.46	41	31	43.76	58.43	31	24
采暖期	165.5	289	73.32	92.76	44	32	56.2	73.98	34	26

[a] 五离子：SO_4^{2-}、NO_3^-、Cl^-、NH_4^+、Na^+；[b] 百分比：离子浓度总和占 $PM_{2.5}$ 和 TSP 总质量浓度的百分比；[c] 三离子：SO_4^{2-}、NO_3^-、Cl^-。

主要离子 SO_4^{2-}、NO_3^-、Cl^-、NH_4^+、Na^+ 在 $PM_{2.5}$ 和 TSP 的季节浓度分布，均为冬季＞秋季＞春季＞夏季。水溶性无机离子总浓度（TWSII），在 $PM_{2.5}$ 中春夏秋冬四季的季平均浓度分别为 27.1、10.7、70.3、140.0 $\mu g \cdot m^{-3}$，占 $PM_{2.5}$ 总质量浓度的 46%、19%、46%、54%；在 TSP 中分别为 37.9、19.6、77.0、224.4 $\mu g \cdot m^{-3}$，占 TSP 总质量浓度的 24%、24%、29%、52%（图 45-3）。水可溶性无机离子总浓度（TWSII）的分布特征，也是冬季＞秋季＞春季＞夏季。就全年而言，2008 年乌鲁木齐大气气溶胶的 TWSII 在 $PM_{2.5}$ 和 TSP 中平均分别为 63.0 和 84.6 $\mu g \cdot m^{-3}$，占 $PM_{2.5}$ 和 TSP 总质量的 45% 和 35%。$PM_{2.5}$ 和 TSP 中的 SO_4^{2-}、NO_3^-、Cl^-、NH_4^+、Na^+、K^+，其采暖期浓度均高于非采暖期 4 倍以上，而其中 $PM_{2.5}$ 中的 SO_4^{2-}、Cl^-、NH_4^+、Na^+ 在采暖期的浓度高于非采暖期 9 倍以上。在采暖期间，TWSII 在 $PM_{2.5}$ 和 TSP 中分别为 80.0 和 107.3 $\mu g \cdot m^{-3}$，占 $PM_{2.5}$ 和 TSP 总质量的 48% 和 37%；在非采暖期间仅为 10.7 和 19.6 $\mu g \cdot m^{-3}$。采暖期 $PM_{2.5}$ 和 TSP 的 TWSI 为非采暖期的 7.5 和 5.5 倍。TWSII 占 $PM_{2.5}$ 和 TSP 总质量的比例，从非采暖期的 19% 和 24% 上升为采暖期的 49% 和 33%。由表 45-2 可见，$PM_{2.5}$ 和 TSP 中的 5 种离子（SO_4^{2-}、NO_3^-、Cl^-、NH_4^+、Na^+）浓度之和，在采暖期分别占 $PM_{2.5}$ 和 TSP 总质量浓度的 44% 和 32%，其中仅 3 种离子（SO_4^{2-}、NO_3^-、Cl^-）之和在采暖期占 $PM_{2.5}$ 和 TSP 总质量浓度的 34% 和 26%。上述数据十分明显地说明了，采暖期间的大量水溶性离子，是乌鲁木齐大气气溶胶（尤其是细颗粒物 $PM_{2.5}$）的主要成分。气溶胶中存在的大量高吸湿性水溶性离子，能够吸收或吸附大气中的水蒸气，形成大量十分细小的小水滴，进而和细颗粒物结合在一起，使其体积迅速膨胀而弥漫于大气中，并笼罩在地面上空，极大地降低大气能见度和大气质量，这就是所谓的"霾"。所有测定的离子，其季节浓度分布均为冬季＞秋季＞春季＞夏季，唯有 Ca^{2+} 浓度是春季最高，K^+ 浓度是秋季最高。Ca^{2+} 浓度高，显然与春季期间入侵的高沙尘有关。乌鲁木齐是接近中国沙尘主要源区即塔克拉玛干

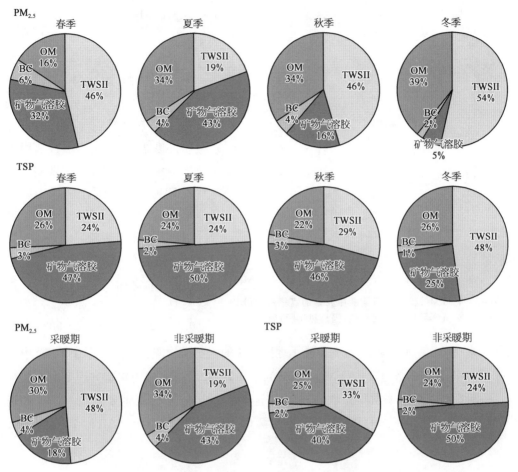

图 45-3　乌鲁木齐大气气溶胶 $PM_{2.5}$、TSP 的主要化学组分在各季度及在采暖期与非采暖期的分布特征(彩图见下载文件包,网址见 14 页脚注)

沙漠和准噶尔沙漠的城市,每年春天是沙尘暴或高沙尘过程的高发期,沙尘中的高浓度 Ca^{2+} 是春季 Ca^{2+} 浓度最高的主要原因。此外,在夏季非采暖期,尽管 SO_2 浓度较低,SO_4^{2-} 的浓度还是高于 NO_3^-,且其在 $PM_{2.5}$ 中的浓度与在 TSP 中的浓度之比值为 0.42,在四季中最低,说明了在非采暖期间,来自沙尘源区含有较多粗颗粒的沙尘(即气溶胶中 $PM_{2.5}$ 与 TSP 的浓度比值相对较低)和扬尘,也是非采暖期乌鲁木齐高浓度 SO_4^{2-} 的重要来源之一。由于 K^+ 离子含量可作为生物质燃烧的主要示踪物,秋季是农作物的收获季节,故秋季的 K^+ 离子浓度最高,说明乌鲁木齐的大气气溶胶在农作物收获的秋季,受到更多的生物质燃烧影响。

45.4　大气气溶胶中元素组分的特征及来源

2008 年整整一年,在乌鲁木齐采集了 300 个 $PM_{2.5}$ 样品和 300 个 TSP 样品。测定了每个样品所含的 17 个元素(Al、As、Ca、Cd、Cr、Cu、Fe、K、Mg、Mn、Na、Ni、Pb、S、Ti、V、Zn)的浓度。元素 Si 的浓度,通过 Si/Al 在地壳中的比值为 3.43 估算。图 45-4 显示了

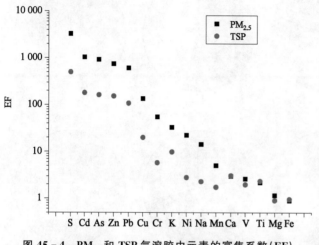

图 45-4　PM$_{2.5}$ 和 TSP 气溶胶中元素的富集系数(EF)
(彩图见下载文件包,网址见 14 页脚注)

具有代表性的 16 种典型元素在 PM$_{2.5}$ 和 TSP 中相对于 Al 的富集系数(EF)。图 45-5 则显示了这 16 种典型元素在采暖期和非采暖期,在 PM$_{2.5}$ 和 TSP 中的富集系数。一般认为,当某元素的 EF<5 时,表明该元素主要来自天然矿物源。EF 越高,则表明该元素来自污染源的贡献越显著。元素 Ca、Fe、V、Mg 在 PM$_{2.5}$ 中的 EF 值均小于 3,且与 Al 相关性良好,相关系数分别为 0.842、0.872、0.659、0.938,表明

这些元素与 Al 具有同源性,主要来源于地壳风化的天然矿物源。这些元素在 PM$_{2.5}$ 中与在 TSP 中的富集系数之比值(PM$_{2.5}$/TSP),在 0.9~1.3 之间,说明其富集程度也大致相同。采暖期和非采暖期富集系数的变化也不明显,说明这些元素主要来源于沙尘和扬尘,而非燃煤。值得指出的是,在 TSP 中元素 Ca 和 Al 的比值即 Ca/Al,为 1.55,与塔克

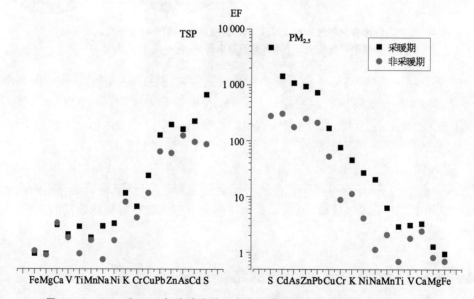

图 45-5　PM$_{2.5}$ 和 TSP 气溶胶中的元素在采暖期与非采暖期的富集系数(EF)
(彩图见下载文件包,网址见 14 页脚注)

拉玛干沙漠中部"塔中"地区的土壤样品中的 Ca/Al 比值(1.56 ± 0.14[13])非常相近,具有典型的中国西北部高钙沙尘源区的性质,说明乌鲁木齐矿物气溶胶成分主要来源于沙尘源区外来传输的沙尘。无论在 TSP 还是在 $PM_{2.5}$ 中,其中 EF>100 的典型元素有 S、Cd、As、Zn、Pb、Cu、Cr、Na 等。这些元素的富集系数在 $PM_{2.5}$ 和 TSP 中的比值 $PM_{2.5}$/TSP 均在 3~9 倍的范围,在 $PM_{2.5}$ 中的富集程度均远大于在 TSP 中,说明这些元素更容易富集在细颗粒物 $PM_{2.5}$ 中。这些元素在乌鲁木齐街道扬尘中也有很高的富集度[14]。由图 45-5 可见,$PM_{2.5}$ 中的这些元素,在采暖期的富集系数是其在非采暖期的 3~13 倍;在 TSP 中,这些元素的富集系数在采暖期是在非采暖期的 1.1~1.4 倍,说明了这些污染元素的主要来源与采暖期的煤燃烧密切相关[12,15],同时也再次说明了,采暖期化石燃料燃烧所产生的这些污染元素,更容易富集在细颗粒物 $PM_{2.5}$ 中。一般认为,元素 Na 主要来源于矿物源。采暖期中 Na 在 $PM_{2.5}$ 和在 TSP 中的富集系数,均高于非采暖期,且 $PM_{2.5}$ 中的 Na,在采暖期的富集系数远远高于其在 TSP 的富集系数,说明元素 Na 也有相当部分来源于燃煤。T. Akuwa 等[16]研究碱性金属在煤中的燃烧过程及此燃烧过程形成大气气溶胶的机制,发现在不同种类的煤灰中,Na 占气溶胶比值的粒径分布均呈双峰分布,即在 0.3 与 4 μm 处有高值;在粒径<1 μm 时,Na 占气溶胶的比值更高。燃烧初期产生的 Na,主要为小于 1 μm 的细颗粒物。这部分主要来源于煤灰蒸发或者冷凝过程中的均相与异相反应,因而导致 Na 在采暖期中,在 $PM_{2.5}$ 中的富集系数远远高于其在 TSP 中的富集系数。

45.5　乌鲁木齐市严重雾霾形成的微观机制

45.5.1　大气能见度与大气气溶胶组分的相关性

表 45-3 显示了用 Pearson 相关性分析方法所得到的乌鲁木齐市大气能见度与大气气溶胶中各组分的相关性。从表中可以看出,大气气溶胶各组分中水溶性无机离子总浓度(TWSII)、黑碳(BC)、有机质(OM)与能见度均有显著相关性。相关性最为显著的是 TWSII。由于沙尘气溶胶对光的消光效率比可溶性离子和黑碳小得多[17],故矿物气溶胶与能见度的相关性较弱。水溶性离子中的 NH_4^+、Cl^-、NO_3^-、Na^+、SO_4^{2-} 与能见度有显著正相关。比较这几种离子在雾霾期间和非雾霾期间的浓度,发现 NH_4^+、Cl^-、NO_3^-、Na^+、SO_4^{2-} 在 $PM_{2.5}$ 中的浓度在雾霾期间比非雾霾期间分别上升了 4.1、3.6、3.5、6.0、8.3 倍。SO_4^{2-}/NO_3^- 比值在雾霾期间与非雾霾期间分别为 5.9 和 2.7,说明发生雾霾时 SO_4^{2-} 比 NO_3^- 浓度升高得更多。中国大部分地区大气气溶胶中的 SO_4^{2-}/NO_3^- 比值为 2~3。乌鲁木齐燃煤所排放的 SO_2 进而氧化生成硫酸盐的 SO_4^{2-},对大气污染的贡献率比中国大部分地区高。SO_4^{2-} 最主要的来源是燃煤所排放的 SO_2 在大气中的氧化产物,NO_3^- 则来自燃煤和机动车两者所排放的氮氧化物在大气中的氧化产物。雾霾期间,SO_4^{2-}/NO_3^- 比值

高,进一步说明乌鲁木齐雾霾主要还是来自煤炭燃烧排放的污染物。

表 45 - 3　气溶胶各组分与能见度的相关性

	能见度		能见度
$PM_{2.5}$	-0.693^{**}	NO_2	-0.374^{**}
TSP	-0.707^{**}	SO_2	-0.562^{**}
BC	-0.360^{**}	Cl^-	-0.839^{**}
矿物气溶胶	0.057	NO_3^-	-0.817^{**}
TWSII	-0.792^{**}	SO_4^{2-}	-0.770^{**}
OM	-0.554^{**}	NH_4^+	-0.849^{**}
Na^+	-0.799^{**}		

** 显著性检验 $p=0.01$。

在 $PM_{2.5}$ 中,$[NH_4^+]$ 与 $[NO_3^-]+2[SO_4^{2-}]$ 的比值在雾霾期间与非雾霾期间分别为 0.96 和 1.41,说明乌鲁木齐大气气溶胶中的 NH_4^+ 离子充足,基本上可全部中和大气气溶胶中的 $[NO_3^-]+2[SO_4^{2-}]$,而形成 $(NH_4)_2SO_4$ 和 NH_4NO_3。换言之,无论在雾霾期间还是非雾霾期间,乌鲁木齐大气气溶胶中的硝酸盐与硫酸盐,大多以 NH_4NO_3 和 $(NH_4)_2SO_4$ 的形式存在。但是,如果仅仅考虑冬季的平均值,$[NH_4^+]/([NO_3^-]+2[SO_4^{2-}])$ 比值为 0.81。同时,阴离子当量浓度的总和与除了 H^+ 离子之外所有阳离子的当量浓度总和之比值为 1.39,远高于 1.0。这表明,冬季乌鲁木齐的大气气溶胶中,可能存在的各种阳离子中有较多 H^+ 存在。由于 H^+ 未被计算在所有阳离子的当量浓度总和中,因此所有阴离子当量浓度的总和与所有阳离子的当量浓度的总和之比值远高于 1。据此推测,大气气溶胶中的硫酸盐应以 NH_4HSO_4 和 $(NH_4)_2SO_4$ 两种形式存在。NH_4HSO_4 比 $(NH_4)_2SO_4$ 更容易发生潮解,进而吸水膨胀,从而更快加大了大气气溶胶对光的消减,加重了冬季的雾霾。

45.5.2　大气气溶胶中主要化学组分对光衰减的贡献比例

根据气溶胶中各种化学组分占 $PM_{2.5}$ 质量浓度的比例大小,可以把大气气溶胶的化学组分分为以下 5 类:3 种吸湿性最强的二次无机离子 SNA(SO_4^{2-}、NO_3^-、NH_4^+)、有机质(OM)、氯化物、黑碳(BC)、矿物气溶胶等。根据改进的 IMPROVE 公式 *[18] 以及相应的湿度函数,估算了乌鲁木齐各组分的消光系数,然后根据估算的上述各组分的消光系数和实际测定的上述各组分在冬季和在采暖期的平均浓度,同时考虑了气体 NO_2 浓度,估算了乌鲁木齐大气细颗粒物 $PM_{2.5}$ 中上述各组分在冬季和在采暖期对光衰减作用的比例,如图 45 - 6 所示。上述各组分无论在冬季还是在采暖期,对光衰减的比例大小顺序均

---

* IMPROVE: The Interagency Monitoring of Protected Visual Environments Particle Monitoring Network,为美国"保护视觉环境颗粒物联合监测网"这一科研项目的缩写。根据这一项目的监测数据,1999 年提出了根据颗粒物各相关组分的浓度和相对湿度估算颗粒物消光的算法,用于跟踪和度量区域雾霾度量的基础。这一估算算法称为 IMPROVE 公式。2007 年又提出了改进的 IMPROVE 公式,大大提高了估算消光的精度。

为 SNA＞OM＞氯化物＞BC＞矿物气溶胶和气体 NO_2。其中 SNA(SO_4^{2-}、NO_3^-、NH_4^+）三离子对光衰减的比例最大,在冬季和在采暖期分别约占 67%和 57%,有机气溶胶在冬季和在采暖期分别约占 17%和 20%,氯化物在冬季和在采暖期均高达 12%。这 3 部分组分主要来源于燃煤。由此可见,燃煤是乌鲁木齐重度雾霾的最直接原因。

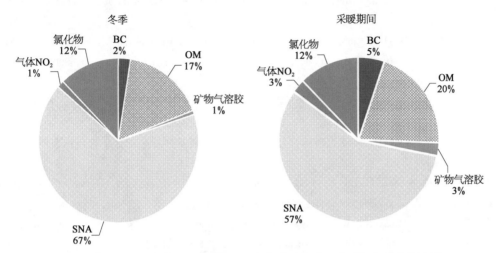

图 45－6　乌鲁木齐冬季和采暖期间大气气溶胶中各组分对大气消光的比例
（彩图见下载文件包,网址见 14 页脚注）

综上所述,乌鲁木齐在采暖期的 180 d 中共发生雾霾 148 d,占整个采暖期天数的 90%;雾霾天的平均能见度仅 2.9 km。$PM_{2.5}$ 中的 SO_4^{2-}、Cl^-、NH_4^+、Na^+,在采暖期的浓度高于非采暖期 9 倍以上。$PM_{2.5}$ 中的 S、Cd、As、Zn、Pb、Cu、Cr、Na 等污染元素的富集系数在采暖期是非采暖期的 3～13 倍。无论在冬季还是在采暖期,对光衰减的比例大小顺序均为 SNA(SO_4^{2-}、NO_3^-、NH_4^+）＞有机气溶胶＞氯化物＞黑碳＞矿物气溶胶。在冬季和在采暖期,SNA 分别占 67%和 57%,有机气溶胶分别占 17%和 20%,氯化物（Cl^-）均高达 12%。这三部分组分主要来源于燃煤。燃煤所产生的大量强吸水性的可溶性离子和有机物,是乌鲁木齐重度雾霾的最直接原因。因此,控制乌鲁木齐采暖期的燃煤,是提高大气能见度,改善大气质量的关键所在。

参考文献

［1］赵克明,李霞,卢新玉,等.新国标下峡口地形城市冬季大气污染的时空分布变化规律研究//第十一届全国气溶胶会议暨第十届海峡两岸气溶胶技术研讨会论文集.武汉,2013:589－601.

［2］李霞.峡口城市乌鲁木齐冬季重污染的机理研究.中国科学院大学,2013.

［3］韩茜.乌鲁木齐市气溶胶污染特征及其对大气消光的影响.中国科学院研究生院,2012.

［4］Okada K, Ikegami M, Zaizen Y, et al. The mixture state of individual aerosol particles in the 1997 Indonesian haze episode. Journal of Aerosol Science, 2001, 32(11): 1269－1279.

［5］Schichtel B A, Husar R B, Falke S R, et al. Haze trends over the United States, 1980－1995.

Atmospheric Environment, 2001, 35(30): 5205 – 5210.

[6] Chen L W A, Chow J C, Doddridge B G, et al. Analysis of a summertime $PM_{2.5}$ and haze episode in the mid-Atlantic region. J Air Waste Manage Assoc, 2003, 53: 946 – 956.

[7] Yadav A K, Kumar K, Kasim A, et al. Visibility and incidence of respiratory diseases during the 1998 haze episode in Brunei Darussalam. Pure and Applied Geophysics, 2003, 160 (1 – 2): 265 – 277.

[8] Kang C M, Lee H S, Kang B W, et al. Chemical characteristics of acidic gas pollutants and $PM_{2.5}$ species during hazy episodes in Seoul, South Korea. Atmospheric Environment, 2004, 38(28): 4749 – 4760.

[9] 王建忠,武晓宁,贾丽红.乌鲁木齐冬季雾霾天气对城市人群健康危害浅析//第 26 届中国气象学会年会论文集.杭州,2009: 264 – 267.

[10] 李娟.中亚地区沙尘气溶胶的理化特性、来源、长途传输及其对全球变化的可能影响.复旦大学,2009.

[11] Li J, Zhuang G S, Huang K, et al. The chemistry of heavy haze over Urumqi, Central Asia. Journal of Atmospheric Chemistry, 2008, 61(1): 57 – 72.

[12] Wei B, Yang L. A review of heavy metal contaminations in urban soils, urban road dusts and agricultural soils from China. Microchemical Journal, 2010, 94(2): 99 – 107.

[13] 黄侃.亚洲沙尘长途传输中的组分转化机理及中国典型城市的灰霾形成机制.复旦大学,2010.

[14] Li J, Zhuang G S, Huang K, et al. Characteristics and sources of air-borne particulate in Urumqi, China, the upstream area of Asia dust. Atmospheric Environment, 2008, 42 (4): 776 – 787.

[15] Cheng H, Li M, Zhao C, et al. Overview of trace metals in the urban soil of 31 metropolises in China. Journal of Geochemical Exploration, 2014, 139: 31 – 52.

[16] Akuwa T, Mkilaha I S N, Naruse I. Mechanisms of fine particulates formation with alkali metal compounds during coal combustion. Fuel, 2006, 85(5 – 6): 671 – 678.

[17] Lee S, Ghim Y S, Kim S W, et al. Seasonal characteristics of chemically apportioned aerosol optical properties at Seoul and Gosan, Korea. Atmospheric Environment, 2009, 43(6): 1320 – 1328.

[18] Pitchford M, Malm W, Schichtel B, et al. Revised algorithm for estimating light extinction from IMPROVE particle speciation data. J Air Waste Manage Assoc, 2007, 57(11): 1326 – 1336.

第46章

机动车排放与大范围雾霾的触发

大气气溶胶的人为污染源,包括以燃煤为主的工业排放、交通、生物质燃烧、道路和建筑扬尘等[1-4]。其中,燃煤和交通(机动车、船舶和飞机)是2个最主要的来源。生物质燃烧引发的污染,多发生在收获季节(5—6月、10—11月)[5],且千百年来一直存在,对冬季频发的大范围雾霾事件影响有限。随着机动车保有量的快速增加,机动车尾气对大气NO_x和$PM_{2.5}$的贡献日益凸显[6-8],成为触发许多地区大范围雾霾发生之主要原因。

机动车排放的污染物主要有CO、NO_x、颗粒物、碳氢化合物、黑碳等。据统计,2016年中国机动车保有量达到2.95亿辆,约占世界机动车保有量的14%[9],全年排放CO 3 419.3万t、NO_x 577.8万t、颗粒物53.4万t、碳氢化合物422.0万t。深圳、北京、上海、杭州和广州等大型城市的源解析结果表明,机动车排放对$PM_{2.5}$的贡献占比分别达到41.0%、31.1%、29.2%、28.0%和21.7%,是细颗粒物的首要来源[10]。除了一次排放的颗粒物、黑碳和有机气溶胶外,机动车排放的NO_x和有机烃,可被氧化生成硝酸盐和二次有机气溶胶,成为细颗粒物的重要组成部分[11]。如前面章节所述,有机气溶胶、硫酸盐、硝酸盐和黑碳是能见度降低的决定性影响因子,如有机气溶胶对消光的贡献可达30%~47%[12,13]。而有机气溶胶、硝酸盐和黑碳,都与交通源(包括机动车和轮船等)的排放直接相关。本章基于机动车排放的污染物对$PM_{2.5}$浓度及大气能见度的影响,论述机动车排放与近年来频发的大范围雾霾之间的关系。

46.1 机动车排放污染物对细颗粒物浓度及大气能见度的影响

46.1.1 机动车管制日的污染物浓度变化状况

2011年9月22日是中国第五个"城市无车日"(下文统称"管制日")。当日,杭州市设置了交通管制区和控制区。22日当天7:00—9:00,在管制区内禁止小型客车(出租车除外)行驶;在控制区内不限行,但鼓励绿色出行。据统计,当天管制区内外的车流量,较平常日分别下降32%~36%和13%~16%[14]。

图46-1给出了9月22、23日气态污染物和$PM_{2.5}$的日变化趋势。表46-1显示了这两日早晚高峰污染物的平均值。与23日相比,管制日早高峰(7:00—10:00)时段的

PM$_{2.5}$、CO、SO$_2$、NO$_x$和NO$_2$浓度明显下降,降幅分别为32.2%、34.3%、25.1%、28.0%和12.5%。晚高峰时段(16:00—18:00)的降幅分别为36.2%、9.0%、38.4%、24.6%和24.6%。在7:00—19:00整个管制期间,气态污染物CO、SO$_2$、NO$_x$、NO$_2$和PM$_{2.5}$浓度比23日的同时段分别减少了20.6%、31.5%、23.3%、17.5%和32.6%。常用NO$_2$、NO$_x$、CO来表征机动车尾气的排放,在管制日的早晚高峰以及整个管制时间区间内,这些气态污染物均有不同程度的下降,表明管控措施对于降低机动车尾气污染的效果明显。同时,PM$_{2.5}$浓度亦有显著降低。车流量降低,减少了机动车的一次颗粒物排放量,同时气态前体物的减少又导致了转化生成的二次气溶胶量的降低。从图46-1中也可见到,22日

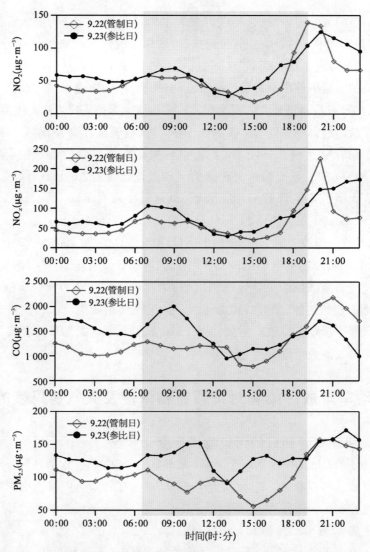

图 46 - 1　机动车管制日前后的污染物浓度日变化(绿色区域表示管制时间段)
(彩图见图版第 32 页,也见下载文件包,网址见正文 14 页脚注)

19:00 管制结束后,CO、NO₂ 和 NOₓ 浓度显著上升,高于 23 日同期水平 30％以上。这是由于管制结束后,短时间内出行需求大量增加,导致机动车排放量快速攀升。

表 46 - 1　2011 年 9 月 22 和 23 日的污染物浓度表

污染物 ($\mu g \cdot m^{-3}$)	早 高 峰		晚 高 峰	
	9.22	9.23	9.22	9.23
NO_2	56.1 ± 1.94	64.2 ± 5.15	52.4 ± 36.2	69.5 ± 13.3
NO_x	68.1 ± 6.75	94.6 ± 15.5	53.3 ± 36.2	70.7 ± 13.1
SO_2	65.5 ± 3.57	87.4 ± 18.7	57.8 ± 3.8	93.9 ± 20.2
CO	$1\,202 \pm 67.02$	$1\,830 \pm 163.1$	$1\,143 \pm 267.6$	$1\,256 \pm 132.0$
$PM_{2.5}$	94.2 ± 14.07	139 ± 8.17	81.6 ± 17.0	128 ± 6.07

46.1.2　机动车管制日 PM₂.₅ 中化学组分的变化

图 46 - 2 显示了 9 月 22 日管制前、中、后三阶段 PM₂.₅ 中主要化学组分的平均浓度及其在 PM₂.₅ 质量浓度中所占的百分比。在实施管制期间,二次无机离子 SO_4^{2-}、NO_3^- 和 NH_4^+ 分别减少 13.2％、22.5％和 10.0％,其中 NO_3^- 降幅最大。这 3 种主要离子 SO_4^{2-}、NO_3^- 和 NH_4^+ 的浓度之和(SNA)为 25.95 $\mu g \cdot m^{-3}$,比管制前减少了 15.7％。管制后 NO_3^- 和 NH_4^+ 浓度比管制中上升了 16.0％和 10.6％。显而易见,由于 NO_3^- 是机动车主要排放物 NO_x 的氧化产物,故而受管制影响最明显。从在 PM₂.₅ 中的占比来看,管制期间,SNA 在 PM₂.₅ 中占比为 31.2％,高于管制前的 29.7％和管制后的 20.6％。

气溶胶中的 NO_3^-/SO_4^{2-} 常用于表征人为排放中移动源与固定源的相对贡献[15-17]。该比值越高,移动源的贡献越显著。杭州管制日全天的 NO_3^-/SO_4^{2-} 比值为 0.61。已有研究发现,上海市这一比值为 0.64[18],南京为 1.0[19],表明上海和杭州两城市移动源对 PM₂.₅ 的贡献量较为相近,而同处于长三角地区的南京,移动源的贡献更大些。杭州管制前、管制中、管制后的该比值分别为 0.64、0.58 和 0.68(管制结束后 2 h 达到 0.79),表明管制期间机动车排放的减少,使交通源对细颗粒物的贡献下降,但随着管制结束恢复通行,移动源的贡献显著增加。

管制期间,元素碳(EC)的平均浓度为 4.29 $\mu g \cdot m^{-3}$,约为管制前浓度的 86.2％;有机碳(OC)的平均浓度为 8.58 $\mu g \cdot m^{-3}$,为管制前浓度的 87.4％。管制终止后,两者的浓度迅速上升,达到了 10.85 和 20.24 $\mu g \cdot m^{-3}$,是管制中浓度的 2.36 倍和 2.53 倍。管制后大量增加的 EC 与 OC 表明,机动车尾气中含有大量碳质气溶胶。OC 和 EC 两者有良好的相关性($R > 0.9$),表明它们有一定的同源性。OC/EC 比值在管制前后的 3 个阶段分别为 2.04、2.12 和 1.96,略低于上海(2.3～3.1)[20]和南京(2.36～2.69)[21,22],与北京(1.9～2.4)[23]较为接近,表明杭州含 C 气溶胶的来源,与北京、南京、上海基本相似。这一比值与石化燃料燃烧排放的 OC/EC 比值(约 2.0)[24]基本吻合。据此可以推断,研究

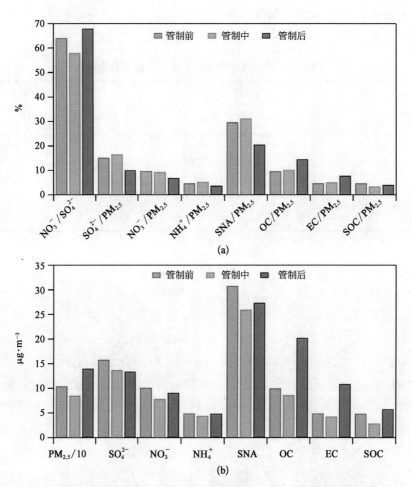

图 46 - 2　机动车管制日 PM$_{2.5}$ 中主要化学组分浓度(b)及其在气溶胶中的质量百分比(a)(彩图见下载文件包,网址见 14 页脚注)

期间内的 OC 和 EC,主要来自机动车尾气的贡献[25]。

　　由于 EC 性质较稳定,不易发生化学反应,常作为一次排放的示踪物,用于估算二次有机气溶胶(SOC)[26,27]。文献中多采用 OC/EC 一次比值法[28]或最小比值法[29]来估算 SOC。这里采用最小比值法,SOC=OC-EC(OC/EC)$_{min}$。管制日测得的 OC 和 EC 最小比值为 1.33,以此计算管制日各阶段的二次有机气溶胶浓度。管制期间的 SOC 均值为 2.85 $\mu g \cdot m^{-3}$,仅为管制前 SOC 的 58.4%;管制后 SOC 升到 5.81 $\mu g \cdot m^{-3}$,是管制期间浓度的 2 倍多。管制结束后,含 C 气溶胶(OC、EC 及 SOC)浓度都呈现急剧上升的趋势,表明机动车尾气对有机气溶胶的贡献不仅局限于在一次排放中贡献 OC 和 EC,其对 SOC 的形成转化亦有重要贡献。从图 46 - 2 可以发现,管制结束后,含 C 气溶胶的浓度超过管制中,其在 PM$_{2.5}$ 中的占比也显著升高,由管制中的 15.3%(OC 10.2%、EC 5.1%)上升至管制后的 22.4%(OC 14.6%、EC 7.8%)。

46.1.3　管制日前后大气气溶胶消光特性的变化

图 46 - 3 展示了机动车管制日前后气溶胶消光特性的变化。相关参数由下式获得：$\sigma_{ext} = \sigma_{sp} + \sigma_{ap} + \sigma_{sg} + \sigma_{ag}$，$\sigma_{ap} = 8.28[BC] + 2.23$，$\sigma_{ag} = 0.33[NO_2]$，$Lv = 3.912/\sigma_{ext}$，其中 σ_{ext} 为大气消光系数，σ_{sp} 为颗粒物散射系数，由浊度仪(525 nm)测得；σ_{ap} 为颗粒物吸收系数(880 nm)，由 $\sigma_{ap} = 8.28[BC] + 2.23$ 换算得到[30]；σ_{sg} 为气态分子的瑞利散射系数，通常取 $\sigma_{sg} = 13 \text{ mol} \cdot \text{L}^{-1} \cdot \text{m}^{-1[31]}$；$\sigma_{ag}$ 为气体吸收系数，由 $\sigma_{ag} = 0.33[NO_2]$ 换算得到，NO_2 浓度用其在大气中的混合比表示，其单位为 $10^{-9}V/V$；Lv 为大气能见度。大气消光系数 σ_{ext} 可根据上述公式和相关的观测值计算而得。这就是图 46 - 3 显示的"σ_{ext}-本研究观测值"。此外，根据简化的 IMPROVE 公式[32] 计算得到了一套计算值，这就是图 46 - 3 显示的"σ_{ext} - IMPROVE 计算值"。结果显示 IMPROVE 模型计算得到的消光系数与实际测量换算得到的结果基本吻合。由图 46 - 2 可知，管制期间的 σ_{ext} 为 273.3 mol · L^{-1} · m^{-1}，是

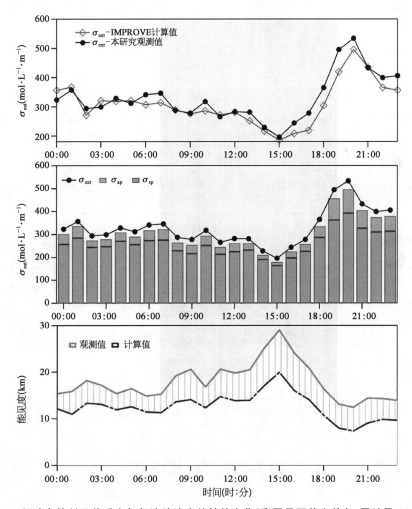

图 46 - 3　机动车管制日前后大气气溶胶消光特性的变化(彩图见下载文件包，网址见 14 页脚注)

管制前的 80.1%,管制后的 62.2%,说明了交通管制措施有效降低了大气消光特性。管制期间颗粒物的 σ_{sp}、σ_{ap} 分别为 220.7 和 32.4,管制后增加到 333.1 和 75.7 $mol \cdot L^{-1} \cdot m^{-1}$,上升了 50.9% 和 133.4%。$\sigma_{ap}$ 的升高,主要是由管制后黑碳浓度的大幅增加所引起的。黑碳是机动车燃料不完全燃烧的产物,在可见光波段有很强的吸收,是气溶胶中的主要吸光物质[33]。管制结束后,大气能见度显著降低,由管制期间的 20 km 减少至管制后的12.4 km。图 46-3 显示了能见度仪测量值与以上计算值,发现两者同向变化,高度相关(相关系数 0.96),说明计算值较好地反映了大气能见度的变化。上述结果表明,机动车排放的污染物,大大降低了大气能见度,揭示了机动车排放对雾霾的形成有重要作用。

图 46-4 展示了机动车管制日期间,气溶胶化学组分对大气消光的贡献。细颗粒物中的硝酸盐、硫酸盐、有机物(OM)和元素碳(EC)这 4 种组分的消光系数,占大气消光系数的 74.0%~89.7%,是导致能见度下降的最主要组分。天津[34]、上海[35]、南京[19]等地的研究都发现硝酸盐、硫酸盐、OM 和 EC 是大气中 4 种最重要的消光组分,只是在不同的地点和季节,4 种组分的相对贡献量有所差异。管制期间,硫酸盐、OM、硝酸盐、粗粒子和干洁空气分子的散射消光贡献,分别为 29.7%、18.9%、15.8%、11.0% 和 5.2%,EC和 NO_2 的吸收消光占比为 16.7% 和 2.7%。硫酸盐的消光贡献最大,因为硫酸盐主要来源于固定源的排放,如燃煤等,受交通管制措施的影响较小。但在管制后,OM 和 EC 的消光比例上升到 26.6% 和 24.6%,超过了硝酸盐和硫酸盐的消光贡献(分别为 10.3% 和20.0%),成为最主要的消光组分。从全过程来看,尽管 EC 的质量仅为 $PM_{2.5}$ 的 3%~8%,其消光作用却高达 20%~30%。以上结果表明,机动车排放是大气中含 C 气溶胶的主要来源,再次揭示了机动车排放对雾霾形成有重要作用。

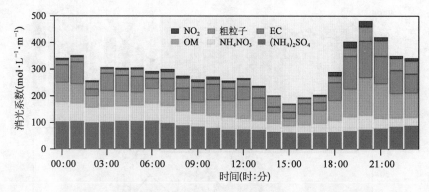

图 46-4 机动车管制日期间气溶胶化学组分对大气消光的贡献
(彩图见图版第 32 页,也见下载文件包,网址见正文 14 页脚注)

46.2 移动源对污染气溶胶贡献的持续增长

伴随着中国城市化的快速进展以及机动车保有量的急剧增加,近年来移动源——机动车排放,对大气污染气溶胶的贡献持续增长,已成为中国大气污染的主要来源之一。如上所说,气溶胶中的硝酸盐与硫酸盐质量浓度比 NO_3^-/SO_4^{2-},常用于判断移动源和固定源(主要燃煤排放)的相对贡献[17]。在美国洛杉矶,这一比值高达 2.0[27]。表 46-2 给出了杭州、上海、南京以及北京 $PM_{2.5}$ 中 NO_3^- 与 SO_4^{2-} 的平均浓度,以及 NO_3^-/SO_4^{2-} 比值的平均值。

表 46-2　不同站点 $PM_{2.5}$ 中 SO_4^{2-} 和 NO_3^- 的平均浓度($\mu g \cdot m^{-3}$)以及 NO_3^-/SO_4^{2-} 比值

地　点	观 测 时 间	NO_3^-	SO_4^{2-}	NO_3^-/SO_4^{2-}	参考文献
杭州	2004—2005 年	7.7	15.7	0.5	[36]
	2006 年	7.6	16.5	0.5	[37]
	2011—2012 年	14	15	0.9	[38]
	2013—2014 年	20.6	19.5	1.1	本章
	2013 年	11.7	12.08	1.0	本章
	2013 年 1 月霾污染期	19.4	17.6	1.1	本章
上海	1999—2000 年	6.5	15.2	0.4	[16]
	2005 年冬季	7.1	15.8	0.5	[39]
	2006 年冬季	6.8	9.0	0.7	[40]
	2010 年春秋季	7.5	6.5	1.2	[41]
	2013 年 1 月非霾污染期	9.2	9.2	1.0	[42]
	2013 年 1 月霾污染期	31.7	25.1	1.2	[42]
南京	2002 年 3 月	5.9	8.0	0.7	[43]
	2014 年 1 月($PM_{2.1}$)霾污染期	19.77	15.64	1.3	[19]
	2013 年 5 月—2014 年 5 月	18.85	28.31	0.7	[44]
北京	1999—2000 年	10.1	17.7	0.6	[16]
	2001 年—2003 年冬季	12.3	21	0.6	[45]
	2013 年 1 月非霾污染期	3.8	4.6	0.8	[46]
	2013 年 1 月霾污染期	34.9	56.1	0.6	[46]

如表 46-2 所示,杭州 2013—2014 年 $PM_{2.5}$ 中 NO_3^- 的含量,明显高于 2006 年前的含量。杭州 2006 年前 $PM_{2.5}$ 中 NO_3^- 的含量低于 SO_4^{2-},仅为 SO_4^{2-} 的 50% 左右;到 2011—2012 年之后,$PM_{2.5}$ 中 NO_3^- 的含量明显升高,基本与 SO_4^{2-} 相当,在雾霾期间甚至高于 SO_4^{2-} 的含量。大气中的 SO_2 是气溶胶中 SO_4^{2-} 的前体物,其来源主要是燃煤排放;而 NO_3^- 的前体物 NO_x 的来源主要包括燃煤和机动车尾气。近年来,燃煤脱硫效果显著,SO_2 排放量显著下降,相应地,大气中的 SO_2 浓度明显下降。机动车的快速增长,导致杭州 NO_2 浓度居高不下。如图 46-5 所示,杭州市工业煤炭消费在 2007 年达到最大值,而后开始呈下降趋势。2014 年,杭州工业煤炭消耗比 2007 年减少了 17.2%。与此同时,杭州机动车保有量从 2006 年的 85.2 万辆,上升至 2014 年的 269 万辆。若仅考虑燃煤排放

对杭州 SO_2、NO_2 的影响,2014 年的 SO_2、NO_2 浓度均应低于 2006 年。而实际监测结果显示,2014 年杭州大气中的 SO_2 浓度为 21 $\mu g \cdot m^{-3}$,低于 2006 年($<$60 $\mu g \cdot m^{-3}$);而 2014 年杭州 NO_2 浓度为 50 $\mu g \cdot m^{-3}$,仅略低于 2006 年($<$60 $\mu g \cdot m^{-3}$)。NO_2 降幅远小于 SO_2,导致 NO_2/SO_2 比值从 2006 年的 1.0,上升至 2014 年的 1.9。上述结果表明,近年来杭州机动车排放对 NO_x 排放的贡献显著升高。在上海,2010 年以前 NO_3^-/SO_4^{2-} 基本都小于 1;2010 年之后,这一比值上升到 1.0;在 2013 年 1 月的雾霾污染中,更达到了 1.2,略高于杭州。上海大气中 SO_2 和 NO_2 的比值 NO_2/SO_2,也从 2005 年的 1.0 左右,上升到 2014 年的 2.5。2005 年上海的年均 SO_2 浓度为 61 $\mu g \cdot m^{-3}$,到 2014 年下降到了 18 $\mu g \cdot m^{-3}$(上海统计年鉴,2006—2015 年),下降比例达 60%。"十一五"期间,由于上海的年原煤消耗量下降了 42%,加上燃煤脱硫措施的广泛实施,因此年均 SO_2 浓度大幅度下降。与此同时,机动车保有量则从 2000 年的 100 万辆左右,急剧增加到 2014 年的 304 万辆左右(上海统计年鉴,2002—2015 年)。上海大气中的 NO_2 浓度,从 2005 年的 61 $\mu g \cdot m^{-3}$ 下降到 2014 年的 45 $\mu g \cdot m^{-3}$,下降了 25%,幅度小于 SO_2(上海统计年鉴,2006—2013 年)。由此可见,与杭州相似,上海气溶胶中 NO_3^-/SO_4^{2-} 比值的升高,与机动车排放的增加密切相关。机动车排放对上海大气污染的贡献越来越显著。在南京,同样发现了 NO_3^-/SO_4^{2-} 比值升高的趋势,从 2002 年的 0.74 左右,增至 2014 年的 1.3。显然,近年来南京移动源的贡献,已经超过了固定源的贡献。移动源排放对颗粒物的贡献越来越显著,在上海、杭州和南京等城市,均已超过了固定源的贡献;在雾霾事件中,其作用更进一步凸显,成为长三角地区发生大范围雾霾的主导因素之一。

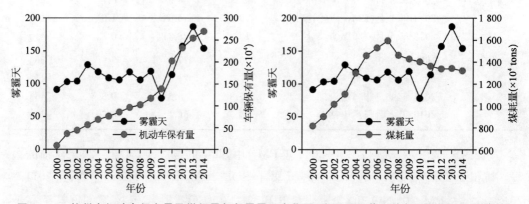

图 46 - 5 杭州市机动车保有量及煤耗量与年雾霾天变化图(彩图见下载文件包,网址见 14 页脚注)

北京 2001—2003 年冬季及 2004 年冬季污染天期间的 NO_3^-/SO_4^{2-} 比值较低,仅为 0.58;而 2013 年 1 月非污染天的比值为 0.7。这说明北京冬季的移动源,即机动车排放,对大气污染的相对贡献明显升高。其主要原因是,北京机动车数量大幅度增加,加之近年来北京的燃煤发电厂、钢铁生产等固定源排放显著下降。由于受到来自河北省污染气团传输的影响,北京污染天期间的 NO_3^-/SO_4^{2-} 比值下降为 0.62。北京机动车尾气排放的增加,致使北京污染天期间的 NO_3^- 浓度也明显上升,因此 NO_3^-/SO_4^{2-} 比值仍保持为 0.62,略高于 2001—2004 年的比值。据统计,北京的机动车保有量,从 2000 年的 140 万辆,急剧增加到 2012 年的 520 万辆(北京统计年鉴,2001—2013 年),机动车排放对北京大气污染的贡献显著升高。北京环保局公布的 $PM_{2.5}$ 源解析结果也表明,即使不考虑区域传输的影响,北京本地机动车排放对北京 $PM_{2.5}$ 的贡献也高达 30%。因此,机动车排放也是北京发生重霾污染的主导因素之一。

46.3　机动车的急剧增加与大范围雾霾的触发

自从 2013 年元月中国东部发生了一场有史以来持续时间最长的严重雾霾至今,霾污染每年都光顾中国中东部的大多数城市。一般而论,大气中的污染物和适当的气象条件是产生雾霾的决定性因素。工业污染和交通污染(主要是机动车排放的污染物)是人为污染的 2 类主要来源。燃煤排放的 SO_2 以及由其进一步氧化所形成的硫酸盐气溶胶,是工业污染产生雾霾的主要成因。近 10 年来,中国汽车数量呈指数上升的发展态势,其排放的污染物也急剧增加(图 46-6 所示),已成为触发雾霾产生的另一个主要原因。在前几章的论述中已经指出,导致能见度减少和发生雾霾的大气污染物,主要有以下 4 类组分:有机气溶胶、硫酸盐、硝酸盐、黑碳。机动车排放的有机烃,是有机气溶胶的主要来源;机动车排放的氮氧化物,是硝酸盐的主要来源;机动车所使用的柴油或汽油的未完全燃烧所产生而排放的颗粒物,又是大气中黑碳的主要来源。由此可见,在导致能见度降低并进而产生雾霾的 4 类主要组分中,其中 3 类直接与机动车排放到大气中的污染物有关。在过去的 10 多年间,中国包括京津冀地区、长三角地区中东部广大地区的大气污染状况,总体上呈上升态势,甚至于自从 2013 年以来,大范围地同时发生雾霾。考察人为

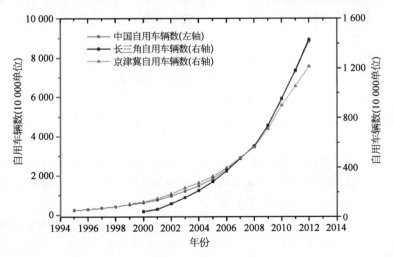

图 46-6　中国机动车数量的急剧增加(彩图见图版第 33 页,也见下载文件包,网址见正文 14 页脚注)

污染物的 2 类主要来源之一的燃煤,在过去 10 多年来,中国各地燃煤总量有所下降,加之燃煤脱硫取得了十分显著的成效,SO₂ 排放总量略有下降。基于各地的监测数据,各地大气中的 SO₂ 以及因之形成的硫酸盐浓度有减无增。这一结果表明,在过去的 10 多年,燃煤对产生雾霾天气的贡献并无增加。相对于工业污染源(主要是燃煤),交通源(主要是机动车排放)所产生的有机气溶胶、硝酸盐和黑碳等大气污染物,在过去的 10 多年间均是有增无减。显然,交通源对产生雾霾天气的相对贡献,在过去的 10 多年间是大大增加了。显而易见,在同样的气象条件下,近年来频频发生的雾霾,与机动车排放污染物的急剧增加密切相关。换句话说,交通源的排放,在某种意义上成为近年来大范围同时发生雾霾的"触发"因素。

参考文献

[1] Gelencs R A, May B, Simpson D, et al. Source apportionment of PM₂.₅ organic aerosol over Europe:Primary / secondary, natural / anthropogenic, and fossil / biogenic origin. Journal of Geophysical Research:Atmospheres (1984 – 2012), 2007, 112(D23):D23S04.

[2] Heald C L, Jacob D J, Park R J, et al. Transpacific transport of Asian anthropogenic aerosols and its impact on surface air quality in the United States. Journal of Geophysical Research:Atmospheres (1984 – 2012), 2006, 111(D14):D14310.

[3] Huang K, Zhuang G, Lin Y, et al. Impact of anthropogenic emission on air quality over a megacity-revealed from an intensive atmospheric campaign during the Chinese Spring Festival. Atmospheric Chemistry and Physics, 2012, 12(23):11631 – 11645.

[4] Streets D G, Yan F, Chin M, et al. Anthropogenic and natural contributions to regional trends in aerosol optical depth, 1980 – 2006. Journal of Geophysical Research:Atmospheres, 2009, 114 (D01):D011624.

[5] Cheng Z, Wang S, Fu X, et al. Impact of biomass burning on haze pollution in the Yangtze River Delta, China:A case study in summer 2011. Atmospheric Chemistry and Physics, 2014, 14(9):4573 – 4585.

[6] Lang J, Cheng S, Wei W, et al. A study on the trends of vehicular emissions in the Beijing-Tianjin-Hebei (BTH) region, China. Atmospheric Environment, 2012, 62:605 – 614.

[7] Wang J, Ho S S H, Ma S, et al. Characterization of PM₂.₅ in Guangzhou, China:Uses of organic markers for supporting source apportionment. Science of the Total Environment, 2016, 550:961 – 971.

[8] Wang F, Lin T, Feng J, et al. Source apportionment of polycyclic aromatic hydrocarbons in PM₂.₅ using positive matrix factorization modeling in Shanghai, China. Environmental Science:Processes & Impacts, 2015, 17(1):197 – 205.

[9] Zheng M, Yan C, Wang S, et al. Understanding PM₂.₅ sources in China:Challenges and perspectives. National Science Review, 2017, 4(6):801 – 803.

[10] 中华人民共和国环境保护部.中国机动车管理年报,2017.

[11]　Sun Y L, Jiang Q, Wang Z F, et al. Investigation of the sources and evolution processes of severe haze pollution in Beijing in January 2013. Journal of Geophysical Research-Atmospheres, 2014, 119(7): 4380 – 4398.

[12]　Huang K, Zhuang G, Lin Y, et al. Impact of anthropogenic emission on air quality over a megacity — Revealed from an intensive atmospheric campaign during the Chinese Spring Festival. Atmospheric Chemistry and Physics, 2012, 12(23): 11631 – 11645.

[13]　Deng J, Zhang Y, Hong Y, et al. Optical properties of $PM_{2.5}$ and the impacts of chemical compositions in the coastal city Xiamen in China. Science of the Total Environment, 2016, 557 – 558: 665 – 675.

[14]　徐昶, 沈建东, 何曦, 等. 杭州无车日大气细颗粒物化学组成形成机制及光学特性. 中国环境科学, 2013(3): 392 – 401.

[15]　Arimoto R, Duce R A, Savoie D L, et al. Relationships among aerosol constituents from Asia and the North Pacific during PEM-West A. Journal of Geophysical Research-Atmospheres, 1996, 101(D1): 2011 – 2023.

[16]　Yao X, Chan C K, Fang M, et al. The water-soluble ionic composition of $PM_{2.5}$ in Shanghai and Beijing, China. Atmospheric Environment, 2002, 36(26): 4223 – 4234.

[17]　Duan L, Xiu G, Feng L, et al. The mercury species and their association with carbonaceous compositions, bromine and iodine in $PM_{2.5}$ in Shanghai. Chemosphere, 2016, 146: 263 – 271.

[18]　Wang Y, Zhuang G S, Zhang X Y, et al. The ion chemistry, seasonal cycle, and sources of $PM_{2.5}$ and TSP aerosol in Shanghai. Atmospheric Environment, 2006, 40(16): 2935 – 2952.

[19]　Yu X, Ma J, An J, et al. Impacts of meteorological condition and aerosol chemical compositions on visibility impairment in Nanjing, China. Journal of Cleaner Production, 2016, 112 – 120.

[20]　Ye B M, Ji X L, Yang H Z, et al. Concentration and chemical composition of $PM_{2.5}$ in Shanghai for a 1-year period. Atmospheric Environment, 2003, 37(4): 499 – 510.

[21]　Yang H, Yu J Z, Ho S S H, et al. The chemical composition of inorganic and carbonaceous materials in $PM_{2.5}$ in Nanjing, China. Atmospheric Environment, 2005, 39(20): 3735 – 3749.

[22]　陈魁, 银燕, 魏玉香, 等. 南京大气 PM_(2.5)中碳组分观测分析. 中国环境科学, 2010, 30(8): 1015 – 1020.

[23]　Dan M, Zhuang G S, Li X X, et al. The characteristics of carbonaceous species and their sources in $PM_{2.5}$ in Beijing. Atmospheric Environment, 2004, 38(21): 3443 – 3452.

[24]　Cao G, Zhang X, Zheng F. Inventory of black carbon and organic carbon emissions from China. Atmospheric Environment, 2006, 40(34): 6516 – 6527.

[25]　Feng J, Chan C K, Fang M, et al. Characteristics of organic matter in $PM_{2.5}$ in Shanghai. Chemosphere, 2006, 64(8): 1393 – 1400.

[26]　Turpin B J, Huntzicker J J. Secondary formation of organic aerosol in the Los Angeles basin: A descriptive analysis of organic and elemental carbon concentrations. Atmospheric Environment Part A General Topics, 1991, 25(2): 207 – 215.

[27]　Strader R, Lurmann F, Pandis S N. Evaluation of secondary organic aerosol formation in winter.

Atmospheric Environment, 1999, 33(29)：4849 – 4863.

[28] Turpin B J, Huntzicker J J. Identification of secondary organic aerosol episodes and quantitation of primary and secondary organic aerosol concentrations during SCAQS. Atmospheric Environment, 1995, 29(23)：3527 – 3544.

[29] Castro L M, Pio C A, Harrison R M, et al. Carbonaceous aerosol in urban and rural European atmospheres：Estimation of secondary organic carbon concentrations. Atmospheric Environment, 1999, 33(17)：2771 – 2781.

[30] 姚婷婷,黄晓锋,何凌燕,等.深圳市冬季大气消光性质与细粒子化学组成的高时间分辨率观测和统计关系研究.中国科学：化学,2010(8)：206 – 214.

[31] Chan Y C, Simpson R W, Mctainsh G H, et al. Source apportionment of visibility degradation problems in Brisbane（Australia）using the multiple linear regression techniques. Atmospheric Environment, 1999, 33(19)：3237 – 3250.

[32] Sisler J F, Malm W C. Interpretation of trends of $PM_{2.5}$ and reconstructed visibility from the IMPROVE network. Air Repair, 2000, 50(5)：775 – 789.

[33] 徐昶,沈建东,叶辉,等.杭州黑碳气溶胶污染特性及来源研究.中国环境科学,2014(12)：3026 – 3033.

[34] 边海,韩素芹,张裕芬,等.天津市大气能见度与颗粒物污染的关系.中国环境科学,2012,32(3)：406 – 410.

[35] Cao J J, Wang Q Y, Chow J C, et al. Impacts of aerosol compositions on visibility impairment in Xi'an, China. Atmospheric Environment, 2012, 59：559 – 566.

[36] Liu G, Li J, Wu D, et al. Chemical composition and source apportionment of the ambient $PM_{2.5}$ in Hangzhou, China. Particuology, 2015, 18：135 – 143.

[37] 包贞,冯银厂,焦荔,等.杭州市大气 $PM_{2.5}$ 和 PM_{10} 污染特征及来源解析.中国环境监测,2010(2)：44 – 48.

[38] 王书肖.长三角区域霾污染特征、来源及调控策略.科学出版社,2016.

[39] Wang Y, Zhuang G, Zhang X, et al. The ion chemistry, seasonal cycle, and sources of $PM_{2.5}$ and TSP aerosol in Shanghai. Atmospheric Environment, 2006, 40(16)：2935 – 2952.

[40] Fu Q, Zhuang G, Wang J, et al. Mechanism of formation of the heaviest pollution episode ever recorded in the Yangtze River Delta, China. Atmospheric Environment, 2008, 42 (9)：2023 – 2036.

[41] Huang K, Zhuang G S, Lin Y F, et al. How to improve the air quality over megacities in China：Pollution characterization and source analysis in Shanghai before, during, and after the 2010 World Expo. Atmospheric Chemistry and Physics, 2013, 13(12)：5927 – 5942.

[42] Wang Q, Zhuang G, Huang K, et al. Probing the severe haze pollution in three typical regions of China：Characteristics, sources and regional impacts. Atmospheric Environment, 2015, 120：76 – 88.

[43] 王荟,王格慧,高士祥,等.南京市大气颗粒物春季污染的特征.中国环境科学,2003(1)：56 – 60.

[44] Wang H, An J, Cheng M, et al. One year online measurements of water-soluble ions at the

industrially polluted town of Nanjing, China: Sources, seasonal and diurnal variations. Chemosphere, 2016, 148: 526 – 536.

[45] Wang Y, Zhuang G S, Tang A H, et al. The ion chemistry and the source of $PM_{2.5}$ aerosol in Beijing. Atmospheric Environment, 2005, 39(21): 3771 – 3784.

[46] Wang Q Z, Zhuang G S, Huang K, et al. Probing the severe haze pollution in three typical regions of China: Characteristics, sources and regional impacts. Atmospheric Environment, 2015, 120: 76 – 88.

第47章
大气气溶胶光学特性和化学组分的关系

霾,是气溶胶及其所吸附的水汽弥漫于大气中,引起大气能见度降低的现象。中国气象界把"霾"定义为能见度<10 km 的天气。传统意义上的雾,指的是由水蒸气在近地面自然凝结成的细小水滴而弥漫于大气中所产生的一种自然的天气现象。如今频频发生的霾,则是近地面大量的细小水滴中含有高浓度细小颗粒物而引起大气能见度降低的现象。雾和霾两者,指的都是能见度减小的天气现象,究其实质,是气溶胶各类组分的散射和吸收等光学特性所引起的大气能见度减小的现象。所以,现代意义上的雾与霾,其实都是大气污染的产物。大气气溶胶的光学特性与颗粒物尤其与细颗粒物 $PM_{2.5}$ 及其组分密切相关。$PM_{2.5}$ 组成中含有大量人为排放的硫酸盐、铵盐、硝酸盐以及有机酸盐等,这些物质都是吸水性很强的物质,很容易促使大气中的细颗粒物膨胀,最终导致大气灰蒙蒙一片,就像一个"大锅盖"盖在城市的上空,这就是我们看到的雾霾。在沙尘的频发季节,观测到月均 Angstrom 指数(在 440~870 nm)甚至大于 0.8,表明即使在春季,细模态污染气溶胶仍占据主导地位[1]。偏振雷达的观测结果显示,北京、长崎和筑波近地面月均后向散射系数分别为 0.003、0.001~0.002 和 0.000 6 $km^{-1} \cdot sr^{-1}$,矿物气溶胶与人为气溶胶发生了内部混合[2]。沙尘暴气溶胶的单颗粒分析表明,有 1/5 颗粒物为矿物,但至少有 1/4 颗粒物含 S[3]。大部分 S 的存在形式为 $CaSO_4$ 和 $(NH_4)_x H_{2-x} SO_4$,且与石英和黏土混合[4]。沙尘颗粒在传输过程中,与污染物发生了混合[5]。长石($CaCO_3$)作为沙尘中重要的矿物组分,能够与来自工业源的 H_2SO_4 气溶胶发生反应,形成 2 种水合 $CaSO_4$[6];而二次硫酸盐和硝酸盐,分别占沙尘时期总悬浮颗粒物的 25% 和 40%~50%。本章重点分析 2006 年北京春季 2 次沙尘暴事件中气溶胶的光学和化学特性,从而揭示两者之间的内在联系。

47.1　2 次沙尘暴的监测和来源分析

图 47-1 为北京 2006 年 3 月 28 日—4 月 28 日期间监测的 $PM_{2.5}$ 和 TSP 的日均质量浓度。$PM_{2.5}$ 和 TSP 浓度的日变化差异很大,说明两者可能有不同的来源和不同的大气过程及传输路径。在这期间,观测到 2 次沙尘暴。第一次为 4 月 8—11 日,定义为 DS1;

第二次为 4 月 17—18 日,定义为 DS2。在靠近北京的天津市通过飞机航测,也观测到了这 2 次沙尘暴,发现 DS1 是相对影响范围较小的沙尘暴[7],而 DS2 则为一次强沙尘暴[7,8],影响波及韩国[9],甚至跨过太平洋传至北美[10]。MODIS 传感器也分别在 4 月 10 日和 17 日观测到这 2 次沙尘暴(图 47－2)。卫星图像显示,这 2 次沙尘事件,都影响到了中国东北部至渤海湾的广大区域。相较而言,DS2 的强度和影响范围都比 DS1 大。在 DS1 期间,PM$_{2.5}$ 和 TSP 的日均质量浓度,分别为 222.1 和 459.2 $\mu g \cdot m^{-3}$,变化范围分别为 75.2~377.5 和 355.0~672.1 $\mu g \cdot m^{-3}$。DS2 期间的 PM$_{2.5}$ 和 TSP 日均质量浓度,分别为 310.9 和 683.3 $\mu g \cdot m^{-3}$,强度大于 DS1。相对于非沙尘时期(ND),即除 DS1 和 DS2 的其余日期,大气气溶胶浓度升高了 2~3 倍,表明了在此期间有大量外来沙尘的入侵。

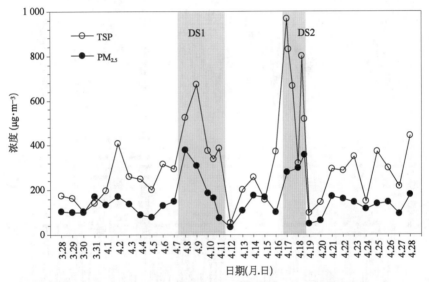

图 47－1　北京沙尘时期 PM$_{2.5}$ 和 TSP 质量浓度的日变化

图中以阴影标注 2 次沙尘暴时期(DS1 和 DS2)。

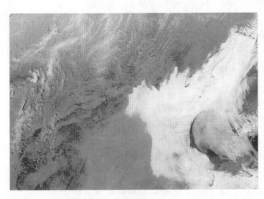

图 47－2　MODIS 传感器分别在 4 月 10 日(左图)和 17 日(右图)拍摄的沙尘暴卫星图片

(彩图见图版第 33 页,也见下载文件包,网址见正文 14 页脚注)

　　图 47-3 显示了本研究期间的气象参数及痕量气体 SO_2 和 NO_2 的日均浓度。此期间温度无大波动,露点温度和相对湿度则变化很大,两者都在沙尘事件的前一两天达到最低值,说明了北方冷气团入侵的影响。2 次沙尘事件期间,大气平均相对湿度都达到了约 60%(表 47-1),这情况显著区别于 2001、2002 和 2004 年北京的沙尘暴事件。在沙尘暴期间,空气中水汽含量往往非常低[11-13]。沙尘气溶胶和污染物前体物发生混合时,较高的相对湿度有利于沙尘颗粒表面的化学反应和二次气溶胶的形成。此外,沙尘期间风

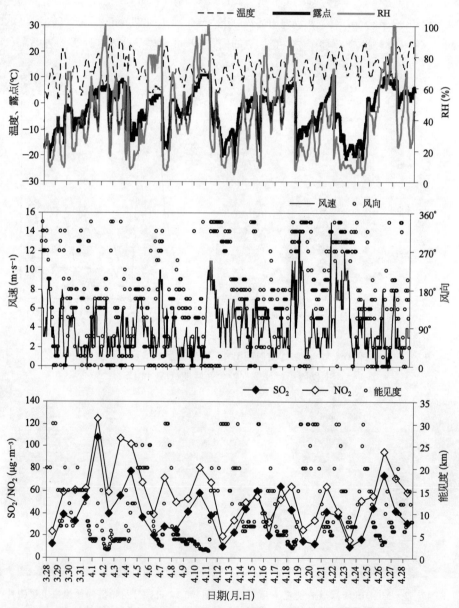

图 47-3　在本研究期间温度、露点、相对湿度、风向、风速、能见度以及 SO_2 和 NO_2 浓度的日变化情况

速相对较低,仅为 2.2~2.5 m·s⁻¹,同样也不同于通常沙尘暴事件伴随着较大风速。沙尘暴期间近地面风速并不大,可归因于沙尘主要来自高层西北风的传输,以及北京当地少量的扬尘[14]。相对较低的风速可导致较稳定的大气层结,不利于沙尘及污染物的扩散。图 47-3 显示了污染气体 SO_2、NO_2 与能见度的时间变化。在大多数情况下,SO_2 和 NO_2 与能见度呈相反的变化趋势,表明气-固转化的化学过程是影响能见度的主要因素。在整个研究期间,共出现 3 个低能见度阶段。第一个阶段为 4 月 1—3 日,此期间能见度大多低于 5 km,日均 SO_2 和 NO_2 浓度所达到的峰值,分别为 108 和 125 $\mu g·m^{-3}$,与上海 2007 年 1 月 19 日发生重霾时的浓度水平(194 和 123 $\mu g·m^{-3}$)相当[15],表明低能见度是由当地污染物的光化学反应所引起。另外 2 个低能见度阶段出现在 2 次沙尘事件期间,平均能见度仅为 4 km(表 47-1),明显由于大量的沙尘颗粒物所造成。此期间,污染气体的浓度同样较高,SO_2 和 NO_2 在 DS1 期间的平均浓度分别为 40.5 和 62.6 $\mu g·m^{-3}$,DS2 期间分别为 53.4 和 58.2 $\mu g·m^{-3}$,在非沙尘期间则分别为 35.3 和 52.9 $\mu g·m^{-3}$。这表明,气-固转换过程所形成的二次气溶胶,对消光和能见度恶化的效应依然存在。这一效应会被高浓度的沙尘气溶胶所影响。通过飞机航测同样观测到,北京在 4 月 9 日沙尘暴时期,有类似霾的天气[7]。沙尘暴期间出现的高浓度气体污染物,可能是由于当地排放的增加,或者由于来自外地的传输,加之不利于扩散的气象条件,即较低的风速和较高的相对湿度等,也是造成污染气体浓度较高的原因。

表 47-1 2 次沙尘事件(DS1、DS2)和非沙尘时期(ND)各类气象因子
(温度、露点、相对湿度、气压、能见度、风速)的平均值

	温度 (℃)	露点 (℃)	RH (%)	气压 (hPa)	能见度 (km)	风速 (m·s⁻¹)
ND	12.1	−4.6	38	1 013	6.1	3.6
DS1	10.5	1.3	57	1 011	4.0	2.2
DS2	12.0	0.5	59	1 009	4.5	2.5

基于美国国家海洋以及空气资源实验室开发的 HYSPLIT4 扩散传输模型,进行后向轨迹分析。2 次沙尘事件都起源于蒙古和内蒙古境内的戈壁(图 47-4)。由数值模拟[8]和 INTEX-B* 项目的观测结果[10],也得出同样的结论。Ca/Al 元素比值,可用于表征不同的亚洲沙尘来源[12]。DS1 和 DS2 的 Ca/Al 相近,分别为 0.91 和 0.87,与西北戈壁沙尘源区的 Ca/Al 比值(1.09±0.13)非常接近,说明 DS1 和 DS2 大致都起源于西北戈壁沙尘源区。但是,边界层高度内 500 m 高空的后向轨迹显示,2 次沙尘的气流运动轨迹并不相同(图 47-4)。DS2 的气流来自西北部,运动方向与 1 500 和 3 000 m 高度上的气流几乎一致;而 DS1 则来自中国东北部[图 47-4(b)],经过人口和重工业较为集中的

---

* INTEX-B: Intercontinental Chemical Transport Experiment — Phase B(洲际化学输运实验-B 阶段),美国 NASA 的一个研究项目。

区域。图 47-5 为 DS1 期间通过 MODIS 卫星传感器观测到的中国东北部火点图,由此发现这一期间内该区域有大量火点存在。该区域植被稠密,在边界层内传输的气团很可

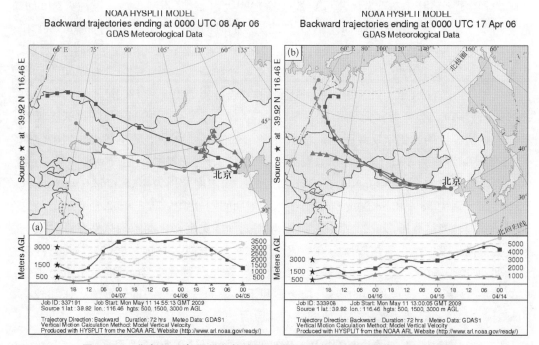

图 47-4　北京 72 h 气团后向轨迹图(彩图见下载文件包,网址见 14 页脚注)

(a) 4 月 8 日(DS1);(b) 4 月 17 日(DS2)。图内部分外文含义参见 127 页图 9-6 图注和 192 页 13-6 图注。

图 47-5　MODIS 反演的地面火点图(彩图见图版第 34 页,也见下载文件包,网址见正文 14 页脚注)
图中红点为火点,黑色五角星为北京观测点。

能受到生物质燃烧气溶胶的影响。上述结果说明,DS1 和 DS2 尽管源区大致相同,但是传输路径不同,两者的气溶胶化学就有很大不同。

47.2　2 次沙尘事件的光学和化学特征

47.2.1　大气气溶胶的光学特性

气溶胶光学厚度(AOD)是指征大气柱中悬浮颗粒物含量的指标之一。图 47 - 6(a)为 ND、DS1 和 DS2 期间在波长 440、675、870 和 1 020 nm 的平均 AOD。ND 期间,AOD 在 440 nm 的值为 1.05±0.71,处于中等水平;沙尘期间 AOD 值是 ND 期的 2～3 倍。DS1 期间,观测到的 AOD 最高值达到 2.22(4 月 11 日);而 DS2 期间的峰值则为 3.65(4 月 17 日)。AOD 的极高值主要来自沙尘。纯沙尘气溶胶的 AOD,在不同波长范围下变化很小[16],而本研究期间 AOD 在不同波长下的显著变化,表明存在着污染气溶胶与沙尘气溶胶的混合。

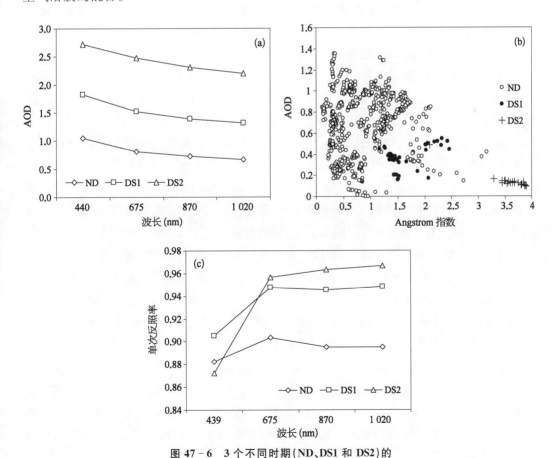

图 47 - 6　3 个不同时期(ND、DS1 和 DS2)的

(a) AOD 随波长的变化趋势;(b) AOD 与 Angstrom 指数的相互关系;(c) 单次反照率随波长的变化趋势。

图 47-6(b)为在波长 440 nm 下的 AOD 和在 440~870 nm 之间的 Angstrom 指数的散点图。Angstrom 指数能够表征气溶胶的粒径分布。数值越大,表明颗粒物粒径越小,反之亦然。在 ND 期间,散点的分布范围很大,其中那些高 AOD 值且高 Angstrom 指数的数据点,很可能表示这是以细颗粒物为主的高浓度气溶胶所引起的霾天气;而那些 AOD 值低并且 Angstrom 指数也较低的数据点,则表示相对清洁的天气。AERONET* 北京站的太阳光度计,在 ND 期间测得的细粒子(fine mode fraction,FMF)AOD 占总 AOD 的平均比值为 0.4,处于中等水平,表明 ND 时期北京存在着一定程度的细颗粒污染。DS2 大多数数据点的 AOD 值>3.0,而 Angstrom 指数则小于 0.2[图 47-6(b)]。DS2 的 FMF 值低至 0.18,表明气溶胶浓度很高,并且颗粒物粒径相对较大。相对于 DS2,DS1 的 AOD 较低,而 Angstrom 指数较高,因为 DS1 的强度较 DS2 弱,因此 AOD 也较低。DS1 的平均 FMF 为 0.31,显著高于 DS2,表明 DS1 比 DS2 可能存在相对较强的化学过程。

图 47-6(c)为 ND、DS1 和 DS2 在 4 个波长的单次反照率(single scattering albedo,SSA)。SSA 的定义是,气溶胶散射系数和消光系数(吸收和散射系数总和)的比值,是表征气溶胶气候效应的主要参数之一。ND 期间 675 nm 的 SSA 值为 0.90±0.33,与之前报道的北京 2001 年春季 SSA 值 0.88±0.44(500 nm)[17],以及黄海、甘肃地区沙尘季节SSA 值 0.88±0.03(550 nm)[18]接近。相对于沙尘源区的 SSA 值 0.98[17],DS2(0.96)比DS1(0.94)更为接近。在韩国光州观测到长程传输的西伯利亚森林火灾所产生的气溶胶SSA 值为 0.94±0.01[19],在日本东京观测到相似来源的气溶胶 SSA 值为 0.95±0.06[20]。本研究中,DS1 的 SSA 值与上述结果比较类似,这和基于后向轨迹分析和卫星火点分布图提出的假设,即传输过程中沙尘可能与烟尘气溶胶发生了混合这个推论是一致的。气溶胶 SSA 随波长的变化规律,主要取决于其化学组成和微物理性质[21]。SSA 随波长增大而减小,表明沙尘和黑碳或有机气溶胶相互混合[22-24],因为散射系数随波长增大的减少值,大于吸收系数的减少值[25];而 SSA 随波长的增加而增加,则表明沙尘颗粒物是气溶胶中的主要部分[24]。这是因为,矿物气溶胶在较短的波长范围内具有比较大的虚部折射率[25]。在本研究中,SSA 随着波长的变化没有表现出单一的递增或递减趋势。如果先剔除 439 nm 波段,DS2 的 SSA 在 675~1 020 nm 的变化趋势为中等水平地增加,与在沙尘期间的观测结果[26]相似,表明 DS2 期间有外地沙尘入侵。与此相反,ND 期间 SSA随着波长增加而减小,DS1 期间 SSA 随波长无明显变化,说明在 ND 和 DS1 期间,沙尘与污染物发生了一定程度混合。3 个时期的 SSA 值在波长范围 675~1 020 nm 的排列顺序为 DS2>DS1>ND,表明沙尘气溶胶的 SSA 通常大于人为气溶胶[17]。黑碳是气溶胶在可见光和近红外波段的主要吸光组分。在 ND 期间,PM$_{2.5}$中黑碳的平均质量百分比为(3.1±1.0)%,高于 DS1 的(2.4±0.78)%和 DS2 的(1.2±0.41)%。因此,非沙尘天的气

---

* AERONET: Aerosol Robotic Network(气溶胶自动观测网)。

溶胶吸收效率较沙尘天来得高,从而其 SSA 值较低。在 439 nm 波段的 SSA 值,远低于其他较长波段上的值,并且 DS2 比 ND 和 DS1 的 SSA 更低,仅有 0.87,表明了在强度很大的沙尘暴期间,尽管黑碳含量在 DS2 中对气溶胶总量的贡献相对最低,却仍存在着强烈的光吸收。在 439 nm 波段上产生的强吸光特性,可能是由于矿物气溶胶中的铁氧化物所造成的影响,赤铁矿和针铁矿分别在 555 和 435 nm 具有显著的吸收峰[27,28]。根据 TSP 中元素 Fe 的质量比来衡量铁氧化物对气溶胶吸收效应的影响,DS2 中 Fe／TSP 比值为 $(4.0\pm1.5)\%$,相比于 ND 的 $(3.5\pm1.4)\%$ 和 DS1 的 $(3.3\pm0.8)\%$ 为最高。这就可以解释,为何 DS2 中气溶胶在 439 nm 的 SSA 值远低于 ND 和 DS1 中,这是因为含铁氧化物的矿物气溶胶影响了大气气溶胶的吸收系数。在强度越大的沙尘暴中,此作用越显著。含铁氧化物的矿物气溶胶的这一作用,可从地铁站中大气气溶胶的强吸光性,与地铁机车制动过程中排放出来的相当比例的铁氧化物以及黑碳的作用有关[29],而得到验证。北京气溶胶在洁净、霾以及沙尘入侵这些不同情况下截然不同的光学特性,是由于在不同天气条件下,含有不同的化学组分[30]。大气气溶胶的化学特性和气溶胶组分的混合状态,可以解释大气气溶胶光学性质的变化,如消光、散射系数的比例(SSA)、AOD 与水汽的关系等[31]。

47.2.2　大气气溶胶的化学特性

1. 大气气溶胶中元素的富集程度

富集系数(EF)可用于评价气溶胶中元素的富集程度。富集系数定义为气溶胶中某一元素和参比元素的比例与两者在地壳中的比例之比值。Al 通常被选作参比元素,计算公式为 $EF_x = (X／Al)_{气溶胶}／(X／Al)_{地壳}$,其中 X 为某种特定元素,$(X／Al)_{气溶胶}$ 为 X 与 Al 在气溶胶中的比值,$(X／Al)_{地壳}$ 为 X 与 Al 在地壳中的比值。通常认为,EF<10 的元素,主要来自自然源;EF 越高,则说明该元素来自人为污染源部分的富集程度越高。图 47-7 为 ND、DS1 和 DS2 三个时期 $PM_{2.5}$ 中 17 种元素的平均 EF 值。这些元素可分为 3 组:第一组包括 Ti、Na、Fe、Mg、Co、Sr、Ca、Mn、V 和 Ni,EF<10,表明这些元素受污染程度很小,大部分来自矿物源;第二组包括 Cr 和 Cu,EF 在 10~100 之间,表明这些元素受到中度污染,很可能来自工业、冶金等的排放;第三组包括 Zn、As、Pb、S 和 Cd,EF 介于 100~1 000 之间,表明这些元素受到严重污染,主要来自人为源,如煤燃烧、机动车和其他工业排放等。污染元素 EF 的排列顺序大致为 DS1>ND>DS2。这意味着,DS1 的沙尘受到更多人为污染,而 DS2 则相对清洁,这和不同的沙尘传输路径密切相关。由于 DS1 沙尘的传输途径,经过了大范围的工业和城市地区,沙尘气溶胶与燃煤烟尘和机动车排放物等污染气溶胶发生了混合,因此 DS1 的污染元素富集程度更高。

2. 大气气溶胶中的可溶性离子特征

表 47-2 总结了 ND、DS1 和 DS2 的 TSP 中的离子平均浓度。代表矿物源的 Na^+、Mg^{2+} 和 Ca^{2+} 的浓度顺序为 DS2>DS1>ND。DS1 中 Na^+、Mg^{2+} 和 Ca^{2+} 的平均浓度分

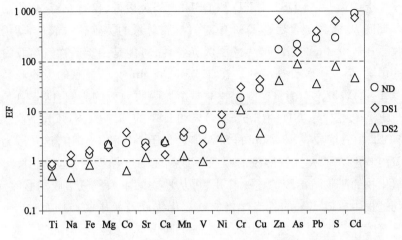

图 47-7 PM$_{2.5}$ 中主要元素分别在 ND、DS1 和 DS2 的平均富集系数(EF)

别为 1.42、0.81 和 7.77 $\mu g \cdot m^{-3}$,几乎是 ND 时期的 2 倍。在 DS2 中,这 3 种离子的平均浓度分别为 2.48、0.87 和 11.38 $\mu g \cdot m^{-3}$,几乎是 ND 期间的 3 倍。这和气溶胶的质量浓度排序一致。其他离子的质量浓度,在 3 个时期的排序则和以上矿物来源的离子不同,为 DS1＞DS2＞ND(表 47-2)。DS1 和 DS2 中 SO_4^{2-} 的平均浓度分别为 29.65 和 20.55 $\mu g \cdot m^{-3}$,较 ND 升高了 2～3 倍。气溶胶中 SO_4^{2-} 在 DS1 和 DS2 中的质量比平均值分别为 6.46％和 3.01％,远远高于表层土中 SO_4^{2-} 的比例 0.01％[32]。SO_4^{2-} 在沙尘时期的明显增加,可能是由传输途中气态 SO_2 与矿物气溶胶发生非均相反应而引起的,也可能是由已存在的硫酸盐气溶胶与矿物气溶胶直接混合而引起的。研究发现,DS1 的 SO_4^{2-} 质量百分比远高于 DS2,甚至高于 ND(4.19％),表明在 DS1 时期,沙尘与污染物发生了很强的混合。NO_3^- 和 NH_4^+ 在 DS1 中相对于 ND 约增加 2 倍,而在 DS2 中则变化很小(表 47-2)。DS1 中 NO_3^- 和 NH_4^+ 增加,是由于其传输路径经过污染更严重的区域。相反,DS2 中 NO_3^- 和 NH_4^+ 浓度较低,是由于 DS2 强度大,表明强度较大的沙尘对污染物具有稀释效应,且 DS2 的传输途径相对较为洁净,因此可携带的污染物也相对较少。K^+ 是生物质燃烧源的示踪物,ND、DS1 和 DS2 的 K^+ 平均浓度分别为 1.11、2.94 和 1.35 $\mu g \cdot m^{-3}$,反映了生物质燃烧对 DS1 的贡献。这与后向轨迹分析及 MODIS 火点图的结论相一致。说到 Cl^-,2 次沙尘事件期间,其浓度都有所增加。Cl 可能来自垃圾焚烧和煤炭燃烧,也有可能来自盐碱矿物,因为沙尘暴的传输路径往往会经过中国北方的盐湖和盐渍土区域[33]。除了二次无机离子之外,有机酸如 CH_3COO^-、$HCOO^-$ 和 $C_2O_4^{2-}$ 的浓度在 DS1 中也有所增加(表 47-2)。ND、DS1 和 DS2 的总可溶性离子,占气溶胶的质量百分比分别为 12％、17％和 9％。这些结果与元素分析结果一致,进一步表明了 DS1 的污染特性。

表 47 - 2　TSP 中可溶性离子分别在 ND、DS1 和 DS2 中的
平均质量浓度和相对偏差($\mu g \cdot m^{-3}$)

物　　种	ND	DS1	DS2
F^-	0.35(0.24)	0.56(0.30)	0.36(0.24)
CH_3COO^-	0.06(0.12)	BDL	BDL
$HCOO^-$	0.004(0.015)	0.019(0.020)	BDL
Cl^-	2.84(1.77)	5.46(3.28)	4.81(2.06)
NO_2^-	0.022(0.027)	0.034(0.031)	0.012(0.029)
NO_3^-	8.32(7.21)	15.26(10.84)	8.64(4.59)
SO_4^{2-}	9.98(8.59)	29.65(23.23)	20.55(9.94)
$C_2O_4^{2-}$	0.22(0.10)	0.39(0.15)	0.27(0.32)
Na^+	0.82(0.44)	1.42(0.70)	2.48(0.99)
NH_4^+	1.98(1.60)	4.36(3.36)	2.99(1.78)
K^+	1.11(0.80)	2.94(1.83)	1.35(0.76)
Mg^{2+}	0.38(0.18)	0.81(0.33)	0.87(0.32)
Ca^{2+}	4.68(1.61)	7.77(2.67)	11.38(4.40)

BDL：below detection limit(低于检测限)。

　　酸性离子(SO_4^{2-}、NO_3^-)与碱性离子(NH_4^+、Ca^{2+})是可溶性离子的主要成分。分析这两者之间的关系,有助于理解沙尘传输过程中的化学转化过程。在研究期间,SO_4^{2-} 和 NO_3^- 都与 NH_4^+ 有显著的相关性,相关系数分别为 0.97 和 0.91。TSP 中的 NH_4^+ 当量浓度与 SO_4^{2-}、NO_3^- 当量浓度之和的相关关系如图 47 - 8(a)所示。以不同符号区分 DS1、DS2 和 ND 的数据,发现 NH_4^+ 在 3 个时期中和酸的作用类似。如果对所有点作线性相关分析,则两者的相关系数达 0.98,表明沙尘强度的大小对 NH_4^+ 的中和能力几乎没有影响。但是,NH_4^+ 相对于 SO_4^{2-}、NO_3^- 当量浓度之和的线性回归方程的斜率仅为 0.30,远远低于 1.00,表明 NH_4^+ 只能中和约 30％ 的总酸。这说明,必然还有其他的碱性离子在酸的中和过程中发挥更重要作用。在中国北部,沙尘气溶胶中的 $CaCO_3$ 含量较高;并且在本研究中,Ca^{2+} 是含量最高的阳离子。(Ca^{2+} + NH_4^+)／(SO_4^{2-} + NO_3^-)的当量浓度比值在 ND、DS1 和 DS2 中的平均值分别为 1.40、0.92 和 1.60,表明酸基本上被完全中和,说明 Ca^{2+} 在酸碱中和中的作用较 NH_4^+ 更为重要。图 47 - 8(b)和(c)分别描述了 Ca^{2+} 与 SO_4^{2-}、Ca^{2+} 与 NO_3^- 的相关关系。在 ND 期间,Ca^{2+} - SO_4^{2-} 和 Ca^{2+} - NO_3^- 的相关系数分别为 0.88 和 0.89,都具有显著的相关性,表明碱性含 Ca 物质对于形成硫酸盐和硝酸盐具有重要性。如果将 DS1 期间的数据也包含在回归方程中(在图 47 - 8 中以＋表示),Ca^{2+} - SO_4^{2-} 和 Ca^{2+} - NO_3^- 仍旧保持了很好的相关性,相关系数分别为 0.88 和 0.90。同时研究了 $PM_{2.5}$ 中相应离子之间的相关性,却发现它们之间并不存在显著相关(相关系数

$r<0.1$),说明 Ca^{2+} 主要是对粗颗粒中的硫酸盐和硝酸盐的形成有很大影响。对于 DS2,其主要离子的相关性与 DS1 截然不同,如图 47-8(b)和(c)中的黑点和虚线所示,尽管 Ca^{2+} 仍对硫酸盐和硝酸盐的形成有作用,但在 DS2 中,$Ca^{2+}-SO_4^{2-}$ 和 $Ca^{2+}-NO_3^-$ 之间并不存在类似 DS1 的正相关。在 DS1 中,由于可能的区域传输及本地排放的高浓度 SO_2 和 NO_2,配合有利的气象条件,如中等或高的相对湿度、相对低的风速等,污染气体与矿物沙尘相互混合的多相反应被认为是充分有效的。基于此,可推断 DS1 是一次污染气溶胶与沙尘气溶胶充分混合的沙尘事件。如图 47-8 中黑点所示的 DS2,当 Ca^{2+} 浓度达到一个阈值($>10\ \mu g\cdot m^{-3}$)后,硫酸盐和硝酸盐的浓度更倾向于保持在一定浓度,而不像在 DS1 中持续增加。这可能是由于,硫酸盐和硝酸盐受到了气体前体物(SO_2、NO_2)的制约,因为 DS2 传输的路径为污染相对轻微的区域,在传输途中与污染气体充分混合的机会较少,因此混合程度较之 DS1 不那么充分。此外,Ca^{2+} 浓度的增加,意味着沙尘浓度增加,沙尘对污染物的稀释作用也是造成这种非正相关的原因之一。

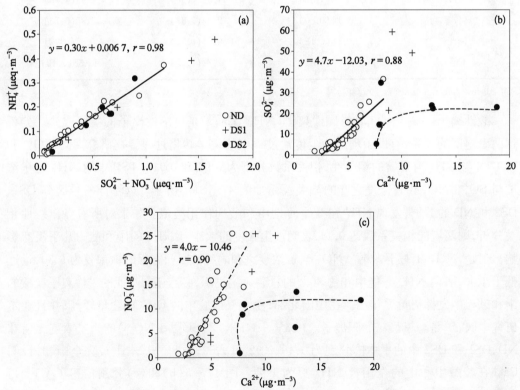

图 47-8 3 个不同时期 ND、DS1 和 DS2 的 TSP 中(a)SO_4^{2-} 与 NO_3^- 当量浓度之和与 NH_4^+ 的相关;(b)Ca^{2+} 和 SO_4^{2-} 的相关;(c)Ca^{2+} 和 NO_3^- 的相关。图中的线性回归方程只针对 ND,虚线只作为视觉参考。

除了定义 2 个沙尘暴阶段(DS1、DS2)外,把研究期间的 DS1 之前、DS1 和 DS2 之间以及 DS2 之后,分别定义为 ND1、ND2 和 ND3。图 47-9(a)显示了 5 个阶段 SO_4^{2-}、NO_3^-

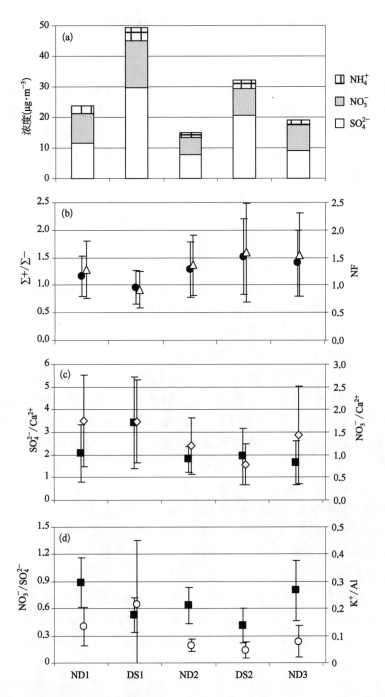

图 47 - 9　5 个不同阶段 ND1、DS1、ND2、DS2 和 ND3 的 TSP 中（a）SO_4^{2-}、NO_3^- 和 NH_4^+ 的平均质量浓度；（b）$\Sigma+/\Sigma-$（实心点）和 NF（空心点）的平均值；（c）SO_4^{2-}/Ca^{2+}（实心点）和 NO_3^-/Ca^{2+}（空心点）的平均质量浓度比值；（d）NO_3^-/SO_4^{2-}（实心点）和 K^+/Al（空心点）的平均质量浓度比值。误差线均代表一个标准偏差。$\Sigma+/\Sigma-$ 表示总阳离子当量浓度和总阴离子当量浓度的比值，NF 的计算方法为 $(Ca^{2+}+NH_4^+)/(SO_4^{2-}+NO_3^-)$，其中离子均为当量浓度。

和 NH_4^+ 的平均质量浓度,这 3 种离子浓度的大小顺序为 DS1＞DS2＞ND1＞ND3＞ND2。由于沙尘和污染物气溶胶的多相反应和混合,沙尘期间的二次污染物比非沙尘期间高。2 次沙尘期之间的间隔期 ND2,以及 DS2 之后的非沙尘期 ND3,污染离子的浓度都相对较低。这意味着,这 2 次沙尘事件之后,大气空气质量较为干净。这与之前的报道称北京在沙尘暴之后污染物如硫酸盐和硝酸盐急剧增加的结果恰恰相反[11]。出现这种状况可能和气象条件有关。在 2 次沙尘事件之后的一天,也就是 4 月 12 和 19 日,当天的风速分别达到了 8.1 和 7.5 m · s^{-1},且相对湿度降至 20％左右。高风速有利于污染物的扩散,而低湿度则不利于大气中的化学反应。

以下几种参数在各个阶段的变化,可用于进一步探明这 5 个阶段的大气演化过程,如图 47 - 9(b)—(d)所示。$\Sigma+/\Sigma-$ 表示总阳离子当量浓度之和与总阴离子当量浓度之和的比值。如果比值＞1 表示阴离子有缺失,而这很可能是由于 CO_3^{2-} 造成的,因为离子色谱不能检出 CO_3^{2-} 离子。如果比值＜1 则表示阳离子有缺失,是因为 H^+ 离子没有算在总阳离子中。5 个阶段 $\Sigma+/\Sigma-$ 的平均值,分别为 1.17、0.96、1.29、1.52 和 1.40,表明 DS2 的碱性比其他时期都来得高,而 DS1 的酸性甚至比 3 个 ND 时期还高。气溶胶的酸碱性,还可以从中和系数(neutralization factor, NF)来分析。中和系数定义为气溶胶中碱性物质对酸性物质的中和能力,计算公式为 $NF=(Ca^{2+}+NH_4^+)/(SO_4^{2-}+NO_3^-)$,其中离子均以当量浓度计算。从图 47 - 9(b)可见,DS1 的 NF 值在 5 个阶段中最低,这是由于此阶段中酸性物质浓度最高(主要是 SO_4^{2-} 和 NO_3^-);而 DS2 的 NF 值最高,表明 DS2 气溶胶的碱性最强,而 DS1 气溶胶酸性最强。SO_4^{2-}/Ca^{2+} 和 NO_3^-/Ca^{2+} 的质量浓度比值可以用来衡量气态前体物(SO_2、NO_x)在沙尘气溶胶表面发生异相反应的程度大小。SO_4^{2-}/Ca^{2+} 比值在 DS1 中最高,表明硫酸盐在这个阶段的反应程度最高。此比值在 DS2 与在 ND 期间比较接近,但远远低于 DS1,说明 SO_2 或硫酸盐在 DS1 中与沙尘气溶胶的混合程度远远高于 DS2。对于硝酸盐,其行为与硫酸盐有很大不同。比值 NO_3^-/Ca^{2+} 在 DS1 中并没有明显地比其他阶段来得高,并且在 DS2 中达到最低[图 47 - 9(c)],表明硝酸盐在沙尘时期的异相反应并不像硫酸盐那样来得强烈。硫酸盐和硝酸盐的不同行为特征,也可以从 NO_3^-/SO_4^{2-} 比值上得到反映[图 47 - 9(d)]。DS1 和 DS2 时期的 NO_3^-/SO_4^{2-} 比值,比其他 3 个 ND 时期均要来得低,表明在沙尘的长途传输过程中,更易生成硫酸盐。比值 K^+/Al 也可以用来表征生物质燃烧的变化[图 47 - 9(d)],因为 K^+ 是生物质燃烧的指示物,而 Al 则是气溶胶中惰性很强并且几乎没有污染源的元素。K^+/Al 在 DS1 中最高,说明 DS1 受到生物质燃烧气溶胶的影响。这和上述有关章节的推断一致。总之,沙尘的传输路径、污染前体物的浓度以及气象因素,是影响污染气溶胶与沙尘气溶胶混合程度的主要因子。

47.3　气溶胶光学性质与化学性质的相互关系

为探讨春季沙尘时期影响气溶胶光学厚度的主要物种,比较波长为 675 nm 的 AOD

和气溶胶化学组分的关系。对细颗粒物,使用细模态 AOD 和 $PM_{2.5}$ 组分进行相关性研究。表 47 - 3 列出了 $PM_{2.5}$ 主要化学组分和 AOD 的相关系数。TWSII 表示可溶性无机离子的总和。矿物气溶胶浓度根据公式[气溶胶]$=2.2$[Al]$+2.49$[Si]$+1.63$[Ca]$+2.42$[Fe]$+1.94$[Ti][34]计算,其中 Si 元素的浓度根据 Si/Al 在地壳中的比值 3.43 估算。$PM_{2.5}$ 中的主要无机离子如 SO_4^{2-}、NO_3^- 和 NH_4^+,均和细模态 AOD 有显著正相关,相关系数分别为 0.73、0.62 和 0.75(图 47 - 10)。此外,K^+ 也和 AOD 具有显著相关,相关系数为 0.76(表 47 - 3)。先前的研究也发现,可溶性 K^+ 不论在沙尘天还是非沙尘天,均和气

表 47 - 3　$PM_{2.5}$ 和 TSP 中主要化学组分和 AOD 的相关系数

$PM_{2.5}$	细模态 AOD	TSP	总 AOD
BC	0.62	BC	0.57
SO_4^{2-}	0.73	SO_4^{2-}	0.46
NO_3^-	0.62	NO_3^-	0.34
NH_4^+	0.75	NH_4^+	0.38
K^+	0.76	K^+	0.47
TWSII	0.72	TWSII	0.49
矿物气溶胶	-0.19	矿物气溶胶	0.66

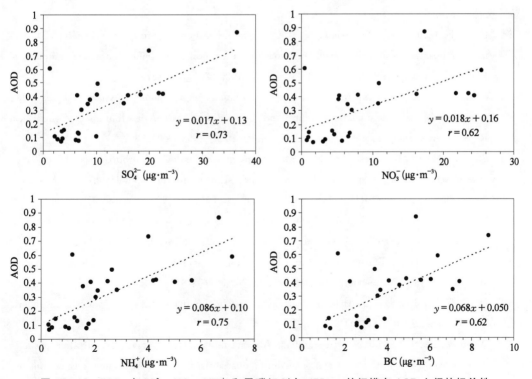

图 47 - 10　$PM_{2.5}$ 中 SO_4^{2-}、NO_3^-、NH_4^+ 和黑碳(BC)与 675 nm 的细模态 AOD 之间的相关性

溶胶对光的总散射强烈相关[35]。以上结果表明,人为气溶胶例如硫酸盐、硝酸盐、铵盐以及生物质燃烧产生的气溶胶,是贡献细模态 AOD 的主要化学组分。TWSII 与 AOD 有很好的相关,而矿物气溶胶则与 AOD 没有相关(表 47 - 3)。此外,尽管黑碳的质量浓度只占 $PM_{2.5}$ 的 2.9%,其与 AOD 也有一定程度的相关。韩国的观测也发现了,占颗粒物质量 9%～20% 的元素碳(EC)可以贡献高达 33%～55% 的气溶胶消光[36],表明 EC 是气溶胶中消光效率很高的物种。总之,$PM_{2.5}$ 中可溶性离子和 EC 是贡献细模态 AOD 的主要物种。

对粗颗粒物,用波长 675 nm 的总 AOD 值与 TSP 中的化学成分进行相关性分析,其结果与细颗粒物完全不同。可溶性离子如 SO_4^{2-}、NO_3^-、NH_4^+ 和 K^+ 以及 TWSII 和 AOD 只有非常弱的相关性(表 47 - 3),表明这些组分对 AOD 的贡献不大。反之,矿物气溶胶和 AOD 具有显著相关性,相关系数为 0.66。本研究中,矿物气溶胶占总悬浮颗粒物的平均质量百分比为 (69.4±13.6)%。尽管沙尘气溶胶对光的消光效率比可溶性离子以及黑碳小得多[36],但是矿物气溶胶远高于可溶性离子的质量浓度,很可能掩盖了可溶性离子的消光作用。北京 2004—2006 年沙尘暴期间典型的矿物元素如 Si、Fe、Ti、K 等,与 AOD 也有很强的相关性[37]。粗颗粒物中的黑碳和 AOD 有中等程度的相关(表 47 - 3),表明黑碳不论在细颗粒物或粗颗粒物中,对 AOD 均有一定贡献。

参考文献

[1] Eck T F, Holben B N, Dubovik O, et al. Columnar aerosol optical properties at AERONET sites in central eastern Asia and aerosol transport to the tropical mid-Pacific. Journal of Geophysical Research-Atmospheres, 2005, 110(D6): doi: 10.1029/2004JD005274.

[2] Shimizu A, Sugimoto N, Matsui I, et al. Continuous observations of Asian dust and other aerosols by polarization lidars in China and Japan during ACE-Asia. Journal of Geophysical Research-Atmospheres, 2004, 109(D19): doi: 10.1029/2002JD003253.

[3] Shi Z B, Shao L T, Jones T P, et al. Microscopy and mineralogy of airborne particles collected during severe dust storm episodes in Beijing, China. Journal of Geophysical Research-Atmospheres, 2005, 110(D1): doi: 10.1029/2004JD005073.

[4] Yuan H, Rahn K A, Zhuang G. Graphical techniques for interpreting the composition of individual aerosol particles. Atmospheric Environment, 2004, 38(39): 6845 - 6854.

[5] Guo J, Rahn K A, Zhuang G S. A mechanism for the increase of pollution elements in dust storms in Beijing. Atmospheric Environment, 2004, 38(6): 855 - 862.

[6] Davis B L, Jixiang G. Airborne particulate study in five cities of China. Atmospheric Environment, 2000, 34(17): 2703 - 2711.

[7] Wang W, Ma J Z, Hatakeyama S, et al. Aircraft measurements of vertical ultrafine particles profiles over northern China coastal areas during dust storms in 2006. Atmospheric Environment, 2008, 42(22): 5715 - 5720.

[8] Papayannis A, Zhang H Q, Amiridis V, et al. Extraordinary dust event over Beijing, China, during April 2006: Lidar, Sun photometric, satellite observations and model validation. Geophysical Research Letters, 2007, 34(7): L07806.

[9] Lee Y G, Cho C H. Characteristics of aerosol size distribution for a severe Asian dust event observed at Anmyeon, Korea in April 2006. Journal of the Korean Meteorological Society, 2007, 43(2): 87 - 96.

[10] McKendry I G, Macdonald A M, Leaitch W R, et al. Trans-Pacific dust events observed at Whistler, British Columbia during INTEX-B. Atmospheric Chemistry and Physics, 2008, 8(20): 6297 - 6307.

[11] Wang Y, Zhuang G S, Sun Y, et al. Water-soluble part of the aerosol in the dust storm season — Evidence of the mixing between mineral and pollution aerosols. Atmospheric Environment, 2005, 39(37): 7020 - 7029.

[12] Yuan H, Zhuang G S, Li J, et al. Mixing of mineral with pollution aerosols in dust season in Beijing: Revealed by source apportionment study. Atmospheric Environment, 2008, 42 (9): 2141 - 2157.

[13] Wang Y, Zhuang G S, Tang A H, et al. The evolution of chemical components of aerosols at five monitoring sites of China during dust storms. Atmospheric Environment, 2007, 41 (5): 1091 - 1106.

[14] Feng J L, Zhu L P, Ju J T, et al. Heavy dust fall in Beijing, on April 16 - 17, 2006: Geochemical properties and indications of the dust provenance. Geochemical Journal, 2008, 42(2): 221 - 236.

[15] Fu Q Y, Zhuang G S, Wang J, et al. Mechanism of formation of the heaviest pollution episode ever recorded in the Yangtze River Delta, China. Atmospheric Environment, 2008, 42 (9): 2023 - 2036.

[16] Myhre G, Hoyle C R, Berglen T F, et al. Modeling of the solar radiative impact of biomass burning aerosols during the Dust and Biomass-burning Experiment (DABEX). Journal of Geophysical Research-Atmospheres, 2008, 113(D00C16): doi: 10.1029/2008JD009857.

[17] Xia X A, Chen H B, Wang P C, et al. Aerosol properties and their spatial and temporal variations over North China in spring 2001. Tellus Series B-Chemical and Physical Meteorology, 2005, 57(1): 28 - 39.

[18] Anderson T L, Masonis S J, Covert D S, et al. Variability of aerosol optical properties derived from *in situ* aircraft measurements during ACE-Asia. Journal of Geophysical Research-Atmospheres, 2003, 108(D23): doi: 10.1029/2002JD003247.

[19] Noh Y M, Muller D, Shin D H, et al. Optical and microphysical properties of severe haze and smoke aerosol measured by integrated remote sensing techniques in Gwangju, Korea. Atmospheric Environment, 2009, 43(4): 879 - 888.

[20] Murayama T, Muller D, Wada K, et al. Characterization of Asian dust and Siberian smoke with multiwavelength Raman lidar over Tokyo, Japan in spring 2003. Geophysical Research Letters,

2004, 31(23): doi: 10.1029/2004GL021105.

[21] Liu H Q, Pinker R T, Chin M, et al. Synthesis of information on aerosol optical properties. Journal of Geophysical Research-Atmospheres, 2008, 113(D7): doi: 10.1029/2007JD008735.

[22] Bergstrom R W, Pilewskie P, Schmid B, et al. Estimates of the spectral aerosol single scattering albedo and aerosol radiative effects during SAFARI 2000. Journal of Geophysical Research-Atmospheres, 2003, 108(D13): doi: 10.1029/2002JD002435.

[23] Kirchstetter T W, Novakov T, Hobbs P V. Evidence that the spectral dependence of light absorption by aerosols is affected by organic carbon. Journal of Geophysical Research-Atmospheres, 2004, 109(D21): D21208.

[24] Dubovik O, Holben B, Eck T F, et al. Variability of absorption and optical properties of key aerosol types observed in worldwide locations. Journal of the Atmospheric Sciences, 2002, 59(3): 590 – 608.

[25] Alfaro S C, Lafon S, Rajot J L, et al. Iron oxides and light absorption by pure desert dust: An experimental study. Journal of Geophysical Research-Atmospheres, 2004, 109(D8): doi: 10. 1029/2003JD004374.

[26] Xia X A, Chen H B, Wang P C, et al. Variation of column-integrated aerosol properties in a Chinese urban region. Journal of Geophysical Research-Atmospheres, 2006, 111(D5): doi: 10. 1029/2005JD006203.

[27] Arimoto R, Balsam W, Schloesslin C. Visible spectroscopy of aerosol particles collected on filters: Iron-oxide minerals. Atmospheric Environment, 2002, 36(1): 89 – 96.

[28] Deaton B C, Balsam W L, Visible Spectroscopy — A rapid method for determining hematite and goethite concentration in geological-materials. Journal of Sedimentary Petrology, 1991, 61(4): 628 – 632.

[29] Raut J C, Chazette P, Fortain A. Link between aerosol optical, microphysical and chemical measurements in an underground railway station in Paris. Atmospheric Environment, 2009, 43 (4): 860 – 868.

[30] Che H, Shi G, Uchiyama A, et al. Intercomparison between aerosol optical properties by a PREDE skyradiometer and CIMEL sunphotometer over Beijing, China. Atmospheric Chemistry and Physics, 2008, 8(12): 3199 – 3214.

[31] Xia X, Chen H, Zhang W. Analysis of the dependence of column-integrated aerosol properties on long-range transport of air masses in Beijing. Atmospheric Environment, 2007, 41 (36): 7739 – 7750.

[32] Nishikawa M, Kanamori S, Kanamori N, et al. Kosa aerosol as eolian carrier of anthropogenic material. Science of the Total Environment, 1991, 107: 13 – 27.

[33] Yuan H, Zhuang G S, Rahn K A, et al. Composition and mixing of individual particles in dust and nondust conditions of North China, Spring 2002. Journal of Geophysical Research-Atmospheres, 2006, 111(D20): doi: 10.1029/2005JD006478.

[34] Malm W C, Sisler J F, Huffman D, et al. Spatial and seasonal trends in particle concentration

and optical extinction in the United-States. Journal of Geophysical Research-Atmospheres, 1994, 99(D1): 1347 - 1370.

[35] Maring H, Savoie D L, Izaguirre M A, et al. Aerosol physical and optical properties and their relationship to aerosol composition in the free troposphere at Izana, Tenerife, Canary Islands, during July 1995. Journal of Geophysical Research-Atmospheres, 2000, 105 (D11): 14677 - 14700.

[36] Lee S, Ghim Y S, Kim S W, et al. Seasonal characteristics of chemically apportioned aerosol optical properties at Seoul and Gosan, Korea. Atmospheric Environment, 2009, 43 (6): 1320 - 1328.

[37] Cheng T T, Zhang R J, Han Z W, et al. Relationship between ground-based particle component and column aerosol optical property in dusty days over Beijing. Geophysical Research Letters, 2008, 35(20): doi: 10.1029/2008GL035284.

第48章
生物质燃烧对大气质量的影响

生物质燃烧所释放的气溶胶中，包含大量有机碳(OC)和黑碳(BC)。这些物质会对气候变化产生重大影响。在生物质的燃烧过程中，臭氧的前体物，例如氮氧化物、CO以及碳氢化合物等会被大量释放。通过卫星观测以及数值模拟，证实了臭氧和生物质燃烧气溶胶之间的正相关性[1]。生物质燃烧能够改变气溶胶的吸湿性[2,3]，改变云的微物理性质[4]，引起冰晶变化，进而影响大气中水汽的分布与平衡[5,6]。生物质燃烧能影响大气温度的垂直分布[7]，且因其对大气的黯淡效应，而引起太阳辐射降低[8]。P. K. Patra[9]等通过比较反演结果和模拟结果，揭示了生物质燃烧在陆气碳通量交换的异常性中所扮演的重要角色，而C. Potter等[10]通过卫星数据分析和生态系统模式，估算了亚马孙地区因生物质燃烧所造成的碳损失。大型外场观测实验如沙尘与生物质燃烧实验(dust and biomass-burning experiment, DABEX)[11]、非洲季风多学科分析(African monsoon multidisciplinary analysis, AMMA)[12]、亚马孙大尺度生物圈大气圈实验——烟尘气溶胶、云、雨和气候(large scale biosphere atmosphere experiment in Amazonia — smoke aerosols, clouds, rainfall and climate, LAB – SMOCC)[4,13]以及南非区域科学倡议实验2000(the Southern African Regional Science Initiative experiment, SAFARI)[14]等，都在生物质燃烧的主要区域，如南非以及亚马孙地区，进行了大量有关生物质燃烧产生的气溶胶物理化学、光学以及辐射特性等方面的研究。东南亚和南亚是世界上主要的生物质燃烧区域之一[15]。生物质燃烧和化石燃料的使用，是亚洲上空棕色云(ABC)的主要来源和成因[16]。生物质燃烧所产生的烟尘气溶胶，可通过长途传输影响至近千千米的下风向地区，影响空气质量、人体健康以及区域气候。关于亚洲生物质燃烧的研究，例如有关其对区域辐射影响的效应研究，迄今为止还非常有限[17]。早期的研究表明，来自东南亚春季的生物质燃烧，可在低对流层内产生较高的臭氧浓度[18]。珠江三角区地区由于受东南亚生物质燃烧影响，紫外光辐射强度减少，从而臭氧生成量减少[19]。S. D. Choi和Y. S. Chang[20]使用MOPITT卫星反演CO，评估了西伯利亚生物质燃烧对韩国和日本的影响。长三角地区是世界上主要的城市农业群之一，有关长三角地区生物质燃烧的研究尚不多见[21-24]。本章通过卫星观测、激光雷达以及基于近地面的气溶胶采样，研究2009年中国长三角地区因生物质燃烧而发生的重霾事件，揭示生物质燃烧产生的气溶胶的化学和光学特性及其对大气质量的影响,进而阐明控制生物质燃烧改善空气质量的重要性。

48.1 长三角地区一次重霾事件的成因——生物质燃烧

2009 年 5 月 28 日—6 月 3 日期间,长三角发生了一次区域性重霾事件,大气能见度仅在极低的 1.5~8.2 km 范围。卫星观测提供了探讨此次污染事件可能来源的一些有用信息。如图 48-1(a)所示,MODIS 传感器探测到的火点(即探测到的非正常的陆地地表温度,在图中以黑点表示),主要分布在上海市和江苏省南部的交界处、江苏省的大部分区域、浙江省北部、安徽省北部以及山东省的东部。在火点比较密集的地区,基本上都能发现极高的气溶胶光学厚度(AOD),最高可达到 2.0 以上,说明了这些地区有极其严重的颗粒物污染。作为生物质燃烧标识物之一的 CO,其柱浓度的空间分布也和火点的分布符合得非常好[图 48-1(b)]。但是和 CO 相比,AOD 的高值并不总是完全和火点区域相吻合。例如,在江西省并未发现有任何火点,并且 CO 柱浓度相对较低,但是在江西省中部出现了一个 AOD 的高值中心。而在山东省火点较多并且 CO 柱浓度也较高的区域,AOD 的值却相对较低。这说明,CO 相对于 AOD 来讲,对生物质燃烧更为敏感,主要是因为 AOD 是一个表征所有气溶胶来源总和的物理量,而并非专指某一种来源。不管怎样,卫星反演的"热点"信号(CO、AOD)和火点相对一致的空间分布,说明生物质燃烧是这次长三角发生重霾的主要原因。中国东部每年的 5、6 和 10 月份是农作物收获季节,大部分秸秆直接在农田里焚烧。生物质燃烧往往发生在春夏交际的时节以及秋季,

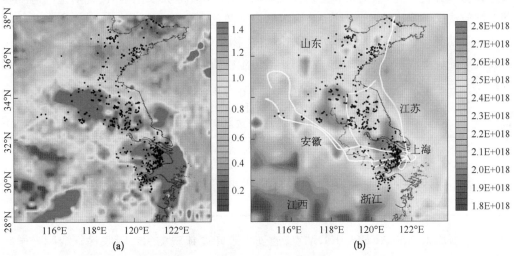

图 48-1 生物质燃烧期间(a) MODIS 反演的气溶胶光学厚度 AOD 的区域分布;(b) 大气红外探测仪(atmospheric infrared sounder, AIRS)反演的 CO 柱浓度(分子个数·cm^{-2})的区域分布。图中黑点为整个生物质燃烧期间的累积火点图,使用 NOAA 开发的 HYSPLIT 模型对上海作为期 3 d 的气团后向轨迹,如图 48-1(b)中的白线所示。(彩图见图版第 34 页,也见下载文件包,网址见正文 14 页脚注)

而这些生物质燃烧往往是由于人为焚烧,并非自燃[22,24]。研究期间的 3 天气团后向轨迹表明,大气气溶胶随着气团明显途经大片"热点"区域。作为下风向地区的长三角,必然也会受到上风向地区生物质燃烧气溶胶传输的影响。在 5 和 6 月上旬,盛行风向主要来自北方和西北方,这就是为什么,即使在东海海域上空,也能发现这些"热点"的存在(图48-1)。这是由于大气污染物的长程传输所致。

48.2 定量分析生物质燃烧对空气质量的影响

从表 48-1 可见,与非生物燃烧时期(5 月 1—27 日)比较,生物质燃烧时期的气溶胶组分 K^+、OC 和 EC 的浓度以及 OC/EC 的比值都明显提高。作为生物质燃烧的无机示踪物 K^+,其在生物质燃烧时期的平均浓度达到 $2.3\pm0.6\ \mu g\cdot m^{-3}$,几乎是非生物燃烧时期($0.4\pm0.3\ \mu g\cdot m^{-3}$)的 6 倍。与上海 2003—2005 年春季和夏季 K^+ 的平均浓度(分别为 0.53 和 $0.23\ \mu g\cdot m^{-3}$)相比[25],高出 4~10 倍。OC 和 EC 的质量浓度以及 OC/EC 比值,也有明显增加。EC 作为气溶胶中的主要吸光组分,其浓度从非生物质燃烧时期的 $3.5\ \mu g\cdot m^{-3}$ 增加到 $5.7\ \mu g\cdot m^{-3}$。非生物质燃烧时期和生物质燃烧时期的 NO_x 平均浓度分别为 88 ± 20 和 $91\pm16\ \mu g\cdot m^{-3}$,这一点差别是由于生物质在焖烧过程中释放出来的氮氧化物明显要比明火燃烧时少[26]。中国东部 3 种粮食作物秸秆燃烧时的污染气体排放因子——NO_x 排放因子($1.12\sim1.81\ g\cdot kg^{-1}$)、CO($64.2\sim141.2\ g\cdot kg^{-1}$)、$CO_2$($791.3\sim1\ 557.9\ g\cdot kg^{-1}$)[27]表明,$NO_x$ 不是这个区域生物质燃烧排放的主要污染物。因此,研究期间生物质燃烧和非生物质燃烧时期的 NO_x 排放变化不大,说明这一时期机动车排放或煤燃烧排放的 NO_x 和生物质燃烧排放的 NO_x 一样,在生物质燃烧和非生物质燃烧时期变化不大。据此可以推断,EC 在生物质燃烧期间的增加,并不是由于机动车排放或煤燃烧排放量的变化所造成,而是由于生物质燃烧所引起。

表 48-1 生物质燃烧期间(BB)和非生物质燃烧期间(non-BB)上海
气溶胶组分浓度(K^+、EC 和 OC)、OC/EC 比值以及污染气
体浓度(CO 和 O_3)的对比(浓度单位:$\mu g\cdot m^{-3}$)

	K^+	EC	OC	OC/EC	CO	O_3
BB	2.3 ± 0.6	5.7 ± 1.5	35.8 ± 8.1	6.4 ± 0.9	$1\ 247\pm207$	100 ± 27
non-BB	0.4 ± 0.3	3.5 ± 1.1	13.3 ± 3.5	3.9 ± 0.8	945 ± 199	96 ± 20

位于浙江太湖的 AERONET 站点,通过太阳光度计观测到了吸收性气溶胶光学厚度(absorptive aerosol optical depth, AAOD)的增加。675 nm 波长的 AAOD,在生物质燃烧时期的平均值为 0.064,几乎是非生物质燃烧时期 0.037 的 2 倍。气溶胶的单次反照率(SSA)为 0.90,远小于 1.00,表明大气中存在着非常可观的吸光性物质。在长三角的不同地区同时观测到吸光物质的增加,也表明此次生物质燃烧事件发生在较大的区域。

OC 从 13.3 ± 3.5 增至 $35.8 \pm 8.1 \mu g \cdot m^{-3}$（表 48－1），在气溶胶里的所有物种中浓度增加得最为明显。使用系数 1.8 估算有机气溶胶的质量浓度[28]，占 PM_{10} 的质量百分比高达大约 50%，这与长三角有机气溶胶一般占颗粒物 30% 的研究结果相比[23,29]，说明生物质燃烧期间排放了更多的含碳有机化合物。从 OC/EC 的比值上，也能看出有机气溶胶来源于生物质燃烧。在中国城市地区，OC 和 EC 主要来自化石燃料的燃烧，OC/EC 的比值一般在 3 左右[30]。而在本研究中，OC/EC 的平均比值达到 6.4，比较接近农业收割之后的生物质排放源[31]。这里较高的 OC/EC 比值，是因为生物质燃烧相对于化石燃料燃烧，可以释放出更多的 OC[32]。由于生物质在焖烧过程中不完全燃烧，生物质燃烧时期近地面 CO 的平均浓度达到 $1\ 247 \pm 207 \mu g \cdot m^{-3}$，远高于非生物质燃烧时期的 $945 \pm 199 \mu g \cdot m^{-3}$。假设在非生物质燃烧时期可以完全忽略生物质燃烧的影响，来自生物质燃烧源的 CO 可贡献 CO 总量的 25%～35%。二元线性相关分析发现，CO 和 $PM_{2.5}$ 存在显著相关性，其相关系数（r）达到 0.80，而 NO_x 和 $PM_{2.5}$ 之间相关并不显著（$r=0.41$），SO_2 和 $PM_{2.5}$ 之间则基本没有相关性（$r=0.11$）。SO_2 和 NO_x 作为硫酸盐和硝酸盐的前体物，其与颗粒物之间的非显著相关性表明，在此研究期间，二次无机气溶胶并不构成 $PM_{2.5}$ 的主要部分。尽管 CO 不直接参与气溶胶的形成，但它在生物质燃烧事件中，可以作为有机气溶胶的指示物。因此，CO 和 $PM_{2.5}$ 的显著相关性表明，有机气溶胶主导了颗粒物的生成。这和上述有机气溶胶是颗粒物主要组成部分的推断相一致。但和之前关于生物质燃烧的研究结果不太一致的是，没有发现 O_3 的增加。在生物质燃烧过程中，大量碳氢化合物、CO 等 O_3 的前体物会被释放[1]，因此往往会观察到 O_3 的大量增加。本研究中，O_3 很可能因参与了颗粒物形成的化学反应而被损耗，尽管有机气溶胶是颗粒物中质量浓度最高的组分，SO_4^{2-} 和 NO_3^- 的平均质量浓度之和，仍达到了相对较高的 $21.0 \pm 6.7 \mu g \cdot m^{-3}$。上海是一座海滨城市，常年湿度较大。硫酸盐和硝酸盐的形成，在上海的暖季主要通过云中过程[25,33]。在本研究中的生物质燃烧时期，平均相对湿度只有（51 ± 14）%，因此很可能不利于液相的云中过程。如果以上假设成立，那么 O_3 很可能在更加重要的同相氧化途径中扮演氧化剂的角色，从而导致自身浓度的降低。模式研究也发现，长三角地区颗粒物污染会导致 O_3 的明显降低[34]，而在东南亚生物质燃烧气溶胶影响珠三角的研究中发现，O_3 生成量的降低，也可能由于高浓度气溶胶致使入射紫外线强度降低[19]。

48.3　烟尘气溶胶的垂直分布

图 48－2 为生物质燃烧期间产生的烟尘气溶胶消光系数的垂直分布以及时间变化。垂直高度上的精度为 30 m，时间间隔为 15 min。通过气溶胶光学参数的垂直分布，可以推算混合层的高度，即当其数值突然下降的高度为边界层顶[35]。据此，发现在生物质燃烧时期的混合层高度相对较低，尤其是在夜晚，由于逆温层的存在导致混合层高度更低。

白天由于太阳辐射增加引起温度升高,混合层较夜晚有所升高。混合层高度在 $0.5\sim$ 1.5 km 范围。532 nm 波长处的消光系数在近地面达到 740 ± 280 mol · L^{-1} · m^{-1},其在混合层内的平均值为 320 ± 250 mol · L^{-1} · m^{-1},比珠三角发生霾时测得的数值还高[36]。假设气溶胶对光的衰减基本上由 PM_{10} 引起,计算得到 PM_{10} 的质量消光效率为 3.8 ± 0.5 m^2 · g^{-1},与之前在长三角背景站点临安测得的同样受生物质燃烧影响的数值 4.0 ± 0.4 m^2 · g^{-1} 非常接近[22]。三天气团后向轨迹分析[图 48 - 1(b)]表明,气团传输的距离相对较短,说明在这段时期内风速较小,而且这一时期没有来自东方或东南方的气团,即基本没有来自海上的相对洁净的空气,不利于污染物的扩散。由以上分析可推断,如此高的气溶胶消光系数,一方面是由于生物质燃烧源的突然爆发而造成,另一方面则是由于不利的天气条件,如较低的混合层高度、较低的风速等而加剧。生物质燃烧释放的气溶胶,平均极化率小于 5%,说明其产生的颗粒物基本都是球状。从垂直结构来看,气溶胶没有明显地分层,说明此次生物质燃烧事件基本上可以排除来自西伯利亚或东南亚生物质燃烧气溶胶的长途传输的影响。此次长三角的区域性重霾事件,不仅来自长三角本地的生物质燃烧,也受到邻省如山东、安徽等地生物质燃烧气溶胶传输的影响。

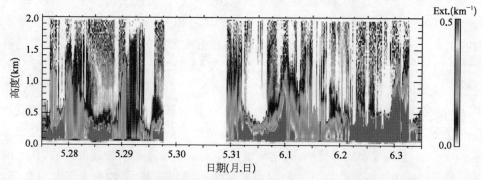

图 48 - 2 生物质燃烧期间气溶胶消光系数(Ext.)的垂直分布
(彩图见图版第 35 页,也见下载文件包,网址见正文 14 页脚注)
图中白柱标识由于雷达故障导致的数据缺失日期。

对于长三角霾成因的研究,之前主要集中于无机污染物(SO_2、NO_x)的作用[37-39]。有机气溶胶在霾形成过程中的作用往往被忽略。每年的农业收割季节(5、6 和 10 月),有机气溶胶的作用显得尤为重要。粮食作物秸秆的焚烧,是长三角及周边省市地区生物质来源的主要原因。在焚烧过程中所产生的有机和无机碳,必然会影响区域的辐射通量平衡。有机酸可加强形成大气新颗粒物的假设,也已经得到证实[40]。因此,禁止由于人为活动所引起的生物质燃烧,将对空气质量的提升有很大帮助。

参考文献

[1] Thompson A M, Witte J C, Hudson R D, et al. Tropical tropospheric ozone and biomass

burning. Science, 2001, 291(5511): 2128 - 2132.

[2] Kim J, Yoon S C, Jefferson A, et al. Aerosol hygroscopic properties during Asian dust, pollution, and biomass burning episodes at Gosan, Korea in April 2001. Atmospheric Environment, 2006, 40(8): 1550 - 1560.

[3] Rissler J, Vestin A, Swietlicki E, et al. Size distribution and hygroscopic properties of aerosol particles from dry-season biomass burning in Amazonia. Atmospheric Chemistry and Physics, 2006, 6: 471 - 491.

[4] Guyon P, Frank G P, Welling M, et al. Airborne measurements of trace gas and aerosol particle emissions from biomass burning in Amazonia. Atmospheric Chemistry and Physics, 2005, 5: 2989 - 3002.

[5] Sherwood S. A microphysical connection among biomass burning, cumulus clouds, and stratospheric moisture. Science, 2002, 295(5558): 1272 - 1275.

[6] Kim S W, Chazette P, Dulac F, et al. Vertical structure of aerosols and water vapor over West Africa during the African monsoon dry season. Atmospheric Chemistry and Physics, 2009, 9(20): 8017 - 8038.

[7] Davidi A, Koren I, Remer L. Direct measurements of the effect of biomass burning over the Amazon on the atmospheric temperature profile. Atmospheric Chemistry and Physics, 2009, 9(21): 8211 - 8221.

[8] Winkler H, Formenti P, Esterhuyse D J, et al. Evidence for large-scale transport of biomass burning aerosols from sunphotometry at a remote South African site. Atmospheric Environment, 2008, 42(22): 5569 - 5578.

[9] Patra P K, Ishizawa M, Maksyutov S, et al. Role of biomass burning and climate anomalies for land-atmosphere carbon fluxes based on inverse modeling of atmospheric CO_2. Global Biogeochemical Cycles, 2005, 19(3). doi: 10.1029/2004GB002258.

[10] Potter C, Genovese V B, Klooster S, et al. Biomass burning losses of carbon estimated from ecosystem modeling and satellite data analysis for the Brazilian Amazon region. Atmospheric Environment, 2001, 35(10): 1773 - 1781.

[11] Haywood J M, Pelon J, Formenti P, et al. Overview of the dust and biomass-burning experiment and African Monsoon Multidisciplinary Analysis Special Observing Period-0. Journal of Geophysical Research-Atmospheres, 2008, 113: D00C17, doi: 10.1029/2008JD010077.

[12] Mari C H, Cailley G, Corre L, et al. Tracing biomass burning plumes from the southern hemisphere during the AMMA 2006 wet season experiment. Atmospheric Chemistry and Physics, 2008, 8(14): 3951 - 3961.

[13] Chand D, Guyon P, Artaxo P, et al. Optical and physical properties of aerosols in the boundary layer and free troposphere over the Amazon Basin during the biomass burning season. Atmospheric Chemistry and Physics, 2006, 6: 2911 - 2925.

[14] Formenti P, Elbert W, Maenhaut W, et al. Inorganic and carbonaceous aerosols during the Southern African Regional Science Initiative (SAFARI 2000) experiment: Chemical

characteristics, physical properties, and emission data for smoke from African biomass burning. Journal of Geophysical Research-Atmospheres, 2003, 108(D13): doi: 10.1029/2002JD002408.

[15] Streets D G, Bond T C, Lee T, et al. On the future of carbonaceous aerosol emissions. Journal of Geophysical Research-Atmospheres, 2004, 109(D24): doi: 10.1029/2004JD00492.

[16] Gustafsson O, Krusa M, Zencak Z, et al. Brown clouds over South Asia: Biomass or fossil fuel combustion? Science, 2009, 323(5913): 495 - 498.

[17] Wang S H, Lin N H, Chou M D, et al. Estimate of radiative forcing of Asian biomass-burning aerosols during the period of TRACE-P. Journal of Geophysical Research-Atmospheres, 2007, 112(D10): doi: 10.1029/2006JD007564.

[18] Liu H Y, Chang W L, Oltmans S J, et al. On springtime high ozone events in the lower troposphere from Southeast Asian biomass burning. Atmospheric Environment, 1999, 33(15): 2403 - 2410.

[19] Deng X J, Tie X X, Zhou X J, et al. Effects of Southeast Asia biomass burning on aerosols and ozone concentrations over the Pearl River Delta (PRD) region. Atmospheric Environment, 2008, 42(36): 8493 - 8501.

[20] Choi S D, Chang Y S. Carbon monoxide monitoring in Northeast Asia using MOPITT: Effects of biomass burning and regional pollution in April 2000. Atmospheric Environment, 2006, 40(4): 686 - 697.

[21] Chameides W L, Kasibhatla P S, Yienger J, et al. Growth of continental-scale metro-agro-plexes, regional ozone pollution, and world food-production. Science, 1994, 264(5155): 74 - 77.

[22] Xu J, Bergin M H, Yu X, et al. Measurement of aerosol chemical, physical and radiative properties in the Yangtze Delta Region of China. Atmospheric Environment, 2002, 36 (2): 161 - 173.

[23] Yang F, He K, Ye B, et al. One-year record of organic and elemental carbon in fine particles in downtown Beijing and Shanghai. Atmospheric Chemistry and Physics, 2005, 5: 1449 - 1457.

[24] Wang T, Cheung T F, Li Y S, et al. Emission characteristics of CO, NO_x, SO_2 and indications of biomass burning observed at a rural site in eastern China. Journal of Geophysical Research-Atmospheres, 2002, 107(D12): doi: 10.1029/2001JD000724.

[25] Wang Y, Zhuang G S, Zhang X Y, et al. The ion chemistry, seasonal cycle, and sources of $PM_{2.5}$ and TSP aerosol in Shanghai. Atmospheric Environment, 2006, 40(16): 2935 - 2952.

[26] Lapina K, Honrath R E, Owen R C, et al. Late summer changes in burning conditions in the boreal regions and their implications for NO_x and CO emissions from boreal fires. Journal of Geophysical Research-Atmospheres, 2008, 113(D11): doi: 10.1029/2007JD009421.

[27] Zhang H F, Ye X N, Cheng T T, et al. A laboratory study of agricultural crop residue combustion in China: Emission factors and emission inventory. Atmospheric Environment, 2008, 42(36): 8432 - 8441.

[28] Turpin B J, Lim H J. Species contributions to $PM_{2.5}$ mass concentrations: Revisiting common assumptions for estimating organic mass. Aerosol Science and Technology, 2001, 35(1):

602 - 610.

[29] Feng Y L, Chen Y J, Guo H, et al. Characteristics of organic and elemental carbon in $PM_{2.5}$ samples in Shanghai, China. Atmospheric Research, 2009, 92(4): 434 - 442.

[30] Zhang X Y, Wang Y Q, Zhang X C, et al. Carbonaceous aerosol composition over various regions of China during 2006. Journal of Geophysical Research-Atmospheres, 2008, 113(D14): doi: 10. 1029/2007JD009525.

[31] Ryu S Y, Kim J E, Zhuanshi H, et al. Chemical composition of post-harvest biomass burning aerosols in Gwangju, Korea. Journal of the Air & Waste Management Association, 2004, 54(9): 1124 - 1137.

[32] Yan X Y, Ohara T, Akimoto H. Bottom-up estimate of biomass burning in mainland China. Atmospheric Environment, 2006, 40(27): 5262 - 5273.

[33] Yao X H, Chan C K, Fang M, et al. The water-soluble ionic composition of $PM_{2.5}$ in Shanghai and Beijing, China. Atmospheric Environment, 2002, 36(26): 4223 - 4234.

[34] Ran L, Zhao C S, Geng F H, et al. Ozone photochemical production in urban Shanghai, China: Analysis based on ground level observations. Journal of Geophysical Research-Atmospheres, 2009, 114(D15): doi: 10.1029/2008JD010752.

[35] Noh Y M, Kim Y J, Choi B C, et al. Aerosol lidar ratio characteristics measured by a multi-wavelength Raman lidar system at Anmyeon Island, Korea. Atmospheric Research, 2007, 86(1): 76 - 87.

[36] Ansmann A, Engelmann R, Althausen D, et al. High aerosol load over the Pearl River Delta, China, observed with Raman lidar and Sun photometer. Geophysical Research Letters, 2005, 32(13): doi: 10.1029/2005GL023094.

[37] Fu Q Y, Zhuang G S, Wang J, et al. Mechanism of formation of the heaviest pollution episode ever recorded in the Yangtze River Delta, China. Atmospheric Environment, 2008, 42(9): 2023 - 2036.

[38] Wang X F, Zhang Y P, Chen H, et al. Particulate nitrate formation in a highly polluted urban area: A case study by single-particle mass spectrometry in Shanghai. Environmental Science & Technology, 2009, 43(9): 3061 - 3066.

[39] Gao J, Wang T, Zhou X H, et al. Measurement of aerosol number size distributions in the Yangtze River Delta in China: Formation and growth of particles under polluted conditions. Atmospheric Environment, 2009, 43(4): 829 - 836.

[40] Zhang R Y, Suh I, Zhao J, et al. Atmospheric new particle formation enhanced by organic acids. Science, 2004, 304(5676): 1487 - 1490.

第49章
长江三角洲严重霾事件的形成机制

长江三角洲坐落于太平洋以西,占地 99 600 km²,占中国总面积的 1‰,人口达 8 500 万,占中国总人口的 5.8%(2007 年),是中国最大的沿海地区和经济发展速度最快的地区。2005 年,其 GDP 占中国 GDP 的 24%。如图 49 - 1 所示,长三角地区由上海、江苏南部(8 个城市)和浙江北部(7 个城市)组成。平坦的地形及亚热带海洋性季风气候,使得长三角空气质量在整体上较中国京津冀地区为好。但是,近年来中国能源消耗量和大气污染源急剧增加。观测数据显示,霾天数逐年增加。长三角地区、珠三角地区、京津冀地区以及成渝地区,成为中国四个较为突出的霾污染地区。TRACE - P 和 INTEX - B 项目研究清单显示了,长三角两省一市 2006 年 SO_2 和 NO_x 排放总量分别达到 3 284 和 2 982 Gg[1],是 2000 年的 1.46 倍和 1.97 倍。近年来,在中国中东部许多城市群地区,城市化快速发展,机动车保有量、燃煤发电厂、民用燃料和餐饮企业日益增加,因此霾作为

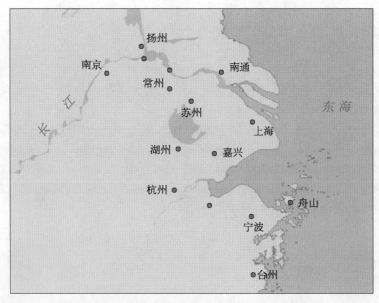

图 49 - 1　长江三角洲主要城市位置(彩图见下载文件包,网址见 14 页脚注)

一种新的天气现象,出现频次日益增加[2,3]。霾的形成与大气污染状况和气象因子密切相关[4-6],大多数霾是由人为源排放的大量颗粒物以及污染气体经气粒转化而形成的[7-9]。

近年来,霾污染及其对大气能见度和公众健康的影响,引起了普遍的关注[10-13]。有关长三角地区霾污染方面的研究[14,15],揭示了长三角地区霾的特征及形成机制不同于其他霾污染地区,如北京、珠三角地区[16-20]。2007 年 1 月 19 日,长三角地区出现了有监测数据记录以来直至当时最严重的一次大气污染事件。上海、苏州、杭州和南京的 PM_{10} 日均浓度分别高达 512、463、354、282 $\mu g \cdot m^{-3}$[21]。本研究以上海市为例,分析本次高污染事件中 PM_{10}、$PM_{2.5}$ 小时浓度及其化学组分的变化,进而揭示这次重霾污染的形成机制。

1996 年中国建立了国家环境空气质量标准,发布了 SO_2、NO_2、PM_{10}、CO 和 O_3 污染物的年均值、日均值和小时均值标准。根据土地利用类型,国家标准分为 3 级(第一级针对国家自然保护区,第二级针对居民居住地区,第三级针对工业园区)。以 PM_{10} 日均值标准为例,第一级、第二级和第三级标准分别为 50、150 和 250 $\mu g \cdot m^{-3}$[22,23],其中 PM_{10} 日均值二级标准与美国相同[24]。日均值标准也应用于中国 84 个重点城市日均空气污染指数(API)的公众发布,类似于美国 AIRNow 系统 * 中的空气质量指数[25]。直至本研究进行的 2007 年,中国 API 的发布仅包括 SO_2、NO_2 和 PM_{10} 三种污染物,API 级别基于这 3 种污染物的日均标准而定。SO_2、NO_2 和 PM_{10} 日均浓度若低于第一级标准,空气质量则为优;介于第一级标准与第二级标准之间,则为良;超过第二级标准则为污染。当 API>300,即 SO_2 日均浓度>1 600 $\mu g \cdot m^{-3}$,或 NO_2 日均浓度>565 $\mu g \cdot m^{-3}$,或 PM_{10} 日均浓度>420 $\mu g \cdot m^{-3}$,则为重度污染。2002 年—2007 年 5 月 31 日,上海出现重度污染的天数总计为 5 d,其中 3 d 发生在 2002 年,2 d 发生在 2007 年;其中 3 d 重污染明显是由中国西北方的沙尘输送引起的,该种污染现象常发生春季,包括 2002 年 3 月 2 日、2002 年 4 月 8 日和 2007 年 4 月 2 日。除了沙尘暴的长距离输送影响外,2007 年 1 月 19 日发生的大气重污染事件,PM_{10} 日均浓度高达 512 $\mu g \cdot m^{-3}$,为当时上海地区有观测记录以来出现污染最重的一天,也达到当时长三角地区有 PM_{10} 监测数据记录以来的最高纪录。

49.1　采样和化学分析

49.1.1　自动采样

上海市环境空气污染物浓度的日均值,由上海市环境监测中心的 9 个大气国控监测点位的小时浓度值平均计算得出。各个国控站点均配置了 SO_2、NO_2 和 PM_{10} 以及气象五因子(风速、风向、温度、相对湿度和气压)的监测仪器。此外,普陀监测站作为居民区与

---

* AIRNow 系统是美国国家环境保护局(EPA)开发的环境空气质量信息管理和发布系统。

文教区的代表点位,还配置了$PM_{2.5}$小时浓度监测仪器。自2005年起,开展了$PM_{2.5}$小时浓度的监测。表49-1给出了2002—2006年间上海市主要大气污染物的日均浓度。SO_2自动监测仪的分析原理为紫外荧光法或紫外脉冲荧光法,仪器型号为API 200(Advanced Pollution Instrumentation, Inc., US)或TE 43C(Thermo Electron Corporation Environmental Instruments Division, US)。NO_2自动监测仪的分析原理为化学发光法,仪器型号为API 300或TE 42C。$PM_{10}/PM_{2.5}$自动监测仪的分析原理为微量振荡天平法,仪器型号为TOEM 1 400A(Rupprecht & Patashnick Co., Inc., US)。日均数据的质控/质保由上海市环境监测中心专业数据审核人员基于《上海市空气质量连续自动监测站建设和运行若干技术规定(试行)》完成。该准则是在1998年美国EPA建立的准则基础上制定的。

表 49 - 1　上海重污染日气体污染物与 PM_{10} 的浓度比值

日　期	SO_2	NO_2	PM_{10}	SO_2/PM_{10}	NO_2/PM_{10}	备　　注
	单位($\mu g \cdot m^{-3}$)					
2007.4.2	41	48	623	0.066	0.077	受矿物尘的影响
2002.4.8	34	47	534	0.064	0.088	受矿物尘的影响
2007.1.19	193	123	513	0.38	0.24	
2002.3.22	26	47	501	0.052	0.094	受矿物尘的影响
2002.11.13	37	76	464	0.080	0.16	
5年平均	49	59	96	0.51	0.62	2002—2006年日平均值

数据来源:上海市环境监测中心(http://www.semc.gov.cn)。

49.1.2　手工采样

2006—2007年冬季,在上海市城区开展了$PM_{2.5}$气溶胶为期1个月的采样(2006年12月19日—2007年1月18日),共收集了23个$PM_{2.5}$日均样品,其中7 d由于下雨没有采样。采样点位于复旦大学某建筑物楼顶(20 m高),复旦大学属于上海居民区与交通混合地区。采样方法详见第7、8章。

49.1.3　化学分析

1. 离子分析和元素分析

化学分析方法详见第7、8章。详细的分析原理和质量控制可参阅文献[26-28]。

2. 自动与手工采样的$PM_{2.5}$浓度比对

2006年12月19日—2007年1月18日期间,$PM_{2.5}$在2个采样点位均同时有手动采样和自动采样。结果表明,$PM_{2.5}$空间分布相当一致,2个站点$PM_{2.5}$的变化趋势及偏差在可接受范围,其误差可能是复旦监测点位距离普陀监测站10 km,周边排放源有所差异导致。1 月 18 日,2 个站点同步监测到了高浓度,复旦监测点和普陀监测站 PM$_{2.5}$ 日均浓度分别为 175 和 169 μg · m^{-3}。

49.2　长三角重霾污染日的特点

49.2.1　高浓度气态污染物和大气气溶胶污染

图 49 - 2 显示了上海市 2007 年 1 月 14—22 日期间气态污染物和颗粒物的日均浓度。受稳定气象条件的影响,SO$_2$ 和 NO$_2$ 的日均浓度在 15—20 日期间随 PM$_{10}$ 浓度持续上升,日均浓度分别达到了 194 和 123 μg · m^{-3},均超过了国家环境空气质量二级标准(SO$_2$:150 μg · m^{-3};NO$_2$:120 μg · m^{-3})。当长三角地区受到矿物气溶胶长距离输送的影响时,SO$_2$、NO$_2$ 与 PM$_{10}$ 的变化趋势完全不同于受到不利气象条件影响时的状况。受到沙尘输送影响时,SO$_2$ 和 NO$_2$ 的浓度随着 PM$_{10}$ 的浓度增加而迅速下降。由沙尘暴带来的碱性颗粒物,有利于 SO$_2$ 和 NO$_2$ 的吸收[18]。表 49 - 1 给出了从 2001 年以来的 5 个重污染日上海 9 个自动站测得的污染物日均浓度。2007 年 1 月 19 日,SO$_2$/PM$_{10}$ 和 NO$_2$/PM$_{10}$ 的比值分别是 0.38 和 0.24,而这些比值比受到沙尘暴影响的重污染日高出很多。在受沙尘暴影响期间,SO$_2$/PM$_{10}$ 和 NO$_2$/PM$_{10}$ 比值均低于 0.10,而 2002—2006 年 5 年平均值分别为 0.51 和 0.62。此外,2007 年 1 月 19 日,PM$_{2.5}$/PM$_{10}$ 比值大于 0.6 (图 49 - 2),表明在重污染事件中,PM$_{2.5}$ 在 PM$_{10}$ 中占的比例很大,而空气质量良好的时候,PM$_{2.5}$/PM$_{10}$ 比值通常低于 0.5。

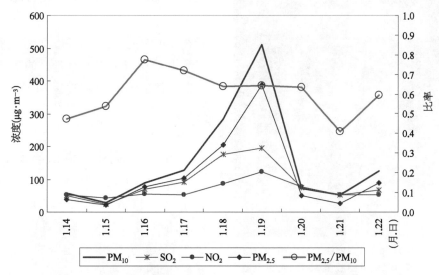

图 49 - 2　上海市 2007 年 1 月 14—22 日气态污染物和颗粒物的日变化
(彩图见下载文件包,网址见 14 页脚注)

期间平均温度 5.8℃,平均大气压 1 028 hPa。

49.2.2 地区性霾污染现象

2007 年 1 月 19 日,在长江三角洲的大范围内,同时发生了地区性重霾(图 49 - 3)。上海周边 300 km 范围内,PM_{10} 浓度变化规律非常一致。包括距离上海 100 km 的苏州、

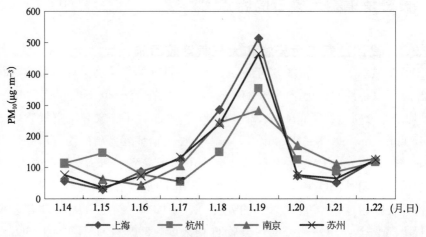

图 49 - 3　2007 年 1 月 14—22 日长三角地区主要城市的 PM_{10} 日均浓度变化
(彩图见下载文件包,网址见 14 页脚注)

☆上海

图 49 - 4　2007 年 1 月 18 日卫星彩图(Terra 卫星)(彩图见图版第 35 页,也见下载文件包,网址见正文 14 页脚注)

http://rapidfire.sci.gsfc.nasa.gov.gov/substs/?FAS_China4。

300 km 的南京和 200 km 的杭州,都在 2007 年 1 月 19 日达到了峰值。1 月 16—19 日,PM_{10} 日均浓度从 43~88 $\mu g \cdot m^{-3}$,上升到 282~512 $\mu g \cdot m^{-3}$,然后在 1 月 21 日下降到 52~112 $\mu g \cdot m^{-3}$。整个污染过程在 6 d 内完成。MODIS 卫星资料图像显示出 1 月 18 日长三角地区的阴霾,甚至覆盖到河北省的南部地区和江苏省的北部地区(图 49 - 4)。

49.2.3 高相对湿度与低能见度

这次污染事件,体现了霾的许多典型特征。当相对湿度从 54% 上升到 82%~88%,能见度从 25 km 下降到 0.5~0.6 km。这次重污染事件,呈现出霾的高相对湿度和低能见度之典型特征。图 49 - 5 和图 49 - 6 显示出能见度随着颗粒物的增加而降低,1 月 19 日上午 9:00 的 $PM_{2.5}$ 和

PM$_{10}$的小时浓度峰值达到 466 和 744 $\mu g \cdot m^{-3}$,能见度下降到 0.6 km。PM$_{2.5}$和能见度呈负相关,在 2 个重污染天,其相关系数分别为-0.78 和-0.53。

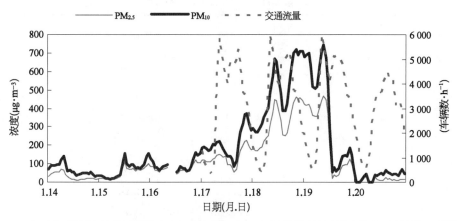

图 49 - 5 PM 和交通流量小时变化(2007 年 1 月 14—20 日)(彩图见下载文件包,网址见 14 页脚注)

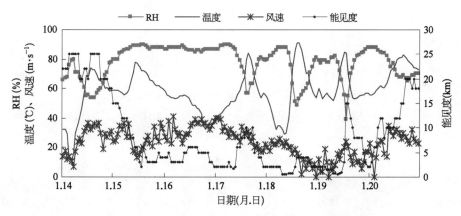

图 49 - 6 2007 年 1 月 15—19 日上海宝山气象监测站主要气象参数的小时变化图
(彩图见下载文件包,网址见 14 页脚注)

49.2.4 气溶胶中的高浓度水可溶性组分

上海的水溶性离子(TWSI)和 PM$_{2.5}$的质量比,在冬天大约为 50%,在其他季节大约为 20%[14]。由表 49 - 2 可见,2007 年 1 月 18 日可以认为是最重污染日,这天 PM$_{2.5}$的日均浓度达到 311 $\mu g \cdot m^{-3}$。TWSI 在这一最重污染日达到 185 $\mu g \cdot m^{-3}$最高的值,而在优良天只有 32 $\mu g \cdot m^{-3}$。TWSI 占 PM$_{2.5}$的质量比,在 1 月 18 日高达 59%。HCOO$^-$、MSA、NO$_3^-$、SO$_4^{2-}$ 和 PO$_4^{3-}$ 等离子浓度,在重污染天相比于优良天增加了 7~35 倍。SO$_4^{2-}$ 占 PM$_{2.5}$的质量比,在重污染日达到了 25%,而在 1 月 15 日为 11%。1 月 18 日 NH$_4^+$、SO$_4^{2-}$、NO$_3^-$ 三者之和占 PM$_{2.5}$高达 52%,而 1 月 15 日只有 29%,表明在重污染日,

$(NH_4)_2SO_4$、NH_4NO_3 等二次气溶胶大量生成。此外,二次有机气溶胶在 $PM_{2.5}$ 中也是主要组分[29],并能促使霾生成。

表 49 - 2   2007 年 1 月 14—18 日上海 $PM_{2.5}$ 中的离子浓度

离　　子	单位	优/良天数	2007.1.14	2007.1.15	2007.1.18	2007.1.18（白昼）
$PM_{2.5}$	$\mu g \cdot m^{-3}$	55.88	37.21	88.68	175.16	311.20
F^-	$\mu g \cdot m^{-3}$	0.11	0.11	0.05	0.10	0.26
$HCOO^-$	$\mu g \cdot m^{-3}$	0.02	0.02	0.00	0.16	0.26
MSA	$\mu g \cdot m^{-3}$	0.07	0.00	0.04	0.38	0.50
Cl^-	$\mu g \cdot m^{-3}$	2.56	2.03	4.34	7.96	5.79
NO_2^-	$\mu g \cdot m^{-3}$	0.72	0.06	0.20	0.27	0.24
NO_3^-	$\mu g \cdot m^{-3}$	6.76	5.22	11.11	29.20	52.22
$CH_2(COO)_2^{2-}$	$\mu g \cdot m^{-3}$	0.70	0.36	0.42	0.47	0.54
SO_4^{2-}	$\mu g \cdot m^{-3}$	9.56	7.09	9.98	37.02	76.79
$C_2O_4^{2-}$	$\mu g \cdot m^{-3}$	0.07	0.01	0.23	0.37	1.21
PO_4^{3-}	$\mu g \cdot m^{-3}$	0.01	0.00	0.00	0.14	0.35
Na^+	$\mu g \cdot m^{-3}$	0.81	0.46	2.03	1.36	1.93
NH_4^+	$\mu g \cdot m^{-3}$	7.37	4.99	4.85	23.57	34.32
K^+	$\mu g \cdot m^{-3}$	1.33	0.88	1.00	4.90	7.72
Mg^{2+}	$\mu g \cdot m^{-3}$	0.19	0.10	0.57	0.25	0.43
Ca^{2+}	$\mu g \cdot m^{-3}$	1.56	0.60	1.54	1.29	2.52
TWSI	$\mu g \cdot m^{-3}$	31.85	21.93	36.38	107.44	185.06
$NO_3^- + SO_4^{2-} + NH_4^+$	$\mu g \cdot m^{-3}$	23.70	17.30	25.95	89.79	163.32
$TWSI/PM_{2.5}$	%	57%	59%	41%	61%	59%
$NO_3^-/PM_{2.5}$	%	12%	14%	13%	17%	17%
$SO_4^{2-}/PM_{2.5}$	%	17%	19%	11%	21%	25%
$(NO_3^- + SO_4^{2-} + NH_4^+)/PM_{2.5}$	%	42%	46%	29%	51%	52%

49.3　长三角重霾事件的形成机制

49.3.1　气象参数

气象条件是这次污染事件的一个关键因素。从 1 月 14 日起上海开始下雨,并且风速很弱($<1\ m \cdot s^{-1}$),颗粒物的浓度从 1 月 15 日开始增加(图 49 - 5 和图 49 - 6)。冷锋在 1 月 16 日上午 10:00 经过上海后,强大的风速和冷暖空气交汇形成的降雨,使得颗粒

物浓度下降。当雨量变小时,颗粒物浓度又快速增加。1月17日,500 hPa的低压槽刚好在冷锋后经过上海,降雨停止,颗粒物浓度明显下降,能见度飞快增长(图49-7和图49-8)。从1月17日开始,地表高压和强高层的高压脊加强,造成异常停滞的扩散条件。1月19日,探空资料很清楚地显示出地面和高层逆温(图49-9),表明500 hPa以下有稳定的大气层结。探空资料显示出1月19日上午8:00宝山站有强的地表逆温,使得地表的污染物累积。在950~650 hPa,存在高层的逆温层,使得空气混合很有限。高相对湿度有利于污染物由气态到固态的转换。图49-5还给出了上海城区主要道路的小时交通流量与$PM_{2.5}$浓度的关系。每小时交通流量的变化趋势,与PM_{10}浓度的变化趋势一致。交通流量的高峰值一般比PM_{10}浓度的高峰值早出现1 h。这一事实明显地说明了机动车尾气的排放,是上海市颗粒物的主要来源之一。上海环境监测中心观测到PM_{10}平均浓

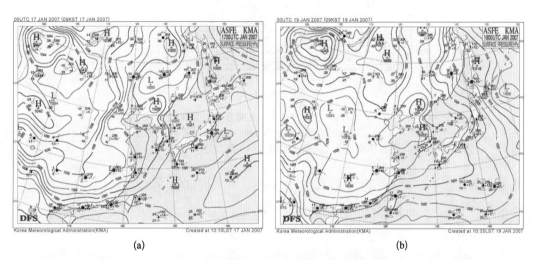

(a) (b)

图49-7　2007年1月17和19日8:00华东地面天气图
(彩图见图版第36页,也见下载文件包,网址见正文14页脚注)

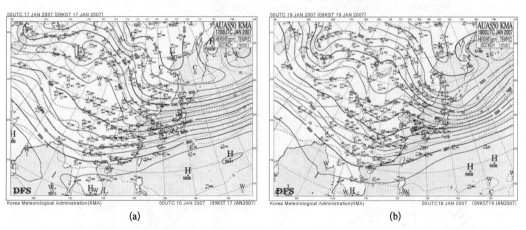

(a) (b)

图49-8　500 hPa天气图(彩图见图版第36页,也见下载文件包,网址见正文14页脚注)
2007年1月17日上午8:00、19日上午8:00。

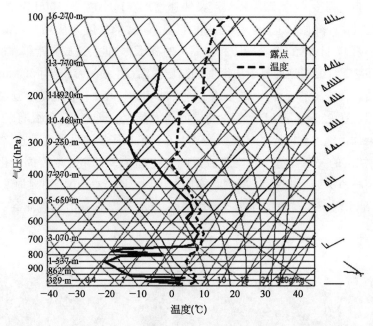

**图 49 - 9　2007 年 1 月 19 日上午 8：00 上海宝山气象探空曲线 * (http：//
weather.uwyo.edu /upperair /sounding.html) (彩图见图版第 36 页，
也见下载文件包，网址见正文 14 页脚注)**

度在路边比屋顶高 20％～165％。显然，中心城区的主要大气污染源为汽车尾气，上下午
的交通高峰造成了颗粒物的高值。

---

　* 图右侧部分的符号表示所在高度的风力等级(可换算为风速)和风速。气象观测站的风速风向仪一般包括水
平风的风标和风杯两个部分。其中风杯可以通过其转速来确定水平风的风速，而风标可以通过其指向方向来确定水
平风的风向。而在天气图上，用风向标来表示某时测到的该台站地面风速和风向。其中风向杆所指的方向为风的
方向，即指风吹来的方向。风速的单位用 m·s^{-1} 或 km·h^{-1} 来表示。
风力等级的表示及对应的风速如下，1～2 级：1 竖杠 1 横(0.3～3.3 m·s^{-1})；3～4 级：1 竖杠 2 横(3.4～7.9 m·
s^{-1})；5～6 级：1 竖杠 3 横(8.0～13.8 m·s^{-1})；7～8 级：1 竖杠 4 横(13.9～20.7 m·s^{-1})；8 级以上：1 竖杠 1 三角
(像一面小旗子)(>20.7 m·s^{-1})。风力等级与风向结合的表示法如下，

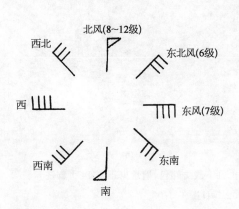

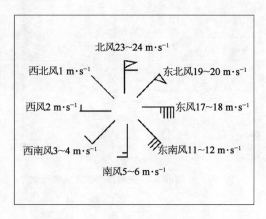

图 49 - 9 显示,大气中形成了一个明显的逆温层,即由于弱风以及强的低层和高层的逆温层,加之机动车排放的尾气,颗粒物的浓度强烈增长。空气在 1 月 17 日开始变得很湿,相对湿度在 19 日达到 80%,这段时间还可以观察到雾。所有这些气象条件都十分不利于污染物的扩散。直到 19 日,一个高压系统移到海洋和高层槽,移到上海地区(图 49 - 7),才使得污染物扩散开去。最终,1 月 19—20 日的降雨,把长三角地区的污染物清洗完。

49.3.2　气流输送轨迹

图 49 - 10 给出了 36 h 后向轨迹图,表明 1 月 18—19 日,高压系统控制上海地区。在污染物处于高值时,地表(约在地面上 20 m 高度)的空气移动十分缓慢,经过 36 h 才从江苏北部经过连云港到上海。1 月 18 日连云港 PM_{10} 的日均浓度高达 312 $\mu g \cdot m^{-3}$。后向轨迹图表明,气团在 500~1 000 m 的高空,从河北移动到上海上空,但不影响上海地表的空气质量。上述分析清楚地表明,此次空气污染气团,是从长三角地区北部移动到上海的。

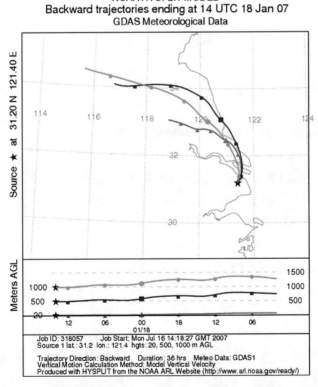

图 49 - 10　上海 2007 年 1 月 18 日下午 10:00 的 36 小时后向轨迹
(彩图见下载文件包,网址见 14 页脚注)

图上方和下方外文的参考大意,分别见 127 页图 9 - 6 和 192 页图 13 - 6 的图注。

49.3.3 硫酸盐和硝酸盐的贡献

硫氧化率定义为 $SOR = n-SO_4^{2-}/(n-SO_4^{2-}+n-SO_2)$，氮氧化率定义为 $NOR = n-NO_3^-/(n-NO_3^-+n-NO_2)$。这 2 个指标可作为二次反应转化过程的指示物。SOR 和 NOR 值越高，说明气态污染物被氧化的部分越大，大气中存在的二次气溶胶也越多。早期研究[30,31]报道了机动车排放污染物的 SOR<0.10。若 SOR>0.10，说明大气中发生了 SO_2 的光化学氧化[32]。有研究指出，在寒冷季节，气态 SO_2 和 NO_x 的异相反应，在生成 SO_4^{2-} 和 NO_3^- 的转化过程中起了重要的作用[14]。如表 49-3 所示，重霾天 1 月 18 日的 SOR 为 0.67，NOR 为 0.61，与采样期间优良日的值相比，有大幅度提高。根据以上结果，可以推断 SO_2 和 NO_2 的转化反应，对 $PM_{2.5}$ 中二次污染物的高浓度，起到了相当大的作用。高污染日内 $SO_4^{2-}/PM_{2.5}$ 和 $NO_3^-/PM_{2.5}$ 的比值，分别为 25%和 17%，较非污染日升高 7%～23%和 5%～19%。这一结果也说明了，在此次重霾事件中，SO_4^{2-}、NO_3^- 是 $PM_{2.5}$ 中的主要组分。

表 49-3 上海重污染日及优良日的 SOR 和 NOR 对比

指 标	SOR	NOR	$SO_4^{2-}/PM_{2.5}$	$NO_3^-/PM_{2.5}$
优良日	0.05～0.28	0.03～0.23	7%～23%	5%～19%
重污染日	0.67	0.61	25%	17%

49.3.4 以富集系数法解析污染物的来源

元素 As、Cd 和 Pb 是人为源的特征元素，Ca、Mg 和 Al 则与地壳源关系密切。如表 49-4 所示，在优良日，$PM_{2.5}$ 中 As、Cd 和 Pb 浓度分别为 0.02、0.002 和 0.09 $\mu g \cdot m^{-3}$，在高污染日，上升至 0.05、0.01 和 0.38 $\mu g \cdot m^{-3}$。与 As、Cd 和 Pb 的变化趋势相反，高污染日内 Ca、Mg 和 Al 的浓度比优良日有所降低。Al 通常用来作为表征矿物源的参比元素。不同元素相对于 Al 的富集系数，通常用于判断其主要来自地壳源还是人为污染源。在高污染日，As、Cd 和 Pb 的富集系数分别增加到 4 058、6 971 和 3 972，比优良日升高了 4～7 倍（表 49-5）。As、Cd 和 Pb 主要来源于煤炭燃烧和矿物燃料燃烧[33]。以上结果均说明了，重污染日内 As、Cd 和 Pb 的高浓度，主要由长三角地区人为源排放累积生成。高污染日 Cu、Mn 和 Zn 的富集系数，比优良日要高 2.18～2.63 倍，说明 Cu、Mn 和 Zn 部分来自人为排放源。值得注意的是，正常无污染日内 Na 的富集系数为 1.32，而在高污染日则上升至 3.03。与此同时，与优良日相比，Cl^-、K^+ 和 Na^+ 浓度上升了 2.38～5.80 倍（表 49-2）。后向轨迹图表明，气团是从海洋输送到上海（图 49-10）。上述结果说明了，在上海的高污染日，海盐对上海大气气溶胶 $PM_{2.5}$ 的高浓度，也起到了一定的作用。

表 49 - 4　上海 2007 年 1 月 14—18 日 $PM_{2.5}$ 中金属元素的日均浓度

元素	As	Ca	Cd	Co	Cr	Cu	Fe	Mg	Mn
	单位($\mu g \cdot m^{-3}$)								
优良日	0.02	1.46	0.002	0.002	0.009	0.03	1.08	0.25	0.08
2007.1.14	0.01	0.49	0.001	0.002	ND	0.01	0.95	0.08	0.05
2007.1.15	0.01	0.94	0.002	0.002	ND	0.03	0.60	0.32	0.07
2007.1.18	0.05	0.57	0.007	0.002	0.004	0.05	1.26	0.18	0.15

元素	Na	Ni	P	Pb	Sr	Ti	V	Zn	Al
	单位($\mu g \cdot m^{-3}$)								
优良日	0.38	0.012	0.07	0.09	0.01	0.006	0.01	1.08	1.00
2007.1.14	0.04	0.004	0.03	0.07	0.01	0.002	0.01	0.38	0.95
2007.1.15	0.59	0.008	0.03	0.01	0.01	0.004	0.01	4.79	0.71
2007.1.18	0.49	0.009	0.12	0.38	0.01	0.004	0.01	1.72	0.56

表 49 - 5　上海市高污染日和优良日 $PM_{2.5}$ 中元素的富集系数

元素	As	Ca	Cd	Co	Cr	Cu	Fe	Mg	Mn
优良日	859.87	2.56	1 567.65	8.39	6.48	52.61	1.69	0.91	8.75
重污染日	4 058.69	2.01	6 971.21	13.99	5.07	114.92	3.30	1.11	22.99
倍数[a]	4.72	0.78	4.45	1.67	0.78	2.18	1.95	1.22	2.63

元素	Na	Ni	P	Pb	Sr	Ti	V	Zn
优良日	1.32	17.36	6.20	594.51	1.97	0.08	9.29	1 590.46
重污染日	3.03	15.63	17.05	3 971.76	2.97	0.10	14.36	3 619.66
倍数[a]	2.30	0.90	2.75	6.68	1.51	1.24	1.55	2.28

[a] 倍数是指重污染日气溶胶样品中金属离子浓度与优良日气溶胶样品中金属离子平均浓度的比值。

49.3.5　用 NO_3^-/SO_4^{2-} 比值识别污染来源

大气中 NO_x 和 SO_2 是形成 NO_3^- 和 SO_4^{2-} 二次污染物的主要前体物，NO_3^-/SO_4^{2-} 通常可作为移动源和固定源相对贡献的表征因子。根据上海市环保局建立的上海市排放清单[34] 和 NASA INDEX - B 项目[1] 数据显示，长三角地区从交通源排放的 NO_x 与 SO_2 比例为 17.2～52.6，说明从交通源排放的 SO_2 与 NO_x 相比较少；而从固定源排放的 NO_x 和 SO_2 比例在 0.527～0.804 之间，表明固定源排放的污染物，包括 NO_x 和 SO_2，但 SO_2 的排放量更大。高污染日 1 月 18 日的 NO_3^-/SO_4^{2-} 比值为 0.68，表明 1 月 18—19 日在长三角地区，尽管机动车排放源是本次污染的重要贡献因素之一，但固定人为排放源如发电厂、工业锅炉和炉窑等，仍然是本次气溶胶高污染的最重要的贡献源。

综上所述,长三角地区是中国经济发展最快的地区,同时也成了中国霾最严重的地区之一。本研究观测分析了 2007 年 1 月 19 日长三角地区发生的历史记录数据史上最严重的污染日。其最低能见度 <0.6 km,霾污染涉及整个长三角地区,$PM_{2.5}$ 中水溶性离子所占的质量浓度的比值最高,特别是 NH_4^+、SO_4^{2-} 和 NO_3^- 三者总和占 $PM_{2.5}$ 的比例高达 50% 以上,显示 $(NH_4)_2SO_4$ 和 NH_4NO_3 等二次气溶胶,是重霾天的主要颗粒污染物。由地面高气压导致的静稳天气条件,对高污染起了主导作用。机动车排放源是本次污染的重要贡献因素之一,固定人为排放源如发电厂和工业锅炉等的燃煤排放,仍然是此次重霾天高污染的最重要的贡献源。

参考文献

[1] Streets D G, Zhang Q. 2006 Asia Emissions for INTEX-B. http://www.cgrer.uiowa.edu/EMISSION_DATA_new/index_16.htmS, 2007.

[2] Kaiser D P, Qian Y. Decreasing trends in sunshine duration over China for 1954 - 1998: Indication of increased haze pollution? Geophysical Research Letters, 2002, 29: 2042 - 2045.

[3] Tie X, Brasseur G, Zhao P, et al. Chemical characterization of air pollution in eastern China and the eastern United States. Atmospheric Environment, 2006, 40: 2607 - 2625.

[4] Meng Y J, Wang S Y, Zhao X F. An analysis of air pollution and weather conditions during heavy fog days in Beijing area. Weather, 2000, 26: 40 - 42 (in Chinese).

[5] Wang S, Zhang X, Xu X. Analysis of variation features of visibility and its effect factors in Beijing. Meteorological Science and Technology, 2003, 31: 109 - 114 (in Chinese).

[6] Hu M, He L, Zhang Y, et al. Seasonal variation of ionic species in fine particles at Qingdao, China. Atmospheric Environment, 2002, 36: 5853 - 5859.

[7] Watson J G. Visibility: Science and regulation. Journal of Air Waste Management Association, 2002, 52: 628 - 713.

[8] Han L, Zhuang G, Sun Y, et al. Local and nonlocal sources of airborne particle pollution at Beijing — A new elemental tracer technique for estimating the contributions of mineral aerosols from out of the city. Science in China (Series B Chemistry), 2005, 48(4): 253 - 264.

[9] Dillner A M, Schauer J J, Zhang Y, et al. Size-resolved particulate matter composition in Beijing during pollution and dust events. Journal of Geophysical Research, 2006, 111: D05203.

[10] Okada K, Ikegami M, Zaizen Y, et al. The mixture state of individual aerosol particles in the 1997 Indonesian haze episode. Journal of Aerosol Science, 2001, 32: 1269 - 1279.

[11] Chen L W A, Chow J C, Doddridge B G, et al. Analysis of a summertime $PM_{2.5}$ and haze episode in the mid-Atlantic region. Journal of Air & Waste Management Association, 2003, 53: 946 - 956.

[12] Yadav A K, Kumar K, Kasim et al. Visibility and incidence of respiratory diseases during the 1998 haze episode in Brunei Darussalam. Pure and Applied Geophysics, 2003, 160: 265 - 277.

[13] Kang C M, Lee H S, Kang B W, et al. Chemical characteristics of acidic gas pollutants and $PM_{2.5}$

species during hazy episodes in Seoul, South Korea. Atmospheric Environment, 2004, 38：4749 – 4760.

[14] Wang Y, Zhuang G, Zhang X, et al. The ion chemistry, seasonal cycle, and sources of $PM_{2.5}$ and TSP aerosol in Shanghai. Atmospheric Environment, 2006a, 40：2935 – 2952.

[15] Xiu G, Zhang D, Chen J, et al. Characterization of major water-soluble inorganic ions in size-fractionated particulate matters in Shanghai campus ambient air. Atmospheric Environment, 2004, 38：227 – 236.

[16] Sun Y, Zhuang G, Tang A, et al. Chemical characteristics of $PM_{2.5}$ and PM_{10} in haze-fog episodes in Beijing. Environmental Science and Technology, 2006, 40：3148 – 3155.

[17] Duan J, Tan J, Cheng D, et al. Sources and characteristics of carbonaceous aerosol in two largest cities in Pearl River Delta Region, China. Atmospheric Environment, 2007, 41：2895 – 2903.

[18] Zhao X, Zhuang G, Wang Z, et al. Variation of sources and mixing mechanism of mineral dust with pollution aerosol — Revealed by the two peaks of a super dust storm in Beijing. Atmospheric Research, 2007, 84：265 – 279.

[19] Wang Y, Zhuang G, Tang A, et al. The ion chemistry and the source of $PM_{2.5}$ aerosol in Beijing. Atmospheric Environment, 2005, 39：3771 – 3784.

[20] Wang Y, Zhuang G, Sun Y, et al. The variation of characteristics and formation mechanisms of aerosols in dust, haze, and clear days in Beijing. Atmospheric Environment, 2006b, 40：6579 – 6591.

[21] China State Environmental Protection Administration (SEPA). Air quality daily report for 84 major cities in China. http：// www.sepb.gov.cn/ english/ air-list.php3, 2007.

[22] China State Environmental Protection Administration (SEPA). Ambient air quality standard. http：// www.sepb.gov.cn/ english/ chanel – 5/ GB3095 – 1996.doc, 1996.

[23] Hao J, Wang L. Improving urban air quality in China：Beijing case study. Journal of the Air & Waste Management Association, 2005, 55：1298 – 1305.

[24] US Environmental Protection Agency (US EPA). National ambient air quality standards for particulate matter, final rule. Federal Register, vol. 62(138) (Pt. II), EPA, 40 CFR (Pt. 50), 18 July 1997.

[25] AIRNow. Air quality index (AQI) — A guide to air quality and your health. http：// airnow.gov/ index.cfm?action＝static.aqiS, 2007.

[26] 袁蕙,王瑛,庄国顺.气溶胶、降水中的有机酸、甲磺酸及无机阴离子的离子色谱同时快速测定法.分析测试学报,(2003),22(6)：11 – 14.

[27] Zhuang G, Guo J, Yuan H, et al. The compositions, sources, and size distribution of the dust storm from China in spring of 2000 and its impact on the global environment. Chinese Science Bulletin, 2001, 46(11)：859 – 901.

[28] Sun Y, Zhuang G, Wang Y, et al. The air-borne particulate pollution in Beijing-Concentration, composition, distribution and sources. Atmospheric Environment, 2004, 38：5991 – 6004.

[29] Xu J, Bergin M H, Yu X, et al. Measurement of aerosol chemical, physical and radiative

properties in the Yangtze Delta Region of China. Atmospheric Environment, 2002, 36: 161 – 173.

[30] Pierson W R, Brachaczek W W, Mckee D E. Sulfate emissions from catalyst equipped automobiles on the highway. Journal of Air Pollution Control Association, 1979, 29: 255 – 257.

[31] Truex T J, Pierson W R, Mckee D E. Sulfate in diesel exhaust. Environmental Science & Technology, 1980, 14: 1118 – 1121.

[32] Ohta S, Okita T. A chemical characterization of atmospheric aerosol in Sapporo. Atmospheric Environment, 1990, 24A: 815 – 822.

[33] Borbely-Kiss I, Koltay E, Szabo G Y, et al. Composition and sources of urban and rural atmospheric aerosol in eastern Hungary. Journal of Aerosol Science, 1998, 30(3): 369 – 391.

[34] Streets D G, Bond T C, Carmichael G R, et al. An inventory of gaseous and primary aerosol emissions in Asia in the year 2000. Journal of Geophysical Research, 2003, 108: 8809.

第*50*章

东海花鸟岛大气污染的
来源及雾霾形成机制

　　上述章节阐述了中国典型地区的大气污染特征,以及各地雾霾的形成机制。中国各地雾霾的产生,不仅与本地的污染源有关,同时也与外来源的传输有关。中国中东部地区几年来发生的大范围、高强度、持续时间长的重雾霾,不仅影响陆地广大地区,还传输到沿海海域乃至更远的大洋。为研究中国大气污染对沿海海域生态环境的可能影响,我们选择了离开大陆最远的小岛之一——浙江省舟山嵊泗县下属最边远的花鸟岛,作为常年长期观测采样点。花鸟岛位于东经 122′40″、北纬 30′51″,是一座位于中国东海海域、面积 3.28 km²,人口只有 1 000 多人的小岛。2013 年 1 月,一场严重雾霾笼罩了中国中东部的广大地区,直接波及花鸟岛。本章根据此次雾霾期间采集的气溶胶样品以及之后采集的浓雾样品的分析结果,阐述中国东海海域大气污染的来源以及雾霾的形成机制。采样方法和化学分析方法详见第 7、8、10 章。

50.1　笼罩于花鸟岛的雾霾特征和来源

　　2013 年 1 月间发生于包括长江三角洲的中国中东部广大地区的一场大范围、持续性、高浓度的雾霾,跨越了大半个中国,影响范围达 140 万 km²,直接波及位于东海海域的边陲小岛花鸟岛。图 50 - 1 为中国中东部发生大范围严重雾霾期间,花鸟岛岛上细颗粒物 $PM_{2.5}$、大气能见度日均值以及风速风向的日变化状况。根据国家空气质量标准,$PM_{2.5}$ 日均达标值为 75 $\mu g \cdot m^{-3}$,定义 $PM_{2.5}$ 日均值<75 $\mu g \cdot m^{-3}$ 为正常天(ND_花鸟岛),>75 $\mu g \cdot m^{-3}$ 为污染天(PD_花鸟岛)。由图 50 - 1 可见,1 月 1—13 日为当地的正常天,1 月 14—16 日是花鸟岛的重污染天。1 月 14 日当天,花鸟岛天气由多云转入大雾,最低能见度降低到 3 km 以下,当日的 $PM_{2.5}$ 和 TSP 浓度分别高达 131.1 和 156.4 $\mu g \cdot m^{-3}$。大雾持续了 3 d,1 月 15 和 16 日均有雾,颗粒物 $PM_{2.5}$ 和 TSP 浓度在 15、16 日也分别高达 125.0、136.8 $\mu g \cdot m^{-3}$ 和 95、100.2 $\mu g \cdot m^{-3}$。直至 1 月 17 日,天气由多云转多云有雨,颗粒物 TSP 浓度也下降到 55.8 $\mu g \cdot m^{-3}$,标志着这次雾霾事件的结束。

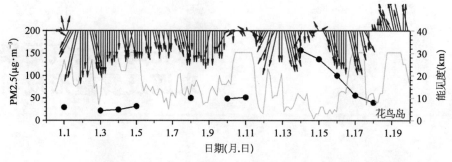

图 50 - 1 花鸟岛 1 月 1—18 日 PM$_{2.5}$、能见度日均值及风速风向的日变化
（彩图见下载文件包，网址见 14 页脚注）

PM$_{2.5}$缺失值是由雨天或仪器维护而无采样所致。

50.2 雾霾的来源分析

图 50 - 2 显示了花鸟岛细颗粒物 PM$_{2.5}$中的主要离子和污染元素浓度在上述污染天（PD_花鸟岛）与正常天（ND_花鸟岛）之比值。在正常天期间，花鸟岛 SO$_4^{2-}$、NO$_3^-$、NH$_4^+$浓度仅为 4.3、1.3、1.9 $\mu g \cdot m^{-3}$。而在重污染天，SO$_4^{2-}$、NO$_3^-$、NH$_4^+$浓度上升到 19.5、11.9、8.5 $\mu g \cdot m^{-3}$，分别是正常天的 4、9、4 倍。花鸟岛位于东海海域，人烟稀少，当地无工业排放，人为活动也较少。污染天二次气溶胶浓度的急剧上升，说明了中长途传输对大气空气质量的影响。为了排除来自海洋源的海盐对颗粒物中 SO$_4^{2-}$的影响，假定颗粒物中的 Na$^+$都来自海盐，海洋源的 SO$_4^{2-}$/Na$^+$比值为 0.25，以此计算来自海洋源的 SO$_4^{2-}$，把颗粒物中 SO$_4^{2-}$的总量扣除来自海洋源的 SO$_4^{2-}$，其差值就是非海盐硫酸盐（nss - SO$_4^{2-}$）。无论在正常天还是在污染天期间，花鸟岛颗粒物中的非海盐硫酸盐均占 SO$_4^{2-}$总值的 99% 以上。显然，花鸟岛颗粒物中的 SO$_4^{2-}$绝大多数来自人为污染物的排放。基于花鸟岛是远离大陆的小岛，污染天高浓度的 SO$_4^{2-}$显然都来自外来污染物的传

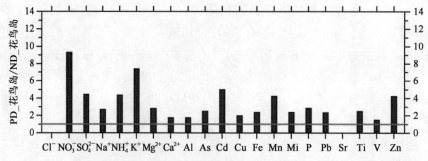

图 50 - 2 花鸟岛 PM$_{2.5}$中的主要离子和污染元素在污染天与正常天浓度的比值
（彩图见下载文件包，网址见 14 页脚注）

输。同样,花鸟岛颗粒物中的 K^+,有 96％以上为非海盐源(nss-K^+),且在污染天,K^+ 的平均浓度为 $0.9\ \mu g \cdot m^{-3}$,高达正常天期间平均浓度($0.1\ \mu g \cdot m^{-3}$)的 9 倍。污染天期间,花鸟岛 SO_4^{2-}、NO_3^-、NH_4^+ 这 3 种二次气溶胶离子的总浓度(SNA)占 $PM_{2.5}$ 的 31％,高于正常天期间的平均比例 24％。由此可见,这次东海小岛上发生的严重雾霾,显然主要来自大陆中长距离传输而来的外来污染物。

在污染天(PD_花鸟岛)期间,花鸟岛细颗粒物 $PM_{2.5}$ 中的元素 As、Cd、Cu、Mn、Pb 和 Zn 的平均浓度分别为 7.7、1.8、14.8、41.9、7.4 ng $\cdot$ m^{-3} 和 $0.2\ \mu g \cdot m^{-3}$(图 50-2),而正常天(ND_花鸟岛)期间的平均浓度分别为 3.0、0.4、7.5、9.91、3.1 ng $\cdot$ m^{-3} 和 $0.04\ \mu g \cdot m^{-3}$。这些污染元素在污染天的浓度是正常天期间的 2～5 倍。与上述二次无机离子一样,污染天期间污染元素的升高,主要也是受外来污染气团的影响。值得一提的是,花鸟岛细颗粒物 $PM_{2.5}$ 中的 Ni 和 V 的富集系数,分别高达 35 和 26,比大陆城市如北京和上海等地都高,污染天的浓度是正常天的 2 倍左右。而且,V/Ni 平均比值约为 2.2,与国内轮船使用的重油中 V/Ni 比值[1]相近。花鸟岛距离中国最大的海港洋山港约 60 km。花鸟岛上高度富集的 Ni 和 V,是船舶排放对区域大气质量影响的重要证据[2]。

为推断颗粒物中主要离子在颗粒物中可能的存在形式,用每天采集的花鸟岛细颗粒物 $PM_{2.5}$ 中的 $[NH_4^+]$,对($[NO_3^-]+2[SO_4^{2-}]$)作图(图 50-3)。如图 50-3 所示,在正常天(ND_花鸟岛)期间,($[NO_3^-]+2[SO_4^{2-}]$)/$[NH_4^+]$ 比值接近 1.0,说明正常天颗粒物中的 SO_4^{2-} 和 NO_3^- 基本上都被 NH_3 中和,即细颗粒物 $PM_{2.5}$ 中的 SO_4^{2-}、NO_3^-、NH_4^+ 这 3 种主要二次气溶胶离子,主要以 $(NH_4)_2SO_4$ 和 NH_4NO_3 的形式存在;而在污染天(PD_花鸟岛)期间,($[NO_3^-]+2[SO_4^{2-}]$)/$[NH_4^+]$ 比值为 1.3,说明相对于中和颗粒物中的铵根离子 $[NH_4^+]$,

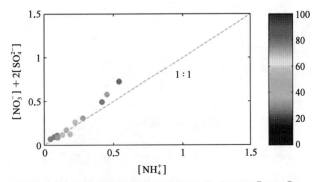

图 50-3　花鸟岛气溶胶在不同湿度条件下的($[NO_3^-]+2[SO_4^{2-}]$)/$[NH_4^+]$ 比值(彩图见图版第 37 页,也见下载文件包,网址见正文 14 页脚注)

颗粒物中的($[NO_3^-]+2[SO_4^{2-}]$)还有剩余。显然,这表示在污染天期间,外来传输的人为活动所排放的 SO_2 和 NO_x 及其被进一步氧化生成的 SO_4^{2-} 和 NO_3^-,较之正常天更多。颗粒物中更多的未被中和的 SO_4^{2-} 和 NO_3^-,使此颗粒物的酸性更加增强。图 50-3 还用数据点的不同颜色,显示了花鸟岛细颗粒物 $PM_{2.5}$ 中的 $[NH_4^+]$ 和 $[NO_3^-]+2[SO_4^{2-}]$ 在不同湿度下的关系。在此次观测期间,花鸟岛的相对湿度为 69％～86％,在污染天高达(80 ± 14)％。显然,高湿度的气候条件,更有利于人为活动排放的 SO_2 和 NO_x 被进一步氧化而生成 SO_4^{2-} 和 NO_3^-。

50.3 长途传输对花鸟岛雾霾形成的影响

图 50-4 显示了在花鸟岛雾霾期间,即污染天(PD_花鸟岛)期间,48 h 的后向轨迹图。花鸟岛当地的人为排放污染源几乎为零。大气颗粒物中污染物的增加,显然是由外来源输入。如图 50-4 所示,重污染天期间,花鸟岛的大气环境受到华北地区以及长三角地区污染传输的影响。表 50-1 列出了污染天期间,花鸟岛、上海、北京三地 $PM_{2.5}$ 中 SO_4^{2-}、NO_3^- 浓度及 NO_3^-/SO_4^{2-} 比值。在此次重污染期间,北京细颗粒物 $PM_{2.5}$ 中的 NO_3^-/SO_4^{2-} 比值为 0.62,同步采样的上海细颗粒物 $PM_{2.5}$ 中的 NO_3^-/SO_4^{2-} 比值则为 1.2。华北地区和长三角地区细颗粒物中的 NO_3^-/SO_4^{2-} 比值差异较大,可用 NO_3^-/SO_4^{2-} 比值初步区分花鸟岛大气污染的可能来源。花鸟岛在这次重污染期间的细颗粒物 $PM_{2.5}$ 中的 NO_3^-/SO_4^{2-} 比值为 0.6,与北京在这次重污染期间 NO_3^-/SO_4^{2-} 的比值如此接近,说明污染期

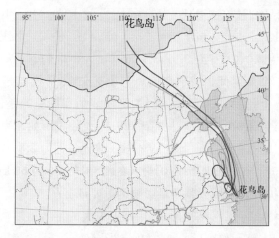

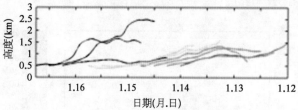

图 50-4 花鸟岛雾霾期间 **48 h** 后向轨迹图(彩图见下载文件包,网址见 14 页脚注)

间花鸟岛更多受来自华北地区污染气团的影响。表 50-2 列出了正常天与污染天期间,花鸟岛、上海、北京三地细颗粒物 $PM_{2.5}$ 中的 K^+、As、Cd、Cu、Zn 与 Al 的比值。由表 50-2 可见,花鸟岛正常天期间的这些比值,与上海正常天期间的这些比值较为接近;而在污染天期间,这些比值明显升高,且与北京污染天期间的比值更为接近。上述数据进一步说明了,此次花鸟岛的严重雾霾,主要是受华北地区污染物长距离传输的影响。

表 50-1 污染天期间花鸟岛、上海、北京三地 $PM_{2.5}$ 中 SO_4^{2-}、NO_3^- 浓度及 NO_3^-/SO_4^{2-} 比值比较

地 点	观测时间	SO_4^{2-}	NO_3^-	NO_3^-/SO_4^{2-}
上 海	2013.1.1—18	25.1	31.7	1.2
北 京	2013.1.1—18	56.1	34.9	0.62
花鸟岛	2013.1.1—18	19.5	11.8	0.6

表 50 - 2　正常天与污染天期间花鸟岛、上海、北京三地 K$^+$、As、Cd、Cu、Zn 与 Al 的比值比较

元素比值	ND_北京	PD_北京	ND_上海	PD_上海	ND_花鸟岛	PD_花鸟岛
K$^+$/Al	0.8±0.7	9.0±1.6	3.0±0.7	2.7±0.3	1.2±1.5	5.3±1.5
As/Al	(1.8±2.6)×10^{-2}	(9.3±2.5)×10^{-2}	(3.1±1.6)×10^{-2}	(3.2±0.2)×10^{-2}	(3.3±2.9)×10^{-2}	(4.5±1.5)×10^{-2}
Cd/Al	(9.9±8.0)×10^{-4}	(8.2±1.3)×10^{-3}	(1.6±0.6)×10^{-3}	(3.4±1.9)×10^{-3}	(4.2±3.0)×10^{-3}	(1.1±0.4)×10^{-3}
Cu/Al	(2.2±2.0)×10^{-2}	(9.9±1.8)×10^{-2}	(3.7±1.0)×10^{-2}	(4.8±1.1)×10^{-2}	(5.0±3.6)×10^{-2}	(8.6±3.4)×10^{-2}
Zn/Al	0.2±0.2	1.3±0.3	0.5±0.1	0.7±0.2	0.5±0.4	1.0±0.3

50.4　花鸟岛的浓雾化学及颗粒物在成雾过程中的作用

气象学上,雾定义为大气中冷凝的悬浮液滴所造成的能见度<1 km 的天气现象。其形成的必要条件主要是饱和水蒸气、凝结核和降温。随着工业化进程,由于人为气溶胶的大量排放,雾的形成频率及强度不断增加[3]。因此,现今的雾已经不是以往所说的单纯的水蒸气在一定条件下冷凝形成水滴的自然现象,而与人为活动密切相关。大气中的污染气体是大气颗粒物的前体物,即污染气体被氧化生成了颗粒物,新颗粒的生成促进了凝结核的突增[4],而且促进了颗粒物的生长速率。在相对湿度高于 100% 的水蒸气过饱和条件下,大气中的超细颗粒可作为凝结核而形成云或雾滴,与此同时,雾的生成又能进一步促进大气细颗粒物的生成[5]。大雾期间,大气污染物浓度大大升高,比起雾前升高 2～10 倍[6]。而雾消散后,污染物浓度先增加、后降低[7,8],表明雾沉降也是大气沉降的重要部分[9]。雾化学与大气气溶胶密切相关。大雾严重影响了环境、生态乃至经济发展[10,11]。近 20 年,在中国雾多发区如乌鲁木齐[12]、成都[13]、重庆[14,15]、南京[6,16-21]、上海[7,22,23]、济南[24]等地,陆续报道了有关雾的理化特性研究,对黄海[25]、南海[26,27]的海雾以及黄山[28]、衡山[29,30]、庐山[31]、泰山[32]等高山雾也进行了研究。结果表明,中国雾水中的污染物浓度与国外相比较高,这显然与中国高浓度的大气污染物有关。一般地说,城市雾的污染物水平高于海雾,也高于高山雾。中国对东海雾的研究,主要集中在物理形态、成因及发生规律[33-35],尚未深入研究东海海雾的化学组分。本节根据对 2013 年春季在东海近海海岛——花鸟岛采集的海雾样品,以及对同步采集的雾前、雾中、雾后大气气溶胶样品的系统化学分析,讨论海雾的化学组成,进而探讨东海的雾化学以及颗粒物在成雾过程中的作用。

50.4.1　样品采集与分析

沿海海雾多发于 4—6 月[36]。从 2013 年 4 月 17 日上午 9:00 到 18 日上午 9:55,在

花鸟岛浓雾期间采集雾水,共计采集时间24 h 55 min,采集到10 ml真正的雾水。同时在2013年4月16—18日,即此次浓雾之前、之间和之后,采集大气气溶胶样品。之后,在2014年4—5月间,采集到14个大气冷凝水样品。由于目前的采雾器,对中低强度的雾采集效率太低,故难以采集到用于化学分析所需的足够量的雾水,采用自制的冷凝水采样器,采集到经冷凝含有雾水的样品。所谓大气冷凝水样品,指的是用自制的放置在冷胖里面的采集器,所收集到的含有部分雾水的冷凝水样品。对浓雾样品和大气冷凝水样品,都进行离子分析和元素分析。由于样品经历从冷凝的低温到进行分析时的常温的变化过程,其间各化学组分的浓度会有很大改变,那些浓度绝对值的意义,目前很难予以严格的定义和讨论。因此,我们着重比较大气冷凝水样品中主要组分的相对比值与真正的雾水样品中主要组分的相对比值,同时假设那些主要离子组分浓度的相对比值,在冷凝水从低温到常温的变化过程中基本不变,力求进一步阐明雾水中这些污染物组分之可能来源。表50-3列出了所采集样品的相关数据。对上述样品和2013年4月16—18日大气气溶胶TSP样品分别进行离子分析和元素分析。

表 50-3　雾水/冷凝水样品采集信息表

编　号	样品类型	采集开始时间	采集结束时间	采集总时长 (min)	样品体积 (ml)
雾样 1	雾水	2013.4.17 9:00	2013.4.18 9:55	1 495	10
雾样 2	冷凝水	2014.4.9 16:30	2014.4.10 21:00	2 160	38.19
雾样 3	冷凝水	2014.4.10 21:00	2014.4.11 18:30	1 680	16.59
雾样 4	冷凝水	2014.4.12 18:30	2014.4.13 11:30	1 500	71.08
雾样 5	冷凝水	2014.4.13 23:30	2014.4.14 21:30	1 410	63.39
雾样 6	冷凝水	2014.4.14 21:30	2014.4.15 19:00	1 710	12.16
雾样 7	冷凝水	2014.4.16 21:30	2014.4.17 9:40	1 290	9.67
雾样 8	冷凝水	2014.4.17 9:40	2014.4.17 13:00	1 020	15
雾样 9	冷凝水	2014.4.17 19:00	2014.4.17 20:00	1 320	12.54
雾样 10	冷凝水	2014.4.18 9:00	2014.4.18 21:00	1 290	11.66
雾样 11	冷凝水	2014.4.18 21:00	2014.4.19 9:00	730	12.02
雾样 12	冷凝水	2014.4.19 9:00	2014.4.19 21:00	200	11.55
雾样 13	冷凝水	2014.5.9 9:00	2014.5.10 21:00	60	12.5
雾样 14	冷凝水	2014.5.11 9:30	2014.5.11 21:30	720	21.4
雾样 15	冷凝水	2014.5.11 21:30	2014.5.12 8:30	660	35

50.4.2　东海雾水中的主要水溶性离子组分及其来源

表50-4列出东海雾水中主要水溶性离子的当量浓度。为讨论雾水的化学组分来源

表 50-4　东海海雾和大气冷凝水样品中的主要离子浓度（μeq·L⁻¹）

编号	类型	采样时间	SO_4^{2-}	NO_3^-	Cl^-	$C_2O_4^{2-}$	Na^+	NH_4^+	K^+	Mg^{2+}	Ca^{2+}	TIC
雾样 1	雾水	2013.4.17	2.9×10^4	5.3×10^4	4.9×10^4	1.3×10^2	5.1×10^4	1.6×10^4	2.9×10^3	1.7×10^4	3.2×10^4	2.5×10^5
雾样 2	冷凝水	2014.4.9	94	119	95	0.7	255	3	4	41	86	750
雾样 3	冷凝水	2014.4.10	59	60	35	—	98	9	—	30	128	457
雾样 4	冷凝水	2014.4.12	117	57	235	—	544	20	64	47	91	1 425
雾样 5	冷凝水	2014.4.13	162	215	480	—	342	129	13	62	156	1 580
雾样 6	冷凝水	2014.4.14	112	2.8	164	8.0	256	—	28	26	56	718
雾样 7	冷凝水	2014.4.16	179	272	533	1.1	555	59	26	87	329	2 051
雾样 8	冷凝水	2014.4.17	49	65	263	—	365	18	30	75	111	1 027
雾样 9	冷凝水	2014.4.17	49	78	42	—	131	—	2	28	43	396
雾样 10	冷凝水	2014.4.18	41	44	40	—	74	4	1	24	48	299
雾样 11	冷凝水	2014.4.18	119	94	195	—	219	44	35	67	207	985
雾样 12	冷凝水	2014.4.19	255	417	805	1.3	909	81	49	219	547	3 395
雾样 13	冷凝水	2014.5.9	253	104	483	10.4	569	79	41	183	522	2 473
雾样 14	冷凝水	2014.5.11	68	60	201	—	270	38	10	47	202	1 009
雾样 15	冷凝水	2014.5.11	122	124	240	—	227	77	12	30	66	1 079

起见,也列出了上述各个大气冷凝水样品中主要水溶性离子的当量浓度。由表 50-4 可见,在东海花鸟岛收集的雾水样品中,阴离子按浓度大小主要为 $NO_3^- > Cl^- > SO_4^{2-}$,上述 3 种离子的当量浓度,分别高达 5.3×10^4、4.9×10^4、2.9×10^4 $\mu eq \cdot L^{-1}$,其中 NO_3^- 当量浓度不仅高于 SO_4^{2-},甚至高于海水中主要阴离子 Cl^- 的当量浓度。有报道称,之前在湛江收集的春季南海海雾样品中,浓度最高的阴离子为 Cl^-,其次才是 NO_3^-。而且在整个研究期间,所报道的 Cl^- 当量浓度始终高于 NO_3^-,平均浓度分别为 1.2×10^4 和 4×10^3 $\mu mol \cdot L^{-1}$,Cl^- 浓度是 NO_3^- 浓度的 3 倍[27]。Cl^- 离子是海水中浓度最高的阴离子,南海海雾中浓度最高的阴离子是 Cl^- 离子,说明了在湛江收集的南海海雾中的 Cl^- 离子,主要来自海水,进而说明了该海雾样品中水溶性物质的来源,还是以海洋源为主。相比之下,在东海花鸟岛采集的海雾中,NO_3^- 浓度不仅高于 Cl^- 离子浓度,而且比湛江收集的南海海雾中的 NO_3^- 浓度高出 13 倍。很显然,在花鸟岛采集的这次浓重海雾事件的样品中,NO_3^- 离子并不是来自海水,而是来自人为污染源。分析所收集的 14 个大气冷凝水样品,其中有 11 个样品中的 Cl^- 离子浓度 $> NO_3^-$ 浓度,这 11 个样品可视为较少受到人为污染源影响的天然海雾。10 个样品的 Cl^- 平均当量浓度为 NO_3^- 浓度的 3.1 倍,与南海海雾中 Cl^- 浓度是 NO_3^- 浓度的 3 倍这一结果相当。这反过来说明,这 10 个大气冷凝水样品含有的雾水,确实是较少受到人为污染源影响的天然海雾。而 2013 年 4 月 17 日收集的浓雾,显然受到人为污染源的严重影响。此外,在东海海雾样品中,还检测到浓度高达 1.3×10^2 $\mu mol \cdot L^{-1}$ 的草酸根离子($C_2O_4^{2-}$)。海水中的 $C_2O_4^{2-}$ 因浓度太低,一般难以检测出来;而在陆地气溶胶样品中,$C_2O_4^{2-}$ 是含量最高、最易于检测出来的可溶性有机酸根离子。这说明,东海海雾样品中含有较高浓度的人为污染物。花鸟岛是一座几乎无局地污染的小岛,这里述及的人为污染源,是从中国大陆经由大气长途传输而来的人为污染物。

雾水样品中的主要阳离子,按浓度大小为 $Na^+ > Ca^{2+} > NH_4^+$。上述 3 种离子的当量浓度,分别为 5.1×10^4、3.2×10^4、1.6×10^4 $\mu eq \cdot L^{-1}$,与湛江采集到的海雾中这 3 种离子的浓度大小顺序相似,不过与从陆地城市如上海、南京所采集的雾水中这些离子的浓度大小顺序不同。在陆地上,无论雾水中还是气溶胶样品中的 NH_4^+ 和 Ca^{2+} 浓度,大多大于 Na^+。此东海雾水样品中 NH_4^+ 和 Na^+ 的比值,即 NH_4^+/Na^+,为 0.31,比之一般海雾样品中的 NH_4^+/Na^+ 要高出 2~3 倍。上述所有含海雾的大气冷凝水样品中,NH_4^+/Na^+ 比值的平均值仅为 0.13。海雾中的 Na^+ 主要来源于海水,而含有的高浓度 NH_4^+ 则来自人为污染源。NH_4^+/Na^+ 比值高,说明该样品中来自人为污染源的 NH_4^+,比正常的、主要源自海洋的海雾中的 Na^+,要高出 2~3 倍。为进一步探讨这部分比正常海雾高出的 NH_4^+ 的来源,把东海海雾样品和所收集的每个大气冷凝水样品中的 NH_4^+/Na^+ 比值,及对上述每个样品中的阴阳离子总当量浓度比值 $\Sigma - / \Sigma +$,阴离子总当量浓度/阳离子总当量浓度作图。图 50-5 显示的是 $\Sigma - / \Sigma +$ 与(NH_4^+/Na^+)的关系。根据电中性原理,如果水溶液中所有阴阳离子都被准确测定,则该溶液中的阴阳离子总当量浓度比值

$\Sigma-/\Sigma+$ 应该是 1。如果除了 H^+ 以外的所有阴阳离子都被测定,则当 $\Sigma-/\Sigma+>1$ 时,说明溶液中有游离的 H^+ 存在,即该溶液呈酸性。由图 50-5 可以明显看出,所收集的绝大多数大气冷凝水样品中的 $\Sigma-/\Sigma+$ 都小于 1,而东海海雾样品中的 $\Sigma-/\Sigma+$ 比值高达 1.22。这一结果表明,从所讨论的花鸟岛收集到的雾水中,含有 0.22 N 当量浓度的游离 H^+ 离子,即此雾水呈现了强酸性。即便此雾水中的 NH_4^+/Na^+ 为 0.31,其所含的比一般海雾高出 2~3 倍的 NH_4^+,尚不足以中和海雾中所含有的由 SO_2 和 NO_x 氧化生成的 SO_4^{2-} 和 NO_3^-。雾水中那些未被中和的 SO_2 和 NO_x 及其氧化生成的 SO_4^{2-} 和 NO_3^-,便使此雾水呈现强酸性。显而易见,含有高浓度的 NH_4^+ 并呈现强酸性的东海海雾样品,再次证明了该样品含有人为活动产生的人为污染物。

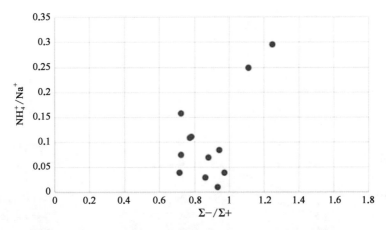

图 50-5　NH_4^+/Na^+ 比值与 $\Sigma-/\Sigma+$ 比值关系图

花鸟岛上常住人口只有 1 000 多人,当地人以捕鱼为业,基本没有工业活动,全岛只有 2 辆机动车,所以本地人为源污染可以忽略不计。花鸟岛海雾中高浓度的污染物,来自人为源的污染,说明了中国大陆经由大气长途传输而来的人为大气污染物,不仅影响了东海海岛的大气环境,也影响了海雾的雾化学。

50.4.3　雾水与大气颗粒物的相互作用

1. 雾前、雾中、雾后大气颗粒物(TSP)中各相关元素组分的浓度变化

图 50-6 显示的是在花鸟岛发生严重浓雾期间收集东海海雾样品的同时,在雾前(4月 16 日)、雾中(4 月 17 日)以及雾后(4 月 18 日)所收集的大气颗粒物(TSP)中各相关元素组分的浓度变化。依照元素的来源及浓度变化,可将所测元素分成以下 3 类。第一类如 Al、Ca、Fe、Ti、P 等,主要来自地壳源,是 TSP 中矿物气溶胶的主要组成元素,较多分布于粗颗粒中。这些元素在雾前后的浓度变化呈"V"形(图 50-6 上图),即雾前浓度高,雾中浓度低,而雾后浓度又升高。根据公式[矿物气溶胶]=2.2[Al]+2.49[Si]+1.63[Ca]+2.42[Fe]+1.94[Ti][37],可计算其浓度。其中,Si 元素浓度根据 Si/Al 在地壳中的

比值 3.43 估算。图 50-6 上图显示矿物气溶胶浓度的变化趋势与第一类元素的变化趋势一致。由于矿物气溶胶较多分布于粗颗粒,雾中浓度低说明雾对粗颗粒态矿物气溶胶的沉降效果较为明显。

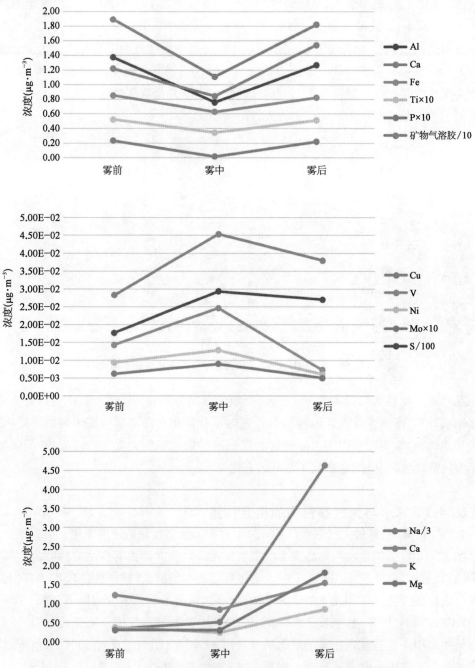

图 50-6 花鸟岛 TSP 中元素组分在雾前、雾中、雾后的浓度变化
(彩图见图版第 37 页,也见下载文件包,网址见正文 14 页脚注)

第二类为来自人为污染源的污染元素,如 Cu、V、Ni、Mo、S 等。与地壳源元素不同的是,这些污染元素在大雾期间的浓度不降反升,而大雾过后则浓度降低。污染元素主要存在于细颗粒物中,细颗粒物在雾中的沉降速度比粗颗粒物慢。在大雾前一天的 4 月16 日,花鸟岛主导西风,风速较高,西面来的风带来了大陆东海海岸的污染物;而到 4 月17 日,风速降低,静风频率增加,大雾生成,但是主导风向仍然为西风,西风带来了大陆传输过来的大量人为污染物。所以,在矿物气溶胶浓度下降的情况下,这些污染元素在颗粒物中的富集系数大大增高。含有较高浓度的这些污染元素随着颗粒物在雾中沉降,而使得这些污染元素在雾水中的浓度升高(图 50 - 6 中图)。图 50 - 7 给出了花鸟岛大气颗粒物相关元素在雾前、雾中、雾后的富集系数变化。从图 50 - 7 可以看出,上述这些污染元素在雾中富集系数比雾前增大。污染元素 S、As、Cu、Mo、V、Ni 在雾中的富集系数上升得最多。这几种元素是上海亚微米颗粒物中富集系数较高的污染元素,主要来源于煤燃烧和机动车以及船舶的排放。在基本无本地污染源的花鸟岛,这些污染元素在雾中高富集,说明了这次浓雾事件是一个外来传输所致的污染过程。上海在 4 月 17 日前后,处于雾霾污染期间,其中 4 月 17 日为重度雾霾,花鸟岛位于上海洋山港以东 60 km。在西风为主导风向的气象条件下,受上海和周边地区以及洋山港污染物的排放明显影响。这个区域的煤燃烧和机动车以及船舶排放,是花鸟岛这次大雾的主要污染源。4 月 18 日即大雾结束的当天,风向由西风转变为东风主导,从海洋方向过来较为洁净的空气吹散了大雾,也降低了大气中的污染物水平,因此这些污染元素的浓度在雾后明显降低。

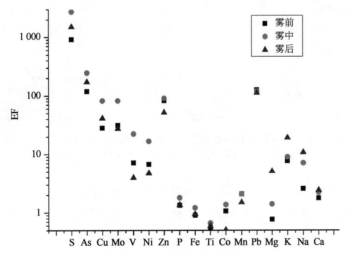

图 50 - 7　花鸟岛 TSP 中元素在雾前、雾中、雾后富集系数(EF)值变化
(彩图见下载文件包,网址见 14 页脚注)

第三类为主要以离子形式存在的元素,如 Na、Ca、Mg、K。这些元素在整个大雾过程中,浓度不断升高,在雾后则浓度升高得更快。离子组分在雾中富集。雾后,原来组成雾的细小水滴随水汽而挥发,于是原来存在于雾水中的部分离子,成为细颗粒物中的固相组分,因此这些元素的浓度,在雾后升高得更快。主要来自地壳源的矿物元素 Ca,一方面在雾中被沉降,另一方面在大雾中颗粒物表面吸水,更容易反应生成离子。来自海洋方向的大气,带来了海洋源的 Na,因此 Na 的浓度在雾后上升得最快。

2. 雾前、雾中、雾后大气颗粒物(TSP)中各相关离子组分的浓度变化

图 50-8 显示的是花鸟岛 TSP 中相关离子组分在雾前(4 月 16 日)、雾中(4 月 17 日)、雾后(4 月 18 日)的浓度变化。雾中,SO_4^{2-} 在 TSP 中的浓度从 6.5 上升到 9.2 $\mu g \cdot m^{-3}$,而 NO_3^- 的浓度却从 4.3 下降到 2.8 $\mu g \cdot m^{-3}$。与 TSP 中的 SO_4^{2-} 在雾中浓度升高不同,NO_3^- 在雾中浓度明显下降。NO_3^- 来自大陆传输而来的人为污染物,在浓雾期间大气颗粒物中的 NO_3^- 浓度降低,而雾水中的 NO_3^- 浓度却高于 SO_4^{2-} 浓度,说明浓雾对 NO_3^- 的沉降效率高于其对 SO_4^{2-} 的沉降效率。如上所述,4 月 18 日即大雾结束的当天,风向由西风转变为东风主导,来自海洋方向的大气,带来了海洋源的 Na^+ 和 Cl^-,因此 Na^+ 和 Cl^- 在雾后浓度也明显升高。总之,雾水对颗粒物的相关化学成分既有富集作用,同时又有沉降作用。这 2 种作用对颗粒物中不同化学元素的影响程度不同,对较多存在于粗颗粒物的相关离子主要表现为沉降作用,对细颗粒物中的污染元素主要起富集作用。

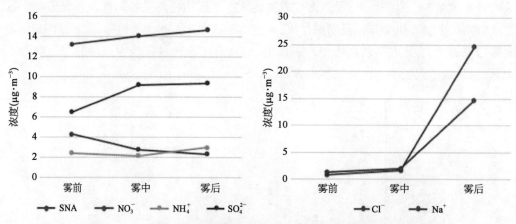

图 50-8 花鸟岛 TSP 中相关离子组分在雾前、雾中、雾后的浓度变化
(彩图见图版第 38 页,也见下载文件包,网址见正文 14 页脚注)

3. 浓雾期间离子组分在水相(雾水)和固相(颗粒物)中的分布

图 50-9 为有关离子在雾水和 TSP 中的当量浓度组成比例。从图上可以直观地看出,不同离子在水相(雾水)、固相(颗粒物)中的分配。相对比例在雾水中高于在颗粒物中的主要离子组分为 Na^+、Ca^{2+}、Cl^-、NO_3^-。这几种离子在雾水中的比例分别为 20.4%、12.7%、19.4%、21.4%,而在颗粒物中的比例则为 15.8%、4.6%、8.5%、8.3%。其中 Ca^{2+}、NO_3^- 在两相分布的差别最大,在水相的比例分别是固相比例的 2.8 和 2.6 倍,而 Cl^- 和 Na^+ 在水相的比例也分别是固相比例 2.2 和 1.3 倍。而在颗粒物中比例高于雾水中的主要离子组分为 NH_4^+ 和 SO_4^{2-},两者在颗粒物中的比例分别为 21.9% 和 35.8%,而

在雾水中比例分别为 6.5％和 11.7％,在固相中的比例分别是水相中的 3.4 和 3.1 倍。由上述数据可推测,雾水中的主要组分为 NaCl、Ca(NO₃)₂和 NaNO₃,而颗粒物中的主要组分为(NH₄)₂SO₄、NH₄HSO₄和 Na₂SO₄。

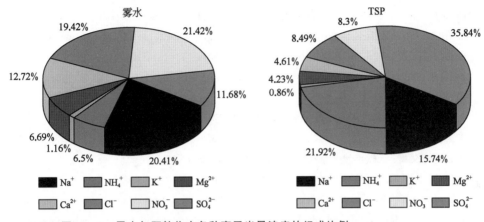

图 50－9　雾水与颗粒物中各种离子当量浓度的组成比例
(彩图见图版第 38 页,也见下载文件包,网址见正文 14 页脚注)

　　根据上述雾水中的化学组分可以推断,雾水对 NO₃⁻ 和 Ca 的沉降作用明显。颗粒物中的 NO₃⁻ 易沉降于雾水中,换句话说,雾水易于吸收颗粒物中的 NO₃⁻,从而增加了雾水中的 NO₃⁻ 浓度,因此在雾水中当量浓度最高的阴离子为 NO₃⁻。同样,颗粒物中的 Ca 和 Ca²⁺ 易沉降于雾水中,即雾水易吸收颗粒物中的 Ca 和 Ca²⁺。在浓雾期间,大气颗粒物中 Ca 和 Ca²⁺ 的浓度降低,而在雾水中,Ca 和 Ca²⁺ 有较高的浓度,其浓度仅次于 Na⁺。国外很早就关注雾的沉降作用及其对生态系统的影响[38-40]。有研究认为,在多雾且污染源含 N 浓度较高的地区,雾对 N 的沉降有显著意义[41]。我们所研究的东海海雾,春季高发,且该区域污染源的含 N 浓度较高,可见雾沉降对东海生态系统的作用不可忽视。

　　综上所述,位于东海边陲花鸟岛的海雾,受到大陆传输而来的大气污染物严重影响。来自东海岸城市的煤燃烧、机动车排放以及船舶排放,是花鸟岛海雾的主要污染源。矿物气溶胶元素在大雾过程中浓度降低,而来自人为源的污染元素在大雾时浓度升高。东海雾水对矿物气溶胶主要起沉降作用,而对污染物主要起富集作用。雾水对不同离子组分的沉降有不同效率,东海海雾对 NO₃⁻、Ca²⁺ 的沉降效率最高。不同离子组分在雾水水相和大气颗粒物固相的分布不同,Na⁺、Ca²⁺、Cl⁻、NO₃⁻ 更趋向于分布在水相,而 NH₄⁺、SO₄²⁻ 在固相的分布比例更高。雾沉降是大气湿沉降的重要部分。在多雾季节,雾沉降会对东海的生态系统发生重要影响。

参考文献

[1]　Zhao M, Zhang Y, Ma W, et al. Characteristics and ship traffic source identification of air

pollutants in China's largest port. Atmospheric Environment, 2013, 64: 277 - 286.

[2] Lin Y, Huang K, Zhuang G, et al. Air quality over the Yangtze River Delta during the 2010 Shanghai Expo. Aerosol and Air Quality Research, 2013, 13(6): 1655.

[3] 李子华.中国近 40 年来雾的研究.气象学报,2001,59(5): 616 - 624.

[4] Peng J F, Hu M, Wang Z B, et al. Submicron aerosols at thirteen diversified sites in China: Size distribution, new particle formation and corresponding contribution to cloud condensation nuclei production. Atmospheric Chemistry and Physics, 2014, 14(18): 10249 - 10265.

[5] Fuzzi S, Facchini M C, Orsi G, et al. The Po Valley fog experiment 1989. Tellus B, 1992, 44 (5): 448 - 468.

[6] 封洋.南京冬季雾雾水的化学特征分析.南京信息工程大学,2008.

[7] 李德,陈明华,邵德民.上海市雾天大气污染状况及雾水化学组分研究//第七届全国大气环境学术会议论文集: 大气环境科学技术进展.北京,1998: 279 - 285.

[8] 陈建民,李想.雾污染及其形成机制.自然杂志,2013,35(5): 332 - 336.

[9] Yamaguchi T, Katata G, Noguchi I, et al. Long-term observation of fog chemistry and estimation of fog water and nitrogen input via fog water deposition at a mountainous site in Hokkaido, Japan. Atmospheric Research, 2015, 151: 82 - 92.

[10] Schemenauer R S. Acidic deposition to forests: The 1985 Chemistry of High Elevation Fog (CHEF) Project. Atmosphere-Ocean, 1986, 24(4): 303 - 328.

[11] Fuzzi S, Facchini M C, Orsi G, et al. The Po Valley fog Experiment 1989 — An Overview. Tellus Series B-Chemical and Physical Meteorology, 1992, 44(5): 448 - 468.

[12] 塔力甫 迪,阿布力孜 阿.南山雾水的采集方法及其离子浓度特征的研究.干旱环境监测,2007,21 (2): 83 - 86.

[13] 柳泽文孝,贾疏源,赤田尚史,等.成都市 2002 年 1 月 2 日至 4 日浓雾天气雾的化学组成.四川环境,2004,23(1): 62 - 64.

[14] 罗清泉,鲜学福.重庆市雾水的离子组分特征.西南农业大学学报(自然科学版),2005,27(3): 393 - 396.

[15] 罗清泉.重庆主城区大气可吸入颗粒物与雾水污染特征研究.重庆大学,2005.

[16] 李一,张国正,濮梅娟,等.2006 年南京冬季浓雾雾水的化学组分.中国环境科学,2008,28(5): 395 - 400.

[17] 汤莉莉,牛生杰,陆春松,等.南京市郊雾水中重金属和大气污染物的观测分析.南京气象学院学报,2008,31(4): 592 - 598.

[18] 杨雪贞.南京冬季雾水及雾天大气细颗粒物金属元素与水溶性阴离子特征.南京信息工程大学,2009.

[19] 秦彦硕,刘端阳,等.南京地区雾水化学特征及污染物来源分析.环境化学,2011,30(4): 816 - 824.

[20] Lu C, Niu S, IEEE. Fog and precipitation chemistry in Nanjing, China. 2009.

[21] Yang J, Xie Y-J, Shi C-E, et al. Ion composition of fog water and its relation to air pollutants during winter fog events in Nanjing, China. Pure and Applied Geophysics, 2012, 169(5 - 6): 1037 - 1052.

[22] Li P F, Li X, Yang C Y, et al. Fog water chemistry in Shanghai. Atmospheric Environment, 2011, 45(24): 4034 - 4041.

[23] Li X, Li P F, Yan L L, et al. Characterization of polycyclic aromatic hydrocarbons in fog-rain events. Journal of Environmental Monitoring, 2011, 13(11): 2988 - 2993.

[24] Wang X, Chen J, Sun J, et al. Severe haze episodes and seriously polluted fog water in Ji'nan, China. Science of the Total Environment, 2014, 493(0): 133 - 137.

[25] Zhang S. Recent observations and modeling study about sea fog over the Yellow Sea and East China Sea. Journal of Ocean University of China, 2012, 11(4): 465 - 472.

[26] Yue Y Y, Niu S J, Zhao L J, et al. The influences of macro- and microphysical characteristics of sea-fog on fog-water chemical composition. Advances in Atmospheric Sciences, 2014, 31(3): 624 - 636.

[27] 徐峰,牛生杰,张羽,等.湛江东海岛春季海雾雾水化学特性分析.中国环境科学,2011,31(3): 353 - 360.

[28] 李鹏飞.上海雾化学及雾霾转化过程研究.复旦大学,2011.

[29] 孙明虎.衡山云雾及雨水的化学研究.山东大学,2011.

[30] 周洁.衡山大气颗粒物及云雾化学元素特征研究.山东大学,2012.

[31] 桑博.庐山雨水和云雾水的化学元素特征.山东大学,2012.

[32] 郭佳.泰山云雾水化学研究.山东大学,2009.

[33] 李晓丽,唐跃,王雷.舟山海雾发生问题探讨.海洋预报,2011,28(1): 60 - 65.

[34] 徐燕峰,陈淑琴,戴群英,等.舟山海域春季海雾发生规律和成因分析.海洋预报,2002,19(3): 59 - 64.

[35] 侯伟芬,王家宏.浙江沿海海雾发生规律和成因浅析.东海海洋,2004,22(2): 9 - 12.

[36] 张苏平,鲍献文.近十年中国海雾研究进展.中国海洋大学学报(自然科学版),2008,38(3): 359 - 366.

[37] Malm W C, Sisler J F, Huffman D, et al. Spatial and seasonal trends in particle concentration and optical extinction in the United-States. Journal of Geophysical Research-Atmospheres, 1994, 99(D1): 1347 - 1370.

[38] Zimmermann L, Zimmermann F. Fog deposition to Norway Spruce stands at high-elevation sites in the eastern Erzgebirge (Germany). Journal of Hydrology, 2002, 256(3 - 4): 166 - 175.

[39] Lange C A, Matschullat J, Zimmermann F, et al. Fog frequency and chemical composition of fog water — A relevant contribution to atmospheric deposition in the eastern Erzgebirge, Germany. Atmospheric Environment, 2003, 37(26): 3731 - 3739.

[40] Zimmermann F, Lux H, Maenhaut W, et al. A review of air pollution and atmospheric deposition dynamics in southern Saxony, Germany, Central Europe. Atmospheric Environment, 2003, 37(5): 671 - 691.

[41] Bytnerowicz A, Fenn M E. Nitrogen deposition in California forests: A review. Environmental Pollution, 1996, 92(2): 127 - 146.

第51章
亚微米颗粒物 PM_1 对大气能见度的影响

相对于 $PM_{2.5}$,亚微米颗粒物 PM_1 因其粒径更小,故在大气中停留时间更长,传输距离更远,更多地富含各种有毒有害物质。其所含的一些吸湿性强、易于降低能见度的物质,其相对比例较之 $PM_{2.5}$ 更大。因此, PM_1 不仅对人体健康的影响更大,而且对大气能见度的影响也更为严重[1-15]。本书第38章探讨了上海 PM_1 的污染特征[16-30]。本章基于在上海长期观测 PM_1 的结果,揭示 PM_1 对大气能见度之影响。

51.1　上海大气能见度的基本特征

亚微米颗粒物的粒径范围,与太阳短波辐射波长相近[31]。由于其更大的比表面积*和更小的粒径,它在大气中停留的时间更长,传输的距离更远,对大气能见度的影响也更为突出,因此亚微米颗粒物 PM_1 对大气能见度的影响,引起了更多的关注[8,20,32]。孙业乐[16]等通过 ACSM 在线监测,提出了北京 PM_1 的形成机制及其对能见度的影响机制。在高湿度条件下, NH_4NO_3 的快速生成,是能见度降低的主要原因。有研究认为,广州地区的能见度恶化,主要由 PM_1 引起,并拟合出 PM_1 组分对大气能见度的函数[8]。2013年年初,中国中东部遭受了重度雾霾袭击,之后上海又经历了多次重度雾霾。2013年12月,上海甚至遭受了比2013年1月更为严重的雾霾。亚微米气溶胶 PM_1 ,是上海大气气溶胶的主要组成部分。显然,亚微米气溶胶 PM_1 与上海雾霾的发生密切相关。

图51-1显示了上海2013年3月—2014年2月雾霾期间,能见度的季节分布特征。在雾霾期间能见度主要分布在 5~6 km 范围,平均能见度为 6.0 km。本研究将雾霾界定为,在非雨雪天气下能见度在 10 km 以下的天气[33,34]。2013年,上海发生雾霾总计126 d,其中春季28 d,夏季15 d,秋季36 d,冬季49 d。本研究的采样监测期间为全年四季,每季1个月,总共125 d。采样监测期间共发生雾霾68 d,其中重度雾霾天30 d,覆盖了该年

---

* 比表面积定义是:每克物质中所有颗粒总外表面积之和,国际单位是: $m^2 \cdot g^{-1}$ 。比表面积是衡量物质特性的重要参量,其大小与颗粒物的粒径、形状、表面缺陷及孔结构密切相关;同时,比表面积大小对物质其他的许多物理及化学性能会产生很大影响,特别是随着颗粒粒径的变小,比表面积已成为衡量物质性能的一项非常重要的参量,如在目前广泛应用的纳米材料中。

一半以上的雾霾天,主要分布在春季的 4 月 23 日前后,秋冬的 11、12、1 月份均有重度雾霾出现。其中以 12 月 6 日前后的雾霾最为严重,12 月 6 日当天的日平均能见度只有 1 km。与乌鲁木齐这种集中采暖的城市相比,上海雾霾发生频率的季节差异没有乌鲁木齐那么明显,但也表现出一定的季节特征。如果定义大气能见度≤5 km 的雾霾天为重度雾霾天,则 2013 年发生重度雾霾的天数有 47 d,分布在春夏秋冬 4 个季节的天数分别为 8、4、11、26 d。而大气能见度≤3 km 以下的雾霾只分布在秋冬季节。总体说来,上海雾霾发生的频率和强度,均为冬季>秋季>春季>夏季。

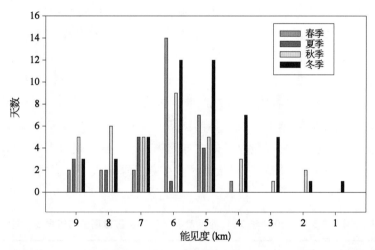

图 51-1　上海 2013 年 3 月—2014 年 2 月的大气能见度季节分布图
(彩图见下载文件包,网址见 14 页脚注)

51.2　气象条件对大气能见度的影响

上海地处长江三角洲平原前缘,东临东海,是一座典型的港口城市。上海整体地势平坦,非常有利于污染物的扩散。来自海洋较为洁净的空气,可以稀释大气中的污染物;频繁的降雨,也能去除空气中的污染物。正因为有良好的地理位置和气象条件,上海的空气污染远没有处在内陆盆地、城市集中供暖的乌鲁木齐严重。但是,上海也一直遭受雾霾的困扰。为探究气象条件对大气能见度的影响,对不同程度雾霾时期[包括轻度雾霾(10 km>能见度>5 km)和重度雾霾(能见度≤5 km)]的能见度以及相应的温度、湿度、风速,进行了相关性分析。表 51-1 显示了发生雾霾期间以及分类为轻度雾霾和重度雾霾期间的大气能见度与风速、温度、湿度等气象条件的相关性。结果表明,在全年发生霾期间,温度、风速与能见度有显著正相关,且相关性的强弱顺序为风速>温度。较高的风速和温度,都有利于污染物的扩散。上海风速的季节变化,与能见度有着同样的趋势,即夏季>春季>秋季>冬季。与乌鲁木齐相比,上海风速的季节变化相对较弱,4 个季节的风速分别为 4.6、4.1、3.6、3.1 m·s^{-1}(表 51 - 2)。但是,风速仍然在雾霾期间对能见度有最为显著的影响。值得注意的是,在整个雾霾期间,相对湿度与大气能见度的相关性并不显著。为寻求其原因,把雾霾期间分为轻度雾霾和重度雾霾两个不同时段,再分别作气象条件对能见度的 Pearson 相关性检验。在轻度雾霾期间,风速、温度、湿度与能见度都有显著性正相关。在雾霾期间,从海洋方向来的大气较为湿润。例如,盛行海洋季风的夏季,是整个上海发生雾霾期间湿度最高的季节,平均湿度 63.2%,风速、温度也最高。海洋方向较为洁净湿润的大气,稀释了城市的污染物,但是还不足以清除大部分污染物所产生的轻度雾霾。越高的大气湿度,说明来自海洋的清洁空气越多,致使此时的湿度与能见度成正相关。这说明这个时期海洋带来的较为清洁的大气对污染空气的稀释作用,高于由高湿度产生的亚微米颗粒物因吸湿而产生的增长,故而能见度与湿度成正比。而在重度雾霾期间,高湿度产生的亚微米颗粒物因吸湿而产生的增长,使得湿度与能见度有显著的负相关。重度雾霾主要分布于秋末和冬天,这个时期风速与温度都降到较低的水平。发生重雾霾期间,风速与温度这 2 个因素较之正常日子没有大的变化,湿度成了颗粒物增长的主导因素。高湿度能促进上海 PM$_1$ 中主要组分的二次离子快速生成,并吸水膨胀,导致颗粒物体积迅速增大,从而快速影响光的衰减和能见度降低。

表 51 - 1　2013 年 3 月—2014 年 2 月,能见度在不同程度雾霾期间与气象因子的相关系数

雾霾期间 (能见度<10 km)		重度雾霾期间 (能见度≤5 km)		轻度雾霾期间 (10 km>能见度>5 km)	
	能见度		能见度		能见度
风速	0.370**	风速	0.046	风速	0.261*
湿度	−0.111	湿度	−0.539**	湿度	0.300**
温度	0.298**	温度	0.209	温度	0.229**

* 在 0.05 水平(双侧)上显著相关;** 在 0.01 水平(双侧)上显著相关。

表 51 - 2　上海春夏秋冬 4 个季节以及不同雾霾时期的平均温度、平均湿度、平均风速

	温度(℃)	平均湿度(%)	平均风速(m·s^{-1})
春季	16.6	58.3	4.1
夏季	30.9	63.2	4.6
秋季	19	60	3.6
冬季	6.9	60.1	3.1
无霾期间	27.3	61.7	4.6
雾霾期间	11.9	60.8	3.1
重霾期间	17.8	64.1	2.9

51.3　PM_1 中的化学组分对大气能见度的影响

表 51-3 列出了非雾霾、雾霾、重度雾霾期间 PM_1 及其中各相关组分的浓度。PM_1 在非雾霾期间的平均浓度为 56.67 $\mu g \cdot m^{-3}$，在雾霾期间则达 107.2 $\mu g \cdot m^{-3}$，而在重度雾霾期间，则高达 122.69 $\mu g \cdot m^{-3}$，雾霾期间平均浓度是非雾霾期间的 1.9 倍，而重霾期间更高于非雾霾期间 2.2 倍。PM_1 各类组分浓度在雾霾期间均有倍数增长，其中以可溶性无机离子总浓度 TWSII 上升最多。TWSII 浓度从非雾霾期间 20.11 $\mu g \cdot m^{-3}$，上升到雾霾期间 37.44 $\mu g \cdot m^{-3}$，直至重雾霾期间的 48.06 $\mu g \cdot m^{-3}$，雾霾期间和重度雾霾期间的浓度分别是非雾霾期间的 1.9 和 2.4 倍，表明 TWSII 组分是雾霾期间新生成 PM_1 颗粒中的主要组分。其中 NO_3^- 的增长幅度最大，平均浓度从非雾霾期间的 5.57 $\mu g \cdot m^{-3}$，上升到雾霾期间的 13.41 $\mu g \cdot m^{-3}$，直至重度雾霾期间的 18.62 $\mu g \cdot m^{-3}$。雾霾期间和重度雾霾期间的浓度，分别是非雾霾期间的 2.4 和 3.3 倍。SO_4^{2-} 的浓度也有倍数增长，雾霾期间和重度雾霾期间的浓度是非雾霾期间的 2.1 和 1.7 倍，增长幅度较 NO_3^- 小。在非雾霾期间，NO_3^- 低于 SO_4^{2-}，NO_3^-/SO_4^{2-} 比值为 0.86。NO_3^-/SO_4^{2-} 比值在雾霾期间上升到 1.16，以及重度雾霾期间的 1.32。这也充分说明了机动车排放在上海雾霾中的作用。

表 51-3　非雾霾、雾霾、重度雾霾期间 PM_1 及其中相关组分的浓度

	浓度（$\mu g \cdot m^{-3}$）			比值（%）		相关系数
	非雾霾期间	雾霾期间	重度雾霾期间	雾霾/非雾霾	重度雾霾/非雾霾	雾霾期间
PM_1	56.67	107.2	122.69	1.9	2.2	-0.548**
$PM_{2.5}$	65.91	139.08	170.94	2.1	2.6	-0.684**
TSP	100.2	202.94	246.29	2	2.5	-0.643**
BC	1.41	2.45	3	1.7	2.1	-0.571**
TWSI	20.11	37.44	48.06	1.9	2.4	-0.703**
矿物气溶胶	11.75	24.56	22.13	2.1	1.9	0.012
OM	22.5	42.75	49.5	1.9	2.2	-0.384**
SO_4^{2-}	6.43	10.85	13.46	1.7	2.1	-0.701**
NO_3^-	5.57	13.41	18.62	2.4	3.3	-0.682**
Cl^-	0.99	2.39	2.6	2.4	2.6	-0.244
NO_2^-	0.15	0.08	0.07	0.5	0.5	0.174
NH_4^+	5.3	7.28	9.28	1.4	1.8	-0.685**
Na^+	0.44	0.78	0.99	1.8	2.3	-0.473**
K^+	0.56	0.92	1.16	1.6	2.1	-0.554**
Mg^{2+}	0.29	0.23	0.26	0.8	0.9	-0.573**
Ca^{2+}	0.7	1.39	1.47	2	2.1	-0.229

各元素的富集系数(EF)值,可用来比较雾霾和非雾霾期间来自人为污染源的各元素的富集程度。从图 51-2 可以很直观地看出,各个元素在不同时期的污染程度。来自地壳源的元素如 Ca、Co、Mg、Na、Ti 等,在雾霾天乃至重雾霾天期间,其 EF 值与非雾霾期间相比均没有升高。显然,这些元素与雾霾期间的大气能见度无关。由于非雾霾天大多分布在由海洋向陆地方向为主导风向的日子,受到来自海洋的船舶排放影响,V 和 Ni 的浓度由非雾霾期间的 7.5 和 8.1 ng·m⁻³,上升到雾霾期间的 14.3 和 12.3 ng·m⁻³,直至重雾霾期间的 15.1 和 14.0 ng·m⁻³。但是两者的 EF 值在雾霾期间没有明显的增长。两者的比值 V/Ni,在雾霾天期间和重度雾霾期间分别为 0.90 和 0.93,较之非雾霾期间的比值(1.19)低。这是由于非雾霾天期间,主导风向来自海洋。这一结果再次说明了,船舶排放是上海 PM₁ 中 V 和 Ni 的主要来源。其余元素的 EF 值变化,都是重度雾霾>雾霾>非雾霾,表明在雾霾期间,主要来自人为污染源的这些元素的污染水平,均有所上升。Pb 的 EF 值,在雾霾天和重度雾霾天比非雾霾天分别上涨了 3.1 和 5.0 倍,其余元素诸如 As、S、Cd、Pb、Zn、Cr、Cu 和 K 等的浓度上升了 1.1~2.4 倍。Pb 的来源主要是机动车之前使用含铅汽油所排放的含 Pb 颗粒物在道路上的沉降物。因机动车行驶而产生的道路扬尘颗粒物,则含有较高浓度的 Pb。这再次说明,机动车排放是上海雾霾的主要来源。

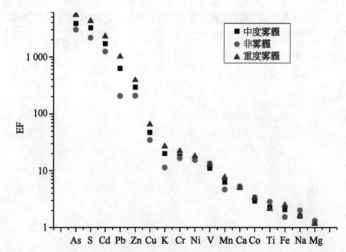

图 51-2 PM₁ 在中度雾霾、重度雾霾以及非雾霾期间各元素的 EF 值
(彩图见下载文件包,网址见 14 页脚注)

51.4 重度雾霾期间 PM₁ 中主要化学组分及其对光衰减的贡献比例

上海大气 PM₁ 的组分,可以分为以下几个部分:有机气溶胶(OM)、硫酸盐、硝酸盐、元素碳(EC)、海盐以及矿物气溶胶。基于改进的 IMPROVE 公式以及相应的湿度函数[35],估算了上海 PM_1 中各组分的消光系数,再根据估算的上述各个组分的消光系数和实际测定的上述各组分的平均浓度,估算了上海 PM_1 中上述各组分在此次重度雾霾事件中对光衰减作用的比例。如图 51-3 所示,在重度雾霾期间,各组分占 PM_1 中质量浓度的百分比按大小排列如下:有机气溶胶(44%)>硝酸盐(23%)>硫酸盐(15%)>矿物气溶胶(10%)>海盐(5%)>黑碳(BC,3%),其中有机气溶胶和硝酸盐是 PM_1 中含量最高的 2 个组分。各组分对光衰减的贡献比例按大小顺序如下:有机气溶胶(33%)>硝酸盐(32%)>硫酸盐(20%)>BC(7%)>海盐(6%)>矿物气溶胶(2%)。有机气溶胶和硝酸盐对消光的贡献最大,在重雾霾期间分别为 33% 和 32%。EC(BC)虽然只占到颗粒物质量浓度的 3%,但是对光衰减作用的比例高达 7%。这是因为 BC 是所有组分中吸光效率最高的物质。在上述各个组分中,硫酸盐主要是燃煤排放的 SO_2 的氧化产物。由于近年来燃煤脱硫取得成功,硫酸盐在大气颗粒物中的比例已相对减少。如本文所研究的上海亚微米颗粒物中,硝酸盐的比例已超过硫酸盐。虽然有机气溶胶和硝酸盐都来自交通源(机动车和船舶等)和燃煤两者的排放,但是从以上数据可以明显看到,交通源排放的氮氧化物与有机气溶胶与燃煤排放的这两部分污染物相比较,其所占的比例在近年来已经越来越大。加之交通源(如柴油车)燃油的不完全燃烧所排放的 BC,是大气中 BC 的主要来源,说明了交通源的排放已经成为触发上海雾霾发生的决定性因子。

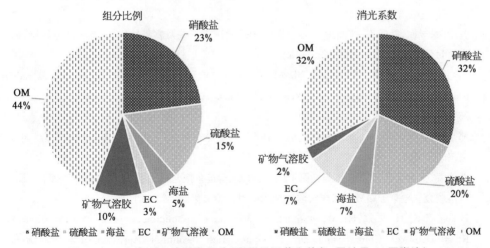

图 51-3 上海 PM_1 中的各组分(彩图见下载文件包,网址见 14 页脚注)

(a) 占 PM_1 质量总浓度的比例;(b) 对大气消光的贡献比例。

综上所述,PM_1 是上海颗粒物污染的主要贡献者,也是致使上海雾霾形成的占压倒比例的主要贡献者。上海的大气污染问题,主要是细颗粒物乃至亚微米颗粒物 PM_1 的污染问题。有机物和可溶性无机离子(TWSII)是上海大气 PM_1 的最主要组分。PM_1 浓度以及主要因此而产生的雾霾,均有明显的季节特征。冬季污染最为严重,冬季的气象条件及其与机动车和工业排放的共同作用,是冬季雾霾严重的主要原因。$(NH_4)_2SO_4$ 和 NH_4NO_3 是 PM_1 中最主要的可溶性物种。硝酸盐在雾霾期间的浓度上升最快,PM_1 中的 NO_3^-/SO_4^{2-} 比值,从非雾霾期间的 <0.86 上升到重度雾霾期间的 1.32,说明机动车的排放相对于固定源排放,对上海大气能见度的影响更为突出。有机气溶胶、NH_4NO_3、$(NH_4)_2SO_4$、EC 是影响上海大气能见度衰减的主要因子。机动车等交通源是有机气溶胶、硝酸盐以及 BC 的主要排放源,船舶排放也已经是上海大气不可忽视的污染来源。因此,包括船舶排放等交通源,是触发上海雾霾的主要因子。

参考文献

[1] Wang Y, Zhuang G S, Zhang X Y, et al. The ion chemistry, seasonal cycle, and sources of $PM_{2.5}$ and TSP aerosol in Shanghai. Atmospheric Environment, 2006, 40(16): 2935 - 2952.

[2] Huang K, Zhuang G, Lin Y, et al. Impact of anthropogenic emission on air quality over a megacity — Revealed from an intensive atmospheric campaign during the Chinese Spring Festival. Atmos Chem Phys, 2012, 12(23): 11631 - 11645.

[3] Huang K, Zhuang G, Lin Y, et al. How to improve the air quality over megacities in China: Pollution characterization and source analysis in Shanghai before, during, and after the 2010 World Expo. Atmos Chem Phys, 2013, 13(12): 5927 - 5942.

[4] 张小曳,张养梅,曹国良.北京 PM_1 中的化学组成及其控制对策思考.应用气象学报,2012,23(3): 257 - 264.

[5] 苏荣荣,钱枫,熊振华,等.北京市春季大气 PM_1 的微观形貌及富集特征//2013 北京国际环境技术研讨会论文集.北京,2013: 39 - 45.

[6] Xu J, Bergin M H, Yu X, et al. Measurement of aerosol chemical, physical and radiative properties in the Yangtze Delta Region of China. Atmospheric Environment, 2002, 36(2): 161 - 173.

[7] 邓雪娇,李菲,李源鸿,等.广州市近地层 PM 的垂直分布特征//第 30 届中国气象学会年会论文集.南京,2013: 1 - 11.

[8] 邓雪娇,张芷言,李菲,等.广州地区 PM_1 气溶胶、湿度效应与能见度的函数关系//第十一届全国气溶胶会议暨第十届海峡两岸气溶胶技术研讨会论文集.武汉,2013: 118 - 128.

[9] Huang X F, He L Y, Hu M, et al. Characterization of submicron aerosols at a rural site in Pearl River Delta of China using an Aerodyne High-Resolution Aerosol Mass Spectrometer. Atmospheric Chemistry and Physics, 2011, 11(5): 1865 - 1877.

[10] Cheng H, Gong W, Wang Z, et al. Ionic composition of submicron particles (PM_1) during the long-lasting haze period in January 2013 in Wuhan, Central China. Journal of Environmental Sciences-China, 2014, 26(4): 810 - 817.

[11] 成海容,王祖武,张帆,等.武汉市大气灰霾期 PM_1 水溶性组分污染特征研究//第十一届全国气溶胶会议暨第十届海峡两岸气溶胶技术研讨会论文集.武汉,2013: 45 - 48.

[12] 沈振兴,韩月梅,周娟,等.西安冬季大气亚微米颗粒物的化学特征及来源解析.西安交通大学学

报,2008,42(11)：1418－1423.

[13]　王泾尘,曹军骥,张宁宁,等.西安大气细颗粒(PM$_1$)化学组成及其对能见度的影响.地球科学与环境学报,2014,36(3)：94－101.

[14]　Shen Z, Cao J, Tong Z, et al. Chemical characteristics of submicron particles in winter in Xi'an. Aerosol and Air Quality Research, 2009, 9(1)：80－93.

[15]　Zhang Y J, Tang L L, Wang Z, et al. Insights into characteristics, sources, and evolution of submicron aerosols during harvest seasons in the Yangtze River Delta Region, China. Atmos Chem Phys, 2015, 15(3)：1331－1349.

[16]　Sun Y, Jiang Q, Wang Z, et al. Investigation of the sources and evolution processes of severe haze pollution in Beijing in January 2013. Journal of Geophysical Research-Atmospheres, 2014, 119(7)：4380－4398.

[17]　Qiao T, Zhao M, Xiu G, et al. Seasonal variations of water soluble composition (WSOC, Hulis and WSIIs) in PM$_1$ and its implications on haze pollution in urban Shanghai, China. Atmospheric Environment, 2015,123：306－314.

[18]　周敏,陈长虹,乔利平,等.2013 年 1 月中国中东部大气重污染期间上海颗粒物的污染特征.环境科学学报,2013,33(11)：3118－3126.

[19]　沈俊秀,肖珊,余琦,等.上海市道路环境 PM$_1$、PM$_{2.5}$ 和 PM$_{10}$ 污染水平.环境化学,2011,30(6)：1206－1207.

[20]　Shi Y, Chen J, Hu D, et al. Airborne submicron particulate (PM$_1$) pollution in Shanghai, China：Chemical variability, formation/dissociation of associated semi-volatile components and the impacts on visibility. Science of the Total Environment, 2014, 473：199－206.

[21]　Huang X F, He L Y, Xue L, et al. Highly time-resolved chemical characterization of atmospheric fine particles during 2010 Shanghai World Expo. Atmos Chem Phys, 2012, 12(11)：4897－4907.

[22]　顾卓良.灰霾天气不同粒径的颗粒物污染特征分析.环境监测管理与技术,2012,24(2)：31－33.

[23]　陈慧娟,刘君峰,张静玉,等.广州市 PM$_{2.5}$ 和 PM$_1$ 质量浓度变化特征.环境科学与技术,2008,31(10)：87－91.

[24]　Lin J J, Lee L C. Characterization of the concentration and distribution of urban submicron (PM$_1$) aerosol particles. Atmospheric Environment, 2004, 38(3)：469－475.

[25]　Li J, Zhuang G S, Huang K, et al. Characteristics and sources of air-borne particulate in Urumqi, China, the upstream area of Asia dust. Atmospheric Environment, 2008, 42(4)：776－787.

[26]　Zhang D, Lee D-J, Pan X. Potentially harmful metals and metalloids in urban street dusts of Urumqi City：Comparison with Taipei City. Journal of the Taiwan Institute of Chemical Engineers, 2014, 45(5)：2447－2450.

[27]　Malm W C, Sisler J F, Huffman D, et al. Spatial and seasonal trends in particle concentration and optical extinction in the United-States. Journal of Geophysical Research-Atmospheres, 1994, 99(D1)：1347－1370.

[28]　Werkenthin M, Kluge B, Wessolek G. Metals in European roadside soils and soil solution — A

review. Environmental Pollution, 2014, 189(0): 98 - 110.

[29] Zhao M, Zhang Y, Ma W, et al. Characteristics and ship traffic source identification of air pollutants in China's largest port. Atmospheric Environment, 2013, 64: 277 - 286.

[30] Harrison R M, Tilling R, Romero M S C, et al. A study of trace metals and polycyclic aromatic hydrocarbons in the roadside environment. Atmospheric Environment, 2003, 37 (17): 2391 - 2402.

[31] 张养梅.京津冀地区亚微米气溶胶特征及其变化的观测分析研究.中国气象科学研究院,2011.

[32] Cheng H, Gong W, Wang Z, et al. Ionic composition of submicron particles (PM_1) during the long-lasting haze period in January 2013 in Wuhan, Central China. Journal of Environmental Sciences-China, 2014, 26(4): 810 - 817.

[33] Wang Y, Zhuang G S, Sun Y L, et al. The variation of characteristics and formation mechanisms of aerosols in dust, haze, and clear days in Beijing. Atmospheric Environment, 2006, 40(34): 6579 - 6591.

[34] Sun Y L, Zhuang G S, Tang A H, et al. Chemical characteristics of $PM_{2.5}$ and PM_{10} in haze-fog episodes in Beijing. Environmental Science & Technology, 2006, 40(10): 3148 - 3155.

[35] Pitchford M, Malm W, Schichtel B, et al. Revised algorithm for estimating light extinction from IMPROVE particle speciation data. J Air Waste Manage Assoc, 2007, 57(11): 1326 - 1336.

第52章
大范围、高强度、持续性雾霾的成因及其治理对策

2013 年以来大范围、高强度、持续性的雾霾,多次同时覆盖以京津冀、长三角为代表的中国中东部广大地区。中国连续发生的这些重大污染事件告诉人们,不能认为今天的"霾危机"是"发展的必然结果",必须从人类生存的角度,思考同大自然保持平衡且和谐的共处之道。揭示这类大范围同时发生雾霾的来源和成因,估算各类排放源对雾霾形成的相对贡献,提出治霾的长远根本对策和行之有效的短期紧急措施,从而迅速扭转大气环境的急剧恶化,已成为全国上下的当务之急。

2013 年 1 月份,发生了 4 次分别持续数日的雾霾天气,每次都是跨越大半个中国。京津冀以至中国中东部的许多城市,都遭遇"十面霾伏"。北京市很多地区 $PM_{2.5}$ 的小时浓度,达到 700 $\mu g \cdot m^{-3}$ 以上,单站点最高小时浓度超过 1 000 $\mu g \cdot m^{-3}$,创造了 $PM_{2.5}$ 小时浓度的最高值[1,2]。2013 年进入秋冬季以来,25 个省(区、市)不同程度地出现过雾霾天气,多个范围广大的地区再次同时被雾霾笼罩。年底的 12 月份比年初的 1 月份还要严重,长三角甚至比京津冀更严重。华北至江南的大部分地区,以及重庆西南部、广东中部、云南西南部等地,连续雾霾天数在 5 d 以上,其中江苏、安徽东部、浙江北部达 10~15 d,局部地区超过 15 d。2013 年可以说是中国历史上前所未有的雾霾年。世界卫生组织在 2005 年版《空气质量准则》中指出,$PM_{2.5}$ 年均浓度达到 35 $\mu g \cdot m^{-3}$ 时,人的死亡风险比 10 $\mu g \cdot m^{-3}$ 时约增加 15%。霾,说到底就是大气气溶胶(即通常所说的颗粒物)的消光,引起大气能见度降低的一种新的天气类型[3-6]。中国大气质量从量变到质变,从京津冀地区到长三角、珠三角地区,再到中南、西南,整个中东部地区的空气污染都达到了十分严重的"临界状态",大大超过了大气环境可以自然调节的环境容量。一旦有"静稳天气、高相对湿度"等外部条件触发,雾霾就会马上"卷土重来"[7-10]。全中国上上下下从各级政府领导到广大民众,共同提出了当今中国最迫切需要解答的问题:为什么中国中东部广大地区会同时爆发多次大范围、持续性的严重雾霾? 如何采取最为可行而且有效的措施,迅速抑制中国大气环境质量迅速恶化的严重现状? 严峻的现实拷问着每一个负责任的科技工作者:究竟查清了大范围、持续性严重雾霾的原因没有? 我们作为研究大气环境多年的科技工作者,必须以可信的科学数据为基础,用最新的监测数据结合十多年来长期连续监测所积累

的中国大气污染演化变迁过程的认知,揭示中国数百万平方千米的大地上空同时爆发严重雾霾的形成机制,并提出迅速抑制中国大气环境质量急剧恶化的具体措施。

52.1 大气中发生雾霾的 4 类决定性组分

雾霾,即大气能见度降低的现象,基于致其发生的决定性组分之不同,可分为 3 种基本类型,即二次气溶胶、生物质燃烧和沙尘。二次气溶胶,包括局地和外地传输而来的由工业源和交通源排放的污染气体(SO_2、NO_x、VOC),以及进而转化生成的硫酸盐、硝酸盐、有机气溶胶。生物质燃烧,则是由中长距离传输而来的以高含量 K^+ 为主要特征同时也包含区域传输而来的由生物质燃烧产生的有机气溶胶和黑碳(BC)。沙尘,则包含有长途传输而来的沙尘和本地产生的建筑扬尘。来自中国北部和西北部沙漠以及干旱/半干旱地区如黄土高原、长途传输而来的沙尘所引起的重污染过程,主要是由诸如沙尘暴等天然过程所控制,不是人类所能控制。考虑如何治理由人为污染引起的雾霾过程,就要着重考察由二次气溶胶和生物质燃烧引起的这 2 类雾霾。大气能见的降低与大气气溶胶的化学组成,有更为本质的联系。能见度与可溶性离子的总浓度相关最为密切。大气的光学厚度主要取决于 $PM_{2.5}$ 中的可溶性离子,如有机酸根、硫酸根(SO_4^{2-})、硝酸根(NO_3^-)、铵根(NH_4^+)和钾离子(K^+)的贡献。BC 作为气溶胶中的强吸光物质,决定了气溶胶的吸光特性。气溶胶的光学特性,即大气能见度,更直接地取决于某些化学组分,如有机酸盐、硫酸盐、硝酸盐、铵盐和 BC 等。草酸盐与能见度的负相关,表明了气溶胶中的有机组分是引起能见度降低的重要因素。正由于近年来中东部地区的 $PM_{2.5}$ 显著增加,尤其是大气中含有大量人为排放的、吸水性很强的硫酸盐、硝酸盐、铵盐以及有机酸盐等组分,在较高的相对湿度条件下,大气中的细颗粒物便迅速长大,最终导致大气灰蒙蒙一片,即形成雾霾。气溶胶中 TWSI 和相对湿度,是影响能见度的主要因子。气溶胶中主要的消光物质是有机气溶胶、硫酸盐、硝酸盐和 BC。上海的一次雾霾过程中,有机气溶胶、硫酸盐、硝酸盐和 BC 这 4 类主要消光组分对雾霾形成的贡献分别为 47%、22%、14%和 12%。依照影响能见度的作用大小排序,大气中有机气溶胶、硫酸盐[主要是$(NH_4)_2SO_4$]、硝酸盐(主要是 NH_4NO_3)和 BC,是发生雾霾的 4 类决定性组分[11-14]。科学治霾的对策,就是要尽快减少大气气溶胶中上述 4 种组分的含量。

52.2 交通源排放日益严重,是很多地区触发大范围雾霾的主要原因[1,15-18]

空气中的人为污染主要有 2 个来源:工业污染和交通污染(包括机动车、船舶和飞机,就全国范围而言,主要是机动车尾气)。至于生物质燃烧和沙尘,千百年来一直存在,并没有导致全国大范围同时发生雾霾。如上所述,有机气溶胶、硫酸盐、硝酸盐和 BC 是能见度降低的决定性影响因子。有机气溶胶(汽车尾气中的有机烃是其主要来源)、硝酸盐(主要由氮氧化物进一步氧化产生)和 BC 均与交通源(包括机动车和轮船等)的排放直接相关。至于工业污染最典型的排放过程就是燃煤。硫酸盐(由 SO_2 进一步氧化产生)大多来自燃煤。在过去的 10 多年里,尽管煤耗量逐年增加,大气颗粒物中硫酸盐的年均浓度并无多大变化。全国各地的监测数据显示,大多数地区大气中 SO_2 和大气气溶胶中 SO_4^{2-} 的平均浓度,在过去的 10 年间均有下降趋势。由于在燃煤脱硫上取得了巨大成就,因而大气中 SO_2 的浓度有下降趋势,或基本上维持在原来水平。交通源排放的挥发性有机物(VOC)和氮氧化物(NO_x)是大气中有机气溶胶和硝酸盐的主要前体物。根据排放清单,作为生成二次有机气溶胶的前体物,机动车排放的 VOC 占北京大气中总VOC 的 36%。在上海,交通源排放的 NO_x 总量,超过了工业源排放的总量;机动车排放的 VOC,占大气中总 VOC 的 12%。上述比例是仅仅考虑北京、上海 2 座城市下属所有企业和在其本地注册的机动车的排放清单而得到的。比如上海统计的排放源,包括了中国规模最大的炼钢厂(宝钢)和最大的化工企业(金山化工)。如果统计上海的周边地区,即包括能有效影响上海的长江三角洲中小城市,则这些城市显然不会有上海这么大的代表全国经济发展水平的大型企业。因此,在这些中小城市中,机动车排放的 VOC 占所有排放源的相对比例,就会大大超过这里所说的 12%。如果纳入统计数字的是整个京津冀地区或是整个长江三角洲地区,其中很多地区如长江三角洲的浙江省和江苏省,没有诸如金山化工这样的大型化工公司和宝钢这样的大型钢铁公司,则纳入统计的由工业排放所产生的 VOC 就要比上海少,而纳入统计的由机动车排放的 VOC 和 NO_x 占所有排放源的相对比例就要比上海高。因此,如把统计范围扩大为整个京津冀地区,或是整个长江三角洲地区,交通源排放的 VOC 和 NO_x 对工业源排放的 VOC 和 NO_x 的相对比例,及其与大气中 VOC 和 NO_x 总量的相对比例,都要大于现有的仅仅就北京和上海单个城市的排放清单的估计。至于 BC,它是汽油和柴油在不完全燃烧时的主要排放物。交通源尤其是柴油车和轮船排放的 BC,是大气中 BC 的主要来源。交通堵塞时,汽车发动机怠速空转,其 BC 排放量更大。BC 在 $PM_{2.5}$ 的组成中一般占 3%~5%,但对能见度的影响可达 12%。在那些工业源较少而目前交通又堵塞的中小城市,交通源排放的挥发性有机物(VOC)、氮氧化物(NO_x)和 BC,都有可能超过了工业源。基于对北京和上海 $PM_{2.5}$ 中各种化学成分长达十多年的监测结果,比较其中硝酸盐和硫酸盐的相对比值,发现2000—2003 年,比值为 0.3 左右,之后多年呈上升趋势;到 2012 年秋冬季节,此比值达到1;在 2013 年的全国性大范围雾霾事件中,两者比值甚至达到 1.5~2.0。这一比值的变化,说明了交通和燃煤两者所排放的氮氧化物总量近年来在快速增加。和若干年前的大气污染物排放状况相比较,2013 年中国中东部大范围发生雾霾时,来源于自然产生的沙尘、农业生物质燃烧和工业煤燃烧的排放,大致维持在原来水平并无增加,唯独机动车数量在诸多大中小城市,包括中东部地区所有县城,在 2010—2012 这两三年间急剧增加。近年来随着中国机动车的急剧增加,交通排放日益严重,成为 2013 年大范围雾霾的"触发"原因。这里说的是,"交通源排放日益严重"是"触发"2013 年大范围雾霾的主要原因,并非说燃煤不是主要原因。基于中国的能源结构以燃煤为主,燃煤排放总是导致大气污染的主因。尽管这样,机动车排放已经成为中国大气污染的主要来源之一,控制机动车排放已成为改善中国当前大气质量的当务之急。

52.3 气溶胶的长途传输,是中国大气污染及雾霾形成的重要途径[19-22]

在沙尘源区塔克拉玛干沙漠和遥远海岛的气溶胶和尘土中,均发现相当程度的人为污染元素 As、Pb、Cd 和 BC。污染元素 As 在天山气溶胶中的富集系数高达 5 800,其他污染元素也高出地壳平均浓度数十倍。这些发现表明,在中国,燃煤所产生的大气污染物,经由大气颗粒物的长途传输,遍及中国几乎所有地区的大气和土壤,证实了气溶胶的长途传输,是中国大气污染和雾霾形成的重要途径。中国各地区、各城市的大气污染,不仅来自本地污染源,同时也来自外地沙尘及污染源的长途传输。来自长距离传输的沙尘与沿途污染源排放的污染气溶胶发生混合与相互作用,进而生成混合气溶胶沉降于下风向地区的地面,继而又扬起到大气中,继续长途传输。这样沉降又扬起,扬起又沉降,长年累月,对下风向地区的大气质量带来重大影响。如外来源对北京 $PM_{2.5}$ 中矿物气溶胶的贡献达 68%~95%。受春季沙尘的影响,北方碱性土壤的上扬,可导致北方大气气溶胶的 pH 大约升高 1。沙尘在其长途传输期间,与途经各地局地排放的污染气溶胶以及海盐发生相互混合和反应,导致硫酸盐和硝酸盐增加。沙尘在传输过程中,颗粒物表面发生了碱性沙尘颗粒与酸性气体和污染颗粒的相互混合与相互作用,导致颗粒物表面酸度增大。沙尘更有利于硫酸盐的形成,而霾更有利于硝酸盐的形成。在上海,发现沙尘过境收集的气溶胶样品,其 pH 比非沙尘期间低 2 个 pH 单位,即其酸度增加了 100 倍。长途传输的沙尘气溶胶,对下风向地区的空气质量产生重大影响[23-27]。

迄今为止,尽管国内外对雾霾进行了大量研究,并取得诸如上述的许多重要成果,但是对于为什么 2013 年以来,会大范围持续性地在中国广大中东部地区同时产生严重雾霾,以及诸如气候条件与大气污染的关系、工业源排放和交通源排放的贡献比例等事关源解析的重大问题,仍然存在较大争议,因而对霾污染的控制对策,在某种程度上至今难以形成一致意见。比如,有人在谈及雾霾成因时,会反复强调气象条件的影响;有人常常会发出这样的疑问:为什么同样是机动车在行驶,同样的工厂在排放,昨天没有雾霾,而今天就有严重的雾霾? 言下之意,还是气象条件起了主要的作用。还有人报道机动车对北京 $PM_{2.5}$ 的贡献不足 3%,并通过媒体在全国传播,对雾霾防治事业造成负面影响。在过去的 10 多年中,如同春夏秋冬 4 个季节一样,年年周而复始,气候条件也是常常反复出现的,发生雾霾的时候并非是出现了极端气候条件。我们可以反问:为什么同样的气候条件,过去没有雾霾发生,而如今雾霾频频发生,而且越来越严重? 为什么 2013 年至今,京津冀、长三角乃至整个中国中东部广大地区,再次和多次爆发大范围、持续性的严重雾霾? 重度污染事件反复发生的事实警示我们,必须认真反思雾霾发生的内在原因。外因是变化的条件,内因才是变化的根据。雾霾反复发生,显然不仅仅是由于"气象条件"或"自然原因"[28-33]。

　　为什么会有机动车对北京 $PM_{2.5}$ 贡献不足 3% 的报道? 其英文原文说的是"汽车尾气与垃圾焚烧对北京 $PM_{2.5}$ 的年均占有率只有 3%",原文的根据是"第 4 个来源为交通排放和城市焚烧排放的混合源。这一来源以富含硝酸根(NO_3^-)、元素碳(EC)、Cu、Zn、Cd、Pb、Mo、Sb 和 Sn 为特征。上述组分都富集在机动车和垃圾焚烧的排放物中"[34]。如果去掉垃圾焚烧的排放部分,按照文中所说,汽车尾气对北京严重雾霾的"贡献"不到 3%,几乎到了可以忽略的地步。原作者分析了颗粒物中的 29 种组分[包括 19 种元素以及 8 种离子、有机碳(OC)和元素碳(EC)]。再根据数理统计方法(PMF 模式)归纳出 6 种可能的来源因子。在这 6 种可能的因子中,作者仅仅根据其中一个因子中"富含硝酸根(NO_3^-)、元素碳(EC)、Cu、Zn、Cd、Pb、Mo、Sb 和 Sn",就把这个因子当作是来源于"机动车和垃圾焚烧的排放物",把这个因子在所有 6 个可能的因子中的比例,当作是这一来源的占有率。显然作者的结论是缺乏根据的。机动车排放的大量有机烃,并没有被考虑在此因子之中。此其一。其二,Cu、Zn、Cd、Pb、Mo、Sb 和 Sn 这些元素,在通常情况下主要来自工业过程中所排放的污染物,却不是通常来自交通排放或垃圾焚烧。并且,垃圾焚烧的一个重要指示物是氯化物(Cl^-),但在解析出的该来源中,并未包含该元素。其三,文中把"二次无机气溶胶"作为 6 个重要来源之一,进而认为"汽车尾气和垃圾焚烧"总共才占 4%(在英文原文中只有 3%)。也就是说,汽车尾气排放后所形成的"二次气溶胶",不被计算在汽车尾气对雾霾的"贡献"中。问题是"二次无机气溶胶"说的是颗粒物的形成过程和机制,不是一种来源。现行的各类源解析方法,一般都只是考虑一次排放物。由于二次气溶胶是一次排放的污染物在大气中发生化学变化而形成的二次污染颗粒物,用现行的各类源解析方法,无法准确解析二次气溶胶组分的来源,于是不少作者在文章中把二次气溶胶与机动车来源、一次工业排放源等并列,当作独立的"来源"之一来描述。这种表述明显不对,于是就出现了上述论文中"机动车来源对 $PM_{2.5}$ 的贡献低于 3%"的报道。

　　定量地表述各种排放源对大气颗粒物形成即对雾霾形成的贡献,仅仅采用一种源解析方法是不够的。在进行源解析时,最可靠而直接的方法是,根据调查研究所得到的详细而合理的排放清单。当没有可靠的排放清单时,再考虑运用合适的受体模式,如 PMF 或 CMB。在应用 PMF 或 CMB 进行源解析时,必须记住,迄今为止,仅仅根据相关组分的浓度,PMF 或 CMB 这类模式是难以解析出二次气溶胶组分的真正来源的。要解析二次气溶胶组分的来源,一定要详细而深入地研究二次气溶胶各种组分的形成机制,并结合元素或分子标识物示踪法,才能够解析出二次气溶胶组分的真正来源,才能够较为准确地估算各种排放源对大气颗粒物的贡献。此外,得益于近期同位素分析方法和污染源谱的构建,稳定同位素(如^{15}N、^{12}C)或放射性(如^{13}C)同位素在解析含N、含C气溶胶污染来源方面,也展示出广阔的应用前景。这一领域在未来应当引起足够的重视。

气溶胶中各种组分对大气能见度降低即对雾霾的贡献,不仅取决于其在大气气溶胶中的相对浓度比,还取决于其消光能力。气溶胶中各种组分影响大气能见度的能力是不一样的。大气气溶胶各种组分对气溶胶消光系数贡献的比例,依次为有机气溶胶、硫酸盐、硝酸盐、BC、沙尘、海盐等。除了硫酸盐以外,机动车排放所产生的有机气溶胶、硝酸盐、BC和扬尘,都占了各种源排放总量的主要部分,有的甚至达到一半以上。尤其是在重污染过程中,机动车的运行又像是一个大气污染物的搅拌器,把原来沉降于地面的各种污染物,重新排放到大气中。在适当的气候条件下(即静稳天气和较高的湿度下),大气中的细小颗粒物迅速形成,尤其是上述这几种高吸湿性的主要污染物组分,在大气中吸收水汽,使其原本的细小颗粒迅速增大,并弥漫于大气中,从而使得大气能见度迅速降低,于是便出现通常称之为雾霾的天气现象。

深入研究二次气溶胶各种组分的形成机制,并结合元素或分子标识物示踪法,解析出二次气溶胶组分的真正来源。经由排放清单得到一次气溶胶来源,加上经由形成机制得到的二次气溶胶组分的来源,才能够准确地定量估算各种排放源对大气颗粒物的贡献,从而准确并定量地揭示雾霾的来源。

52.4 治理严重雾霾、改善空气质量的对策

长远而言,努力改变燃煤为主的能源结构,这是治霾之本。基于在一段较长的时间内,燃煤仍会是中国能源的主流,因此务必推广清洁燃煤和去除不清洁的燃煤。持续地严格要求燃煤彻底脱硫,同时大力加强脱硝,大幅度减少燃煤的氮氧化物排放,这是治霾必须长期坚定执行的方针[35-37]。

中长期而言,必须花大气力,坚决提高油品质量,大力减少交通源有机气溶胶(其前体物为VOC)、氮氧化物和BC的排放。在农村广大地区,控制收获季节大规模的生物质燃烧,注意化肥使用和人畜活动的NH_3排放[38]。

短期而言,要刻不容缓地彻底修订并严格执行机动车排放标准,使之达到发达国家目前的排放标准。无论城乡,无论新车老车,一律采用相同标准,必须依法以铁腕手段治理机动车尤其是柴油车的排放,凡是不达标准的一律不准上路,从而大幅度降低机动车有机烃、氮氧化物和BC的排放。

中国广大地区目前所遭遇的严重雾霾的成因已经基本廓清,用于指导雾霾治理更是完全足够。所谓"雾霾形成机理未能搞清,雾霾就无法治理"的论调是不符合事实的。

最重要的是转变观念,牢固树立发展的根本目的是为了民生,并非为了GDP,坚决破除"先发展后环保"的极其有害的观念。只要认真落实了上述有关长中短期的各项建议,中国广大地区面临的严重雾霾现状,就可以在5~10年内根本改观。

在本书付印之时,我们欣喜地看到中国大气环境质量已经得到很大改善。比如上海2018 年年均 $PM_{2.5}$ 达到 36 $\mu g \cdot m^{-3}$,已经接近于国家标准年均 35 $\mu g \cdot m^{-3}$ 的要求。从2013 年初发生大范围、高浓度、持久性的严重雾霾,到 2018 年接近于达标,仅仅 5 年时间发生的变化,正好证明了我们在 2013 年提出的上述预测。上海能做到的,中国其他所有地区也一定能做到。我们坚定地相信,只要认真落实了以上的建议,中国大气污染状况一定能在今后 5 年内得到全面改善。

参考文献

[1]　Wang Q, Zhuang G, Huang K, et al. Probe the severe haze pollution in January 2013 in three Chinese representative regions: Characteristics, sources and regional impacts. Atmospheric Environment, 2015, 120: 76 – 88.

[2]　Huang K, Zhuang G, Wang Q, et al. Extreme haze pollution over northern China in January, 2013: Chemical characteristics, formation mechanism and role of fog processing. Atmos Chem Phys, Discuss, 2014, 14: 7517 – 7556.

[3]　Sun Y, Zhuang G, Tang A, et al. Chemical characteristics of $PM_{2.5}$ and PM_{10} in haze-fog episodes in Beijing. Environmental Science and Technology, 2006, 40(10): 3148 – 3155.

[4]　Wang Y, Zhuang G, Tang A, et al. The ion chemistry and the source of $PM_{2.5}$ aerosol in Beijing. Atmospheric Environment, 2005, 39(21): 3771 – 3784.

[5]　Wang Y, Zhuang G, Zhang X, et al. The ion chemistry, seasonal cycle, and sources of $PM_{2.5}$ and TSP aerosol in Shanghai. Atmospheric Environment, 2006, 40(16): 2935 – 2952.

[6]　Lin Y, Huang K, Zhuang G, et al. A multi-year evolution of aerosol chemistry impacting visibility and haze formation over an eastern Asia megacity, Shanghai. Atmospheric Environment, 2014, 92: 76 – 86.

[7]　Sun Y, Zhuang G, Wang Y, et al. The air-borne particulate pollution in Beijing — Concentrations, composition, distribution, and sources of Beijing aerosol. Atmospheric Environment, 2004, 38: 5991 – 6004.

[8]　Deng C, Zhuang G, Huang K, et al. Chemical characterization of aerosols at the summit of Mountain Tai in Central East China, Atmos Chem Phys, 2011, 11: 7319 – 7332. doi: 10.5194/acp – 11 – 7319 –2011.

[9]　Wang Q, Zhuang G, Li J, et al. Mixing of dust with pollution on the transport path of Asian dust — Revealed from the aerosol over Yulin, the north edge of Loess Plateau. Sci Total Environ, 2011, 409: 573 – 581.

[10]　Wang Y, Zhuang G, Xu C, et al. The air pollution caused by the burning of fireworks during the lantern festival in Beijing. Atmospheric Environment, 2007, 41(2): 417 – 443.

[11]　Huang K, Zhuang G, Lin Y, et al. Relation between optical and chemical properties of dust aerosol over Beijing, China. Journal of Geophysical Research, 2010, 115: D00K16. doi:

10.1029/2009JD013212.

[12] Huang K, Zhuang G, Lin Y, et al. Typical types and formation mechanisms of haze in an eastern Asia megacity, Shanghai. Atmos Chem Phys, 2012, 12: 105 – 124.

[13] Fu Q, Zhuang G, Wang J, et al. Mechanism of formation of the heaviest pollution episode ever recorded in the Yangtze River Delta, China. Atmospheric Environment, 2008, 42, 2023 – 2036.

[14] Huang K, Zhuang G, Lin Y, et al. Impact of anthropogenic emission on air quality over a megacity-revealed from an intensive atmospheric campaign during the Chinese Spring Festival. Atmos Chem Phys, 2012, 12, 11631 – 11645.

[15] Huang K, Zhuang G, Lin Y, et al. How to improve the air quality over megacities in China: Pollution characterization and source analysis in Shanghai before, during, and after the 2010 World Expo. Atmos Chem Phys, 2013, 13: 5927 – 5942. doi: 10.5194/acp – 13 – 5927 – 2013.

[16] Chang Y H, Zou Z, Deng C R, et al. The importance of vehicle emissions as a source of atmospheric ammonia in the megacity of Shanghai. Atmospheric Chemistry and Physics, 2016, 16: 3577 – 3594. doi: 10.5194/acp – 16 –3577 – 2016.

[17] Chang Y H, Liu X, Deng C, et al. Source apportionment of atmospheric ammonia before, during, and after the 2014 APEC summit in Beijing using stable nitrogen isotope signatures. Atmospheric Chemistry and Physics, 2016, 16: 11635 – 11647. doi: 10.5194/ acp – 16 – 11635 – 2016.

[18] Lin Y, Huang K, Zhuang G, et al. Air quality over the Yangtze River Delta during the 2010 Shanghai Expo. Aerosol and Air Quality Research, 2013, 13(6): 1655 – 1666.

[19] Huang K, Zhuang G, Li J, et al. The mixing of Asian dust with pollution aerosol and the transformation of aerosol components during the dust storm over China in spring, 2007. Journal of Geophysical Research, 2010, 115: D00K13. doi: 10.1029/2009JD013145.

[20] Li J, Wang Z, Zhuang G, et al. Mixing of Asian mineral dust with anthropogenic pollutants and its impact on regional atmospheric environmental and oceanic biogeochemical cycles over East Asia: A model case study of a super-duststorm in March 2010. Atmos Chem Phys, 2012, 12: 7591 – 7607.

[21] Fu Q, Zhuang G, Li J, et al. Source, long-range transport, and characteristics of a heavy dust pollution event in Shanghai. Journal of Geophysical Research, 2010, 115: D00K29. doi: 10.1029/ 2009JD013208.

[22] Wang Y, Zhuang G, Tang A, et al. The evolution of chemical components of aerosols at five monitoring sites of China during dust storms. Atmospheric Environment, 2007, 41 (5): 1091 – 1106.

[23] Wang Q, Zhuang G, Huang K, et al. Evolution of particulate sulfate and nitrate along the Asian dust pathway: Secondary transformation and primary pollutants via long-range transport. Atmospheric Research, 2016, 169: 86 – 95.

[24] Guo L, Chen Y, Wang F J, et al. Effects of Asian dust on the atmospheric input of trace elements to the East China Sea. Marine Chemistry, 2014, 163: 19 – 27.

［25］ Zhuang G, Guo J, Yuan H, et al. The compositions, sources, and size distribution of the dust storm from China in spring of 2000 and its impact on the global environment. China Science Bulletin, 2001, 46(1): 895 – 901.

［26］ Sun Y, Zhuang G, Wang Y, et al. Chemical composition of dust storms in Beijing and implications for the mixing of mineral aerosol with pollution aerosol on the pathway. Journal of Geophysical Research, 110: D24209. doi: 10.1029/2005JD006054.

［27］ Yuan H, Zhuang G, Rahn K A, et al. Composition and mixing of individual particles in dust and non-dust conditions of North China, Spring 2002. J Geophys Res, 111: D20208. doi: 10.1029/2005JD006478.

［28］ Wang Y, Zhuang G, An Y S. The variation of characteristics and formation mechanisms of aerosols in dust, haze, and clear days in Beijing. Atmospheric Environment, 2006, 40: 6579 – 6591.

［29］ Jiang Y, Zhuang G, Wang Q, et al. Aerosol oxalate and its implication to haze pollution in Shanghai, China. Chinese Science Bulletin, 2014, 59(2): 227 – 238. doi: 10.1007/s11434-013-0009 – 4.

［30］ Hou B, Zhuang G, Zhang R, et al. The implication of carbonaceous aerosol to the formation of haze: Revealed from the characteristics and sources of OC/EC over a mega-city in China. J Hazard Mater, 2011, 190: 529 – 536. doi: 10.1016/j.jhazmat.2011.03.072.

［31］ Sun Y, Zhuang G, Huang K, et al. Asian dust over northern China and its impact on the downstream aerosol chemistry in 2004. Journal of Geophysical Research, 2010, 115: D00K09. doi: 10.1029/2009JD012757.

［32］ Li J, Zhuang G, Huang K, et al. The Chemistry of heavy haze over Urumqi, central Asia. Journal of Atmospheric Chemistry, 2009, 61: 57 – 72.

［33］ Li J, Zhuang G, Huang K, et al. Characteristics and sources of air-borne particulate in Urumqi, China, the upstream area of Asia dust. Atmospheric Environment, 2008, 42: 776 – 787.

［34］ Zhang R, Jing J, Tao J, et al. Chemical characterization and source apportionment of $PM_{2.5}$ in Beijing: seasonal perspective. Atmos Chem Phys, 2013, 13: 7053 – 7074.

［35］ Huang K, Fu J S, Gao Y, et al. Role of sectoral and multi-pollutant emission control strategies in improving atmospheric visibility in the Yangtze River Delta, China. Environmental Pollution, 2014, 184: 426 – 434. doi: 10.1016/j.envpol.2013.09.029.

［36］ Huang K, Fu J S, Gao Y, et al. Role of sectoral and multi-pollutant emission control strategies in improving atmospheric visibility in the Yangtze River Delta, China. Environmental Pollution, 2013, 184: 426 – 434.

［37］ Dong X, Li J, Fu J S, et al. Probe into $PM_{2.5}$ pollution and inorganic aerosols responses to emission changes of anthropogenic nitrogen oxides and volatile organic compounds in Yangtze River Delta, China. Science of the Total Environment, 2014, 481: 522 – 532.

［38］ Chang Y, Deng C, Dore A J, et al. Human excreta as a stable and important source of atmospheric ammonia in urban areas. Plot One, 2015, 10(12): e0144661.

第 5 篇

沙尘气溶胶与污染气溶胶的 混合和相互作用机制

本篇论述在大气气溶胶传输途中,沙尘气溶胶与污染气溶胶的混合及相互作用机制。

沙尘气溶胶和污染气溶胶的交汇与混合

中国北方地区在春季时有沙尘暴发生,北京的沙尘暴大都发生在每年3、4月间[1,2]。科学家们从20世纪70年代起,就利用各种化学的、物理的以及气象的方法研究沙尘暴。亚洲沙尘在全球生物地球化学循环中所起的作用,已引起广泛重视[3,4]。亚洲沙尘暴多发生于包括沙漠在内的中亚广大干旱、半干旱地区,它由冷锋引起的强风卷入空中[5,6],并被传输到中国东部地区和东南地区[7-10]、韩国[11,12]、日本[10,13,14],甚至北美地区[6,15,16]。当北京上空的气团在南方气团与北方气团之间交替时,冷锋引起的强风,会卷起大量沙尘,并传送到东南方向。沙尘传输时,常常形成不同的气团层。当传输距离很大时,这种现象更为明显[6,10,16]。沙尘暴通过北京时,其中的粗颗粒物浓度,通常比细颗粒物提早几小时达到峰值[8]。伴随沙尘而来的,通常还有大风、干冷的空气以及高浓度的污染物质[7]。本章基于2001年和2002年3月北京发生沙尘暴前、沙尘暴中以及沙尘暴后所采集的一系列气溶胶样品的元素成分(采样方法和化学分析方法,详见本书第7、8章),同时结合污染气体以及有关气象信息和沙尘暴产生的物理化学机制和气象条件,阐明沙尘气溶胶和污染气溶胶的交汇与混合机制。

53.1 沙尘气溶胶和污染气溶胶的交汇与混合过程

53.1.1 2002年3月重大沙尘暴入侵北京与污染气溶胶的交汇和混合过程

2002年3月20—21日,北京发生了有历史记录以来直至当时最强的沙尘暴。其TSP高达11 000 $\mu g \cdot m^{-3}$。天空被红色的沙尘覆盖,据估算有3×10^{10} g的沙尘沉降到北京地区。中国国家环保局报道,这次沙尘暴是源自西部地区,经由高空传输而来的一次浮尘天气过程。选用Al作为沙尘地壳源的参比元素。3月19日,Al的浓度为20 $\mu g \cdot m^{-3}$左右(图53-1中点19)。3月20日所采集的第一个样品中,其浓度迅速增加到570 $\mu g \cdot m^{-3}$(点20^a),达到北京有历史记录以来的最高值。这标志着沙尘暴的突然抵达。3月20日傍晚,气溶胶中Al的浓度降至70 $\mu g \cdot m^{-3}$(点20^d、20^e),并在3月20日夜间风速降至当日最低值时,回升到 180 $\mu g \cdot m^{-3}$(点 20^f)。Al 的浓度在夜间随着风速的降低而升高。在 3 月 21 日观察到类似的现象,Al 的浓度由白天的 30 $\mu g \cdot m^{-3}$(点 21^{a-d})升至夜间的 60 $\mu g \cdot m^{-3}$(点 21^e)。到 3 月 21 日夜间,露点温度开始上升,表明新的气团到达北京上空。3 月 22 日,Al 的浓度由 6 $\mu g \cdot m^{-3}$(点 22^a)上升到 30 $\mu g \cdot m^{-3}$(点 $22^{c,d}$)。3 月 23—25 日之间,Al 的浓度始终维持在 30 $\mu g \cdot m^{-3}$ 左右(点 23—25)。由此判断,沙尘暴过程于 3 月 21 日结束,3 月 22—25 日则被视为北京春季的"常日"。

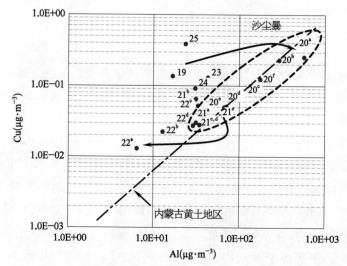

图 53 - 1　2002 年 3 月采集的 TSP 样品中 Cu 浓度随 Al 浓度的变化

图中 20^a 代表 2002 年 3 月 20 日所采的第一个样品,余类推。

沙尘暴后"地壳"元素 Al 浓度的上升,说明有污染源存在。根据 $(X/Al)_{气溶胶}/(X/Al)_{地壳}$,可区分不同类型的元素。若其比值>10,相关元素主要来自污染源;当其比值低并接近 1 时,这些元素则主要来自地壳源。本章中用 Cu、Zn、S 作为污染物的代表元素,它们的浓度对 Al 的浓度作图,分别示于图 53 - 1—图 53 - 3。内蒙古黄土样品中的这些元素对 Al 元素的比值,也示于图中以作参考。图 53 - 1 中展示了 Cu 在沙尘暴过程前后的浓度值,其在 3 月 19 日的浓度约 0.1 $\mu g \cdot m^{-3}$(点 19),其中地壳源的贡献仅为 0.007 $\mu g \cdot m^{-3}$(由岩石中 Cu/Al 比值计算而得[17]),即 99% 以上的 Cu 来自污染源。3 月 20 日,当 Al 的浓度升高到 570 $\mu g \cdot m^{-3}$ 时,Cu 的浓度升高到 0.25 $\mu g \cdot m^{-3}$(点 20^a),其中地壳源的贡献为 0.23 $\mu g \cdot m^{-3}$,说明致使浓度升高的大部分 Cu 来自地壳源。Cu/Al 的比值比常日下降了 3 倍,达到 4.4×10^{-4},基本与内蒙古黄土中 Cu/Al 的比值 5.6×10^{-4} 以及民勤沙尘中 Cu/Al 的比值 6.4×10^{-4} 一致[18]。污染源的 Cu 被地壳源的 Cu 取代,说明污染气溶胶已被地壳源气溶胶取代。所有 3 月 20 和 21 日所采样品中 Cu 和 Al 的变化规律非常一致,样品中的 Cu/Al 比值维持在地壳中 Cu/Al 比值的 2 倍以内(图 53 -1),这也进一步确证,这段时间的 Cu 和 Al 以及大部分无机气溶胶,都来自地壳源。当 3 月 22 日沙尘暴结束时,Cu/Al 的比值开始升高,并在此后的时期内维持高值。由此开始,Cu 和 Al 恢复了北京春季常日气溶胶的污染源比例。

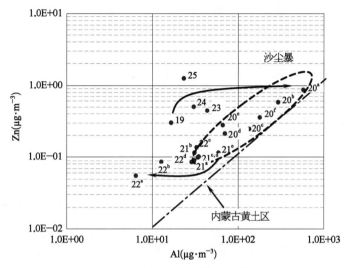

图 53 - 2　2002 年 3 月采集的 TSP 样品中 Zn 浓度随 Al 浓度变化

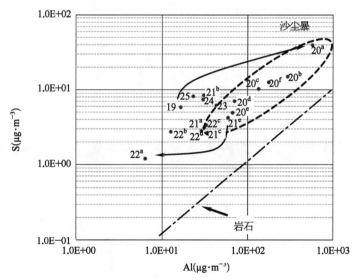

图 53 - 3　2002 年 3 月采集的 TSP 样品中 S 浓度随 Al 浓度变化

由图 53 - 2 可见,Zn 与 Cu 的变化基本一致。3 月 19 日,Zn 的浓度是 $0.3 \mu g \cdot m^{-3}$,其中 $0.01 \mu g \cdot m^{-3}$ 来自地壳源(点 19)。可见,这些样品中的 Zn 几乎全部来自污染源,样品中 Zn/Al 的比值比内蒙古黄土中 Zn/Al 的比值 1.0×10^{-3} 以及民勤沙尘 Zn/Al 的比值 $6.6 \times 10^{-4[18]}$ 高 30 倍。当 3 月 20 日沙尘暴发生的时候,Zn 的浓度上升到 $0.85 \mu g \cdot m^{-3}$,但 Zn/Al 的比值却下降到 1.5×10^{-3}(点 20^a),仅为地壳中 Zn/Al 比值的 1.5 倍。这与 Cu

的变化过程是一致的：地壳源的 Zn 取代了污染源的 Zn,同时地壳源气溶胶取代了污染源气溶胶。整个沙尘暴过程中,Zn/Al 的比值保持在其地壳中比值的 1～4 倍,确认了这些沙尘主要来自地壳源。3 月 22 日起,Zn/Al 的比值开始上升,并在此后维持高值,说明沙尘暴结束,北京大气中的气溶胶恢复到春季常日气溶胶。

由图 53-3 可见,S 的变化规律与 Cu 和 Zn 有某种类似。3 月 19 日所采集的气溶胶样品中,大部分 S 来自污染源,因而 S/Al 的比值很高(点 19)。当 3 月 20 日沙尘暴到达时,其浓度升高,但是 S/Al 的比值降低至北京有记录以来的最低值。整个沙尘暴过程中,S/Al 的比值都维持在较低水平,S 的浓度变化基本与 Al 的浓度变化呈线性关系。沙尘暴结束后,S/Al 的比值回升至其常日的大小,并在此后维持高值。必须指出的是,由于在沙尘暴过程中,气溶胶样品中的 S/Al 比值并没有下降至地壳中 S/Al 的比值,说明 S 的变化规律与 Cu 和 Zn 有重大的不同。沙尘暴气溶胶中的 S 可能部分来自地壳源,部分来自沙尘远距离传输过程中所携带的硫酸盐,部分来自碱性沙尘粒子传输到北京过程中所吸收的 SO_2(M. O. Andreae 等人在 1986 年提出的吸收机制[19])。

这 3 种污染元素的浓度变化过程,都揭示了沙尘暴入侵过程中地壳源气溶胶取代污染源气溶胶的过程、沙尘暴结束后地壳源气溶胶的清除过程,以及随后的污染物累积过程。沙尘暴可以为污染元素带来极高的地壳源贡献,从而导致污染元素浓度的升高。此次特大沙尘暴中的气溶胶,主要是来自地壳源。这种纯的地壳源沙尘,是这次特大沙尘暴的特殊现象,还是所有沙尘暴都有的? 为回答这个问题,以下分析了 2001 年 3 月所采集的一组中等强度沙尘暴的样品,并得到了沙尘暴与污染源气溶胶交汇和混合的 4 个阶段。

53.1.2　2001 年 3 月较弱沙尘暴入侵北京与污染气溶胶交汇和混合的过程

同样地以 Al 作为地壳源气溶胶的参比元素,污染元素 X 与 Al 的比值(X/Al)越高,污染源对污染元素 X 的贡献就越大。由 Al 的浓度,可以判断 2001 年 3 月 14—26 日期间发生了 2 次沙尘暴,而污染元素与 Al 的比值 X/Al 则揭示了沙尘暴入侵期间的 4 个阶段：① 污染物的累积;② 污染物的清除;③ 沙尘气溶胶的抵达;④ 沙尘气溶胶的清除。图 53-4 中以 Cu/Al 的比值为例,说明了这 4 个阶段。3 月 14—16 日,污染元素与 Al 的比值 X/Al 缓慢增加,说明污染物在累积(第一阶段)。3 月 17 日,除了 S 以外的所有污染元素与 Al 的比值 X/Al 开始下降(S/Al 的比值从 3 月 18 日开始下降),直至 3 月 20 日降至最低值。在这一段时间内,Al 的浓度并没有显著变化。污染元素与 Al 的比值 X/Al 的下降,意味着污染元素浓度的下降。也就是说,这是一个污染物清除的过程(第二阶段)。在 3 月 21 日 12:00—14:00 采集的样品中,污染元素和地壳元素的含量都有所增加。无法确认这里的污染物是来自远距离传输,还是来自本地污染物的累积。沙尘暴于当日下午15:00左右抵达北京。沙尘暴到达时,矿物气溶胶浓度忽然增加,污染元素对Al的比值则降低到接近其在地壳中的比值(第三阶段)。到3月22日,虽然矿物元素的浓度还是很高,但其浓度已降低到北京春季常日气溶胶浓度的范围。所以说,沙尘暴是在3月22日结束(第四阶段)。3月23日污染物浓度开始上升,预示着下一个第一阶段开始。3月24日中午所采样品浓度,与3月23日差别不大,看不出下一次沙尘暴要来的迹象。然而到下午15:00左右,又一次沙尘暴袭击了北京。Al的浓度猛然增加,污染元素与Al元素含量的比值同时下降(第一阶段、第二阶段)。这次沙尘暴不像3月21日的沙尘暴那么强,持续时间也不是很长,于3月24日傍晚结束(第四阶段)。接下来循环回到第一个阶段。

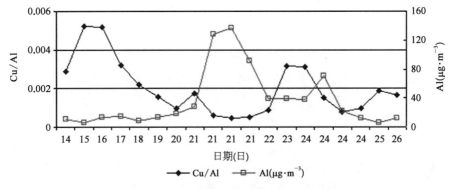

图53-4 2001年3月采集的TSP样品中Cu/Al比值和Al浓度
(彩图见下载文件包,网址见14页脚注)

2001和2002年的沙尘暴,都揭示了沙尘暴循环过程中的4个阶段。其中前2个阶段可能与后2个阶段分开,也可能有重叠。当它们相互分开时,沙尘暴可以"很纯",即污染元素含量可能很高,但这些元素来自地壳源(其浓度对Al元素浓度的比值,接近地壳中的比值);当它们相互重叠,尤其是第二阶段与第三阶段重叠时,在Al元素浓度上升的同时,污染元素含量与Al元素含量的比值可以很高。虽然目前还不清楚,本地扬尘在弱沙尘暴中的贡献率,但是可以确认,第二阶段和第三阶段的相互重叠,是沙尘暴中污染物浓度维持高值的一个重要机制。沙尘暴是伴随冷锋的大风卷起,并通过不同的传输路径传入北京的[2]。由于北京的北和西北方向,污染源相对较少,来自北和西北方向的气团通常相对比较清洁。当沙尘被卷入空中,并随着该气团进入北京时,它取代了旧的污染气团,这样北京上空原有的污染物被有效地清除了。如果沙尘紧随冷锋而来,或者因从高空的干冷气团中沉降出来,而比冷锋提前抵达,它可能在原有污染物被清除之前抵达北京。这样将导致第二和第三阶段的重叠,并掩盖污染物的来源。为确定污染物的来源,必须在沙尘暴到来之前采集气溶胶样品,并仔细考虑气象因素。如果沙尘距离冷锋有足够的距离,污染物就可以在沙尘抵达之前清除掉,这样就会形成沙尘暴入侵过程清晰的4个阶段。

53.1.3 污染气体和 PM$_{10}$ 数据揭示的沙尘气溶胶与污染气溶胶的交汇和混合过程

从北京市环境保护局网站(http://www.bjepb.gov.cn)收集了北京 SO$_2$、CO、NO$_2$、O$_3$ 和 PM$_{10}$ 的日均浓度值,从上海市环境保护局网站(http://www.envir.online.sh.cn)收集了上海 SO$_2$、NO$_2$ 和 PM$_{10}$ 的日均浓度值。以 SO$_2$ 作为污染气体的代表。由图 53 - 5(a)可见,北京冬季 SO$_2$ 浓度与 PM$_{10}$ 浓度呈现正相关,表明 PM$_{10}$ 与 SO$_2$(污染物)有共同的来源。当北京上空的气团在北方清洁空气和南方污染空气之间变换时,SO$_2$ 浓度与 PM$_{10}$ 浓度同时上升和下降。由图 53 - 5(b)可见,上海冬季 SO$_2$ 浓度与 PM$_{10}$ 浓度的变化规律与北京相同,也是正相关,只是上海上空的气团是在来自海上的清洁气团和来自内陆的污染气团之间交替变换。然而,北京春季的情况则有所不同,SO$_2$ 浓度与 PM$_{10}$ 浓度的变化,既有正相关,又有负相关[图 53 - 5(c)]。春季是沙尘暴季节,当北京北方和西北方沙漠中的沙尘被锋面活动所产生的大风卷入空中时,该北方的气团中充满了沙尘。当干冷且充满沙尘的气团由北方传送到北京时,北京空气中原有的污染物被清除掉,同时在气团中增加了沙尘。当气团的风速下降时,气团中的沙尘因沉降而清除,污染物则开始累积。因此,当沙尘暴发生时,SO$_2$ 浓度与 PM$_{10}$ 浓度的变化呈现负相关。2002 年,北京分别在 3 月 15—16 日、3 月 20—21 日、4 月 6—8 日、4 月 11—12 日,以及 4 月 15—16 日发生沙尘暴。在所有这些沙尘暴过程中,污染气体的浓度与 PM$_{10}$ 浓度变化都呈现负相关[图 53 - 5(c)],这与上面的推论一致。然而在非沙尘暴期间,两者则呈现正相关,即常日的 PM$_{10}$ 可能较多来自污染源。沙尘暴时污染气体浓度急剧下降,说明原有的污染空气被比较"清洁"的气团取代了。通常在整个沙尘暴过程中,污染气体的浓度都很低,而 PM$_{10}$ 的浓度则在沙尘暴发生的第二天达到峰值,从而"清洁"大气之中含有大量沙尘。换言之,这里的"清洁"是指含有很少的污染源气溶胶。沙尘暴结束后,污染气体浓度开始上升,而 PM$_{10}$ 浓度则开始下降。当新气团中不再含有大量沙尘时,PM$_{10}$ 浓度与污染气体浓度变化呈现正相关,即 PM$_{10}$ 主要来自污染源。由图 53 - 5(d)可见,上海春季沙尘暴比北京少得多,因此大部分时间 PM$_{10}$ 浓度与 SO$_2$ 浓度变化呈现正相关。

这里的 PM$_{10}$ 与气溶胶数据中 Al 元素所起的作用是相同的,污染气体所起的作用则与污染元素与 Al 元素含量的比值 X/Al 所起的作用相同。仔细分析 2002 年 3—4 月的 PM$_{10}$ 和 SO$_2$ 浓度变化规律,可得到与气溶胶元素数据分析所得的相同的 4 个阶段(污染物的累积和清除、沙尘的抵达和清除)。3 月 30 日—4 月 2 日期间,PM$_{10}$ 和 SO$_2$ 的浓度都在上升,说明污染物在累积(第一阶段)。4 月 3—6 日,PM$_{10}$ 和 SO$_2$ 的浓度都在逐步下降(第二阶段,污染物的清除)。4 月 7 日,SO$_2$ 的浓度还是很低,而 PM$_{10}$ 的浓度则骤然上升到 600 $\mu g \cdot m^{-3}$,说明此时 PM$_{10}$ 已不再来自污染源,而是来自地壳源(第三阶段,沙尘的抵达)。4 月 9 日时 PM$_{10}$ 的浓度降至 100 $\mu g \cdot m^{-3}$ 以下,说明这次沙尘暴过程结束(第四阶段,沙尘的清除)。此后污染物又开始累积,进入下一个循环。但是在这个循环过程

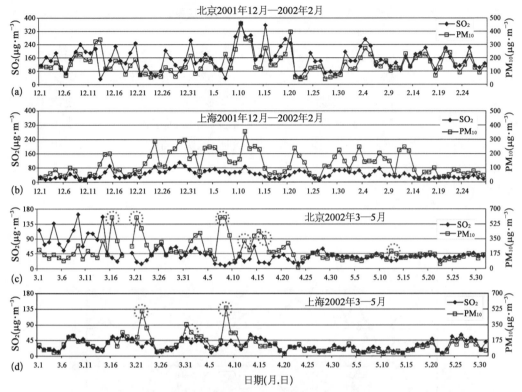

图 53-5 北京和上海冬季(a,b)和春季(c,d)SO₂ 和 PM₁₀浓度(彩图见下载文件包,网址见 14 页脚注)
圆圈代表沙尘暴天气。

中,第二和第三阶段不是相互分开而是相互重叠的。这是因为,第一阶段结束后,空气中已经聚集了污染物,但沙尘在这些污染物被清除之前到达(高 PM_{10} 含量、低 SO_2 含量的气团,直接出现在高 PM_{10} 含量、高 SO_2 含量的气团之后)。这 4 个阶段是由气团的运动引起的。当沙尘离冷锋锋面很远时,污染物有足够的时间被清除掉,因而第二与第三阶段是分开的;当沙尘紧随冷锋锋面而来时,污染物没有足够的时间在沙尘到来之前被清除掉,因而第二与第三阶段是重叠的。因此可以说,PM_{10}与污染气体之间的关系,揭示了气团的运动状态和沙尘暴的性质。

53.2 沙尘气溶胶和污染气溶胶的交汇与混合过程之气象特性

53.2.1 2002 年的特大沙尘暴

图 53-6 展示的是北京 2002 年 3 月 19—25 日每小时的气象数据和 TSP 样品中 Al 的浓度。结果表明,此次特大沙尘暴过程中,有一个干冷气团入侵北京。干冷气团抵达北京之前,露点温度较高,风速较低,这正是北京春季常见的天气状况。3 月 20 日,当冷锋过境时,露点温度急剧降低,风速骤然升高,这正是一个特征性的强春季冷锋。跟随冷

锋而来的是一次强大的沙尘暴。从气溶胶数据来看,沙尘暴高峰出现在干冷空气以及强风到达之前。当风速加大时,气溶胶浓度下降而不是上升了。这说明,这次沙尘暴中的沙尘,大部分来自远距离传输而不是本地扬尘。把这场大风起来之前的无风多沙阶段,称为沙尘暴的平静阶段。这种现象发生的一种可能解释是,沙尘在其源区被低气压系统卷入高空之后,随着气团被传送到下风向很远的地方。因为高空风速比地面风速大得多,沙尘在高空的传输速度也比地面快得多,所以高空沙尘比地面沙尘先到北京。其中最粗的粒子沉降到下方稳定、湿润的气团中,从而产生了沙尘暴发生初期的无风、多沙阶段。等到新的气团在北京稳定下来以后,露点温度开始回升,本地源污染物也开始累积。

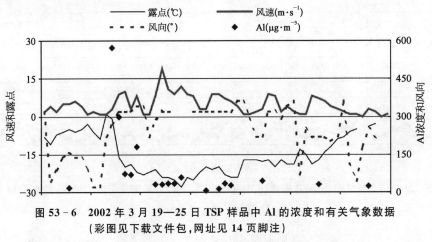

图 53 - 6　2002 年 3 月 19—25 日 TSP 样品中 Al 的浓度和有关气象数据
(彩图见下载文件包,网址见 14 页脚注)
风向以正北为 0°,按顺时针确定角度。

53.2.2　2002 年 3、4 月间的沙尘暴

图 53 - 7 所示的是北京 2002 年 3 和 4 月每小时的温度、露点温度以及风速的变化。这些数据揭示了更大尺度的气团运动。这些气团可以简化为一个干、冷的相对清洁的(但它包含大量的沙尘)北方气团和一个温度较高、比较湿润、含有污染物较多的南方气团。当北方气团抵达北京,并取代原有的南方气团时,污染元素的浓度下降。如果该气团中含有大量的沙尘,则地壳源元素的浓度上升;否则,其地壳源元素的浓度下降(注意图 53 - 7 中 5 次强烈的露点下降过程中,有 4 次伴随着沙尘暴的发生)。新的气团一旦稳定下来,污染物就开始累积。这些过程与从沙尘暴过程中元素、污染气体以及 PM_{10} 浓度变化规律而推得的几个阶段完全吻合。

综上所述,PM_{10} 与 SO_2 浓度的比值、气溶胶中元素之间的比值,以及气象数据,都各自独立地揭示了沙尘暴传输和入侵过程中代表气团运动的 4 个阶段:① 污染物的累积阶段;② 污染物清除阶段;③ 沙尘抵达阶段;④ 沙尘的清除阶段。这 4 个阶段也就是沙

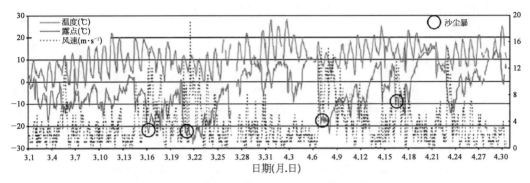

图 53 - 7　2002 年 3、4 月间的气温、露点温度(℃,左坐标轴)和风速(m·s⁻¹,右坐标轴)
(彩图见图版第 38 页,也见下载文件包,网址见正文 14 页脚注)

尘气溶胶和污染气溶胶交汇和混合的 4 个阶段。前 2 个阶段可能与后 2 个阶段相互分开,也可能相互重叠。当它们相互分离的时候,沙尘暴是“纯”的。也就是说,沙尘暴中有较高浓度的污染元素,但这些污染元素都来自地壳源(它们浓度与 Al 元素浓度的比值,接近其地壳中的比值)。当它们相互重叠时,沙尘暴中含有更多的污染物,在使得 Al 浓度很高的同时,污染物与 Al 的比值 X / Al 也很高。虽然还不清楚,在此过程中本地扬尘有多大贡献,但可以确定,几个阶段之间的相互重叠,也就是沙尘气溶胶和污染气溶胶的混合过程,是沙尘暴中含有高浓度污染物的一个最重要原因。污染气体的浓度变化,代表了人为源气溶胶(包括来自污染源的“地壳”元素)在气团中累积或者稀释,而当 PM_{10} 浓度与污染气体浓度的变化呈负相关时,它代表了纯地壳源气溶胶,反之则代表了人为源气溶胶。分析 PM_{10} 与污染气体的浓度变化,也得到了与根据气溶胶中元素浓度变化所揭示的沙尘气溶胶和污染气溶胶交汇和混合过程所包括的完全相同的 4 个阶段。

参考文献

[1]　Liu T S, Gu X F, An Z S, et al. The dust fall in Beijing, China on April 18, 1980. Geological Society of America Special Paper, 1981, 186: 149 - 157.

[2]　Gao Q X, Su F Q, Ren Z H, et al. The dust storm of Beijing and its impact on air quality. Report of China Scientific Association Meeting on Reducing Natural Disasters, 2002.

[3]　Zhuang G, Yi Z, Duce, R A, et al. Link between iron and sulfur cycles suggested by detection of iron(II) in remote marine aerosols. Nature, 1992, 355(6360): 537 - 539.

[4]　Duce R A, Arimoto R, Ray B J, et al. Atmospheric trace elements at Enewetak Atoll: 1. Concentrations, sources, and temporal variability. J Geophys Res [Atmos], 1983, 88 (C9): 5321 - 5342.

[5]　Gao Q X, Li L J, Zhang Y G, et al. Studies on the springtime dust storm of China. China Environmental Science, 2000, 20(6): 495 - 500 (in Chinese with abstract in English).

[6] Husar R B, Tratt D M, Schichtel B A, et al. The Asian dust events of April 1998. Journal of Geophysical Research, 2001, 106: 18317 – 18330.

[7] 庄国顺，郭敬华，袁蕙，等.2000 年中国沙尘暴的组成、来源、粒径分布及其对全球环境的影响. 科学通报,2001, 46(2): 895 – 901.

[8] Zhang R J, Wang M X, Pu Y F, et al. Analysis on the chemical and physical properties of "2000. 4.6" super dust storm in Beijing. Climatic and Environmental Research, 2000, 5: 259 – 266.

[9] Lin T H. Long-range transport of yellow sand to Taiwan in Spring 2000: Observed evidence and simulation. Atmospheric Environment, 2001, 35: 5873 – 5882.

[10] Murayama T, Sugimoto N, Uno I, et al. Ground-based network observation of Asian dust events of April 1998 in East Asia. Journal of Geophysical Research, 2001, 106: 18345 – 18359.

[11] Yi S M, Lee E Y, Holsen T M. Dry deposition fluxes and size distributions of heavy metals in Seoul, Korea during yellow-sand events. Aerosol Science and Technology, 2001, 35: 569 – 576.

[12] Chun Y, Kim J, Choi J C, et al. Characteristic number size distribution of aerosol during Asian dust period in Korea. Atmospheric Environment, 2001, 35: 2715 – 2721.

[13] Ma C J, Kasahara M, Holler R, et al. Characteristics of single particles sampled in Japan during the Asian dust storm period. Atmospheric Environment, 2001, 35: 2707 – 2714.

[14] Uematsu M, Yoshikawa A, Muraki H, et al. Transport of mineral and anthropogenic aerosols during a Kosa even over East Asia. Journal of Geophysical Research, 2002, 107: AAC 3 – 1 – AAC 3 – 7.

[15] Perry K D, Cahill T A, Schnell R C, et al. Long-range transport of anthropogenic aerosols to the National Oceanic and Atmospheric Administration baseline station at Mauna Loa Observatory, Hawaii. Journal of Geophysical Research, 1999, 104: 18521 – 18533.

[16] Tratt D M, Frouin R J, Westphal D L. April 1998 Asian dust event: A southern California perspective. Journal of Geophysical Research, 2001, 106: 18371 – 18379.

[17] Turekian K K. Geochemical distribution of elements// McGraw-Hill Encyclopedia of Science and Technology, 3rd Edition, Vol. 4. McGraw-Hill, 1971: 627 – 630.

[18] Liu C L, Zhang J, Liu S M. Physical and chemical characters of materials from several mineral aerosol sources in China. Environmental Science, 2002, 23: 28 – 32.

[19] Andreae M O, Charlson R J, Bruynseels F, et al. Internal mixing of sea salt, silicate and excess sulfate in marine aerosols. Science, 1986, 232: 1620 – 1623.

第54章
亚洲沙尘传输途中的化学转化
及其与沿途污染气溶胶的混合

起源于亚洲中部的沙尘暴,横扫中国、韩国以及日本[1-6],甚至传输到美国西海岸[7-8]。在长距离传输途中,沙尘气溶胶不断与沿途污染气溶胶以及酸性气体等相混合,改变了沙尘气溶胶的化学组成。国际全球大气化学研究计划(International Global Atmospheric Chemistry Research Program, IGAC)通过所组织的亚洲气溶胶理化特性观测实验(ACE - Asia),对沙尘暴进行了详细研究,揭示了起源于亚洲的沙尘暴在全球气候中的可能影响和作用[9]。沙尘气溶胶作为污染物质传输的载体,可以为许多物理化学过程提供界面。Y. Iwasaka 等人[10]通过电镜研究发现,沙尘颗粒的表面覆盖着一层可溶性的硫酸盐。K. Okada 等人[11]也发现,在日本所采集的单个亚洲沙尘颗粒,与许多可溶性的(主要是 Ca 和 S)以及不可溶性的物质发生了混合。M. Zhou 等人[12]则发现,在沙尘从亚洲中部传输到日本的途中,S 在沙尘颗粒表面发生了沉积。所有这些结果表明,硫酸盐和硝酸盐被吸附或者通过酸性气体物质如 SO_2、NO_x 等的异相反应,形成于沙尘颗粒的表面[13],并导致其在区域乃至全球范围内传输和沉降。沙尘暴不仅传输了大量的矿物元素,还携带了相当量的污染元素和营养元素,到达远洋大气和海洋之中[14-16]。G. S. Zhuang 等人[17]研究了 2000 年 4 月 6 日沙尘暴(截至当时有记录的最大一次沙尘暴)中的污染元素来源,结果表明,这些污染元素或者来自沙尘暴沿途经过的污染源(As、Se 和 Sb),或者来自北京的当地源(如 Zn、Cu 和 Pb)。他们还通过分析 2001—2002 年间的多次沙尘暴,发现了沙尘暴入侵城市过程中存在的 4 个阶段。不同阶段气团的叠加,是造成高浓度污染元素的一个重要机制。本章通过比较 2002 年北京春季 2 次典型沙尘暴的化学组分差异(采样方法和化学分析方法详见本书第 7、8 章),进一步揭示亚洲沙尘在传输途中与污染气溶胶的混合。

54.1 2002 年北京春季 2 次典型的沙尘暴事件

2002 年春季,北京发生了多次沙尘暴。其中 3 月 20 日的那次,为有历史记录以来最大的沙尘暴。沙尘暴高峰期间 TSP 的浓度达到了 10.9 mg · m^{-3},细颗粒物 PM$_{2.5}$ 的浓度亦高达 1.39 mg·m^{-3}。沙尘暴一般是指强风将地面大量沙尘吹起,使水平能见度<1 km 的天气现象。本章把 TSP 和 PM$_{2.5}$ 中矿物气溶胶的浓度临界值定为大约 500 和 150 μg·m^{-3},用于区分沙尘暴和非沙尘暴。首先根据 Al 元素的浓度,分别计算了 TSP 和 PM$_{2.5}$ 中矿物气溶胶的浓度。Al 通常被用作矿物气溶胶的指示物。在内蒙古多伦(沙尘暴的源头之一)和河北丰宁(沙尘暴必经之地)采集的表层土壤中,Al 的含量约为 7%(标准偏差 1.6%,样品数 17),比世界地壳平均组成中 Al 的含量(8%)低,说明采集的土壤中可能已经受到部分的人为污染。本章根据世界地壳平均组成中[Al]=8%来估算 TSP 和 PM$_{2.5}$ 中矿物气溶胶的浓度。图 54-1 展示了 2002 年 3、4 月份 TSP、PM$_{2.5}$ 以及矿物气溶胶的浓度变化。从图 54-1 中可以明显看出,2002 年的沙尘暴可以分为 2 组即 DSⅠ和 DSⅡ,DSⅠ发生于 3 月 20—22 日,DSⅡ发生于 4 月 6—8 日和 11 日。将 4 月 14 日的沙尘暴归为 DSⅠ,因其与 3 月 20—22 日的沙尘暴有相类似的传输路径。DSⅠ和 DSⅡ期间分别采集了 9 和 11 个样品,其 TSP 的平均浓度分别为 2 479 和 2 121 μg·m^{-3},比非沙尘暴期间的平均浓度 461 μg·m^{-3} 分别高出 5.4 和 4.6 倍。对能见度影响较大的细颗粒物 PM$_{2.5}$ 在 DSⅠ和 DSⅡ时的平均浓度分别高达 492 和 462 μg·m^{-3}。

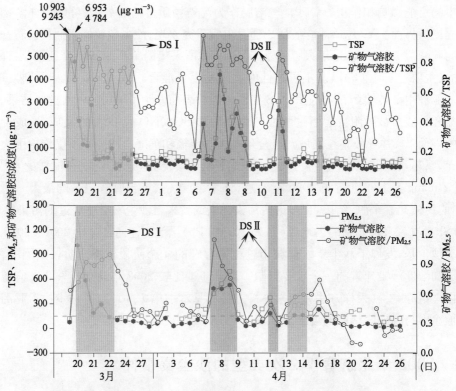

图 54-1　2002 年春季 3、4 月份北京 TSP、PM$_{2.5}$ 以及矿物气溶胶的浓度
(彩图见下载文件包,网址见 14 页脚注)

上图左上方是超出刻度上限那几天的 TSP 及矿物气溶胶数据。

矿物气溶胶是沙尘暴的最主要成分,DS I 和 DS II 中的矿物气溶胶,分别占 TSP 的 76%和 85%,占 $PM_{2.5}$ 的 85% 和 77%;而在非沙尘暴期间,仅占 TSP 的 51% 和 $PM_{2.5}$ 的 43%,说明在非沙尘暴期间,人为污染源有较大的影响。

54.2　沙尘暴的传输路径

亚洲沙尘暴主要来源于两大源区——蒙古国以及中国北部戈壁滩和中国西部塔克拉玛干沙漠[18-20],而黄土高原是一个相对较弱的来源[21]。沙尘暴从源区到北京通常有 3 条传输路径,即西北偏北路、西北路和西路。X. Y. Zhang 等人[22]报道了 2001 年春季亚洲沙尘的 5 条主要传输路径,每条都经过北京。本章采用美国国家海洋大气局(NOAA)空气资源实验室(Air Resource Laboratory, ARL)开发的 HYSPLIT4 扩散传输模型[23],利用等熵法分别计算了 DS I 和 DS II 的后向轨迹,结果见图 54-2 和图 54-3。很明显,DS I 和 DS II 来自不同的源区,而且传输路径不一样。在 DS I 中,气团经过西部沙漠、内蒙古中西部的戈壁滩以及黄土高原,最后抵达北京。也就是说,DS I 是沿着西路进行传输的。DS II 主要来自蒙古的戈壁滩以及内蒙古北部和河北省的沙地等,也就是西北或者西北偏北方向的。

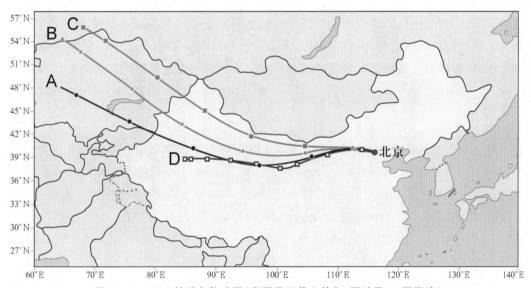

图 54-2　DS I 的后向轨迹图(彩图见下载文件包,网址见 14 页脚注)

(A) 3 月 20 日 3:00 UTC;(B) 3 月 20 日 5:00 UTC;(C) 3 月 20 日 7:00 UTC;(D) 4 月 14 日 6:00 UTC。

中国由西到东主要城市每日报道的可吸入颗粒物 PM_{10} 的浓度,在一定程度上也可以反映沙尘的传输路径。当沙尘暴从源区传输到下游地区时,中国西部和东部城市的 PM_{10} 浓度,必然会有一个时间滞后效应。如果沙尘暴不是来自城市附近的沙漠地区,或者不经过该城市,那么该城市的 PM_{10} 浓度必然会比较低。相反,如果沙尘暴来源于城市

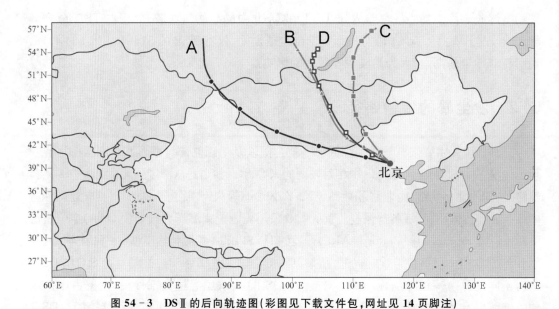

图 54-3　DSⅡ 的后向轨迹图（彩图见下载文件包，网址见 14 页脚注）

(A) 4 月 7 日 10:00 UTC；(B) 4 月 8 日 4:00 UTC；(C) 4 月 8 日 7:00 UTC；(D) 4 月 11 日 11:00 UTC。

附近的沙漠地区，或者经过该城市，那么可以想象，该城市 PM_{10} 的浓度必然要比常日浓度高。因此，可以通过不同城市的 PM_{10} 浓度，推断沙尘暴的来源以及传输路径。为此，从国家环境保护局网页 http：//www.zhb.gov.cn/quality/air.php3 下载了中国多个城市 2002 年春季的空气污染指数（API），然后通过下面的公式将 API 转换为浓度。

$$C = C_{小} + [(I - I_{小})/(I_{大} - I_{小})] \times (C_{大} - C_{小}) \tag{54-1}$$

式中，$C_{大}$ 与 $C_{小}$ 分别为 API 分级限值表中最贴近 C 值的 2 个值，$C_{大}$ 为大于 C 的限值，$C_{小}$ 为小于 C 的限值；$I_{大}$ 与 $I_{小}$ 则分别为 API 分级限值表中最贴近 I 值的 2 个值，$I_{大}$ 为大于 I 的值，$I_{小}$ 为小于 I 的值。如图 54-4 所显示，DSⅠ 沿西路进行传输。沙尘暴首先出现在位于河西走廊和内蒙古中西部的戈壁滩以及黄土高原地区的兰州、西宁、银川以及呼和浩特（图 54-4 中线 1），接着沙尘暴继续向东传输，抵达太原、北京、石家庄和青岛（图 54-4 线 2）。而在中国远西部地区乌鲁木齐，并没有观测到高浓度的 PM_{10}，即使在北京特大沙尘暴前两天的 3 月 18 日，乌鲁木齐也仅出现一个小峰，其 PM_{10} 的浓度为 358 $\mu g \cdot m^{-3}$。因此，尽管 DSⅠ 是沿着西路进行传输，但是真正的源区不在中国的远西部如新疆地区，而在内蒙古中西部的戈壁滩如腾格里沙漠、巴丹吉林、乌兰布和以及毛乌素沙漠。DSⅡ 的情况不同于 DSⅠ。当北京 4 月 7 日出现 PM_{10} 高峰时，中国北部的大部分城市如兰州、西宁和银川等在 4 月 6—10 日之间的 PM_{10} 浓度与常日并没有多大差异，而且西路传输沿途的许多城市如太原、石家庄以及西安等 PM_{10} 的浓度也仅仅略高于常日。这明显说明，DSⅡ 较少受到内蒙古中西部戈壁滩的影响，并且是沿着与 DSⅠ 不同的另外一条路径进行传输的。乌鲁木齐的情形同上述城市相近，说明 DSⅡ 较少受西部沙漠的影响。DSⅡ期间,位于北京西北偏西方向的呼和浩特,首先出现相对较高的 PM_{10} 峰(图 54 - 4 线 3),然后北京、长春和沈阳也相继出现 PM_{10} 峰值(图 54 - 4 线 4),接着沙尘暴继续向东移,并传输到青岛(图 54 - 4 线 4),因此可以得出,DSⅡ主要来源于蒙古国的戈壁以及内蒙古北部和河北省的沙地,并沿着西北偏北方向进行传输。

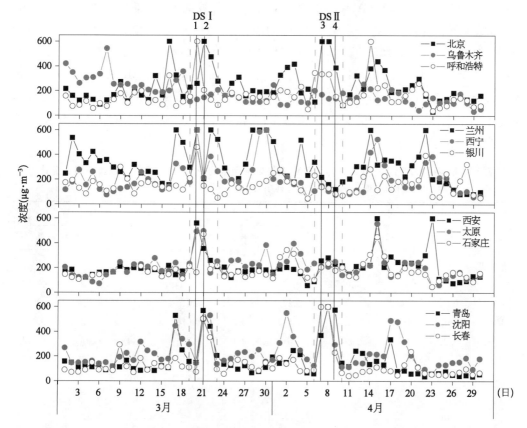

图 54 - 4　2002 年春季中国不同城市的 PM_{10} 浓度(彩图见下载文件包,网址见 14 页脚注)

　　源区和传输路径是影响沙尘暴化学组成的 2 个重要因素。长途传输的沙尘与沿途污染气溶胶的混合过程,必将改变沙尘暴的化学组成。以下着重探讨 DSⅠ和 DSⅡ的不同之处,以及传输路径对沙尘暴化学组成的影响。

54.3　大气气溶胶中的矿物元素

　　表 54 - 1 列出了 DSⅠ、DSⅡ和 NDS(非沙尘暴)期间 TSP 中主要矿物元素的浓度、富集系数以及它们占总气溶胶质量的百分数。DSⅠ期间 Al、Ca、Fe、Mg、Na 的平均浓度分别为 151、178、89、34、37 $\mu g \cdot m^{-3}$,DSⅡ期间它们分别为 146、58、80、29、39 $\mu g \cdot m^{-3}$,比非沙尘暴期间的浓度高 5～8 倍。尽管在沙尘暴期间,这些元素的浓度增加很多,但是

它们的质量百分比以及与元素 Al 的比值却变化不大。以 Fe 为例，NDS、DS Ⅰ、DS Ⅱ 中 Fe 的质量百分比分别为 2.4%、3.6%、3.8%，均接近其在世界地壳中的含量 3.5%。而且 Fe/Al 比值在 NDS、DS Ⅰ 和 DS Ⅱ 中分别为 0.60、0.60 和 0.55，也均接近其在地壳中的比值 0.62[图 54-5(a)]。所有的这些结果都表明了 Fe 的地壳来源。用 Al 作为参比元素，根据公式"富集系数 = $(X/Al)_{气溶胶}/(X/Al)_{地壳}$"所计算的 Fe 富集系数，无论是在 NDS 还是 DS 期间，均接近 1，进一步说明了 Fe 的地壳源。此外，DS Ⅰ 和 DS Ⅱ 中的 Fe/Al 比值，均与中国北部沙漠地区的比值接近，却显著低于西部沙漠地区的比值(表 54-2)。这在一定程度上说明，2002 年春季的沙尘暴，较少受西部沙漠影响。Mg 和 Sc 的情况与 Fe 类似，Mg/Al 在 DS Ⅰ 和 DS Ⅱ 中分别为 0.24 和 0.21，Sc/Al 则分别为 0.15 和 0.12，均与地壳中的比值(Mg/Al 为 0.26，Sc/Al 为 0.14)接近。总之，不同的源区和传输途径，对大多数矿物元素的组成没有大的影响。

表 54-1　NDS、DS Ⅰ 和 DS Ⅱ 期间 TSP 中主要矿物元素的浓度、富集系数以及其质量百分比 (Co、Cd 和 Sc 单位为 ng·m⁻³，其余为 μg·m⁻³)

物　种	NDS			DS Ⅰ			DS Ⅱ		
	浓度	富集系数	分数(%)	浓度	富集系数	分数(%)	浓度	富集系数	分数(%)
质量浓度	461			2 497			2 121		
As	0.033	93	0.007 2	0.12	39	0.005 0	0.037	12	0.001 8
Cr	0.048	2.2	0.011	0.23	1.3	0.010	0.14	0.8	0.007 0
Zn	0.57	39	0.12	0.31	3.1	0.016	0.28	2.5	0.014
Sr	0.12	1.4	0.025	0.61	0.9	0.026	0.44	0.7	0.022
Pb	0.25	104	0.054	0.26	20	0.019	0.16	8.4	0.009 0
Ni	0.19	12.1	0.039	0.13	1.3	0.007 0	0.20	1.7	0.011
Co	7.1	1.1		58	1.3		37	0.8	
Cd	16	609		5.8	26		3.0	9.9	
Fe	12	1.0	2.4	89	1.0	3.6	80	0.9	3.8
Mn	0.23	1.0	0.047	1.37	0.8	0.053	1.33	0.8	0.063
Mg	5.8	1.2	1.2	34	0.9	1.4	29	0.8	1.2
V	0.034	1.3		0.26	0.9		0.22	0.9	
Ca	27	3.2	5.7	178	2.9	7.7	58	0.9	2.9
Cu	0.17	12	0.032	0.10	1.3	0.005 4	0.17	2.0	0.009 5
Ti	1.1	1.1	0.24	10	1.2	0.38	8.8	1.1	0.41
Sc	2.5	0.9		24	1.1		18	0.9	
Al	19	1.0	4.1	151	1.0	6.0	146	1.0	6.8
Na	4.4	0.7	0.88	37	0.5	1.0	39	0.7	1.7
S	7.6	175	1.7	12	29	0.53	6.6	18	0.39
NO₃⁻	20		3.9	2.9		0.19	9		0.63
SO₄²⁻	19		4.0	18		0.74	18		1.1

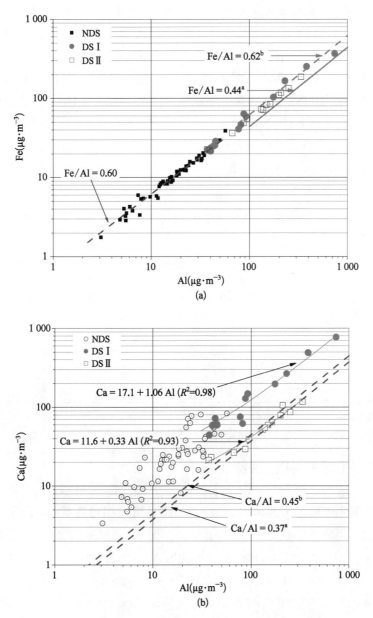

图 54 - 5 2002 年春季 3 月 19 日—4 月 27 日,Fe 与 Al、Ca 与 Al 关系图
(彩图见图版第 39 页,也见下载文件包,网址见正文 14 页脚注)

[a] 地壳平均组成,见[24];[b] 地壳平均组成,见[25]。

　　然而,Ca 却与上面的矿物元素显著不同。Ca 与 Al 在 DS I 和 DS II 期间都显现出强的相关性(相关系数 r 在 DS I 和 DS II 期间分别为 0.99 和 0.96),就像图 54-5(b)显示的那样。这表明 Ca 主要来自地壳源。而在非沙尘暴期间,Ca 与 Al 的相关性相对较弱(r 为 0.71)表明非沙尘暴期间 Ca 有部分污染源,如建筑活动源。一个重要的发现就是,

DSⅠ和DSⅡ中的Ca有显著差异。DSⅠ中Ca/Al比值为1.31,远高于地壳中的比值0.45;而DSⅡ中Ca/Al比值仅为0.42,与地壳中的比值接近。DSⅠ中Ca的平均质量分数为7.7%,比其在地壳中的值3.0%约高2.5倍,而DSⅡ中的值2.9%则与其在地壳中的值接近(表54-1)。Zhang等人[22]曾报道,中国北部高粉尘区Ca的含量为7%,黄土高原为8%,这些值都与DSⅠ中Ca的质量百分比接近。无论是DSⅠ还是DSⅡ,Ca的含量均低于西部高粉尘区Ca的质量分数12%。所有这些结果表明:① 西北偏北路传输来的气溶胶,要比西路含有更低浓度的Ca,而且2002年3、4月份的春季沙尘暴,受中国西部沙漠的影响较小;② Ca/Al或可被用作元素示踪体系来判断沙尘暴的来源,因不同源区Ca/Al的比值而显著不同。

表 54-2 中国不同沙漠地区以及北京气溶胶中元素与 Al 的比值

类　　　型	Fe/Al	Mg/Al	Sc/Al	Ca/Al	参考文献
地壳	0.62	0.26	0.14[a]	0.45	[25]
阿克苏附近沙漠	1.02	0.21	0.23[b]	无数据	[26]
塔克拉玛干沙漠	1.34	无数据	无数据	3.07	[27]
中国北方沙漠	0.55	0.25	0.34[b]	无数据	[26]
NDS	0.60	0.30	0.13	1.44	本章
DSⅠ	0.60	0.24	0.16	1.31	本章
DSⅡ	0.55	0.21	0.12	0.42	本章

[a] 文献[24];[b] 模式估算值。

54.4　大气气溶胶中的污染元素

亚洲沙尘暴不仅输送了大量的矿物元素,还携带了相当数量的污染元素。DSⅠ期间,当Al的浓度由非沙尘暴期间的38 $\mu g \cdot m^{-3}$(图54-6点a)增加到沙尘暴最高峰期间的739 $\mu g \cdot m^{-3}$(图54-6点b)时,Zn、Cu、Pb、As和S的浓度变化范围分别是0.11~1.1、0.035~0.33、0.16~0.46、0.027~0.25和3.6~50 $\mu g \cdot m^{-3}$,与常日比较,分别增加了10、9、3、9和14倍。DSⅡ期间,Al的浓度由非沙尘暴期间的37 $\mu g \cdot m^{-3}$(图54-6点c)增加到沙尘暴高峰期间的337 $\mu g \cdot m^{-3}$(图54-6点d)时,Zn、Cu、Pb、As和S的浓度变化范围分别是0.051~0.47、0.069~0.31、0.047~0.26、0.018~0.077和2.2~6.3 $\mu g \cdot m^{-3}$,与常日比较分别增加了9、5、6、3和4倍。污染元素浓度的增加是来自污染源吗?如果是来自污染源,那究竟是来自北京本地污染源,或者与沿途污染源排放的污染物混合,还是土壤尘、沙尘暴携带的自然尘或北京本地扬尘?在本章中,通过比较2次沙尘暴中污染元素的不同,来解答此问题,并找出传输路径对污染元素成分的影响,为沙尘暴长距离传输过程中,矿物气溶胶和污染气溶胶之间的混合提供证据。

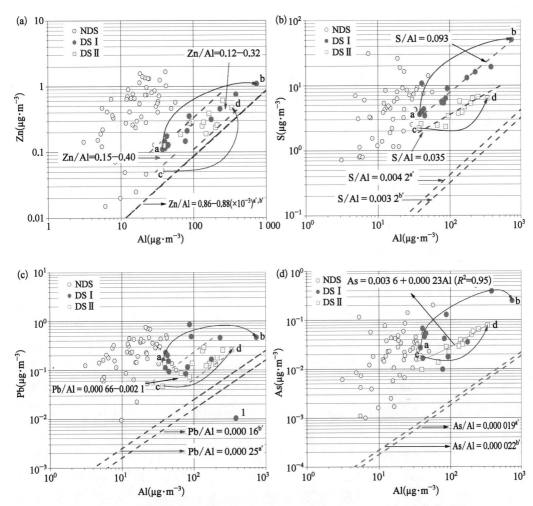

图 54 - 6 2002 年春季 3 月 19 日—4 月 27 日，X（Zn、Pb、As、S）与 Al 的关系图
（彩图见下载文件包，网址见 14 页脚注）

a′ 地壳平均组成[24]；b′ 地壳平均组成[25]。

　　根据污染元素与 Al 的关系，将污染元素分为 3 类。Zn 为第一组的代表［图 54 - 6(a)］。DS I 中 Zn 的平均浓度为 0.31 $\mu g \cdot m^{-3}$，略高于 DS II（0.28 $\mu g \cdot m^{-3}$）。DS I 和 DS II 中的 Zn 均与 Al 紧密相关（相关系数分别为 0.98 和 0.78），且 Zn / Al 的比值在 DS I 和 DS II 中分别为(0.15—0.40)$\times 10^{-2}$ 和(0.12—0.32)$\times 10^{-2}$，仅比其在地壳中的比值0.88$\times 10^{-3}$高 2~4 倍。根据简单的公式 $X_{地壳} = Al \times (X / Al)_{地壳}$，可以计算某种污染元素的地壳部分和污染部分的分别贡献量，其中$(X / Al)_{地壳}$是地壳中某种元素与 Al 的比值。根据此公式计算的 Zn 的地壳来源贡献量，在 DS I 和 DS II 中分别约为 36％和 48％，而在非沙尘暴期间仅占 7％。结果表明，DS I 和 DS II 期间有相当一部分的污染源 Zn 被地壳源 Zn 所取代。Zn 在 DS I 和 DS II 中的富集系数分别为 3.1 和 2.5，均小于 5，也进一步说明了污染元素 Zn 的地壳来源。不过除了 Zn 在西路要比西北偏北路被污染得更多一些外,不同的源区以及传输路径并没有给 Zn 带来太大的差异。

As 和 Pb 是第二组的代表。DSⅡ中 As 和 Pb 与 Al 都有好的相关性[As 与 Al 的相关系数为 0.97,Pb 为 0.64,见图 54-6(c)和(d)],且 As/Al 和 Pb/Al 比值的范围分别是 $(2.1-5.0)\times10^{-4}$ 和 $(0.66-2.1)\times10^{-2}$,没有太大的变化。而在 DSⅠ期间,As 和 Pb 与 Al 并没有任何相关性,且 As/Al 和 Pb/Al 范围分别为 $1.3\times10^{-4}\sim2.2\times10^{-3}$ 和 $6.3\times10^{-4}\sim9.8\times10^{-3}$,分别变化了 17 和 15 倍。As 和 Pb 在 DSⅡ中的富集系数平均值,分别为 13 和 8.4;而在 DSⅠ中的富集系数,分别为 39 和 20。DSⅠ和 DSⅡ中 As 与 Pb 的高富集系数,说明它们主要来自污染源。例如,As 通常来自燃煤以及非金属冶炼,Pb 来自汽车尾气排放。DSⅡ中 As 和 Pb 与 Al 好的相关性,又表明 As 和 Pb 可能来自地壳源或者"污染"过后的扬尘。如上所述,DSⅡ沿西北偏北方向传输,经过的是相对"清洁"的地区,因此 DSⅡ较少受到沿途污染气溶胶的影响,携带的污染元素 As 和 Pb 也相对较少,它们在 DSⅡ中较在 DSⅠ中有较低的富集系数,也说明了这一点。污染元素的浓度,强烈地取决于污染源的排放强度,以及离开污染源的距离。DSⅠ沿西路进行传输,途中经过许多工业城市区,包括煤矿区、金属冶炼区以及一些拥有工业、机动车辆以及燃煤等诸多污染源的重污染城市。污染元素如 As 和 Pb 等,可能来自北京本地,或者先前沉降到北京的二次扬尘,或者沿途矿物气溶胶和污染气溶胶之间的混合,或者煤飞灰或沿途扬起的表层土壤。不同地区、不同时间污染源所排放的污染物,必然有很大的差别,因此污染元素的浓度必然也会有较大的变化,就像 DSⅠ中的 As/Al 和 Pb/Al 有大的比值变化范围一样。

S 是第三组污染元素的代表[图 54-6(b)]。DSⅠ和 DSⅡ中的 S,均与 Al 呈现出强的相关性(DSⅠ中的相关系数为 0.97,DSⅡ中为 0.78),表明 DSⅠ和 DSⅡ中的 S,有可能部分来自地壳源。DSⅠ和 DSⅡ中的 S/Al 比值分别为 0.093 和 0.059,分别比地壳中的比值 0.0032 高 28 和 17 倍。此外,S 在 DSⅠ和 DSⅡ中的质量百分比,分别为 0.53% 和 0.39%,远高于在内蒙古多伦(0.017%)和河北丰宁(0.0093%)所采集的表层土壤中 S 的质量百分比。不仅如此,S 和 Ca 也有很好的相关性(DSⅠ和 DSⅡ中的相关系数分别为 0.95 和 0.92),沙尘气溶胶的碱性,大部分取决于其中的 $CaCO_3$,而这种碱性又有利于对污染气体如 SO_2、NO_x 等的吸收。因此,沙尘暴中高浓度的 S 以及 S 与 Ca 的高相关性,可能说明了矿物气溶胶表面 SO_2 或 H_2SO_4 的表面反应。也就是说,在 DSⅠ和 DSⅡ的长距离传输过程中,矿物气溶胶和污染气溶胶可能发生了混合。DSⅠ中 S 的浓度为 $12\ \mu g\cdot m^{-3}$,比起在 DSⅡ中的浓度($6.6\ \mu g\cdot m^{-3}$)高近 2 倍,而富集系数也比 DSⅡ高近 2 倍。这些结果清楚地表明,尽管 DSⅠ和 DSⅡ中的 S 受人为污染源的影响,但相比较而言,DSⅠ更多地受人为污染源的影响,就像前面提及的 As 和 Pb。沙尘暴在长距离的传输过程中,携带了大量的污染元素,这些污染元素,部分来自地壳源,部分来自沙尘与沿途污染物的混合,部分来自沙尘颗粒表面的反应。DSⅠ和 DSⅡ之间的差异表明,DSⅠ

受污染源的影响更多,携带了更多的污染元素,而 DSⅡ 则伴随着相对清洁的空气,含有较少的污染元素。也就是说,西路要比西北偏北路输送了更多的污染元素。因此,DSⅠ和 DSⅡ 的传输路径,可以被分别看作"污染"路径和"相对清洁"路径。

54.5 大气气溶胶中的硫酸盐和硝酸盐

长距离传输过程中,沙尘颗粒物表面硫酸盐和硝酸盐的形成已经被实验室模拟、模式计算以及单颗粒物分析所证实[10,11,28-30]。先前的研究也发现,硫酸盐和硝酸盐可能存在矿物源[13,31]。图 54-7 显示了 2002 年春季 3 月 19 日—4 月 27 日元素 Al、硫酸盐以及硝酸盐的浓度变化。很明显,DSⅠ 和 DSⅡ 中的硫酸盐和硝酸盐有明显不同。DSⅠ 中的 Al、硫酸盐和硝酸盐有相同的变化趋势;而在 DSⅡ 中,当 Al 的浓度变化时,硫酸盐和硝酸盐的浓度基本上没有什么变化。如图 54-8 所示,DSⅠ 中的硫酸盐和 Al 有很好的相关性(相关系数为 0.98),硝酸盐和 Al 也有较好的相关性(相关系数为 0.71),说明硫酸盐和硝酸盐部分来自地壳源。如果所有的 S 元素均以硫酸盐形式存在的话,那么 $[SO_4^{2-}]/S$ 比值应该为 3.0。DSⅠ 中的 $[SO_4^{2-}]/S$ 比值为 1.79$\{[SO_4^{2-}]$,对 S 的线形回归方程为 $[SO_4^{2-}]=-0.40+1.7S(r=0.93)\}$,说明有大约一半的 S 以不可溶性形态存在,而这个部分极有可能来自源区的土壤尘,或者其与沿途扬尘的混合。DSⅠ 中 $[SO_4^{2-}]/Al$ 和 $[NO_3^-]/Al$ 比值分别为 0.12 和 0.016,显著高于中国戈壁滩以及黄土高原表层土壤中的值($[SO_4^{2-}]/Al$ 为 0.002,$[NO_3^-]/Al<0.002$[13])。其硫酸盐和硝酸盐的质量百分比,分别为 0.66% 和 0.095%,也显著高于上面所述地区表层土壤中硫酸盐和硝酸盐的含量

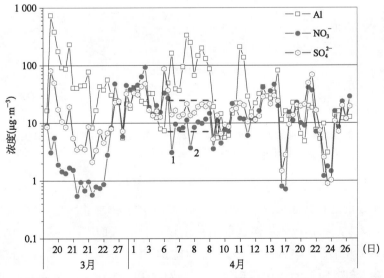

图 54-7 2002 年春季 3、4 月份 Al、硫酸盐和硝酸盐的时间变化图
(彩图见下载文件包,网址见 14 页脚注)

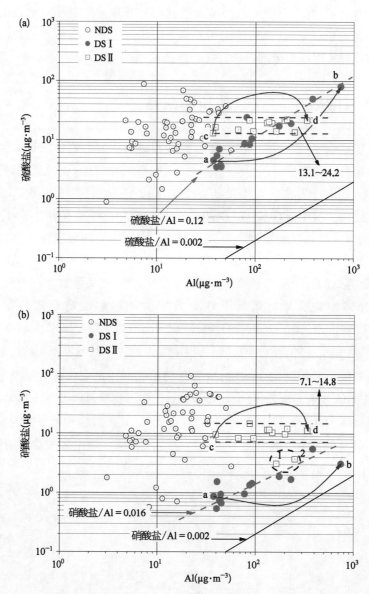

图 54 - 8　2002 年春季 3 月 19 日—4 月 27 日硫酸盐与 Al、硝酸盐与 Al 关系图
(彩图见下载文件包,网址见 14 页脚注)

(硫酸盐为 0.01%,硝酸盐<0.01%[13])。这些结果清楚地表明,除了沙尘源,DS I 中的硫酸盐和硝酸盐必定还有其他来源。例如可能来自沙尘颗粒表面 SO_2、NO_x 以及 H_2SO_4 和 HNO_3 的异相反应或者长距离传输过程中沙尘颗粒物的表面吸附。DS II 中的硫酸盐和硝酸盐与 Al 没有相关性。当 Al 从 37 $\mu g \cdot m^{-3}$(图 54 - 8 点 c)变化到 336 $\mu g \cdot m^{-3}$(图 54 - 8 点 d)时,硫酸盐和硝酸盐的变化分别为 13.1~24.2 和 7.1~14.8 $\mu g \cdot m^{-3}$,均在 2 倍左右。DS II 沿着相对清洁的路径进行传输,而该地区 SO_2 和 NO_x 的排放量相对较少,因此

沙尘颗粒表面的 SO_2 和 NO_x 的反应相对较少。另外 DSⅡ的相对强度弱于 DSⅠ，沙尘来之前冷空气团对污染物的清除能力必定也弱于 DSⅠ[32]，这样，DSⅡ的入侵气团也会更多地与北京本地源污染物相混合。因此 DSⅡ中硫酸盐和硝酸盐的浓度与非沙尘暴期间的浓度比较接近，而且没有什么大的变化。如图 54 - 8 所示，DSⅡ中硫酸盐的浓度为 18 $\mu g \cdot m^{-3}$，非常接近非沙尘暴期间的浓度 19 $\mu g \cdot m^{-3}$，硝酸盐的浓度 9 $\mu g \cdot m^{-3}$ 则大大低于非沙尘暴期间的浓度 20 $\mu g \cdot m^{-3}$。DSⅡ中低浓度的硝酸盐归因于粗颗粒态硝酸盐的沉降。图 54 - 7 和图 54 - 8(b) 中的 1 和 2 点两个样品的硝酸盐浓度最低，这 2 个样品均采集于夜间，而夜间 HNO_3 与碳酸盐的反应更为有效，由此生成的粗颗粒态硝酸盐由于其重力作用而更容易沉降，因此这 2 个夜间样品的硝酸盐浓度非常低。

矿物气溶胶颗粒物表面 SO_2 和 H_2SO_4 的异相反应，强烈地取决于湿度，其转化速率随着湿度的增加而增加[33,34]。在距离源区较远以及在夜间的边界层，湿度相对较大，SO_2 容易被沙尘颗粒表面所吸收，进而被 O_3、H_2O_2 和 OH 自由基氧化。如前面所提，DSⅠ经过许多高硫排放的煤矿区和"污染"城市[35]。很明显，高浓度的 SO_2 加上沙尘颗粒表面固有的碱性，有利于 SO_2 的吸收和反应。NO_x 和 HNO_3 在沙尘颗粒表面反应之后生成的一小薄层，也得到证实[36,37]。HNO_3 可以同沙尘颗粒表面的液态碳酸盐反应，生成粗颗粒态的硝酸盐，成为 NO_x 沉降的一个重要过程。其反应机理为[38]：

$$HNO_3(g) + CaCO_3(s) \longrightarrow Ca(NO_3)_2(s) + H_2O + CO_2(g)$$

DSⅠ和 DSⅡ中硫酸盐和硝酸盐的显著差异，表明传输路径对化学转化过程，进而对沙尘暴长距离传输过程中的气溶胶组成，具有重要影响。沙尘暴可以作为硫酸盐和硝酸盐形成的表面载体。硫酸盐与矿物颗粒的相关性，说明有部分硫酸盐气溶胶，来自一次排放的、由古海洋源沙漠产生的沙尘气溶胶。这部分硫酸盐对全球产生降温效应[28]。而硝酸盐与矿物颗粒相关，则会增加其传输距离；而传输到北太平洋地区的硝酸盐，又会在海洋边界层同海盐气溶胶反应，产生 Cl 原子[4]，进而对全球生物地球化学循环产生深远影响。

综上所述，2002 年春季北京遭受了一系列沙尘暴。根据后向轨迹和 PM_{10} 浓度判断出来的传输路径，可以将其分为 2 类——DSⅠ和 DSⅡ。DSⅠ主要来源于内蒙古中西部的沙漠以及黄土高原，而 DSⅡ则主要来自蒙古戈壁滩以及内蒙古北部的沙地。西路传输路径可以被看作是"污染"路径，而西北偏北传输路径则为相对"清洁"路径。沙尘暴不仅输送了大量的矿物元素，而且携带了相当数量的污染元素。源区和传输路径是影响沙尘暴化学组成最重要的 2 个因素。由于不同源区 Ca 的含量有明显差异，因此 Ca／Al 可被用作元素示踪体系，以判断沙尘暴的来源。沿"污染"路径传输的 DSⅠ，要比沿"清洁"路径的 DSⅡ，携带了更多的污染元素。这些污染元素或者来自土壤尘(如 Zn)，或者来自沙尘与沿途污染气溶胶的混合(如 DSⅠ的中 As 和 Pb)，或者来自沿途以及北京本地的"污染"扬尘(如 DSⅡ中的 As 和 Pb)或沙尘颗粒表面的反应(如 S)。沙尘矿物气溶胶可以为硫酸盐和硝酸盐的形成提供反应界面,进而对全球生物地球化学循环产生深远影响。

参考文献

[1] Hee J I, Soon U P. A simulation of long-range transport of Yellow Sand observed in April 1998 in Korea. Atmospheric Environment, 2002, 36(26): 4173 – 4187.

[2] Duce R A, Unni C K, Ray B J. Long range atmospheric transport of soil dust from Asia to the Tropical North Pacific: Temporal variability. Science, 1980, 209: 1522 – 1524.

[3] Uematsu M, Duce R A, Prospero J M, et al. Transport of mineral aerosol from Asia over the North Pacific Ocean. Journal of Geophysical Research, 1983, 88: 5343 – 5352.

[4] Uematsu M, Yoshikawa A, Muraki et al. Transport of mineral and anthropogenic aerosols during a Kosa event over East Asia. Journal of Geophysical Research-Atmospheres, 2002, 107: D7 – D8.

[5] Chung Y S, Kim H S, Dulam J, et al. On heavy dustfall with explosive sandstorms in Chongwon-Chongju, Korea in 2002. Atmospheric Environment, 2003, 37: 3425 – 3433.

[6] Sun Y, Zhuang G S, Yuan H, et al. Characteristics and sources of 2002 super dust storm in Beijing. Chinese Science Bulletin, 2004, 49(7): 698 – 705.

[7] Husar R B, Tratt D M, Schichtel B A, et al. Asian dust events of April 1998. Journal of Geophysical Research-Atmospheres, 2001, 106(D16): 18317 – 18330.

[8] Liang Q, Jaegle L, Jaffe D A, et al. Long-range transport of Asian pollution to the Northeast Pacific: Seasonal variations and transport pathways of carbon monoxide. Journal of Geophysical Research-Atmospheres, 2004, 109(D23).

[9] Huebert B J, Bates T, Russell P B, et al. An overview of ACE-Asia: Strategies for quantifying the relationships between Asian aerosols and their climatic impacts. Journal of Geophysical Research-Atmospheres, 2003, 108(D23).

[10] Iwasaka Y, Yamato M, Imasu R A O. Transport of Asian dust (KOSA) particles: importance of weak KOSA events on the geochemical cycle of soil particles. Tellus, 1988, 40B: 494 – 503.

[11] Okada K, Naruse H, Tanaka T, et al. X-ray spectrometry of individual Asian dust-storm particles over the Japanese islands and the North Pacific Ocean. Atmospheric Environment, 1990, 24: 1369 – 1378.

[12] Zhou M, Okada K, Qian F W, et al. Characteristics of dust-storm particles and their long-range transport from China to Japan — Case studies in April 1993. Atmospheric Research, 1993, 40(1): 19 – 31.

[13] Nishikawa M, Kanamori S, Kanamori N, et al. Kosa aerosol as aeolian carrier of anthropogenic material. Science of The Total Environment, 1991, 107: 13 – 27.

[14] Gao Y, Arimoto R, Duce R A, et al. Input of atmospheric trace elements and mineral matter to the Yellow Sea during the spring of a low-dust year. Journal of Geophysical Research [Atmospheres], 1992, 97(D4): 3767 – 3777.

[15] Arimoto R, Duce R A, Savoie D L, et al. Relationships among aerosol constituents from Asia

and the North Pacific Ocean during PEM-West A. Journal of Geophysical Research, 1996, 101 (D1): 2011 – 2023.

[16] Zhuang G S, Yi Z, Duce R A, et al. Chemistry of iron in marine aerosols. Global Biogeochemical Cycles, 1992, 6(2): 161 – 173.

[17] Zhuang G S, Guo J H, Yuan H, et al. The compositions, sources, and size distribution of the dust storm from China in spring of 2000 and its impact on the global environment. Chinese Science Bulletin, 2001, 46(11): 895 – 901.

[18] Zhang X Y, Arimoto R, An Z S. Dust emission from Chinese desert sources linked to variations in atmospheric circulation. Journal of Geophysical Research, 1997, 23: 28041 – 28047.

[19] Gao Y, Arimoto R, Zhou M Y, et al. Relationships between the dust concentrations over eastern Asia and the remote North Pacific. Journal of Geophysical Research[Atmospheres], 1992, 97 (D9): 9867 – 9872.

[20] Sun J M, Zhang M Y, Liu T S. Spatial and temporal characteristics of dust storms in China and its surrounding regions, 1960 – 1999: Relations to source area and climate. Journal of Geophysical Research-Atmospheres, 2001, 106(D10): 10325 – 10333.

[21] Xuan J, Sokolik I N. Characterization of sources and emission rates of mineral dust in Northern China. Atmospheric Environment, 2002, 36(31): 4863 – 4876.

[22] Zhang X Y, Gong S L, Shen Z X, et al. Characterization of soil dust aerosol in China and its transport and distribution during 2001 ACE-Asia: 1. Network observations. Journal of Geophysical Research-Atmospheres, 2003, 108(D9).

[23] Draxler R R, Hess G D. An overview of the Hysplit – 4 modeling system for trajectories, dispersion, and deposition. Australia Meteorology Magazine, 1998, 47: 295 – 308.

[24] Taylor S R, McLennan S M. The geochemical evolution of the continental crust. Review of Geophysics, 1995, 33: 241 – 265.

[25] Mason B, Moore C B. Principles of Geochemistry: 4th ed. New York: Wiley, 1982: 45 – 47.

[26] Zhang X Y, Zhang G Y, Zhu G H, et al. Elemental tracers for Chinese source dust. Science in China(Ser D), 1996, 39(5): 512 – 521.

[27] Makra L, Borbely-Kiss I, Koltay E, et al. Enrichment of desert soil elements in Taklimakan dust aerosol. Nuclear Instruments and Methods in Physics Research B, 2002, 189: 214 – 220.

[28] Dentener F J, Carmichael G R, Zhang Y, et al. Role of mineral aerosol as a reactive surface in the global troposphere. Journal of Geophysical Research-Atmospheres, 1996, 101(D17): 22869 – 22889.

[29] Song C H, Carmichael G R. A three-dimensional modeling investigation of the evolution processes of dust and sea-salt particles in East Asia. Journal of Geophysical Research-Atmospheres 2001, 106(D16): 18131 – 18154.

[30] Underwood G M, Li P, Al-Abadleh H, et al. A Knudsen cell study of the heterogeneous reactivity of nitric acid on oxide and mineral dust particles. Journal of Physical Chemistry A, 2001, 105(27): 6609 – 6620.

[31] Prospero J M, Savoie D L. Effect of continental sources of nitrate concentrations over the Pacific Ocean. Nature, 1989, 33: 687 - 689.

[32] Guo J, Rahn K A, Zhuang G S. A mechanism for the increase of pollution elements in dust storms in Beijing. Atmospheric Environment, 2004, 38(6): 855 - 862.

[33] Haury G, Jordan S, Hofmann C. Experimental investigations of the aerosol-catalyzed oxidation of SO_2 under atmospheric conditions. Atmospheric Environment, 1978, 12: 281 - 287.

[34] Dlugi R, Jordan S, Lindemann E. The heterogeneous formation of sulfate aerosols in the atmosphere. Journal of Aerosol Science, 1981, 12: 185 - 197.

[35] Akimoto H, Narita H. Distribution of SO_2, NO_x and CO_2 emissions from fuel combustion and industrial activities in Asia with $1° \times 1°$ resolution. Atmospheric Environment, 1994, 28: 213 - 225.

[36] Mamane Y, Gottlieb J. Heterogeneous reaction of nitrogen oxides on sea salt and mineral particles — A single particle approach. Journal of Aerosol Science, 1990, 21 (Suppl. 1): S225 -S228.

[37] Wu P M, Okada K. Nature of coarse nitrate particles in the atmosphere — A single particle approach. Atmospheric Environment, 1994, 28: 2053 - 2060.

[38] Mamane Y, Gottlieb J. Nitrate formation on sea-salt and mineral particles — A single approach. Atmospheric Environment, 1992, 26A: 1763 - 1769.

第55章
沙尘气溶胶和污染气溶胶单颗粒物的组成与混合

沙尘暴源于亚洲中部,通常每年春季袭击北京,而且在近几年中已经越来越强烈[1]。冷锋前后的强西风驱动着大量沙尘,长距离传输到韩国、日本及太平洋两岸[2-4]。沙尘暴所携带的矿物气溶胶,不但影响所途经的地区,而且由于粒径<1 μm 的沙尘颗粒可作为云凝结核(CCN),而影响辐射平衡[5],继而潜在地对全球气候变化产生影响[6]。在长距离传输尤其是穿越中国沿海和太平洋的过程中,沙尘气溶胶能够吸附痕量气态物质,并与这些污染气体和污染气溶胶发生内混合或外混合,并相互作用,继而一起被携带传输到更远的地区。韩国[7,8]、日本[9,10]和百慕大群岛[11]均有涉及沙尘暴的报道。亚洲沙尘暴在到达中国东海和太平洋之前,途经了中国中东部广大地区,其气溶胶的组成势必会被这些地区排放的污染物所影响。众多研究者致力于研究传统的沙尘气溶胶总颗粒物的平均化学成分和理化特性[12-14],较少关注单颗粒物的分析。很多化学反应在单颗粒物表面上发生,单个粒子的物理化学特性比总的平均组成能够提供更多的关于气溶胶来源、传输和转化的信息,所以单颗粒物的研究至关重要。Y. Gao 等[15]分析了从北京、青岛和瓦里关*收集的常日气溶胶单颗粒物,表明了每个地区的气溶胶,均为土壤尘和来自多种人为污染源粒子的非均匀复相混合物。A. G. Whittaker[16]发现,北京沙尘暴 PM$_{10}$样品可能是煤烟、冶炼尘、黄土和石膏的混合物,但仅仅使用图片形态分析这一手段,缺乏应有的元素信息。Z. Shi 等[17]用同样的方法,把北京城区气溶胶分为煤烟、煤飞灰和矿物质。D. Zhang 等[18,19]发现,在青岛这一沿海城市,沙尘暴和非沙尘暴气溶胶单个粒子表面覆盖着硫酸盐和硝酸盐的混合物,并报道了北京沙尘气溶胶有 14.6% 的沙尘粒子含有 S,但是没有发现水溶性硫酸盐存在于单粒子表面。2002 年 3 月 18—21 日,一场特大沙尘暴源起蒙古戈壁,途经巴彦朱丹沙漠、毛乌素沙地、张家口地区,袭击了北京[20]。当沙尘暴途经大城市(如北京)时,有没有污染气溶胶掺杂在大量的沙尘中?如果有的话,那么有多少与矿物气溶胶是物质间或物质内地混合在一起的?它们是被沙尘携带而

---

* 瓦里关是地名。瓦里关,地处青藏高原东北坡,瓦里关为东北至西南走向的孤立山体,南北长 21 千米,东西宽约 7 千米。因建设了中国大气本底基准观象台而闻名于世界。瓦里关全球大气本底站是北半球内陆腹部唯一大气本底观测站,其观测结果可以代表北半球中纬度内陆地区的大气温室气体浓度及其变化状况。

来,还是来自局地污染源?本章通过对北京沙尘暴气溶胶单颗粒物的化学成分和形态学研究,来解答这些问题。考虑到沙尘暴与非沙尘暴气溶胶之间可能存在某些关联,作为比较,本研究还同时分析了北京和多伦(位于北京正北方仅 180 km 的沙漠边缘上,是这次沙尘暴的途径之地[21])的非沙尘暴气溶胶样品。本研究采集了 2002 年 3 月 20 日入侵北京的特大沙尘暴的 TSP 气溶胶(命名为"DS",15:30—19:50,沙尘暴峰值刚过,风速达 10 m·s⁻¹),还采集了一个北京非沙尘暴期间的 TSP(命名为"NDS",2002 - 7 - 25,8:30—10:30,晴)和一个多伦非沙尘暴 TSP 样品(命名为"DL",42.4°N,116.3°E,2002 - 4 - 19,12:06—17:40,晴)。北京采样点在北京师范大学科技楼顶(12 楼,高约 40 m),多伦采样点在多伦中学 3 楼楼顶。使用北京迪克电子仪器工厂生产的中流量采样泵,收集在 Nuclepore 聚碳酸酯膜上。假定每个颗粒物、每种元素以氧化物(Cl 除外)的形式存在,且 14 种元素和它们的相应氧化物的总量为 100%。随机分别测量了 DS、NDS 和 DL 中 565、419 和 498 个气溶胶单颗粒物,运用新近开发的强有力的气溶胶单颗粒物图像分析技术[22](图像分析技术详见本书第 67 章,颗粒物采样方法和化学组分分析方法详见本书第 7、8 章),揭示沙尘暴和非沙尘暴气溶胶中单颗粒物的组成、沙尘气溶胶和污染气溶胶的混合状态,以及它们之间可能的相互作用。

55.1　沙尘暴和非沙尘暴单颗粒物的基本组成

表 55 - 1 列举归纳了 DS、DL 和 NDS 样品中每个元素的质量分数(可以看作为质量浓度)以及数频率(每种元素被检出的粒子数与总粒子数之比率)。结果表明:① Al、Si、P、S、Ca 为 DS、DL 和 NDS 中单颗粒物的主要元素,它们的数频率都接近于 100%;② Si 和 Al 在 DS 和 DL 中起主导作用,此二元素质量分数之和的平均值约为 65%,而 S、P 和 Cl 在 NDS 里更重要些,此三元素质量分数之和的平均值达 35%;③ Na 和 Mg 在 NDS 中含量最高,而 K 在 DS 和 DL 里较多,表明 K 更像 Si 和 Al 一样来自沙尘,而 Na 和 Mg 在 NDS 中部分来自污染;④ Cu 在 DL 中具有极高的数频率(96.8%),揭示了在多伦附近,一定存在某个特定的 Cu 污染源。X. B. Fan 等[5]曾报道了 1991 年 4 月北京沙尘暴样品中 Mg、K、Ca 和 Fe 的数频率全都超过了 62%,与此研究结果类似。但这次沙尘暴样品中,S(99.5%)和 Cl(82.5%)的数频率远高于 1991 年 S(14%)和 Cl(0%)的报道值。

为了解析这样大量复杂的数据,我们发展了一种适用于各种样品的图像分析技术[22]。它应用二元和三元图分析,揭示隐藏在单颗粒物数据后主要组分的本质特征和组分间的固有联系。图 55 - 1、图 55 - 2 和图 55 - 3 分别展示了 3 个样品的 Al_2O_3、SO_3 和 CaO 对 SiO_2 的 $X - Y$ 二元散点图。图像形状很规则,DS 粒子明显比 NDS 和 DL 更加集中。每个图中都包含了一个三角形核心区域(命名为"Area",意为"区域",代表主要的类)、4 条线(称为 L1—L4,代表趋势线)和 3 个点群(叫做 D1—D3,表示特殊点)。4 条光滑的趋势线从中间的三角形铝硅酸盐核心向外伸展,指向石英、$CaCO_3$(CaO)、无机盐

表 55-1　沙尘暴和非沙尘暴的单颗粒物中各元素的质量分数和数频率

质量分数(%) 元素	DS(n=565) Aver.[a]	最大值	数频率(%)	NDS(n=419) Aver.[a]	最大值	数频率(%)	DL(n=496) Aver.[a]	最大值	数频率(%)	倍数(DS/NDS) Aver.[a]	最大值	数频率(%)	倍数(DS/DL) Aver.[a]	最大值	数频率(%)
Na_2O	5.92	53.25	72.92	8.30	15.64	78.76	3.34	36.58	46.17	0.71	3.40	0.93	1.77	1.46	1.58
MgO	7.15	32.00	89.20	9.38	39.54	89.74	4.14	36.57	63.91	0.76	0.81	0.99	1.73	0.88	1.40
Al_2O_3	20.50	54.16	96.81	15.74	47.05	93.32	18.30	77.88	88.91	1.30	1.15	1.04	1.12	0.70	1.09
SiO_2	46.65	92.30	99.29	28.15	74.92	97.37	49.38	90.97	99.40	1.66	1.23	1.02	0.94	1.01	1.00
P_2O_5	5.38	26.31	98.23	8.34	27.68	96.18	4.70	25.64	96.17	0.65	0.95	1.02	1.15	1.03	1.02
SO_3	6.42	97.39	99.47	23.02	100	99.76	7.48	91.84	97.18	0.28	0.97	1.00	0.86	1.06	1.02
Cl	0.57	11.43	82.48	1.55	88.20	88.31	0.94	52.50	50.20	0.36	0.13	0.93	0.60	0.22	1.64
K_2O	2.30	13.69	93.81	1.57	18.80	72.55	3.09	15.87	89.31	1.47	0.73	1.29	0.74	0.86	1.05
CaO	4.70	49.86	91.33	10.38	79.53	68.26	6.25	87.88	86.49	0.45	0.63	1.34	0.75	0.57	1.06
TiO_2	1.38	39.61	22.83	3.29	21.07	6.44	0.64	24.56	35.08	0.42	1.88	3.55	2.15	1.61	0.65
V_2O_5	0.53	8.84	4.07	1.35	2.41	0.95	—	—	—	0.40	3.67	4.28	—	—	—
MnO_2	0.46	4.28	5.66	—	—	—	—	—	—	—	—	—	—	—	—
Fe_2O_3	4.66	43.03	85.31	2.69	43.43	42.72	6.55	51.79	77.82	1.73	0.99	2.00	0.71	0.83	1.10
CuO	1.22	11.14	3.36	0.87	13.71	13.60	4.86	51.85	96.77	1.40	0.81	0.25	0.25	0.21	0.03
ZnO	—	—	—	6.37	57.65	13.84	—	—	—	—	—	—	—	—	—

[a] Aver.表示各元素颗粒物质量分数的平均值。

（硫酸盐等）和氧化铝（Al_2O_3）。线末端的颗粒，代表几乎"纯"的矿物组分，它们之间为物质间混合状态；而线上的颗粒，展现了各种矿物气溶胶和污染气溶胶的物质内混合状态及它们间的连续渐变趋势。物质间混合颗粒在 3 个样品中，分别约为 DS 63％、DL 60％和 NDS 48％；而物质内混合颗粒为 DS 37％、DL 40％和 NDS 52％，其中矿物-矿物内混合颗粒物在 DS 中最高为 31％，而矿物-污染内混合颗粒物在 NDS 中最高为 32％，是 DS（6％）和 DL（16％）的几倍。基于常规聚类分析和 $X-Y$ 散点图所得到的结果，将单颗粒物重组为 10 个小类。每个小类的丰度见图 55-4。所有小类混合在一起，且它们之间没有明显的边界，并不存在真正纯的物质，每个单粒子仍然是矿物质的混合物。总的来说，DS 和 DL 的粒子体现了内蒙古沙尘暴源头的地壳源，而 NDS 更多地反映了北京的局地污染源。

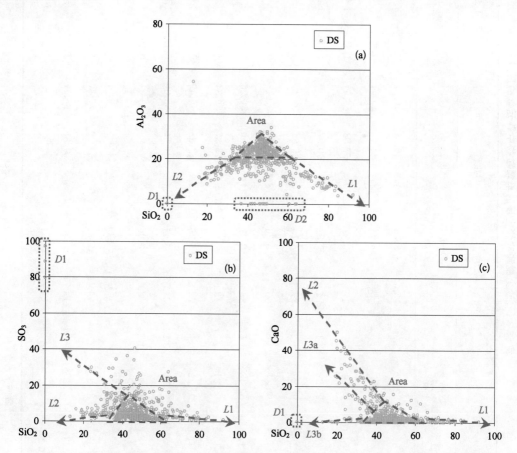

图 55-1 沙尘暴样品（DS）的 $X—Y$ 图的图像分析*（彩图见下载文件包，网址见 14 页脚注）

图中，"Area"代表三角形核心区域中的铝硅酸盐；"L1"代表 SiO_2 趋势线；"L2"代表 Ca 趋势线；"L3"代表 S 趋势线；"L3a"代表 $CaSO_4$ 趋势线；"L3b"代表其他 SO_4 趋势线；"L4"代表 Al_2O_3 趋势线；"D1"代表$(NH_4)_xSO_4$ 特殊点群；"D2"代表 SiO_2+SO_4 特殊点群；"D3""SiO_2+CuO 特殊点群。

---

* 图中 Area 字样意为"区域"，代表主要的"类"。为保持资料的原貌，在此不予翻译。

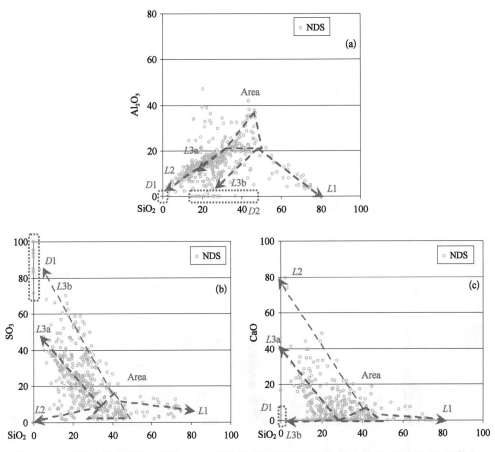

图 55 - 2　非沙尘暴样品(NDS)的 *X—Y* 图的图像分析(彩图见下载文件包,网址见 14 页脚注)

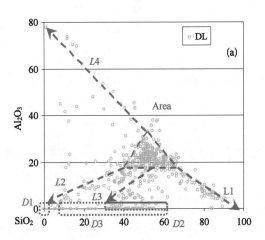

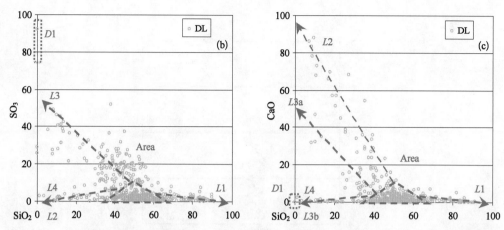

图 55-3　多伦非沙尘暴样品(DL)的 X—Y 图的图像分析(彩图见下载文件包,网址见 14 页脚注)

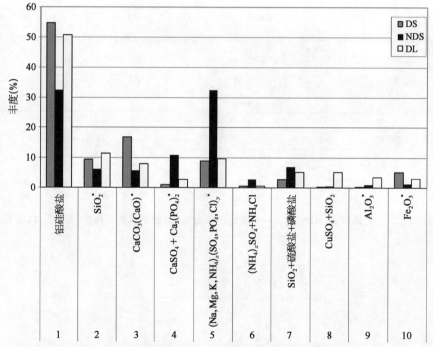

图 55-4　比较 3 个样品中各小类的丰度(彩图见下载文件包,网址见 14 页脚注)

＊表示此类单颗粒物中含有少量铝硅酸盐。

55.2　来自沙尘源区的矿物气溶胶

55.2.1　矿物气溶胶的组成和混合状态

黄土中的主要矿物质为石英、长石、云母、黏土和方解石等,约占总量的 90％,而镍绿泥石、斜绿泥石和正长石都是次要组分[6]。由图 55-4 可见,沙尘暴气溶胶颗粒物与黄土和沙具有矿物学的相似性。黏土(铝硅酸盐)、石英(SiO_2)和方解石是主要矿物质,在 DS 和 DL 样品中分别约为 50%、10% 和 15%,是 NDS 的 2 倍。由图 55-3 可见,DS 和 DL 中有半数以上粒子在中间三角形核心区域(命名为"Area")中,而 NDS 只有大约 1/5。这个区域的颗粒物含有 20%~35% 的 Al_2O_3,35%~60% 的 SiO_2 和低于 10% 的其他组分,说明这些粒子主要是铝硅酸盐(黏土)。一些粒子含有 5%~14% 的 K_2O(表 55-1),可能是长石。显然,黏土在 DS 和 DL 中起最主要作用,而在 NDS 里必定存在另一至关重要的组分。线 $L1$ 可以被视为标识单颗粒物中地壳源组分 SiO_2 的趋势线。沿着 $L1$ 箭头指向,只有 SiO_2 增加,而所有其他组分迅速减少。在 DS 和 DL 中,延伸 $L1$ 的尾部,当它穿过 SiO_2 坐标轴时,能达到几乎 100% 的 SiO_2(图 55-1 和图 55-3),说明 $L1$ 可以作为纯净石英(SiO_2)的指示线。同时随着 SiO_2 的增加,DS 和 DL 的粒子数逐渐减少,这可能因为高含量的 SiO_2 粒子(更纯的石英),其直径稍大,易于沉降,而只有很少一部分能被输送到远方。但是,在 NDS 中的 $L1$,含有较少的粒子数,而且 $L1$ 的延长线只能达到 80% 的 SiO_2。注意到在 SO_3-SiO_2 散点图中,$L1$ 的尾端在 10% SO_3 处保持水平 [图 55-2(b)]。与此类似,在 P_2O_5、MgO 和 Na_2O 对 SiO_2 的散点图中(因篇幅有限,略去这些图),在 NDS 中 $L1$ 尾端的粒子同样保持在 5% P_2O_5、5% MgO 和 5% Na_2O 处。不纯的地壳源趋势线尾端,揭示了 NDS 气溶胶单颗粒物中的 S 等元素,部分来自污染源。线 $L1$ 可以被视为 Ca 的趋势线。沿着图 55-1(a)、图 55-2(a) 和图 55-3(a) 中的线 $L2$ 箭头方向,SiO_2 和 Al_2O_3 在 DS、NDS 和 DL 的单颗粒物中按照相似的比率逐步减少。相应地,粒子也被显示在图 55-1(c)、图 55-2(c) 和图 55-3(c) 的 $L2$ 中,可见 CaO 在 DS 里上升到 50%,在 NDS 和 DL 里分别增加到 80% 和 88%。因为没有其他的物质随着 CaO 增长,所以 $L2$ 可以作为 CaO 的指示线(由于没有元素 C 的数据,因此也可能含有 $CaCO_3$)。

总之,黏土(铝硅酸盐)、石英(SiO_2)和方解石是主要矿物质,它们是源区地壳成分的代表,在 3 个样品中混合在一起。三角形核心区域展现了不同种类铝硅酸盐的外混合状态;SiO_2 的趋势线和 CaO 的趋势线分别展示了"纯"石英和"纯"黏土,以及"纯"$CaCO_3$、CaO 和"纯"黏土的内混合(物质内渗入)状态,以及连续的渐变趋势。各种矿物的内混合,可能归因于长时间的自然形成过程和后来的颗粒物成盐过程,在 3 个样品中分别占 DS 31%、NDS 23% 和 DL 20%。

55.2.2 SiO_2/Al_2O_3 比值揭示的单颗粒物矿物类型

SiO_2/Al_2O_3 的平均质量分数的比值,在 DL 中约为 2.69,比 DS(2.28)和 NDS(1.78)高。它们都非常接近于黏土矿物质中的比率(1.18~2.35)[23],低于中国土壤中的平均值(5.29)[24] 和世界岩石/土壤的平均值(3.87~5.28)[23]。用三元图进行图像分析,得到气溶胶颗粒物中主要地壳组分的 SiO_2/Al_2O_3 摩尔比率,在 DS、DL 和 NDS 分别为 2.5~5.1、2.2~5.1 和 1.7~3.4。黏土中主要有 4 种类型的矿物质——蒙脱石[$Al_4(Si_4O_{10})_2(OH)_4$·

$x H_2 O$]、绿泥石[$Mg_{10} Al_2 (Si_6 Al_2) O_{20} (OH)_{16}$]、高岭土[$Al_4 Si_4 O_{10} (OH)_8$]和莫斯科白云母[$K_2 Al_4 (Si_6 Al_2) O_{20} (OH)_4$],它们中 $SiO_2 / Al_2 O_3$ 的摩尔比分别为 4、3、2、2[25]。与这些数据相比较,可见本章所研究的气溶胶单颗粒物中所包含的铝硅酸盐部分,是不同种类的黏土矿物质和一定量石英的混合物。J. Xuan 等[26]揭示了各个沙尘源区的 $SiO_2 / Al_2 O_3$ 比率有所不同。气溶胶中的 $SiO_2 / Al_2 O_3$ 比率,可以作为沙尘源头的示踪物。沙尘暴将大量沙尘引入北京,所以 DS 中的 $SiO_2 / Al_2 O_3$ 比值,应该大于 NDS 中。但 DS 中的 $SiO_2 / Al_2 O_3$ 摩尔比,低于 DL 中(沙尘暴途经之地),并且 DS 和 DL 中远远低于北方高沙尘源区沙尘中的摩尔比(约 8.2)[26]和内蒙古东北部土壤中的平均摩尔比(约 6.4～16.0)[27]。这说明了那些主要组成为石英的粗颗粒物如沙壤和沙,在远距离的输送途中不断发生重力沉降,而细粒子如表层细土壤和黏土,更多地被携带到达北京。而在 NDS 中,地壳源颗粒可能主要来自荒地或耕地的表层土壤,以及道路建筑工地的扬尘[16]。

55.3 来自人为源的污染气溶胶

55.3.1 污染气溶胶的组成和混合状态

众所周知,中国北部是典型的燃煤取暖区,而大多数燃煤为高硫煤,所以硫酸盐是北京污染气溶胶的主要组成。由图 55-4 可见,NDS 中所有硫酸盐小类所占总颗粒数的比例,都比 DS 和 DL 高。$(Na, Mg, K)_x (SO_4, PO_4, Cl)_y$ 约占 NDS 的 32%,3 倍于 DS(9%)和 DL(10%)。$CaSO_4 + Ca_3 (PO_4)_2$ 约占 NDS 的 11%,是 DS 的 10 倍。$SiO_2 + $硫酸盐+磷酸盐约占 NDS 的 7%,而$(NH_4)_x SO_4 + NH_4 Cl$ 占 NDS 的 3%,6 倍于 DS(0.5%)和 DL(0.5%)。气溶胶单颗粒物中矿物气溶胶和污染气溶胶的混合,经由内混合(物质内渗入)或外混合(物质间混合)2 种方式。图 55-3 中 $L3$(S 趋势线)$D1$[$(NH_4)_x SO_4$ 粒子]和 $D2$($SiO_2 + $硫酸盐粒子)显示了这样混合的状态。沿着 $L3$,SO_3 在 DS 上升至 40%,在 DL 上升至 50%,在 NDS 上升至 85%。类似地,从 $P_2 O_5 - SiO_2$ 散点图中可见,$L3$ 中约含 10%～20% 的 $P_2 O_5$(因篇幅所限,略去这些图)。NDS 的 $L3$ 是一条又长又粗的趋势线,而在 DS 和 DL 中同样存在 $L3$,但颗粒数明显少于 NDS。显然,沿着 $L3$,3 个样品的单颗粒物中一些硫酸盐和磷酸盐逐步添加,并一步步与铝硅酸盐发生物质内混合。注意到 $L3$ 含有 2 个分支,即 $CaSO_4$ 趋势线($L3a$)和其他硫酸盐趋势线($L3b$)[图 55-1(c)、图 55-2(c)和图 55-3(c)]。在 $L3a$ 中,SO_3 随着 CaO 的增加而上升到 30%～40%,表明 $L3a$ 可看作是石膏($CaSO_4$)替代方解石($CaCO_3$)的指示线。而在 $L3b$ 中虽然 CaO 增加,但 SO_3 始终低于 4%,说明除 $CaSO_4$ 之外,其他的硫酸盐/磷酸盐如 $Na_2 SO_4$,沿着 $L3b$ 逐渐加入铝硅酸盐之中。如图 55-1(b)所示,$D1$ 中的粒子包含 80%～100% 的 SO_3、5%～10% 的 Cl 和少量的 P。虽然本研究的单颗粒物分析,没能提供 N、H 和 C 的数据,但由于在相应的沙尘暴 TSP 样品的颗粒物总体离子分析中,发现了大量可溶性的 SO_4^{2-} 和 NH_4^+,分别达 81.0 和 2.12 $\mu g \cdot m^{-3}$[28],所以 $D1$ 很可能是"纯污染气溶胶"

$(NH_4)_2SO_4$ 或 NH_4HSO_4 及少量的 NH_4Cl,其中的硫酸盐是由污染源排放的 SO_2 被氧化,再与排放的 NH_3 中和反应[18]而生成的。虽然在人为污染较严重的非沙尘暴时期,此反应显著,但是在 DS 中同样存在着这样的二次污染粒子(占 <1%),与其他矿物气溶胶物质混合在一起。它们可能是从北京局地或沙尘暴传输途中被引入的。图 55 - 1(a)、图 55 - 2(a) 和图 55 - 3(a) 中的 SiO_2 + 硫酸盐粒子($D2$) 在图 55 - 1(b)、图 55 - 2(b) 和图 55 - 3(b) 中散布在三角形区域的上方,它们含有较高的 SO_3(在 DS、DL 中约为 35%,在 NDS 中约为 60%)、较高的 P_2O_5(约 20%)和一定量的 SiO_2(DS、DL 40%~60%,NDS 20%~40%),表明这些粒子是石英和硫酸盐、磷酸盐的物质内混合物。总之,S 趋势线和 SiO_2 + 硫酸盐粒子,展示了矿物气溶胶-污染气溶胶的内混合状态。这可能归因于矿物气溶胶表面上的含 S 化合物发生了非均相反应。这些内混合粒子在 NDS 中达 32%,高于 DS 中的 6% 和 DL 中的 16%。

55.3.2　多伦样品中的高含量 CuO 和 Al_2O_3

由图 55 - 3 可见,只有在 DL 中,才存在清晰的 Al_2O_3 趋势线(L4)和 $CuSO_4$ + SiO_2 粒子($D3$)。这同样展示了某些污染气溶胶和矿物气溶胶的内混合与外混合状态。在 L4 的粒子中 Al_2O_3 的含量很高(约 40%~80%)。在 D3 的粒子中含有异常高的 CuO(5%~40%)、SO_3(约 20%)和 SiO_2(5%~55%)。如图 55 - 4 所示,在 DL 中,Al_2O_3 小类(3.5%)和 $CuSO_4$ + SiO_2 小类(5.3%)比 DS 和 NDS 中的相应小类高 5~10 倍。在 DL 的单颗粒物中,CuO 和 SO_3 紧密相关,并沿着 4:5 的趋势线变化;而在 DS 和 NDS 中,只有较少粒子含有 CuO 和 SO_3(图 55 - 5)。这个结果表明,在多伦地区或其附近,一定存在人为释放 CuO 和 SO_3 的点源,如非铁冶炼工业,或 $CuSO_4$($CuO/SO_3=1$)的排放源。由图 55 - 5 还可见,在 DS 中,CuO 和 SO_3 的平均比值(CuO/SO_3)类似于世界岩石的平均

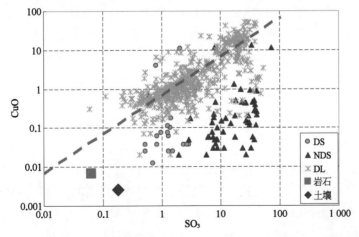

图 55 - 5　DS、NDS、DL 的单颗粒物及世界岩石和土壤中 CuO 和 SO_3 的比值
(彩图见下载文件包,网址见 14 页脚注)

比值(0.08)[29]，而在 NDS 中，这一平均比值类似于在土壤中的平均比值，表明 DS 和 NDS 中大多数含 CuO 的粒子，来自地壳源，而那些特别纯的 Al_2O_3 颗粒物，可能来自局地源。

55.4 沙尘中矿物气溶胶和污染气溶胶的相互作用

矿物气溶胶经常与硫酸盐(全球平均>10％)和硝酸盐相关联(>40％)[30]。实验室研究发现，沙尘在对流层中 SO_x 向硫酸盐转化的氧化过程中，起至关重要的作用。矿物气溶胶上累积的硫酸盐和硝酸盐，可归因于沙尘粒子表面上的凝结过程和异相反应[31]。硫酸盐与矿物气溶胶发生物质间和物质内的混合，表现为上述讨论的"S 趋势线"。$(NH_4)_xSO_4$ 粒子、SiO_2＋硫酸盐粒子显示了彼此之间的某些相互作用。黏土和石英(Al_2O_3、SiO_2 等)、方解石($CaCO_3$、CaO)和无机盐(硫酸盐、磷酸盐和氯化物)，是单颗粒物中的 3 类主要组分。这 3 类主要成分的三元图像分析，展现了更深层次的信息(图 55－4)，揭示了矿物气溶胶和污染气溶胶不仅有内部混合和外部混合，而且彼此间还存在着相互作用。从图 55－6(a)—(c)可见，有 3 个分支从左下角(以黑色的·表示的密集颗粒物，主要是铝硅酸盐和石英)向右侧延伸。在底部附近并向 CaO 边延伸的分支，描述了 $CaCO_3$ 或 CaO 在粒子中不断增加的趋势。沿着左边指向顶角的分支，主要是无机盐，即硫酸盐、磷酸盐和少量的氯化物，如 $(NH_4, Na, K, Mg)_x(SO_4, PO_4, Cl)_y$，它们不断地与黏土和石英相混合。中间向右的分支描述的是 $CaSO_4$ 逐渐被引入。

$$CaCO_3 + SO_x(g) \longrightarrow CaSO_4 + CO_2 \qquad (55-1)$$
$$CaCO_3 + 2(NH_4)_2SO_4 \longrightarrow (NH_4)_2Ca(SO_4)_2 \cdot H_2O + 2NH_3 + CO_2 \quad (55-2)$$
$$(NH_4)_2Ca(SO_4)_2 \cdot H_2O + H_2O \longrightarrow CaSO_4 \cdot 2H_2O + (NH_4)_2SO_4 \quad (55-3)$$

这些硫酸盐-矿物气溶胶内混合的颗粒物，包括 2 部分可能的来源：① 矿物气溶胶表面吸附 SO_x 并与之发生非均相氧化反应，并凝结成硫酸盐颗粒[$(NH_4)_xSO_4$ 或 H_2SO_4]，这可以解释三元图左支铝硅酸盐和石英上的硫酸盐。$(NH_4, Na)_x(SO_4, PO_4)_y$ 在 NDS 中比在 DS 和 DL 中的粒子数更多，粒子组分更"纯"，可能因为在非沙尘暴时期较高浓度的污染气体和较高湿度的气象条件下，这些作用更加显著。沙尘暴发生时，其携带的许多表层土壤、黄土甚至沙，能够提供合适的表面以吸附 SO_x 和 NO_x，并发生氧化反应而转变成硫酸盐和硝酸盐[18]，但强风相对稀释了北京本地的污染累积，且沙尘停留的时间较短，所以异相反应可能存在，只是效率不高。② $CaCO_3(CaO)$ 表面上吸附 SO_x 或碰撞 $(NH_4)_xSO_4$，并按上述的式(55－1)到式(55－3)的机理，生成 $CaSO_4$。这可能是三元图中间分支中 $CaSO_4$ 的一个来源。I. Mori 等[32]报道了人为模拟的 $CaCO_3$(模拟 Kosa 粒子)和 $(NH_4)_2SO_4$ 粒子的混合物，在 23℃和相对湿度为 70％的氩气(Ar)中静置，经过 1 d 后形成新的物质，即铵石膏[$(NH_4)_2Ca(SO_4)_2 \cdot H_2O$]，在 7 d 之后形成石膏。

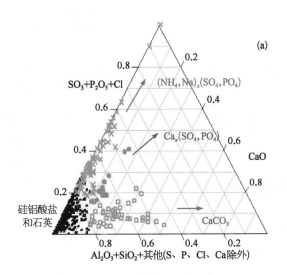

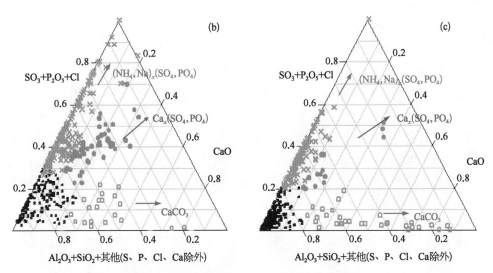

图 55 - 6　气溶胶单颗粒物 3 个主要组分的三元图分析(彩图见图版第 40 页,
也见下载文件包,网址见正文 14 页脚注)

3 个主要成分即:$Al_2O_3 + SiO_2 +$ 其他(SO_3、P_2O_5、Cl 和 CaO 除外);$SO_3 + P_2O_5 + Cl$;CaO。

其反应过程是上述的式(55 - 2)和式(55 - 3),它们对相对湿度十分敏感。在北京收集的
1997 年 5 月 6 日沙尘暴期间的气溶胶样品中检出了铵石膏,但是未在沙尘源区的土壤中
发现铵石膏。Y. Gao 等[15]展示了西安附近的沙坡头样品中,方解石在气溶胶传输中发
生的反应。R. Arimoto[33]提及含 S 化合物与矿物气溶胶之间反应产生的 H_2SO_4,覆盖
在颗粒物表面,将导致方解石反应转变为石膏。如果所有的 $CaSO_4$ 粒子由 $CaCO_3$ 转化而
来,那么 DS 中有 5.9%、NDS 中有 65.7%、DL 中有 26.4% 的 $CaCO_3$ 被替代,并形成
$CaSO_4$。显然,这些反应在非沙尘暴时期更为显著。但沙尘暴时期的沙尘急剧积聚,相对
湿度降到约 10%,虽然人为污染物被来自西北相对清洁的冷气团所清除[14],但北京的污染

气体在燃煤取暖期仍保持在较高水平（2002 年 3 月 20 日，SO_2 和 NO_x 的浓度分别为 47 和 67.2 $\mu g \cdot m^{-3}$）。DS 期间虽只含有 1% 不纯的 $CaSO_4$，但揭示了沙尘与污染气溶胶间的相互作用即使在沙尘暴时仍然存在。DS 中这些不纯的 $CaSO_4$，还有可能来自塔克拉玛干的富石膏土壤。究竟有多少 $CaSO_4$ 是由 $CaCO_3$（CaO）表面上吸附 SO_x 或碰撞 $(NH_4)_x SO_4$ 而生成的，需要进一步探讨。据此可见，被沙尘暴携带的碳酸盐，能够有效地中和气溶胶及土壤的酸度[34]，并对全球生物地球化学平衡产生显著影响。

55.5 来自土壤源的盐类

55.5.1 由元素 P 和 S 的相关性，揭示颗粒物的土壤源

沙尘暴气溶胶中，有一个令人惊奇的显著正相关存在于元素 P 和 S 之间（图 55 - 7）。它们的平均比值为 1.06，接近于中国土壤的平均比值（0.95）[25] 和世界土壤的平均比值（0.85）[35]。但在 DS 单颗粒物中，P_2O_5 和 SO_3 的质量分数与 P_2O_5 / Al_2O_3、SO_3 / Al_2O_3 比值，比中国土壤和世界土壤的平均比值大约高 10 倍。相似的比值说明，含 P 和 S 的部分，可能有相同的来源，即沙尘暴源区富 P、S 的颗粒。那些含 P 高的粒子，可能来自沙尘暴途经的、分布在中国北部的富 P 土壤，被沙尘暴吹起，并携带同行。例如，在内蒙古有着世界上最大的轻质稀土矿（白云鄂博），它主要是包括独居石和磷灰石在内的含 P 稀土矿石（REO）[36]；而在河北省的右锁堡，同时存在 0.15%～2.6% 的 REO 和 18%～36% 的 P_2O_5[37]。至于 NDS 中 P_2O_5 含量高的粒子，可能归因于本地所使用的化肥。这表明，气溶胶在某种程度上可以作为土壤的标识物。更重要的是，沙尘暴气溶胶携带并运送高含量的磷酸盐到中国海和太平洋中，会对海洋生态平衡产生重大影响。

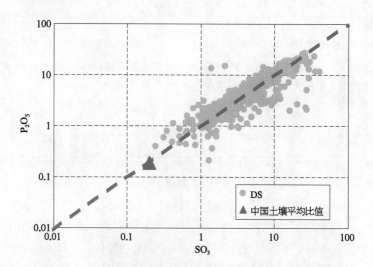

图 55 - 7　DS 的单颗粒物及中国土壤中 P_2O_5 和 SO_3 的比值
（彩图见下载文件包，网址见 14 页脚注）

55.5.2　元素 Cl 和 S 的相关性揭示颗粒物的盐渍土源

另一对具有显著正相关的元素是 Cl 和 S(图 55 - 8),DS 中的平均比值(Cl/SO_3)为 0.09,接近于世界土壤的平均比值(0.06)[35]。但是,Cl/Al_2O_3 比值 10 倍于世界土壤的平均比值。这表明 Cl 和 S 可能来自沙尘暴源头被吹起并携带的富含 Cl、S 的土壤颗粒。进一步的因子分析发现,Cl、S 和 Na 出现在同一个因子中。在沙尘源区,广泛分布着干涸的盐湖和盐渍土,它们都含有大量的 Na_2SO_4 和 NaCl。所以,在 DS 单颗粒物中,Cl 和 S 的高相关性揭示了这些盐湖盐渍土颗粒被沙尘暴携带并长距离传输,并且在沙尘源区中,干涸的盐湖和盐渍土可能恰为沙尘暴的"起尘热点"(详见本书第 17 章)。D. Zhang 等[19]发现,在途经青岛且在其飞越海洋上空之前的沙尘暴气溶胶中,有许多高含量 Na、S 和 Cl 的颗粒,而且主要来自地壳源而不是海洋源。这在一定程度上佐证了这一机制。

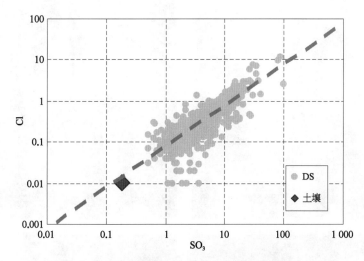

图 55 - 8　DS 的单颗粒物及中国土壤中 Cl 和 SO_3 的比值
(彩图见下载文件包,网址见 14 页脚注)

55.6　单颗粒物的粒径分布和形态学

通过 SEM 的照片图像,可测量单颗粒物的粒径分布与形态。粒子的粒径分布在 0.1~20 μm 之间。DS 粒子的平均直径约为 1.3 μm,而 NDS 和 DL 的粒子分别约为 0.8 和 1.2 μm。DS 中超过 80% 的颗粒物,在可吸入颗粒物的粒径范围内(<2.5 μm)。图 55 - 9 和表 55 - 2 展示了 DS 中一些典型的气溶胶颗粒物的形态特征以及它们的可能来源,这给上述讨论提供了证据:① 黏土(粒子 G)、长石(粒子 H)、方解石(粒子 F、I)和角闪石(粒子 A)等粒子,可在颗粒物的照片中很普遍发现,各种形状的很纯的石英(粒子 B、C、D)在 DS 和 DL 中也很常见。沙尘暴气溶胶在 DS 中就像鸡尾酒一样,含有大量多

相聚合物颗粒、不规则形状颗粒和球形颗粒,比 NDS 和 DL 粒径大一些,均匀度差一些(图 55 - 9)。很明显,沙尘暴气溶胶主要为不同种类的黏土矿物质和石英的混合物。② 煤飞灰(煤灰)是球形的铝硅酸盐颗粒[15],在 DS、NDS 和 DL 中大约分别含有 1%、12.3% 和 6.7% 的煤飞灰粒子。这表明,一些污染成分被引入,并与矿物气溶胶混合在一起。③ NaCl(粒子 E)可以直观地证明,DS 的一些粒子来自沙尘暴途中干涸的盐湖或盐渍土。④ $CaCO_3$(粒子 I)和 $(NH_4)_2SO_4$(粒子 K,仅含有大量的 S)彼此紧挨,出现在同一张照片中,粒子 J(在 I 旁边)是 $CaCO_3$ 粒子,其中含有少量的 S。这说明了有一定量的 $CaSO_4$ 出现在 $CaCO_3$ 边上,可能是 $CaCO_3$ 颗粒表面吸收了 SO_2、H_2SO_4 或者 $(NH_4)_2SO_4$,它们相互作用生成了 $CaSO_4$ 或者 $(NH_4)_2Ca(SO_4)_2$。

图 55 - 9　沙尘暴样品中的典型颗粒物的形态特征
(彩图见下载文件包,网址见 14 页脚注)
图中字母为各种典型单颗粒物的代号。

表 55 - 2　沙尘暴样品的典型颗粒物的理化特性和来源信息

代号(见图 55 - 9)	形状	尺寸(μm)	平滑度	矿物特征	可能来源
A	长条形	约 10	不好	闪石	半干旱地区
B	三角形	约 5	不好	石英	干旱地区
C	圆形	约 2	好	石英	干旱地区
D	针尖形	约 3	不好	石英	干旱地区
E	圆形	约 4	不好	NaCl、黏土	半干旱地区,盐湖
F	不规则形	约 5	不好	黏土、方解石($CaCO_3$)	半干旱地区
G	圆形	约 3	好	黏土	半干旱地区
H	条形	约 1	不好	钠钙长石	半干旱地区
I	不规则形	约 4	不好	方解石($CaCO_3$)	半干旱地区
J	不规则形	约 2	不好	$CaCO_3$、$CaSO_4$	含污染半干旱地区
K	条形	约 2	不好	硫酸盐[$(NH_4)_2SO_4$]	污染地区

　　综上所述,图像分析法简单直观地展示了沙尘暴和非沙尘暴单颗粒物的本质特征[22,38]。气溶胶单颗粒物的 3 个主要组分为黏土和石英(Al_2O_3、SiO_2等)、方解石(CaO、$CaCO_3$)和无机盐(硫酸盐、磷酸盐、氯化物)。DS 和 DL 的粒子,体现了内蒙古沙尘暴源头的地壳源,而 NDS 更多地反映了北京局地污染源。4 条光滑的趋势线($L1-4$)从中间的三角形核心(铝硅酸盐)向外伸展,指向石英、$CaCO_3$(CaO)、无机盐(硫酸盐等)和Al_2O_3。线末端的颗粒,代表几乎"纯"的矿物组分,它们之间为物质间混合状态(DS 63%、DL 60%、NDS 48%);而线上的颗粒展现了各种矿物气溶胶和污染气溶胶的物质内混合状态,以及它们间的连续渐变趋势(NDS 最高达 52%)。矿物气溶胶和污染气溶胶(硫酸盐)无论在沙尘暴、非沙尘暴期间,还是在沙漠地区,均存在物质内混合状态(NDS 32%、DS 6%、DL 16%),这可能归因于矿物气溶胶能吸附污染气体,并与之反应而凝结在颗粒物表面。在沙尘暴长距离传输途经污染地区的过程中,硫酸盐、SO_2等污染气体与 $CaCO_3$ 和其他矿物气溶胶可能发生相互作用,这包括四价硫[S(Ⅳ)]和其他含 S 化合物在矿物气溶胶表面所发生的非均相反应,以及一些诸如 $CaCO_3$ 被 $CaSO_4$ 逐步替代的反应。在非沙尘暴时期高浓度的污染气体和高相对湿度的气象条件下,这些作用更加显著。元素 P、S 和 Cl 异常紧密相关,证明了广泛分布在中国北部和西北部的那些富 P 土壤和盐渍土土壤,也是沙尘暴的重要来源之一。

参考文献

[1]　Cyranoski D. China plans clean sweep on dust storms. Nature, 2003, 421(6919): 101.

[2]　Gao Y, Arimoto R, Zhou M Y, et al. Relationships between the dust concentrations over eastern Asia and the remote North Pacific. Journal of Geophysical Research, 1992, 97: 9867 - 9872.

[3] Duce R A, C K Unni B J, et al. Long-range atmospheric transport of soil dust from Asia to the tropical North Pacific: Temporal variability. Science, 1980, 209(4464): 1522 – 1524.

[4] Mori I, Nishikawa M, Quan H, et al. Estimation of the concentration and chemical composition of Kosa aerosols at their origin. Atmospheric Environment, 2002, 36(29): 4569 – 4575.

[5] Fan X B, Okada N N, et al. Mineral particles collected in China and Japan during the same Asian dust-storm event. Atmospheric Environment, 1996, 30(2): 347 – 351.

[6] Sun J. Provenance of loess material and formation of loess deposits on the Chinese Loess Plateau. Earth and Planetary Science Letters, 2002, 203(3): 845 – 859.

[7] Ma C J, Tohno S, Kasahara M, et al. Properties of individual Asian dust storm particles collected at Kosan, Korea during ACE-Asia. Atmospheric Environment, 2004, 38(8): 1133 – 1143.

[8] Ro C U, Oh K Y, Kim H K, et al. Chemical speciation of individual atmospheric particles using low-Z electron probe X-ray microanalysis: Characterizing "Asian Dust" deposited with rainwater in Seoul, Korea. Atmospheric Environment, 2001, 35(29): 4995 – 5005.

[9] Ma C J, Kasahara M, Holler R, et al. Characteristics of single particles sampled in Japan during the Asian dust storm period. Atmospheric Environment, 2001, 35(15): 2707 – 2714.

[10] Okada K, Naruse H, Tanaka Y, et al. X-ray spectrometry of individual Asian dust-storm particles over the Japanese islands and the North Pacific Ocean. Atmospheric Environment, 1990, 24(6): 1369 – 1378.

[11] Anderson J R, Buseck P R, Patterson T L. Characterization of the Bermuda tropospheric aerosol by combined individual-particle and bulk-aerosol analysis. Atmospheric Environment, 1996, 30 (2): 319 – 338.

[12] Zhuang G, Guo J, Yuan H, et al. The compositions, sources, and size distribution of the dust storm from China in spring of 2000 and its impact on the global environment. Chinese Science Bulletin, 2001, 46(11): 895 – 901.

[13] Sun Y, Zhuang G, Yuan H, et al. Characteristics and sources of 2002 super dust storm in Beijing. Chinese Science Bulletin, 2004, 49(7): 698 – 705.

[14] Guo J, Rahn K A, Zhuang G, et al. A mechanism for the increase of pollution elements in dust storms in Beijing. Atmospheric Environment, 2004, 38(6): 855 – 862.

[15] Gao Y, Anderson J R. Characteristics of Chinese aerosols determined by individual-particle analysis. Journal of Geophysical research, 2001, 106(D16): 18037 – 18045.

[16] Whittaker A G, Jones T P, Shao L, et al. Mineral dust in urban air: Beijing, China. Mineralogical Magazine, 2003, 67(2): 173 – 182.

[17] Shi Z, Shao L, Jone T P, et al. Characterization of airborne individual particles collected in an urban area, a satellite city and a clean air area in Beijing, 2001. Atmospheric environment, 2003, 37(29): 4097 – 4108.

[18] Zhang D, Shi G, Iwasaka Y, et al. mixture of sulfate and nitrate in coastal atmospheric aerosols: Individual particle studies in Qingdao (36°04′N, 120°21′E), China. Atmospheric Environment, 2000, 34(17): 2669 – 2679.

［19］ Zhang D, Zang J, Shi G, et al. Mixture state of individual Asian dust particles at a coastal site of Qingdao, China. Atmospheric Environment, 2003, 37(28): 3895 – 3901.

［20］ Zhang K, Yang W, Yang X. Combating strategies for desertification and sandstorm in China, paper presented at Sino-US workshop on dust storm and its effect on human health. NC, USA: Raleigh, 2002.

［21］ Wang Y, Zhuang G S, Tang A, et al. The ion chemistry and the source of $PM_{2.5}$ aerosol in Beijing. Atmospheric Environment, 2005, 39(21): 3771 – 3784.

［22］ Yuan H, Rahn K A, Zhuang G. Graphical techniques for interpreting the composition of individual aerosol particles. Atmospheric Environment, 2004, 38(39): 6845 – 6854.

［23］ Makra L, Borbely-Kiss I, Koltay E, et al. Enrichment of desert soil elements in Taklimakan dust aerosol. Nuclear Instruments and Methods in Physics Research, 2002, 189(1 – 4): 214 – 220.

［24］ Goudie A S, Middleton N J. Saharan dust storms: Nature and consequences. Earth-Science Reviews, 2001, 56(1): 179 – 204.

［25］ Mason B. Principles of geochemistry: 2nd Ed. John Wiley & Sons Inc, 1960: 152 – 153.

［26］ Xuan J, Sokolik I N. Characterization of sources and emission rates of mineral dust in northern China. Atmospheric Environment, 2002, 36(31): 4863 – 4876.

［27］ Zhang X Y, Gong S L, Shen Z X, et al. Characterization of soil dust aerosol in China and its transport and distribution during 2001 ACE-Asia. Journal of Geophysical Research, 2003, 108 (D9): 4261 – 4274.

［28］ Wang Y, Zhuang G S, Tang A, et al. The ion chemistry and the source of $PM_{2.5}$ aerosol in Beijing. Atmospheric Environment, 2005, 39(21): 3771 – 3784.

［29］ Taylor S R. Abundance of chemical elements in continental crust: A new table. Geochimica et Cosmochimica Acta, 1964, 28(8): 1273 – 1285.

［30］ Dentener F J, Carmichael G R, Zhang Y, et al. Role of mineral aerosol as a reactive surface in the global troposphere. Journal of Geophysical Research, 1996, 101(D17): 22869 – 22889.

［31］ Usher C R, Michel A E, Grassian V H. Reaction on mineral dust. Chemical Reviews, 2003, 103 (12): 4883 – 4939.

［32］ Mori I, Nishikawa M, Iwasaka Y. Chemical reaction during the coagulation of ammonium sulfate and mineral particles in the atmosphere. The Science of the Total Environment, 1998, 224(1 – 3): 87 – 91.

［33］ Arimoto R. Eolian dust and climate: Relationships to sources, tropospheric chemistry, transport and deposition. Earth-Science Reviews, 2001, 54(1 – 3): 29 – 42.

［34］ Zhao D, Xiong J, Xu Y, et al. Acid rain in southwestern China. Atmospheric Environment, 1988, 22(2): 3349 – 358.

［35］ Bowen H J M. Trace elements in biochemistry. New York: Academic Press, 1996.

［36］ Orris G J, Grauch R I. Rare earth element mines, deposits, and occurrences. Rep 02 – 189 of USGS, USA, 2002: 30 – 32.

［37］ Wu C, Yuan Z, Bai G. Rare earth deposits in China // Jones A P, Wall F, Williams C T. Rare earth minerals — Chemistry, origin and ore deposits: The Mineralogical Society Series 7. New York: Chapman and Hall, 1996: 281 – 310.

[38]　Yuan H, Zhuang G, Rahn K A, et al. Composition and mixing of individual particles in dust and nondust conditions of North China, Spring 2002. J Geophys Res, 2006, 111: D20208. doi: 10. 1029/2005JD006478.

第56章
沙尘气溶胶中水溶性组分的转化——
沙尘气溶胶与污染气溶胶混合的证据

近 10 年来华北地区沙尘暴发生的次数有明显增加[1],仅 2000—2001 年度就发生了
30 次左右的沙尘天气。沙尘气溶胶降低能见度,改变辐射强度,进而影响区域乃至全球
的环境,并且对人类健康产生严重影响。亚洲沙尘气溶胶的沉降,直接影响太平洋的大
气-海洋系统,进而影响全球的生物地球化学循环。G. Zhuang 等[2] 在研究 2000 年北京
春季的沙尘暴时指出,沙尘暴在携带大量矿物元素的同时,携带了大量的污染元素。现
已证明,沙尘粒子在长距离传输过程中,能够与污染气体如 SO_2 和 NO_x 发生气-固反应,
或与污染气溶胶发生相互作用,并改变 S、N 的循环和酸碱平衡[3-5]。D. Zhang 等[6] 采用
SEM – EDX*,研究了 2000 年春季在日本西南部地区收集的亚洲沙尘颗粒的组成与形
态,发现矿物颗粒能够促进硫酸盐和硝酸盐的形成,并抑制海盐颗粒中 Cl 的损耗。本研
究组[7,8] 从 2000 年起,系统研究了北京的沙尘气溶胶,揭示了沙尘暴入侵某一城市,与污
染物气溶胶交汇和混合的 4 个阶段。Z. Guo 等[9] 报道了 2002 年青岛沙尘期间,$PM_{2.5}$ 气
溶胶中元素和有机组分的基本特征。上述研究主要涉及沙尘气溶胶中的元素和有机组
分。大气气溶胶中的可溶性离子组分,可占气溶胶总质量的 1/3 以上,且能够作为云凝
结核,对气候产生重大影响。气溶胶的离子组成与颗粒的形成、增长及转化有关,尤其是
对颗粒物的表面反应来说,离子是比元素更好的指示物。K^+、NH_4^+、NO_3^-、PO_4^{3-} 和 Fe
(Ⅱ)等的离子,是沙尘传输过程中携带的主要营养物质。它们在海洋上的沉降,会提高
海洋生产力[10]。此外,离子因其溶于水的特性,更易被人体吸收,对健康的影响也更显
著。不同沙尘的传输过程具有不同特性。以前的研究很少有对不同沙尘过程的比较,未
见有研究涉及不同沙尘期间矿物气溶胶和污染气溶胶不同程度的混合。2002 年 3 月 20
日,发生了一次来自中亚、覆盖大半个中国的强沙尘暴。此次不仅覆盖地域广,影响了中
国北部 140 万 km^2 地区和 1.3 亿人口,而且沙尘强度大,持续时间长。2002 年 4 月 7—11
日,又发生了 2 次沙尘过程。除此之外,2002 年春季还发生了 3 次弱沙尘天气。本章通
过比较这 6 次沙尘事件以及非沙尘期间气溶胶的不同特性(采样方法和化学分析方法详

---

* SEM – EDX:scanning electron microscope-energy dispersive X ray detector(扫描电镜和 X 射线能量散射仪)。

见本书第 7、8、10 章),揭示沙尘气溶胶和污染气溶胶之间的混合与相互作用。

56.1　2002 年沙尘事件的一般描述

　　2002 年春季,北京共发生了 6 次明显的沙尘事件。图 56-1 显示了 3 月 13 日至 4 月 26 日期间的气象数据和 $PM_{2.5}$ 质量浓度的日变化趋势。6 次沙尘事件分别用 D1—D6 表示,对应图中的圆圈和阴影部分。这 6 次沙尘按强度不同分为:强沙尘暴(D2)、一般沙尘(D3、D4)和弱沙尘(D1、D5、D6)。沙尘通常伴随着冷锋过境和相对干燥的天气,即低露点、低相对湿度(RH)和来自北方的强风。由风速和 $PM_{2.5}$ 浓度之间的相关性,可以看出不同的沙尘事件具有不同的特征。在 D2 期间,高风速来临之前,TSP 和 $PM_{2.5}$ 颗粒物的质量浓度已达最高值 10.9 和 1.40 mg·m^{-3},此后随着风速的增加,颗粒物浓度降低,表明远距离传输到北京的沙尘被强风清除,北京是沙尘的沉降区。在 D3 和 D4 期间,随着风速的增加,颗粒物浓度也增加,表明当沙尘经过北京时,强风吹起了大量的地面扬尘,北京是沙尘的加强区。D1、D5 和 D6 期间,风速高的时候,颗粒物的浓度并不高,表明北京仅仅受到远距离飘尘的影响。这 6 次沙尘来自不同源区,D2 来自蒙古国西部,D3 和

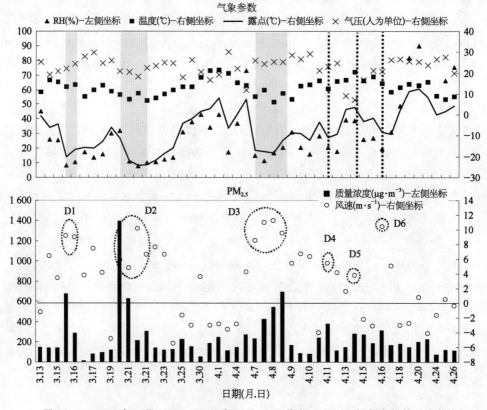

图 56-1　2002 年 3 月 13 日—2002 年 4 月 26 日期间,$PM_{2.5}$ 和气象参数的日变化

D4 来自蒙古中部[11]。表 56-1 显示不同沙尘时期的气象数据(露点、RH、风速)和臭氧浓度的平均值,表明天气越干燥(低露点和 RH),风速越高,则沙尘越强。臭氧(O_3)可作为度量大气氧化能力的参数。由表 56-1 可见,沙尘越强,则大气的氧化能力越弱,因之随沙尘强度的不同,其化学转化过程亦不同。总之,沙尘因其不同的来源和传输路径,以及不同的气象条件,而有气溶胶特性的差异。

表 56-1　不同沙尘期间,大气中臭氧浓度和其他环境参数的平均值

环境参数	强沙尘	一般沙尘	弱沙尘	非沙尘
$O_3(\mu g \cdot m^{-3})$	59.0	66.8	85.3	72.2
露点(℃)	-19.3	-15.1	-6.2	-3.3
RH (%)	15.6	16.3	23.2	37.0
风速($m \cdot s^{-1}$)	7.8	9.9	6.3	3.8

56.2　沙尘气溶胶的离子组成

表 56-2 给出了北京不同沙尘事件期间 TSP、$PM_{2.5}$ 以及 15 种离子的质量浓度平均值和 pH。与中国 TSP 日均值的二级标准 300 $\mu g \cdot m^{-3}$ 和美国 $PM_{2.5}$ 日均值的标准 65 $\mu g \cdot m^{-3}$[12] 相比,TSP 和 $PM_{2.5}$ 的超标率分别为 80% 和 96%,表明北京春季的颗粒物污染严重。强沙尘暴、一般沙尘、弱沙尘和非沙尘期间,总离子占 TSP 的质量百分比分别为 3.2%、3.6%、9.3% 和 13.5%,占 $PM_{2.5}$ 的质量比分别为 4.7%、6.3%、10.0% 和 29.2%。表明水溶性部分较多存在于细颗粒物中,且随着沙尘强度的增加,百分含量降低。在所有样品中,SO_4^{2-} 是最主要的阴离子,占总阴离子质量的 38%～70%;Ca^{2+} 是最主要的阳离子,占总阳离子的 37%～80%。根据离子之间的相关性及离子的来源,可将主要的水溶性离子 NH_4^+、Ca^{2+}、K^+、Mg^{2+}、Na^+、SO_4^{2-}、NO_3^-、Cl^-、F^- 和 NO_2^- 分为 3 组。第一组为矿物离子,包括 Ca^{2+}、Na^+ 和 Mg^{2+};第二组为污染-矿物离子,包括 SO_4^{2-}、Cl^- 和 K^+;第三组为污染离子,包括 NO_3^-、NH_4^+、F^- 和 NO_2^-。由表 56-2 可见,第一组离子的浓度在沙尘期间增加,表明它们主要来自矿物尘。第二组离子的浓度在 TSP 中的沙尘期间高于非沙尘期间,而在 $PM_{2.5}$ 中的沙尘期间低于非沙尘期间,表明粗颗粒上的这些离子,主要来自远距离传输的矿物尘;而细颗粒上的这些离子,主要来自当地污染源。第三组离子的浓度,大多是沙尘期间低于非沙尘期间,表明它们主要受当地污染源的影响,沙尘对其有稀释、清除的作用。为了证实此种分类的正确性,将 Al 作为矿物气溶胶的参比元素,以 Ca^{2+}、SO_4^{2-}、NO_3^- 分别代表矿物、污染-矿物、污染这 3 组离子。图 56-2 显示了 Ca^{2+}、SO_4^{2-}、NO_3^- 和 Al 的关系。可见,无论在沙尘还是非沙尘期间,Ca^{2+} 和 Al 都有很好的相关性[图 56-2(a)]。这表明,Ca^{2+} 和 Al 的来源相同,即为地壳矿物源。在沙尘期间,尤其是在强沙尘暴时,SO_4^{2-}

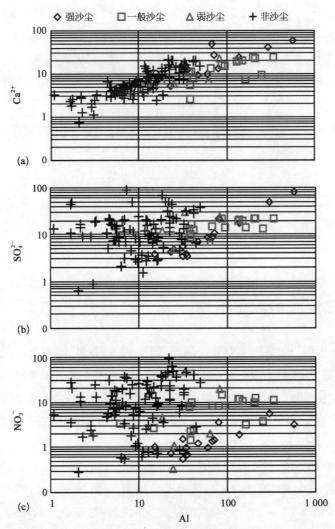

图 56-2 所有样品中 Ca^{2+}、SO_4^{2-}、NO_3^- 和 Al 浓度的关系（彩图见下载文件包，网址见 14 页脚注）

和 Al 有一定的相关性；但在非沙尘期间，两者没有相关性[图 56-2(b)]，表明沙尘期间的 SO_4^{2-} 有一部分来自矿物源，而在非沙尘时 SO_4^{2-} 主要来自当地的污染源。无论在沙尘还是非沙尘期间，NO_3^- 和 Al 都没有相关性[图 56-2(c)]，表明 NO_3^- 主要来自当地污染源。

表 56-2　北京不同沙尘期间 PM$_{2.5}$、TSP 的质量浓度及其中离子浓度的平均值（$\mu g \cdot m^{-3}$）

物　种	强沙尘		一般沙尘		弱沙尘		非沙尘	
	TSP	PM$_{2.5}$	TSP	PM$_{2.5}$	TSP	PM$_{2.5}$	TSP	PM$_{2.5}$
No.	10	4	13	5	5	4	61	34
质量浓度	2 708.40	635.53	2 120.86	452.88	892.91	387.19	436.75	147.16
pH	7.246	7.543	6.848	6.688	6.966	6.728	6.786	6.537

（续表）

物 种	强沙尘		一般沙尘		弱沙尘		非沙尘	
	TSP	PM$_{2.5}$	TSP	PM$_{2.5}$	TSP	PM$_{2.5}$	TSP	PM$_{2.5}$
Ca^{2+}	26.702	8.512	16.594	5.050	17.913	6.857	9.645	3.607
Na$^+$	3.777	1.898	1.145	0.764	1.919	1.102	1.051	0.852
Mg^{2+}	1.728	0.650	1.049	0.419	0.988	0.503	0.609	0.349
SO$_4^{2-}$	19.226	9.151	17.884	10.939	18.201	10.589	16.515	15.079
Cl$^-$	4.877	1.695	5.878	1.263	6.170	1.523	4.766	2.617
K$^+$	1.446	0.727	1.175	0.502	1.778	0.785	1.430	1.313
NO$_3^-$	1.792	1.630	9.401	2.468	18.232	5.741	17.126	11.122
NH$_4^+$	1.343	1.654	0.710	0.973	4.513	1.892	6.027	5.961
NO$_2^-$	0.936	0.148	1.434	0.511	4.993	0.347	1.404	0.562
F$^-$	0.305	0.267	0.358	0.129	0.928	0.332	0.589	0.312
CH$_3$COO$^-$	1.170	0.000	0.451	0.909	0.004	0.932	0.128	0.268
HCOO$^-$	0.288	0.000	0.609	0.007	0.191	0.063	0.299	0.029
MSA	0.002	0.000	0.004	0.112	0.026	0.000	0.022	0.155
C$_2$O$_4^{2-}$	0.576	0.038	1.250	0.736	1.100	0.770	0.643	0.672
PO$_4^{3-}$	0.010	0.000	1.236	0.151	1.154	0.564	0.471	0.255

No.指样品数。

图56-3显示 TSP 和 PM$_{2.5}$样品中这3组离子占总离子的质量百分比。在 TSP 样品中,强沙尘暴、一般沙尘、弱沙尘、非沙尘期间的矿物离子所占百分比分别为60%、31%、28%、19%,污染离子所占百分比分别为9%、23%、36%、40%,表明矿物离子是强沙尘暴颗粒物上的主要组分,污染离子是非沙尘时颗粒物上的主要组分;污染-矿物离子在强沙尘暴、一般沙尘、弱沙尘、非沙尘期间,所占总离子的百分比分别为28%、41%、

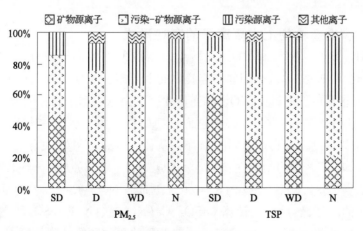

图56-3 强沙尘(SD)、一般沙尘(D)、弱沙尘(WD)和非沙尘(N)
期间 TSP 和 PM$_{2.5}$样品的离子组成

31％、36％。可见,在不同强度的沙尘以及非沙尘期间,污染-矿物离子所占比例的差异不大,说明此组离子同时具有矿物源和污染源。对于 $PM_{2.5}$ 样品可以得到相同的结论。

56.3 沙尘气溶胶中主要离子的化学特性

56.3.1 离子平衡和气溶胶的酸碱性

离子平衡可用总阳离子和总阴离子当量浓度($\mu eq \cdot m^{-3}$)的比值 C/A 表示,C/A 同时可作为判断离子测定准确度的标准。2001—2003 年期间在北京采集的 300 多个常日气溶胶样品中,C/A 比值的平均值为 1.09,接近 1[13],表明所测的 15 种离子是颗粒物上的主要离子组分,且测定方法是可靠的。但在沙尘期间,总阴离子的当量浓度与总阳离子的当量浓度之间,回归直线的斜率小于 1(斜率=0.76,$R=0.73$),表明阴离子有缺失,这是由于离子色谱未能测定 CO_3^{2-} 引起的。Ca^{2+} 与阴离子缺失值之间的相关性($R=0.77$)进一步证实了此推断,表明沙尘颗粒物上普遍存在碳酸盐(主要是 $CaCO_3$)。$CaCO_3$ 可与酸性痕量气体 SO_2 和 NO_x 发生异相反应。以 TSP 和 $PM_{2.5}$ 中总阴离子的当量浓度,对总阳离子的当量浓度作图时,结果有很大的差异。对于 $PM_{2.5}$ 样品,有很好的相关性($R=0.91$),回归直线方程为阴离子=0.96×阳离子;对于 TSP 样品,相关系数 $R=0.70$,回归直线的方程为阴离子=0.73×阳离子。由于阴离子的缺失与颗粒物中的 CO_3^{2-} 有关,也就是与颗粒物的碱性有关,故上述结果表明,随着粒径的增大,则颗粒物的碱性增强,即粗颗粒碳酸盐的含量越高,对控制日益酸化的环境越有效。为更清楚地显示,不同沙尘事件期间颗粒物酸度/碱度的变化,计算了每个样品的 C/A 值。在强沙尘暴、一般沙尘、弱沙尘和非沙尘期间,C/A 的平均值分别为 3.83、1.31、1.53 和 1.33,表明强沙尘时颗粒物的碱性远高于其他时期,强沙尘在长距离传输的途中,会减轻大气的酸度。

56.3.2 沙尘颗粒物上主要离子的存在形式

Ca^{2+}、NH_4^+、SO_4^{2-}、NO_3^- 和 CO_3^{2-} 是沙尘气溶胶的主要离子成分,而 SO_4^{2-}、NO_3^-、Cl^-、NH_4^+、Ca^{2+} 和 K^+ 是非沙尘期间气溶胶中的主要离子成分。由于 CO_3^{2-} 不能直接用离子色谱测定,根据前面的讨论,CO_3^{2-} 的当量浓度可由总阳离子和总阴离子当量浓度之差计算得到。这些离子的存在形式,由它们之间的相关关系决定。所得主要物种的浓度,由构成离子的浓度以及它们之间的相互关系计算得到。例如,对于强沙尘暴期间的 TSP 样品来说,离子之间的相关性按 $Ca^{2+}-CO_3^{2-}$($R=0.83$)、$Ca^{2+}-SO_4^{2-}$($R=0.79$)、$Ca^{2+}-NO_3^-$($R=0.63$)、$NH_4^+-SO_4^{2-}$($R=0.60$)、$NH_4^+-NO_3^-$($R=0.49$)的顺序递减,故首先计算 $CaCO_3$ 的浓度,然后依次计算 $CaSO_4$、$Ca(NO_3)_2$、$(NH_4)_2SO_4$ 和 NH_4NO_3 的浓度。后面物种的浓度,根据所组成的离子浓度以及前面物种的浓度计算得到。表 56-3 显示不同时段主要物种的浓度。由此可知,强沙尘暴期间颗粒物上的主要化学物种为

$CaCO_3$,一般沙尘和弱沙尘期间的主要物种为 $CaSO_4$,非沙尘时主要为 NH_4NO_3。总体来说,SO_4^{2-}、NO_3^- 在粗颗粒上主要以 $CaSO_4 / Ca(NO_3)_2$ 的形式存在,在细颗粒上主要以 $(NH_4)_2SO_4 / NH_4NO_3$ 的形式存在。此结果也说明,强沙尘时期粗颗粒的碱性更强。

表 56-3　沙尘期间主要离子之间的相关性以及主要化学物种的浓度

		TSP				PM$_{2.5}$			
		强沙尘	一般沙尘	弱沙尘	非沙尘	强沙尘	一般沙尘	弱沙尘	非沙尘
相关系数	$Ca^{2+} - NO_3^-$	0.63	0.71	0.47	0.70	0.93	0.46	0.61	0.44
	$Ca^{2+} - SO_4^{2-}$	0.79	0.87	0.70	0.43	0.93	0.63	0.78	0.18
	$Ca^{2+} - CO_3^{2-}$	0.83	0.77	-0.12	0.36	0.99	0.84	-0.71	0.34
	$NH_4^+ - NO_3^-$	0.49	0.01	0.90	0.91	1.00	0.45	0.99	0.91
	$NH_4^+ - SO_4^{2-}$	0.60	-0.10	0.68	0.69	1.00	0.23	0.92	0.90
浓度 ($\mu g \cdot m^{-3}$)	$CaCO_3$	53.97	14.38	11.16	8.36	19.49	2.02	5.95	2.16
	$CaSO_4$	16.71	25.34	25.79	15.55	2.43	13.86	13.67	8.26
	$Ca(NO_3)_2$	0.73	9.54	9.54	1.34	0.00	0.68	0.58	0.04
	NH_4NO_3	0.00	1.21	14.22	20.61	0.00	2.39	6.85	14.31
	$(NH_4)_2SO_4$	4.34	0.00	0.00	4.87	6.07	1.24	1.29	10.03

56.4　沙尘气溶胶和污染气溶胶的混合

56.4.1　证据之一——气溶胶的离子组成

由 56.2 节可知,不同类别(矿物、污染-矿物、污染)的离子浓度,以及它们所占总离子的比例,在不同强度的沙尘期间有所不同:随着沙尘强度增加,则矿物组分增加,污染组分减少。这一现象表明,在沙尘期间,尤其在中等强度和弱沙尘期间,沙尘气溶胶和污染气溶胶的混合普遍存在。

56.4.2　证据之二——气溶胶的来源

表 56-4 表明,无论是气溶胶还是土壤样品,不同源区之间 Ca/Al 比值的差异显著,因此 Ca/Al 比值可用于指示不同的沙尘来源(详见本书第 2 章)。西部沙漠地区的 Ca 含量高,北部源区的 Ca 含量低。D2 中的 Ca/Al 最高(1.30),表明 D2 可能来自西部或西北部的沙尘源区;而 D3(0.38)和 D4(0.42)中的 Ca/Al 低,表明 D3 和 D4 主要来自北部沙尘源区。非沙尘期间 Ca/Al 的值为 1.33,与北京地区道路扬尘和土壤样品中的 Ca/Al值(0.90 和 1.90)相比,非沙尘期间的矿物尘,可能来自北京当地道路扬尘和表层土的混合。D1、D5 和 D6 期间的 Ca/Al 值分别是 1.10、0.77 和 0.46,表明它们可能来自北部沙漠源区,并与当地源有一定的混合。这进一步证实,弱沙尘期间(D1、D5 和 D6)矿物气溶

胶和污染气溶胶的混合,比强沙尘(D2)和一般沙尘(D3 和 D4)期间显著。可见,Ca/Al
比值具有地区特性,还可作为沙尘远距离传输以及与污染物气溶胶混合程度的示踪。

表 56-4　中国沙漠地区、北京沙尘气溶胶以及表层土壤中 Ca/Al 的值

	地　点	样品类型	Ca/Al	参考文献
D1	北京	气溶胶	1.10	本章
D2	北京	气溶胶	1.30	本章
D3	北京	气溶胶	0.38	本章
D4	北京	气溶胶	0.42	本章
D5	北京	气溶胶	0.77	本章
D6	北京	气溶胶	0.46	本章
ND	北京	气溶胶	1.33	本章
西部源区	塔克拉玛干沙漠	气溶胶	1.99	[14]
西部源区	塔克拉玛干沙漠	土壤	1.25	[15]
西北部源区	巴丹吉林沙漠	气溶胶	1.20	[16]
西北部源区	巴丹吉林沙漠	土壤	0.78	[17]
东北部源区	浑善达克沙地	气溶胶	0.52	[16]
东北部源区	浑善达克沙地	土壤	0.47	[15]
	黄土高原	气溶胶	1.14	[17]
	黄土高原	土壤	0.87	[18]
	北京郊区	土壤	0.90	[19]
	北京市区	土壤	1.90	[19]

56.4.3　证据之三——沙尘与污染气体的相互作用

沙尘与污染气体的相互作用,即沙尘表面发生的异相反应,可作为矿物气溶胶和污
染气溶胶混合和相互作用的另一佐证。pH 显示沙尘颗粒呈碱性,可提供异相反应的良
好表面。由表 56-3 可知,在沙尘期间,$CaCO_3$ 和 $CaSO_4$ 是颗粒物上的主要物种,同时
$Ca(NO_3)_2$ 的浓度也较高,表明在沙尘传输过程中,含 Ca 颗粒(主要是 $CaCO_3$)与 SO_2 和
NO_x 发生了异相反应。图 56-4 显示了 2002 年 3 月 20 日强沙尘过后,SO_4^{2-} 和 NO_3^- 的
浓度大幅度增加。TSP 中 SO_4^{2-} 和 NO_3^- 的最大值(3 月 25 日)与最小值(3 月 22 日)的比
值分别是 6 和 65,$PM_{2.5}$ 中 2 个比值分别是 6 和 57,表明强沙尘过后滞留在空气中的颗粒
物,有利于二次气溶胶的形成。沙尘表面发生的异相反应,受相对湿度(RH)、露点、风速
等气象因素的控制。NO_3^- 和 SO_4^{2-} 的浓度与 RH 成正相关,与风速成负相关,表明高 RH
有利于 SO_2 和 NO_x 的异相氧化,低风速有利于污染物的累积。这些污染物可被沙尘过后
滞留在大气中的颗粒物吸收,并发生相互作用。另外,颗粒物的碱性、大气的氧化能力也
影响这一过程,高碱性(表 56-2 中的 pH)和高氧化能力(表 56-1 中的 O_3 浓度)有利于
此过程的发生。

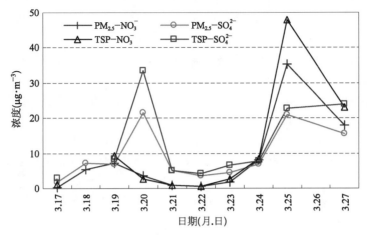

图 56-4　沙尘前后气溶胶中 SO_4^{2-} 和 NO_3^- 浓度的变化（彩图见图版第 41 页，也见下载文件包，网址见正文 14 页脚注）

　　总之，无论在沙尘期间还是在沙尘过后，沙尘颗粒上都发生硫酸盐和硝酸盐的二次转化过程。高的颗粒物碱性、高的大气氧化性、高 RH、高露点和低风速，有利于此二次转化过程。

参考文献

［1］ Parungo F, Li Z, Li X, et al. Gobi dust storms and the great green wall. Geophys Res Lett, 1994, 21: 999-1002.

［2］ Zhuang G, Guo J, Yuan H, et al. The compositions, sources, and size distribution of the dust storm from China in spring of 2000 and its impact on the global environment. China Science Bulletin, 2001, 46(11): 895-901.

［3］ Parungo F, Kim Y, Zhu C, et al. Asian dust storms and their effects on radiation and climate: Part Ⅱ. STC Technical Report, 1996, 2959: 34.

［4］ Iwasaka Y, Shi G, Shen Z, et al. Nature of atmospheric aerosols over the desert areas in the Asian Continent: Chemical state and number concentration of particles measured at Dunhuang, China. Water, Air & Soil Pollution: Focus, 2003, 3(2): 129-145.

［5］ Chung Y, Kim H, Dulam J, et al. On heavy dustfall observed with explosive sandstorms in Chongwon-Chongju, Korea in 2002. Atmospheric Environment, 2003, 37: 3425-3433.

［6］ Zhang D, Zang J, Shi G, et al. Mixture state of individual Asian dust particles at a coastal site of Qingdao, China. Atmospheric Environment, 2003, 37: 3895-3901.

［7］ Sun Y, Zhuang G, Wang Y, et al. The air-borne particulate pollution at Beijing — Concentrations, composition, distribution, and sources of Beijing aerosol. Atmospheric Environment, 2004, 38(35): 5991-6004.

［8］ Guo J, Rahn K, Zhuang G. A mechanism for the increase of pollution elements in dust storms in

Beijing. Atmospheric environment, 2004, 38: 855 – 862.

[9] Guo Z, Feng J, Fang M, et al. The elemental and organic characteristics of $PM_{2.5}$ in Asian dust episodes in Qingdao, China, 2002. Atmospheric Environment, 2004, 38: 909 – 919.

[10] Goudie A S, Middleton N J. Saharan dust storms: Nature and consequences. Earth-Science Reviews, 2001, 56: 179 – 204.

[11] 孙建华,赵琳娜,赵思雄.一个适用于中国北方的沙尘暴天气数值预测系统及其应用试验.气候与环境研究,2003,8(2): 125 – 142.

[12] US Environmental Protection Agency (US EPA). National ambient air quality standards for particulate matter, final rule. Federal Register, 1997, 62(138): Pt II, EPA, 40 CFR Part 50, 18 July.

[13] Wang Y, Zhuang G, Tang A, et al. The ion chemistry and the source of $PM_{2.5}$ aerosol in Beijing. Atmospheric Environment, 2005, 39: 3771 – 3784.

[14] Zhang X, Gong S, Shen Z, et al. Characterization of soil dust aerosol in China and its transport and distribution during 2001 ACE-Asia: 1. Network observations. J Geophys Res, 2003, 108: 4261 – 4274.

[15] Nishikawa M, Kanamori S, Kanamori N, et al. Kosa aerosol as eolian carrier of anthropogenic material. Science of the Total Environment, 1991, 107: 13 – 27.

[16] Zhang X Y, Zhang G Y, Zhu G H, et al. Elemental tracers for Chinese source dust. Science in China (Series D), 1996, 39 (5): 512 – 521.

[17] Liu C, Zhang J, Liu S. Physical and chemical characters of materials from several mineral aerosol sources in China. Environmental Science, 2002, 23(4): 28 – 32.

[18] Zhang X Y, Su G L, Zhang C Z, et al. Ambient particulate pollution and control in XiAn, in China urban air pollution control, UNDP&CICETE. Beijing: China Science &Technology Press, 2001: 222 – 292.

[19] Han L, Zhuang G, Sun Y, et al. Local and non-local sources of airborne particulate pollution at Beijing. Science in China Ser B Chemistry, 2005, 48(4): 253 – 264.

亚洲沙尘暴不仅会影响中国广大地区以及周边韩国、日本等国家的大气质量,而且对全球生物地球化学循环具有深远的影响[1]。沙尘气溶胶在长途传输途中,通过与酸性气体反应,可改变 Fe 的可溶性比率,影响海洋表层水的浮游生物量,进而影响太平洋高营养、低叶绿素地区固碳速率的变化,而导致全球性变化[2]。亚洲沙尘通过缓冲东亚大气环境中的酸度和增加太平洋海水的碱性,来影响大尺度区域的气候及环境变化,亚洲沙尘所携带的碳酸盐,每年可达 44.8 Tg,因此其是碱性碳库的重要来源之一[3]。沙尘气溶胶可通过吸收和散射太阳辐射,直接影响气候,也可以作为云凝结核,间接地影响气候[4]。沙尘、硝酸盐和硫酸盐气溶胶相互混合与反应所产生的混合气溶胶所造成的辐射强迫,约为 $-0.1 \text{ W} \cdot \text{m}^{-2}$[5]。亚洲沙尘主要有两大源区:一个是位于中国西部的塔克拉玛干沙漠,另一个是位于蒙古国和中国北方的戈壁地区[6]。沙尘颗粒物通过强劲的地表风被抬升,随即可以在大气中被传输数千上万千米之远。已有的研究发现,沙尘可被传输至中国北京[7,8]、中国台湾[9]、日本[10,11]、韩国[12,13],甚至到达北太平洋以至北美地区[14,15]。人们发现,在长途传输过程中,沙尘气溶胶已与硫酸盐、硝酸盐[16,17]、海盐[11]、Se、Ni、Pb、Br 和 Cu 等污染元素[18],黑碳[13]、VOC[19]、多环芳烃[20]等污染气溶胶组分,充分地混合。有关沙尘气溶胶的数值模式,也评估了矿物气溶胶与人为污染气溶胶[21]、海盐及云[22]的相互作用。除了在沙尘传输过程中发现上述相互作用,在沙尘源区也发现了这种现象[23,24]。本章通过 2007 年春季在亚洲 3 个主要沙尘源区——塔中(塔克拉玛干沙漠中部)、多伦(内蒙古戈壁边缘)、榆林(黄土高原北缘),以及在上海(下风向地区监测点)同步采集气溶胶样品,测定并分析了气溶胶的质量浓度和化学组成(采样方法和化学分析方法详见本书第 7、8、10 章),进而比较亚洲沙尘不同源区的气溶胶性质、长途传输过程中沙尘气溶胶组分的变化,揭示沙尘在长途传输途中与人为污染物的混合与相互作用,及其对区域大气环境和全球变化的可能影响。

57.1　2007 年沙尘暴概述

2007 年春季,几次强沙尘暴横扫中国西部、北部以及部分东部地区。通过在 4 个监

测站点采集 $PM_{2.5}$ 和 TSP 气溶胶,监测此次大范围的沙尘气溶胶长途传输事件。这 4 个监测站点分别是: 塔中位于塔克拉玛干沙漠的中部,代表的是西部沙尘源区[25];榆林位于陕西省北部,处于戈壁沙漠以及黄土高原的交界处,也是中国的主要沙尘源区之一;多伦位于内蒙古的东北部,靠近浑善达克沙地,是中国北部重要的沙尘源区[26];上海则是中国最大的城市,位于中国东海岸的长三角地区。

图 57 - 1 所示的是 2007 年 3 月 20 日—4 月 20 日,4 个站点颗粒物浓度的时间变化序列,其中虚线和圆圈表示沙尘事件(缺失点是由于仪器故障)。2007 年 3 月 29 日—4 月 6 日,塔中发生了连续且强度极大的沙尘暴。其间,TSP 平均浓度为 3 978.87 $\mu g \cdot m^{-3}$,其中 3 月 31 日白天达到最高值 9 607.44 $\mu g \cdot m^{-3}$。3 月 30 日在榆林和多伦也同时发生沙尘暴,峰值分别为 3 186.98 和 1 381.69 $\mu g \cdot m^{-3}$。2 d 后,也就是 4 月 2 日,上海遭遇了有史以来最严重的浮尘天气,TSP 浓度峰值高达 1 340.41 $\mu g \cdot m^{-3}$。表 57 - 1 列出了 4 个采样点在沙尘(DS)和非沙尘(ND)期间的 $PM_{2.5}$ 和 TSP 平均浓度,浓度顺序为塔中>榆

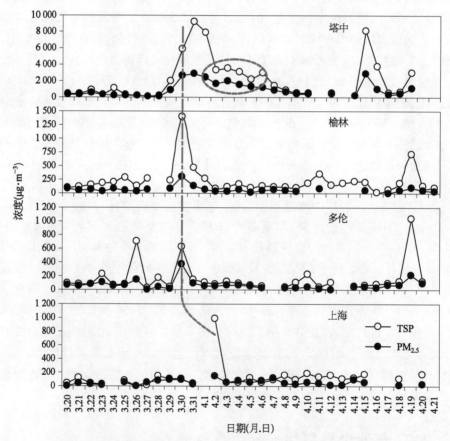

图 57 - 1 4 个观测站点 $PM_{2.5}$ 和 TSP 质量浓度在研究期间随时间的变化
(彩图见下载文件包,网址见 14 页脚注)
沙尘事件以虚线标记。

林＞多伦＞上海。细颗粒物占总悬浮颗粒物的比例,即比值 $PM_{2.5}$／TSP 也列于表 57－1。与非沙尘时期相比,$PM_{2.5}$／TSP 比值在沙尘时期明显降低,说明有大量粗颗粒物侵入。上海在这 4 个站点中变化最明显,在沙尘当天 $PM_{2.5}$／TSP 比值急剧下降至 0.19,说明沙尘对于远离其源区的下风向地区,影响更为明显。塔中、榆林和多伦在沙尘与非沙尘期间的比值变化不大,可能与其接近沙尘源区有关。为定量描述外来矿物气溶胶对总颗粒物的贡献,用主要矿物元素的氧化物加和来估算。估算公式为［矿物气溶胶］＝1.16 $(1.90Al+2.15Si+1.41Ca+1.67Ti+2.09Fe)$[27],因 ICP 分析不能检测元素 Si,Si 浓度根据 Si／Al 比值推算。榆林、多伦和上海这 3 个站点的 Si／Al 比值,采用地壳平均比值 3.43。由于塔中的土壤化学性质显著不同于多数地壳,其 Si／Al 比值为 2.80,取自塔中单颗粒物分析。表 57－1 列出了各站点 TSP 中矿物气溶胶占 TSP 的平均质量比值。塔中、榆林和多伦在沙尘与非沙尘期间,矿物气溶胶的平均质量比值没有明显差异,说明沙尘源区或源区附近的环境,受人为因素的影响相对小;但其矿物气溶胶的平均质量比值低于 1.00,说明即使在沙尘源区或是源区附近,也明显存在着除了沙尘源之外的其他来源,例如有机物、二次无机污染物(SO_4^{2-}、NO_3^-、NH_4^+)等。这表明即使在沙尘源区附近,矿物气溶胶可能也已经和污染物相互混合了。以榆林为例,它位于黄土高原北端,同时被周边的一些大煤矿所围绕,煤的使用和燃烧必然会对当地气溶胶的组成有所贡献。上海矿物气溶胶在沙尘和非沙尘期间所占颗粒物的质量比值,分别为 0.66 和 0.38,在 4 个站点中差别最大。上海远离亚洲沙尘源区,是中国东部经济发达地区,也是污染物大量排放的地区。在非沙尘期间,上海主要受人为污染源的影响,而在沙尘期间,矿物气溶胶的大量增加以及其对污染气溶胶的稀释作用,致使矿物气溶胶的比重明显增大。

表 57－1　4 个站点在沙尘期(DS)与非沙尘期(ND) $PM_{2.5}$、TSP 的平均质量浓度
($\mu g \cdot m^{-3}$)、细颗粒物的平均比值 $PM_{2.5}$/TSP 以及矿物气溶胶占
总颗粒物的平均比例(矿物气溶胶／TSP)

	塔　中		榆　林		多　伦		上　海	
	ND	DS	ND	DS	ND	DS	ND	DS
$PM_{2.5}$	198.9	992.3	52.5	300.5	55.8	285.5	49.8	153.1
TSP	472.4	4 198.6	167.7	1 181.3	98.7	909.4	99.4	806.2
$PM_{2.5}$／TSP	0.42	0.26	0.31	0.25	0.54	0.31	0.50	0.19
矿物气溶胶／TSP	0.78	0.75	0.65	0.80	0.54	0.60	0.38	0.66

57.2　沙尘暴的来源识别

57.2.1　气团轨迹

利用美国 NOAA／ARL 开发的 HYSPLIT4 气象模型,模拟气团运动轨迹,定性推测气溶胶的来源,结果如图 57－2 所示。3 月 30 日榆林发生的沙尘暴来自蒙古,从内蒙古

西部入境,途经黄土高原[图 57 - 2(a)]。多伦的沙尘暴起源于蒙古国戈壁东部,途经浑善达克沙地和科尔沁沙地[图 57 - 2(b)]。上海的沙尘来源,主要有 2 条路径[图 57 - 2(c)],

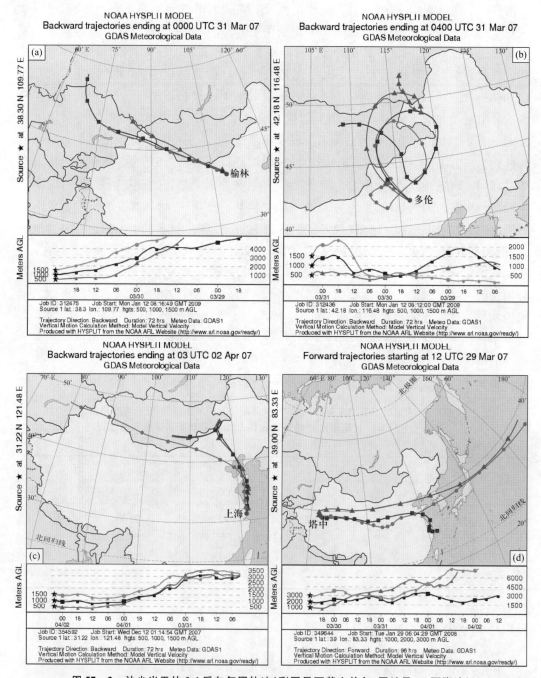

图 57 - 2　沙尘当天的 3 d 后向气团轨迹(彩图见下载文件包,网址见 14 页脚注)

　(a) 榆林;(b) 多伦;(c) 上海;(d) 塔中的 4 d 前向轨迹。各小图上方外文的部分含义请参见 127 页图 9 - 6 图注,下方外文的部分含义请参见 192 页图 13 - 6 图注。

一条是沿蒙古国-内蒙古东部-渤海-黄海-东海东部的路径,多伦恰好位于该传输路径上;
另一条路径则从中国西部的新疆开始,沿蒙古国-内蒙古-黄土高原-渤海-黄海-东海。仅
仅使用后向轨迹分析,不能判断哪条路径对上海有更直接的影响,需要引入其他参数进
一步分析,这将在下一节深入讨论。塔克拉玛干沙漠 4 d(96 h)的前向轨迹分析表明了,
起源于 2 000 m 高空的大气气团可以到达上海,气团最终位于 3 000 m 高空,可能对近地
面的大气气溶胶没有明显影响。另外 2 个高度的气团,则横跨中国中部,沿韩国、日本东
移,最终到达北太平洋[图 57 - 2(d)]。

57.2.2　元素示踪

采用气团轨迹分析,对沙尘来源进行了定性分析,但是证据尚不够充分。元素比值
法是一种能更好地区分不同沙尘来源的示踪方法。其中 Ca/Al 比值法,已被证明是一种
可靠而有效的方法[8,28],因为中国不同沙尘源区的表层土和气溶胶中的 Ca 含量以及
Ca/Al 比值,有着明显的差别[29,30]。本研究中的 4 个站点在沙尘时期的平均 Ca/Al 比
值,以及一些已有研究的文献参考值,列于表 57 - 2。塔中的 Ca/Al 比值为 1.56±0.14,
在所有站点中最高,具有典型的西部高钙沙尘区的特性[29]。榆林的 Ca/Al 比值为
1.09±0.13,接近西北高钙沙尘区[31,32],这也和上述的后向轨迹分析相一致。多伦的 Ca/
Al 比值最低,仅为 0.52±0.05,非常接近浑善达克沙地的比值[29],代表了东北部沙尘源
区的低钙性质。上海的 Ca/Al 比值为 0.67±0.20,比多伦稍高,但远小于塔中,因此,上
海此次的沙尘传输,更多地是来自东北戈壁的沙尘,而并非来自西部的高钙沙尘区。通
过以上分析可以得知,塔中和榆林分别代表的是西部和西北部的高钙沙尘源区,多伦代
表的是东北部的低钙沙尘源区;而上海作为外来沙尘的下风向地区,在 2007 年的沙尘暴
时期,主要受到来自东北低钙沙尘源区的影响。

表 57 - 2　沙尘暴期间 4 个站点的 Ca/Al 比值,以及其他相关文献参考值

地　　点	样品类型	Ca/Al	参考文献
塔中	TSP	1.56±0.14	本章
榆林	TSP	1.09±0.13	本章
多伦	TSP	0.52±0.05	本章
上海	TSP	0.67±0.20	本章
塔克拉玛干沙漠	气溶胶	1.99	[29]
巴丹吉林沙漠	气溶胶	1.20	[29]
浑善达克沙地	气溶胶	0.52	[29]
通辽科尔沁沙地	$PM_{2.5}$	0.76	[48]
黄土高原	气溶胶	1.14	[30]
黄土高原	TSP	1.22	[32]
戈壁	土壤<100 mm	1.17	[33]
陕西榆林	$PM_{2.5}$	1.90	[23]

57.3　沙尘气溶胶的化学特性

57.3.1　沙尘气溶胶中的元素特性

富集系数(EF)可用于表征气溶胶中的元素相对于地壳丰度的富集程度。通常以 Al 元素作为参比元素,富集系数的计算公式为 $EF_X=(X/Al)_{气溶胶}/(X/Al)_{地壳}$。一般认为当 EF<10 时,表明该元素主要来自矿物源,而 EF 越高则表明该元素来自污染源的贡献越大。通过计算每个站点中 19 个主要元素的平均富集系数,可将所有元素分成 3 组:第一组包括 Al、Ca、Co、Cu、Fe、Mg、Mn、Na、Ni、P、Sr、Ti 和 V,EF<10,说明这些元素主要来自地壳的天然矿物源。第二组包括 Pb、Zn 和 Cd,10<EF<100,表示这些元素有一定程度的富集,可能既有自然源,也有人为污染源。第三组包括 As 和 S,EF>100,表示这些元素均高度富集,且主要来自人为污染源。站点间相同元素的富集系数,基本上都按以下顺序排列:上海>榆林≈多伦>塔中,说明在 4 个站点中,塔中的气溶胶受污染的程度相对最小,因其远在沙漠中心,周围人烟稀少。Pb 和 Zn 的富集系数在塔中均小于 10。其他 3 个站点 Pb 和 Zn 的富集系数,比塔中要大几十至几百倍,因此 Pb 和 Zn 在这 3 个站点必然是污染元素。通过相关性分析发现,在塔中,Pb、Zn 和 Al 具有显著相关性,相关系数分别达到 0.90 和 0.87,说明这 2 种"污染"元素确实有可能部分来自矿物源。Pb 在 ND 和 DS 分别为 $5.27\times10^{-3}\%$和 $2.48\times10^{-3}\%$,分别是其地壳丰度($1.40\times10^{-3}\%$)的 3.8 和 1.8 倍。Zn 在 TSP 中的平均质量百分比,在 ND 和 DS 分别为 $2.24\times10^{-2}\%$和 $1.03\times10^{-2}\%$,分别是其地壳丰度($7.00\times10^{-3}\%$)的 3.2 和 2.5 倍。在其他站点,该比值会高出几十至几百倍。这进一步说明,在塔克拉玛干沙漠的源区,这些"污染"元素仍然有矿物来源。

为了进一步评估特定元素中人为污染源的贡献,利用公式 $X_{污染}=X_{总}-Al_{气溶胶}\times(X/Al)_{地壳}$ 可以计算人为污染源贡献的质量浓度。图 57-3 所示为 Pb 和 Zn 分别在 ND 和 DS 时期来自污染源的平均质量浓度。从图中可以看出,在塔中、榆林和多伦这 3 个站点,不论是沙尘时期还是非沙尘时期,非矿物源的 Zn 浓度变化均不大,表明 Zn 在沙尘源区附近具有相对稳定的背景值;而在下风向沉降区的上海,元素 Zn 在沙尘期间非矿物源的浓度是非沙尘期间的 1.5 倍,高达 $1.7\ \mu g\cdot m^{-3}$。这部分增加的 Zn,极有可能是来自沙尘长程传输所携带的。至于元素 Pb,其在 4 个站点均体现出非矿物来源浓度在沙尘期间高于非沙尘期间的特点。Pb 与 Zn 之间的不同特点,表明在中国各沙尘源区附近站点,Zn 具有类似的背景值。而 Pb 在中程或长程传输过程中体现的特性表明了中国早年含 Pb 汽油广泛使用所余留下来的影响,是一个较为明显的区域性污染问题。

由上述讨论得知,塔中的大气气溶胶受污染程度最小,但是仍然发现元素 As 存在一定程度的富集,在 ND 和 DS 时期的平均富集系数分别为 51 和 35。这说明,即使是在沙尘源区,矿物气溶胶和污染物的混合已经存在了。As 在塔中气溶胶中的富集,极可能是来自煤

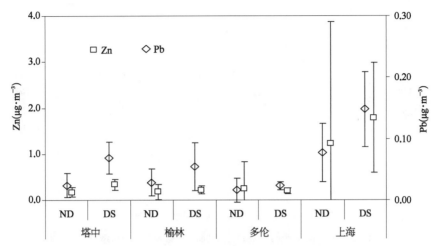

图 57-3　沙尘(DS)与非沙尘(ND)期间 4 个站点 Pb 和 Zn 元素的非矿物来源质量浓度

图中误差线代表一个标准偏差。

燃烧,因为煤的使用在新疆很普遍,并且采暖期往往持续半年以上。一些早期的研究同样也发现,在沙尘源区存在污染,例如中国的西北沙尘源区[23,24]和东地中海沙尘源区[34]。

　　所有元素的浓度和富集系数,在沙尘与非沙尘期间的比值如图 57-4 所示。在沙尘期间,元素 Al、Ca、Fe、Mg、Co、Mn、Na、P、Sr、Ti 和 V 的浓度,相较非沙尘期间增加了8~30 倍;而污染元素 As、Cd、Cu、Pb、Zn 和 S 也增加了1~8 倍,表明沙尘暴不仅为下游各地带来大量的矿物元素,同时也带来了大量的污染元素。增加最明显地出现在上海,说明沙尘对于离源区越远的地区,其相对影响越显著。除了沙尘自身从源区带来的污染物以外,污染物也可能部分来自传输途径上的污染源。对于污染元素,DS 与 ND 的富集系数比值均小于 1.00,表明了沙尘气溶胶在其传输途中对来自局地污染源的污染元素有稀释作用。

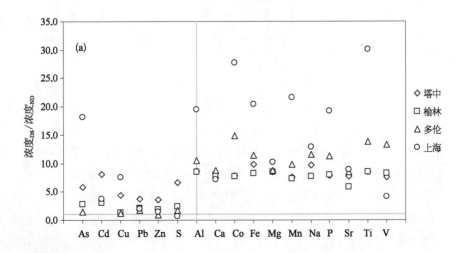

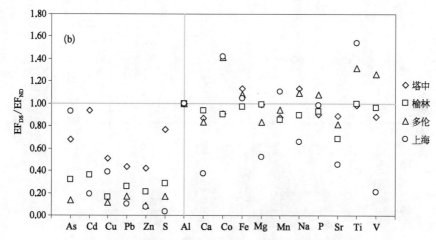

图 57 - 4 (a) 4 个站点元素沙尘期间与非沙尘期间的质量浓度比值(浓度$_{DS}$/浓度$_{ND}$);(b) 4 个站点元素沙尘期间与非沙尘期间的富集系数比值(EF$_{DS}$/EF$_{ND}$)。

57.3.2 沙尘气溶胶中的可溶性离子

TSP 和 PM$_{2.5}$ 中主要可溶性离子的浓度,在沙尘与非沙尘期间的比值(浓度$_{DS}$/浓度$_{ND}$)如图 57 - 5 所示。矿物源离子如 Na$^+$、K$^+$、Mg^{2+} 和 Ca^{2+},在沙尘期间都有明显增加[图 57 - 5(a)]。在沙尘源区站点(塔中、榆林、多伦),可溶性离子质量浓度增加的比例,在 TSP 中比在 PM$_{2.5}$ 中大;而在上海的 PM$_{2.5}$ 中,可溶性离子质量浓度增加的比例明显比 TSP 大,说明沙尘对于源区附近的影响,主要体现在粗颗粒物上,而对于距离较远的下游地区,由于在传输过程中粗颗粒物相对较易沉降,故细颗粒物的增加较为明显。在塔中,TSP 中 Na$^+$、K$^+$、Mg^{2+} 和 Ca^{2+} 的质量百分比,在沙尘与非沙尘期基本变化不大,而在其他站点,这些可溶性离子在颗粒物中的百分比,在沙尘期相较非沙尘期可下降 2～5 倍。塔中位于沙漠腹地,人为污染源较少,因此在沙尘与非沙尘期间,可溶性离子的非差异性表现了塔克拉玛干沙漠沙尘气溶胶最本质的特性。而在其他站点,当发生沙尘暴时,大量非可溶性的物质(主要是不溶性矿物)被携带进入,可溶性组分被稀释,因此 Na$^+$、K$^+$、Mg^{2+} 和 Ca^{2+} 的质量百分比降低。

不同于上述矿物源离子,SO$_4^{2-}$、NO$_3^-$ 和 NH$_4^+$ 这些所谓的"二次离子",表现出不同的特点[图 57 - 5(b)]。值得注意的是,SO$_4^{2-}$ 在沙尘期间的各个站点都有明显增加。在塔中尤其明显,沙尘期间 SO$_4^{2-}$ 在 PM$_{2.5}$ 和 TSP 中的平均浓度分别为 36.0 和 109.3 $\mu g \cdot m^{-3}$,而在非沙尘期间分别为 8.3 和 15.0 $\mu g \cdot m^{-3}$。尽管 SO$_4^{2-}$ 在 PM$_{2.5}$ 和 TSP 中分别增加了 4.3 和 7.3 倍,但其在颗粒物中的百分比含量却变化不大。ND 和 DS 时期 SO$_4^{2-}$ 在 PM$_{2.5}$ 中的平均质量百分比,分别为 3.97% 和 3.53%;在 TSP 中,则为 2.81% 和 2.53%。这很可能说明,SO$_4^{2-}$ 的来源和通常二次污染物的来源有所不同,否则 SO$_4^{2-}$ 也会如同上述的矿物离子,在沙尘期间的质量百分比会有明显下降。分析塔克拉玛干沙漠各地表层土中的 S,发

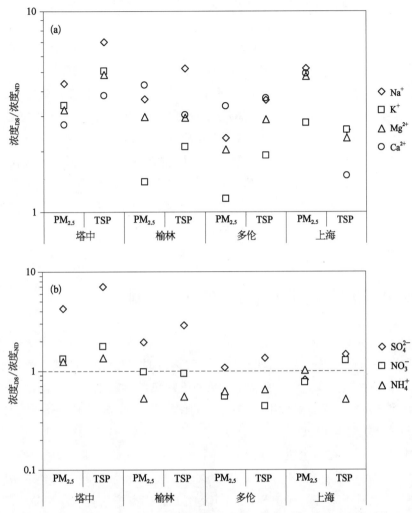

图 57-5　4 个站点 TSP 和 PM$_{2.5}$ 中主要离子在沙尘期与非沙尘期的质量浓度比值

(a) Na$^+$、K$^+$、Mg^{2+}、Ca^{2+}；(b) SO$_4^{2-}$、NO$_3^-$、NH$_4^+$。

现其在沙漠中的丰度(0.125%)远大于地壳平均丰度(0.035%)；而 Al 在表层土中的含量为 4.52%，远低于地壳的平均丰度 8.13%。如果使用塔中表层土的 S/Al 比值，作为计算富集系数的参比，那么 S 在沙尘期间在 PM$_{2.5}$ 和 TSP 中的 EF 分别为 7.6 和 7.0，而在非沙尘时期则为 9.0 和 8.6。值得注意的是，尽管 S 在塔克拉玛干沙漠中的丰度如此之高，可溶性 S 占总硫的比值，也就是 SO$_4^{2-}$/S，在 PM$_{2.5}$ 和 TSP 中分别为 0.88 和 0.91，说明气溶胶中的 S，绝大部分是以可溶性 S 的形式存在的。进一步分析发现，SO$_4^{2-}$ 与 Na$^+$、Cl$^-$以及 Ca^{2+} 的相关性都极好，相关系数均达到 0.97 以上，表明它们很可能出于同一来源。以上这些特性表明，塔克拉玛干沙漠中的硫酸盐，主要来自矿物源，也就是一次源，而不是传统意义上通过二次反应生成的二次气溶胶。由于塔克拉玛干沙漠在 500 万～700 万年前是古海洋[35]，因此来自古海洋干涸的海盐，是该地气溶胶的主要来源。这就是塔克拉玛干沙漠中的硫酸盐浓度为何如此之高的原因。在其他 3 个观测点，沙尘期间的硫酸盐浓度均增加了 1.5～3 倍，而质量百分比却降低了 2～7 倍。这是由于硫酸盐在这些站点主要来自二次生成，可能是来自硫酸盐前体物 SO_2 在沙尘气溶胶表面的附着，以及接下来的氧化反应生成，或是来自 SO_2 的液相反应，也有可能是来自在传输途中沙尘和已有硫酸盐气溶胶的混合[23]。图 57 - 5(b)还显示了 SO_4^{2-} 在 TSP 中的增加倍数比 $PM_{2.5}$ 高，说明沙尘期间生成的硫酸盐，更易富集在粗颗粒物中，例如以 $CaSO_4$ 的形式存在；在非沙尘时期硫酸盐则倾向于存在于细颗粒物中，例如 $(NH_4)_2SO_4$。对于组分存在形式的讨论，请见下面的 57.5 节。与 SO_4^{2-} 不同的是，沙尘期间 NO_3^- 和 NH_4^+ 的浓度几乎不变或者减小，类似的情况在 2001 和 2002 年北京的沙尘暴中也出现过[36]。这说明，硝酸盐和铵盐在沙尘颗粒物上几乎不发生复相反应，并且说明 NO_3^- 和 NH_4^+ 可能更多地来自本地源。

57.4 沙尘气溶胶与污染气溶胶的混合机制

沙尘源、气团运动路径以及传输过程中的混合机制，是影响气溶胶化学及光学特性变化的主要因素[37]。在传输途中，沙尘与人为气溶胶的相互混合，必然会改变沙尘气溶胶的组成[38]；而传输途径的不同，甚至比来源的不同来得更重要[39]。可溶性离子在矿物气溶胶与污染气溶胶的混合过程中，起着重要的作用[28]。本节将阐述不同沙尘来源的气溶胶之不同混合机制。

在塔中地区，无论在沙尘还是非沙尘期间，SO_4^{2-} 均与矿物元素 Al 密切相关，相关系数高达 0.94，也就是上述提到的古海洋来源。硫酸盐的存在形式可能包括 $CaSO_4$、Na_2SO_4、K_2SO_4、$MgSO_4$ 等。尽管 SO_4^{2-} 与上述的几种阳离子均有较好相关性，但其中只有 SO_4^{2-}/Ca^{2+} 的当量浓度比值接近 1.00，说明大部分 SO_4^{2-} 应该是以 $CaSO_4$ 的形式存在。图 57 - 6 所示为 SO_4^{2-}/Ca^{2+} 的当量浓度比值相对于 Ca^{2+} 浓度的散点图。由此图可知，当 Ca^{2+} 大于某一阈值时(>50 $\mu g \cdot m^{-3}$)，SO_4^{2-}/Ca^{2+} 当量浓度比值接近 1.00，表明沙尘暴期间的高浓度沙尘(以 Ca^{2+} 的浓度区分高浓度沙尘和低浓度沙尘)，含有几乎等摩尔量的 SO_4^{2-} 和 Ca^{2+}，即沙尘暴期间气溶胶中的 SO_4^{2-}，几乎都是以 $CaSO_4$ 的形式存在的。而在自然界中，$CaSO_4$ 往往是以石膏的形式存在。在较低浓度的浮尘和非沙尘期间，SO_4^{2-}/Ca^{2+} 比值<1.00，表明 Ca^{2+} 除了一部分以 $CaSO_4$ 的形式存在以外，还有其他的存在形式。由于沙尘的碱性特点，剩下的 Ca^{2+} 极可能以碳酸钙($CaCO_3$)的形式存在。从图 57 - 6 中还可以看到，随着 Ca^{2+} 浓度的增加，SO_4^{2-}/Ca^{2+} 的比值也随之增加，表明强度越大的沙尘，带来的 $CaSO_4$ 相对越多。NH_4^+ 和 NO_3^- 两者有一定程度的相关，而其平均浓度分别为 2.26 和 0.99 $\mu g \cdot m^{-3}$，在 4 个站点中处于非常低的浓度水平。这主要是由于在沙漠中，

人烟稀少,动物也非常少,非自然源的贡献很少,因此塔中的 NH_4^+ 和 NO_3^- 浓度水平较低。

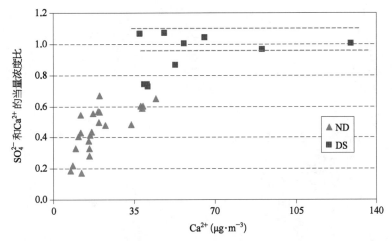

图 57 - 6　塔中 SO_4^{2-} 和 Ca^{2+} 的当量浓度比相对于 Ca^{2+} 浓度的散点图
(彩图见下载文件包,网址见 14 页脚注)

　　榆林地区气溶胶中的 SO_4^{2-} 与 Al 没有相关性。沙尘期间 SO_4^{2-} 的质量百分比为 1.97%,远高于表层土中的丰度,说明该地的硫酸盐主要受人为污染源所控制。由图 57 - 7(a) 可见,在非沙尘期间 SO_4^{2-} 与 NH_4^+ 具有较好的相关性,相关系数达到 0.74,而沙尘期间却没有这种正相关性。相反,如图中虚线所示,NH_4^+ 随着 SO_4^{2-} 浓度的增加而减小。SO_4^{2-} 在沙尘暴期间的最高浓度可达 47.03 $\mu g \cdot m^{-3}$,几乎是非沙尘时期平均值的 6 倍。由于榆林靠近煤炭大省山西的北部,工业用煤(发电)以及生活用煤(采暖、做饭)所释放的大量污染物,是其本地的主要污染源[20,24]。无论沙尘期间或非沙尘期间,矿物气溶胶均会吸收当地污染源燃煤排放的 SO_2 气体,而形成硫酸盐,也即沙尘中的碱性物质 $CaCO_3$ 与 SO_2 气体反应,转化而成硫酸钙($CaSO_4$)。因此,沙尘气溶胶和燃煤释放的硫酸盐前体物之前的相互混合反应,是造成榆林在沙尘暴期间硫酸盐浓度如此之高的主要原因。由上所述,外来沙尘中含有较少的 NH_4^+,NH_4^+ 主要来自本地污染源。沙尘的强度越大,导致 SO_4^{2-} 的浓度增加越多,但对 NH_4^+ 起的是稀释作用。因此,在沙尘时期观察到如图中虚线所示的 SO_4^{2-} 与 NH_4^+ 的负相关变化趋势。对于 NO_3^-,其在 ND 和 DS 时期都与 NH_4^+ 有比较好的相关性,如图 57 - 7(b)所示,表现出与 SO_4^{2-} 不同的特性。硝酸盐的复相产生速率,主要取决于相对湿度。一般来讲,携带沙尘的空气气团,都是非常干燥的[4]。ACE - Asia 期间的数值模拟结果显示,沙尘期间的 O_3、NO_2 和 HNO_3 可分别降低 20%、20% 和 95%[40]。较低的温度、湿度、强风以及低浓度的污染气体,对光化学反应极其不利。在北京的沙尘期间发现,硝酸盐的氧化率还不到 1%[36]。以上原因可解释,为什么在沙尘期间硝酸盐与硫酸盐的特性完全不同。NO_3^- 和 NH_4^+ 两者受物理和气象因素的影响,外来沙尘对其所起的稀释作用较多,而其受化学因素的影响较小,因此两者在沙尘时期仍存在相关。

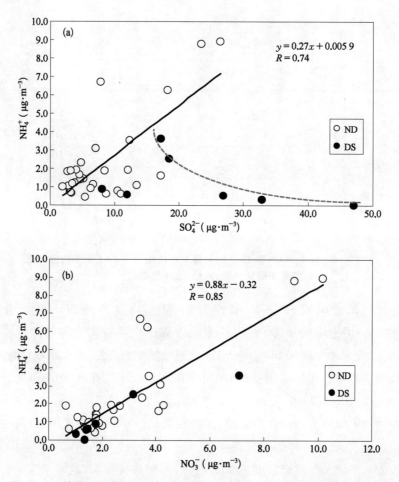

图 57 - 7 榆林观测点(a) SO_4^{2-} 和 NH_4^+;(b) NO_3^- 和 NH_4^+ 的相关性(实心点代表 DS,空心点代表 ND)。线性回归方程仅是针对 ND,图中的虚线仅作为视觉参考。(彩图见下载文件包,网址见 14 页脚注)

多伦地区气溶胶中 SO_4^{2-} 和 NO_3^- 的形成机制与榆林相似,其浓度在 4 个站点中是最低的,且 SO_4^{2-} 在沙尘期间的浓度相比非沙尘期间只是略有增加,说明当地的复相反应并不显著。由于多伦位于较为荒凉的内蒙古戈壁东缘,在沙尘传输的路径上并没有较大的人为污染源,因此沙尘和污染物反应的机会较少,混合程度不明显。

上海地区的大气污染最为严重。在非沙尘期间,SO_4^{2-} 和 NO_3^- 的质量浓度和占颗粒物的质量百分比,居 4 个站点之首。SO_4^{2-} 和 NO_3^- 之和,分别占 $PM_{2.5}$ 和 TSP 的 35% 和 21%,燃煤和机动车尾气排放,是两者的主要来源[41]。为揭示其化学反应机制,对 SO_4^{2-}、NO_3^- 和 NH_4^+、Ca^{2+} 两两之间分别进行了相关性分析,发现它们彼此之间没有显著的相关性。这可能说明,无论 NH_4^+ 还是 Ca^{2+},都不能主导气溶胶中酸性物质的中和。于是,将 NH_4^+ 与 Ca^{2+} 的当量浓度之和对 SO_4^{2-} 和 NO_3^- 的当量浓度之和作图,如图 57-8 所示,发现 2 个变量之间存在明显的正相关,相关系数达到 0.78,说明 NH_4^+ 和 Ca^{2+} 在对 SO_4^{2-} 和 NO_3^- 的中和过程中,都起着比较重要的作用。在非沙尘期间,两者的斜率为 1.09,接近于 1.00,表明非沙尘期间气溶胶中的酸性物质,可被碱性物质完全中和;而在沙尘期间,两者的斜率为 0.82,表明尽管沙尘中携带了大量的碱性物质,但仍未能中和其中所有的酸。NO_3^- 的平均质量浓度,从非沙尘期的 $9.67~\mu g \cdot m^{-3}$,增至沙尘期的 $12.31~\mu g \cdot m^{-3}$。除此之外,还发现沙尘期间 MSA 的浓度较往日增加了数倍。由于 MSA 是海洋源的指示物,因此这表明携带沙尘的气团在抵达上海之前,从海上经过。这和后向轨迹分析相互吻合[图 57-2(a)]。根据之前有关单颗粒物分析的研究报道[10],当亚洲沙尘到达日本西海岸时,79% 的颗粒物都已受到海盐的影响,且沙尘气溶胶与海盐的相互作用,很可能是沙尘在长距离传输过程中,粒径及组分改变的主要过程[42]。这就可以解释,为什么在沙尘期间,仅在上海观察到了硝酸盐的明显增加[图 57-5(b)]。这很可能是由于海盐与硝酸盐的前体物(气态 HNO_3)之间的复相反应所致。因此,沙尘、海盐气溶胶与本地污染物三者之间的相互混合与作用,是上海气溶胶的主要混合机制。

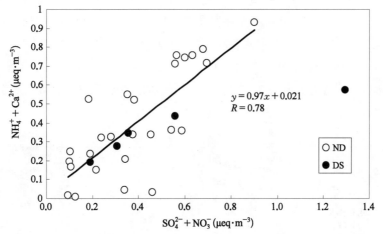

图 57-8　上海观测时期 $SO_4^{2-}+NO_3^-$ 与 $NH_4^++Ca^{2+}$ 当量浓度的相关性分析
图中的回归曲线和方程仅对于非沙尘时期。

　　通过测量气溶胶样品浸提液的 pH 值,可以间接地衡量气溶胶的酸度。除了上海以外的其他 3 个站点,在沙尘期间气溶胶的 pH 值,均高于非沙尘期间的 pH 值,主要是由于沙尘气溶胶的碱性所致。然而在上海,沙尘样品浸提液的 pH 值最低可达 2.81,几乎比非沙尘期间的平均值约低 2 个 pH 单位。这是非常强烈的证据,证明了沙尘的传输带来了大量的酸性物质。在 2001 年的 TRACE-P 大型实验的飞机航测中,也发现经过上海的沙尘气溶胶酸度很低,通过气态 HNO_3 等物种浓度的计算,得到当时的沙尘气溶胶 pH

低达 $1.00^{[2]}$。本研究中,在上海的沙尘时期发现如此高的气溶胶酸度,可以解释为本地污染和外来污染输送之间的相互混合。从图 57-5(a)可知,上海 TSP 中 Ca^{2+} 在 DS 期间的增加倍数,在 4 个站点中为最小。在沙尘的长途传输中,大颗粒往往会通过干湿过程沉降,从而导致其在下游地区中和酸的能力降低。同时,如上所述,矿物气溶胶和海盐表面的复相反应,增加了硫酸盐和硝酸盐,此消彼长,气溶胶中的酸度由此得以提升。

57.5 大气气溶胶中的离子存在形式解析

本研究的主要目的之一,是解析不同来源沙尘气溶胶的化学组成,以及比较长途传输过程中气溶胶化学组分的变化,揭示气溶胶组分在长途传输过程中的演化。塔中、榆林和多伦气溶胶中的总阳离子当量浓度 Σ^+ 与总阴离子当量浓度 Σ^- 的比值,无论在 DS 还是 ND 中都远大于 1。由于离子色谱不能测量 CO_3^{2-},因此可认为这部分未平衡的阴离子,主要是由于缺失 CO_3^{2-} 所致。在中国北方和西部的春季,碳酸盐是当地大气气溶胶和土壤的一个重要组分[32,43]。而在上海,Σ^+/Σ^- 的比值在 ND 和 DS 中均小于 1,说明上海的气溶胶显酸性,与其他站点的碱性相反。为探究 CO_3^{2-} 在气溶胶中的存在形式,将阴离子的缺失部分,也就是 $\Sigma^+-\Sigma^-$ 之值,与 Ca^{2+} 的当量浓度做相关,如图 57-9 所示(上海不在图中,因为阴离子的缺失并未在那里出现)。2 个参数在三地均呈显著相关,相关系数达到 0.90 以上,说明 CO_3^{2-} 很可能是以 $CaCO_3$ 的形式存在,而 $CaCO_3$ 恰恰是干旱与半干旱地区土壤中常见的矿物组分。可以通过以下公式来估算 $CaCO_3$ 的浓度:$[CaCO_3]=(\Sigma^+-\Sigma^-)\times 100$,其中 100 是 $CaCO_3$ 的分子量。由以上方法得到缺失物种的浓度后,可经由相关性分析,来估算可溶性离子的主要存在形式,以及浓度的高低[44,45]。

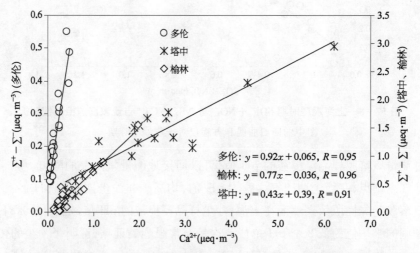

多伦: $y = 0.92x + 0.065, R = 0.95$
榆林: $y = 0.77x - 0.036, R = 0.96$
塔中: $y = 0.43x + 0.39, R = 0.91$

图 57-9 塔中、榆林和多伦气溶胶中的 Ca^{2+} 当量浓度和阴离子缺失量
$(\Sigma^+-\Sigma^-)$ 之间的相互关系

4 个站点中的主要离子物种,在 DS 和 ND 中占总可溶性离子的质量百分比,如图 57 - 10 所示。Ca^{2+} 主要是以 $CaCO_3$(长石)和 $CaSO_4$(石膏)的形式存在[46]。$CaCO_3$ 是所有靠近沙尘源区站点(塔中、榆林和多伦)中气溶胶的重要组分之一,而在上海只占了 10% 不到。碳酸盐能够作为载体和反应介质,吸收 SO_2 或气态 H_2SO_4,从而使之转化为硫酸盐。这在大气化学反应过程中起着很重要的作用[47,48]。在沙尘暴期间,明显地观察到了塔中、榆林和多伦气溶胶中 $CaSO_4$ 质量百分比的增加,其形成机制已经在 57.4 节中详细述及。根据之前的讨论,上海在沙尘时期直接受到以多伦为代表的东北沙尘源区的影响,对比两地气溶胶组分的区别,可以进一步了解长途传输中气溶胶组分的演化。从图 57 - 9 中可见,两地气溶胶的离子存在形式完全不同。多伦气溶胶中的主要物种为碳酸盐、二次组分[主要为 $(NH_4)_2SO_4$]以及岩盐($NaCl$),而未见 $CaSO_4$ 的存在,表明在多伦,气溶胶表面的复相反应可以被忽略。相对于多伦气溶胶中高含量的 $CaCO_3$(在沙尘暴时可达 80%),该组分在上海气溶胶中的含量在 5% 以下,取而代之的是高含量的 $CaSO_4$。这说明,从多伦传输至上海的高含量碳酸盐,已经被酸性物质[SO_2、SO_3、$H_2SO_{4(g)}$]完全地中和。$CaSO_4$ 占可溶性离子总量的比例,从非沙尘时期的 27%,增加到沙尘时期的 43%;并且上海气溶胶中的 SO_4^{2-}/Ca^{2+} 比值,也相对于多伦增加了 6 倍左右。这表明了在长途传输过程中,有强烈的混合与化学转化作用。在上海气溶胶组成中,观察到 $NaNO_3$ 的存在,以及其在沙尘时期的明显增加,也佐证了海洋上空的海盐也参与了大气气溶胶的混合过程。

$(NH_4)_2SO_4$ 和 NH_4NO_3 是上海和榆林非沙尘时期的主要二次污染物,燃煤以及机动车排放是其主要来源。$(NH_4)_2SO_4$ 和 NH_4NO_3 的量,主要受 NH_4^+ 控制。在沙尘时期,两者对气溶胶的贡献被抑制在一个较低水平,主要就是由于 NH_4^+ 的含量被外来沙尘

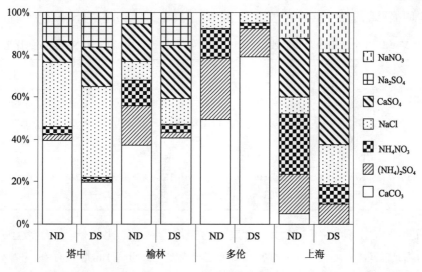

图 57 - 10 4 个站点在沙尘和非沙尘时期的主要物种质量浓度占总可溶性离子的百分比

稀释而降低。NaCl 在各个站点都存在,但是来源却不尽相同。在塔中,Na^+ 和 Cl^- 显著相关,相关系数达到 0.99。这是因为塔克拉玛干沙漠的沙尘,有其古海洋源的特征。因此,塔中的 NaCl 主要来自干涸的古海盐。而榆林和多伦气溶胶中的 NaCl,则主要来自当地盐湖,因为在中国北部和蒙古南部,分布着大量的盐碱地[48]。上海气溶胶中的 NaCl,则明显是出于海洋源。沙尘时期明显增加的 NaCl 含量(图 57 - 10),进一步证明了长途传输中沙尘与海盐的相互混合。

57.6　判别不同源区沙尘的气溶胶组分比值示踪法

气溶胶的组分,可被用来指示沙尘气溶胶的不同来源,例如同位素分析法[4]、铁氧化物法[49]、黏土比值法[50]等。本章论及的 Ca/Al 比值,也是一种区分沙尘来源的很好的方法。在本节中,将发展几种新的组分比值,来区分不同来源的沙尘。表 57 - 3 列出了 4 个站点气溶胶 SO_4^{2-}/S、Ca^{2+}/Ca 和 Na^+/Na 分别在 DS 和 ND 时期的比值。从表中可知,在榆林,气溶胶中的 S 基本上是以可溶性 S,也就是以硫酸盐的形式存在。榆林 S 的主要来源是燃煤,通过 SO_2 的同相/异相反应生成的产物主要是 $(NH_4)_2SO_4$ 和 $CaSO_4$,而这些盐都是水溶性的。塔中的 S 大部分也是以可溶性的形式存在的,主要是 $CaSO_4$ 和 Na_2SO_4(图 57 - 10)。而相对于西部和西北部沙尘源区 S 的高可溶性(塔中:0.97,榆林:1.00),东北部多伦气溶胶中可溶性 S 的比例最低,平均值为 0.54。这部分不可溶性的 S,很可能是来自当地的黄铁矿(FeS_2)和铜铁矿($CuFeS_2$),因为在内蒙古分布着许多此类矿山。在多伦,气溶胶中可溶性 S 的百分比,从非沙尘时期的 73% 降至 54%,表明沙尘暴期间带来了大量的不可溶性物质。上海气溶胶中的 S,在非沙尘时期基本都以硫酸盐的形式存在,尽管在沙尘时期受到来自东北沙尘源区的影响,可溶性 S 的比例仍旧接近100%,说明很可能是由于传输过程中发生的化学反应,将低价态的 S 氧化为高价态的 S。

表 57 - 3　4 个站点沙尘和非沙尘时期气溶胶中 SO_4^{2-}/S、Ca^{2+}/Ca 和 Na^+/Na 的比值

		塔　中	榆　林	多　伦	上　海
SO_4^{2-}/S	ND	0.89 ± 0.16	1.00 ± 0.18	0.73 ± 0.10	1.00 ± 0.17
	DS	0.97 ± 0.12	1.00 ± 0.10	0.54 ± 0.09	1.00 ± 0.17
Ca^{2+}/Ca	ND	0.37 ± 0.09	0.77 ± 0.13	1.00 ± 0.18	1.00 ± 0.29
	DS	0.19 ± 0.05	0.33 ± 0.09	0.41 ± 0.10	0.49 ± 0.03
Na^+/Na	ND	1.00 ± 0.30	0.88 ± 0.19	1.00 ± 0.20	1.00 ± 0.34
	DS	0.79 ± 0.11	0.61 ± 0.16	0.27 ± 0.03	0.25 ± 0.06

在所有站点中,Ca^{2+}/Ca 在沙尘时期均比非沙尘时期的比值低,表明沙尘中含有较多的不可溶的 Ca。不可溶的 Ca 常常以云母/硅酸钙($CaSiO_3$)的形式存在[51]。Ca^{2+}/Ca 的比值以塔中<榆林<多伦<上海的顺序排列,表明可溶性 Ca 的比例,从西至东增加,

可能和中国的区域降水特征有关。沙尘时期上海的 Ca^{2+}/Ca 比值为 0.49，非常接近多伦的比值 0.41，进一步从化学角度说明了上海 2007 年的此次沙尘事件，源自东北部的沙尘源区。Na^+/Na 比值在每个站点，在非沙尘时期几乎都是 1，说明元素 Na 几乎 100％地以可溶性 Na 的形式存在。这是因为在平日，Na 主要来源于土壤或是海盐；而这些来源中的 Na，基本都是可溶状态的。在沙尘时期，Na^+/Na 的比值明显降低，并且以如下顺序排列塔中＞榆林＞多伦≈上海，恰好与 Ca^{2+}/Ca 的区域特征相反。不溶性的 Na 可能以晶体的形式例如硅酸钠（Na_2SiO_3）存在。相比较其他两大沙尘源区，多伦明显能够带来更多的不可溶性 Na。沙尘期间，上海和多伦的 Na^+/Na 也非常接近，再次说明了上海 2007 年的此次沙尘事件，源自以多伦为代表的东蒙古和内蒙古东北部戈壁。

综上所述，西部高钙沙尘（塔克拉玛干沙漠，以塔中为代表）的特点是高 Ca/Al、高 Na^+/Na 和低 Ca^{2+}/Ca 值。东北部低钙沙尘（东蒙古戈壁，以多伦为代表）的特点是低 Ca/Al、低 Na^+/Na 和高 Ca^{2+}/Ca 值。而西北部高钙沙尘（西蒙古戈壁，以榆林为代表）的特点则介于以上 2 个沙尘源区之间。显然，以上组分比值，可以作为区分沙尘不同来源的示踪。

57.7　沙尘气溶胶长途传输中与污染气溶胶的相互混合对全球气候变化的意义

上述讨论揭示了中国不同沙尘源区气溶胶在长途传输中的组成变化，及其与污染气溶胶相互混合的机制。沙尘气溶胶与污染气溶胶之间不同的混合方式，是内混合还是外混合，会产生不同的辐射特性。内混合一般通过云中凝结、融合，或气溶胶表面的气粒转化而形成。S. E. Bauer 等[5]指出，如果考虑颗粒物表面的异相反应，即考虑沙尘与污染气溶胶的内混合，人为污染产生的硫酸盐所引起的辐射强迫，比原来未考虑的此一过程，估计会减少 0.09 $W \cdot m^{-2}$。在沙尘气溶胶的长途传输中，与污染气溶胶的相互混合及其异相反应，会大大影响气溶胶的组分变化。沙尘颗粒物中 $CaCO_3$ 向 $CaSO_4$ 的转化，是矿物气溶胶表面转化的重要过程。中国西北和东北输送而来的沙尘，在从源区至工业区的传输途中，都经历了这样的化学组分转化。含 S 化合物与矿物气溶胶反应产生的、覆盖在颗粒物表面的硫酸盐，即出于内混合过程。相反，本研究所揭示的西部沙尘源区（塔克拉玛干沙漠）的硫酸盐，主要来自矿物气溶胶，它与其他气溶胶颗粒物的混合，主要是外混合。这意味着，西部塔克拉玛干沙漠的沙尘，相对于其他沙尘源区，可能具有更明显的降温效应。细颗粒物中硫酸盐的辐射强迫作用，大于粗颗粒物中的硫酸盐。塔克拉玛干沙漠中部地区即塔中细颗粒气溶胶中的硫酸盐，在非沙尘期间的浓度为 12.84 $\mu g \cdot m^{-3}$，在沙尘期间迅速增至 36.44 $\mu g \cdot m^{-3}$，而在上海则从非沙尘期的 10.57 $\mu g \cdot m^{-3}$ 降至沙尘期间的 8.46 $\mu g \cdot m^{-3}$。又因为粗颗粒物中硫酸盐的散射效率降低，所以在上海地区沙尘期间，辐射强迫可能降低。不同沙尘源区产生的沙尘气溶胶及其长途传输，会产生不同的气候效应。因此,揭示沙尘源区气溶胶各种组分的浓度、理化特性及其混合和表面反应机制,为模式研究估计全球沙尘和各种混合气溶胶对全球气候变化的影响,提供了不可或缺的资料,对解决全球气候变化研究中的不确定性难题起到关键作用。

参考文献

[1] Zhuang G S, Yi Z, Duce R A, et al. Link between iron and sulfur cycles suggested by detection of Fe(Ⅱ) in remote marine aerosols. Nature, 1992, 355(6360): 537 – 539.

[2] Meskhidze N, Chameides W L, Nenes A, et al. Iron mobilization in mineral dust: Can anthropogenic SO_2 emissions affect ocean productivity? Geophysical Research Letters, 2003, 30 (21): 2085. doi: 2010.1029/2003GL018035.

[3] Cao J J, Lee S C, Zhang X Y, et al. Characterization of airborne carbonate over a site near Asian dust source regions during Spring 2002 and its climatic and environmental significance. Journal of Geophysical Research-Atmospheres, 2005, 110(D03203): doi: 10.1029/2004JD005244.

[4] Arimoto R. Aeolian dust and climate: Relationships to sources, tropospheric chemistry, transport and deposition. Earth-Science Reviews, 2001, 54(1 – 3): 29 – 42.

[5] Bauer S E, Mishchenko M I, Lacis A A, et al. Do sulfate and nitrate coatings on mineral dust have important effects on radiative properties and climate modeling? Journal of Geophysical Research-Atmospheres, 2007, 112(D6): doi: 10.1029/2005JD006977.

[6] Sun J, Zhang M, Liu T. Spatial and temporal characteristics of dust storms in China and its surrounding regions, 1960 – 1999: Relations to source area and climate. Journal of Geophysical Research, 2001, 106(D10): 10325 – 10333.

[7] Guo J, Rahn K A, Zhuang G S. A mechanism for the increase of pollution elements in dust storms in Beijing. Atmospheric Environment, 2004, 38(6): 855 – 862.

[8] Sun Y L, Zhuang G S, Wang Y, et al. Chemical composition of dust storms in Beijing and implications for the mixing of mineral aerosol with pollution aerosol on the pathway. Journal of Geophysical Research-Atmospheres, 2005, 110(D24): doi: 10.1029/2005JD006054.

[9] Lee C T, Chuang M T, Chan C C, et al. Aerosol characteristics from the Taiwan aerosol supersite in the Asian yellow-dust periods of 2002. Atmospheric Environment, 2006, 40(18): 3409 – 3418.

[10] Ma C J, Tohno S, Kasahara M. A case study of the size-resolved individual particles collected at a ground-based site on the west coast of Japan during an Asian dust storm event. Atmospheric Environment, 2005, 39(4): 739 – 747.

[11] Fan X B, Okada K, Niimura N, et al. Mineral particles collected in China and Japan during the same Asian dust-storm event. Atmospheric Environment, 1996, 30(2): 347 – 351.

[12] Mori I, Nishikawa M, Tanimura T, et al. Change in size distribution and chemical composition of kosa (Asian dust) aerosol during long-range transport. Atmospheric Environment, 2003, 37 (30): 4253 – 4263.

[13] Kim K W, He Z S, Kim Y J. Physicochemical characteristics and radiative properties of Asian dust particles observed at Kwangju, Korea, during the 2001 ACE-Asia intensive observation period. Journal of Geophysical Research-Atmospheres, 2004, 109 (D19): 10.1029/ 2003JD003693.

[14] Matsumoto K, Uyama Y, Hayano T, et al. Transport and chemical transformation of anthropogenic and mineral aerosol in the marine boundary layer over the western North Pacific Ocean. Journal of Geophysical Research-Atmospheres, 2004, 109 (D21): doi: 10. 1029/ 2004JD004696.

[15] Ooki A, Uematsu M. Chemical interactions between mineral dust particles and acid gases during Asian dust events. Journal of Geophysical Research-Atmospheres, 2005, 110 (D3): doi: 10.1029/2004JD004737.

[16] Sun Y L, Zhuang G S, Ying W, et al. The air-borne particulate pollution in Beijing — Concentration, composition, distribution and sources. Atmospheric Environment, 2004, 38(35): 5991 – 6004.

[17] Shen Z X, Cao J J, Li X X, et al. Chemical characteristics of aerosol particles ($PM_{2.5}$) at a site of Horqin Sand-land in northeast China. Journal of Environmental Sciences-China, 2006, 18(4): 701 – 707.

[18] Zhang D Z, Iwasaka Y, Shi G Y, et al. Separated status of the natural dust plume and polluted air masses in an Asian dust storm event at coastal areas of China. Journal of Geophysical Research-Atmospheres, 2005, 110(D6): doi: 10.1029/2004JD005305.

[19] Cheng Y F, Eichler H, Wiedensohler A, et al. Mixing state of elemental carbon and non-light-absorbing aerosol components derived from in situ particle optical properties at Xinken in Pearl River Delta of China. Journal of Geophysical Research-Atmospheres, 2006, 111(D20): doi: 10. 1029/2005JD006929.

[20] Hou X M, Zhuang G S, Sun Y, et al. Characteristics and sources of polycyclic aromatic hydrocarbons and fatty acids in $PM_{2.5}$ aerosols in dust season in China. Atmospheric Environment, 2006, 40(18): 3251 – 3262.

[21] Zhao X J, Wang Z, Zhuang G S, et al. Model study on the transport and mixing of dust aerosols and pollutants during an Asian dust storm in march 2002. Terrestrial Atmospheric and Oceanic Sciences, 2007, 18(3): 437 – 457.

[22] Levin Z, Teller A, Ganor E, et al. On the interactions of mineral dust, sea-salt particles, and clouds: A measurement and modeling study from the Mediterranean Israeli Dust Experiment campaign. Journal of Geophysical Research-Atmospheres, 2005, 110 (D20): doi: 10.1029/ 2005JD005810.

[23] Arimoto R, Zhang X Y, Huebert B J, et al. Chemical composition of atmospheric aerosols from Zhenbeitai, China, and Gosan, South Korea, during ACE-Asia. Journal of Geophysical Research-Atmospheres, 2004, 109(D19): doi: 10.1029/2003JD004323.

[24] Xu J, Bergin M H, Greenwald R, et al. Aerosol chemical, physical, and radiative characteristics

near a desert source region of northwest China during ACE-Asia. Journal of Geophysical Research-Atmospheres, 2004, 109(D19): doi: 10.1029/2003JD004239.

[25] Li J, Zhuang G S, Huang K, et al. Characteristics and sources of air-borne particulate in Urumqi, China, the upstream area of Asia dust. Atmospheric Environment, 2008, 42(4): 776 – 787.

[26] Cheng T T, Lu D R, Chen H B, et al. Physical characteristics of dust aerosol over Hunshan Dake sandland in Northern China. Atmospheric Environment, 2005, 39(7): 1237 – 1243.

[27] Malm W C, Sisler J F, Huffman D, et al. Spatial and seasonal trends in particle concentration and optical extinction in the United-States. Journal of Geophysical Research-Atmospheres, 1994, 99(D1): 1347 – 1370.

[28] Wang Y, Zhuang G S, Sun Y, et al. Water-soluble part of the aerosol in the dust storm season — Evidence of the mixing between mineral and pollution aerosols. Atmospheric Environment, 2005, 39(37): 7020 – 7029.

[29] Zhang X Y, Zhuang G Y, Zhu G H, et al. Element tracers for Chinese source dust. Science in China (Series D), 1996, 39(5): 512 – 521.

[30] Zhang X Y, Gong S L, Shen Z X, et al. Characterization of soil dust aerosol in China and its transport and distribution during 2001 ACE-Asia: 1. Network observations. Journal of Geophysical Research-Atmospheres, 2003, 108(D9): doi: 10.1029/2002JD002632.

[31] Zhang X Y, Zhang G Y, Zhu G H, et al. Elemental tracers for Chinese source dust. Science in China, 1996, 39(5): 512 – 521.

[32] Cao J J, Chow J C, Watson J G, et al. Size-differentiated source profiles for fugitive dust in the Chinese Loess Plateau. Atmospheric Environment, 2008, 42(10): 2261 – 2275.

[33] Ta W Q, Xiao Z, Qu J J, et al. Characteristics of dust particles from the desert/Gobi area of northwestern China during dust-storm periods. Environ Geol, 2003, 43(6): 667 – 679.

[34] Erel Y, Dayan U, Rabi R, et al. Trans boundary transport of pollutants by atmospheric mineral dust. Environmental Science & Technology, 2006, 40(9): 2996 – 3005.

[35] Sun J M, Liu T S. The age of the Taklimakan Desert. Science, 2006, 312(5780): 1621.

[36] Yuan H, Zhuang G S, Li J, et al. Mixing of mineral with pollution aerosols in dust season in Beijing: Revealed by source apportionment study. Atmospheric Environment, 2008, 42(9): 2141 – 2157.

[37] Arimoto R, Kim Y J, Kim Y P, et al. Characterization of Asian Dust during ACE-Asia. Global and Planetary Change, 2006, 52(1 – 4): 23 – 56.

[38] Zhao X J, Zhuang G S, Wang Z F, et al. Variation of sources and mixing mechanism of mineral dust with pollution aerosol — Revealed by the two peaks of a super dust storm in Beijing. Atmospheric Research, 2007, 84(3): 265 – 279.

[39] Tegen I, Miller R. A general circulation model study on the interannual variability of soil dust aerosol. Journal of Geophysical Research-Atmospheres, 1998, 103(D20): 25975 – 25995.

[40] Tang Y H, Carmichael G R, Kurata G, et al. Impacts of dust on regional tropospheric chemistry

during the ACE-Asia experiment: A model study with observations. Journal of Geophysical Research-Atmospheres, 2004, 109(D19): doi: 10.1029/2003JD003806.

[41] Wang Y, Zhuang G S, Zhang X Y, et al. The ion chemistry, seasonal cycle, and sources of $PM_{2.5}$ and TSP aerosol in Shanghai. Atmospheric Environment, 2006, 40(16): 2935 – 2952.

[42] Zhang D Z, Iwasaka Y. Size change of Asian dust particles caused by sea salt interaction: Measurements in southwestern Japan. Geophysical Research Letters, 2004, 31(15): doi: 10.1029/2004GL020087.

[43] Wang X M, Xia D S, Wang T, et al. Dust sources in and semiarid China and southern Mongolia: Impacts of geomorphological setting and surface materials. Geomorphology, 2008, 97(3 – 4): 583 – 600.

[44] Wang Y, Zhuang G S, Sun Y L, et al. The variation of characteristics and formation mechanisms of aerosols in dust, haze, and clear days in Beijing. Atmospheric Environment, 2006, 40(34): 6579 – 6591.

[45] Wang Y, Zhuang G S, Tang A H, et al. The ion chemistry and the source of $PM_{2.5}$ aerosol in Beijing. Atmospheric Environment, 2005, 39(21): 3771 – 3784.

[46] Mikami M G. Shi Y, Uno I, et al. Aeolian dust experiment on climate impact: An overview of Japan-China joint project ADEC. Global and Planetary Change, 2006, 52(1 – 4): 142 – 172.

[47] Dentener F J, Carmichael G R, Zhang Y, et al. Role of mineral aerosol as a reactive surface in the global troposphere. Journal of Geophysical Research-Atmospheres, 1996, 101(D17): 22869 – 22889.

[48] Yuan H, Zhuang G S, Rahn K A, et al. Composition and mixing of individual particles in dust and nondust conditions of North China, spring 2002. Journal of Geophysical Research-Atmospheres, 2006, 111(D20): doi: 10.1029/2005JD006478.

[49] Shen Z X, Cao J J, Zhang X Y, et al. Spectroscopic analysis of iron-oxide minerals in aerosol particles from northern China. Science of the Total Environment, 2006, 367(2 – 3): 899 – 907.

[50] Caquineau S, Gaudichet A, Gomes L, et al. Saharan dust: Clay ratio as a relevant tracer to assess the origin of soil-derived aerosols. Geophysical Research Letters, 1998, 25(7): 983 – 986.

[51] DeBell L J, Vozzella M, Talbot R W, et al. Asian dust storm events of spring 2001 and associated pollutants observed in New England by the Atmospheric Investigation, Regional Modeling, Analysis and Prediction (AIRMAP) monitoring network. Journal of Geophysical Research-Atmospheres, 2004, 109(D1): doi: 10.1029/2003JD003733.

第58章

特大沙尘暴期间沙尘与人为污染物的混合——观测与模式研究的吻合

2002年3月18—22日,中国北方发生了一次特大沙尘暴。此次沙尘暴天气,由东北冷涡产生的冷锋系统所引发。沙尘袭击了西北、华北、东北、黄淮流域、江淮流域、汉水流域以及四川盆地、湖南等地,构成了2002年春季沙尘的最大外廓线,其中新疆、青海、甘肃、内蒙古、宁夏、陕西、山西、河北、黑龙江、辽宁、吉林等11个省区的72个观测站,都先后出现了沙尘暴,24个站点达到强沙尘暴标准。甘肃鼎新、内蒙古乌拉特后旗的能见度,曾陡降为零。这是2002年强度最大、影响最严重的一次沙尘暴过程,居近10年的第4位[1,2]。此次沙尘暴于3月20日到达北京。在此期间,我们收集了高时间分辨率的TSP和PM_{10}采样,并进行了化学成分分析。采样和化学分析方法,详见本书第7、8章及文献[3,4]。由中国气象局获得地面观测网每3 h一次的地面气象数据,其中包括温度、风速、风向、压强、湿度、降水和地面天气现象等21种气象要素。从http://www.wunderground.com下载了2002年3月北京每小时的常规气象数据(温度、压力、相对湿度、风速和风向等)。从国家环保局(现为中华人民共和国环境保护部)(http://www.sepa.gov.cn/)和北京市环境保护局(http://www.bjepb.gov.cn/)收集2002年北京每日的SO_2、NO_2、PM_{10}及O_3大气污染指数,并由污染指数按照环保局给出的公式,计算出相应的浓度值,用以验证模式的模拟结果。北京中日友好环境保护中心进行了气溶胶的雷达观测[5]。本章利用数值模拟方法并结合观测结果,揭示沙尘暴过程中沙尘气溶胶的传输及其与人为污染物的混合过程。此次模拟中,水平方向分辨率选为30 km,水平网格数为283×211个。模式的模拟区域及区域内不同源地沙尘含量的权重因子见图58-1。模式假设,在模拟起始时刻的起沙量为0。模式每隔1 h输出一次结果,模拟结果都为世界时。

58.1 沙尘暴过程中的2个峰值

此沙尘暴于3月20日入侵北京,最高TSP浓度达到10.9 mg·m^{-3},$PM_{2.5}$的浓度最高达到1.39 mg·m^{-3}。沙尘在3月20日9:00之后开始入侵北京,能见度在11:00降到

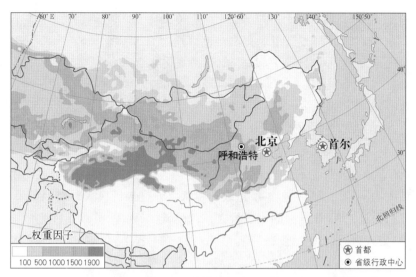

图 58-1　模拟区域和不同源区对应的沙尘权重因子（彩图见图版第 41 页，
也见下载文件包，网址见正文 14 页脚注）

了 2 km，并于 14:00 达到最低值 1.1 km。15:00 以后沙尘暴减弱，能见度在 20:00 增加
到 8 km，但是 21:00 以后能见度再一次降低，并于 23:00 降到 7 km。沙尘暴在 21 日离
开北京，能见度开始回升至 10 km 以上。这与我们在此期间观测的 TSP 浓度变化非常一
致。图 58-2 给出了北京 TSP、TSP 中矿物沙尘及其在 TSP 中所占比率在此期间的时

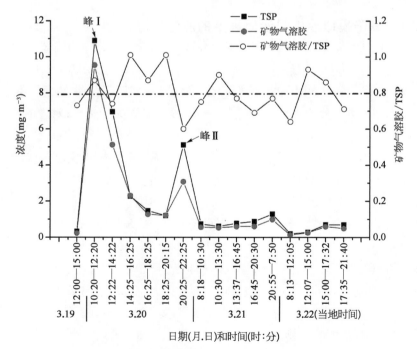

图 58-2　TSP 及其中沙尘气溶胶浓度的变化（彩图见下载文件包，网址见 14 页脚注）

间变化。20 日的 TSP 共有 2 个高峰,第一个在 10:20—12:20(命名为 PⅠ),第二个发生在夜间 20:25—22:20(命名为 PⅡ),最高浓度分别为 10.9 和 5.1 mg·m^{-3}。TSP 中所含矿物气溶胶的量,由 Al、Ca、Fe、Ti、Mg 和 Si 的氧化物之和计算得到[6-8],即:矿物气溶胶＝1.89Al＋2.14Si＋1.4Ca＋1.43Fe＋1.66Mg＋1.67Ti,其中 Si 的浓度是通过 Si/Al 的平均值估算得到的[7]。这一比值是从中国 3 个沙漠站和 1 个黄土站采集的 TSP 样品中得到的,Si/Al 在这 4 个站分别为 3.9、3.7、3.7 和 4.2,平均值 3.9 用来估算 Si 的浓度。很明显,沙尘暴发生时,矿物气溶胶为 TSP 的主要成分,平均达到 80%,但在 PⅠ和 PⅡ期间,分别为 87% 和 60%,两者相差较大。这是由沙尘来源的不同造成,还是由于沙尘与沿途或局地人为污染物混合的差别所造成?本章将通过分析模式的模拟结果、气象观测数据和从北京采集的 TSP 样品的化学组成,来解释这一现象,并给出沙尘气溶胶的长距离传输,及其与人为污染物的混合特征。

58.2　2 个 TSP 高峰期间沙尘的来源

许多学者利用后向轨迹技术和模式模拟,给出了这次沙尘暴的源地[9-12]。2002 年 3 月 19 日的沙尘暴,源于中蒙边界的戈壁沙漠,途经阿拉善高原,并于 20 日在中蒙边界地区的东南部进一步加强,最后从西路进入北京。不过已有的研究并未涉及,3 月 20 日入侵北京的 2 个 TSP 浓度高峰,以及高峰期间沙尘的来源。

58.2.1　基于模拟沙尘起沙而确定的沙尘来源

模式的模拟从 3 月 10 日 00:00UTC(世界时＝北京时−8,下同)到 3 月 22 日 23:00 UTC,其中 3 月 10—17 日为模式的启动时间,模拟结果从 3 月 18 日 00:00 UTC 开始分析。采用地面观测的每 3 h 间隔的气象状况记录,验证模拟结果。在地面气象记录中,沙尘天气按照水平能见度分为 4 类——浮尘、扬沙、沙尘暴和强沙尘暴,对应的水平能见度分别为:<10 km、1~10 km、500~1 000 m 和<500 m。

3 月 19 日当地时间 9:00,在中国新疆地区的北部和蒙古国西南部的戈壁沙漠开始起沙;到 19 日 14:00,起沙区略向东移,并达到了最大起沙量 8 500 μg·m^{-2}·s^{-1};随后排放强度开始减弱。3 月 20 日,在蒙古国的东南部、中国陕西和山西北部以及内蒙古东部部分地区的土壤沙尘,被冷锋系统后的大风扬起,增加了沙尘暴的沙尘量。3 月 21 日,起沙地区主要是在内蒙古东部和西南部的半干旱地区、北京和山西的北部地区以及塔克拉玛干沙漠的东部地区。总体而言,模式的模拟结果与观测的沙尘天气吻合较好。同时,模拟结果与以前研究的结果也比较接近。起沙的时间和地点与 Z. Han 等和 Y. Shao 等的模拟结果十分接近[10,12],只是在沙尘的排放强度上有些差别。Han 等和 S. Park 等模拟的最大沙尘排放通量,分别为 3 500 和 12 000 μg·m^{-2}·s^{-1}[10,11];而 Shao 等模拟的结果为 5 000 μg·m^{-2}·s^{-1}[12]。本文的模拟结果介于 Shao 等和 Park 等模拟的结果之间。就起沙的时空演变比较而言,本文的结果比 Shao 等和 Han 等模拟的结果更为接近。沙尘起沙强度之间的差别,主要是因为模式采用的起沙机制不同。从模拟结果来看,20 日之前最强的一次起沙过程,于 19 日当地时间 14:00 左右发生在内蒙古西部和蒙古国西南部交界处的戈壁沙漠地区,第二次是 20 日 11:00—14:00 发生在蒙古国东南部、中国陕西和山西北部以及内蒙古东部地区。来自这 2 个地区的沙尘,可能造成了北京 20 日 TSP 的 2 次高峰。

58.2.2　基于气象数据确定的沙尘源区

因为沙尘天气现象直接由水平能见度来区分,在此利用 3 h 间隔的能见度资料,来确定 2 次沙尘高峰期间的沙尘来源。为了更清楚地说明这一问题,利用 NOAA 空气资源实验室开发的 HYSPLIT4 气象模型,计算了这次沙尘气团 24 h 的等熵后向轨迹[13](图 58 - 3)。从沿气团的传输轨迹,选取了多个站点,同时选取了二连浩特和多伦 2 个站,用来分析位于北京西北和北部沙源的可能性。3 月 19 日当地时间 8:00,沙尘暴首先出现在蒙古南部和新疆北部,随后迅速到达巴丹吉林附近的额济纳旗,然后向东南移动到内蒙古西部的海力素、吉兰泰和乌拉特中旗。20 日,沙尘暴向东到达呼和浩特、大同和张家口,最后到达北京。3 月 19—21 日,在新疆、内蒙古西部和甘肃站点(如额济纳旗和民勤),能见度只有一个谷值,最低达到 800 m;而在内蒙古中部如吉兰泰、海力素和乌拉特中旗,却有 2 个谷值:第一个出现在 19 日下午,与额济纳旗的能见度变化相似,最低的能见度甚至达到 500 m 以下;第二个谷值出现在 20 日中午,但是能见度基本都在 10 km 以上。这说明,在这些地区,只有 19 日下午的一次沙尘过程。结合模式模拟的起沙通量之分布变化,可以将新疆东北部、甘肃省、内蒙古中西部和蒙古国西部的戈壁沙漠这些地区,确定为这次沙尘暴的第一个源区(Source Ⅰ,图 58 - 3,以下简称为 S Ⅰ)。其中包括了先前研究[14]所论及的中国西北部沙漠的一部分、中国北部沙漠高粉尘区的全部和低粉尘区的西部。但是,沿气团传输路径从呼和浩特到北京的站点上,能见度都有 2 个谷值,都达到了 10 km 以下。呼和浩特和北京能见度的第一个谷值比第二个低很多;而在张家口,2 个谷值比较接近,表明沙尘暴在第一个阶段要强于第二个,与北京 TSP 的观测结果比较一致(图 58 - 2)。位于北京西北部的二连浩特能见度也在 20 日早上和下午出现 2 个谷值。在这一地区的沙尘,很可能在盛行的西北风驱动下,传输到北京。能见度的变化说明,20 日早上在蒙古国和内蒙古东南部、山西和河北北部地区,有一次起沙过程,扬起的沙尘补充了来源于戈壁沙漠的沙尘暴。20 日下午,在这个地区又发生了一次较弱的起沙过程,与前述的起沙通量模拟结果也比较一致。这一地区可以确定为这次沙尘暴的第二个源区(Source Ⅱ,图 58 - 3,以下简称为 S Ⅱ)。沙尘暴到达多伦的时间与到达北京的时间相同,只是在多伦保持同一强度一直持续到当地时间 23:00。起源于这一地区的沙尘,很难对北京的第一个沙尘高峰有贡献,但是在西北风的驱动下,可能会对第二次高峰提供一定量的沙尘,因此可以并入第二个源区(Source Ⅱ)。

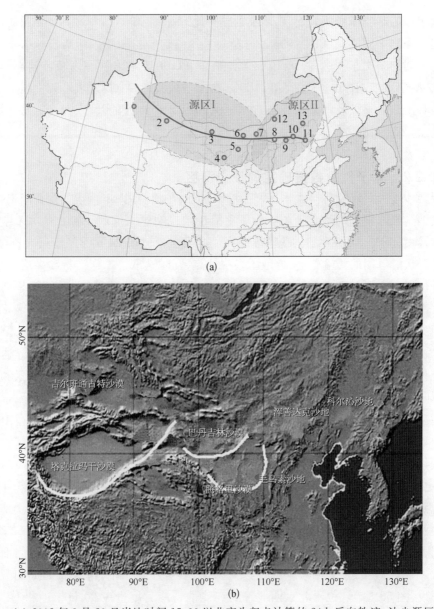

图 58-3 (a) 2002 年 3 月 20 日当地时间 15:00 以北京为起点计算的 24 h 后向轨迹、沙尘源区和站点分布。1:乌鲁木齐;2:哈密;3:额济纳旗;4:民勤;5:吉兰泰;6:海力素;7:乌拉特中旗;8:呼和浩特;9:大同;10:张家口;11:北京;12:二连浩特;13:多伦。(b) 中国主要沙漠和先前研究[14]所论及的 3 个源区:Ⅰ:中国西北部沙漠;Ⅱ:中国北部沙漠高粉尘区;Ⅲ:中国北部沙漠低粉尘区。(彩图见下载文件包,网址见 14 页脚注)

从沙尘源区 SⅠ和 SⅡ沙尘暴的发生时间和强度可以看出,3 月 19 日在 SⅠ发生的沙尘暴强度最强,并保持同一强度达 10 h,向大气中提供了大量沙尘;当沙尘暴移动到源区 SⅡ时,尽管此源地提供了新沙尘,但是沙尘暴的强度已经降低;最后沙尘暴在 3 月 20 日早上到达北京,并造成了 TSP 的第一次高峰(峰Ⅰ,Peak Ⅰ,图 58-2,以下简称为

PⅠ),源区 SⅡ 的起沙过程,主要发生在 20 日的下午和晚上。这些沙尘和第一次沙尘过程过后悬浮在北京大气中的沙尘,是北京 TSP 第二次高峰(峰Ⅱ,Peak Ⅱ,图 58 - 2,以下简称为 PⅡ)的主要贡献者。

58.2.3　基于化学示踪因子确定的沙尘源

Si、Al、Fe 和 Ti 等元素,常作为地壳物质的参比元素,其中 Al 是最常用的参比元素。在北京监测的 TSP 中,Al 的质量百分比在 PⅠ 中为 6.8%,与其在 SⅠ 的气溶胶中所占比例 7%[7]很接近;而在 PⅡ 中为 4.5%,远低于 7%,却与 Al 在 SⅡ 土壤中的背景含量 4.0%～5.7%[15]以及北京 3、4 月非沙尘暴期间 TSP 中 Al 的质量百分比 3.9%较为接近。这些结果,在一定程度上佐证了上面对沙尘来源的分析结果,即 PⅠ 中的沙尘主要来自 SⅠ,而 PⅡ 中的沙尘主要来自 SⅡ。

一些主要矿物元素如 Fe、Mg、Sc 和 Ca 等的比例,常用来确定沙尘气溶胶的源区[14]。Fe、Mg、Ca、Na 与 Al 的比例,在 PⅠ 和 PⅡ 中分别为 0.5、0.24、1.04、0.23 和 0.72、0.18、1.15、0.25。Fe/Al 比值在中国北部沙漠高粉尘区的土壤中为 0.65,在北部沙漠低粉尘区为 0.44[14],而在多伦表层土壤中为 0.9。Fe/Al 在 PⅠ 中为 0.5,介于北部沙漠高粉尘和低粉尘源区之间;而在 PⅡ 中为 0.72,介于北部沙漠高粉尘区和多伦之间。这说明,PⅠ 中的沙尘主要来自 SⅠ,并且混合了一定量来自 SⅡ 的沙尘;而 PⅡ 中的沙尘主要来自 SⅡ,其 Fe/Al 的比率较高,并且混合了 PⅠ 中沉降的沙尘。Mg/Al 比值也被用来作为确定沙尘不同源区的一个指示因子[14,16]。TSP 中 Mg/Al 在 PⅠ 和 PⅡ 中分别为 0.24 和 0.18。对比中国北方典型地区土壤和气溶胶中 Mg/Al 的比值(表 58 - 1)可以发现,SⅠ 内 Mg/Al 的变化范围为 0.16～0.32,而在 SⅡ 内为 0.12～0.23。平均而言,SⅠ 内的比值明显高于 SⅡ 内的比值。PⅠ 中 Mg 与 Al 的比值 0.24 与 SⅠ 内的平均值 0.26(标准偏差 0.07)非常接近;而在 PⅡ 中,两者的比值 0.18 与 SⅡ 内的平均值 0.17(标准偏差 0.04)更为接近。这些结果进一步证明,PⅠ 中的沙尘主要来自 SⅠ 内的戈壁沙漠和部分黄土地区,而 PⅡ 中的沙尘主要来自北京西北部的 SⅡ。

表 58 - 1　中国北方典型地区土壤和气溶胶中 Mg/Al 的比值

采　　样	地点	样品类型	Mg/Al	参考文献
PⅠ	北京	气溶胶	0.24	本章
PⅡ	北京	气溶胶	0.18	本章
甘肃敦煌	SⅠ	气溶胶	0.16	[14]
甘肃嘉峪关	SⅠ	气溶胶	0.3	[14]
甘肃山顶	SⅠ	土壤	0.29	[16]
甘肃民勤	SⅠ	气溶胶	0.22	[14]
内蒙古吉蓝泰	SⅠ	气溶胶	0.32	[14]
内蒙古黑泉	SⅠ	气溶胶	0.31	[14]

采　　　样	地点	样品类型	Mg/Al	参考文献
内蒙古包头	SⅠ	土壤	0.16	[17]
山西太原	SⅡ	土壤	0.22	[17]
陕西榆林	SⅡ	气溶胶	0.17	[14]
北京郊区定陵	SⅡ	土壤	0.23	[16]
内蒙古多伦 TSP	SⅡ	气溶胶	0.13	[16]
内蒙古多伦 PM₂.₅	SⅡ	气溶胶	0.16	[16]
河北丰宁	SⅡ	土壤	0.15	[16]
内蒙古多伦土壤	SⅡ	土壤	0.12	[16]

58.3　沙尘气溶胶与污染气溶胶的混合

　　PⅠ和PⅡ中沙尘的不同来源，势必会造成2次高峰期间沙尘气溶胶含量的差别。但是，在沙尘气溶胶从源区到北京的传输途中，会与沿途地区排放的污染物进行混合；到达北京后，也可能会与北京局地的污染物发生混合。沙尘气溶胶与污染物质的不同混合，也会引起 TSP 中化学组分的变化。本节将对到达北京的沙尘与人为污染物的混合过程，进行详细的讨论，并对沙尘在整个东亚地区输送的过程中，与污染物质的混合特征进行分析。

58.3.1　PⅠ和PⅡ中沙尘气溶胶与污染气溶胶的混合

　　SⅠ主要包括戈壁、沙漠和一些干旱半干旱地区。在这些地区，城市较少，污染物质的排放量也相对较低，因此这一源区可以认为是相对"清洁"的源区。而在SⅡ，不但有许多大的煤矿，同时还有很多污染比较严重的城市，如呼和浩特、二连浩特、锡林浩特和大同等。在这些地方，取暖和工业生产中广泛使用煤炭作为燃料，排放大量富含 As、Pb、S等污染元素的颗粒物[18]。同时，城市地区的道路扬尘，通常富含 Al、Ti、Pb 等与交通有关的元素和与燃料燃烧有关的成分（如 As、Se 和 S 等）[19,20]，以及建筑扬尘成分（Ca²⁺）。因此，SⅡ可以认为是一个"污染"的源区。来自SⅠ的沙尘气团所携带的污染物质很少；而来自SⅡ的沙尘，相对会富集一些污染物质。同时，平日沉降到地面的污染物粒子，也会随沙尘粒子而被大风再扬起，与沙尘同时传输到北京。但是，来自SⅠ的沙尘，在传输过程中经过了SⅡ的部分地区，与SⅡ中排放的污染物及扬起的沙尘发生混合，最终一起传输到北京。通过雷达观测发现，沙尘粒子首先到达北京的上空。3 月 20 日当地时间5:00，在北京上空 1 800 m 处探测到沙尘消光系数的最大值（图 58-4），然后低层沙尘（集中在 1 000 m 以下）和地面沙尘在 10:00 以后，一起到达北京。3 月 20 日清晨（大约6:00），在地面沙尘到达北京之前，北京下了小雨；而在 8:00，当沙尘暴从高层到达北京（最大浓度出现在 500 m）时，空气相对湿度为 80%，且在沙尘暴主体到达北京之前

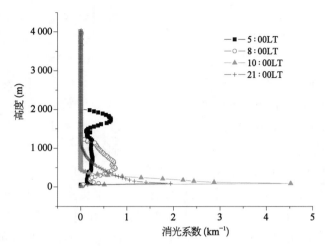

图 58 - 4　3 月 20 日在北京通过雷达观测的沙尘气溶胶消光系数的垂直分布
（彩图见图版第 42 页，也见下载文件包，网址见正文 14 页脚注）
LT 表示当地时间（local time）。

（10：00），一直保持在 50％以上（图 58 - 5）。同一时期地面的低风速和潮湿的地表，很难为 P I 中的 TSP 提供污染物和尘土。然而，高相对湿度能够使沙尘粒子表面增加湿度。

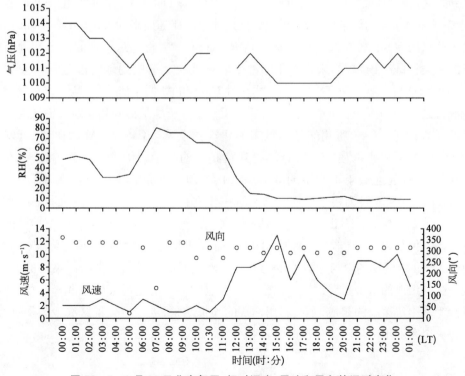

图 58 - 5　3 月 20 日北京气压、相对湿度、风速和风向的逐时变化
风向以正北为 0°，按顺时针计。

潮湿的碱性的表面,有利于吸附大气中的污染气体和污染物粒子,如 SO_2/SO_4^{2-}、$NO_2/$ NO_3^- 和有机污染物。PI 中 S 和 SO_4^{2-} 的特征,可能为这些混合过程提供一定的信息。PI 中 S 的富集系数 15.9,远高于戈壁土壤中 S 的含量[17](0.01%)和 SO_4^{2-} 的含量(0.74%)。这明显表明,PI 中的 S 具有污染来源。这与先前的研究[17]有些类似,表明了中国干旱地区表层土壤中的 SO_4^{2-},不可能解释沙尘气溶胶中 SO_4^{2-} 的增加。沙尘气溶胶中 SO_4^{2-} 的增加,主要来自沙尘输送途中 SO_4^{2-} 在其表面的沉降。先前的研究中关于亚洲地区气溶胶的成分分析表明,东亚沙尘气溶胶在输送途中,表面确实吸附了 SO_4^{2-} 和 NO_3^{-}[21]。一般而言,在冬季和早春,中国北方由于燃煤取暖,大气中 SO_2 和硫酸盐的平均浓度,都要高于其他季节[22,23]。沙尘粒子的碱性表面,有利于吸附更多的 SO_2/SO_4^{2-}。另外,在地面沙尘到达北京之前,在高相对湿度、低风速的条件下,北京局地 SO_2 和硫酸盐浓度都很高。高层先到的沙尘沉降到低层,很容易吸附北京局地大气中的 SO_2 和硫酸盐粒子,并在其表面发生反应,使 PI 中的 S 发生富集。这些结果从一定程度上说明,沙尘在传输过程中,与沿途的污染物混合以及与北京局地大气中的污染物混合。沙尘暴到达后,当地时间 14:00 北京出现扬沙天气,风速急剧增加,相对湿度迅速降低,使北京地区地面变得比较干燥;而北京的平原地区有 14.2% 为风沙化土地[24],是北京局地沙尘的重要来源。风沙化土地、局地道路扬尘和第一次沙尘高峰沉降到地面的沙尘,使北京在第二个沙尘过程到来之前,已经成为一个潜在的沙尘源区。20:00 以后,来自"污染"的 SII 的沙尘气团,携带了相对较多的污染物质,从近地面到达北京。伴随而来的大风(风速>8 m·s^{-1}),超过了北京局地沙源沙尘起沙的风速阈值 5 m·s^{-1}[24],将北京局地的沙尘和地面原本沉降的污染物再次扬起,与来自 SII 的沙尘发生混合。这些局地的沙尘气溶胶和来自 SII 的沙尘,造成了第二次 TSP 高峰。水溶性 Ca^{2+} 和 Al 的比值,可以从一定程度上佐证这一混合过程。Al 是典型的矿物成分,并常用为悬浮土壤气溶胶和长距离输送的矿物气溶胶的示踪因子。Ca^{2+} 曾用来指示城市的建筑扬尘[25]。Ca^{2+} 与 Al 的比值,可以作为 SII 中城市地区和北京地区大气悬浮的建筑扬尘的指示因子[26]。TSP 中 Ca^{2+}/Al 在 PI 中为 0.08,远远低于 PII 中的 0.43,而 0.43 却与北京春季非沙尘暴期间 TSP 中 Ca^{2+}/Al 的比值 0.6 较为接近。这些结果进一步支持了上面沙尘源分析的结果,即 PI 中的沙尘主要来自 SI,PII 中 Ca^{2+}/Al 的增加,在一定程度上表明来自城市地区的建筑成分增多。但是,相对于非沙尘暴期间的 0.6 而言,PII 中 Ca^{2+}/Al 比值的降低(0.43),可能说明了 SII 中建筑扬尘与土壤沙尘的混合。沙尘暴的来源和沙尘与污染物的混合,是影响沙尘暴组成的 2 个重要因子。沙尘在传输过程中与沿途污染物的混合过程,势必会改变沙尘暴中气溶胶的组成,下面利用模式的模拟结果,进一步分析这次沙尘暴过程中,沙尘在整个东亚地区与污染物质的混合特征。

58.3.2 模式结果的验证和分析

前面已经给出了沙尘起沙通量和沙尘浓度水平分布的模拟结果,这里将给出对沙尘和污染物质随时间变化以及对垂直空间结构模拟结果的验证与分析。图 58-6 给出了模拟的沙尘浓度与观测的 TSP 浓度在北京随时间的变化。由图可见，模拟结果与观测吻合得较好。3 月 20 日中午的最高沙尘浓度峰值，其出现的时间和浓度大小，都被模拟得很好，21 和 22 日晚的 2 个小的峰值模式也捕捉到了，只是在出现的时间上有些偏差。3 月 20 日晚上的次峰值，在模拟结果中没有体现出来。其中一个原因是下午模拟的浓度偏高，掩盖了晚上的次峰；另外一个原因是，晚上浓度高峰期间的沙尘，主要来自北京西北方向的沙漠及其周边农田，由于模式中农田的起沙排放因子比较低，这部分的起沙量相对偏低，从而造成模拟的偏差。总体而言，模式较好地模拟出了沙尘到达北京的时间，以及在此期间的变化。沙尘于 21 日到达上海，由 PM$_{10}$ 观测值可以看出，颗粒物浓度有 2 个邻近的峰值。模式成功地模拟出了这 2 个峰值，只是在出现的时间上有些偏差，且第二个峰值的浓度，比实际的 PM$_{10}$ 浓度偏低。模式可以很好地模拟出这次沙尘暴期间颗粒物的时间变化。

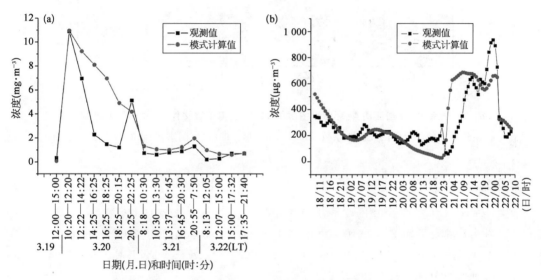

图 58-6　模拟地面沙尘浓度和观测 TSP 浓度的对比（彩图见下载文件包，网址见 14 页脚注）

（a）2002 年 3 月 19—22 日观测到的 TSP 与模式模拟结果对比（模式结果选用与观测相对应的时间平均值，下同）；（b）2002 年 3 月 18—22 日上海 PM$_{10}$ 观测值与模式结果对比。

图 58-7 为模拟沙尘和硫酸盐（二次反应生成）的浓度，以及观测的沙尘气溶胶消光系数在北京的时间-高度剖面图。由图可见，沙尘首先从高层到达北京，浓度高值在 3 月 19 日夜间出现于 500～1 000 m 的高度层上，随后逐渐沉降到低层。20 日早上当地时间 10:00 左右，更高浓度的沙尘气团沿地面到达北京，模拟的沙尘浓度与消光系数的观测结果吻合较好，说明模式可以很好地模拟出沙尘在北京的垂直结构变化。从 SO$_4^{2-}$ 浓度的变化，可以看出沙尘到来之前 SO$_4^{2-}$ 的浓度较高；在沙尘暴主体到达之后，由于风速迅速增大，SO$_4^{2-}$ 的浓度随之下降，沙尘与硫酸盐的混合，大多发生在高层沙尘的沉降期。

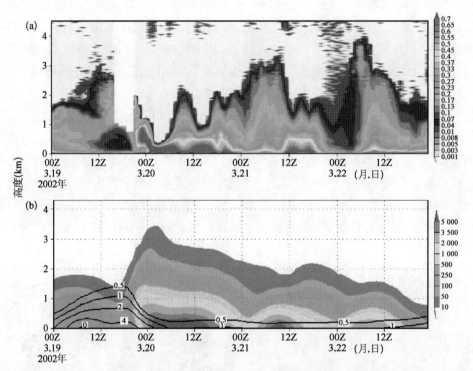

图 58 - 7　北京 T - H 剖面图 * (彩图见图版第 **42** 页,也见下载文件包,网址见正文 **14** 页脚注)
（a）雷达观测的沙尘气溶胶消光系数(km⁻¹);(b) 模拟的沙尘(阴影)和硫酸盐浓度(等值线)。

参考文献

［1］ 方宗义,王炜.2002 年中国沙尘暴的若干特征分析.应用气象学报,2003,14(5): 513 - 521.

［2］ 牛若云,薛建军.2002 年春季我国沙尘天气特征及成因分析.气象,2003,29(7): 43 - 48.

［3］ 庄国顺,郭敬华,袁惠,等.2000 年中国沙尘暴的组成、来源、粒径分布及其对全球环境的影响.科学通报,2001,46(3): 191 - 197.

［4］ Yuan H, Wang Y, Zhuang G S. The simultaneous determination of organic acid, MSA with inorganic anions in aerosol and rain-water by ion chromatography. Journal of Instrumental Analysis (in Chinese), 2003, 6: 12 - 16.

［5］ Sugimoto N, Uno I, Nishikawa M, et al. Record heavy Asian dust in Beijing in 2002: Observations and model analysis of recent events. Geophysical Research Letters, 2004, 30 (12): 1640. doi: 10.1029/2002GL016349.

［6］ Taylor S R, Mclennan S M. The continental crust: Its composition and evolution. Oxford, England: Blackwells, 1985.

---

　* 图中 Z 是绘图用的软件里面自带的时间标识,表示世界时。如 12Z 表示世界时 12:00。00Z 表示世界时 00:00。

［7］　Zhang X Y, Gong S L, Shen Z X, et al. Characterization of soil dust aerosol in China and its transport and distribution during 2001 ACE-Asia：1. Network observations. Journal of Geophysical Research, 2003, 108 (D9)：4261. doi：10.1029／2002JD002632.

［8］　Hueglin C, Cehrig R, Baltensperger U, et al. Chemical characteristics of $PM_{2.5}$, PM_{10} and coarse particles at urban, near-city and rural sites in Switzerland. Atmospheric Environment. 2005, 39, 637－651.

［9］　Zhang R, Arimoto R, An J, et al. Ground observation of a strong dust storm in Beijing in March 2002. Journal of Geophysical Research, 2005, 110 (D18S06)：doi：10.1029／2004JD004589.

［10］　Han Z, Ueda H, Matsuda K, et al. Model study on particle size segregation and deposition during Asian dust events in March 2002. Journal of Geophysical Research, 2004, 109 (D19205)：doi：10.1029／2004JD004920.

［11］　Park S, In H. Parameterization of dust emission for the simulation of the yellow sand (Asian dust) event observed in March 2002 in Korea. Journal of Geophysical Research, 2003, 108(D19)：4618. doi：10.1029／2003JD003484.

［12］　Shao Y, Yang Y, Wang J, et al. Northeast Asian dust storms：Real-time numerical prediction and validation. Journal of Geophysical Research, 2003, 108 (D22)：4691. doi：10.1029／2003JD003667.

［13］　Draxler R R, Hess G D. An overview of the Hysplit－4 modeling system for trajectories, dispersion, and deposition. Australian Meteorological Magazine, 1998, 47：295－308.

［14］　张小曳,张光宇,朱光华,张德二,等.中国源区粉尘的元素示踪.中国科学(D 辑),1996,26(5)：423－430.

［15］　郑春江.中华人民共和国土壤环境背景值图集.北京：中国环境科学出版社,1994.

［16］　韩力慧,庄国顺,孙业乐,等.北京大气颗粒物污染本地源与外来源的区分——元素比值 Mg／Al 示踪法估算矿物气溶胶外来源的贡献.中国科学(B 辑),2005,35(3)：237－246.

［17］　Nishikawa M, Kanamori S, Nobuko K, et al. Kosa aerosol as eolian carrier of anthropogenic material. The Science of the Total Environment, 1991, 107：13－27.

［18］　Borbély-Kiss I, Koltay E, Szabó G Y, et al. Composition and sources of urban and rural atmospheric aerosol in eastern Hungary. Journal of Aerosol Science, 1998, 30(3)：369－391.

［19］　Hien P D, Binh N T, Truong Y, et al. Comparative receptor modeling study of TSP, PM_2 and PM_{2-10} in Ho Chi Minh City. Atmospheric Environment, 2001, 35：2699－2678.

［20］　Morawska L, Zhang J. Combustion sources of particles. 1. Health relevance and source signatures. Chemosphere, 2002, 49：1045－1058.

［21］　Jordan C E, Dibb J E, Anderson B E, et al. Uptake of nitrate and sulfate on dust aerosols during TRACE-P. Journal of Geophysical Research, 2003, 108 (D21)：8817. doi：10.1029／2002JD003101.

［22］　Hu M, He L, Zhang Y, et al. Seasonal variation of ionic species in fine particles at Qingdao, China. Atmospheric Environment, 2002, 36：5853－5859.

［23］　王自发,黄美元,高会旺,等.关于中国和东亚酸性物质的输送研究 Ⅱ.硫化物浓度空间分布特征

及季节变化.大气科学,22(5)：694-700.

[24] 中国科学院兰州沙漠所北京风沙课题组.北京地区风沙活动及其整治的初步研究.中国沙漠,
1987,7(3)：1-15.

[25] Zhang D, Iwasaka Y. Nitrate and sulphate in individual Asian dust-storm particles in Beijing,
China in spring of 1995 and 1996. Atmospheric Environment, 1999, 33：3213-3223.

[26] Wang Y, Zhuang G, Sun Y, et al. Water-soluble part of the aerosol in the dust storm season —
Evidence of the mixing between mineral and pollution aerosols. Atmospheric Environment, 2005,
39：7020-7029.

第59章
华北地区 2 次沙尘暴期间沙尘和污染物的混合

    沙尘暴、飘尘和浮尘都属于沙尘事件,只是由于风力扬起沙尘所引起的能见度强弱不同而得名[1]。沙尘暴是强度最大、引起后果最严重的灾害性沙尘事件,其能见度＜1 000 m;有时能见度最低达到 50 m 甚至为 0,被称为"黑暴"。浮尘的能见度一般在 1 000~10 000 m,而飘尘的能见度＞10 000 m。沙尘暴所携带的大量沙尘,不仅影响大气环境、植被和干沉降等生态系统,引起重大经济损失[1],而且降低大气能见度,影响大气辐射平衡,从而对气候产生重要影响。沙尘暴能够向东长距离传输上万千米[2-5]。华北地区受到来自东亚干旱和半干旱地区季风的严重影响,是世界上沙尘暴发生频率最高的 4 个地区之一[6]。华北地区戈壁、沙漠和沙化土地的总面积超过 165 万 km²[7]。1954—1998 年间,华北地区发生沙尘暴的频率呈下降趋势;1998 年后又有所回升[1]。2002 年 3 月 20 日,北京还爆发了一次史无前例的特大沙尘暴[8]。此后 3 年,没有特大沙尘暴发生;到 2006 年 4 月 17 日,北京又发生了一次特大降尘。这种情况似与之前研究[1]所说的特大沙尘暴发生周期 3~4 年一致。本研究组持续研究 2000 年以来中国发生的沙尘暴[8-13],发现沙尘暴不仅携带了大量的矿物气溶胶,而且带来了大量的污染气溶胶,故沙尘暴也是"污染暴"。本章重点阐述 2006 年强沙尘暴期间,在北京、榆林、多伦等地同步收集的 PM$_{2.5}$、TSP 和降尘的化学组分变化(采样方法和化学分析方法详见本书第 7、8 章),由此揭示沙尘暴长途传输途中,沙尘气溶胶和污染气溶胶的混合及其组分的转化。

59.1   2006 年沙尘暴的一般描述

    2006 年 4 月间,中国北方发生 2 次强沙尘暴,一次发生在 4 月 6—10 日(DS1),另一次在 4 月 15—18 日(DS2)。这 2 次沙尘暴,在北京、多伦、榆林发生的时间分别为 4 月 8—10 日和 4 月 16—18 日(北京)、4 月 6 日和 16 日(多伦)、4 月 6 日和 16—17 日(榆林)。根据国家气象局沙尘预报和监测系统(http://www.cma.gov.cn)的报告,DS1 主要来自中国西北部的蒙古气团和冷锋;相对于 DS2,其影响地区较小,强度较弱。DS2 是自 2003 年以来最强的一次沙尘暴,且与之前的沙尘暴有所不同。DS2 来自北京西北和北部,且于晚上入侵北京,人们只是在 4 月 17 日早上发现一夜之间北京突降"土雨",室外地面积上了厚厚的一层黄土,变成"黄土世界"。4 月 17 日上午 8:00 左右,北京大气能见度降低到 3 km 以下。这次沙尘暴给北京城带来了大约 30 万 t 黄土。沙尘暴经过北京、天津、河北、山东、河南、渤海区域,甚至到达湖北、安徽、江苏和黄海区域,影响地区超过 30 万 km² 。沙尘事件一般伴随有较大的寒冷和干燥气团,即相对湿度较低、温度下降、风速较大[12]。图 59-1 列出了本研究采样期间北京 PM$_{2.5}$ 和 TSP 的质量浓度和有关气象条件。就气象条件而言,这 2 次沙尘暴之间以及沙尘暴与非沙尘暴之间均有很大不同。在非沙尘暴时期,气象因素一般以日循环变化特征为主,且变化较小;在沙尘暴发生时期,相对湿度和露点温度首先迅速降低,而风速则正好相反,迅速增加,颗粒物浓度迅速达到最高。在 DS1 中,北京 TSP 和 PM$_{2.5}$ 分别在 4 月 9 日和 8 日达到峰值的 672.1 和 377.5 μg · m^{-3} ,分别是 4 月 12 日低值(TSP 和 PM$_{2.5}$ 分别是 52.5 和 32.3 μg · m^{-3})的 13 和 11 倍。在 DS2 中,北京 TSP 和 PM$_{2.5}$ 分别在 4 月 17 日和 18 日达到峰值 966.9 和 358.1 μg · m^{-3} ,分别是 DS1 之后的非沙尘暴日(19 日)浓度的 10 和 7 倍。DS1 期间,多

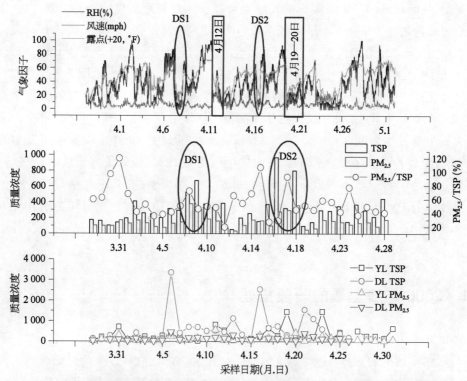

图 59-1　本研究期间北京、榆林、多伦 PM$_{2.5}$ 、TSP 浓度(μg · m^{-3})以及有关气象条件
(彩图见图版第 43 页,也见下载文件包,网址见正文 14 页脚注)
椭圆区为沙尘暴发生期间,方形区为质量浓度最低期间。

伦 TSP 和 $PM_{2.5}$ 的浓度在 4 月 6 日达到峰值,分别为 3 361.6 和 444.9 $\mu g \cdot m^{-3}$,比最低值 (TSP 和 $PM_{2.5}$ 分别是 130.5 和 90.5 $\mu g \cdot m^{-3}$)增加了 25 和 4 倍;而在 DS2 期间,多伦 TSP 和 $PM_{2.5}$ 在 4 月 16 日达到峰值,分别为 2 547.7 和 265.3 $\mu g \cdot m^{-3}$,是 DS2 结束后最低值(74.2 和 35.7 $\mu g \cdot m^{-3}$)的 34 和 4 倍。在榆林,TSP 和 $PM_{2.5}$ 的浓度在 DS1 期间于 4 月 6 日达到峰值,分别为 347.4 和 258.7 $\mu g \cdot m^{-3}$,是最低值(TSP 和 $PM_{2.5}$ 分别是 62.5 和 73.1 $\mu g \cdot m^{-3}$)的 5.6 和 3.5 倍;而在 DS2 期间,TSP 和 $PM_{2.5}$ 在 4 月 17 日达到峰值,分别为 639.8 和 310.7 $\mu g \cdot m^{-3}$,是 DS2 结束后最低值(116.9 和 94.7 $\mu g \cdot m^{-3}$)的 5.5 和 3.3 倍。在 2 次沙尘暴的高峰期间,北京相对湿度和露点分别降低到 10% 以内和 20℉* 以内;而风速则为最大,DS1 和 DS2 期间,沙尘暴刚到达时的风速分别为 22.4 和 15.7 mph*。DS1 峰值过后,其 TSP 和 $PM_{2.5}$ 质量浓度分别降低至 52.5 和 32.3 $\mu g \cdot m^{-3}$,而 DS2 中则分别迅速降低至 97.0 和 49.2 $\mu g \cdot m^{-3}$;DS1 峰值过后,其相对湿度和露点分别增加至 94% 和 52℉,DS2 则增加至 81% 和 6℉,两者的风速均降低至 4.5 mph。而且,DS1 入侵北京时 $PM_{2.5}$ 浓度先于 TSP 达到最高值,而在 DS2 中,则是 TSP 浓度先于 $PM_{2.5}$ 达到峰值。

59.2　2 次沙尘暴中沙尘气溶胶与污染气溶胶的混合

59.2.1　由化学组分的变化提供的沙尘气溶胶与污染气溶胶混合的证据

图 59 - 2 给出了主要化学组分的日均浓度。Al、Ca、Fe、Mg 和 Na 为矿物气溶胶的代表元素。在这 2 次沙尘暴中,这几种元素在 4 月 10 和 18 日的 $PM_{2.5}$ 中出现最高日均浓度,4 月 10 日分别为 20.5、7.8、18.2、4.8、3.8 $\mu g \cdot m^{-3}$,4 月 18 日分别为 21.6、13.6、15.1、5.6、4.4 $\mu g \cdot m^{-3}$,比非沙尘暴期间高出 1~4 倍。在 TSP 中,这几种元素的最高日均浓度出现在 4 月 9 日和 17 日,4 月 9 日分别为 44.2、18.1、24.6、11.9、8.9 $\mu g \cdot m^{-3}$,4 月 17 日分别为 56.8、50.8、43.9、18.9、14.5 $\mu g \cdot m^{-3}$,比非沙尘暴期间均值 12.1、10.7、7.9、4.0、2.7 $\mu g \cdot m^{-3}$ 高出 1~5 倍。在 DS2 中,$PM_{2.5}$ 浓度在 TSP 达到最高值以后的次日达到最高值,可能是由沙尘的再悬浮及矿物气溶胶与污染物质的混合引起的[8,10-12]。由图 59 - 2 可见,虽然 DS2 矿物元素在 TSP 中的浓度要比 DS1 高得多,但在 $PM_{2.5}$ 中则相差不大,表明 DS2 中矿物元素含量更高,且较多分布于粗粒子区域。

沙尘暴不仅携带了大量矿物气溶胶,也带来了以 As、Zn、Cu、Cd 和 Pb 为代表元素的大量污染气溶胶。如图 59 - 2 所示,这些元素在 DS1 中的浓度显著高于 DS2。在 DS1 中,As、Zn、Cu、Cd 和 Pb 在 $PM_{2.5}$ 中的日均最高浓度出现在 4 月 10 日,分别为 0.023、3.13、0.16、0.006、0.35 $\mu g \cdot m^{-3}$,是非沙尘暴期间平均值 0.008 9、0.27、0.046、0.002 8、0.093 $\mu g \cdot m^{-3}$ 的 2~4 倍。在 TSP 中,As、Zn、Cu、Cd 和 Pb 的最高浓度出现在 4 月 10

---

* ℉表示华氏温度,为非法定计量单位。摄氏度=(华氏度−32)÷1.8。mph 表示英里每小时,也是非法定计量单位。1 km·h^{-1}=0.621 4 mph。

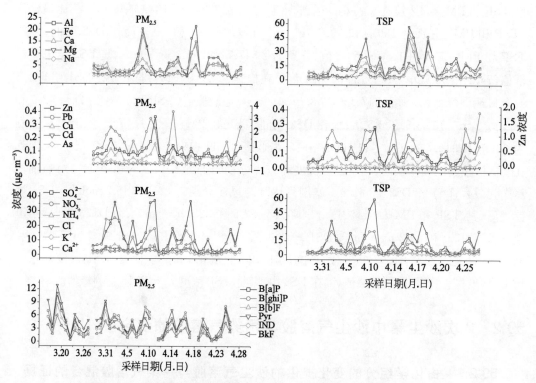

图 59-2 采样期间北京 $PM_{2.5}$ 和 TSP 中化学组分的日均浓度
(彩图见图版第 43 页,也见下载文件包,网址见正文 14 页脚注)

日,分别为 0.027、1.29、0.071、0.004、0.27$\mu g \cdot m^{-3}$,是非沙尘暴期间平均值 0.008、0.25、0.036、0.002、0.088 $\mu g \cdot m^{-3}$ 的 2～5 倍。而在 DS2 中,污染元素浓度在 TSP 中的增加值要少于在 $PM_{2.5}$ 中,且都显著低于 DS1。这也进一步表明,DS1 可视为"污染暴",而 DS2 则为通常的沙尘暴。

根据离子与气溶胶粒子的相关性及其源特征,主要水溶性离子 NH_4^+、Ca^{2+}、Mg^{2+}、K^+、SO_4^{2-}、NO_3^-、F^-、Cl^- 可以分为以下 3 组:Ca^{2+}、Mg^{2+}、Na^+ 为地壳源组,NO_3^-、NH_4^+、F^- 为污染源组、SO_4^{2-}、Cl^-、K^+ 为地壳源和污染源的混合源组。Ca^{2+} 为地壳源组的代表离子,其在 DS2 中与元素 Al 的浓度表现出较好的相关性(相关系数 R 在 TSP、$PM_{2.5}$ 中分别为 0.93 和 0.76),而相对于在 DS1(相关系数 R 在 TSP、$PM_{2.5}$ 中分别为 0.33 和 0.88)和非沙尘期间(相关系数 R 在 TSP、$PM_{2.5}$ 中分别为 0.45 和 0.51)的相关性要好。而且,Ca^{2+} 与 Al 元素在 DS2 的 TSP 中的相关性($R=0.93$)要比在 $PM_{2.5}$($R=0.76$)中高;而在 DS1,则在 $PM_{2.5}$ 中的相关性($R=0.88$)中比在 TSP($R=-0.33$)中要高。这也表明,沙尘暴 DS2 中的矿物质含量,主要集中于粗粒子区域;而污染暴 DS1 中的污染物质,在粗、细粒子区域都有富集。

SO_4^{2-} 和 NO_3^- 分别作为混合源组和污染源组的代表离子,它们在沙尘暴期间的浓度,均比在非沙尘暴期间高。虽然 DS2 比 DS1 的强度大,矿物气溶胶粒子较多存在于粗粒子,但是作为混合源和污染源的 SO_4^{2-}、NO_3^- 和 NH_4^+ 浓度,在 DS1 中要比在 DS2 中高。这是由于沙尘暴 DS1 发生时,"污染物的清除"和"沙尘的抵达"这 2 个阶段重叠,而发生矿物气溶胶和污染气溶胶的混合[11]。而且,沙尘暴越弱,矿物气溶胶与污染气溶胶的混合也越明显[12],所以在较弱的沙尘暴 DS1 中,污染物浓度较高。

本研究还分析了 $PM_{2.5}$ 中的 16 种多环芳烃(PAH),如图 59-2 所示。几乎所有PAH 的日均浓度,表现出一致的变化趋势。这可能由于各种 PAH 的来源较为一致。美国 EPA 规定的 2 环和 3 环多环芳烃(NaP、Acy、Ace、Flu、Phen 和 Anthr),分子量较低,且具有较强的挥发性,故本研究中只重点讨论 4～6 环多环芳烃。这些半挥发性的 4 环多环芳烃,主要包括 Fluor、Pyr、Chry 和 B(a)A;非挥发性的 5 环和 6 环多环芳烃,主要包括 B(b)F、B(k)F、B(a)P、DBA、IND 和 B(ghi)P*。DS1 中 PAH 的浓度高峰出现在 4 月9 日,而在 4 月 10 日稍有下降;DS1 中矿物元素最高浓度则出现在 4 月 8 日,无机污染物质浓度最高在 4 月 10 日,可能由于较弱的 DS1 提前于 4 月 8 日作为"沙尘暴到达阶段",而 4 月 9 日是"污染物的累积阶段",4 月 10 日为"污染物的清除阶段"和"当地污染物的混合"几个阶段的互相重叠。DS2 的情况则不同,PAH 浓度在 4 月 17 日[4 环多环芳烃浓度总和 PAH(4)和 5、6 环多环芳烃浓度总和 PAH(5,6)分别为 20.1 和 29.2 ng·m^{-3}]达到最高值,而在 4 月 18 日污染物浓度最高时,PAHs 浓度迅速降低[PAH(4)和 PAH(5,6)分别为 7.2 和 8.2 ng·m^{-3}]。这也表明,在沙尘暴 DS2 期间,4 月 17 日"当地污染物的累积"阶段和 4 月 18 日"污染物的清除"阶段区分得比较清楚,几乎没有重叠。而且,矿物气溶胶浓度的最高值出现在 4 月 18 日后期,即"沙尘暴的叠加"阶段。这就解释了,沙尘暴 DS2 更具有通常沙尘暴的矿物气溶胶特性。

59.2.2　由富集系数(EF)提供的沙尘气溶胶与污染气溶胶混合的证据

富集系数(EF)可用于粗略判断某种化学组分的来源。图 59-3 展示了以 Al 作为参比元素,若干元素的富集系数值。由图 59-3 可见,DS2(4 月 17 日)中元素 Fe、Mg、Ca、Na 的富集系数在 TSP 中均降低,且接近于 1,表明其主要来自矿物源,18 日其 EF 值稍微有所升高,表明其与污染气溶胶存在有混合过程[12]。在 DS1 中,这些矿物元素在 TSP中日均浓度最高的 4 月 10 日,还显示了较高的 EF 值(Ca 元素的 EF 值甚至达到 4.0),表明这些元素除地壳源外也有污染源,也说明了 DS1 偏重为"污染暴",而 DS2 则偏重为"沙尘"暴。污染元素 As、Zn、Cu、Cd 和 Pb 在 TSP 中的 EF,在 DS1(4 月 10 日)期间分别

---

* NaP:naphthalene(萘);Acy:acenaphthylene(苊烯);Ace:acenaphthene(苊);Flu:fluorene(芴);Phen:phenanthrene(菲);Anthr:anthracene(蒽);Fluor:fluoranthene(荧蒽);Pyr:pyrene(芘);Chry:chrysene(䓛);B[a]A:benzo(a)anthracene[苯并(a)蒽];B[b]F:benzo(b)fluoranthene[苯并(b)荧蒽];B[k]F:benzo(k)fluoranthene[苯并(k)荧蒽];B[a]P:benzo(a)pyrene[苯并(a)芘];DBA:dibenzo(ah)anthracene[二苯并(a,h)蒽];IND:indeno(1,2,3-cd)pyrene[茚并(1,2,3-cd)芘];B[ghi]P:benzo(ghi)perylene[苯并(g,h,i)苝]。

为 81、178、10、171、198,相对于非沙尘暴时期的均值 34、27、5、90、52 有所升高;而在沙尘暴 DS2(4 月 17 日)期间则有所降低,EF 分别为 31、15、3、48、24。类似的结果也出现在 PM$_{2.5}$ 中。As、Zn、Cu、Cd 和 Pb 的 EF 在沙尘暴 DS1(4 月 10 日)中分别为 506、2 873、186、1 766、1 368,相对于非沙尘暴时期均值 125、97、21、358、181 有显著升高;而在沙尘暴 DS2(4 月 17 日)中,则分别降低为 76、44、6、87、57。富集系数 EF 在沙尘暴和非沙尘暴期间的变化,清晰地说明了 DS1 的"污染暴"特性和 DS2 来自沙尘源"通常沙尘暴"的特性。同时,DS1 期间富集系数的变化,明显展示了沙尘气溶胶与污染气溶胶的混合过程。

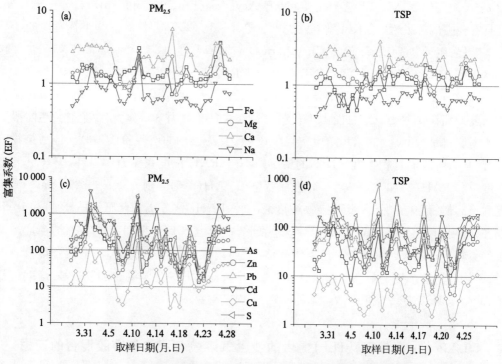

图 59-3 采样期间各种元素在 PM$_{2.5}$ 和 TSP 中富集系数的变化
(彩图见图版第 44 页,也见下载文件包,网址见正文 14 页脚注)

参考文献

[1] Wang S G, Wang J Y, Zhou Z J, et al. Regional characteristics of three kinds of dust storm events in China. Atmospheric Environment, 2005, 39: 509 - 520.

[2] Chung Y S, Kim H S, Dulam J, et al. On heavy dustfall with explosive sandstorms in Chongwon-Chongju, Korea in 2002. Atmospheric Environment, 2003, 37: 3425 - 3433.

[3] Nishikawa M, Kanamori S, Kanamori N, et al. Kosa aerosol as eolian carrier of anthropogenic material. The Science of the Total Environment, 1991, 107: 13 - 27.

[4] Husar R B, Tratt D M, Schichtel B A, et al. The Asian dust events of April 1998. Journal of

Geophysical Research, 2001, 106: 18317 – 18330.

[5] Perry K D, Cahill T A, Schnell R C, et al. Long-range transport of anthropogenic aerosols to the National Oceanic and Atmospheric Administration baseline station at Mauna Loa Observatory, Hawaii. Journal of Geophysical Research, 1999, 104: 18521 – 18533.

[6] Yan H. A nationwide meeting summary of discussing sand-dust storm weathers occurrence in China. Journal of Gansu Meteorology, 1993, 11 (3): 6 – 11 (In Chinese).

[7] Wang T, Zhu Z D. Studies on the sandy desertification in China. Chinese Journal of Eco-Agriculture, 2001, 9 (2): 7 – 12 (In Chinese).

[8] Sun Y L, Zhuang G S, Yuan H, et al. Characteristics and sources of 2002 super dust storm in Beijing. Chinese Science Bulletin, 2004, 49(7): 698 – 705.

[9] Zhuang G S, Guo J H, Yuan H, et al. The compositions, sources, and size distribution of the dust storm from China in spring of 2000 and its impact on the global environment. China Science Bulletin, 2001, 46(11): 895 – 901.

[10] Sun Y L, Zhuang G S, Wang Y, et al. Chemical composition of dust storms in Beijing and implications for the mixing of mineral aerosol with pollution aerosol on the pathway. Journal of Geophysical Research, 2005, 110: D24209. doi: 10.1029/2005JD006054.

[11] Guo J H, Rahn K A, Zhuang G S. A mechanism for the increase of pollution elements in dust storms in Beijing. Atmospheric Environment, 2004, 38(6): 855 – 862.

[12] Wang Y, Zhuang G S, Sun Y L, et al. Water-soluble part of the aerosol in the dust storm season — Evidence of the mixing between mineral and pollution aerosols. Atmospheric Environment, 2005, 39: 7020 – 7029.

[13] Hou X M, Zhuang G S, Sun Y L, et al. Characteristics and sources of polycyclic aromatics hydrocarbons and fatty acids in $PM_{2.5}$ aerosols in dust season in China. Atmospheric Environment, 2006, 40: 3251 – 3262.

第60章
矿物气溶胶对二次污染气溶胶形成的影响

矿物气溶胶是对流层气溶胶的重要组分[1-5]。矿物气溶胶作为大气化学过程的反应界面,在全球对流层化学中起着非常重要的作用。G. S. Zhuang 等在遥远的海洋气溶胶中检测出 Fe(Ⅱ),并提出大气海洋物质交换体系中的 Fe - S 耦合反馈机制,之后通过检测沙尘暴和非沙尘暴期间矿物气溶胶中的 Fe(Ⅱ),进一步证实了海-气交换中的这一机制[6-8]。H. S. Bian 等通过模式研究了全球尺度上矿物沙尘对光解和异相吸附的影响[9]。近 20 年来,很多学者通过实验室模拟、模式计算以及单颗粒物分析,研究了沙尘颗粒物表面上硫酸盐和硝酸盐的形成[10-12]。M. Yaacov 和 G. Judith 使用电子扫描电镜和气溶胶样品分析法,在静态反应箱中进行了 SO₂ 和 NO₂ 与矿物粒子如土壤颗粒发生异相反应的实验,发现 SO₂ 和 NO₂ 与矿物气溶胶发生了反应,并在其表面形成了一层硫酸盐和硝酸盐[13]。K. Okada 等在日本采集的亚洲沙尘单颗粒物中发现混有水溶性物(主要是含钙含硫物)和非水溶性物[14]。F. J. Dentener 等指出,SO₂ 在富含 Ca 的矿物气溶胶表面上的反应,很可能在干旱的沙尘源区如亚洲沙尘源区的下风向地区,起着非常重要的作用[15]。L. Chen 等在济州岛发现硫酸盐和铵盐主要存在于细粒子中(80%~90%),而钙盐和硝酸盐主要存在于粗颗粒中[16]。关于矿物气溶胶如何影响硫酸盐、硝酸盐和铵盐的形成,鲜有报道。本章以北京市为典型地区,分析研究二次污染气溶胶在矿物气溶胶表面形成的可能机理(采样方法和化学分析方法详见本书第 7、8 章),旨在揭示矿物气溶胶对硫酸盐、硝酸盐和铵盐形成的影响。

60.1 大气颗粒物的重要组分——矿物气溶胶

矿物气溶胶是来自地壳源的气溶胶,是大气颗粒物的重要组分之一。元素 Al 是矿物气溶胶的主要成分,常作为地壳源的参比元素。通过元素 Al 在地壳中的平均丰度(8%)[17],可粗略估算矿物气溶胶的浓度($C_{矿物}$),即 $C_{矿物}=C_{Al}/8\%$[18-20]。表 60 - 1 列出了北京不同季节 TSP 和 PM₂.₅ 中矿物气溶胶的平均浓度和百分含量。图 60 - 1 显示了北京 TSP 和 PM₂.₅ 中矿物气溶胶浓度的季节变化。春季和冬季矿物气溶胶的浓度高于夏季。例如,2002 年春季 3 月份 TSP 中矿物气溶胶的平均浓度为 1 038 $\mu g \cdot m^{-3}$,比夏季

表 60-1　不同季节北京气溶胶中矿物气溶胶的浓度和含量(括号内为标准偏差)

年份	季节	PM$_{2.5}$				TSP			
		气溶胶质量浓度($\mu g \cdot m^{-3}$)	矿物气溶胶浓度($\mu g \cdot m^{-3}$)	矿物气溶胶含量(%)	样品数	气溶胶质量浓度($\mu g \cdot m^{-3}$)	矿物气溶胶浓度($\mu g \cdot m^{-3}$)	矿物气溶胶含量(%)	样品数
2001	冬季	198.0 (124.1)	39.3 (25.8)	21.6 (14.2)	23	474.6 (280.6)	142.8 (64.5)	31.8 (8.9)	37
	春季	212.6 (285.6)	158.5 (224.7)	69.6 (25.8)	23	1 410.1 (2 391.5)	1 037.7 (1 901.1)	67.0 (13.7)	28
2002	沙尘暴	535.9 (514.5)	442.3 (360.8)	89.9 (10.5)	5	2 272.4 (3 045.0)	1 717.2 (2 425.0)	73.9 (12.1)	15
	夏季	79.6 (49.6)	7.0 (3.4)	15.8 (18.0)	62	224.6 (119.1)	73.6 (46.2)	34.0 (15.9)	24
2003	春季	111.6 (92.4)	12.1 (10.8)	17.0 (16.5)	22	362.4 (240.3)	162.3 (82.2)	53.8 (23.6)	26
	秋季	107.3 (45.6)	6.8 (3.0)	6.8 (2.4)	20	238.2 (89.5)	76.1 (27.7)	32.6 (5.1)	20

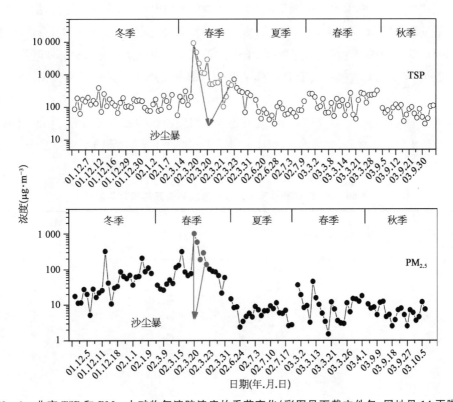

图 60-1　北京 TSP 和 PM$_{2.5}$ 中矿物气溶胶浓度的季节变化(彩图见下载文件包,网址见 14 页脚注)

74 $\mu g \cdot m^{-3}$ 高出 14 倍;而冬季矿物气溶胶的浓度为 142 $\mu g \cdot m^{-3}$,也比夏季高出近 1 倍。由于春季和冬季气候干燥,地表裸露,又经常有冷气团入侵,而在夏季降雨量相对较多,地表植被覆盖又好,因此在春季沙尘暴期间,矿物气溶胶的浓度急剧增加。如 2002 年 3 月 20—22 日,矿物气溶胶的平均浓度为 1 717 $\mu g \cdot m^{-3}$,比夏季高出 23 倍;矿物气溶胶占气溶胶质量浓度的百分比,也由平日的大约 30% 上升到 74%。矿物气溶胶在细粒子中的含量较 TSP 小,常日约为 15%;沙尘暴期间的矿物气溶胶含量骤增为 90%,其浓度由夏季的 7.0 $\mu g \cdot m^{-3}$ 到沙尘暴期间的 442 $\mu g \cdot m^{-3}$,增加了近 66 倍。北京矿物气溶胶强烈的季节变化,显示了外来源对北京大气颗粒物污染的显著贡献。这些外地沙尘入侵北京后,又混合、夹杂并携带着北京局地产生的大量污染物气溶胶,继续传输到遥远的北太平洋地区,从而对全球生物地球化学循环产生重要的影响。

60.2 矿物气溶胶的本地源与外来源

本研究组提出了一种新的元素示踪法,可用于区分和估算北京大气颗粒物污染的主要组分矿物气溶胶的本地源和外来源的相对贡献。一个理想的示踪物必须满足 3 个条件,详见 232 页 16.3 节。元素 Mg 和 Al 的比值(Mg/Al),基本上满足这 3 条基本原则,且能有效地区分和估算北京矿物气溶胶的本地源和外来源[19,20]。表 60 - 2 列出了用上述元素示踪法估算的北京不同季节 TSP 和 $PM_{2.5}$ 中矿物气溶胶外来源的相对贡献量。很显然,冬季和春季矿物气溶胶外来源的贡献,高于夏季和秋季。在春季,TSP 中外来源的贡献达 62%(38%~86%),$PM_{2.5}$ 中达 76%(59%~93%)。在冬季,TSP 中外来源的贡献为 69%(52%~83%),$PM_{2.5}$ 中为 45%(7%~79%)。相比之下,夏季和秋季外来源的相对贡献只有大约 20%。而在沙尘暴期间,TSP 中外来源的相对贡献竟高达 97%,成为北京大气颗粒物的最重要来源。由此可见,北京矿物气溶胶不仅有本地源,如当地土壤,还有外来源,如来自塔克拉玛干沙漠和腾格里沙漠的沙尘,以及黄土高原的黄土,它们一年四季对大气环境有着不同的影响。

表 60 - 2　北京不同季节矿物气溶胶外来源的相对贡献量

年　份	季　节	TSP		$PM_{2.5}$	
		贡献量(%)	范　围	贡献量(%)	范　围
2001	冬季	69	51.7~82.8	—	—
2002	春季	62.1	37.9~86.2	75.9	58.6~93.1
	沙尘暴	72.4	51.7~96.6	72.4	65.5~75.9
	夏季	31	13.8~41.4	24.1	0~48.3
	冬季	—	—	44.8	6.9~79.3
2003	春季	37.9	17.2~51.7	58.6	41.4~79.3
	秋季	10.3	3.5~20.7	17.2	10.3~37.9

60.3　矿物气溶胶对硫酸盐气溶胶形成的影响

硫酸盐气溶胶是二次污染气溶胶中最重要的组分之一。图 60 - 2 显示了北京 2001—2003 年 TSP 和 $PM_{2.5}$ 中硫酸盐的季节变化。这里 SO_4^{2-} 代表硫酸盐气溶胶。北京冬季和夏季 TSP 中硫酸盐的平均浓度分别为 45.3 和 30.3 $\mu g \cdot m^{-3}$，均高于秋季、春季和沙尘暴期间的浓度（20.4、17.1 和 15.0 $\mu g \cdot m^{-3}$）；细粒子 $PM_{2.5}$ 中硫酸盐的平均浓度分别为 30.3 和 22.2 $\mu g \cdot m^{-3}$，也高于秋季、春季和沙尘暴期间的浓度（12.4、14.7 和 8.1 $\mu g \cdot m^{-3}$）。

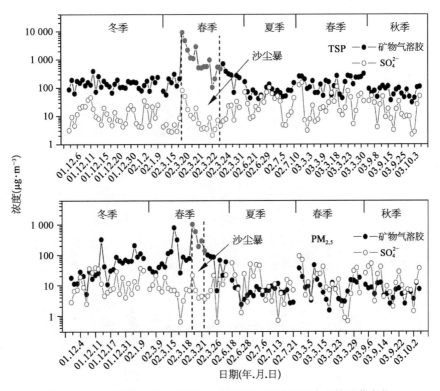

图 60 - 2　TSP 和 $PM_{2.5}$ 中矿物气溶胶浓度与硫酸盐浓度的季节变化
（彩图见下载文件包，网址见 14 页脚注）

60％以上的硫酸盐气溶胶，存在于细粒子 $PM_{2.5}$ 中。沙尘暴期间，约有 50％以上的硫酸盐，存在于粗粒子 TSP 中。2002 年沙尘暴期间，硫酸盐在 $PM_{2.5}$ 和 TSP 中的比值（$PM_{2.5}$／TSP）平均值为 52％，在最高峰时段减少到 25％。M. Nishikawa 等报道了日本沙尘期间，几乎一半以上的硫酸盐存在于粗态粒子中[21]。中国干旱区土壤中硫酸盐的含量为 0.01％～0.46％（S％：0.003％～0.15％）[22]。本研究组测定了塔克拉玛干沙漠、腾格里沙漠等沙漠源区沙尘土壤的化学成分，发现 S 的含量变化范围为 0.009％～0.15％。这些土壤样品中 S 含量的变化，进一步说明了沙尘暴期间大量的硫酸盐，不仅仅来自沙尘源区,也来自沙尘传输途中与污染源排放的 SO_2 在沙尘表面发生反应后形成的产物。图 60-2 显示了 TSP 和 $PM_{2.5}$ 中矿物气溶胶与硫酸盐的季节变化。硫酸盐的日均浓度变化特征与矿物气溶胶有些相似,说明矿物气溶胶与硫酸盐之间可能存在着某种关系。例如,在 2002 年 3 月 20—22 日,发生了有史以来最强的一次沙尘暴期间,硫酸盐的浓度随矿物气溶胶的浓度而增加,如图 60-3 所示。当矿物沙尘在 TSP 和 $PM_{2.5}$ 中的浓度分别达到峰值 9 243.5 和 1 009.8 $\mu g \cdot m^{-3}$,硫酸盐的浓度也分别达到 81.0 和 21.0 $\mu g \cdot m^{-3}$;当矿物沙尘的浓度分别减少到 471.1 和 137.8 $\mu g \cdot m^{-3}$ 时,硫酸盐的浓度也分别相应减少到 4.6 和 3.6 $\mu g \cdot m^{-3}$。它们的相关系数在 TSP 和 $PM_{2.5}$ 中分别为 0.98 和 0.89($P <$ 0.01),说明矿物气溶胶和硫酸盐之间存在着正相关。2002 年夏季、2003 年春季、2003 年秋季,硫酸盐的浓度也和矿物气溶胶浓度存在正相关,它们的相关系数在 TSP 和 $PM_{2.5}$ 中分别为 0.66 和 0.65、0.67 和 0.77、0.68 和 0.69($P <$ 0.01)。肖辉等[23]利用 STEM-Ⅱ 三维区域大气化学模式,耦合沙尘气溶胶表面的相变化过程,研究了 1994 年 3 月 1—14 日期间,东亚地区沙尘气溶胶对硫酸盐的影响,指出 SO_2 在矿物气溶胶表面上发生的异相化学反应,是硫酸盐形成的重要部分,该部分占总硫酸盐的 20%～50%。沙尘暴事件直接影响沙尘传输下风向地区中国中东部的大气气溶胶组成,其硫酸盐浓度可增加 60% 以上。本研究组使用怀特池耦合原位傅里叶变换红外光谱和漫反射红外傅里叶变换光谱,研究了 SO_2 在典型的矿物颗粒如 Al_2O_3、CaO、TiO_2、MgO、$FeOOH$、Fe_2O_3、MnO_2、SiO_2 以及气溶胶样品上的异相反应[24],发现氧化物的比表面积越大,SO_2 的氧化速度就越快;氧化物的质量浓度越大,SO_2 在氧化物表面上转化的速度就越快。以 Al_2O_3 氧化物为例,硫酸盐在 Al_2O_3 颗粒物表面上形成的异相反应机理如下:

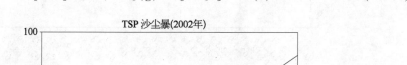

$$[O^{2-}] - M + SO_2(g) \rightarrow [SO_3^{2-}] - M(s) \tag{60-1}$$

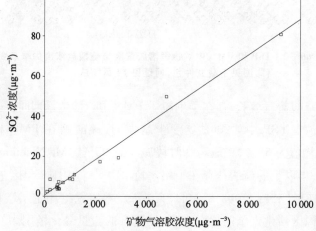

图 60-3　2002 年沙尘暴期间,北京 TSP 中矿物气溶胶与硫酸盐之间的相关性

$$[OH^-]-M+SO_2(g) \rightarrow [HSO_3^-]-M(s) \tag{60-2}$$

$$2[OH^-]-M+SO_2(g) \rightarrow [SO_3^{2-}]-M(s)+H_2O \tag{60-3}$$

$$2[SO_3^{2-}]-M(s)+O_2(g) \rightarrow 2[SO_4^{2-}]-M \tag{60-4}$$

$$2[HSO_3^-]-M(s)+O_2(g)+2[OH^-]-M \rightarrow 2[SO_4^{2-}]-M+2H_2O \tag{60-5}$$

上式中,O^{2-} 代表晶格氧原子,OH^- 代表吸附的氢氧基。

由此可见,硫酸盐在矿物气溶胶表面上的形成,不仅取决于它的前体物 SO_2、大气中的氧化剂和气象因素,而且取决于矿物气溶胶的质量浓度和表面积。在 2002 年发生的超大沙尘暴期间,低 SO_2 浓度,加上低相对湿度、低气温和强风速,导致矿物气溶胶表面上形成的硫酸盐浓度较低。但是,矿物气溶胶与硫酸盐气溶胶之间表现的正相关性,说明了对流层气溶胶中的硫酸盐,主要是由矿物沙尘长距离传输途中污染源排放的 SO_2,在矿物沙尘颗粒物表面上发生异相反应而形成的。如 2001 年冬季,SO_2 浓度较高,相对湿度适宜,有利于 SO_2 在矿物气溶胶表面上与大气中的氧化剂发生反应而形成硫酸盐,故硫酸盐浓度较高。2002 年夏季,尽管 SO_2 浓度较低,但是适宜的气象条件,如较高的相对湿度、较高的气温和弱的风速,有利于 SO_2 在矿物气溶胶表面的转化,因而硫酸盐浓度较高。同理,2003 年春季和秋季,硫酸盐也表现出较高的浓度。矿物气溶胶的碱性,对硫酸盐的形成有着重大的影响。矿物气溶胶主要是铝硅酸盐,也含有多种碱性氧化物。这些碱性氧化物可以强烈地吸附 SO_2 等酸性气体于气溶胶表面,被吸附的 SO_2 经由异相或均相反应,形成了硫酸盐。同时,矿物气溶胶的某些组分也发生了转化,如 $CaCO_3$ 可转换成 $CaSO_4$[25,26]。Y. Iwasaka 等[27]发现,到达日本的大多数粗态颗粒物都含有 S。他们推断,颗粒物在从沙漠源区向日本传输的途中,在颗粒物上发生了化学转化。这与本研究的结果一致。

60.4　矿物气溶胶对硝酸盐气溶胶形成的影响

硝酸盐气溶胶是大气气溶胶中最重要的二次污染气溶胶之一。图 60-4 显示了 2001—2003 年北京 TSP 和 $PM_{2.5}$ 中硝酸盐气溶胶浓度的季节变化,其中 NO_3^- 代表硝酸盐气溶胶。北京 TSP 中冬季和夏季硝酸盐的浓度分别为 29.9 和 26.0 $\mu g \cdot m^{-3}$,均高于秋季、春季和沙尘暴期间的浓度(21.24、14.14 和 1.5 $\mu g \cdot m^{-3}$)。在细粒子 $PM_{2.5}$ 中,硝酸盐在冬季和夏季的浓度分别为 17.0 和 15.4 $\mu g \cdot m^{-3}$,也均高于秋季、春季和沙尘暴期间的浓度(11.4、9.6 和 1.4 $\mu g \cdot m^{-3}$)。此外,NO_3^- 在 $PM_{2.5}$ 和 TSP 中的比值($PM_{2.5}/$ TSP)平均值约为 50%,说明几乎有一半硝酸盐存在于粗颗粒中。图 60-4 显示了 TSP 和 $PM_{2.5}$ 中矿物气溶胶和硝酸盐气溶胶的季节变化。硝酸盐的日均浓度变化与矿物气溶胶相似,两者在 TSP 和 $PM_{2.5}$ 中的相关系数,分别为 0.84 和 0.87($P<0.01$),表明矿物气溶

胶和硝酸盐之间存在着正相关。2002 年夏季、2003 年春季和秋季以及 2002 年特大沙尘暴高峰过后,硝酸盐浓度均随着矿物气溶胶浓度的减少而减少。硝酸盐的形成机理,可能是气态污染物 NO_2,首先被 OH 自由基、O_3 等大气氧化剂,均相氧化形成 HNO_3。

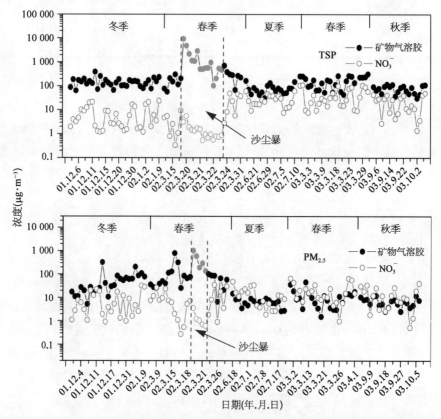

图 60−4 TSP 和 $PM_{2.5}$ 中矿物气溶胶浓度与硝酸盐浓度的季节变化
(彩图见下载文件包,网址见 14 页脚注)

白天: $NO_2 + OH \rightarrow HNO_3$

晚上: $NO_2 + O_3 \rightarrow NO_3 + O_2,\ NO_3 + RH \rightarrow HNO_3 + R$

$NO_3 + NO_2 \rightarrow N_2O_5,\ N_2O_5 + H_2O \rightarrow 2HNO_3$

然后,HNO_3 被矿物气溶胶表面吸附,与矿物气溶胶中的碱性组分发生中和反应而形成硝酸盐。

$$HNO_3 + CaCO_3 \rightarrow Ca^{2+} + NO_3^- + HCO_3^-$$

$$HNO_3 + Ca^{2+} + NO_3^- + HCO_3^- \rightarrow Ca(NO_3)_2 + H_2O + CO_2$$

由此可见,硝酸盐在矿物气溶胶表面的形成,既取决于它的前体物 NO_x 和气象条件,如温度、湿度、风速,也与矿物气溶胶的浓度和表面积有关。2002 年沙尘暴期间,由于非常不利的气象条件,即最低的相对湿度、最高的风速、较低的温度,再加上低的 NO_2 浓度,硝酸盐的形成较难,因而在沙尘暴期间,大量的入侵沙尘稀释了局地的硝酸盐,致使硝酸盐的浓度随着矿物气溶胶浓度的增加而减少。2001 年冬季,前体物 NO_2 的浓度较高,矿物气溶胶浓度较高,相对湿度和温度适宜,非常有利于硝酸盐的形成,所以硝酸盐的浓度较高。2002 年夏季,由于高的 NO_2 浓度、高的相对湿度,以及低的风速有利于硝酸盐的形成,因而硝酸盐的浓度也较高,且随着矿物气溶胶浓度的增加而增加。特别在 TSP 中,硝酸盐和矿物气溶胶之间表现出很好的正相关。由于温度高,硝酸盐易分解,因此夏季硝酸盐的浓度低于冬季。冬季和夏季硝酸盐的浓度高于秋季、春季和沙尘暴期间。硝酸盐主要来源于当地污染源排放的 NO_x。

60.5　矿物气溶胶对铵盐气溶胶形成的影响

铵盐也是二次污染气溶胶的最重要的组分之一。铵盐主要是以 $(NH_4)_2SO_4$ 和 NH_4NO_3 的形式,存在于对流层中[28]。图 60 - 5 显示了北京 2001—2003 年 TSP 和 $PM_{2.5}$ 中铵盐浓度的季节变化,这里 NH_4^+ 代表 $(NH_4)_2SO_4$ 和 NH_4NO_3。冬季和夏季铵盐的浓度高于秋季、春季和沙尘暴期间。冬季铵盐的浓度在 TSP 和 $PM_{2.5}$ 中分别为 22.9 和 12.8 $\mu g \cdot m^{-3}$;夏季则为 17.1 和 7.6 $\mu g \cdot m^{-3}$,均高于秋季(9.1 和 6.6 $\mu g \cdot m^{-3}$)、春季(5.5 和 5.3 $\mu g \cdot m^{-3}$)和沙尘暴期间(1.6 和 1.5 $\mu g \cdot m^{-3}$)。此外,铵盐在 $PM_{2.5}$ 和 TSP 中的质量浓度比值($PM_{2.5}$/TSP)约为 60%,说明铵盐较多存在于细粒子中。图 60 - 5 也显示了 TSP 和 $PM_{2.5}$ 中矿物气溶胶与铵盐的季节变化。铵盐的季节变化与矿物气溶胶有些相似之处,它们在 TSP 和 $PM_{2.5}$ 中的相关系数分别为 0.62 和 0.87($P<0.01$),说明矿物气溶胶和铵盐之间存在着正相关性。2003 年春季和秋季,铵盐的浓度直接随着矿物气溶胶浓度的增加而增加,表现出很好的正相关性。气态 NH_3 与大气中的酸性气体 H_2SO_4 和 HNO_3 或矿物气溶胶表面的 H_2SO_4/HNO_3 发生反应,随后冷凝在矿物气溶胶表面,形成 $(NH_4)_2SO_4$ 和 NH_4NO_3。铵盐的形成不仅和它的前体物 NH_3、SO_2 和 NO_2 的浓度以及气象因素有关,还与矿物气溶胶的浓度有关。2002 年夏季铵盐的浓度较高,且随着矿物气溶胶浓度的增加而增加,表现出好的正相关性。这是因为夏季 NH_3 和 NO_2 浓度较高,相对湿度较高,温度也较高,且风速低,有利于铵盐的形成。但是,温度越高,NH_4NO_3 越易分解,因此夏季铵盐的浓度低于冬季。2001 年冬季,尽管大气中 NH_3 表现出较低的浓度[29,30],但是铵盐的浓度仍然较高,且随矿物气溶胶浓度的增加而增加。这是因为有较高浓度的 SO_2、NO_2 和矿物气溶胶,再加上较低的温度,有助于铵盐的形成。2002 年沙尘暴期间,由于它的前体物 NH_3、SO_2 和 NO_2 浓度最低,再加上非常不利的气象条件、最强的风速、最低的相对湿度,使得铵盐不易形成,故铵盐的浓度与其他季节相比是最低的,在 TSP 和 $PM_{2.5}$ 中分别为 1.6 和 1.5 $\mu g \cdot m^{-3}$。即便在沙尘暴期间,$PM_{2.5}$ 中铵盐占 TSP 中铵盐的 95%,说明铵盐绝大部分存在于细粒子中。与硝酸盐非常类似,铵盐在沙尘暴期间明显地随矿物气溶胶浓度的增加而减少;沙尘暴高峰过后,铵盐又随着

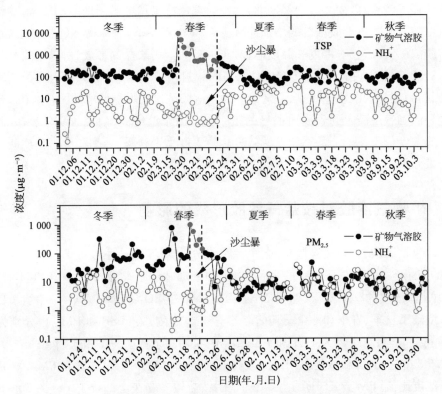

图 60 - 5　TSP 和 PM$_{2.5}$ 中矿物气溶胶浓度与铵盐浓度的季节变化
（彩图见下载文件包，网址见 14 页脚注）

矿物气溶胶浓度的减少而减少，说明铵盐主要来自当地污染源。

参考文献

[1] D'Almeida G A, Koepke P, Shettle E P. Atmospheric aerosols: Global climatology and radiative characteristics. Hampton, Virginia: A. Deepak Publishing, 1991: 55 - 59.

[2] Jonas P, Charlson R, Rodhe H. Aerosols // Houghton J T, et al. Climate change 1994. Cambridge: Cambridge University Press, 1995: 92 - 128.

[3] Zhang X Y, Arimoto R, An Z S. Dust emission from Chinese desert sources linked to variations in atmospheric circulation. Journal of Geophysical Research, 1997, 102: 28041 - 28047.

[4] Andreae M O. Climate effects of changing atmospheric aerosol levels // Henderson-Sellers A. World survey of climatology: Future climates of the world. New York: Elsevier, 1995: 341 - 392.

[5] Duce R A. Sources, distributions and fluxes of mineral aerosols and their relationship to climate// Heintzenberg J. Aerosol forcing of climate. New York: Wiley, 1995: 43 - 72.

[6] Zhuang G S, Yi Z, Duce R A, et al. Chemistry of iron in marine aerosols. Global Biogeochemical Cycles, 1992a, 12: 171 - 179.

[7] Zhuang G S, Yi Z, Duce R A, et al. Link between iron and sulfur suggested by the detection of Fe(Ⅱ) in remote marine aerosols. Nature, 1992b, 355：537 – 539.

[8] Zhuang G S, Guo J H, Yuan H, et al. Coupling and feedback between iron and sulfur in air – sea exchange. Chinese Science Bulletin, 2003, 48 (8)：1080 – 1086.

[9] Bian H S, Zender C S. Mineral dust and global tropospheric chemistry：Relative roles of photolysis and heterogeneous uptake. Journal of Geophysical Research：Atmospheres, 2003, 108 (D21)：4672 – 4687.

[10] Underwood G M, Li P, Al-Abadleh H, et al. A Knudsen cell study of the heterogeneous reactivity of nitric acid on oxide and mineral dust particles. Journal of Physical Chemistry A, 2001, 105 (27)：6609 – 6620.

[11] Song C H, Carmichael G R. A three-dimensional modeling investigation of the evolution processes of dust and sea-salt particles in East Asia. Journal of Geophysical Research：Atmosphere, 2001, 106 (D16)：18131 – 18154.

[12] Zhang D, Iwasaka Y. Nitrate and sulfate in individual Asian dust-storm particles in Beijing, China in spring of 1995 and 1996. Atmospheric Environment, 1999, 33：3213 – 3223.

[13] Yaacov M, Judith G. Heterogeneous reactions of minerals with sulfur and nitrogen oxides. Journal of Aerosol Science, 1989, 20 (3)：303 – 311.

[14] Okada K, Naruse H, Tanaka T, et al. X-ray spectrometry of individual Asian dust-storm particles over the Japanese islands and the North Pacific Ocean. Atmospheric Environment, 1990, 24：1369 – 1378.

[15] Dentener F J, Carmichael G R, Zhang Y. Role of mineral aerosol as a reactive surface in the global troposphere. Journal of Geophysical Research：Atmospheres, 1996, 101 (D17)：22869 – 22889.

[16] Chen L, Carmichael G R, Hong M S, et al. Influence of continental outflow events on the aerosol composition at Cheju Island, South Korea. Journal of Geophysical Research：Atmospheres, 1997, 102 (D23)：28551 – 28574.

[17] Taylor S R, McLennan S M. The continental crust：Its composition and evolution. New York, Oxford：Blackwells, 1985.

[18] Zhang X Y, An Z S, Liu D S, et al. Study on three dust storm in China. Chinese Science Bulletin, 1992, 39(11)：940 – 945.

[19] 韩力慧,庄国顺,孙业乐,等.北京大气颗粒物污染的本地源与外来源.中国科学 B 辑：化学,2005, 35(3)：237 – 246.

[20] Han L H, Zhuang G S, Sun Y L, et al. Local and nonlocal sources of airborne particulate pollution at Beijing. Science in China Series B：Chemistry, 2005, 48 (3)：247 – 258.

[21] Nishikawa M, Kanamori S. Chemical composition of kosa aerosol (yellow sand dust) collected in Japan. Analytical Science, 1991, 7：1127 – 1130.

[22] Nishikawa M, Kanamori S, Kanamori N. Kosa aerosol as eolian carrier of anthropogenic material. Science of the Total Environment, 1991, 107：13 – 27.

[23] 肖辉,Carmichael G R, Zhang Y.东亚地区沙尘气溶胶影响硫酸盐形成的模式评估.大气科学, 1998,22(3): 343 – 353.

[24] Zhang X Y, Zhuang G S, Chen J M, et al. Heterogeneous reactions of sulfur dioxide on typical mineral particles. Journal of Physical Chemistry B, 2006, 110: 12588 – 12596.

[25] Yuan H, Rahn K A, Zhuang G S. Graphical techniques for interpreting the composition of individual aerosol particles. Atmospheric Environment, 2004, 38: 6845 – 6854.

[26] Yuan H, Zhuang G S, Rahn K A, et al. Composition and mixing of individual particles in dust and nondust conditions of North China, Spring 2002. Journal of Geophysical Research, 2006, 111: D20208. doi: 10.1029/ 2005JD006478.

[27] Iwasaka Y, Shi G Y, Shen Z, et al. Nature of atmospheric aerosols over the desert areas in the Asia Continent: Chemical state and number concentration of particles measured at Dunhuang, China. Water, Air and Soil Pollution: Focus, 2003, 3: 129 – 145.

[28] Wang Y, Zhuang G S, Tang A H, et al. The ion chemistry of $PM_{2.5}$ aerosol in Beijing. Atmospheric Environment, 2005, 39 (21): 3771 – 3784.

[29] 孙庆瑞,王美蓉.中国氨的排放量和时空分布.大气科学,1997,21(5): 590.

[30] 彭应登,杨名珍,申立贤.北京氨源排放及其对二次粒子生成的影响.环境科学,2000,21: 101 – 103.

第 *61* 章

沙尘暴期间细颗粒物中有机碳和元素碳的来源

春季是中国西部和北部地区沙尘暴的多发季节。起源于中国西部及西北部和蒙古国沙漠地区的沙尘暴,不仅横扫中国中东部广大地区的城市与乡村,还被长距离输送到中国香港[1]、韩国[2,3]、日本[4-6],甚至远至北太平洋[7-10],成为其中深海沉积物的重要来源,深刻影响全球生物地球化学循环和人类健康。近 20 年来,对中国沙尘暴的来源、传输路径[11-13]、沙尘气溶胶的理化特性[14,15]、传输过程中沿途与污染物以及海盐气溶胶之间的相互混合及相互作用[16-20]、沙尘气溶胶对全球气候的间接辐射强迫和对太平洋初级生产力的影响等[14]问题,都做了诸多研究,而对沙尘暴期间大气气溶胶的重要组成——碳质组分的研究相对较少[21-24]。本章重点阐述沙尘季节特别是沙尘暴期间有机碳(OC)和元素碳(EC)的浓度变化及来源(采样方法和化学分析方法参见本书第 7、8 章),旨在提供沙尘暴长途传输途中沙尘气溶胶和污染气溶胶混合及相互作用的证据。

61.1　沙尘期间有机碳和元素碳的浓度变化特征

2004 年春季,中国北方遭遇了 2 次强沙尘暴事件。第一次(DS1)于 3 月 10 日凌晨 2:00 左右到达北京,持续了约 7 h,其中的 $PM_{2.5}$ 浓度高达 615.3 $\mu g \cdot m^{-3}$,是常日均值的 5.3 倍(表 61 - 1)。在密云同步采集的 $PM_{2.5}$ 浓度,也达到 284.4 $\mu g \cdot m^{-3}$,是常日的 4.8 倍。而第二次沙尘事件(DS2)发生在 3 月 28—29 日。3 月 29 日,沙尘高峰期间 $PM_{2.5}$ 达 317.6 $\mu g \cdot m^{-3}$,约为常日的 3 倍;密云为 279.8 $\mu g \cdot m^{-3}$,也为常日的 4.7 倍;而榆林在沙尘高峰期 $PM_{2.5}$ 达 609.4 $\mu g \cdot m^{-3}$,是常日平均值的 5.8 倍。沙尘暴不仅带来大量的粗粒子,还带来大量对人体健康和气候影响更大的细粒子。

2 次沙尘事件期间 OC、EC 的浓度变化情况有所不同。在北师大,OC 和 EC 浓度在 DS1 期间高达 48.56 和 27.93 $\mu g \cdot m^{-3}$,分别是非沙尘期间的 5.4 和 2.9 倍。那么,这高浓度 OC 和 EC 究竟是纯粹由外来沙尘带来的,还是由外来沙尘和本地源混合叠加导致的?比较 $PM_{2.5}$ 中的其他组分包括污染元素(As、Zn、Pb、Cu)、矿物元素(Ca、Al、Fe、Na、Mg 和 Ti)、矿物离子(Na^+、Ca^{2+} 和 Mg^{2+})、二次离子(NH_4^+、NO_3^- 和 SO_4^{2-})在沙尘暴期间的

表 61-1　2004 年春季北京和沙尘源区 4 个采样点在沙尘暴期间的 $PM_{2.5}$、OC 和 EC 浓度

地　点	北师大				密　云				多　伦		榆　林	
	DS1	DS2	DS1/NDS	DS2/NDS	DS1	DS2	DS1/NDS	DS2/NDS	DS2	DS2/NDS	DS2	DS2/NDS
浓度（μg·m³）												
$PM_{2.5}$	615.3	153.4	5.3	1.3	284.4	187.4	4.8	3.1	156.4	4.4	609.4	5.8
OC	48.6	7.5	5.4	0.8	21.5	8.7	3.9	1.6	7.2	2.0	40.8	2.7
EC	27.9	3.8	2.9	0.4	12.3	3.4	2.7	0.7	1.7	0.6	39.8	3.8
TC	76.5	11.3	4.1	0.6	33.8	12.1	3.3	1.2	8.9	1.4	80.6	3.2
百分比（%）												
OC	7.9	7.8	0.7	0.7	7.6	5.6	0.5	0.4	4.6	0.4	6.7	0.4
EC	4.5	1.9	0.6	0.2	4.3	2.0	0.3	0.2	1.1	0.1	6.5	0.6
TC	12.4	9.7	0.6	0.5	11.9	7.6	0.4	0.3	5.7	0.3	13.2	0.5
OC／EC	1.7	3.0			1.8	2.6			4.2		1.0	

NDS：非沙尘暴期间。

浓度变化,发现矿物元素、离子与污染元素,较之非沙尘暴期间都增加了 2~6 倍(图 61-1)。而且从元素的富集系数来看,As、Se、Zn、Pb、Cu 在 DS1 期间的富集系数较之非沙尘暴期间虽有所降低,但还是分别高达 79.3、755.5、56.4、127.8、10.5,说明这些元素主

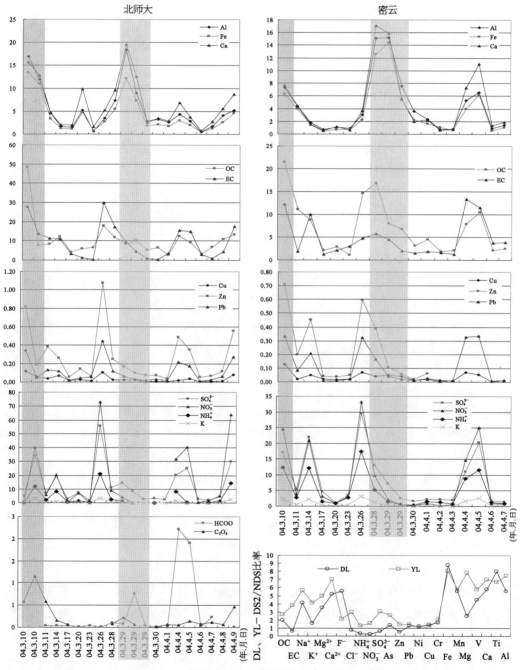

图 61-1 DS1 和 DS2 期间 PM$_{2.5}$ 中化学组分的日均浓度变化(彩图见下载文件包,网址见 14 页脚注)

要还是来源于本地污染。由此可看出,DS1 主要是外来沙尘和本地污染的叠加混合,这是导致 OC 和 EC 以及其他地壳和污染物质浓度格外高的原因。DS1 期间的气候条件,非常有利于污染物的累积。DS1 发生在 3 月 9 日夜间和 10 日凌晨,此时有一干暖气团入侵,取代原来的湿冷气团,引起大风。这种气象条件极可能导致本地地面扬尘大量被二次扬起,加重污染。而这期间的大气压又极低,加上是夜间,易形成逆温、低压和逆温层,都非常不利于污染物的扩散,导致 DS1 期间 PM$_{2.5}$ 及其各组分浓度格外高。DS1 期间密云的情况也是如此。

DS2 期间 OC 和 EC 的浓度变化趋势则跟 DS1 期间有很大差别。DS2 高峰期发生于 3 月 29 日下午 1:00 左右,强度比 DS1 小,持续时间短。和 DS1 不同,在北师大,DS2 期间 OC 和 EC 浓度分别为 7.55±2.03 和 3.78±4.26 $\mu g \cdot m^{-3}$,比非沙尘期有所降低。OC/EC 比值平均为 3.0,略高于常日。DS2 期间,EC 作为污染物经历了典型沙尘来之前的污染物累积、污染物清除、沙尘抵达污染物被稀释、沙尘过后污染物开始累积的 4 个阶段(图 61-1)。结合气象条件来看,在沙尘到来之前的 3 月 25—27 日,北京受到湿热气团控制,风速小,污染物有极大累积。3 月 26 日,EC 浓度为春季采样期间的最高值 30.1 $\mu g \cdot m^{-3}$;3 月 28 日,一股弱的干气团到来,风速增大,此时 EC 和其他污染元素及离子浓度开始下降;3 月 29 日,一股更强的干冷气团入侵北京,风速剧增,沙尘高峰来临,矿物元素浓度达到最高值,而 EC 和其他污染元素 As、Zn、Pb 等,则在这种有利的气象条件下进一步扩散、被沙尘稀释,浓度进一步降低;随后,沙尘渐渐被清除,矿物元素、EC、污染元素和离子浓度都降低。直至 4 月 4 日,新的稳定的湿热气团控制北京,污染物累积,所有化学组分包括 EC 和 OC 浓度又达到高值,回复到常日状态。

OC 的变化趋势,总的来说和 EC 差不多,但浓度下降的幅度没有 EC 那么大,原因可能是沙尘本身就带有一部分 OC,加之沙尘入侵可导致二次有机物转化的增加。值得关注的是,在 3 月 29 日即沙尘刚过的当日,样品中 OC 的浓度不仅未降还略有升高。EC 和污染元素都只有一次源,没有二次转化;而 OC 与 EC 及污染元素不同,OC 既可来源于一次排放如燃烧源和生物有机碎片、花粉孢子等,也可来源于有机气体的二次转化。3 月 29 日,第二个 PM$_{2.5}$ 样品中的甲酸浓度急剧增加。甲酸通常被认为主要来源于有机前体物发生气粒转化的产物,而沙尘期间带来大量沙尘,增加了颗粒物反应的表面积,并且沙尘的碱性表面,也有利于酸性气体的吸附和异相反应。所以在沙尘高峰过后,甲酸浓度和 OC 浓度的增加,应是由于沙尘促进了二次有机物的转化所致。J.-L. Aymoz 等[22]在对 2000 年夏季撒哈拉沙尘事件期间法国阿尔卑斯山脉地区 PM$_{2.5}$ 的研究中也发现,沙尘期间 OC、甲酸、草酸的浓度都增加,而且这些组分浓度的增加,都明显和颗粒物的表面积正相关,证实了沙尘对有机物二次转化的促进作用。在相对干燥的内陆地区尚有这种作用,不难推断,当沙尘随沙尘暴传输到海洋上空时,其湿润的条件会更有利于有机物的二次转化,使得难以被生物体吸收的大分子有机物,转化成可溶和易吸收的小分子有机物,从而影响海洋的第一生产力。同时,可溶性小分子有机物的增加,还可能会增加颗粒物的吸湿性,进一步促进云凝聚核的形成,间接影响气候的变化。

密云在 DS2 期间 OC 和 EC 的浓度变化,跟北师大略有不同。密云在 28 日就出现了沙尘天气,而 OC 和 EC、污染元素(Cu、Zn、Pb)以及二次离子也跟北师大一样,清晰地经历了沙尘暴传输途中的 4 个阶段。只是 OC 和 EC 在 28 日沙尘到来时浓度升高;到 29 日沙尘高峰时,OC 和 EC 浓度开始降低。从气象条件看,3 月 26—28 日一直主要是偏南风向,风速还较大,平均为 $14.2 \, \mathrm{m \cdot s^{-1}}$,极可能将北京城区的污染物传输到密云,导致 28 日 OC、EC 浓度的高值。X. Hou 等[25]对同一批沙尘样品中的 PAH 进行监测,得到 4 环 PAH 和 5、6 环 PAH 的比值极高,说明密云 DS2 期间的污染物,主要来源于外来传输。

61.2　有机碳和元素碳的来源分析

气溶胶粒子各种组分之间的相关关系,在一定程度上可反映它们的共同来源。根据不同污染源的排放特征,选取了 K^+、F^-、Cl^-、SO_4^{2-}、As、Zn、Pb、Al,对 OC、EC 作了相关性分析。从相关性来看,OC、EC 的来源有明显的地区差异。北京城区(北师大)的 OC、EC 来源较多,几乎除了地壳源不是其主要来源之外,其他污染源如燃煤、机动车尾气排放、工业、生物质燃烧,都对 OC、EC 有很大的贡献。密云也是如此,但密云采样点设在密云水库旁一座小山上,周围没有任何厂矿企业,机动车也很少。其 OC、EC 的多种来源,要归于周边地区包括北京城区的污染物传输。

选用 Al 作为地壳源沙尘的代表。当比值 $(X/Al)_{气溶胶}/(X/Al)_{地壳}$ 高的时候,气溶胶主要源于污染;当该比值低,接近于地壳中的比值时,则这些污染主要来自地壳源。在 DS1 高峰期间,Al 和 EC 浓度都增加,其比值(1.65)和常日相近;而沙尘暴刚过,大风将污染物清除,EC 和 Al 浓度都降低,EC/Al 也降至 0.48,接近北京土壤中的 EC/Al 值 0.33,说明 DS1 期间的 EC,主要来源于本地污染。DS2 来临前夕,EC/Al 为 2.3,还是处在常日范围内;到了沙尘来临,Al 增加,而 EC 浓度开始降低,EC/Al 比值降为 0.51。在沙尘后的几个样品中,EC 和 Al 的浓度都下降,但 EC/Al 比值比较稳定,均在 0.4 左右,远低于常日比值,而且 EC 和 Al 的浓度变化基本呈线性关系。在 DS2 期间,Al 在颗粒物中的百分含量由常日的 4.3% 增加到 7.0%,非常接近 Al 在地壳(6.78)和在西北沙漠沙尘中的百分含量(7.0)[26]。这些结果表明,在 DS2 期间,EC 主要出于长距离传输而来的地壳沙尘。EC 和 Zn、Pb 的关系与 EC 和 Al 的关系(沙尘期间的浓度变化呈线性关系,而非沙尘暴期间则呈明显的非线性关系)不同的是,无论在沙尘暴期间还是非沙尘期间,EC 和 Zn、Pb 都呈很好的线性关系,相关系数都在 0.9 左右。这表明,无论沙尘还是非沙尘期间,生物质燃烧、工业排放和机动车排放,都是 EC 最主要的来源。OC 浓度在沙尘暴期间的变化和 EC 有所差别。在 DS1 期间和 DS2 来临前夕,OC 的浓度以及 OC/Al 比值的变化和 EC 类似。但在 DS2 到来时及随后的几天,OC 浓度的变化则和 EC 不同,没有出现持续下降的趋势,而且 OC 和 Al 的浓度变化也不呈线性关系,表明在 DS2 期间,外来传输的地壳沙尘不是 OC 的主要来源。如前讨论,沙尘暴过后带来的大量沙尘,促进了二次有机气体的二次转化,使得 OC 浓度在沙尘过后有小幅增加。把 OC、EC 和所有测定的气溶胶中的元素及离子组分一起进行因子分析,结果显示,OC、EC 和 Zn、Pb、Ni、Cu 一起,属于有高负载的同一个因子,解释了总变量的 23.63%,代表了工业和汽车尾气的复合源。OC 和 EC 在此因子中的高载荷,进一步说明了工业和机动车尾气排放,是 OC 和 EC 的主要来源。

参考文献

[1] Fang M, Zheng M, Wang F, et al. The long-range transport of aerosols from northern China to Hong Kong — A multi-technique study. Atmospheric Environment, 1999, 33(11): 1803 – 1817.

[2] He Z, Kim Y J, Ogunjobi K O, et al. Characteristics of $PM_{2.5}$ species and long-range transport of air masses at Taean background station, South Korea. Atmospheric Environment, 2003, 37(2): 219 – 230.

[3] Hee J I, Soon U P. A simulation of long-range transport of yellow sand observed in April 1998 in Korea. Atmospheric Environment, 2002, 36(26): 4173 – 4187.

[4] Kanayama S, Yabuki S, Yanagisawa F, et al. The chemical and strontium isotope composition of atmospheric aerosols over Japan: The contribution of long-range-transported Asian dust (Kosa). Atmospheric Environment, 2002, 36(33): 5159 – 5175.

[5] Zhou M, Okada K, Qian F W, et al. Characteristics of dust-storm particles and their long-range transport from China to Japan — Case studies in April 1993. Atmospheric Research, 1993, 40 (1): 19 – 31.

[6] Iwasaka Y, Minoura H K N. The transport and spatial scale of Asian dust-storm clouds: A case study of the dust-storm event of April 1979. Tellus, 1983, 35B: 189 – 196.

[7] Duce R A, Unni C K, Ray B J. Long range atmospheric transport of soil dust from Asia to the Tropical North Pacific: Temporal variability. Science, 1980, 209: 1522 – 1524.

[8] Uematsu M, Duce R A, Prospero J M, et al. Transport of mineral aerosol from Asia over the North Pacific Ocean. Journal of Geophysical Research, 1983, 88: 5343 – 5352.

[9] Yi Z, Zhuang G S, Brown P R, et al. High-performance liquid chromatographic method for the determination of ultratrace amounts of iron (II) in aerosols, rainwater, and seawater. Analytial Chemistry, 1992, 64(22): 2826 – 2830.

[10] Uematsu M, Yoshikawa A, Muraki H, et al. Transport of mineral and anthropogenic aerosols during a Kosa event over East Asia. Journal of Geophysical Research, 2002, 107(D7): 4059.

[11] 刘晓强,肖铮,李晓红,等.沙尘暴路径分析.甘肃环境研究与监测,2001,14(4): 201 – 203.

[12] Zhang X Y, Gong S L, Shen Z X, et al. Characterization of soil dust aerosol in China and its transport and distribution during 2001 ACE-Asia: 1. Network observations. Journal of Geophysical Research-Atmospheres, 2003, 108(D9).

[13] Wang Y Q, Zhang X Y, Arimoto R, et al. The transport pathways and sources of PM_{10} pollution in Beijing during Spring 2001, 2002 and 2003. Geophysical Research Letters, 2004, 31(14).

[14] Zhuang G S, Guo J H, Yuan H, et al. The compositions, sources, and size distribution of the dust storm from China in spring of 2000 and its impact on the global environment. Chinese Science Bulletin, 2001, 46(11): 895 - 901.

[15] Zhang R J, Wang M X, Pu Y F, et al. Analysis on the chemical and physical properties of "2000. 4. 6" super dust storm in Beijing. Climatic and Environmental Research, 2000, 5(3): 259 - 266.

[16] Sun Y, Zhuang G, Wang Y. et al. Chemical composition of dust storm in Beijing and implications for the mixing of mineral aerosol with pollution aerosol on the pathway. Journal of Geophysical Research—Atmosphere, 2005, 110: D24209. doi: 10.1029/2005JD006054.

[17] Sun Y, Zhuang G, et al. The Characteristics and compositional sources of super dust storm from Beijing in 2002. Chinese Science Bulletin, 2004, 49(7): 698 - 705.

[18] Wang Y, Zhuang G, Sun Y, et al. Water-soluble part of the aerosol in the dust storm season—evidence of the mixing between mineral and pollution aerosols. Atmospheric Environment, 2005, 39(37): 7020 - 7029.

[19] 杨东贞,王超,温玉璞,等.1990 年春季两次沙尘暴的特性分析.应用气象学报,1995,6(1): 18 - 25.

[20] Zhang X Y, An Z S, Liu D S, et al. Study on three dust storms in China — Source characterization of atmospheric trace elements and transport process of mineral aerosol particles. Chinese Science Bulletin, 2001, 37(11): 940 - 945.

[21] Xu J, Bergin M H, Greenwald R, et al. Aerosol chemical, physical, and radiative characteristics near a desert source region of northwest China during ACE-Asia, 2004. Journal of Geophysical Research[Atmospheres], 2004, 109(D19): D19S03. doi: 10.1029/2003JD004239.

[22] Aymoz J-L, Jaffrezo V, Colomb J A, et al. Evolution of organic and inorganic components of aerosol during a Saharan dust episode observed in the French Alps.Atmos Chem Phys, 2004, 4: 2499 - 2512.

[23] Chou C-K, Chen T-K, Huang S-H, et al. Radiative absorption capability of Asian dust with black carbon contamination. Geophysical Research Letters, 2003, 30(12), 18/1 - 18/4.

[24] Kim S-W, Yoon S-C, Jefferson A, et al. Aerosol optical, chemical and physical properties at Gosan, Korea during Asian dust and pollution episodes in 2001. Atmospheric Environment, 2005, 39(1): 39 - 50.

[25] Hou X, Zhuang G, Sun Y, et al. Characteristics and sources of polycyclic aromatic hydrocarbons and fatty acids in PM$_{2.5}$ aerosols in dust season in China. Atmospheric Environment, 2006, in press.

[26] Zhang X Y, An Z S, Liu D S, et al. Study on three dust storms in China — Source characterization of atmospheric trace elements and transport process of mineral aerosol particles. Chinese Science Bulletin, 2001, 37 (11): 940 - 945.

第62章

沙尘暴事件中多环芳烃和脂肪酸的来源

在 1951—2001 年的 50 年间,中国有 65％的沙尘事件发生在西北部[1]。沙尘暴不仅影响中国内陆地区,而且还会传输到亚太广大地域[2-5]。显然,沙尘气溶胶的长途传输,会对全球生物地球化学循环和地球气候系统,发生重要的影响[6-15]。有关沙尘事件中有机化合物的信息较少[16,17],而有机气溶胶是大气细颗粒物的重要贡献者[11,18]。在北京,夏季和冬季的含碳有机物,分别占 $PM_{2.5}$ 的 18.4％和 37.2％,而 OC 占总碳量的 70％以上[19,20]。由于多环芳烃和脂肪酸中包含很多生物标识物,这些生物标识物可以成功地用于进行颗粒物的源解析[20-25]。本章基于对亚洲沙尘暴从源区到入海区域传输途中 6 个典型地区 $PM_{2.5}$ 样品的分析结果,阐述 10 种多环芳烃和 7 种脂肪酸的分布特征及其来源,同时提供沙尘长途传输期间,沙尘气溶胶与污染气溶胶混合及相互作用的佐证。采样方法和化学分析方法详见本书第 7、8 章。

2004 年 3—4 月间,发生了 2 次沙尘暴事件,分别发生在 3 月 9—10 日(DE1)和 28—29 日(DE2)。DE1 是 2004 年影响范围最广的一次沙尘天气,覆盖华北大部分地区,甚至影响到了长江三角洲地区;而 DE2 是强度最大的一次沙尘暴,发生在 3 月 28 日夜间,从卫星云图上可以看到 29 日下午 2:00 一条黄色的沙尘带,覆盖了整个北京的上空,并向东移动(http://www.cma.gov.cn)。3 月 9 日及 28、29 日,北京的污染指数分别为 446 及 338、239,远高于国家空气质量二级标准 100。表 62-1 是样品采集的基本情况。

表 62-1 采样点环境描述及采样情况

采样点	采 样 时 间	采样高度(m)	平均环境温度(℃)	平均相对湿度(％)	采样点周围环境
北师大	2004.3.9—4.9	40	28	28	市区:商业区、居民区和交通区的混合区域
密云	2004.3.9—4.7	4			郊区:密云水库附近
榆林	2004.3.11—4.7	12	7	26	沙尘源区:附近为居民区和交通区

（续表）

采样点	采 样 时 间	采样高度(m)	平均环境温度(℃)	平均相对湿度(%)	采样点周围环境
上海	2004.3.11—4.19	10	12	67	市区：商业区、居民区和交通区的混合区域
青岛	2004.3.14—4.9	10	8	63	市区：商业区、居民区和交通区的混合区域
多伦	2004.3.11—4.7	12	−1	29	沙尘源区：居民区及沙地

62.1　多环芳烃和脂肪酸的浓度水平

由于 2 环和 3 环的多环芳烃(Nap、Ace、Flu 和 Anthr)具有较高的挥发性,本章仅讨论 4 环到 6 环的多环芳烃。有研究表明,半挥发性的 4 环多环芳烃(Fluor、Pyr、B[a]A、Chry),只有不到 75％处于颗粒相,而 5 环和 6 环的多环芳烃(B[b]F、B[k]F、B[a]P、DBA、B[ghi]P 和 IND)90％～100％处于颗粒相。这主要取决于环境温度和气溶胶浓度。因此,本研究中测定的多环芳烃浓度,相对实际浓度要低[26]。

表 62-2 列出了 6 个地点所采集气溶胶中的 10 种多环芳烃之平均浓度以及总浓度。表中同时还列出了青岛、香港和北京在非沙尘暴期间以及青岛早年沙尘暴期间的多环芳烃浓度作为对比。青岛在非沙尘期间 10 种多环芳烃的总浓度为 8.36 ng・m^{-3},与早期研究中相应的多环芳烃含量相当(10.20 ng・m^{-3})[17]。而在北京地区,北师大(市中心)和密云(郊区)多环芳烃总浓度的平均值分别为 26.48 和 4.45 ng・m^{-3},是早期研究中城市和郊区(城市,2.56 ng・m^{-3},1986 年;郊区,0.35 ng・m^{-3},1987 年)的 10 倍[23]。这说明,由于经济的迅速发展和汽车保有量的剧增,北京地区在过去 20 年中的空气污染加剧。6 个地点 7 种脂肪酸的平均浓度以及总浓度如表 62-3 所示。6 个地点在非沙尘期间的平均总浓度为 11.8～307.8 ng・m^{-3}。城市采样点北师大脂肪酸的平均总浓度为 54.0 ng・m^{-3},是郊区采样点密云(11.90 ng・m^{-3})的 5 倍左右。这说明,城市区域的脂肪酸污染要远大于郊区。这一结论与香港大气中有机物的分布特征相同[25]。

62.2　沙尘期间多环芳烃和脂肪酸的分布特征及其来源

62.2.1　多环芳烃

图 62-1 所示为非沙尘期间多环芳烃的平均总浓度和标准偏差。榆林的多环芳烃总浓度最高,为 78.8 ng・m^{-3}(34.2～135.0 ng・m^{-3})。其次为北京(北师大,26.48 ng・m^{-3})。大气中大部分多环芳烃都是由燃烧源排放的,化石燃料的燃烧是多环芳烃的主要来源。

表 62 - 2　6 个地点 PM$_{2.5}$ 中多环芳烃的浓度 (ng · m^{-3})

采样站点	采样时间	Fluor	Pyr	B[a]A	Chry	B[b]F	B[k]F	B[a]P	IND	DBA	B[ghi]P	总和
密云-DE1	2004.3.9—10	2.70	1.37	0.24	0.72	0.33	0.10	0.10	0.11	—	0.13	5.81
密云-DE2	2004.3.28—29	3.13	1.61	—	0.92	0.48	0.17	0.16	—	—	—	6.48
密云-N	2004.3.11—4.7	1.58	0.81	0.15	0.55	0.37	0.11	0.19	0.24	0.13	0.33	4.45
北师大-DE1	2004.3.9—10	11.90	6.68	3.96	10.28	6.89	1.87	3.33	3.08	1.05	6.40	55.43
北师大-DE2	2004.3.28—29	4.14	2.10	—	1.00	0.50	0.15	0.27	—	—	0.34	8.49
北师大-N	2004.3.11—4.9	6.47	3.85	1.29	2.39	1.84	0.86	0.83	3.15	2.47	3.33	26.48
榆林-DE2	2004.3.29	26.64	23.65	12.37	12.94	13.28	9.44	19.19	6.87	1.45	11.83	137.65
榆林-N	2004.3.11—4.15	15.00	8.49	6.57	8.58	10.93	3.84	7.26	8.72	1.87	7.51	78.77
上海-N	2004.3.11—4.19	0.92	0.51	0.25	0.76	0.87	0.35	0.81	0.76	0.24	0.87	6.34
青岛-N	2004.3.14—4.9	1.26	0.69	0.26	0.80	0.93	0.33	1.79	0.91	—	1.39	8.36
多伦-DE2	2004.3.29	2.81	1.50	0.83	1.16	1.36	0.45	0.76	0.75	—	0.78	10.41
多伦-N	2004.3.11—4.7	0.84	0.43	0.25	0.39	0.51	0.20	0.52	0.16	—	0.19	3.47
* 北京-1 市区	1986.6	0.233	0.582	—	0.998	n.d.	n.d.	0.083	0.316	0.015	0.333	2.557
* 北京-3 郊区	1987.4	0.136	0.002	—	0.182	n.d.	n.d.	0.005	0.022	0.001	0.004	0.352
# 青岛-N	2002.4.25 2002.5.6	1.27	1.17	0.55	1.47	2.61		0.67	1.11	—	1.36	10.20
# 青岛-DE	2002.3.20 2002.4.7—8	5.76	5.02	2.27	6.12	10.56		2.53	4.07	—	5.12	41.45
*** 香港-N	1996.4.1—2											15.2,21.4
*** 香港-DE	1996.5.9—10											25.6,22.6

—：未检出；n.d.：未检测；*[23]；#[17]；**[16]。

表 62 - 3　6 个地点 PM$_{2.5}$ 中脂肪酸的浓度（ng · m^{-3}）及 C$_{18:1}$/C$_{18:0}$ 的比值

采样站点	采样时间	C$_{12}$	C$_{14}$	C$_{16}$	C$_{17}$	C$_{18:2}$	C$_{18:1}$	C$_{18:0}$*	总　和
密云 - DE1	2004.3.9—10	0.79	1.25	10.86	0.21	0.44	2.94	5.86	22.35
密云 - DE2	2004.3.28—29	1.39	3.85	14.82	0.50	0.75	2.91	9.34	33.56
密云 - N	2004.3.11—4.19	0.60	1.40	5.52	0.19	0.28	1.13	2.78	11.90
北师大 - DE1	2004.3.9—10	4.52	8.96	43.15	1.32	2.81	13.00	27.49	101.24
北师大 - DE2	2004.3.28—29	2.94	5.58	23.40	0.58	1.13	3.02	10.69	47.33
北师大 - N	2004.3.11—4.7	3.32	5.84	23.12	0.83	1.57	7.13	12.21	54.01
榆林 - DE2	2004.3.29	7.01	17.73	122.67	37.24	22.13	40.13	60.92	307.83
榆林 - N	2004.3.11—4.15	2.96	7.03	74.08	4.51	7.59	39.87	33.88	169.92
上海 - N	2004.3.29	1.32	2.66	26.53	0.40	1.49	5.45	9.00	46.85
青岛 - N	2004.3.11—4.7	1.55	2.84	28.49	0.34	0.49	5.15	12.17	51.02
多伦 - DE2	2004.3.11—4.19	9.34	22.06	141.84	0.00	11.91	46.27	70.23	301.66
多伦 - N	2004.3.14—4.9	2.57	6.96	72.67	0.00	12.48	28.48	34.32	157.48

* [23]；# [17]；** [16]。

* C$_{12}$ 到 C$_{18}$ 各名称请参见 461 页表 31 - 4。

而榆林位于中国西北地区的沙尘源区,同时榆林市是重要的产煤基地,该地区有 3 个大型的煤矿。从高浓度的多环芳烃可以看出,榆林地区的空气质量受到当地煤矿的严重影响,它是一个受燃煤污染的沙尘源区。在另一个沙尘源区采样点,即位于中国北方的内蒙古多伦,多环芳烃的平均总浓度为 3.47 ng·m^{-3},是 6 个采样点中浓度最低的,其原因是该地区几乎没有工业排放源。

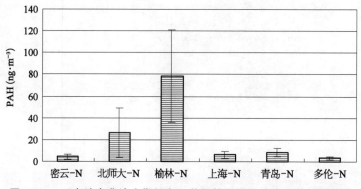

图 62-1　6 个地点非沙尘期间多环芳烃的平均总浓度及其标准偏差

北京师范大学位于城市中心,受到交通源和采暖排放源的严重影响,因此其多环芳烃的浓度远远高于郊区密云。位于北京东北郊区的密云在非沙尘期间的多环芳烃平均总浓度为 4.45 ng·m^{-3},比香港地区的背景浓度(<2.5 ng·m^{-3})稍高。这说明,当在春季西南风盛行的时候,密云的大气可能受到来自北京市区的影响[19,27]。上海和青岛多环芳烃的平均总浓度,分别为 6.34 和 8.36 ng·m^{-3},比榆林和北师大采样点的浓度低很多。这一结果反映出上海和青岛的多环芳烃污染较轻,其原因可能是上海没有采暖以及较其他采样点降雨较多,而青岛尽管同北京地区一样,在冬季和初春为采暖期,但是由于较多的降雨使得多环芳烃被雨水清除,因此其多环芳烃的含量远低于北师大采样点[26]。

图 62-2 所示为在非沙尘期间每一种多环芳烃对多环芳烃总浓度的相对贡献,即 6 个地点多环芳烃的归一化结果。从图中可以看出,在北师大和密云,4 环的多环芳烃(Fluor、Pyr、B[a]A、Chry)占总多环芳烃的 58% 和 70%,而上海和青岛较低,为 39% 和 42%。4 环的多环芳烃为半挥发性有机物,其在气-固两相的分配,主要受到气溶胶浓度以及相对湿度的影响[26]。C. Schauer 等人[26]的研究表明,颗粒态的 4 环多环芳烃与相对湿度成反比,而颗粒态的 5 环和 6 环多环芳烃与相对湿度不相关。在整个采样期间,上海和青岛的平均相对湿度较高,为 63% 和 66%,因此上海和青岛的颗粒态 4 环多环芳烃含量较低。而北京地区的平均相对湿度为 28%,远低于上海和青岛地区,因此其 4 环的多环芳烃相对总的多环芳烃含量,要远高于上海和青岛采样点。由于 B[ghi]P 与汽车尾气有较好的相关性[28],因此 B[ghi]P 被作为交通源的示踪物[25,29]。对于北师大、青岛和上海,B[ghi]P 的相对含量分别为 13%、16%、14%,多环芳烃中较高的 B[ghi]P 含量,表明这些大城市受到交通源的影响严重。这一结论同中国很多大城市的情况相一致[23,30,31]。

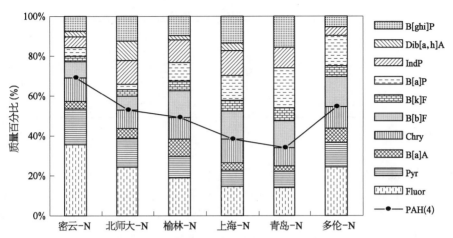

图 62 - 2　非沙尘期间 6 个地点的 10 种多环芳烃对多环芳烃总浓度的相对贡献

多环芳烃的主要来源是人为源。在城市中,汽车尾气以及采暖和发电厂燃煤,是多环芳烃的 2 个主要贡献源。很多研究者认为,单个多环芳烃化合物浓度之间的相对比值,可以标示多环芳烃的不同来源。早期的研究总结了很多多环芳烃之间的特征比值与相关排放源之间的联系。表 62 - 4 中列出了汽车尾气和燃煤污染源的 4 对多环芳烃特征比值,以及非沙尘期间 6 个地点多环芳烃的相应平均比值。由表 62 - 4 可知,在密云、北师大和榆林,Pyr／B[a]P 和 B[a]A／Chry 的比值都在交通源排放的特征比值范围内 (Pyr／B[a]P:1～6;B[a]A／Chry:汽油,0.28～1.2;柴油,0.17～0.36);而 B[a]P／B[ghi]P 和 IndP／B[ghi]P 的比值,接近燃煤源排放的特征比值(B[a]P／B[ghi]P:0.9～0.66;IndP／B[ghi]P:约 0.9)。在上海、青岛和多伦,B[a]A／Chry 的平均比值在交通源排放的特征比值范围内,而 Pyr／B[a]P 的比值小于 1,在燃煤排放源的特征比值内。这说明,在这些地区,交通和燃煤排放的颗粒物,对大气颗粒物都有明显贡献。在非沙尘期间,6 个地点的大气气溶胶的来源,都有交通源和燃煤源的特征。尽管上海冬季和初春没有采暖期,但上海采样点的多环芳烃来源,具有燃煤污染的特征,其原因可能是受到上海地区的大型发电厂和炼钢厂燃煤源排放的影响。

表 62 - 4　6 个地点多环芳烃的特征比值

	BaP／B[ghi]P	Pyr／B[a]P	B[a]A／Chry		IND／B[ghi]P
交通	0.3～0.44*	1～6*	0.28～1.2# (汽油)	0.17～0.36# (柴油)	交通
燃煤	0.9～6.6*	<1*	1.0～1.2#		约 0.9#
密云	0.57	4.31	0.28		0.75
北师大	0.25	4.62	0.54		0.95
榆林	0.97	1.17	0.77		1.16

（续表）

	BaP/B[ghi]P	Pyr/B[a]P	B[a]A/Chry	IND/B[ghi]P
上海	0.92	0.63	0.33	0.87
青岛	1.29	0.38	0.32	0.65
多伦	2.75	0.83	0.65	0.85

*：源自[32]；#：源自[29]。

62.2.2 脂肪酸

图 62-3 所示为非沙尘期间 6 个地点脂肪酸平均总浓度及其相对标准偏差。榆林和多伦的脂肪酸平均总浓度最高，分别为 169.9 和 157.5 ng·m^{-3}，为北师大、青岛和上海的 3 倍左右(54.01、51.02 和 46.85 ng·m^{-3})。在城市环境中，脂肪酸的来源除了微生物排放外，主要是食物烹调的贡献[31]。尤其在中国，各地区的餐饮业都很繁荣，加之与国外的不同烹调方式，烹调过程中的排放对各地区的大气污染都有重要影响。图 62-4 所示为

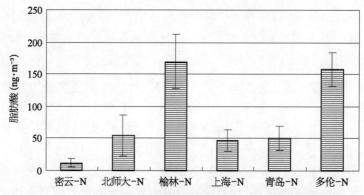

图 62-3　6 个地点非沙尘期间脂肪酸的平均总浓度及其标准偏差

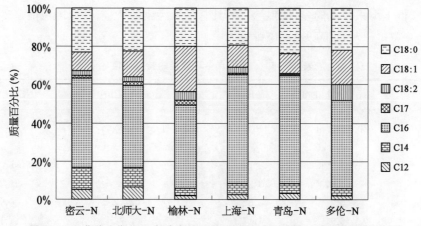

图 62-4　非沙尘期间 6 个地点的 7 种脂肪酸对脂肪酸总浓度的相对贡献

7 种脂肪酸对脂肪酸总浓度的相对贡献。从图中可以看到,榆林和多伦采样点的亚油酸和油酸相对含量,较其他采样点高很多。据 L. Y. He 等人对中国烹调源有机物成分谱的研究,中国式烹调方法所排放的脂肪酸中,亚油酸是最主要的成分[33];而国外的一些研究者报道,棕榈酸、硬脂酸以及油酸是肉食烹调过程中排放量最大的 3 种脂肪酸[34-36]。因此,榆林和多伦地区亚油酸和油酸的含量较高说明,烹调源是这 2 个地区脂肪酸的主要来源。

62.3　沙尘事件中多环芳烃和脂肪酸的浓度变化特征

气溶胶中多环芳烃和脂肪酸的浓度,取决于排放源的强度和沙尘气溶胶在传输途中的沉降及稀释等过程。多环芳烃(PAH)和脂肪酸(fatty acid, FA)的日均浓度与细颗粒物 $PM_{2.5}$ 日均浓度的比值——$PAH/PM_{2.5}$ 和 $FA/PM_{2.5}$,反映细颗粒物上所含的多环芳烃与脂肪酸的相对比例。图 62-5 和图 62-6 为发生沙尘事件的 4 个采样点的多环芳烃和脂肪酸浓度,以及相对应的 $PAH/PM_{2.5}$ 和 $FA/PM_{2.5}$ 比值的比较。

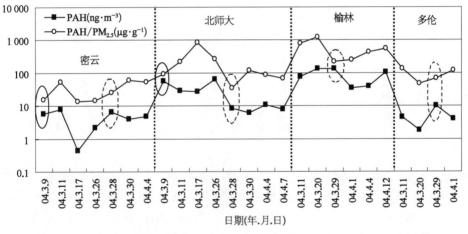

图 62-5　沙尘期间多环芳烃的总浓度(ng · m^{-3})及 $PAH/PM_{2.5}$(μg · g^{-1})比值

从图中可观察到,2 次沙尘事件中 4 个地点多环芳烃和脂肪酸的一些变化特征。① 在北京 3 月 28—29 日的沙尘事件(北师大-DE2)中,多环芳烃和脂肪酸的总浓度,在沙尘暴到来之前都达到了最高值 65.9 和 110.8 ng · m^{-3};而在沙尘暴期间,多环芳烃和脂肪酸的浓度降到了 8.5 和 47.3 ng · m^{-3}。这一结果说明,在干净的沙尘气团出现之前,在大气中积累的高浓度有机污染物被入侵沙尘清除了。这种变化与先前对发生在 2002 年的特大沙尘暴的研究中得到的沙尘暴污染物的浓度变化特征相一致[12]。② 除了北师大-DE2,其他沙尘事件中的多环芳烃和脂肪酸总浓度,都比非沙尘期间的浓度要高。这种变化趋势和香港 1996 年 5 月 9—10 日,以及青岛 2002 年 3 月 20—21 日、4 月 7—8 日

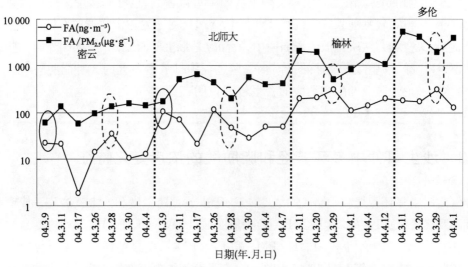

图 62 – 6　沙尘期间脂肪酸(FA)的总浓度(ng·m⁻³)及 FA /PM₂.₅(μg·g⁻¹)比值

的几次沙尘事件中的多环芳烃和脂肪酸变化情况相同[16,17]。这些结果说明了,在这些沙尘事件中,从沙尘源区或者传输途中携带来的污染物,与当地排放的污染物相互叠加或者混合,致使污染物在这些沙尘暴中的浓度较高[12]。③ 从图 62 – 5 和图 62 – 6 中可以看出,大多数沙尘事件中,在沙尘暴结束时,多环芳烃和脂肪酸的浓度会急剧下降,而 $PAH/PM_{2.5}$ 和 $FA/PM_{2.5}$ 比值却增加。例如,在北师大 – DE1(北师大沙尘事件 1,3 月 9—10 日),当沙尘事件结束时,多环芳烃和脂肪酸的浓度从 3 月 9—10 日的 55.4 和 101.2 ng·m⁻³ 降低到了 3 月 11 日的 29.2 和 67.4 ng·m⁻³,而 $PAH/PM_{2.5}$ 和脂肪酸/$PM_{2.5}$ 的比值则从 3 月 9—10 日的 90.1 和 164.5 μg·g⁻¹ 增加到了 3 月 11 日的 221.1 和 511.3 μg·g⁻¹。这一变化特征说明,当沙尘暴结束时,这些有机污染物随着沙尘粒子的沉降和传输被部分清除,然而同时局地排放的携带着高浓度污染物的细颗粒物,又充斥到大气,致使细颗粒物上的有机污染物浓度增加,因而 $PAH/PM_{2.5}$ 和脂肪酸/$PM_{2.5}$ 的比值增大。

62.4　沙尘暴中的多环芳烃和脂肪酸的外来源和本地源

通过有机气溶胶的早期研究发现,持久性的有机污染物(persistent organic pollutant,POP)如多环芳烃,由于大气的长途传输,可导致诸如北极的遥远地区都受到有机污染物的影响[37,38]。沙尘源区的高浓度有机污染物(多环芳烃和脂肪酸),可随着沙尘的传输而被输送到下风向地区,并沉降在这些地区,造成更严重的污染。那么,沙尘暴传输途经地区的大气中,那些有机物污染物究竟是来自本地的排放,还是外来的长途输送?

多环芳烃在长途传输中的浓度变化,取决于多环芳烃的降解、沉降以及相关气象条件等诸多因素[39-41]。由于半挥发性的 4 环多环芳烃,存在于气-固两相,并且不断地进行相互转化,而 5 环和 6 环的多环芳烃为颗粒态,因此 4 环的多环芳烃与 5、6 环的多环芳烃,在大气中的环境行为截然不同。有研究表明,在大气中,那些颗粒态的多环芳烃较半挥发性的多环芳烃,更容易发生光化学降解和沉降,因此其清除速率要高于那些存在于气-固两相的多环芳烃[42,43]。在北极的 3 个采样点发现,其多环芳烃的成分谱中,主要是一些分子量较小的 3 环和 4 环多环芳烃,如 Flu、Phe、Flua 和 Pyr;而大多数高分子颗粒态的 5 环和 6 环多环芳烃,在到达北极之前的传输过程中,已经从大气中被清除了[38,43]。图 62-7 所示的是 6 个地点的 PAH(4)/PAH(5,6)比值的日变化,其中 PAH(4)代表 Fluor、Pyr、B[a]A 和 Chry,PAH(5,6)代表 B[b]F、B[k]F、B[a]P、Dib[a,h]A、B[ghi]P 和 IndP。在榆林、多伦、青岛和上海,PAH(4)/PAH(5,6)比值的平均值为 0.71~1.32。在这 4 个地点中,位于沙尘源区的榆林和多伦,其 PAH(4)/PAH(5,6)比值分别为 0.78~1.23 和 0.98~1.53。位于城市的北师大,除了北师大-DE2,PAH(4)/PAH(5,6)的平均值为 1.44。然而,位于郊区的密云,PAH(4)/PAH(5,6)比值为 2.71~7.00,较其他地点高出很多。这说明,4 环多环芳烃是密云最主要的多环芳烃化合物。也就是说,密云地区的多环芳烃,主要由 4 环的多环芳烃组成,这可能是由来自北京市区烟羽的传输造成的。B. R. T. Simoneit 等人[23]发现,北京郊区的多环芳烃,主要是由小分子量的 4 环多环芳烃组成,如 Fluor;而高分子量的 B[a]P、IndP 和 B[ghi]P 含量很低,因此推断这些主要由半挥发性 4 环多环芳烃组成的多环芳烃,来源于长途传输。在本研究中发现的密云地区多环芳烃的分布特征,与 Simoneit 等人的报道一致,更进一步证明了他们的推论。因此,可用 PAH(4)/PAH(5,6)比值,来估计多环芳烃的来源,即较高的 PAH(4)/PAH(5,6)比值,说明多环芳烃主要来源于长途传输,而较低的 PAH(4)/PAH(5,6)比值,主要来源于局地源的排放。例如北师大采样点的 2 次沙尘事件北师大-DE1 和北师大-DE2,其中北师大-DE1 的 PAH(4)/PAH(5,6)比值为 1.45,接近非沙尘期间的比值;而北师大-DE2 的 PAH(4)/PAH(5,6)比值为 5.9,远高于非沙尘期间的比值。这说

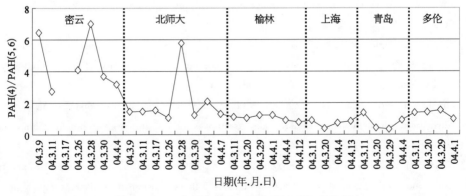

图 62-7　6 个地点的 PAH(4)/PAH(5,6)比值

明,DE1 中的多环芳烃,主要来自局地污染源的排放,如扬尘等;而 DE2 中的多环芳烃,主要来自沙尘暴的长途传输。

沙尘事件中的脂肪酸里,不饱和脂肪酸(octadecanoic acid, C18：0)相对于饱和脂肪酸(oleic acid, C18：1)来说,很不稳定,容易在大气环境中快速地被氧化降解[21,44]。因此,一些研究者认为,较低的 C18：1/C18：0 比值,说明这些脂肪酸可能来自长途传输[16,23]。例如在 3 月 28—29 日的沙尘暴中,北师大-DE2 和密云-DE2 的 C18：1/C18：0比值分别为 0.28 和 0.31,相对于常日气溶胶中的比值(北师大为 0.61;密云为0.42)低很多,说明北京地区 DE2 中的脂肪酸,可能来自长途传输[16,45]。榆林-DE2 和多伦-DE2 的 C18：1/C18：0 比值较高,与非沙尘期间的比值相当,说明在这次沙尘暴中的脂肪酸,主要来自局地源排放。北师大-DE1 中 C18：1/C18：0 的比值为 0.47,其沙尘中的脂肪酸主要来源是局地排放。这里推断的 2 次沙尘暴中脂肪酸的来源,与以上推断的多环芳烃来源,结论是一致的。

参考文献

[1] Wang X, Dong Z, Zhang J. et al. Modern dust storms in China: An overview. Journal of Arid Environments, 2004, 58: 559 – 574.

[2] Chun Y, Kim J, Choi J C, et al. Characteristic number size distribution of aerosol during Asian dust period in Korea. Atmospheric Environment, 2001, 35: 2715 – 2721.

[3] Rahn K A, Borys R D, Shaw G E. The Asian source of Arctic haze bands. Nature, 1977, 268: 713 – 715.

[4] Husar R B, Tratt D M, Schichtel B A, et al. The Asian dust events of April 1998. Journal of Geophysical Research, 2001, 106(18): 317 – 330.

[5] Perry K D, Cahill T A, Schnell R C, et al. Long-range transport of anthropogenic aerosols to the National Oceanic and Atmospheric Administration baseline station at Mauna Loa Observatory, Hawaii. Journal of Geophysical Research, 1999, 104(18): 521 – 533.

[6] Zhang X Y, An Z S, Liu T. Study on three dust storms in China-Source characterization of atmospheric trace element and transport process of mineral aerosol particles. Chinese Science Bulletin, 1992, 37(11): 940 – 945.

[7] Zhang X Y, Arimoto R, An Z. Atmospheric trace elements over source regions for Chinese dust: Concentrations, sources and atmospheric deposition on the Loess Plateau. Atmospheric Environment, 1993, 27A (13): 2051 – 2067.

[8] Zhuang G, Guo J, Yuan H, et al. The compositions, sources, and size distribution of the dust storm from China in spring of 2000 and its impact on the global environment. China Science Bulletin, 2001, 46(11): 895 – 901.

[9] Kobayashi M, Simoneit B R T, Kawamura M, et al. Levoglucosan, other saccharides and tracer compounds in the Asian dust and marine aerosols collected during the ACE-Asia campaign. Sixth International Aerosol Conference, Taipei, Taiwan, 2002.

［10］ Ito K, Holler R, Tohno S, et al. Size-resolved mass closure of Asian dust observed on the coast of the Sea of Japan during ACE-Asia. Sixth International Aerosol Conference, Taipei, Taiwan, 2002.

［11］ Sun Y, Zhuang G, Yuan H, et al. The characteristics and compositional sources of super dust storm from Beijing in 2002. Chinese Science Bulletin, 2004a, 49(7): 698-705.

［12］ Guo J, Rahn K, Zhuang G. A mechanism for the increase of pollution elements in dust storms in Beijing. Atmospheric environment, 2004, 38: 855-862.

［13］ Wang Y, Zhuang G, Tang A, et al. The ion chemistry and the source of $PM_{2.5}$ aerosol in Beijing. Atmospheric Environment, 2005a, 39: 3771-3784.

［14］ Wang Y, Zhuang G, Sun Y, et al. Water-soluble part of the aerosol in the dust storm season — Evidence of the mixing between mineral and pollution aerosols. Atmospheric Environment, 2005b, 39(37): 7020-7029.

［15］ Sun Y, Zhuang G, Wang Y, et al. Chemical composition of dust storm in Beijing and implications for the mixing of mineral aerosol with pollution aerosol on the pathway. Journal of Geophysical Research (Atmos), 2005, in press.

［16］ Fang M, Zheng M, Wang F, et al. The long-range transport of aerosols from northern China to Hong Kong- A multi-technique study. Atmospheric Environment, 1999, 33: 1803-1817.

［17］ Guo Z G, Feng J L, Fang M, et al. The elemental and organic characteristics of $PM_{2.5}$ in Asian dust episodes in Qingdao, China, 2002. Atmospheric Environment, 2004, 38: 909-919.

［18］ Xu D, Dan M, Song Y, et al. Concentration characteristics of extractable organohalogens in $PM_{2.5}$ and PM_{10} in Beijing, China. Atmospheric Environment, 2005, 39(22): 4119-4128.

［19］ Dan M, Zhuang G, Li X, et al. The characteristics of carbonaceous species and their sources in $PM_{2.5}$ in Beijing. Atmospheric Environment, 2004, 38: 3443-3452.

［20］ Zheng M, Salmon L G, Schauer J J, et al. Seasonal trends in $PM_{2.5}$ source contributions in Beijing, China. Atmospheric Environment, 2005, 39: 3967-3976.

［21］ Simoneit B R T, Mazurek M A. Organic matter of the troposphere — II. Natural background of biogenic lipid matter in aerosols over the rural western United States. Atmospheric Environment, 1982, 16: 2139-2159.

［22］ Simoneit B R T. Characterization of organic constituents in aerosols in relation to their origin and transport: A review. International Journal of Environmental Analytical Chemistry, 1986, 23: 207-237.

［23］ Simoneit B R T, Sheng G, Chen X, et al. Molecular marker study of extractable organic matter in aerosols from urban areas of China. Atmospheric Environment, 1991, 25A: 2111-2129.

［24］ Schauer J J, Rogge W F, Hildemann L M, et al. Source apportionment of airborne particulate matter using organic compounds as tracers. Atmospheric Environment, 1996, 30(22): 3837-3855.

［25］ Zheng M, Fang M, Wang F, et al. Characterization of the solvent extractable organic compounds in $PM_{2.5}$ aerosols in Hong Kong. Atmospheric Environment, 2000a, 34: 2691-2702.

[26] Schauer C, Niessner R, Poschl U. Polycyclic aromatic hydrocarbons in urban air particulate matter: Decadal and seasonal trends, chemical degradation, and sampling artifacts. Environmental Science and Technology, 2003, 37: 2861 - 2868.

[27] Sun Y, Zhuang G, Wang Y, et al. The air-borne particulate pollution in Beijing-concentration, composition, distribution and sources. Atmospheric Environment, 2004b, 38: 5991 - 6004.

[28] Baek S O, Field R A, Goldstone M E, et al. A review of atmospheric polycyclic aromatic hydrocarbons: Sources, fate and behavior. Water, Air, and Soil Pollution, 1991, 60: 279 - 300.

[29] Simcik M F, Steven J E, Paul J K. Source apportionment / source sink relationships of PAH in the coastal atmosphere of Chicago and Lake Michigan. Atmospheric Environment, 1999, 33: 5071 - 5079.

[30] Zheng M, Fang M. Particle-associated polycyclic aromatic hydrocarbons in the atmosphere of Hong Kong. Water, Air, and Soil Pollution, 2000b, 117 (1/4): 175 - 189.

[31] Zheng M, Wan T S M, Fang M, et al. Characterization of the non-volatile organic compounds in the aerosols of Hong Kong-Identification, abundance and origin. Atmospheric Environment, 1997, 31: 227 - 237.

[32] Tang G C. Review on methods to identify sources of PAH in Aerosol. Research of Environmental Sciences, 1993, 6(3): 37 - 41.

[33] He L Y, Hu M, Huang X F, et al. Measurement of emissions of fine particulate organic matter from Chinese cooking. Atmospheric Environment, 2004, 38: 6557 - 6564.

[34] Rogge W F, Hildemann L M, Mazurek M A, et al. Sources of fine organic aerosol: 1. Charbroilers and meat cooking operations. Environmental Science and Technology, 1991, 25: 1112 - 1125.

[35] Schauer J J, Kleeman M J, Cass G R, et al. Measurement of emissions from air pollution sources: 2. C1 through C30 organic compounds from medium duty diesel trucks. Environmental Science and Technology, 1999, 33: 1578 - 1587.

[36] Schauer J J, Kleeman M J, Cass G R, et al. Measurement of emissions from air pollution sources: 2. C1-C27 organic compounds from cooking with seed oils. Environmental Science and Technology, 2002, 36: 567 - 575.

[37] Kawamura K. Composition and photochemical transformation of organic aerosols from the Arctic. Global Environmental Research, 1998, 2(1): 57 - 67.

[38] Hung H, Blanchard P, Halsall C J, et al. Temporal and spatial variabilities of atmospheric polychlorinated biphenyls (PCBs), organochlorine (OC) pesticides and polycyclic aromatic hydrocarbons (PAHs) in the Canadian Arctic: Results from a decade of monitoring. Science of the Total Environment, 2005, 342: 119 - 144.

[39] Christensen J H. The Danish Eulerian hemispheric model-A three-dimensional air pollution model used for the Arctic. Atmospheric Environment, 1997, 31: 4169 - 4191.

[40] Gong S L, Barrie L A, Blanchet J P. Modeling seasalt aerosols in the atmosphere 1. Model development. Journal of Geophysical Research, 1997a, 102D: 3805 - 3818.

［41］　Gong S L, Barrie L A, Prospero J M, et al. Modeling sea-salt aerosols in the atmosphere 2. Atmospheric concentrations and fluxes. Journal of Geophysical Research, 1997b, 102D: 3819 - 3830.

［42］　Halsall C J, Barrie L A, Fellin P, et al. Spatial and temporal variation of polycyclic aromatic hydrocarbons in the Arctic atmosphere. Environmental Science and Technology, 1997, 31: 3593 - 3599.

［43］　Halsall C J, Sweetman A J, Barrie L A, et al. Modelling the behaviour of PAHs during atmospheric transport from the UK to the Arctic. Atmospheric Environment, 2001, 35: 255 - 267.

［44］　Kawamura K, Gagosian R B. W-oxocarboxylic acids in the remote marine atmosphere: Implication of photo-oxidation for unsaturated fatty acids. Nature, 1987, 325: 330 - 332.

［45］　Guo Z G, Sheng L F, Feng J L, et al. Seasonal variation of solvent extractable organic compounds in the aerosols in Qingdao, China. Atmospheric Environment, 2003, 37: 1825 - 1834.

第63章

亚洲沙尘传输过程中硫酸盐和硝酸盐气溶胶的形成及来源

　　亚洲沙尘的远距离输送,对其下风向地区的空气质量产生巨大影响[1,2],不仅为下风向地区带来大量矿物质,而且带来大量人为排放污染物。在沙尘传输过程中,矿物气溶胶能与污染物混合并相互作用,从而导致气溶胶中的污染成分如硫酸盐、硝酸盐等增加[3-5]。硫酸盐、硝酸盐是大气颗粒物中2种最主要的水溶性污染物。沙尘颗粒物中硫酸盐、硝酸盐浓度的增加,直接影响颗粒物的吸水性,从而进一步影响沙尘在长途传输过程中颗粒物表面的化学反应[6]。硫酸盐气溶胶对全球的气候变化起"冷却"作用[7],且对大气中新粒子的形成及颗粒物的增长等物理化学过程产生重要影响[8,9]。硝酸盐对大气物理化学过程也有重要影响[10-12],且硝酸盐前体物 NO_x 在中国的排放量越来越高,其在大气中所起作用也愈益突出。中国目前是研究大气污染和全球气候变化的热点区域[13,14]。已有较多关于中国硫酸盐、硝酸盐气溶胶来源与形成机制的研究[15-17],这些研究主要集中在经济发达的大城市,有关内陆地区的较少。沙尘源区大气气溶胶中含有大量矿物质,同时又含有污染物。矿物成分与污染物之间的相互作用,会对大气环境产生更为严重的影响。榆林地处中国黄土高原北缘,是中国两大沙尘源区塔克拉玛干沙漠和蒙古戈壁沙尘的沉降区[18,19],又处于亚洲沙尘向东向南的传输途径上[20]。榆林周边有诸多煤矿及相应的煤炭工业。因此,榆林及其周边的矿物源和人为源,可作为研究亚洲沙尘及其与人为污染相互作用的典型站点。本章基于 2007 年 3 月—2009 年 2 月,每个季节在榆林地区采集的大气 $PM_{2.5}$ 和 TSP 颗粒物样品的分析(采样方法和化学分析方法详见本书第 7、8 章),重点阐述亚洲沙尘传输过程中硫酸盐、硝酸盐颗粒物的特征、来源及形成机制,同时为沙尘气溶胶和污染气溶胶的混合和相互作用提供佐证。

63.1　大气气溶胶及其水溶性离子的季节变化

63.1.1　大气气溶胶

　　图 63-1(f)为 2007—2008 年研究期间,榆林四季大气 $PM_{2.5}$ 和 TSP 的平均质量浓度。高浓度颗粒物的污染过程,主要发生在春季和冬季。从季节均值看,夏季和秋季的

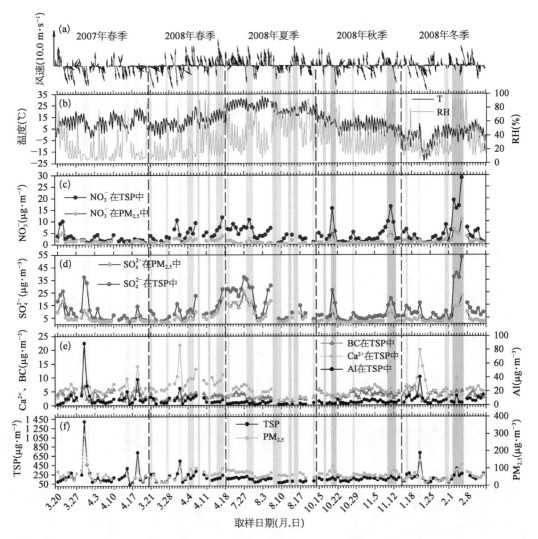

图 63-1　研究期间(a) 风；(b) 温度和相对湿度；(c) PM$_{2.5}$ 和 TSP 中的 NO$_3^-$；(d) PM$_{2.5}$ 和 TSP 中的 SO$_4^{2-}$；(e) TSP 中的 Ca^{2+}、BC、Al；(f) PM$_{2.5}$ 和 TSP 浓度的日变化(黄、绿、青、粉色条，分别指示沙尘天、雨天、多云、雾天)。(彩图见图版第 45 页，也见下载文件包，网址见正文 14 页脚注)

PM$_{2.5}$ 浓度略高于春季和冬季(表 63-1)，这与其他地方的观测结果明显不同。AERONET 榆林站的观测结果也表明，榆林夏季的气溶胶光学厚度(AOD)值为全年最高，与本研究的观测结果一致。根据国家空气质量二级年均标准限值(35 μg·m^{-3})，榆林四季的 PM$_{2.5}$ 浓度高出了 60%~90%。尤其在夏季观测期间，有 1/3 天数出现了日均 PM$_{2.5}$ 浓度的超标污染(75 μg·m^{-3})。相比之下，粗颗粒物(PM$_{粗颗粒物}$ = TSP − PM$_{2.5}$)呈现出冬、春季＞夏、秋季的季节变化(表 63-1)。如图 63-1(a)所示，榆林冬春季盛行西、西北及北风，且风速较高(4.3~5.2 m·s^{-1})；其西北和偏北方向的沙尘可传输至榆林，对

表 63 - 1　榆林四季大气 $PM_{2.5}$ 和 TSP 及其水溶性离子的平均质量浓度（$\mu g \cdot m^{-3}$）

	春季			夏季			秋季			冬季		
	$PM_{2.5}$	$PM_{粗颗粒物}$	$\dfrac{PM_{2.5}}{TSP}$	$PM_{2.5}$	$PM_{粗颗粒物}$	$\dfrac{PM_{2.5}}{TSP}$	$PM_{2.5}$	$PM_{粗颗粒物}$	$\dfrac{PM_{2.5}}{TSP}$	$PM_{2.5}$	$PM_{粗颗粒物}$	$\dfrac{PM_{2.5}}{TSP}$
PM	59.7	129.7	0.32	66.1	61.0	0.56	62.4	78.7	0.44	56.4	136.6	0.29
BC	1.5	1.4	0.53	1.4	1.0	0.60	2.2	17	0.56	2.0	2.0	0.51
Cl^-	0.8	0.9	0.46	0.3	0.3	0.51	0.3	0.8	0.32	0.6	1.4	0.32
NO_3^-	1.7	3.3	0.36	0.7	4.0	0.15	1.1	2.9	0.28	1.9	3.8	0.33
SO_4^{2-}	5.2	4.6	0.53	10.1	7.2	0.57	2.7	4.7	0.37	4.6	8.0	0.37
NH_4^+	2.8	1.2	0.73	4.1	2.6	0.61	1.6	1.6	0.49	2.5	2.3	0.52
Na^+	0.5	0.6	0.43	0.1	0.1	0.52	0.2	0.3	0.38	0.3	1.1	0.22
K^+	0.3	0.4	0.41	0.1	0.1	0.55	0.1	0.2	0.39	0.3	0.5	0.40
Mg^{2+}	0.3	0.2	0.56	0.1	0.1	0.39	0.1	0.2	0.36	0.1	0.2	0.35
Ca^{2+}	3.4	5.1	0.40	0.7	3.4	0.16	1.2	3.7	0.24	1.2	4.3	0.23

榆林粗颗粒物有很大的影响。在夏季,榆林盛行南、东南风;而在其南、东南方向的陕西、河北等地,人为污染排放强度大[21],大量 SO_2、NO_x 等可被传输至榆林。可见,榆林夏季的颗粒物较多受人为源影响,而其他季节则更多受沙尘影响,导致夏季 $PM_{2.5}$/TSP 比值(56%)明显高于其他季节(29%~44%)。

63.1.2　水溶性离子

如表 63-1 所示,榆林四季 $PM_{2.5}$ 和 $PM_{粗颗粒物}$ 的水溶性离子中,均以 SO_4^{2-} 浓度最高。$PM_{2.5}$ 中,SO_4^{2-} 呈现夏季>冬季、春季>秋季的季节变化;而 $PM_{粗颗粒物}$ 中,SO_4^{2-} 的季节变化为冬夏季>春秋季。在夏季,$PM_{2.5}$ 和 TSP 中 SO_4^{2-} 的最高日均浓度分别达到了 25.4 和 37.3 $\mu g \cdot m^{-3}$,甚至高于上海夏季的 SO_4^{2-} 浓度[22];而榆林 SO_4^{2-} 前体物 SO_2 的排放量,明显低于上海[23]。榆林夏季硫氧化率 SOR[$SOR = SO_4^{2-}/(SO_2 + SO_4^{2-})$]为 0.29,明显高于上海的 0.05[22]。上海为中国东部沿海城市,夏季受东、东南方向海洋气团的影响,对大气颗粒物有清除作用,其夏季的 SO_4^{2-} 和 SOR 均处于低值。而榆林的情况相反,夏季盛行的东、东南风携带更多人为污染物,因此 SO_4^{2-} 和 SOR 明显升高。榆林其他季节的 SO_4^{2-} 平均浓度低于夏季,但在秋季和冬季均出现了 SO_4^{2-} 日平均浓度较高的状况,$PM_{2.5}$ 和 TSP 中 SO_4^{2-} 的最高日均浓度分别在 20 和 50 $\mu g \cdot m^{-3}$ 以上。除了沙尘天,秋冬季节高浓度的 SO_4^{2-},通常出现在有利于 SO_2 气粒转化的有雾或多云天气,且 SO_4^{2-} 浓度随着相对湿度(RH)而显著上升,表明 RH 是影响榆林秋冬季颗粒态 SO_4^{2-} 形成的主要因素之一。在沙尘时期,榆林颗粒物尤其是粗颗粒的 SO_4^{2-} 明显升高,说明矿物源对榆林的硫酸盐颗粒物有明显贡献。榆林 $PM_{2.5}$ 中 NO_3^- 浓度较低,不到 SO_4^{2-} 浓度的一半。$PM_{2.5}$ 中的 NO_3^- 呈现明显的季节变化,平均浓度为冬季>春季>秋季>夏季,冬季 NO_3^- 平均浓度是夏季的 2.7 倍。其主要原因是北方冬季燃煤取暖排放大量的 NO_x。同时,夏季温度高,NH_4NO_3 易分解;冬季气温较低,有利于生成硝酸盐。榆林 $PM_{2.5}$ 中 NO_3^- 在各季节的平均浓度范围为 0.7~1.9 $\mu g \cdot m^{-3}$,明显低于上海(2.9~9.1 $\mu g \cdot m^{-3}$)[22]和西安(9.6~20.6 $\mu g \cdot m^{-3}$)[24],但高于人烟稀少的塔克拉玛干沙漠中心的塔中($PM_{2.5}$ 和 TSP 中 NO_3^- 分别为<0.6 和 2.0 $\mu g \cdot m^{-3}$),表明榆林及其周边的人为污染排放,高于其他城市。在秋、冬、春季,与 SO_4^{2-} 相似,NO_3^- 的高浓度值主要出现在有雾或多云的天气,$PM_{2.5}$ 和 TSP 中 NO_3^- 的最高日均浓度分别达到了 11 和 28 $\mu g \cdot m^{-3}$。可见,云/雾中过程对颗粒物中 NO_3^- 的形成有一定贡献。各个季节 NO_3^- 的 $PM_{2.5}$/TSP 比值,均值范围为 0.15~0.36,低于 SO_4^{2-} 的 0.37~0.57,说明 NO_3^- 更多地存在于粗颗粒物中。总之,榆林颗粒态 SO_4^{2-} 和 NO_3^- 的形成过程有明显差异。

除春季外,榆林 $PM_{2.5}$ 的阳离子中均以 NH_4^+ 浓度为最高;在 $PM_{粗颗粒物}$ 中,NH_4^+ 浓度也仅低于 Ca^{2+}(表 63-1)。从季节变化来看,$PM_{2.5}$ 中 NH_4^+ 的浓度大小顺序为夏季>春季>冬季>秋季,$PM_{粗颗粒物}$ 中则为夏季>春季>冬季>秋季。夏季 NH_4^+ 在 $PM_{2.5}$ 和

$PM_{粗颗粒物}$中的质量浓度占比,分别为 5.7%(1.0%~12.7%)和 4.5%(0.9%~8.4%),高于其他季节;主要原因为夏季盛行南、东南风,有更多的人为污染物被传输至榆林,这也是夏季颗粒态 SO_4^{2-} 浓度较高的原因。与 SO_4^{2-}、NO_3^-、NH_4^+ 相比,$PM_{2.5}$ 和 TSP 中 Ca^{2+}、Mg^{2+}、Na^+ 在沙尘排放量较大的春季浓度最高,而在夏季浓度最低,说明其主要来自矿物源。颗粒物中的 $CaCO_3$、$MgCO_3$ 等矿物中的 CO_3^{2-},被 SO_4^{2-} 和 NO_3^- 取代,生成 $CaSO_4$ 和 $MgSO_4$,也是颗粒态中 SO_4^{2-} 和 NO_3^- 形成的重要因子,尤其是粗颗粒物中的 SO_4^{2-} 和 $NO_3^{-[25-27]}$。

榆林四季气溶胶的化学组分含量如图 63-2 所示,其中矿物组分浓度的计算公式为:矿物组分总质量＝1.16(1.9Al＋2.15Si＋1.14Ca＋1.47Ti＋2.09Fe)[28]。Si 元素的浓度,根据 Al、Si 元素在地壳中的平均含量比值估算,即 Si＝3.43Al[29];图 63-2 中"其他"为颗粒物总质量与水溶性离子、矿物及黑碳(BC)浓度之差,主要包括未检测的有机物、水分及其他物质。榆林 $PM_{粗颗粒物}$ 主要以矿物为主。夏季榆林颗粒物中矿物的占比最低,尤其是矿物/$PM_{2.5}$ 比值低至 11.3%,进一步证明榆林夏季的 $PM_{2.5}$ 以人为源贡献为主。夏季 $PM_{2.5}$ 和 $PM_{粗颗粒物}$ 中 SO_4^{2-} 的含量,分别为 14.4% 和 13.7%,高于其他季节的 4.1%~8.0% 和 3.6%~6.5%,夏季的 NO_3^-/$PM_{粗颗粒物}$ 值也高于其他季节,而 NO_3^-/$PM_{2.5}$ 则达到最低值,进一步说明夏季的 NO_3^- 更多存在于粗颗粒中。总体而言,榆林夏季 $PM_{2.5}$ 和 $PM_{粗颗粒物}$ 中 SO_4^{2-}、NO_3^-、NH_4^+ 之和(SNA)的含量分别为 20.9% 和 25.8%,高于春秋冬季节的 15.4%、8.2%、14.9% 和 7.3%、12.7%、11.3%。

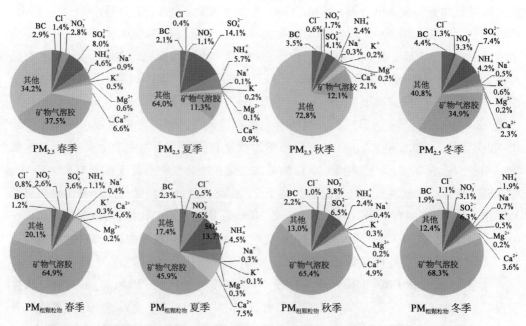

图 63-2　榆林四季大气颗粒物的化学组分含量(彩图见下载文件包,网址见 14 页脚注)

63.2　大气气溶胶中 SO_2 和 NO_2 的季节变化

大气颗粒物中的 SO_4^{2-}、NO_3^-，主要来自气态污染物 SO_2、NO_x 的气-粒转化。图 63-3 为榆林 2007 年 11 月—2009 年 2 月每 2 个月的 SO_2、NO_2 平均浓度。榆林附近延安、西安大气中 SO_2 和 NO_2 的季节变化也列入图中，以对比其周边地区的大气污染的排放情况。显然，在 2007—2010 年间的秋末以及冬季（11—2 月），榆林、延安、西安的 SO_2 浓度均为全年最高，浓度范围分别为 $68\sim117$、$126\sim157$、$56\sim78$ $\mu g \cdot m^{-3}$，基本上都高于国家二级标准浓度限值（60 $\mu g \cdot m^{-3}$），表明秋末至冬季，区域 SO_2 的排放量较高。榆林 2008 年 7—8 月 SO_2 的平均浓度，仅为 2009 年 1—2 月的 23%，但 2008 年夏季榆林 $PM_{2.5}$ 中 SO_4^{2-} 的平均浓度，比冬季大约高出了 120%，表明夏季气态 SO_2 转化为颗粒态 SO_4^{2-} 的氧化比率高于冬季。SO_2 的季节变化，主要与排放源的季节变化有关。每年冬季燃煤取暖期（大约在 11 月 15 日—翌年 3 月 15 日），燃煤是榆林、延安、西安大气中 SO_2 的主要来源[21,30]；在农作物收获季，秸秆燃烧是 SO_2 的主要来源；此外，居民做饭、取暖等的柴火燃烧排放，是 SO_2 的重要来源。在中国北方，燃煤 SO_2 的排放量远大于生物质燃烧[10]。与 SO_2 的季节变化相一致，榆林、延安、西安的 NO_2 在 11—2 月的浓度最高，而在 7—8 月最低。如图 63-3 所示，榆林、延安、西安 11—2 月 NO_2 的平均浓度范围为 $34\sim41$ $\mu g \cdot m^{-3}$，主要受冬季燃煤取暖排放的影响。榆林 2008 年 7—8 月 NO_2 的平均浓度，为 2009 年 1—2 月的 44%，而夏季 $PM_{2.5}$ 中 NO_3^- 的平均浓度，约为冬季的 80%，说明与 SO_2 类似，夏季气态 NO_2 转化为颗粒态 NO_3^- 的氧化比率高于冬季。

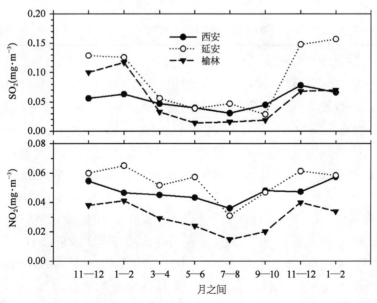

图 63-3　2007—2010 年榆林、延安、西安每 2 个月 SO_2 和 NO_2 的平均质量浓度

63.3　不同季节大气气溶胶中 SO_4^{2-} 和 NO_3^- 的形成机制

63.3.1　夏季

如表 63-2 所示,除夏季 NO_3^- 外,榆林 $PM_{2.5}$ 中 SO_4^{2-}、NO_3^- 均与 NH_4^+ 显著相关,且 $PM_{2.5}$ 中 NH_4^+ 浓度高于其他阳离子组分(春季除外),因此 NH_3 是榆林 $PM_{2.5}$ 中 SO_4^{2-}、NO_3^- 形成过程中中和酸的主要碱性物质。图 63-4(a)—(d)展示了 $PM_{2.5}$ 中 SO_4^{2-}、NO_3^- 及两者之和与 NH_4^+ 当量浓度($\mu eq \cdot m^{-3}$)的相关关系。夏季 $[NH_4^+]/[SO_4^{2-}+NO_3^-]$ 比值略大于 1[图 63-4(b)],说明与北京、上海、广州[31]相比,榆林处于富氨环境,因此可推测,榆林 $PM_{2.5}$ 中的 SO_4^{2-}、NO_3^- 主要以 $(NH_4)_2SO_4$ 和 NH_4NO_3 形式存在。

表 63-2　颗粒物中 SO_4^{2-} 和 NO_3^- 与其他离子的相关系数

		春季		夏季		秋季		冬季	
		NO_3^-	SO_4^{2-}	NO_3^-	SO_4^{2-}	NO_3^-	SO_4^{2-}	NO_3^-	SO_4^{2-}
$PM_{2.5}$	Na^+	0.09	0.14	0.38	**0.69**	0.30	0.40	−0.02	0.06
	NH_4^+	**0.74**	**0.96**	0.38	**1.00**	**0.88**	**0.95**	**0.96**	**0.97**
	K^+	**0.70**	0.45	0.31	**0.91**	**0.67**	**0.68**	0.38	0.38
	Mg^{2+}	0.35	0.05	**0.68**	**0.67**	0.49	0.43	0.07	0.14
	Ca^{2+}	0.26	0.16	0.23	**0.82**	0.46	0.35	−0.21	−0.21
$PM_{粗颗粒物}$	Na^+	0.03	0.48	**0.62**	**0.63**	0.20	0.01	0.20	0.01
	NH_4^+	**0.69**	**0.64**	**0.54**	**0.90**	**0.77**	**0.90**	**0.86**	**0.83**
	K^+	0.42	0.42	0.13	0.43	**0.77**	**0.68**	0.47	0.41
	Mg^{2+}	**0.49**	**0.55**	0.49	**0.56**	0.23	0.14	**0.73**	**0.80**
	Ca^{2+}	**0.73**	**0.50**	**0.83**	**0.75**	0.12	0.05	**0.53**	**0.63**

粗体字为 $p=0.05$(双尾校验),其他为 $p=0.01$(双尾校验)。

大气中气态 SO_2 向颗粒态 SO_4^{2-} 转化的反应过程,主要包括 SO_2 在气相中与 OH 自由基的均相反应,以及 SO_2 在云(雾)中和颗粒物表面液膜中的异相反应。SO_2 在气相中与 OH 自由基反应生成 SO_4^{2-},主要是气相反应;而在高 RH 条件下,SO_2、NO_x 在液膜中通过与 H_2O_2、O_3 等氧化剂且以 Fe^{3+}、Mn^{2+} 等作为催化剂的反应,可快速转化为 SO_4^{2-}、NO_3^-。研究表明,云(雾)中的反应是中国大气颗粒物中 SO_4^{2-} 形成的最主要反应过程[16,32]。另有研究表明,在 RH 较高的广州,其大气中 SO_2 的均相反应,对颗粒物中 SO_4^{2-} 的形成有很大的贡献[15]。本研究基于以下 3 点推测,榆林夏季 SO_4^{2-} 主要来自 SO_2 的气相转化。其一,高浓度的 SO_4^{2-} 通常出现在晴天以及 RH 较低(RH<50%,甚至<30%)的情况下。如 2008 年 7 月 22—27 日,RH 日均值为 26%~46%,细颗粒态 SO_4^{2-} 达到了 13.0~25.4 $\mu g \cdot m^{-3}$;2008 年 8 月 5—6 日,RH 日均值为 31%~38%,细颗粒态 SO_4^{2-} 达到了 15.8~18.3 $\mu g \cdot m^{-3}$。而在 RH 较高(54%~70%)的 8 月 10—14 日和 17 日,

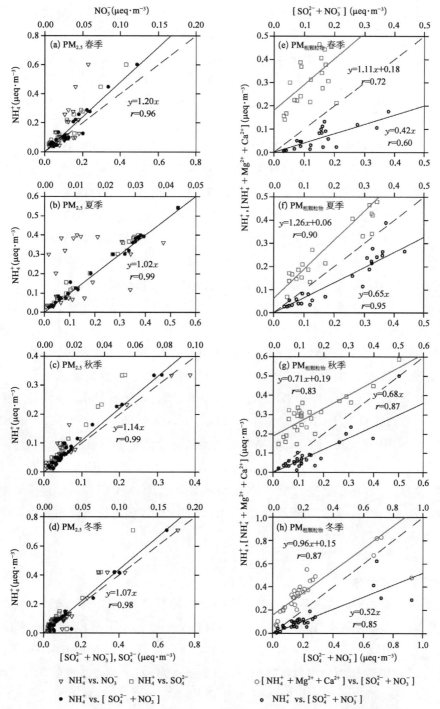

图 63 - 4 春夏秋冬四季 $PM_{2.5}$ 中，(a)—(d) NH_4^+ 相对于 SO_4^{2-}、NH_4^+ 相对于 NO_3^- 和 NH_4^+ 相对于 $[SO_4^{2-} + NO_3^-]$ 的关系图；(e)—(h) NH_4^+ 和 $[NH_4^+ + Ca^{2+} + Mg^{2+}]$ 相对于 $[SO_4^{2-} + NO_3^-]$ 的关系图。图中展示了两者间的线性关系及其相关系数。(彩图见下载文件包,网址见 14 页脚注)

细颗粒态 SO_4^{2-} 仅为 $1.4\sim8.6\ \mu g\cdot m^{-3}$。据此可推测,云(雾)液膜反应对榆林夏季 SO_4^{2-} 形成的贡献较小。其二,RH 是影响云(雾)中以及颗粒物表面液膜反应的重要因素,而榆林夏季细颗粒态 SO_4^{2-},未随着 RH 的升高而显著上升。其三,SO_2 气相转化的关键氧化剂 OH 自由基与 O_3 的光解有关,而夏季光照强度最强,O_3 浓度高,可提高气态 SO_2 向颗粒态 SO_4^{2-} 转化的反应速率[33]。因此,SO_2 的气相反应,是榆林夏季 $PM_{2.5}$ 中 SO_4^{2-} 形成的主要反应过程。

与 SO_4^{2-} 不同,夏季 $PM_{2.5}$ 中 NO_3^- 与 NH_4^+ 不相关[表 63-2 和图 63-4(b)],形成机制与 SO_4^{2-} 不同。大气中 NO_x 向颗粒态 NO_3^- 转化的反应过程,包含生成 $HNO_{3(g)}$、$N_2O_{5(g)}$(或 NO_3 自由基)的氧化反应。在白天和夜间,颗粒态 NO_3^- 的形成机制有显著差异。白天 HNO_3 主要由 NO_2 与 OH 自由基反应生成;而在夜间,NO_2 与 O_3 反应生成 N_2O_5(或 NO_3 自由基),后者在颗粒物表面发生水解反应,生成颗粒态 $NO_3^{-[34]}$。在夏季,高浓度的 O_3 可提供丰富的 OH 自由基,促进 NO_3^- 的形成。然而,榆林夏季细颗粒态 NO_3^- 的浓度全年较低,主要因为夏季气温过高,NH_4NO_3 颗粒易分解。此外,在同时存在 $H_2SO_{4(g)}$、$HNO_{3(g)}$、$NH_{3(g)}$ 这 3 种物质的体系中,$H_2SO_{4(g)}$ 更容易与 $NH_{3(g)}$ 结合生成硫酸盐,过剩的 $NH_{3(g)}$ 进一步与 $HNO_{3(g)}$ 结合,生成 $NH_4NO_3^{[34]}$。因此,榆林夏季高浓度 SO_4^{2-} 的生成,也可导致细颗粒态 NO_3^- 浓度的降低。L. Kong 等的研究结果表明,中国其他城市也出现颗粒物中 SO_4^{2-} 的占比与 NO_3^- 的占比呈负相关关系的情况[35]。在 $PM_{粗颗粒物}$ 中 $[NH_4^+]/[SO_4^{2-}+NO_3^-]$ 比值仅为 0.65,远低于 $PM_{2.5}$ 中的比值(1.02)[图 63-4(f)],说明 NH_3 不能完全中和 SO_4^{2-} 和 NO_3^-。而 $[Ca^{2+}+Mg^{2+}+NH_4^+]/[SO_4^{2-}+NO_3^-]$ 的比值达到了 1.26,两者相关系数也达到了 0.90[图 63-4(f)],并且榆林夏季 $PM_{粗颗粒物}$ 中的 Ca^{2+} 浓度高于 NH_4^+,说明除了 NH_3 外,$CaCO_3$、$MgCO_3$ 对粗颗粒态 SO_4^{2-}、NO_3^- 的形成有重要贡献。如表 63-1 所示,NO_3^- 的 $PM_{粗颗粒物}/TSP$ 比值达 0.85,而 SO_4^{2-} 的 $PM_{粗颗粒物}/TSP$ 比值仅为 0.43,表明矿物颗粒物表面的异相反应,对粗颗粒态 NO_3^- 的贡献高于 SO_4^{2-}。

63.3.2　其他季节

与夏季的情况一致,春秋冬季 $PM_{2.5}$ 中的 SO_4^{2-}、NO_3^- 均与 NH_4^+ 显著相关,且 $[NH_4^+]/[SO_4^{2-}+NO_3^-]$ 比值高于 1.0[图 63-4(a)、(c)、(d)],处于富氨环境。相比之下,$PM_{粗颗粒物}$ 的 $[NH_4^+]/[SO_4^{2-}+NO_3^-]$ 比值仅为 $0.4\sim0.7$。在这 3 个季节中,SO_4^{2-}、NO_3^-、NH_4^+ 的 $PM_{2.5}/TSP$ 比值分别为 $0.37\sim0.53$、$0.28\sim0.36$、$0.52\sim0.73$,说明 SO_4^{2-}、NO_3^- 均更多地存在于粗颗粒中。如果同时考虑 Ca^{2+}、Mg^{2+} 的话,榆林春秋冬季颗粒物中 $[Ca^{2+}+Mg^{2+}+NH_4^+]/[SO_4^{2-}+NO_3^-]$ 的比值接近 1.0[图 63-4(e)、(h)、(g)],表明矿物颗粒物表面的异相反应,是榆林春秋冬季颗粒态 SO_4^{2-}、NO_3^- 的主要反应过程。另一方面,如图 63-5 所示,榆林春秋冬季颗粒物中的 SO_4^{2-}、NO_3^-,与 RH 密切相关。除沙尘期间外,高

浓度的 SO_4^{2-}、NO_3^- 均出现在 RH 高于 60％的有雾天或者有云的天气状况下。如 2008 年 4 月 17 日,RH 日均值为 59％,$PM_{2.5}$ 和 TSP 中的 SO_4^{2-} 浓度分别达到 20.7 和 27.6 $\mu g \cdot m^{-3}$,NO_3^- 浓度达到 3.5 和 11.8 $\mu g \cdot m^{-3}$;2008 年 10 月 20—21 日,RH 日均值为 81％～92％,$PM_{2.5}$ 和 TSP 中的 SO_4^{2-} 浓度分别达到 5.3～10.2 和 16.5～26.9 $\mu g \cdot m^{-3}$,NO_3^- 浓度达到 1.0～6.0 和 5.8～15.6 $\mu g \cdot m^{-3}$;2008 年 11 月 10—12 日,RH 日均值为 66％～76％,$PM_{2.5}$ 和 TSP 中的 SO_4^{2-} 浓度分别达到 6.8～9.9 和 14.8～20.3 $\mu g \cdot m^{-3}$,NO_3^- 浓度达到 3.1～5.2 和 9.6～16.4 $\mu g \cdot m^{-3}$;2009 年 3 月 3—6 日,RH 日均值为 65％～80％,$PM_{2.5}$ 和 TSP 中的 SO_4^{2-} 浓度分别达到 14.0～22.7 和 37.1～53.2 $\mu g \cdot m^{-3}$,NO_3^- 浓度分别达到 4.5～11.0 和 15.7～28.8 $\mu g \cdot m^{-3}$。高 RH 可促进酸性气体在颗粒物表面的异相反应,导致颗粒物中 SO_4^{2-}、NO_3^- 的浓度显著升高[36]。与夏季的情况不同,榆林春秋冬季颗粒物中的 SO_4^{2-} 与 NO_3^- 显著相关,说明在这 3 个季节,SO_4^{2-} 与 NO_3^- 的主要形成机制相似,均为云(雾)液膜反应过程占主导地位。

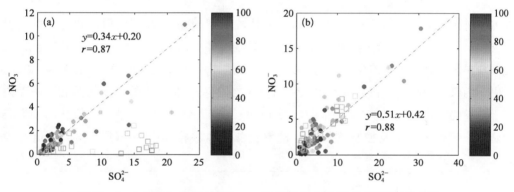

图 63 - 5 　(a) $PM_{2.5}$ 和(b) $PM_{粗颗粒物}$ 中 SO_4^{2-} 与 NO_3^- 以及 RH(％)的关系
(彩图见下载文件包,网址见 14 页脚注)
方框为夏季,圆点为除夏季外的其他季节,颜色表示相对湿度大小。

63.4　中、长途传输的一次硫酸盐颗粒物

研究表明,来自中国塔克拉玛干沙漠的沙尘颗粒物中,含有一次源 SO_4^{2-}[37,38]。它随着沙尘颗粒物,被传输至下风向地区。如图 63 - 2 所示,沙尘期间榆林的颗粒物尤其是粗颗粒物中,SO_4^{2-} 浓度明显升高。如 2007 年 3 月 30 日的沙尘期间,粗颗粒物中 SO_4^{2-} 从非沙尘日 3 月 29 日的 5.6 上升至 26.6 $\mu g \cdot m^{-3}$,同时典型矿物元素 Al 也从 29 日的 8.3 上升至 30 日 72.1 $\mu g \cdot m^{-3}$。相比之下,主要来自人为污染排放的黑碳(BC)和 NO_3^-,在沙尘期间由于沙尘对大气污染物的稀释作用而明显下降。在另一个沙尘源区观测站点甘肃敦煌,颗粒态 SO_4^{2-} 在沙尘时期也明显上升[39]。以上分析表明,更多 SO_4^{2-} 随沙尘传输至榆林,包括一次矿物源 SO_4^{2-} 和传输中沙尘与污染物相互作用转化而来的二次 SO_4^{2-}。

榆林地处中国黄土高原北缘,处于塔克拉玛干沙漠沙尘传输路径上,同时也是塔克拉玛干沙尘的沉降区域。因此,榆林的矿物源 SO_4^{2-} 主要来自本地扬尘及塔克拉玛干沙尘的远距离传输。与 SO_4^{2-} 相反,NO_3^- 浓度在沙尘期间有所下降。一方面,榆林沙尘主要来源的塔克拉玛干沙漠曾为古海洋,而 SO_4^{2-} 是海盐中仅次于 Cl^-、Na^+、Mg^{2+} 的第四大组分(质量含量约为 7.75%),而海盐中 NO_3^- 的含量很小,低于 0.2%。另一方面,烟雾箱模拟研究结果表明,在含有 SO_2、NO_x 及矿物源氧化物的大气环境中,NO_x 及矿物源氧化物,更多作为催化剂促进 SO_2 向颗粒态 SO_4^{2-} 的转化,主要反应过程如下:

$$SO_2 + 2NO_2 + M \rightarrow M-SO_4 + 2NO \tag{63-1}$$

$$2NO + O_2 + M \rightarrow 2NO_2 \tag{63-2}$$

其中 M 为矿物源氧化物。从以上反应式可知,NO_x 主要作为催化剂参与反应,而非氧化剂。因此,沙尘期间 NO_3^- 的浓度有所下降。本研究组较早的研究结果[40]也表明,尽管大气中的 NO_x 浓度较高,但沙尘期间的氮氧化比率 NOR[NOR $= NO_3^-/(NO_2 + NO_3^-)$]很低,仅为 1%。图 63-6 展示了榆林沙尘期间的 72 h 气团后向轨迹。可以看出,榆林沙尘期间主要受西、西北方向气团的影响,即受两大沙尘源区——中国西部、西北部沙漠以及蒙古戈壁沙尘气团的影响。此外,榆林 TSP 中的 Ca/Al 比值约为 1.0,高于中国内蒙古中部及蒙古东部沙尘颗粒物中的比值(约 0.5)[41],低于中国西北部塔克拉玛干沙漠的比值(其沙尘中富含 Ca、Ca/Al 比值甚至高于 1.5)[37]。因此,榆林的沙尘应为两大沙尘源区沙尘及榆林本地扬尘的混合。榆林颗粒物中的 $SO_4^{2-}/(3S)$ 比值约为

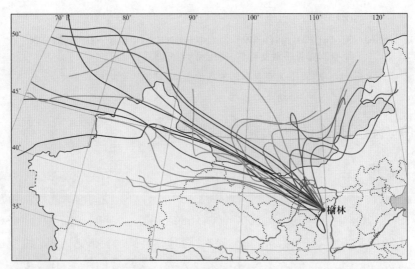

图 63-6　2007 年春季及 2008 年春季和冬季沙尘天 72 h 气团后向轨迹
(彩图见下载文件包,网址见 14 页脚注)

黑、蓝、红、粉、黄、绿分别为 2007 年 3 月 30、31 日,4 月 15、19 日,2008 年 4 月 1 日,2009 年 1 月 21 日沙尘天的轨迹。

1.0^{*}，说明颗粒物中的 S 元素，几乎都是以可溶性 SO_4^{2-} 的形式存在。这个比值高于蒙古戈壁沙尘中的比值（0.54 ± 0.09）[37]，而与塔克拉玛干沙漠沙尘中的比值（0.97 ± 0.12）接近[37]，说明榆林的外来沙尘更多受长距离传输而来的塔克拉玛干沙漠沙尘的影响。

参考文献

[1] Fu Q Y, Zhuang G S, Wang J, et al. Mechanism of formation of the heaviest pollution episode ever recorded in the Yangtze River Delta, China. Atmospheric Environment, 2008, 42(9): 2023 – 2036.

[2] Zhao J P, Zhang F W, Xu Y, et al. Chemical characteristics of particulate matter during a heavy dust episode in a coastal city, Xiamen, 2010. Aerosol Air Qual Res, 2011, 11(3): 300 – 309.

[3] Zhang D Z, Shi G Y, Iwasaka Y, et al. Mixture of sulfate and nitrate in coastal atmospheric aerosols: Individual particle studies in Qingdao (36 degrees 04′N, 120 degrees 21′E), China. Atmos Environ, 2000, 34(17): 2669 – 2679.

[4] Usher C R, Al-Hosney H, Carlos-Cuellar S, et al. A laboratory study of the heterogeneous uptake and oxidation of sulfur dioxide on mineral dust particles. Journal of Geophysical Research-Atmospheres, 2002, 107(D23): 4713.

[5] Manktelow P T, Carslaw K S, Mann G W, et al. The impact of dust on sulfate aerosol, CN and CCN during an East Asian dust storm. Atmospheric Chemistry and Physics, 2010, 10(2): 365 – 382.

[6] Shi Z, Zhang D, Hayashi, et al. Influences of sulfate and nitrate on the hygroscopic behaviour of coarse dust particles. Atmospheric Environment, 2008, 42(4): 822 – 827.

[7] IPCC. The physical science basis, contribution of Working Group I to the Fourth Assessment Report of the Intergovernmental Panel on Climate Change. New York, USA: Cambridge University Press, 2007.

[8] Sipila M, Berndt T, Petaja T, et al. The role of sulfuric acid in atmospheric nucleation. Science, 2010, 327(5970): 1243 – 1246.

[9] Yue D L, Hu M, Zhang R Y, et al. The roles of sulfuric acid in new particle formation and growth in the megacity of Beijing. Atmospheric Chemistry and Physics, 2010, 10(10): 4953 – 4960.

[10] Streets D G, Bond T C, Carmichael G R, et al. An inventory of gaseous and primary aerosol emissions in Asia in the year 2000. Journal of Geophysical Research Atmospheres, 2003, 108(21): GTE 30 – 1.

[11] Guinot B, Cachier H, Sciare J, et al. Beijing aerosol: Atmospheric interactions and new trends. Journal of Geophysical Research Atmospheres, 2007, 112(D14): 928 – 935.

[12] Zhang Q, Streets D G, He K, et al. NO_x emission trends for China, 1995 – 2004: The view from

---

　* SO_4^{2-} 的各个原子量之和为 96，S 的原子量为 32，$SO_4^{2-}/3$ 表示 SO_4^{2-} 所含的 S 的质量，$SO_4^{2-}/(3S)$ 表示 SO_4^{2-} 所含的 S 占气溶胶中总 S 的比值。

the ground and the view from space. Journal of Geophysical Research Atmospheres, 2007, 112 (D22): D22306.

[13] Morino Y, Ohara T, Kurokawa J, et al. Temporal variations of nitrogen wet deposition across Japan from 1989 to 2008. J Geophys Res-Atmos, 2011, 116: doi: 10.1029/2010JD15205.

[14] Chang S C, Chou C C K, Chan C C, et al. Temporal characteristics from continuous measurements of $PM_{2.5}$ and speciation at the Taipei Aerosol Supersite from 2002 to 2008. Atmos Environ, 2010, 44(8): 1088 - 1096.

[15] Xiao R, Takegawa N, Kondo Y, et al. Formation of submicron sulfate and organic aerosols in the outflow from the urban region of the Pearl River Delta in China. Atmospheric Environment, 2009, 43(24): 3682 - 3690.

[16] Yao X, Chan C K, Fang M, et al. The water-soluble ionic composition of $PM_{2.5}$ in Shanghai and Beijing, China. Atmospheric Environment, 2002, 36(26): 4223 - 4234.

[17] Guo Z, Li Z, Farquhar J, et al. Identification of sources and formation processes of atmospheric sulfate by sulfur isotope and scanning electron microscope measurements. Journal of Geophysical Research Atmospheres, 2010, 115(D7): 462 - 474.

[18] Liu C Q, Masuda A, Okada A, et al. Isotope geochemistry of quaternary deposits from the arid lands in northern China. Earth and Planetary Science Letters, 1994, 127(1 - 4): 25 - 38.

[19] Sun J M, Zhang M Y, Liu T S. Spatial and temporal characteristics of dust storms in China and its surrounding regions, 1960 - 1999: Relations to source area and climate. Journal of Geophysical Research-Atmospheres, 2001, 106(D10): 10325 - 10333.

[20] Zhang B, Tsunekawa A, Tsubo M. Contributions of sandy lands and stony deserts to long-distance dust emission in China and Mongolia during 2000 - 2006. Global and Planetary Change, 2008, 60(3 - 4): 487 - 504.

[21] Streets D G, Waldhoff S T. Present and future emissions of air pollutants in China: SO_2, NO_x, and CO. Atmospheric Environment, 2000, 34(3): 363 - 374.

[22] Wang Y, Zhuang G S, Zhang X Y, et al. The ion chemistry, seasonal cycle, and sources of $PM_{2.5}$ and TSP aerosol in Shanghai. Atmospheric Environment, 2006, 40(16): 2935 - 2952.

[23] Zhang Q, Streets D G, Carmichael G R, et al. Asian emissions in 2006 for the NASA INTEX-B mission. Atmospheric Chemistry and Physics, 2009, 9(14): 5131 - 5153.

[24] Zhang T, Cao J J, Tie X X, et al. Water-soluble ions in atmospheric aerosols measured in Xi'an, China: Seasonal variations and sources. Atmospheric Research, 2011, 102(1 - 2): 110 - 119.

[25] Li L, Chen Z M, Zhang Y H, et al. Kinetics and mechanism of heterogeneous oxidation of sulfur dioxide by ozone on surface of calcium carbonate. Atmospheric Chemistry & Physics, 2006, 6 (1): 125 - 139.

[26] Takahashi Y, Miyoshi T, Yabuki S, et al. Observation of transformation of calcite to gypsum in mineral aerosols by Ca K-edge X-ray absorption near-edge structure (XANES). Atmospheric Environment, 2008, 42(26): 6535 - 6541.

[27] Lin Y, Huang K, Zhuang G, et al. A multi-year evolution of aerosol chemistry impacting

visibility and haze formation over an eastern Asia megacity, Shanghai. Atmospheric Environment, 2014, 92(0): 76 – 86.

[28] Malm W C, Sisler J F, Huffman D, et al. Spatial and seasonal trends in particle concentration and optical extinction in the United-States. J Geophys Res-Atmos, 1994, 99(D1): 1347 – 1370.

[29] Lida D R. Handbook of chemistry and physics: A ready-reference book of chemical and physical data: 86th ed. New York: CRC Press, 2006: 14 – 17.

[30] Lu Z, Streets D G, Zhang Q, et al. Sulfur dioxide emissions in China and sulfur trends in East Asia since 2000. Atmospheric Chemistry & Physics Discussions, 2010, 10(4): 6311 – 6331.

[31] Pathak R K, Wu W S, Wang T. Summertime $PM_{2.5}$ ionic species in four major cities of China: Nitrate formation in an ammonia-deficient atmosphere. Atmospheric Chemistry and Physics, 2009, 9(5): 1711 – 1722.

[32] Guo S, Hu M, Wang Z B, et al. Size-resolved aerosol water-soluble ionic compositions in the summer of Beijing: implication of regional secondary formation. Atmospheric Chemistry and Physics, 2010, 10(3): 947 – 959.

[33] Calvert J G, Su F. Mechanism of the homogeneous oxidation of sulfur dioxide in the troposphere. Atmos Environ, 1978, 12: 197 – 226.

[34] Seinfeld J H, Pandis S N. Atmospheric chemistry and physics. New Jersey: John Wiley & Sons, Inc., 2006.

[35] Kong L, Yang Y, Zhang S, et al. Observations of linear dependence between sulfate and nitrate in atmospheric particles. Journal of Geophysical Research: Atmospheres, 2014, 119(1): 341 – 361.

[36] Zhu T, Shang J, Zhao D F. The roles of heterogeneous chemical processes in the formation of an air pollution complex and gray haze. Science China Chemistry, 2011, 54(1): 145 – 153.

[37] Huang K, Zhuang G S, Li J A, et al. Mixing of Asian dust with pollution aerosol and the transformation of aerosol components during the dust storm over China in spring 2007. Journal of Geophysical Research-Atmospheres, 2010, 115: doi: 10.1029JD013145.

[38] Wu F, Zhang D Z, Cao J J, et al. Soil-derived sulfate in atmospheric dust particles at Taklimakan desert. Geophys Res Lett, 2012, 39(24): 24803.

[39] Duvall R M, Majestic B J, Shafer M M, et al. The water-soluble fraction of carbon, sulfur, and crustal elements in Asian aerosols and Asian soils. Atmospheric Environment, 2008, 42(23): 5872 – 5884.

[40] Yuan H, Zhuang G S, Li J, et al. Mixing of mineral with pollution aerosols in dust season in Beijing: Revealed by source apportionment study. Atmospheric Environment, 2008, 42(9): 2141 – 2157.

[41] Wang Q Z, Zhuang G S, Li J A, et al. Mixing of dust with pollution on the transport path of Asian dust — Revealed from the aerosol over Yulin, the north edge of Loess Plateau. Science of the Total Environment, 2011, 409(3): 573 – 581.

第6篇

大气气溶胶与酸雨

本篇论述大气气溶胶与酸雨的相互关系。

第64章
大气气溶胶与湿沉降的相互作用

本书上述篇章(第1—5篇)主要论述大气气溶胶和雾霾,以及两者之间的关系。以下第6篇共3章,重点阐述大气气溶胶和酸雨的相互关系。

酸雨和雾霾两者都是大气环境严重污染的表现形式,而且两者均与大气气溶胶有密切关系。早在中国严重雾霾出现之前的20世纪80年代至今,酸雨就一直是中国大气环境的严重污染问题。只是近年来,严重雾霾频频发生,淡化了广大民众对酸雨问题的关注。国家环保总局2004年的《中国环境状况公报》指出,2004年降水年均pH值<5.6(酸雨)的城市主要分布在华中、西南、华东和华南地区。华中酸雨区的污染最为严重,以湖南和江西为主。华南酸雨区主要分布在以珠江三角洲为中心的广东东南部和广西东部。与2003年相比,华南地区酸雨污染加重。华东酸雨区的高酸雨频率(≥80%)和高酸度降水(pH≤4.5)的城市比例,仅次于华中酸雨区,分别为21.0%和14.6%。北方城市中的北京、天津,河北的秦皇岛和承德,山西的侯马,辽宁的大连、丹东、锦州、阜新、铁岭、葫芦岛,吉林的图们,陕西的渭南和商洛,甘肃的金昌,降水的年均pH值<5.6。可见,中国酸雨污染严重。土壤酸度的空间分布,在一定程度上决定酸雨的分布。北方土壤碱性强,酸雨污染小,原因是碱性土壤可与酸性物质发生中和作用。同时,气溶胶的酸碱性对降水有重要影响。碱性颗粒物在一定程度上可以缓和酸化进程,而酸性颗粒物可以加快酸化进程。关于酸雨的研究颇多[1-9],但是有关酸雨与大气气溶胶关系的研究,尚不多见[10,11]。本章从气溶胶的酸度,气溶胶、土壤中离子的溶出特性和气溶胶的酸化缓冲能力等方面,研究气溶胶对降水酸度的影响[12]。

64.1 气溶胶的酸度pH和总阳离子/总阴离子的当量浓度

气溶胶水提液的pH,可以间接反映气溶胶的酸度。图64-1展示了2000—2006年期间,北京师范大学采样点PM_{10}、$PM_{2.5}$、TSP气溶胶水提取液中的pH值。春夏秋冬无论哪个季节,pH值均呈现TSP>PM_{10}>$PM_{2.5}$的变化,表明细颗粒的酸度高于粗颗粒。这与酸性组分和碱性组分的粒径分布有关。pH值呈现出春>秋>夏>冬的季节变化,表明冬季取暖等排放的SO_4^{2-}、NO_3^-等酸性离子的相对量增加;而春季由于沙尘的影响,

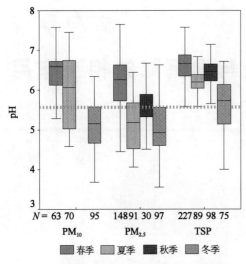

Ca^{2+}、Mg^{2+} 等碱性离子的相对量增加。与 pH 的空白值 5.57(无污染的大气降水 pH 值)相比,冬季 PM_{10}、$PM_{2.5}$ 和夏季 $PM_{2.5}$ 的中值 pH 低于 5.57,表明北京虽然不在酸雨控制区,但它同样面临着酸雨问题。

总阳离子的当量浓度($\Sigma+\mu eq \cdot m^{-3}$)与总阴离子的当量浓度($\Sigma-$)之间的关系,可用来指示气溶胶的酸度。表 64-1 列出了 2004 年春季非沙尘期间多伦、榆林、北京、青岛、上海五地气溶胶中 $\Sigma+$ 与 $\Sigma-$ 之间的关系。由直线的斜率可以看出,气溶胶的酸度在接近沙尘源区的地区(多伦、榆林)低,在人口密集的工业化城市(北京、青岛、上海)高。由于用于测定离子浓度的离子色谱不能测量 CO_3^{2-},因此这部分未平衡的阴离子,主要是由于 CO_3^{2-} 所致。多伦、榆林的 TSP 气溶胶中 $\Sigma+$ 与 $\Sigma-$ 之间的相关性差,表明可能存在碳酸盐。$CaCO_3$、$MgCO_3$ 等碳酸盐,广泛存在于中国干旱和半干旱地区,它们能与污染气体(SO_2、NO_x、HCl)或酸性颗粒物(SO_4^{2-}、NO_3^-、Cl^-)发生反应,抑制大气酸化过程。相反,在经济发达的大城市,人为活动会排放大量的酸性组分,加速酸化过程,使环境更加脆弱。因此,必须采取措施,以保证城市的可持续发展。

表 64-1　五地 $PM_{2.5}$ 和 TSP 中总阳离子的当量浓度($\Sigma+$)与总阴离子的当量浓度($\Sigma-$)之间的相关关系

	$PM_{2.5}$			TSP		
	线性回归方程	r^a	No[b]	线性回归方程	r^a	No[b]
多伦	$\Sigma+=0.02+0.93\Sigma-$	0.94	46	$\Sigma+=0.10+1.03\Sigma-$	0.56	36
榆林	$\Sigma+=0.03+1.14\Sigma-$	0.82	45	$\Sigma+=0.24+0.92\Sigma-$	0.70	46
北京	$\Sigma+=0.10+0.68\Sigma-$	0.94	50	$\Sigma+=0.13+0.68\Sigma-$	0.98	50
青岛	$\Sigma+=0.02+0.66\Sigma-$	0.96	45	$\Sigma+=0.06+0.66\Sigma-$	0.95	37
上海	$\Sigma+=-0.03+0.75\Sigma-$	0.99	32	$\Sigma+=0.04+0.67\Sigma-$	0.97	22

[a] 相关系数;[b] 样品数。

64.2　大气气溶胶及土壤中离子的溶出特性

用不同酸度的溶液浸取一定质量的气溶胶和土壤,经过滤后测定滤液中的离子浓度,这样可研究浸取滤液离子浓度随酸度的变化,得到不同离子对酸化的响应,确定影响酸性降水的主要化学物种。

用 15 ml、pH＝4.5 的 HCl 溶液作为提取液(由分析纯浓 HCl 配制得到),浸提时间为 30、40、60 和 80 min,浸提方法为超声和振荡。用 2 台 PM_{10}-2 型采样器,同时采集 PM_{10} 气溶胶样品,采样时间为 9:00—21:00;又在榆林采集土壤样品,干燥后用 200 目筛子筛分得到粒径＜250 μm 的土壤颗粒。将 PM_{10} 样品平均分为 4 份,同时称取 4 份质量相同的土壤样品(约 50 mg),均加入 15 ml、pH＝4.5 的 HCl 溶液,4 份的浸提时间分别为 30、40、60、80 min,2 个 PM_{10} 样品中,一个用超声提取,一个用振荡提取,其中土壤样品用振荡提取。提取液过滤后,测定 pH 和阳离子浓度。对于 PM_{10} 气溶胶样品,在相同条件下,超声提取所得离子的浓度普遍高于振荡提取,因此选用超声提取方法。对于用超声方法提取的 PM_{10} 样品,不同离子的浓度变化随提取时间的不同而异。Ca^{2+}、K^+、NH_4^+ 等主要离子在 40 min 时达最大值,Na^+ 在 30 min 时达最大值,Mg^{2+} 在 80 min 时达最大值,但与 30 min 时的浓度值接近。pH 在 40~80 min 之间基本没有变化。因此,40 min 时主要离子的提取效果最佳,确定为最佳浸提时间。对于土壤样品,振荡是标准的提取方法,本节只研究振荡条件下不同时间对浸提效果的影响。除 Ca^{2+} 外,所有离子都在 30 min 时达最大值,因此 30 min 为最佳浸提时间。

在北师大用中流量 $PM_{2.5}$/PM_{10}/TSP-2 型采样器,采集 TSP、$PM_{2.5}$ 和 PM_{10} 样品。土壤样品采用榆林 200 目样品。将每个气溶胶样品以及空白膜分为 4 份,分别加入 15 ml 双蒸馏水(ddH_2O)(pH＝5.7)、pH＝4、4.5、5 的 HCl 溶液,超声提取 40 min 后过滤,滤液用离子色谱仪(ion chromatograph, IC)测定离子浓度。称取质量相同的 4 份土壤样品(每份约 50 mg),分别加入 15 ml ddH_2O、pH＝4、4.5、5 的 HCl 溶液,振荡提取 30 min后过滤,滤液用 IC 测定离子浓度。扣除空白对照值后,将得到的溶液浓度换算为气溶胶中离子的浓度($\mu g \cdot m^{-3}$)以及土壤中离子的含量($mg \cdot g^{-1}$)。在不同的提取液酸度条件下,离子浓度的变化幅度为土壤≈TSP＞PM_{10}＞$PM_{2.5}$,表明土壤和大气粗颗粒对酸度的响应明显,能有效地抑制酸雨的发生。$PM_{2.5}$ 中的各离子浓度,在不同酸度条件下基本相等,并没有随酸度增加而增大的趋势,表明细颗粒上的离子,仅用高纯水就能完全提取,提示细颗粒本身呈酸性,其酸性效果至少与 pH＝4 的 HCl 相当。

PM_{10} 中 Na^+、Mg^{2+}、Ca^{2+}、$C_2O_4^{2-}$ 等的离子浓度,在 pH＝5 的酸度条件下最高;而 K^+、NH_4^+、NO_3^-、SO_4^{2-} 等的离子浓度,在不同酸度条件下基本相等。这表明,高纯水不能将颗粒上 Na^+、Mg^{2+}、Ca^{2+}、$C_2O_4^{2-}$ 等碱性离子完全提取。颗粒物的 pH＞5,对酸性降水有一定的缓冲作用。起缓冲作用的主要是碱性矿物离子。TSP 中 Na^+、NH_4^+、Mg^{2+}、Ca^{2+} 等的离子浓度,在 pH＝4.5 的酸度条件下最高;而 NO_3^-、SO_4^{2-} 等的离子,在高纯水提取下的浓度已达最高。这些表明,TSP 颗粒物对酸性降水的缓冲作用高于 PM_{10},起缓冲作用的既有矿物离子,又有自然和人为排放的 NH_3。土壤中的 Mg^{2+}、Ca^{2+} 离子浓度,在 pH＝4.5 的酸度条件下最高;Na^+、K^+ 离子浓度,在 pH＝4 的酸度条件下最高;NH_4^+、

NO_3^-、SO_4^{2-} 等的离子浓度,在高纯水提取下已达最高。这些表明土壤中起缓冲作用的,既有溶解度低的矿物离子,又有易溶的碱性离子。

64.3　大气气溶胶的酸化缓冲特性

通过测定大气气溶胶的临界缓冲容量,可研究其酸化缓冲能力,揭示大气气溶胶对降水的影响。临界缓冲容量是指,样品 pH 值变为酸性降水临界值 5.60 时的加酸(碱)量,用 ΔC_b(nmol·m^{-3})表示。通常用微量酸碱滴定法得到样品的缓冲容量。取 3 ml 经浸液提取后的过滤液,用 pH 计分析样品的 pH 值后,加入 0.1 mol·L^{-1} 的 KCl,调节离子强度 $I=0.01$。对于初始 pH>5.60 的样品,用微量色谱进样针(100 μl)定量加入已知准确浓度的 0.01 mol·L^{-1} 左右 HCl 溶液,并用 pH 计测定样品 pH 的变化,测定的终点为 pH<5.60;反之,则定量加入已知准确浓度的 0.01 mol·L^{-1} 的 NaOH 溶液,并用 pH 计测定样品 pH 的变化,测定的终点为 pH>5.60。样品的缓冲容量为

$$\Delta C_b = (\pm) K_1 \times K_2 \times K_3 \times C \times V / V_a$$

式中:K_1 为滤膜总面积与使用面积的比值,K_2 为单位换算系数(10^9 nmol/mol),K_3 为浸液总体积与移取体积的比值,C 为 NaOH 或 HCl 的浓度(mol·L^{-1}),V 为滴定用 NaOH 或 HCl 的体积(L),V_a 为样品采集的体积(m^3),酸度转换为 H$^+$ 浓度,单位是 nmol·m^{-3}。加入 HCl 取正号,加入 NaOH 取负号。平行分析空白样品,并扣除本底。

2004 年春季(3 月 9 日—4 月 23 日)在北京(北师大、密云)、多伦、青岛、上海、榆林,用中流量 PM$_{2.5}$／PM$_{10}$／TSP-2 型采样器(流量 77.59 L·min^{-1}),采集 TSP 和 PM$_{2.5}$ 样品。采样时间通常为 8:00—20:00,沙尘期间根据沙尘强度作适当调整。2004 年夏季(7 月 15 日—8 月 17 日)在北京(北师大、密云)、上海采集 TSP 和 PM$_{2.5}$ 样品,采样方法同上。对所有样品,测定其中的离子、元素浓度及 pH、临界缓冲容量。图 64-2 显示春夏季在不同采样点采集 TSP 和 PM$_{2.5}$ 样品的临界缓冲容量 ΔC_b(nmol·m^{-3})。可见,无论在春季还是夏季,TSP 的临界缓冲容量高于 PM$_{2.5}$,表明粗颗粒对酸性降水的缓冲能力高于细颗粒。

在春季,密云、青岛、上海的 PM$_{2.5}$ 气溶胶临界缓冲容量低,有的甚至低于 0,表明郊区和沿海地区的大气气溶胶,可在一定程度上加重雨水的酸化趋势。北京市区北师大的临界缓冲容量高于郊区密云,表明市区人为排放的建筑扬尘、道路尘等物质,有利于抑制酸化趋势。内陆城市北师大、密云、榆林、多伦气溶胶的临界缓冲容量高于沿海城市青岛、上海,表明来自土壤的矿物气溶胶的缓冲能力高于海盐气溶胶。上海的 TSP 临界缓冲容量高,可能与采样点周围的建筑活动有关。同在沙尘源区附近,榆林的临界缓冲容量远高于多伦,原因可能是榆林位于西部沙尘源区,多伦位于北部沙尘源区;而西部源区 Ca

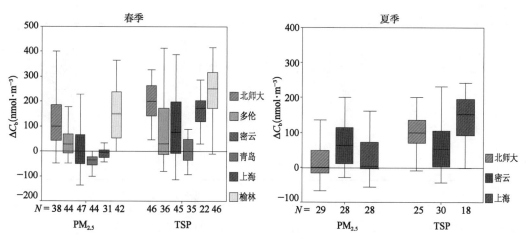

图 64 - 2　春夏季不同采样点 TSP 和 PM$_{2.5}$ 样品的临界缓冲容量 ΔC_b（nmol · m^{-3}）
（彩图见下载文件包，网址见 14 页脚注）

的含量高于北部源区，说明气溶胶及土壤中 Ca 的含量，可能对缓冲能力有重要影响。北方城市北京气溶胶的临界缓冲容量，春季高于夏季；而南方城市上海气溶胶的临界缓冲容量，春夏季基本相等。这表明春季沙尘对北方城市的影响显著。

　　表 64 - 2 对比了中国和日本几个不同地点气溶胶的临界缓冲容量。2004 年春季，北京 TSP 和 PM$_{2.5}$ 样品的临界缓冲容量分别为 206 和 129 nmol · m^{-3}，与 2000 年春季北京 TSP 的临界缓冲容量 175 nmol · m^{-3} 接近，表明了此方法的可靠性。本研究中，2004 年春季沿海城市青岛 TSP 和 PM$_{2.5}$、上海 PM$_{2.5}$ 的缓冲容量低于文献报道的 1993 年春季沿海城市广州、厦门气溶胶的缓冲容量，表明近年来这些地区大气明显酸化。表 64 - 2 显示中国气溶胶的酸化缓冲能力，南方城市低于北方城市。同时，高山、岛屿上气溶胶的临界缓冲容量为负值，可加重酸化趋势。这可能与这些地区气溶胶中缺乏来自地壳的碱性矿物组分有关。表 64 - 2 显示中国气溶胶的临界缓冲容量普遍高于日本。

表 64 - 2　世界各地气溶胶的临界缓冲容量 ΔC_b（nmol · m^{-3}）

季　节	地　点	类　型	ΔC_b
2000 年春季	北京	PM$_{10}$	373.26
		TSP	174.89
1993 年春季	广州	PM$_{2.5}$	16.04
		TSP	68.13
	柳州	PM$_{2.5}$	1.81
		TSP	27.43
	厦门	PM$_{2.5}$	5.56
		TSP	59.52

（续表）

季　节	地　点	类　型	ΔC_b
1999 年冬季	山东田横岛	PM_{10}	-31.82
	浙江泗礁岛	PM_{10}	-25.32
	辽宁凤凰山	PM_{10}	-28.22
1991 年冬季	日本浦和	PM_{10}	-54.92
	日本神田	PM_{10}	-24.48
	日本熊谷	PM_{10}	-27.44

　　气溶胶的酸化缓冲能力与化学组成有密切关系。图 64-3 显示,本研究中所有气溶胶样品的临界缓冲容量 ΔC_b,与主要阴阳离子及元素 Al 浓度的关系。ΔC_b 与 Ca^{2+} 的相关性最高,其次是 Al、Mg^{2+}、Na^+,与阳离子 K^+、NH_4^+ 和酸性阴离子 NO_3^-、SO_4^{2-} 的相关性差。Al 可代表气溶胶中的矿物组分。上述相关关系表明,影响气溶胶酸化缓冲能力的主要因素是碱性离子 Ca^{2+}、Mg^{2+}、Na^+ 和矿物组分。图中显示了大多数样品的 $\Delta C_b <$ 700 nmol · m^{-3},只有 6 个样品的 $\Delta C_b >$ 700 nmol · m^{-3}。这 6 个样品中有 4 个是 2004 年 3 月 29 日榆林的 TSP 样品,1 个是 2004 年 3 月 27 日多伦的 TSP 样品,1 个是 2004 年 3 月 29 日榆林的 $PM_{2.5}$ 样品。2004 年 3 月 27—30 日,中国北方有强沙尘暴过境。可见,

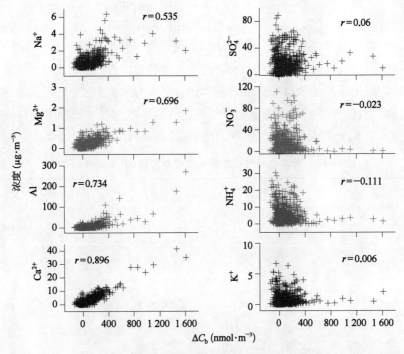

图 64-3　TSP 和 $PM_{2.5}$ 样品的临界缓冲容量 ΔC_b 与主要阴阳离子及元素 Al 浓度的关系图(彩图见下载文件包,网址见 14 页脚注)

沙尘暴对酸性降水有强的抑制作用。

综上所述,气溶胶的酸度随粒径的减小而增加,冬季酸度最高,春季酸度最低。沙尘源区附近的酸度,低于发达城市。大气气溶胶的临界缓冲容量,市区高于郊区,内陆城市高于沿海城市,北方城市高于南方城市。中国气溶胶的临界缓冲容量普遍高于日本。影响大气气溶胶酸化缓冲能力的主要因素,是碱性离子 Ca^{2+}、Mg^{2+}、Na^+ 和矿物组分。高山、岛屿上的气溶胶可加重酸化趋势,而沙尘暴对酸性降水有强抑制作用。

参考文献

[1] Zhao D, Xiong J. Acidification in southwestern China // Rodhe H, Herrera R. Acidification in tropical countries, SCOPE. New York: John Willey & Sons, 1988: 317 – 345.

[2] 王文兴,张婉华.论北京降水的酸性.环境科学研究,1997,10(4): 6 – 9.

[3] Mouli P C, Mohan S V, Reddy S J. Rainwater chemistry at a regional representative urban site: Influence of terrestrial sources on ionic composition. Atmospheric Environment, 2005, 39(6): 999 – 1008.

[4] Das R, Das S N, Misra V N. Chemical composition of rainwater and dustfall at Bhubaneswar in the east coast of India. Atmospheric Environment, 2005, 39(32): 5908 – 5916.

[5] Migliavacca D, Teixeira E C, Wiegand F, et al. Atmospheric precipitation and chemical composition of an urban site, Guaiba hydrographic basin, Brazil. Atmospheric Environment, 2005, 39(10): 1829 – 1844.

[6] Jiang Y, Wang S. Study on the trends, effects and countermeasures of acid rain in Shanghai area. Shanghai Environmental Science, 1992, 11(1): 24 – 26.

[7] Jiang Y, Wang S, Chen H, et al. Determination of acidity and some ionic content of rainwater in Shanghai. Environmental Science, 1981, 2(2): 134 – 136.

[8] Gong S H, Chen G H, Zheng H X, et al. Preliminary-study on acid-rain distribution over Shanghai-City. Kexue Tongbao, 1988, 33(14): 1204 – 1208.

[9] Xiong Y. Current status of acid rain in Jiading County, Shanghai. Shanghai Environmental Science, 1992, 11(1): 27 – 28.

[10] Tang A, Zhuang G, Wang Y, et al. The chemistry of precipitation and its relation to aerosol in Beijing. Atmospheric Environment, 2005, 39(19): 3397 – 3406.

[11] Huang K, Zhuang G, Wang Y, et al. The chemistry of the severe acidic precipitation in Shanghai, China. Atmospheric Research, 2008, 89: 149 – 160.

[12] 王瑛.中国气溶胶的离子化学.北京师范大学博士论文,2007.

第 *65* 章
北京的降水化学及其与大气气溶胶的关系

湿沉降是快速有效清除大气气溶胶组分的过程,是自然界维持自身稳定和平衡的一种汇机制*。气溶胶粒子和微量气体的云中和云下湿清除过程,决定了降水的化学成分。降水的化学成分对地表生物的生存至关重要,是非常重要的环境要素。降水化学成分具有显著的地区性特点,并且随降水云系的发展而会有很大的变化。尤其是在城市上空,大气气溶胶化学成分的复杂性,决定了城市大气降水的化学成分更为复杂。城市地区观测的地面降水化学成分及其浓度,与当地的大气污染状况密切相关。测定大气降水的化学成分,可以探明当地的大气污染状况,并了解湿沉降对于大气污染物的清除作用。近30年来,酸雨引起的环境问题已被大家熟知,降水化学逐渐成为一个热门的研究课题。尤其是在发展中国家,经济的快速发展及随之而来能源的大量消耗,使得大气污染和酸雨问题成为很重要的社会问题。继中欧和北美洲之后,东亚成为世界上酸雨问题最严重的地区之一。尽管中国北方酸雨前体物的排放比较严重,但酸雨主要发生在南部地区。北京和四川都处于 SO_2 控制区,但是位于南部的四川降水酸度要比北京高。显然,酸雨的发生与当地的大气气溶胶密切相关。1981 年对北京降水化学组分的研究指出,北京处于非酸雨区[1]。之后有研究检测了 1994 年 8—9 月北京几场典型降水的酸度,并用后向轨迹法分析了其 pH 值与气团的关系[2]。不过,这些研究尚未深入探讨北京降水的组成及其来源,未探讨降水酸度的成因及其与大气气溶胶的关系。本章基于系统收集和分析2003 年北京一整年的降水样品,阐明北京的降水状况和降水酸度,及其与大气气溶胶和气体组分之间的关系。

65.1 样品的采集和分析

65.1.1 样品的收集

北京位于 39.9°N、116.4°E,冬天干燥寒冷,夏天炎热,平均年降水量约为 380 mm。本章所用的降水样品,均采自北京师范大学科技楼楼顶,高约 40 m,周围建筑物较远、较

---

* "汇"是相对于"源"而言。汇机制说的是湿沉降可去除大气中所含的各种污染物。

低,影响小[3]。采用自制的聚丙烯袋子固定在距地面 1 m 左右的架子上,以收集降水样品。每次采样前,用去离子水冲洗采样袋,直到水电导率<2 μS·cm^{-1} 为止。未有降水期间,用塑料盖子盖着采样袋,以防干沉降污染,直至降水开始。同时,用一个内径为 18.2 cm 的塑料桶,同步收集降水,用以测量降水量。对于高强度降雨,分段收集前 10 min 和之后的降水。用分段浓度的体积加权平均值,来代表一场强降水的平均水平。如果降水强度弱,对前 10 min 样品不足以进行正常的分析,通常采用整场降水。当降水量<0.8 mm 时,样品体积不够分析,丢弃。若降水量>0.8 mm,则将采集的雨水收集在 50 ml 聚丙烯塑料瓶中。采样前用去离子水冲洗瓶子 2～3 遍,直到电导率<2 μS·cm^{-1},并灌满高纯水,在冰箱中保存至少 24 h 备用。对采集的雨水样品,立即测 pH 值和电导率。用 0.45 μm 微孔滤膜过滤样品,滤液放置在 4℃ 冰箱中,低温避光保存,待测。

北京的降水主要集中在夏季,随东南季风到来,降雨量增加[2];而冬季降水较少,很难测量。2003 年,共收集北京有效降水样品 53 个,同时测定了其降水量与化学组分。2003 年的气象年报,报道了全年实时监测到的 75 场降水。本研究收集的降水样品覆盖了整个夏季,也包括其他季节雨量较显著的降水,可以很好地代表 2003 年北京全年的降水状况。在同一采样点,用北京地质仪器厂和北京迪克机电技术有限公司生产的(TSP/PM$_{10}$/PM$_{2.5}$)-2 型颗粒物采样器,采集了 55 个降雨前后的 TSP 气溶胶样品。气溶胶采用英国 Whatman 公司生产的 Whatman41 滤膜收集,采集完后的样品立即放入聚四氟乙烯塑料袋密封。用 Sartorius 2004MP 型 1/10^5 电子天平,在恒温恒湿条件下称量后,将样品放入冰箱保存。对所有工作流程均严格进行质量控制,保证样品不受任何污染[3,4]。此外,根据中国国家环保局报道的空气污染指数,转换并计算了 PM$_{10}$、SO$_2$ 和 NO$_2$ 的月平均质量浓度。污染指数和浓度的转化公式为:$C=C_{低}+[(I-I_{低})/(I_{高}-I_{低})]\times(C_{高}-C_{低})$。其中,$C$ 是浓度,I 是污染指数值,$I_{高}$ 和 $I_{低}$ 是指在污染指数级数表格中最接近并大于和小于具体污染指数 I 的 2 个指数,$C_{高}$ 和 $C_{低}$ 是指相应的这 2 个指数所对应的浓度值。

65.1.2　降水样品化学组分分析

过滤后储存在冰箱里的降水样品,分为 2 部分。其中一部分用来分析其中的阴阳离子浓度,另一部分用来测量所含的痕量金属元素。本研究仅讨论了雨水中的可溶性阴阳离子部分。用奥龙公司生产的 Orion828 型 PH 测试仪来测定 pH 值,并在使用前,用 pH 为 4.00 和 6.86 的标准缓冲溶液进行校准。化学分析方法详见本书第 7、8 章,并参阅文献[5]。

65.2　北京降水的酸度和离子组成

2003 年北京降水样品的 pH 值及其频率分布如图 65-1(a)和(b)所示。一般而言,在未受污染的自然状态下,CO_2 达到平衡时水的 pH 值=5.6。按照此 pH 值(5.6)作为判断是否酸性降水的标准,2003 年北京 53 场降水中,仅有 5 场降水的 pH 值<5.6,占9%,其中有 2 场降水的酸度接近 4.5。考虑到人为污染产生的一些碱性阳离子的存在,采用 pH<5 作为酸雨的分界线更恰当[6]。据此标准,2003 年北京 53 场降水中有 3 场酸性降水。这 3 场酸性降水发生在春季和冬季,SO_2 和 NO_2 的排放强度很大。2003 年北京降水 pH 值的算术平均值为 6.48,较之 1981 年的 6.86 有明显降低,说明近 20 年来,北京的人为污染越来越严重,但北京仍属于非酸雨区。

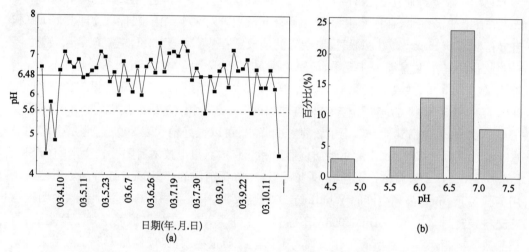

图 65-1　(a) 北京降水 pH 值变化图;(b) 北京降水 pH 值的频率分布图。

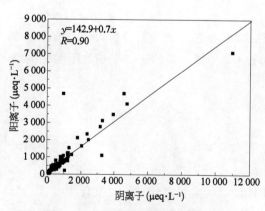

图 65-2　阴阳离子总量的线形关系

尽管雨水中的 CO_3^{2-} 和 HCO_3^- 与大气中的 CO_2 存在着一种平衡关系,但因为离子色谱仪(IC)无法测定 HCO_3^- 和 CO_3^{2-},故本研究测定的降水样品中,阴阳离子浓度比值在 1 ± 0.25 的范围之内,说明数据质量良好,离子平衡,无严重缺漏[7],如图 65-2 所示。然而,仍有少数样品的比值小于这个范围,可能是由降水中还存在一定的有机酸根离子,对阴离子的分析还不够完全所致。本章使用离子体

积的加权平均浓度:$\overline{C} = \sum_{i=1}^{n} C_i Q_i / \sum_{i=1}^{n} Q_i$,其中 Q_i 是降雨量,以毫米(mm)为单位;C_i 是离子浓度,以 $\mu eq \cdot L^{-1}$ 为单位。相应地,pH 值的加权值,是由 H^+ 的加权浓度求得的。

降水组分最主要的是 SO_4^{2-}、NO_3^-、Cl^- 阴离子和 NH_4^+、Ca^{2+}、H^+ 阳离子。这些离子积极参与了地表土壤的平衡,对陆地和水生生态系统有很大的影响。图 65-3 显示了北

京降水样品中各离子成分的浓度分布情况：$SO_4^{2-} > NH_4^+ > Ca^{2+} > NO_3^- > Cl^- > Mg^{2+} > Na^+ > F^- > K^+$。其中最主要的是 SO_4^{2-}、NO_3^-、NH_4^+ 和 Ca^{2+} 离子，平均体积加权浓度达到了每升几百微当量。其次是 Cl^-、F^-、Na^+、K^+ 和 Mg^{2+} 离子，浓度为每升几十微当量。降水组分是由降水对大气颗粒物和气体的清除过程决定的。雨水中离子浓度的大小，可以定性地反映大气污染的严重程度。表 65 - 1 列出了 3 个城市

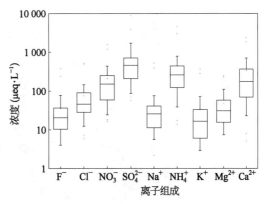

图 65 - 3　降水样品中的主要离子组成

（北京、上海和拉萨）降水样品中主要离子组分的浓度。拉萨是西藏自治区的首府，海拔很高，上海则是一座沿海大都市，而首都北京是一座内陆城市。从表 65 - 1 可见，拉萨雨水呈碱性，其中 SO_4^{2-} 和 NO_3^- 离子浓度只有每升几微当量。北京的浓度是拉萨的 2～3 倍，说明北京的人为污染要比拉萨严重得多。北京和拉萨降水样品中的主要阳离子 Ca^{2+} 的浓度，却处在相同的数量级上；Ca^{2+} 主要来自大气中的矿物气溶胶。上海雨水中的阴阳离子浓度，比拉萨高一个数量级，但又比北京低。相对于拉萨，北京和上海都受到严重的人为污染，北京比上海还要严重。由于北京存在较高浓度的 NH_4^+ 和 Ca^{2+} 离子，限制了降水的酸度，因此北京一般处于非酸雨区。$(NH_4^+ + Ca^{2+})/(SO_4^{2-} + NO_3^-)$ 当量浓度比值，可作为人为污染程度的指示。此比值越低，人为污染程度越严重。上海和北京的 $(NH_4^+ + Ca^{2+})/(SO_4^{2-} + NO_3^-)$ 比值分别为 1.3 和 0.73，拉萨降水样品中的此比值为 15.5，说明上海和北京的人为大气污染很严重。由于碱性阳离子起中和缓冲作用，故拉萨的降水甚至呈现碱性降水特征。北京的降水中，此比值比上海要低；但是北京降水的 pH 值，还是比上海高，仍然是非酸性降水。这是由于在北京的降水中，除了 NH_4^+ 和 Ca^{2+}，Mg^{2+} 离子的浓度也比较高，对雨水酸度起到了一定的中和作用。降水中高浓度的 SO_4^{2-}、NO_3^-、Cl^-、NH_4^+、Ca^{2+} 和 H^+ 离子，参与了大气-水-土壤体系的平衡，对地表生物圈有很大的冲击作用，从而引起了很大关注。

表 65 - 1　3 个城市降水的 pH 值和离子浓度（浓度单位：μeq·L^{-1}）

城　市	时间（年）	pH	SO_4^{2-}	NO_3^-	Ca^{2+}	NH_4^+	$(Ca^{2+} + NH_4^+)/$ $(SO_4^{2-} + NO_3^-)$
拉萨[8]	1998—2000	7.95～6.97	6.11	7.28	198.77	8.70	15.5
北京	2003	6.48	380.14	117.87	159.04	210.70	0.73
上海[9]	1999	5.92	95.04	40.39	95.00	80.55	1.3

65.3 降水组分与酸度的关系

表 65-2 是用主成分分析法来分析雨水各组分的来源及其与降水酸度关系的结果。从北京的降水组分中，共提取了 3 个主成分因子。因子 1 对 SO_4^{2-}、NO_3^- 和 NH_4^+ 离子有很高的载荷，说明与二次污染源有关，如 SO_2 和氮氧化物在气溶胶表面上的化学转化等。因子 2 对 Cl^-、F^-、Na^+ 和 K^+ 有很高的载荷，可能与人为污染源有关，如工厂的排放、生物质的燃烧、垃圾的焚烧等。Na 和 Cl 也有可能少量来自海洋微风的影响[10]。因子 3 对 pH 值有很高的载荷，对 Ca^{2+}、Mg^{2+} 有中等载荷，对其他离子仅有微弱的载荷。因子 3 可能与地壳源有关，也暗含了降水离子组分与酸度的关系。降水的酸度是降水最终特性的反映，是各组分之间相互作用的最终结果。对 Ca^{2+} 离子的中等载荷，也说明了土壤源对北京的降水酸度起了重要的缓冲与中和作用。

表 65-2 北京降水样品的旋转因子分析

变 量	因子 1	因子 2	因子 3	因子方差
F^-	0.21	0.95	0.02	0.94
Cl^-	0.58	0.78	0.01	0.95
NO_3^-	0.82	0.30	0.29	0.85
SO_4^{2-}	0.93	0.30	0.12	0.97
Na^+	0.26	0.92	0.16	0.94
NH_4^+	0.91	0.26	0.00	0.90
K^+	0.66	0.71	0.05	0.94
Mg^{2+}	0.62	0.64	0.36	0.93
Ca^{2+}	0.61	0.49	0.47	0.83
pH	0.10	0.04	0.94	0.89
特征值	4.02	3.77	1.36	
%变量	40%	38%	14%	
来源	二次源	污染源	土壤源	

通常用中和因子（neutralization factor，NF）来反映降水中酸碱性物质的相互作用与中和的情况[11]：$NF_{Ca} = \dfrac{Ca^{2+}}{NO_3^- + SO_4^{2-}}$，$NF_{NH_4} = \dfrac{NH_4^+}{NO_3^- + SO_4^{2-}}$，$NF_{Mg} = \dfrac{Mg^{2+}}{NO_3^- + SO_4^{2-}}$。上式中，均使用离子的当量浓度。$Ca^{2+}$、$NH_4^+$、$Mg^{2+}$ 是北京降水中主要的致碱性离子。将 53 个样品中这 3 种离子的中和因子作三元图（图 65-4），从图中可以看出，NH_4^+ 和 Ca^{2+} 离子是雨水样品中最主要的中和物质，而 Mg^{2+} 离子的中和作用只占 10% 左右。北京降水中的 Ca^{2+} 离子与土壤表层和煤飞灰有紧密的联系。这些沙尘或者是城市自身扬起，或

是通过长距离传输来到北京[3]。干旱少雨的气候条件,使北京大气颗粒物中 Ca^{2+} 离子浓度高,导致雨水中高浓度的 Ca^{2+},缓冲能力增强,大大降低了雨水酸度。来源于植物、化肥使用、家畜饲养和工业过程排放的 NH_3 及其转化生成的 NH_4^+ 离子,也是北京降水中较重要的有中和缓冲作用的组分。NH_4^+、Ca^{2+} 离子浓度,与气象条件的变化和人为活动有关,如土壤利用等[12]。图 65-5 展示了降水样品中 NH_4^+ 和 Ca^{2+} 离子浓度比值 $[NH_4^+]/[Ca^{2+}]$ 的季节性变化。因为 NH_3 的排放在温暖的天气条件下更加有利[13],而主要来源于扬尘的 Ca^{2+} 离子,则在干燥的冬季有很高浓度,所以比值在夏季出现了峰值。NH_4^+、Ca^{2+} 离子两者都是主要的中和缓冲离子,但夏季对降水酸度起缓冲作用的主要是 NH_4^+ 离子,而在冬季主要是 Ca^{2+} 离子。

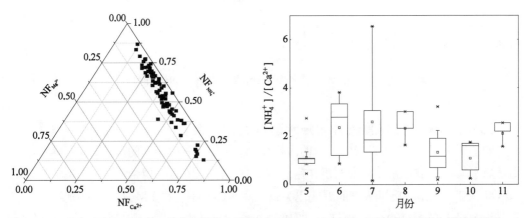

图 65-4　NH_4^+、Ca^{2+}、Mg^{2+} 离子的中和因子三元图　　图 65-5　NH_4^+、Ca^{2+} 离子相对含量的月变化

65.4　大气组分与降水酸度之间的关系

65.4.1　大气中的气体组分和降水酸度之间的关系

因为沉降过程起源于水汽的凝结并随后变为雨滴,所以成云和沉降过程都能够清除大气中的气溶胶颗粒物和气体组分。雨水在下落的过程中,冲刷并结合云下的大气组分。大气降水形成于大气环境,其物质特性必然反映出大气环境的物质组成。2003 年北京降水酸度和大气中 SO_2、NO_2 气体浓度的月变化,如图 65-6(a)和(b)。从图中可以看出,降水的酸度随大气中 SO_2 和 NO_2 的浓度呈规律性变化。SO_2 和 NO_2 的浓度在 11 月份最高,pH 值则在 11 月份最低。pH 值与 SO_2 和 NO_2 的浓度,有一个很明显的负相关。也就是说,降水的酸度与大气中 SO_2 和 NO_2 气体的浓度,有明显的正相关。在与北京环境条件类似的郑州市,也发现了相同的规律[13]。降水的酸度受降雨过程中对 SO_2 和 NO_2 气体冲刷和吸收的物理-化学过程影响[14-16]。在降水的过程中,存在着一个溶解的过程,包括 SO_2 和 NO_2 的水合。这些水化物为溶液贡献出新的质子,从而直接影响雨水

的酸度。在北京 2003 年的 53 场降水中,3 场发生在冬季和春季的酸性降水,也是 2003 年北京 SO_2 和 NO_2 气体浓度最高的几天。降水酸度与大气中 SO_2 和 NO_2 气体浓度的正相关关系,说明 SO_2 和 NO_2 气体是降水酸度和降水中酸性物质的重要前体物。

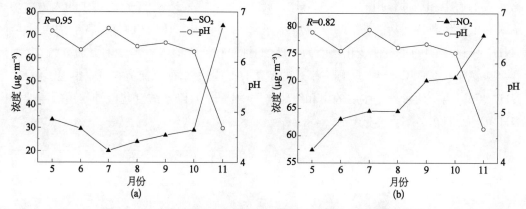

图 65 - 6　大气中 SO_2(a) 和 NO_2(b) 浓度与降水 pH 值的月变化

65.4.2　大气气溶胶组分和降水酸度之间的关系

如上所述,降水对大气气体组分的清除作用,会大大影响降水的酸度,而大气气溶胶则对降水酸度有增强和缓冲的双重作用。图 65 - 7(a)和(b)分别给出了 2003 年北京降水酸度和 TSP、PM_{10} 质量浓度的月变化关系。降水的 pH 值和 PM_{10} 的质量浓度之间,显示负相关[图 65 - 7(a)],而与 TSP 的质量浓度之间有粗略的正相关[图 65 - 7(b)]。PM_{10} 是比 TSP 小的颗粒物。硫酸盐、硝酸盐这样的污染气溶胶,主要存在于小颗粒物中,且是降水酸度的最主要贡献者[17-19],因此,如图 65 - 7(a)所示,降水酸度粗略地随 PM_{10} 质量浓度的增加而增加。土壤颗粒物,主要是矿物气溶胶,能够中和、降低雨水的酸度,因为这些颗粒物中含有能够吸收及中和 SO_2、NO_2 酸性气体的碱性氧化物,如 Fe、Al、

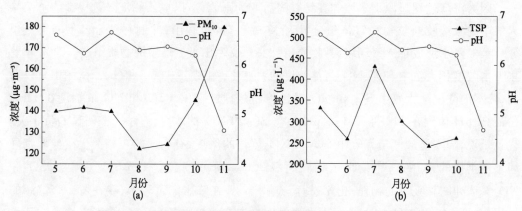

图 65 - 7　PM_{10}(a)和 TSP(b)质量浓度和降水 pH 值的月变化关系

Si、Ca 的氧化物。尽管这些矿物气溶胶也有相当一部分是细颗粒物,但与污染气溶胶相比,更多是存在于粗颗粒物中,如在北京非沙尘天气时,矿物气溶胶占 TSP 质量浓度的 27%～60%[3]。这些粗颗粒物的清除,对降水酸度起了很重要的缓冲中和作用。有研究报道,北京大气气溶胶的临界缓冲值为 375.4 neq·m^{-3},是中国南部气溶胶缓冲能力的 3 倍[20]。这就是北京的大气污染严重,而降水却一直呈现非酸性的最主要原因。中国郑州地区的 TSP 质量浓度和降水酸度之间,也有类似的关系。TSP 质量浓度甚至被作为降水酸度的一个指示物[21],尽管这个指标并非适用于任何地区的酸沉降。北京降水的酸度和 TSP 的浓度密切相关,这是显而易见的。

65.5　降水酸度和主要组成成分的时间变化

北京 2003 年降水的主要离子浓度和降水量的月变化情况,如图 65-8 所示。从图中可见,当月降水量少的时候,降水的总离子浓度很高,而且每一种离子的浓度也随着降水量的减少而增加。这是因为,降雨强度越大的时候,雨滴也越大;降雨量小的时候,雨滴也小。小的雨滴在空中停留的时间长,能够吸收和结合更多的气溶胶颗粒物和气体组分[12]。另外,大降雨量会稀释离子浓度。因此就很容易理解,为什么降雨量少的冬季雨水中,离子浓度高;而降雨量多的夏季,离子浓度低(图 65-8)。此外,冬季燃煤供暖期造成的严重大气污染,也是导致冬季雨水中离子浓度很高的一个原因。图 65-9 是北京 2003 年降水中各离子浓度和 pH 的月变化图。5—10 月降水的 pH 变化不大,但到 11 月突然降低。雨水中主要离子的浓度,也在 11 月份突然增加。这显然是由于北京 11 月份进入采暖期,空气污染严重所致。由于采暖期使用大量燃煤的缘故,人为污染在冬季最严重,随后是春季和秋季,再次是夏季。

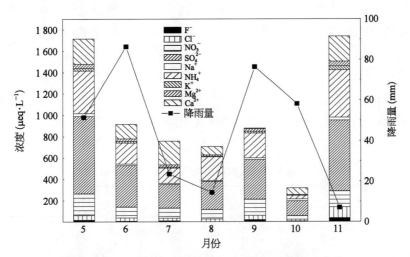

图 65-8　降水样品中主要离子浓度和降雨量的月变化

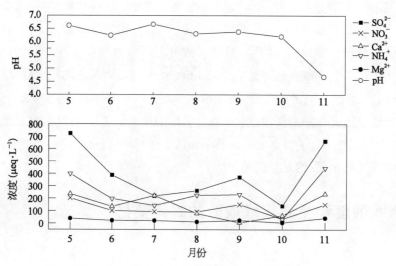

图 65-9 降水中主要离子浓度和 pH 的月变化

表 65-3 比较了 20 多年来,北京降水主要离子组分的浓度及 pH 的变化。相比 20世纪 80 年代,2003 年 SO_4^{2-} 和 NO_3^- 离子的浓度急剧增加。NH_4^+ 离子也有类似的变化趋势。这说明,自 20 世纪 80 年代以来,北京的大气污染越来越严重。同时值得注意的是,SO_4^{2-}/NO_3^- 的当量浓度之比在 2003 年为 3.23,比 1981 年的 5.44 要低很多。这说明这20 年来,北京降水的主要阴离子组分发生了变化,交通排放的污染越来越严重。尽管SO_4^{2-} 仍然是北京降水的主要阴离子组分,但是主要由机动车排放导致的 NO_3^- 离子浓度在逐渐增加。虽然 20 多年来,Ca^{2+} 浓度变化不大,但它与降水酸度的变化趋势一致,有很好的正相关性。这说明,一直以来,Ca^{2+} 对北京降水酸度发挥了最主要的缓冲与中和作用。矿物气溶胶改变了东亚地区尤其是中国北部酸雨的分布模式。如果没有来源于中国干旱地区的矿物气溶胶,则中国北部和韩国的降水 pH 至少要下降 0.5~2[22]。中国北部土壤中的碱性组分含量要比南部地区高。比如,北部土壤中 Ca 和 Mg 的含量为 3%和 1.5%,而在南部土壤中只有 0.1% 和 0.5%[23]。在北京非沙尘暴期间,矿物气溶胶占TSP 的 27%~60%[3]。而 Fe、Ca、Al 等地壳元素,在冬季粗颗粒物中占 70%。这些来自土壤源的粗颗粒物一般为碱性,被雨水冲刷清除下来,进而中和了雨水的酸度。这是中国北部地区降水酸度的一个决定因素。高浓度的碱性颗粒物,是中国北部大气的重要特性。Ca^{2+}、Mg^{2+} 等碱性离子的沉降,对降低雨水酸度起了关键作用。

表 65-3 北京降水组成的年变化(浓度单位:μeq·L⁻¹)

时间(年)	SO_4^{2-}	NO_3^-	NH_4^+	Ca^{2+}	SO_4^{2-}/NO_3^-	pH
1981[1]	273.1	50.2	141.1	184.0	5.440 2	6.68
1986[24]	154.5	39.5	162.8	151.6	3.911 4	6.29

（续表）

时间(年)	SO_4^{2-}	NO_3^-	NH_4^+	Ca^{2+}	SO_4^{2-}/NO_3^-	pH
1993[25]	151.9	49.8	113.6	143.2	3.050 2	5.98
2003	380.14	117.87	210.71	159.04	3.223 9	6.48

综上所述,降水对大气污染物的清除,在相当大程度上直接影响了降水的组分与 pH。北京降水的主要离子组分,按浓度大小依次为 $SO_4^{2-}>NH_4^+>Ca^{2+}>NO_3^->Cl^->Mg^{2+}>Na^+>F^->K^+$。$SO_4^{2-}$ 和 NO_3^- 是北京降水中的主要致酸物质;Ca^{2+} 和 NH_4^+ 是主要致碱离子,可以缓冲与中和降水酸度。降水酸度与大气中 SO_2、NO_2、PM_{10} 和 TSP 浓度之间的相关性,说明降水的酸度和组分由降水对大气气溶胶和气体组分的清除作用所决定。近 20 年来,北京降水中 SO_4^{2-}、NO_3^- 和 NH_4^+ 离子的浓度增加,说明北京的污染越来越严重。SO_4^{2-} 和 NO_3^- 的浓度比(SO_4^{2-}/NO_3^-)相对于 1981 年大大降低,说明因交通排放导致的大气污染日益严重。Ca^{2+} 离子浓度与降水酸度有很好的正相关性,说明 Ca^{2+} 对北京降水酸度发挥了最主要的缓冲与中和作用。北京雨水主要的酸性离子 SO_4^{2-},要比其他城市高很多,说明北京地区的人为污染较其他城市更为严重。

参考文献

[1] Zhao D, Xiong J. Acidification in southwestern China // Rodhe H, Herrera R. Acidification in tropical countries, SCOPE. New York: John Willey & Sons, 1988: 317 – 345.

[2] 王文兴,张婉华.论北京降水的酸性.环境科学研究,1997,10(4): 6 – 9.

[3] Sun Y, Zhuang G, Wang Y, et al. The air-borne particulate pollution in Beijing-concentration, Composition, distribution and sources. Atmospheric Environment, 2004, 38: 5991 – 6004.

[4] Dan M, Zhuang G, Li X, et al. The characteristics of carbonaceous species and their sources in $PM_{2.5}$ in Beijing. Atmospheric Environment, 2004, 38: 3443 – 3452.

[5] 袁蕙,王瑛,等.离子色谱同时测定气溶胶和雨水中的有机酸、MSA 以及无机离子.分析测试学报,2003,6: 11 – 14.

[6] Seinfeld J H, Pandis S N. Atmospheric chemistry and physics: From air pollution to climate change. New York, America: John Wiley & Sons, Inc, 1998.

[7] 张金良,陈宁,等.黄海西部大气湿沉降(降水)的离子平衡及离子组成研究.海洋环境科学,2000, 19(2): 10 – 13.

[8] Zhang D D, Peart M R, Jim C Y. Alkaline rains on the Tibetan Plateau and their implication for the original pH of natural rainfall. Journal of Geophysical Research, 2002, 107(14): 1 – 6.

[9] 许群,张文,等.1998—1999 年上海市区酸雨状况监测研究.中国环境监测,2000,16(6): 5 – 7.

[10] 袁蕙,王瑛,等.北京气溶胶中的甲磺酸.中国科学通报,2004,49(8): 1020 – 1025.

[11] Kulshrestha U C, Sarkar A K, Srivastava S S, et al. Wet-only and bulk deposition studies at New Delhi (India). Water, Air and Soil Pollution, 1995a, 85: 2137 – 2142.

[12] Lee B K, Hong S H, Lee D S. Chemical composition of precipitation and wet deposition of major ions on the Korean peninsula. Atmospheric Environment, 2000, 34: 563 - 575.

[13] Yamulki S, Harrison R M. Ammonia surface-exchange above an agricultural field in Southeast England. Atmospheric Environment, 1996, 30: 109 - 118.

[14] 赵勇,孙中党,等.郑州市大气酸性物质与降水酸性的相关性分析.环境科学研究,2001,14(6): 20 - 23.

[15] 石春娥,姚克亚,等.降雨对云下污染气体 SO_2 清除研究.中国科技大学学报,2000,30(6): 735 - 739.

[16] 刘峻峰,李金龙,等.降雨氢离子浓度的参数化研究.环境科学研究,2000,13(1): 18 - 22.

[17] 曾凡刚,王玮,等.大气气溶胶酸度和酸化缓冲能力研究.中国环境监测,2001,17(4): 13 - 17.

[18] 王玮,王英,等.北京市沙尘暴天气大气气溶胶酸度和酸化缓冲能力.环境科学,2001,22(5): 25 - 28.

[19] 王玮,汤大钢,等.中国 $PM_{2.5}$ 污染状况和污染特征研究.环境科学研究,2000,13(1): 1 - 5.

[20] 王玮,等.华南大气气溶胶的污染特征及其与酸性降水的关系.环境科学学报,1992,12(1): 7 - 15.

[21] 柴合范,向哲涛,等.大气降水酸碱性成因分析.河南科学,2001,19(3): 293 - 295.

[22] Wang Z, Akimoto H, Uno I. Neutralization of soil aerosol and its impact on the distribution of acid rain over East Asia: Observations and model results. Journal of geophysical research, 2002, 107: doi: 10.1029/2001JD001040.

[23] 樊后保.世界酸雨研究概况.福建林学院学报,2002,22(4): 371 - 375.

[24] 王文兴,张婉华,等.影响中国降水酸性因素的研究.中国环境科学,1993,13(6): 401 - 406.

[25] 王文兴,丁国安.中国降水酸度和离子浓度的时空分布.环境科学研究,1997,10(2): 1 - 6.

第 66 章

上海的酸雨化学及其与大气污染物的关系

酸雨在过去的 30 年内已经成为东亚严重的环境问题之一。由于中国迅速的城市化和机动车化,pH<5 的降雨等值线,在过去 10 年内已扩展到了黄河流域(35°N)和长三角地区(25°N)。在中国南部某些大城市,年均雨水 pH 甚至可达 3 左右[1]。模式研究表明,东亚 pH<4.5 的区域,主要位于中国西南部、长三角部分地区、黄海以及韩国[2]。上海位于中国的东海岸,被长江、东海和杭州湾所环绕。上海是中国的金融中心和工业基地,拥有全中国最大的石化工业以及最大的出口量。上海的酸雨源自本地释放的大量人为排放污染物,也受到来自东亚其他区域通过长程或中程传输的影响。来自化石燃料所产生的 S 和 N 的氧化物,是酸雨中酸性物质(SO_4^{2-}、NO_3^-)的主要前体物[3,4]。雨水中的组分受排放源、传输以及雨滴粒径的影响,反过来组分的改变也会影响云中和云下的清除过程[5]。早在 1981 和 1992 年,有人[6,7]测定了上海雨水中的某些可溶性离子,包括 SO_4^{2-}、NO_3^-、CO_3^{2-}、Cl^-、NH_4^+ 和 Ca^{2+}。有人报道了[8,9]上海酸雨的分布和 1989—1991 年酸雨的发生频率。本章以 2005 年上海一整年的降水概况,揭示酸雨的组成、来源、形成机制及其与大气污染物的关系。采样方法和化学分析方法详见本书第 7、8、65 章。

66.1 雨水 pH 的频率分布、季节变化以及年际变化

2005 年整年一共记录了 47 次降雨事件,其中共采集雨水样品 76 个,年均体积加权平均 pH 为 4.49±1.10,说明上海雨水的酸度较高。图 66-1 为整年 pH 的频率分布图,基本上符合正态分布,出现频率最高的集中在 4～5 之间。CO_2 饱和的未污染水 pH 为 5.60[10],雨水样品低于该值的就被认为是酸雨。计算结果显示,约有 70% 的雨水事件低于此 pH 临界值,最低的 pH 达到了 2.95。图 66-2 为所有雨样的 pH 变化图,图中的虚线代表 pH=5.60 的临界值。冬季和春季的酸雨频率为 78%,高于夏季和秋季的 67%,表明冷季发生酸雨较暖季多。这是由于冷季燃煤量的增加和机动车的冷启动而造成 SO_2 和 NO_2 的明显增加。冷季的 SO_2 和 NO_2 平均浓度分别为 71.6 和 72.9 $\mu g \cdot m^{-3}$,而暖季的平均浓度则分别为 50.3 和 50.5 $\mu g \cdot m^{-3}$。此外,暖季的降水量(680.58 mm)明显高于冷季

(144.91 mm),因为季风和台风可以带来强降水。较大的降水量会减少雨水中的酸度和发生酸雨的频率。

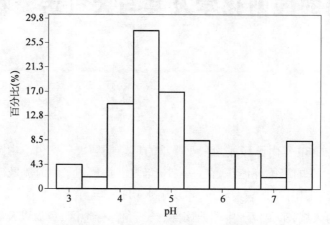

图 66-1 2005 年上海雨水 pH 的频率分布

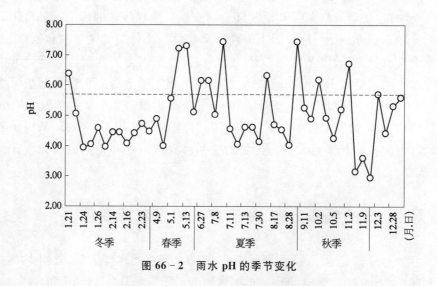

图 66-2 雨水 pH 的季节变化

图 66-3 为 1997—2004 年上海的年均 pH 值(《上海环境公报》,http://www.sepb.gov.cn/)。上海的年均 pH 呈明显下降趋势($r = 0.89, p < 0.05$),其平均下降率为 $2.6\% \cdot yr^{-1}$。和 1997 年相比,2005 年下降了 1.22 个 pH 单位,这意味着在过去的 8 年内,上海的雨水酸度增加了 15 倍以上。燃煤和机动车的迅速增长,导致了雨水中酸性离子的增加[11]。2005 年,上海 SO_2 和 NO_x 的排放量分别是 2000 年的 1.37 和 1.24 倍;到 2020 年,由于交通系统的扩展,NO_x 的排放量将很可能增加 $60\% \sim 70\%$[12]。显然,上海快速的城市化和机动车化,是其酸雨不断加剧的主因。

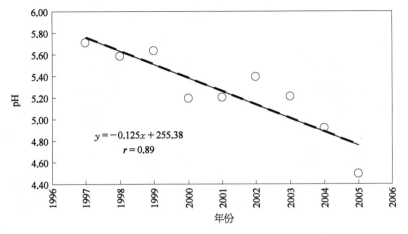

图 66 - 3　1997—2005 年上海雨水的年均 pH 变化趋势

66.2　雨水的离子化学

66.2.1　离子组成及浓度水平

通过离子色谱(化学分析方法详见本书第 7、8 章),分别测定了 10 种阴离子(F^-、CH_3COO^-、$HCOO^-$、MSA、Cl^-、NO_2^-、NO_3^-、SO_4^{2-}、$C_2O_4^{2-}$、PO_4^{3-})和 5 种阳离子(Na^+、NH_4^+、K^+、Mg^{2+}、Ca^{2+})。为检验是否有某些重要离子未检出,进行离子平衡检验。图 66 - 4 为总阴离子当量浓度之和($\sum^-$)与总阳离子当量浓度之和($\sum^+$)的线性相关图。图中显示上述两者高度相关,相关系数达 0.93,且 $\sum^-/\sum^+$ 的比值在 1.00 ± 0.25 的范围内,表明雨水中的主要离子均已检出[13]。$\sum^-/\sum^+$ 的平均值为 1.14,似乎某些样品中存在阳离子缺失。这很可能是由于 H^+ 未加入总阳离子浓度之和而造成的。如果把 H^+ 的浓度加入离子平衡检验,重新算得的 $\sum^-/\sum^+$ 平均值为 0.99,非常接近 1.00,说明这部分未检出的阳离子,确实来自 H^+,也说明雨水中测定的离子数据是准确可靠的。H^+ 的存在,正符合以上所说大多数雨样为酸性。表 66 - 1 列出了所有离子的当量浓度。对于每种离子,计算了其体积的加权平均浓度(volume-weighed mean, VWM)和体积的加权标准偏差(volume-weighed standard deviation, VWSD)。通过体积加权来计算一段时期内(月、年)内雨水中离子的浓度,是为了降低降水量对离子浓度的影响[14]。体积加权平均浓度,可通过公式 $\bar{X}=\sum_{i=1}^{n}X_iP_i\big/\sum_{i=1}^{n}P_i$ 计算得到[15],而体积加权标准偏差(VWSD)则是通过下式计算得到的[16]:

$$\text{VWSD}=\left[\frac{N\sum_{i=1}^{N}P_i^2[X_i]^2-(\sum_i^{N}P_i[X_i])^2}{(\sum_i^{N}P_i)^2(N-1)}\right]^{1/2} \tag{66-1}$$

上式中,P_i 为对应第 i 号样品的降雨量,X_i 为对应第 i 号样品中某个组分的浓度,N

为总样品的个数。pH 的平均值也是通过 H^+ 的平均浓度计算所得，$pH = -\log[H^+]$。由表 66-1 可见，主要离子的浓度以如下顺序排列：$Ca^{2+} > SO_4^{2-} > NH_4^+ > Cl^- > Na^+ > NO_3^- > Mg^{2+} > K^+ > F^-$。阴离子中 SO_4^{2-}、Cl^- 和 NO_3^- 是最重要的组分，分别占了总阴离子的 62.4%、18.2% 和 15.6%，平均浓度分别达到 199.59、58.34 和 49.80 $\mu eq \cdot L^{-1}$，而最高浓度分别可达 832.67、488.62 和 236.59 $\mu eq \cdot L^{-1}$。SO_4^{2-} 的高浓度主要来自燃煤，因为煤炭如今还是中国最主要的能源。NO_3^- 则主要来源于机动车排放和燃煤排放。阳离子中浓度最高的组分是 Ca^{2+}，占了总阳离子的 53.8%，它主要来源于矿物气溶胶中的含钙物质（$CaCO_3$、$CaCO_3 \cdot MgCO_3$、$CaSO_4 \cdot 2H_2O$ 等）的溶解。NH_4^+ 占总阳离子的 21.3%，主要来自人和牲畜的排泄物以及农业活动。上海雨水组成的一个特点是，Cl^- 和 Na^+ 浓度均较高，其平均浓度分别达到 58.34 和 50.11 $\mu eq \cdot L^{-1}$，是仅次于 Ca^{2+}、SO_4^{2-} 和 NH_4^+ 的物种。Cl^- 和 Na^+ 具有很好的相关性，相关系数达到 0.93，表明两者有相似的来源。雨水样品中的 Cl^-/Na^+ 平均值为 1.18，非常接近海水的比值 1.16，说明其来自海洋源。由于上海位于东海岸，海盐必然是其雨水组成中的重要部分。其他离子如 CH_3COO^-、$HCOO^-$、MSA、NO_2^-、$C_2O_4^{2-}$ 和 PO_4^{3-} 的浓度都非常低，几乎可以忽略。

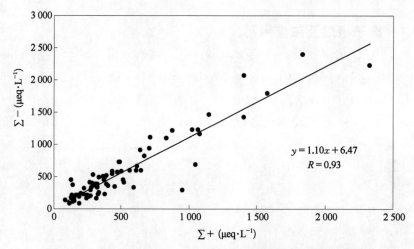

图 66-4　离子平衡检验——总阴离子和阳离子当量浓度线性回归

表 66-1　雨水中离子组分的浓度数据（$\mu eq \cdot L^{-1}$）

变　量	平均值	VWM	VWSD	最小值	最大值
pH	5.08	4.49	1.10	3.14	7.43
Na^+	68.36	50.11	15.33	9.35	322.14
NH_4^+	136.38	80.68	13.98	9.93	234.12
K^+	29.76	14.89	3.03	3.48	243.76
Mg^{2+}	41.47	29.64	7.28	7.48	136.21
Ca^{2+}	243.70	203.98	53.94	25.31	1 096.83

（续表）

变　量	平均值	VWM	VWSD	最小值	最大值
F^-	18.16	11.01	2.44	1.60	123.47
CH_3COO^-	0.66	0.36	0.19	BDL[a]	13.49
$HCOO^-$	0.14	0.06	0.02	BDL	1.91
MSA	0.003	0.003	0.02	BDL	0.12
Cl^-	89.62	58.34	17.02	6.72	488.62
NO_2^-	0.78	0.23	0.07	BDL	7.10
NO_3^-	77.89	49.80	10.46	5.38	236.59
SO_4^{2-}	274.65	199.59	35.99	14.71	832.67
$C_2O_4^{2-}$	0.21	0.10	0.09	BDL	9.48
PO_4^{3-}	0.08	0.33	0.25	BDL	3.71

a BDL：低于检测限（below detection limit）。

　　本研究比较了世界上其他一些国家城市的主要离子浓度水平。与世界上的各主要大城市相比，上海的污染水平居于前列[3,5,17-20]。与国内的城市相比，上海与重庆和湖南比较接近，而这些地区正处于中国的酸雨控制区[21]。南京的降水中，离子浓度甚至比上海还高，尤其是 SO_4^{2-} 和 NH_4^+[22]。南京和上海均位于长三角，2 座城市的高浓度离子从一个侧面反映了污染的区域性特征。由于城市化而大量消耗的能源，以及不断增加的机动车数量，其导致的污染物，特别是酸性物质 SO_2 和 NO_x 的大量排放，使得降雨中的 SO_4^{2-} 和 NO_3^- 浓度迅速飙升。这是上海及整个长三角地区酸雨严重的主因。

66.2.2　离子组分的季节变化

　　图 66-5 为主要离子的月平均浓度变化图，可根据其月变化特征分为 2 组。第一组包括 SO_4^{2-}、NO_3^-、NH_4^+ 和 Ca^{2+}，表现出冬春季浓度高而夏秋季浓度低的特征；第二组包括 Na^+、Cl^-、K^+ 和 Mg^{2+}，浓度的最高值出现在秋季，其次是冬春季，最低是夏季。所有离子在夏季的浓度都是最低的，这主要由于夏季降雨量最大，降雨量的增加稀释了雨水中离子的浓度[23,24]。二次气溶胶离子 SO_4^{2-}、NO_3^- 和 NH_4^+，在冷季的浓度较暖季高。一方面是由于源排放，SO_2 在春季和冬季的平均浓度分别为 59.3 和 72.0 $\mu g \cdot m^{-3}$，高于夏季和秋季；另一方面是由于降水量在冷季较低。SO_4^{2-} 平均浓度春季比冬季高。尽管在春季，其气体前体物浓度相对不高，但是由于冬季气温更低，对 SO_2 转化成 SO_4^{2-} 的反应不利，所以冬季 SO_4^{2-} 的浓度较春季低。Ca^{2+} 在春季出现较高浓度，这和来自北方和西北方沙尘源区传输的矿物气溶胶（如 $CaCO_3$、$CaSO_4$）有关。从图 66-5 中可见，Ca^{2+} 基本上和 SO_4^{2-} 和 NO_3^- 的变化趋势较为一致，说明了含 Ca 物质对酸性物质有中和作用。Na^+、Cl^-、K^+ 和 Mg^{2+} 离子主要来自矿物气溶胶或海盐粒子，多集中在粗颗粒物中，因此能够被降水更有效地去除[25]。由于秋季的降水量在整年中较高，故能更有效地去除颗粒物，

这些离子在秋季浓度较高的原因即在于此。除此之外,气象条件也是影响雨水中离子浓度的重要因素。在秋季,风速相对最低(2.26 m·s⁻¹),对污染物的扩散不利,频发的雾霾也对液相中离子的富集有利。

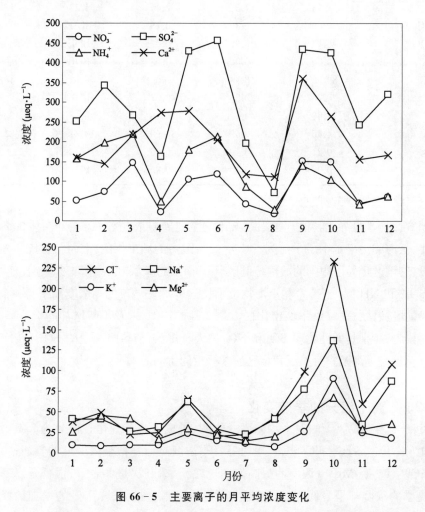

图 66-5　主要离子的月平均浓度变化

湿沉降对于区域生态及海域的营养输入,有重要影响。与离子的浓度排序不同,主要离子的湿沉降通量排序如下:夏季≈秋季>冬季>春季。年降雨量和降雨频率也以上述顺序排列,说明湿沉降的通量主要由总降雨量决定。

66.2.3　Ca^{2+}、NH_4^+ 和 Mg^{2+} 的中和作用

雨水中的酸性物质,都经历了一个重要的中和过程,才成为盐而存在于液相中。雨水中主要的碱性离子包括 Ca^{2+}、NH_4^+ 和 Mg^{2+}。不同离子的中和能力,可以通过计算其中和系数(NF)来衡量,计算公式为 $NF(X) = X / (SO_4^{2-} + NO_3^-)$[26],其中 X 指的是以上 3 种碱性离子。由计算得到 Ca^{2+}、NH_4^+ 和 Mg^{2+} 的中和系数,分别为 81.8％、32.4％ 和

11.9％。Ca^{2+} 在中和过程中的主导性作用,是由于其浓度较高和在粗颗粒物中分布较多而易于被冲刷。由这一简单的计算方法所得到的结果,在某种程度上可能会被高估,因为有部分酸性离子在和碱性物质结合之前,就已经以化合物的形式存在了,例如一些源自土壤的含 SO_4^{2-} 和 Cl^- 的蒸发盐[27]。通过多元线性回归分析,可以比较好地定量评价碱性离子对酸性物质的中和效率[5]。将 Ca^{2+} 和 NH_4^+ 作为自变量,而将 SO_4^{2-} 和 NO_3^- 作为因变量,进行多元线性回归分析,结果如表 66 - 2 所示。73.0％的 SO_4^{2-} 和 57.2％的 NO_3^-,能被自变量 Ca^{2+} 和 NH_4^+ 所解释。据此计算,69.8％的酸度能被中和。因此,之前计算中和系数的方法,明显对碱性物质的中和能力有所高估。在所有被解释的 SO_4^{2-} 中,60.1％以 $CaSO_4$ 的形式存在,只有 12.9％以 $(NH_4)_2SO_4$ 的形式存在;NO_3^- 的 46.1％以 $Ca(NO_3)_2$ 形式存在,11.1％为 NH_4NO_3。因此,多元线性回归也说明,含钙物质($CaCO_3$)在中和酸雨的酸性物质的过程中,比 NH_3 发挥了更为重要的作用。如果没有碱性物质的作用,雨水中的酸度将会有极大增加,北京和济南的年均 pH 值将分别达到 3.4 和 3.5[28]。上海如果没有碱性物质的中和,年均 pH 值将会是 3.57,比测得的 pH 低 0.92 个 pH 单位。

表 66 - 2　通过 Ca^{2+} 和 NH_4^+ 能解释的 SO_4^{2-} 和 NO_3^-

	由 Ca^{2+} 解释的％	由 NH_4^+ 解释的％	总体解释的％
SO_4^{2-}	60.1	12.9	73.0
NO_3^-	46.1	11.1	57.2

66.3　离子来源解析

66.3.1　相关性分析

通过相关性分析,可以对主要离子的来源进行快速定性分析。表 66 - 3 为雨水中主要离子的两两线性相关系数。相关性最好的为 Na^+ 和 Cl^-($r=0.93$),其后依次是 K^+ 和 Cl^-($r=0.91$)、SO_4^{2-} 和 NO_3^-($r=0.85$)、Ca^{2+} 和 SO_4^{2-}($r=0.83$)、Mg^{2+} 和 Cl^-($r=0.83$)、Ca^{2+} 和 Mg^{2+}($r=0.79$)、Na^+ 和 Mg^{2+}($r=0.76$)、Mg^{2+} 和 SO_4^{2-}($r=0.75$)、K^+ 和 Mg^{2+}($r=0.74$)、Na^+ 和 K^+($r=0.73$)以及 Ca^{2+} 和 NO_3^-($r=0.73$)。相关性较好,说明 2 个物种具有类似的来源或类似的形成途径。Na^+ 和 Cl^- 如上所述,主要来自海盐;SO_4^{2-} 和 NO_3^- 之间的良好相关性,是因为两者有类似的化学形成过程。Ca^{2+}、Mg^{2+}、Na^+、K^+ 两两之间的相关性表明,它们的相似来源主要是矿物或者海盐。而 NH_4^+ - SO_4^{2-}、NH_4^+ - NO_3^-、Mg^{2+} - NO_3^-、Mg^{2+} - SO_4^{2-}、Ca^{2+} - NO_3^- 和 Ca^{2+} - SO_4^{2-} 之间的相关性,则主要是由于它们来自相似的酸碱中和过程。NH_4^+ - NO_3^-($r=0.44$)和 NH_4^+ - SO_4^{2-}($r=0.46$)的相关性,远远小于 Ca^{2+} - NO_3^-($r=0.73$)和 Ca^{2+} - SO_4^{2-}($r=0.83$)。这与通常情况下 NH_4^+ 和 SO_4^{2-}、NO_3^- 之间存在显著的相关性不同,但和 66.2 节所得出的结果(含 Ca 物质在中

和过程中的作用高于 NH_3)非常吻合。这一推论也可以从 pH 与 Ca^{2+} ($r=0.54$)的显著相关性上看出,NH_4^+ 和 pH 却基本没有相关性($r=0.12$)。

表 66-3　主要离子之间的两两线性相关系数

	pH	F^-	Cl^-	NO_3^-	SO_4^{2-}	Na^+	NH_4^+	K^+	Mg^{2+}	Ca^{2+}
pH	1									
F^-	−0.05	1								
Cl^-	0.27	0.28	1							
NO_3^-	0.33*	0.31*	0.47**	1						
SO_4^{2-}	0.35*	0.32*	0.53**	0.85**	1					
Na^+	0.35*	0.26	0.93**	0.36*	0.49**	1				
NH_4^+	0.12	0.29*	0.08	0.44**	0.46**	0.09	1			
K^+	0.24	0.18	0.91**	0.51**	0.49**	0.73**	0.12	1		
Mg^{2+}	0.27	0.47**	0.83**	0.61**	0.75**	0.76**	0.21	0.74**	1	
Ca^{2+}	0.54**	0.33*	0.58**	0.73**	0.83**	0.57**	0.15	0.53**	0.79**	1

* $p=0.05$(双尾检验);** $p=0.01$(双尾检验)。

66.3.2　富集系数分析

为估算海洋源和非海洋源对主要离子的贡献,可以使用计算富集系数(EF)的方法。计算公式如下: $EF=(X/Na^+)_{雨水}/(X/Na^+)_{海水}$。由于 Na^+ 是海洋中的主要离子,且其基本上没有人为源,因此用其作为海洋源的参比离子。表 66-4 列出了主要离子与 Na^+ 的当量浓度比值,以及其相对应的海水中的比值,并计算了富集系数。Cl^-/Na^+ 的比值为 1.18,非常接近海水中的数值 1.16,说明这 2 种离子几乎都来源于海洋。SO_4^{2-}/Na^+ 的比值为 8.08,SO_4^{2-} 的富集系数高达 67.32,说明该离子的海洋源较之人为排放源相差很大。显然,燃煤是其高度富集的主要原因。而 NO_3^- 则更高,这是因为海洋中的 NO_3^- 基本可以忽略,大气中的 NO_3^- 都来源于人为污染。Ca^{2+} 和 K^+ 的海洋源也较少,道路扬尘、建筑活动以及土壤是 Ca^{2+} 的主要来源[29]。K^+ 的非自然来源,一般认为是生物质燃烧。Mg^{2+} 的富集系数为 3.26,只有轻度富集。经估算,海洋源的贡献占 30% 左右,而其他部分则来自矿物源或者建筑扬尘。

表 66-4　离子与 Na^+ 的比值及其相对应的海水中的比值和富集系数(EF)

	SO_4^{2-}/Na^+	Cl^-/Na^+	Ca^{2+}/Na^+	K^+/Na^+	Mg^{2+}/Na^+	NO_3^-/Na^+
海水	0.12	1.16	0.044	0.022	0.23	0.000 02
雨	8.08	1.18	4.72	0.42	0.75	2.21
EF	67.32	1.02	107.27	19.10	3.26	110 425.30

66.3.3 不同来源的定量估算

为定量估算不同来源对各种离子的贡献，先做以下假设。① Na^+ 都来自海洋源，因此其他离子的海洋源可通过公式 $[X]_{海洋源} = ([X]/[Na^+])_{海水} \times [Na^+]_{雨水}$ 来估算。② F^-、Cl^-、NO_3^- 和 NH_4^+ 没有矿物来源。③ Mg^{2+} 只来自海洋源和矿物源，可以根据 $(Ca/Mg)_{地壳}$ 和 $(K/Mg)_{地壳}$（Ca 和 K 在地壳中与 Mg 的比值）分别是 1.87 和 0.48，来估算 Ca^{2+} 和 K^+ 的矿物来源。④ SO_4^{2-} 来自矿物源的那部分是以 $CaSO_4$（石膏）的形式存在，可以通过以下公式估算其矿物来源：$[SO_4^{2-}]_{地壳} = 0.47[Ca^{2+}]_{地壳}$[30]，而其人为来源部分可通过 $[SO_4^{2-}]_{人为污染源} = [SO_4^{2-}]_{总计} - [SO_4^{2-}]_{海洋源} - [SO_4^{2-}]_{地壳源}$ 计算得到。通过以上假设，可以计算出降雨中主要化学组分的不同来源的贡献，结果列于表 66-5。SO_4^{2-}、Ca^{2+}、NH_4^+ 和 NO_3^- 主要来自人为污染源。上海的建筑活动频繁，Ca^{2+} 中也有相当部分来自人为源，矿物源和海洋源则占小部分。SO_4^{2-} 的自然来源（海洋源＋矿物源）占总量的 10% 左右。总的来说，上海雨水中的离子化学，主要还是受人为污染源影响，约占 70%，其次为海洋源，约占 18%，最少为矿物源，约占 12%。

表 66-5 上海降雨中主要离子组分不同来源贡献的浓度估算（$\mu eq \cdot L^{-1}$）

离子组分	海洋源	地壳源	人为污染源
F^-	0.00	0.00	11.01
Cl^-	58.13	0.00	0.21
NO_3^-	0.00	0.00	49.80
SO_4^{2-}	6.01	15.92	177.66
Na^+	50.11	0.00	0.00
NH_4^+	0.00	0.00	80.68
K^+	1.10	8.70	5.09
Mg^{2+}	11.52	18.12	0.00
Ca^{2+}	2.20	33.87	167.91
总计	129.07	76.61	492.36

66.3.4 不同区域的源贡献

风向对于污染物的传输非常重要。在大多数情况下，雨水中离子输入的多少，主要取决于雨量的大小和盛行的风向[31]。在本研究中，将所有的雨样与其降雨期间的风向数据相关联。通过后向轨迹，将所有样品的来源大致分为 4 个区，如图 66-6 所示。表 66-6 则是分别计算了主要离子来自不同方向的体积加权平均浓度。来自 W-NW-N 区的，不论是矿物组分（Mg^{2+}、Ca^{2+}）还是污染组分（SO_4^{2-}、NH_4^+、NO_3^- 和 K^+），均在 4 个区中最高。这是由于，来自北方的沙尘基本都是从北方和西北方传输过来的，从而造成矿物组分增加。同时，从这个方向传输的大气，也会带来很多邻近上海的其他城市的污染，因此也会发现污染组分的浓度较高。S-WS 区主要代表的是来自南方、西南方的内陆污染源,因此在 4 个区中也表现出较高的污染物浓度;而其矿物浓度没有来自 W - NW - N 的高,主要因为沙尘很少从南方或西南方传输过来。N - NE 和 E - SE - S 均代表海洋来源,这 2 个方向来源的降水中,离子成分的浓度均相对较小。与 N - NE 相比,E - SE - S 的离子浓度更小,表明从这个方向传输的污染物最少,因此是 4 个区中相对最洁净的。N - NE 也主要受海洋源的影响,这可以从其高浓度的 Na^+ 和 Cl^- 反映出来,但是其污染物浓度也处于一定的水平,特别是 SO_4^{2-} 和 NH_4^+。这很可能是由于受到了大陆的气流影响[32],并且也可能受到来自东北方的韩国、日本等影响。

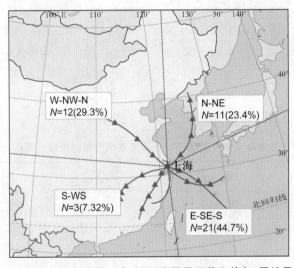

图 66 - 6　通过后向轨迹划分的 4 个分区(彩图见下载文件包,网址见 14 页脚注)

表 66 - 6　来自 4 个分区的离子组分体积加权平均浓度($\mu eq \cdot L^{-1}$)

分区	No.	F^-	MSA	Cl^-	NO_3^-	SO_4^{2-}	Na^+	NH_4^+	K^+	Mg^{2+}	Ca^{2+}
N - NE	11	12.54	0.01	74.38	36.19	207.81	65.82	71.46	15.05	32.51	246.46
E - SE - S	21	7.60	0.00	48.74	35.01	146.56	41.24	52.40	13.51	23.11	131.54
S - WS	3	21.74	0.00	38.03	126.37	374.60	35.64	214.92	13.71	27.82	172.92
W - NW - N	12	19.11	0.00	53.15	133.52	443.50	42.33	199.22	21.79	38.17	260.74

No.: 样品个数。

66.3.5　主因子分析

通过主因子分析,可以对具有类似来源的物种进行分类。对所有数据进行正交旋转分析所得的结果,如表 66 - 7 所示。总共解析出了 3 个主要因子,分别为 PC1、PC2 和 PC3。因子的方差贡献率总和为 85.33%,因此基本能够解释大部分的物种来源。第一个因子 PC1 可解释 58.75% 的变量,对 Cl^-、Na^+、K^+、Mg^{2+} 和 Ca^{2+} 有较高的载荷。由于 Cl^- 和 Na^+ 代表的是海洋源,而部分 K^+、Mg^{2+} 和 Ca^{2+} 来自矿物源,因此认为第一个因子代表的是自然源。第二个因子 PC2 可解释 16.17％的变量,对 SO_4^{2-}、NO_3^- 和 NH_4^+ 有较高的载荷。并对 Ca^{2+} 也有一定的载荷。根据之前的分析,SO_4^{2-}、NO_3^- 和 NH_4^+ 主要来自燃煤、机动车排放以及人、牲畜的排泄物和化肥施用等农业活动,而部分 Ca^{2+} 来自建筑活动,因此认为第二个因子代表的是人为污染源。第三个因子 PC3 可解释 10.41％的变量,并且只对 Ca^{2+} 和 pH 值有比较高的载荷,Ca^{2+} 的载荷明显比 SO_4^{2-} 和 NO_3^- 高,说明上海雨水中的酸度主要受碱性物质 Ca^{2+} 的影响。这也和本章中关于碱性物质之中和效率的分析是完全符合的。

表 66-7 主因子分析
因子载荷矩阵

变 量	PC1	PC2	PC3
pH	0.10	0.04	0.91
Cl^-	0.97	0.09	0.14
NO_3^-	0.36	0.73	0.38
SO_4^{2-}	0.43	0.73	0.42
Na^+	0.89	0.04	0.22
NH_4^+	−0.05	0.86	−0.08
K^+	0.89	0.16	0.10
Mg^{2+}	0.82	0.37	0.25
Ca^{2+}	0.51	0.38	0.69
方差百分比	58.75	16.17	10.41
类型	天然源	人为源	

综上所述,上海的酸雨污染相当严重。2005 年平均 pH 低至 4.49,远低于酸雨临界值 5.60,最低值达 2.95。酸雨降雨频率高达 71％。雨水的 pH 呈逐年显著下降的趋势。与 1997 年相比,上海雨水中的酸度增加了约 15 倍。大量 SO_2 和 NO_x 的排放,是造成雨水中主要致酸物质 SO_4^{2-} 和 NO_3^- 浓度升高的主要原因。上海雨水中的主要离子,特别是 SO_4^{2-},远高于其他国家和城市。SO_4^{2-}、NH_4^+、NO_3^- 和 Ca^{2+} 浓度在冬春季达到最高,而 Na^+、Cl^-、K^+ 和 Mg^{2+} 浓度则在秋季达到最高。离子的季节变化,主要与其来源及降水量有关。SO_4^{2-} 和 NO_3^- 主要是以 $CaSO_4$ 和 $Ca(NO_3)_2$ 的形式存在,表明了 Ca^{2+} 在中和过程中的作用,比 NH_4^+ 来得更为重要。源解析表明,SO_4^{2-}、NO_3^-、NH_4^+ 和大部分 Ca^{2+},主要来自人为污染源;K^+、Mg^{2+} 和部分 Ca^{2+},主要来自矿物源;而 Cl^- 和 Na^+,则基本来自海洋源。上海的降水化学,不但受到本地污染源的影响,而且受中程和长程传输的影响。

参考文献

[1] Terada H, Ueda H, Wang Z F. Trend of acid rain and neutralization by yellow sand in East Asia — A numerical study. Atmospheric Environment, 2002, 36(3): 503-509.

[2] Han Z W, Ueda H, Sakurai T. Model study on acidifying wet deposition in East Asia during wintertime. Atmospheric Environment, 2006, 40(13): 2360 – 2373.

[3] Mouli P C, Mohan S V, Reddy S J. Rainwater chemistry at a regional representative urban site: Influence of terrestrial sources on ionic composition. Atmospheric Environment, 2005, 39(6): 999 – 1008.

[4] Das R, Das S N, Misra V N. Chemical composition of rainwater and dustfall at Bhubaneswar in the east coast of India. Atmospheric Environment, 2005, 39(32): 5908 – 5916.

[5] Migliavacca D, Teixeira E C, Wiegand F, et al. Atmospheric precipitation and chemical composition of an urban site, Guaiba hydrographic Basin, Brazil. Atmospheric Environment, 2005, 39(10): 1829 – 1844.

[6] Jiang Y, Wang S. Study on the trends, effects and countermeasures of acid rain in Shanghai area. Shanghai Environmental Science, 1992, 11(1): 24 – 26.

[7] Jiang Y, Wang S, Chen H, et al. Determination of acidity and some ionic content of rainwater in Shanghai. Environmental Science, 1981, 2(2): 134 – 136.

[8] Gong S H, Chen G H, Zheng H X, et al. Preliminary-study on acid-rain distribution over Shanghai-City. Chinese Science Bulletin (in Chinese), 1988, 33(14): 1204 – 1208.

[9] Xiong Y. Current status of acid rain in Jiading County, Shanghai. Shanghai Environmental Science, 1992, 11(1): 27 – 28.

[10] Rao P S P, Momin G A, Safai P D, et al. Rain water and throughfall chemistry in the Silent-Valley Forest in South-India. Atmospheric Environment, 1995, 29(16): 2025 – 2029.

[11] Zhang M Y, Wang S J, Wu F C, et al. Chemical compositions of wet precipitation and anthropogenic influences at a developing urban site in southeastern China. Atmospheric Research, 2007, 84(4): 311 – 322.

[12] Chen C H, Wang B Y, Fu Q Y, et al. Reductions in emissions of local air pollutants and co-benefits of Chinese energy policy: A Shanghai case study. Energy Policy, 2006, 34(6): 754 – 762.

[13] Zhang J, Chen N, Yu Z, et al. Ion balance and composition of atmospheric wet deposition (precipitation) in Western Yellow Sea. Marine Environmental Science, 2000, 19(2): 10 – 13.

[14] Staelens J, De Schrijver A, Van Avermaet P, et al. A comparison of bulk and wet-only deposition at two adjacent sites in Melle (Belgium). Atmospheric Environment, 2005, 39(1): 7 – 15.

[15] Sequeira R, Lai C C. Small-scale spatial variability in the representative ionic composition of rainwater within urban Hong Kong. Atmospheric Environment, 1998, 32(2): 133 – 144.

[16] Jain M, Kulshrestha U C, Sarkar A K, et al. Influence of crustal aerosols on wet deposition at urban and rural sites in India. Atmospheric Environment, 2000, 34(29 – 30): 5129 – 5137.

[17] Baez A, Belmont R, Garcia R, et al. Chemical composition of rainwater collected at a southwest site of Mexico City, Mexico. Atmospheric Research, 2007, 86(1): 61 – 75.

[18] Al-Khashman O A. Study of chemical composition in wet atmospheric precipitation in Eshidiya area, Jordan. Atmospheric Environment, 2005, 39(33): 6175 – 6183.

［19］　Lee B K, Hong S H, Lee D S. Chemical composition of precipitation and wet deposition of major ions on the Korean Peninsula. Atmospheric Environment, 2000, 34(4): 563 - 575.

［20］　Tuncer B, Bayar B, Yesilyurt C, et al. Ionic composition of precipitation at the Central Anatolia (Turkey). Atmospheric Environment, 2001, 35(34): 5989 - 6002.

［21］　Aas W, Shao M, Jin L, et al. Air concentrations and wet deposition of major inorganic ions at five non-urban sites in China, 2001 - 2003. Atmospheric Environment, 2007, 41 (8): 1706 - 1716.

［22］　Tu J, Wang H S, Zhang Z F, et al. Trends in chemical composition of precipitation in Nanjing, China, during 1992 - 2003. Atmospheric Research, 2005, 73(3 - 4): 283 - 298.

［23］　Beverland I J, Crowther J M, Srinivas M S N, et al. The influence of meteorology and atmospheric transport patterns on the chemical composition of rainfall in south-east England. Atmospheric Environment, 1998, 32(6): 1039 - 1048.

［24］　Clark K L, Nadkarni N M, Schaefer D, et al. Cloud water and precipitation chemistry in a tropical montane forest, Monteverde, Costa Rica. Atmospheric Environment, 1998, 32 (9): 1595 - 1603.

［25］　Tuncel S G, Ungor S. Rain water chemistry in Ankara, Turkey. Atmospheric Environment, 1996, 30(15): 2721 - 2727.

［26］　Kulshrestha U C, Sarkar A K, Srivastava S S, et al. Investigation into atmospheric deposition through precipitation studies at New Delhi (India). Atmospheric Environment, 1996, 30(24): 4149 - 4154.

［27］　Draaijers G P J, VanLeeuwen E P, DeJong P G H, et al. Base-cation deposition in Europe. 2. Acid neutralization capacity and contribution to forest nutrition. Atmospheric Environment, 1997, 31(24): 4159 - 4168.

［28］　Fujita S, Takahashi A, Weng J H, et al. Precipitation chemistry in East Asia. Atmospheric Environment, 2000, 34(4): 525 - 537.

［29］　Ali K, Momin G A, Tiwari S, et al. Fog and precipitation chemistry at Delhi, North India. Atmospheric Environment, 2004, 38(25): 4215 - 4222.

［30］　Delmas R. Contribution à l'étude des forêts équatoriales comme sources naturelles de dérivés soufrés atmosphériques, PhD Thesis. Université Paul Sabatier de Toulouse, Toulose, France, 1981.

［31］　Whelan M J, Sanger L J, Baker M, et al. Spatial patterns of throughfall and mineral ion deposition in a lowland Norway spruce (*Picea abies*) plantation at the plot scale. Atmospheric Environment, 1998, 32(20): 3493 - 3501.

［32］　Chang S Y, Lee C T, Chou C C K, et al. The continuous field measurements of soluble aerosol compositions at the Taipei Aerosol Supersite, Taiwan. Atmospheric Environment, 2007, 41(9): 1936 - 1949.

第 7 篇

大气化学研究的若干新方法

本篇阐述本研究组发展的几种研究大气化学和大气气溶胶科学的新方法。

第 67 章
气溶胶单颗粒物化学组成的图像分析法

沙尘气溶胶由于其长距离的传输,而越来越受到人们关注。大气气溶胶与全球环境及人类健康密切相关,研究其物理化学特性至关重要[1-3]。大气气溶胶单颗粒,是土壤灰尘和各种来源人为污染物的非均匀混合物[4]。其中很多气溶胶单颗粒物是内部混合的,可展现出颗粒物的内部特性。因为很多重要化学反应发生在单颗粒表面上,所以单个粒子的物理化学特性,揭示了大量关于气溶胶来源、传输和转化的有用信息。对常规的总颗粒物的平均组成进行分析,无法提供如此微观和精细的信息。由于多数研究仅致力于传统的颗粒物平均化学成分分析,在微观尺度上深入分析气溶胶单个粒子的化学组成和形态学,在气候和流行病学研究中变得越来越重要[5-8]。为了得到有统计意义的可靠结果,运用单颗粒物分析,必须分析成百上千的单个粒子。目前众多的微分析手段,如扫描电镜能谱联用仪(SEM-EDX)和质子诱导 X 射线发射微探针(PIXE),可用以进行这样的分析。研究者一般运用主成分因子分析[9,10]、变量聚类分析[9,11]、样本聚类分析[4]或者只是计数分析[12,13]等统计分析方法,来处理如此大量的单颗粒数据。不过,这些分析有一定局限性,最佳的因子数和聚类数不能由有关的程序给出,只能根据操作者的经验加以人为选择。例如,J. R. Anderson 等[14]选择 47 个较大的类,而忽略了较小的类,而且其高不确定性也给分析数据的解释带来了困惑。虽然由聚类分析得到的各个类,显示了单颗粒物的复杂组成,但是这些类的划分,忽略了单颗粒物之间原有的关联,给读者留下的印象是支离片段的,而不构成有机的整体。至于主成分因子分析,当单颗粒物的复杂非均匀性给出了众多的单元素因子时,它也无能为力。本章介绍一种崭新的气溶胶单颗粒物图像分析技术。图像分析提供了一种简单直接的方法,揭示出整个数据集的关键部分,以及各部分之间的固有关系。本章以 2002 年 3 月 20 日北京特大沙尘暴的 TSP 样品(命名为 DS)为例,从所采集的总悬浮颗粒物(TSP)样品中,随机选取 565 个悬浮颗粒物。假定每个颗粒物中的每种元素以氧化物(Cl 除外)的形式存在,且 14 种元素和它们所含的相应氧(O)的总量为 100%,采用 X-Y 图和三元图,分析出单颗粒物组成的主要的类,并用一系列指向单个氧化物的趋势线和特殊点,揭示出组成单颗粒物这一混合物的各种基本化合物[15]。

67.1 传统的单颗粒分析

67.1.1 相关系数分析

单颗粒物所含的元素之间,具有极其不寻常的相关性(表 67 - 1)。通常 Si、Al、Fe 等地壳元素在气溶胶中的平均浓度之间有着紧密的关联(相关系数＞0.9),在沙尘暴样品中则关联更为紧密。而在单颗粒物的数据中,没有发现地壳元素之间明显的相关性(相关系数均小于 0.4),仅仅 S - Cl 一对有较高的相关系数(0.75)。这表明,传统的颗粒物平均化学成分分析,使元素信息简单化。经典的分析没有从简单的数字中,揭示深藏在单颗粒物信息中复杂的内在关联。单颗粒物中所含元素的不相关性,可能是客观存在的,因此相关系数分析法无法提供进一步的信息。

表 67 - 1 单颗粒物中各元素的相关性分析

	Na_2O	MgO	Al_2O_3	SiO_2	P_2O_5	SO_3	Cl	K_2O	CaO	Fe_2O_3
Na_2O	1									
MgO	0.27	1								
Al_2O_3	0.09	0.3	1							
SiO_2	−0.26	−0.44	−0.16	1						
P_2O_5	−0.37	−0.3	−0.28	−0.13	1					
SO_3	−0.2	−0.34	−0.45	−0.33	0.49	1				
Cl	−0.2	−0.24	−0.33	−0.28	0.41	0.75	1			
K_2O	−0.17	−0.1	0.29	0.07	−0.3	−0.13	−0.05	1		
CaO	0.1	0.19	−0.22	−0.44	−0.09	−0.08	−0.08	−0.16	1	
Fe_2O_3	0.1	0.32	0.12	−0.22	−0.38	−0.29	−0.23	0.05	−0.08	1

67.1.2 主成分因子分析

主成分因子分析用于寻找源信息[16]。因子分析的关键之处在于指定因子数目,但必须人为指定。不同的因子数目,导致负荷系数的不同分布,并可能给出不同的源解析。研究者既要保证因子数足够多,使得所有的源信息被显现;又要防止因子数太多,以致单个元素组成自己的因子。最终的选择往往取决于人为的经验和判断,而不是数学理论的客观结果。对沙尘暴气溶胶单颗粒物的 10 个主要元素数据(检出的数频率＞70％),从 2个因子到 10 个因子进行了多次尝试。所发现的因子数越多,则负荷系数的平方和越大,直到等于 1(图 67 - 1)。最终设定最佳因子数目是 7,虽然负荷系数能够解释 80％,但是仍不令人满意(表 67 - 2)。与总体气溶胶样品元素的来源分析结果不同,地壳元素从一开始就分散到不同的因子中。Al、Fe、Na 和 Mg 分布在不同的因子中,Si 被分散在 7 个因子的 5 个中(负荷系数＞0.25)。其中一个表明,Cl 和 S 在沙尘暴气溶胶单颗粒中有紧密关联(大约−0.9)。由此可见,虽然因子分析揭示了这些地壳元素之间存在不同之处,但无法解释这些地壳元素之间,究竟是如何不同,以及为什么会发生这样的不同。

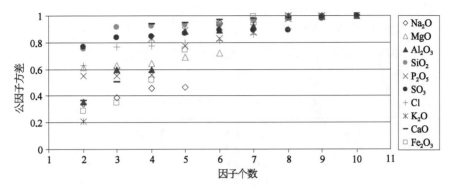

图 67 - 1　众数(载荷的平方和)与因子个数的关系(彩图见图版第 46 页,也见下载文件包,网址见正文 14 页脚注)

表 67 - 2　因子分析的最佳结果

	Fac 1	Fac 2	Fac 3	Fac 4	Fac 5	Fac 6	Fac 7	公因子方差
Na_2O	0.09	0.07	0.08	−0.07	−0.03	−0.96	0.09	0.97
MgO	0.14	0.18	0.06	−0.15	−0.16	−0.12	0.92	0.97
Al_2O_3	0.30	0.84	−0.23	0.16	−0.01	−0.06	0.20	0.92
SiO_2	0.50	−0.42	−0.10	0.59	0.28	0.20	−0.27	0.97
P_2O_5	−0.43	0.18	0.58	−0.01	0.24	0.43	−0.29	0.88
SO_3	−0.90	−0.14	0.12	−0.01	0.09	0.07	−0.19	0.89
Cl	−0.90	−0.13	−0.02	0.06	0.11	0.10	−0.01	0.86
K_2O	0.00	0.22	−0.91	0.05	−0.01	0.15	−0.12	0.91
CaO	0.10	−0.17	0.03	−0.96	0.08	−0.04	0.09	0.98
Fe_2O_3	0.15	0.02	−0.06	0.03	−0.97	−0.04	0.15	0.99
可解释百分比	2.21	1.08	1.25	1.32	1.13	1.21	1.13	
可解释方差	0.22	0.11	0.13	0.13	0.11	0.12	0.11	

67.1.3　聚类分析

聚类分析对于单颗粒物信息的挖掘能力同样非常有限。在 STATISTICA 软件* 中,变量的聚类分析不能使用 300 个以上样本的数据集,并且大量的样本会使系统树图十分复杂难懂。而在样本聚类分析之前,操作者必须指定聚类数目,只能逐个尝试,直到每个变量的 $P<0.05$。但增加类数目有时并不能使 P 值减小,最后的群数目可能超过 30。关联规则趋向于制造相似的小类[9],很难揭示它们之间的区别。聚类分析给出人为

---

* 一种常用的统计分析软件。

武断的类数目,很难令人信服。通过样本聚类分析的多次尝试,发现沙尘暴单颗粒物的最佳类数目为4(表67-3)。根据得到的各类中心值,作最可能的解释:铝硅酸盐(黏土)为沙尘暴粒子中的最大类,占565个粒子的61.59%;其次,较纯石英类大约占13.98%;硫酸盐约占12.98%;CaO、MgO和其他约占11.5%。虽然聚类分析给出了比因子分析多的信息,但结果只能得到每类的中心值,还是无法知道每个类的范围、粒子的分散状况和类之间的固有关联。

表67-3 单颗粒物的聚类分析结果

	Case%[a]	Na_2O	MgO	Al_2O_3	SiO_2	P_2O_5	SO_3	Cl	K_2O	CaO	TiO_2	V_2O_5	ZnO	Fe_2O_3	CuO
类2	61.59	4.76	7.27	23.56	46.33	3.79	3.89	0.27	2.64	2.46	0.18	0.01	0.02	4.80	0.00
类3	13.98	2.20	3.16	11.94	66.63	4.61	4.90	0.27	1.68	1.87	0.16	0.00	0.01	2.43	0.14
类4	12.92	2.41	3.23	14.49	39.49	13.56	21.39	1.74	1.26	1.89	0.00	0.00	0.54	0.00
类1	11.50	6.67	9.07	15.59	29.20	4.83	4.69	0.30	1.15	19.69	1.58	0.15	0.00	5.27	0.17
显著性	p	0.00	0.00	0.00	0.00	0.00	0.00	0.00	0.00	0.00	0.00	0.05	0.09	0.00	0.06

[a] case%表示聚类分析得到的结果中的某一类占所有颗粒物的百分比。

虽然单颗粒物数据包含着气溶胶在微观尺度上的大量信息,但是传统的分析方法不能很好地加以解析。在某种程度上,它们给出人为的、经验的、抽象的结论。相关性分析显示,大多数元素并不相关。因子分析虽能确认各个地壳元素之间有不同之处,但不能给出如何不同和解释为什么不同。聚类分析同样也不能给出更加深入可靠的信息。

67.2 图像分析法

K. A. Rahn[17]发展了一种简单的图像分析技术,根据某地点大量气溶胶总体样品的平均元素浓度,提取出地壳源、海洋源和污染源的贡献信息。我们把这一图像分析方法,用于分析大量的气溶胶单颗粒物数据,其结果非常令人鼓舞。

67.2.1 X-Y 散点图图像分析

1. 区域、线和点

单颗粒物元素浓度的简单 X-Y 散点图,能够提供大量的信息。这里举3个最简单的例子,即 Al_2O_3、CaO 和 SO_3 对 SiO_2 的散点图(图67-2到图67-4)。它们都展示了2类主要特征——1个准三角形核心区域,以及从它延伸出的2条或更多的直线。向下的直线指向散点图的底角,而向上的直线指向顶角或边轴。核心区域包含一半或者更多的单颗粒。

为理解这些散点图的基本特征,必须给出一个基本假设,即这里所谓元素"浓度"是假设被测的13种氧化物和Cl的总和为1的计算值。单颗粒物含有超过1种的主要成分

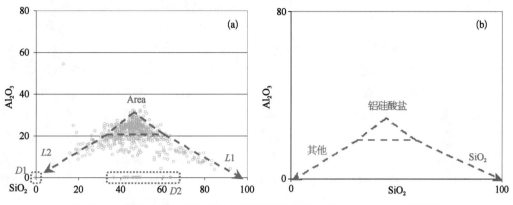

图 67-2　Al_2O_3-SiO_2 图的图像分析（彩图见下载文件包，网址见 14 页脚注）

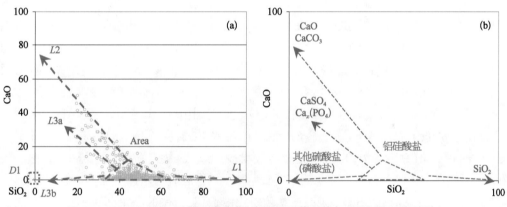

图 67-3　CaO-SiO_2 图的图像分析（彩图见下载文件包，网址见 14 页脚注）

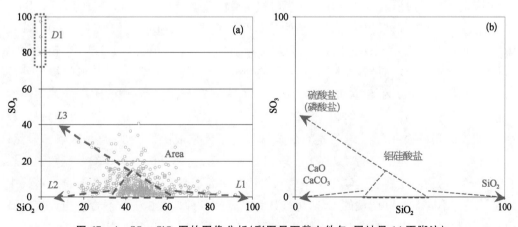

图 67-4　SO_3-SiO_2 图的图像分析（彩图见下载文件包，网址见 14 页脚注）

(矿物质)。由于100％的强加限制,可以在图中观察到平滑的趋势线,甚至斜率为负的线。其中原理非常简单:在单颗粒物中,当任何一个元素的质量分数增加,则其他所有元素的质量分数必然相应地减少。当任何一个元素质量分数不断增加时,相应的粒子会构成直线,并趋近此物种轴的100％。在 $X-Y$ 散点图中,当此元素作为水平轴时(图67-2到图67-4中的 SiO_2),就呈现出负斜率的直线,并指向图的右下角;当此元素作为竖直轴时,此直线的斜率为正,指向图的左上角(图67-3中的 CaO);当此元素既不作水平轴,又不作竖直轴时,此直线就会指向原点(图67-2和图67-4)。有2种方式可以在散点图中产生直线。显而易见的一种方式就是,在已存的粒子中添加某一元素,或者含有单一元素的矿物质,例如 SO_2 吸附到碱性颗粒(沙尘颗粒)上,被氧化成硫酸盐。但是,这个过程不能完全解释 SiO_2 和 CaO 的趋势线(甚至沙尘粒子中的 SO_3 趋势线)。其可能的解释是,趋势线中一系列粒子的某种元素不断地增加,或者另一种元素不断地减少,从而导致其他元素相应地增加;或者某种元素连续增加,而其他元素同时减少。总之,一系列颗粒物无论其中存在哪种方式的内在关联,它们都呈现成分的连续渐变趋势。如果上述2种方式的任一种发生,它们的二元图都能呈现指向各角的平滑趋势线。沙尘暴气溶胶中"纯"的矿物颗粒(位于趋势线尾端)极有可能是通过"成盐"和"喷沙"过程,从大颗粒物的表面上分裂出的小颗粒。这些颗粒物往往为几种矿物的混合,有时为很纯的矿物颗粒。后者出现在图的中间核心区域和角上(黏土、SiO_2、CaO),而前者出现在直线上。

下面来详细讨论 $X-Y$ 散点图。在 $Al_2O_3-SiO_2$ 图中(图67-2),中间存在一个明显的三角形点群(指定为"Area")。一条清楚的负斜率直线,从三角形的右侧下部,几乎伸展到图的右下角(命名为 $L1$);一条更短但较模糊的直线,从三角形的左侧下部,伸展到图的左下角(叫作 $L2$);还有一些点不规则地排列在三角形的底边下面,构成小散点区。$L1$ 直线趋向于约95％的 SiO_2,表明在单颗粒物中,石英所占的质量分数不断增加,或者石英本身不断加入,或者其他矿物质(简而言之为黏土)不断减少。直线的顶端表明,在565个粒子中,石英的最大含量达到约92％(而这个粒子中的剩余部分为8％的 Al_2O_3)。较纯的石英占主导地位,恰好反映了沙尘暴气溶胶的基本特征。在所有其他元素与 SiO_2 的散点图中,同样可以看到指向纯石英的趋势线。左边的线($L2$)指向原点(0,0),并且保持 $1/1.5$ 的 Al_2O_3/SiO_2 恒定斜率,而且在原点的确存在一个点。$L2$ 表明,颗粒物中两元素成比例地减少,而另一成分增加直到左下角。$L2$ 线的下端点、三角形的接合处及顶点,分别描述 Al_2O_3 和 SiO_2 占总量的25％、50％和75％,而且它们的比率沿着这条线的趋势几乎恒定。其他元素的 $X-SiO_2$ 散点图,也有这样的一条线。尽管它们的斜率较小,且线上的颗粒数可能较少,但是它们全都描述了元素成比例减少,直到原点。显然,必定有某些元素替换了它们。从图67-3很容易发现,这个替代物是 CaO。三角形的核心区域(Area)被限定在左边($L2$ 延长线)、右边($L1$ 延长线)和底边(准水平线)中,其中的粒子具有不同 Si/Al 比例的成分,可被认为主要是各种黏土粒子的混合。由连接区域中的粒子和原点所得到的类似左边的线,通过它所得到的 X/SiO_2 比值,代表了黏土矿物粒子的平均组成。图 67-2 中在三角形核心区域下面的散点与区域内的黏土比较,表明粒子具有较低的 Al/Si 比率,可划分为 3 个小区,有 3 种解释:一是粒子中的 SO_3 较高;二是三角形左边的粒子不断添加 SiO_2;三是三角形右边的粒子不断添加 CaO。因此,在 Al_2O_3-SiO_2 散点图中,揭示了 Si 和 Al 的 6 种不同关联:1 个黏土矿物质的核心区域(无明显相关性)、2 条分别代表 SiO_2 和 CaO 质量分数不断增加的射线(正相关与负相关),以及 3 个三角形下的小区(正相关、负相关与不相关)。这解释了 Al_2O_3 和 SiO_2 总体的不相关性($r=-0.16$)。期望能够找到一个或更多的关联,对应于一个或多个因子分析中的因子和聚类分析中的类。核心区域由于存在太多且太小的不同指向,而难以找到相关的因子。但是,由趋势线可能容易找到相关的因子,如因子 2(Al_2O_3 和 SiO_2 负荷系数分别为 0.84 和 -0.42)可能对应于 $L1$。聚类分析中的类 2(类中心含有 24% Al_2O_3 和 46% SiO_2)正好对应于核心区域的黏土矿物,但是其他 3 个类在 Al_2O_3-SiO_2 散点图中,没有明显的特征来描绘。

CaO-SiO_2 散点图(图 67-3)与图 67-2 类似,包含 1 个三角形的核心区域,2 条指向底角的射线,还含有 2 条从三角形顶角附近向上延伸的、指向 y 轴的射线。较长且较陡的线(图 67-2 中的 $L2$)描述 CaO(或 $CaCO_3$,因为没有 C 和 O 的数据)质量分数不断增加,它的顶端能达到含有 50% 的 CaO,且向 80% CaO 的截距延伸。较短的线(图 67-3 中的 $L3$)延伸到含有大约 25% 的 CaO,它可能代表 $CaSO_4$(见下面)。因此,核心区域的点(即图 67-2 中在 Area 的点)描述黏土中 Ca 和 Si 的变化,$L2$ 揭示 CaO(或者 $CaCO_3$)连续递增的渐变趋势,$L3a$ 可能表明 $CaSO_4$ 不断添加替代黏土,而左上 $L3b$ 表示铝硅酸盐与不断增长的其他硫酸盐(除 $CaSO_4$ 之外),右下的 $L1$ 表示黏土与逐步增长的 SiO_2。SO_3-SiO_2 散点图(图 67-4)的特征,介于 Al_2O_3 和 CaO 的散点图之间。像 Al_2O_3 散点图,它有一准三角形核心区域(Area)和从它底角辐射出的向上和向下的射线。左线($L2$)和右线($L1$)分别描述 CaO($CaCO_3$)和 SiO_2 质量分数的增加趋势。SO_3 趋势线($L3$)从准三角形顶部开始,向左上延伸出来,表明 SO_3 可能以 $CaSO_4$ 和其他硫酸盐形式,不断引入到黏土当中。虽然这条趋势线在这里看起来比较模糊,但是在北京非沙尘暴气溶胶单颗粒物分析中它非常显著,可被看作是来源于人为污染的 SO_2 不断添加到颗粒物中。三角形上部区域的散点,可视为过量的 SO_3 加入铝硅酸盐和石英中,它们对应于图 67-2 中三角形区域下方的散点。有少数几个粒子出现在 x 和 y 轴上,指定那些特殊点为 $D1$ 和 $D2$(图 67-2 到图 67-4)。D1 在 X-SiO_2 图 67-2 和图 67-4 的原点上,在图 67-3 的 y 轴上部。D1 中的粒子包含 80%~100% 的 SO_3 和 5%~15% 的 Cl,几乎没有其他物质。由于缺乏 N、H 和 C 的数据,只能根据总体气溶胶的离子分析结果加以判断,它们最有可能是 $(NH_4)_2SO_4$ 或 NH_4HSO_4 以及少量的 NH_4Cl。虽然粒子数少于总体的 1%,但是明显表明了沙尘暴样品中污染气溶胶的引入。D2 在图 67-2 的 SiO_2 轴上,对应于图 67-3 和图 67-4 三角形核心区域上部分的散点,它们含有很高的 SO_3(约 40%)、P_2O_5(约 15%)和一定量的 SiO_2(约 40%),所以可被看作是来自沙尘源区的盐类与石英的混合物。

图 67-2 到图 67-4 展示了图像分析法如何深入合理地解析如此复杂的单颗粒物数据。在总体气溶胶样品中,地壳元素如 Si、Al、Fe、Ti 等,在散点图中展现出一条细的 45°直线。与此不同,单颗粒物展现了各种"纯"的矿物或污染组分(线的端点)和它们之间平滑的渐变趋势,而这只能借助强有力的图像分析法,来抓住整个复杂数据集的最主要部分,并且理解组成部分之间的内在联系。同理,也可将上述扩展为任 2 个的散点图,会得到许多单颗粒物的意想不到的性质。例如 $CaO-SO_3$、K_2O-SO_3 图中呈现出"丄"形状,表明存在含有 Ca 和 K 的不同种类的矿物质(包括 $CaSO_4$ 和 K_2SO_4);Fe_2O_3-X 图表明有少数粒子含有异常高的 Fe_2O_3。

2. 小类

基于常规聚类分析和前面 $X-Y$ 散点图所得到的结果,将单颗粒物重组为 8 小类(图 67-5)。沙尘暴气溶胶的矿物学并不简单,包括黏土(几种铝硅酸盐)、石英、方解石、石膏,一些硫酸盐和一些金属矿物质,就像黄土[18]再加一些硫酸盐。因此,单颗粒物基本上反映了地壳源和少量污染源。图中不同组分的类,分布在不规则的区域,而且它们之间没有明显边界,说明单颗粒物在差别背后有着本质的必然关系。这正好是趋势线所揭示的。单个粒子仍然是矿物质的混合物,它们之间有着连续递变的趋势。这给前面的讨论结果提供了证据。

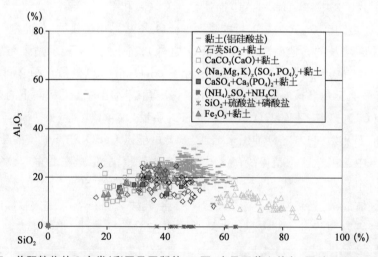

图 67-5　单颗粒物的 8 小类(彩图见图版第 46 页,也见下载文件包,网址见正文 14 页脚注)

67.2.2　三元图图像分析

三元图能同时展示 3 个组分的信息。它假定每个数据点的 3 个组分的总和是 1,然后根据计算后的数值来显示每个数据点。几乎所有单颗粒物都含有 2 种以上组分,因此使用三元图来挖掘它们数据后的深层次信息最为有力。三元图直接显示了组分的比率,并提供了很多潜在的矿物质源信息。到目前为止,只有少数几位研究人员尝试使用三元图,但也仅是简单展示[19,20]。

1. 矿物类别及特征比例

最简单的例子是 2 种最主要组分(SiO_2 和 Al_2O_3)和所有其他元素($Others$)的三元图。单颗粒物的 SiO_2 和 Al_2O_3 及 $Others$(所有其他元素的和)的三元图(图 67 - 6)与 $Al_2O_3 - SiO_2$ 散点图(图 67 - 2)类似,但形状似被压缩,并向右倾斜。相应地,中间部分的小圆点对应于图 67 - 2 在 Area 的粒子,右支(显示为△)对应于 $L1$,左支(显示为□)对应于 $L2$,在左角上的点(显示为 z)对应于 $D1$,在底轴上的点(显示为 x)对应于 D2。作三元图时,不需要从几个 $X - Y$ 图中收集所有其他元素信息,而只需要使用所有其他元素的总和作为第 3 个变量“$Others$”。而且,用单个元素(除 SiO_2 和 Al_2O_3 外)替换“$Others$”作三元图,可以看出每个元素对于“$Others$”的具体贡献,以及左支的细节信息。例如 $CaO - Al_2O_3 - SiO_2$ 三元图(图 67 - 7)能够局部放大图 67 - 6,表明 CaO 是“$Others$”和左支的最主要组成部分。

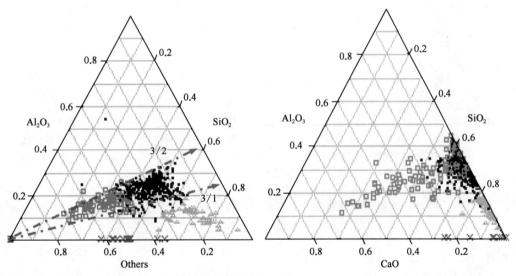

图 67 - 6　$Others - Al_2O_3 - SiO_2$ 三元图的图像分析(彩图见图版第 47 页,也见下载文件包,网址见正文 14 页脚注)

图中数字为 SiO_2/Al_2O_3 的质量浓度比,不同的色点指示颗粒物成分的变化。

图 67 - 7　$CaO - Al_2O_3 - SiO_2$ 三元图的图像分析(彩图见图版第 47 页,也见下载文件包,网址见正文 14 页脚注)

由三元图可以非常容易地直接得到组分的比率,从而提供更多的矿物类别信息。例如,在 $Others - Al_2O_3 - SiO_2$ 三元图中(图 67 - 6),左角顶点和右轴分别代表“$Others$”是 100% 和 0。过左顶点作直线与 SiO_2 轴的交点,表明当“$Others$”是 0 时 SiO_2 所占的分数。然后,通过剩余的 Al_2O_3,可得 SiO_2 和 Al_2O_3 的比率。通过铝硅酸盐区域上下边的 2 条直线,表明 SiO_2/Al_2O_3 的比率是 3/2 和 3/1,因此铝硅酸盐单颗粒物中 SiO_2 和 Al_2O_3 的摩尔比在

2.5～5 的范围内。黏土由 4 类主要的矿物质组成[21]：蒙脱土[$Al_4(Si_4O_{10})_2(OH)_4 \cdot xH_2O$]；绿泥石[$Mg_{10}Al_2(Si_6Al_2)O_{20}(OH)_{16}$]；高岭石[$Al_4Si_4O_{10}(OH)_8$]；莫斯科白云母[$K_2Al_4(Si_6Al_2)O_{20}(OH)_4$]。它们的 SiO_2 和 Al_2O_3 的摩尔比分别是 4、3、2、2。与此相比较，可以清楚地揭示出单颗粒物气溶胶中的铝硅酸盐，是不同种类黏土矿物质和一定量石英的混合物。

2. 主要成分及它们的相关性

从上述讨论可见，此沙尘暴气溶胶的单颗粒物，由 3 个主要部分组成：黏土和石英（Al_2O_3、SiO_2等）；方解石（CaO、$CaCO_3$）；无机盐（硫酸盐、磷酸盐、氯化物）。三元图（图 67-8）生动地展示了这 3 个部分。大多数粒子聚集在三元图的左角上（Al_2O_3 + SiO_2 + Others 超过了 80%），揭示出黏土和石英是沙尘暴气溶胶中最主要的矿物。图中有 3 个分支，从左角向外延伸出来：一个分支在三元图底部指向 CaO 轴，其颗粒物中的 SO_3 + P_2O_5 + Cl 低于 20%，说明这些颗粒物为 $CaCO_3$（CaO）与黏土和石英的混合物；一个分支沿着左边指向顶角，其颗粒物中的 CaO 少于 10%，因此这些颗粒物为硫酸盐、磷酸盐和少量氯化物[如（NH_4，Na，K，Mg）$_x$（SO_4，PO_4，Cl）$_y$]与黏土和石英的混合物；中间的分支有些特别，代表了 CaO 和 $CaSO_4$ 的混合。注意到在 $CaSO_4$ 里的 CaO/SO_3 的质量比是 2/3，所以过左顶点画一条虚线，使得 $CaO/(SO_3 + P_2O_5 + Cl)$ 为 2/3。它正好通过中间分支而指向右方，表明 $CaSO_4$ 越来越多地被引入颗

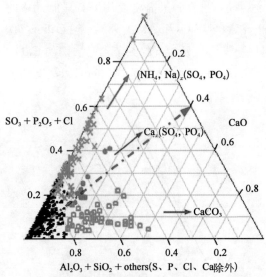

图 67-8 气溶胶单颗粒物中的主要组分的三元图（彩图见图版第 48 页，也见下载文件包，网址见正文 14 页脚注）

Al_2O_3 + SiO_2 + others（除 SO_3、P_2O_5、Cl 和 CaO）、SO_3 + P_2O_5 + Cl 和 CaO。中间的虚线表示 $CaO/(SO_3，P_2O_5，Cl)$ 的质量比为 2/3，即 $CaSO_4$ 的 CaO/SO_3 质量比。

粒物中。这些不纯的 $CaSO_4$ 粒子，仅占总数的 1%，可能来自沙尘源区或者污染气体 SO_2 与矿物气溶胶 $CaO/CaCO_3$ 的反应。另一个 CaO、SO_3 与 P_2O_5 的三元图，揭示了这些颗粒中一半以上的 $CaSO_4$ 来自地壳源，剩下的可能归因于矿物气溶胶和污染气溶胶的混合与相互作用（详见本书第 55 章）。

67.2.3 单颗粒物图像分析法的分析步骤

单颗粒物图像分析可以按照以下 5 个步骤进行：

① 进行每种元素浓度数据的一般统计分析。

② 通过基本的主成分散点图来识别主要类和趋势线。

③ 在聚类分析和图像分析的基础上,进一步使用散点图来展示各个小类。

④ 运用主成分的三元图像分析,来得到主成分的特征比和矿物学源信息。

⑤ (可选项)通过 SEM 照片中的单颗粒形态学信息,来确认以上得到的主要结论。

综上所述,图像分析技术(包括 $X - Y$ 图和三元图),直观生动地展示了隐藏在大量单颗粒数据下的核心特征和本质关联,并由单颗粒物主要组成部分的分布和其氧化物的比率,来揭示其潜在的矿物质类型和源信息。图像分析法展示的端点(点群)间的平滑的趋势线,跟端点(点群)一样重要。3 条平滑的趋势线从三角形核心区域(铝硅酸盐)向外延伸,指向石英、$CaCO_3$(CaO)和无机盐类($CaSO_4$ 或者其他硫酸盐)。图像分析法表明,气溶胶中不存在真正纯的矿物质,各个类之间也没有绝对的边界。气溶胶单颗粒物中的主要组分是黏土和石英(Al_2O_3、SiO_2 等)、方解石(CaO、$CaCO_3$)以及无机盐(硫酸盐、磷酸盐、氯化物)。石英和黏土为最主要部分,而大多数 Ca 以方解石形态存在。一些硫酸盐[包括 $CaSO_4$ 和 $(NH_4)_2SO_4$]逐渐被引入石英和黏土中。沙尘暴气溶胶携带了大量的沙、黄土和表层土壤,传输到北京,而少量的人为污染气溶胶也被引入其中。

参考文献

[1]　Ro C U, Oh K Y, Kim H K, et al. Chemical speciation of individual atmospheric particles using low-Z electron probe X-ray microanalysis: Characterizing "Asian Dust" deposited with rainwater in Seoul, Korea. Atmospheric Environment, 2001, 35(29): 4995 - 5005.

[2]　Gao Y, Anderson J R. Characteristics of Chinese aerosols determined by individual-particle analysis. Journal of Geophysical Research, 2001, 106(D16): 18037 - 18045.

[3]　Gao Y, Arimoto R, Zhou M Y, et al. Relationships between the dust concentrations over eastern Asia and the remote North Pacific. Journal of Geophysical Research, 1992, 97(D7): 9867 - 9872.

[4]　Duce R A, Unni C K, Ray B J, et al. Long-range atmospheric transport of soil dust from Asia to the tropical North Pacific: Temporal variability. Science, 1980, 209(4464): 1522 - 1524.

[5]　Mori I, Nishikawa M, Quan H, et al. Estimation of the concentration and chemical composition of kosa aerosols at their origin. Atmospheric Environment, 2002, 36(29): 4569 - 4575.

[6]　Zhuang G, Guo J, Yuan H, et al. The compositions, sources, and size distribution of the dust storm from China in spring of 2000 and its impact on the global environment. Chinese Science Bulletin, 2001, 46(11): 895 - 901.

[7]　Sun Y, Zhuang G, Yuan H, et al. Characteristics and sources of 2002 super dust storm in Beijing. Chinese Science Bulletin, 2004, 49(7): 340 - 346.

[8]　Kanayama S, Yabuki S, Yanagisawa F, et al. The chemical and strontium isotope composition of atmospheric aerosols over Japan: The contribution of long-range-transported Asian dust (Kosa). Atmospheric Environment, 2002, 36(33): 5159 - 5175.

[9]　Paoletti L, Diociaiuti M, Berardis B D, et al. Characterization of aerosol individual particles in a

controlled underground area. Atmospheric Environment, 1999, 33(22): 3603 – 3611.

[10] Breed C A, Arocena J M, Sutherland D. Possible sources of PM_{10} in Prince George(Canada) as revealed by morphology and *in situ* chemical composition of particulate. Atmospheric Environment, 2002, 36(10): 1721 – 1731.

[11] Pina A A, Villasenor G T, Fernandez M M, et al. Scanning electron microscope and statistical analysis of suspended heavy metal particles in San Luis Potosi, Mexico. Atmospheric Environment, 2000, 34(24): 4103 – 4112.

[12] Ma C J, Kasahara M, Holler R, et al. Characteristics of single particles sampled in Japan during the Asian dust storm period. Atmospheric Environment, 2001, 35(15): 2707 – 2714.

[13] Xu L, Okada K, Iwasaka Y, et al. The composition of individual aerosol particle in the troposphere and stratosphere over Xianghe (39.45N, 117.0E), China. Atmospheric Environment, 2001, 35(18): 3145 – 3153.

[14] Anderson J R, Buseck P R, Patterson T L. Characterization of the Bermuda tropospheric aerosol by combined individual-particle and bulk-aerosol analysis. Atmospheric Environment, 1996, 30(2): 319 – 338.

[15] Yuan H, Rahn K A, Zhuang G. Graphical techniques for analyzing the chemistry of individual aerosol particles. Atmospheric Environment, 2004, 38(39): 6845 – 6854.

[16] Tabachnick B G, Fidell L S. Using multivariate statistics, 3rd edition. New York: Harper Collins College Publishers, 1996.

[17] Rahn K A. A graphical technique for determining major components in a mixed aerosol. I. Descriptive aspects. Atmospheric Environment, 1999, 33(9): 1441 – 1455.

[18] Pye K. Aeolian dust and dust deposits. San Diego, Calif: Academic, 1987.

[19] Okada K, Naruse H, Tanaka Y, et al. X-ray spectrometry of individual Asian dust-storm particles over the Japanese islands and the North Pacific Ocean. Atmospheric Environment, 1990, 24(6): 1369 – 1378.

[20] Zhang D, Zang J, Shi G, et al. Mixture state of individual Asian dust particles at a coastal site of Qingdao, China. Atmospheric Environment, 2003, 37(28): 3895 – 3901.

[21] Mason B. Principles of geochemistry, 2nd ed. John Wiley & Sons, Inc, 1960: 152 – 153.

第*68*章

离子色谱同时快速测定大气气溶胶中常见无机阴离子、MSA 及若干有机酸

大气气溶胶和降水,不仅直接关系到空气质量、能见度、酸沉降、大气辐射平衡和人体健康,而且气溶胶的长距离传输,是全球生物地球化学循环的重要途径之一[1-3]。大气气溶胶和降水中的硫酸盐、硝酸盐、氯化物以及少量的有机酸等,是大气中主要污染物和对流层化学转化的重要产物。甲酸、乙酸、草酸作为电子给予体,可以改变 Fe(Ⅲ)还原为 Fe(Ⅱ)的速率,影响大气中 Fe 和硫酸盐的浓度。主要来源于海洋浮游植物的二甲基硫(DMS),是大气中 MSA 的唯一前体,最终转化成非海盐硫酸盐($nss-SO_4^{2-}$)或 MSA,是沿海地区和海区内天然酸性的主要贡献者[4]。MSA 和 $nss-SO_4^{2-}$,能增加云凝结核(CCN)数量,形成"DMS - CCN -气候"负反馈循环,对全球气候产生影响。

在环境分析中,离子色谱法已广泛应用于雨水和大气飘尘中离子的测定,但多数只限于对常规无机阴离子的分析[5]。有关离子色谱法同时测定有机酸和无机阴离子已经有报道[6-8],不过此法很少用于大气样品分析,国内外至今均未见 MSA 与阴离子及有机酸同时测定的报道。本章介绍我们研发的一种同时分析测定这些离子的高效、简便、灵敏、快速的方法,以满足对大气气溶胶和降水样品的分析测定,为进一步研究大气气溶胶的来源、传输和转化奠定基础[9]。

68.1 实验

68.1.1 仪器和试剂

采用美国 Dionex 600 型离子色谱仪(包括 Ion Pac - AS11 型分离柱、Ion Pac - AG11 型保护柱、ASRS 自身再生抑制器、ED50 电导检测器和 GP50 梯度泵)进行检测,用 Peaknet 6 软件进行色谱分析。

用 TSP、PM_{10}、$PM_{2.5}$ - 2 型颗粒物采样器(北京地质仪器厂 - 迪克公司)和 Whatman41 滤膜、石英滤膜(Whatman International Ltd, England)及玻璃纤维滤膜(北京地质仪器厂 - 迪克公司)采集气溶胶样品。

用 Sartorius 2004MP 型 $1/10^5$ 电子天平称量,KQ-50B 型超声波清洗器(昆山市超声波仪器有限公司)振荡,经 $0.45~\mu m$ 微孔滤膜(25 mm,北京化工学校附属工厂)过滤后,用聚丙烯无菌注射器注入色谱系统。

从国家标准物质研究中心购买 F^-、Cl^-、NO_3^-、SO_4^{2-}、$H_2PO_4^-$、草酸钠、水中亚硝酸盐-N 和水中微量阴离子混合标准液等标准液,其他试剂为 $HCOONa \cdot 2H_2O$(分析纯,天津市博迪化工有限公司)、CH_3COONa(分析纯,北京化学试剂公司)、甲磺酸(CH_3SO_3H,99%,ACRO New Jersey,USA)、NaOH(优级纯,北京化工厂)、三氯甲烷(分析纯,北京化学试剂公司)、铬酸钾(K_2CrO_4,分析纯,北京市红星化工厂)。

68.1.2 分析方法

1. 溶液的配制

(1)淋洗液:将固体 NaOH 配成饱和 NaOH 溶液,保证底层有过量的固体 NaOH。静置数日,待溶液澄清后,吸取中部溶液 50%(w)* 8.00 ml,定容至 2 L,制得 76.2 mmol·L^{-1} 的 NaOH 淋洗液。

(2)标准液:分别称取或量取一定量的 $HCOONa \cdot 2H_2O$、CH_3COONa 和 CH_3SO_3H,配制 1 000.0 mg·L^{-1} 的 $HCOO^-$、1 000.0 mg·L^{-1} 的 CH_3COO^- 和 997.07 mg·L^{-1} 的 MSA 标准液。

(3)标准储备液和标准工作液:根据气溶胶中各种离子的实际含量,用标准液配制标准储备液 S*(100 ml),再由 S 配制标准工作液。以上溶液均用电导率 18.3 μS 高纯水配制。

2. 色谱分析条件

OH^- 为强亲水性离子,使有机酸解离,以负离子形式存在;能分离对亲水性树脂亲和力不同的有机酸;且其柱后抑制产物本底电导低,在增加淋洗液浓度之后仍基本不变。故用 NaOH 梯度淋洗,同时分析有机酸和无机阴离子,灵敏度高。在实验中建立的最佳色谱分析条件如下文所述,并采用氩气(Ar)密封淋洗液等方法,避免引入 CO_3^{2-}。淋洗液流量 1.5 ml·min^{-1},用 76.2 mmol·L^{-1} NaOH(B)和高纯水(D)进行梯度洗脱,时间与比例如下:0~1.5 min,1%B-99%D;1.5~4.5 min,从 1%B-99%D 至 10%B-90%D;4.5~11.0 min,从 10%B-90%D 至 50%B-50%D;11.1~14.0 min,从 50%B-50%D 至 1%B-99%D。进样量 25 μl;抑制器电流为 100 mA。此条件可使 10 种离子在 14 min 内准确分离,色谱图见图 68-1。

---

* 此处 w 指重量百分比浓度,S 为标准储备液的代号。

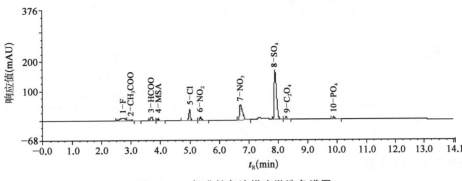

图 68-1　标准储备液梯度淋洗色谱图

68.2　离子色谱测试方法的分析性能

68.2.1　标准曲线

在已确定的实验条件下,用标准工作液系列中各组分的峰面积与浓度数据作标准曲线。回归方程、相关系数及线性范围见表 68-1,相关系数 r 均达 0.999,完全满足了定量分析的需要。

表 68-1　离子的线性回归方程、相关系数和线性范围

离子	线性回归方程(浓度 c: mg·L^{-1})	相关系数 r	线性范围(mg·L^{-1})
F$^-$	$c = 2.795 \times \text{Area} + 0.020\ 12$	0.999 3	0.05~5
CH$_3$COO$^-$	$c = 16.58 \times \text{Area} + 0.064\ 68$	0.999 7	0.05~5
HCOO$^-$	$c = 4.970 \times \text{Area} + 0.078\ 53$	0.999 2	0.05~5
MSA	$c = 13.46 \times \text{Area} + 0.016\ 15$	0.999 6	0.05~5
Cl$^-$	$c = 4.604 \times \text{Area} + 0.051\ 57$	0.999 3	0.1~10
NO$_2^-$	$c = 6.887 \times \text{Area} + 0.041\ 32$	0.999 3	0.05~5
NO$_3^-$	$c = 8.795 \times \text{Area} + 0.772\ 2$	0.999 2	0.05~50
SO$_4^{2-}$	$c = 6.807 \times \text{Area} + 1.406$	0.999 2	1~100
C$_2$O$_4^{2-}$	$c = 9.141 \times \text{Area} + 0.031\ 99$	0.998 9	0.05~5
PO$_4^{3-}$	$c = 19.84 \times \text{Area} + 0.103\ 2$	0.997 4	0.1~10

68.2.2　检出限、精密度和准确度

(1) 采集 60 min 基线,以信噪比(S/N)为 3 计算检出限,见表 68-2。

(2) 取标准工作液连续进样 6 次,计算相对标准偏差 RSD 均小于 5%,见表 68-2。

(3) 取水中微量阴离子混合标准液,连续进样 3 次取平均值,计算 Cl$^-$、NO$_3^-$、SO$_4^{2-}$ 离子的相对误差,分别为 -0.94%、-0.99%、0.49%。

表 68 - 2　检出限、相对标准偏差和回收率

	F^-	CH_3COO^-	$HCOO^-$	MSA	Cl^-	NO_2^-	NO_3^-	SO_4^{2-}	$C_2O_4^{2-}$	PO_4^{3-}
检出限(质量浓度ᵃ/10^{-8})	0.68	3.29	0.57	1.61	0.62	1.04	1.83	1.10	1.45	3.96
RSD(%)	2.42	3.04	4.58	2.15	1.62	1.44	1.60	1.73	1.92	2.78
回收率	111%	96%	82%	117%	106%	100%	101%	99%	105%	93%

ᵃ 这里表示检出限的最低质量浓度。

68.2.3　回收率

连续测定同一气溶胶样品 3 次,取平均值作为样品中的离子浓度,然后在此样品中加入不同浓度的含有上述 10 种离子的标准溶液,连续测定此混合溶液的各离子浓度 3 次,取平均值作为实测值,计算各离子的回收率。$HCOO^-$、F^-、MSA 的回收率在 80%～120%之间,其余离子的回收率均为 90%～110%(表 68 - 2)。可见,此方法的样品前处理和分析方法均是可靠的。

68.3　样品预处理条件的选择

(1) 为保证 F^-、CH_3COO^-、$HCOO^-$、NO_2^-、$C_2O_4^{2-}$、PO_4^{3-} 等低浓度离子的检出,我们分别对用 Whatman41、石英和玻璃纤维滤膜采集 TSP、PM_{10}、$PM_{2.5}$ 样品进行研究,得到 1/4 滤膜与 10 ml 高纯水这一最佳比例。

(2) 研究表明,当振荡时间为 20 min 时,可溶性离子未被完全浸提。时间延长到 40 min 已基本上浸提完全。2 h 后振荡时间过长,导致水的温度升高,使滤膜分解。所以,超声振荡时间定为 40 min。

(3) 研究用对角剪 2 个 1/8 的方法对滤膜进行处理,可以减小滤膜的不均匀性所引入的误差。

(4) 以 Whatman41 滤膜采集的 TSP 样品为研究对象,剪 1/4 滤膜,分次加入 10 ml 高纯水,振荡 40 min,共做了 3 次浸提。F^-、CH_3COO^-、$HCOO^-$、MSA、Cl^-、NO_2^-、NO_3^-、SO_4^{2-}、$C_2O_4^{2-}$ 与 PO_4^{3-} 的一次提取效率,分别为 100%、99%、83%、100%、100%、91%、97%、100%、94% 与 100%,所以用 10 ml 高纯水超声振荡 40 min 一次,可将可溶性离子浸提完全,满足实际样品的测定需求。

(5) 由于受实验环境中光化学作用和溶液中微生物的影响,CH_3COO^-、$HCOO^-$ 在溶液介质中稳定性较差[10]。研究发现,加入 0.4% 的氯仿或 $1×10^{-5}$(w)的铬酸盐,可抑制微生物的分解作用,延长保存时间;但氯仿腐蚀色谱系统管路,铬酸盐可将 NO_2^-、SO_3^{2-} 分别氧化为 NO_3^-、SO_4^{2-}。为保证分析的准确度,最好进行在线测定,或者加入铬酸盐来分析有机离子。

68.4　大气气溶胶及雨水实际样品的测定

用 68.1 节所述采样器及 Whatman41 滤膜,采集 TSP 气溶胶样品。样品采集后,立即放入经酸洗过的聚乙烯封口袋中,在冰箱中待测。对角剪 2 个 1/8 滤膜,用 10 ml 高纯水超声振荡 40 min 一次,经 0.45 μm 微孔滤膜过滤后,立即进行色谱分析。采用本章前述的最佳色谱条件,对气溶胶样品进行分析,由保留时间定性,积分面积定量。色谱图及各离子的浓度,见表 68 - 3 和图 68 - 2。

表 68 - 3　实测北京气溶胶样品中各离子浓度

	F^-	CH_3COO^-	$HCOO^-$	MSA	Cl^-	NO_2^-	NO_3^-	SO_4^{2-}	$C_2O_4^{2-}$	PO_4^{3-}
$\rho(\mu g \cdot m^{-3})$	0.872 9	0.681 8	0.319 1	0.236 6	4.939	1.451	8.807	12.24	0.568 6	0.630 5

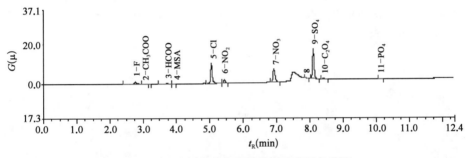

图 68 - 2　实测北京气溶胶样品的离子色谱图

可见,本文研究的最佳色谱分析条件和样品前处理方法,能够快速准确地测定气溶胶实际样品。同时,用本方法也能成功地测定降水样品。

综上所述,本章采用 NaOH 梯度洗脱的离子色谱法,快速有效地分离测定气溶胶中的水溶性无机阴离子 F^-、Cl^-、NO_2^-、NO_3^-、SO_4^{2-}、PO_4^{3-},与小分子有机酸 $HCOO^-$、CH_3COO^-、$C_2O_4^{2-}$ 阴离子及 MSA。该方法操作简便,试剂易得,检出限低,线性、准确度和重复性都好。对于实际样品摸索出对角剪 2 个 1/8 滤膜、用 10 ml 高纯水超声振荡 40 min 一次浸提的最佳条件。对北京大气气溶胶和降水的分析表明,本方法具有良好的适用性。

参考文献

[1]　Zhuang G S, Huangr H, Wangm X, et al. Great progress in study on aerosol and its impact on the global environment. Progress in Natural Science, 2002, 12(60): 407 - 413.

[2]　Zhuang G S, Guo J H, Yuan H, et al. The compositions, sources, and size distribution of the dust storm from China in spring of 2000 and its impact on the global environment. China Science

Bulletin, 2001, 46(11): 895 - 901.

[3] 庄国顺,郭敬华,Zhou Q,等.核技术在大气环境研究中的应用.核技术,2001,24(9): 770 - 775.

[4] Savoie D L, Prosper J M, Arimoto R, et al. Non-sea-salt sulfate and methanesulfonate at American Samoa. Journal of Geophysical Research (Atmos), 1994, 99(D2): 3587 - 3596.

[5] 王丽文,王云艳.离子色谱法同时测定大气颗粒物中的 7 种阴离子分析方法的研究.中国环境监测,1993,9(4): 12 - 15.

[6] Dabek- Zlotorzynska E, Dlouhyj F. Automatic simultaneous determination of anions and cations in aerosols by ion chromatography. J Chromatogram A, 1993, 640(1 - 2): 217 - 219.

[7] 刘哲,刘克纳,沈东青,等.有机酸与无机阴离子的梯度离子色谱法分析研究.色谱,1997,4(15): 334 - 337.

[8] 屈锋,刘克纳,牟世芬.离子色谱法同时测定柠檬酸发酵液中无机阴离子和有机酸.环境化学,1995,14(5): 465 - 470.

[9] 袁蕙,王瑛,庄国顺.气溶胶、降水中的有机酸、甲磺酸及无机阴离子的离子色谱同时快速测定法.分析测试学报,2003,22(6): 11 - 14.

[10] Herlihy L J. Bacterial utilization of formic and acetic acid in rainwater. Atmospheric Environment, 1983, 2(11): 2397 - 2402.

第 *69* 章
高效液相色谱测定大气气溶胶中的超痕量 Fe(Ⅱ)

海洋表层水中的 Fe,已被证明为某些大洋海区表层水生产力的限制因素(即所谓 Fe 限制假说)[1-4]。海洋表层生物可利用的 Fe,主要是可溶解在水中的 Fe[5]。有研究表明,中国西北部沙漠及黄土高原所产生的沙尘气溶胶,含有大量三价铁 Fe(Ⅲ)。在其被远距离输送到太平洋的过程中,可被还原成能供海洋表层生物吸收的二价铁 Fe(Ⅱ)[6]。因此,Fe(Ⅱ)浓度的检测,是大气化学和海洋学研究中十分感兴趣的问题。尽管不少论文报告了海水和大气中总 Fe 的含量,但报道 Fe(Ⅱ)浓度的研究很少[7]。Z. Yi 等[8]首次研发了高效液相色谱(HPLC)法,精确而灵敏地测定了 Fe(Ⅱ)。G. Zhuang 等[6,8]直接测定了在北太平洋上空收集的气溶胶样品及海水中的 Fe(Ⅱ),并在此基础上提出了大气和海洋中的 Fe-S 耦合反馈机制。本章介绍我们在前人基础上改进并发展的一种适合测定中国沙尘暴气溶胶及雨水和雪中 Fe(Ⅱ)的反相高效液相色谱法,并首次在中国测定了北京地区大气气溶胶、雨水以及雪中的痕量 Fe(Ⅱ),连续 3 年检测了由中国传输到太平洋的沙尘暴颗粒物中的 Fe(Ⅱ),提供了大气和海洋中 Fe-S 耦合反馈机制的重要证据[9]。

69.1　实验部分

69.1.1　仪器与试剂

TSP、PM_{10}、$PM_{2.5}$-2 型颗粒物采样器(北京地质仪器厂-迪克公司)、自制雨水、雪采样器,KQ-50B 型超声波清洗器(昆山市超声波仪器有限公司)、Whatman41 滤膜、0.45 μm 微孔滤膜、美国 Waters 510 高效液相色谱仪(Phenomenex 250×4.6 mm ODS 色谱柱,美国 Waters 490E UV/Vis 检测器)。

硫酸亚铁铵(分析纯,北京双环化学试剂厂)、3-(2-吡啶)-5,6-二苯基-1,2,4-三嗪-p,p′-二磺酸钠[Ferrozine(FZ)的二钠盐]和正辛基磺酸钠(sodium dodecyl sulfate,SDS)均为 HPLC 色谱纯(美国新泽西州 Acros Organics 公司)。NaCl、甲醇、氨水(NH₃·H₂O)和 HCl 均为分析纯,其中 HCl 经二次蒸馏后使用。

69.1.2　色谱分离条件

0.125 g SDS 和 1.25 g NaCl 溶于 1 000 ml 高纯水,与甲醇按 84∶16 配比作流动相。流动相流速 1 ml·min^{-1},压力 100 Pa,进样量 100 μl,柱温 25±1℃,检测波长 254 nm。

69.1.3　样品准备

样品处理在北京师范大学大气环境研究中心的 JJT-1300 洁净工作台上进行。

(1) 标准溶液:用 1/10^5 精度的天平,准确称量 0.039 2 g 硫酸亚铁铵,溶于 100 ml 高纯水中,配制 10^{-3} mol·L^{-1} 的 Fe(Ⅱ)溶液。取 0.1 ml 上述溶液,加入 0.4 ml 10^{-3} mol·L^{-1} FZ 溶液,定容到 10 ml,得 10^{-5} mol·L^{-1}[Fe(FZ)$_3$]$^{2+}$ 溶液。由该溶液逐级稀释,配制以下不同浓度[Fe(FZ)$_3$]$^{2+}$ 标准溶液:1×10^{-5},6×10^{-6},3×10^{-6},10^{-6},6×10^{-7},3×10^{-7} mol·L^{-1}。

(2) 大气气溶胶样品:取 2 cm^2 北京地区气溶胶滤膜样品,加入 0.2 ml 双蒸馏盐酸(ddHCl)和 2 ml 高纯水,超声波振荡 4 h 后,用孔径为 0.45 μm 的微孔滤膜过滤,滤液用 25% 氨水调节溶液的 pH 值至 4~6 之间,最后加入 0.15 ml 浓度为 10^{-3} mol·L^{-1} 的 FZ 溶液,定容至 10 ml 待测。

(3) 雨水和雪水样品:雨水和雪样品都是在北京地区收集的。雨水样品收集后,立即用孔径为 0.45 μm 的微孔滤膜过滤,并测量 pH 值;取 2 ml 滤液,加入 0.2 ml 浓度为 10^{-3} mol·L^{-1} 的 FZ 溶液,定容至 5 ml。雪样采集后经自然融化,按雨水处理方法准备样品。

(4) 海水样品:海水样品收集后,立即用 0.4 μm 核孔膜过滤,并以 10 ml·min^{-1} 的速率,通过反相 C$_{18}$ Sep-Pak 固相萃取柱。萃取柱预先用 10 ml 甲醇和 10 ml 二次去离子水冲洗过,并加进 2 ml 10^{-3} mol·L^{-1} 的 FZ 溶液。海水中的 Fe(Ⅱ)与 FZ 形成络合离子[Fe(FZ)$_3$]$^{2+}$,滞留在 Sep-Pak 固相萃取柱,而后用 1 ml 甲醇洗提。洗脱液中加入 4 ml 高纯水,以确保其与流动相有相同的配比。

(5) 空白对照样品:取用于采集气溶胶样品的 Whatman 41 空白滤纸,进行气溶胶样品的空白对照实验;取高纯水作为雨水及雪样的空白对照;空白对照样品的准备过程同上述实验样品。

69.2　测试方法的分析性能

69.2.1　色谱条件的确定

考察了不同的柱温、流动相流速以及流动相配比对 Fe(Ⅱ)检出的影响,并确定了最佳实验条件。

(1) 柱温的影响:当其他条件不变,柱温由 25 升高到 30℃时,络合物出峰时间由 3.7 变为 3.3 min。提高柱温,将使络合物出峰提前。但因温度升高时,样品不能达到好的分离效果,而且容易发生基线不稳现象,使检测无法进行,所以确定 25℃ 为本实验的最佳柱温。

(2) 流动相流动速度的影响:当流动相流动速度由 1 上升到 2 ml·min^{-1} 时,样品峰出峰时间提前,由 3.7 变为 2.8 min 左右。这说明,采用较大的流动相流动速度,可以缩短检测时间。但当流动相流动速度增加时,流动相消耗量增大,检测费用增加;同时,泵负担加大,对检测的重现性有一定影响。因此,使用较低流动相流动速度进行检测,对本实验有利。如要获得较高的检测速度,可采取改变流动相组成的方法。

(3) NaCl 含量的影响:当 NaCl 含量由 1.25 变为 2.50 g·L^{-1} 时,样品峰出峰时间推迟,由 3.7 变为 7 min。这说明,NaCl 有延迟出峰的作用,可使分离不完全的峰跟好的峰分开。但当其浓度过大时,会使操作时间加长,降低检测效率,所以选择 NaCl 含量为 1.25 g·L^{-1},所达到的分离效果好,且检测迅速。

(4) 反相 C18 Sep-Pak 固相萃取柱的影响:在雨水样品和高纯水中,分别加入已知浓度的 Fe(Ⅱ)标准液,测得回收率为 92%～99%(表 69-1)。对 1 000 ml 久置海水进行检测,未检出 Fe(Ⅱ),说明固相萃取柱本身不会引入 Fe(Ⅱ)。同样,在 1 000 ml 久置海水中加入 Fe(Ⅲ)标准溶液进行检测,未检出 Fe(Ⅱ),说明在使用固相萃取柱处理样品过程中,不会有 Fe(Ⅲ)还原为 Fe(Ⅱ)。

表 69-1　反相 C18 Sep-Pak 固相萃取柱预浓缩测定 Fe(Ⅱ)的回收率

加入 Fe(Ⅱ)溶液浓度 (nmol·L^{-1})	测得溶液中 Fe(Ⅱ)浓度 (nmol·L^{-1})	回收浓度 (nmol·L^{-1})	回收率 (%)
10	10.6	9.4[a]	94
5	6.0	4.8[a]	96
1	2.12	0.92[a]	92
0.1	0.099	0.099[b]	99

[a] 将已知浓度的 Fe(Ⅱ)标准液加入雨水样品测得回收率,回收浓度=溶液中 Fe(Ⅱ)浓度-雨水样品中 Fe(Ⅱ)浓度;
[b] 高纯水中加入已知浓度为 0.1 nmol·L^{-1} 的 Fe(Ⅱ)标准液,回收浓度即是测得溶液中的 Fe(Ⅱ)浓度。

69.2.2　线性范围和检出限

本方法的优点在于 [Fe(FZ)$_3$]$^{2+}$ 与其他物质完全分离,抗干扰性高。由图 69-1 可见,在 254 nm 波长下的 [Fe(FZ)$_3$]$^{2+}$ 峰和 FZ 峰分别在 3.7 和 12 min 左右,两峰完全分离。[Fe(FZ)$_3$]$^{2+}$ 浓度在 10^{-5}～10^{-7} mol·L^{-1} 之间具有很好的线性关系(图 69-2),回归系数 $R^2 = 0.9983$。对浓度为 $1×10^{-5}$ mol·L^{-1} 的 [Fe(FZ)$_3$]$^{2+}$ 标准样品,连续测试 5 次,峰面积、峰形和保留时间的重现性都很好。保留时间和峰面积的标准偏差分别为 0.9% 和 2.6%(表 69-2)。此分析方法回收率达 90% 以上(表 69-3)。若样品未预浓缩,检出限为 $5.0×10^{-7}$ mol·L^{-1},通过反相 C$_{18}$ Sep-Pak 固相萃取柱以 200∶1 预浓缩萃取,可使 Fe(Ⅱ)检测限达 0.1 nmol·L^{-1}。

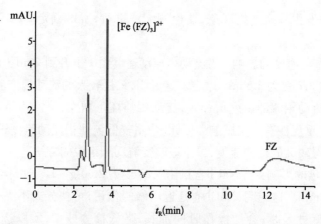

图 69-1 $3×10^{-6}$ mol · L^{-1} $[Fe(FZ)_3]^{2+}$ 标准样品色谱图(彩图见下载文件包,网址见 14 页脚注)

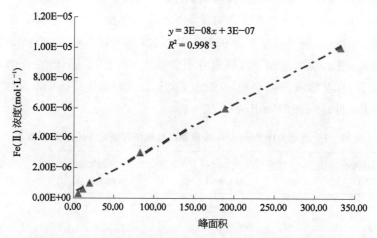

图 69-2 标准曲线图(彩图见下载文件包,网址见 14 页脚注)

表 69-2 样品检出的峰面积和保留时间的标准偏差

	同样品重复测定顺序号					相对标准偏差
	1	2	3	4	5	
峰面积	219.5	208.4	217.9	219.9	223.3	2.58%
保留时间(min)	6.021	5.902	5.931	6.005	6.008	0.89%

表 69-3 回 收 率 测 定

加入 Fe(Ⅱ)溶液浓度 (mol · L^{-1})	回收率(%) 同样品重复测定顺序号			平均值(%)
	1	2	3	
2.00E-06	91.94	93.94	87.14	91.00
4.00E-06	87.93	92.46	85.78	88.72

（续表）

加入 Fe(Ⅱ)溶液浓度 (mol·L^{-1})	回收率(%) 同样品重复测定顺序号			平均值(%)
	1	2	3	
6.00E−06	89.94	95.63	92.88	92.82
8.00E−06	94.24	92.69	88.80	91.91
1.00E−05	100.34	96.46	99.64	98.81

69.2.3　样品峰的辨认

采用保留时间对比，标准物添加等方法，确认样品中的[Fe(FZ)₃]²⁺。向样品中加入适量的标准溶液，样品中与标准溶液保留时间相同的色谱峰即确认为样品中 Fe(Ⅱ)与络合剂形成的络合物[Fe(FZ)₃]²⁺相应的峰(图 69−3)。

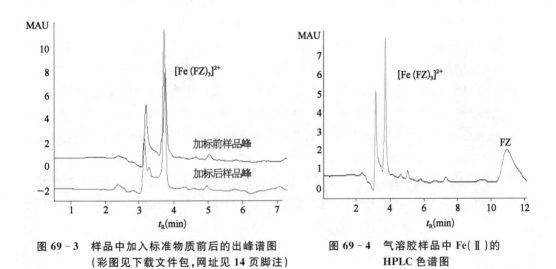

图 69−3　样品中加入标准物质前后的出峰谱图（彩图见下载文件包，网址见 14 页脚注）

图 69−4　气溶胶样品中 Fe(Ⅱ)的 HPLC 色谱图

69.3　实际样品中 Fe(Ⅱ)的检测

图 69−4 为气溶胶样品中检测 Fe(Ⅱ)的色谱图。经过连续 3 年观测，测定了北京地区大量的沙尘暴气溶胶、非沙尘暴气溶胶、雨水以及雪的样品，都检测出不同浓度的 Fe(Ⅱ)(表 69−4)。一般说来，Fe(Ⅱ)的绝对含量在沙尘暴气溶胶样品中高于在非沙尘暴气溶胶中，但 Fe(Ⅱ)占总铁(T_{Fe})的比值，在非沙尘暴气溶胶中则高于在沙尘暴气溶胶中。雪中的 Fe(Ⅱ)浓度要高于雨水。

表 69 – 4　北京气溶胶、雨水以及雪中的 Fe(Ⅱ)

样品类型	样品数	Fe(Ⅱ) 平均值	总铁(T_{Fe})平均值 ($\mu g \cdot m^{-3}$)	Fe(Ⅱ)/T_{Fe} (%)
沙尘暴气溶胶	7	1.79($\mu g \cdot m^{-3}$)	33.29	5.38
非沙尘暴气溶胶	60	0.68($\mu g \cdot m^{-3}$)	2.68	25.37
雨水	43	3.68($\mu mol \cdot L^{-1}$)	—	—
雪样品	25	8.44($\mu mol \cdot L^{-1}$)	—	—

69.4　沙尘暴气溶胶中的 Fe(Ⅱ)在大气化学研究中的重要意义

测定了从沙尘暴源区到北京的气溶胶样品 Fe(Ⅱ)含量。Fe(Ⅱ)从起沙前的约 0.4% 增至 1.3%～5.3%，证明了 Fe(Ⅱ)是由沙尘中的 Fe(Ⅲ)在长距离传输期间被还原的产物[8]。沙尘气溶胶从亚洲大陆途经北京，最后到达北太平洋，Fe(Ⅲ)不断被还原，生成可为海洋表层生物吸收的 Fe(Ⅱ)。海洋表层的浮游生物随 Fe(Ⅱ)的增加而增加，导致其排放物二甲基硫(DMS)增加。DMS 的增加又导致海洋大气中 S(Ⅳ)及硫酸盐气溶胶的增加，从而又导致生物必需的 Fe(Ⅱ)增加。如此反复循环不已，形成正反馈。硫酸盐气溶胶的大量增加，因其对太阳辐射的负强迫，还会对全球产生降温效应。沙尘暴气溶胶中 Fe(Ⅱ)的发现，提供了大气海洋物质交换中 Fe-S 耦合反馈机制的现场证据[10]。

综上所述，本章建立了测定环境样品中痕量 Fe(Ⅱ)的高压液相色谱检测方法，方法快速灵敏(检出限可达 0.1 nmol·L^{-1})，适用于实际样品的检测，为 Fe(Ⅱ)的测定以及大气和海洋中 Fe-S 耦合反馈机制的验证，提供了理想的分析手段。利用此法，首次系统测定了中国大气溶胶、雨水和雪样中的痕量 Fe(Ⅱ)，连续 3 年测定了由中国传输到北太平洋的沙尘暴颗粒物中的 Fe(Ⅱ)，提供了大气和海洋中 Fe-S 耦合反馈机制的重要证据。

参考文献

[1]　Martin J H, Fitzwater S E. Iron deficiency limits phytoplankton growth in the North-East Pacific Subarctic. Nature, 1988, 321: 341 – 343.

[2]　Martin J H. Testing the iron hypothesis in ecosystems of the equatorial Pacific Ocean. Nature, 1994, 371: 123 – 129.

[3]　Coale K H, Johnson K S, Fitzwater S E, et al. A massive phytoplankton bloom induced by an ecosystem-scale iron fertilization experiment in the equatorial Pacific Ocean. Nature, 1996, 383: 495 – 501.

[4]　Boyd P W, Watson A J, Law C S, et al. A mesoscale phytoplankton bloom in the polar southern Ocean stimulated by iron fertilization. Nature, 2000, 407: 695 – 699.

[5]　Zhuang G, Duce R A, Kester D R. The dissolution of atmospheric iron in surface seawater of the open ocean. Journal of Geophysics Research[Ocean], 1990, 95(C9): 16207 - 16216.

[6]　Zhuang G, Yi Z, Duce R A, et al. Link between iron and sulfur suggested by the detection of Fe(Ⅱ) in remote marine aerosols. Nature, 1992, 355: 537 - 539.

[7]　Zhuang G, Yi Z, Wallace G T. Iron(Ⅱ) in rainwater, snow, and surface seawater from a coastal environment. Marine Chemistry, 1995, 50(1 - 4): 41 - 50.

[8]　Zhuang G, Yi Z, Duce R A, et al. Iron chemistry in marine aerosols. Global Biogeochemical Cycles, 1992, 6: 161 - 173.

[9]　郭敬华,张兴赢,庄国顺.超痕量 Fe(Ⅱ)的高效液相色谱测定及其在大气化学研究中的应用.分析测试学报,2005,24(1): 42 - 45.

[10]　Zhuang G, Guo J, Yuan H, et al. Coupling and feedback between iron and sulphur in air-sea exchange. China Science Bulletin, 2003, 48(11): 1080 - 1086.

第70章

氨排放源的同位素源谱与
大气环境氨的源解析

大气中的氨(NH_3)以农业源为主,包括工业、交通、生物质燃烧、废物处理等多种排放源。因之,正确判别大气中 NH_3 的来源尤为重要。本章基于不同来源 NH_3 的 N 同位素值($^{15}N/^{14}N$ 或 $\delta^{15}N$)存在同位素分馏效应为理论依据,阐述新近开发的稳定同位素分析方法,系统确定所有已知 NH_3 排放源的同位素特征值($\delta^{15}N-NH_3$),即同位素源谱;测定了北京和上海两地的城市、农村、背景点的 NH_3 排放源的同位素特征值 $\delta^{15}N-NH_3$;运用同位素混合模型(IsoSource)定量解析了大气中 NH_3 的来源。

70.1 氨排放源的同位素源谱

本研究采集了畜禽养殖、氮肥施用、城市建筑人居排泄物、废水、固体废弃物、海洋源、汽车源、煤和生物质燃烧 9 个 NH_3 排放源样品,基本涵盖了 NH_3 的所有排放源。样品采集的具体过程如下:选取上海市种猪场(121.582°E、30.856°N)为 NH_3 的畜禽养殖源的采样点。分别在每个猪场中央支架离地约 1.5 m 处绑定 2 个采 NH_3 的 Ogawa 被动采样器(每个采样器有 2 片采样膜)。汽车源排放的 NH_3 采集,是在邯郸路隧道(121.509°E、31.302°N)离出口处 10 m 进行(离地 2 m)。生物质包括秸秆和树枝,来源于中国农村地区。燃烧实验模拟(包括生物质燃烧和煤燃烧)采用的是复旦大学自主设计的不锈钢气溶胶环境烟雾模拟箱。海洋源的采样在东海花鸟岛上进行。选取放置于中星凉城小区(121.479°E、31.305°N)和复旦大学教学区(121.511°E、31.306°N)的 2 个垃圾转运站(分别代表居民区和教育区),作为固体废弃物 NH_3 排放源的采样点。选取上海市虹口区的曲阳污水处理厂(121.492°E、31.285°N)作为废水研究点。选取位于上海东方社区的 1 栋居民楼(21 名住户)和复旦大学第四教学楼(5 楼)作为城市建筑人居排泄物的研究点。本研究在室内环境中模拟了尿素施入土壤后的 NH_3 挥发,实施方法借鉴自文献[1]。建立 4 套平行的 NH_3 挥发模拟装置,每套装置先向 1 L 松软的菜地土壤(表层 0~20 cm)倒入 100 g 尿素,再放置 1 个清洁托盘,托盘上有 2 个 Ogawa 采样器(共 4 片膜),然后盖上塑料薄膜封口(留有小孔)采样 6 h。每套装置的 4 片膜中有 1 片用于分析 NH_3 浓度,余下 3 个片膜用 EA - IRMS 分析 N 同位素值。为避免外界空气中的 NH_3 和 NH_4^+ 干扰样品,除海洋源和汽车源之外,其余都在封闭环境中采样,并维持尽可能短的采样时间。同时,为了检验宏观环境是否对样品的 N 同位素值有影响,本研究又分别在暖季和冷季采样。

70.2　氨的稳定氮同位素分析

采用 2 种方法对样品所含铵氮的稳定 N 同位素($\delta^{15}N - NH_4^+$)进行分析。对于膜片上吸附铵氮充足的固体样品,采用元素分析仪-稳定同位素比率质谱仪联用系统(Elementary Analysis-Isotope Ratio Mass Spectrometers, EA - IRMS)进行测定。对于液体样品或铵氮含量较低的固体样品,利用新近开发的次溴酸盐(BrO^-)氧化结合羟胺(NH_2OH)还原法,将水体中的铵氮直接转化为 N_2O,然后采用痕量气体吹扫-捕集预浓缩系统与稳定同位素比率质谱仪联用(Trace Gas Purge and Trap system coupled to an Isotope Ratio Mass Spectrometers, PT - IRMS)技术进行测定。首先是用离子色谱法测定酸吸附液或膜样品水溶液中的 NH_4^+ 浓度。同位素样品的前处理与分析过程参见本章文献[2],其主要原理是将 NH_4^+ 氧化为 NO_2^- 后,再还原为 N_2O 用于分析 N 同位素。采用次溴酸盐(BrO^-)氧化 NH_4^+ 为 NO_2^-。BrO^- 溶液的制备步骤,见本章文献[3]。上海城区环境大气 NH_3 的平均浓度为 $5.3\ \mu g \cdot m^{-3}$,而本研究中除海洋源,其余所有源的 NH_3 浓度均高于环境大气 NH_3 的平均浓度 1~3 个数量级,因而环境 NH_3 的影响很小。尽管花鸟岛有可能受其他区域大气 NH_3 或颗粒态 NH_4^+ 长程传输的影响,由 24 h 后向轨迹(500 m)的聚类分析结果可见,在花鸟岛采样的 2 个时段内,途经花鸟岛的气团绝大部分来源于海洋,表明花鸟岛采样可在很大程度上避免其他非海洋源传输的影响。

本研究共成功测得 57 个 NH_3 排放源样品的同位素值。源样品的 $\delta^{15}N - NH_3$ 在 $-52.0‰ \sim -9.6‰$ 之间,浓度在 $2.3 \sim 6\ 211\ \mu g \cdot m^{-3}$ 之间。$\delta^{15}N - NH_3$ 与 NH_3 浓度不存在相关关系。将所有源样品分为 5 大类,各个源的 $\delta^{15}N - NH_3$ 归纳为表 70 - 1 和图 70 - 1。

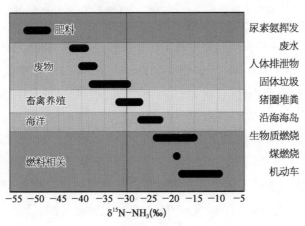

图 70 - 1　NH_3 排放源的 N 同位素源谱(彩图见下载文件包,网址见 14 页脚注)

J. D. Felix 等[4]对畜禽养殖、海洋、机动车和肥料 NH_3 挥发等 NH_3 排放源的同位素特征值，进行了类似研究，也报道了同本研究相近的变化范围（$-56.1‰\sim-2.2‰$）。本研究与 Felix 等[4]是 2 个相互独立的研究，得出了一个相同的结论：NH_3 从自然状态下挥发则具有偏负的 $\delta^{15}N$，使得这些源能够与燃烧相关的源（如机动车、生物质和煤燃烧等，$\delta^{15}N$ 偏向正方向）区分开来（图 70 - 1）。

表 70 - 1　NH_3 排放源的同位素特征值汇总

大类	小类	地点	季节	NH_3 浓度 ($\mu g \cdot m^{-3}$)	$\delta^{15}N\text{-}NH_3$ (‰)	样品数	采样方法
畜禽养殖	猪粪	上海饲养场	夏季	$1\,329.6\pm175.6$	-30.3 ± 1.3	3	Ogawa 膜
			冬季	586.6 ± 113.2	-28.2 ± 1.5	4	Ogawa 膜
燃料	机动车	邯郸路隧道	夏季	85.2 ± 6.2	-12.0 ± 1.8	4	Ogawa 膜
			冬季	46.7 ± 14.3	-16.5 ± 1.1	4	Ogawa 膜
	煤燃烧	复旦烟雾箱	/	8.4	-18.9	1	吸收管法
	生物质燃烧	复旦烟雾箱	/	59.7 ± 17.7	-18.0 ± 2.9	8	吸收管法
海洋	海岛	花鸟岛	夏季	2.3	-26.8	1	Ogawa 膜
			冬季	6.0 ± 1.5	-22.9 ± 0.3	3	Ogawa 膜
废物处理	固体垃圾	垃圾转运站	夏季	443.4 ± 92.6	-31.1 ± 1.0	4	Ogawa 膜
			冬季	315.0 ± 48.5	-36.6 ± 0.9	4	Ogawa 膜
	废水	污水处理厂	夏季	246.3 ± 19.3	-41.3 ± 0.7	4	Ogawa 膜
			冬季	143.8 ± 12.3	-40.7 ± 1.1	4	Ogawa 膜
	人体排泄物	化粪池	夏季	$4\,578.4\pm1\,400.3$	-38.4 ± 0.9	4	Ogawa 膜
			冬季	$4\,440.1\pm1\,288.6$	-38.6 ± 1.0	4	Ogawa 膜
肥料	尿素施用	复旦实验室	/	396.3 ± 199.9	-50.0 ± 1.8	5	Ogawa 膜

由表 70 - 1 可见，本研究的结果整体偏负。就机动车排放的 NH_3 的 $\delta^{15}N$ 而言，本研究在邯郸路隧道采集的样品，其 $\delta^{15}N$（$-17.8‰\sim-9.6‰$；$n=8$）要低于 Felix 等[4]在匹兹堡 Squirrel Hill 隧道测得的值（$-4.6‰\sim-2.2‰$；$n=2$）。这种中美差异，可能源于美国汽车的三效热催化剂（TWC）普及率更高。对于多数源而言，$\delta^{15}N\text{-}NH_3$ 与 NH_3 浓度没有确切的关系，这点可以说明本研究采样方法的有效性。然而，邯郸路隧道内的冬（$-12.0‰\pm1.8‰$）夏（$-16.5‰\pm1.1‰$）样品之间仍然发现有较大的差异。有些研究者可能认为，既然 NH_3 同 NO_x 一样，都可来自机动车尾气的直接排放，为何不直接采集机动车尾气的 NH_3，从而使测定的 $\delta^{15}N\text{-}NH_3$ 得以实现普世化的应用？迄今尚无直接测定机动车尾气 NH_3 的 N 同位素值的研究。近期 W. W. Walters 等[5]测定机动车直接排放

NO_x 的 $\delta^{15}N$,26 辆汽车 $\delta^{15}N-NO_x$ 的变化范围很大,为 $-19.1‰\sim+9.8‰$,比本研究在邯郸路隧道中测得的 $\delta^{15}N-NH_3$ 变化范围要大很多。柴油机车通常采用选择性催化还原技术(selective catalytic reduction;SCR),即以尿素作为还原剂,喷射进排气管内(而非引擎内)产生 NH_3。在这个过程中,NH_3 显然不是机动车自身产生的,因而 $\delta^{15}N-NH_3$ 与 $\delta^{15}N-NO_x$ 在理论上应该是有较大差异的。而轻型车则不然,其 NH_3 是汽车排放的过量 NO 与 H_2 在三元催化器表面产生的($2NO+5H_2\rightarrow2NH_3+2H_2O$ 或 $2NO+2CO+3H_2\rightarrow2NH_3+2CO_2$)。在这种状况下,$\delta^{15}N-NH_3$ 与 $\delta^{15}N-NO_x$ 在理论上应该是接近的。

基于上述分析,轻型车(城市中占主导)排放的 NH_3,其 $\delta^{15}N$ 同样应具有较大的变化幅度。本研究对轻型车排 NH_3 的同位素分析之初步结果(变化为 $-19.3‰\sim+13.8‰$),也佐证了这一点。在这种情况下,测定隧道内的 $\delta^{15}N-NH_3$ 作为机动车排 NH_3 的同位素特征值,这方面具有独特的优势。因为隧道内既有配备选择性催化还原技术(SCR)的柴油机车,也有配备三元催化器(TWC)的轻型车,且行驶速度就是日常的真实速度,故此隧道可以真实反映城市机动车 NH_3 排放的客观情况。加之,本研究选取的隧道非常繁忙(日单向通行量约 120 000 车次;隧道内的平均 NH_3 浓度为 $65.9\ \mu g\cdot m^{-3}$,是大气环境 NH_3 浓度的 12.4 倍),更加能代表城市的整体状况。因而,本研究测定的 $\delta^{15}N-NH_3$,可视为上海乃至中国机动车排放 NH_3 的 N 同位素特征值。

煤和生物质燃烧是 NH_3 排放的一个较小的源,对两者的同位素特征值尚无报道。H. Freyer[6] 测定了家用炉灶煤燃烧后环境 NH_3 的 $\delta^{15}N$,但未在封闭环境中进行。采用改进后的美国 EPA 提供的测定大气中氨的方法,J. D. Felix 等[4] 测定了火力发电厂烟囱内由 SCR 单元释放的经高温作用后的 NH_3,其结果($-11.3‰$、$-14.6‰$)与本研究中的结果($-18.1‰$)相仿。通过环境烟雾箱模拟的作物秸秆(水稻、棉花和小麦)和林木树枝(松树和棕榈树)燃烧后的烟雾表明,其所含的 NH_3 的 $\delta^{15}N$,均高于其他主要因挥发产生 NH_3 的源的 $\delta^{15}N-NH_3$。林木燃烧排放的 NH_3 的 $\delta^{15}N$(松树为 $-15.6‰$,棕榈树为 $-15.1‰$),略高于农业秸秆燃烧源(变化范围为 $-23.4‰\sim-16.1‰$,平均值为 $-18.9\pm2.9‰$;$n=6$)。

对于海洋源,已有研究分析了海洋气溶胶中的 $\delta^{15}N-NH_4^+$,推断出海洋生物是 NH_3 的一个来源。本研究采自花鸟岛的样品 $\delta^{15}N-NH_3$($-23.9\pm2.0‰$;$n=4$),显著低于 Felix 等[4] 的结果。Felix 等[4] 的采样点设置在一个海岸野生保护区,毗邻人为活动区,易受人为污染物(如工业排放)传输的影响。通过到达花鸟岛的气团后向轨迹聚类分析发现,本研究在花鸟岛的 2 个监测时段内,气团绝大部分来自海洋表面,因而可以从侧面佐证,本研究中测得的花鸟岛样品的 $\delta^{15}N-NH_3$,很大程度上代表了海洋源的 N 同位素值特征。

本研究中猪圈(变化为 $-31.7‰\sim-27.1‰$)和尿素施用的室内模拟(变化为

$-52.0‰\sim-47.6‰$)所挥发的 NH_3 的 $\delta^{15}N$,略低于 Felix 等[4]每月采自 2 个奶牛场(变化为 $-28.5‰\sim-22.8‰$)和 1 个尿素-铵氮-硝氮混施的玉米地(变化为 $-48.0‰\sim-36.3‰$)所挥发 NH_3 的 $\delta^{15}N$。这些源排放的 NH_3 的 $\delta^{15}N$ 之变化,与源自身的 $\delta^{15}N$、微生物种群以及其他环境因子(如温度、湿度、风速、pH 等)相关。这些环境因子的不同可以对 NH_3 的挥发造成动力学分馏。C. Lee 等[7]对厩肥的 $\delta^{15}N$ 和释放的 NH_3 的 $\delta^{15}N$ 进行了长时间(30 d)的动态监测,其结果表明,采样时间过长,会导致分馏复杂化,从而使得后期采集分析的 $\delta^{15}N-NH_3$,不能反映厩肥最初挥发时释放的 NH_3 的 $\delta^{15}N$。因此,短期采样能更真实准确地反映源所释放的同位素特征值。可见,本研究所测定的结果,优于 Felix 等[4]的长期采样。

城市建筑物的人居排泄物,首先贮存于楼底的化粪池,所产生的气体(包括 NH_3)经由与化粪池相连的排气管,从建筑物楼顶排入环境大气。城市区域中城市建筑物人居排泄物的 NH_3 挥发,尚未有研究者关注,未有其同位素值测定。在本研究中,排气管内的 NH_3 浓度,高出外界大气 NH_3 浓度 3 个数量级($4\,509.3\pm1\,248.0\ \mu g\cdot m^{-3}$;$n=8$),其 $\delta^{15}N$ 在不同季节保持了较好的一致性(夏季为 $-38.4‰\pm0.9‰$,冬季为 $-38.6‰\pm1.0‰$)。在稳定和封闭的环境下采样,市政固体垃圾排放的 NH_3 的 $\delta^{15}N$,存在较大差异(变化范围在 $-37.6‰\sim-29.9‰$),可能由于不同社区产生的垃圾组分不同所致。

70.3　基于氮同位素技术的环境氨的源解析

70.3.1　稳定同位素混合模型(IsoSource)

稳定同位素混合模型(stable isotope mixing model; SIMM)为估计混合物中各个来源的贡献,如食物网结构、植物水利用和空气污染等各个来源的贡献比例,提供了数理统计学上的解决方案[8-11]。其原理是基于稳定同位素的质量守恒:

$$\delta_M = f_A\delta_A + f_B\delta_B \tag{70-1}$$

$$1 = f_A + f_B \tag{70-2}$$

其中,f_A、f_B 表示 2 种源 A、B 的比例(未知量);δ_A、δ_B 表示 A、B 中同位素的值(已知量);δ_M 表示混合物的同位素值(已知量)。有 2 个未知量和 2 个方程,则方程组有解,且只有 1 个解。上述方程组进一步扩展至下述 3 种或者更多元时,方程组的解就不止 1 个[12,13]。

$$\delta_M = f_A\delta_A + f_B\delta_B + f_C\delta_C \tag{70-3}$$

$$1 = f_A + f_B + f_C \tag{70-4}$$

对于 n 个同位素种类,大于 $n+1$ 种资源的系统,也可以利用这种质量守恒,来求解资源比例的多种组合之可能解。这也是 IsoSource 软件(https://www.epa.gov/ecoresearch / stable-isotope-mixing-models-estimating-source-proportions）的设计思路[14,15]，即按照指定的增量范围，叠加运算出资源所有可能的百分比组合（和为 100%）。在所有可行解中，对每种资源贡献百分比的出现频率进行分析，从而得出结果。

70.3.2　北京 APEC 峰会前、中、后 NH_3 来源的定量评估

2014 年的 APEC 峰会，于 2014 年 11 月 10—11 日在中国北京市怀柔区雁栖湖举行。为保障本次 APEC 会议的顺利进行和会议期间的空气质量，在京单位放假时间总计 6 d。北京、廊坊、沧州、保定、天津、石家庄、邢台、唐山、邯郸、济南、滨州、衡水、东营、聊城、淄博、德州等城市实施限行、限产、停产、停工等减排措施。河北省燃煤电力企业限产减排50%，钢铁、焦化、水泥、玻璃等重点行业高架源企业＊全部停产。山西省通过停产或检修、限产、加强管理等措施，要求部分地市在确保达标排放的基础上，各项污染物排放量再减少 30%。这些强制性的短期减排措施，为研究大气污染物来源提供了一个极好机会。我们运用上述建立的 NH_3 排放源的同位素源谱，对北京 APEC 峰会前、中、后 NH_3 的来源作了定量评估。

城市环境的 NH_3，是众多农业源与非农业源混合的结果。由于本研究仅有 N 同位素（$\delta^{15}N - NH_3$）一个类别，需要对一些源作出取舍，尽可能科学地简化 NH_3 排放源的数目。在本研究时段内，北京环境的 NH_3，主要来源于一次排放，包括畜禽养殖、氮肥施用、交通和废物相关这 4 类源。每类 NH_3 排放源，均有其特定的同位素值特征。本章应用 IsoSource 解析来源的一个主要掣肘，是只有 1 个同位素（$\delta^{15}N - NH_3$），而各个源只有 1个值，且不考虑不确定性（每个大类源还可能包含若干小类源，因而存在一定变化）。尽管本研究已尽力减少了各个大类源的不确定性，但某些源，如机动车和固体废物，仍然存在季节性差异。考虑到 APEC 峰会在秋末举行，本研究最终确立了北京 4 类 NH_3 来源在冬季的源谱。这 4 类源的 $\delta^{15}N$ 平均值，将作为源谱特征值（废物、畜禽养殖、交通和氮肥施用分别为 −37.8‰、−29.1‰、−16.5‰ 和 −50.0‰）输入 IsoSource。模型的增量范围和忍受范围分别设定为 1% 和 0.1‰。模型输出结果包含所有可能的解。本研究将结果分析整理成盒须图（box-and-whisker）的形式呈现。

图 70 - 2 显示的是北京 APEC 峰会前后常规污染物（包括 $PM_{2.5}$、NO_x、CO、SO_2 和 O_3）小时浓度的时间序列变化。从中可清楚看出，所有污染物浓度在会议期间都有大幅下降[16-18]。大气环境 NH_3 与 CO、NO_x 的浓度，呈现同步的波动变化。在峰会召开前（2014 年 10 月 18 日—11 月 3 日），NH_3 的浓度变化范围为 6.9～11.0 $\mu g \cdot m^{-3}$，平均浓度为 9.1 $\mu g \cdot m^{-3}$。峰会召开期间（2014 年 11 月 3 日—11 月 15 日，会议实际结束日期为 2014年 11 月 13 日），NH_3 的浓度变化范围为 5.8～8.6 $\mu g \cdot m^{-3}$，平均浓度减少至 7.3 $\mu g \cdot m^{-3}$。

＊　高架源企业即高架污染源企业，是指工业企业污染物通过高烟囱排放的企业。污染物经过大气的扩散、稀释作用，可在一定程度上减轻对地面的污染。

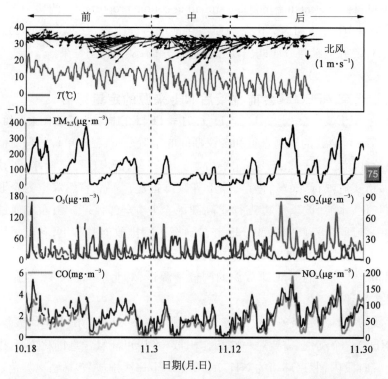

图 70-2　北京 APEC 峰会召开前、中、后的城市气象（风速、风向、温度）和常规污染物（PM₂.₅、O₃、
SO₂、CO 和 NOₓ）的时间序列变化（彩图见下载文件包，网址见 14 页脚注）

峰会结束后的采样期内(2014 年 11 月 15 日—11 月 29 日)，NH_3 浓度的平均值迅速攀升至 $12.7\ \mu g \cdot m^{-3}$（变化范围为 $10.7 \sim 17.7\ \mu g \cdot m^{-3}$）。换言之，APEC 会议的减排措施，使得环境 NH_3 浓度较减排前减少 20.0％，而后在 APEC 会议结束后，又发生反弹，增加了 74.5％。值得注意的是，某些减排措施，如北京城市中心外围 200 km 以内的重污染企业全部停工，外来进京车辆禁止进入北京等，在峰会召开之前就已在北京及周边实施了。因而，某些污染物如 SO_2 在峰会前和峰会中的环境浓度，并没有出现巨大的变化。基于 NH_3 的 N 同位素源谱和大气环境 NH_3 的 N 同位素值的输入，IsoSource 计算的各个源的贡献比例(5 分位和 95 分位之间)如图 70-3(a)所示。从图中可知，对于具体样品，机动车和氮肥施用的贡献比例，变化范围较小，说明 IsoSource 对这 2 个源的模拟，不确定性较小，准确性较畜禽养殖和废物源为高。其原因在于，后 2 个源的同位素特征值与北京大气环境 NH_3 的同位素值更为接近。例如，在 APEC 结束后的本研究时段内，大气环境的 $\delta^{15}N-NH_3$ 平均为 $-35.0‰$，这与畜禽养殖源的同位素特征值 $-29.1‰$ 非常接近，致使此源贡献比例的 5 分位和 95 分位结果分别为 0 和 0.7。图 70-3(b)呈现了北京 APEC 峰会前、中、后各个阶段 NH_3 排放源对环境 NH_3 的贡献率。就整个过程而言，机动车、畜禽养殖、废物和化肥施用的整体贡献率分别为 18.3％、27.1％、24.0％和 30.6％。机动车

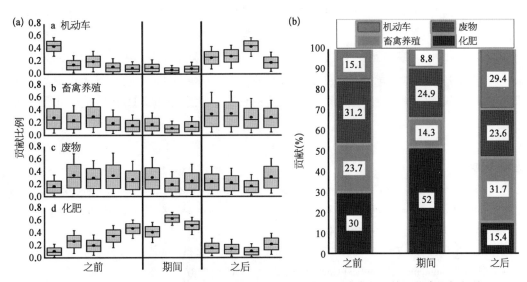

图 70-3　应用 IsoSource 对北京 APEC 前、中、后的环境 NH₃ 浓度展开的同位素源解析结果
（彩图见下载文件包，网址见 **14** 页脚注）

（a）各个源在各个样品采样期内的独立贡献比例；（b）各个源分别在峰会前、中、后的整体贡献率。

的贡献率在峰会召开期间比召开前减少 58.7%，然后在峰会结束后又增长翻番（234.2%），这是 4 类源中变化最为剧烈的一类。这个结果是对北京 APEC 会议期间实行单双号限行的反馈。煤燃烧，包括城市供暖燃煤和火力发电厂燃煤，在 APEC 召开之前已经全面禁止。APEC 会议之后，这些燃煤活动迅速恢复，可以从 SO_2 浓度在会议之后出现陡升得以印证（峰会召开前、召开中、召开后的浓度分别为 9.5、8.4、22.1 $\mu g \cdot m^{-3}$，图 70-2）。尽管机动车和燃煤同归为燃料相关这一类源，由于研究时段内煤炭禁止燃烧，因而显然，机动车排放主导了 APEC 峰会召开前、中燃料贡献的大部分。D. Liu 等[2] 近期基于隧道测定机动车 NH₃ 排放因子的研究表明，机动车尾气排放贡献了中国珠江三角洲地区大气 NH₃ 排放总量的 8.1%。北京市 2014 年的机动车保有量为 550 万辆，远超中国其他城市。保守估计，北京城市机动车排放对环境 NH₃ 的贡献率应为 10%~20%。废物源的贡献率变化较平稳，表明废物处理的 NH₃ 排放是北京大气 NH₃ 的一个稳定且重要的来源。与废物源中的废水和固体废物相比，城市建筑人居排泄物的 NH₃ 排放还未有定量结果报道。该排放源在上海的年排放量约为 1 386 Mg NH₃，占城区 NH₃ 排放总量的 11.4%（见本书第 36 章）。非农业源废物处理和机动车之和，对北京 APEC 峰会召开之前和之后环境 NH₃ 浓度的贡献超过 50%，这是在以往排放清单中未见报道的结果。本研究结果与区域尺度上农业 NH₃ 排放占主导（占比通常＞90%）的"常识"并不矛盾。北京位于华北平原北缘，后者是中国农业集约化程度最高的区域，因而北京是受农业 NH₃ 排放影响的地区。在本研究时段内，华北平原没有作物种植，因而氮肥施用量有限。然而，本研究结果显示，氮肥施用的 NH₃ 排放，是北京大气 NH₃ 浓度的最大贡献来源，整体贡献率达到 30.6%。一个可能的原因是,北京周边城郊农业的兴起,由于经济效益高,生产周期短,该种农业通常以化肥(典型城郊大棚氮肥施用量超过 2 t·ha^{-1})的高投入来支撑地力。此外,北京有至少 17 个高尔夫球场,某些就处于城区,其球场绿地的总占地面积达 22.8×10^6 m^2。高尔夫草坪通常需要 200～400 kg N ha^{-1}·yr^{-1}(千克氮每公顷每年)的施肥强度,以维持草地的高表现。这或许也是北京城市 NH$_3$ 排放的一个受人忽视的源。

参考文献

[1] Roelcke M, Han Y, Li S, et al. Laboratory measurements and simulations of ammonia volatilization from urea applied to calcareous Chinese loess soils//Progress in Nitrogen Cycling Studies. Springer, 1996: 491 – 497.

[2] Liu D, Fang Y, Tu Y, et al. Chemical method for nitrogen isotopic analysis of ammonium at natural abundance. Analytical Chemistry, 2014, 86(8): 3787 – 3792.

[3] Zhang L, Altabet M A, Wu T, et al. Sensitive measurement of NH$_4^+$ 15N/14N (δ^{15}NH$_4^+$) at natural abundance levels in fresh and saltwaters. Analytical Chemistry, 2007, 79(14): 5297 – 5303.

[4] Felix J D, Elliott E M, Gish T J, et al. Characterizing the isotopic composition of atmospheric ammonia emission sources using passive samplers and a combined oxidation-bacterial denitrifier approach. Rapid Communications in Mass Spectrometry: RCM, 2013, 27(20): 2239 – 2246.

[5] Walters W W, Goodwin S R, Michalski G. Nitrogen stable isotope composition (δ^{15}N) of vehicle-emitted NO$_x$. Environmental Science and Technology, 2015, 49(4): 2278 – 2285.

[6] Freyer H. Seasonal trends of NH$_4^+$ and NO$_3^-$ nitrogen isotope composition in rain collected at Jülich, Germany. Tellus B, 1978, 30(1): 83 – 92.

[7] Lee C, Hristov A N, Cassidy T, et al. Nitrogen isotope fractionation and origin of ammonia nitrogen volatilized from cattle manure in simulated storage. Atmosphere, 2011, 2(3): 256 – 270.

[8] Solomon C T, Carpenter S R, Clayton M K, et al. Terrestrial, benthic, and pelagic resource use in lakes: Results from a three-isotope Bayesian mixing model. Ecology, 2011, 92(5): 1115 – 1125.

[9] Parnell A C, Phillips D L, Bearhop S, et al. Bayesian stable isotope mixing models. Environmetrics, 2013, 24(6): 387 – 399.

[10] Jackson A. Best practices for use of stable isotope mixing models in food web studies. Canadian Journal of Zoology, 2014. 92: 823 – 835. doi. org/10. 1139/cjz – 2014 – 0127.

[11] Layman C A, Araujo M S, Boucek R, et al. Applying stable isotopes to examine food-web structure: An overview of analytical tools. Biological Reviews, 2012, 87(3): 545 – 562.

[12] Parnell A C, Inger R, Bearhop S, et al. Source partitioning using stable isotopes: Coping with too much variation. Plos One, 2010, 5(3): e9672.

[13] Ward E J, Semmens B X, Schindler D E. Including source uncertainty and prior information in

the analysis of stable isotope mixing models. Environmental Science and Technology, 2010, 44(12): 4645 – 4650.

[14]　Benstead J P, March J G, Fry B, et al. Testing IsoSource: Stable isotope analysis of a tropical fishery with diverse organic matter sources. Ecology, 2006, 87(2): 326 – 333.

[15]　Hall-Aspland S, Hall A, Rogers T. A new approach to the solution of the linear mixing model for a single isotope: Application to the case of an opportunistic predator. Oecologia, 2005, 143(1): 143 – 147.

[16]　Xu W Q, Sun Y L, Chen C, et al. Aerosol composition, oxidative properties, and sources in Beijing: Results from the 2014 Asia-Pacific Economic Cooperation Summit study. Atmospheric Chemistry and Physics, 2015, 15(16): 23407 – 23455.

[17]　Chen C, Sun Y L, Xu W Q, et al. Characteristics and sources of submicron aerosols above the urban canopy (260 m) in Beijing, China during 2014 APEC summit. Atmospheric Chemistry and Physics, 2015, 15(16): 22889 – 22934.

[18]　Tang G, Zhu X, Hu B, et al. Vertical variations of aerosols and the effects responded to the emission control: Application of lidar ceilometer in Beijing during APEC, 2014. Atmospheric Chemistry and Physics, 2015, 15(9): 13173 – 13209.

索 引

后 记

苍穹之下,小小尘埃,万里传输,全球循环。它们小到肉眼不见、径直入侵五脏六腑,大到成霾致雾、茫茫一片遮天盖地。广义而言,本书论述的大气气溶胶即是从微观的纳米级微粒,到宏观的雾霾,涵盖粒径相差多个数量级的一系列大气颗粒物。

大气运动把尘土以至沙石拔地而起,形成随地可见的沙尘气溶胶,乃至铺天盖地的沙尘暴,最后沉降于其他陆地,以至远离其源头的大洋。黄土高原即是由过去 200 多万年间风力搬运亚洲沙漠的沙尘沉降而成。源自沙漠的某些海洋沉积物,经由陆地板块运动等长期历史变迁,隆起为高原的各种岩石,在大气和水的长期作用之下,又演变成土壤。这正是所谓"沧海桑田",也就是一幅由大气和水的流动作为长途传输载体的全球生物地球化学循环的图像。在地球历史变迁的数十亿年间,大气圈、水圈、地圈以及生物圈之间,形成了固有的生物地球化学平衡。自工业革命以来,尤其是近百年来,随着人类活动的急剧增加,除了来自天然源的沙尘气溶胶以外,人为活动排放了大量可与天然气溶胶混合并相互作用的污染气溶胶,打破了大气圈、水圈、地圈、生物圈以及人类圈之间固有的生物地球化学平衡。这就是通常所说的"大气污染"和"水污染"的本质。"污染"即是对固有"平衡"的"破坏"。大范围、高强度和持续性雾霾是大气污染发展到严重程度的结果和标志,也是大自然对人类污染环境的惩罚。

研究大气圈、水圈、地圈、生物圈以及人类圈之间的生物地球化学平衡,对于人类自身具有重大意义。本书之所以题为"新论",在于此书以"全球生物地球化学平衡"作为研究大气气溶胶科学和环境科学的全新指导思想,坚持大范围的长期监测,基于微观的大气组分在分子及离子之间的相互作用,依据组分浓度年季月日不同尺度时空变化的大量数据的统计分析,揭示宏观的大气传输和大气质量的变化规律,论证大气气溶胶是全球生物地球化学循环之重要载体,从而阐明天然源的沙尘气溶胶和人为源的污染气溶胶在其长途传输途径中的混合和相互作用及其导致的雾霾的形成机制。过度人为活动破坏大自然的固有平衡,必将受到大自然的惩罚,甚至危及人类的生存。防治污染,首先必须彻底转变所谓"人定胜天"的理念,必须尊大自然为母亲,时时与大自然保持平衡;防治雾霾,首先必须彻底破除诸如"改天换地征服自然(母亲)"和"发展经济则污染不可避免"这些思想理念上的"雾霾"。

本书初题为"大气气溶胶",始写于 2008 年。无奈着笔之后,中国大气质量日趋恶化,及至 2012 年底准备提交付印之际,中国中东部发生了大规模、高强度、持续性的雾霾。恰在大气环境遇到严峻挑战之时,研究大气环境污染问题的本人的研究工作,得到同行的认可和国家的嘉奖,这对本人实在是莫大的悲哀和讽刺啊!沉重的教训促使本人改书名为"大气气溶胶和雾霾新论",着力于防治雾霾。本书至今历经十二春秋,易稿十五版,终于在 2019 年开印。在此书稿付印之日,欣喜地看到近年来中国大气环境得到较大改善,如上海 2018 年 $PM_{2.5}$ 的年均水平达到 $36\ \mu g \cdot m^{-3}$,接近于国家标准。

　　此书的出版,首先得感谢国家改革开放,在中国经济快速崛起的同时,伴随的环境问题也很快得到国家以及科学界的高度重视。有关的决策和研究部门积极开展国际研究合作,使得这些问题成为研究大气气溶胶科学和全球生物地球化学循环的良好平台。衷心感谢复旦大学大气化学研究中心和北京师范大学大气环境研究中心的各位同仁和全体博士、硕士研究生,从杳无人烟的塔克拉玛干沙漠,到远离大陆的中国东海小岛花鸟岛,在亚洲沙尘传输沿途各典型地区,春夏秋冬坚持采样十余年,积累样品数十万,发表论文百余篇。没有全体同仁献身科学坚守这一研究方向 20 年,就不会有这本书。衷心感谢中国科学院大气物理研究所大气边界层物理和大气化学国家重点实验室王自发主任及其同仁、中国环境科学研究院王文兴院士和中国科学院生态环境研究中心庄亚辉研究员及其同仁,以及美国田纳西大学 Joshua Fu 教授的研究团队在这一二十年来对本研究团队的大力支持和真诚合作。感谢王文兴院士和王自发研究员热诚推荐这本书。最后,我衷心感谢上海科学技术出版社科学编辑部主任包惠芳为本书出版和编辑所作的协调安排,包括联系图片的绘制与出版基金的申请,并参与本书的审核,衷心感谢本书责任编辑杨志平十分认真细致而又十分高水平、高质量的编辑加工以及该社校对人员高度专业化的校订工作。感谢上海科学技术出版社及其申请的 2018 年上海文教结合"支持高校服务国家重大战略出版工程"项目的资助,没有他们的慷慨解囊和大力资助,本书也不可能面世。

　　由衷地希望本书的出版能有助于中国大气环境的改善,有助于大气气溶胶科学的深入发展。

2019 年 6 月 15 日

图 版

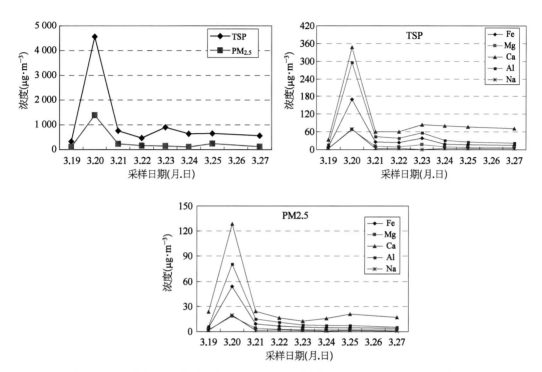

图8-1 沙尘暴及其前后期间TSP和PM$_{2.5}$以及主要矿物元素组分的浓度变化

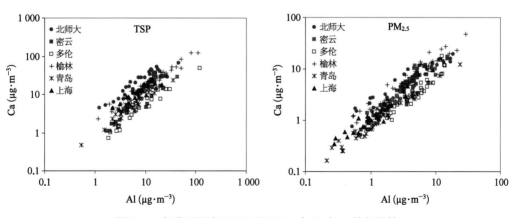

图9-8 春季不同地区TSP和PM$_{2.5}$中Ca与Al的相关性

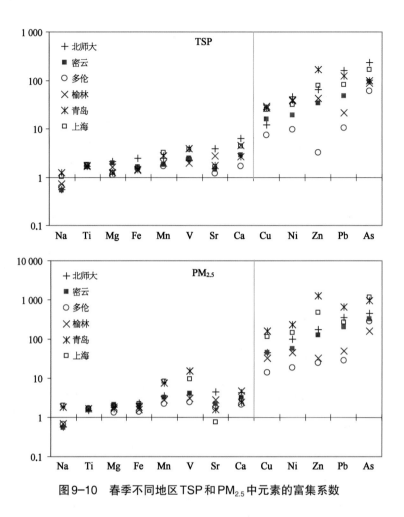

图9-10 春季不同地区TSP和PM$_{2.5}$中元素的富集系数

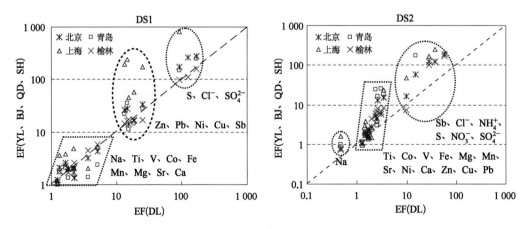

图10-8 沙尘期间PM$_{2.5}$气溶胶中物种的富集系数在不同地点的相关关系

YL：榆林；BJ：北京；QD：青岛；SH：上海。

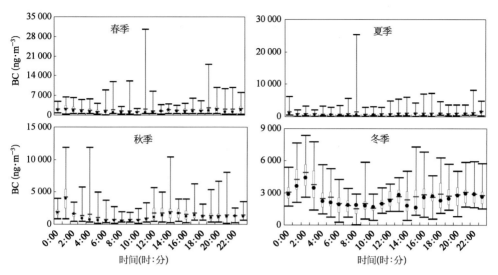

图12-5　2007年1、4、7、10月BC的小时浓度变化

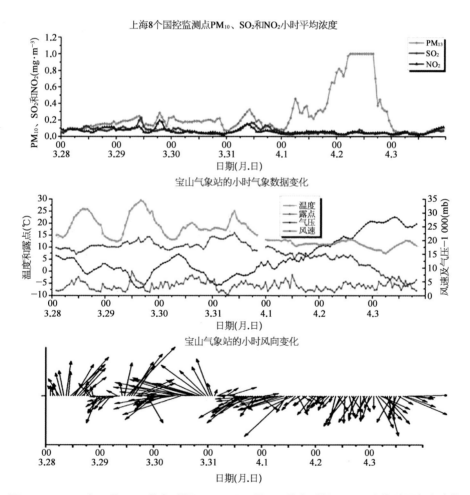

图14-2　2007年3月28日北京时间00：00至4月3日北京时间23：00上海地面气象变化

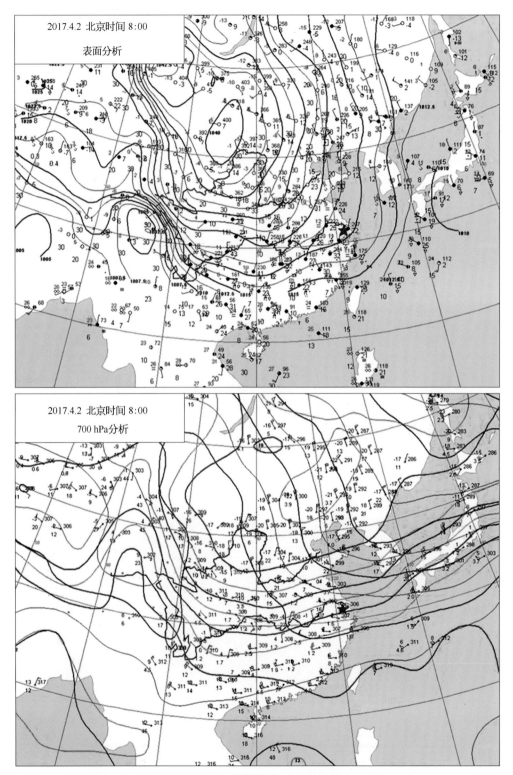

图14-4　2007年4月2日北京时间8∶00中国表面和700 hPa天气图

五角星代表上海(http∶//218.94.36.199∶5050/dmsg/map.htm)。

图14-5　2007年4月1日和3日的真彩卫星云图

从美国航天局卫星 Terra 拍摄。2007年4月2日，该图像被云层覆盖（http：//rapidfire.sci.gsfc.nasa.gov/subsets/?subset=FAS_China4.2007090）。

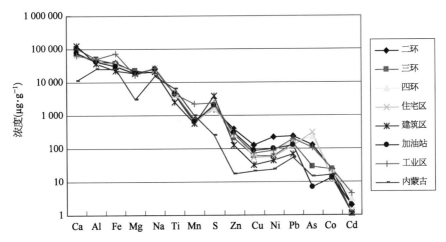

图16-5　北京地区地面扬尘和内蒙古黄土中元素浓度的分布

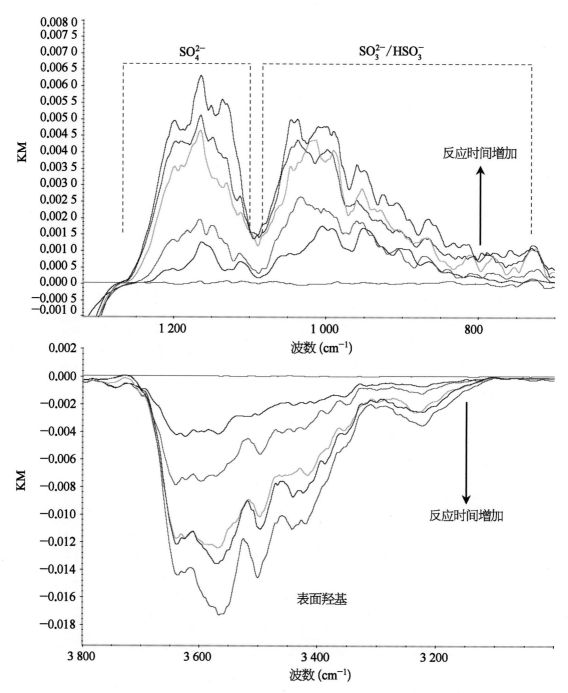

图20-13　Al₂O₃暴露在SO₂气体下的DRIFTS光谱图

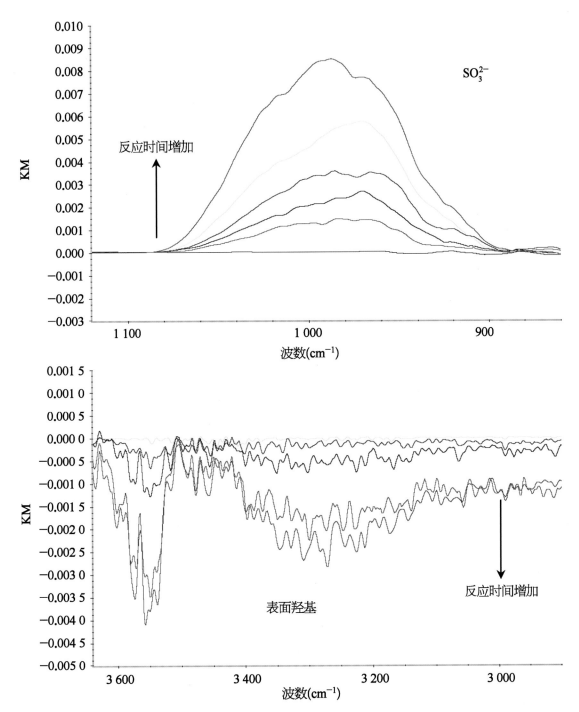

图 20-14　MgO 暴露在 SO₂ 气体下的 DRIFTS 光谱图

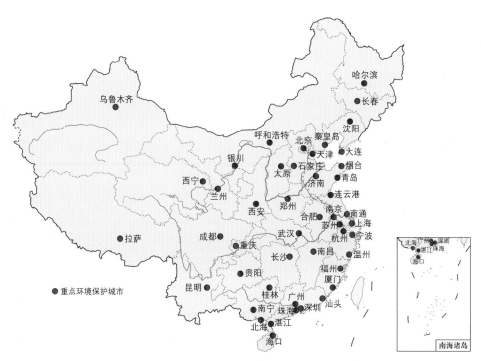

图21-1　中国47个环境重点保护城市分布图

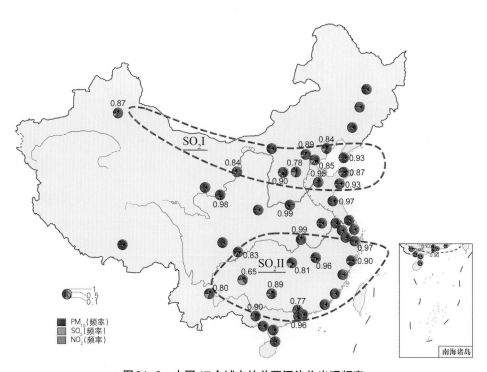

图21-2　中国47个城市的首要污染物出现频率

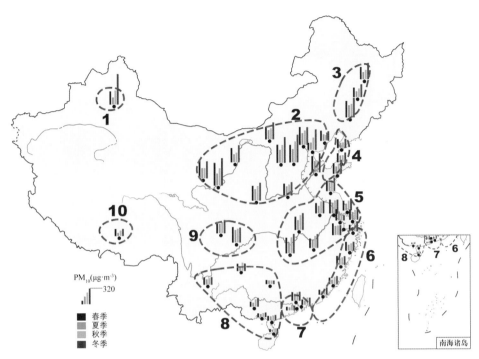

图 21-3　中国城市根据大气污染状况划分的十大区域及其 PM_{10} 的四季变化

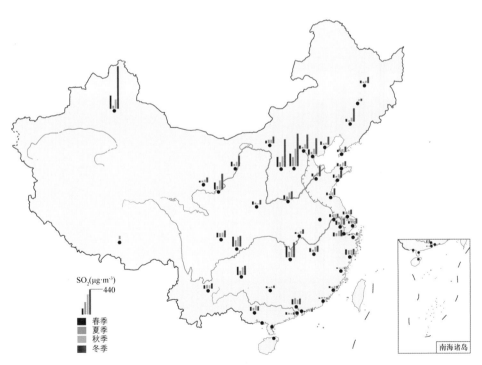

图 21-4　中国城市大气中 SO_2 的四季变化

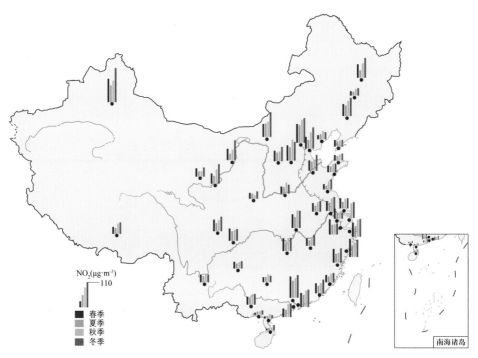

图21-5　中国城市大气中NO₂的四季变化

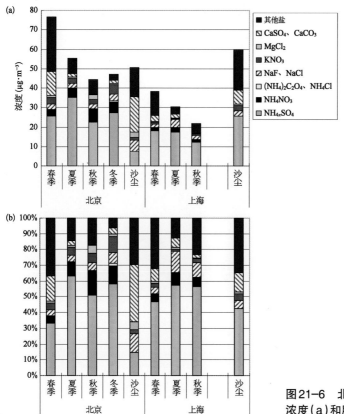

图21-6　北京和上海PM₂.₅气溶胶中的离子物种的
浓度（a）和所占的百分比（b）

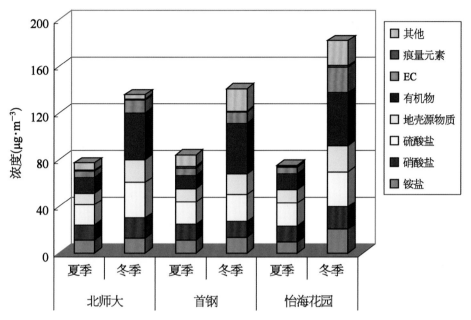

图22-2 北师大、首钢和怡海花园采样点PM$_{2.5}$的平均化学组成

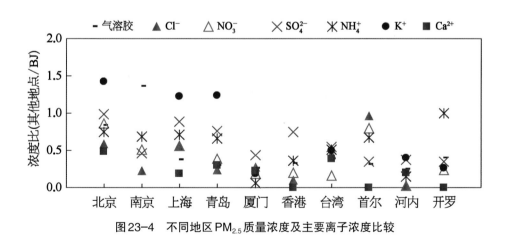

图23-4 不同地区PM$_{2.5}$质量浓度及主要离子浓度比较

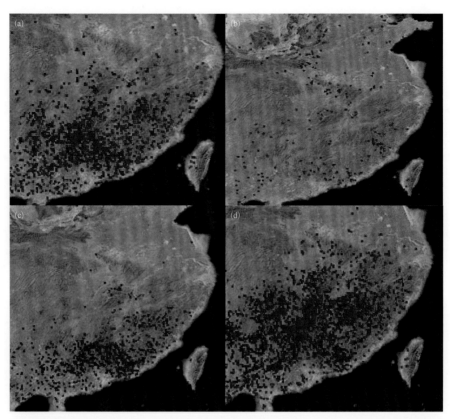

图24-18 采样期间4个阶段的MODIS卫星反演的火点图,其中(a)(b)(c)(d)分别对应图24-17中的①②③④阶段。

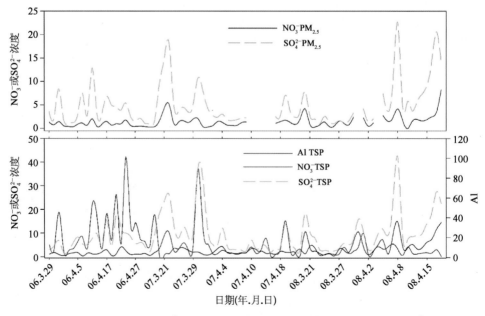

图26-2 TSP和PM$_{2.5}$中SO$_4^{2-}$、NO$_3^-$、Al元素的质量浓度变化(单位:μg·m^{-3})
空缺值是由于雨天或仪器故障停止采样所致。

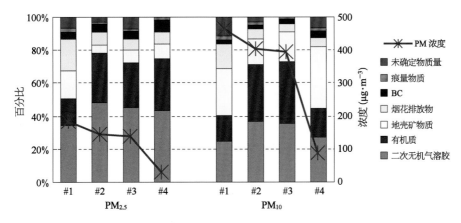

图30-4　元宵节期间PM$_{2.5}$和PM$_{10}$的化学组成

二次无机气溶胶=[SO$_4^{2-}$]+[NO$_3^-$]+[NH$_4^+$]，有机质=92.198×([C$_2$O$_4^{2-}$]+[C$_3$H$_2$O$_4^{2-}$]+[C$_4$H$_4$O$_4^{2-}$]+[C$_5$H$_6$O$_4^{2-}$])，地壳矿物质=[Al]/0.08，烟花排放物=[K]+[Cl$^-$]，痕量物质=[F$^-$]+[HCOO$^-$]+[CH$_3$COO$^-$]+[MSA]+[NO$_2^-$]+[Ag]+[As]+[Ba]+[Bi]+[Cd]+[Cu]+[Ni]+[P]+[Pb]+[Sr]+[V]+[Zn]，未确定物质量=气溶胶质量浓度−上述各种物质之和；质量浓度单位为μg·m^{-3}。

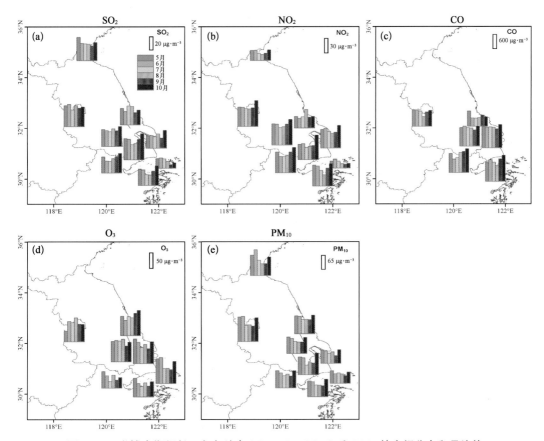

图32-2　世博会期间长三角各站点SO$_2$、NO$_2$、CO、O$_3$和PM$_{10}$的空间分布和月均值

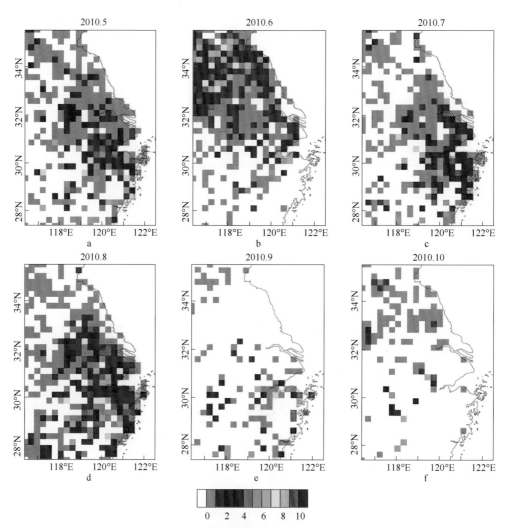

图32-4　FLAMBE生物质燃烧排放源2010年5—10月的碳排放量

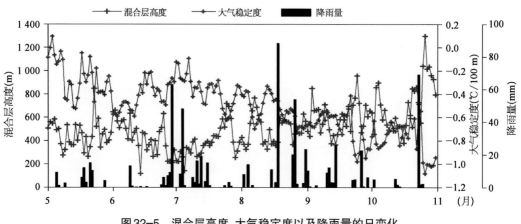

图32-5　混合层高度、大气稳定度以及降雨量的日变化

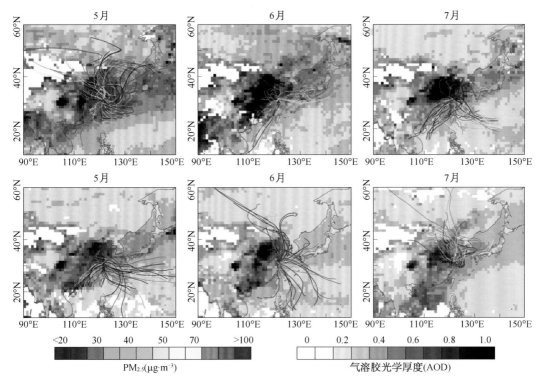

图32-6 世博会每个月气团到达上海的后向轨迹(颜色代表PM$_{2.5}$浓度)和东亚月均AOD值

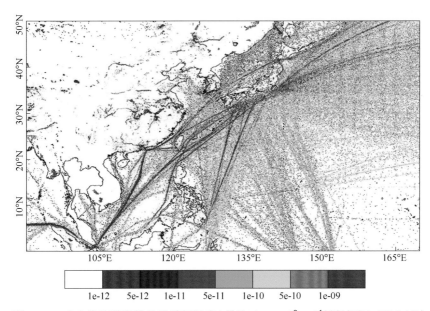

图32-7 来自海运的颗粒物排放源强度(单位:kg·m^{-2}·s^{-1})(数据源:EDGAR)

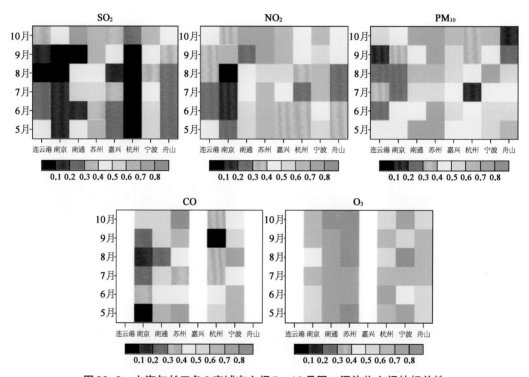

图32-8　上海与长三角8座城市之间5—10月同一污染物之间的相关性

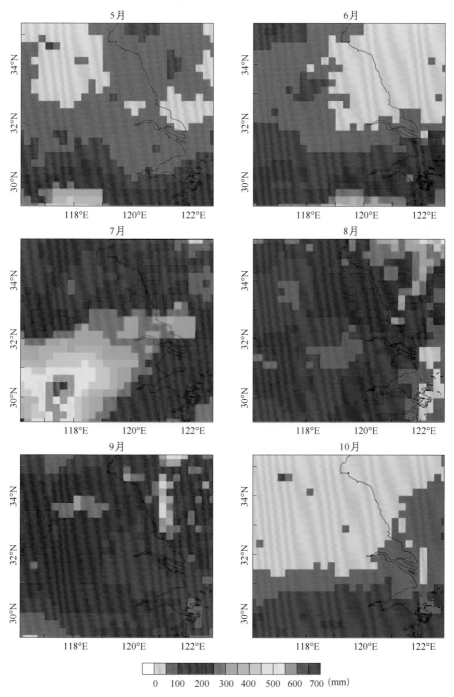

图32-9　TRMM降水雷达卫星传感器所观测到的月降水量

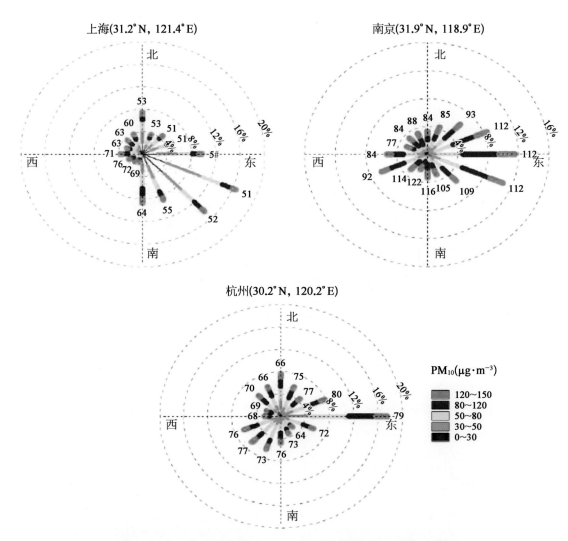

图32-10　上海、南京和杭州三地在世博会期间的PM₁₀风向玫瑰图

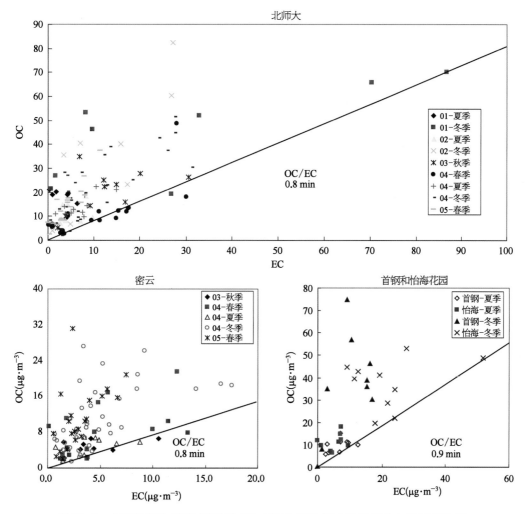

图33-3 北京各采样点不同季节的OC-EC散点图,图中线表示最小OC/EC比值

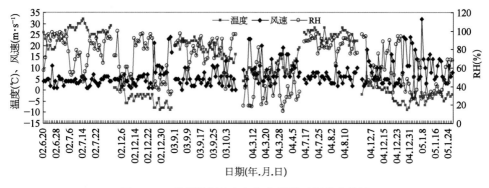

图33-4 采样期间北京气象条件随时间的变化图

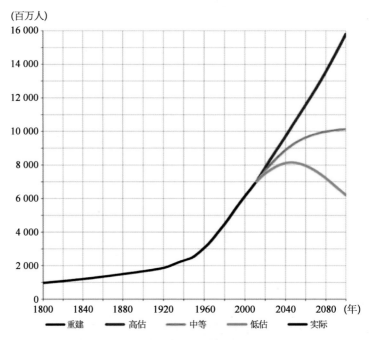

图35-1　1800—2080年间世界人口的变化

黑线代表历史时期的人口增长，见http://www.census.gov/population/international/，根据美国人口普查局（US Census Bureau）的数据重建；红线、橙线和绿线分别代表联合国从2010年起设置的3种不同人口增长预测情境（http://esa.un.org/unpd/wpp/）——高（在2010年增长到160亿人）、中（在2010年稳定在100亿人）、低（在2010年减为60亿人）。蓝线代表截至2010年有统计资料记录的实际人口增长。

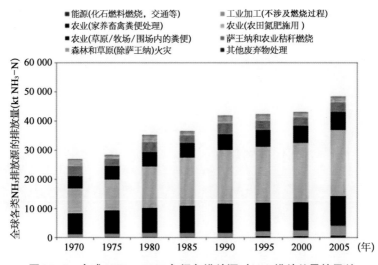

图35-3　全球1970—2005年间各排放源对NH₃排放总量的贡献

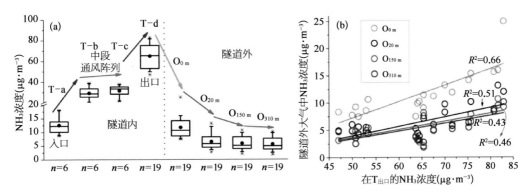

图36-1 （a）邯郸路隧道内外各监测点位NH₃浓度的框图；（b）邯郸路隧道出口的NH₃浓度（x轴）与隧道外各点位NH₃浓度的相关分析。

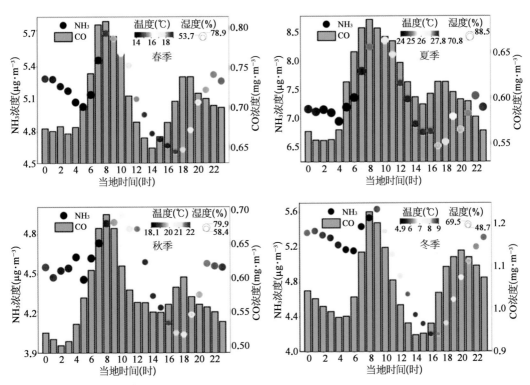

图36-2 上海城区NH₃和CO浓度在2014年4月—2015年4月间各个季节的昼夜变化
其中圆点的颜色深浅代表温度高低，圆点的大小代表湿度高低。

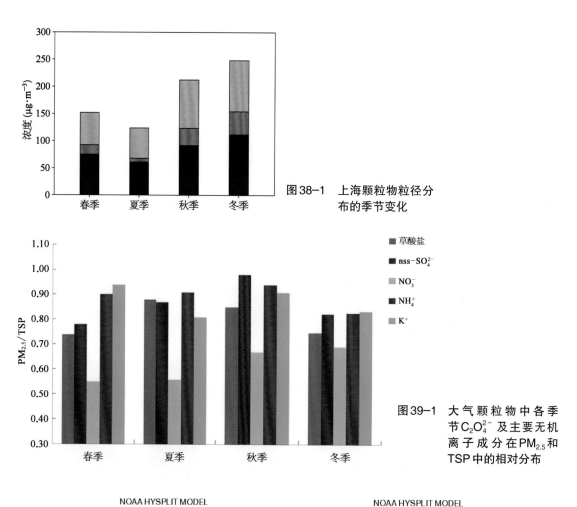

图 38-1　上海颗粒物粒径分布的季节变化

图 39-1　大气颗粒物中各季节 $C_2O_4^{2-}$ 及主要无机离子成分在 $PM_{2.5}$ 和 TSP 中的相对分布

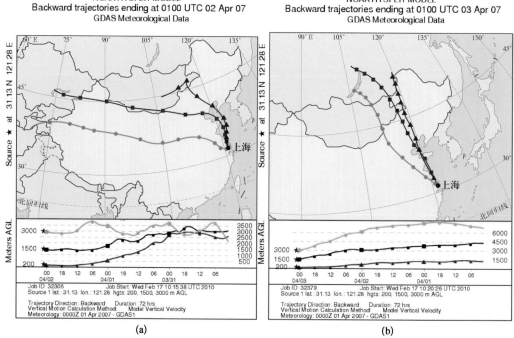

(a)

(b)

图 39-2　2007 年 4 月 2 日上海沙尘事件起始（a）和结束（b）阶段 3 日后向轨迹图

图内外文的译文参见 127 页图 9-6 图注和 192 页图 13-6 图注。

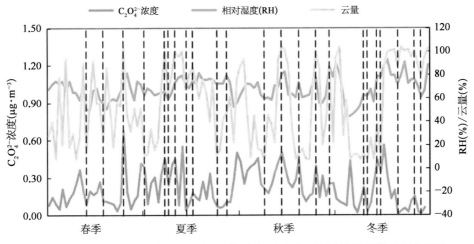

图 39-4　2007年四季上海$PM_{2.5}$中$C_2O_4^{2-}$浓度、大气相对湿度及云量的时间序列图

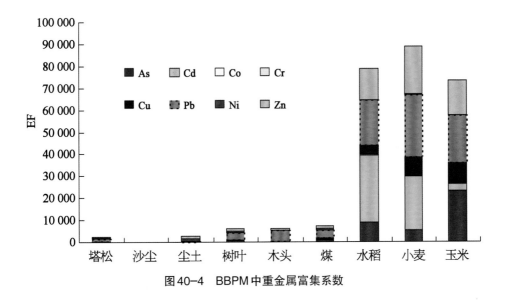

图 40-4　BBPM中重金属富集系数

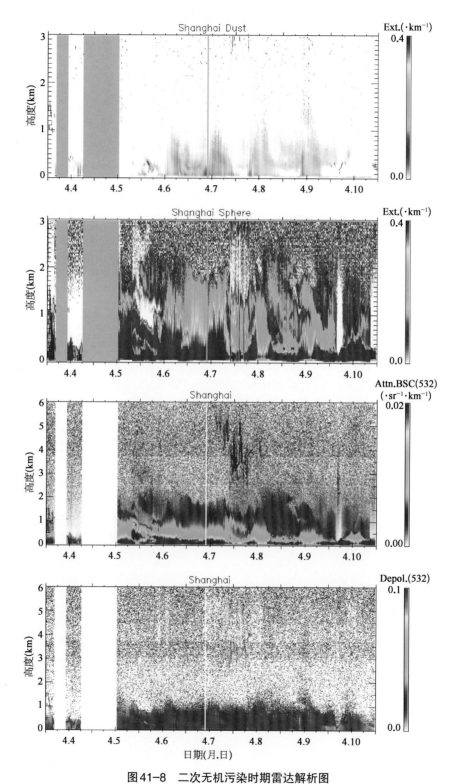

图41-8 二次无机污染时期雷达解析图

Ext.: extinction coefficient（消光系数）; Attn.BSC: attenuated backscatter coefficient（衰减后向散射系数）; Depol.: depolarization（退偏振）

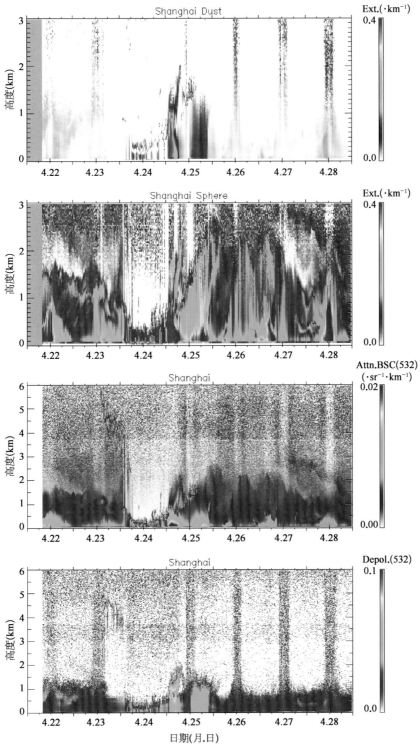

图41-9 沙尘时期雷达解析图
右侧刻度上方的外文缩写含义,见图41-8。

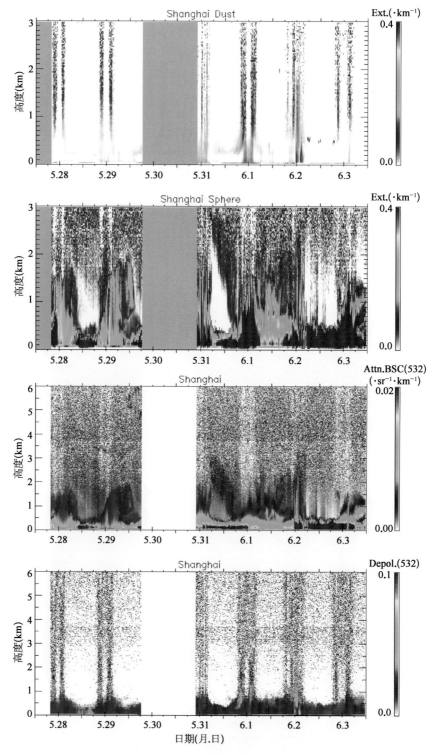

图41-10 生物质燃烧时期雷达解析图

右侧刻度上方的外文缩写含义,见图41-8。

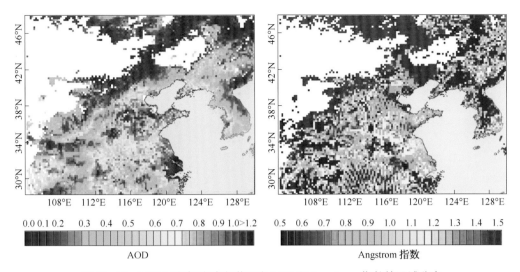

图41-11　PE1时期气溶胶光学厚度AOD和Angstrom指数的区域分布

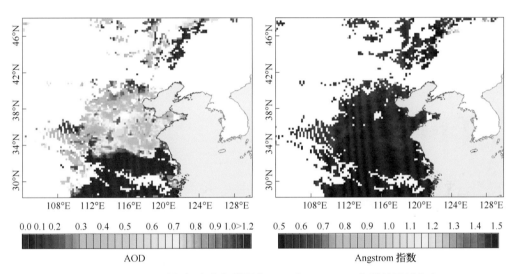

图41-12　PE2时期气溶胶光学厚度AOD和Angstrom指数的区域分布

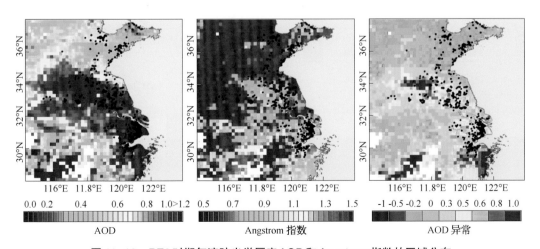

图41-13　PE3时期气溶胶光学厚度AOD和Angstrom指数的区域分布

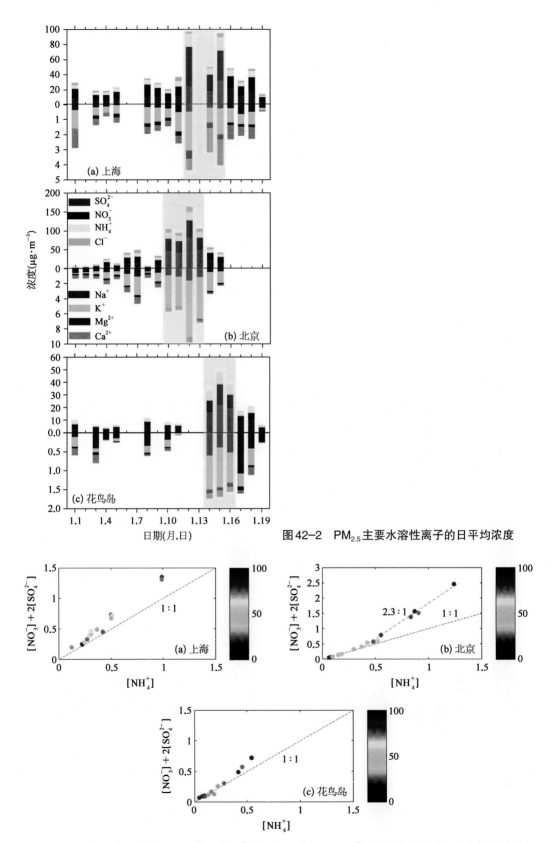

图 42-2 PM$_{2.5}$ 主要水溶性离子的日平均浓度

图 42-3 PM$_{2.5}$ 中 NH$_4^+$(neq·m^{-3})、2[SO$_4^{2-}$]+[NO$_3^-$](neq·m^{-3})、相对湿度(%)三者之间的关系

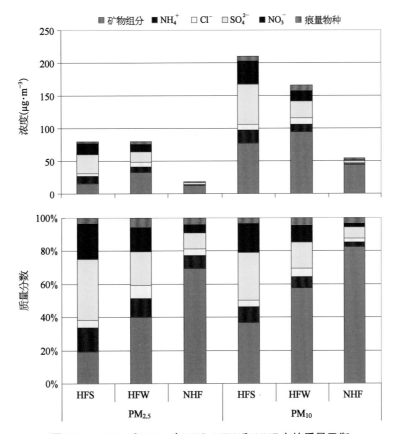

图 43-9　PM$_{2.5}$ 和 PM$_{10}$ 在 HFS、HFW 和 NHF 中的质量平衡

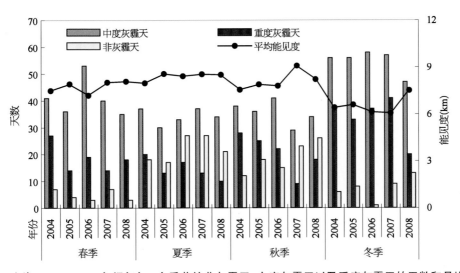

图 44-1　上海 2004—2008 年间每年 4 个季节的非灰霾天、中度灰霾天以及重度灰霾天的天数和月均能见度

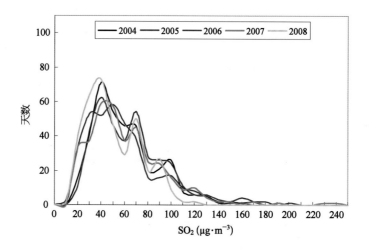

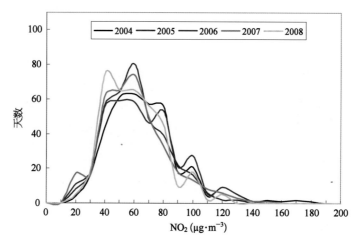

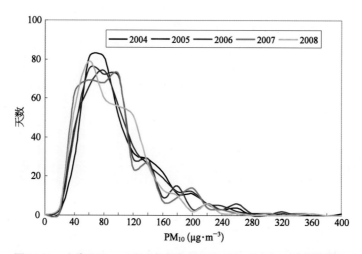

图44-2　上海2004—2008年每年的SO_2、NO_2和PM_{10}的频数分布

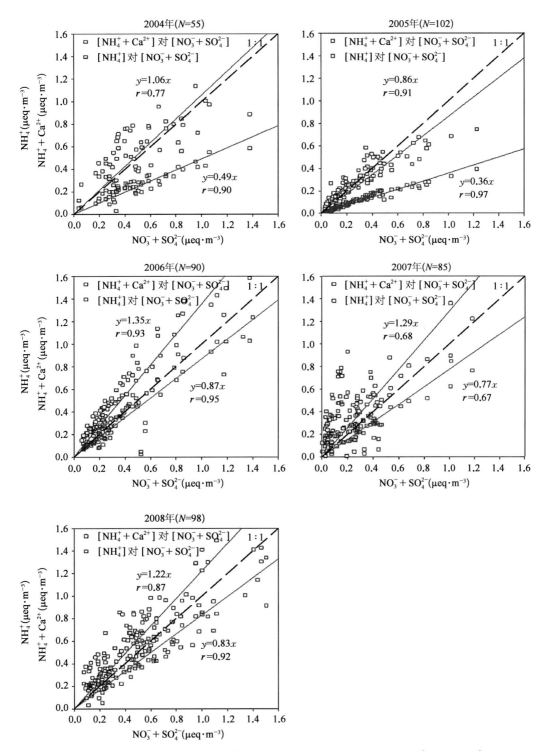

图44-4 2004—2008年每年[NH₄⁺]对[SO₄²⁻+NO₃⁻]的散点图以及[NH₄⁺+Ca²⁺]对[SO₄²⁻+NO₃⁻]的散点图

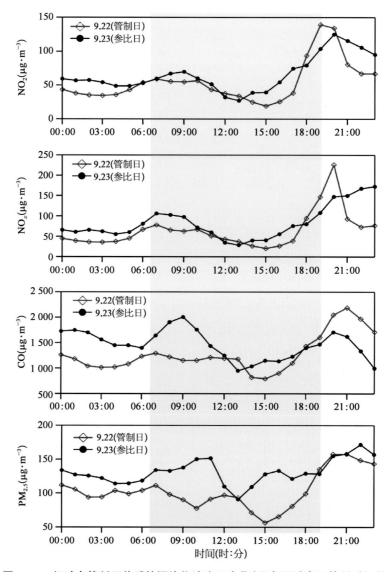

图46-1 机动车管制日前后的污染物浓度日变化(绿色区域表示管制时间段)

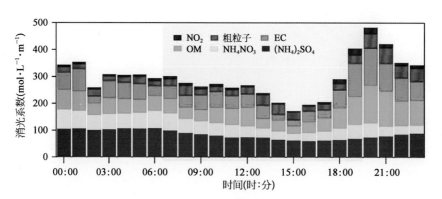

图46-4 机动车管制日期间气溶胶化学组分对大气消光的贡献

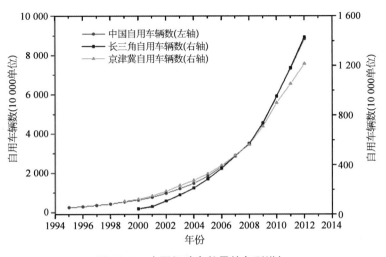

图46-6 中国机动车数量的急剧增加

图47-2 MODIS传感器分别在4月10日(左图)和17日(右图)拍摄的沙尘暴卫星图片

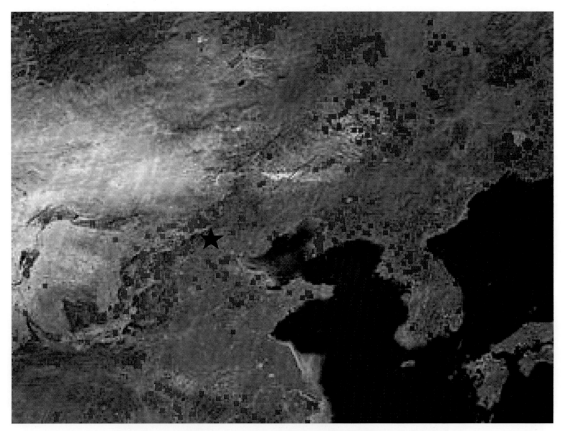

图47-5 MODIS反演的地面火点图

图中红点为火点,黑色五角星为北京观测点。

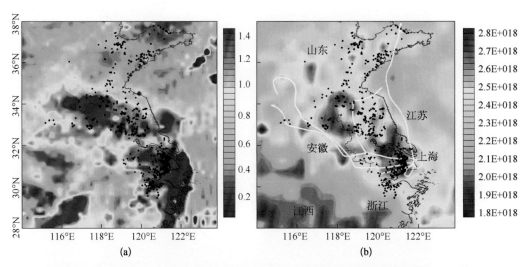

图48-1 生物质燃烧期间(a)MODIS反演的气溶胶光学厚度AOD的区域分布;(b)大气红外探测仪
(atmospheric infrared sounder, AIRS)反演的CO柱浓度(分子个数·cm^{-2})的区域分布。图中黑点为整个
生物质燃烧期间的累积火点图,使用NOAA开发的HYSPLIT模型对上海作3天的气团后向轨迹,如图48-1
(b)中的白线所示。

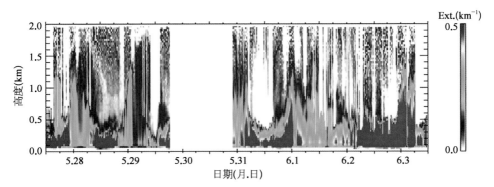

图48-2　生物质燃烧期间气溶胶消光系数（Ext.）的垂直分布

图中白柱标识由于雷达故障导致的数据缺失日期。

图49-4　2007年1月18日卫星彩图（Terra卫星）

http://rapidfire.sci.gsfc.nasa.gov/substs/?FAS_China4。

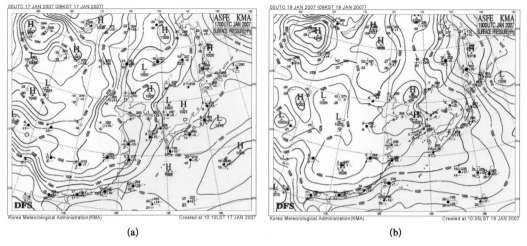

图49-7　2007年1月17和19日8：00华东地面天气图

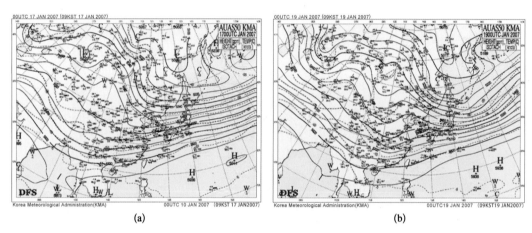

图49-8　500 hPa天气图

2007年1月17日上午8：00、19日上午8：00。

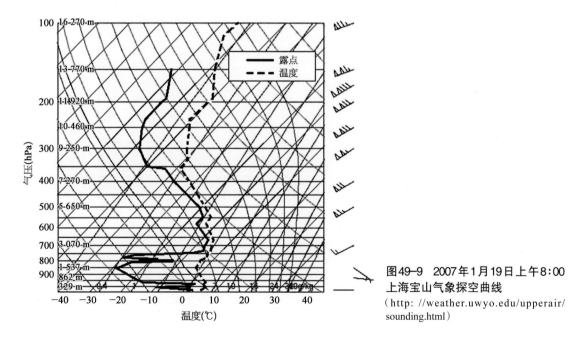

图49-9　2007年1月19日上午8：00
上海宝山气象探空曲线
（http://weather.uwyo.edu/upperair/
sounding.html）

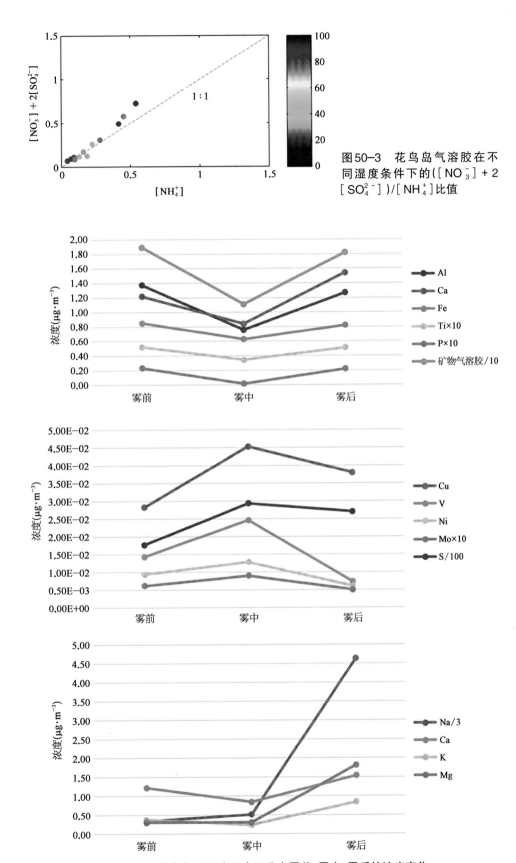

图50-3 花鸟岛气溶胶在不同湿度条件下的($[NO_3^-]$ + 2$[SO_4^{2-}]$)/$[NH_4^+]$比值

图50-6 花鸟岛TSP中元素组分在雾前、雾中、雾后的浓度变化

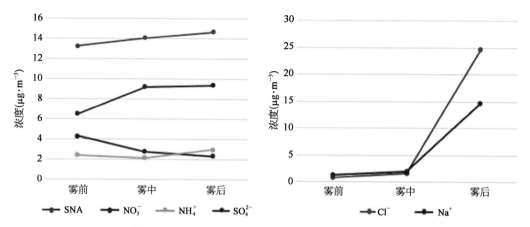

图50-8 花鸟岛TSP中相关离子组分在雾前、雾中、雾后的浓度变化

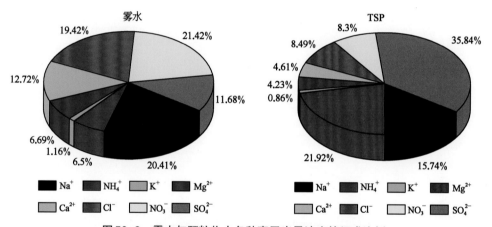

图50-9 雾水与颗粒物中各种离子当量浓度的组成比例

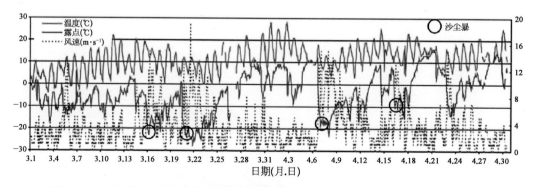

图53-7 2002年3、4月间的气温、露点温度（℃，左坐标轴）和风速（m·s⁻¹，右坐标轴）

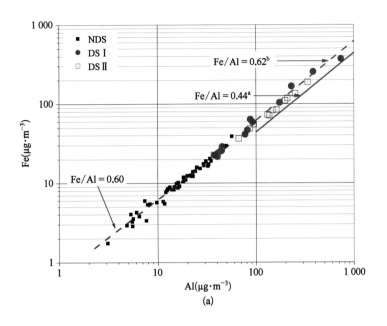

(a)

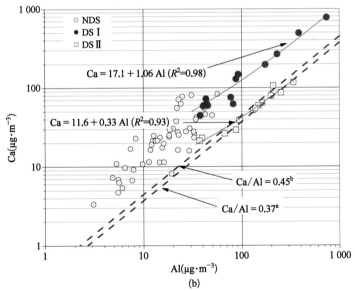

(b)

图 54-5 2002 年春季 3 月 19 日—4 月 27 日，Fe 与 Al、Ca 与 Al 关系图

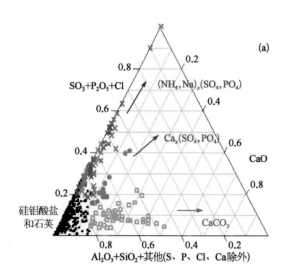

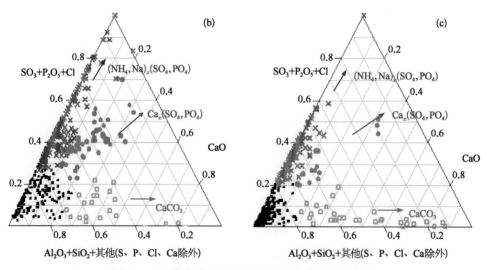

图 55-6 气溶胶单颗粒物 3 个主要组分的三元图分析

3个主要成分即: $Al_2O_3 + SiO_2 +$ 其他(SO_3、P_2O_5、Cl 和 CaO 除外); $SO_3 + P_2O_5 + Cl$; CaO。

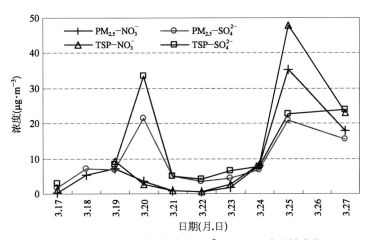

图56-4 沙尘前后气溶胶中SO_4^{2-}和NO_3^-浓度的变化

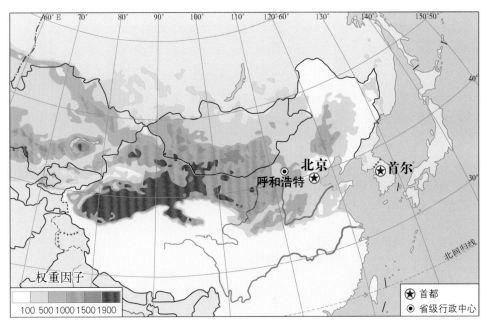

图58-1 模拟区域和不同源区对应的沙尘权重因子

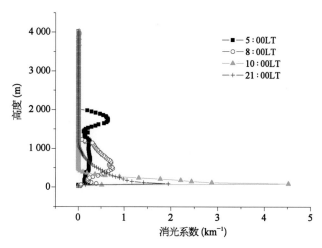

图58-4　3月20日在北京通过雷达观测的沙尘气溶胶消光系数的垂直分布
LT表示当地时间（local time）。

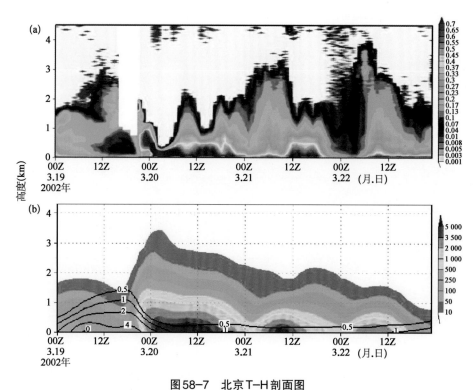

图58-7　北京T-H剖面图
（a）雷达观测的沙尘气溶胶消光系数（km-1）；（b）模拟的沙尘（阴影）和硫酸盐浓度（等值线）。

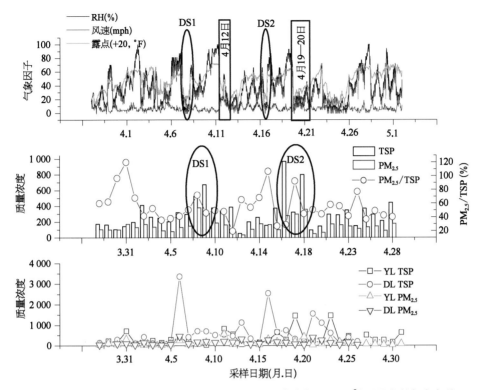

图59-1 本研究期间北京、榆林、多伦PM$_{2.5}$、TSP浓度（μg·m^{-3}）以及有关气象条件

椭圆区为沙尘暴发生期间，方形区为质量浓度最低期间。

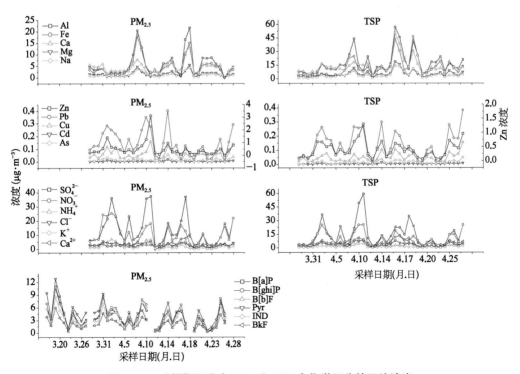

图59-2 采样期间北京PM$_{2.5}$和TSP中化学组分的日均浓度

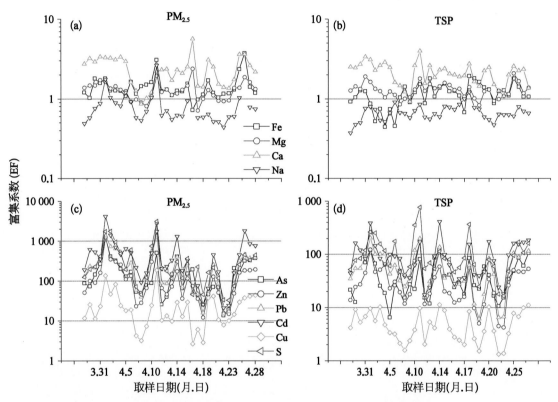

图 59-3　采样期间各种元素在 $PM_{2.5}$ 和 TSP 中富集系数的变化

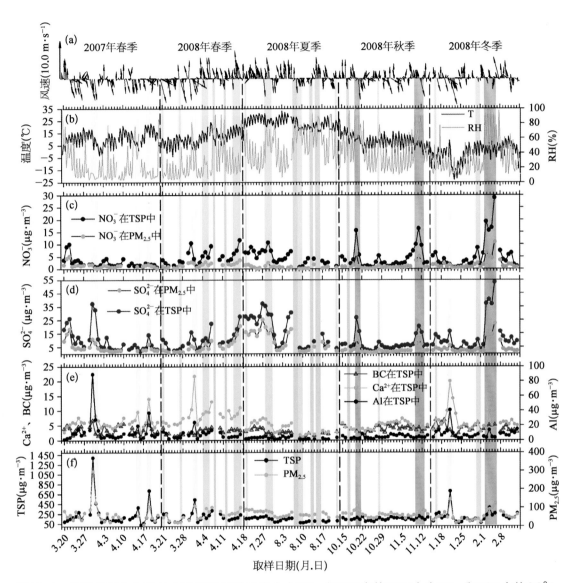

图63-1 研究期间(a)风;(b)温度和相对湿度;(c)PM$_{2.5}$和TSP中的NO$_3^-$;(d)PM$_{2.5}$和TSP中的SO$_4^{2-}$;(e)TSP中的Ca^{2+}、BC、Al;(f)PM$_{2.5}$和TSP浓度的日变化(黄、绿、青、粉色条,分别指示沙尘天、雨天、多云、雾天)。

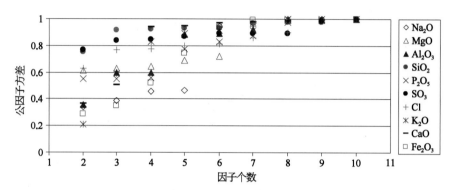

图67-1 众数（载荷的平方和）与因子个数的关系

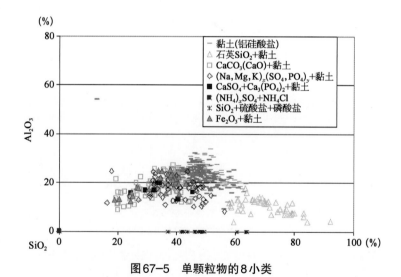

图67-5 单颗粒物的8小类

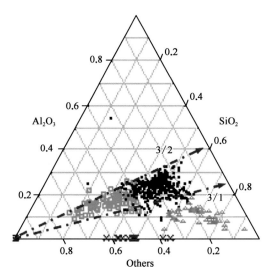

图67-6 Others-Al$_2$O$_3$-SiO$_2$三元图的图像分析

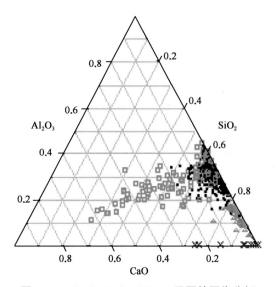

图67-7 CaO-Al$_2$O$_3$-SiO$_2$三元图的图像分析

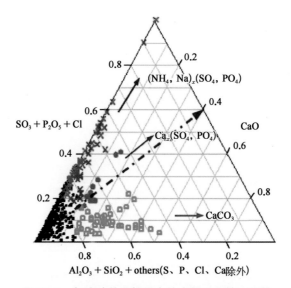

图67-8　气溶胶单颗粒物中的主要组分的三元图